TECHNOLOGIE DER TEXTILFASERN

HERAUSGEGEBEN VON

DR. R. O. HERZOG
PROFESSOR, DIREKTOR DES KAISER-WILHELM-INSTITUTS FÜR FASERSTOFFCHEMIE
BERLIN-DAHLEM

V. BAND, 1. TEIL

DER FLACHS

1. ABTEILUNG

BOTANIK, KULTUR, AUFBEREITUNG, BLEICHEREI UND WIRTSCHAFT DES FLACHSES

BEARBEITET VON

W. KIND, P. KOENIG, W. MÜLLER
E. SCHILLING, C. STEINBRINCK

BERLIN
VERLAG VON JULIUS SPRINGER
1930

DER FLACHS

ERSTE ABTEILUNG

BOTANIK, KULTUR, AUFBEREITUNG BLEICHEREI UND WIRTSCHAFT DES FLACHSES

MIT EINER EINFÜHRUNG IN DEN FEINBAU DER ZELLULOSEFASERN

BEARBEITET VON

DR. W. KIND, SORAU · DR. P. KOENIG, FORCHHEIM
DR. W. MÜLLER, SORAU · DR. E. SCHILLING, SORAU
GEH. RAT PROF. DR. C. STEINBRINCK, LIPPSTADT

MIT 167 TEXTABBILDUNGEN

BERLIN
VERLAG VON JULIUS SPRINGER
1930

Softcover reprint of the hardcover 1st edition 1930

ISBN 978-3-642-89034-5 ISBN 978-3-642-90890-3 (eBook)
DOI 10.1007/978-3-642-90890-3

Vorwort.

Der vorliegende Band beginnt mit einer Darstellung des Feinbaues der Zellulosefaser vom Standpunkt der botanischen Mizellartheorie, wie man sie Nägeli und seinen Schülern verdankt. Der Artikel war ursprünglich für den ersten allgemein naturwissenschaftlichen Band des Handbuches bestimmt. Es hat sich jedoch als zweckmäßiger und dem Stande der Wissenschaft entsprechender erwiesen, die biologischen Grundlagen weniger allgemein zu behandeln, als dies zunächst geplant war, dafür aber den speziellen Ausführungen bei den einzelnen Fasern mehr Platz zu widmen. Dies war Ursache, daß der Beitrag des Herrn Geheimen Studienrates Professor Steinbrinck, der schon vor einer Reihe von Jahren in knapperem Umfang als Manuskript vorlag und in der jetzigen Form vor drei Jahren (April 1927) abgeschlossen wurde, als Einführung in den Aufbau der Bastfasern in diesen ersten Teil des Bandes V aufgenommen wurde.

In dem Abschnitt Botanik und Kultur des Flachses hat Herr Dr. Ernst Schilling den Versuch gemacht, eine Übersicht über die vielen sehr verschiedenen Formen des Leins nach neuen, eigenen Gesichtspunkten zu geben und damit eine empfindliche Lücke in den bisherigen Flachslehrbüchern auszufüllen. Die daran anschließende botanische Beschreibung von Pflanze und Faser folgt vorzugsweise den technologischen Fragestellungen, desgleichen die Abschnitte über Kultur und Züchtung des Leins, die jedoch dem Rahmen des Buches entsprechend kurz gehalten werden mußten. In der Darstellung wurden mancherlei bisher unveröffentlichte Beobachtungen niedergelegt, die der Verfasser während einer sechzehnjährigen Beschäftigung mit der Flachsfaser anstellen konnte.

Die Aufbereitung des Flachses von Herrn Dr. Willy Müller würdigt neben einer kurzen wissenschaftlichen Darstellung der Röste eingehend die technischen Fragen.

Es erschien zweckmäßig, hieran die chemische Technologie (Bleichen und Merzerisieren) der Flachsfaser anzuschließen, über die Herr Dr. Kind auf Grund weitreichender Erfahrung berichtet.

Den Abschluß des Bandes bildet eine Darstellung der Weltwirtschaft des Flachses von Herrn Direktor Dr. Paul Koenig, wie sie in solcher Vollständigkeit in der Literatur noch nicht vorliegt. Berücksichtigt werden die Weltwirtschaft des Rohstoffes, der Flachshandel und die Leinenindustrie. Die bereits vor einiger Zeit abgeschlossene Arbeit wurde ergänzt und auf den Stand des Frühjahrs 1930 gebracht, z. T. durch Hinweise auf leicht zugängliche Literatur der letzten Zeit. Die Durcharbeitung oft schwer zugänglichen Materials über einzelne Länder, das häufig wenig oder nichts mit Flachs zu tun zu haben scheint, war eine besonders mühselige Arbeit.

Berlin-Dahlem, Mai 1930.

Der Herausgeber.

Inhaltsverzeichnis.

Zur Physik der natürlichen Zellulosefaser im Zusammenhang mit ihrem Feinbau.

Von Geh. Stud.-Rat Dr. C. Steinbrinck, Lippstadt.

Botanik und Kultur des Flachses.

Von Dr. Ernst Schilling, Sorau.
Stellvertr. Direktor des Forschungs-Instituts Sorau des Verbandes Deutscher Leinen-Industrieller.

Die Aufbereitung des Flachses.

Von Dr. Willy Müller, Sorau (N.-L.),
Vorsteher der Technologischen Abteilung am Forschungs-Institut Sorau (N.-L.).

Das Bleichen und Merzerisieren von Flachs.

Von Dr. W. Kind, Sorau.

Die Weltwirtschaft der Flachsfaser.

Von Direktor Dr. Paul Koenig, Forchheim b. Karlsruhe.

Zur Physik der natürlichen Zellulosefaser im Zusammenhang mit ihrem Feinbau.

Von Geh. Stud.-Rat Dr. C. **Steinbrinck**-Lippstadt.

I. Einleitung: Entstehung, Wachstum und Substanz der pflanzlichen Zellhaut.

Entstehung. Die pflanzliche Zellhaut ist ein Produkt des lebenden Protoplasmas. Der chemische Prozeß, nach welchem ihre Kohlehydrate durch das Plasma gebildet werden, ist aber noch ganz ungeklärt, ebenso wie der physikalische Vorgang der Wandbildung. In einigen Fällen hat man in der Grenzschicht des Plasmakörpers Ansammlungen von „Mikrosomen" beobachtet, von denen angenommen wurde, daß sie, unter gegenseitigem Zusammenschluß, unmittelbar zur Wandsubstanz werden. Über die chemische Natur derselben ist jedoch nichts sicheres bekannt[1]. In anderen Fällen glaubt man die direkte Umwandlung der ganzen äußersten Grenzzone des Plasmas in Zellwandmasse wahrgenommen zu haben. Solche Beobachtungen sind aber vereinzelt. Im allgemeinen begnügt sich die heutige Botanik damit, die Zellhaut als eine Ausscheidung des Plasmas anzunehmen.

Die Entstehung eigenartiger Zellulosegebilde frei im Plasma hat Herm. Ambronn[2] neuerdings beschrieben. Sie bilden sich in den Epidermiszellen von Samen, z. B. denen der Kletterpflanze Cobaea scandens. Sie liegen der Innenwand in engen Schraubenwindungen an, stellen jedoch freie Fäden von etwa 0,001 mm Durchmesser dar und werden aus jeder Zelle bei Wasserzutritt als Einzelfäden durch Schleimbildung ausgestoßen. Die Zahl der Windungen eines solchen Fadens beträgt bis 130; gerade ausgezogen messen sie etwa 5 cm an Länge. Ihre Substanz ist großenteils reine Zellulose. Ehe sie entstehen, sieht man Plasmateile in ebenfalls rechtsläufigen Windungen an der Innenwand der Zelle hinziehen. Jedoch ist die Anzahl dieser Windungen weit geringer als die des später gebildeten Fadens; sie liegen daher erheblich weiter auseinander. In diesen Plasmaanhäufungen entsteht nun plötzlich „rein über Nacht" der Faden selbst. Ambronn sagt, es erwecke den Anschein, als ob aus dem Plasma mit einem Male die Zellulose-Kriställchen hervortreten und sich zum Faden gruppieren. Verfolgen ließ sich diese Bildung mit dem Auge nicht; die Fäden waren „auf einmal da". Ambronn vermutet daher, daß man es „direkt mit Kristallisationsvorgängen zu tun" habe, die aber durch das Plasma gerichtet sein müssen. Auch Correns hat 1892 in einem ähnlichen Falle die überraschend schnelle Ausbildung solcher Zellulosefasern hervorgehoben.

Die Anregung zur Ausbildung neuer Zellwände geht nach Haberlandts[3] neueren Untersuchungen wenigstens vielfach von „Hormonen" aus, die zum Teil von bestimmten Gewebeteilen geliefert werden. So sind z. B. die Vernarbungen und Kalluswucherungen, die bei Kartoffelknollen, Baumästen usw. zum Abschluß verletzter Gewebe dienen, durch Wund-

[1] Strasburger hielt sie für Eiweißkörper, weil sie sich mit Jod gelbbraun, mit Hämatoxylin dunkelviolett färbten. Hansteen-Cranner ist dagegen der Ansicht, daß die beobachteten Mikrosomen aus denselben „Phosphatiden" bestanden haben, die die Grenzschicht des Protoplasmakörpers bilden und auch die Zellmembran durchziehen sollen. Denn nach ihm weisen die Phosphatide dieselben Farbreaktionen auf, wie sie oben angegeben sind.

[2] Herm. Ambronn: Zsigmondyfestschrift S. 126 u. S. 129—130.

[3] Haberlandt: Sitzungsber. d. Berl. Akad. der Wiss. Jg. 1913—1924.

oder Nekrohormone veranlaßt. Auf die Konzentration solcher Hormone durch die Plasmakontraktion führt Haberlandt auch die Zellteilungen nach Plasmolyse zurück; auf Nekrohormone ferner die Ausbildung ungeschlechtlicher Adventivembryonen beim Absterben von Teilen des Eiapparats. Hansteen-Cranner betrachtet die zuckerhaltigen Phosphatide als solche Hormone.

Wachstum der Zellmembran. Die Zellhaut nimmt im allgemeinen nach ihrer ersten Anlage sowohl an Flächenausdehnung als an Dicke zu. Hinsichtlich ihres Flächenwachstums ist von Sachs die Auffassung ausgesprochen worden, daß es durch Turgordehnung seitens des Plasmas verursacht sei, indem die dadurch hervorgebrachte Zugspannung der Wand andauernd durch Einlagerung neuer Wandteilchen („Intussuszeption") behoben werde. Auch de Vries hat sich, in Übereinstimmung damit, dahin geäußert, daß das Längenwachstum der Zelle auf einer stetigen Produktion „osmotischer Stoffe in ihrem Inneren" beruhe. Im Zusammenhang damit hat Wortmann seinerzeit den Ausdruck der „plastischen Dehnung" benutzt. Nach ihm sollten die vom Plasma neugebildeten kleinsten Wandteilchen nicht im Innern der vorhandenen Wand eingefügt, sondern an ihrer Innenfläche angelagert werden („Appositionswachstum"). Reiche nun der Turgor aus, um die Membran zu dehnen, so trete Flächenwachstum ein; im anderen Falle nur Verdickung.

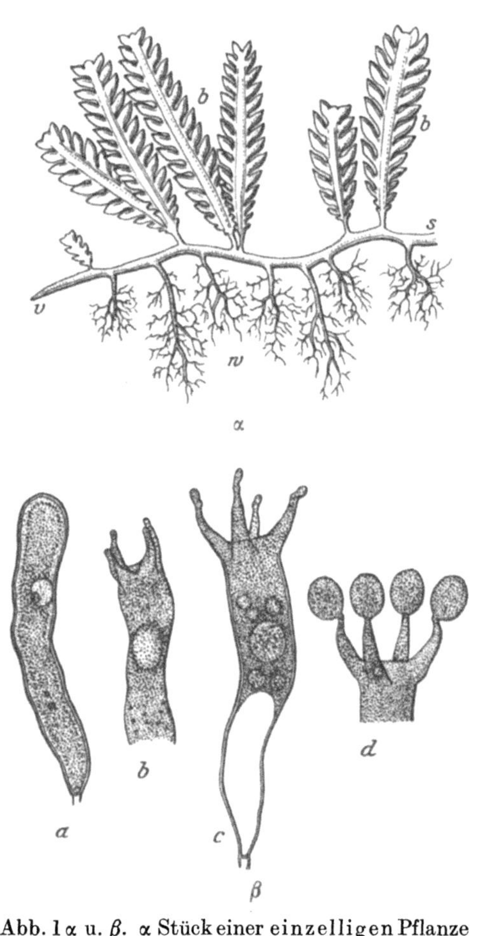

Abb. 1α u. β. α Stück einer einzelligen Pflanze von Caulerpa prolifera; nach Sachs. *s v* stengelartiges, *b* blatt-, *w* wurzelartige Organe. β Allmähliche Sporenabschnürung bei dem Pilz Corticium amorphum; nach de Bary.

Es ist aber nicht ersichtlich, wie auf solche Weise eine so verzweigte, scheinbar mit Stengel, Wurzeln und Blättern versehene, jedoch nur einzellige Form wie die von Caulerpa (s. Abb. 1α) entstehen könnte.

Gegen diese einfachen physikalischen Vorstellungen über das Wachstum sind ferner auch folgende Einwände zu erheben:

1. Nach allen Erfahrungen reicht der Turgor lebender Zellen nicht aus, um ihre Wände über die Elastizitätsgrenze zu dehnen.

2. In sehr vielen Fällen ist das Wachstum der Zellhaut, mag es auch noch so ausgiebig sein, wie bei reich verzweigtem Pilzmyzel, örtlich begrenzt. So z. B. beim Spitzenwachstum von Pollenschläuchen und Wurzelhaaren, der Sprossung von Hefezellen, der Ausbildung von Sporenträgern (Abb. 1β) usw. Die Abbildungen 1α u. β beziehen sich allerdings nur auf freiliegende Zellen. Jedoch kommt die der Turgordehnung widersprechende Ungleichmäßigkeit der Wandvergrößerung vielfach auch im Gewebeverband vor. Man beachte z. B. die gewellte Form der Epidermiszelle in Abb. 2a oder die Ausbildung des sogenannten Schwammparenchyms in Abb. 2b. Im letzteren Falle haben sich die Wände der Zellen schon frühzeitig stellenweise gespalten, und so sind mit Luft erfüllte Interzellularräume entstanden, zwischen denen die Zellen nun sternförmig herangewachsen sind.

3. Bei vielen zylindrischen Zellen, wie sie namentlich bei Algenfäden vorkommen, werden beim Wachstum die Querwände kaum geändert, während sich die Längswände in hohem Maße strecken ohne sich auszubauchen, obwohl kein Anzeichen vorhanden ist, daß die ersteren eine höhere Widerstandskraft gegen Dehnung besitzen sollten als die letzteren. Hierher gehört auch das Verhalten der pflanzlichen Faserzellen. Sie schieben nämlich, während ihr Protoplasmakörper noch am Leben ist, ihre schlanken zugespitzten Endigungen

durch Längsstreckung ihrer Wandungen zwischen die Nachbarelemente ein und bewirken durch diese „Verzapfung“ oder „Verzahnung“ einen festeren Zusammenhalt des Gewebes. Die grob-mechanische Auffassung des Flächenwachstums der Zellhaut läßt sich demnach nicht aufrechterhalten. Vielmehr muß man Klebs beistimmen, wenn er das Wachstum der Pflanzenzelle mit dem des nackten Plasmakörpers einer Amöbe oder eines Schleimpilzes vergleicht. D. h. wir müssen die Ursache der Wachstumserscheinungen in der Tätigkeit des lebenden Protoplasmas suchen, wenn wir auch damit in Wirklichkeit unsere Unwissenheit eingestehn[1].

Im Hinblick darauf ist schon von W. Hofmeister und später von Wiesner die Meinung vertreten worden, daß die Zellhaut ein lebendiges Organ der Zelle sei. Wiesner glaubte

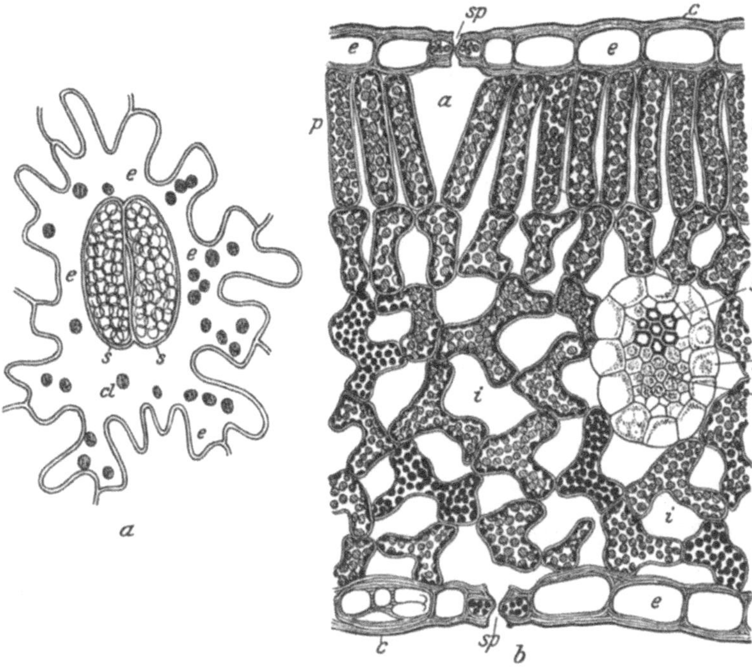

Abb. 2a u. b. *a* Wellenförmig gebuchtete Oberhautzelle *e* mit 2 Schließzellen *s* eines Farnes (Aneimia nach Sachs); *b* Querschnitt eines Laubblatts mit Palisadenzellen *p* und ausgebuchtetem Schwammparenchym. Nach Sachs. (*e* Oberhaut; *sp* Spaltöffnungen; *a* Atemhöhle; *i* Interzellularräume; *g* Gefäßbündel.)

für diese Ansicht einen Beleg darin zu finden, daß die Wand lebender Zellen von Eiweißstoffen (Protoplasmabestandteilen) durchzogen sei. Allerdings ist ja nachgewiesen, daß die Plasmakörper von Nachbarzellen vielfach durch außerordentliche feine Fäden miteinander in Verbindung stehen, die die Wand durchbohren. Diese Plasma-Verbindungen

[1] Die Auffassung von der Triebkraft des Turgordrucks ließe sich vielleicht verteidigen, wenn man zu der Voraussetzung berechtigt wäre, daß die Stellen der Zellhaut, die beim Wachstum eine Ausbuchtung zeigen, vorher eine Substanzerweichung erlitten hätten, so daß sie nachgiebiger und dehnbarer geworden wäre als ihre Umgebung. Derartiges berichtet nun Ziegenspeck in der Tat hinsichtlich der Aussprossung von Wurzelhaaren (Mez, Arch. 1925, S. 311 Taf. III, S. 325 Abb. 7 u. 8 und S. 326 Taf. VI). Die Veränderung der betreffenden Wandstelle soll sich dadurch kundtun, daß sie amyloidischen Charakter aufweist, indem sie sich mit Jodjodkalium bläut! Die Amyloidkappe am Haarscheitel soll bis zur Vollendung des Spitzenwachstums bestehen bleiben und erst dann in Zellulose übergehen. Daß in andern Fällen solche Beobachtungen nicht vorliegen, kann nach Ziegenspeck daher rühren, daß die ausgebuchteten Wandstellen zu dünn sind, um eine deutliche Farbreaktion auf Amyloid zuzulassen. — Daß Ursprung neuerdings in wachsenden Zellen nicht einen erhöhten, sondern im Gegenteil einen verminderten Turgordruck gefunden hat, läßt gleichfalls eine Auflockerung der Zellwandung vor ihrem Wachstum vermuten.

oder „Plasmodesmen" sind aber tatsächlich auf winzige Bezirke beschränkt. Für die übrige Membranfläche hat die Nachprüfung der Angaben Wiesners auf mikrochemischem Wege, namentlich durch Correns, keine Bestätigung derselben ergeben.

Neuerdings ist die Auffassung Wiesners in veränderter Form allerdings wieder aufgetaucht. Nach Hansteen-Cranner[1] sollen nämlich in der äußersten Schicht des Plasmakörpers Phosphatide auftreten und von dort aus auch in die Zellhaut übergehen und sie durchziehen. Die von ihnen gebildete Grenzschicht des Plasmas und ihr Netzwerk in der Zellhaut soll also chemisch mit der tierischen Nervensubstanz sehr verwandt sein. — Die Bestätigung dieser Auffassungen steht noch aus.

Dickenwachstum der Zellhaut. Da die Gewebe unseres eigenen Körpers, z. B. Knochen und Muskeln, unzweifelhaft durch Intussuszeption wachsen, so lag es nahe, diese Art der Substanzvermehrung auch für das Wachstum der Zellmembran anzunehmen. Jedoch sind eine Reihe von Fällen bekannt, in denen die Wandverdickung durch Apposition zustande kommt. So hat z. B. Noll bei verschiedenen Algen die Zellhaut mit Farbstoffen zu tingieren vermocht, ohne ihr Leben zu stören, und hat darauf festgestellt, daß die nachträglich hinzugekommenen Wandteilchen, die an ihrer Farblosigkeit zu erkennen waren, eine besondere, abgegrenzte Innenschicht gebildet hatten (vgl. Abb. 3a u. b). Ferner hat Krabbe bei Bastfasern beobachtet, daß der Plasmakörper an seiner Außenfläche eine zu-

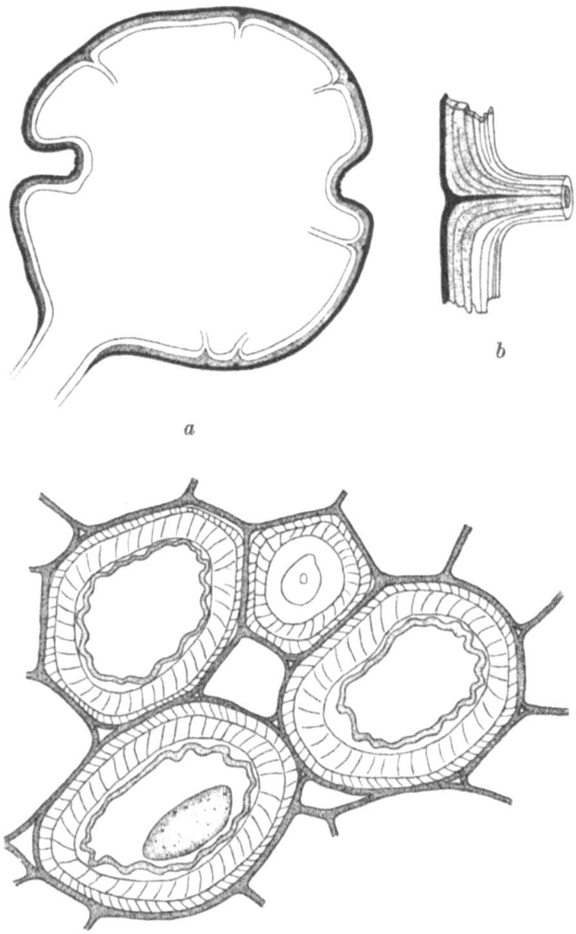

Abb. 3a bis c. *a* und *b* Membranschnitte der Alge Caulerpa, in *b* die Ansatzstelle eines Balkens, noch stärker vergrößert. Die punktierten Schichten sind die durch Berlinerblau gefärbten älteren, die hellen die jüngeren, später apponierten. Nach Noll. *c* Oleanderbastzellen-Querschnitt. Die primäre Membran punktiert; 2 sekundäre Verdickungsschichten gestrichelt; die dritte, in den 3 größeren Zellen als Neubildung vom Protoplasma ausgeschiedene und durch Quellung gefältete, ist noch nicht apponiert. Nach Krabbe.

[1] Meldinger fra Norges Landbrukshoiskola II, 1922, S. 1—160: „Die Wände aller lebenden Zellen stellen ein koloidales Netzwerk dar, dessen festes Gerüst aus Zellulosen und Hemizellulosen gebildet ist, dessen Maschen aber sämtliche Phosphatide der plasmatischen Grenzschicht enthalten" (S. 105). „Die Phosphatide führen auch Zucker mit sich, der demnach sowohl bei der Intussuszeption, als auch bei der Apposition direkt zur Wandbildung dienen kann" (S. 150). — Zu beachten ist, daß Hansteen diese Stoffe innerhalb der Zellhaut nicht unmittelbar beobachtet hat, sondern auf ihre Existenz in der Zellmembran anfänglich hauptsächlich daraus schloß, daß er sie außerhalb lebender Zellen in dem Wasser gefunden hat, in dem diese lagen. Da sie nur aus dem Zellinnern stammen können, müssen sie nach ihm durch die Zellwand andauernd herausgetreten sein und somit auch

sammenhängende Zellhautzone ausschied, die sich nachträglich wie eine Tapete an die Innenfläche der Zellwand in festem Verband anlegte[1]. (Vgl. Abb. 3c.)

Anderseits sind aber ebenso unzweifelhafte Fälle von Intussuszeptionswachstum bekannt geworden. Als ein Beispiel davon möge die Algenkolonie von Gloeocapsa nach Correns erwähnt werden (s. Abb. 4). Die sich durch Teilung vermehrenden Zellen solcher Kolonien sind nämlich (jede einzeln) von einer dicken Zellhaut umgeben. Ihre Gesamtheit wird aber nochmals von einer gemeinsamen Hülle umschlossen, die während der Teilungen an Masse fortwährend zunimmt, obwohl sie von den Plasmakörpern der Einzelzellen vollständig getrennt ist. Die zu ihrem Wachstum nötigen Teilchen müssen demnach durch die Einzelwände hindurchwandern und sich außen einlagern.

Im Prinzip muß also die Intussuszeptionslehre, ebenso wie die Appositionstheorie als berechtigt anerkannt werden. Inwieweit sie aber für sich allein oder nebeneinander zur Geltung kommen, ist im allgemeinen noch ungewiß.

Substanz der Zellhaut. Der wesentlichste und allgemeinste Bestandteil der pflanzlichen Zellmembran ist die Zellulose, neben dem „Lignin" des Holzes, dem „Suberin" und „Kutin" des Korks und der Kutikula, dem Pektin, Hemizellulosen und anorganischen Einlagerungen wie Kieselsäure und Kalksalzen. Man weist die Zellulose bekanntlich nach durch die Blaufärbung mit Jodjodkalium und Schwefelsäure oder Chlorzinkjod, die Löslichkeit in Kupferoxydammoniak, die geringe Angreifbarkeit durch heiße, stark verdünnte Mineralsäuren, Alkalien usw. (van Wisselingh)[2].

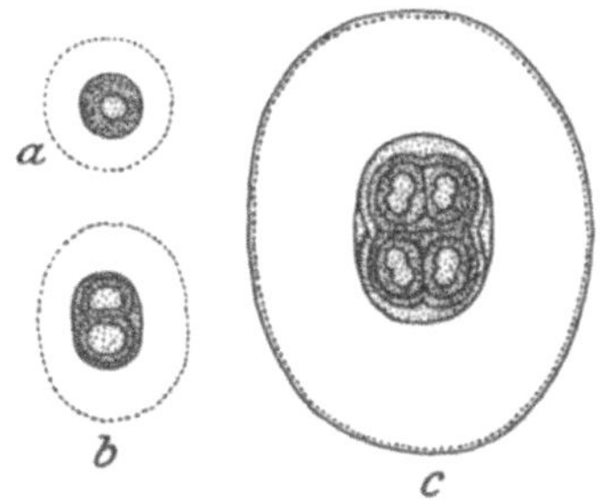

Abb. 4. Algenkolonien von Gloeocapsa, 1-, 2- und 8-zellig mit dicker, durch Intussuszeption wachsender Schleimhülle; alle 3 Abbildungen im gleichen Größenverhältnis gezeichnet. Nach Correns.

Die Bedeutung der Verkorkung (und Kutinisierung) besteht in der Schutzwirkung für die zarteren Gewebe gegenüber äußeren Einflüssen, namentlich übergroßem Wasserverlust. Der biologische Wert der Verholzung ist dagegen noch ungeklärt.

Die nächstgelegene Annahme, daß sie im Dienste der Zugfestigkeit stehe, ist durch direkte Festigkeitsprüfungen nicht bestätigt worden. Im Gegenteil haben sich als die festesten Fasern die am wenigsten verholzten herausgestellt (vgl. z. B. die Tabelle S. 12). Daß es sich auch nicht um eine Verminderung der Dehnbarkeit[3] handelt, geht aus Versuchen von Sonntag[4] hervor, der gefunden hat, daß zu den dehnbarsten Fasern gerade solche gehören, die sich durch hohe Verholzung auszeichnen, wie die von Cocos, Caryota und Agave mit 58% bzw. 59% und 46% „inkrustierender Substanz" mit Dehnungsgrenzen bis 16% oder bei Caryota sogar bis zu 27%, während Flachs- und Hanffasern nur etwa 1% Dehnung zulassen sollen. Sonntag suchte nun im Anschluß an diese Ergebnisse und auf Grund gewisser anderer Erfahrungen die Bedeutung der Verholzung in der Herabsetzung der Wasseraufnahme-

---

einen Bestandteil derselben ausgemacht haben. Eine Ergänzung zu diesen Ausführungen hat jedoch nach dem Tode Hansteen-Cranners in der obigen Zeitschrift v. J. 1925 V. Grafe herausgegeben. Außerdem hat derselbe Verfasser in der Zeitschrift Planta Bd. 2, S. 438—441, 1926, eine hinterlassene „Untersuchung über die Frage, ob in der Zellwand lösliche Phosphatide vorkommen" veröffentlicht, nach der in Zellwänden, die sorgfältigst durch fünftägige anhaltende Behandlung im zerriebenen Zustand vom ganzen Zellinhalt befreit waren, makrochemisch je 0,22% Phosphor und Stickstoff, und 1,123% Fettsäuren und Glyzerin nachzuweisen waren, wonach die Zellmembran in der Tat ein (in Wasser unlösliches) Diaminomonophosphatid enthalten soll.

[1] Wie Abb. 3c erkennen läßt, besitzen diese Neubildungen aber bereits vor ihrer Apposition an die ältere Wand eine erhebliche Dicke. Es ist nun wohl möglich, daß sie diese durch Intussuszeption erlangt haben. Ebenso erscheint es hinsichtlich der Ergebnisse Nolls nicht ausgeschlossen, daß durch die künstliche Einlagerung der Eisenverbindung das sonst normale Intussuszeptionswachstum verhindert worden ist.

[2] Zellmembran 1924, S. 1 (Linsbauer: Handbuch der Pflanzenanatomie)..

[3] Diese Ansicht findet sich z. B. noch in der Pflanzenphysiologie von Benecke (1924, S. 118) vertreten.

[4] Flora 1909, S. 205 und Ber. dtsch. bot. Ges. 1901.

fähigkeit und somit der Schrumpfungsverringerung. Hiergegen sprechen aber zahlreiche Einzelbeobachtungen an schrumpfenden Organen. Und im Gegensatz dazu hat Porsch[1] sogar die Hypothese aufgestellt, die biologische Bedeutung der Verholzung bestehe darin, daß sie den Wasserverlust der Membranen herabsetze. So erkläre es sich, daß sämtliche Wandungen der wasserleitenden Elemente im Körper der höheren Pflanzen verholzt sind. Diese Eigenschaft ermögliche es nämlich diesen Wänden, an ihrer Innenfläche eine dünne Wasserhaut festzuhalten, also die Ablösung des Nährsalzstromes von der Wand und damit einen Anlaß für seine Unterbrechung abzuwenden, die nach der sogenannten „Kohäsionstheorie" des Saftsteigens sehr ungünstig einwirken würde. Nach den weiter unten folgenden Tabellen (S. 12 u. 15) soll in der Tat der Wassergehalt der Hölzer im lufttrockenen Zustande im allgemeinen höher sein als der der holzfreieren Fasern[2].

Ich werde hiernach in den folgenden Abschnitten von dem höheren oder geringeren Maße der Verholzung im allgemeinen ganz absehen. Nur in der Liste (S. 12) sind hinsichtlich einiger Bastfasern ältere Zahlenangaben über die Maße ihrer „Inkrustation" angeführt, um wenigstens einen ungefähren Einblick in den Zusammenhang zwischen Festigkeit und Zellulosegehalt zu gestatten. Es ist hierbei aber wohl zu beachten, daß diese Zahlenwerte makrochemisch an Bastbündeln gewonnen sind, die schwerlich frei von anhängenden Geweberesten, wie Parenchym und Gefäßbündelteilen, waren[3]. So mag es sich erklären, daß nach dieser Liste Sonntags Flachs und Ramie 15 und 16 % fremde Einlagerungen besitzen sollen, während sie von Anderen durch die mikrochemischen Reaktionen als fast völlig ligninfrei oder (wie Ramie) sogar rein zellulosisch befunden wurden. Z. T. mögen sich solche Widersprüche auch dadurch erklären, daß die einen die natürliche Rohfaser, die andern die kotonisierte Faser geprüft haben, die durch die Vorbehandlung chemisch verändert worden ist und Bestandteile verloren hat.

Bezüglich des Zellulosegehalts von Hölzern sei u. a. auf van Wisselingh[4], sowie Hawley und Wise[5] hingewiesen. Ältere Zahlenwerte (1873 und 1876) stammen von H. Müller; 1914 gibt E. Ungar[6], 1919 Schwalbe u. Becker[7] weitere Werte an.

II. Makrophysik des pflanzlichen Fasersystems (Stereoms).

1. Begriffsumgrenzung des Stereoms (Skelettsystems).

Bei zarten Pflanzengeweben wird die Erhaltung ihrer Form hauptsächlich durch den Turgor der lebenden Zelle bewirkt, der ihre Wandungen dehnt und somit straff erhält. Vermindert sich infolge starker Transpiration die Turgeszenz erheblich, so welken und erschlaffen solche Gewebe. Für den ganzen Pflanzenkörper genügt jedoch zum Schutz seiner Formbeständigkeit eine solche Einrichtung nicht. Hier muß die Verdickung der Zellwände einen sicheren Halt gewähren.

Allerdings steht diese nicht immer im Dienste der Formbeständigkeit. So bilden z. B. bei den Steinnüssen, dem sogenannten vegetabilischen Elfenbein, die Wandverdickungen ein Nahrungsreservoir für den Keimling (vgl. Abb. 5a). Sie bestehen vorzugsweise aus Hemizellulosen, die während der Keimung durch Enzyme in löslichen Zustand übergeführt werden. Trotzdem erreichen sie eine bedeutende (annähernd Kalkspat-) Härte. Diese und ihre große Homogenität bei äußerst reduziertem Zellumen, erleichtern ihre Verarbeitung auf der Drehbank und ihre Politur.

---

[1] Ber. dtsch. bot. Ges. 1926, S. 137.

[2] Als Mittel zur Erhöhung der Druckfestigkeit ist die Verholzung neuerdings von Frey hingestellt worden (Ber. dtsch. bot. Ges. 1928, S. 484).

[3] Bekanntlich sind eine ungemein große Anzahl von Verfahren vorgeschlagen und z. T. praktisch zur Ausführung gekommen, um aus den verholzten Membranen reine Zellulose zu gewinnen. Bemerkenswert ist, daß bei behutsamer Anwendung solcher Methoden das zurückbleibende Zellulosegerüst durchaus den Zusammenhalt und die Form der ursprünglichen Membran bewahrt. Das gleiche gilt, wenn man umgekehrt, etwa mit Kupferoxydammoniak, die Zellulose entfernt, für das Gerüst aus Lignin, anorganischen Salzen usw. Hierdurch erklärt sich die geläufige Auffassung, daß diese letzteren Stoffe Einlagerungen in ein selbständiges Zellulosegebäude oder, wie gesagt, „Inkrustationen" sind.

[4] van Wisselingh: Zellmembran 1924.

[5] Hawley und Wise: Chemistry of wood 1926.

[6] E. Ungar: Züricher Dissertation.

[7] Schwalbe und Becker: Zeitschr. f. angew. Chemie Bd. 32.

Die Gewebselemente, die nun tatsächlich der Festigung der Pflanzenorgane dienen, zerfallen in zwei Formklassen, die gewöhnlich als Sklereiden und Stereiden unterschieden werden. Die ersteren sorgen für lokale Bedürfnisse. Sie finden sich besonders in den harten Schalen von Früchten und Samen, in zerstreuten Anhäufungen innerhalb vieler Rinden, in lederartigen Blättern usw. Ihre Formen wechseln mit ihrer speziellen Aufgabe (vgl. Abb. 5b bis e).

Die Stereiden sind die Faserelemente des Bastes und des sogenannten „Libriforms", d. h. der bastfaserähnlichen Teile des Holzkörpers. Zu ihnen gehören also die für die Faserstoff-Industrien der Seilerei, der Spinnerei und

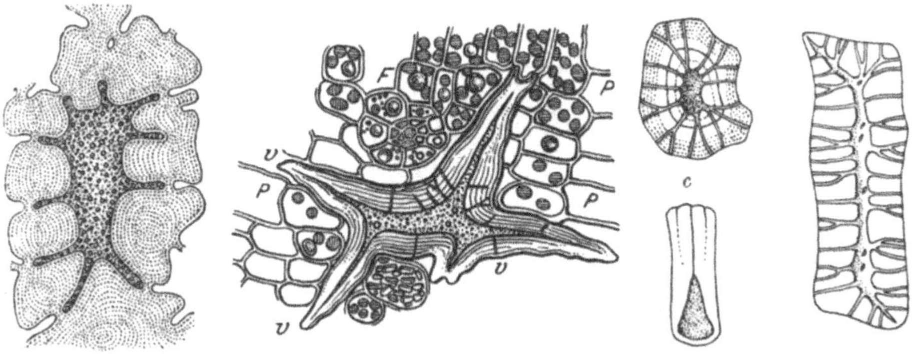

a b e d

Abb. 5a bis e. *a* Endospermzelle der Steinnuß mit Reservezellulose-Wänden, nach Strasburger-Schimper; *b* Steinzelle *v* aus dem Blatt einer Kamelie, nach Sachs (*p* Parenchym, *F* Gefäßbündel); *c* Steinzelle aus der Walnußschale; *d* dsgl. aus einem Birnenstiel; *e* aus der Samenschale einer Bohne. Nach Haberlandt.

Weberei, der Papier- und Kunstseideerzeugung usw. wichtigen Naturprodukte. Als die eigentlichen Stütz- und Skelettelemente des gesamten Körpers der höheren Pflanzen haben sie einen gemeinsamen Formentyp. Ihre Bezeichnung als Fasern kennzeichnet ja äußerlich genügend ihre gestreckte Gestalt[1]. Ein charakteristisches mikroskopisches Merkmal sind die spaltenförmigen, meist schief verlaufenden Mündungen der Porenkanäle, die die verdickten Wände durchsetzen (s. Abb. 6, *3b*). Auf die ungemein große physikalische Bedeutung des angegebenen Verlaufs der Porenmündungen kann erst später eingegangen werden.

Diese Skelettelemente stellen ein Material dar, das an Festigkeit mit den wertvollsten Baustoffen der Technik wetteifert, und, wenn man ihre geringe Masse (das spezifische Gewicht) in Betracht zieht, die meisten in gewisser Hinsicht übertrifft. So beträgt z. B. das Verhältnis der absoluten Festigkeit zum Volumgewicht beim Flußeisen ungefähr 4000:7,6 = 526, beim Buchenholz 1385: 0,73 = 1900, bei gutem Stahl 15000: 7,6 = 2080. Weiteres darüber s. unten[2]. Die Gesamtheit der Stereiden im Pflanzenkörper bezeichnet man als sein Stereom.

---

[1] Ihre Länge beträgt meist nicht mehr als 2 mm. Die als Gespinstfasern geeigneten sind jedoch bedeutend länger. So wird die mittlere Länge der Flachs- und Nesselfasern auf 25—30 mm, die des Hanfs auf 15—25 mm, die der Ramie auf 120 mm angegeben, und die Ramie kann sogar 250 mm erreichen (Faserforschg. Bd. 2, S. 123. 1921). Übrigens zeichnet sich die Ramiefaser auch durch einen hohen Querdurchmesser aus. Nach Wiesner (Rohst. d. Pflanzenr. Bd. 3, S. 50. 1921) beträgt dieser im Mittel 0,05 mm, bei Flachs und Hanf dagegen weniger als 0,02 mm.

[2] S. 10ff.

2. Die topographische Anordnung des Stereoms im Pflanzenkörper.

Schon Galilei hat in seinen Discorsi[1] auf das Kunstwerk hingewiesen, das die Natur in der Konstruktion der Hohlsäule des Roggenhalmes hervorgebracht hat. Die Höhe desselben beträgt, wie Noll betont hat, etwa das 500fache des Grunddurchmessers.

„Zudem trägt er die Last der Ähre, die schwerer ist als er selbst. Er weicht der Gewalt des Windes aus, indem er seine Spitze bis zum Boden hinabbeugt und fällt in die frühere Lage zurück, wenn die Wirkung des Windes aufhört. Die technischen Leistungen des Pflanzenkörpers sind also einzig in ihrer Art."

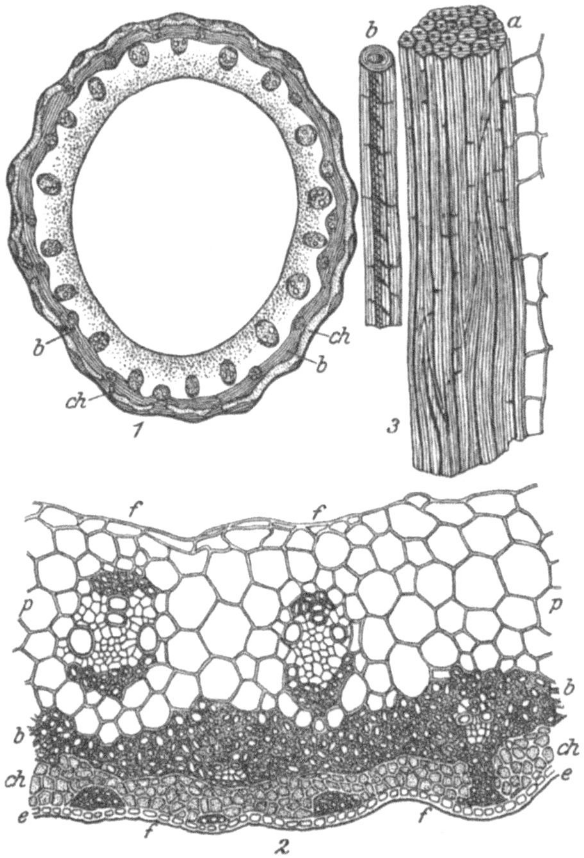

Abb. 6. Mechanisches Gewebe des Roggenhalms. *1* Querschnitt schwach vergrößert; *2* ein Stück davon stärker vergrößert; 3. Bastzellen in Längsansicht. Nach Frank. (*b* Bastfaserring; *ch* grünes Assimilationsgewebe; *f* Gefäßbündel; *p* Mark; *e* Oberhaut.)

Daß solche Leistungen nicht allein auf den Eigenschaften der Einzelfasern beruhen, sondern auch durch die rationelle Verteilung derselben im Pflanzenkörper bedingt sind, hat Schwendener in seinem „Mechanischen Prinzip im Bau der Monokotylen" von 1874 zuerst mit großer Klarheit dargelegt[2].

Im Bau des pflanzlichen Skelettsystems sind hiernach dieselben Grundsätze verwirklicht, die der Ingenieur anwendet. Für unsere Darstellung möge es genügen, auf den Gegensatz in der Gruppierung der Stützelemente hinzuweisen, der zwischen Stengel- und Wurzelorganen besteht.

Die mechanische Beanspruchung der ober- und der unterirdischen Pflanzenteile ist nämlich eine ganz verschiedene. Unter der Gewalt des Windes werden die ersteren und zwar in erster Linie die Hauptträger des Pflanzenleibes, die Stämme und Äste, vorzugsweise auf

[1] Ostwalds Klassiker 11: Unterredungen und math. Demonstrationen. 1. und 2. Teil, S. 123.

[2] Neuerdings hat Rasdorsky Schwendeners Ausführungen ergänzt und verbessert, indem er die seit 1886 entwickelte Praxis und Theorie des Verbundbausystems (aus Beton und Eiseneinlagen) heranzieht, wobei die pflanzlichen Faserstränge mit der Eisenbewehrung und das übrige Gewebe mit der Betonmasse verglichen werden (s. Ber. dtsch. bot. Ges. Bd. 46, S. 48—104. 1928: „Über das baumechanische Modell der Pflanzen"). Hierbei tritt die Überlegenheit der pflanzlichen Aufbauten über die menschlichen in der Beziehung besonders hervor, daß die Eigenschaften der Dehnbarkeit und Elastizität der verschiedenartigen pflanzlichen Gewebsteile untereinander weit besser harmonieren, als dies zwischen Eisen und Beton der Fall ist (nachträgl. Anm.).

Biegungsfestigkeit beansprucht; die im Boden verborgenen Teile dagegen vor allem auf Zug. Bei jenen müssen daher die Außenzonen besonders widerstandsfähig sein, denn bei jedem starken Windstoß unterliegt die Luvseite desselben einer Zerrung, die Leeseite einer Pressung, während die Innenpartien eine „neutrale" Region bilden. Bei den Wurzeln dagegen verteilt sich der Zug gleichmäßig über den ganzen Querschnitt. Die Pflanze erreicht mithin eine große Materialersparnis, wenn sie in den Stengelteilen die Skelettelemente, „Stereiden oder spezifisch mechanischen" Zellen (Schwendener) vornehmlich auf die Außenzonen beschränkt und das Innere nur mit Mark ausfüllt oder gar wie beim Roggenhalm frei läßt (vgl. Abb. 6, *1*).

Der Widerstand, den die Wurzeln den Zugkräften entgegensetzen, hängt dagegen in erster Linie von dem Quantum der widerstrebenden Wandmasse ab. Wie diese über den Querschnitt des Organs ist, wäre gleichgültig, wenn der Zug stets ganz gleichmäßig in seiner Längsrichtung wirkte. Da dies aber, namentlich bei krummlinigem Verlauf der Wurzeln, durchaus nicht immer der Fall ist, so wären, bei Gruppierung der Stereiden zu Einzelbündeln, diese der Gefahr des Zerreißens zuviel ausgesetzt. Das Rationellste ist daher offenbar die Vereinigung aller Stereiden zu einem einzigen kompakten Strang, der das Zentrum der Wurzel einnimmt. Dem entspricht nun in der Tat der Bau der Pflanzenwurzeln, wie ihn z. B. Abb. 7 zeigt.

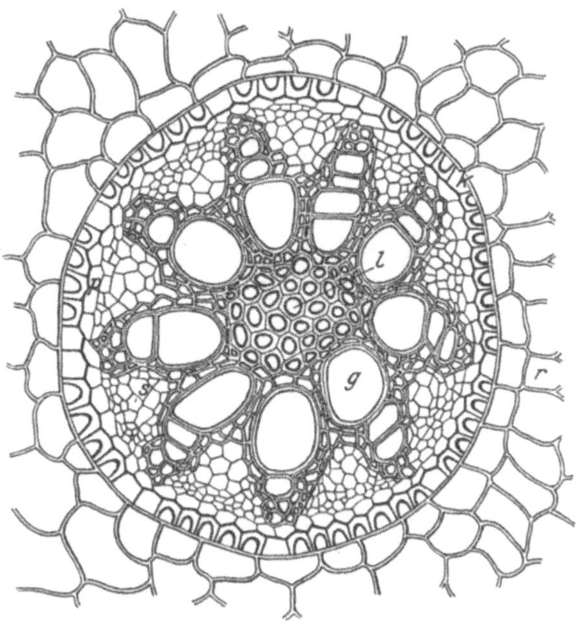

Abb. 7. Wurzelquerschnitt von Veratrum album, nach Tschirch. (*g* Gefäßstrahlen; *r* Rindengewebe; *l* dickwandige Zellen im Zentrum; *s* Siebteil; *p* Parenchym.)

Es gibt aber auch unterirdische Organe, die entwicklungsgeschichtlich dem Stamm angehören, die sogenannten Rhizome. Anderseits gibt es Wurzeln, die sich als Stammstelzen oder -stützen über die Erde erheben, wie bei manchen Palmen, bei Pandanus usw. Die letzteren werden gemeinsam mit den Stämmen auf Biegung beansprucht, die ersteren unter Umständen besonders auf Zug. Daher nehmen sie im Skelettbau eine Mittelstellung zwischen dem der normalen ober- und unterirdischen Organe ein.

Gegen die vorstehenden Darlegungen liegt allerdings ein Einwand nahe, der aus dem Aufbau unserer Bäume hergeleitet ist. Bei ihren Stämmen und Ästen sind ja die Stützelemente durchaus nicht auf eine Außenzone beschränkt, sondern bilden im Gegenteil die Hauptmasse des Pflanzenkörpers. Diese Tatsache hängt aber mit dem jährlichen Dickenwachstum der dikotylen Bäume zusammen. Bei den Monokotylen, z. B. den Palmen, wächst der Stamm bekanntlich meist in seiner ursprünglichen Dicke in die Höhe. Die stark zunehmende Verzweigung der Krone nötigt hingegen unsere Bäume zur jährlichen Verstärkung des Stammes. Daher wird jedes Jahr zu dem vorhandenen Stereommantel ein neuer hinzugefügt, und nur so schließen diese Steoromzonen zu einer kompakten Masse zusammen, die auch das gewaltige Gewicht der Krone zu tragen imstande ist, ohne zerdrückt zu werden.

Da also, nach Schwendeners heute ganz allgemein gebilligten Anschauungen, der anatomische Bau von Pflanzenorganen in engster Beziehung zu ihrer äußeren mechanischen Beanspruchung steht, so hat man sich wiederholt bestrebt, durch künstliche Vermehrung der letzteren den ersteren zu beeinflussen. Von derartigen Versuchen sei nur einer der neuesten von Rasdorsky ausgeführten mitgeteilt[1]. Die Abb. 8a bringt uns nach ihm den oberen gekürzten Teil eines Sonnenblumenstengels mit zwei Seitenzweigen vor Augen, von denen der eine frühzeitig mit Bleikugeln belastet und so bis zur Blütenentwicklung weiter gewachsen war. Die Abbildung läßt deutlich erkennen, daß der belastete Zweig kürzer geblieben, aber

[1] Ber. dtsch. bot. Ges. 1926, S. 332ff.

im unteren Teil erheblich dicker geworden ist[1]. Die folgenden Abb. 8b u. c bringen nun rechts einen mikroskopischen Querschnitt durch den belasteten Zweig, links einen solchen von dem gegenüberstehenden Kontrollzweig. Man sieht, daß der zackige Stereomring infolge der Belastung nicht bloß verstärkt, sondern auch, entsprechend den Grundsätzen der Bautechniker, erheblich nach außen gerückt ist.

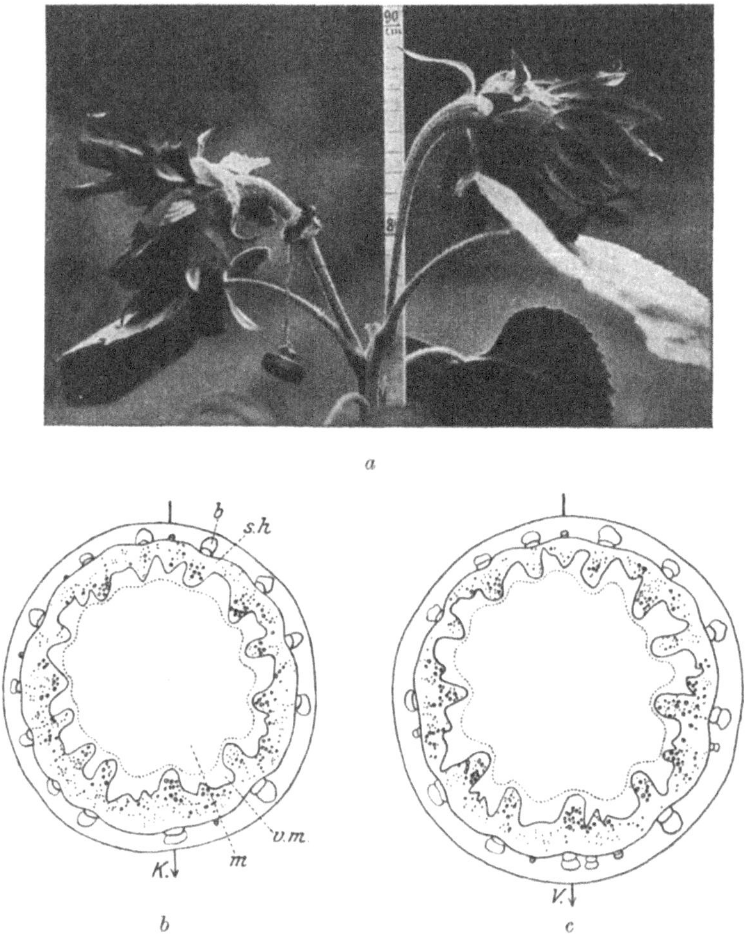

Abb. 8a bis c. Biegungsversuch an der Sonnenblume.
a links der belastete, rechts der unbelastete Blütensproß, bei Beendigung des Versuchs; *b* und *c* Querschnitte beider Sprosse an der Basis, und zwar *b* vom Kontrolsproß, *c* vom belasteten; sein mechanischer Ring erheblich erweitert und verstärkt. Nach Rasdorsky, (Ber. dtsch. bot. Ges. 1925). (*m* unverholztes Mark; *vm* verholztes Mark; *b* Bastbelege.)

3. Ergebnisse experimenteller Untersuchungen über die Festigkeit, Dehnbarkeit und Härte der Fasern.

A. Streckfestigkeit (absolute Festigkeit und Tragvermögen). Oben (S. 7) wurde ein Vergleich zwischen Buchenholz, Eisen und Stahl hinsichtlich ihrer Kohäsionsverhältnisse, beispielsweise zwischen den Quotienten ihrer „Festigkeit“ und ihres Volumengewichts gezogen. Dabei wurde ihre „Bruch-“ oder

[1] Unter der Last war er anfangs stark niedergebeugt gewesen, hatte sich aber bald wieder aufgerichtet.

„absolute Festigkeit" in Rechnung gestellt, d. h. die Belastung in Kilogramm je 1 mm², die angehängt werden kann bis das Material zerreißt. Nun hat aber Schwendener mit Recht darauf aufmerksam gemacht, daß es bei den Baumaterialien in Wirklichkeit weniger auf diese Bruchfestigkeit ankommt als auf das sogenannte Tragvermögen, d. h. auf die größte Belastung je 1 mm², bei welcher die Elastizitätsgrenze nicht überschritten wird. Denn für die Stabilität aller Baukonstruktionen ist die wichtigste Bedingung nicht die, daß bloß der Bruch vermieden ist, sondern daß die Dehnungen und Stauchungen des Materials, die durch das zulässige Belastungsmaximum herbeigeführt werden, durch die elastischen Kräfte der Stoffe vollständig wieder rückgängig gemacht werden.

In dieser Beziehung sind aber die pflanzlichen Stereiden den sonstigen Baustoffen erheblich überlegen, denn sie lassen eine weit größere Dehnung zu, ehe ihre Elastizitätsgrenze Halt gebietet.

Die einfache Methode, nach der Schwendener das Tragvermögen von Stereiden bestimmte, war folgende. Faserreiche Riemen von 15—40 cm Länge und 2—5 mm Breite wurden aus Blättern (z. B. von Palmen, neuseeländischem Flachs usw.) oder aus Stengelteilen gelöst, am oberen Ende in einen Schraubstock und am unteren in eine Zwinge gespannt, an der Gewichte angehängt wurden. Nachdem das Belastungsmaximum gefunden war, bei dem noch keine bleibende Verlängerung eintrat, wurde ein Querschnitt des Riemens an seiner schwächsten Stelle hergestellt und mikroskopisch untersucht. Hierbei wurde ein Bild des Schnittes mittels der camera lucida auf Papier projiziert und nachgezeichnet, und darauf die von dem Fasergewebe eingenommene Fläche möglichst genau ausgemessen. Hieraus ergab sich, unter Berücksichtigung der Zellumina, die auf 1 mm² Substanz entfallende Maximalbelastung als das gesuchte Tragvermögen des Stranges.

Als spezielles Objekt seiner Versuchsreihe möge uns nochmals der Roggenhalm dienen, wobei man den Querschnitt desselben in Abb. 6 vergleichen möge. Ein Halmstück von Roggen vor der Fruchtreife wurde in vier Längsstreifen gespalten, und zwei derselben wurden in der angegebenen Weise eingespannt. Der Doppelriemen von 28,5 cm Länge ertrug ohne Überschreitung der Elastizitätsgrenze eine Belastung von 10 kg. Der Querschnitt des halben Bastringes einschließlich der isolierten Bastbündel betrug höchstens 1 mm², wovon etwa ein Drittel auf die Zellhöhlen entfiel. Darnach ließ also ein Querschnitt von $^2/_3$ mm² eine Last von 10 kg zu, wonach sich für 1 mm² ein Tragvermögen von 15 kg ergab. Die elastische Dehnung betrug dabei 1,25 mm oder 4,4 Tausendstel der Länge.

Zur Kontrolle der Querschnittsbestimmung wurde außerdem ein Halmstück in lufttrockenem Zustand gewogen; das Gewicht war 0,2664 g. Nahm man das Volumgewicht der festen Halmmasse als 1,5 an (gleich dem der trocknen Stärke), so ergab sich für das Volum des Halmstücks 177 mm³, also für seinen Querschnitt, da die Länge des Stückes 150 mm maß, 1,18 mm² und endlich für die zum Versuch benutzte Hälfte 0,59 mm². Da aber bei dieser Rechnung der Anteil des Markgewebes und der Gefäßbündel unberücksichtigt geblieben ist, so lieferte diese Bestimmungsweise für den in Betracht kommenden Querschnitt des Stereoms eine erheblich kleinere Zahl als die vorher angesetzte von 0,66 mm². In der Tat wurde bei anderen weniger reifen Halmstreifen des Roggens ein größeres Tragvermögen bis zu 20 kg gefunden. An Halmen eines Wildgrases unserer Wälder und Heiden (Molinia coerulea) belief sich dieses sogar auf 22 kg[1].

Die Zahlen für eine Reihe anderer Objekte sind in der bekannten Physiol. Pflanzenanatomie Haberlandts wiedergegeben und durch spätere Versuche Weinzierls ergänzt. Man findet dort auch den Festigkeitsmodul, d. h., das den Bruch herbeiführende Gewicht.

Schwendener selbst hat die Resultate seiner Versuche in einer Tabelle dargestellt, an deren Schluß einige Vergleichszahlen von Metallen beigefügt sind. Er gibt weiter die Verlängerungen auf 1000 an, die bei den verwendeten Belastungen eintreten und nach deren Aufhebung elastisch völlig zurückgehen.

Diese Tabelle läßt erkennen, daß das Bruchgewicht (der „Festigkeitsmodul") sich bei diesen Pflanzenfasern wenig von dem „Tragmodul" unterscheidet. In dieser Beziehung sind die Pflanzenfasern allerdings den Metallen sehr unter-

[1] Bei dünnwandigem Paremchym fand Schwendener nur ein Tragvermögen von etwa 1 kg je 1 mm².

legen. Während z. B. beim Schmiedeeisen in Stäben der Tragmodul auf 13,3 angegeben ist, beträgt sein Bruchmodul etwa 40, also etwa das 3fache. Es ist aber oben bereits dargelegt, daß dieser scheinbare Nachteil für die Pflanze ohne Bedeutung ist. Dafür hat sie, wie in Schwendeners Tabelle die Zahlen beweisen, vor den Metallen den Vorzug einer vielfach stärkeren elastischen Dehnbarkeit.

Aus späteren Jahren liegen noch eine Reihe weiterer Untersuchungen über die Streckfestigkeit von Bastfasern vor. So von Hartig (1879), Pfuhl (1888), E. Müller (1892), Sonntag (1892), A. Herzog (1918), W. Müller und Ruschmann (1921), Reimers (1922)[1]. Sie sind nicht mehr auf die Bestimmung des Tragvermögens, sondern auf die der Bruchfestigkeit gerichtet. Und es ist sehr bemerkenswert, daß sie, hinsichtlich dieser, namentlich für die technisch wichtigen Fasern, erheblich höhere Zahlen geliefert haben. Während Schwendener z. B. für Molinia und Phormium nur 28 bzw. 30 kg je 1 mm² angibt, kam für Flachs Sonntag zu dem Werte 110 kg, W. Müller und Ruschmann zu 130 bzw. 129 kg und A. Herzog fand als Maximum sogar 142,8 kg. Die Letztgenannten haben sich dabei zur Feststellung des Querschnitts der Wägemethode Schwendeners bedient, die wir bei Besprechung seiner Versuche an Roggenhalmen an zweiter Stelle mitgeteilt haben. Ist nämlich P das den Bruch herbeiführende Gewicht, G das absolute Gewicht des Bastbündels, l seine Länge, q sein Querschnitt und s das spezifische Gewicht der Wandsubstanz, so ist die Festigkeit $F = \frac{P}{q}$, und da $G = qls$ ist, so ist allgemein $F = \frac{Pls}{G}$. Diese Bestimmungsweise leidet aber an der Unsicherheit des Wertes von s, der mit 1,5 vielleicht zu hoch angesetzt worden ist (s. S. 15).

Die höheren Ergebnisse mögen z. T. von sorgfältigerer und behutsamerer Versuchsanstellung herrühren, nämlich von größerer Reinheit der Baststränge und vorsichtigerer Steigerung der Belastung durch langsamen Zufluß von Wasser, Schrot oder Sand in eine Schale, statt Zufügens einzelner Gewichtsstücke.

Jedoch ist sehr auffällig, daß die Festigkeitsbestimmungen des Holländischen Textilforschungsinstituts zu Delft aus dem Jahre 1921 wiederum sehr viel kleinere Werte geliefert haben, nämlich als Höchstzahlen für Flachs 40, Hanf 45, Jute 37, Sisalhanf 59, Manilahanf 57, Kokosfaser 19[2].

Im folgenden mögen die Feststellungen Sonntags[3] nach seinen Schlußtabellen im Auszuge wiedergegeben sein.

Name	Festigkeit in kg je 1 mm²	Inkrustierende Substanz in %	Wassergehalt in %
Flachs	110,4	14,29[5]	8
Hanf	91,8	15,05	7,71
Jute	37,9	35	9,3
Ramie[4]	77,6	16,27[5]	8,67
Apocynum sibiricum	116,25	9,89	8,3
Musa textilis	67,1	29,20	10,25
Musa paradisiaca	46,9	34,42	
Phormium tenax	47,7	50	9,38
Agave americana	39,2	46,22	8,9
Arenga saccharifera	35,7		
Stipa tenacissima	35,3		
Carludovica palmata	31,75	50,58	7,7
Cocos nucifera	28,9	58,4	10,1
Caryota urens	22,9	59,01	11,7
Attalea funifera	6,9		

[1] Mitt. d. Dtsch. Forschungsinst. f. Textilstoffe in Karlsruhe 1922, S. 41—94. Dort auch näheres über die einschlägige Literatur. Reimers' eigene Bestimmungen der Festigkeit sind leider nicht veröffentlicht.

[2] Reimers, l. c. S. 95. [3] Landwirtschaftl. Jahrb. 1892, XXI, S. 839ff.

[4] Wiesner gibt an, daß außer der Bastfaser von Asclepias tenacissima kaum noch eine vegetabilische Faser zu existieren scheine, die in der absoluten Festigkeit der Ramiefaser gleichkäme. Nach Versuchen von Arton soll sie doppelt so groß sein als die von Hanf; nach den Ergebnissen des engl. Arsenals sowie von Alcan dreimal so groß (Rohst. d. Pflanzenreichs Bd. 3, S. 217—218. 1921).

[5] Wie auf S. 6 vermerkt, beziehen sich diese hohen Beträge an Inkrusten wahrscheinlich nicht auf die isolierten Bastzellen, sondern auf die rohen Bastbündel mit anhängendem Ge-

Für Baumwolle haben Hartig und W. Müller die Festigkeitswerte 34 und 37,6 gefunden. Neuere Bestimmungen des Delfter Forschungsinstituts aus dem Jahre 1921 ergeben (wenn ihr spezifisches Gewicht mit 1,5 angenommen wird) Werte zwischen 31 und 57.

Die Untersuchungen, über die bisher berichtet worden ist, bezogen sich auf Monokotylen oder krautige Dikotylen, also nicht auf die Stereiden des Holzes unserer Bäume. Zahlenangaben über solche finden sich aber in dem schwedischen Handbok i Skogsteknologi, Stockholm 1922, S. 124, vor. Die dortigen Tabellen enthalten zwar nicht den Trag-, sondern den Festigkeitsmodul in der Faserrichtung. Diese beiden weichen aber, wie gesagt, bei den Fasern nicht sehr erheblich voneinander ab. Insofern könnte man demnach die schwedischen Angaben unmittelbar zum Vergleich mit denen von Schwendener und Weinzierl benutzen, wenn nicht eine andere Unstimmigkeit im Wege stände. Diese liegt darin, daß die schwedischen Werte sich nicht wie jene auf 1 mm² der festen Wandsubstanz, sondern auf 1 mm² des ganzen Holzquerschnitts einschließlich der leeren Zellräume beziehen. Immerhin kann man versuchen, daraus auch für die feste Wandsubstanz allein einigermaßen angenäherte Werte der Festigkeit zu gewinnen, wenn mandas jeweilige Volumgewicht der betreffenden Holzproben uud des spezifischen Gewichts der Wandsubstanz in Rechnung stellt.

Wenn nämlich von dem zum Versuch benutzten Holzprisma der Querschnitt mit Q cm², seine Länge mit l cm und sein Volumengewicht mit σ bezeichnet wird, so ist sein tatsächliches Gewicht $G = Ql\sigma$. Sei ferner s das spez. Gewicht der isolierten Wandsubstanz und q ihr Anteil am Gesamtquerschnitt, so ist auch $G = qls$. Mithin besteht die Gleichung $qls = Ql\sigma$, woraus folgt $q = \frac{Q\sigma}{s}$. Aus den schwedischen Tabellen sind aber die Wertzahlen z des Bruchgewichtes für $Q = 1$ mm² zu entnehmen. Sie gelten also für $q = \frac{\sigma}{s}$ mm². Das macht auf 1 mm² der festen Substanz, mithin für den Bruchmodul derselben, $\frac{s}{\sigma} z$ kg. Über den Betrag von s wird weiter unten (S. 15) genauer berichtet werden. Nimmt man s, da die geprüften Hölzer alle wasserhaltig waren, zu rund 1,5 an, so ergibt die Rechnung für die Bruch- oder absolute Festigkeit der Wandsubstanz die Zahlenwerte, die in der folgenden, dem Handbok entnommenen Tabelle in der letzten Kolumne stehen.

Name	Feuchtigkeit in % der totalen Feuchtigkeit	Volumgewicht bei größter Feuchtigkeit	Gemessene absolute Festigkeit je mm² des Gesamtquerschnittes	Berechnete absolute Festigkeit je mm² Wandsubstanz
Kiefer	11	0,54	10,02	28
Fichte	11	0,45	8,14	27
Birke	12	0,64	12,07	28
Eiche	14	0,72	11,06	23
Buche	11	0,73	13,85	28,5
Erle	12	0,53	8,80	25
Espe	12	0,51	9,37	27,5

Nimmt man statt 1,5 (nach Sachs und Hartig) als spezifisches Gewicht der festen Wandsubstanz 1,56 an, so erhöhen sich die Werte der letzten Kolumne nur um $^1/_{25}$, d. h. rund um 1 kg.

Vergleicht man die Festigkeitszahlen dieser Tabelle mit denen der vorigen, so tritt die geringere Festigkeit der verholzten Membran auffällig hervor, sowie die nahe Übereinstimmung zwischen den stark verholzten Bastfasern von Kokos und Caryota und den Hölzern der letzten Tabelle.

B. Druckfestigkeit von Hölzern. Da Messungen der Druckfestigkeit, d. h. der Belastung je 1 mm², die von oben her den Bruch herbeiführt, an den dünnen Faserbündeln nicht ausführbar sind, liegen nur Berichte über solche an Hölzern vor. Nach dem Handbok ist die Druckfestigkeit nach der Längsrichtung der Faser 3 mal bis 10 mal so groß als in der Radialrichtung des Stammes, und quertangential zum Stamm bei Nadelhölzern größer,

---

webe. Denn die ersteren ergeben mit den bekannten mikrochemischen Reagentionen die Merkmale fast reiner Zellulose. Die Flachs- und (kotonisierten) Ramiefasern zeigen nämlich ebenso wie die Baumwolle und die Nesselfaser mit Chlorzinkjod Violett-, mit Jodjodkalium und Schwefelsäure intensive Blaufärbung; sie lösen sich fast vollständig in Kupferoxydammoniak und bleiben gegenüber Anilinsulfat Phlorogluzin und Salzsäure ganz (oder nahezu) farblos.

bei der Eiche und anderen Hölzern mit starken Markstrahlen geringer als in seiner Radialrichtung. Ferner hängt die Druckfestigkeit der verschiedenen Hölzer selbstverständlich vom Volumgewicht und damit auch vom Wassergehalt derselben ab. Die Quotienten aus den Druckfestigkeits- und Volumgewichtszahlen bieten aber bei den verschiedenen Holzsorten keine großen Differenzen. Im folgenden sind aus einer Tabelle des Handboks[1] (S. 127) eine Anzahl von Einzelergebnissen zusammengestellt. Sie sind an kubischen Probestücken gewonnen. Am Schluß sind gleichfalls nach dem Handbok einige Vergleichszahlen für sonstige Baustoffe angefügt. Die letzte Kolonne enthält den Quotienten von der Druckfestigkeit und dem Volumgewicht.

Holzart	Vol.-Gew. in absol. trockn. Zust.	Vol.-Gew. der Probe	Feuchtigkeit in % des absol. Trockengew.	Druckfestigkeit in kg je 1 mm²	Druckfestigkeit / Vol.-Gew.
Espe	0,425	0,461	14,1	4,10	8,89
Erle	0,495	0,534	13,9	4,27	8,0
Linde	0,543	0,583	13,6	4,48	7,68
Ulme	0,624	0,656	14,2	4,64	7,08
Fichte	0,412	0,441	13,7	4,21	9,54
Kiefer	0,494	0,529	13,6	4,64	8,78
Birke	0,679	0,726	15,1	5,06	6,97
Stieleiche	0,706	0,750	13,4	5,39	7,19
Steineiche	0,698	0,739	13,4	5,52	7,45
Esche	0,694	0,737	12,8	5,55	7,53
Lärche	0,556	0,596	13,6	5,56	9,32
Rotbuche	0,700	0,740	13,6	5,59	7,56
Weißbuche	0,781	0,820	14,7	5,75	7,02
Eibe	0,673	0,726	12,3	6,07	8,36
Ziegelstein	1,4—2,2			1—3	0,8—1,4
Sandstein	2,35			2,5—18	4
Granit	2,8			8—20	5 } Mittel
Gußeisen	7—7,5			70—85	10,5
Beton 1:3	2,2			3,5	1,6

C. Härte der Fasern. Wiesner hat in seinem Institut die Härte pflanzlicher Fasern durch Emma Otto nach dem mineralogischen Ritzverfahren prüfen lassen. Für die meisten Faserwände, z. B. die von Baumwolle, Flachs, Hanf, Jute und Ramie fand sie übereinstimmend nur Glimmerhärte. Nur Zellwände, die reichliche mineralische Einlagerungen besitzen, wie die Oberhaut der Schachtelhalme, oder die Sklereiden von Fruchtschalen wiesen eine höhere Härte (bis zu der des Opals) auf.

Mit Rücksicht auf diese Prüfungsergebnisse betont Wiesner[2] ausdrücklich, daß sich die sogenannten „Hart"- und die „Spinn"fasern, sowie die „harten" und „weichen" Hölzer in der physikalischen Wandhärte kaum unterschieden. Der Techniker verbindet jedoch mit dem Begriff der Härte seiner Hölzer eine andere Vorstellung. Er meint damit den Widerstand, den die natürliche Gesamtmasse derselben dem Eindringen eines fremden festen Körpers entgegenstellt. Diese Gegenwirkung hängt aber sowohl von der Dicke der Einzelwandungen, als von ihrem spezifischen Gewicht, ferner aber auch von der Textur des Gesamtgewebes ab. So beruht z. B. beim Pockholz (Guaiacum officinale und sanctum) nach Wiesner[3] die außerordentliche Härte und geringe Spaltbarkeit zum großen Teil auf der regellosen Anordnung der Stereiden, die vielfach schief zur Stammachse oder krummlinig verlaufen und obendrein mit ihrer Richtung in aufeinanderfolgenden Ringzonen wechseln.

Zur Vergleichung der „technischen Härte" verschiedener Hölzer hat der Wiener Forstbotaniker Janka die Belastung festgestellt, die nötig ist, um kleine Stahlkugeln gleicher Größe um die Länge ihres Halbmessers in ihre Masse hineinzupressen, Nach ihm ist das sogenannte Grenadille-Holz (Senegal-Ebenholz) von Dalbergia melanoxylon noch widerstandsfähiger als das Pockholz. Die „große Härte" rührt aber in diesem Falle nicht von unregelmäßigem Faserverlauf her, sondern wohl davon, daß die Lumina der Gefäße und Zellen z. T. völlig mit sogenannten „Kernstoffen" erfüllt sind, derart, daß das Gewebe der Holzmasse für das freie Auge fast strukturlos erscheint[4]. Ähnliches gilt von den echten

[1] Nach Janka: Die Härte der Hölzer. Wien 1915.
[2] Wiesner, l. c. S. 25. 1921. [3] Wiesner: Rohstoffe Bd. 2, S. 37. 1903.
[4] l. c. S. 943.

Ebenhölzern (Diospyros-Arten)[1]. Das harte Hickory-Holz ist durch ungemein dicke Faserwandungen ausgezeichnet[2]; desgleichen das Quebracho-Holz[3].

Nachstehend sind (aus einer Tabelle des Handbok S. 140) nach Janka eine Anzahl seiner Ergebnisse wiedergegeben. Die letzte Kolonne enthält wieder den Quotienten von Widerstand und Volumgewicht.

Holzart	Vol.-Gew. absol. trocken	Vol.-Gew. der Probe	Feuchtigkeit in % des absol. Trockengew.	Widerstand in kg je 1 mm²	Widerstand / Vol.-Gew.
Fichte	0,412	0,441	13,7	2,65	6
Kiefer	0,494	0,529	13,6	2,99	5,65
Lärche	0,566	0,596	13,6	3,76	6,3
Ulme	0,624	0,656	14,2	6,14	9,4
Stieleiche	0,706	0,750	13,4	6,51	8,7
Steineiche	0,698	0,739	-13,4	6,86	9,3
Esche	0,694	0,737	12,8	7,55	12,8
Eibe	0,673	0,726	12,3	7,69	10,6
Buche	0,700	0,740	13,6	7,8	10,6
Pitchpine	0,789	0,841	10,2	6,99	8,3
Mahagoni	0,76	0,813	12,0	7,0	8,6
Hickory	0,859	0,877	13,3	8,42	9,6
Ebenholz	1,125	1,163	10,6	17,37	14,9
Quebracho	1,149	1,185	9,2	18,93	16,0
Pockholz	1,235	1,270	10	19,71	15,5
Grenadille	1,244	1,312	8,7	24,32	18,5

4. Spezifisches Gewicht der Wandsubstanz, Verhältnis ihres Volums zu dem der Lufträume.

In den bisher aufgeführten Tabellen finden sich zahlreiche Angaben über Volumgewichte von Hölzern, die an großen Probestücken derselben durch Wägung und Volumausmessung gewonnen sind. Sie variieren selbstverständlich nicht nur mit der Holzart, sondern auch mit dem Luft- und Wassergehalt derselben. Das Volumgewicht ergibt sich um so höher, je dickwandiger ihre Zellelemente und je kleiner ihre und der Gefäße Lumina sind. Der Einfluß des Wassers ist dagegen nicht eindeutig. Dadurch, daß Luft der Hohlräume durch Wasser verdrängt wird, steigt das Volumgewicht der ganzen Masse; dadurch aber, daß das Wasser in die Membranen selbst eindringt, wird das Volumgewicht vermutlich herabgesetzt, denn die trockene Wandsubstanz ist schwerer als Wasser und quillt zudem darin auf. Schwieriger als die Bestimmung der Volumgewichte ganzer Holzmassen ist die Ermittlung des spezifischen Gewichtes der isolierten Wandsubstanz. Sachs ging zu diesem Zwecke so vor, daß er dünne Holzquerschnitte durch Kochen in Wasser von Luft befreite und dann in Salzlösungen verschiedener Konzentration brachte. Wenn sie in einer solchen ruhig schwebten, ohne zu sinken oder zu steigen, so mußte ihr spezifisches Gewicht mit dem leicht zu ermittelnden der Lösung übereinstimmen. Er fand so für Abies pectinata die Zahl 1,56. Zu demselben Ergebnis gelangte nach ihm Hartig, als er in gleicher Weise Holz und Rinde verschiedener einheimischer Bäume untersuchte. E. Müller[4] fand für Jute 1,436, für Flachs 1,465, für Baumwolle und Flachs 1,5. Untersuchungen von Henze in einer Göttinger Dissertation von 1883 ergaben höhere Zahlen von 1,60 bis 1,63, neuere von Dunlop aus dem Jahre 1914 nach Hawley und Wise[5] hingegen wieder niedrigere von 1,5 bis 1,57; Halama[6] 1921 gibt für Manilahanf 1,35 an.

Vermutlich rühren die Ungleichheiten dieser Ergebnisse von der ungleichen Einwirkung der verschiedenen zu den Versuchen benutzten Salzlösungen her. Henze verwendete nämlich Jodkalium, Sachs, Hartig und Dunlop Kalzium- oder Zinknitrat, Salze, die starke Quellungswirkung besitzen. Nach der erwähnten Chemistry of wood S. 283 hat daher Stamm statt Wasser und Salzlösungen Benzin und Kohlenstofftetrachlorid verwendet; er ist so zu der noch niedrigeren Zahl 1,475 gelangt. Es heißt an der angeführten Stelle, Stamms Bericht sei noch nicht veröffentlicht, und Näheres ist daselbst über sein Verfahren nicht angegeben. Mutmaßlich hat Stamm das Benzin zur Vertreibung der Luft benutzt und in

[1] l. c. S. 986. [2] l. c. S. 884. [3] l. c. S. 965.
[4] Müller, E.: Civilingenieur 1882. [5] Hawley: l. c. S. 280.
[6] Halama: Faserforsch. Bd. 1, S. 9.

Gemischen von Benzin und Chlorkohlenstoff (dessen spezifisches Gewicht in den Lehrbüchern zu 1,59 angegeben wird), die luftfreien Schnitte auf ihr Sinken oder Steigen geprüft. Hierbei fragt sich jedoch wieder, ob das geringe spezifische Gewicht des Benzins den Zahlenwert nicht herabgedrückt hat, d. h. ob dieses zur Genüge von dem Chlorkohlenstoff verdrängt worden ist.

Die Chemistry of wood äußert sich dahin, daß der wahre Betrag des spezifischen Gewichts der Zellwandsubstanz jedenfalls näher an dem Stammschen Werte von 1,475, als an den früher gefundenen über 1,5 liege. Das schwedische Handbok dagegen hat, offenbar ausschließlich auf Sachs und Hartig gestützt, den Wert 1,56 als richtig angenommen[1].

Auf Grund dieses letzteren Wertes $s = 1{,}56$ hat nun das Handbok (S. 73) versucht, aus dem Volumgewicht σ lufttrockner Hölzer die Anteile der Wandsubstanz v und der Lufträume am Gesamtvolum V zu berechnen. Da nämlich $vs = V\sigma$, so ist $v = \frac{V\sigma}{s}$ oder, in Prozenten des Gesamtvolums ausgedrückt, $v = \frac{100}{1{,}56}\sigma = 64\cdot\sigma$. Wird $s = 1{,}475$ angenommen, so ändern sich die Werte von v nur wenig; es wird nämlich dann $v = 68\cdot\sigma$. Hieraus ergibt sich folgender Zusammenhang (wobei die eingeklammerten Zahlen dem Wert $s = 1{,}475$ entsprechen).

Vol.-Gew. trocken	Vol.-Anteil der Wandsubstanz in %	Vol.-Anteil der Lufträume in %
0,3	19 (20)	81 (80)
0,4	26 (27)	74 (73)
0,5	32 (34)	68 (66)
0,6	39 (41)	61 (59)
0,7	45 (48)	55 (52)
0,8	49 (54)	51 (46)

Das Handbok schließt daraus, daß in allen Hölzern des nördlichen Klimas die Wandsubstanz den geringeren Teil des Gesamtvolums ausmacht.

5. Der Wassergehalt.

Der Wassergehalt der Rohfaser hängt von der Luftfeuchtigkeit und der Temperatur ab. Als Grenztemperatur, bei der alles Wasser ausgetrieben sein soll, wird etwa 110° C angenommen. Im lufttrocknen Zustand enthält die Faserwand immer noch beträchtliche Wassermengen und saugt nach längerem Verweilen in einem dampfgesättigtem Raum noch erheblich mehr auf.

Für mittlere Temperatur und Luftfeuchtigkeit gibt Wiesner an Bastfasern eingehende Daten an (siehe Rohstoffe III 1921; S. 17).

Hinsichtlich der Hölzer bemerkt das Handbok, daß sie in wassergesättigtem Zustande weit mehr Wasser enthalten als sie innerhalb des lebenden Baumes und selbst im Splint besitzen (weil sich ja die Lufträume füllen). Es bringt (S. 103) folgende Tabelle über den allgemeinen Zusammenhang des Wassergehaltes des Holzes bei voller Sättigung (in Prozenten des Trockengewichts) mit dem Trocken- und dem Rohgewicht.

Vol.-Gew. trocken	Max. Wassergehalt in % des Trockengew.	Vol.-Gew. roh
0,3	320	1,17
0,4	230	1,22
0,5	180	1,27
0,6	145	1,31
0,7	120	1,34
0,8	100	1,37

Nach dem Handbok (S. 82, Abb. 92) hat Holz in dampfgesättigter Luft einen Feuchtigkeitsgehalt von etwa 34% seines gesamten Gewichts, und bei einer mittleren Luftfeuchtigkeit von etwa 65% immer noch einen Wassergehalt von rund 12%.

[1] In Proc. Roy. Soc. Bd. 9, S. 72. 1924 gibt Balls an, das spezifische Gewicht der Baumwollzellulose liege nach seinen Ergebnissen weit näher an 0,9 bis 1 als an 1,55. Dischendorfer rechnet dagegen (Angew. Botanik Bd. 7, S. 60. 1925) mit dem Werte 1,49.

In Chemistry of wood findet sich ein Diagramm für die Temperaturen von 24° C und 100° C (jedoch bezogen auf das Trockengewicht), Abb. 9a. Es ist in guter Übereinstimmung mit dem Diagramm, das Katz[1] für reine Zellulose (Filtrierpapier) mitgeteilt hat (s. Abb. 9b) und das sich auf Temperaturen zwischen 20° und 30° bezieht. Es gibt ein Maximum des Wassergehalts von 33% des Trockengewichts an.

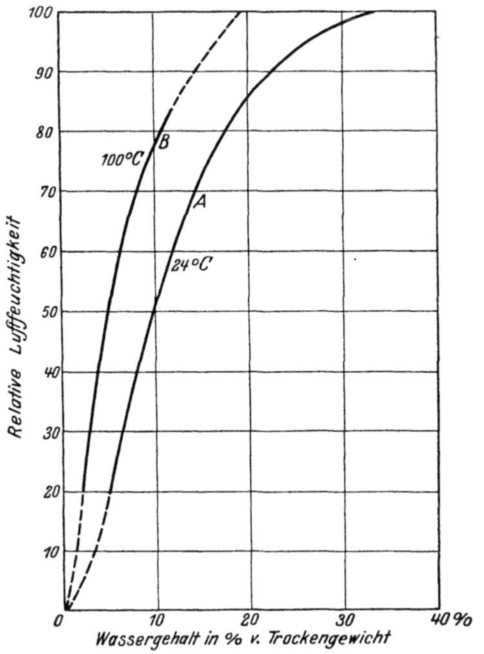

a

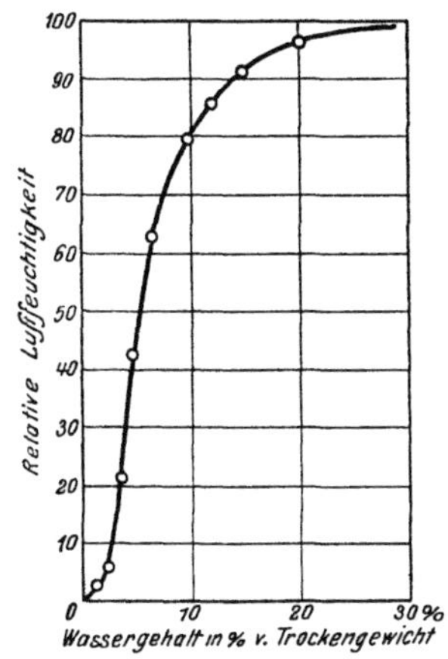

b

Abb. 9a u. b. Kurven über Wassergehalt in Abhängigkeit von der Luftfeuchtigkeit. *a* nach Hawley und Wise für Holz; *b* nach Katz für Zellulose (Filtrierpapier).

6. Schrumpfen und Quellen.

Daß die Pflanzenfasern nach ihrer Längs- und Querdimension in ganz ungleichem Maße schrumpfen und quellen, ist längst bekannt. Nach dem Handbok soll bei Holz dies Verhältnis ungefähr 1 : 10 betragen[2], und das merkliche Schrumpfen aller einheimischen Hölzer beginnen, wenn ihr Wassergehalt auf etwa 25—30% ihres Trockengewichts (den „Fasersättigungspunkt") gesunken ist. Isolierte Fasern drehen sich beim Austrocknen mehr oder weniger um ihre Achse (s. S. 26 und die Kräuselung der Baumwollhaare in Abb. 26b und c, sowie die Abb. 27d und 28d). Im Verbande wird jedoch diese Bewegung durch den mit der Faserzahl zunehmenden Torsionswiderstand des Gesamtgefüges stark gehemmt.

Hinsichtlich der Quellung ist die hygroskopische und die durch starke Chemikalien bewirkte Überquellung zu unterscheiden. Die erstere ist meist reversibel[3], die zweite nicht, mit der letzteren ist oft eine Verkürzung der Faser in der Längsrichtung verbunden (beim Hanf z. B. um 20% und mehr); mit der ersteren nie. Allerdings verkürzen sich (wie schon im Altertum bekannt und technisch verwertet), Seile bei der Benetzung. Ihre Längenabnahme beruht aber nicht auf einer Verkürzung ihrer Einzelfasern, sondern auf deren Dickenzunahme. Durch diese werden nämlich die Zonen der einzelnen Faserstränge nach außen geschoben; ihr Umfang wird vergrößert, während die Schraubenlinien der Faserzüge an Länge unverändert bleiben. Daher muß sich die „Höhe" der Schraubenumläufe verkleinern, und so das Seil zusammengezogen werden.

---

[1] Katz: Kolloidchem. Beih. Bd. 9, 1, S. 57, Abb. 16. 1917.

[2] Die „Chem. of wood" gibt (S. 290 und 291) für die Schrumpfung in der Längsrichtung 0,1—0,3%, für die tangentiale 5,1—12,6%, für die radiale 2,2—7,6% an. Daß die Verkürzung in der radialen Richtung geringer ist, als die in der tangentialen, wird darauf zurückgeführt, daß die Markstrahlzellen in radialer Richtung gestreckt sind und daher nur wenig abnehmen.

[3] Bei der Baumwolle z. B. werden die Drehungen der Haare, die bei dem Absterben erfolgen, in Wasser nur etwa zur Hälfte rückgängig gemacht (Dischendorfer: Angew. Botanik 1925, S. 64 und 73).

7. Thermische Eigenschaften.

Die spezifische Wärme fand Dunlop nach Hawley und Wise[1] bei verschiedenen Hölzern zwischen 0° und 106° zu 0,327. Die Wärmeausdehnung ist nach derselben amerikanischen Quelle quer zur Faser weit größer als parallel zu ihr. Bei Pinus Strobus wurde sie gefunden in der Längsrichtung der Faser zu $3{,}8 \cdot 10^{-6}$ je 1° C; bei Betula lutea nach der Faserachse zu $2{,}5 \cdot 10^{-6}$, in radialer Richtung zu $27{,}2 \cdot 10^{-6}$, in tangentialer zu $30 \cdot 10^{-6}$[1a].

Wiesner hat beim Lindenbast und zahlreichen anderen Pflanzenfasern das Verhältnis der Wärmeleitungsfähigkeit quer und längs ihrer Achse zu bestimmen gesucht, indem er einen dünnen Wachsüberzug derselben von einem Punkte aus zum Schmelzen brachte. Nach seiner Mitteilung bildete die geschmolzene Partie eine Ellipse vom ungefähren Achsenverhältnis 3 : 4 oder 3 : 5. Die Faser leitet demnach in der Querrichtung schwächer als in der Längsrichtung, was für die Wärmeökonomie des Stammes zweifellos von Vorteil ist.

In der Chemistry of wood (S. 284) ist indes als Ergebnis eines Forschers aus den 70er Jahren statt jener Verhältniszahlen der Wert 3 : 10, und erst als Ergebnis einer anderen Untersuchung aus dem Jahre 1914 wieder 3 : 4 angegeben[2].

8. Plastizität, Trockenstarre und elastisches Verhalten von Zellwänden.

Bei 100° und Gegenwart von Dampf werden manche Hölzer so plastisch, daß sie leicht gebogen werden können und dann dauernd in der aufgezwungenen Form verharren. Aus Sägespänen können durch hohen Druck solide Briketts hergestellt werden.

Wenn die saftigen oder wenigstens flüssigkeitsgefüllten Zellen — manchmal auch Jungbast und Jungholz — austrocknen, werden sie dabei in der Regel verbogen und zerknittert wie die Haut eines welken Apfels. Während nämlich die Flüssigkeit des Zellinnern durch Verdunstung an Volum abnimmt, zieht sie gewöhnlich die Zellhaut, infolge ihrer Adhäsion an ihr, sowie infolge ihrer eigenen Kohäsion, in Falten hinter sich her. Und zu allermeist verbleibt die Zellmembran in diesem „geschrumpfelten“ Zustande, wenn der letzte Flüssigkeitsrest des Lumens und damit sein zentripetaler Zug verschwunden ist. Die Zellhaut verharrt in Trockenstarre. In anderen, allerdings seltenen Fällen verhalten sich die Zellwände wie gewaltsam gebogene Sprungfedern und schnellen elastisch in ihre ursprüngliche Form zurück, wenn sie durch den Riß des Flüssigkeitsrests von dem Zuge befreit sind. Man findet dies bei einigen Sporenbehältern und Schleuderfäden derselben. Worauf diese Unterschiede beruhen, liegt noch ganz im Dunkeln. Ebenso unklar ist es, warum in anderen Fällen das Schrumpfeln der Zellwand ganz unterbleibt, indem die Adhäsion der Zellflüssigkeit in ihr schon bei Beginn des Wasserverlusts unterbrochen wird. Zwar ist es nicht auffallend, daß die dicken und festen Wände älterer Stereiden, wenn sie nach völliger Wasserdurchtränkung wieder austrocknen, der Faltung durch den Kohäsionszug des schwindenden Wassers widerstehn, jedoch ist es noch nicht aufgeklärt, warum sich auch dünnwandige Zellen so verhalten, d. h. warum bei ihnen die Adhäsion des Wassers an der Zellwand so leicht unterbrochen wird. Renner[3] hält es für wahrscheinlich, daß solche Zellwände verhältnismäßig weite, wenn auch submikroskopische Poren, besitzen, durch welche von außen Luft eindringe und das Innenwasser von der Wand abdränge.

9. Durchlässigkeit der Zellulosemembran für Gase.

In einer Abhandlung vom Jahre 1889 gelangten Wiesner und Molisch[4] zu dem Schlusse, daß unverholzte und unverkorkte Zellmembranen Luft weder im lebenden, noch im toten Zustand der Zellen filtrieren oder diffundieren lassen. In der Tat ist es richtig, daß bei einem offnen Torricellirohr ein Gipfelabschluß von einem einzigen dünnen, toten oder lebenden Moosblättchen (über einem lockeren Gipspfropf als Widerlage) genügt, um die Quecksilbersäule wochenlang auf dem Barometerstand zu erhalten, und daß es ferner sogar gegenüber einem Druck von mehreren Atmosphären den Eintritt von Luft in die Torricellische Leere verwehrt. Jedoch ist anderseits bei Sonnenrosen- und Holundermark, sowie bei unverholzten und unverkorkten Geweben von Antheren dargetan worden, daß ihre Zellhäute, selbst wenn sie in der Luftleere ausgetrocknet werden, für Luft in beträchtlichem Maße durchlässig sind[5].

---

[1] Hawley und Wise: l. c. S. 280. [1a] Hawley und Wise: l. c. S. 285.

[2] Für ultraviolettes Licht ist die Zellulose nach Frey (Jahrb. wiss. Bot. 1926, S. 206) ebenso durchlässig wie Quarz, während Lignin, Kutin und Pektinstoffe die ultraviolette Quecksilberstrahlung weitgehend oder völlig verschlucken sollen.

[3] Renner, Ber. dtsch. bot. Ges. S. 207ff. 1925.

[4] Wiesner und Molisch: Sitzungsber. d. Wien. Akad. Juli 1889, 98, Abt. I. Untersuchung über die Gasbewegung in der Pflanze.

[5] Ber. dtsch. bot. Ges. Bd. 18, S. 297ff. 1900, und Flora Bd. 92, S. 102ff. 1903.

Die Durchlässigkeit der pflanzlichen Gefäßwände für verschiedene Gase hat Noll[1] sehr anschaulich derart nachgewiesen, daß er abgeschnittene Zweige, deren Schnittfläche in Wasser tauchte, in eine Atmosphäre von Leuchtgas, Kohlensäure, Wasserstoff oder Sauerstoff brachte. Die Gase drangen nämlich durch die Spaltöffnungen und Interzellularen in die Gefäße selbst ein und perlten im lebhaften Blasenstrom an der Schnittfläche aus den Gefäßmündungen hervor. Ein Manometer zeigte einen erheblichen Überdruck in dem Raum über der Schnittfläche an. Wie S. 18 erwähnt, hat Renner das unterschiedliche Verhalten von Zellen beim Wasserverlust benutzt, um auf die Weite submikroskopischer Poren ihrer Wände zu schließen, die den Durchtritt von Luft ermöglichen. Es ist festgestellt, daß der Zug des zurückweichenden Innenwassers von Zellen auf deren Wandung sich in verschiedenen Fällen auf mehrere hundert Atmosphären steigern kann. Hier sollen nach Renner die betreffenden Poren die Weite von 30 μ bis 10 μ (bei 300 Atm.) nicht unterschreiten dürfen. Denn nach den Kapillaritätsformeln halten nur Menisken von diesen Durchmessern solche Widerstände aus. Widerständen von 10 Atm. entsprechen Porenweiten von 0,3 μ, solchen von 1 Atm. Weiten von 0,3 μ. Renner vermutet, daß in toten Zellmembranen die Poren durch die Bahnen abgestorbener Plasmodesmen hergestellt sind, d. h. der feinen, die Wand durchsetzenden plasmatischen Verbindungsfäden benachbarter Protoplasmaleiber.

Die genauesten Untersuchungen und Messungen hat Claußen[2] an Nadelhölzern angestellt und gefunden, daß feuchte Holzmembranen für Luft durchlässiger sind als trockene. Als Merkwürdigkeit ergab sich ihm dabei, daß frisches Holz beträchtliche Luftmengen, zu verschlucken vermag (vermutlich durch Adsorption der Wand). Sie betrugen 0,5 bis 0,75 cm^3 auf 1 cm^3 Holz, oder 1,5 bis 3,6 cm^3 auf 1 cm^3 Wandsubstanz (l. c. S. 21—24).

10. Osmotische Durchlässigkeit von Zellmembranen.

Man ist im allgemeinen geneigt, die Zellulosewände hinsichtlich Flüssigkeiten für recht durchlässig zu halten. Wasser, Alkohol, Xylol und viele andre Flüssigkeiten dringen ja bei mikroskopischen Beobachtungen rasch hinein. Bei Paraffineinbettung für Mikrotomschnitte werden die Membranen anscheinend sogar mit der Chloroformlösung desselben durchtränkt. Salz- und Zuckerlösungen bewirken nicht nur an Schnitten, sondern auch an unverletzten Algenfäden, Moosblättern usw. Plasmolyse. Ferner werden nicht allein zahlreiche Farbstoffe, sondern auch Schwermetalle wie Silber, Gold, Kupfer usw. sowie auch Phosphor, Schwefel, Arsen usw. in Lösungen von den Membranen aufgenommen und darin abgeschieden.

Jedoch sind eine Reihe von Fällen bekannt geworden, in denen die Zellwände sich für bestimmte Stoffe undurchlässig erwiesen haben. So dringt nach Klebs[3] Kongorot zwar in lebende Wurzelhaare, aber nicht in grüne Zellen von Farnprothallien ein. Nach H. Schroeder[4] sind im Weizenkorn die Zellwände des Embryos für absoluten Alkohol und darin gelöste Stoffe durchlässig (sonst würde er nicht durch sie rasch getötet werden); die Zellwände der Aleuronschicht setzen dagegen dem Eindringen dieser Flüssigkeiten einen hohen Widerstand entgegen. Das ist aber besonders auffällig, weil diese Membranen nach dem Ausweis der Chlorzinkjod-Reaktion sehr zellulosereich sind. Von kutinisierten Zellwänden, wie den Epidermen von Samen ist ja die Schwerdurchlässigkeit für manche Salze schon länger bekannt[5], und die Apfelschale mit ihrem dünnen Wachsüberzug verhält sich nach Michaelis[6] ganz ausgesprochen selektiv, indem sie (im geraden Gegensatz zur Grenzschicht der Blutkörperchen, aber in Übereinstimmung mit einer Kollodiummembran) für Kationen permeabel, aber für Anionen impermeabel ist.

III. Mikrophysik der pflanzlichen Zellmembran, insbesondere der Rohfaser.

Als Kennzeichen der pflanzlichen Skelettfasern ist außer ihrer Wandverdickung und ihrer langgestreckten Form mit zugespitzten oder schlanken Endigungen bereits ein feineres anatomisches Merkmal angeführt worden, näm-

[1] Sitzungsber. d. Niederrhein. Ges. f. Natur- und Heilkunde 1897, 15. Nov.

[2] Claußen: Flora oder allg. botan. Zeitung Bd. 88, H. 3. 1901. Über die Durchlässigkeit der Tracheidenwände für atmosphärische Luft.

[3] Klebs: Sitzungsber. d. Heidelberg. Akad. d. Wiss. Mathem.-naturw. Kl. 1919, Biol. B. Abhandlg. 18.

[4] Schroeder, H.: Biol. Zentralbl. Bd. 42, S. 185. 1922.

[5] S. Shull: Bot. Gaz. Bd. 56, S. 169. 1913.

[6] Michaelis: Naturwissenschaften Bd. 14, S. 34. 1926.

lich die Schiefstellung der Mündungen der Porenkanäle, welche ihre Wandungen in radialer Richtung durchsetzen. Daß solche Kanäle, solange die Zellen wachsen, als Durchlaßstellen für die Nahrungszufuhr von großer Bedeutung sind, leuchtet sofort ein. Es ist aber außerdem festgestellt, daß die Form und die Richtung dieser Poren mit der Feinstruktur der Wände aufs engste zusammenhängt. Durch diese Feinstruktur sind die physikalischen Eigenschaften der Zellhäute in sehr hohem Maße bedingt.

Zur Erforschung dieses Feinbaues sind 4 Wege eingeschlagen worden. Das erste Hilfsmittel war das Mikroskop unter Anwendung „normalen" Lichtes. Das zweite Verfahren bedient sich des Polarisationsmikroskops, da die Zellhaut stets Doppelbrechung zeigt. Die ultramikroskopische Untersuchung ist vor Jahren von Gaidukow in Angriff genommen worden, jedoch ohne nennenswerten Erfolg, da die festgepackten Strukturelemente der derben Gele der Wahrnehmung weit mehr Schwierigkeit bereiten als die isolierten Teilchen der Sole in Brownscher Bewegung. Die Ergebnisse des vierten Verfahrens, der Durchleuchtung mit Röntgenstrahlen, fallen außerhalb des Rahmens unserer Aufgabe. Sie haben übrigens die Resultate der beiden erstgenannten Methoden bestätigt[1].

1. Allgemeine mikroskopische Anatomie der Fasermembranen nach Beobachtungen im gewöhnlichen Licht.

A. Die Schichtung der Zellwände. Die Zellmembranen erscheinen auf Durchschnitten nicht einheitlich gebaut. So sehen wir sie z. B. auf dem Querschnitt der Abb. 3c (S. 4) in den drei größeren Zellen (abgesehen von der noch isolierten, durch Quellungsmittel gefälteten Neubildung) aus drei Zonen zusammengesetzt. Die älteste, punktiert dargestellte, ist die primäre Membran. Sie erscheint in der angegebenen Abbildung als durchaus einheitlich. Sie läßt sich aber in zwei Hälften spalten, wenn man die Bastbündel durch ein Mazerationsverfahren (z. B. durch Behandlung mit starken Säuren und Kaliumchlorat) in die Einzelzellen zerlegt. Nach Reimers läßt sich nun tatsächlich im Innern der primären Membranen bei Bastfasern stets eine chemisch leichter angreifbare, hauptsächlich aus Pektinstoffen und Lignin bestehende, Mittellamelle nachweisen, die als feines rotes Netz hervortritt, wenn man, nach einer Vorbehandlung mit Salzsäure-Alkohol und Ammoniak, Rutheniumrot zusetzt[2]. (Vgl. das zarte Liniennetz des Flachsquerschnitts der Abb. 10a mit dem gröberen Netzwerk der primären Membran im Hanfquerschnitt Abb. 10b, der nur mit Chlorzinkjod behandelt ist.)

An die primäre Wand schließt sich nach innen die sekundäre Verdickungsmasse an, die in Abb. 3c aus zwei verschiedenen, fertigen Schichten besteht. In dem noch jüngeren Stadium von Oleanderbastzellen in Abb. 11a sehen wir ebenfalls die sekundäre Membran aus zwei Schichten gebildet. Die ältere, aber noch einjährige Zelle von Abb. 11b hat bereits vier, und die dreijährige von Abb. 11c fünf Schichten, von denen die innerste in vier schmale „Lamellen", die dritte in zwei breitere Lamellen zerfallen ist. Der Querschnitt einer Flachsfaser in Abb. 11d zeigt zwei „Schichten", von denen die innerste gar in sieben „Lamellen" zerfallen ist. Ein wesentlicher Unterschied zwischen den Begriffen „Schicht" und „Lamelle" ist übrigens nicht vorhanden. Man könnte bei der gezeichneten Leinfaser auch von einer breiten äußeren und sieben schmalen

[1] Vgl. R. O. Herzog u. Jancke: Das Röntgendiagramm der Zellulose. Z. phys. Ch. Abt. A. Bd. 139 S. 235 (1928).
[2] l. c. S. 137.

inneren Schichten sprechen. Auf welche Weise diese Zonen herausdifferenziert sind[1], ist unklar. Nach Correns besteht ihre Substanzverschiedenheit in erster Linie in verschiedenem Wasser- und Zellulosegehalt; die dunkleren Schichten sind wasserreicher und zelluloseärmer. Correns stützt sich hierbei auf die Tatsache, daß die Schichtung beim Austrocknen der Zellhaut, bei den Bastfasern wenigstens, in Cassia-Öl verschwindet[2]. Übrigens lehnt Correns das Vorhandensein chemischer Unterschiede durchaus nicht ab. Neuerdings betont van Wiße-

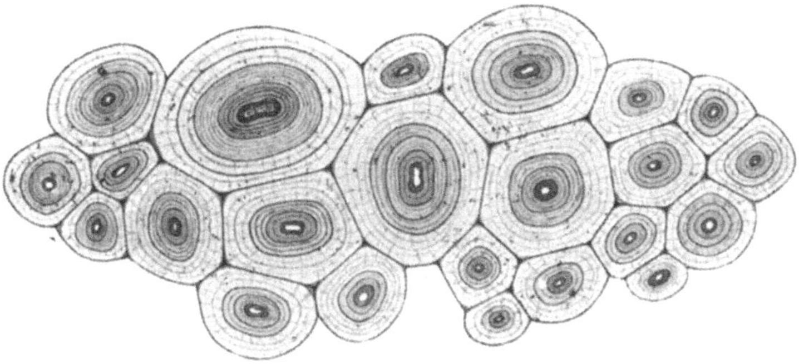

a

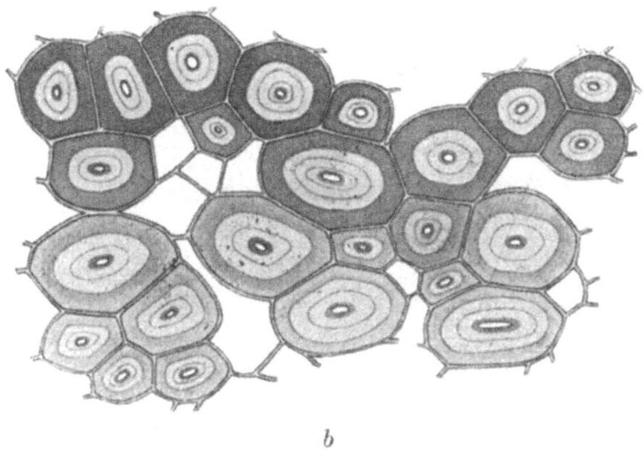

b

Abb. 10a u. b. Querschnitte nach Reimers (Mitt. d. dtsch. Inst. f. Textilstoffe in Karlsruhe 1922, Tafel II, Fig. 30 und Tafel III, Fig. 42).
a von Flachsfasern nach Behandlung mit Rutheniumrot, das die Mittellamelle hervortreten läßt; *b* von Hanf nach Färbung mit Chlorzinkjod. (In *a* tritt auch die Streifung deutlich hervor.)

lingh die Bedeutung chemischer Substanzverschiedenheiten weit stärker, da die Anwendung von Quellungsmitteln zugleich mit den Färbereagentien für Zellulose deutlich tiefgefärbte und fast farblose Zonen im Wechsel nebeneinander erkennen lasse. Er will manchmal in einer Wandung an 200 solcher schmalen

[1] Krabbe hat angenommen (Jahrb. f. wiss. Botanik Bd. 18, S. 375 bis 379. 1887), daß jede Lamelle wahrscheinlich einer Neubildung entspreche, daß aber anderseits mehrere Neubildungen zu einer einheitlichen Schicht verschmelzen können. Correns sieht die Schichtung teilweise als nachträgliche Differenzierung einer einheitlichen Zone an (Jahrb. f. wiss. Botanik Bd. 18, S. 334ff. 1891).

[2] Dies ist nach Correns z. B. bei den Bastzellen der Chinarinde und bei Steinzellen im Mark von Podocarpus nicht der Fall; daher sind hier in erster Linie chemische Differenzen von Belang. (l. c. S. S. 332 bis 334.)

Zonen wahrgenommen haben, und schließt daraus, daß neben der Zellulose Pektinstoffe und Hemizellulosen eine Rolle spielen[1]. — Bisher war nur von dem Bild der Schichtung auf dem Zellquerschnitt die Rede; im Längsschnitt der Zellwand treten die Schichten selbstverständlich als annähernd geradlinig begrenzte Bänder auf, die der Längsachse der Faser parallel laufen.

B. Die Streifung der Zellmembranen. Die schrägen Strichel, die in den Abb. 3c und 11a bis d in den Querschnittsbildern vieler Schichten eingetragen sind, sind zwar schematisch gehalten, jedoch nicht willkürlich eingezeichnet, vielmehr sind die betreffenden Gürtel von Natur in der Tat in einzelne Ab-

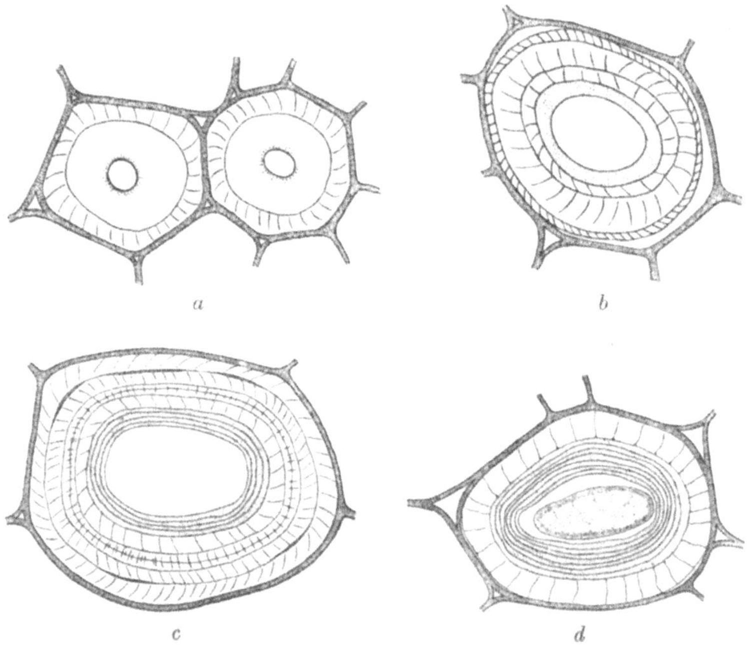

Abb. 11 a bis d. Querschnitte von Bastzellen nach Krabbe; *a, b, c* vom Oleander; *d* vom Flachs. *a, b, d* einjährig, *c* dreijährig.

schnitte oder „Streifen" zerlegt. Wie man aus den Flächenansichten der Abb. 12a und b sieht, verlaufen diese, anscheinend sich durchkreuzend, schief zur Zellachse. Die genauere Untersuchung hat gelehrt, daß jedes Streifensystem das Zellumen in Schraubenwindungen umkreist, die entweder rechts- oder linksläufig sind[2]. Eine Ausnahme bilden die einzelligen Haare der Baumwolle, bei denen das Streifensystem der sekundären Schicht seine Richtung vielfach wechselt. Eine solche Kehre sieht man an dem Stückchen eines Baumwollenhaars, das in Abb. 12e dargestellt ist. Nach Balls[3] sollen an einer Haarzelle der Baumwolle durchschnittlich 30 solcher Kehren vorkommen. Dischendorfer[4] hat sogar bis zu 300 halben Windungen an derselben Zelle gezählt.

[1] l. c. S. 207/208.

[2] In der Botanik werden die Windungen links- oder rechtswendig genannt, je nachdem man die Achse derselben beim Aufsteigen mit ihnen zur Linken oder zur Rechten hat.

[3] Proc. Rog. Soc. Bd. 9, S. 72 bis 89. 1924: Structure as seen in the cell wall of cottonhairs.

[4] Angew. Botanik Bd. 7, S. 63. 1925: Zur Kenntnis der Baumwollfaser.

Ferner läßt sich bei scharfer Einstellung des Objektivs ermitteln, daß jeder Schicht, wenn sie überhaupt gestreift erscheint, nur ein einziges Streifensystem zukommt. So ist in Abb. 12a das stärkere linksläufige Streifensystem auf einen inneren Wandmantel beschränkt; das schwächere, rechtsläufige gehört einer Wandschicht an, die die vorige umfaßt. Das entsprechende Verhalten wird man auch an Abb. 12b wahrnehmen. In Abb. 12c sind nach Correns zwei sich kreuzende Streifensysteme in stärkerer Vergrößerung gezeichnet. Diese Abbildung ist besonders lehrreich, weil sie beweist, daß die dunkeln „Linien" der Streifensysteme ebenfalls Streifen darstellen, die jedoch sehr schmal sind. Die Abb. 12d bekundet dasselbe von den dunkeln „Linien", die in den früher herangezogenen Querschnitten (Abb. 3c, 10a und 11) die Schichten annähernd radial durchsetzen.

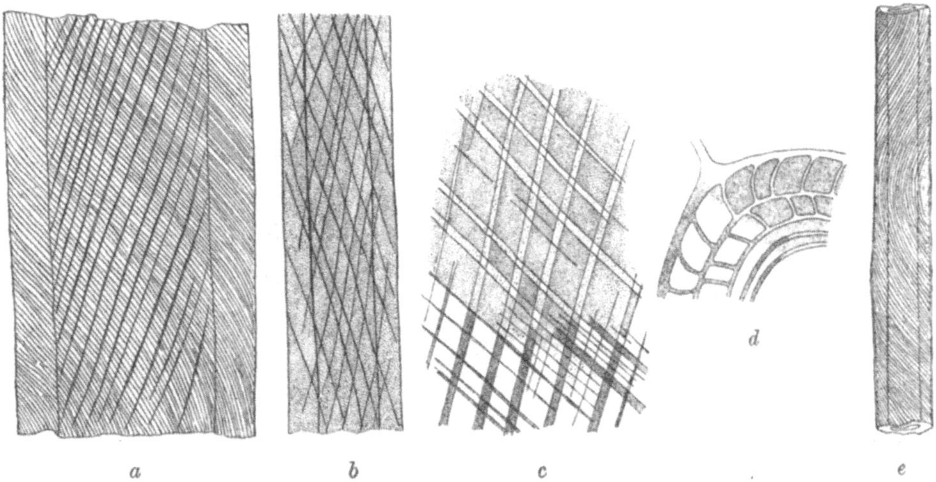

Abb. 12a bis e. Streifensysteme von Bastzellen; *a*, *b*, *c* in Flächenansicht; *d* im Querschnitt. — *a* aus der Chinarinde, nach Nägeli; *b* von Vinea minor nach Strasburger; *c* desgl. stärker vergrößert, nach Correns, oben bei tiefer, unten bei richtiger Einstellung. *d* dieselben Streifensysteme im Querschnitt, nach Correns. — *e* Streifung beim Baumwollenhaar mit einer Kehre, nach Nägeli.

Dafür, daß der Wechsel zwischen dunklen und hellen Streifen in die Erscheinung tritt, ist nach Correns wiederum der verschiedene Wassergehalt zerantwortlich zu machen. Die dunkeln Streifen sind ebenso wie die dunkeln Schichten die wasserreicheren Teile der Zellwand. Nur bei den Nadelholztracheiden beruht die sog. „Spiralstreifung" auf einer feinen schraubigen Wandverdickung.

Wie Krabbe dargetan hat[1], läßt sich an Streifensystemen, die auch auf Querschnitten deutlich hervortreten, wie in den Fällen unserer Abb. 10a und 11, auch von diesen Schnitten aus nachweisen, daß jede Schicht nur ein einziges Streifensystem besitzt und zugleich feststellen, wie dieses gerichtet ist.

Um dies zu verstehen, fassen wir beispielsweise die äußere sekundäre Schicht der Abb. 11a ins Auge, und zwar die dem Beschauer ferner liegende (hintere) Region derselben. Wenn die dunkeln „Linien" des Schichtquerschnitts von einem rechtsläufigen Streifensystem herrühren, so müssen an jener Stelle in dem durchschnittenen Schichtkörper die Streifen von links unten nach rechts oben verlaufen. Daher müssen die optischen Schnitte der dunklen „Streifen", wenn man den Tubus des Mikroskops etwas senkt und damit auf einen tiefer gelegenen Querschnitt des Schichtkörpers einstellt, scheinbar nach links rücken. Eine

---

[1] l. c. S. 357.

genauere Überlegung ergibt aber, daß diese Verschiebung (entgegengesetzt dem Uhrzeiger) für sämtliche dunkle Linien der ganzen Schicht gilt. Die Senkung des Tubus erweckt daher den Eindruck, als ob sich ein Speichenrad über der Schicht drehe; bei rechtsläufigen Spiralstreifen nach links, entgegengesetzt wie der Uhrzeiger, bei linksläufigen mit dem Uhrzeiger.

Auf diese Weise hat Krabbe festgestellt, daß bei Flachs- und Oleander-Bastzellen die äußerste sekundäre Schicht rechtsläufig gestreift ist, und daß bei den älteren Oleanderzellen auf diese rechtsstreifige noch eine oder mehrere Lagen mit Linksstreifung folgen; nur bei der Zelle in Abb. 11b soll dieser Komplex noch von einer schmalen linkswandigen Schicht umschlossen sein. Sind mehrere Schichten gleicher Spiralwendung vorhanden, wie z. B. in Abb. 11c die zweite, dritte und vierte sekundäre Schicht, so unterscheiden sie sich durch die verschiedene Steigung ihrer Schraubenstreifen[1].

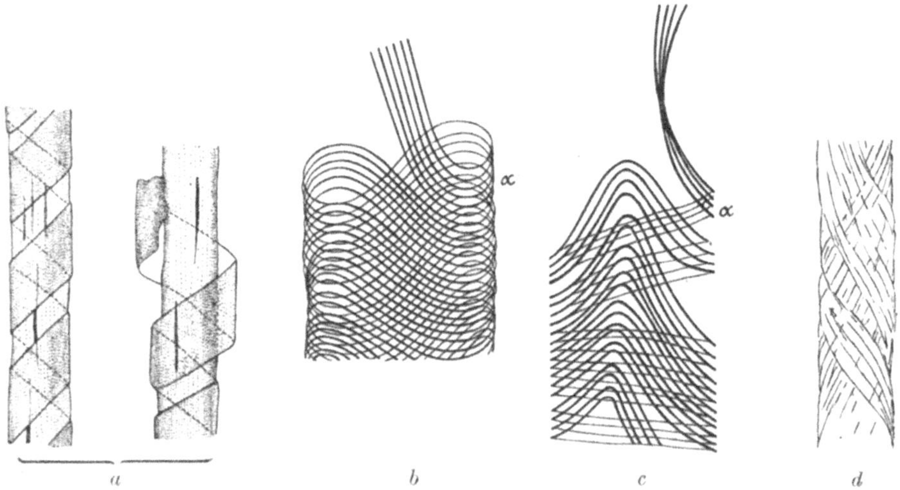

Abb. 13a bis d. *a* Bastzelle von Euphorbia palustris, die primäre Membran in schraubiger Windung abgelöst, nach Correns; *b* und *c* Schraubenstrukturen gequollner Samenhaare von Dipteracanthus ciliatus, nach Nägeli; *d* Stück eines Baumwollhaars, dessen Wand durch Verpilzung schraubig aufgelockert ist; die „Kutikula" ist abgefallen, nach Dischendorfer.

Die Streifung ist in sehr verschiedenem Grade ausgeprägt und z. B. an den primären Membranen viel schwieriger aufzufinden als an den sekundären Schichten. Es bedarf dazu oft erst der Anwendung von Quellungsmitteln, wie Essigsäure, Chromsäure, Kalilauge, Chlorzinkjod u. dgl. oder von Mazerationsverfahren mit Salzsäure, heißer Salpetersäure oder einem Gemisch von diesen und chlorsaurem Kali. Dabei empfiehlt es sich, ev. durch Zerren, Zerreißen oder Quetschen der Lockerung und Zerlegung des Membrangefüges nachzuhelfen. Wenngleich es trotzdem oft genug nicht gelingt, auf diese Weise die Spiralstruktur der Zellmembranen nachzuweisen, so deutet doch alles darauf hin, daß sie im allgemeinen tatsächlich vorhanden ist und nur zu fein, um direkt gesehen zu werden. So löst sich z. B. nach Correns an den Bastzellen von Euphorbia palustris die zarte primäre Membran beim Präparieren bisweilen in schraubigen Windungen ab (Abb. 13a). Bilder einer sehr stark gelockerten Schraubenstruktur geben die Abb. 13b und c an Stücken eines gequollenen Samenhaares von Dipteracanthus ciliatus nach Nägeli.

Dischendorfer hat von der Baumwolle gezeigt, daß sich ihre Membran durch die zersetzende Einwirkung von Pilzen in Fibrillen zerlegen läßt. Die Abb. 13d gibt ein Bild davon.

[1] Außer an den Bastzellen vom Oleander und Flachs ist die Streifung bereits im natürlichen Zustande deutlich sichtbar bei den übrigen Apocynaceen, bei den Asclepiadeen und Urticaceen (wie den verschiedenen Nesselarten und der Ramie) und ferner, aber schon schwächer, beim Hanf und Hopfen. Es fällt auf, daß diese Fasern mit stark hervortretender Streifung sämtlich sehr ligninarm sind.

C. Form und Richtung der Porenmündungen. Die Form und Anordnung der Mündungen der Porenkanäle in der Flächenansicht hat man in allen Fällen, da diese mit Streifensystemen gleichzeitig sichtbar sind, ihnen parallel laufend gefunden. Daher darf man wohl annehmen, daß man, falls keine Streifen sichtbar sind, auf den inneren Bau der Membran aus der Porenrichtung schließen darf. Zwar verlaufen die Poren in einigen Fällen wie in Abb. 14a und d anscheinend genau parallel oder rechtwinklig zur Zellachse, oder sie stehen schief dazu, aber parallel zu einander wie in Abb. 14e; bei den Stereiden des Skelettsystems sind sie aber in der Regel schraubig angeordnet, und zwar meist linksläufig wie in Abb. 14c, seltener rechtsläufig wie in Abb. 14b. Dabei ist zu beachten, daß die Strukturen der Abb. 14a, d, e vielleicht auch als Grenzfälle schraubiger Bildungen aufgefaßt werden können, die im ersten Falle sehr steil, im zweiten sehr flach und im dritten schief zur Faserachse gestellt sind. Und diese Annahme liegt um so näher, als die Porenlagen in solchen Fällen meist eine gewisse Streuung, d. h. kleine Winkelabweichungen, voneinander zeigen. Es ist aber möglich, daß in den Abb. 14d und e wirkliche Bildungen von queren oder schiefen, ebenen Ringformen vorliegen. Bei den echten statischen Stereiden des Skelettsystems kommen sie übrigens, wie gesagt, kaum vor. Für sie ist die Zusammensetzung aus feinen schraubigen Fibrillen als sichergestellt anzusehen. Zu bemerken ist, daß ein Tüpfelkanal, der mehrere Schichten von entgegengesetztem Streifenverlauf durchsetzt, dementsprechend auch seine Form ändert. Nägeli hat dies Verhalten in unserer Abb. 14f zur Anschauung zu bringen gesucht.

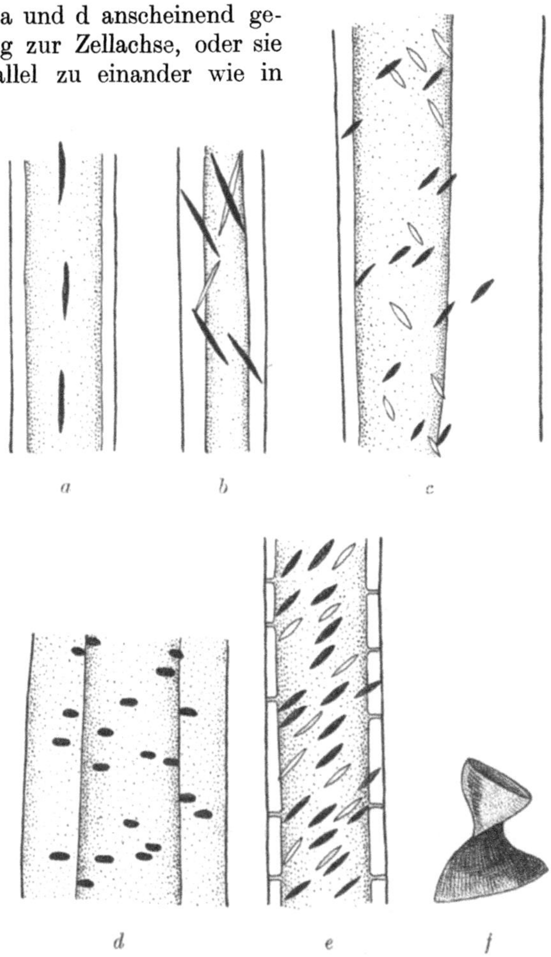

Abb. 14a bis f. Faserstücke in Flächenansicht mit verschiedener Porenrichtung. In *a* längsläufige, in *b* rechtsschraubig, in *c* linksschraubig verlaufende Poren, in *d* Querporen, in *e* schiefe Ringporen. Die blaß gezeichneten Poren gehören der Hinterwand an. Nach A. Zimmermann. *f* Schema eines schraubig gebogenen Porenkanals, nach Nägeli.

D. Verschiebungslinien oder Gleitflächen der Faserwände. Charakteristisch für die Bastfasern und nach Balls auch für Baumwollhaare sind auch eigentümliche Knickungen ihres Verlaufs, die von von Höhnel als „Verschiebungslinien" beschrieben worden sind und neuerdings als Gleitphänomene gedeutet werden. Sie sind in den Abb. 15a, b, c nach Correns und Ambronn dargestellt. Sehr merkwürdig ist die auffällige Konstanz der Winkel dieser Gleitflächen mit der Faserachse. Er beträgt nämlich durchweg annähernd 70°.

Schwendener war der Ansicht, daß diese Knicke von mechanischen Verletzungen bei der Präparation der Fasern herrühren; von Höhnel glaubte dagegen, daß sie schon innerhalb der lebenden Pflanze vorhanden und vom Rindendruck beim Wachstum der Pflanze bewirkt seien. In der Tat kommen dieselben Verschiebungen nach Ambronn[1] an den dünnen Verdickungsleisten unverletzter Spiralgefäße vor und sind auch an den Knäueln feinster Zellulosefäden zu beobachten, die sich im Innern der Epidermiszellen von Cobaeasamen befinden und S. 1 bereits erwähnt sind. Darnach scheinen sie für die natürliche Zellulose überhaupt charakteristisch und von ihrem Feinbau bedingt zu sein. Eigentümlich ist es, daß sie dagegen nach Ambronn an den Kunstfasern der technisch hergestellten Seide völlig fehlen und an ihnen auch durch äußere Zerrungen, Quetschen im Mörser usw. nicht hervorzurufen sind.

Ein Blick auf die Abb. 15 zeigt, daß es sich nicht um Linien oder Flächen, sondern um schmale Schrägbänder handelt. Durch ihre konstante Winkelabweichung erinnern sie an Zwillingslamellen von kristallinischen Körpern oder an deren Verschiebungen auf Gleitflächen. Ihre Substanz ist aufgelockert und meist leichter färbbar. Wie sie aber mit dem inneren Bau der Zellulosewände zusammenhängen, ist noch ungeklärt.

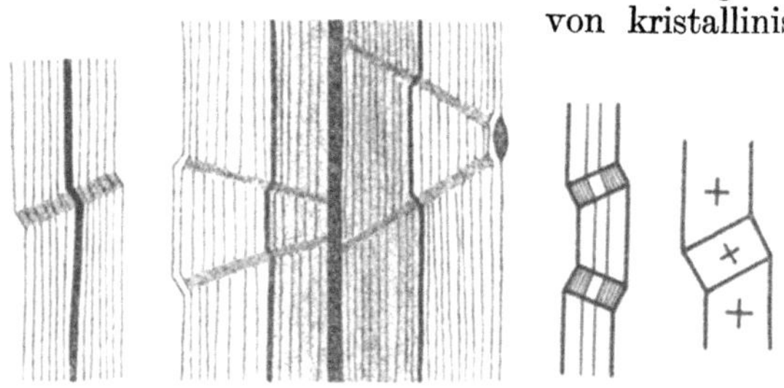

Abb. 15a bis d. Gleitflächen (Verschiebungslinien) an Bastfasern, *a* und *b* am Oleander, nach Correns; *c* und *d* von Hopfen, nach Ambronn. In *d* ist schematisch die Verschiebung der optischen Achsen angedeutet.

E. Formänderung der Faserzellen bei Änderung ihres Wassergehalts. Aus den mikroskopischen Beobachtungen und Messungen der Dimensionsänderungen von Zellmembranen bei Wasserverlust und erneuter Wasseraufnahme hat sich ergeben, daß diese im engsten Zusammenhang mit der Struktur der Zellwände, also mit ihrer Schichtung, Streifung und Porenrichtung steht. Und zwar ist die allgemeine Regel folgende: Die stärkste Dimensionsab- und -zunahme erfolgt senkrecht zur Schichtung, die schwächste in der Richtung der Streifen oder Poren, die mittlere quer dazu in der Wandfläche. Alle statischen Fasern schrumpfen daher besonders stark in radialer (der Dicken-)Richtung; die querporigen außerdem erheblich in der Längsrichtung; die längsgeporten verkürzen ihre Länge kaum. Bei den schrägporigen hängt das Maß ihrer Längsschrumpfung von der größeren oder geringeren Steilheit der Poren oder Fibrillen ab. Die ächten schraubiggebauten Stereiden unterliegen aber bei der Austrocknung einer Torsion im Sinne der Schraubenwindungen.

Daß eine solche erfolgen muß, kann man sich leicht klar machen, wenn man den tangentialen Schrumpfungsvorgang folgendermaßen in zwei Stufen zerlegt. Zuerst lasse man sich die Schrumpfung allseitig gleichmäßig in dem Grade vollziehen, der den Tangentialrichtungen quer zu den Fibrillen zukommt. Hierdurch würde zwar die Größe der Faser verringert, ihre Form aber nicht verändert; die neue Form bliebe der ursprünglichen geometrisch ähnlich. Unter diesen Umständen würden aber die Fibrillen der Länge nach bei weitem zu sehr verkürzt. Um den wirklichen Vorgang der Natur herzustellen, müssen wir sie auf der zweiten gedachten Stufe sich nach ihrer Längsrichtung wieder stark ausdehnen lassen. Dazu fänden sie aber auf ihrem zu schmal und zu kurz gewordenen Wandmantel nicht genügend Raum vor, wenn er seine Form behielte. Um Platz zu haben, müssen sie ihre

[1] Zsigmondy-Festschrift: Ergänzgsbd. d. Kolloid-Zeitschr. XXXVI, S. 120ff.

Windungen vermehren und flacher legen und üben dabei an jedem Querschnitt der Faser ein Drehmoment im Sinne ihres Windungsverlaufs aus. So wird die Faser um ihre Achse verdreht.

Hierbei wurde bisher von der Radialschrumpfung der Zellwand ganz abgesehen. Lassen wir diese als dritte Stufe des Schrumpfungsvorgangs noch hinzutreten, so wird der Umfang der Faser, da die Radialschrumpfung die stärkste ist, noch mehr eingeengt als vorher. Hierdurch muß also die Torsion noch verstärkt werden und zwar im allgemeinen um so mehr, je dicker die Zellwand ist.

Wie eng der Zusammenhang der Schrumpfungstorsion mit dem Schraubenbau der Membrane ist, ersieht man auch aus einer Mitteilung von Balls[1] über das Verhalten von Baumwollhaaren. Er fand an ihnen nämlich genau soviel Umkehrungen der Torsionsrichtung als Kehren der Spiralwindungen und stellte das örtliche Zusammenfallen beider Wendepunkte fest.

Im allgemeinen wird die Torsion bei Wasserzufuhr einigermaßen vollständig wieder aufgehoben[2]. Nehmen die Fasern durch die Einwirkung stärkerer Quellungsmittel, wie verdünnter Alkalien oder Säuren, noch mehr Wasser auf, als sie im natürlichen Zustand besitzen, so tordieren sie im entgegengesetzten Sinne wie bei Wasserverlust, also umgekehrt zum Schraubenverlauf, die linksschraubigen nach rechts, die rechtsschraubigen nach links.

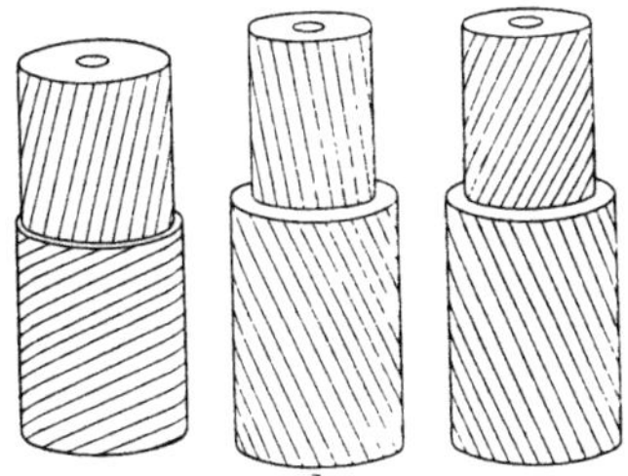

Abb. 16a bis c. Schemata des Aufbaus der sekundären Verdickungsschichten von Bastfasern, nach Reimers (Mitt. Deutsch. Forsch. Inst. Textilst.). *a* von der Hanfgruppe; *b* von der Nesselgruppe; *c* von der Flachsgruppe. (Entnommen aus der Abhandlung: „Die Verschiedenheiten im strukturellen Aufbau der Bastfasern in ihrer Bedeutung für die technische Warenkunde".)

Auch dieses Verhalten erklärt sich leicht aus den ungleichen Quellungsmaßen der Zellhäute. Würden diese allseitig in dem mittleren Maße (tangential-senkrecht zu den Fibrillen) quellen, so würden die Wandzonen einen für ihre Fibrillen zu großen Umfang erlangen. Ihre Windungen müßten sich, um ihre Länge auf ihr eigenes kleineres Schrumpfungsmaß zu verkürzen, mehr gerade strecken, d. h. abrollen und werden dabei die Fasern entgegengesetzt zu ihrem Schraubenverlauf verdrehen. Da aber die Radialquellung die Umfänge noch erweitert, so wirkt sie wiederum torsionsverstärkend.

Übrigens ist zu beachten, daß Faserbündel weit weniger tordieren wie die Einzelzellen, denn aus mechanischen Gründen nimmt die Gesamttorsion eines solchen proportional der Anzahl der Zellen seines Querschnitts ab. Die Torsion einer Einzelzelle wird selbstverständlich auch beeinträchtigt, wenn ihre Wandung aus mehreren Schichten mit entgegengesetzter Schraubenstruktur besteht, wie wir das z. B. bei den Bastzellen des Oleanders fanden. In solchen Fällen gibt bei gleicher Mächtigkeit dieser Schichten und gleicher Wanddicke ihrer Zellen die äußere Schicht den Ausschlag, weil ihr, gegenüber dem Torsionswiderstand des Gesamtkomplexes, das größere aktive Torsionsmoment zukommt. Da die primäre Membran der Faser verhältnismäßig dünn ist, so kommt sie für die Torsion gegenüber den sekundären Schichten kaum in Betracht. Von diesen ist die äußerste meist die maßgebende.

Von Fachleuten der Faserindustrie und von Zollbeamten wird die Torsionsrichtung beim Anfeuchten und Wiederaustrocknen von Fasersträngen manchmal benutzt zur Unterscheidung ihrer Art (Hanf dreht beim Anfeuchten meist rechts, Flachs links u. dgl.). Auch für wissenschaftliche Untersuchungen ist die Kenntnis der speziellen Membranstrukturen gelegentlich von Belang. Daher lassen wir die neueste Zusammenstellung einer Reihe von Bastfasern mit ihren Wandstrukturen nach Reimers[3] hier folgen. Reimers hat drei Hauptgruppen unter-

---

[1] S. Anm. 3 S. 22.

[2] Die Haare der Baumwolle bilden allerdings nach Balls und Dischendorfer auch in dieser Beziehung eine Ausnahme.

[3] Angew. Botanik Bd. 4, S. 70/71, 1922 und Mitt. Deutsch. Forsch. Inst. Textilst. 1922, S. 203 bis 279.

schieden, die erste mit nur linksläufigen Fibrillen: Hanfgruppe; die zweite mit rechtsläufigem Bau: Nesselgruppe; die dritte mit Schichten entgegengesetzter Struktur (äußerer Schichtenkomplex rechtsläufig, innerer linksläufig): Flachsgruppe. Die Schrumpfungstorsion der ersten Gruppe ist dementsprechend links, die der beiden anderen rechts gerichtet. Siehe dazu die Abb. 16.

In die Gruppe I stellt Reimers die untersuchten Salicaceen, Cupuliferen, Ulmaceen, Moraceen, Cannabinaceen (Hanf und Hopfen), Papilionaceen und wahrscheinlich auch Tiliaceen, Malvaceen und Sterculiaceen. Bei ihnen soll außer der Sekundärschicht auch die primäre linksläufig sein.

Zur Gruppe II gehören die Urticacen (Nessel, Ramie usw.) mit zwei rechtsläufigen Sekundärschichten.

Die Gruppe III enthält die Linacen (Flachs), Asclepiadeen und Apocynaceen (Oleander und Verwandte).

In der nachfolgenden Tabelle der von Reimers speziell untersuchten Bastfasern sind nach ihm auch die Steigungswinkel der Schraubenstrukturen zur Faserachse in ihren Mittel- und Grenzwerten (diese in Klammern) aufgeführt. Die Buchstaben l und r bekunden gleichzeitig, ob die Schraubenwindungen links- oder rechtsläufig sind.

Name	Primäre Membran	Sekundäre Membran
Salix viminalis	l 37° (30° bis 43°)	l 2° (1° bis 3°)
Quercus spec.	l 57° (53° bis 64°)	l 2° (1° bis 2°)
Ulmus montana	l 38° (31° bis 45°)	—
Trema orientalis	l 26° (21° bis 34°)	l 1,5° (— 3° bis + 5°)
Broussonetia papyrifera	l 46° (42° bis 54°)	l 2,6° (0° bis 5°)
Morus alba	l 58° (50° bis 62°)	l 2° (— 1° bis + 4°)
Artocarpus incisa	l 55° (41° bis 68°)	l 1,4° (0° bis 4°)
Cannabis sativa	l 28° (22° bis 34°)	l 2° (0° bis 3°)
Dicke Fasern	,,	l außen 3,6°, innen 1°
Humulus lupulus	l 50° (39° bis 57°)	l 2° (0° bis 5°)
Urtica dioica	—	r 7,3° (6° bis 9°)
Dicke Fasern	—	r außen 8°, innen 3,5°
Laportea canadensis	—	r außen 4°, innen 1,3°
Boehmeria nivea	—	r außen 7,5°, innen 3,2°
Breitere bandbandartige F.	—	r außen 12,5, innen 5°
Parietaria officinalis	—	r außen 8,5°, innen 5°
Crotalaria iuncea	l 43,5° (35° bis 55°)	l 1,2° (0° bis 3°)
Spartium iunceum	l 46° (40° bis 56°)	l 2° (1° bis 3°)
Sarothamnus scoparius	l 57° (50° bis 66°)	l 1,4° (0° bis 2°)
Pueraria Thunbergiana	l 47° (40° bis 59°)	l 1,2° (0° bis 2°)
Linum usitatissimum	—	außen r 10,1°, innen l 5°
Cynanchum Vincetoxicum	—	außen r 10° innen l 5° bis 9°
Nerium Oleander	—	außen r 17° bis 23° innen l 12° bis 20°
Apocynum sibiricum	—	außen r 7° bis 10° innen l 7° bis 10°
Apocynum cannabinum	—	außen r 15° bis 18° innen l 9° bis 14°
Vinca minor	—	außen l 10° bis 14° innen r 10° bis 13°

Hinsichtlich der primären Membranen ist Sonntag allerdings bei verschiedenen Bastfasern früher zu einer anderen Auffassung ihrer Struktur gelangt. Er glaubt nämlich, daran eine rechtsläufige Streifung gesehen zu haben, während Reimers linksläufige Schraubenwindungen angibt. Da sich aber Reimers auf die Auffindung sehr feiner Poren stützt, die er mitabbildet, und diese ein zuverlässigeres Merkmal gewähren als unsichere Streifen, so sind wir in der obigen Liste Reimers gefolgt, geben aber in der nachstehenden noch einige Zahlen über andere Bast- und einige Libriformfasern größtenteils nach Sonntag[1], die drei letzten nach Correns[2]. Die Zahlen bedeuten die Ergebnisse von Einzelmessungen der Neigungswinkel zur Faserachse[3].

a) Bastfasern.

Name		Sekundärschichten
Tilia parvifolia	l	7; 10; 16
Phormium tenax	l	13; 15; 25; 35
Fourcroya gigantea	l	10; 23
Pirus Malus	l	18; 21; 22; 23
Monstera deliciosa	l	19; 22; 27; 33
Chamaerops humilis	l	22; 23; 27
Piassave-Sorten	l	22; 23
Althaea officinalis	l	27; nach innen abnehmend bis 3°
Musa textilis	l	sehr steil
Corchorus capsularis	l	steil
Raphia	l	—
Caryota urens	l	37; 44
Cocos nucifera	l	30 bis 53
Agave americana	l	25; 27; 37; 40
Arenga saccharifera	l	36; 40; 45; 48; 50
Chlorogalum pomeridianum	l	39; 45; 52
Tillandsia usneoides	l	44 bis 51

b) Libriformzellen.

Picea excelsa Rotholz	l	22 bis 55
„ Weißholz	l	0 bis 37
Clematis Vitalba	l	47; 52; 55
Vinca minor	l	42 bis 54
Fagus silvatica	l	außen 30 bis 40, innen 1 bis 2
Kerria iaponica	l	12 bis 20
Hakea suaveolens	l	fast 0

Für die Baumwolle wird gewöhnlich ein Neigungswinkel der Streifung von 30° bis 35° angegeben. Balls berichtet, daß er an jüngeren Haaren Winkel von 29° gemessen habe, die aber bei fortschreitendem Dickenwachstum auf 24° gesunken seien. Er nimmt aber nicht an, daß dieser Winkel nur für die innersten Schichten gelte, sondern vermutet eine Torsion der gesamten sekundären Verdickungsmasse. Übrigens will er[4] auch an der primären Wand der Baumwollhaare Streifung entdeckt haben, und zwar nicht nur ein, sondern sogar zwei Streifensysteme von entgegengesetztem Verlauf und einem Winkelabstand von 70° von der Zellachse. Allerdings brauchte er, um sie zu erkennen, polarisiertes Licht und eine Vorbehandlung der Haare mit kochender 10%iger Kalilauge und nachfolgender Färbung mit Kongorot oder Naphthaminblau. Das eine System dieser Streifungen soll dem Verlauf der Gleit- oder Verschiebungsflächen entsprechen, die nach Balls ebenfalls einer Schraubenlinie folgen. Auch Dischendorfer hat an der „Kutikula“ der Baumwollhaare eine feine Streifung aufgefunden und gezeichnet, die jedoch nur in einer Richtung verläuft (l. c. Tafel I Abb. 1).

[1] Flora Bd. 99, S. 220 bis 250. 1909 und Jahresber. d. Ver. f. angew. Botanik Bd. 9, S. 149 bis 159. 1911 sowie Jahrb. f. wiss. Botanik 1903, H. 39, S. 76.

[2] Correns, Jahrb. f. wiss. Botanik 1891, S. 312 bis 314.

[3] Über die entsprechenden Ergebnisse auf Grund der Untersuchung mittels Röntgenstrahlen vgl. R. O. Herzog u. W. Jancke l. c.

[4] l. c. S. 73.

2. Verhalten der Zellmembranen im polarisierten Licht, Doppelbrechung und Dichroismus.

A. Das Indexellipsoid optisch-anisotroper Substanzen. Es ist bereits früher erwähnt, daß die Zellhäute im allgemeinen doppelbrechend sind. Sie verhalten sich in dieser Beziehung somit wie irreguläre Kristalle.

Bekanntlich spricht man bei diesen nicht nur von räumlichen, sondern auch von optischen Achsen. Die quadratischen und hexagonalen Kristalle sind optisch-einachsig, und diese eine Achse fällt mit der kristallographischen Hauptachse zusammen. In der Richtung derselben pflanzt sich das hindurchtretende Licht entweder rascher oder langsamer fort, als in jeder anderen Richtung innerhalb des Kristalls. Ist die Lichtgeschwindigkeit nach ihr die größte, so ist der Kristall positiv-einachsig, ist sie die kleinste, negativ-einachsig. Das Maß dieser Fortpflanzungsgeschwindigkeit hängt nun aber (weil die „Schwingungen" oder „magnetelektrischen periodischen Veränderungen", auf denen das Fortschreiten des Lichts beruht, bekanntlich senkrecht zum Strahl verlaufen), in erster Linie nicht von der Stoffbeschaffenheit in der Strahllinie selbst, sondern von dem Widerstand in den dazu senkrechten Richtungen ab, und zwar von den Brechungsexponenten nach diesen Richtungen. Je größer diese Brechungsexponenten sind, desto mehr wird das Fortschreiten des Strahls gehemmt. Bei den optisch-positiven Kristallen ist daher der Brechungsexponent längs der Hauptachse am größten, bei den negativen am kleinsten. Der Übergang des Brechungsvermögens vom Maximum zum Minimum vollzieht sich in dem Kristallgefüge allmählich. Denkt man sich von einem Punkte innerhalb desselben nach allen Raumesrichtungen Linien gezogen und von dem Punkte aus Strecken darauf abgetragen, die im Verhältnis der zugehörigen Brechungskoeffizienten stehen, so fallen ihre Endpunkte auf die Fläche eines Umdrehungsellipsoids, des sog. Indexellipsoids. Bei den positiven Kristallen fällt nach dem Gesagten die längere Achse desselben in die Richtung der kristallographischen Hauptachse, bei den negativen die kürzere; das Indexellipsoid der positiv-einachsigen Kristalle ist ein langgestrecktes, das der negativen ein abgeplattetes. Bei den rhombischen Kristallen ist jedoch das Indexellipsoid bereits keine Umdrehungsfläche mehr, sondern ein dreiachsiges, weil die zur Hauptachse senkrechten Richtungen nicht mehr gleichwertig sind.

Für die Zellmembranen hat sich das Indexellipsoid als ein dreiachsiges herausgestellt, und zwar hat der Darmstädter Mikroskopiker Dippel schon 1887 seine Lage in folgenden Sätzen präzisiert.

1. Die kleinste optische Achse steht radiär und senkrecht zur Schichtung.
2. Die größte und mittlere liegen in einem Tangentialschnitt (d. h. in der Fläche der Wand bzw. der Schichten).
3. Die größte Achse folgt dem Verlauf der Schraubenwindungen, mögen diese nun wirklich zu beobachten oder aus dem Verlauf der Porenspalten zu erschließen sein. Die mittlere steht senkrecht auf den Spiralen[1].

B. Die Achsenbestimmung bei den pflanzlichen Zellhäuten. Es soll im folgenden versucht werden, eine allgemeine Orientierung über diese Methodik in möglichster Kürze zu vermitteln.[2]

Der Beobachter läßt in das Polarisationsmikroskop gewöhnlich nur geradlinig-polarisiertes Licht eintreten, d. h. solches, das — um den älteren Sprachgebrauch beizubehalten — nur in einer Ebene schwingt. Es wird meist durch einen sog. Nicol geliefert, ein zusammengesetztes Kalkspatprisma, das man in den Lehrbüchern abgebildet findet. Bei Untersuchungen werden gewöhnlich zwei solcher Nicols übereinander verwendet, deren Durchlaßebenen rechtwinklig gekreuzt sind. Bringt man zwischen sie einen isotropen Körper, so kann wegen der Kreuzung der Nicols kein Licht von ihm ins Auge gelangen. Ein anisotropes Objekt dagegen, wie ein Gips- oder Glimmerblättchen oder eine Zellmembran, leuchtet unter diesen Umständen in den meisten Lagen hell oder farbig auf. Dies hängt damit zusammen, daß die Schwingungsrichtung des vom unteren Nicol kommenden Lichtes beim Eintritt in das anisotrope Objekt verändert und zwar in zwei Richtungen längs den beiden optischen Achsen zerlegt wird, die in die Fläche der Platte oder der Membran fallen.

Zur Veranschaulichung dieses Vorgangs diene die Abb. 17. In dieser seien pp' und qq' bzw. die Lagen der Durchlaßebenen des unteren und des oberen Nicols, ss' und tt' die optischen Achsen der Zellmembranfläche. Diese letzteren sind in „Diagonalstellung" angenommen, d. h. so, daß sie die Winkel zwischen pp' und qq' halbieren.

---

[1] Eine Ausnahme s. bei Correns, Jahrb. f. wiss. Botanik Bd. 23, S. 275. 1891.

[2] Genaueres bei Ambronn, H. u. A. Frey: Das Polarisationsmikroskop. Leipzig 1926.

Es habe nun der „Schwingungsantrieb“ oder der „elektrische Vektor“ des in diesem Augenblick bei O auf die Unterseite des Objekts auftreffenden Lichts die Größe und Richtung OA, so wird er beim Eintritt in den Kristall gemäß dem bekannten Vektoren-Parallelogramm nach den Achsen in die gleichen Komponenten OB und OC zerlegt. Innerhalb des Objekts pflanzen sich somit zwei unabhängige Schwingungssysteme, die nach Bs' und CC' gerichtet sind, fort, und auch über das Objekt hinaus. Sind nun ihre Vektoren, wenn sie an den oberen Nicol gelangen, unverändert gleich OB und OC geblieben, so muß jeder von ihnen, da dieser Nicol nur Schwingungen nach qq' durchläßt, nochmals parallel und senkrecht zu qq' zerlegt werden. Die Komponenten OD und OE, die in die Durchlaßrichtung fallen, und jede für sich somit den Durchtritt von Luft durch den oberen Nicol verursachen würden, sind aber entgegengesetzt gleich und heben sich mithin gegenseitig völlig auf, falls die Voraussetzungen unserer bisherigen Überlegung zutreffen. Unsere Auseinandersetzung ist aber nur für den Fall gültig, daß die Vektoren, die in die Ebenen ss' und tt' fallen, auch beim Austritt des Lichts aus der Objektplatte noch untereinander gleiche Größe und gleiches Vorzeichen bewahrt haben. Wäre z. B. aus dem Vektor OC beim Austritt der Vektor OC' (s. Abb. 17) mit entgegengesetztem Vorzeichen geworden, während der andere sich nicht geändert hätte, so würden ja beide bei der Zerlegung dieselbe Komponente OD liefern, und das Licht beider Komponenten könnte nunmehr den oberen Nicol passieren. In der Tat können beide Fälle eintreten, weil die Schwingungssysteme sich in der Kristallplatte oder der Zellmembran nicht mit derselben Geschwindigkeit fortpflanzen und daher ihre Wellenlängen verschieden sind.

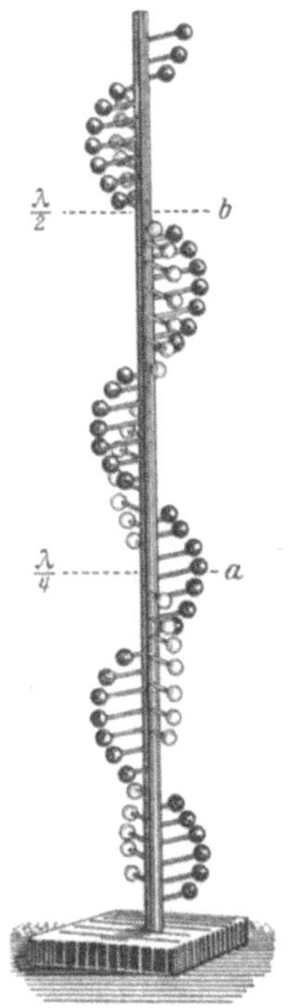

Abb. 18. Modell zweier rechtwinklig zueinander polarisierter Wellenzüge, die mit ungleicher Geschwindigkeit fortschreiten. Nach Ambronn. Phasenunterschied bei b eine halbe, bei a eine viertel Wellenlänge.

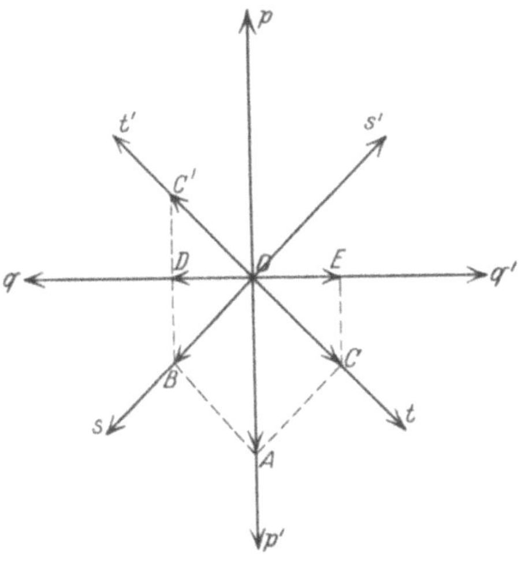

Abb. 17. Verhalten einer zweiachsigen achsenparellelen Platte in Diagonalstellung zwischen gekreuzten Nikols (s. Text).

Um uns den Einfluß dieser Unterschiede klar zu machen, nehmen wir die Abb. 18 (nach Ambronn) zu Hilfe. Sie stellt zwei in derselben Richtung fortschreitende rechtwinklig zueinander polarisierte Wellensysteme ungleicher Länge dar, wie sie für uns ja gerade in Betracht kommen. Das eine ist durch schwarze, das andere durch helle Nadelköpfe charakterisiert. Das erstere zeigt von unten aus bis zum Punkte b fünf halbe Wellenlängen, das andere nur vier halbe. Der „Phasenunterschied“ der beiden Wellensysteme beträgt bis b mithin genau eine halbe Wellenlänge. Hätte nun unser Untersuchungsobjekt genau die Dicke, die der soeben betrachteten Entfernung von unten bis b entspricht, so wäre der zweite oben besprochene Fall verwirklicht; es wäre nämlich beim Austritt der eine Vektor OB der Abb. 17 unverändert geblieben, während der andere sich in OC' gewandelt hätte. Denn OC und OC' differieren ja um die Hälfte einer vollen Pendelschwingung[1]. Wir hätten also den Fall der „Koinzidenz“ beider Komponenten OD und damit ein helles Gesichtsfeld. Wäre aber unser Objekt doppelt so dick, als soeben vorausgesetzt wurde, so lägen auf dem Wege des Lichts durch es hindurch fünf ganze Wellen des einen und vier ganze des anderen Systems. Der Phasenunterschied betrüge somit eine ganze Wellenlänge. Und damit läge der Fall vor, den wir an unserer Abb. 17 zuerst besprochen haben. Die beiden Vektoren wären beim Austritt wiederum OB und OC und ihre Komponenten gleichen OD höben sich auf: Fall der „Interferenz“, dunkles Gesichtsfeld.

[1] Nämlich um den Weg in der Richtung OC und wieder zurück.

So erkennt man, welchen Einfluß die Dicke des untersuchten Objekts ausübt. Hiermit sind wir aber noch nicht am Ende unserer Auseinandersetzungen angelangt. Denn der Einfachheit halber haben wir uns dabei wieder zunächst eine Beschränkung auferlegt, nämlich als Beleuchtungsquelle nicht „weißes", sondern monochromatisches Licht (von einer bestimmten Wellenlänge) angenommen. Bei der Beleuchtung mit gewöhnlichem Licht ist aber zu bedenken, daß es Wellen ganz verschiedener Länge enthält, entsprechend den verschiedenen Farben, in die es zerlegt werden kann. Der Phasenunterschied von einer oder mehreren ganzen Wellenlängen kann daher bei gegebener Objektdicke nur für eine bestimmte, dieser Wellenlänge zukommende Farbe zutreffen. Indem diese aus dem Weiß verschwindet, muß statt dessen die Farbe auftreten, die der ausgelöschten komplementär ist, und so das Objekt farbig erscheinen.

Wie diese „Interferenzfarben" mit steigender Objektdicke wechseln, kann man sich am bequemsten vor Augen führen, wenn man einen Gipskeil mit ganz schmaler Kante benutzt. Man bekommt sie auf diesem gleichzeitig nebeneinander zu Gesicht, wenn man ihn zwischen gekreuzten Nicols in „Diagonallage" betrachtet; es treten eine Reihe von farbigen Bändern auf, die, von der schmalen Kante aus gerechnet, als Farben erster, zweiter, dritter Ordnung bezeichnet werden.

Die Reihenfolge der Farben erster Ordnung ist: Schwarzgrau, Hellgrau, Weiß, Gelblich, Braungelb, Orange, Rot I. Daran schließen sich als Farben zweiter Ordnung: Violett, Dunkelblau, Hellblau, Grün, Gelb, Orange, Rot II[1].

Nach den vorstehenden Auseinandersetzungen wird das Verfahren verständlich sein, nach dem man auf der Flächenansicht oder einem annähernd geradlinigen Schnitt einer Zellwand zunächst die Lage der optischen Achsen bestimmen kann. Man dreht das Objekt in horizontaler Ebene auf dem Objekttisch und sucht die beiden rechtwinklig gekreuzten Lagen auf, in denen es am dunkelsten erscheint. In diesen Stellungen fallen nämlich die optischen Achsen mit den Durchgangsrichtungen der beiden Nicols zusammen. Denn bei dieser Orientierung der Achsen muß ja das Gesichtsfeld dunkel bleiben, weil das vom unteren Nicol herkommende polarisierte Licht unzerlegt bleibt und somit keine Komponenten liefert, die Aufhellung bewirken könnten.

Um nun auch die fernere Aufgabe zu lösen, welche von beiden Achsen der Indexellipse[2] die größere ist, nimmt man ein Kristallplättchen zu Hilfe, an dem die Lage seiner längeren optischen Achse markiert ist und bringt das Untersuchungsobjekt und das Plättchen bei gekreuzten Nicols übereinander so an, daß die optischen Achsen beider in Diagonalstellung kommen. Liegen nun dabei die beiderseitigen längeren Achsen übereinander, so verhält sich unsere Kombination wie ein Einzelobjekt von größerer Dicke als einer ihrer Partner, denn die Wirkungen derselben addieren sich. War der Hilfskristall etwa ein Gipsblättchen von der Dicke, daß es für sich allein die Farbe Rot I lieferte, so erhöhte sich bei dem angenommenen Zusammenfallen entsprechender optischer Achsen seine Farbe etwa auf Blau oder Grün. Fallen dagegen einander nicht entsprechende Achsen übereinander, so setzt das Untersuchungsobjekt die Interferenzfarbe des Gipsblättchens Rot I herunter etwa auf orange oder Braungelb, wie sie einem dünneren Gipsblättchen zukommt. Es entstehen, wie man sagt, Subtraktionsfarben.

Auf diese Weise ergeben sich die Lagen der Indexellipsen von Quer- und Radialschnitten der Pflanzenfasern gewöhnlich so wie die Abb. 19III und II es zeigen. Abb. 19I gilt für die Flächenansicht der längs halbierten Faser, falls die Fibrillen der Faserachse parallel laufen. Verlaufen diese dagegen schraubig, so liegt auch die Indexellipse schräg, wie in Abb. 19B, so daß ihre längere Achse in die Fibrillenrichtung fällt. Hat man aber nicht nur eine Wand der Faser vor Augen, sondern die ganze Faser[3], wie in Abb. 19A, so gibt die Abb. 19I auch bei schraubiger Struktur der Hauptsache nach die optische Gesamtwirkung wieder, weil ja die Schrägstellungen der Indexellipsen gemäß Abb. 19A durch die gegensätz-

[1] Ambronns Anleitung zum Gebrauch des Polarisationsmikroskops, Leipzig 1892, ist eine wohlgelungene Tafel beigegeben, die bis zu den Farben vierter Ordnung reicht.

[2] Nämlich der Kurve, in der das Indexellipsoid von der zu untersuchenden Fläche geschnitten wird.

[3] Nägeli und Schwendener haben im „Mikroskop", 2. Aufl., 1877, S. 332ff., dargelegt, wie man sich durch den Polarisationsapparat auch in diesem Fall über die Lage der optischen Achsen orientieren und dadurch Aufschluß darüber verschaffen kann, ob die Zelle links- oder rechtsschraubig gebaut ist. Reimers hat dieses Verfahren auch mit Geschick und Erfolg angewandt (Mitt. Deutsch. Forsch. Inst. Textilst. 1922) u. a. zur Unterscheidung von Flachs und Hanf. Jedoch raten Ambronn und Frey im Polarisationsmikroskop 1926, S. 77, statt dessen die „weit bequemere" Untersuchung der Einzelwandungen an dünnen Schnitten an und verzichten gänzlich auf die Darstellung der Praxis für solche Doppellagen. Den Praktiker verweisen daher auch wir der Kürze halber auf das oben genannte Werk von Nägeli und Schwendener.

liche Richtung der Fibrillen in der Vorder- und Rückwand der Faser aufgehoben werden. — Bei querporigen Fasern liegt selbstverständlich, nach Dippels Regel, die kürzere in der Längsrichtung der Faser; kombiniert mit Gipsblättchen weisen sie in dieser Richtung Subtraktionsfarben auf. Bemerkenswert ist, daß in den Verschiebungsstreifen entsprechend ihrer Schräglage auch eine Drehung der optischen Achsen eintritt (s. Abb. 15d)[1].

C. Maße der Doppelbrechung und der Brechungsexponenten in Zellhäuten.

Nicht bloß ein polarisierter, sondern auch ein gewöhnlicher Lichtstrahl wird beim Eintritt in einen optisch einachsigen Körper im allgemeinen in zwei Schwingungssysteme gespalten.

Denkt man sich durch den Eintrittspunkt die Parallele zur Hauptachse gezogen und durch sie und den Strahl die Ebene (den Hauptschnitt) gelegt, so fallen die Vektoren (oder Schwingungen) des einen Systems in diese Ebene, die des zweiten senkrecht dazu. Die des zweiten sind mithin stets auch senkrecht zur Hauptachse gerichtet und pflanzen sich daher immer mit derselben Geschwindigkeit fort; sie gehören dem „ordentlichen" Strahle an. Die Vektoren des ersten Systems stehen dagegen nur ausnahmsweise senkrecht zur Hauptachse,

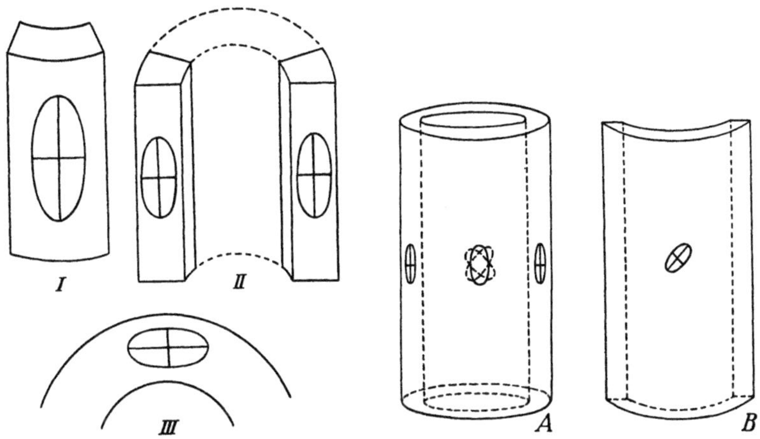

Abb. 19 I, II, III u. A, B. Lage der optischen Indexellipsen. *I* in der Flächenansicht längsporiger Fasern; *II* im Radialschnitt; *III* im Querschnitt; schematisch nach Ambronn. *B* Indexellipse auf der Flächenansicht reiner einzelnen linksschraubigen Faserwand; *A* Kombination der beiden Indexellipsen von Vorder- und Hinterwand. Nach Reimers (Mitt. Deutsch. Forsch. Inst. Textilst. 1922).

nämlich nur dann, wenn der Strahl dieselbe Richtung hat wie diese. Sie bilden vielmehr mit der Achsenrichtung die verschiedensten Winkel, je nach der Orientierung des Strahles selbst. Damit ändern sich auch die durch die Länge der Halbmesser des Indexellipsoids bestimmten und für die Fortpflanzungsgeschwindigkeit des Systems maßgebenden Brechungskoeffizienten. Und da der Brechungswinkel des einfallenden Lichtes nach dem Sinusgesetz bekanntlich durch das Verhältnis der Lichtgeschwindigkeit in der Luft und in dem Substanzgefüge bestimmt ist, so spaltet sich der in den anisotropen Körper eintretende Lichtstrahl in zwei Strahlen, den ordentlichen mit dem stets gleichen Brechungskoeffizienten n_o und den außerordentlichen mit Brechungsexponenten verschiedener Größe und den extremen Maßen n_o und n_a. So entsteht die Doppelbrechung, die durch die Differenz $n_a - n_o$ gemessen wird[2]. Da bei positiven Kristallen das Indexellipsoid der Brechungsexponenten ein verlängertes, bei den negativen Kristallen ein abgeplatteter Umdrehungskörper (bei den ersteren also $n_a > n_o$, bei den letzteren $n_a < n_o$ ist), so ist auch die Doppelbrechung bei den positiven Kristallen positiv, bei den anderen negativ.

Die Zellmembranen sind nun zwar nicht einachsig; ihr Indexellipsoid ist vielmehr dreiachsig. Jedoch sieht man in erster Annäherung von den Differenzen

[1] Ambronn: Zsigmondy-Festschr. S. 22 (Ergänzgsbd. der Kolloid-Zeitschr. Bd. 36. 1925).

[2] An die Stelle dieser Differenz tritt bei der Untersuchung von Zellwänden an Flächenansichten und Querschnitten die Differenz $n_\gamma - n_\beta$ oder $n_\beta - n_\alpha$, wenn n_γ, n_β, n_α die Brechungsexponenten nach den drei optischen Achsen bedeuten.

der mittleren und kleineren Achse ab und begnügt sich bei der Bestimmung der Doppelbrechung mit der Differenz $n_\gamma - n_\beta$, die in der Flächenansicht für die Richtungen längs der Fibrillen und senkrecht dazu gelten. Die Maße dieser Brechungskoeffizienten werden festgestellt, indem man jedesmal nur mit monochromatischem Licht arbeitet, das nach einer dieser Richtungen polarisiert ist, und durch Ausprobieren feststellt, welche von der Membran ohne Quellung aufgenommene Flüssigkeit ihr Bild möglichst vollständig zum Verschwinden bringt. Mit dem Brechungskoeffizienten dieser Flüssigkeit muß dann die gesuchte Größe n_γ oder n_β sehr nahe übereinstimmen.

Die letzten und genauesten Messungen dieser Art sind von Frey[1] angestellt. Er fand bei monochromatischem Natriumlicht an den unverholzten oder nur sehr schwach holzhaltigen Fasern von Flachs, Nessel und Ramié $n_\gamma = 1{,}594$ bzw. 1,595; für n_β die Werte 1,532 bis 1,534, für die Doppelbrechung $n_\gamma - n_\beta$ mithin übereinstimmend 0,062 oder 0,061. Mit zunehmender Verholzung scheinen Brechungsexponenten und Doppelbrechung abzunehmen. Denn beim Hanf fand er $n_\beta = 1{,}585$, $n_\alpha = 1{,}530$ und somit $n_\gamma - n_\beta = 0{,}055$; bei der noch stärker verholzten Jute $n_\gamma = 1{,}577$, $n_\beta = 1{,}536$ und $n_\gamma - n_\alpha = 0{,}041$. Dies hängt wahrscheinlich damit zusammen, daß das Lignin (das als Membrangerüst zurückbleibt, wenn die Zellulose vorsichtig herausgelöst ist), sich als isotrop erweist.

Die Verholzung sieht Frey auch als Ursache davon an, daß er an den Verdickungsleisten der Spiralgefäße $n_\gamma = 1{,}563$ und $n_\gamma - n_\beta = 0{,}027$ fand. Die schon früher (S. 1 und 26) erwähnten Zellulosefäden von Cobaea ergaben ihm $n_\gamma = 1{,}582$; $n_\alpha = 1{,}532$, mithin die Doppelbrechung 0,047. Jedoch bestehen nach Frey auch diese nicht aus reiner Zellulose, sondern sie enthalten noch Pektinstoffe, denn sie lösten sich in Kupferoxydammoniak nicht völlig auf, ließen vielmehr einen gequollenen Rest zurück, der sich mit Methylviolett tiefblau färbte.

Die Messungen Freys an Baumwollhaaren lieferten für den Brechungsexponenten in der Längsrichtung des Haares den Wert 1,580 und $n_\beta = 1{,}534$. Da aber die analytische Geometrie es gestattet, aus der Länge zweier Ellipsenhalbmesser und ihren Winkelabweichungen von der Hauptachse der Ellipse die Länge der Hauptachse selbst zu berechnen, so ließ sich aus den gefundenen Zahlen und dem bekannten Steigungswinkel (30^0 bis 35^0) der Streifung der Haare auch n_γ selbst berechnen. Es ergab sich so $n_\gamma = 1{,}596$ und als Doppelbrechung wieder 0,062. Frey hält sich auf Grund der Übereinstimmung dieser Werte mit den bei Nessel, Flachs und Ramie gefundenen für berechtigt, die Zahlen $n_\gamma = 1{,}596$ (1,595), $n_\beta = 1{,}534$ (1,532) und $n_\gamma - n_\beta = 0{,}062$ (0,061) als allgemeingültig für reine Zellulose anzunehmen.

D. Dichroismus von Zellmembranen. In den physikalischen Lehrbüchern wird der Turmalin als Beispiel dafür besprochen, daß die beiden rechtwinklig zueinander polarisierten Wellenzüge, die eine (parallel seiner Hauptachse geschliffene) Platte durchsetzen, in ihr eine sehr ungleiche Absorption erfahren. Das eine wird fast vollständig verschluckt, das andere durchgelassen. Darum kann man zwei solcher gekreuzter Platten statt Nicols zu makroskopischen Demonstrationen bequem benutzen. Ähnlich verhalten sich aber auch mit Chlorzinkjod blaugefärbte Pflanzenfasern. Beobachtet man sie über einem Nicol (ohne den zweiten oberen), während ihre Achsen in der Durchlaßrichtung desselben liegen, so erscheinen sie fast schwarz; das Licht wird in ihnen unter diesen Umständen fast ganz verschluckt. Wird die Faser dann aber auf dem Objekttisch um 90^0 gedreht, so erscheint sie fast farblos.

[1] Ambronn-Festschrift der Kolloidchem. Beih. 1926, S. 40 und Jahrb. f. wiss. Botanik 1926, S. 204/205.

Dieser „Dichroismus“ kann nach Ambronn und Frey sogar dazu benutzt werden, um eine geringe Verholzung an der Zellulosefaser nachzuweisen. Denn das Lignin wird durch das Chlorzinkjod gelb gefärbt. Bei geringem Anteil desselben an der Wandsubstanz wird diese Färbung durch das tiefe Blauviolett der Zellulose verdeckt. Es macht sich aber bei der letzterwähnten Stellung der Faser über dem Nikol geltend. Diese ist dann nicht mehr farblos, sondern läßt das Gelb sichtbar werden.

Dieser Dichroismus ist nun in vielen Fällen beobachtet worden, in denen die Pflanzenfasern mit Farbstoffen durchtränkt worden waren. In Abb. 20a und b sind nach Ambronn-Frey zwei solcher Fälle gekennzeichnet. Die Abb. 20a besagt, daß bei der Färbung mit Kongorot die Faser farblos erscheint, wenn sie senkrecht zur Schwingungsebene des polarisierten Lichtes liegt; nach Abb. 20b verhält sie sich bei Färbung mit Magdalarot gerade umgekehrt. Im ersten Fall spricht man von positivem, im zweiten von negativem Dichroismus. Das Rot tritt im letzteren Falle erst bei der entgegengesetzten Lage auf.

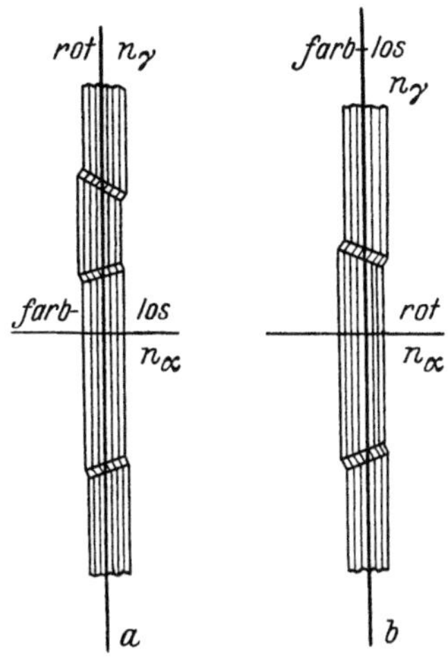

Abb. 20a u. b. Dichroismus der Ramiefaser. *a* positiver bei Färbung mit Kongorot; *b* negativer bei Färbung mit Magdalarot. Nach Ambronn-Frey (s. Text).

Noch auffälliger ist der Dichroismus, der in Pflanzenfasern durch Einlagerung von Metallen, wie Kupfer, Silber, Gold, Quecksilber, oder Metalloiden, wie Brom, Phosphor, Schwefel usw. erzeugt wird. (Brom wird nämlich unmittelbar aufgenommen, Phosphor aus der ätherischen Lösung, die Metalle als Bestandteile von Salzen, aus denen sie nachträglich abgeschieden werden.) Eine mit Gold gefärbte Faser erscheint in der Stellung parallel zur Schwingungsebene des polarisierten Lichts rot, senkrecht dazu grün; bei silberhaltigen Fasern sind die entsprechenden Farben gelb und blau[1].

Es ist ferner sehr bemerkenswert, daß Ambronn, der sich mit den dichroitischen Erscheinungen in zahlreichen Untersuchungen beschäftigt hat, an isolierten nadelförmigen Farbstoffen, die das gegensätzliche Verhalten der Abb. 20a u. b in Fasern hervorriefen, denselben Gegensatz in ihrem Dichroismus nachgewiesen hat. Und im Zusammenhang damit steht die Tatsache, daß Streifen, die Ambronn in einer dünnen, auf Glas aufgetragenen, kristallinischen Schicht solcher Farbstoffe durch Überstreichen mit einem schmalen harten Gegenstand erzeugte, in der Strichrichtung, und quer dazu, denselben Dichroismus aufwiesen. Offenbar waren durch das Streichen die länglichen Farbstoffteilchen großenteils in die Strichrichtung gedrängt und somit parallel gerichtet worden. Es ist hiernach nicht zu verwundern, daß Ambronn zu der Ansicht gelangen mußte, auch in der Zellmembran seien die Farbstoffteilchen großenteils gleichsinnig orientiert, und zwar die Fibrillen parallel gerichtet, und daß er diese Annahme dann auch auf die Metallteilchen übertrug, durch deren Einlagerung die Zellmembranen so auffällig dichroitisch wurden, sowie daß er auch bei ihnen einen anisotropen Charakter vermutete.

Es war daher eine große Überraschung, daß Zocher[2] an silberimprägnierten,

[1] Vgl. Frey „Naturwissenschaften“ Bd. 13, S. 403ff. 1925, und Ambronn-Frey: Polarisationsmikroskop, S. 181 und Tafel Abb. 7 u. 8.

[2] Zeitschr. f. physikal. Chem. Bd. 124, S. 93, Abb. 2. 1926.

dichroitischen Membranen durch Röntgenaufnahmen zeigte, daß die Silberteilchen ganz im Gegenteil völlig regellos, ohne jede gleichsinnige Orientierung, darin verteilt sind. Denn seine Röntgendiagramme wiesen außer dem typischen

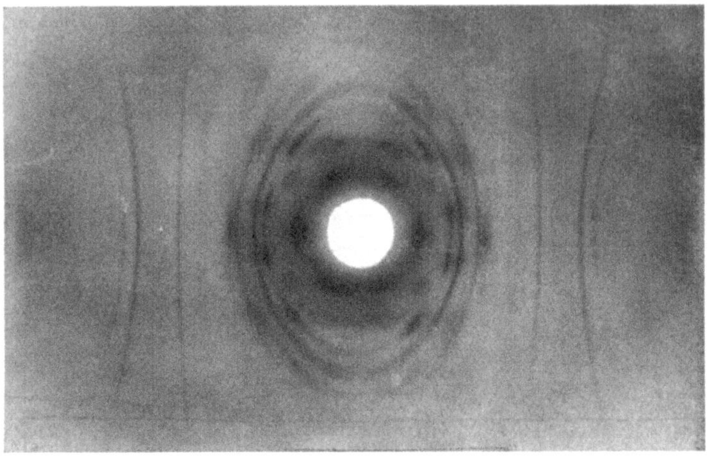

Abb. 21. Röntgendiagramm von silberimprägnierten Ramiefasern. Es zeigt außer dem bekannten Faserdiagramm der Zellulose das ebenfalls bekannte Debye-Scherrer-Diagramm regellos eingelagerter Silberteilchen. Nach Zocher.

Punktdiagramm der Faser das ebenso typische Debye-Scherrer-Diagramm einer wirren Anhäufung regulärer Silberkristallchen auf. Dies Diagramm ist in Abb. 21 wiedergegeben. Wie sich trotzdem der durch sie hervorgerufene Dichroismus erklären läßt, kann erst später (s. S. 41) dargelegt werden.

IV. Submikroskopischer Bau der Pflanzenmembran.

1. Nägelis Micellartheorie.

Seit einigen Jahren hat sich bekanntlich auch die Röntgenforschung mit den pflanzlichen Zellmenbranen beschäftigt und dargetan, daß diese bei der Durchleuchtung Beugungsbilder von gleicher Art liefern, wie Kristalle und kristallinische Stoffe. Hierdurch ist die schon i. J. 1858[1] von dem Botaniker Nägeli aufgestellte Theorie wieder zu Ehren gekommen, wonach die Zellmembranen — wie überhaupt alle organisierten quellbaren Substanzen — kristallinische Gebilde sein sollten, zusammengesetzt aus submikroskopischen Teilchen, für die Nägeli später[2] die Bezeichnung Micell (Das Micell; Mehrzahl: Die Micelle) geprägt hat.

A. Nägelis Begründung für die Kristallnatur der Micelle. Die kristallinische Struktur der Zellmembranen erschloß Nägeli aus ihrem Verhalten im polarisierten Licht, und zwar aus der Eigenart ihrer Doppelbrechung. Allerdings können auch isotrope Körper Doppelbrechung aufweisen, wenn in ihrem Molekulargefüge innere Spannungen auftreten, wie sie z. B. durch Zug

[1] „Die Stärkekörner". Pflanzenphys. Unters. v. Nägeli u. Cramer, H. 2. — Vgl. ferner Sitzgsbr. d. Bayr. Ak. 1862, S. 290ff. und 1864, I, S. 282ff., VI, S. 114ff. — „Theorie d. Gährung" 1879.

[2] Nägeli und Schwendener: „Mikroskop". 2. Aufl. 1877.

oder Druck hervorgerufen werden. Ferner kann eine Doppelbrechung ohne Spannungen verursacht sein durch gleichsinnige Orientierung von Teilchen, die nur räumlich anisotrop (z. B. stabförmig), aber optisch isotrop sind. Nägeli kam jedoch zu dem Schlusse, daß für die Zellhäute weder die eine noch die andere Ursache zur Erklärung ihrer Doppelbrechung ausreiche. Dazu sei sie viel zu eigenartig. Man kann nämlich nach ihm „die Schichten einer von Wasser durchdrungenen Caulerpa-Membran durch Biegen und Falten auseinanderziehen und verkürzen, so daß die Differenz zwischen beiden Extremen einer Verlängerung von 42% oder einer Verkürzung von 30% gleichkommt, ohne eine dem Auge bemerkbare Änderung in den Interferenzfarben hervorzubringen, während beim anisotrop gewordenen Glasstab eine Dilatation von 0,001, also $^1/_{10}$% genügt, um die Farbe merklich zu modifizieren". Eine solche Unempfindlichkeit erschien Nägeli nur bei der Annahme von Teilchen möglich, die selbst hochgradige Doppelbrechung besitzen.

Die Annahme innerer Spannungen als Ursache lehnte Nägeli ferner auch darum ab, weil selbst das kleinste mikroskopische Bruchstückchen einer Zellwand, das doch etwaigen inneren Spannungen in der Gesamtmembran entzogen sein mußte, dieselben optischen Interferenzen aufweist wie die unverletzte Membran.

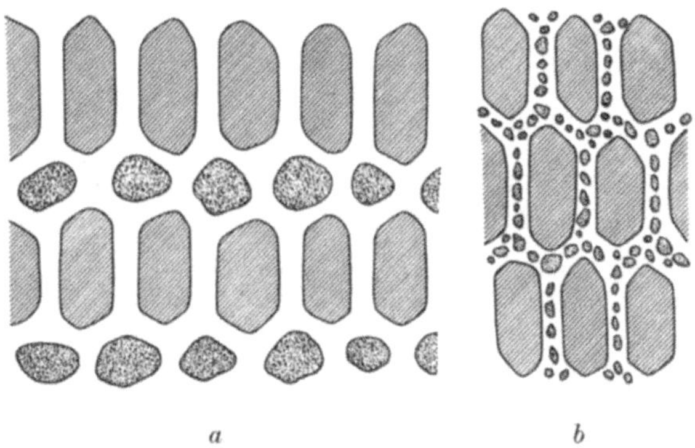

Abb. 22. Schemata von Micellarstrukturen nach Nägeli und Schwendener (Mikroskop 1877), für den Fall, daß zwei verschiedene Substanzen am Aufbau beteiligt sind.

B. Die Wasserteilchen der Membranen als Hüllen der Micelle. Der Wassergehalt der Zellwände kann unter Umständen außerordentlich variieren. Es gibt gallertig aufquellende Zellhäute, die 200 Volumina Wasser aufnehmen können. Dennoch bleibt dabei die chemische Konstitution ihrer festen Substanz, soweit die bekannten Färbungsmittel darüber Auskunft geben, dieselbe. Daher können nach Nägeli die Wasserteilchen bei der Imbibition einer Membran nicht in die Micelle selbst (in chemischer Verbindung etwa) eintreten, sondern müssen neben ihnen eingelagert sein. Die außerordentliche Volumenvergrößerung die durch Wasseraufnahme manchmal bewirkt werden kann, schließt aber die Annahme aus, daß die Micelle ein zusammenhängendes, festes Gerüst bilden. Sonst müßte dieses Gerippe eine ganz außerordentliche Dehnbarkeit besitzen, von der jedoch im trocknen Zustand der Wand nichts wahrzunehmen ist. Daher bleibt nur die Auffassung übrig, daß die Micelle oder ihre größeren Verbände lose nebeneinanderliegen und bei Imbibition von ihren Wasserhüllen umschlossen werden.

Im ausgetrockneten Zustand der Membran schließen sie nach Nägeli (abgesehen von feinen unsichtbaren Kanälchen, die stellenweise vorhanden sein können) eng aneinander. Ihre Anziehung zum Wasser ist aber bis zu einer gewissen Grenze größer als die zu den Nachbarmicellen. Und zwar hängt die Wasseranziehung nicht von der Micellmasse, sondern von ihrer Oberfläche ab. Je kleiner die Micelle sind, je größer also ihre Oberflächenentwicklung ist, desto höher ist der Wasserreichtum der Zellhaut. Da jüngere Zellhäute meist besonders wasserreich sind, so sind in ihnen nur kleine Micelle anzunehmen.

Diese wachsen dann, wie winzige Kriställchen, durch Anlagerung neuer Moleküle. Es mögen sich daneben aber vielleicht auch neue Micelle bilden oder Bausteine ganz anderer chemischer Beschaffenheit einschieben, wie anorganische Salze, Kieselsäure, Lignin u. dgl.

C. Form der Micelle. Da die Quellungs- und Schrumpfungsmaße der Zellwände nach ihren verschiedenen Richtungen so stark differieren, ist zu schließen, daß auch die Dimensionen der Einzelmicelle sehr ungleich seien, und zwar in der Richtung der Poren oder Streifen offenbar am längsten gestreckt und in der Radialrichtung der Wandungen, senkrecht zur Schichtung am kürzesten. In der Porenrichtung sind die Micelle wahrscheinlich zu langen Fibrillen vereinigt.

Unserer kurzen Darstellung seien noch zwei schematische Abb. 22a und b beigefügt, die dem „Mikroskop" von Nägeli und Schwendener entnommen sind. Es sei jedoch hervorgehoben, daß sie etwa ein Schema für einfach gebaute Parenchymzellwände wiedergeben. Für die schraubig gebauten Faserwände hat man sich die Micelle einseitig weit mehr gestreckt und genähert zu denken.

2. Bestätigung der Micellartheorie hinsichtlich der optischen Verhältnisse durch Herm. Ambronn und seine Schüler.

Die Ideen Nägelis sind der Entwicklung unserer submikroskopischen Kenntnisse weit vorausgeeilt. Bei ihrem Auftauchen von hervorragenden Fachgenossen mit Bewunderung aufgenommen, wurden sie in der Folgezeit stark bekämpft und in den Hintergrund gedrängt. Wiesner stellte ihr seine „Dermatosomentheorie" gegenüber; Bütschli seine Waben- oder Schaumtheorie der Kolloide, bis diese letztere durch die ultramikroskopische Forschung für anorganische Kolloide zurückgewiesen wurde.

Der Widerspruch richtete sich vornehmlich gegen die Kristallnatur der kleinsten Membranteilchen. Der schärfste Angriff kam in den achtziger Jahren von von Ebner[1], der die Doppelbrechung der Zellwände allein auf die gleichsinnige Orientierung ihrer Teilchen zurückführen wollte, die durch Wachstumsspannungen veranlaßt sein sollte. Er gründete seine Opposition u. a. auf die Beobachtung, daß manche Zellhäute hinsichtlich ihres optischen Verhaltens durchaus nicht so unempfindlich gegen Zug und Druck sind, wie es Nägeli von der Caulerpa-Membran berichtet hat; damit falle aber die Hauptstütze für die optische Anisotropie der Micelle hinweg. Gegen diese Auffassung hat Herm. Ambronn Jahrzehnte lang gekämpft, und ihm und seiner Schule ist es gelungen, den Beweis der Kristallnatur der Zellulose zuerst an käuflichen Nitrozellulose- und Zelluloseplatten, schließlich aber auch an natürlichen Membranen beizubringen.

Wiener hat 1909 in einer Abhandlung „zur Theorie der Stäbchendoppelbrechung"[2] dargelegt, daß einem Gefüge aus regelmäßig geordneten isotropen Stäbchen, die von einander durch ein ebenfalls isotropes Medium von anderer Brechbarkeit getrennt sind, Doppelbrechung zukommt, die in der Stäbchenrichtung stets positiv ist, und deren Betrag von dem Unterschied beider Brechungskoeffizienten abhängt, also Null wird, wenn diese übereinstimmen. Gelingt es nun, das Stäbchenmosaik nacheinander mit Flüssigkeiten zu durchtränken, deren Brechungsexponenten eine aufsteigende Stufenreihe bilden, die den Wert des Brechungsexponenten der Stäbchen erheblich überschreitet, so läßt sich die damit verbundene Änderung der Doppelbrechung graphisch durch die Kurve Abb. 23a darstellen, deren Scheitel auf der Nullinie der Abszissenachse liegt. Ambronn überlegte nun, daß das Gefüge der Zellmembranen nach Nägeli ebenfalls ein Stäbchenmosaik darstelle, das bei der angegebenen Behandlung eine der Abb. 23a ähnliche Kurve liefern müsse. Wenn aber die Stabmi-

---

[1] Untersuchungen über die Ursachen der anisotropen organischen Substanzen. Leipzig 1882.

[2] Ber. d. Sächs. Ges. d. Wiss. Math.-Phys. Kl. Bd. 61, S. 113—116.

celle optisch anisotrop seien, so müsse diese „Eigendoppelbrechung“ im Scheitel der Kurve, wo ja die eigentliche „Stäbchendoppelbrechung“ wegfalle, für sich zum Vorschein kommen. Bei positiver Eigendoppelbrechung der Micelle müsse der Scheitel der Kurve wie in Abb. 23b, oberhalb der Abszissenachse, liegen, bei negativer, wie in Abb. 23c, unterhalb derselben. Mit anderen Worten: es war zu erwarten, daß, wenn die Micelle Eigendoppelbrechung besitzen, bei sachgemäßer Anwendung von Imbibitionsflüssigkeiten abnehmender Brechbarkeit, die beobachtete Doppelbrechung des Gefüges vor dem Ansteigen nicht auf Null sank, sondern einen Restbetrag aufwies, der bei positiver Eigendoppelbrechung positiv, bei negativer auch negativ ausfallen mußte.

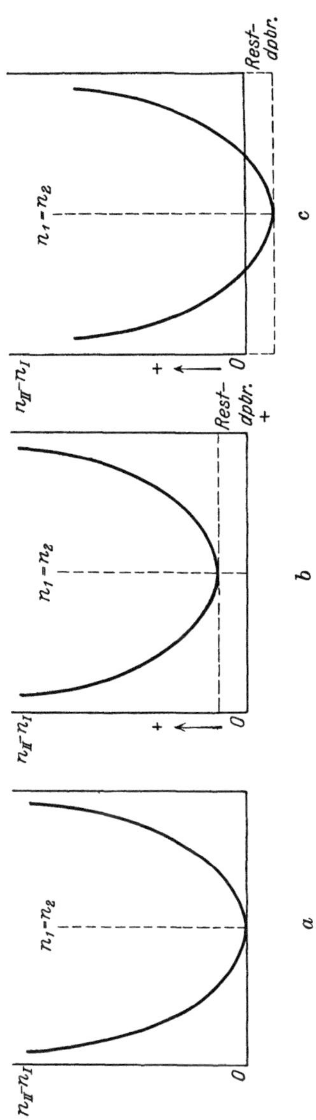

Abb. 23a bis c. *a* Kurve der reinen Stäbchendoppelbrechung; *b* Kurve von Stäbchendoppelbrechung, verbunden mit positiver Eigendoppelbrechung; *c* Kurve von Stäbchendoppelbrechung, verbunden mit negativer Eigendoppelbrechung. Nach Ambronn-Frey, schematisch.

Diese Vermutung fand Ambronn bei Platten von Zelloidin (Nitrozellulose) bestätigt.. In den käuflichen Platten sind die kleinsten Teilchen, infolge ihres Herstellungsverfahrens aus Lösungen, allerdings ganz regellos verteilt, und die Platten selbst erscheinen daher isotrop. Sie besitzen aber eine überaus große Dehnbarkeit, so daß die gestreckten Teilchen durch starken Zug in hohem Maße parallel zu dessen Richtung gestellt werden können, und somit ein orientiertes Stäbchengefüge erzielt wird. Die optische Untersuchung desselben nach der geschilderten Methode lieferte nun eine Kurve des Typs der Abb. 23c, also eine erhebliche Restdoppelbrechung negativen Zeichens. Dieses Ergebnis war in doppeltem Sinne beweiskräftig. Da Stäbchendoppelbrechung ja nach Wiener niemals negativ werden kann, war sichergestellt, daß dieser negative Rest nur von optisch negativen Stäbchen herrühren konnte. Dieser negative Charakter hat übrigens nichts Auffälliges, denn es war schon Nägeli bekannt, und von Hans Ambronn näher festgestellt, daß fortschreitende Nitrierung auch an natürlichen Fasern den Umschlag der positiven Doppelbrechung in die negative, sogar ohne wesentliche Änderung ihrer Form und Größe, hervorbringt.

Es gelang Ambronn ferner, den Zelloidinplatten durch Behandlung mit Schwefelammonium die Nitrogruppe zu entziehen und sie in Platten von Zellulose zu verwandeln. Diese lieferten nunmehr eine Kurve des Typs der Abb. 23b und somit den sicheren Beweis für die positive Eigendoppelbrechung ihrer Zellulosemicelle.

Für die Micelle der natürlichen Zellulosemembranen hat Ambronns Schüler Möhring[1] diesen Nachweis ebenfalls erbracht. Er benutzte als solche Fasern von Ramie und von der Brennessel, sowie Kollenchymstreifen aus Holunderblattstielen und verwendete zur Untersuchung monochromatisches Licht von den Wellenlängen 435 $\mu\mu$, 546 $\mu\mu$ und 579 $\mu\mu$. Er traf aber auf die Schwierigkeit, daß er keine Flüssigkeit von genügend hoher brechenden Kraft finden konnte, die in die Membranen eindrang, ohne erhebliche Quellung hervorzurufen.

[1] Ambronn-Festschrift, S. 172ff. Für Ramie hat allerdings Frey Möhrings Ergebnis nicht bestätigen können (Ber. dtsch. bot. Ges. 1928, S. 452). (Nachträgl. Anm.).

Daher gelang es ihm nicht, den aufsteigenden rechten Ast der Doppelbrechungskurve zu erzielen. Seine Ergebnisse sind in Abb. 24 dargestellt. Als Ordinaten sind darin allerdings nicht direkt die Maße der Doppelbrechungen D selbst eingetragen, sondern diejenigen der festgestellten Gangunterschiede δ in Wellenlängen. Aus ihnen würden sich die Doppelbrechungen selbst gemäß der Gleichung $D = \frac{\delta}{d}$ durch Division von δ und der Objektdicke d ergeben. Da die Beobachtungen aber nacheinander an derselben Membran angestellt wurden, so ergeben die Werte von δ auch die relativen Werte der Doppelbrechungen D. Die schwierige Bestimmung von d selbst wurde unterlassen, um eine Fehlerquelle auszuschalten.

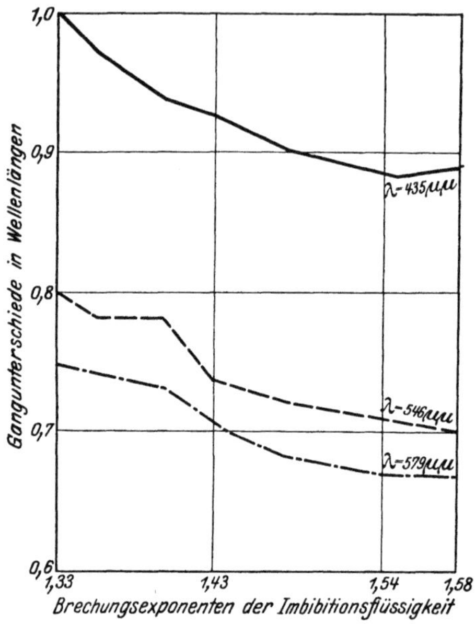

Abb. 24. Gang der Doppelbrechung der Ramiefaser bei verschiedenen Imbibitionsflüssigkeiten und drei verschiedenen Wellenlängen. Nach Möhring.

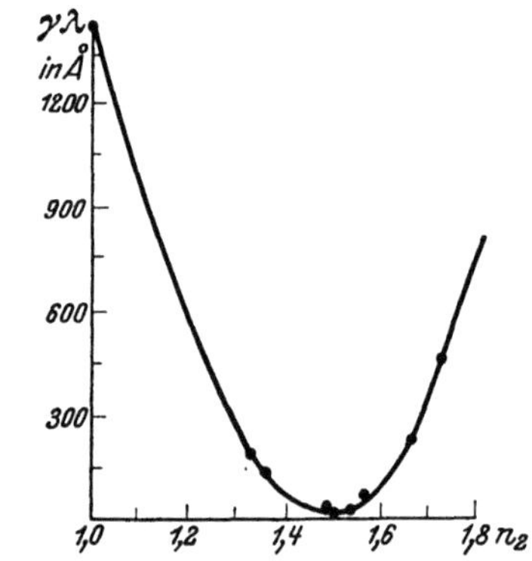

Abb. 25. Reine Stäbchendoppelbrechung des Kieselgerüsts von Haaren der Gerstengranne, entsprechend Abb. 23a. Nach Frey.

Wenn Möhrings Kurven auch keinen glatt gerundeten Verlauf zeigen und namentlich bei der Abszisse 1,40 Unregelmäßigkeiten haben (die wahrscheinlich auf ungünstigen Versuchsumständen beruhen), so ist ihre Verwandtschaft mit dem linken Ast der Kurve, Abb. 23b, unverkennbar. Das Minimum ist offenbar erreicht, bei dem die Eigendoppelbrechung allein zur Wirkung kommt. Die Kurven lehren, daß diese die hohen Werte von $\frac{0{,}67}{d}$ bis $\frac{0{,}89}{d}$ erreicht, während die Stäbchendoppelbrechung, die aus der Ordinatendifferenz des höchsten und tiefsten Punktes jeder Kurve zu entnehmen ist, nur den Wert von etwa $\frac{0{,}1}{d}$ aufweist. Hieraus geht aber deutlich hervor, daß die starke Doppelbrechung der Zellmembranen zum weitaus größten Teil durch die Eigendoppelbrechung der Micelle und nur in ganz beschränktem Maße durch die Orientierung derselben verursacht ist.

In Ergänzung zu den erwähnten Untersuchungen von Ambronn und Möhring hat Frey gleichsam den entgegengesetzten Weg beschritten. Während jene nämlich die Stäbchendoppelbrechung ausschalteten, um die Eigendoppelbrechung allein hervortreten zu lassen, hat Frey[1] die letztere beseitigt, damit die erstere

[1] Jahrb. f. wiss. Botanik Bd. 65, S. 199. 1926.

klar zum Vorschein komme. Er benutzte dazu stark verkieselte Membranen, in denen er die organische Substanz durch ein Gemisch von Chrom- und Schwefelsäure vorsichtig zerstört hatte. Bei behutsamer Behandlung blieb dabei das Kieselgerüst unversehrt. Auf dieses wandte er nun ebenfalls das Immersionsverfahren mit Flüssigkeiten zunehmender Brechbarkeit an und erhielt die Kurve der Abb. 25, mit dem Minimum Null der Doppelbrechung und dem ab- und aufsteigenden Ast der reinen Stäbchendoppelbrechung. Damit ist aber ein zweiter anschaulicher Beweis geliefert, daß die organischen Bausteine der Zellmembran, ebenso wie die zurückgebliebenen Kieselteilchen zwischen diesen, ein geordnetes Stäbchengefüge bilden, wie es die Nägelische Theorie annimmt. Nach ihrer Beseitigung ist die positive Restdoppelbrechung der natürlichen Membran verschwunden und nur die Stäbchenwirkung des Kieselskeletts noch vorhanden.

Mit der Form dieses Gefüges hängen auch die früher (S. 35) besprochenen eigenartigen Erscheinungen des Dichroismus zusammen. Wie Wiener neuerdings[1] nachgewiesen hat, gibt es nämlich nicht nur eine Stäbchendoppelbrechung, sondern auch einen Stäbchendichroismus. Das heißt: Es ist nicht nötig, daß die in die Membran eingelagerten Teilchen, den Fibrillen parallel, gleichsinnig orientiert sind, um die bekannten dichroitischen Wirkungen hervorzubringen, sondern es genügt dazu, daß sie, wenn auch im Einzelnen regellos gerichtet, in ihrer Gesamtheit zwischen den Wandmicellen ebenfalls ein diesen entsprechendes Stäbchengefüge bilden[2].

3. Beziehung der Kohäsionsverhältnisse der Pflanzenmembranen zur Micellarstruktur.

Wenn man sich die Tatsache vergegenwärtigt, daß in den Skelettfasern die Micellreihen so häufig schraubig orientiert sind, kann man sich der Frage nicht erwehren, welchen Nutzen die Pflanze aus einer solchen Konstruktion ziehen mag. Man hat wohl den Vergleich mit dem handwerksmäßigen Verfahren eines Seilers herangezogen, der die natürlichen Faserbündel ebenfalls schraubig wickelt und die so erhaltenen Stränge nochmals in schraubigen Windungen miteinander verbindet. Mir scheint dieser Vergleich aber stark zu hinken. Der Seiler muß so verfahren, um die Reibung zwischen den einzelnen dünneren und dickeren Strängen möglichst zu vermehren und dadurch zu verhindern, daß sie sich von einander lösen und einzeln zerrissen werden, wenn ein starker Zug an ihnen wirkt. Die Micellarreihen der Pflanzenfasern sind dagegen von vornherein organisch miteinander verwachsen. Man sollte im Gegenteil glauben, die Fasern würden z. B. gegen Zug am widerstandsfähigsten sein, wenn ihre Micellarreihen genau achsial verliefen.

Der Vorteil der Schraubenstruktur dürfte eher darin bestehen, daß sie den Fasern eine größere elastische Dehnbarkeit verleiht. Wir haben ja früher hervorgehoben, in welchem Maße die Pflanzenorgane auf Dehnbarkeit und Biegsamkeit in Anspruch genommen werden, sowie daß ihre Fasern sich vor den meisten anorganischen festen Stoffen dadurch auszeichnen,

---

[1] Ambronn-Festschrift, S. 189: Formdoppelbrechung bei Absorption.

[2] Anm. bei d. Korr.: Frey gelangt auf Grund neuer polarisations-optischer Messungen an der Ramiefaser auch darin zu einer Bestätigung von Nägelis Theorie, daß sich die Micelle ihrer Membran bei trocknem Zustand derselben (abgesehen von lokalen Zwischenräumen) tatsächlich „berühren", während nach der Imbibition die wassererfüllten Micellarinterstitien etwa 12% der Querschnittdicke einnehmen sollen (Ber. dtsch. bot. Ges. 1928, S. 444ff.). Nach Kurt H. Meyer und H. Mark (Naturwissensch. 1928, S. 788 u. 898) ist das Kristallsystem der Zellulosemicelle, wenngleich dem rhombischen nahestehend, monoklin (Abweichung etwa 10°). Diese sollen aus Bündeln von etwa 60 Einzelketten bestehen, deren jede aus rund 100 Glukoseresten gebildet ist (S. 792). Die Dicke der Micelle beträgt nach Meyer etwa 2 bis 5 $\mu\mu$, ihre Länge 15 bis 30 $\mu\mu$ (S. 786). Bei der Ramiefaser haben nach Mark spezielle Messungen Hengstenbergs eine Micellänge von über 50 $\mu\mu$ und Dicke von etwa 5 $\mu\mu$ ergeben. Nach R. O. Herzog und Jancke (l. c.) hat auch Andress (Z. phys. Chem. Bd. 136, S. 279. 1928) sich für eine monokline Form der Zellulose ausgesprochen. In Jahrb. wiss. Bot. 1927, S. 620 hebt Frey hinsichtlich des Stäbchendichroismus, der bei der gewöhnlichen Zellulosereaktion mit JZnCl eintritt, hervor, daß dieser von einem Eigendichroismus der Jodteilchen überlagert werde, die gerichtet adsorbiert seien.

daß sie eine hohe Dehnung zulassen, ohne daß die Elastizitätsgrenze überschritten wird. Nun ist aber leicht einzusehen, daß sich eine Drahtspirale ohne Überschreitung dieser Grenze weit länger ausziehen läßt als ein Bündel gerader Drähte. Es fragt sich nun, ob sich eine Pflanzenfaser einer Zugwirkung gegenüber ebenso verhält wie eine Drahtspirale. Eine solche kann nämlich dem Zuge nicht anders folgen, als indem sie ihre Windungen abwickelt, sich also entgegengesetzt dem Sinne derselben zurückdreht.

Im Institut für Faserstoffchemie in Dahlem hat W. Jancke auf Veranlassung des Verfassers einige Versuche mit natürlichen Pflanzenfasern angestellt, um zu prüfen, ob sie sich ebenso verhalten. Er benutzte dazu einen Apparat, der ihre allmähliche Dehnung ohne jede Stoßwirkung gestattete und unterwarf der Prüfung sowohl Fasern mit rechtsläufigen als mit linksläufigen Micellarreihen. Die Fasern zeigten in der Tat beim Zuge dieselben Torsionen, wie sie bei ihrer Quellung auftreten. Mit dem Nachlassen des Zuges gingen sie elastisch zurück, und dieses Hin und Her ließ sich beliebig oft wiederholen[1]. Nach privaten Mitteilungen sind solche Untersuchungen auch von botanischer Seite in einem Universitäts-Institut mit gleichem Ergebnis vorgenommen worden.

Durch die schraubige Wandstruktur dürfte aber auch eine andere Beobachtungsreihe Aufklärung finden. Wilfr. Robinson[2] hat durch zahlreiche Versuche an Hölzern festgestellt, daß ihre Bruchlinien beim Zerreißen und beim Zerdrücken ganz verschieden ausfallen. Beim Zug folgen sie nämlich der Richtung der Poren, bei Druck den sog. Verschiebungslinien. Dies ist aber nach dem Vorigen leicht zu verstehen. Denn durch den starken Zug werden die Schraubenwindungen der Micellarreihen in hohem Maße abgewickelt und voneinander gelöst. Der Zusammenhang der Zellwände wird daher parallel zu ihnen, und demnach auch zu den Poren, am stärksten gelockert. Ein Druck wirkt dagegen in umgekehrtem Sinne, er verstärkt die Windung der Fibrillen und preßt diese gegeneinander. So werden sie von der Seite her zerdrückt und brechen nach den natürlichen „Verschiebungslinien“ oder „Gleitflächen“ auseinander.

Eine dritte Erfahrung erklärt sich aus dem Verhalten von Spiralen verschiedener Steigung der Windungen beim Zuge. Drahtspulen mit flachen Windungen lassen sich nämlich selbstverständlich weit länger ausrecken, als gleichlange von steiler Windung. Daher ist zu erwarten, daß sich Pflanzenfasern, deren Poren und Micellarreihen einen verhältnismäßig großen Winkel mit der Faserachse bilden, im allgemeinen durch hohe (wenn auch unelastische) Dehnbarkeit auszeichnen. Und dies ist auch wirklich von Sonntag[3] an einer Reihe von Fasern festgestellt worden. Nach ihm fallen die stark-duktilen Bastfasern von Cocos, Caryota, Agave u. a. sowie die ebenfalls sehr dehnbaren Libriformzellen von Clematis und Vinča durch ihre geneigte Porenlage auf (vgl. die Tabelle S. 29). An den Doldenstielen der wilden Möhre unterschieden sich die Stereiden ihrer Ober- und Unterseite sehr merklich durch die steilere und flachere Lage ihrer Wandporen. Dementsprechend fand Sonntag an den flachporigen Elementen eine anderthalb bis zweimal so hohe Bruchdehnung als bei den steilporigen.

Auch sonst ist es aufgefallen, daß Zellen, die eine ausnehmend hohe Dehnbarkeit besitzen, flachporig sind. Als Beispiel hiervon seien hier nur die röhrig verwachsenen Staubfäden der Kornblumen, Flockenblumen und anderer Cynareen[4] erwähnt. Sie ziehen sich um 10 bis 25% zusammen, wenn sie zur Reifezeit des Pollens von einem Insekt berührt werden und setzen hiermit den zwischen ihnen aufgespeicherten Blütenstaub in Freiheit. Jhre Zellen sind nämlich durch Turgor stark gespannt und in die Länge gereckt. Durch die Berührung wird eine plötzliche Senkung des Turgors und damit die rasche Verkürzung herbeigeführt. Diese beträgt bei vollständiger Entspannung durch Plasmolyse nach Jost[5] sogar 50%.

Eine gegenteilige Beobachtung ist gelegentlich an toten querporigen Fasern beim Vorgang ihrer Austrocknung gemacht worden[6]. Es kommt nämlich vor, daß sich solche Zellen, ehe der letzte Flüssigkeitsrest schwindet, plötzlich und ganz vorübergehend um 30 bis 50% in die Länge dehnen und diese Verlängerung einige Augenblicke später rasch rückgängig machen. Hier sind wahrscheinlich ähnliche Verhältnisse wie beim Farnannulus im Spiele. Wenn die Flüssigkeit, die das Lumen erfüllt, mehr und mehr verdampft, verringert sie ihr Volumen, zieht aber, infolge ihrer Adhäsion an der Zellwand, diese hinter sich her und zwar, gemäß deren Flachstruktur, vornehmlich in der Längsrichtung der Zelle. Diese Kontraktion vollzieht sich solange, bis der Widerstand der Wandung zu groß wird, diese sich von der Flüssigkeit des Lumens losreißt und plötzlich zurückschnellt. Diesem Vorgang der Verlängerung

[1] S. Biol. Zentralbl. Bd. 45, S. 18. 1925 und Naturwissensch. XV, S. 978. 1927.

[2] The microscop. features of mechan. strains in timber and the bearing of these on the structure of the cell-wall in plants. Phil. Transact. Roy. Soc. B vol. 200. 1920, S. 49 bis 82 mit Tafeln.

[3] Flora Bd. 99, S. 204ff. 1909.

[4] Vgl. Haberlandt Phys. Pflanzenanat. 1924, S. 527, Abb. 233.

[5] Pflanzenphysiologie 1923, S. 239.

[6] Ber. dtsch. bot. Ges. Bd. 6, S. 396, Anmerkung. 1888.

folgt aber sehr bald wieder die Verkürzung, weil nun die Flüssigkeit aus der Zellwand selbst schwindet und diese somit zusammenschrumpft.

Es ist nicht abzustreiten, daß gegen die Auseinandersetzungen dieses Abschnitts, namentlich gegen die Deutung der Schraubenstruktur der Stereidenwände zugunsten des Tragvermögens naheliegende Einwände vorhanden sind. Vor allem drängt sich bei der Betrachtung der Abb. 16 die Frage auf, ob nicht das häufige Vorkommen innerer Verdickungsschichten entgegengesetzten Schraubenverlaufs, oder wenigstens viel steilerer Steigung, jener Auffassung im Wege stehe, denn diese Innenschichten müßten doch die Dehnungstorsion, die den äußeren Schraubenwindungen für sich allein zukäme, in hohem Maße beeinträchtigen. Dieser Einwand wäre in der Tat berechtigt, wenn es sich nur um ein Maximum der unelastischen Dehnung handelte. Zur Erzielung der Formbeständigkeit kommt es aber auf die größtmögliche elastische Dehnung an, und das Zurückschnellen der gedehnten Fasern in die ursprüngliche Form wird zweifellos durch den Torsionswiderstand der inneren gegenläufigen oder steilen Fibrillenwandungen gefördert. Es scheint hier also ein Kompromiß zwischen dem Dehnbarkeits- und dem Elastizitätsmaximum vorzuliegen.

In demselben Sinne scheint mir die Tatsache zu deuten zu sein, daß bei Fasern mit annähernd einheitlichem Schraubenverlauf dieser sehr steil gerichtet ist (z. B. bei Ramie). Solche mit flacherer Fibrillenrichtung würden ja dehnbarer sein, allein bei höheren Dehnungsbeträgen würde bei ihnen bald die Elastizitätsgrenze überschritten. Und diese Gefahr muß vor allen Dingen vermieden werden.

4. Variationen der Micellarstrukturen von Fasern im Zusammenhang mit ihren Schrumpfungs- und Quellungsformen[1].

A. Beispiele aus der Natur. Ein anderer Einwand gegen die am Schluß des vorigen Abschnitts entwickelte Auffassung könnte sich darauf gründen, daß doch auch den Baumwollhaaren die Schraubenstruktur zukommt, bei denen das Tragvermögen im Sinne der Festigkeitslehre kaum eine Rolle spielen dürfte. Ihr Aufbau erklärt sich aber aus ihrer Funktion als Flugorgane des Samens.

Von diesem Gesichtspunkt aus wird der so merkwürdige Wechsel der Schraubenumläufe in der Sekundärschicht der Baumwollhaare verständlich, der in Abb. 12e abgebildet ist und nach Balls (vgl. S. 22) am selben Haar oft dreißigmal, nach Dischendorfer nicht selten über hundertmal wiederkehren soll. Er bewirkt ja die so auffallende Verdrehung und Kräuselung der Baumwollhaare beim Absterben, und dieses Verhalten ist biologisch vorteilhaft (vgl. Abb. 26). Denn da nur ein Bruchteil der Samenoberhaut Haare aussendet, so stehen diese am natürlichen Samen ziemlich isoliert; wenn sie gerade gestreckt blieben, so könnte die Luft leicht zwischen ihnen hindurchstreichen; da die Haare aber flachgeformt sind, so bieten sie durch die Kräuselung dem Luftzug eine außerordentlich vielseitigere und darum wirkungsvollere

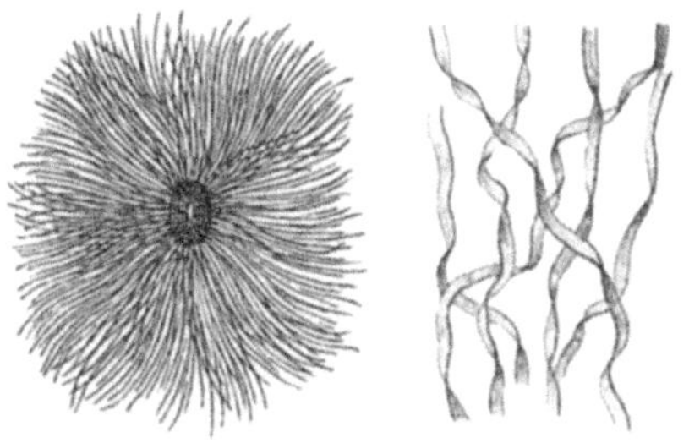
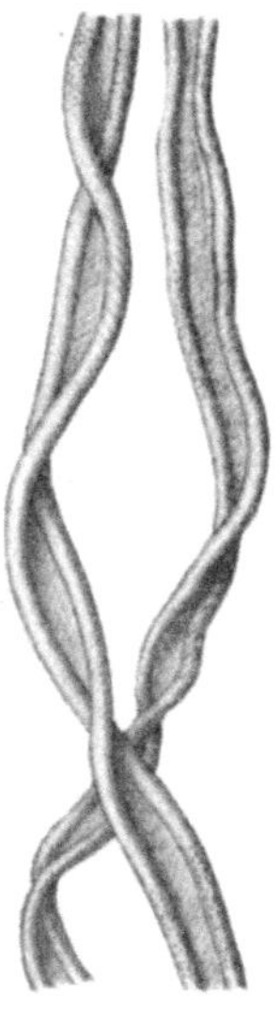

a b c

Abb. 26a bis c. *a* Baumwollsame in nat. Größe nach Schimper; *b* und *c* Einzelhaare desselben, trocken gekräuselt, schwach und stärker vergrößert, nach Wiesner.

[1] Es ist hier nur von der reversiblen Quellung die Rede, die bei Berührung mit Wasser erfolgt. Daß bei der „Überquellung" mit starken Chemikalien außer einer beträchtlichen Dickenzunahme der Fasern eine sehr erhebliche Längsverkürzung derselben eintritt, hat Schwendener dadurch zu erklären gesucht, daß die Micellarreihen zerbrechen, und die Bruchstücke sich nebeneinanderlagern (Sitzgsber. preuß. Akad. Wiss., Physik.-math. Kl., Berlin 1887, S. 701). Vgl. Kurt H. Meyer (Naturwiss. 1928, S. 787).

Angriffsfläche dar. Somit hat die Schraubenstruktur bei diesen Haaren eine ganz andere biologische Bedeutung als im Skelettsystem der Pflanze und tritt darum in anderer Form auf. Auch bei anderen Flughaaren finden wir vielfach auffällige Eigentümlichkeiten der Zellwandstruktur, die mit ihrer biologischen Aufgabe in Beziehung stehen, so z. B. bei denen der Samen von Weiden, Pappeln und des Weidenröschens, bei Pappusstrahlen von Korbblüten, bei den Früchtchen der Kuhschelle, Waldrebe usw. Ein ferneres Beispiel wird nachher (S. 46) gelegentlich der Besprechung des Flugapparates von Pelargonium erwähnt werden.

Übrigens variiert die Feinstruktur der Zellmembranen, je nach der ihnen zukommenden Funktion in noch viel mannigfaltigerer Weise, und der Zusammen-

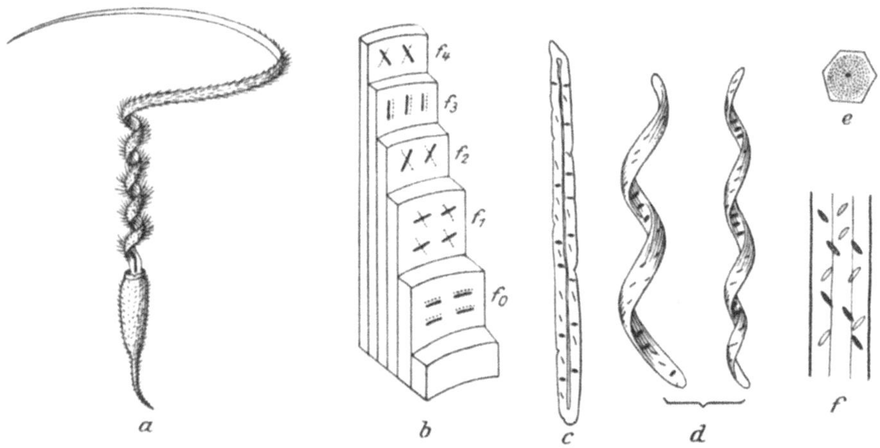

Abb. 27 a bis f. *a* Teilfrüchtchen von Erodium gruinum in trockenem Zustande; *b* Strukturschema eines Längsstreifens der Granne, abgestuft dargestellt; f_0 die äußerste Faserzone der Konkavseite, mit Querporen; f_4 die äußerste Faserzone der Konvexseite mit rechtsschraubigen Poren; f_1 mittlere Zone mit unsymmetrischer Schräglage der Micellarreihen und Poren opponierter Zellwandungen (die dunkeln Strichel beziehen sich auf die der Konkavfläche der Granne nächstliegenden Zellwände). f_2 Faserzone mit linksschraubigen, f_3 mit Längsporen. *c* eine Zelle der Zone f_1 mit ihren unsymmetrischen Poren, *d* und *e* zwei trocken gewundene Zellen dieser Zone; *e* Querschnitt einer solchen Zelle; *f* Stück einer Faser der Zone f_4 mit rechtsschraubigen Poren.

hang zwischen diesen Strukturen und dem physikalischen Verhalten der Zellen bei Veränderung ihres Wassergehalts ist bei vielen auf solchen Veränderungen beruhenden Mechanismen unverkennbar. Dabei spielen vielfach auch Zellfasern eine Rolle, die äußerlich den typischen Skelettfasern ähnlich sehn, deren Wandungen aber anders aufgebaut sind. Denn sie haben zwar, so lange das Organ, dem sie angehören, lebendig ist, eine statische Aufgabe zu erfüllen wie die echten Stereiden; nach dem Absterben desselben fällt ihnen aber die dynamische Aufgabe zu, zu Formänderungen mitzuwirken, die biologisch vorteilhaft sind (z. B. zum Sprengen der Samenbehälter, zum Freilegen derselben durch Abspreizen von Fruchtstielen und Hüllblättern usw.).

Eins der bekanntesten Beispiele dieser Art ist das früher hin und wieder als Hygroskop benutzte Teilfrüchtchen des Reiherschnabels (Abb. 27a). Die in trocknem Zustand mehrfach gewundene Granne desselben ist im lebenden und durchfeuchteten Zustande annähernd gerade gestreckt. Sie besteht zum allergrößten Teil aus parallelgestellten, in der Längsrichtung der Granne verlaufenden Fasern, die sich, ihrem Wandaufbau nach, in 5 hintereinanderliegende Zonen einreihen lassen. In Abb. 27b ist versucht, diese Zonen durch Abstufungen getrennt darzustellen, indem dieselben um so mehr verkürzt gezeichnet sind, je näher sie dem Beschauer liegen. Außerdem ist in jedem Zonenbild die an der Porenrichtung erkennbare Wandstruktur ihrer Fasern durch kurze Strichel angedeutet. Die dunkeln Striche beziehen sich jedesmal auf die dem Beschauer zugekehrte Tangentialwand der Fasern, die zarten auf die abgekehrte Tangentialwand derselben Faser.

Da die Außenzone f_0 Querporen aufweist, die hinteren Zonen f_2 bis f_4 dagegen Steilporen, so ist leichtverständlich[1], daß beim Austrocknen der ganzen Granne eine Krümmung eintritt, in der f_0 die Konkavseite einnimmt. Daß aber diese Krümmung schief zur Grannenachse ausfällt, liegt hauptsächlich an der Micellarstruktur der Zone f_1. Ihre Fasern besitzen in der Vorderwand nämlich noch

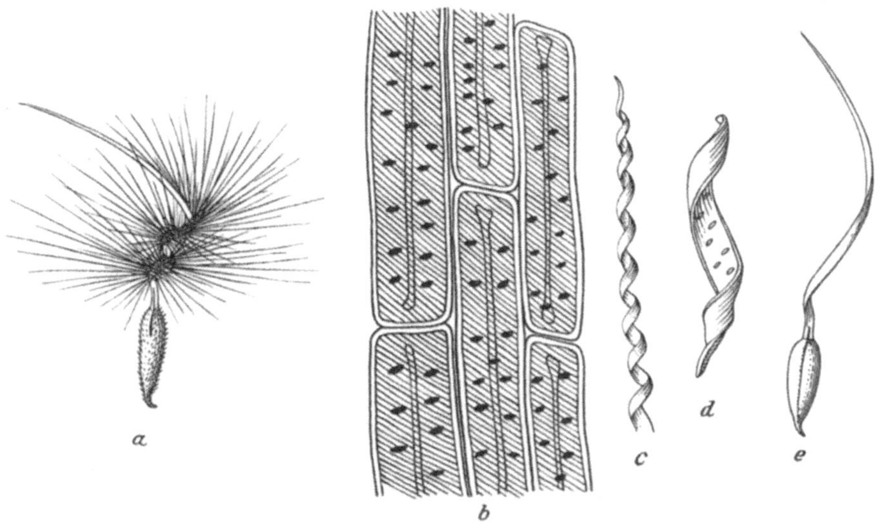

Abb. 28a bis e. *a* Teilfrüchtchen von Pelargonium sp.; *b* Flächenansicht von Außenepidermiszellen der Granne, mit Querporen in der Außenwand und Schrägstreifung der Innenwand; *c* abgelöste Außenepidermis der Granne, in trocknem Zustand gewunden; *d* gewundene Einzelzelle derselben; *e* trocknes Teilfrüchtchen nach Ablösung der Außenepidermis der Granne.

annähernd querlaufende Poren, in der Hinterwand dagegen steil nach links aufsteigende (Abb. 27c). Wenn sie austrocknen, unterliegen sie sämtlich solchen linksläufigen Windungen, wie sie die Abb. 27d wiedergibt. Ebenso verhält sich auch ihre Gesamtzone f_1, wenn sie isoliert ist. Bei den dem Reiherschnabel naheverwandten Pelargoniumarten ist es dagegen die stark verdickte Oberhaut der Granne, die eine ähnliche Wandstruktur besitzt (die Struktur der Innenwand ist jedoch durch Streifen, statt durch Poren gekennzeichnet) und sich bei Wasserverlust ebenso verhält, d. h. windet (s. Abb. 28 b, c, d).

Beim Reiherschnabel wird die Linksbewegung der Granne unterstützt durch die Elemente der Zone f_2 mit ihrem linksschraubigen Bau, die infolge desselben beim Austrocknen, einzeln und im Verbande, entsprechend tordieren. Die rechtsschraubig gebauten Fasern der hintersten Zone f_4, die bei Wasserverlust eine

[1] Es sei daran erinnert, daß die Schrumpfung und Quellung der Zellmembranen senkrecht zu den Fibrillen, Streifen und Poren bei weitem stärker ist als parallel zu ihnen.

Rechtstorsion erleiden, haben offenbar die Aufgabe, den Widerstand gegen die Linkswindung der ganzen Granne noch besonders zu erhöhen, so daß die inneren Spannungen derselben erst einen beträchtlichen Grad erreichen, ehe sich diese Formänderung, unter Loslösung der Granne von ihren Anheftestellen, wirklich vollziehen kann. Die hierbei freiwerdende Energie ist infolgedessen aber so groß, daß die Granne mitsamt dem Samenfach, dem sie aufsitzt, abgeschleudert wird. Auf dem Erdboden angelangt, rollt sich die Granne dann bei weiterem Austrocknen stärker ein und bohrt so das scharf zugespitzte Ende des Samenfaches zwischen die Erdkrumen hinein, wobei sie ihr oberstes einfach gekrümmtes Ende als Stützpunkt benutzt[1].

Bei den Pelargonien fehlt im Stereom der Granne die Zone f_0, und f_1 ist nur schwach vertreten. Daher unterliegt es beim Wasserverlust nur einer ge-

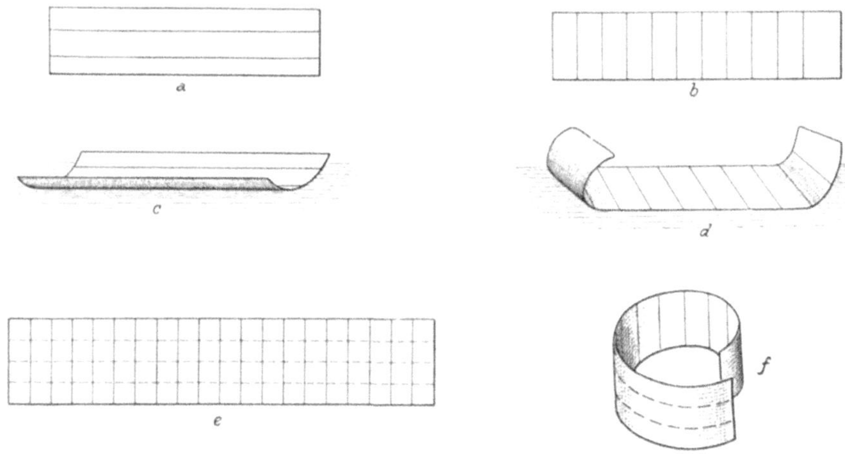

Abb. 29a bis f. Versuche mit Papierstreifen, die vorwiegend senkrecht zur Lineatur quellen. *a* parallel zur Lineatur geschnitten, in *c* auf Wasser gelegt und quergekrümmt; *b* senkrecht zur Lineatur geschnitten, in *d* auf Wasser, längsgekrümmt; *e* ein Doppelstreifen mit rechtwinklig-gekreuzten Linien in feuchtem Zustand verklebt; *f* derselbe nachträglich ausgetrocknet.

ringen Windung (Abb. 28e). Sein Einfluß macht sich hauptsächlich darin geltend, daß es als Widerstandslage die Zahl der Windungen der isolierten Oberhaut (Abb. 28c) herabsetzt und ihren Umfang erweitert, so daß die langen seidigen Haare, mit denen die Granne besetzt ist, sich zu einer zierlichen breiten Schraubenfläche zusammenschließen können, die als Fallschirm dient. Hierbei ist sehr auffällig, daß die Ausbreitung der Haare zu dieser Fläche nicht etwa eine reine Folge der Grannenwindung ist, sondern daß sich jedes Haar einzeln von der Granne abspreizen und in die Flugfläche einstellen muß. Ursprünglich sind nämlich die Haare der Granne eng angeschmiegt und ihr parallel gerichtet. Wenn sie aber austrocknen, krümmt sich ihre Basis in Form einer kurzen Spazierstockkrücke und bewirkt so das Abspreizen. Diese Krümmung hängt damit zusammen, daß das Gefüge der Haarzellwand, das auf der ganzen übrigen Länge des Haares steilschraubig ist, an der Konkavseite der „Krücke" in Flachstruktur (mit

[1] Selbst wenn sich bei Regenwetter die Grannenschraube wieder entrollt, zieht sie das Samenfach nicht aus dem Boden zurück. Das Zurückweichen nämlich wird durch die derben, aufwärtsgerichteten Borsten der Granne und des Fruchtfachs verhindert, die sich gegen die Erdteilchen stemmen. Daher wird der Same durch die Streckung der Granne nur noch tiefer versenkt.

zur Achse stark geneigten Micellreihen) übergeht. Denn infolgedessen kontrahiert sich diese engbegrenzte Membranpartie senkrecht zu diesen Micellreihen weit stärker als die ganze übrige Haarwandung und insbesondere als die ihr opponierte Wandregion[1]. Wie genau müssen aber die Strukturänderungen dieser winzigen Ansatzstellen der Einzelhaare aufeinander abgestimmt sein, wenn sie eine so auffallend regelmäßige Schraubenfläche zustande bringen, wie man sie oft beobachten kann!

B. Experimentelles und Theoretisches über den Zusammenhang zwischen Schrumpfung (Quellung) und Feinstruktur). Das eigenartige Verhalten der windenden Fasern von Zone f_1 in Abb. 27d und der Zellen in Abb. 28c u. d läßt sich leicht mit Papierstreifen nachahmen. Infolge der Herstellung des Papiers aus einem fortschreitend bewegten Faserbrei ist es nämlich anisotrop, indem sich seine Fäserchen während der Bewegung großenteils in die Richtung derselben eingestellt haben und beim Trocknen der breiigen Masse in dieser Lage fixiert geblieben sind. Daher lagert sich bei Benetzung des Papiers das Wasser nicht gleichmäßig ein, sondern es drängt die parallelgelagerten Fäserchen vorzugsweise senkrecht zu ihrer Richtung auseinander, ähnlich wie nach Nägeli das Imbibitionswasser der Zellmembranen die Stäbchenmicelle. Bei liniiertem Briefpapier ist diese bevorzugte Quellungsrichtung meist aus der Lineatur zu erkennen. So ersieht man an den in Abb. 29a und b gezeichneten Papierstreifen, wenn sie, wie in Abb. 29c u. d, auf eine Wasserfläche gelegt sind, (so daß vorübergehend nur ihre Unterseite feucht wird), daß bei ihnen die Richtung der stärksten Quellung zur Lineatur senkrecht läuft. Klebt man nun 2 solcher Streifen mit rechtwinklig gekreuzter Lineatur, nachdem sie sich bei völliger Durchfeuchtung wieder flach gestreckt haben, aufeinander und läßt sie dann wieder austrocknen, so rollt sich ihr Komplex infolge der starken Längsschrumpfung des querliniierten Streifens spiralig (in einer Ebene) ein (Abb. 29e u. f). Hatte man aber die zu verklebenden Streifen so ausgeschnitten, wie es die Abb. 30a u. b zeigt (die ausgezogenen Linien beziehen sich auf die obere, die gestrichelten auf die untere Papierlage), so unterliegt ihr Komplex bei dem Austrocknen einer schiefen Krümmung (Linkswindung) ebenso wie die windenden Zellen (Abb. 27d u. 28d), deren Strukturbild 27c u. 28b ja mit dem Gefüge der Abb. 30a völlig übereinstimmt[2]).

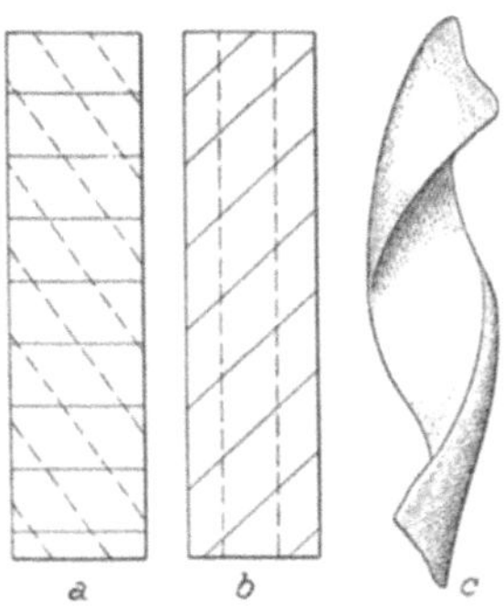

Abb. 30a bis c. *a* u. *b* Doppelstreifen aus Papier mit schiefwinklig gekreuzter Lineatur in feuchtem Zustande, in *c* beim Austrocknen gewunden (s. Text).

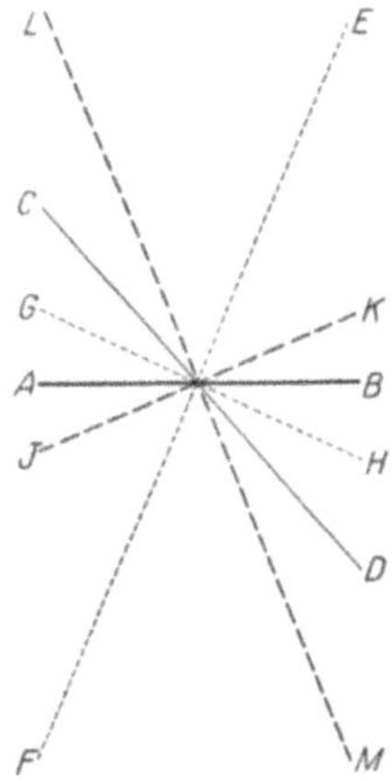

Abb. 31. Zur Theorie der Krümmung zweier Platten mit schräg-gekreuzten Strukturrichtungen *AB* und *CD*, (erstere dem Beschauer zugewandt, letztere ihm abgewandt,) beim Austrocknen. Die schließliche Achse der zum Beschauer gerichteten Konkavkrümmung ist *JK* (s. Text).

Diese einfachen Versuche widerlegen die landläufige Ansicht, daß Trocken- und Quellungskrümmungen nur bei stärkerem Wassergehalt („höherer Quell-

[1] Das ganze Haar dreht sich übrigens beim Austrocknen mehrmals um seine Achse.

[2] Die Verwendung von Papier zu solchen Versuchen rührt von Jul. Verschaffelt her (Maandblad voor Natuurwetenschappen 1891, Nr. 2 u. 3).

barkeit") der konkav- bzw. konvexwerdenden Region zustande kommen könnten. Es läßt sich aber auch theoretisch dartun, daß die Anisotropie der Antagonisten genügt. Hierzu nehmen wir Abb. 31 zu Hilfe. In ihr stellen *AB* und *CD* die Richtungen der Lineatur zweier feuchtverklebter Papierstücke oder der Micellarreihen opponierter Zellmembranen dar, und zwar *AB* die der oberen Lage, die zartere Linie *CD* die der unteren. Da in der letzteren Lage die Schrumpfung senkrecht zu *CD* überwiegt, so bewirkt sie eine Krümmung des Komplexes um die Achse *CD* nach unten. Aus dem entsprechenden Grunde ruft die Austrocknung der oberen Lage eine gleichzeitige Krümmung des Ganzen um die Achse *AB* nach oben hervor. Es entsteht somit eine Fläche doppelter Krümmung, wie sie z. B. ein Pferdesattel aufweist, dessen Sitzfläche ja in der Längsrichtung des Pferderückens konkav, quer dazu konvex ist. Die entgegengesetzten Krümmungen heben sich, wenn beide Papier- oder Membranplatten denselben Wassergehalt und Biegungswiderstand haben, in Linien auf, die zu *AB* und *CD* symmetrisch liegen; d. h. die Winkel zwischen ihnen halbieren. In unserer Abbildung sind dies die Richtungen *EF* und *GH*. Symmetrisch zu diesen letzteren liegen aber weiterhin die Linien der stärksten entgegengesetzten Krümmungen *JK* und *LM* (Halbierungsgerade der Winkel zwischen *EF* und *QH*). Um *JK* krümmt sich mithin der ganze Komplex nach oben, um *LM* nach unten. Ein schmaler Streifen aus seiner Mitte geschnitten, dessen Ränder parallel zu *LM* verlaufen, würde also eine ebene Konkavkrümmung nach oben aufweisen. Ist derselbe aber so geschnitten, daß seine Ränder senkrecht zu *AB* liegen, so fällt seine Krümmung schief zu seiner Längsrichtung aus, da sie ja um die Schrägachse *JK* erfolgt. Der Streifenkomplex wird somit linksgewunden sein wie das Streifenpaar in Abb. 30a, das ja der soeben angenommenen Schnittführung genau entspricht, bei seinem Übergang in die Form der Abb. 30c. So haben sich die mannigfachsten Formänderungen von Schrumpfungs- und Quellungsmechanismen auf deren Micellarstruktur zurückführen lassen.

Botanik und Kultur des Flachses.

Von Dr. **Ernst Schilling**,

Stellv. Direktor und Vorsteher der botanischen Abteilung am Forschungsinstitut Sorau, N.-L.

A. Zur Einleitung.

1. Geschichte und Bedeutung der Flachskultur.

Der Flachs[1] gehört zu den ältesten und interessantesten Kulturpflanzen, die uns bekannt geworden sind. Zweierlei Organe der Leinpflanze lassen sich nutzbringend verwerten: die faserreichen Stengel zur Herstellung von Gespinsten, die öl-, eiweiß- und schleimreichen Samen als Nahrungs-, Futter- und Arzneimittel und Lieferanten des Leinöles. Und so, wie sich heute zwei große Wirtschaftszweige, die Textilindustrie und die Ölindustrie, auf diesen doppelten Nutzungswert stützen, so mögen auch schon in ältester Vergangenheit primitive Völker die Nützlichkeit des Leins erkannt und die Pflanze verwertet haben. Wann und wo das gewesen ist, vermögen wir heute nicht mehr festzustellen, die letzten Spuren verlieren sich im Dunkel der Vorgeschichte. Verfolgen wir diese Spuren zurück, so läßt sich in Ägypten eine Flachskultur schon im vierten Jahrtausend v. Chr. nachweisen. Unger fand in einem Ziegel der Dashurpyramide aus der vierten Dynastie (3300 v. Chr.) Leinkapseln und Leinfasern, Schweinfurth Lein in Theben in einem Totenopfer von Dra Abu Negga (2400—2200 v. Chr.). Altägyptische Darstellungen aus dieser Zeitperiode zeigen uns den ganzen Werdegang der Ernte, Flachsverarbeitung, Rösten, Hecheln usw., die Mumien wurden mit Leinwandbinden umwickelt (nicht Baumwollbinden!), die Tracht der Lebenden bestand, insbesondere bei den Priestern, aus Leinwand, und auch eine beträchtliche Ausfuhr von Leinengeweben, die man in großer Feinheit und mit großer Kunstfertigkeit herstellen konnte, fand statt: alles Zeichen dafür, daß schon damals die Flachskultur in starker Blüte stand[2].

Man hat schon damals, wie auch heute noch, den einjährigen Schließ- und wohl auch Springlein angebaut. Ebenso war in Vorderasien, Mesopotamien, eine alte Flachskultur vorhanden[3]. Bei den alten Griechen wird der

---

[1] An weiteren Bezeichnungen seien genannt: hara, haro (althochdeutsch), Haar (österr., Tirol, Südbayern), flahs (althochdeutsch), vlas (holländ., flämisch), flax (engl.), lin (franz.), line (ital.), linho (portug.), len (poln.), ljan (wendisch), lan (kroat., serb.), len (bulgar., ungar.), glin (rätoroman.), in (rumän.), keten, kitan (türk.), kutan, zaghier (pers.), alsi (hind.), ama, numegoma (japan.).

[2] Vgl. Hehn (1911) und A. Braulik: Altägyptische Gewebe. Stuttgart 1900. Es sind Flachsgarne mit der metr. Nr. 200 gefunden worden, die daraus hergestellten sehr feinen Gewebe verdienen ihren Namen „gewebte Luft", „leinene Nebel" usw. mit Recht. Daß für gröbere Garne auch Faser aus ungeröstetem Flachs verwendet wurde, macht eine Untersuchung (Bindfäden aus der Umhüllung einer Apisstiermumie) von A. Herzog wahrscheinlich (Faserforsch. Bd. 7, S. 115—121. 1928). R. O. Herzog und W. Jancke (Z. physik. Chem. A., Bd. 139, S. 246. 1928) haben bei der Untersuchung von Mumienbändern das „charakteristische klare Röntgendiagramm von Flachsfasern" gefunden.

[3] Schon in vorbabylonischer Zeit; später war nach Strabo die Stadt Borsippa bekannt als Leinenproduzent. Nach Herodot war Kolchis (im Südwesten des Kaukasus) berühmt wegen seines Reichtums an Flachs, der als sardonischer Flachs in den Handel kam.

Flachs sehr früh erwähnt, sowohl Leinsamen für Nahrungszwecke als auch die Faser für Gespinste (Kleider, Panzer, Schnüre, Netze, Segel)[1]. In Italien bauten die Römer Flachs besonders am unteren Tiberfluß und in den venetischen Ebenen; aus der Faser wurden Kleiderstoffe, Tisch- und sonstige Tücher, Fäden und Schnüre hergestellt, auch Segel und große Planen zur Beschattung des Theaters und des Forum. Die Wichtigkeit der damaligen Flachskultur geht aus den Mitteilungen von Plinius[2] deutlich hervor. Die alte etruskische Stadt Tarquinii lieferte gegen Ende des zweiten punischen Krieges Leinewand zu Segeln der römischen Flotte, und schon um die Mitte des fünften Jahrhunderts v. Chr. sollen linnene Panzer bei den vejentischen Etruriern gebraucht worden sein. In Spanien muß nach den vorhandenen Nachrichten gleichfalls eine bedeutende Flachskultur bestanden haben, wohl schon vor der römischen Eroberung, in Zusammenhang mit der regen Handelstätigkeit der alten Phönizier; landesüblich waren dort leinene Kittel[3], interessant ist die Verwendung von Flachsfäden zur Herstellung von feinen Sieben, berühmt waren die Leinerzeugnisse von Tarraco und Saetabis. Große Bedeutung gewann dann die Leinkultur, nach Nordeuropa vordringend, in Gallien und Germanien. Plinius nennt

Abb. 1. Darstellung der altägyptischen Flachsernte aus dem Grabe der Hetepet Gräberstadt von Memphis. 31. Dynastie. Um 2700 v. Chr.

ganz Gallien als Leinwand webend, darunter auch die keltischen Bewohner der Niederlande, so daß belgischer und flämischer Flachsbau, heute noch blühend, sich auf ein ehrwürdiges Alter berufen können. Zur Ausbreitung trug zweifelsohne bei, daß der Faserflachs in Gallien und Germanien ein feuchteres Klima vorfand, das ihm mehr zusagte als das Klima des Mittelmeergebietes. So konnte er besonders gut gedeihen und die Leinwand wurde zu einem verbreiteten Bedarfsartikel. Bemerkenswert ist, daß dann in der Folgezeit Kenntnis und Gebrauch linnener Gegenstände wieder nach Italien zurückfloß: so stammt der Gebrauch der mit Leinen überzogenen Kissen und Polster aus Gallien, ebenso ist die leinene Unterkleidung, das Hemd, nördlichen Ursprungs und wurde erst später von den Römern angenommen[4]. Ob die Leinwandgewebe der germanischen Frauen von dort angebautem oder aus Gallien stammendem Flachs bestanden, ist nicht sicher[5], jedenfalls wurde im Laufe der Völkerwanderung aber das Linnengewebe zur germanischen Volkstracht. Sehr bemerkenswert ist, daß ganz

[1] Ein im 7. Jahrhundert v. Chr. erwähntes Gebäck bestand aus Leinsamen, Honig, Sesam und Mohn. — Unsicher ist, ob Griechenland bereits eigenen Flachsbau besaß. Die in der Ilias erwähnten Flachsgespinste konnten auch aus importierter Rohfaser gefertigt sein.

[2] Histor. natur.

[3] In der Schlacht bei Cannae (216 v. Chr.) trugen die iberischen Legionen purpurverbrämte linnene Kittel nach Landessitte.

[4] Die Bezeichnung camisia dafür ist noch im französischen chemise erhalten.

[5] Tacitus sagt nur, daß die germanischen Frauen den Flachs in feuchten Höhlen verwebten.

unabhängig und längst vor der römischen Zeit in der Schweiz die Nutzung des Leins bekannt war. Dafür zeugen zahlreiche Funde aus den der jüngeren Steinzeit angehörenden Pfahlbauten[1]. Man hat nicht nur Pflanzenteile, wie Leinsamen, Kapseln und Stengel gefunden, sondern auch Gerätschaften und Erzeugnisse, Fäden, Schnüre, Netze, Fransen und sonstige Gespinste; wahrscheinlich war aber dieser „Pfahlbautenlein", über den S. 83 weiteres mitgeteilt ist, nicht identisch mit dem aus dem Mittelmeergebiet verbreiteten gewöhnlichen Kulturflachs (einjähriger Lein), sondern eine davon abweichende Form, vielleicht der sog. „Winterlein"[2].

Flachsanbau und Gebrauch leinener Gewebe hat dann in Gallien, Germanien und dem Frankenreich immer stärkere Ausbreitung gefunden; bekannt ist die Vorliebe Kaiser Karls des Großen für Leinwand, in der Sage finden wir Frau Holle als Spinnerin und Beschützerin des Flachsbaues. Mit zunehmender Kultivierung und geregeltem Ackerbau drang der Flachs weiter nach Osten vor bis in die großen russischen Flachlandgebiete, wo er sehr günstige Wachstumsbedingungen fand und sich ja bis auf den heutigen Tag am stärksten gehalten hat. Im Mittelalter hat der Flachs eine bedeutende Rolle gespielt, Leinwand war ein wertvoller Handelsartikel, es kam zu einer blühenden deutschen Leinenindustrie (Schlesien, Westfalen, Elsaß, Schwaben); in Augsburg nahm sich ihrer die bekannte Familie der Fugger besonders an. Später waren dann der Große Kurfürst (für Westfalen) und Friedrich der Große (für Schlesien und Westfalen) eifrige Förderer; auch die obere Lausitz entwickelte eine bedeutende Leinenindustrie, weniger umfangreich die Niederlausitz[3]. In Westeuropa wurden Irland, Belgien und Holland, in Osteuropa Rußland bzw. die baltischen Randstaaten große Erzeuger oder Verarbeiter. Mit Eintritt der neueren Zeit setzte dann in Westeuropa ein stetiger Niedergang der Flachskultur ein. Die schnell steigende Bedeutung anderer Feldfrüchte, wie der Getreidearten, als Ackerfrucht und Weltmarktartikel, die Erfindung der Maschinen, denen gegenüber Handarbeit, wie sie gerade der Flachs stark erfordert, teuer wurde, und schließlich die sich rapide entwickelnde Industrie anderer Faserstoffe, insbesondere der Baumwolle, drängten den Flachs mehr und mehr zurück. Diese rückläufige Bewegung läßt sich auch in Deutschland deutlich verfolgen: die Anbaufläche, die 1872 noch 215000 ha betrug, sank 1883 auf 108000 ha, 1900 auf 34000 ha, 1913 auf 12000 ha; erst die Faserstoffnot des Weltkrieges brachte in den Kriegs- und Nachkriegsjahren wieder einen kleinen Aufschwung (1921 etwa 70000 ha), doch betrug 1928 der deutsche Flachsanbau nur etwa 15000 ha. Heute steht die westeuropäische Leinenindustrie in einem schweren Kampfe; auf der einen Seite wird sie von Rohstoffmangel bedroht, da der Schwerpunkt der Flachserzeugung im Osten liegt und die dortigen wirtschaftlich-politischen

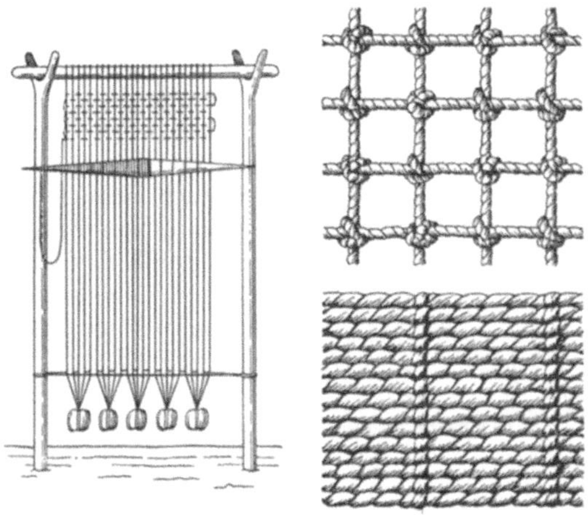

Abb. 2. Webstuhl und Gewebe aus den Pfahlbauten. Nach Messikomer.

[1] Messikomer, H.: Die Pfahlbauten von Robenhausen. Zürich 1913. — Heer (1872).
[2] Vgl. S. 62. [3] Musaeus (1922).

Verhältnisse die Versorgung des Marktes mit Rohstoff unsicher machen[1], auf der anderen Seite wendet sich der Käufer der Fertigfabrikate mehr und mehr vom Leinen ab. Für Leibwäsche, Bett- und Hauswäsche, Kleidung und sonstige Gewebe, die früher aus dauerhaftem Leinen bestanden, z. T. selbst versponnen wurden, wird heute Baumwolle, Seide und Kunstseide in steigendem Maße bevorzugt. Die Königin Mode hat über die Spinnstubenpoesie gesiegt. Dennoch wird zweifelsohne ein rein leinenes Gewebe infolge seiner bekannten Vorzüge (Haltbarkeit im Gebrauch, Sauberkeit[2], Glätte und Kühle) immer noch seine Rolle spielen, zum mindesten für Spezialzwecke wie Tisch- und Mundtücher, Bettwäsche, Taschentücher, und ebenso wird man die Flachsfaser zusammen mit anderen Fasern (Baumwolle, Wolle, neuerdings auch Kunstseide) zu Mischgeweben weiterhin verarbeiten. Die frühere unbestrittene Vormachtstellung der Flachsfaser ist allerdings endgültig dahin; aber es leuchtet ein, daß eine Kulturpflanze, die auf rund 6000 Jahre nutzbringender Vergangenheit zurückblicken kann, die in Sage und Dichtung[3], in Gebrauch und Sprache der Völker[4] fest verankert ist, immer noch eine gewisse Bedeutung behalten und nicht dem Untergange geweiht sein wird. In den Ländern mit rückläufiger Flachskultur hat es nicht an warnenden Stimmen gefehlt, die unter Betonung wirtschaftspolitischer Gesichtspunkte Förderung des bedrohten Flachsbaues verlangten; in der Tat ist es denn auch mehrfach zu staatlichen oder privaten Hilfsaktionen gekommen[5], über deren Methoden man freilich verschiedener Ansicht sein kann. Dauernder Erfolg im Sinne einer stetigen, von Konjunkturschwankungen unabhängigen Flachskultur wird sich nicht durch einmalige Maßnahmen, sondern nur durch längere ständige Arbeit am Gegenstande selbst erreichen lassen. Verbesserung des Rohstoffes durch hochwertige Züchtungen, wie sie für andere Kulturfrüchte längst eine Selbstverständlichkeit sind, Hebung der Anbaumethoden und Verarbeitungsmethoden, wobei u. a. möglichste Ausschaltung der Handarbeit berücksichtigt sein will, und schließlich eine zweckentsprechende Werbung, die die guten Eigenschaften des alten Leinens wieder in das Gedächtnis zurückruft, sind solche Wege, die zum Erfolg führen können. Kultur des Faserleins in fremde Länder einzuführen hat man mehrfach versucht, jedoch ohne dauernde Erfolge (z. B. Indien, Ostafrika, Südafrika, Zypern). Daß dagegen in Westeuropa ein sicherer bodenständiger Flachsbau möglich ist, zeigt uns die heute noch blühende holländische und belgische Flachskultur.

Unsere kurze Übersicht über die wechselvolle Geschichte der Flachspflanze wäre ganz unvollständig, wenn wir zum Schluß nicht auch noch desjenigen Anbaues gedenken würden, der sich auf die Ausnutzung der Leinsamen stützt. Leinsaat, Leinöl und Leinkuchen spielen auch heute noch, trotz großer Konkurrenz anderer Pflanzen, eine bedeutende Rolle. Und so, wie wir für den feuchtes Klima liebenden Faserflachs ein Hauptzentrum des Weltanbaues finden (Europa mit Rußland rund 2 Millionen ha), so sehen wir heute in den wärmeren und trockneren Gebieten des westlichen Südamerikas (Argen-

[1] Nach B. Asarch in „Ekonom. Shisnj" belief sich der russische Flachsexport auf rund 250000 t vor dem Kriege, heute auf 25000 t, also nur noch den zehnten Teil! — Die dortigen Flächenerträge sind gegen früher gesunken; die bäuerliche Bevölkerung liefert den Flachs weniger ab und verarbeitet ihn selbst. Die russische 2. Flachsverwaltung stellt jetzt hauptsächlich Säcke her (60% der Gesamtproduktion).

[2] Betr. Sauberkeit und Hygiene sei hier die Bemerkung gestattet, daß schon Plutarch an der Leinwand rühmend hervorhebt: sie gibt ein glattes und immer sauberes Kleid, beschwert den Tragenden nicht, ist passend zu jeder Jahreszeit und beherbergt keine Läuse.

[3] Hier sei auch an den schönen Roman „Der Flachsacker" von St. Streuwels erinnert.

[4] Vgl. hierzu Hehn (1911), Hager (1918), Schoneweg (1923), Gerig (1913).

[5] Z. B. in Frankreich und Deutschland.

tinien, Uruguay, Paraguay, Brasilien) ein ebensolches Anbauzentrum von ähnlichem Ausmaße für den Öllein. Indien, Vorderasien, Ostasien, Nordamerika und neuerdings aufblühend Nordafrika sind weitere bedeutende Anbaugebiete[1]. Alles in allem werden so, außer der Leinsaat, viele Millionen Tonnen Flachsstroh jährlich von den Ölleinen produziert, jedoch als wertlos vernichtet oder als Feuerungsmaterial verbrannt! Die Gründe für diese fast paradox klingende und im Sinne wirtschaftlicher Rohstoffnutzung sehr bedauerliche Tatsache werden auf den folgenden Seiten dieses Buches mehrfach berührt werden. Hier wird die Technologie von der Flachspflanze vor ein großes Problem gestellt, dessen Lösung zwar nicht ganz einfach, aber doch möglich erscheint, wenn man die modernen Methoden der Landwirtschaft, Chemie und Textilindustrie zu Hilfe nimmt. An Ansätzen dazu hat es

Abb. 3. Beim Dreschen von Öllein in Uruguay. Nach Boerger.

nicht gefehlt; man hat Vorschläge und Versuche gemacht, dies ungeheure, kostenlos anfallende Rohmaterial zur Herstellung von Papieren, Matten, Säcken und sonstigen groben Gespinsten auszunutzen oder es zu kotonisieren[2], ganz neuerdings will man versuchen durch Tauröste daraus eine Faser zu gewinnen. Immerhin wird bis zur befriedigenden Lösung dieser wirtschaftlich und kulturell interessanten Frage wohl noch viel Wasser den La Plata hinabrinnen.

Linum usitatissimum, den sehr nützlichen oder sehr gebräuchlichen Lein, nannte Linné unsere Pflanze, und das mit vollem Recht! Lang und wechselvoll ist der Weg, auf dem der Lein die Menschen durch die Jahrtausende begleitet hat, aber immer hat er ihnen, wie kaum eine andere Pflanze, hilfreich zur Seite gestanden. Es würde hier zu weit führen, wollte man alle Verwendungszwecke nennen: vom groben Bindestrick der primitiven Völker bis zu den Brüsseler Luxusspitzen, vom rohen Leinsamen als Futter- und Nahrungsmittel bis

[1] Die Statistik des Weltflachsanbaues s. diesen Band.

[2] D. h. die Rohfaser durch chemische Behandlung in eine feine Fasermasse zu verwandeln, die etwa die Länge der Baumwollfaser besitzt.

zu Linoleum, Seife und Firnis, und wenn heute ein moderner Industrieführer wie Henry Ford an Stelle von Baumwolle nun Flachserzeugnisse bei der Automobilherstellung bevorzugt, so fügt sich auch das gut in das Bild dieser uralten Kulturpflanze ein. „Die Flachspflanze ist ein Freund des Menschen, diese Pflanze hat die Menschen lieb. Ich weiß es jetzt, daß es so ist.“ (A. Stifter in Abdias.)

Abb. 4a.

Abb. 4b.

Abb. 4a u. b. a) Die Schwurhand. Kennzeichen der Deutschen Leinenindustrie 1928 für rein leinene Erzeugnisse. b) Das irische Warenzeichen.

B. Abstammung, Bau und Leben der Flachspflanze.

2. Systematik (Formen und Abstammung).

Der als „Flachsfaser“ bekannte Rohstoff der Textilindustrie entstammt nur einer einzigen botanischen Pflanzenart, dem kultivierten Flachs oder Lein, Linum usitatissimum Linné; die übrigen etwa 100 Arten der Gattung Linum[1] sind wildwachsend, einige auch Zierpflanzen, nur wenige lieferten in früheren Zeiten Faser oder werden heute noch auf Faser ausgebeutet, ethnographisch und botanisch interessant, aber ohne industrielle Bedeutung.

Von den vielen Arten ist als Unkraut z. B. bekannt der 5 bis 30 cm hohe, weißlich blühende Purgierlein, Linum catharticum L., in Gärten finden wir den aus Algier stammenden rot oder rosa blühenden großblumigen Lein L. grandiflorum Desf., ferner den gelbblühenden L. flavum L., den Staudenlein L. perenne L. und andere. Eine ganze Reihe weiterer ausdauernder Arten, wie L. austriacum, alpinum, hirsutum, maritimum, Narbonense, tenuifolium, viscosum usw. treffen wir, je nach Verbreitung, wildwachsend in Süddeutschland, den Alpen und besonders im Mittelmeergebiet an; es sind im Gegensatz zum einjährigen Industrieflachs ausdauernde kleine Stauden, deren Wurzelstock mehrere bis viele Stengel hervorbringt. Das auf Kreta vorkommende L. arboreum L. wird ein meterhoher Strauch. In Nordamerika finden sich etwa 20 Arten, weitere wenige in Südamerika und dem Tropengebiet.

Aus dieser reichen Artenzahl verdienen an dieser Stelle mehrere eine kurze Erwähnung wegen ihrer Faser. L. marginale A. Cunn. (= L. angustifolium D. C.) wächst in den nicht tropischen Teilen Australiens sowie in Tasmanien, wird dort zum Unterschied von dem kultivierten Flachs (European flax) als

[1] Engler-Prantl: Die natürl. Pflanzenfamilien, Bd. 3, S. 27—32. 1897; Ascherson-Graebner: Synopsis, Bd. 7, S. 166—225. 1914; Hegi: Illustr. Flora von Mitteleuropa, Bd. 5, 1, S. 1—36. 1927.

„native flax“ bezeichnet, ist kleiner als der echte Flachs und liefert nach J. H. Maiden[1] eine Faser von hervorragender Qualität, die von den Eingeborenen zur Herstellung von Garnen, Schnüren, Fischnetzen usw. benutzt wird. Daß diese Art in Züchtung genommen wäre, ist mir nicht bekannt. Angeblich soll ferner der Meerstrandslein, L. maritimum L., eine ausdauernde gelbblühende Art des westlichen Mittelmeergebietes, kultiviert worden sein, doch habe ich darüber keine Bestätigung erhalten. Unzweifelhaft dagegen ist der gleichfalls ausdauernde Staudenlein L. perenne L., engl. perennial flax, als faserliefernd zu bezeichnen. Es ist dies eine ziemlich formenreiche und veränderliche Art, 20 bis 60 bis 100 cm hoch, mit blauen, auch rötlichen oder weißen Blüten und flachen, etwa 4 mm langen schwarzbraunen Samen, verbreitet von Mittel- und Südrußland über Rumänien, Bulgarien, Ungarn, Österreich, Süddeutschland bis zur Schweiz. Kultiviert wurde er z. B. als „Ewiger Lein“ früher in Kärnten[2], vielleicht auch schon sonst noch zu Zeiten der alten Pfahlbauer. Hierhin gehört auch L. sibiricum D. C. = L. perenne var. sibiricum Schiede, vorkommend in Sibirien, Ostasien bis Japan, Indien (West-Tibet, Lahoul); nach mir gemachten Angaben werden in Sibirien Faser und Öl heute noch, wenn auch nicht in sehr großem Umfange, gewonnen[3]. Eine andere nahestehende Form ist L. Lewisii Pursh, der „Rocky mountain flax“, verbreitet von Süd-Alaska bis West-Texas und Nord-Mexiko, aus dessen Bastfaser die Oregon-Indianer sehr feste Garne für Fischnetze und Bindematerial herstellen[4].

Abb. 5. L. perenne.

[1] Useful native plants of Australia, S. 626. Sidney 1889.
[2] Wulfen: Flora norica, S. 411.
[3] Über Kulturversuche in Deutschland vgl. Krünitz (1806, S. 232—247).
[4] Coville, F. V.: Indian basketry. Am. Anthropologist 1892.

Als faserliefernd ist weiterhin zu bezeichnen der schmalblättrige Lein, L. angustifolium Huds.[1], in Spanien Lino brave, in Italien Lino salvatica genannt, von besonderem Interesse deshalb, weil diese Art aller Wahrscheinlichkeit nach die Stammpflanze unseres Kulturflachses ist. Die Pflanze[2] ist ausdauernd oder auch nur zweijährig, nach Tammes (1922) in ihren Kulturen sogar immer einjährig und entwickelt aus dem holzigen Wurzelstock mehrere dünne schlanke, bogig aufsteigende, meist 30 bis 50 cm lange Stengel, neben blütentragenden auch nichtblühende dicht beblätterte; die Laubblätter sind schwach graugrün und kaum 1 mm breit. Als Blütenfarbe wird in den systematischen Werken hellblau oder blau angegeben, doch ist nach den sehr genauen Untersuchungen von Tammes nur die Basis blau, die Spitze dagegen dunkel rotlila, die Mitte der Blumenblätter sehr hellila. Die Staubbeutel sind blau gefärbt, die Kelchblätter erreichen auch zur Fruchtzeit nicht die Länge der Kapsel, die — im Gegensatz zu unserem gewöhnlichen Kulturlein — deutlich aufspringt. Die Art wächst wild im westlichen Mittelmeergebiet (Provence, Riviera, Istrien, Fiume, Dalmatien, Herzegowina, in Montenegro bis etwa 900 m steigend) und ist ziemlich formenreich. So wird u. a. die im Kaiserwalde bei Pola vorkommende Form imperforatum maximum Freyn bis 1 m hoch und großblättrig, so daß sie in der Tracht unserem Kulturlein ähnlich ist, die Form cribrosum Reichenbach hat durchscheinend punktierte Laubblätter, die Form siculum Rouy ist bis gegen die Spitze dicht mit breiteren Blättern besetzt, usw. Dieser Formenreichtum des schmalblättrigen Leins ist beachtenswert, denn wenn er die Stammpflanze für unseren Kulturlein ist, so könnten vielleicht auf diese verschiedenen Formen die gleich zu schildernden sehr verschiedenen Typen des Kulturleins zurückgeführt werden. Die in der Provence vorkommende Form ambiguum Rouy wird z. T. als Bastard zwischen L. angustifolium und L. usitatissimum aufgefaßt; sie ist stets einjährig, blüht hellblau, unterscheidet sich vom Kulturflachs durch die viel kleineren Kapseln und Samen sowie durch die Kelchblätter, die die Frucht überragen. Es steht zu hoffen, daß die von Tammes begonnene Analyse der Kreuzungen zwischen L. angustifolium und usitatissimum hier

Abb. 6. Linum angustifolium, schmalblättriger Lein. Anbau in Sorau.

[1] Andere botanische Namen sind dafür L. hispanicum F. N. Williams, L. pyrenaicum Pourr., L. usitatissimum subsp. bienne Thellung, usw.
[2] Anatomie bei Wilde, 1902.

wertvolle Aufschlüsse bringen wird. Im folgenden wollen wir jetzt unsere Art L. usitatissimum genauer betrachten und dann noch einmal auf ihre mutmaßliche Abstammung zurückkommen.

Der Flachs, L. usitatissimum L. im engeren Sinne, ist eine Sammelart, die sich aus sehr vielen, deutlich voneinander verschiedenen, erblich konstanten Formen zusammensetzt. An einer eingehenden, wirklich exakten und vergleichenden Schilderung dieses Typenreichtums fehlt es noch immer, obschon man das Gegenteil annehmen sollte, da wir doch eine Kulturpflanze vor uns haben, die fast durch die ganze Erde mit beträchtlichen Anbauflächen und vielseitiger Nutzung verbreitet ist. Was sich an Angaben in der textilen Literatur findet, ist bei genauerer Betrachtung meist unzulänglich, wenn nicht oberflächlich oder sogar irrtümlich; die wissenschaftliche systematische Botanik andererseits ist zurückgeblieben gegenüber dem Formenreichtum, den uns der landwirtschaftliche Anbau und die neuzeitliche Vererbungsforschung und Züchtung kennen gelehrt haben. Im Rahmen des vorliegenden Buches ist es nicht angängig, eine genaue Beschreibung aller Formen zu bringen, aber es soll wenigstens versucht werden eine Übersicht zu geben, wobei ich mich nicht bloß auf Angaben anderer Bearbeiter, sondern auch auf meine eigenen langjährigen Kulturen und Beobachtungen stütze.

Die untenstehende schematische Übersicht zeigt uns in Gruppe II unsere Art mit ihrem Kennzeichen „stets einjährig". Unter diesen einjährigen Flachsformen können wir unterscheiden zunächst solche mit geschlossen bleibenden Kapseln (*B*) von solchen, deren Kapseln deutlich aufspringen (*A*), so daß die Samen herausfallen. Erstere, unter den Namen „Schließlein oder Dreschlein" bekannt, wissenschaftlich als L. usitatissimum vulgare Boenningh.

Gesamtart Linum usitatissimum

I. Gruppe
(deutlich ausdauernd
oder zweijährig)
L. angustifolium Huds.

II. Gruppe
(stets einjährig)
L. usitatissimum L.

A. Kapseln aufspringend
L. crepitans Boenningh.
Springlein

B. Kapseln geschlossen
L. vulgare Boenningh.
Schließlein

1. Einjährig überwinternd
Winterlein
L. bienne Mill.
L. hyemale romanum Heer

2. Einjährig
Sommerlein
L. typicum

macrospermum
großsamig

microspermum
kleinsamig

bezeichnet, sind es, die wegen ihres Faser- oder Ölgehaltes den Bedarf der Industrien fast ausschließlich befriedigen. Demgegenüber tritt die zweite Form, „Springlein oder Klanglein" genannt, wissenschaftlich als L. usitatissimum humile Pers. oder crepitans Bönningh. bezeichnet, in ihrer Bedeutung sehr stark zurück. Da aber dieser Springlein in einigen Gegenden immer noch zwecks Faser- und Ölgewinnung gebaut wird und über ihn wenig Genaues in der Literatur zu finden ist, seien einige nähere Angaben hier gebracht.

Springlein.

Verglichen mit dem Schließlein ist der Anbau des Springleins nur äußerst gering; ich möchte den Springlein direkt als aussterbende Kulturpflanze bezeichnen! Wirklich sichere Anbaugebiete sind mir bekannt geworden nur in Österreich nördlich der Donau im sogenannten Mühlviertel, in Nordbayern (Bayr. Wald), in Tirol, in Nordspanien (Navarra); angeblich soll er ferner noch in Südostrußland, Württemberg und Südbayern gebaut werden. Sporadisches Vorkommen im Alpengebiet halte ich für wahrscheinlich. Schuld am Verschwinden dieser interessanten Pflanze sind zweifelsohne zwei Umstände: einmal liefern die viel höheren Schließleinformen mehr und bessere Faser, sodann erfordert das Aufplatzen der Kapseln besondere Maßnahmen, um Saatverluste zu vermeiden.

Über den Springlein sind merkwürdig viel Irrtümer in der Fachliteratur zu finden. Das mag wohl daher rühren, daß die meisten Autoren diese Pflanze lebend nicht kennen infolge ihres seltenen Vorkommens und sich daher auf ältere Beschreibungen stützen. Nun will aber das Unglück, daß Planchon[1], auf den meistens zurückgegriffen wird, eine falsche Beschreibung gegeben hat: er hat einen großblütigen Öllein als Springlein beschrieben. So hat die falsche Vorstellung Platz gegriffen, daß der Springlein großblütiger und großsamiger als unser gewöhnlicher Schließlein sei und stets behaarte Kapselscheidewände habe. Hätte Planchon wirklich Springlein vor sich gehabt, so hätte er als Hauptunterscheidungsmerkmal vom Schließlein eine andere Eigenschaft, nämlich eben das ganz deutliche Aufspringen der Kapsel, angeben müssen. Daß er dies nicht betont, und ebenso seine Abbildungen sind ein Beweis für die Verwechselung. Auch das Linum humile Mill. scheint mir, entgegen der üblichen botanischen Ansicht, nicht mit dem echten Springlein identisch zu sein, worauf übrigens schon Körnicke (1888) aufmerksam macht. Miller schreibt seinem L. humile einen niedrigeren Stengel, größere Blüten und viel größere Kapseln als dem Schließlein zu; Aufspringen der Kapsel erwähnt er nicht! Danach scheint mir, daß auch er eine Form der weiter unten geschilderten Ölleine vor sich gehabt hat. Der beste Name für den Springlein wäre L. crepitans, wie ihn Boenninghausen (Prod. fl. Monaster. 94, 1824) beschrieben hat. In der ganzen modernen Literatur scheint mir nur Tine Tammes[2] eine wirklich richtige Darstellung des Springleins gegeben zu haben; den übrigen Autoren kann ich aus den oben genannten Gründen und auf Grund eigener Beobachtung nicht allgemein beistimmen. Im folgenden schildere ich den Springlein nach eigenen Kulturversuchen mit Tiroler und spanischer Saat.

Die Samen fand ich 4,46 bis 4,58 mm lang und 2,36 bis 2,14 mm breit, ihr Tausendkorngewicht schwankte von 3,71 bis 5,52 g; einzelne aus Tiroler Saat isolierte Linien wiesen meistens 4,0 bis 4,8 g auf, der spanische Springlein 4,63 g, russischer 4,28 g. Vergleicht man diese Zahlen mit denen von Schließleinsaat, wie sie auf den folgenden Seiten geschildert ist, so zeigt sich, daß die Springleinsaat in Länge, Breite und Gewicht mit der kleinsamigen Schließleingruppe microspermum übereinstimmt, von der großsamigen Schließleingruppe macrospermum aber weit übertroffen wird. Die alten Angaben, daß die Springleinsaat größer als die unseres gewöhnlichen Schließleins sei, ist also dahin zu verbessern, daß sie mit unseren kultivierten Faserleinen übereinstimmt, aber viel kleiner als typische Ölleinsaat ist. Die Farbe der Springleinsaat fand ich hellbraun (häufig), normalbraun oder rotbraun; gelbe oder grüne Samen traten nicht auf. Da nun bei den Schließleinen hellbraune und gelbe Samen nicht selten

[1] Sur la famille des Linées. Hooker's Lond. journ. bot. Vol. VI u. VII, 1847, 1848.

[2] Het gewone Vlas en het Vlas met openspringende Vruchten. — Album der Natur 1908.

vorkommen, ist auch die alte Angabe, daß die Samen des Springleins durchweg heller als die des Schließleins seien, nicht angebracht.

Bei der Entwicklung der Keimpflanze habe ich keine Unterschiede gegenüber den Schließleinen gefunden. Die Keimblätter, am äußeren Ende breit abgerundet, waren 12 bis 14,5 mm lang und 6,5 bis 6,8 mm breit, also so groß wie die von Faserflächsen, aber kleiner als die von Ölleinen. Während ich in jungem Zustand den Springlein nicht von Schließleinen in den Feldkulturen unterscheiden konnte, war dies in späteren Wachstumsstadien möglich durch die dichte Beblätterung, die breiten Laubblätter, ihre plötzliche Zuspitzung in das Blattende und ihren, gegenüber Faserleinen, stärkeren Wachsüberzug. Die Pflanzenhöhe ist als niedrig zu bezeichnen; sie betrug bei den einzelnen kultivierten Linien 1926 = 43 bis 56 cm, 1927 = 41 bis 62 cm, 1928 = 42 bis 62 cm. Der Springlein erreicht somit die Länge vieler Ölleine, bleibt jedoch hinter den Faserleinen stark zurück. Die alte Angabe „niedriger als Schließlein“ gilt also nur für den Vergleich mit den Faserleinen. Verzweigung am Stengelgrund trat bei der feldmäßigen Aussaat nicht ein, doch treiben bei Einzelkultur die in den Keimblattachseln sitzenden Knospenanlagen aus. Die Verästelung oberwärts am Stengel ist reichlich, so daß viele Kapseln und Samen gebildet werden; Pflanzen mit 8 bis 12 Kapseln (im Feldbestand) waren häufig, vgl. Abb. 10. Insofern ähnelt der Springlein mehr den Ölleinen als den Faserleinen. Die Blüte ist, entgegen den älteren Angaben, nicht groß, sondern klein. Die Länge der Blütenblätter fand ich zu 10 bis 12,2 mm, die Breite zu 5,0 mm. Demnach haben nicht nur die Schließleine der Ölleingruppe, sondern auch viele der Faserleingruppe

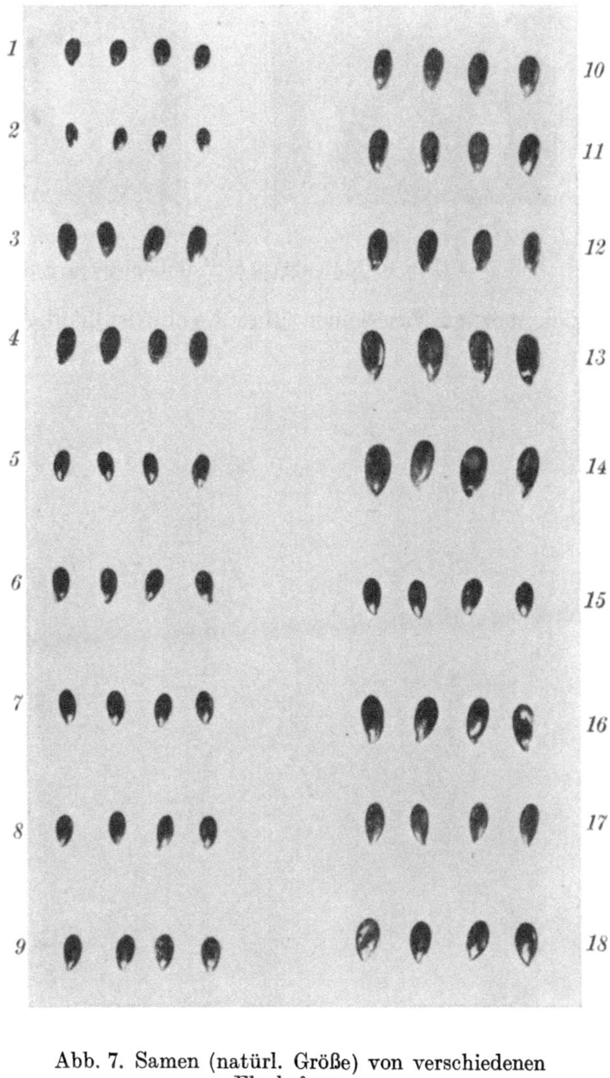

Abb. 7. Samen (natürl. Größe) von verschiedenen Flachsformen.

1 = L. perenne, *2* = L. angustifolium, *3* = spanischer Springlein, *4* = Tiroler Springlein, *5* = Winterlein, *6* = Rigaer Faserlein, *7* = Holländer, *8* = Ötztaler, *9* = Australischer Faserlein. *10—18* von Ölleinen. *10* = Uruguay, *11* = Argentinien, *12* = Rumänien, *13* = Zypern, *14* = Marokko, *15* = Kalkutta, *16* = Bombay, *17* = Türkei, *18* = Sizilien.

größere Blüten als der Springlein. Vielfach macht die Blüte des Springleins, da sich die Blütenblätter mit ihren Rändern seitlich nicht übereinanderlegen, einen mehr sternförmigen Eindruck; sonst ist sie im allgemeinen flach-glockenförmig wie bei den meisten Faserleinen. Ihre Farbe ist häufig hell rötlichlila, geht aber bis violblau oder ganz blaßlila. Die Staubbeutel sind blau, die Adern der Blütenblätter blau bis violett, oft kräftig gefärbt. Die Kelchblätter sind etwa halb so lang als die reife Kapsel, die in geöffnetem Zustand 7 bis 8,2 mm hoch und ebenso breit ist, vgl. Abbildung 14. Das Aufspringen der Kapsel ist an sonnigen Tagen gut zu beobachten; es erfolgt mit einem leisen, knisternden Klang, worauf die Bezeichnungen „Klanglein“ oder „Klenglein“ hindeuten. Es ist abhängig von dem Feuchtigkeitsgehalt der Luft; nach Versuchen im Laboratorium setzte es erst bei einer relativen Luftfeuchtigkeit von 50 bis 48% ein, während bei größerer Luftfeuchtigkeit die Kapseln geschlossen blieben. Die trockenen offenen Kapseln sind sehr hygroskopisch, bei Befeuchtung mit Wasser trat in etwa 15 Minuten, bei Behandlung mit heißem Wasser fast momentan Schließen ein.

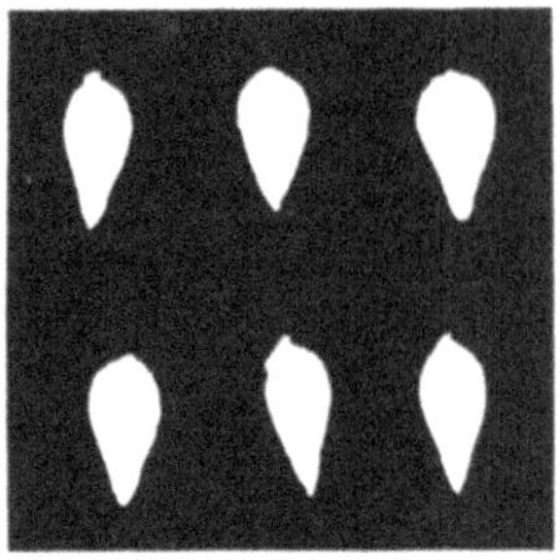

Abb. 8a.

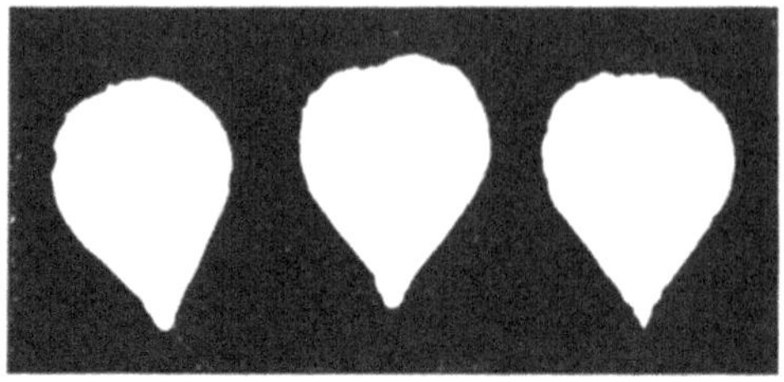

Abb. 8b.

Abb. 8. Blütenblätter. Autokopien. a = Springlein, b = Öllein.

1 2 3 4

Abb. 9. Einige Flachsformen, erntereif.
1 = afrikanischer Öllein, *2* = spanischer Springlein, *3* = Tiroler Springlein, *4* = Faserlein (Sorauer Feinflachs).

Das Aufplatzen selbst erfolgt wandspaltig (septicid) in den Nähten der fünf Fruchtblätter, gleichzeitig aber auch in den fünf falschen Scheidewänden, so daß die Kapsel zehnspaltig erscheint und die Samen in den zehn Fächern frei liegen. Ein aktives Herausschleudern der Samen habe ich nicht beobachtet, wohl aber genügt die leiseste Berührung (Wind u. dgl.), um die Samen herausfallen zu lassen. Die Fruchtstiele sind aufrecht, dünn und steif. Die Scheidewände fand ich bei 14 untersuchten Springleinformen stets unbehaart in Übereinstimmung mit Tammes (1908). Die alten Angaben über die Behaarung sind also gerade umgekehrt richtig: nicht der Springlein ist behaart, sondern der Schließlein ist mehr oder weniger behaart. Das leichte Freiwerden der Samen, im Gegensatz zum Schließlein, ist im Sinne der Arterhaltung durchaus zweckmäßig, und man kann deshalb mit einiger Berechtigung unseren Springlein als die ursprünglichere Form ansehen. Für die praktische Landwirtschaft ist das Herausfallen jedoch unerwünscht; um Saatverluste zu vermeiden, wird deshalb der Springlein frühzeitig geerntet und die Kapseln auf Planen u. dgl. ausgebreitet und der Reife überlassen. Nach meinen Versuchen ist der Springlein, verglichen mit Faser- und Ölleinen, als recht frühreifend zu bezeichnen, im trockenen Jahr 1928 vergingen bei den meisten Springleinen nur 74 Tage von Aussaat bis zur ersten Kapselreife. Gegen Trockenheit scheint der Springlein widerstandsfähiger zu sein als Faserleine. Bei feldmäßig dichter Aussaat ergaben sich 1928 bei den einzelnen Springleinsorten folgende prozentische Erträge, bezogen auf die Halmernte: entsamtes Stroh 47,3 bis 70,0%, meistens etwa 63%; Samen 11 bis 25%, meistens 14 bis 15%. In feuchteren Jahren ist der Samenertrag jedoch noch höher, man darf den Springlein im allgemeinen als samenreichen Typ ansprechen, wenn er auch nicht die Samenerträge guter Ölleine erreicht.

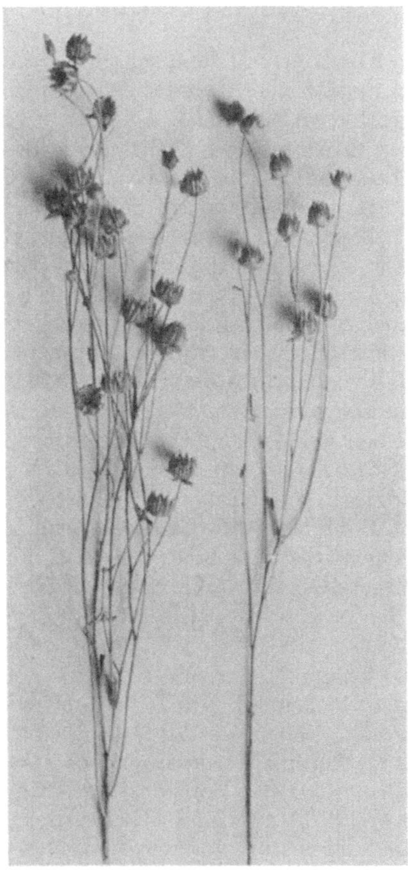

Abb. 10. Springlein, obere Verästelung.

Über die Ausnutzung des Springleins finden sich in der Literatur widersprechende Angaben: bald heißt es, daß die Faser überhaupt nicht, sondern nur die Samen, deren Öl z. T. als besonders gut hingestellt wird, verwertet werden, bald heißt es, daß die Faser sehr fein und gut verwendungsfähig, dann wieder, daß sie sehr grob und schlecht sei. Sicher ist nach meinen Erkundigungen, daß in Österreich im Mühlviertel Ausnutzung auf Faser und Samen erfolgt, und ebenso gibt Schindler (1927) an, daß in Nordspanien in eigener Wirtschaft Rasenröste, Ausarbeiten, Verspinnen und häusliche Gewebeherstellung stattfindet. Die verschiedenen Urteile betr. Faser rühren wohl daher, daß der Anbau in relativ primitiver Weise nur noch in kleinen bäuerlichen Betrieben erfolgt: eine Faserausnutzung wird nicht immer geschehen, die Qualität der Faser wird großen Schwankungen unterworfen sein. Das Stroh aus meinen Kulturen 1928 ergab folgende Resultate:

Tabelle 1. Technische Faser des Springleins[1].

Sorte des Springleins	Gesamtfaser %	Schwingflachs %	Schwingwerg %	Länge der Faser cm	Reißlänge km	Wert-Ziffer[2]
1	19,3	12,4	6,9	50	—	65
14	17,8	2,8	15,0	35—40	40	45
16	19,8	15,5	4,3	50	—	65/70
17	18,1	10,4	7,7	45	45	60
24/I	16,1	11,8	4,3	55—60	70	80
24/II	13,6	10,3	3,3	50—55	50	75

Anatomisch fand ich bisher im Stengelbau gegenüber Schließleinen keine grundsätzlichen Unterschiede. Die Bastfasern liegen in einzelnen Bündeln (kein geschlossener Bündelring, die Zahl der Fasern im Bündel (Stengelmitte, Pflanzen in feldmäßiger Dichtsaat) schwankte von 8 bis etwa 25. Eine so ausgesprochene Zerklüftung der Bündel und Einzellage der Fasern, wie sie Tobler (1928, S. 24) angibt, fand ich bei meinen Sorten nicht.

Dem eben geschilderten Springlein gegenüber weist also die Untergruppe des „Schließleins" als Hauptmerkmal die bei der Reife geschlossen bleibende Kapselfrucht auf. Bei genauerer Beobachtung findet man allerdings auch hier Formen, deren Kapseln in den fünf Nähten und an der Spitze sich ein wenig öffnen (in trockener Luft), doch bleiben die Kapseln soweit geschlossen, daß von einem Aufspringen keine Rede sein kann und daß ein Herausfallen nicht häufig vorkommt, jedenfalls praktisch keine Rolle spielt. Bei diesen Schließleinen nun können wir weiterhin unterscheiden zwischen typisch einjährigen „Sommerleinen", Form typicum, und einjährig überwinternden „Winterleinen", Form bienne. Erstere beenden ihre Vegetation (bei Aussaat im März bis Juni) im Laufe des Juli bis September im gleichen Jahr, letztere, im August bis September ausgesät, überdauern den Winter und beschließen ihre Vegetation im Juni/Juli des nächsten Jahres.

Winterlein.

Unsere Kenntnisse über diese biologisch interessanten Formen sind noch recht lückenhaft. Ähnlich wie beim Springlein ist ebenfalls der früher sicherlich größere Anbau des Winterleins sehr stark zurückgegangen, so stark, daß er nach dem Weltkriege sozusagen erst neu entdeckt werden mußte (Weidner 1919, Gentner 1921, Feuder 1922). Eine genauere Beschreibung lieferte dann Kremer (1923) an Hand oberbayrischen Materiales. Danach weist der Winterlein anatomisch mit unserem normalen Sommerlein weitgehende Übereinstimmung auf und ist als ein Linum usitatissimum mit zweijährigem Entwicklungszyklus anzusehen. Anbau zwecks Faser- und Samengewinnung erfolgt heute noch in Österreich (Kärnten, Krain), Oberbayern (Laufen, Traunstein, Berchtesgaden), Westfrankreich („Lin d'hiver"), Spanien (Bajadoz, Burgos, Leon, Lugo, Herarte). Während im milden mediterranen Klima Südeuropas eine Überwinterung ohne weiteres möglich erscheint, falls die Temperatur nicht zu tief sinkt, bedarf der Winterlein in Mitteleuropa einer genügend hohen und lange andauernden Schneedecke, die ihn vor dem Erfrieren bewahrt. Deshalb sind Anbauversuche mit Überwinterung in Sorau, Westfalen, Schlesien fehlgeschlagen; als Sommerfrucht kann er dagegen überall angebaut werden (eigene

[1] Warmwasserröste und Ausarbeitung der Technologischen Abteilung am Forschungsinstitut Sorau.

[2] Wertziffer 100 = optimaler Faserwert.

Versuche in Sorau, Versuche in Landsberg[1]), wenn auch ohne praktischen Nutzen.

Die Samen sind dunkelbraun, etwa 4,1 bis 4,4 mm lang, das Tausendkorngewicht beträgt 5 bis 5,6 g, übertrifft also etwas das von vielen echten Faserleinen (4,2 bis 4,8 g). Dagegen fand Kremer bei Kultur als Sommerfrucht nur 3,6 g, ich Zahlen um 4 g herum, so daß man vermuten kann, daß der Winterlein bei Frühjahrsaussaat nicht immer zu voller Samenentwicklung gelangt. Nach der Keimung entwickelt sich bis zum Schneefall eine kurz bleibende, niederliegende, durch Seitensprosse kräftig verzweigte Pflanze, die unter der Schneedecke überwintert, wobei der Hauptsproß erstickt. Im Frühjahr setzt dann eine intensive Weiterentwicklung ein, wobei, je nach der Standdichte, ein bis mehrere, bogig aufsteigende Sprosse zu voller Ausbildung und Fruchtreife gelangen, auch nichtblühende Sprosse können vorhanden sein. Die Blüte ist klein und blau. Die Pflanzenhöhe beträgt schließlich 60 bis 80 cm, die Stengeldicke etwa 2,2 mm, die Stengel sind oben gut verästelt (5 bis 9 Seitenäste), so daß eine reichliche Samenernte erzielt wird.

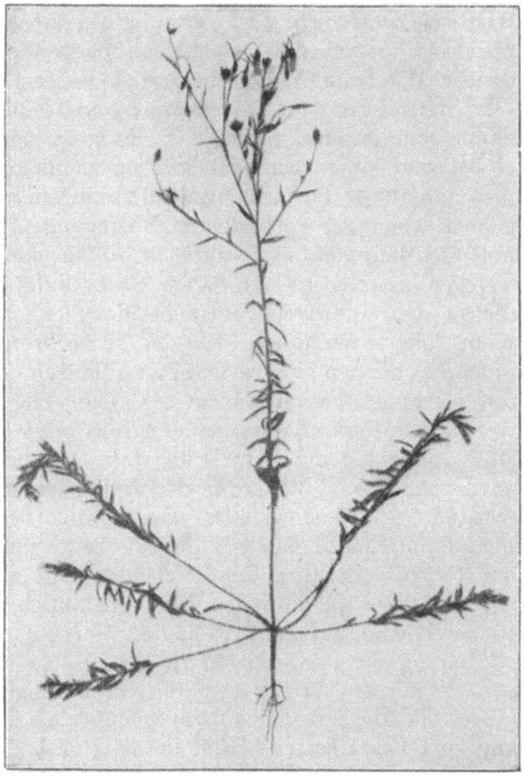

Abb. 11. Winterlein in Blüte. Nach Kremer, 1923.

Die Fasergewinnung erfolgt mittels Tauröste und Ausarbeitung durch Hand; als Fasergehalt fand Kremer bei einer normalen Strohprobe 18,5%. Die Faser findet dann Verwendung zur Herstellung von grober Leinewand für Leib-, Tisch- und Bettwäsche sowie sehr groben Rupfens für Arbeitskittel und Schürzen.

Fraglich ist, ob der in Italien (im Norden und Osten, Ancona, Treviso) anzutreffende Winterlein mit der eben geschilderten Form völlig identisch ist. Der „römische Winterlein“, Lino invernengo, wird von Heer (1872) als Linum hyemale romanum bezeichnet. Er weist zwar weitgehende Übereinstimmung auf, doch fehlt es uns noch an eingehenderen Kenntnissen. Das gleiche gilt von Linum ambiguum Jordan und L. multicaule (elatum multicaule) Schur[2]. Eine weitere, vielstenglige ausdauernde Form beschrieb Strobl[3] als L. catanense; vielleicht ist sie, wie Kremer vermutet, die ursprüngliche wilde Stammform des in Kultur befindlichen Winterleins. Schließlich sei erwähnt, daß ich an einem aus Nordspanien stammenden Winterlein ein Tausendkorn-

[1] Bredemann: Faserforsch. Bd. 4, S. 42. 1924.
[2] Schur in Verh. des naturf. Vereins Brünn Bd. 15, H. 2, S. 154. 1877.
[3] Österr. Bot. Z. Bd. 36, S. 162. 1886.

gewicht von 7,9 g feststellte; es handelt sich offenbar um eine weitere, abweichende, sehr großsamige und großblütige Form. Zusammenfassend zeigt sich, daß diese ganze Flachsgruppe, die wir als bienne der gewöhnlichen einjährigen Gruppe typicum gegenübergestellt haben, in ihren einzelnen Vertretern botanisch wenig bekannt ist und für die Textilindustrie keine größere Rolle spielt.

Linum vulgare typicum, einjährige Schließleine.

Diese große Gruppe enthält diejenigen Flachstypen, die in größtem Umfange zwecks Faser- oder Ölgewinnung kultiviert werden. Sie ist also für Landwirtschaft und Industrie die wichtigste, sie ist gleichzeitig die formenreichste. In wildem Zustande sind Vertreter aus ihr nicht gefunden worden. Ihr Hauptmerkmal ist neben der geschlossen bleibenden Kapsel die einjährige Lebensdauer. Wie beim Winterlein sind die reifen Fruchtstiele von aufrechter Haltung. Der Stengel ist stets blütentragend und häufig nur in der Einzahl vorhanden, dann von gerader, aufrechter Haltung, nicht bogig gekrümmt aufsteigend. Dabei sind einige Einschränkungen zu machen. Experimentell gelingt es auch diese einjährige Form mehrjährig zu ziehen[1], ferner ist die Einstengligkeit weitgehend abhängig von äußeren Bedingungen (Standweite, Ernährung). Bei der üblichen dichtgesäten Feldkultur wird in der Regel nur ein Stengel ausgebildet, dagegen können bei größerem Standraum oder Einzelkultur (Zuchtpflanzen) die in den untersten Blattachseln ruhenden Knospenanlagen austreiben und mehr- bis vielstenglige Pflanzen hervorbringen; kommt reichliche Ernährung hinzu, so können üppige buschige Pflanzen entstehen, denen man nicht ansieht, daß sie genetisch mit einem schlanken einstengligen Faserlein identisch sind.

Bei dem Versuch ein genaueres Bild dieser formenreichen Gruppe zu gewinnen, stößt man bald auf Schwierigkeiten. Wie bei fast allen Kulturpflanzen, so ist auch beim Flachs im Laufe der Zeiten ein großes Durcheinander der verschiedensten Formen entstanden oder bewußt herangezüchtet worden; eine exakte botanische Einteilung liegt aber bis heute noch nicht vor. Rein praktisch, nach der Hauptnutzung, unterscheidet man zwischen „Ölleinen" und „Faserleinen". Erstere umfassen die vornehmlich wegen der Samen und des daraus zu gewinnenden Leinöls gebauten Formen, während bei letzteren die Fasergewinnung aus den Stengeln die Hauptsache ist. Die Ölleine werden im allgemeinen als kürzer, stärker verästelt, großsamiger und schlechte Faser enthaltend hingestellt, die Faserleine demgegenüber als höher, wenig verästelt, kleinsamiger und gute Faser liefernd. Eine derartig grobe, auf dem Nutzungswert aufgebaute Einteilung hat gewiß praktische Vorteile, sie versagt aber dann, wenn als Ziel angestrebt wird, die verschiedenen Typen botanisch genauer und so eindeutig festzulegen, daß eine zweifelsfreie Verständigung über sie möglich ist. Zudem ist diese Trennung unsicher, indem typische „Ölleine" in steigendem Maße gleichzeitig auch auf Faser ausgebeutet werden, ein wirtschaftlich verlockendes Ziel, dessen Erreichung die Grenze zwischen Faser- und Ölleinen noch mehr verwischen würde. Und umgekehrt wird bekanntlich auch die Saat von „Faserleinen" als Schlagleinsaat benutzt und erscheint im Handel unter „Ölleinsaat". Man wird deshalb besser Merkmale heranziehen, die uns die Pflanze selbst in ihrer Gestalt (Morphologie) bietet, also von wirtschaftlichen Gesichtspunkten absehen. Da scheinen zunächst Pflanzenhöhe und Verästelung charakteristische Unterschiede zu bieten, und man könnte trennen die Gruppe „brevi-

---

[1] Ich entfernte stets alle Blütenknospen. So entstanden buschige Pflanzen, die sich (im Gewächshaus) mehrjährig ziehen lassen.

multicaule", kürzere, reicher verzweigte Formen umfassend, von der Gruppe „longicaule" oder „elongatae", langstenglige, wenig verzweigte Formen umfassend (Vavilov 1926). Dagegen läßt sich jedoch einwenden, daß Pflanzenhöhe, Grundverzweigung wie auch Verästelung im oberen Stengelteil in zu großer Abhängigkeit von Ernährung und Standraum stehen, wie schon eben erwähnt. So kann z. B. ein typischer schlanker einstengliger Faserlein, der, aus normaler Feldkultur stammend, durchaus in die Gruppe longicaule gehören würde, sich dann, wenn man ihn von den immerhin recht unnatürlichen Bedingungen der Feldkultur befreit, so stark verzweigen und verästeln, daß man ihn eher in die Gruppe multicaule einreihen würde; und umgekehrt sind unter den großsamigen Ölleinen Formen, die bei Dichtsaat in Feldkultur durchaus einstenglig und oberwärts wenig verästelt bei guter Pflanzenhöhe heran wachsen, also so nicht in die Gruppe brevimulticaule zu gehören scheinen. Kurz gesagt: der Phänotypus gestattet hier keine ganz sichere Gruppierung. Besser wird man solche Merkmale wählen, die gegenüber wechselnden äußeren Bedingungen eine hinreichende Konstanz zeigen. Als beste derartige Merkmale fand in nach Beobachtung von über tausend der verschiedensten Leinformen die Blütengröße, Kapselgröße, Samengröße und Samengewicht, die in enger Beziehung zueinander stehen. Alle diese Merkmale sind äußeren Bedingungen gegenüber viel unabhängiger als etwa Pflanzenhöhe und Verzweigung[1]. Ich schlage deshalb vor, die einjährige Schließleingruppe typicum weiterhin zu trennen in die beiden Untergruppen „microspermum" = „kleinsamig" und „macrospermum" = „großsamig".

Damit gewinnen wir eine Übersicht, die sich auf hinreichend konstante morphologische Merkmale gründet, die gleichzeitig aber, wie wir sehen werden, den praktischen Gesichtspunkten der Landwirtschaft und Industrie nicht entgegensteht. Da nun Messungen der Länge, Breite und vor allem der Dicke des Samens, falls zahlreiches Material vorliegt, sehr zeitraubend sind, empfiehlt es sich, das Samengewicht zugrunde zu legen; es kann leicht und mit hinlänglicher Genauigkeit bestimmt werden, am besten durch die übliche Tausendkorngewichtsbestimmung[2]. Dies vereinfachte Verfahren erscheint mir erlaubt, weil es sich hier stets um kultivierte Pflanzen handelt. Schwieriger erscheint es zunächst, die entscheidende Grenze zwischen den beiden Gruppen „großsamig" und „kleinsamig" zu finden. Nach allen vorliegenden Tatsachen jedoch und auf Grund eigener Beobachtungen bin ich überzeugt, daß wir berechtigt sind, für die Gruppe microspermum ein Tausendkorngewicht von 3,4 bis 5,3, für die Gruppe macrospermum ein solches von 5,4 bis 15 g einzusetzen[3]. Bei der so gewählten Einteilung zeigen sich nämlich am besten Beziehungen zwischen Samengewicht und anderen Eigenschaften der Pflanze, Korrelationen, dergestalt, daß die kleinsamige Gruppe hauptsächlich Formen umfaßt, die gemeinhin als „Faserleine" bezeichnet werden, die großsamige Gruppe dagegen in der Hauptsache die sogenannten „Ölleine". Ausnahmen kommen selbstverständlich vor,

[1] Auch Tammes (1907, S. 42—85) fand die Stengelmerkmale variabler als die von Frucht und Samen.

[2] Aus der Samenprobe werden vier Muster à 100 Korn entnommen und jedes Muster auf der analytischen Waage gewogen. Das Mittel aus den vier Wägungen ergibt mit 10 multipliziert das Tausendkorngewicht. Um unreife Flachkörner zu entfernen, empfiehlt sich voriges Sieben der Samen; Schlitzweite des Siebes für die kleinsamige Gruppe = 0,7 bis 0,85 mm, für die großsamige Gruppe = 0,9 bis 1,0 mm.

[3] Diese Grenze ist naturgemäß nicht absolut scharf, sie soll nur die ungefähre Trennungslinie vorstellen; geringe Abweichungen kommen vor. Man könnte auch eine Zwischengruppe „mesospermum" einschalten, doch erhielte man dann statt einer zwei Grenzlinien.

jedoch eher weniger als bei anders gewählter Gruppierung. Wir wollen vornehmlich die erste Gruppe betrachten, die ja heute für die Textilindustrie bei weitem die wichtigste ist, gleichzeitig aber vergleichende Angaben über die andere Gruppe bringen.

Gruppe microspermum.

Kennzeichen dieser Gruppe sind: niedriges Samengewicht (1000 Korn = 3,4 bis 5,3 g), kleine Blüten, Kapseln und Samen. Auch die Keimblätter, Kelch- und Laubblätter sind kleiner als die der anderen Gruppe. Pflanzenhöhe, Verzweigung, Verästelung oberwärts, Stengeldicke, Blattfarbe, Blütenfarbe, Form der Blütenblätter, Staubbeutelfarbe, Samenfarbe und Behaarung der Kapselscheidewände zeigen wechselnde Eigenschaften. Was die Pflanzenhöhe betrifft, so kommen hier die längsten Flachsformen vor, die überhaupt bekannt sind (1,5 m hoch). Anatomisch ist bedeutungsvoll, daß die Stengel in der Regel unverholzte oder nur schwach verholzte Bastfasern enthalten. Hierher gehört die Hauptmasse der kultivierten „Faserleine". In der Regel reifen sie früher als die zweite Gruppe.

Gruppe macrospermum.

Kennzeichen dieser Gruppe sind: hohes Samengewicht (1000 Korn = 5,4 bis 15 g), große Kelchblätter, Blüten, Kapseln und Samen. Ebenso sind Keimblätter und Laubblätter größer als die der ersten Gruppe. Weitere Merkmale wie Pflanzenhöhe, Verzweigung, Verästelung, Blütenfarbe, Kornfarbe usw. zeigen wechselnde Eigenschaften. Das Maximum der Pflanzenhöhe dürfte bei 90 cm liegen; vielfach sind die Pflanzen kürzer als die der kleinsamigen Gruppe. Anatomisch bemerkenswert ist, daß die Bastfasern in der Regel stärkere Verholzung als die kleinsamigen Formen aufweisen. Vielfach zeigt sich auch Neigung zu größerer Verzweigung und Verästelung. Aus diesen Gründen liefert diese Gruppe fast durchgängig eine technologisch minderwertige Faser, stellt dafür aber die Hauptlieferanten der kultivierten „Ölleine". Die Vegetationsdauer ist in der Regel länger als bei der ersten Gruppe.

Vergleichende Übersicht bei beiden Gruppen.

1. Samengewicht. In Tabelle 2 sind zunächst die Samengewichte von Leinsaatproben aus den verschiedensten Ländern aufgeführt. Das niedrigste Korngewicht zeigen Tiroler Saaten mit 3,4 g, das höchste marokkanische Saaten mit etwa 12 g. Zwischen diesen beiden Extremen finden sich alle Größenklassen vertreten. Dazu ist nun zu bemerken, daß diese Samenproben, seien es die üblichen Handelssaaten, wie z. B. Rigaer, Pernauer usw., seien es alte Landsorten, wie z. B. Oetztaler, Südbayern usw., immer ein buntes Gemisch der verschiedensten Flachstypen enthalten, die sich in vielen Eigenschaften unterscheiden können, also auch im Samengewicht. Weist z. B. eine Rigaer Saatprobe ein Tausendkorngewicht von 4,4 g auf, so drückt diese Zahl zunächst nichts anderes aus, als daß hier das Samengewicht im Mittel aller Typen 4,4 g beträgt, d. h. es werden Pflanzen mit niedrigerem wie auch höherem Korngewicht darin enthalten sein. Man wird sich also fragen dürfen, ob nicht unter dieser kleinsamigen „Faserleinsaat" doch auch erbliche Pflanzentypen vorkommen, deren Samen schwerer als 5,3 g sind, die somit aus der Gruppe microspermum herausfallen würden. Im allgemeinen läßt sich diese Frage verneinen, jedoch kommen Ausnahmen natürlich vor, sei es durch absichtliche Verfälschung[1], sei es in der

[1] So kann z. B. nordrussische Faserleinsaat durch südrussische „Steppenleinsaat" verfälscht werden.

Tabelle 2. Samengewichte verschiedener Leinherkünfte.

Nr.	Herkunft	1000-Korngewicht	Nr.	Herkunft	1000-Korngewicht
1	Oetztal, Tirol	3,4—4,2	22	China[1]	4,74
2	Zillertal, Tirol	3,44	23	Schweden	4,8
3	Inntal, Tirol	3,5	24	Ostpreußen	4,8—5,4
4	Südbayern	3,8	25	Sibirien[1]	4,96
5	Porchow (Pskow)	3,81	26	Litauen	5,3
6	Japan[1]	3,84	27	Kalkutta	5,1—5,4
7	Sarapul (Ural)	3,95	28	Persien[1]	5,5
8	Glasow (Wjatka)	4,0	29	Südrußland	5,55
9	Kotelnitsch	4,0	30	Argentinien	5,4—8,0
10	Mischkin (Jaroslawl)	4,03	31	La Plata	5,6—7,0
11	Finnland	4,2	32	Kleinasien	6,9
12	Brandenburg	4,22	33	Türkei	6,5—7,4
13	Pskow	4,2—4,5	34	Bombay	7,1—7,7
14	Schlesien	4,2—5,2	35	Rumänien	7,2—7,5
15	Rigaer	4,2—4,8	36	Uruguay	8,1
16	Pernauer	4,3—4,8	37	Marokko[1]	9,35
17	Holland, blaublühend	4,4—5,0	38	Marokko	9,2—12,2
18	Erzgebirge (Sachsen)	4,4—4,7	39	Sizilien	10
19	Holland, weißblühend	4,4—5,6	40	Cypern	10—11
20	Kanada[1]	4,5	41	Ägypten[2]	10,99
21	Australien	4,6	42	Nordafrika	11—12,3

Saat selbst begründet. Man darf demnach nicht etwa die Saatproben Nr. 1 bis 26 mit kleinsamig, die Nrn. 27 bis 42 mit großsamig ohne weiteres identifizieren; für unsere Formentrennung stellen solche Saatproben nur das Rohmaterial vor. Lediglich fortgesetzter Anbau und Beobachtung der Nachkommenschaft einzeln ausgewählter Pflanzen erlaubt eine sichere Unterscheidung. Macht man derartige Versuche, um das erbliche Samengewicht der Pflanzen festzustellen (vgl. Tabelle 3 und 4), so findet man in der Regel bestätigt, daß die kleinsamigen Handelsproben erblich kleinsamige, die großsamigen Handelsproben erblich großsamige Pflanzenformen enthalten. Ein Blick auf Tabelle 2 zeigt, daß nun

Tabelle 3. Erbliches Samengewicht von Einzelpflanzen aus Handelssaat (Rigaer Faserlein).

Pfl. Nr.	1000 Korngewicht	Pfl. Höhe cm	Blütenfarbe	Kornfarbe	Pfl. Nr.	1000 Korngewicht	Pfl. Höhe cm	Blütenfarbe	Kornfarbe
1	4,10	100	blau	braun	16	4,26	103	blau	braun
2	4,49	112	„	olivbraun	17	4,55	84	violblau	„
3	4,46	98	hellblau	braun	18	4,32	72	blau	olivbraun
4	4,40	85	weiß	rotbraun	19	4,46	106	weiß	braun
5	4,53	76	blau	braun	20	5,49	83	blau	rotbraun
6	4,28	81	„	„	21	4,45	91	„	hellbraun
7	4,39	102	„	olivbraun	22	4,47	85	„	braun
8	4,46	89	violett	braun	23	4,50	74	„	dunkelbraun
9	4,15	100	blau	dunkelbraun	24	4,26	102	„	olivbraun
10	4,48	84	„	braun	25	4,31	88	violblau	braun
11	4,60	87	weiß	„	26	4,51	82	blau	„
12	4,44	75	blau	rotbraun	27	4,48	94	weiß	„
13	4,52	78	„	braun	28	4,48	77	blau	hellbraun
14	4,40	97	„	olivbraun	29	4,61	80	„	braun
15	4,47	81	„	braun	30	4,28	92	„	„

[1] Nach Filter (1919). [2] Nach Tammes.

Tabelle 4. Erbliches Samengewicht von Einzelpflanzen aus marokkanischer Leinsaat (Öllein).

Pfl. Nr.	1000 Korn-gewicht	Pfl. Höhe cm	Blüten-farbe	Kornfarbe	Pfl. Nr.	1000 Korn-gewicht	Pfl. Höhe cm	Blüten-farbe	Kornfarbe
1	12,2	60	blau	braun	16	12,4	56	violblau	braun
2	13,79	48	hellblau	,,	17	14,97	64	,,	,,
3	11,5	45	blau	,,	18	10,2	48	blau	,,
4	13,4	50	blaßblau	dunkelbraun	19	11,8	45	violblau	graugelb
5	10,0	53	tiefviolett	hellbraun	20	9,8	43	blau	braun
6	11,8	54	violblau	braun	21	12,8	52	violett	hellbraun
7	10,8	56	,,	tiefbraun	22	14,2	65	blau	braun
8	12,1	60	bl.-violett	dunkelbraun	23	10,1	52	,,	tiefbraun
9	9,4	58	weiß	braun	24	14,0	60	,,	braun
10	12,1	55	hellviolett	braungrau	25	13,4	58	violblau	rotbraun
11	12,5	49	blau	olivbraun	26	12,5	65	blau	braun
12	11,2	50	blaßblau	braun	27	12,6	40	,,	,,
13	9,0	48	blau	rotbraun	28	10,7	47	hellblau	,,
14	12,0	61	violett	braun	29	10,8	54	weiß	,,
15	13,2	51	hellblau	hellbraun	30	11,7	63	violett	gelbbraun

die Gruppe microspermum (Nr. 1 bis 26) fast ausschließlich die sogenannten Faserleine, die Gruppe macrospermum (Nr. 27 bis 42) nur sogenannte Ölleine umfaßt. Insofern deckt sich also der praktische Begriff ,,Faserlein" bzw. ,,Öllein" fast vollkommen mit unserem botanischen Begriff microspermum bzw. macrospermum. Es ergibt sich aber die Tatsache, daß auch kleinsamige Flachsformen anzutreffen sind, die praktisch nur auf Öl, nicht auf Faser ausgebeutet werden. Dahin gehört z. B. die chinesische Leinsaat (Nr. 22). Besonders auffällig erscheint mir das niedrige Samengewicht der japanischen Schlagleinsaat (Nr. 6); da ich diesen Flachs selbst nicht in Kultur habe, weiß ich nicht mit Sicherheit, ob hier wirklich typische, kurzstenglige Ölleinformen vorliegen. Weniger häufig ist der umgekehrte Fall, daß nämlich Flachsformen, die durch hohes Samengewicht botanisch in die Gruppe macrospermum gehören, praktisch in die Gruppe der ,,Faserleine" fallen. Dafür bieten die üblichen Handelssaaten meistens kein Beispiel, wohl aber die Flachszüchtung. Hier lassen sich durch Auslese- oder Kombinationszüchtung tatsächlich Pflanzen finden, die ein höheres Tausendkorngewicht als 5,3 g aufweisen; ein Beispiel bietet der ,,Eckendorfer Langflachs", dessen Saat unter günstigen Bedingungen 5,2 bis 5,7 g erreichte, der aber, praktisch genommen, noch zu den echten Faserleinen zu rechnen ist. Ebenso habe ich selbst Formen in Kultur, die nach sonstigen Eigenschaften als ,,Faserleine" gelten müssen, jedoch Tausendkorngewichte von 5,4 bis 5,8 g haben. Diese Beispiele zeigen uns, daß botanische und technologische Gruppierung der Flachsformen nur in großen Zügen übereinstimmen. Aus Tabelle 3 und 4 geht weiterhin hervor, daß das Samengewicht unabhängig von sonstigen Pflanzeneigenschaften, wie Höhe, Blütenfarbe, Kornfarbe, vererbt wird. Bemerkenswert ist jedoch, daß die leichtesten Samen (3,4 g) auch die längsten bisher bekannten Flachsformen hervorbringen (1,5 m, Ötztaler Lein). Besondere Verhältnisse treten ein, wenn wir langstenglige Formen der Gruppe microspermum kreuzen mit Formen der Gruppe macrospermum: dann können wir Formen erhalten, die botanisch als großsamig, technologisch am besten als zwischen Faser- und Öllein stehende ,,Zwischentypen" zu bezeichnen sind[1], da sie eine gute Ölausbeute gestatten, gleichzeitig aber durch die langen, günstig verästelten Stengel für die Fasergewinnung

[1] Schilling: Faserforsch. Bd. 6, S. 89. 1927.

immerhin noch brauchbar sind. Ebenso können in solcher Kreuzungsnachkommenschaft ganz kurzstenglige Formen der Gruppe microspermum auftreten, technologisch nur für Ölzwecke nutzbar. Es spricht manches dafür, daß derartige „Zwischentypen", die wir auch schon in alter Kultur finden, auch in der freien Natur durch Kreuzung unserer beiden Gruppen entstanden sind[1].

2. Samengröße. Das Samengewicht wird bestimmt durch die Dimensionen der Länge, Breite und Dicke des Leinkornes, ferner durch das spezifische Gewicht[2]. Diese Maße sind in der Gruppe microspermum, entsprechend dem niederen Samengewicht, deutlich geringer als in der Gruppe macrospermum.

Dabei können sich diese drei Faktoren in verschiedener Weise kombinieren, was dann eine verschiedene Form des Leinsamens zur Folge hat.

Samen	microspermum mm	macrospermum mm
Länge	3,0 —4,9	4,8—6,43[3]
Breite	1,75—2,6	2,5—3,35[3]
Dicke	0,5 —1,0	0,9—1,6[3]

Im allgemeinen ist der Same im Umriß eiförmig, an einem Ende breitabgerundet, am andern Ende (Nabel) mit einem kleinen Schnabel spitzer zulaufend (forma euspermum). Davon abweichend habe ich erbliche Typen in Kultur, bei denen das Korn sehr schmal und lang ist (forma stenospermum), andere, deren Same sehr kurz und breit ist (forma brachyspermum). Weitere erbliche Formunterschiede werden durch die Korndicke

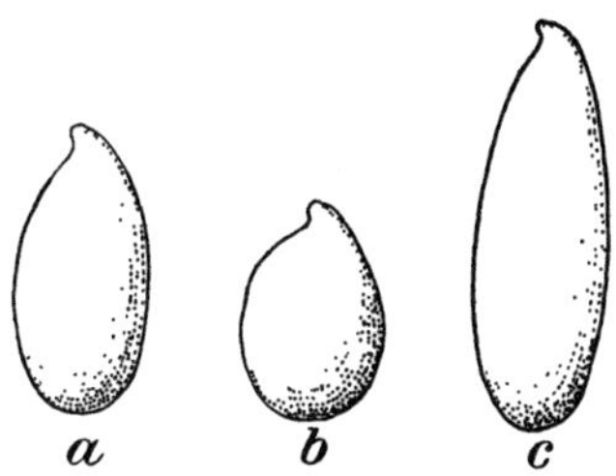

Abb. 12. Verschiedene Kornformen des Leins. *a* = euspermum, *b* = brachyspermum, *c* = stenospermum.

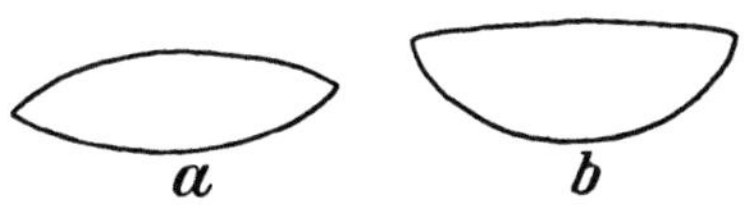

Abb. 13. Leinsame im Querschnitt. *a* = Form bikonvex, *b* = Form plankonvex.

verursacht: meistens ist der Same ziemlich platt und beiderseits konvex gekrümmt, doch gibt es bei den großsamigen Pflanzen Typen, deren Korn auf der einen Seite plan, auf der anderen sehr stark konvex gekrümmt ist, so daß schildkrötenähnliche Gestalt zustande kommt. Solche Formen weisen meistens das höchste Samengewicht (14 bis 15 mg) auf.

3. Frucht. Die fünffächrige, kuglig-eiförmige, oben in eine Spitze auslaufende Kapsel ist in der Gruppe microspermum deutlich kleiner als in der anderen Gruppe.

Innerhalb jeder Gruppe zeigt sich, daß die größeren Kapseln auch die größeren Samen enthalten. Die Mehrzahl der Pflanzen besitzt kuglige Kapseln: f. globosum. Davon abweichend gibt es erbliche Formen mit ganz langgestreckten Kapseln (f. conicum), andere mit plattgedrückten Kapseln (f. depressum). Erstere enthalten Samen der Form stenospermum, letztere Samen der Form brachyspermum. Die Behaarung der Kapselscheidewände bietet kein Unterscheidungsmerkmal: es kommen behaarte und unbehaarte Scheidewände in beiden Gruppen vor. Die Kelchblätter, die die reife Frucht

Kapsel	microspermum mm	macrospermum mm
Länge	5—8	8—15
Breite	5—8	8—11

[1] Vavilow (1926) fand in Bokhara und Afghanistan alle möglichen Zwischenformen zwischen nordrussischen Faser- und turkestanischen Ölleinen.

[2] Es beträgt 1,101 bis 1,17. [3] Gefunden bei marokkanischen Ölleinen.

umgeben, sind klein in der Gruppe microspermum, größer in Gruppe macrospermum; sie bleiben etwa halb so lang als die reife Kapsel.

Abb. 14. Kapseln verschiedenener Leinformen in Aufsicht und Seitenansicht.
Obere Reihe von links nach rechts: 1. Linum perenne, 2. Linum angustifolium, 3. Linum crepitans, Tirol, 4. Linum crepitans, Spanien, 5. Winterlein, 6. Ötztaler Faserlein, 7. Rigaer Faserlein, 8. Holländ. weißblühender Faserlein.
Untere Reihe von links nach rechts: 9. Sorauer Faserlein, 10. Norweger Faserlein, 11. Marokkaner Öllein, 12. Cypern-Öllein, 13. Sizilianer Öllein, 14. Argentinischer Öllein, 15. Indischer Öllein, 16. Kreuzung Faser-×Öllein.

4. Blüte[1]. Zwischen Blüte auf der einen Seite und Samengewicht, Samengröße und Kapselgröße auf der anderen Seite bestehen feste Beziehungen, Korrelationen, dergestalt, daß, je kleiner die Blüte, desto kleiner auch Same und Kapsel ist. In der Gruppe microspermum wird man also für Länge und Breite der Blütenblätter geringere Wertzahlen finden als in der Gruppe macrospermum. An dem von mir kultivierten Material der verschiedensten Flachsformen fand ich folgende Zahlen:

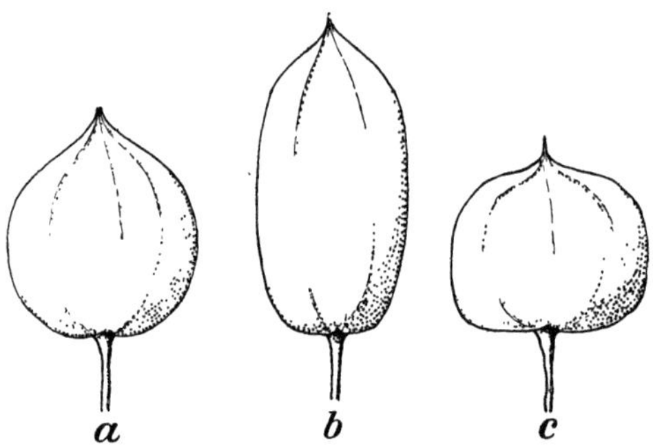

Abb. 15. Verschiedene Formen der Frucht.
a = globosum, *b* = conicum, *c* = depressum.

Blütenblätter	microspermum mm	macrospermum mm
Länge .	8,4—12,8	12,8—20,8
Breite .	5,3— 9,4	9,4—19,5

Zwischen den extremen Formen, die wir als parviflorum und grandiflorum bezeichnen wollen, bestehen also sehr große Unterschiede: Länge 8,4

[1] Bau der Blüte vgl. S. 90.

gegen 20,8 mm, Breite 5,3 gegen 19,5 mm. Weniger stark oder kaum vorhanden sind die Unterschiede an der Grenzlinie zwischen beiden Gruppen: die größten Blüten der microspermum-Gruppe können mit den kleinsten Blüten der macrospermum-Gruppe fast übereinstimmen. Die üblichen kultivierten Faserleine zeigen für die Länge der Petalen durchschnittlich 9 bis 12 mm,

Abb. 16a.

Abb. 16b.

Abb. 16a und b. Verschiedene Größe der Blüten.
a = parviflorum, *b* = grandiflorum.

für die Breite 6 bis 8 mm. Bei den kultivierten Ölleinen fand ich die größten Blüten unter marokkanischer Saat (21 mm lang, 19,5 mm breit).

Die Form der Blüte kann recht verschieden sein. Im allgemeinen ist sie bei den kleinblütigen Leinsorten mehr glocken-tütenförmig, bei den großblütigen mehr tellerförmig, d. h. flach ausgebreitet. Das ist aber nicht immer Sorteneigentümlichkeit, es kann das auch vom Alter der Blüte und von der Witterung abhängen. In der Umrißform bestehen deutlich erbliche Unterschiede. Häufig kommen Rassen vor, deren (relativ breite) Blumenblätter mit ihren Rändern seitlich vollkommen übereinanderliegen, so daß die Blüte in voll geöffnetem Zustande geschlossen kreisförmig erscheint: forma orbiculatum. Den

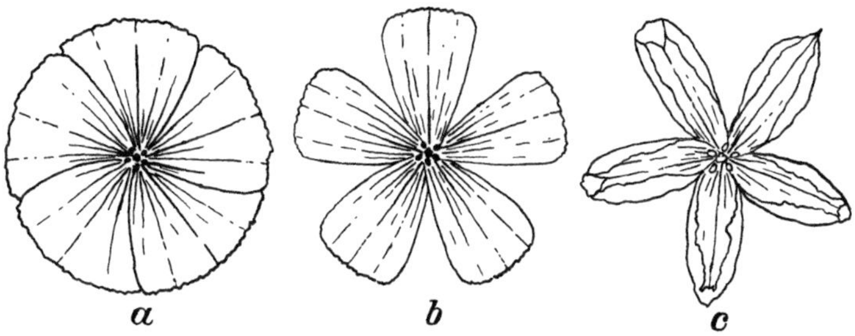

Abb. 17. Einige Blütenformen.
a = orbiculatum, *b* = stellatum, *c* = crispum.

Gegensatz bilden Rassen mit schmäleren, sich nicht deckenden, an den Seitenrändern frei bleibenden Blütenblättern: dann erscheint die Blüte sternförmig. f. stellatum. Zwischen Kreisform und Sternform gibt es viele Übergänge. Weiterhin sind bei der überwiegenden Mehrzahl aller Flachssorten die Blütenblätter flach in einer Ebene ausgebreitet; deutlich davon abweichend sind Formen, deren schmale Blütenblätter am Rande stark gekräuselt und umgeschlagen sind, so daß die Blüte kraus und sternförmig erscheint. Ein Feld davon in Reinkultur bietet einen sonderbaren Anblick. Hier fand ich für die Breite der Blütenblätter die geringsten Werte überhaupt: 3,9 mm. Für diese auffällige Form, die durchaus erblich ist und nur bei weißblühenden Pflanzen mit gelben Staubbeuteln vorkommt, schlage ich die Bezeichnung crispum vor. Weitere Unterschiede zeigen sich am äußeren Rand der Petalen: er kann fast glatt oder stärker gekerbt sein.

5. Blütenfarbe. Für sie wird in der Textilliteratur durchweg Blau oder Weiß angegeben. Das mag in großen Zügen für die Hauptmenge der zur Zeit kultivierten Formen gelten, ist im übrigen jedoch gänzlich unvollständig. Bei genauerer Untersuchung lassen sich deutlich vier erbliche Gruppen von Grundfarben unterscheiden: 1. Violett (forma violaceum), 2. Blau (f. coeruleum), 3. Rosa (f. roseum), 4. Weiß (f. album). Jede der Gruppen 1 bis 3 enthält weiterhin Formen, deren Farbintensität vierfach verschieden sein kann. So können wir z. B. in der Gruppe „blaufarbig“ die vier erblichen Formen unterscheiden a) dunkelblau, b) hellblau, c) blaßblau, d) bleichblau (fast weiß)[1]. Das gleiche gilt entsprechend für die violetten und rosablütigen Formen. An Hand der Übersichtstafel zum Ostwaldschen Farbenatlas fand ich die folgenden Wertzahlen:

f. violaceum lc—le 12; nc 11—12; ie 11—ng 11
f. coeruleum ga—ic 12 (häufigstes Blau); ea 12—14 (hellblau)
f. roseum ca 10—12.

Die zur f. roseum gehörenden Pflanzen haben stets gelbe (keine blauen) Staubbeutel und braune oder gelbe (keine grünen) Samen. Ich fand sie am häufigsten unter indischen Ölleinen. Die üblichen Handelssaaten der Faserleine, wie Rigaer, Pernauer, Pskow usw., blühen zwar hauptsächlich blau, doch lassen sich aus derem Feldbestand leicht Pflanzen isolieren, die konstant weiß, violett, hellblau usw. blühen. Nicht richtig ist die vielfach, auch in der Fachliteratur, anzutreffende Meinung, daß weiße Blütenfarbe stets mit später Pflanzenreife verbunden sei. Diese Anschauung beruht wohl fälschlich darauf, daß die häufiger angebaute Faserleinsorte „Holländer weißblühend“ etwa acht Tage später reift als normalreifende blaublühende Sorten. Aus Rigaer Saat z. B. zog ich Formen heran, die bei weißer Blüte als sehr frühreifend zu bezeichnen sind (f. praecox); und sogar aus dem „Holländer weißblühend“ lassen sich Stämme isolieren, die keineswegs spät reifen.

Weitere Formverschiedenheiten zeigen sich, wenn wir die Färbung der in den Blütenblättern verlaufenden Adern berücksichtigen. Sie können z. B. sehr tief violett, blaßlila usw. gefärbt sein und dadurch den Gesamteindruck der Blütenfarbe beeinflussen. Die Adern der weißen Blüten (homozygotisch) sind ungefärbt und glasig durchscheinend.

6. Staubblätter. Die Farbe der Staubbeutel (Antheren) und der Pollenkörner ist gleichfalls nicht einheitlich. Bei der Mehrzahl der angebauten Handelssaaten ist sie blau, es gibt jedoch Formen, bei denen sie deutlich blaßgelb bis orangegelb gefärbt sind. Diese Eigenschaften sind konstant vererbbar. Die rosa blühenden Formen haben stets nur gelbe Antheren, während die weiß, blau oder violett blühenden blaue oder gelbe Antheren besitzen. Die vorhin geschilderte Form crispum hat stets gelbe Antheren. Auch in der Größe der Pollenkörner zeigen sich Unterschiede: die kleinblütigen Pflanzen haben kleinere, die großblütigen Pflanzen meistens größere Pollenkörner. Die die Antheren tragenden Filamente können weiß, blau oder violett in verschiedener Intensität gefärbt sein. Es dürften erbliche Rassen vorkommen, bei denen die Keimfähigkeit der Pollen Unterschiede aufweist.

7. Samenfarbe. Wir können die drei erblichen Grundfarben Braun, Grün und Gelb unterscheiden[2]. Die Samen in den üblichen Handelsproben der Faser-

[1] Tammes 1922, S. 33. [2] Betr. anatomische Ursache vgl. S. 84.

leine sind braun gefärbt. In der Regel liegt ein buntes Gemisch der verschiedensten Brauntönungen vor, von denen man zunächst nicht weiß, ob sie durch Reifeerscheinungen oder erbliche Eigentümlichkeiten bedingt sind. Durch fortgesetzte Kultur und Beobachtung findet man, daß die verschiedene Braunfärbung zwar zum Teil auch durch Reife, Ernährung usw.[1] beeinflußt werden kann, daß im übrigen aber auch hier wieder eine große Zahl erblicher Formen besteht. Tammes (1927) schätzt die Zahl der Brauntypen auf mindestens 50. Auf Grund eigener Beobachtungen kann ich diesen großen Formenreichtum bestätigen. Es gibt zwischen ausgesprochen rotbraunen, hellbraunen, sepiabraunen und schwarzbraunen Formen sehr viele Übergänge über Olivbraun und Gelbbraun bis zu den anderen beiden Grundfarben Grün und Gelb, ebenso gibt es typisch gelbgrün gefärbte Rassen. Die rein gelbsamigen Formen scheinen in der Gruppe microspermum seltener, in der Gruppe macrospermum viel häufiger vorzukommen. Die grüne Farbe ist mehr als graugrün denn als reingrün zu bezeichnen; sie kommt bei den rosa blühenden Pflanzen nicht vor. Ob zwischen Samenfarbe und technologisch wichtigen Eigenschaften des Stengels Beziehungen bestehen, ist noch unbekannt; jedenfalls zeigen die bisher in der Praxis verwerteten kleinsamigen Faserleinherkünfte und Züchtungen die braune Samenfarbe, während unter den Ölleinen auch gelbsamige Züchtungen im Handel sind. Will man nach der Samenfarbe Flachsformen unterscheidend benennen, so könnte man, wenigstens nach den drei Hauptfarben, diese drei Formen aufstellen: chlorospermum = grünsamig, xanthospermum = gelbsamig, phaeospermum = braunsamig. Über sonstige Verfärbung der Leinsaat vgl. S. 84.

Eine kurze Zusammenfassung unserer bisher über die Fruktifikationsorgane gemachten Ausführungen zeigt, daß der Schließlein eine Art vorstellt, die in sehr viele Formen zerfällt. Für eine Trennung in die Gruppen microspermum und macrospermum kommen neben dem Samengewicht noch Samengröße, Größe der Frucht und Größe der Blüte in Betracht, während andere Merkmale, wie Blütenfarbe, Staubbeutelfarbe und Samenfarbe, keine Unterschiede bilden. Wenden wir uns nunmehr den vegetativen Organen zu, so finden wir innerhalb der Art gleichfalls einen großen Formenreichtum.

8. Die Keimblätter (Kotyledonen) sind, der Größe nach betrachtet, in der Gruppe microspermum kleiner als in der zweiten Gruppe. Ihre Länge und Breite beträgt in ausgewachsenem Zustande

Keimblatt	microspermum mm	macrospermum mm
Länge .	9—17	17—30
Breite .	5—10	10—16

Abb. 18. Keimblätter: obere Reihe der Gruppe microspermum; untere Reihe der Gruppe macrospermum.

Ihre Form ist im Umriß im allgemeinen eiförmig-oval, doch gibt es Rassen mit schmäleren oder breiteren, stärker abgerundeten Formen.

9. Die Laubblätter sind in der Gruppe microspermum im allgemeinen kleiner als in Gruppe macrospermum; man kann demnach die Formen parvifolium und grandifolium unterscheiden. Es ist aber zu berücksichtigen, daß äußere Bedingungen, wie Ernährung und Wasserzufuhr, Standweite und Belichtung

[1] Nasses Wetter kann z. B. die Saat dunkel verfärben.

Laubblatt	microspermum mm	macrospermum mm
Länge	22—42	30—58
Breite	3— 7	5—14

der Pflanzen, die Größe beeinflussen können.

Im Umriß werden sie als schmal-lanzettlich bezeichnet, das ist die normale häufigste Form (eufolium). Davon abweichend kommen Rassen vor mit sehr schmalen langen (tenuifolium) oder viel breiteren (latifolium) Blättern. Auch in der Art der Anheftung am Stengel — die Blätter sind ungestielt sitzend — und in der

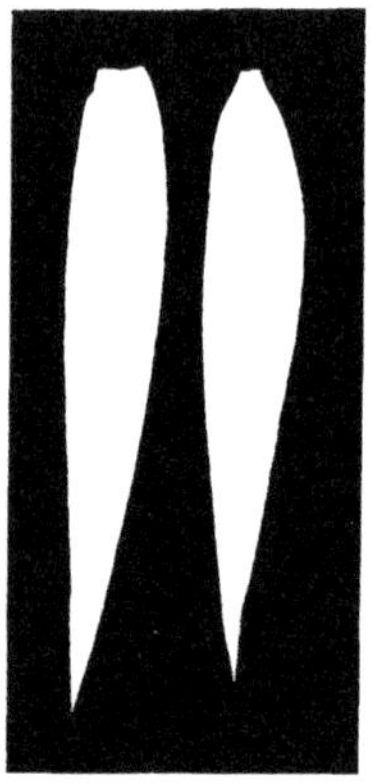

Abb. 19a.

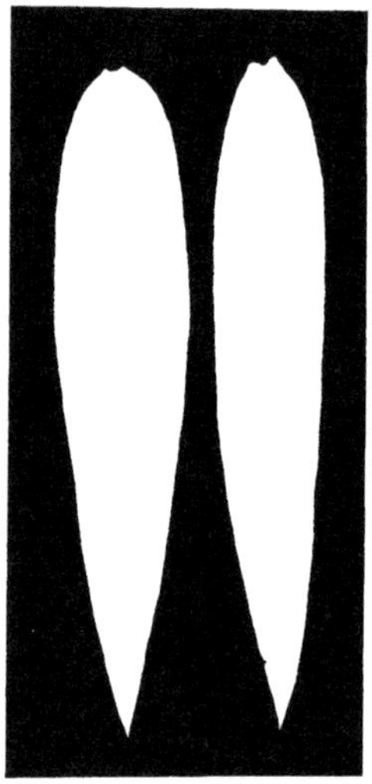

Abb. 19b.

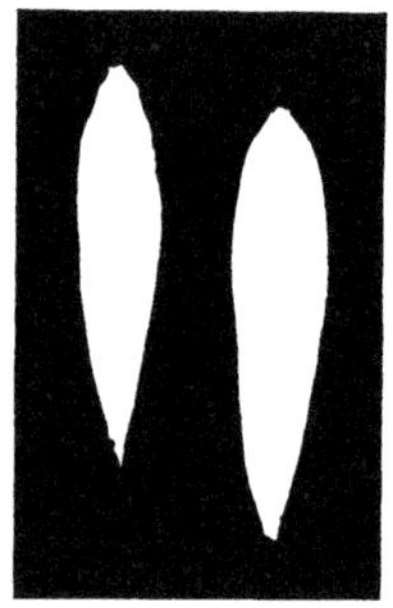

Abb. 19c.

Abb. 19a, b, c. Laubblattformen. Autokopien.
a = parvifolium, *b* = grandifolium, *c* = Springlein.

Form der Blattspitze können sich Rassenunterschiede zeigen. Nach meinen Untersuchungen sind ferner die echten Faserleine spärlicher beblättert als die Ölleine. So hatten z. B. acht geprüfte Faserzüchtungen bei feldmäßig dichter Aussaat 83,1 bis 101,1 Blätter berechnet auf 100 cm unverzweigten Stengelteil, dagegen acht Ölleine 117,0 bis 137,9 Blätter. Kreuzungen zwischen Faser- und Öllein wiesen entsprechend bis 150,4 Blätter auf. Der Blattfarbe nach gibt es Rassen mit tief dunkelgrünem, grasgrünem, graugrünem und hellgrünem Laub; man sieht das sehr deutlich, wenn man unter gleichen Bedingungen (Düngung!) die verschiedenen Formen nebeneinander anbaut. Dabei wird außer dem Chlorophyllgehalt auch noch der Wachsüberzug eine Rolle spielen. Im allgemeinen scheint mir die Gruppe macrospermum stärkeren Wachsüberzug zu besitzen; zum Teil finden sich hier Formen mit sehr grau gefärbten Blättern. Das mag wohl damit zusammenhängen, daß die großsamigen Formen wahrscheinlich aus dem Mediterrangebiet abstammen und an das dortige Klima angepaßt sind. Genauere anatomische Untersuchungen werden uns sicherlich mit Unterschieden auch im Blattbau zwischen typischen Faser- und Ölleinen bekannt machen.

10. Der Stengel. Wie vorhin erwähnt, halte ich die Merkmale des Stengels wegen ihrer großen Abhängigkeit von äußeren Bedingungen für nicht geeignet, um auf ihnen eine scharfe, eindeutige Trennung des Schließleins in Hauptgruppen aufzubauen. Wenn wir zunächst die gesamte Pflanzenhöhe[1] berücksichtigen, so muß allerdings zugestanden werden, daß die sogenannten Faserleine durch-

[1] Gemessen vom Ansatz der Keimblätter bis zur höchsten Spitze.

schnittlich länger sind als die Ölleine; ebenso werden die Maximallängen (1,50 m) nur bei Faserleinen erreicht. Das gilt aber eben nur im großen Durchschnitt für die Formengemische der Handelsherkünfte. Kultiviert man nämlich sehr viele Saatproben aus den verschiedensten Ländern, so findet man Formen, die 70 bis 90 cm lang sind, also die Länge vieler Faserleine haben, ja sogar manchen Faserlein übertreffen, gleichwohl aber technologisch einen „Öllein" vorstellen, während daneben wachsende „Faserleine" nur 40 bis 50 cm lang werden können. Weiterhin treten Formen auf, die so kurzstenglig, kleinsamig und ölarm sind, daß sie technologisch wertlos sind: sie würden neben den „Faserleinen" und „Ölleinen" eine dritte Gruppe bilden „wirtschaftlich unbrauchbar". Auch Graebner (1920) erwähnt aus dem litauischen Urwaldgebiet derartige Formen, die der ursprünglichen wilden Stammform schon bedenklich nahe kommen. Die Tatsache, daß es Faserleine von geringer Pflanzenhöhe gibt, ersieht man auch aus dem Vorschlage von Clark (1917), der zwischen Langfaser-, Kurzfaser- und Ölflachs unterscheidet[1]. Nimmt man noch hinzu das Vorkommen der S. 68 genannten „Zwischentypen", die infolge ihrer ansehnlichen Stengellänge und ölreichen Samen wirtschaftliche Ausnutzung von Faser und Öl gleichzeitig gestatten, so leuchtet ein, daß die Pflanzenhöhe keine scharfe Trennung zwischen Faser- und Öllein bedeutet. Betrachtet man nun die Flachspflanze allein nach der Pflanzenlänge, ohne Rücksicht auf wirtschaftliche Ausnutzung, so könnte man etwa folgende Übersicht aufstellen:

3 2 1

Abb. 20. Faserleine, erntereif. Angebaut in Sorau.
1 = Ötztaler (130 cm), *2* = Rigaer (100 bis 120 cm), *3* = bayrischer Gebirgslein (50 bis 60 cm).

sehr niedrig	20 bis 40 cm	mittellang	60 bis 80 cm	sehr hoch	100 bis 120 cm
niedrig	40 „ 60 „	hoch	80 „ 100 „	maximal	120 „ 150 „

[1] Vgl. auch Tobler 1921 (2).

Die Unterschiede in der Länge können also ganz erheblich sein, es ist aber sehr schwierig, daraufhin den Flachs in Formen einzuteilen, wie das mehrfach versucht wird. Daran schuld ist die große Veränderlichkeit des Flachses gegen äußere Bedingungen, wofür einige Beispiele angeführt seien:

Tabelle 5. Pflanzenhöhe von Holländer Flachs (weißblühend) bei verschiedener Aussaatstärke[1].

Kornzahl pro m²	Pflanzenhöhe im Mittel cm
3000	48
2500	53
2000	53
1500	60
1000	72

Tabelle 6. Pflanzenhöhe von Pskower Langflachs bei verschiedener Aussaatstärke, nach Sotschaff.

Aussaatdichte	cm Pflanzenhöhe		
	im Mittel	maximal	minimal
mitteldicht	29,07	52,5	**12,5**
dünn	36,90	62,5	17,5
sehr dünn	81,15	**117,5**	27,5

Tabelle 7. Pflanzenhöhe von Rigaer Flachs bei verschiedenem Boden und Aussaatstärke, nach Tammes.

Aussaat	Medianer Wert	Maximum cm	Minimum cm
Fetter Boden, dichtstehend	75,9	101	48
Magerer Boden, dichtstehend	61,4	90	**34**
Fetter Boden, weitstehend .	121,7	**149**	79
Magerer Boden, weitstehend	91,5	133	35

5 4 3 2 1

Abb. 21. Ölleine, erntereif. Angebaut in Sorau.
1 = Deutscher, *2* = Marokkaner, *3* = Sizilianer, *4* = Indischer, *5* = La Plata.

Man sieht aus diesen Beispielen zur Genüge, wie außerordentlich variabel die Pflanzenhöhe unter verschiedenen Bedingungen bei den Faser-

[1] Sorauer Versuchsfeld 1927, sandiger Boden.

leinen ist. Ganz allgemein ergibt sich, daß weiter Standraum, verbunden mit guter Ernährung, die höchsten Pflanzen hervorbringt. Die gleichen Ergebnisse erhielt ich, wenn ich statt der Handelsherkünfte mit gezüchteten Flachsstämmen oder einzelnen reinen Linien arbeitete, bei Faser- und Ölleinen. Besonders die ganz hochstengligen Formen sind sehr empfindlich. Unter diesen Umständen erscheint die Aufstellung von botanischen Formen nach Pflanzenhöhe von fraglichem Werte; getrocknete Herbariumsexemplare oder lebend einmalig beobachtete Pflanzen erlauben kein sicheres Urteil. Mit Angaben wie Linum regale[1], Königslein, 80 cm hoch nach Alefeld (1866), 100 bis 120 cm hoch nach Scheidweiler (1853), 100 bis 125 cm hoch nach Hegi (1927) ist deshalb wenig genützt. Nötig ist längere Beobachtung und Kultur der Nachkommenschaft. Solche Versuche zeigen uns dann, mit genaueren Zahlen, daß es wirklich erbliche Formen gibt, die eine bestimmte maximale Höhe nicht überschreiten können. Wollte man auf diese Weise versuchen, Formen nach Pflanzenhöhe zu trennen, so könnte man etwa unterscheiden: brevicaule = kurzstenglig (20 bis 60 cm), longicaule = langstenglig (90 bis 150 cm), und dazwischen liegende mittellange Formen intermedium (60 bis 90 cm). Diese Zahlengrenzen entbehren natürlich nicht einer gewissen Willkür. Ebensogut könnte man diejenigen Formen, die befähigt sind die maximale Länge von 150 cm zu erreichen, als f. altissimum abtrennen.

Abb. 22. Faserlein.
a = bei dichter Feldsaat, b = bei Einzelkultur in Stallmist.

Mit der Pflanzenhöhe steht in einer gewissen Beziehung die Grundverzweigung, d. h. das Auftreten ein- oder mehrstengliger Formen. Für die wirtschaftliche Nutzung ist das Verhalten des Stengels von großer Wichtigkeit, indem die Textilindustrie möglichst einstenglige, unverzweigte Pflanzen verlangt, während es für Zwecke der Ölgewinnung darauf nicht ankommt. Nun zeigt sich im allgemeinen, daß die langstengligen Faserleine in der üblichen Feldkultur einstenglig sind, die kürzeren Ölleine dagegen viel mehr verzweigte Pflanzen liefern. Diese Beziehung verliert aber sofort an Bedeutung, wenn wir die äußeren Bedingungen, insbesondere die Standraumweite variieren. Eine genügend dichte Aussaat kann auch aus sonst mehrstengligen großsamigen Ölleinen schlanke, einstenglige Pflanzen hervorbringen, und umgekehrt können sonst unverzweigte hohe Faserleine bei größerem Pflanzenabstand durchaus mehrere Stengel bilden, wie das eingangs schon betont wurde. Dieses Verhalten der hohen Faserleine wirkt weniger auffällig, wenn wir uns daran erinnern, daß wir Kulturformen vor uns haben, die doch letzten Endes auf mehrstenglige verzweigte wilde Stammformen zurückgehen, und daß die übliche Dichtsaat

[1] Die Blütenfarbe wird bald als weiß, bald als blau, bald als weiß und blau angegeben!

der Feldkulturen[1] recht unnatürliche Bedingungen schafft. Wenn wir z. B. 3000 Samen auf 1 m^2 Fläche aussäen, so bewirken wir, physiologisch gesprochen, unter anderem ein „Etiolement", hervorgerufen durch die starke gegenseitige Beschattung der dicht stehenden Pflanzen: die Folge sind feinstenglige und gänzlich unverzweigte Pflanzen. Dieselbe Faserleinsaat aber bringt unter natürlicheren Bedingungen (guter Boden, Belichtung, Wasserzufuhr, genügender Standraum) kräftig verzweigte Pflanzen hervor, d. h. die „wahre Natur" der Form gibt sich erst unter physiologisch günstigen Bedingungen zu erkennen. Gibt es überhaupt Flachsformen, die unter allen Umständen völlig unverzweigt bleiben[2]? Man ist leicht geneigt, diese für die botanische Formentrennung und für die Textilindustrie interessante Frage zu bejahen, wenn man sich das Bild der hochstengligen Faserleine vorstellt, wie es uns der landwirtschaftliche Massenanbau oder die Kultur von Eliten im Zuchtbetrieb bietet. Ich bin jedoch auf Grund eines großen Materiales eher geneigt, die Frage zu verneinen, da selbst die besten einstengligen reinen Linien bei fortgesetzter Kultur und Beobachtung doch immer wieder einzelne Exemplare mit wenn auch schwachem Ansatz zu Grundverzweigung zeigen[3]. Sicher ist, daß die „Neigung" zur Verzweigung unter den hochstengligen kleinsamigen Formen recht verschieden ist: manche Formen reagieren stark, andere schwächer auf veränderte Außenbedingungen. Ich glaube, daß letzten Endes dieser Unterschied in der Grundverzweigung mehr gradueller Art (stärkere bis schwächere Reaktionsfähigkeit) als prinzipieller Art (verzweigt oder unverzweigt)

Abb. 23. Links Form multicaule, rechts paucicaule.

[1] Zahlen darüber vgl. S. 174.
[2] Beschädigungen scheiden hier natürlich aus; sie verursachen reichliche Verzweigung.
[3] Besonders bei reichlicher Bewässerung gegen Ende der Vegetationszeit.

sein dürfte. Je näher eine Form der wilden Stammpflanze steht, desto größer ist die Neigung zur Verzweigung, im Gegensatz zu hochgezüchteten Kulturrassen. Solche Extreme zeigen uns z. B. die kürzeren abessinischen oder argentinischen Ölleine auf der einen Seite, die Faserflachszüchtungen irischer IWS-Flachs, Eckendorfer Langflachs, Sorauer Feinflachs auf der anderen Seite. Berücksichtigt man dies Verhalten, so können wir die beiden Formgruppen multicaule (Neigung zu starker Grundverzweigung) und paucicaule (Neigung zu schwacher Grundverzweigung, in Feldkultur meist einstenglig) unterscheiden.

Als letztes morphologisches Stengelmerkmal kommt die Verästelung oberwärts in Betracht. In der Zahl der gebildeten Seitenäste, in der Höhe, wo sie am Stengel ansetzen, und in der Form der Verästelung zeigen sich Unterschiede[1]. Vergleicht man zunächst feldmäßig angebaute Ölleine mit ebensolchen Faserleinen, so erweisen sich erstere viel stärker verästelt als letztere; damit zusammenhängend liefern die Ölleine mehr Kapseln und Samen als die Faserleine[2]. Aber auch hier spielen die Wachstumsbedingungen, besonders die Standweite, eine sehr große Rolle.

Tabelle 8. Kapselzahlen von Pskower Langflachs bei verschiedener Aussaatdichte, nach Sotschaff.

Kapselzahl pro Pflanze	Aussaatdichte				
	sehr dicht	dicht	mittelmäßig	dünn	sehr dünn
Im Mittel	3,93 ± 0,28	17,21 ± 0,76	27,28 ± 1,19	66,03 ± 2,37	98,60 ± 4,09
Maximum	12,5	32,5	52,5	107,5	142,5
Minimum	2,5	7,5	12,5	37,5	52,5

Tabelle 9. Kapselzahlen von Rigaer Flachs bei verschiedenem Boden und Aussaatdichte, nach Tammes.

Kapselzahl pro Pflanze	Fetter Boden, dichtstehend	Magerer Boden, dichtstehend	Fetter Boden, weitstehend	Magerer Boden, weitstehend
Medianer Wert	1,17	1,03	114,5	34,5
Maximum	8	4	270	93
Minimum	1	1	24	1

Man sieht aus Tabelle 8 und 9 deutlich, daß insbesondere die Standweite der Pflanzen die Kapselzahl und somit die Zahl der Seitenäste stark beeinflußt. Stellt man derartige Versuche anstatt mit Saatherkünften nunmehr mit den Nachkommenschaften einzelner Pflanzen an, so erhält man grundsätzlich gleiche Ergebnisse[3]; auch unverästelte, nur eine Endkapsel tragende Pflanzen aus einem Feldbestand zeigen dann bei größerer Standweite stärkere Verästelung. Vollständig unverästelte Formen kommen so nicht vor, wohl aber zeigen sich graduelle Unterschiede, Neigung zu schwächerer oder stärkerer Verästelung, bei den einzelnen Formen. Vornehmlich unter den hochstengligen Formen finden sich erbliche Rassen, die, auch bei Weitstand, relativ wenig Seitenäste ausbilden, während sich die extremen Gegensätze leicht aus kurzstengligen Ölleinen isolieren lassen. Standort auf nährstoffarmen Sandböden ohne genügende Wasserversorgung bewirkt bei Faser- wie auch Ölleinen Kümmerformen mit nur einer Kapsel: das Merkmal „unverästelt" wird hier nur vorgetäuscht. Beachtet man diese Einschränkungen, so können wir die Formengruppe ramosum (schwach verästelt) und ramosissimum (stark verästelt) unterscheiden.

[1] Vgl. auch S. 111. [2] Ertragszahlen vgl. S. 180.
[3] Nur sind hier die Abweichungen vom jeweiligen Mittelwert viel geringer.

Ganz ähnlich wie für die Zahl der Seitenäste liegen die Verhältnisse auch für die Höhe, in der sie am Stengel entspringen. Auch hierbei finden wir meist unter den langstengligen Pflanzen Formen, deren Verästelung erst im letzten Viertel oder Fünftel des Stengels ansetzt, andere, vorzugsweise unter den kürzeren Pflanzen, wo der Stengel bis tief unterwärts verästelt ist. Bezeichnen wir die Strecke vom Ansatz der Keimblätter bis zur ersten Verästelung als „Stengellänge“, darin früheren Autoren folgend, so gilt für diese Stengellänge, daß sie für die technologische Ausnutzung auf Bastfaser recht groß sein soll: tief verästelte Pflanzen sind unerwünscht, sehr tief verästelte sogar unbrauchbar für Langfasergewinnung. Demgemäß zeigen die kultivierten Faserleinsorten große Stengellänge; befreit man nun solche Pflanzen aus dem Dichtstand der Felder, indem man ihre Samen einzeln kultiviert, so wird im allgemeinen mit zunehmender Standweite die Stengellänge prozentual geringer[1]. Dabei treten wieder verschiedene konstante Formen auf, solche, die mit tieferer Verästelung reagieren, andere, die eine relativ hochansetzende Verästelung hartnäckig festhalten. Insofern ist man also berechtigt zwischen „tiefverästelt“ und „hochverästelt“ zu unterscheiden. Die Art der Verästelung selbst kann fächerförmig sein, d. h. die einzelnen Äste liegen fast in einer Ebene, oder kegelförmig, d. h. die Seitenäste zweigen ringsum vom Stengel in verschiedener Richtung ab und die Gestalt der ganzen Verästelung ist ein Kegel. Es scheint das nicht nur auf Standraumweite, sondern teilweise auch auf erblicher Veranlagung zu beruhen.

Überblicken wir jetzt kurz unsere bisherigen Ausführungen über die verschiedenen Formmerkmale, so läßt sich sagen, daß die Gruppe des einjährigen Schließleins wirklich einen fast unübersehbaren Formenreichtum aufweist. In Tabelle 10 sind noch einmal die hauptsächlichsten Unterschiede nebeneinandergestellt: wenn man sich vergegenwärtigt, daß die meisten (nicht alle!) dieser Formunterschiede sich wahllos miteinander kombinieren können[2], so kommt eine sehr große Zahl der möglichen Kombinationen heraus[3]! Dabei sind weitere Formunterschiede anderer Art, wie Früh- oder Spätreife, starker oder schwacher Wachsüberzug, verholzte oder unverholzte Bastfasern, hoher oder niedriger Ölgehalt usw. noch nicht berücksichtigt. Auf Grund dieser genaueren Betrachtung muß das, was bisher von botanisch-systematischer Seite an Flachsformen aufgestellt wurde, als reichlich unzulänglich erscheinen, und es wirkt fast befremdlich, wenn sich in der Textilliteratur fast einzig und allein der „Königslein“, Linum regale[4], immer wieder angeführt findet mit seinen vagen Merkmalen 80 bis 125 cm hoch, Blüte blau oder weiß. Auch der Versuch von Alefeld (1866), der zehn Formen des Schließleins unterschied, ist unzulänglich geblieben. Alefeld unterschied die beiden Hauptvarietäten weißblütig (Linum album) und blaublütig (Linum coeruleum); die rosa oder violett blühenden Formen waren ihm unbekannt. Er kannte ferner als Samenfarbe nur normalbraun und gelblichbraun (L. flavescens), nicht die anderen Grundfarben Grün und Gelb nebst den so zahlreichen Zwischenfarben; seine kürzeste Form, L. humile, hat 27 bis 29 cm Länge (Herbarmaterial!), seine längsten, L. regale, arvense und flavescens, 80 cm Länge; kleinblütigen Lein, L. parviflorum, und großblütigen, L. grandiflorum, kennt er nur blau-, nicht weißblühend usw. — Von weiterhin früher beschriebenen Formen seien ge-

---

[1] Zahlenbeispiele vgl. S. 110. [2] Genetik vgl. S. 186ff.

[3] Howard und Abdur Rahman Khan (1924) unterscheiden an indischen Ölleinen allein 121 Typen.

[4] Vgl. S. 77. — Bei Hehn (1911, S. 186) wird sogar Königslein und Winterlein durcheinander geworfen. — In der technologischen Literatur wird der Königslein z. T. als eigene Spezies hingestellt! Vgl. auch Schilling in Deutsch. Leinenindustrielle 1929, S. 835.

nannt: L. gracile Schur, Stengel zart, Blüten kleiner, Früchte ziemlich groß, L. elatum Schur hoch, etwas ästig, Blätter, Blüten und Früchte kleiner, Samen dunkler als beim Typus; L. leucanthemum Maly, Blüten weiß[1]. — Eine genauere Formentrennung ist bei unserer alten Kulturpflanze gewiß nicht einfach, ich glaube aber, daß wir hier einen guten Schritt weiter kämen an der Hand der in Tabelle 10 unterschiedenen Hauptmerkmale. Gegenüber den bisherigen unvollständigen und unzureichenden Versuchen, so verdienstvoll sie an sich sind, ist jedenfalls eine Klarstellung im Interesse von Wissenschaft und Industrie angebracht.

Nachdem wir nun die verschiedenen Gruppen und Formen des Flachses besprochen haben, wollen wir kurz auf die eingangs berührte Frage nach seiner **Abstammung** eingehen. Wenn auch darüber, wie bei so manchen Kulturpflanzen, noch keine völlige Gewißheit herrscht, so deutet doch alles darauf hin, daß wir in dem schmalblättrigen Lein, L. angustifolium, oder einer diesem nahestehenden Art die ursprüngliche Stammpflanze zu suchen haben. Zunächst steht fest, daß unser Kulturflachs, entgegen früheren Angaben[2], nirgendwo wirklich wild gefunden worden ist. Dafür spricht ja auch das Geschlossen-

Tabelle 10. Flachsformen der Gruppe typicum.

Vegetative Organe		Fruktifikationsorgane		
Stengel	Laubblätter	Blüte	Frucht	Samen
Höhe	Größe	Größe	Größe	Größe
niedrig (brevicaule) mittellang (intermedium) hoch (longicaule) sehr hoch (altissimum)	klein (parvifolium) groß (grandifolium)	klein (parviflorum) groß (grandiflorum)	klein (microcarpum) groß (macrocarpum)	klein (microspermum) groß (macrospermum)
Grundverzweigung	Farbe	Farbe	Form	Farbe
schwach (paucicaule) stark (multicaule)	hellgrün dunkelgrün graugrün	weiß (album) rosa (roseum) violett (violaceum) blau (coeruleum)	kugelig (globosum) abgeplattet (depressum) lang (conicum)	braun (phaeospermum) grün (chlorospermum) gelb (xanthospermum)
obere Verästelung	Form	Form		Form
schwach (ramosum) stark (ramosissimum)	sehr breit = latifolium sehr schmal = tenuifolium schmal-lanzettlich (typische Form) = eufolium	kreisförmig (orbiculatum) sternförmig (stellatum) kraus (crispum)		oval (euspermum) langschmal (stenospermum) kurzbreit (brachyspermum)
		Staubbeutel		
		blau gelb		

[1] L. americanum album. Soll angeblich „die Höhe des Königsleins" erreichen.

[2] de Candolle, A.: L'Origine des plantes cultivées. 1886.

bleiben der Kapselfrüchte, das ein eigenes Fortkommen der Pflanze hintanhält; und auch die hohe, spärlich verzweigte Wuchsform gerade der typischen Faserleine ist im Sinne der Arterhaltung und Weiterverbreitung als unzweckmäßig anzusehen. Man darf also annehmen, daß der Schließlein im Zustande der Domestifikation durch Auslese von menschlicher Hand entstanden ist. Bei der anderen Form aber, dem Springlein, der mit seinen offenspringenden Kapseln die Samen frei läßt, spricht nichts dagegen, daß er sich nicht aus eigener Kraft erhalten könnte, wenigstens in den klimatisch günstigen Gebieten, wo er genug Wärme vorfindet[1]; er steht offenbar der Stammpflanze viel näher. Nun macht Wettstein[2] darauf aufmerksam, daß sich bei L. usitatissimum noch heute Merkmale finden, die auf eine perennierende ausdauernde Stammform schließen lassen: die regelmäßige Anlage von Seitenachsen in den Achseln der Keimblätter, die Neigung zur Ausbildung von Erneuerungssprossen in den Achseln der unteren Laubblätter, die Möglichkeit, experimentell durch Zurückschneiden der Blütensprosse die Lebensdauer zu verlängern[3]. Machen wir uns nun daraufhin ein Bild von der Stammpflanze, so können wir sagen: die ursprüngliche Stammpflanze war sehr wahrscheinlich ausdauernd, hatte aufspringende Kapseln, mehrere niedrige Stengel und kam südlich oder südöstlich von Europa vor. Eine derartige Pflanze stellt nun am besten das im ganzen Mediterrangebiet vorkommende L. angustifolium vor, das bereits S. 56 geschildert wurde, und so sehen denn alte und neue Untersucher, wie Heer (1866), Wettstein[2], Tammes (1922), hierin die Ursprungspflanze. In der Tat sprechen auch weitere Argumente dafür: Schließlein und schmalblättriger Lein sind beide, im Gegensatz zu den meisten anderen Arten, homostyl, d. h. es kommen nur Pflanzen mit gleichlangen Griffeln und Staubgefäßen vor; beide besitzen die gleiche Chromosomenzahl, diploid 32 (Martzenitzina 1927)[4]; beide lassen sich ohne Schwierigkeit miteinander bastardieren; beide stimmen, trotz phänotypisch großer Verschiedenheit, im Genotypus der Blütenfarbe überein (Tammes 1922).

Letzten Endes sind auch die Unterschiede in der Wuchsform nicht so groß und entscheidend, wie meist angenommen wird. Ich möchte da noch einmal besonderen Wert legen auf die vorhin geschilderte Reaktionsfähigkeit der Schließleine unter natürlicheren Standraumbedingungen mehrere bis viele Stengel und starke Verästelung auszubilden; säen wir umgekehrt L. angustifolium sehr dicht, so erhalten wir, ähnlich wie bei den Faserleinen, Pflanzen, die nur wenige oder gar keine Grundverzweigung zeigen. Wir können so Schließleine erhalten, die viel buschiger und verzweigter sind als Pflanzen des schmalblättrigen Leins. Auch die Ein- oder Mehrjährigkeit bildet nur einen Unterschied mit unsicheren Grenzen: L. angustifolium kann sehr wohl auch einjährig sein[5], umgekehrt zeigt die Schließleingruppe bienne und die Gruppe typicum, letztere wenigstens experimentell, Anklänge an Mehrjährigkeit. Bei dieser Sachlage sollte man annehmen dürfen, daß Zwischenformen zwischen schmalblättrigem und Schließlein auftreten. In der Tat glaubt man solche gefunden zu haben: Heer (1872, S. 22) führt deren zwei an, eine kultivierte Form, nämlich den in Treviso angebauten römischen Winterlein, und eine wilde

---

[1] Man sollte einmal prüfen, ob sich beim Springlein experimentell die Lebensdauer verlängern läßt.

[2] In Wiesner: Rohstoffe, 3. Aufl. 1914, S. 277. [3] Vgl. auch S. 64.

[4] während L. perenne und austriacum 18, flavum 30, grandiflorum 16 bzw. 17, catharticum 32 Chromosomen diploid haben. Bei Tammes (1922) wird 30 für L. usitatissimum und angustifolium angegeben, doch sind nach Emme und Schepeljewa (1927) Flachsrassen mit 30 Chromosomen nur selten, typisch ist die Zahl 32.

[5] Heer (1872), Tammes (1922).

Form, Linum ambiguum Jordan, in Südfrankreich vorkommend, die er selbst kultivierte und genau beschrieb. Bei Ascherson-Graebner[1] wird die Frage offen gelassen, ob L. ambiguum ein Bastard ist oder eine zurückgeschlagene Form des Schließleins. Künstliche Kreuzung zwischen recht verschiedenen Formen des Schließleins und des schmalblättrigen Leins könnten uns für diese und die ganze Frage der Abstammung wertvolle Aufschlüsse geben! Jedenfalls dürfen wir auch jetzt schon mit ziemlichem Recht annehmen, daß irgendwann einmal L. angustifolium in Anbau genommen wurde und daß sich daraus unsere heutigen Flachstypen entwickelt haben, wahrscheinlich zuerst der Springlein, der ja durch das Aufspringen der Kapsel L. angustifolium näher steht als der Schließlein; in Erwägung zu ziehen ist auch noch der bereits eingangs erwähnte Formenreichtum des L. angustifolium, denn es könnten sehr wohl die so verschiedenen Formen des Schließleins von verschiedenen Formen des L. angustifolium abstammen, wobei mir die S. 56 erwähnte, bis 1 m hohe Form imperforatum maximum Freyn besonders beachtenswert erscheint.

Über die Frage, wann und wo wir den Ursprung unseres Flachses zu suchen haben, sind widersprechende Vermutungen aufgestellt worden, die wir hier im einzelnen nicht besprechen können[2]. Fest steht aber, daß bereits in sehr alter Zeit und an verschiedenen Orten Flachs kultiviert wurde, so in Ägypten schon um 2200 v. Chr.[3], wahrscheinlich sogar in zwei (oder noch mehr) Varietäten des einjährigen Leins. In Europa sind aus dem Neolithicum bis in die germanische und slawische Zeit hinein zahlreiche Leinfunde gemacht worden, aber wohl noch unsicher in der Artbestimmung. Möglicherweise kam es, ganz unabhängig von der ägyptischen Leinkultur, in Mitteleuropa zu einer eigenen Leinkultur, vertreten durch dem L. angustifolium näher stehende Formen, die dann später durch die besseren Schließleinformen aus Ägypten verdrängt wurden[4]. Neuerdings nimmt Vavilov (1926) zwei Ursprungszentren für die Flachspflanze an: eins in Südostasien für die kleinsamigen, ein anderes in Nordafrika oder im Mittelmeergebiet für die großsamigen Formen (Ölleine). Den größten Reichtum an Varietäten weist nach ihm das indische Gebiet auf. Eine besondere Rolle hat bei der Diskussion über die Abstammungsfrage seit längerer Zeit der sogenannte „Pfahlbautenlein“ gespielt. Man hat nämlich unter den Pfahlbaurelikten in der Schweiz aus der jüngeren Steinzeit (dort bis etwa 2000 v. Chr. reichend) zahlreiche Gespinste, Gewebe, Samen, Früchte und Stengelteile eines Leins gefunden, ein interessantes Zeichen für eine sehr frühzeitig in Europa bestehende Flachskultur. Der erste Untersucher, Heer (1872), bestimmte diesen Lein als L. angustifolium, unsere vorhin genannte Stammpflanze des heutigen Kulturleins. Das war aber nicht richtig, denn Wettstein (a. a. O.) fand bei der Nachprüfung, daß der Pfahlbautenlein geschlossene Früchte hatte, also nicht mit L. angustifolium identisch sein konnte; Wettstein erklärte infolgedessen den Pfahlbautenlein geradezu als unseren gewöhnlichen Schließlein. Diese Ansicht lehnt Neuweiler[5] ab und sagt, daß der Pfahlbautenlein dem L. austriacum am nächsten stünde. Zu einer ganz anderen Ansicht kommt wieder Gentner (1921): der schweizerische Pfahlbautenlein stimmt überein mit dem heute noch in den Alpengegenden angebauten Winterlein, von dem er sich nur durch die etwas kleineren Samen und Kapseln unterscheidet. Nicht ausgeschlossen ist nach Gentner weiter, daß L. ambiguum Jordan aus dem kultivierten Pfahl-

---

[1] Synopsis 1914, S. 217.

[2] Vgl. Hehn (1911); Schweinfurth in Ber. dtsch. bot. Ges. 1883 u. 1884.

[3] Körnicke, Fr.: Ber. dtsch. bot. Ges. 1888, S. 380—384.

[4] Vgl. dagegen Wettstein (a. a. O.).

[5] Die prähistorischen Pflanzenreste Mitteleuropas. Zürich 1905. Die Pflanzenreste aus den Pfahlbauten. Zürich 1919.

bautenlein verwilderte und sich bis heute in wildem Zustande erhielt. — Wie man schon aus diesen kurzen Ausführungen sieht, ist die Frage nach Ursprung und Verbreitung der Flachskultur noch recht ungeklärt, weil man vielfach mehr auf Vermutungen und Wahrscheinlichkeitsschlüsse als auf Tatsachen angewiesen ist. Der Umstand, daß die Flachspflanze zwei Verwendungsmöglichkeiten bietet — die öl- und eiweißreichen Samen für menschliche Nahrung und Futterzwecke, die Stengelfaser für Kleidung oder sonstige Gespinste — läßt eine sehr alte Kultur gegeben erscheinen, erleichtert aber die Nachforschungen keineswegs.

3. Morphologie (äußere Gestalt).

Der Leinsame.

Über Länge, Breite, Dicke, Gewicht, Form und Farbe des Samens ist bereits vorhin das Wesentlichste mitgeteilt. Die Oberfläche normaler Saaten ist glänzend und glatt, so daß aufgeschüttete Leinsaat leicht „fließt", während glanzlose, stumpfe oder mißfarbene fleckige Saat auf Pilzbefall und verminderten Gebrauchswert schließen läßt. Kreideweiße Flecken können durch Stärkeanhäufung in der Parenchymschicht der Samenschale verursacht werden (Schilling 1922). Manchmal kommen auch „gescheckte" Körner vor, teils braun, teils gelb gefärbt, indem in der Pigmentschicht der braune Farbstoff nur lokal ausgebildet wurde.

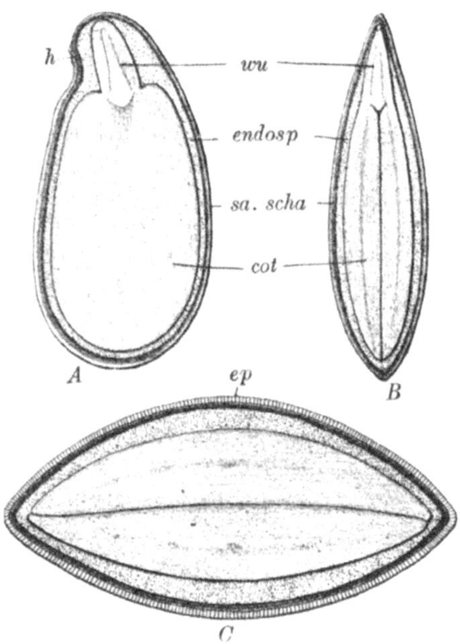

Abb. 24. Leinsame, durchschnitten.
A = längs parallel der Breitseite, *B* = parallel der Schmalseite, *C* = quer.
ep = Epidermis; *sa. scha.* = Samenschale; *endosp* = Endosperm; *cot* = Keimblatt; *h* = Nabel; *wu* = Wurzelanlage. Vergr. *A* u. *B* 10 mal, *C* 22 mal Nach Gilg.

Der Inhalt besteht der Hauptmasse nach aus den beiden stark entwickelten Keimblättern. Anatomisch können wir im Bau des Samens unterscheiden: außen die dünne spröde Samenschale (testa), die ihrerseits aus fünf verschiedenen Schichten besteht (Schleimepidermis, Parenchym, Steinzellen, zusammengepreßtes Parenchym, Pigmentschicht), dann das schwach entwickelte Keimnährgewebe (Endosperm) und schließlich den Keimling (Embryo). Die Schleimschicht der Samen quillt bei Wasserzutritt stark auf[1], so daß der Leinsame zur Durchführung von wäßrigen Tauchbeizen nicht geeignet ist; der Schleim selbst findet mannigfache Verwertung (vgl. S. 206). Die Steinzellschicht schützt das Sameninnere im allgemeinen vor dem Eindringen schädlicher Mikroorganismen, doch kommen auch innerlich infizierte Samen vor (Colletotrichum, Fusarium). Die Pigmentschicht verursacht durch ihren braunen Farbstoff, der in Wasser und Alkohol unlöslich ist und den Gerbstoffen

[1] Die relativ hohe Viskosität des Schleimes wird durch Mineralsalze (NaCl, KCl, $NaNO_3$, KNO_3, K_2SO_4 usw.) herabgesetzt. Vgl. Dunin und Schemjakin in Kolloid-Z. 1928, 45, S. 146—152.

nahe steht, die bekannte Braunfärbung der Leinsaat; wird kein Farbstoff ausgebildet, so schimmern die Keimblätter durch und der Same erscheint heller oder dunkler gelb oder grün gefärbt, je nach der Färbung der Keimblätter. Für die Erkennung des Leinkuchenmehles ist diese Pigmentschicht besonders gut geeignet. Die Keimblätter führen in ihrem Parenchymgewebe Ölplasma und Aleuronkörner nebst Eiweißkristalloiden, worauf die technische Ausnutzung auf Leinöl und der hohe Futterwert der Leinsamen bzw. Leinkuchen beruht (vgl. S. 205).

Chemisch betrachtet liefert der Same etwa 2,5 bis 8% Aschengehalt mit folgender Zusammensetzung (A. Herzog 1918, S. 31): Phosphorsäure 44%, Kaliumoxyd 28,41%, Magnesiumoxyd 13,1%, Kalziumoxyd 8,62%, Eisen- und Aluminiumoxyd 3,12%, Natriumoxyd 1,25%, Kieselsäure 0,62%, Schwefelsäure 0,15%, Manganoxyd 0,1%, Chlor 0,08%. — Der Feuchtigkeitsgehalt der Samen[1] schwankt ziemlich (etwa 3,5 bis 9%), da Reifegrad, Erntewetter, Aufbewahrung hierbei eine Rolle spielen; zu beachten ist, daß Leinsamen infolge ihrer wasserabsorbierenden Schleimschicht hygroskopisch sind. — An organischen Stoffen[2] sind im Eiweiß das Samens nachgewiesen worden: Protein, Edestin, kristallisiertes Globulin, ein Albumin, wenig Proteosen und Peptone, ferner Lezithin. Phytosterin ist durch Digitoninlösung mikrochemisch gut nachweisbar[3]. Über das Öl vgl. S. 205. An Enzymen finden sich Lipase, Protease und ein glykosidspaltendes Enzym, welches das Glykosid Linamarin in Dextrose, Blausäure und Azeton spaltet Das Vorkommen von Blausäure kann gelegentlich zu Vergiftungen oder Schädigungen beim Verfüttern führen[4].

Die Keimpflanze.

Bei genügender Wasserzufuhr und Temperatur (Minimum etwa 6, Optimum etwa 20 Grad) schreitet der Leinsame zur Keimung, indem sich die Samenschale am schmäleren spitzeren Ende (Nabel) öffnet und zunächst die schnell wachsende Keimwurzel entläßt. Diese krümmt sich, da der flache Same die Wurzelachse in der Regel in horizontale Lage bringt, gleich darauf senkrecht nach unten (positiv geotropisch). Der Längenzuwachs geht sehr rasch von statten, wie Tabelle 11 zeigt.

Tabelle 11. Wachstumsgeschwindigkeit der Keimwurzeln[5] bei verschiedenen reinen Linien.

Flachslinie	Höhe der reifen Pflanzen	1000-Korngewicht	mm Wurzellänge nach Stunden						
			24	36	48	60	72	84	96
Faserlein Wp 700	90 cm	5,04	1,74	5,16	11,57	16,30	18,96	22,32	23,62
Öllein Si 601	58 „	10,31	1,97	6,14	9,89	13,25	15,70	17,34	21,79
Bastard daraus, F_9	65 „	6,88	2,61	7,30	14,12	20,09	24,47	29,25	32,79
Springlein 18	58 „	5,50	1,49	6,28	10,21	15,54	21,80	27,67	32,11
Winterlein 1	65 „	4,10	1,50	5,94	9,62	14,58	21,37	26,58	30,54
Öllein Cy 603	48 „	10,0	1,70	6,36	8,82	12,92	16,65	20,75	23,46
Faserlein Na 1	96 „	4,50	1,76	6,03	11,67	17,27	21,76	25,86	27,32

Große Unterschiede waren bei der gewählten Versuchsanstellung im allgemeinen nicht festzustellen, dagegen fand ich die interessante Tatsache, daß

[1] Vgl. hierzu auch Coleman und Fellows in Cereal. Chem. 1925, 2, S. 275—287.
[2] Vgl. u. a. Osborne und Campbell in J. Am. Chem. Soc. Bd. 18, S. 609. 1896.
[3] Brunswik in Z. f. wiss. Mikrosk. 1922, 39, S. 316—321.
[4] Betr. Blausäure vgl. Kohn-Abrest in Ann. des Falsifications 1920, 13, S. 482.
[5] Mittel aus je 10 Messungen. Keimung in Petrischalen mit feuchtem Fließpapier bei 20° C, verdunkelt, Schalen schräg gestellt (45°).

Bastarde von Faser- × Ölleinen, die sich auch sonst durch ein sehr freudiges Wachstum auszeichnen, stets schnelleres Wurzelwachstum haben als die zugehörigen Eltern. — Dann werden die beiden Keimblätter (selten sind es auch

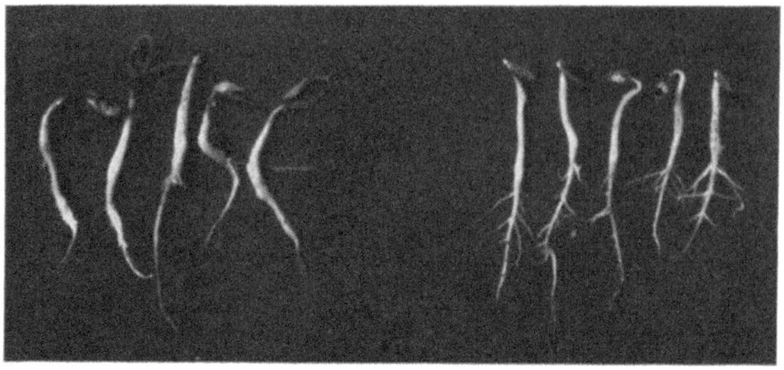

Abb. 25. Bewurzelung der Keimlinge.
Rechts: Eckendorfer Faserflachs, links: Marokkaner Öllein.

drei) aus der Samenschale herausgezogen, die Keimblattachse streckt sich aufwärts, die anfangs noch zusammengefalteten, blassen gelblichen Keimblätter entfalten sich und ergrünen schnell. Die Samenschale klebt infolge des Schleimes im Erdboden fest oder bleibt auch wohl an einem Keimblatt hängen. Bei Pilzbefall (Fusarium, Colletotrichum) bleiben die Keimblätter oft von der Samenschale umschlossen und sterben ab. An gesunden Pflanzen wachsen die Keimblätter noch einige Zeit, bis sie ihre endgültige Größe erreicht haben, sie bleiben dann auch an der erwachsenen Pflanze mehrere Wochen hindurch erhalten. Für die junge Keimpflanze sind sie als Assimilationsorgane von großer Wichtigkeit, da dringend Baustoffe für die rasche Wurzelbildung gebraucht werden. Wie aus Tabelle 12 hervorgeht, übertrifft in den ersten 3 bis 4 Wochen die Wurzel den oberirdischen Teil sehr erheblich.

Abb. 26. Keimpflanzen von Faserlein, 11 Tage alt.

Tabelle 12.
Wurzel- und Sproßwachstum junger Leinpflanzen nach W. Hoffmann (1928).

Tage nach der Saat	Länge in cm		
	Wurzel	Hypokotyl	Sproß
12	15,43	3,51	0,47
19	26,15	3,16	3,64
25	30,05	3,16	11,23
32	34,63	3,12	26,64

Zwischen den Keimblättern zeigt sich die junge Triebspitze, aus der sich dann der Stengel entwickelt. In diesem jungen Stadium vermag der Lein Nachtfröste bis zu etwa —3,5° C auszuhalten, ist im übrigen aber gegen Beschädigungen (Erdflöhe, Hagel) recht empfindlich. Zerstörung der Triebspitze kann zum Absterben oder zur Ausbildung mehrerer Stengel führen, indem Achselknospen austreiben oder Neuanlagen direkt am Hypokotyl entstehen — beides für die technologische Ausnutzung auf Faser unerwünscht. Das Hypokotyl erreicht eine Länge von etwa 2 bis 4 cm, wobei äußere Bedingungen und Leinsorte eine Rolle spielen. Eine allzu starke Streckung, wie sie z. B. infolge Beschattung oder starker Stickstoffgabe eintreten kann, bringt oft lagernden Flachs hervor. Das Hypokotyl ist weißlich oder grün gefärbt, doch gibt es anthozyanhaltige Rassen mit dunkelrot gefärbten Keimblattachsen. Reichliche Wasserversorgung begünstigt eine gute Entwicklung der jungen Pflanze. Falsche Keimung, wobei zuerst die Keimblätter heraustreten und die Ausbildung der Wurzel ± gehemmt wird, tritt ein infolge Pilzbefalls oder mechanischer Beschädigung beim Dreschen der Leinsaat.

Die Wurzel.

Das Wurzelsystem besteht aus einer senkrecht nach unten wachsenden (positiv geotropischen) Pfahlwurzel sowie mehr oder weniger stark ausgebildeten Seitenwurzeln. Die Ausbildung wird durch die physikalische und chemische Zusammensetzung des Bodens sowie die Wasserversorgung beeinflußt. Nach Modestow (1915) liefert Moorboden[1] die längsten Wurzeln, dann in abnehmender Reihenfolge Ton-, Sand-, Lehmboden; die kürzesten Wurzeln wurden in reiner Wasserkultur gebildet, die dafür aber viel umfangreichere Wurzeln ergab. Geringste Bodenfeuchtigkeit (30% Wasserkapazität) erzeugte die kürzesten Wurzeln (bei großer Stengellänge), große Bodenfeuchtigkeit (90%) die längsten (bei gleichzeitig geringer Stengellänge). Arny und Johnson (1928) fanden, daß die Wasserverhältnisse auf die Ausbildung des Wurzelsystems einen größeren Einfluß ausübten als die Bodenbestandteile. Für normale Kulturbedingungen wird im allgemeinen die alte Ansicht richtig sein, daß der Flachs Wurzeln bildet, die etwa so lang sind wie die oberirdische Pflanze; Längen von 60 bis 70 bis 100 cm sind öfters gemessen worden. Das Hauptwachstum der Wurzel erfolgt in der Jugend der Pflanze und weiterhin bis zur Blütezeit; nach der Blüte ist der Zuwachs geringer, doch soll nach Modestow das Längenwachstum ganz gleichmäßig verlaufen, ohne die für das Wachstum der oberirdischen Teile so charakteristische Periode zu zeigen. Wird die Hauptwurzel beschädigt, so werden lange, aber schwächere büschlige Ersatzwurzeln gebildet. Die Seitenwurzeln sind sehr fein und reich verästelt, bleiben aber ziemlich kurz (höchstens etwa 12 cm). Sie entstehen sukzessive von oben nach unten an der Hauptwurzel. Alles in allem wird die

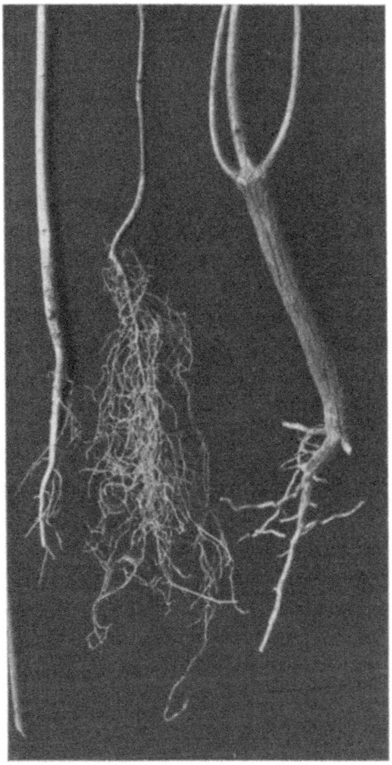

Abb. 27. Verschiedene Bewurzelung geraufter Pflanzen.
Rechts Öllein, links Faserlein, Mitte Faserlein aus lockerem Boden präpariert.

[1] Ausgesprochener Moorboden und ebenso strenger Tonboden sind sonst dem Flachs nicht zuträglich.

durchdringende Kraft der Leinwurzel als ziemlich gering angesehen, sie verlangt zu bestem Gedeihen einen recht gut gelockerten tiefgründigen Boden; auf gegenteilige Beobachtung macht Opitz (1928, S. 80) und W. Hoffmann (1928) aufmerksam.

Technologisch spielt die Wurzel insofern eine Rolle, als sie, da ja der Faserflachs gerauft wird, das Gewicht der nicht fasertechnisch nutzbaren Anteile beträchtlich erhöht. Grobe schwere Wurzeln an gerauftem Faserflachs erniedrigen die Faserausbeute gegenüber Pflanzen mit feinen leichteren Wurzeln. An der aus dem Boden gerauften Pflanze bleibt die Hauptwurzel in einer Länge von etwa 2 bis 6 cm erhalten, wobei Leinsorte und Bodenbeschaffenheit mitspielen (vgl. S. 108). — Die Wurzel der großsamigen Ölleine ist in der Regel gröber als die echter Faserleine. — Die Lebenswichtigkeit der allerfeinsten zarten Wurzelhärchen geht hervor u. a. aus dem Verhalten solcher Pflanzen, die vom Flachsbrand (Asterocystis) befallen sind.

Der Stengel.

Aus der zwischen den beiden Keimblättern liegenden zarten Triebspitze entwickelt sich in rascher Folge der aufrechte, beblätterte, später oberwärts blühende und fruchtende Stengel, in den dicht gesäten Feldkulturen der Faserleine meist in der Einzahl. Daß Einstengligkeit und obere Verästelung weitgehend von den äußeren Kulturbedingungen beeinflußt werden, ist bereits vorhin genauer geschildert worden. Der Flachsstengel verfügt über ein ansehnliches Längenwachstum und große Wachstumsgeschwindigkeit, müssen doch die echten Faserleine ihre endgültige Länge von etwa 80 bis 150 cm innerhalb eines Zeitraumes von etwa 80 bis 110 Tagen erreichen. Die Gewebe in dem Vegetationskegel der Triebspitze differenzieren sich sehr schnell, bereits in 1 mm Entfernung sind Faserbündel, Phloem- und Xylemstränge sichtbar[1]. Die absolute Zunahme der Stengellänge ist im jungen Stadium zunächst gering, erreicht dann, etwa 50 bis 70 Tage nach der Aussaat, eine bedeutende Größe, und wird dann wieder geringer; in der Blütezeit, wenn die jungen Kapseln sich bilden, streckt sich der Stengel nicht mehr[2], während das sekundäre Dickenwachstum auch dann noch einige Zeit fortdauert. Wir haben also im Längenwachstum deutlich eine „große Periode" vor uns.

Tabelle 13 zeigt deutlich, wie ganz allgemein in der ersten Zeit nach der Aussaat das oberirdische Längenwachstum sehr langsam vonstatten geht, so daß es fast stillzustehen scheint, dann aber einem Maximum zustrebt und zum Schluß wieder geringer wird. Im einzelnen sieht man jedoch, daß Unterschiede in der zeitlichen Lage des Maximums bestehen, abhängig von der Leinsorte. Die kürzeren Ölleine wachsen so rasch, daß sie in der ersten Zeit beträchtlich höher sind als gleichalte Faserleine, ihr Maximum liegt früher als bei den Faserleinen. Bei Kreuzungen zwischen solchen Öl- und Faserleinen fand ich, daß das Wachstum der ersten Generation (F_1) sowohl in der absoluten Längenzunahme wie auch im zeitlichen Verlauf die Mitte zwischen den beiden Eltern hält; in den folgenden Generationen treten dann verschiedene, auch den Eltern ähnliche Typen auf: die Anlagen für Länge und Wachstumsphysiologie des Flachsstengels sind erblich verschieden, wovon die Flachszüchtung Gebrauch machen kann. — Die Größe des täglichen Zuwachses ist abhängig von Leinsorte und äußeren Bedingungen (Temperatur, Wasserverhältnisse). Kälte

[1] Die anatomische Entwicklung beschrieben eingehend Tognini (1890), Tammes (1908), Winter (1909).

[2] Die Seitenäste dagegen verlängern sich noch.

Tabelle 13. Längenwachstum reiner Linien von Öl- und Faserflachs[1].

Tage seit der Aussaat	Pflanzenhöhe in cm				Absolute Längenzunahme in cm				Durchschnittliche tägl. Längenzunahme in cm			
	Ölleine		Faserleine		Ölleine		Faserleine		Ölleine		Faserleine	
	Cy 201	Wf 301	Ps 701	Hw 601	Cy 201	Wf 301	Ps 701	Hw 601	Cy 201	Wf 301	Ps 701	Hw 601
15	2,5	1,9	0,5	0,7	0,4	0,6	0,7	1,1	0,02	0,12	0,14	0,22
20	2,9	2,5	1,2	1,8	0,7	0,5	0,5	0,7	0,14	0,1	0,1	0,14
25	3,6	3,0	1,7	2,5	1,3	1,0	0,5	1,1	0,26	0,2	0,1	0,22
30	4,9	4,0	2,2	3,6	3,1	2,0	1,3	1,9	0,62	0,4	0,26	0,39
35	8,0	6,0	3,5	5,5	**4,5**	**4,5**	2,0	1,5	0,90	0,9	0,4	0,3
40	12,5	10,5	5,5	7,0	**4,5**	**5,5**	6,5	8,0	0,90	1,1	1,3	1,6
45	17,0	16,0	12,0	15,0	**12,0**	**7,5**	6,0	5,0	**2,40**	1,5	1,2	1,0
50	29,0	23,5	18,0	20,0	**9,0**	**10,0**	6,0	**8,5**	1,80	**2,0**	1,2	1,7
55	38,0	33,5	24,0	28,5	3,0	3,5	**12,0**	**11,0**	0,60	1,7	2,4	2,2
60	41,0	37,0	36,0	39,5	2,0	4,0	**14,0**	**15,5**	0,40	0,8	2,8	**3,1**
65	43,0	41,0	50,0	55,0	0	3,0	**19,5**	**11,0**	0	0,6	**3,9**	2,2
70	43,0	44,0	69,5	66,0	0	2,5	**16,0**	5,0	0	0,5	3,2	1,0
75	43,0	46,5	85,5	71,0	0	1,5	3,5	9,0	0	0,3	0,7	1,8
80	43,0	47,0	89,0	80,0	0,5	1,0	1,5	2,0	0,1	0,2	0,3	0,4
85	43,5	48,0	90,5	82,0	0,7	1,5	4,0	1,0	0,14	0,3	0,8	0,2
90	44,2	50,5	94,5	83,0	0,3	0,5	0,5	1,0	0,06	0,1	0,1	0,2
95	44,5	51,0	95,0	84,0	0	0	2,0	0	0	0	0,4	0
100	44,5	51,0	97,0	84,0	0	0	0	0	0	0	0	0
105	44,5	51,0	97,0	84,0	0	0	0	0	0	0	0	0
110	44,5	51,0	97,0	84,0	0	0	0	0	0	0	0	0
115	44,5	51,0	97,0	84,0	0	0	0	0	0	0	0	0

und Trockenheit setzen sie herab, Wärme und Feuchtigkeit (Boden und Luft) steigern sie. Ich fand als größten Zuwachs innerhalb 24 Stunden 4 bis 6,5 cm, Tammes (1908) sogar 10 cm, W. Hoffmann (1928) 3,55 bis 4,75 cm. Letzterer untersuchte auch den Einfluß von Temperatur und Niederschlägen genauer. Auf weitere Einzelheiten kann hier nicht eingegangen werden[2].

Im Verlauf der weiteren Entwicklung schreitet der Stengel dann zur Ausbildung von Seitenästen oberwärts. Daß die Höhe des Ansatzes (freie Stengellänge), Zahl der Seitenäste und Form der ganzen Verzweigung weitgehend von Leinsorte und Kulturbedingungen abhängig ist und sehr verschieden ausfallen kann, ist bereits vorher geschildert. Bei unseren dichtgesäten Feldkulturen der Faserleine werden im allgemeinen schlanke, erst hoch oben nicht allzu reichlich verästelte Stengel ausgebildet, wie sie für die Fasergewinnung günstig sind[3]. Die Beblätterung der Stengel ist reichlich, vielfach an der unteren Stengelhälfte etwas stärker als oben. Vielfach sind ferner Ölleine reicher beblättert als Faserleine; so fand ich z. B. an einem argentinischen Öllein im zweiten Drittel des Stengels 68 Blätter auf einer Strecke von 16,5 cm, bei einem Rigaer Faserlein entsprechend nur 18 bis 24 Blätter. Die schmal-lanzettlichen Blätter, über deren Größen- und Formverhältnisse bereits eingangs berichtet ist, sind

[1] Sorauer Versuchsland 1927, Aussaat Ende April, 20 cm Reihenabstand. Tausendkorngewichte der vier Linien: Cy 201 = 12,30 g; Wf 301 = 12,85 g; Ps 701 und Hw 601 = 4,70 g.

[2] Vgl. hierzu ferner Schindler (1899), A. Herzog (1918, 1920), Fleischmann (1922), Tammes (1908).

[3] Betr. Verästelung vgl. auch S. 109.

dem Stengel sitzend (ohne besonders ausgebildeten Blattstiel) angeheftet, meist in der $^2/_5$-Stellung. Ihre drei Hauptnerven verlaufen, im Gegensatz zu den meisten anderen dikotylen Gewächsen, parallel, ihr Rand ist glatt, ihre Oberfläche mit Wachsüberzug versehen, dessen verschieden starke Ausbildung im Verein mit wechselndem Blattgrüngehalt die Färbung der Laubblätter von hellgrün bis dunkel blaugrün oder ausgesprochen graugrün erscheinen läßt. Die Blattfläche ist mit zahlreichen Spaltöffnungen versehen, deren Zahl nach A. Herzog (1920) etwa zwischen 2400 und 4000 schwankt. Bei der Reife des Stengels vergilben die Laubblätter, zuerst die unteren, und fallen dann schließlich ab. Die bis zur Bildung der jungen Kapseln grüne Färbung des Stengels wird allmählich gelbgrün (bestes Raufstadium) und schließlich rein gelb. Große Trockenheit kann zu vorzeitiger Reife und Bräunung führen, bei übermäßiger Nässe kann der Stengel grün bleiben, Lagern und Pilzbefall kann mißfarbene, rotbraune bis schwärzlich gefärbte Stengel erzeugen (vgl. auch S. 176).

Die Blüte.

Die Anlage der Blütenknospen erfolgt schon sehr früh, bei Faserleinen bereits, wenn die Pflanze etwa 15 cm Länge erreicht hat. Die Triebspitze hat dann noch aufrechte Haltung, beginnt aber bald sich nach unten zu neigen und überzuhängen[1]. Der Blütenstand wird meist als traubenförmiger oder rispenähnlich angeordneter, lockerer schlaffer Wickel bezeichnet. Die einzelnen Blütenstiele, die in der Knospenlage noch herunterhängen, sind zur Blütezeit aufrecht nach oben gerichtet und ziemlich lang und dünn. Die Blüte ist regelmäßig fünfteilig[2]; außen liegt der grüne Kelch, dessen fünf grüne Blätter eiförmig mit scharfer Spitze, scharf gekielt, zwei- bis fünfnervig, meist dreinervig, kahl, hautrandig sind. Zur Reifezeit sind sie halb so lang oder fast so lang wie die Kapsel; sie werden dann gelblich, trocken und spröde (hoher Kieselsäuregehalt)[3]. Die fünf Kronblätter sind in Größe, Form und Färbung sehr verschieden, worüber Einzelheiten bereits vorne mitgeteilt wurden; die meisten kultivierten Faserleine besitzen kleine, blaue oder weiße, glockenförmige Blüten. In der Regel ist die Blüte hinfällig, sie fällt meist im Laufe eines Tages ab[4], die Blütenblätter sind frei (in der Stellung mit den Kelchblättern abwechselnd), am Grunde in einen verschmälerten, meist schwach gelblich gefärbten Nagel auslaufend. Die fünf Staubblätter sind etwa 2 bis 5 mm lang, am Grund etwas zusammenhängend, der Gestalt nach pfriemenförmig; das fadenförmige Filament ist weiß bis dunkel- oder violettblau gefärbt und trägt oben die aus zwei Pollensäcken bestehenden Staubbeutel (Antheren). Staubbeutel und Pollen sind blau oder gelb in verschiedener Intensität gefärbt (erbliche Formen), der Pollenstaub fällt aus einem nach außen liegenden Längsspalt aus jedem Staubbeutel heraus, die einzelnen Pollenkörner sind ellipsoidisch-rundlich, mit drei schwachen Längsgruben versehen, in denen die Keimporen liegen. Die großblütigen Leinformen haben meist größere Pollenkörner als die kleinblütigen. Am Grunde der Blüte, zwischen den Staubblättern, liegen noch fünf kurze Gebilde, die wohl als rudimentäre Staubblätter zu deuten sind[5]. Ferner findet sich am Grunde jedes Staubblattes eine kleine Honigdrüse, dessen Tröpfchen bei weit geöffneter Blüte zwischen den Blumenblättern sichtbar sind. Der Stempel setzt sich zusammen aus einem oberständigen Fruchtknoten und fünf freien Griffeln, blau oder heller gefärbt, nach oben in die schwach keulenförmigen Narben auslaufend, die zur

[1] Vgl. S. 96.
[2] Selten fand ich sechs- bis achtteilige Blüten (Bildungsabweichung, nicht erblich).
[3] Sie werden als Futtermittel mit der Kapselstreu verwendet, vgl. S. 205.
[4] Vgl. hierzu S. 98. [5] Tammes 1924, S. 10.

Aufnahme des Pollens mit zahlreichen Papillen versehen sind[1]. — Die Dauer des Blühens ist für die einzelnen Pflanzen verschieden, sie hat längere Dauer bei reicher verzweigten Pflanzen (Ölleinen oder weit gestellten Faserleinen), da die Einzelblüten jeder Pflanze nacheinander aufblühen. So können normale Faserleine innerhalb 3 bis 5 Tagen abblühen, während einzelstehende buschige Ölleine dazu mehrere Wochen brauchen können, da immer neue Blütenknospen zur Entwicklung gelangen. Damit zusammenhängend verlängern günstige Wachstumsbedingungen (große Feuchtigkeit) im allgemeinen die Blühdauer, ungünstige verkürzen und verfrühen sie[2].

Die Frucht.

Aus der befruchteten Blüte entwickelt sich in kurzer Zeit die Kapsel. Kleine, unfertige Kapseln mit verkümmerten Samenanlagen entstehen, wenn die Befruchtung unterbleibt, wovon man sich leicht durch Kastration überzeugen kann. Die Entwicklung der Samenanlagen geht so rasch vor sich, daß nach W. Hoffmann (1928) schon 7 Tage nach der Blüte abgeschnittene Kapseln vereinzelt keimfähige Samen enthalten können; etwa 14 Tage nach der Blüte liefern die Kapseln bereits Samen von nahezu voller Keimenergie. Die reife Kapsel ist vom stehenbleibenden Kelch umgeben, gelblich oder bräunlich, fast kugelförmig, oben scharf zugespitzt; über die Verschiedenheiten in Größe und Form sind eingangs Mitteilungen gemacht. Faserleine (Gruppe microspermum) haben kleinere, Ölleine (Gruppe macrospermum) größere Kapseln. Die Kapsel bleibt ganz geschlossen oder öffnet sich von der Spitze her nur wenig, im Gegensatz zum Springlein oder wilden Leinarten, wie das vorhin geschildert wurde. In der Kapsel liegen in Fächern[3] die Samen, deren Zahl bei vollständiger Ausbildung zehn beträgt[4], im Durchschnitt jedoch viel geringer ist: noch nicht genau bekannte biologische Bedingungen und Sorteneigentümlichkeiten werden dabei eine Rolle spielen. Im folgenden seien einige Zahlen über Kornzahl pro Kapsel gemacht, wie ich sie an verschiedenen Leinherkünften und Leinzüchtungen fand.

Tabelle 14. Mittlere Kornzahl pro Kapsel bei verschiedenen Leinsorten[5].

Faserleine		Ölleine	
Leinsorte	Korn pro Kapsel	Leinsorte	Korn pro Kapsel
Oetztaler I	6,75	Argentinier	6,23
Oetztaler II	6,94	Rumänier	6,58
Pskow I.	8,39	Marokkaner	5,74
Rigaer	7,13	Kalkutta	4,72
Schlesischer	8,27	Stamm Wf 400.	2,33
Lettischer	8,22	Stamm Wf 900.	9,55
Stamm Wp I	8,72	Stamm W/27	6,33
Stamm crispum	8,99	Stamm Bl 10	9,26

Man sieht hieraus, daß unter normalen Anbaubedingungen die Kapsel durchschnittlich niemals 10 Samen zur Ausbildung bringen kann; der Prozentsatz solcher Einzelpflanzen, die in allen ihren Kapseln wirklich zehn Samen ent-

[1] Bestäubung der Blüte vgl. S. 97.
[2] Vgl. hierzu W. Hoffmann (1928) und Tammes (1908, 1918).
[3] Die Scheidewände sind bei Schließleinen behaart oder unbehaart. Gegenteilige Angaben sind irrtümlich!
[4] Sehr selten fand ich 12 Korn in der Kapsel.
[5] Voll ausgebildete Samen normal geernteter Pflanzen.

halten, ist gering, nach meinen Untersuchungen bei Faserleinen 0 bis 7%. Bei der Prüfung reiner Linien fand ich, daß der Kornbesatz pro Kapsel auf Sorteneigentümlichkeit beruhen kann. Von äußeren Bedingungen scheinen besonders Ernährung und Standweite wirksam zu sein; gute Ernährung und weiter Stand erhöhen die Kornzahl. So fand Tammes (1908, S. 47) auf fettem Boden bei Weitstand 9,09, bei Dichtsaat 6,28, auf magerem Boden bei Weitstand 8,78, bei Dichtsaat 5,48 Korn pro Kapsel ausgebildet. Nach W. Hoffmann sollen Saatzeit, Saatmenge, Wetter und Blühfolge keinen Einfluß auf den Samenansatz in der Kapsel haben. — Die Kapselreste fallen als Spreu beim Entsamen ab und können als Futtermittel verwendet werden.

4. Zur Physiologie und Biologie.

An einem abgeschlossenen Bild des physiologischen und biologischen Verhaltens der Flachspflanze fehlt es heute noch, trotz der weiten Verbreitung und des hohen Alters dieser interessanten Kulturpflanze. Die zahllosen Mitteilungen über den Flachs beziehen sich in der weitaus überwiegenden Mehrzahl auf industriell-technische Fragen (Faser, Öl) oder rein landwirtschaftliche Fragen oder neuerdings auf Fragen der Vererbung und Züchtung. Immerhin nimmt gegenwärtig das Interesse an dem Verhalten der lebenden Flachspflanze zu, und so finden sich durch die moderne Literatur zerstreut manche Einzelbeobachtungen oder auch direkte Untersuchungen, die hier benutzt werden können. Im vorgeschriebenen Rahmen dieses Buches kann das nur in aller Kürze geschehen und ohne Vollständigkeit.

Beginnen wir mit dem Leinsamen, so fällt an ihm die wohlausgebildete Schleimschicht auf. Eine alte und einfache Erklärung für die Bedeutung des Schleimes lautet, daß der durch Wasseranziehung stark quellende und klebrig werdende Schleim[1] für die Festhaftung und Verankerung des Samens im Erdboden sorgt. Ob diese Erklärung ausreicht, wissen wir nicht; es könnte der Schleim, der infolge seiner kolloidalen Eigenschaften das Wasser gut festhält, auch direkt eine Rolle in der Wasserversorgung des Samens spielen, was gerade im Keimungsstadium von Wichtigkeit wäre. In eigenen Versuchen fand ich allerdings, daß künstlich ihrer Schleimschicht beraubte Leinsamen nicht schlechter sich entwickelten als die schleimhaltige Kontrollsaat. Neuerdings ist darauf hingewiesen worden, daß die Schleimschicht auch ungünstig wirken kann insofern, als sie vermöge ihrer physikalischen und chemischen Beschaffenheit[2] (leichtlösliche Kohlehydrate) eine ausgezeichnete Nährstoffquelle für die zahlreichen flachsfeindlichen Pilze (Fusarium, Colletotrichum, Botrytis usw.) oder Bakterien vorstellt[3]. Daß der Schleim in irgendwelcher Beziehung zur Ernährung des Flachskeimlings selbst steht, ist nicht bewiesen und auch wohl unwahrscheinlich. In Betracht zu ziehen wäre ferner eine Kälteschutzwirkung zu Beginn der Keimung. Übrigens wird die Viskosität des Schleimes durch Salze beeinflußt, z. B. durch Chloride, Nitrate, Sulfate von Natrium und Kalium herabgesetzt[4]. Daß trockener Leinsamen große Kältegrade auszuhalten vermag, ist praktisch längst bekannt; nach

[1] Koran: Der Austritt des Schleimes aus den Leinsamen. Pharm. Post Bd. 32, S. 221. 1899.
[2] Rothenfusser: Über Leinsamenschleim. Diss. München 1903.
[3] Schilling 1922 u. 1928. — Ruschmann in Faserforsch. Bd. 4, S. 154. 1924.
[4] Dunin und Schemjakin: Über den Einfluß der Salze auf die Viskosität des Leinsamenschleims. Kolloid-Z. Bd. 45, S. 146—152. 1928.

Versuchen von Schulow und Morosow[1], die ich für Faser- und auch Ölleine bestätigen kann, werden Temperaturen von 2 bis 20⁰ Kälte ohne jeden Schaden vertragen. Die russischen Forscher fanden sogar bei acht von zehn der Kälte unterworfenen Flachslinien günstige Wirkung der Kälte, indem Steigerung der Stengellänge von 2 bis 19,6% eintrat. In zweijährigen Versuchen mit eigenen reinen Linien konnte ich letzteres nicht feststellen. Auf der anderen Seite zeigen Versuche[2], daß bei vorsichtiger Handhabung Leinsamen mehrere Monate Temperaturen von über 100⁰ C aushalten, ohne die Keimkraft zu verlieren. In der Praxis ist von einer Erwärmung der Leinsaat vielfach Gebrauch gemacht worden (Dörren der Leinsaat bei etwa 28 bis 40⁰)[3]; zum Teil mag das, wie z. B. im feuchten Klima Livlands, einfach als eine Trocknung und Schutz vor dem Verderben (Pilze!) der dicht gepackten Leinsaat aufzufassen sein, doch soll angeblich gedörrter Leinsamen überhaupt kräftigere Pflanzen liefern als nur normal getrockneter, vielleicht deshalb, weil durch die Dörrtemperatur die Keimkraft gerade der schwächlichen Samen vernichtet wird. Exakte Untersuchungen über das Dörren erscheinen mit Rücksicht auf praktische Bedeutung angebracht. Gentner[4] vermutet, daß durch den Dörrprozeß vorhandene schädliche Pilzsporen (u. a. Phoma) in der Keimung stärker gehemmt werden als die Leinsamen, welche so einen Entwicklungsvorsprung gewinnen. Eine schwache fungizide Wirkung dürfte vielleicht auch dem früher in England geübten Räuchern der Leinsaat zuzuschreiben sein, wenn auch der Hauptnutzen in der Trocknung und besseren Konservierung der Saat bestand[5]. Der Gesundheitszustand der Leinsaat, besonders feucht geernteter, läßt vielfach stark zu wünschen übrig; eine ganze Reihe von Pilzen (vgl. Kapitel 13) vermögen die Schleimepidermis zu besiedeln und können so durch die Leinsaat weiter verbreitet werden. Dagegen werden heute mit Erfolg moderne Trockenbeizen[6] oder Halbnaßbeizen angewendet. Vielleicht bestehen Zusammenhänge zwischen diesen Pilzparasiten und der günstigen Wirkung einer längeren Aufbewahrung oder Rastung der Leinsaat. Vielfach will man nämlich festgestellt haben, daß mehrere Jahre abgelagerte Leinsaat bessere Ergebnisse zeigte als solche, die sogleich im nächsten Frühjahr nach der herbstlichen Ernte ausgesät wurde[7]. Gentner[8] beobachtete, daß schon nach einjähriger Lagerung der Fusariumpilz viel schwächer auftrat, Phoma fast ganz verschwunden war. Daß gesunde und trocken aufbewahrte Leinsamen eine mehrjährige Lebensdauer aufweisen, ist bekannt, doch scheinen genauere Untersuchungen nicht vorzuliegen; nach Dorph-Petersen[9] war die Keimfähigkeit nach 11 Jahren erloschen. Ich konnte vielfach feststellen, daß von Pilzen infizierte Leinsaat einen viel schnelleren Abfall der Lebensdauer zeigte als gesunde Saat. Zweifelsohne spielt bei der Erhaltung der Lebensdauer ebenso der Gesundheitszustand und die Entwicklung (volle Ausbildung) des Leinsamens selbst wie auch die Art der Aufbewahrung eine entscheidende Rolle; der Leinsame zieht Feuchtigkeit leicht an[10] und neigt dann eher zum

[1] Arb. Vers. Stat. Moskauer Ldw. Inst. 1915, Bd. 1, S. 42ff.
[2] E. Gain in Rev. gén. Bot. Bd. 39. 1927.
[3] Schindler 1894, S. 33. — Settegast: Die Landw., Sämereien u. der Samenbau S. 312. Leipzig 1892.
[4] Faserforsch. Bd. 3, S. 284. 1923. [5] Settegast: a. a. O. S. 312.
[6] Schilling: Die Krankheiten des Flaches S. 112. 1928. — Schilling in Faserforsch. Bd. 4, S. 213—234. 1925 und Bd. 6, S. 105—115. 1927.
[7] Settegast: a. a. O. S. 93. 1892. Dort weitere Literaturangaben.
[8] Faserforsch. 1923, S. 285.
[9] Bull. agr. Intell. Bd. 2, S. 285. 1924. Das darf nicht verallgemeinert werden, da die Ausgangsprobe nur 72% Keimung aufwies!
[10] Coleman und Fellows in Cereal. Chem. Rec. Bd. 2, S. 275—287. 1926.

Verderben. Bei länger andauerndem feuchten Wetter kann der Same sogar schon auf dem Felde in den Kapseln der Pflanze auskeimen, eine Art Viviparie, wie es Tine Tammes[1] beschrieb. Der Leinsame erreicht überhaupt schon sehr früh das Stadium der Keimfähigkeit: nach W. Hoffmann (1928, S. 219) beträgt die Keimenergie nahezu 98,2% schon am 13. Tage nach der Blüte! Ebenso konnte Bredemann[2] eine überraschend hohe Triebkraft unreif geernteter Leinsamen feststellen, was sich durch die intensive Nachreife[3] erklären läßt. — Unbekannt ist, ob der verschiedenen Färbung der Leinsaat (Rassen mit braunem, grünem oder gelbem Samen, vgl. S. 73) irgendwelche biologische Bedeutung zukommt; bei den gelbsamigen Varietäten der Gruppe macrospermum beobachtete ich öfters eine größere Empfindlichkeit gegenüber äußeren Einflüssen als bei den braunsamigen. Nicht selten ist ferner das Auftreten weißfleckiger Leinsamen; solche oberflächlichen, kreideweißen Flecken enthalten, wahrscheinlich infolge einer Reifestörung, Stärke („Stärkeflecken", Schilling 1922), während sonst Stärke nur in den unreifen jungen Samen vorkommt. Der vollentwickelte Samen führt als Reservestoffe nur Öl und Eiweiß, wie das S. 84 und 205 geschildert ist.

Die Keimung und Entwicklung der jungen Pflanze ist bereits S. 85 beschrieben worden. Nachzutragen ist, daß nach bisherigen Versuchen eine Stimulation durch chemische Mittel keine praktischen Erfolge brachte[4]. Biologisch interessant ist der von R. L. Davis (1923) geführte Nachweis, daß die Frostempfindlichkeit der jungen Leinpflanze abhängig von der Leinsorte sein und Zusammenhänge mit Fusarium zeigen kann. Die kritische Temperatur liegt für junge Faserflächse bei etwa 3,3^0 Kälte[5]. Auch der Winterlein, die im Herbst auszusäende biologische Unterform von Linum usitatissimum, erfriert bei Kälte, sofern er nicht durch eine hinreichende Schneedecke geschützt ist. Umgekehrt kann auch starke Hitze direkt zu Schädigungen führen (heat canker, Hitzekrebs im heißen Klima Nordamerikas), worüber Reddy und Brentzel[6] in einer schönen Experimentalarbeit berichten[7]. Dahinein kann dann die Frage der Wasserversorgung spielen, für Anbau, Züchtung und Fasertechnologie wichtig, aber auch biologisch interessant, da hier deutliche Unterschiede im Verhalten der Flachspflanze, je nach der Sorte, vorliegen. Im allgemeinen kann man unsere Faserleine als mehr hygrophil, d. h. feuchtigkeitsliebend, dagegen die Ölleine als mehr xerophil, d. h. an Trockenheit angepaßt, bezeichnen. Dafür spricht schon die geographisch-klimatische Verteilung der Anbaugebiete (Faserflachs europäische Küstengebiete, Nordrußland, Ölleine Süd- und Nordamerika, Indien, Afrika, Südrußland usw.). Während in dieser Beziehung vergleichende anatomisch-physiologische Untersuchungen leider noch fehlen[8], sind wir über die Transpiration des Leins etwas besser unterrichtet. Nach H. L. Shantz und L. N. Piemeisel[9] wiesen in siebenjährigen

[1] Vlas en Vlasveredeling S. 18. Haarlem 1924. [2] Faserforsch. Bd. 4, S. 234. 1925.

[3] Doornikov, V.: Über das Nachreifen des Leinsamens. Naučno-agronom. Ž. (russ.) Bd. 5, S. 106. 1928. — Opitz u. A. von Pander in Faserforsch. Bd. 3, S. 234—240. 1923.

[4] Schilling in Faserforschg. Bd. 4, S. 213—234. 1925. — Hilarius Müller in Fortschr. Landw. Bd. 1, S. 265. 1926.

[5] Über Frostwirkung vgl. weiterhin J. Heidma in Tijdschr. over Plantenz Bd. 29, S. 129. 1923. — Pethybridge 1922, S. 115.

[6] Investigations of heat canker of flax. U. S. Dept. Agric. Bull. 1922, Nr. 1120.

[7] Vgl. auch Heidma a. a. O. und Bolley in North Dakota Agric. Exper. Stat. 1926, Bull. 194, S. 39—50.

[8] Vgl. hierzu Tobler in Faserforsch. 1921, S. 47—62; A. Lauche: Ebenda 1928, S. 227.

[9] The water requirements of plants at Akron, Colorado, USA. J. of Agric. Res. Washington Bd. 34, Nr. 12, S. 1093—1190. 1927.

Versuchen unter 288 untersuchten Pflanzengruppen Flachs und Leguminosen das größte Wasserbedürfnis auf, und nach N. M. Tulaikov[1] (Saratov, Feld- und Gewächshausversuche mit Flachs, Weizen, Erbsen usw.) hat Flachs von allen geprüften Pflanzen den höchsten Transpirationskoeffizienten (auf dem Felde = 1816 gegen 232 bei Buchweizen). Die verdunstende Oberfläche der Blätter und des Stengels ist nach A. Herzog[2] beim Flachs, verglichen mit anderen Kulturpflanzen, an sich nicht bedeutend (Gesamtoberfläche im zweiten Wachstumsdrittel etwa 3800 mm^2 pro Pflanze), dafür ist aber die Zahl der Spaltöffnungen sehr groß: sie beträgt für das Keimblatt 3500 bis 6250, für das Laubblatt 2400 bis 4000, für den Stengel 12800 bis 21800, für eine mittlere Faserflachspflanze etwa 308000. Die durchschnittliche Wasserabgabe einer Flachspflanze in der Mitte ihrer Entwicklung betrug im Tage etwa 5 g, was auf einen Hektar umgerechnet eine tägliche Wasserabgabe von etwa 82000 Liter vorstellen würde. Die Wasseraufnahme wird ermöglicht durch die ziemlich tief gehende Wurzel (vgl. S. 87). Daß der Faserlein in der Tat ein großes Wasserbedürfnis hat, haben alle praktischen Anbauerfahrungen immer wieder gezeigt; Dürre erzeugt quantitativ und qualitativ enorme Verluste, künstliche Bewässerung, wie sie im Tiroler Ötztal ausgeführt wird, sehr gute Pflanzen bis zu 1,5 m Länge. Untersuchungen von A. Djakonov[3] weisen darauf hin, daß u. a. durch Feuchtigkeit die Zahl der Fasern im Stengel erhöht wird. Merkenschlager[4] will den Lein allerdings nicht als spezialisierten Typ, sondern als eine „rechte Mittelpflanze" aufgefaßt wissen. Er betont auch das Fehlen der Guttation (Ausscheidung tropfbar flüssigen Wassers). Demgegenüber vermögen die Ölleine mit weit weniger Wasser auszukommen, sie gedeihen noch in trockenen Gebieten, wo Faserlein nicht vorwärtskommt. In meinen eigenen Versuchsfeldern trat diese Genügsamkeit in trockenen Jahren deutlich zutage. Einen gewissen Transpirationsschutz finden sie sicherlich in dem Wachsüberzug, der ihre Blätter und Stengel überzieht und manchen Ölleinformen ein charakteristisches Aussehen verleiht. Der Wachsüberzug findet sich zwar auch bei Faserleinen, aber hier in geringerem Maße[5]. Daß die stärkere Verholzung der Bastfasern in den Ölleinen (vgl. S. 163) gleichfalls mit ihrer Anpassung an Trockenklima zusammenhängt, erscheint mir ziemlich wahrscheinlich, wenn man an andere botanische Parallelen denkt (stärkere Ausbildung sklerenchymatischer Gewebe bei Xerophyten). Ob und wie im übrigen anatomische Anpassungen bei den Ölleinen vorliegen, wissen wir vorläufig nicht, wie schon eben erwähnt. Durch die Flachszüchtung ist jedoch bereits festgestellt, daß auch innerhalb der Ölleingruppe sehr verschiedene Dürreresistenz, abhängig von der jeweiligen Sorte, besteht; so werden z. B. in Nordamerika schon besonders resistente Züchtungen zum Anbau empfohlen. Ähnliche Unterschiede, aber weniger scharf ausgeprägt, werden sich auch bei den Faserleinen bei fortschreitender Kenntnis der zahllosen Formen finden lassen[6]. Vielfach ist in landwirtschaftlichen Kreisen die Anschauung vertreten, daß der Faserlein auf Klimawechsel mit besserem

---

[1] The utilization of water by plants under field and greenhouse conditions. Soil Sci. Bd. 21, S. 75—91. 1926.

[2] Beziehungen des Wassers zur lebenden Flachspflanze. Mitt. Forsch. Inst. Sorau Bd. 2, S. 112. 1920.

[3] Der Einfluß äußerer Faktoren auf die Zahl der Fasern im Stengel des Leins. Naučnoagronom. Ž. (russ.) Bd. 5, S. 194. 1928 (mit engl. Zusammenfsg.).

[4] Zur physiologischen Charakteristik des Leins. Fortschr. Landw. Bd. 2, S. 445 bis 447. 1927.

[5] Über Flachswachs vgl. S. 135ff.

[6] Zusatz bei Revision: inzwischen von K. Renard (1927, 1928) experimentell bestätigt.

Wachstum reagieren soll. Insbesondere soll durch Wechsel vom nördlichen Anbaugebiet zum südlichen Ertragssteigerung folgen. Jedoch konnten die Befunde von W. Busse[1] nicht bestätigt werden durch G. Bredemann[2]; mehrjähriger Wechselbau von drei Herkünften und zwei Zuchtstämmen in Deutschland bzw. Mexiko, Brasilien, Japan erbrachte keine sicheren Unterschiede weder im Habitus, Blüte und Reifezeit noch im Ertrag an Stengel und Samen.

Auch der Ölgehalt der Leinsamen scheint nach Untersuchungen von N. N. Ivanof[3] unabhängig von Klima und geographischer Breite zu sein, ist aber abhängig von der Sorte und der Düngung[4]. Klima und Lage beeinflussen dagegen sehr stark den Samenertrag und die Ölqualität, z. B. ist die Jodzahl desto geringer, je südlicher der Anbau erfolgt.

Die ernährungsphysiologische Stellung des Leins, seine Ansprüche an Boden und Nährsalze, seine Kalkfeindlichkeit und Verhältnis zur Bodenazidität werden an anderer Stelle (vgl. Kapitel 10) kurz geschildert, die physiologisch bemerkenswerte Tatsache, daß der Lein mit sich selbst unverträglich ist (Bodenmüdigkeit) in Kapitel 13. Der Flachs ist in großen Zügen physiologisch unkompliziert (Merkenschlager 1927), er gehört im Gegensatz zu anderen Kulturpflanzen (Lupine, Senf, Buchweizen) zu den passiven Artcharakteren, er verfügt über ein geringes Aufschließungsvermögen für schwerlösliche Bodenbestandteile und ist deshalb auf leichtlösliche Nährsalze angewiesen. Beachtenswert erscheint übrigens die Angabe von J. Stoklasa[5], daß Linazeen sehr hohen Jodgehalt, bis zu 0,065 g pro kg Bodentrockensubstanz, vertragen können. Während die Abhängigkeit der Gesamtentwicklung und Ertragsleistung von den Nährstoffen mehr landwirtschaftliches Interesse hat, ist der Einfluß einzelner Nährstoffe oder das Zusammenwirken mehrerer auf den inneren Bau des Stengels und die Struktur der Bastfasern von größter Bedeutung für die technologische Betrachtung und industrielle Ausnutzung der Flachspflanze. Diesbezügliche Untersuchungen sind deshalb in neuerer Zeit mehrfach angestellt worden (Fabian 1928, Groß 1925, Weinzettl 1925, Steigerwald 1927) mit dem Ergebnis, daß der Gesamtfasergehalt des Stengels, die Ausbeute an Langspinn- bzw. Wergfaser, die Qualität der Faser und die Struktur der einzelnen Bastzelle auch von der Ernährung der Flachspflanze weitgehend bestimmt werden können. Weiteres darüber ist in Kapitel 6 bis 8 nachzulesen.

Physiologisch interessant ist weiterhin, daß der Lein Thermotropismus zeigt, und zwar positiver Art, d. h. der nach unten überhängende Gipfelsproß normaler, kurz vor der Blüte stehender Pflanzen wendet sich nach der Richtung einer Wärmequelle hin. Diese Orientierungsbewegung wurde von J. Pohl[6] entdeckt, dessen Untersuchung von Runar Collander[7] nachgeprüft und bestätigt. Dagegen konnte letzterer nicht bestätigen den von Pohl gleichfalls vermuteten negativen Thermotropismus. Pohl glaubte weiterhin die abend-

---

[1] Ertragssteigerung bei Flachs durch Klimawechsel. Mitt. Deutsche Landw.-Ges. Bd. 37, S. 386. 1922.

[2] Versuche über Ertragssteigerung bei Flachs durch Klimawechsel. Faserforsch. Bd. 6, S. 51—72. 1927.

[3] Variation in the chemical composition of the seeds of oleiferous plants in dependence on geographical factors. Bull. appl. Bot. Bd. 16, S. 1—88. 1926.

[4] Vgl. hierzu F. Rabak: Influence on linseed of the geographical source and variety of flax. U. S. Dept. of agric. Bull. 1918, 665. — Kayser, R.: in Bot. Archiv Bd. 10, S. 349. 1925.

[5] Biochem. Z. Bd. 176, S. 38—61. 1926.

[6] Der Thermotropismus der Leinpflanze. Beihefte Bot. Zbl. Bd. 24, Abt. I, S. 111 bis 131. 1909.

[7] Untersuchungen über den Thermotropismus der Pflanzen. Akad. Abh. Helsingfors 1919.

liche Senkung des Gipfels auf den Wärmeüberschuß des Erdbodens gegenüber der sich abkühlenden Luft zurückführen zu können; wahrscheinlich ist diese Reaktion jedoch als nyktinastisch aufzufassen. Auch die am Stengel verteilten Laubblätter und jungen Keimblätter können abendliche Schlafbewegungen ausführen; der dichte Anschluß der obersten Laubblätter um die Gipfelknospe herum ist wohl als eine Schutzleistung anzusprechen. Die ganzen Erscheinungen können sich aber nach meinen eigenen Beobachtungen komplizieren, da z. B. auch unter dem Einfluß von Trockenheit oder Pilzkrankheiten (die äußerlich nicht immer sichtbar zu sein brauchen) Anlegen der Laubblätter erfolgt, z. T. sehr auffällig. Über weitere Bewegungen (Blühnutationen, Phototropismen) vgl. Pohl und T. Tammes[1]. Wie Tageslicht auf Sproß- und Wurzelwachstum der Keimpflanze wirkt, wurde von S. Probst[2] untersucht; danach hemmt Belichtung des Sprosses das Sproßwachstum, fördert aber das Wurzelwachstum, während Wurzelbelichtung das Wachstum von Sproß und Wurzel verzögert. — Ob und wie überhaupt das Licht auf die Ausbildung des Flachsstengels und seine wertbestimmenden Eigenschaften (Bastbündel, Zellstruktur!) einwirkt, ist m. W. noch nicht geprüft worden. Die wegen ihrer günstigen technologischen Ergebnisse immer wieder empfohlene Dichtsaat des Leins bringt feinstenglige Pflanzen mit guter Faser hervor, und man ist allgemein geneigt, das als „Standraumwirkung" aufzufassen: zweifelsohne besteht hier u. a. die Möglichkeit einer Lichtwirkung, da bei Dichtsaat, infolge stärkerer gegenseitiger Beschattung der Pflanzen, ein viel geringerer Lichtgenuß vermittelt wird als bei weitstehender Dünnsaat. Die Verhältnisse liegen hier jedoch nicht ganz einfach, da z. B. Weitstand außer stärkerem Lichtgenuß auch bessere Versorgung mit Nährstoffen und Bodenwasser bedingt: weitstehende Leinpflanzen erreichen deshalb fast durchgängig eine größere Länge als engstehende, wofür sich auf S. 104 Zahlenangaben finden[3].

Blaringhem[4] macht den interessanten Versuch, die Verkürzung der unverzweigten Stengellänge, die in Westeuropa bei dem Nachbau russischer Leinsaat auftritt und die als eines der Merkmale für den „Abbau" aufgefaßt wird[5], z. T. direkt durch die in Westeuropa bei Frühaussaat stärkere Belichtung der Flachspflanze zu erklären; besonders in den ersten Phasen des Wachstums soll sich eine Verminderung der Länge bemerkbar machen, doch scheint mir eine Nachprüfung seiner Versuche angebracht zu sein.

Blütenbiologisch betrachtet hat der Flachs im großen und ganzen als Selbstbefruchter (autogam) zu gelten. Die Befruchtung[6] erfolgt in den frühen Morgenstunden (5 bis 8 Uhr, je nach Witterung) dadurch, daß die in gleicher Höhe mit der Narbe befindlichen, blauen oder gelben Staubbeutel, die zunächst von der Narbe seitlich etwas entfernt stehen, sich öffnen und der Narbe[7]

[1] Beih. Bot. Ztrbl. Bd. 31, S. 394, 1914. — Die Flachsblüte. Rec. Trav. bot. néerl. Bd. 15, S. 187. 1918.

[2] Über den Einfluß einer Sproßbelichtung auf das Wurzelwachstum und denjenigen einer Wurzelbelichtung auf das Sproßwachstum. Planta Arch. wiss. Bot. Bd. 4, S. 651 bis 709. 1927.

[3] während sonst nach allgemein bekannten botanischen Tatsachen das Sproßwachstum durch Licht gehemmt, durch Lichtentzug gefördert wird (Etiolement der Dunkelsprosse). Bei Weitstand wird die hemmende Lichtwirkung offenbar durch bessere Ernährung weit überkompensiert.

[4] Etudes sur la sélection du Lin. Rev. bot. appl. Bd. IV, S. 737. 1924,

[5] Betr. Abbau des Leins, vgl. S. 99.

[6] Fruwirth: Handbuch d. landw. Pflanzenzüchtung. 3. Aufl. S. 49, Berlin 1919. — Tammes, T.: Vlas en Vlasveredeling, S. 15. Haarlem 1924 und Die Flachsblüte. Rec. Trav. bot. néerl. Bd. 15, S. 185—227. 1918.

[7] Die Narbe kann schon am Abend vor dem Öffnen der Blüte empfängnisreif sein.

nähern; etwas später umgeben sie die Narbe eng, schließlich, nach der Befruchtung, wird der Stempel durch drehende Bewegung der Filamente eng umschlungen. Die Pollenkörner, gleichfalls blau oder gelblich gefärbt, sind äußerlich mit Warzen bedeckt und haften so gut an den fünf papillösen, schwach keulenförmigen Narben fest. Wachstum des Pollenschlauches und Befruchtung der Eianlage geht in wenigen Stunden vor sich.

Selbstbefruchtung findet nun aber nicht ausschließlich statt, sondern es ist auch Fremdbefruchtung möglich, was zu wissen für die Flachszüchtung wichtig ist. Am Grunde der Blüte befinden sich fünf kleine Honigdrüsen, die Blüte selbst ist nach Größe und Färbung nicht unansehnlich, so daß Insekten (Bienen, Hummeln, Fliegen, Schmetterlinge, z. B. Plusia Gamma) angelockt werden und Fremdbestäubung vermitteln können (durch Andrücken der Staubbeutel an die Narben aber auch wieder die Selbstbestäubung begünstigen). Die in der Flachsliteratur zu findenden Angaben über die Häufigkeit einer Fremdbestäubung sind recht verschieden, bald wird der Flachs durchaus als Selbstbefruchter bezeichnet, bald wird bis zu 15% Fremdbefruchtung angegeben. An dem Vorkommen von Fremdbestäubung darf nicht gezweifelt werden. Nach meinen Beobachtungen können sich dabei u. a. Unterschiede je nach der Flachssorte finden: viele reine Linien zeigten in meinen Versuchen bisher keine Fremdbestäubung, andere aber regelmäßig! Bei letzteren traten zahlreich Blüten auf, deren Staubgefäße sich nicht den Narben näherten, wie sonst in normalen Blüten, ferner fanden sich Blüten mit kurz bleibenden Staubbeuteln und Antheren mit sterilen Pollen. Durch diese Erscheinungen läßt sich häufige Fremdbestäubung erklären. Wie sehr andererseits bestimmte Faserleine auf den Pollen der eigenen Blüte angewiesen sind, läßt sich durch Kastrierung der Staubgefäße zeigen: nach eigenen Versuchen erfolgte dann (im Feldbestande) bei allen kastrierten Blüten keine Samenbildung. Parthenokarpie kommt vor (Tammes und eigene Beobachtungen).

Über die verschiedenartige Färbung der Blüte ist bereits S. 72 das Nötigste mitgeteilt. Zu erwähnen ist noch, daß die Intensität der Farbe durch äußere Einflüsse verändert wird: so wird die Farbe mit zunehmendem Tageslicht blasser[1], durch starke Stickstoffdüngung dunkler. Über die chemische Natur der Farbstoffe sind wir nicht unterrichtet; die blaue Farbe schlägt bei Behandlung mit Säuren in Rot um, wird durch Alkalien in Grüngelb verwandelt. Das Abwerfen der Blumenblätter erfolgt bei trockenem warmen Wetter vormittags, bei kühlem oder nassem Wetter aber später oder sogar erst am nächsten Tage. Nach eigenen Beobachtungen werden die bei längerem Regenwetter mit den Blumenblättern verklebten Blüten leicht durch Botrytis befallen und so Kapseln und Samen infiziert. In Indien sind Ölleine gefunden worden[2], die ihre Blumenblätter erst nach längerer Zeit abwerfen.

Physiologisch bemerkenswert und, solange noch an Stelle reiner Züchtungen die bekannten russischen Herkünfte angebaut werden, auch für die Flachsindustrie nicht unwichtig ist weiterhin die Frage des „Abbaues" des Leins. Vom industriellen Standpunkt aus betrachtet besteht die Erscheinung des Abbaues darin, daß die technologisch günstigen Eigenschaften der aus Riga, Pernau usw. importierten russischen „Originalsaaten" allmählich verloren gehen bei wiederholtem Nachbau in Westeuropa. Die Pflanzen werden kürzer, verzweigen sich stärker und tiefer, der Stengel wird gröber, die Faser schlechter — kurz, die Angaben gehen dahin, daß eine allgemeine Qualitätsver-

---

[1] Tammes und eigene Beobachtungen.

[2] Howard and Abdur Rahman Khan: Studies in Indian oil seeds. Mem. Dept. of agric. in India, Bot. Ser. Bd. 12, S. 135—183. 1924.

schlechterung zutage tritt. Häufiger Saatwechsel wird deshalb in Kreisen der Praxis empfohlen. Zur Erklärung für diese ungünstige Veränderung sind eine ganze Reihe von Vermutungen geäußert worden: A. Ladureau[1] erblickt die Ursache in dem abnehmenden Phosphorsäuregehalt der Samen, er fand in der Asche der Rigaer Originalsaat 40%, des ersten Nachbaues 30%, des zweiten Nachbaues nur noch 15 bis 20% Phosphorsäure. H. Settegast[2] macht verantwortlich eine „physiologische Überbildung" (etiolierte, verlängerte, verfeinerte Stengel, Unterdrückung der Reproduktionstätigkeit) als Folge der dichtgesäten und stark gedüngten Kulturen. Demgegenüber liegt nach F. Schindler[3] die Hauptursache in Unterschieden des Klimas begründet (kühles, feuchtes, nebelreiches Klima Livlands bewirkt feine Faserqualität). Wanjek[4] zieht die ungenügende Saatreife heran, wie sie bei der üblichen frühzeitigen Ernte des Faserleins (vor der endgültigen Reife) häufig ist, die nachfolgende Generation soll dadurch geschwächt werden. Dagegen wendet sich P. Püschel[5]: der Abbau erfolgt, weil von den zahlreichen Pflanzentypen, aus denen sich die russischen Originalsaaten zusammensetzen, gerade die ungünstigen, kürzeren, stärker verzweigten mehr Samen ausbilden als die günstigen, kapselarmen Pflanzen. Kappert[6] stimmt der Ansicht von Wanjek zu, doch ist auch aus unreifer Saat durch zweckentsprechende Sortierung vollwertiges Saatgut erzielbar; er betont im übrigen, daß die Abbaugefahr überschätzt wird. Blaringhems Ansicht von der stengelverkürzenden Lichtwirkung war schon eben S. 97 genannt worden; als weiteres Abbaumerkmal betrachtet er eine bemerkenswerte Vermehrung solcher Pflanzen, die kuglige Kapselform haben und deren Kapselscheidewände bewimpert sind. Die Degeneration äußert sich in verminderter Pflanzenhöhe, lebhafter Vegetation, frühzeitigerer Reife, schnellerer Verholzung der Stengel und vielleicht erhöhter Samenbildung; die äußerste Grenze des Abbaues bilden schließlich wilde Formen, wie sie einjährig oder ausdauernd im Mittelmeergebiet vorkommen[7]. Kleberger und Schönheit[8] führen den Abbau darauf zurück, daß die Gespinstpflanzen hinsichtlich Klima, Boden, Düngung und Kultur verhältnismäßig hohe Anforderungen stellen, die nicht überall, besonders nicht in kleineren Betrieben, sichergestellt werden könnten.

Wie schon aus dieser kurzen Übersicht zu erkennen ist, werden als Ursache des Abbaues sehr verschiedene Faktoren verantwortlich gemacht, ebenso recht verschiedene Erscheinungen mit dem Namen „Abbau" bezeichnet. Die gemeinsame Bezeichnung „Abbau" erscheint recht unglücklich gewählt[9]. Einesteils stellen die Verschlechterungserscheinungen nichts anderes vor als Standortsmodifikationen, d. h. sie sind verursacht durch äußere Anbaubedingungen (Düngung, Standdichte, Klima): dann sind sie nicht bleibend, sondern reversibel, sie können durch Änderung der Anbaubedingungen wieder verschwinden. Die Erscheinung, daß die Nachkommenschaft der unreif geernteten Leinsaat schwächere Pflanzen hervorbringt, wäre als sog. „falsche Vererbung" zu

[1] Etudes sur la composition chimique de la graine de lin. Ann. agron. Bd. 6, S. 215 bis 223. 1881.
[2] Die landw. Sämereien und der Samenbau S. 310. Leipzig 1892.
[3] Studien über den russischen Lein. Landw. Jb. Bd. 28, S. 133, 182. 1899.
[4] Ist ein Abbau des Flachses möglich? Dt. Leinenind. Bd. 40, S. 430. 1922.
[5] Dt. Leinenind. 1922, S. 459. [6] Ebenda S. 480.
[7] Betr. Pollen vgl. Blaringhem: Sur le Pollen du Lin et la dégénérescence des variétés cultivées pour la fibre. Comptes Rendus Bd. 172, S. 1603. 1921.
[8] Der Abbau der Gespinstpflanzen. Mitt. Forsch. Inst. Sorau Bd. 1, S. 69. 1919.
[9] Als eigentlicher „Abbau" würden wohl besser nur diejenigen Verschlechterungserscheinungen bezeichnet, die lediglich bei vegetativ vermehrten Pflanzen (Kartoffeln) und bleibend auftreten.

bezeichnen, auch sie kann durch zweckentsprechende Ernährung und Ernte zum Verschwinden gebracht werden. Diesen Fällen, die am besten als „physiologischer Abbau" zusammengefaßt werden, steht gegenüber der „genotypische Abbau", charakterisiert durch bleibende, irreversible Verschiebung der erblichen Pflanzentypen im Feldmischbestand: in dem bunten Typengemisch, aus dem sich mehr oder weniger stark die sog. russischen Originalsaaten zusammensetzen, findet eine natürliche Selektion statt in der Richtung, daß allmählich die für die Fasergewinnung ungünstigen Typen überwiegen. In der landwirtschaftlichen Praxis hat man vom Abbau des Leins eine viel zu anthropomorphe Vorstellung; was als Abbau bezeichnet wird, wirkt ungünstig in Hinblick auf die industrielle Verwertung, führt jedoch nicht zu einer Schwächung der Lebensfähigkeit und Arterhaltung der Leinpflanze selbst: von einer „Degeneration" in diesem Sinne kann nicht gesprochen werden, ebensowenig wie von einer Degeneration als Folge ständiger Selbstbefruchtung. Fremdbefruchtung durch den Pollen ungünstiger Flachstypen (z. B. bei Nebeneinanderbau von Öl- und Faserleinen) kann natürlich zum genotypischen Abbau führen. Wo beim Nachbau der russischen Originalsaaten unter günstigen normalen Anbaubedingungen wirklich ein Abbau auftritt, sehe ich den Grund in der eben genannten genotypischen Verschiebung durch die natürliche Auslese. T. Tammes sprach bereits 1907[1] eine derartige Vermutung aus und führt in späteren Publikationen[2] den Abbau auf die stärkere Vermehrung kapselreicherer, aber technisch ungünstiger Typen zurück[3]. Sehr interessant ist ihre Bemerkung, daß der Nachbau anfälliger für Krankheiten sein soll als die Originalsaat; der Nachweis dafür wäre sehr wichtig. Ständige Wiederholung des Nachbaues auf sehr lange Zeiten hin würde theoretisch zu einer ausgeglichenen Sorte führen; vielleicht sind so manche mir bekannte Landsorten (Spreewald, Bayern), die bezüglich Faser recht minderwertig (Stengel kurz, Faser grob, Pflanze kapselreich), im übrigen aber ausgeglichen sind, entstanden. Wenn man bedenkt, daß die Zusammensetzung der russischen „Originalsaaten" ständig wechselt, daß der Zahl und der Art nach darin verschiedene erbliche Typen auftreten, so wird man theoretisch daraus schließen, daß beim Nachbau das Auftreten des genotypischen Abbaues verschieden ausfallen wird, und zwar quantitativ wie auch qualitativ. Es darf deshalb nicht verwundern, wenn in der Praxis die Nachrichten über den Abbau der „Originalsaaten" unterschiedlich lauten: bald tritt er schnell, bald langsamer, bald überhaupt nicht ein. Kappert[4] erwähnt z. B. einen Fall aus Bayern, wo ein 30 Jahre nachgebautes Saatgut keinerlei Abbau zeigte. Wählen wir eine „reine Linie" als Ausgangssaat, so brauchen wir — ständige Selbstbestäubung vorausgesetzt — einen Abbau nicht zu befürchten. Deshalb ist die beste Abhilfe gegen den Abbau der Anbau von reinen Flachszüchtungen, deren Originalsaat, im Gegensatz zu den russischen „Originalsaaten", wirklich auf ständige Selektion durch den Züchter zurückgeht. — Unklar und schwierig zu lösen erscheint mir die Frage, ob und in welcher Form außer dem genotypischen Abbau auch noch ein physiologischer Abbau wirklich besteht. Es würde hier jedoch zu weit führen, wollte man die eben genannten verschiedenen Erklärungsversuche der einzelnen Autoren hier disku-

---

[1] Der Flachsstengel, S. 20. Haarlem 1907.

[2] Vlas en Vlasveredeling, S. 66. Haarlem 1924. — Der blaublühende und der weißblühende Flachs. Mitt. Forsch. Inst. Sorau Bd. 2, S. 75. 1920.

[3] Ebenso neuerdings K. Renard in Naučno-agronom. Ž. (russ.) Bd. 5, S. 324. 1928. Die Reproduktionskraft der verschiedenen Formen wird durch die Bodenfeuchtigkeit entscheidend beeinflußt.

[4] Faserforsch. Bd. 1, S. 255. 1921.

tieren. Erwähnt sei nur noch, daß nach Versuchen von Bredemann[1] ein Klimawechsel ohne Einfluß auf Gestalt und Leistung des Leins blieb, daß ferner zu dem Punkte „ungenügende Saatreife" die neueren Arbeiten von Bredemann[2], Opitz[3], Doornikov[4] und Hoffmann[5] zu vergleichen sind.

Zum Schlusse sei einiges über die Regenerationsfähigkeit des Leins gesagt. Obschon der Lein im Jugendstadium, verglichen mit manchen anderen Kulturpflanzen, ein relativ zartes Pflänzchen ist, verfügt er doch über ein nicht unansehnliches Vermögen, den beschädigten oder verlorenen Hauptstengeltrieb zu ersetzen. Wird z. B. an der Keimpflanze die Triebknospe vernichtet (künstlich durch Dekapitieren, in der Natur durch Erdflöhe oder Hagelschlag), so können aus dem stehengebliebenem Hypokotyl eine Anzahl neuer kleiner Seitentriebe hervorbrechen, von denen einer schließlich die Oberhand gewinnt und als Ersatz für den eigentlichen Hauptstengel fungiert[6]. Geht die Spitze etwas später verloren, wenn schon mehrere Laubblätter gebildet sind, so treiben die an der Ansatzstelle der Keimblätter am Stengel liegenden beiden Knospen aus und es entwickeln sich zwei Stengel. Wird der Gipfel noch später vernichtet, d. h. wenn die Pflanze schon ziemlich erwachsen ist, so werden in der Regel Seitenäste nur im oberen Teil, nicht am Stengelgrunde, gebildet. Worauf im einzelnen diese „physiologische Umstimmung" beruht, ist mir noch nicht bekannt. Diese Regenerationsfähigkeit des Flachses ist jedoch für die Faserindustrie unerwünscht, da derartige Stengelbildungen technologisch wertlos sind. Auch Hagelschlag kann überwunden werden, an den Schlagstellen bilden sich durch abnormes Wachstum der Stengelgewebe knotenförmige Verdickungen, die geknickten Stengel richten sich wieder auf; da aber an solchen Stellen der Faserstrang unterbrochen und z. T. verholzt ist[7], sind derartige Stengel für die Langfasergewinnung nicht mehr brauchbar. Auch die Wurzel, falls durch Frost, Pilze oder mechanische Beschädigung verletzt, vermag sich durch Ausbildung stärkerer Seitenwurzeln zu helfen. Ebenso können sich abgeschnittene Sprosse (Stecklinge) gut bewurzeln[8].

C. Der Flachsstengel und seine Faser.

5. Äußere Eigenschaften des Stengels.

Nachdem in den vorangehenden Ausführungen ein allgemeines botanisches Bild der Flachspflanze gegeben wurde, soll im folgenden der industriell verwertete Stengel und seine Faser mehr vom technologischen Standpunkt aus betrachtet werden. Mit Flachsstengel oder Stroh sind hier demzufolge, wenn nichts anderes bemerkt wird, stets die handelsüblichen, von der Faserindustrie verwerteten, normalen Organe der Faserleine gemeint.

Die Farbe der Stengel ist technologisch von Bedeutung. Sie geht von grün über gelbgrün bis gelb, braun oder schwärzlichbraun und ist abhängig vom Zeitpunkt der Ernte (Vegetationsstadium der Pflanze), von allgemeinen Wachstumsbedingungen (z. B. Düngung), von Erntewetter und Krankheiten.

---

[1] Faserforsch. Bd. 6, S. 51. 1927. [2] Faserforsch. Bd. 4, S. 234. 1925.
[3] Opitz und von Pander in Faserforsch. Bd. 3, S. 234. 1923.
[4] Zit. S. 94. [5] Faserforsch. Bd. 7, S. 197, 213. 1928.
[6] Eigene Versuche; ferner Burns and Hedden: Conditions influencing regeneration of hypokotyl. Beih. Bot. Zbl. Bd. 19, S. 383—392. 1906.
[7] Schilling: Zur Kenntnis des Hagelflachses. Faserforsch. Bd. 1, S. 102—120. 1921.
[8] Eigene Versuche; ferner Beals: Cora Mautz, An histological study of regenerative phenomena in plants. Ann. Missouri Bot. Garden Bd. 10, S. 369. 1923.

Üblicherweise erfolgt die Ernte im Stadium der sogenannten „Gelbgrünreife", das sich als das zweckmäßigste erwiesen hat (vgl. S. 181). Die Laubblätter sind dann größtenteils von unten her abgefallen und der Stengel hat die bekannte gelblichgrüne Färbung, die nach einigem Lagern bis zu hellem Gelb verblassen kann. Strohflächse, die ein derartiges gleichmäßiges Gelbgrün oder Gelb zeigen, ohne sonstige abweichende Verfärbung, sind sehr erwünscht. Ausgesprochen grüne Farbe findet sich an sehr früh gerauften Flächsen; das kann absichtlich geschehen für Spezialzwecke (Herstellung feiner, belgischer Spitzen) oder auch nur notgedrungen (bei sehr spät ausgesäten Flächsen). Sind die Pflanzen bis zur völligen Reife, „Totreife", stehengeblieben, so kann die gelbe Farbe bis zu braun gehen. Übermäßige Stickstoffdüngung kann dunkelgrüne Stengel (bei vollständig reifen Kapseln) hervorbringen. Die Gleichmäßigkeit der Stengelfarbe kann durch verschiedene Umstände beeinträchtigt werden: Ungleichmäßigkeiten des Bodens, Unkrautbesatz (windender Knöterich, Ackerwinde, Seide usw.), längere Regenfälle, Lagern und Pilzbefall wirken in dieser Richtung[1]. Dürre kann z. B. rotbraunes, notreifes Stroh, Regen und Lagern mißfarbenes oder sogar angeröstetes Stroh liefern.

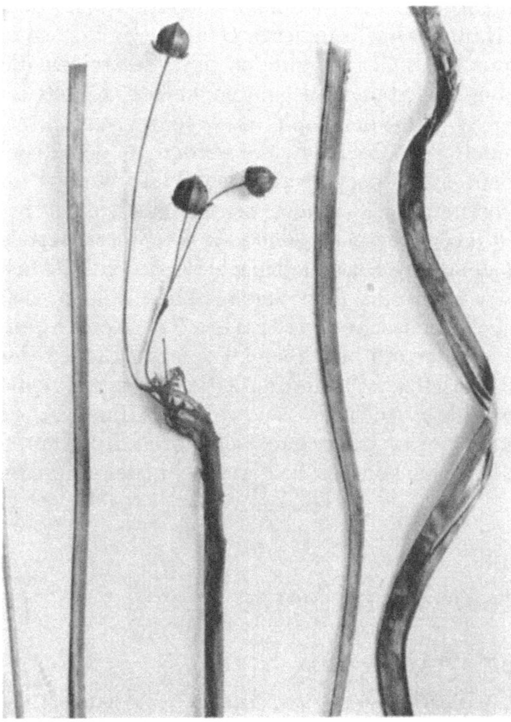

Abb. 28. Verbänderung des Flachsstengels.

Schwarze, krustenähnliche Flecken, sogenannte „Teer-oder Tintenspritzer", werden durch den Rostpilz Melampsora lini hervorgerufen (vgl. S. 177, Abb. 68), ebenso können schwärzliche Flecken oder Verfärbungen durch andere Pilze (z. B. Pleospora, Cladosporium, Alternaria usw.) bedingt sein. „Angeregnetes" oder „angeröstetes" Flachsstroh verdankt seine Verfärbung solchen Schwärzepilzen. Rostrote Verfärbung oder starke Braunfleckung kann die Folge von Fusarium, Colletotrichum oder Polyspora sein. Ausgesprochene karminrote Flecken fand ich verursacht durch den Pilz Trichothecium roseum. Marmorierte Fleckenbildung verursachen gar nicht so selten die Erdflöhe durch Beschädigung der Stengeloberfläche. Da alle diese Abweichungen von der Idealfarbe sich ungünstig bei der späteren Verarbeitung auswirken können, so wird mit Recht der Farbe des Flachsstrohes bei der Beurteilung der Güte ein größerer Wert beigemessen.

Die Oberfläche des Stengels ist glatt, sie besitzt keine Haare oder sonstigen Emergenzen (im Gegensatz zum Hanf). Sie wird nur unterbrochen durch die kleinen punktähnlichen dreieckigen Blattnarben, d. h. die Ansatzstellen der abgefallenen Laubblätter. Starke längs verlaufende Rillen oder Leisten, wie sie

[1] Vgl. z. B. Schilling (1928).

etwa der Hanfstengel besitzt, fehlen am Flachsstengel; nur in den oberen verzweigten Teilen finden sich schwache, öfters gedrehte Leisten, verursacht durch die beim Trocknen der Oberhaut sich hervorhebenden Gefäßbündel. Mit Hilfe einer Lupe kann man am Stengel feine schwach gedreht aufsteigende Längsrillen wahrnehmen. Dagegen ist der unterste Stengelteil und die Keimblattachse sowie Wurzelrest der erntereifen Pflanze in der Regel durch gröbere Risse, Schrumpfung und Verkorkung der Oberhaut gekennzeichnet[1]. An der Grenze zwischen Hypokotyl und Stengel sind die Ansatzstellen der beiden abgefallenen Keimblätter deutlich zu sehen.

Der Form nach ist der Stengel als stielrund zu bezeichnen; im oberen Teil, wo Seitenäste ansetzen, tritt öfters eine deutliche Verbreiterung auf. Auffällig bandartig verbreiterte (bis 1,5 cm) abgeplattete Stengel finden sich als Folge von Fasziation (Verbänderung), wobei Blattansatz und Kapselbildung manche Abweichung vom Normalen zeigen können.

Die Dicke des Stengels ist abhängig von der Leinsorte, Ernährungsbedingungen und vor allem von der Standraumweite im Felde (Aussaatstärke). Während sie bei den Ölleinen, die vielfach dickere Stengel liefern, ohne industrielle Bedeutung ist, spielt die Feinheit des Stengels bei den Faserleinen eine wichtige Rolle, da sowohl die praktische Erfahrung wie auch experimentelle botanische Untersuchungen gezeigt haben, daß sehr dünnes oder sehr dickes Stroh technologisch einen geringeren Wert besitzt als Stengel von einer gewissen mittleren Dicke, für die z. B. W. Müller (1926) den Wert von 1,3 bis 1,7 mm angibt. Die Stengeldicke kann die Faserausbeute wie auch die Fasergüte beeinflussen, worüber S. 123 weiteres mitgeteilt ist. Die dünnsten Stengel werden vom sogenannten „Unterwuchs" gebildet, d. h. aus irgendwelchen Gründen verkümmerten, wertlosen Pflanzen. Normale Pflanzen aus den üblichen Feldkulturen können etwa 0,6 bis 3 mm dicke Stengel aufweisen. A. Herzog (1918, S. 48) klassifiziert folgendermaßen:

Tabelle 15. Klassifizierung nach Stengeldicke (A. Herzog).

Dicke[2] in mm	Allgemeiner Charakter	Wertpunkte
bis 1,5	sehr fein	3
1,6 bis 2,0	fein	2
2,1 „ 2,5	grob	1
über 2,5	sehr grob	0

Tabelle 16. Klassifizierung nach Weck[3].

Umfang des 100er Bündels mm	Dickenklasse
40	sehr fein
50	fein
60	mittel
70	grob
80	sehr grob

Für besondere Zwecke, z. B. Zwirnherstellung, können aber auch grobe Stengel ihren Wert haben. Ferner ist das Stengelmaterial desto wertvoller, je gleichmäßiger die Dicke ist (möglichst geringe Abweichungen vom Mittelwert). Jedoch sorgen die verschiedenartigen Bedingungen, die bekanntlich jede Feldkultur mit sich bringt, dafür, daß ein ideal gleichmäßig dickes Flachsstroh nur in seltenen Fällen hervorgebracht wird: in der Regel sind alle Dickenklassen im Flachsstroh vertreten. Die Stengeldicke ist zunächst abhängig von der Leinsorte; es gibt z. B. Sorten, besonders solche, die zu reichlicher Verästelung oberwärts neigen, die unter gleichen Bedingungen deutlich dickere Stengel ausbilden als etwa kaum verästelte, kapselarme Sorten. Extreme Gegensätze zeigen hier schwersamige kapselreiche Ölleine und kleinsamige kapselarme Faserleintypen. Doch können auch manche Faserleine, die absichtlich auf hohen

[1] Anatomie bei Tammes (1908). [2] Gemessen in der Mitte des Stengels.
[3] Über die schnelle Methode (Weck 1926) zur Bestimmung der Stengeldicke vgl. S. 198.

Kornertrag oder Lagerfestigkeit gezüchtet sind, durch relativ dicke Stengel auffallen. Herkunftssaaten, wie z. B. Rigaer, können der Stengeldicke nach alle möglichen Typen enthalten, während reine Zuchtstämme oder auch alte ausgeglichene Landsorten unter normalen Bedingungen ein viel einheitlicheres Material liefern[1]. — Die Anbaubedingungen beeinflussen die Stengeldicke derart, daß gute Ernährung im allgemeinen auch dickere Stengel hervorbringt: mit zunehmender Stengellänge wächst auch die Stengeldicke, es besteht zwischen diesen beiden Eigenschaften eine positive Korrelation. Umgekehrt kann schlechte Ernährung (z. B. Sandboden, Wassermangel) sehr dünne Stengel liefern. Übermäßige oder unzweckmäßige Stickstoffdüngung (Stallmist!) kann zu sehr groben Stengeln führen. So fand Groß (1925, S. 45) folgende Dicken bei verschiedener Düngung: Ungedüngt 1,54 mm, Kali + Phosphor 1,61 mm, schwefelsaures Ammoniak 2,42 mm, Chilisalpeter 2,53 mm. Genaue Einzelheiten über die Wirkung der verschiedenen Nährstoffe auf die Stengeldicke gab Fabian (1928, S. 34). Nach ihm kann starke Stickstoffdüngung einseitig die Stengeldicke erhöhen, ohne das Längenwachstum noch zu fördern! Kleberger (1920, S. 123) fand, daß Ammonsalpeter und salpetersaurer Harnstoff grobe Stengel liefern. Krankheiten (Pilzbefall, Blasenfuß) können durch Wachstumshemmung unerwünscht dünne Stengel erzeugen. Ganz besondere Bedeutung kommt der Standraumweite zu, deren großer Einfluß auf die morphologischen Eigenschaften der Flachspflanze bereits eingangs erwähnt wurde. Als allgemeines Gesetz zeigt sich, daß mit zunehmendem Standraum auch die Stengeldicke zunimmt; Dichtsaat liefert feine, Dünnsaat grobe Stengel. Wegen ihrer Wichtigkeit für Landwirtschaft und Industrie ist demzufolge die Frage der Aussaatstärke sehr oft diskutiert und in zahlreichen Versuchen behandelt worden (vgl. S. 173). Genauere Einzelheiten über die Beziehungen zwischen Standraum und Stengeldicke bringen die Arbeiten von Strobel (1926), Weck (1924), W. Hoffmann (1928). Aus eigenen Versuchen sei im folgenden ein Ergebnis herausgegriffen:

Tabelle 17. Länge und Stengeldicke einer Faserleinzüchtung bei verschieden dichter Aussaat[2].

Kornzahl pro m^2	Pfund pro Morgen (errechnet)	Durchschnittliche Pflanzenhöhe cm	Umfang des 100er Bündels mm	Stengeldicke in halber Höhe mm	Schlankheit
3000	75,75	75	24	0,640	1172
2500	63,15	80	37	0,987	810
2000	50,50	80—85	46	1,228	672
1500	37,90	85	50,5	1,348	630
1000	25,25	90—95	58,5	1,562	528

Man sieht aus diesem Beispiel, wie mit fallender Aussaatdichte Pflanzenhöhe und Stengeldicke gleichsinnig steigen, daß aber ferner dieser Zuchtstamm sogar bei der geringen Aussaatstärke von 1000 Korn pro 1 m^2 = 25 Pfund pro Morgen noch feine Stengel ausbildet; andere, nicht so typische Faserleinformen, Zwischentypen oder gar Ölleine, erzeugen unter gleichen Bedingungen wesentlich dickere Stengel. Bei der gewählten Reihenentfernung von 10 cm sind auf den laufenden Meter 100 Korn entfallen (25 Pfund pro Morgen): das ist, landwirt-

[1] Weck (1925, S. 244) fand als Variationskoeffizienten: Zuchtstamm Eckendorfer Frühflachs = 14,60%, Zuchtstamm Langsflachs = 17,80%; Herkunft Selected superior = 26,25%, usw.

[2] Sorau 1927, sandiger Lehm, normale mineralische Volldüngung. Handgelegt, Reihenabstand 10 cm.

schaftlich betrachtet, schon sehr gering, physiologisch betrachtet aber noch sehr hoch, denn selbst bei dieser Pflanzendichte ist der Konkurrenzkampf der einzelnen Exemplare um Licht, Wasser und Nährsalze noch so stark, daß sie sich noch nicht frei entfalten können, sondern notgedrungen fein und schlank bleiben müssen. Welche Stengeldicke manche Formen unseres Kulturflachses wirklich erreichen können, sieht man erst an ganz frei stehenden, gut ernährten Exemplaren: hier konnte ich unten am Stengel Durchmesser von 6 bis 12 mm feststellen, in der Stengelmitte 4 bis 7 mm. — Allzu dünne Stengel sind nachteilig, da sie sich beim Aufstellen in Kapellen und beim Trocknen des Röstflachses durchbiegen können.

Die Pflanzenhöhe ist beim Faserflachs von größter Wichtigkeit, jedoch außerordentlich variabel. Wie bereits eingangs ausgeführt wurde (vgl. S. 75), ist die Höhe der Flachspflanze zunächst abhängig von der jeweiligen erblichen Form (Rasse), wird aber ferner sehr weitgehend von den Kulturbedingungen beeinflußt. Das gilt nicht nur für die Ölleine, die im allgemeinen kürzer bleiben, uns hier aber weniger interessieren, sondern in verstärktem Maße auch für die technologisch verwerteten Faserleine. Im allgemeinen wird man bei ihnen, normale Bedingungen vorausgesetzt, durchschnittliche Höhen von etwa 60 bis 100 cm in den üblichen Feldkulturen antreffen. Die Erfahrung zeigt, daß ungünstige Bedingungen die Höhe auf 50, 40 und noch weniger cm sinken lassen, so daß die kurzen Stengel keine Langfaser mehr liefern, sondern rationell nur noch auf Kurzfaser bzw. Werg zu verarbeiten sind. Andererseits können in günstigen Jahren Flächse von 110 bis 130 cm Höhe sehr gut erzielt werden[1]. Die größte Länge, die nach meinen Kenntnissen der Flachs überhaupt erreichen kann, liegt bei 150 cm. Ob es durch Züchtung gelingen kann, diese Höhe noch weiter zu steigern, ist unsicher; die Erbfaktoren für Länge sind uns im einzelnen noch nicht bekannt. Wohl aber ist die Züchtung in der Lage, innerhalb der Längenklassen 40 bis 130 cm einheitliche Flachsstämme zu isolieren, die jeweils unter normalen Bedingungen eine bestimmte erwünschte Länge einhalten[2]. Das ist gegenüber den Handelsherkünften, deren Saat aus einem Gemisch kürzerer und längerer Formen besteht, ein großer Vorteil.

Unter den äußeren Bedingungen, die die Länge beeinflussen, spielen vor allem Wasserversorgung, Temperatur, Nährstoffversorgung, Bodenbeschaffenheit, Krankheiten und Standweite eine Rolle, ferner kann die Qualität des Saatgutes (Vollkorn) sich auswirken. Es ist eine alte und immer wieder bestätigte Erfahrung, daß unser Faserflachs, besonders in der Jugend, für eine reichliche Wasserzufuhr sehr dankbar ist und auf gute Bodenfeuchtigkeit mit freudigem Längenwachstum reagiert. Umgekehrt kann bekanntlich Trockenheit oder gar ausgesprochene Dürre das Längenwachstum erheblich herabsetzen bzw. zu gänzlichem Mißwachstum führen. Man sieht derartige Unterschiede am besten, wenn man jahrelang ein und dieselben Zuchtstämme beobachtet; so betrugen z. B. die Längen für einen Sorauer Leinstamm in normalen Jahren 85 bis 90 cm, in trockenen Jahren 60 bis 70 cm, bei guter Feuchtigkeit 90 bis 110 cm. Wenn der Ötztaler Flachs seine berühmte Länge von 150 cm erreicht, so ist das meines Erachtens auf die dort geübte künstliche Bewässerung zurückzuführen[3]; im trockenem Jahr 1928 wurde die spät ausgesäte Originalsaat in Sorau nur

[1] Z. B. erzielt die Züchtung „Eckendorfer Langflachs" in feldmäßigem Bestande durchschnittliche Maximalhöhen von 120 bis 130 cm (Dr. Weck brieflich). Für irische IWS.-Saat fand ich 1928 in Sorau 125 cm Länge, für eigene Züchtungen 115 cm, Kleberger (1920) 100 bis 124 cm an einer schlesischen Saat.

[2] Längen über 130 cm sind im allgemeinen nicht erwünscht, da derartig langes Stroh das Hantieren und die Verarbeitung erschweren. Auch steigt die Gefahr des Lagerns.

[3] Vgl. Schilling (1929).

55 cm, früh ausgesäte weitstehende Eliten 100 cm lang. Im Gegensatz zu den Ölleinen sind ferner die Faserleine für eine gute Luftfeuchtigkeit sehr dankbar, wofür die Erzeugung der langen Flächse im europäischen Küstenklima spricht. Begünstigend wirkt ferner Wärme, während niedrige Temperatur das Längenwachstum hemmt. Nach W. Hoffmann (1928) sind 18 bis 20° C die für das Wachstum günstigste Temperatur. Bezüglich der Bodenbeschaffenheit ist bekannt, daß dürrer Sandboden und strenger Tonboden kurze Flächse hervorbringt; ebenso wirkt stauende Nässe im Boden sehr ungünstig. Im allgemeinen begünstigt ein gut gelockerter Boden, der ein schnelles Wurzelwachstum ermöglicht, auch die Stengellänge gegenüber hartem Boden. Frische Kalkung kann die Länge bis zur völligen Unbrauchbarkeit herabsetzen, doch ist ein hinreichender Kalkgehalt des Bodens dem Längenwachstum sehr zuträglich. Stark saure Bodenreaktion hemmt, neutrale bis schwach alkalische Reaktion begünstigt es[1]. Unzureichende Nährstoffversorgung überhaupt beeinflußt wie alle Eigenschaften so auch das Längenwachstum sehr ungünstig. So ergab z. B. ein Sorauer Zuchtstamm ungedüngt 40 bis 60 cm, vollgedüngt 90 cm Länge. Im einzelnen[2] wirkt besonders Stickstoff, wie bei allen Kulturpflanzen, fördernd, doch kann ein Zuviel davon auch hemmend wirken. Ähnlich, aber nicht so stark, wirkt Kali, noch weniger anscheinend Phosphor auf die Längenentwicklung ein. Unter den Krankheiten können manche Pilze, wie Colletotrichum, Fusarium, Phoma usw., die Länge sehr ungünstig herabsetzen. Bezüglich der Standraumweite gilt, daß mit größerem Standraum auch die Länge zunimmt; Dünnsaat liefert längere, Dichtsaat kürzere Pflanzen (vgl. Tabelle 5, 6, 7, 17). Für die Saatgutbeschaffenheit schließlich ist festgestellt, daß außer dem Gesundheitszustand auch dessen Kornschwere Entwicklung und Längenwachstum beeinflussen kann[3]. Wie bei anderen Kulturpflanzen zeigt sich auch beim Flachs, daß aus natürlichen Gründen leichte, flache, schlechter ausgebildete Samen schwächere und kürzere Pflanzen erzeugen, während voll ausgebildete, pralle, bauchige schwere Samen stärkere und längere Pflanzen liefern. Am beweiskräftigsten sind solche Versuche, wenn man nicht mit Saatherkünften arbeitet — in ihrem Gemisch könnten gerade die schwersten Samen zu kürzer bleibenden erblichen Formen gehören[4] —, sondern wenn man aus einer reinen Züchtung die verschieden schweren Körner durch Siebung sortiert und bei gleicher Pflanzendichte das Längenwachstum prüft. Die Überlegenheit der schweren Körner beruht unzweifelhaft darauf, daß sie weit mehr nutzbare Reservestoffe (Öl und Eiweiß) enthalten, die ein besseres Wachstum ermöglichen.

Vergleicht man die beiden Eigenschaften Pflanzenhöhe und Stengeldicke miteinander, so kann man einige bemerkenswerte Beziehungen finden. Im allgemeinen zeigt sich ein Zusammenhang dergestalt, daß mit zunehmender Pflanzenhöhe auch die Stengeldicke zunimmt (positive Korrelation).

Das ist der natürliche Ausdruck dafür, daß Pflanzen unter besseren Kulturbedingungen ihre Organe kräftiger ausbilden (dabei auch inneren mechanischen Gesetzen folgend). Bezeichnet man das Verhältnis von Pflanzenhöhe zu Stengeldicke (in halber Höhe) als „Schlankheit", so lassen sich durch zahlenmäßige Berechnung gewisse Anhaltspunkte gewinnen. So beträgt z. B. die Schlankheit eines Stengels von 100 cm Höhe bei 2 mm Dicke $1000 : 2 = 500$, bei 1,6 mm

[1] Arrhenius, O.: Kalkfrage, Bodenreaktion und Pflanzenwachstum. Leipzig 1926. — Selle, H.: Die Bedeutung der Bodenazidität für das Flachswachstum. Faserforsch. Bd. 5, S. 146—152. 1926.

[2] Vgl. Kleberger (1919, 1920), Fabian (1928), Groß (1925).

[3] A. Herzog (1900), Counkler (1919), Kleberger a. a. O., Kappert (1921), Schürhoff (1920).

[4] Kappert (1921).

Dicke dagegen 1000 : 1,6 = 625, d. h. je feiner ein Stengel bei einer bestimmten Höhe ist, desto größer wird die Zahl der Schlankheit. Tabelle 18 gibt diese Zahlen für die häufigsten Fälle, und man findet, daß sehr hohe oder sehr niedrige Werte für die Schlankheit auf technologisch Ungünstiges hinweisen. Auch Tabelle 17 wäre hierzu zu vergleichen.

Tabelle 18. Schlankheitsgrade des Flachsstengels.

Stengeldicke	Schlankheitsgrad Pflanzenhöhe				
mm	100 cm	90 cm	80 cm	70 cm	60 cm
3,0	333	300	267	233	200
2,5	400	360	320	280	240
2,0	500	450	400	350	300
1,9	526	474	421	368	316
1,8	555	500	444	389	333
1,7	588	529	470	412	353
1,6	625	562	500	437	375
1,5	666	600	533	467	400
1,4	714	643	571	500	428
1,3	769	692	615	538	461
1,2	833	750	666	583	500
1,1	909	818	727	636	545
1,0	1000	900	800	700	600
0,5	2000	1800	1600	1400	1200

Wir haben bisher die Länge der ganzen Pflanze betrachtet, ohne dabei auf Einzelheiten im Bau des Stengels einzugehen. Für die technologische Bewertung und Verarbeitung ist aber gerade die Zusammensetzung des Stengels von ganz besonderer Bedeutung. Am gerauften, für die Röste bestimmten Flachshalm können wir unterschieden: Wurzelteil, Hypokotyl (Keimblattachse), unverästelten Stengel und schließlich verästelten Teil mit Seitenästen. Davon ist für die Fasergewinnung der unverästelte Stengel von ausschlaggebender Bedeutung; er enthält den größten und qualitativ besten Anteil der zu gewinnenden Faser, je länger er ist, desto günstiger stellt sich die Bewertung des Flachsstrohes. Üblichem Gebrauche folgend, wollen wir den unverästelten Stengelteil, gemessen von den Ansatzstellen der Keimblätter bis zum Ansatz der ersten oberen Verästelung, als „Stengellänge", dagegen die gesamte Länge von den Ansatzstellen der Keimblätter bis zur Endigung oder Kapsel des höchsten Seitenastes als „Pflanzenhöhe" bezeichnen.

Die Reste der Hauptwurzel (und kleine Reste von Nebenwurzeln), die sich an allen gerauften Flachsstengeln finden, liefern keine Faser. Technologisch betrachtet bedeuten sie also einen nutzlosen Ballast, und es ist an sich erwünscht, daß das Gewicht dieser Wurzelreste möglichst gering ist, da das Flachsstroh nach Gewicht bezahlt

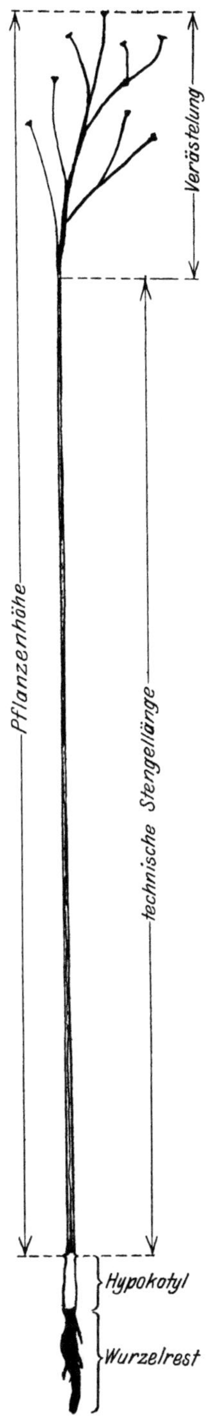

Abb. 29. Röstfertige Flachspflanze, schematisch.

wird[1]. Ebenso ist die Keimblattachse (etwa 1,5 bis 3,5 cm lang) technologisch wertlos, da nur wenige und ungünstig ausgebildete Fasern darin enthalten sind[2], die bei der Verarbeitung auf Langfaser wegfallen. Der gewichtsmäßige Anteil von Wurzel + Hypokotyl ist nicht unbeträchtlich; er macht nach A. Herzog (1918, S. 53) 7,3 bis 13,9%, im Mittel 10% des Pflanzengewichtes aus. Die aus Gründen der Arbeitsersparnis stattfindenden Versuche, das Raufen des Flachsfeldes durch Mähen zu ersetzen, können also darauf hinweisen, daß das Mähen diese nutzlosen 10% beseitigt[3]. Genauere Untersuchungen, ob und inwieweit das Wurzelgewicht am gerauften Flachs abhängig ist von Leinsorte, Boden und sonstigen Bedingungen, liegen m. W. nicht vor. Ich fand bei vier im Sorauer Zuchtgarten 1928 gebauten Leinzüchtungen (Aussaatstärke 2000 Korn pro m²) folgende Werte:

Tabelle 19.
Anteil von Wurzel + Hypokotyl am Flachsstroh (entsamt).

Leinstamm	Länge der Pflanzen cm	Gewicht von 100 Pfl. g	Gewicht von 100 Wurzeln g	Gewicht der Wurzeln %
Sorauer Wp 1a	91	59,7	4,51	7,55
Eckendorfer Früh. . .	75	51,85	4,29	8,27
Sorauer weiß spät . .	70	43,50	4,16	9,56
Holländ. Bella (spät). .	76	49,0	5,52	11,29

Wahrscheinlich bestehen im Wurzelanteil Unterschiede je nach Leinsorte, Standweite, Ernährung, Bodenstruktur sowie Bodenbeschaffenheit während des Raufens (trocken, naß). Mir scheinen besonders die spät reifenden Leinsorten durch stärkeres Wurzelwachstum und höheren Wurzelanteil des Erntestrohes gekennzeichnet zu sein. Sie lassen sich ja meistens auch viel schwerer raufen, und vielleicht hängt damit ferner die etwas geringere Faserausbeute zusammen, die z. B. der holländische weißblühende spätreifende Lein in der Regel zeigt. Größere Standraumweite liefert, wie vorhin ausgeführt wurde, dickere Stengel und dementsprechend auch dickere und schwerere Wurzeln. Zwischen Pflanzenhöhe und Wurzelanteil bestehen praktisch keine Beziehungen, d. h. die längsten Pflanzen brauchen im gerauften Stadium keineswegs die schwersten Wurzelanteile zu haben.

Die Stengellänge wird von der Leinsorte sowie von den allgemeinen Wachstumsbedingungen beeinflußt. Sie kann demnach recht verschieden ausfallen und schwankt bei Faserleinen normaler Feldkulturen etwa zwischen 40 bis 90 cm; prozentual entfallen von der gesamten Pflanzenhöhe etwa 70 bis 90% auf die Stengellänge. Fehlt die obere Verästelung völlig, d. h. sind die Pflanzen einkapselig, so wird Stengellänge = Pflanzenhöhe; umgekehrt kann die Stengellänge theoretisch den Nullwert erreichen, wenn schon am Stengelgrunde Verzweigung auftritt. Die Abhängigkeit der Stengellänge von der jeweiligen Leinsorte ist bereits S. 75 erwähnt worden. Starke Gegensätze bilden hier typische Ölleine gegenüber typischen langen Faserleinen. Untersucht man die Faserleine genauer, so findet man zunächst, daß die formenreichen Herkünfte ungleichmäßigere Stengellänge aufweisen als alte Landsorten oder gar reine Zuchtstämme. So fand z. B. Krüger (1925) als Schwankungskoeffizienten

[1] Würde das Flachsstroh nach Fasergehalt bezahlt, was angestrebt wird, so würden starke Wurzelreste für den Landwirt ungünstig sein.
[2] Vgl. S. 148. [3] Betr. Mähen vgl. S. 183.

(σ%) für Herkünfte 5,92%, für nicht reinblütige Stämme 5,61%, für reine Stämme dagegen nur 4,02%. Diese größere Gleichmäßigkeit von Leinzüchtungen ist in technologischer Beziehung recht wertvoll. Vergleicht man weiterhin verschiedene Zuchtstämme oder reine Linien untereinander, so kann man auch hier wieder verschiedenartige Ausbildung der Stengellänge feststellen: die höheren Sorten haben in der Regel auch eine höhere absolute Stengellänge als kürzere Sorten, während der prozentuale Anteil der Stengellänge schwanken und auch bei den kurzen Sorten beträchtliche Werte erreichen kann. Stämme von gleicher Pflanzenhöhe, unter gleichartigen Bedingungen gezogen, können in der absoluten und relativen Stengellänge differieren. Tabelle 20 zeigt diese Abhängigkeit der Stengellänge von der jeweiligen Sorte an einigen Beispielen, die eigene Züchtungen betreffen. Die Stengellänge kann aber noch höher oder auch niedriger sein als in diesen Beispielen: sie kann bei sehr kapselarmen Formen bis auf 90 bis 98% steigen, bei anderen, sehr ungünstig tief verzweigten Formen bis auf 60 bis 70% fallen.

Tabelle 20. Technische Stengellänge als Sorteneigentümlichkeit.

Sorauer Leinstamm Nr.	Mittlere Pflanzenhöhe	Mittlere Stengellänge		1000-Korngewicht	Bemerkungen
		cm	%		
248	94,66	84,25	89,0	4,7	Kleinsamige Faserleinstämme, Aussaatstärke 2000 Korn pro m², Reihenentfernung 10 cm
48	90,0	78,5	87,2	4,5	
221	83,6	72,0	86,1	4,3	
467	94,6	80,7	85,3	4,3	
24	76,6	64,2	83,7	4,7	
461	88,4	73,8	83,4	4,6	
19	61,7	51,1	82,8	4,9	
32	98,7	81,45	82,5	4,9	
209	83,0	68,0	81,9	4,5	
74	43,0	35,0	81,4	5,1	
26	70,3	56,7	80,6	4,9	
320	71,6	53,0	74,0	4,9	
556	63,0	51,7	82,0	12,5	GroßsamigeÖlleinstämme, 1500 Korn pro m², Reihenentfernung 10 cm
533	60,0	48,2	80,3	12,4	
542	53,1	41,4	77,9	11,8	
580	35,0	22,0	62,8	12,25	
420	88,0	73,3	83,3	7,2	Kreuzungen Öl- × Faserlein, 2000 Korn pro m², Reihenentfernung 10 cm
421	87,5	71,3	81,9	7,2	
318	66,4	53,7	80,8	7,7	

Unter den äußeren Bedingungen ist ganz besonders der Einfluß der Standraumweite zu betonen. Wie bereits S. 79 ausgeführt wurde, neigt der Flachs, je mehr Standraum der einzelnen Pflanze zur Verfügung steht, zu desto stärkerer Verästelung; die technisch so erwünschte Stengellänge von 80 bis 90% der ganzen Pflanzenhöhe, wie wir sie bei der feldmäßigen Dichtsaat erzielen können (starke gegenseitige Beschattung der Pflanzen!) wird merklich durch tieferen Ästeansatz ungünstig verändert, wenn wir dem Flachs besseren Standraum bieten. Übersteigt der Standraum ein gewisses Maß, so kann Grundverzweigung bei Faser- wie bei Ölleinen, bei letzteren stärker, eintreten und damit die Faserleine für eine regelrechte Langfasergewinnung unbrauchbar machen.

Man sieht deutlich, wie mit zunehmendem Standraum zwar die Pflanzenhöhe ansteigt, die relative Stengellänge aber fällt, bis bei größter Standweite schließlich Grundverzweigung ausgelöst wird. Daß die absolute Stengellänge zunächst noch ziemlich gleich bleibt und erst bei recht weitem Standraum sinkt, ist ein Kennzeichen mit für technologisch günstige Faserleinformen: andere Zuchtformen behalten z. B. bei einer Aussaatstärke von 1000 Korn pro m²* solch hohen Ansatz der Verästelung nicht bei, sondern verzweigen sich dann schon tiefer — sie „vertragen" eine Dünnsaat nicht. Tammes (1908, S. 43ff.) gibt ein ähnliches Beispiel für Rigaer Saat mit folgenden Zahlen: bei Dichtsaat Pflanzenhöhe 75,9 cm, Stengellänge 74,5 cm = 98,1%; bei Weitsaat 121,7 cm bzw. 57,5 cm = 47,2% Stengellänge. Weitere Beispiele finden sich bei Strobel (1928). Ferner ist wichtig, daß die Variabilität der Stengellänge innerhalb einer bestimmten Kultur desto größer ist, je weiter der Standraum ist, d. h. in einer dichtgesäten Kultur ist die Stengellänge viel einheitlicher, die Abweichungen vom Mittelwert sind geringer. In der landwirtschaftlichen Praxis will aus diesen Gründen die Aussaatdichte und Reihenentfernung wohl beachtet sein (vgl. S. 174). — Die Einflüsse des Bodens und der Ernährung treten gegenüber dem Standraum zurück. Nährstoffmangel oder Dürre[1] verringert naturgemäß Pflanzenhöhe und Stengellänge; umgekehrt wirkt gute Ernährung, besonders Stickstoffgaben, und reichliche Feuchtigkeit. Äußere Verletzungen, z. B. Hagelschlag, können abnorm tief verästelte Pflanzen auch in dichtem Feldbestand hervorrufen. Unter ungünstigen Verhältnissen treten ferner in größerer Zahl Pflanzen ohne jede Verästelung, mit nur einer Endkapsel, auf; die relative Stengellänge beträgt dann zwar 100%, jedoch sind solche Kümmerpflanzen minderwertig. Ebenso kann Pilzbefall im Jugendstadium des Leins sich auswirken.

Tabelle 21. Technische Stengellänge bei verschiedener Pflanzendichte einer Sorauer Faserleinzüchtung.

Aussaat Kornzahl pro m²	Reihenabstand	Pflanzenhöhe cm	Stengellänge cm	Stengellänge %
2000	10	77,5	67,5	87,1
2000	16,5	80,5	66,25	82,3
1000	20	88,35	68,125	77,1
250	20	92,0	45,3	49,2
100	20	97,4	z.T. Grundverzweig.	

Die Stengellänge ist nun lediglich ein Ausdruck dafür, wie hoch oder wie tief die Verästelung an der Pflanze ansetzt, sie sagt dagegen nichts aus über sonstige Eigenschaften der Verästelung, über deren Form, Zahl der Haupt- und Nebenäste, und Kapselzahl. Letztere ist zwar direkt eigentlich nur für die Höhe des Samenertrages und somit für die landwirtschaftliche Betrachtung von Bedeutung, hat aber doch auch einiges technologisches Interesse, da zwischen Kapselzahl und Ästezahl Beziehungen zu bestehen pflegen. Je mehr Kapseln, desto mehr Verästelungen sind vorhanden, und da nun das Flachsstroh desto günstiger ist, je weniger Anteile auf den verästelten Teil entfallen, so sind bei gleicher Stengellänge, ganz allgemein gesprochen, kapselreichere Sorten technologisch meist ungünstiger[2] als kapselarme Sorten: bei letzteren treten gewichtsmäßig die verästelten Teile zurück und stören die Ausbeute an Langfaser weniger. Die Kapseln stehen entweder am Ende eines Seitenastes, der unmittelbar vom Hauptstengel abzweigt (Seitenäste erster Ordnung), oder an Ästen, die nicht am Hauptstengel, sondern an Nebenästen entspringen (Seitenäste zweiter, dritter usw. Ordnung). Beobachtung der Faserleine zeigt nun, daß in der Art dieser Ästebildung manche Verschiedenheiten auftreten können. Es gibt z. B.

* Bei einem Tausendkorngewicht von 4,4 g entspricht dies einer Aussaatstärke von 22 Pfund pro Morgen.

[1] Fleischmann (1922, S. 34) fand z. B. bei 38 Leinzüchtungen eine mittlere Stengellänge von 60,09 cm für 1919, dagegen im Trockenjahr 1920 nur 44,26 cm, d. h. einen Rückgang von 26,3% im Gesamtmittel.

[2] Durch zielbewußte Züchtung läßt sich Kapselreichtum mit guter Faserausbeute bis zu einem gewissen Grade vereinigen.

Formen, die, auch bei feldmäßiger Dichtsaat, sehr lange und robuste Seitenäste erster Ordnung ausbilden (hohes und ungünstiges Gewicht der verästelten Zone!), andere mit kürzerer und feinerer Verästelung (günstiger!), weiter solche, wo zahlreiche Äste am Hauptstengel ganz kurz hintereinander, fast doldenähnlich, ansetzen, usw. Eingehendere Untersuchungen dieser Verhältnisse, die an reinen Stämmen unter gleichen Kulturbedingungen zu prüfen wären, liegen meines Wissens noch nicht vor, verdienten jedoch wohl einmal verfolgt zu werden. Es ist nicht von der Hand zu weisen, daß z. B. von zwei Stämmen mit gleicher technischer Stengellänge und sonst gleichen Eigenschaften derjenige, der gewichtsmäßig weniger Verästelungen enthält, fasertechnisch beachtenswert bessere Ausbeuten liefert.

Als letzte äußere Eigenschaft, die technisch von Bedeutung ist, sei die Haltung des Stengels erwähnt. Der normal gewachsene gesunde Flachsstengel zeigt infolge seines negativ geotropischen Wachstums eine aufrechte, gerade Haltung, sein unterer Teil setzt sich ohne bogige Krümmung — im Gegensatz zu den eingangs erwähnten ausdauernden Flachsarten — geradlinig in die Hauptwurzel fort. Diese gute Haltung erleichtert die nachfolgenden Arbeiten, das Stroh läßt sich von Anfang an gut ordnen (Raufen, Auslegen, Kapellen, Bündeln). Demgegenüber kommt schlechte Haltung vor als Folge von Lagern, Hagel, Pilzkrankheiten, Erdflohfraß, Blasenfußbefall usw. Derartiges Stroh, mehr oder weniger bogig gekrümmt — die Krümmung kann zum Teil durch Wachstum fixiert sein und läßt sich dann nicht mehr ausgleichen — erschwert das Ordnen, setzt den Anteil an Wirrstroh herauf, bereitet bei der Ausarbeitung Schwierigkeiten und drückt die Langfaserausbeute herunter.

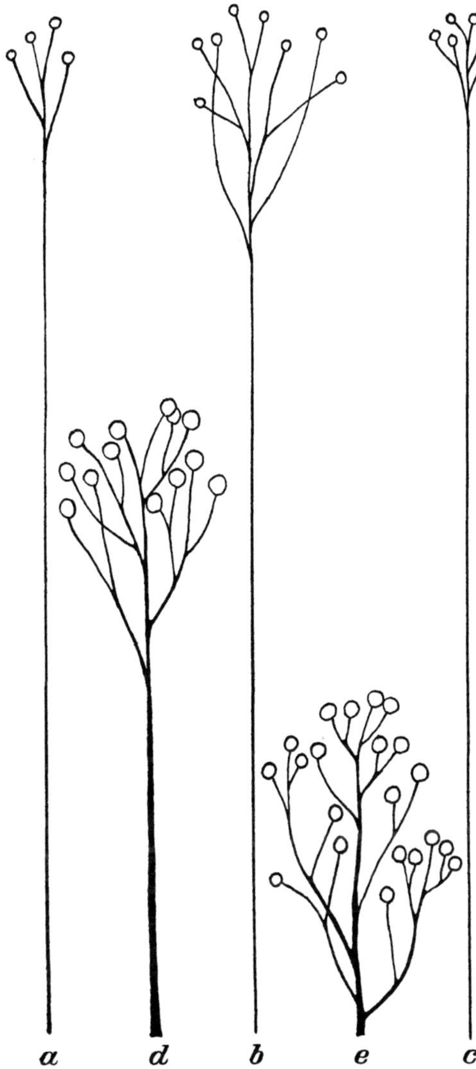

Abb. 30. Verschiedene Formen der Verästelung bei einigen Sorauer Züchtungen.

a = Faserlein, günstig verästelt, aber kapselarm, *b* = Faserlein, ungünstig verästelt, *c* = Bastard, Öllein × Faserlein, sehr günstig verästelt, *d* = Öllein, starke Verästelung, *e* = Öllein, buschige Wuchsform.

In kurzer Zusammenfassung mag zum Schluß dieser Erörterungen Tabelle 22 noch einmal die äußeren Eigenschaften des Flachsstengels und deren technologische Bewertung vergleichend nebeneinanderstellen. Ein derartiges Schema kann naturgemäß nur Anhaltspunkte geben: in der Praxis liegt ein ideal günstiges Flachsstroh nur in den seltensten Fällen vor, Abweichungen in einzelnen Punkten finden sich immer, insbesondere treten Ungleichmäßigkeiten in Länge, Dicke und Farbe des Strohes auf, verursacht durch die verschiedensten

Tabelle 22. Äußere Eigenschaften und Bewertung des Flachsstengels.

Eigenschaft	Günstig	Ungünstig
Farbe	gleichmäß. gelb bis grüngelb	grün; braun. Fleckung durch Pilze usw.
Dicke	1,3 bis 1,7 mm*	sehr dünne und sehr dicke Stengel
Pflanzenhöhe . .	70 bis 120 cm	unter 60 cm und über 130 cm
Schlankheit . .	mittlere Werte	hohe oder niedrige Werte
Stengellänge . .	80 bis 95%	unter 70%
Verästelung . .	schwach	stark
Kapselzahl . . .	gering	hoch[1]
Grundverzweig. .	keine	vorhanden
Haltung	gerade, geordnete Stengel	krumme, verwirrte Stengel
Krankheiten . .	keine	Pilze, Insekten, Hagel

Umstände[2], und die Bewertung durch die Einkäufer kann je nach den Wünschen und Zwecken der Fabriken etwas verschieden ausfallen.

Bei der erheblichen Bedeutung, die schon den äußeren Merkmalen des Rohstoffes zukommt, hat es nicht an Versuchen gefehlt, die übliche subjektive Begutachtung durch den Augenschein, wie sie mehr oder minder sorgfältig und abhängig von der Erfahrung des jeweiligen Aufkäufers erfolgt, zu ersetzen durch eine mehr objektive, zahlenmäßige Bewertung nach Wertpunkten. Verschiedene Fabriken oder Verbände gehen nach solchen Punktsystemen vor.

Ein interessantes System hat A. Herzog (1928, S. 43 bis 52) veröffentlicht, dabei auch schon einige innere Eigenschaften berücksichtigt. In weiteren Kreisen stoßen solche bis ins einzelne gehende Systeme jedoch auf Ablehnung. Ein Nachteil wird unter anderem darin erblickt, daß sie einen nicht unbeträchtlichen Zeitaufwand erfordern, der vielfach gescheut wird. Zu beachten ist ferner, daß die äußeren Eigenschaften manchmal auch gewaltig täuschen können, was jeder erfahrene Flachszüchter bestätigen wird und ehrliche Flachskäufer zugeben müssen. Ein Beispiel: ein Sorauer Flachsstamm wurde auf Grund seiner ausgezeichneten äußeren Erscheinung von alten erfahrenen Flachskennern als „sehr gut“ bewertet, die Verarbeitung auf Faser ergab dagegen sehr ungünstige

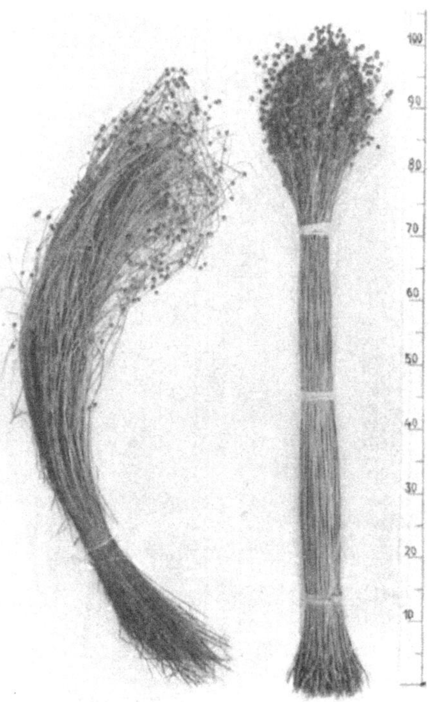

Abb. 31. Haltung des Flachses.
Rechts: gut, lagerfest (Sorauer Feinflachs), links: gelagert (Rigaer).

* Für die meisten Zwecke normaler Langfasergewinnung.
1 In den meisten Fällen, doch nicht immer (bestimmte Zuchtsorten!).
2 Vgl. z. B. Schilling (1927).

Resultate, und zwar als erbliche, immer wiederkehrende Eigentümlichkeit. Solche „Blender" mahnen zur Vorsicht und zeigen deutlich, daß für die Bewertung die inneren, anatomischen Verhältnisse ausschlaggebend sind, die im folgenden besprochen werden sollen.

6. Innerer Aufbau des Stengels.

Führt man in halber Höhe der Leinpflanze einen Querschnitt durch einen Flachsstengel, wie er in der Gelbgrünreife für Fasergewinnung geerntet wird, so sieht man bei mikroskopischer Betrachtung die folgende Gewebeverteilung:

Als äußerste Lage die dünne, von der Epidermis gebildete Oberhaut (*Ep*), daran anschließend ein chlorophyllführendes Rindengewebe (*Ri*) in Gestalt rundlicher, parenchymatischer Zellen, dann die Bastfaserbündel (*B*), ringförmig angeordnet, aber doch aus getrennten Gruppen bestehend; nach innen zu wieder Rindengewebe (*Rs*), aus kleinzelligem Siebteil bestehend. Darauf folgt als sehr feine dünne Schicht das Kambium) ein Bildungsgewebe, welches Rinde von Holz trennt. Der Holzzylinder (*H*) ist stark entwickelt, besteht aus den dickwandigen, verholzten Zellen und geht nach innen zu in das meist spärliche Mark (*M*) über. Ganz innen schließlich liegt ein Luftraum (*L*), der als Hohlkanal den Stengel großenteils durchzieht; er fehlt in jüngeren Stengelteilen.

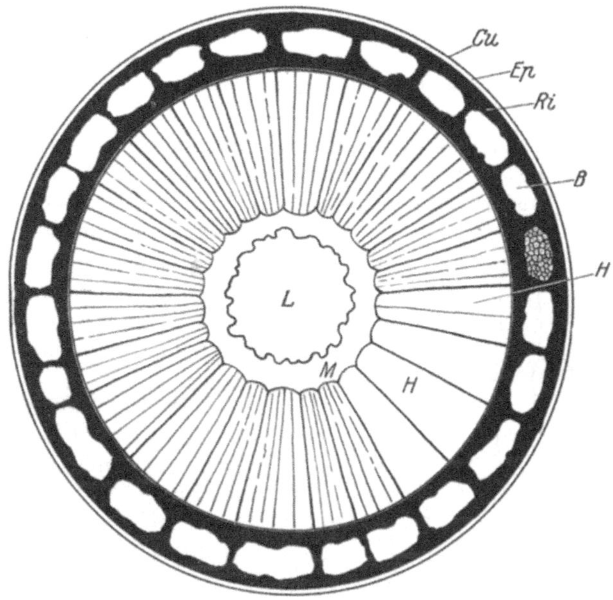

Abb. 32. Schematischer Querschnitt durch einen Flachsstengel in halber Pflanzenhöhe.

Von all diesen Geweben sind es allein die Bastbündel, die die Flachsfaser liefern, und es ist die Aufgabe der verarbeitenden Industrie, diese Bastbündel möglichst vollständig zu gewinnen, sie dabei aber auch möglichst vollkommen von allen anderen Gewebeteilen zu befreien, die nur unnützer Ballast sind. Das größte Interesse haben demnach die Bastbündel zu beanspruchen, da sie Menge und Qualität der Faser bestimmen. Jedoch sind die Methoden ihrer Gewinnung (Rösten, Brechen, Schwingen, Hecheln) keineswegs so vollkommen, daß nun wirklich nur reine Bastbündel erhalten würden: die technische Flachsfaser führt in Form von auflagernden Verunreinigungen stets mehr oder minder zahlreich Reste aller eben genannten Gewebe. Diese können durch nachfolgende chemische Behandlung (Bleicherei) weiter zerstört werden, doch lassen sich selbst noch in feinen gebleichten Leinenerzeugnissen oftmals Überbleibsel nachweisen, die technologisch oder diagnostisch von Interesse sind. Aus diesen Gründen verdienen auch die nicht aus Fasern bestehenden Gewebe des Flachsstengels Berücksichtigung, der Holzteil ferner auch deshalb, weil man versucht, aus seinen Zellen Material für die Papierindustrie zu gewinnen. Wir wollen demgemäß die ganzen Gewebe, in ihrer topographischen Reihenfolge, hier kurz behandeln.

Die Oberhaut des Flachsstengels wird gebildet von der Epidermis. Sie ist eine dünne, aus nur einer Zellage bestehende Schicht und wird außen von einem sehr feinen dünnen Häutchen, der Kutikula, überzogen. Die Kutikula trägt ihrerseits noch einen feinkörnigen, hauchdünnen Überzug von Wachs.

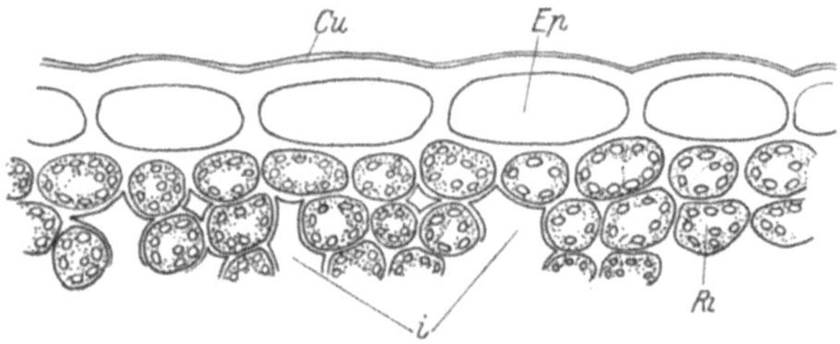

Abb. 33. Oberhaut im Querschnitt, sehr stark vergrößert. *Ep* = Epidermiszelle, *Cu* = Kutikula, *Ri* = Rinde, *i* = Interzellularen.

Im Leben der Flachspflanze kommt der Oberhaut die Aufgabe zu, den Stengel mit seinen weichen und wasserreichen Geweben schützend von der Außenwelt abzugrenzen, insbesondere übermäßige Wasserverdunstung zu verhindern. Letzteres wird durch die dicken Außenwandungen der Epidermiszellen und den Überzug von Kutikula und Wachs hinlänglich erreicht. Die glatte, mit keinerlei Haarbildung (Unterschied vom Hanf!) versehene Oberhaut wird nur unterbrochen durch die Spaltöffnungen, Stomata, d. h. kleine Organe, die selbsttätig die Transpiration und Atmung des Stengels regeln.

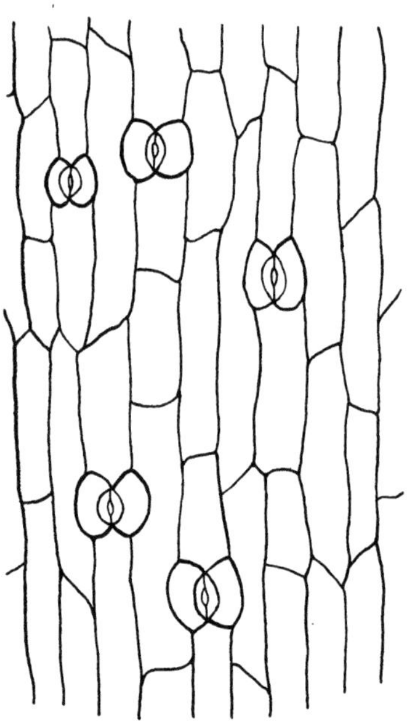
Abb. 34. Oberhaut des Flachsstengels mit Spaltöffnungen.

Form und Anordnung dieser Spaltöffnungen — die eigentliche Öffnung wird von je zwei bogenförmig gekrümmten Schließzellen und Nebenzellen umschlossen — und die Häufigkeit ihres Vorkommens — pro 1 mm² Stengeloberfläche 30 bis 40 Stück nach Tammes, 25 bis 35 Stück nach Herzog, 21 bis 48 Stück nach eigenen Zählungen — sind wichtig für die Diagnostik der Flachsfaser. Sie ermöglichen z. B. eine scharfe Trennung von der Hanffaser, die sonst im Bau der Faserzellen dem Flachs sehr ähnlich ist. — Die Epidermiszellen weisen etwa die folgenden Dimensionen auf: Länge (in der Längsrichtung des Stengels 100 bis 250 μ, Breite (in tangentialer Richtung) 18 bis 50 μ, Dicke (in radialer Richtung) 14 bis 18 μ. Die Maße können sich durch Kulturbedingungen (dicke Stengel) oder durch Zellteilungen am unteren Stengelteil verschieben.

Technologisch betrachtet kommt der Oberhaut folgende Bedeutung zu: die auf ihr befindlichen Spaltöffnungen sind es, die den Röstbakterien das Eindringen in den Flachsstengel[1] ermöglichen; in der technischen Flachsfaser

[1] Müller, W. u. F. Tobler: Wie dringen die Röstbakterien in den Flachsstengel ein? Faserforsch. Bd. 2, S. 21—28. 1922.

sind anhaftende Teile der Kutikula und Wachsschicht Ursache für den nicht unbeträchtlichen Fett- und Wachsgehalt, ebenso in gebleichten Leinengarnen und Leinengeweben (vgl. S. 136); in fertigen Leinengeweben können Reste der Kutikula Anlaß zur Bildung von „Spiegelflecken" geben, d. h. die zusammengepreßten Kutikulareste verdecken als dunklere, spiegelnde Flecken die weiße, eigentliche Faser (Abb. 35). Der Fett- und Wachsgehalt soll von Einfluß auf Glanz und Festigkeit der Flachsfaser sein (S. 137).

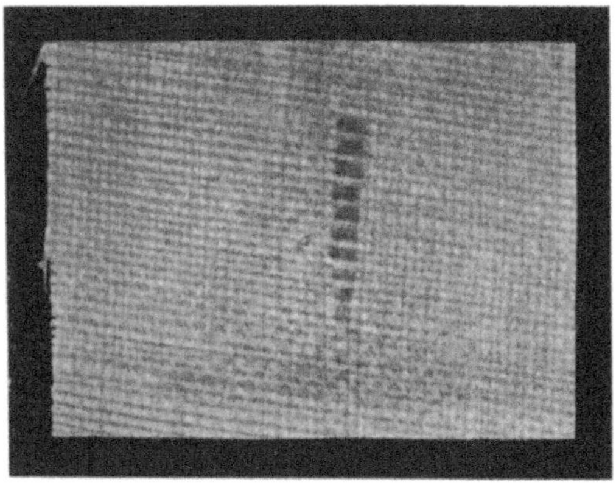

Abb. 35. Vollgebleichte Leinwand mit Spiegelfleck.

Durch Anfärben mit Fettfarbstoffen, z. B. Rotfärbung mit Sudan III in alkoholischer Lösung, lassen sich die Kutikulareste gut nachweisen. Auf die Bedeutung der Oberhaut für die Faserdiagnostik ist eben schon hingewiesen worden. Die in den Epidermiszellen enthaltenen Eiweißstoffe (Protoplasmareste) können während der Röste von Bakterien abgebaut werden (vgl. S. 141), doch sind sie nur spärlich vorhanden.

Das an die Oberhaut sich anschließende primäre Rindengewebe (*Ri*) besteht zunächst aus 2 bis 7 Schichten von im Querschnitt rundlichen Parenchymzellen, die grüne oder schon gelblich verfärbte Chlorophyllkörner enthalten, sowie Zuckerarten, Protoplasmareste, Gerbstoffe und das Glykosid Linamarin. Während die Zellen der äußersten Schicht, die direkt an die Oberhaut angrenzt, lückenlos aneinanderschließen, liegen die Zellen der weiteren Schichten lockerer und sind durch Luftgänge, Interzellularräume, mehr oder weniger getrennt. Die letzte, schon an die Bastbündel angrenzende Zellschicht (Endodermis) fungiert als Stärkescheide, ihre Zellen führen einfache, rundliche bis ovale, 2 bis 5 μ dicke Stärkekörner. In jungen Stengeln verläuft diese Stärkescheide als ununterbrochenes Band, im erwachsenen Stengel ist sie in einzelne Zellgruppen zerlegt (infolge des sekundären Dickenwachstums).

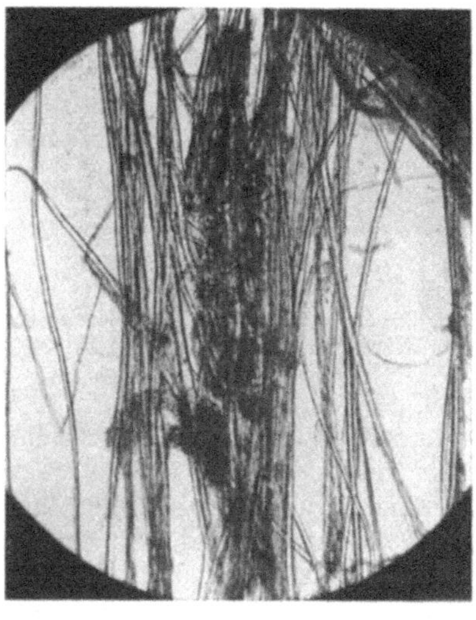

Abb. 36. Mikroskopisches Bild des Spiegelfleckes von Abb. 35. Die Kutikulareste wurden mit Sudan III rotgefärbt und treten so dunkel hervor.

In technologischer Hinsicht wäre über die primäre Rinde zu sagen, daß sie, als direkt an die Bastbündel grenzend, durch biologische oder chemische Röste von den Bastbündeln getrennt werden muß. Diese Trennung erfolgt durch Zerstörung der in der Regel unverholzten Mittellamelle, die die Rindenzellen und Bastfasern verbindet und weniger widerstandsfähig ist als die

Mittellamellen der Fasern selbst. Die Erfahrung zeigt aber, daß die erwünschte Trennung in der Röste sehr unterschiedlich vor sich geht: je nach Stengelmaterial und Röstverlauf bleibt mehr oder weniger Rinde auf den Bastfasern als Verunreinigung sitzen (vgl. Abb. 37a). Zu ihrer Entfernung tragen die dann folgenden Arbeitsprozesse des Schwingens, Hechelns, Spinnens und Bleichens bei; so enthält der Staub, der beim Schwingen, Hecheln und Spinnen der Flachsfaser abfällt, viele Rindenteile neben den Oberhautresten. (Chemische Zusammensetzung vgl. S. 131ff.) Ferner wird die Farbe der Flachsfaser durch die Rinde beeinflußt, insbesondere durch das Chlorophyll (grüne Flächse) oder dessen Umwandlungsprodukte, gelbes Xanthophyll (gelbliche oder bräunliche Flächse). Auch die Gerbstoffe können daran beteiligt sein, sie können z. B. aus dem Wasser Eisen an sich ziehen; nach A. Herzog sind an der Färbung der Tauröstflächse solche gerbsauren Eisenverbindungen beteiligt. Die Grün- oder Gelbbraunfarbe der Flachsfaser kann entweder direkt auf den auflagernden Chlorophyllresten beruhen oder darauf, daß die Chlorophyllfarbstoffe in den Fett- und Wachsstoffen des Stengels löslich sind. Über die Farbstoffe, die vornehmlich unter dem Einfluß von Pilzkrankheiten und Dürrejahren auffällig braunrote Flächse liefern, ist nichts Genaueres bekannt, nach meinen Erfahrungen dürften dabei Stoffe beteiligt sein, die dem Wundgummi oder Holzgummi nahestehen. Die in den Rindenzellen vorhandenen Mineralstoffsalze und organischen Verbindungen (Zuckerarten, Glukose; Eiweiße; Stärke) spielen bei der Röste eine Rolle, da durch ihren Abbau Säuren und übelriechende Substanzen entstehen (vgl. S. 141 und 220).

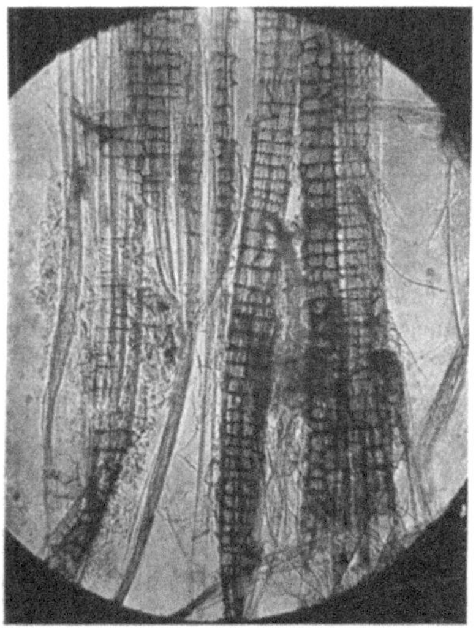

Abb. 37a. Fußenden eines schlecht verarbeiteten Schwingflachses. Die Fasern sind durch anhaftende Rindenteile verunreinigt.

An die primäre Rinde schließen sich die später zu besprechenden Bastbündel an, und daran nach innen zu wieder Rindengewebe, das wir kurz als sekundäre Rinde bezeichnen wollen. Wir finden hier gleichfalls gewöhnliche Parenchymzellen, auch einige Stärkescheidezellen, weiterhin aber, im Phloem, kleinere, zartwandige, dem Nährstofftransport dienende Zellgruppen, die sogenannten Siebröhren mit Geleitzellen. Technologisch ist diese sekundäre Rinde von minderer Bedeutung. Die direkt an die Bastbündel angrenzenden Parenchymzellen können zwar auch als Verunreinigung auf der Bastfaser sitzen bleiben, doch wird im allgemeinen das Gewebe bei der Fasergewinnung leicht zerstört. Dagegen finden sich hier verhältnismäßig viel Eiweißstoffe, deren Abbauprodukte zum üblen Geruch der Röstflüssigkeit beitragen können.

Die dann folgende zarte Kambiumschicht ist zwar für die Entwicklung des Stengels von fundamentaler Bedeutung — sie erzeugt nach außen das sekundäre Rindengewebe, nach innen Holz —, hat aber für den erntereifen Stengel keine Wichtigkeit mehr. Sie kann letzten Endes ganz in der Bildung von sekundärem Gewebe aufgehen. Technologisch ist sie insofern interessant, als hier wegen ihrer Zartheit die Trennung von Holzkörper einerseits und Rinde samt Bastfasern andererseits unter normalen Verhältnissen leicht gelingt.

Der Holzkörper ist charakterisiert durch derbwandige und verholzte Zellen, die als Gefäße, Fasertracheiden und Markstrahlzellen unterschieden werden. Behandelt man einen Stengelquerschnitt mit Phlorogluzin und konz. Salzsäure, so hebt sich der kirschrot gefärbte Holzring sehr deutlich von den Rindenpartien ab. Alle drei Zellarten kommen in etwa gleicher Häufigkeit vor. Die Gefäße liegen meistens gruppenweise in radialen Reihen beisammen, seltener vereinzelt; ihr Durchmesser beträgt etwa 12 bis 24 μ, ihre Länge (Einzelglieder) etwa 180 bis 500 μ, ihre Wände sind etwa 2 μ dick und mit Poren, Hoftüpfeln, versehen. Die Fasertracheiden messen in radialer Richtung etwa 14 bis 20 μ, in tangentialer etwa 8 bis 12 μ, ihre Länge beträgt etwa 250 bis 500 μ, sie besitzen gleichfalls Hoftüpfel. Die Markstrahlzellen sind in tangentialer Richtung nur 4 bis 7 μ breit, in radialer 10 bis 15 μ, ihre Länge beträgt nur 50 bis 150 μ. Sie sind mit einseitigen Hoftüpfeln oder einfachen Tüpfeln ausgestattet. Im Leben der Flachspflanze dient der Holzkörper als Festigungsorgan: ist er nicht genügend stark ausgebildet oder wird trotz normaler Ausbildung die zu tragende obere Last (Blätter, Knospen, junge Kapseln) zu groß, z. B. bei Regen, so biegt sich der Stengel durch und der Flachs lagert[1]. Ferner ist der Holzkörper wichtig als Leitungsorgan (Transport von Wasser und Nährsalzen).

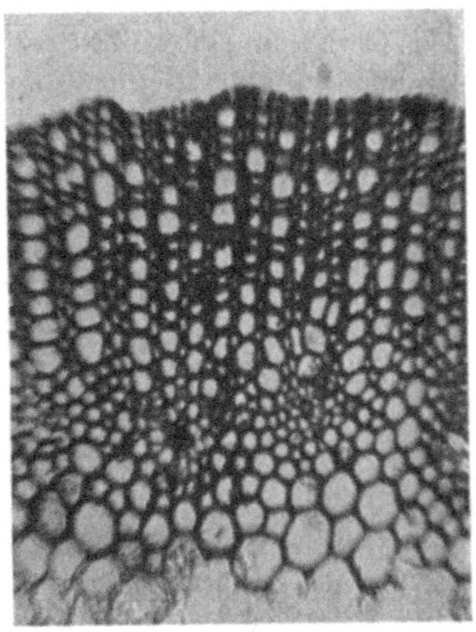

Abb. 37b. Teilansicht eines Querschnittes durch den Holzteil eines erwachsenen Flachsstengels.

Technologisch betrachtet ist der Holzkörper in mancher Beziehung interessant. Die Stärke seiner Ausbildung — sie wird durch Kulturbedingungen (Standweite, Ernährung) und Flachssorte beeinflußt — ist für die faserverarbeitende Industrie nicht unwichtig, da man ja die ganzen Stengel kauft und nach Gewicht bezahlt: am Stengelgewicht kann der Holzkörper bald mehr bald minder großen Anteil haben[2]. Die Unterschiede im Holzanteil dicker und dünner Stengel kann man auf mikroskopischem Wege graphisch ausmessen[3] oder gewichtsmäßig bestimmen, indem man durch biologische Röste oder chemische Aufschließung (Kochen mit Wasser, verdünnten alkalischen Lösungen) das Holz von der Rinde trennt. Fasertechnisch ganz ungünstig sind naturgemäß solche Pflanzen, die großen Holzanteil und gleichzeitig geringen Faseranteil haben, wie sie sich z. B. unter den Ölleinen finden, aber auch aus Faserleinen isoliert werden können, z. B. bei einseitiger Züchtung auf Lagerfestigkeit. Der Holzanteil ist in der untersten Stengelzone absolut und relativ am größten, wie es Tabelle 23 (S. 118) zeigen mag.

Die Entfernung des Holzkörpers ist ein Hauptziel der Röste. In den gerösteten Stengeln ist der Holzkörper so spröde geworden, daß er bei der nachfolgenden mechanischen Behandlung (Knicken, Brechen) in kleine Bruchstücke zerfällt (Scheben, Ännen), die dann durch das Schwingen und Hecheln weiter beseitigt werden (vgl. S. 263). Die chemische Beschaffenheit des Holzteiles ist auf S. 139 geschildert, die verschiedenen Verwendungsmöglichkeiten der Scheben auf S. 272. Hier soll nur darauf hingewiesen werden, daß die eben genannten Zahlen

[1] Dabei können auch die Bastfasern eine Rolle spielen.

[2] Z. B. schwankte in den Versuchen von Fabian (Faserforsch. Bd. 7, S. 88. 1928,) der Holzgehalt, ermittelt durch Kochen mit 1,5%iger Natronlauge, von 37 bis 50%.

[3] Vgl. z. B. A. Herzog in Angew. Bot. Bd, 1. S. 69—79, 1919.

Tabelle 23.
Volumprozente der verschiedenen Gewebe im Flachsstengel nach A. Herzog[1].

Gewebeart	Wurzel	Hypokotyl	Stengel, cm über den Keimblattnarben							
			0—10	10—20	20—30	30—40	40—50	50—60	60—60	70—80
Rinde. . . . %	18,9	21,1	23,7	20,3	20,3	25,2	25,7	25,1	32,5	44,7
Holz . . . . %	80,8	78,7	54,4	45,7	35,9	34,3	32,2	35,4	38,3	34,9
Mark . . . . %	0,3	0,2	12,1	12,0	13,9	16,5	28,1	27,2	22,7	20,4
Hohlraum. . %	0,0	0,0	9,8	22,0	29,9	24,4	14,0	12,3	6,5	0,0

für die Länge der Holzzellen sehr ungünstig sind in Hinblick auf die Papierfabrikation. Der Flachsfaser anhaftende Holzteile sind ferner *diagnostisch* brauchbar, sie unterscheiden sich im Bau z. B. vom Holze des Hanfes und können deshalb zur Unterscheidung der beiden Faserarten beitragen.

An das Holz schließt sich als letztes Gewebe das *Mark*. Im jungen wachsenden Stengelteil füllt es das ganze Innere geschlossen aus, später weichen die Markzellen auseinander und schaffen so den zentralen Luftkanal in der Mitte des Stengels. Die Markzellen sind dünnwandig und verholzt, technologisch ohne besondere Bedeutung, sie fallen bei der Verarbeitung zusammen mit den Scheben ab. Zu erwähnen ist, daß sich im Mark nicht selten Kristalldrusen von Kalziumphosphat finden.

Die *Faserbündel* sind naturgemäß in textiler Hinsicht von ausschlaggebender Bedeutung und verdienen deshalb eingehende Berücksichtigung, hängt doch von ihrem *mengenmäßigen* Vorkommen, von ihrer *Form* und *Verteilung* im Stengel, von der Art ihrer *Zusammensetzung aus Faserzellen* die Quantität und Qualität der Faserausbeute ab. Die fortschreitende Erkenntnis begnügt sich heute nicht mehr mit den empirischen Erfahrungen, wie sie in der Röste und weiteren Verarbeitung praktisch seit alter Zeit vorliegen, sondern ist bemüht, die *Ursachen für Verschiedenheiten* der anfallenden Fasermenge und der technologischen Eigenschaften (z. B. Langfaser- und Wergverhältnis, Spinnqualität, Festigkeit) auf *bestimmte Merkmale der Faserbündel* im Stengel zurückzuführen. Die Kenntnis solcher Merkmale kann auch für die *Züchtung des Flachses* eine wesentliche Förderung bedeuten: wenn es gelingt, auf *anatomischem* Wege Aussagen zu machen, so stellt das gegenüber Anbauversuchen eine beachtliche Ersparnis an Kosten und Zeit vor. So könnten z. B. schon wenige Querschnitte durch normal gewachsene Stengel einer Selektion schon im zweiten Jahr Anhaltspunkte geben, ob die Bastbündel günstig sind oder nicht, und so die Auswahl der Linien erleichtern. Unterschiede zwischen Faserreichtum und Faserarmut z. B. lassen sich gut anatomisch feststellen, und nach meinen Beobachtungen decken sich diese anatomischen Befunde weitgehend mit den praktisch-technischen Röstergebnissen. Schwieriger ist es, Beziehungen zwischen der anatomischen Beschaffenheit der Faserbündel und ihren technologischen Eigenschaften sicher zu stellen, da hier auch die chemische Seite berücksichtigt sein will und sich der Ablauf der Röste dazwischenschiebt. Auf diesem Gebiete sind noch manche Untersuchungen nötig, immerhin lassen sich bereits einige Hinweise geben. Zweifelsohne darf von weiteren, kombiniert chemisch-anatomischen Prüfungen noch manche Klärung erhofft werden, auch z. B. in Hinblick auf die Kotonisierung der Flachsfaser.

Bei der Betrachtung der Faserbündel muß allerdings von Anfang an berücksichtigt werden, *daß ihre Ausbildung durch Wachstumsbedingungen stark beeinflußt werden kann* (Standweite und Ernährung der Pflanzen). Dies erschwert die Verallgemeinerung von einzelnen anatomischen Ergebnissen

[1] Flachskäufer S. 58. Sorau 1918.

und verlangt, daß man nur solche Stengel vergleicht und zu Schlüssen benutzt, die wirklich unter ganz normalen, im Faserflachsbau üblichen Bedingungen herangewachsen sind. Auch auf etwaige pathologische Erscheinungen hat man zu achten, da z. B. Pilzinfektion den Stengelbau variieren kann. Weiterhin sei gleich gesagt, daß die Variabilität im Stengel- und Faserbündelbau, wenn man eine der bekannten Leinherkünfte benutzt (Rigaer, Holländer usw.), auch darauf zurückgeführt werden kann, daß verschiedene erbliche Typen unter den Flachspflanzen vorliegen. Isoliert man z. B. aus russischer Originalsaat verschiedene reine Linien und baut sie unter den gleichen normalen Bedingungen nebeneinander an, so kann man betr. Ausbildung der Faserbündel durchaus verschiedene erbliche Typen feststellen, die ihre Eigenschaften Jahr für Jahr in der Nachkommenschaft weiter vererben. Die Richtigkeit dieser Erscheinung habe ich durch Prüfung von eigenen, aus allen Erdteilen isolierten Flachszüchtungen kennengelernt. Auch aus diesem Grunde soll man also mit der Verallgemeinerung anatomischer Ergebnisse vorsichtig sein, sofern man Saatherkünfte benutzt.

In dieser Beziehung sei auch auf eine Arbeit von A. N. Melnikov[1] hingewiesen, der die Faserbündel russischer Herkünfte und reiner Linien anatomisch vergleichend untersuchte, neben Faserleinen auch Ölleine. Die eingehendsten Untersuchungen über die Faserbündel im Flachsstengel verdanken wir Tine Tammes, die in einer klassischen Monographie[2] ein großes Material zusammengestellt hat. Es wäre sehr zu begrüßen, wenn zu diesem Werke, welches in Holland angebauten Rigaer Flachs behandelt, ein Gegenstück geschaffen werden könnte, das nun seinerseits Stengel und Faser von bestimmten reinen Flachslinien berücksichtigte.

Die Entwicklungsgeschichte der Faserbündel und die verschiedenen Ansichten über ihren Ursprung im einzelnen zu schildern, ist hier nicht der Platz[3]. Es mag hier die Feststellung genügen, daß die Bastfasern im Vegetationspunkt an der Spitze der Pflanze sehr früh angelegt werden, schon innerhalb einer Entfernung von 1 mm sind Faserbündel sichtbar. Solange die Faserzellen noch ganz in der sich in die Länge streckenden Stengelzone liegen, welche beim Flachs 4 bis 5 cm lang ist, können sie sich über ihre ganze Länge ausdehnen. Später kommt dann der untere Teil der Faserzelle in eine Stengelzone zu liegen, die sich nicht mehr streckt: dann kann nur noch der obere Teil der Faserzelle in die Länge wachsen. Schließlich hört auch das auf, die ganze Faserzelle liegt in der sich nicht mehr streckenden Stengelzone und hat ihre definitive Länge erreicht (als maximale Länge einer einzelnen Faserzelle fand Tammes 12 cm!). Über die Beschaffenheit der einzelnen Faserzelle wird in Kapitel 8 berichtet werden. — Was die Faserbündel betrifft, so wird ihre Anzahl, wie wir sie im fertigen Stengel vorfinden, von Anfang an durch die Anlage im Vegetationspunkt bestimmt (eine spätere Neubildung tritt also nicht ein). Dagegen kann sich ihre Anzahl in den früheren Entwicklungsstadien etwas

[1] A contribution to the comparative anatomy of the stem of russian flax. Bull. appl. Bot. (Leningrad) Bd. 17, S. 273—288. 1927.

[2] Der Flachsstengel. Eine statistisch-anatomische Monographie. Haarlem 1907.

[3] Es sei hingewiesen auf Tammes (1907) und R. Winter: Über den Ursprung und die Entwicklung der Faser von Linum usitatissimum. Diss. Berlin 1908. Tammes in Übereinstimmung mit van Tieghem (Eléments de botanique I, S. 171. 1898) nimmt an, daß die Bastfasern primären kambialen Ursprungs sind, als Sklerenchymfasern des Perizykels weder zur Rinde noch zum Bast gehören und so den Namen „Bastfaser" eigentlich nicht verdienen. Winter dagegen bestreitet das, nach ihm werden sie sehr früh vom Kambium, wenn sich dies noch im prokambialen Zustand befindet, gebildet und tragen demnach ihren alten Namen Bastfaser nicht nur physiologisch, sondern auch entwicklungsgeschichtlich mit vollem Recht.

ändern: sie kann geringer werden dadurch, daß zwei Bündel zu einem verschmelzen (sehr frühzeitig), sie kann größer werden dadurch, daß später Bündel in mehrere Teile zerlegt werden als Folge des starken sekundären Dickenwachstums des Stengels. Die nunmehr folgenden Erörterungen beziehen sich auf erwachsene Stengel.

Ein Stengelquerschnitt, wie ihn Abb. 32 schematisch zeigte, läßt erkennen, daß die Bastfasern in der Rinde kreisförmig angeordnet sind und aus einzelnen getrennten Gruppen, eben den Bastbündeln, bestehen. Im Gegensatz zu manchen anderen Pflanzen oder auch wilden Leinarten, z. B. Linum perenne, ist bei unserem Kulturlein niemals ein wirklich vollständig geschlossener ununterbrochener Ring von Bastfasern gefunden worden[1]. Man muß sich allerdings von der Vorstellung frei machen, als ob diese im Querschnitt getrennten Bastbündel nun auch in der Längsrichtung des Stengels ständig getrennt voneinander verliefen. Das ist nicht der Fall, sondern alle Bastbündel stehen durch seitliche Abzweigungen und Verbindungen, Anastomosen, miteinander in Berührung. Dergestalt bildet die Gesamtheit aller Faserbündel einen Hohlzylinder, der von Maschen unterbrochen ist. Diese Maschen im Fasernetz sind in der Längsrichtung gestreckt und ein bis mehrere cm lang; im allgemeinen finden sich die längeren im mittleren und oberen Stengel, die kürzeren mehr an der Basis. Ob diese Verschiedenheit sich technologisch auswirken kann, ist nicht bekannt; theoretisch erscheint das vorstellbar, kürzere Maschen können z. B. ungünstiger für die Spaltbarkeit in der Faserlängsrichtung sein und so beim Hecheln der Faser größeren Anteil an ausgekämmten Wergfasern ergeben. Auch in der Breite sind die Maschen verschieden: es gibt breitere, die stets mindestens einige mm messen (durch sie hindurch treten die Gefäßbündel aus den Laubblättern in den Stengel hinein), und schmälere, mit dünnwandigen Parenchymzellen angefüllte, die bisweilen nur den Bruchteil eines mm messen. Wenn wir uns daran erinnern, daß die typischen Ölleine viel reicher beblättert sind als typische Faserleine und demzufolge ihr Fasernetz auch mehr Maschen aufweist, so könnte man auch hier wieder technologisch einen Zusammenhang mit der unerwünschten „Wolligkeit" ihrer Faser vermuten (abgesehen von der Verholzung der Ölleinfasern). Auf das System und den Verlauf der Gefäßbündel im Flachsstengel kann hier nicht weiter eingegangen werden, es sei auf die Spezialuntersuchung von F. Tognini hingewiesen[2].

Die anatomische Ausbildung der Faserbündel kann nun in folgenden Punkten Verschiedenheiten aufweisen, die alle mehr oder minder technologisch interessant sind, weil Faserausbeute und Faserqualität damit in Verbindung steht: Anzahl der Faserbündel, Anzahl der in ihnen enthaltenen Faserzellen, Umrißform der Faserbündel, Art des Zusammenschlusses der Faserzellen, Bau der Faserzellen, chemische Beschaffenheit der Fasern. Als Ursachen für diese Verschiedenheiten können nach allen Erfahrungen und zahlreichen Untersuchungen folgende Umstände in Betracht kommen: zunächst die Leinsorte (verschiedene erbliche Typen), dann die Wachstumsbedingungen (Ernährung, Wasserversorgung, Standweite, Krankheiten), und schließlich die Lage der Faserelemente im Stengel selbst (Basis, Mitte, Spitze). Das Zusammenwirken all dieser Faktoren spiegelt sich darin wider, daß die Flachsfaser für die Industrie ein Erzeugnis vorstellt, dessen mengenmäßige

---

[1] Das gilt für die Stengel. Dagegen bilden in den Fruchtstielen kurz unterhalb der Kapsel die Bastfasern einen geschlossenen Ring.

[2] Sopra il percorso dei Fasci libro-lignosi primari negli organi vegetativi del Lino (Linum usitatissimum L.). Atti Istituto Bot. Pavia 1890, Vol. II.

Produktion und qualitative Beschaffenheit großen Schwankungen unterliegt, und einige Faktoren bestimmen die charakteristischen Unterschiede der Flachsfaser und ihrer Gespinste gegenüber anderen Faserarten, z. B. Baumwolle.

Betrachten wir daraufhin zunächst einen einzelnen Flachsstengel, so geben sich deutliche Unterschiede zu erkennen, je nachdem wir das Hypokotyl, den unteren Stengelteil, seine Mitte oder Spitze untersuchen. Das Hypokotyl ist sehr faserarm und seine Fasern sind von abweichender, auffälliger Beschaffenheit, wie das auf S. 148 geschildert wird. Für den eigentlichen Stengel gilt im allgemeinen, daß die Zahl der Bastbündel in den verschiedenen Stengelhöhen keine sehr großen Unterschiede aufweist, sie schwankt von etwa 15 bis 35 Stück im Stengelquerschnitt, verringert sich jedoch in der obersten Stengelzone regelmäßig und pflegt in etwa ⅓ der Stengelhöhe das Maximum zu erreichen[1].

Tabelle 24. Verteilung der Bastbündel und Bastfasern in verschiedenen Höhen des Flachsstengels nach A. Herzog.

	1 cm Hypokotyl	0 cm	0—10	10—20	20—30	30—40	40—50	50—60	60—70	70—80
	unt. d. Keimblattnarben		cm über den Keimblattnarben							
Zahl der Bastbündel im Stengelquerschnitt	—	—	30	29	34	31	28	27	28	12
Zahl der Bastfasern im Stengelquerschnitt	6	36	358	780	870	924	930	711	338	136
1 Bastbündel enthält Fasern	—	—	11,9	26,9	25,6	29,8	33,2	26,6	12,1	11,3

Infolge des im unteren Stengeldrittel starken Dickenwachstums können, wie vorhin schon erwähnt, Bastbündel zerlegt werden, woraus sich Unregelmäßigkeiten der Zahl und das häufigere Vorkommen zum Teil erklären lassen. Sehr viel deutlicher zeigt sich bei den Bastfasern der Einfluß der Stengelhöhe: hier findet man, daß von der Stengelbasis ab die Anzahl zunächst stark, dann schwächer zunimmt, in etwa ⅓ bis ½ der Stengelhöhe das Maximum erreicht und nach der Spitze zu wieder geringer wird. Die gleiche Verteilung zeigt sich, wenn man die Zahl der Fasern pro Bündel untersucht, für den durchschnittlichen Wert innerhalb eines Querschnittes; doch ist zu beachten, daß auf einem einzigen Querschnitt sich faserarme und faserreiche Bündel gleichzeitig vorfinden, z. B. solche mit 9 oder 15 oder 24 oder 43 Fasern pro Bündel, also erhebliche Unregelmäßigkeiten. Aus dieser ganzen Verteilung ergibt sich die der Industrie wertvolle und bekannte Tatsache, daß Basis und Spitze des Flachsstengels am faserärmsten, die Stengelmitte dagegen am faserreichsten ist.

Auch die Art und Weise, wie sich die Einzelfasern in den Bündeln zusammenfügen, ist je nach der Stengelzone verschieden. Im allgemeinen ist das Faserbündel des Leins gegenüber manchen anderen Bastfasern, wie z. B. Hanf, dadurch gekennzeichnet, daß die einzelnen dickwandigen Faserzellen auf dem Querschnitt einen ganz engen lückenlosen Verband bilden; sie grenzen scharfkantig vieleckig aneinander, ohne leere Zwischenräume, Interzellularen, gegenseitig nur durch eine sehr dünne Mittellamelle verbunden (vgl. z. B. Abb. 45, 49). Dieser feste Zusammenhang — leicht demonstrierbar dadurch, daß man die ganze Faserschicht zusammenhängend abziehen kann — ist die Voraussetzung für die mechanischen Prozesse

[1] In dem Stengelmaterial von Tammes betrug die größte gefundene Bündelzahl in einem Querschnitt 51.

des Brechens, Schwingens und Hechelns, die an die Haltbarkeit der Faserzüge keine geringen Anforderungen stellen. Abweichungen davon, lockere Faserlagerung im Bündel, werden sich in der Regel technisch ungünstig auswirken. Solche Abweichungen nun finden sich besonders an der Stengelbasis, aber auch im oberen Stengelteil[1].

Die einzelnen Fasern zeigen oft eine abgerundete oder ovale oder sogar zusammengepreßte Querschnittsform, die Bündel sind lockerer gefügt mit mehr oder weniger auffälligen Interzellularen versehen. Ebenso kann die Umrißform der Bündel an der Stengelbasis, verglichen mit der Stengelmitte, viel

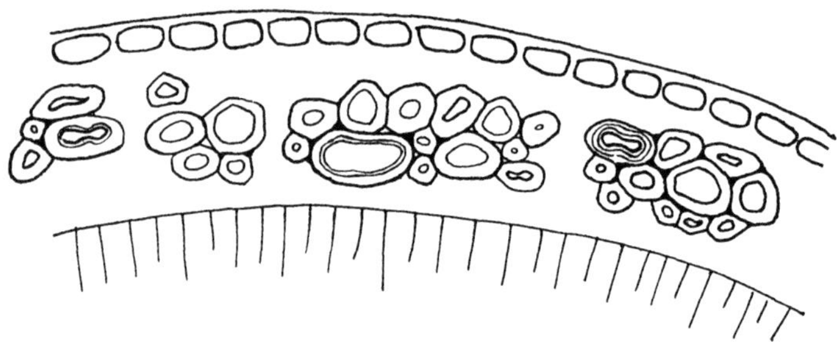

Abb. 38. Querschnitt durch den Basalteil eines Flachsstengels. Ungünstige Faserlagerung.

größere Ungleichmäßigkeiten, Einbuchtungen, vorspringende isolierte Ecken usw. aufweisen, die Zellwände können schlechter verdickt sein, lokale Erweiterungen und teilweise Verholzung der Zellen sowie Abrundung der Faserenden kann auftreten. Besonders ungünstig und auffallend sind die Abweichungen im Hypokotyl (vgl. S. 148). Dies alles bedeutet gegenüber der Stengelmitte mit ihren festgefügten, im Umriß meist regelmäßigeren Bastbündeln aus stark verdickten unverholzten Fasern eine ganz wesentliche Wertminderung in technologischer Hinsicht. In der Praxis kommt das bekanntlich sofort schon beim Schwingen der gerösteten Faser zum Ausdruck: Wurzel- und Spitzenenden werden vorzugsweise in das Werg geschlagen. Nur die gleichmäßigen Faserbündel aus der Stengelmitte sind für feinere Garne brauchbar.

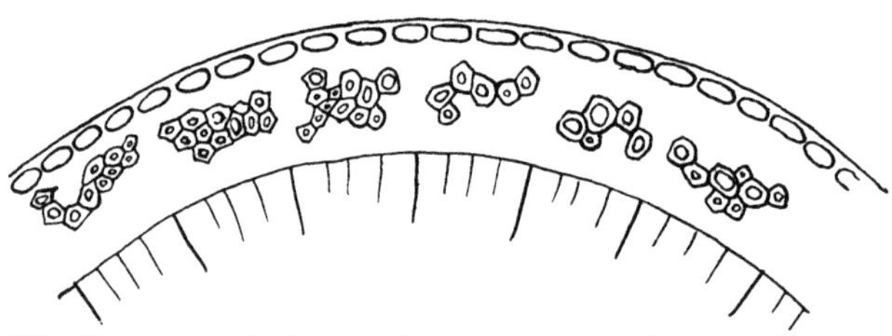

Abb. 39. Querschnitt durch den oberen Teil eines Flachsstengels. Ungünstige Faserbündel.

Diese Verteilung und verschiedene anatomische Ausbildung findet sich grundsätzlich in jedem erwachsenen Flachsstengel. Nun können aber weiterhin die Wachstumsbedingungen sich bemerkbar machen. Daß z. B. schlecht ernährte, verkümmerte Pflanzen sehr wenig Fasern ausbilden, ist ohne weiteres bekannt („Unterwuchs“); ebenso kann Dürre fasertechnisch sehr ungünstig wirken, da der Flachs hinreichende Wasserversorgung nötig hat, um zu einer normalen, industriell nützlichen, anatomischen Ausbildung seiner Stengelgewebe zu gelangen. Nach A. Djakonov (1928) vermehrt Feuchtigkeit die Zahl der Fasern[2]. Die Beziehungen zwischen Klima und Faseranatomie sind

[1] Dagegen sind im Fruchtstiel unterhalb der Kapsel die Bastfasern wieder scharfkantig eng zusammengefügt, allerdings verholzt.

[2] Vgl. Kap. 4, S. 95.

noch zu wenig untersucht, um sichere, allgemein gültige Aussagen machen zu können; eine Mitteilung von A. Lauche[1] deutet darauf hin, daß bei zwei Ölleinzüchtungen festergefügte, regelmäßigere Bastbündel entstanden beim Anbau in Uruguay, dagegen lockere, unregelmäßigere Bastbündel beim Anbau im deutschen Klima. Da ein Einfluß des Klimas auf die Qualität der Flachsfaser oft behauptet und an sich nicht unwahrscheinlich ist, wären anatomische Untersuchungen vergleichender Art an reinen Linien von Faserleinen angebracht bei gleichzeitigem Anbau in verschiedenen Klimaten. Freilich ist es nicht ganz einfach exakte Resultate zu erreichen, da die sonstigen Kulturbedingungen, wie Boden, Ernährung und vor allem die Standweite, genau zu berücksichtigen sind. Die Standweite wirkt sich, wie wir vorher (S. 104) gesehen haben, dahin aus, daß bei dichter Saat dünnere, bei weiterer Saat dickere Stengel auftreten, und es ist der Praxis hinlänglich bekannt, daß dicke grobe Stengel fasertechnisch ungünstiger sind. Anatomisch läßt sich dies auf folgendes zurückführen: im mittleren, also gerade dem wertvollsten Teil des Stengels, zeigt sich in dicken Stengeln eine Zunahme der Bastbündel und Fasern (vgl. Tabelle 25), trotzdem ist aber der prozentische Fasergehalt geringer, weil auch die anderen, nicht faserführenden Gewebe stärker entwickelt sind; die Maximumzahl an Fasern, welche ein Stengel aufweisen kann, tritt schon bei einer Stengeldicke von 2 bis 2,5 mm auf, wird demnach diese Dicke überschritten, so wird die prozentische Faserausbeute noch geringer. Ferner ist die Form der Fasern viel ungleichmäßiger, die Anzahl verholzter Fasern viel größer und der Grad der Verholzung stärker (unterer Stengelteil besonders stark!) im Vergleich zu dünnen Stengeln.

Tabelle 25. Anzahl der Fasern in verschieden dicken Stengeln nach Tammes (1907).

Stengeldicke in mm	Zahl der Fasern[2]	Stengeldicke in mm	Zahl der Fasern	Stengeldicke in mm	Zahl der Fasern	Stengeldicke in mm	Zahl der Fasern
0,55	188	0,96	465	1,22	656	2,20	1110
0,68	232	0,97	479	1,27	670	2,60	1275
0,70	282	1,03	512	1,32	630	2,80	1146
0,73	300	1,03	587	1,35	745	3,00	986
0,76	324	1,07	575	1,35	860	3,18	1236
0,77	358	1,11	519	1,37	817	3,35	1104
0,80	356	1,12	608	1,49	820	3,50	1197
0,87	397	1,14	580	1,59	822	3,75	1359
0,87	415	1,17	680	1,64	871	3,80	844
0,92	422	1,21	550	1,68	1066	4,30	1045
0,93	489	1,22	570	1,70	975	4,50	1250
0,95	415						

Die direkte Korrelation zwischen Faserzahl und Stengeldicke geht aus Tabelle 25 sehr gut hervor, ebenso, daß Steigerung der Dicke über 2,5 mm hinaus keine weitere Erhöhung verursacht: die Fähigkeit des Vegetationspunktes, Fasern zu bilden, ist beschränkt, mehr als etwa 1400 Fasern können nicht erzeugt werden[3]. — Da nun die dicksten Stengel innerhalb einer Flachssorte in der Regel gleichzeitig auch die längsten sind (vgl. S. 106), so findet man in

[1] Vergleichende Untersuchungen südamerikanischer und deutscher Flachsstengel gleichen Stammes. Faserforsch. Bd. 6, S. 227—233. 1928.

[2] Festgestellt an Querschnitten in ¼ der Stengelhöhe.

[3] Diese von Tammes an Rigaer Flachs gemachte Feststellung schließt natürlich nicht aus, daß man bei faserreichen reinen Züchtungen viel höhere Faserzahlen finden kann.

längeren Stengeln meistens auch höhere Faserzahlen als in kürzeren; diese Beziehung ist aber undeutlicher. Stengel von gleicher Länge können ganz verschiedene Faserzahlen haben, umgekehrt kann ein und dieselbe Faserzahl in Stengeln von ganz verschiedener Länge auftreten (in einem Beispiel fand Tammes bei 70 cm Länge 817, bei 99 cm Länge 822 Fasern). Eine direkte Beziehung (Korrelation) zwischen Stengellänge und Faserzahl ist demnach nicht zu erwarten. — Die eben geschilderte anatomische Gesetzmäßigkeit macht sich technologisch darin bemerkbar, daß bei der Fasergewinnung dünnere Stengel prozentual mehr Fasern liefern als dicke Stengel, und da die Stengeldicke ihrerseits wieder mit der Standweite zusammenhängt, so hat man begreiflicherweise Untersuchungen über Aussaatstärke, Stengeldicke und Faserausbeute vielfach angestellt. Sehr instruktiv ist eine von R. Weck gegebene Zusammenstellung über Stengeldicke, Stengellänge und prozentischen Fasergehalt[1]. Weck teilte das Erntestroh einer Eckendorfer Flachszüchtung zunächst in drei Gruppen, deren durchschnittliche Stengeldicke in halber Höhe betrug: Gruppe 1 = 1,15 mm, Gruppe 2 = 1,31 mm, Gruppe 3 = 1,60 mm. Jede der drei Gruppen wurde dann weiter in vier bzw. fünf Untergruppen zerlegt nach Stengeldickeklassen, wie es Tabelle 26 zeigt, und dann die Fasergehalte bestimmt an 20 cm langen Stücken aus der Stengelmitte.

Tabelle 26. Beziehungen zwischen Stengeldicke, Stengellänge und Fasergehalt nach R. Weck (1929).

	1. Gruppe Stengeldicke 1,15 mm				2. Gruppe Stengeldicke 1,31 mm				3. Gruppe Stengeldicke 1,60 mm				
Dickenklassen mm	1,0	1,5	2,0	2,5	1,0	1,5	2,0	2,5	1,25	1,5	2,0	2,5	3,0
Pflanzenhöhe . cm	57	73	79,5	83,3	66,3	83,7	91,5	97	88,5	96,1	110,4	113,3	115,9
Unverzweigter Stengel. . . cm	57	59,5	58,8	59	65,9	71,1	70,8	72	88,2	89,2	96,9	94,8	90,5
Gewicht eines Stengels in g . .	0,16	0,73	1,37	2,12	0,21	0,65	1,42	2,27	0,33	0,63	1,31	1,98	2,9
Fasergehalt . %	**26,7**	**23,1**	**20,0**	**20,2**	**26,1**	**23,2**	**21,3**	**18,0**	**27,8**	**25,0**	**24,4**	**23,3**	**22,4**

Man ersieht daraus sehr schön, wie mit steigender Stengeldicke auch Stengel- und Pflanzenhöhe sowie Stengelgewicht ansteigen, dagegen die Faserprozente abfallen. Die gleichen Ergebnisse fanden Tammes (a. a. O.), A. Herzog (a. a. O.), W. Müller[2] und andere Untersucher. Nach Müller ist für die praktische Ausbeute eine Stengeldicke von 1,3 bis 1,7 mm am vorteilhaftesten, weil die Anordnung der Faserbündel den geringsten Faserverlust hervorruft.

Diese Erscheinung, daß steigende Stengeldicke mit sinkenden Faserprozenten Hand in Hand geht, findet sich immer, wenn man Stengel innerhalb einer gleichmäßigen Flachssorte vergleicht; sie braucht jedoch nicht zu gelten, wenn man verschiedene Züchtungen vergleichend untersucht, d. h. eine dünnstenglige Züchtung kann faserärmer sein als eine dickstengligere (vgl. S. 194).

Daß steigende Stengeldicke auch in qualitativer Richtung ungünstig wirken kann, war eben schon gesagt worden. F. Tobler[3] verglich bei einer Flachszüchtung die Anatomie der Faserbündel in verschieden dicken Stengeln, stammend von verschieden dichten Aussaatstärken, und fand folgendes:

[1] Ermittlungen am Flachsstengel. Faserforsch. Bd. 7. 1929.

[2] Welchen Einfluß üben Aussaatdichte und Stengelstärke auf die Flachsfaser aus? Faserforsch. Bd. 5, S. 239—255. 1927.

[3] Struppiger Flachs. Faserforsch. Bd. 6, S. 1—6. 1927.

Tabelle 27. Beziehungen zwischen Stengeldicke und Faserqualität einer Flachszüchtung, nach F. Tobler (1927).

Aussaat kg pro ha	mm Durchmesser in Stengelmitte	Umrißform der Bastbündel	Faserzelle Breite μ	Faserzelle Hohlraum μ	Faserzelle Länge μ	Technische Faser
70	1,24	unregelmäßig	28,4	11,9	15,4	struppig
80	1,16	regelmäßiger	15,7	3,3	23,6	besser
100	1,21	regelmäßiger	14—17	3,6	22,8	besser

Die unerwünschte Struppigkeit der technischen Faser, hervorgerufen durch stärkeres und leichteres Absplittern der Fasern vom Bündel, wird von Tobler besonders als Folge der Unregelmäßigkeiten des Bündelumrisses und der damit zusammenhängenden Lockerheit der Faser erklärt; auch die ungünstige Ausbildung der Einzelfasern (größere Breite, aber geringere Länge und Wandverdickung) mag dazu beitragen. Es leuchtet ja in der Tat ein, daß die erwünschte glatte, nicht „wollige" Flachsfaser, die sich aus Faserstreifen in „Bänderform" zusammensetzt, eher zu erzielen sein wird aus festgefügten, dickwandigen Faserbündeln von gleichmäßiger Umrißform, ohne vorspringende Partien oder gar Einzelfasern, die bei den mechanischen Verarbeitungsprozessen leichter absplittern. Nach Tobler sollen ferner die Bündel der dicken Stengel in radialer Richtung weniger Faserzellen enthalten, auch dies wäre für die mechanische Widerstandsfähigkeit sicherlich ungünstiger gegenüber kompakten dickeren Faserbündeln der dünneren Stengel.

Von weiteren äußeren Einflüssen, die die Beschaffenheit der Faserbündel verändern können, seien die Erkrankungen des Flachsstengels kurz gestreift. Naturgemäß sehen wir hier nur Veränderungen in ungünstiger Richtung, sei es durch mechanische Beschädigungen, wie etwa Hagelschlag, sei es durch parasitischen Befall, insbesondere durch die zahlreichen Pilze wie Rost, Fusarium, Phoma usw. Hagelschlag, am Stengel äußerlich schon durch knotige Anschwellungen oft erkennbar, führt zu weitgreifenden anatomischen Veränderungen der Stengelgewebe[1], die Bastbündel und Bastfasern werden verlagert, gesprengt oder bis zum Verschwinden reduziert; Unterbrechung der Faserzüge, Verholzung der Fasern und Auftreten lokaler Anschwellungen kann die Qualität bis zur Unbrauchbarkeit herabmindern.

Der Rostpilz, Melampsora lini, vermag Schrumpfung und Zugrundegehen der Bastbündel hervorzurufen, die Faserzellen können durchbohrt und ausgesogen werden, durch chemische Veränderung kann normale Röste verhindert werden[2]. Ebenso können weitere Pilze wie Phoma, Colletotrichum, Fusarium, Polyspora usw. die Faserbündel schwächen, die Faserzellen dünnwandiger machen und sonstige Schäden bedingen. Über die Beziehungen zwischen Pilzbefall, Faserbau und Faserqualität wären eingehende Untersuchungen recht erwünscht[3]. Das gleiche gilt vom Einfluß der Ernährung auf den Faserbau.

Wie die einzelnen Nährstoffe auf den Bau der Bastbündel wirken, ist noch ziemlich unbekannt. Derartige Untersuchungen sind, wenn sie exakte vergleichbare Resultate ergeben sollen, langwierig und nicht ganz einfach, da alle anderen Wachstumsbedingungen (Standweite, Wasserzufuhr, Bodensubstrat usw.) sowie Leinsorte und Topographie des Leinstengels hinreichend berücksichtigt sein wollen, auch ist immer eine größere Zahl von Messungen und Zählun-

[1] Schilling, E.: Zur Kenntnis des Hagelflachses. Faserforsch. Bd. 1, S. 102. 1921.
[2] Tobler, F.: Zur Kenntnis der Lebens- und Wirkungsweise des Flachsrostes. Faserforsch. Bd. 1, S. 223. 1921.
[3] Vgl. Schilling: Die Krankheiten und Beschädigungen des Flachses (1928).

gen nötig. Wahrscheinlich wird hier Berücksichtigung der Bodenazidität zu interessanten Ergebnissen führen. Bei einem Vergleich der Faserzahl (Querschnitt durch gleichdicke Stengel in ¼ der Stengelhöhe) zwischen Pflanzen, die entweder auf fettem oder auf sehr magerem unfruchtbaren Boden gewachsen waren, fand Tammes keine Unterschiede, wohl aber war die Faserzahl für Pflanzen von nicht unfruchtbarem, abgetorftem Moorboden beträchtlich geringer. Da wir jedoch vorhin gesehen haben, daß die Faserzahl mit der Stengeldicke steigt, so werden wir, wenn wir nicht einzelne gleichdicke Stengel vergleichen, sondern das ganze Stengelmaterial aus den verschiedenen Nährböden, größere Faserzahlen finden für die Nährböden, die dickere Stengel hervorbringen. Oder praktisch ausgedrückt: durch zweckentsprechende Ernährung (Düngung) kann die Faserzahl und Faserausbeute eines Feldes erhöht werden. Auf die einzelnen Nährstoffgaben (Kali, Stickstoff, Phosphor) näher einzugehen, würde hier zu weit führen, es sei auf Kapitel 10 und die dort genannte Literatur hingewiesen. Ähnlich verhält es sich mit der Anzahl der

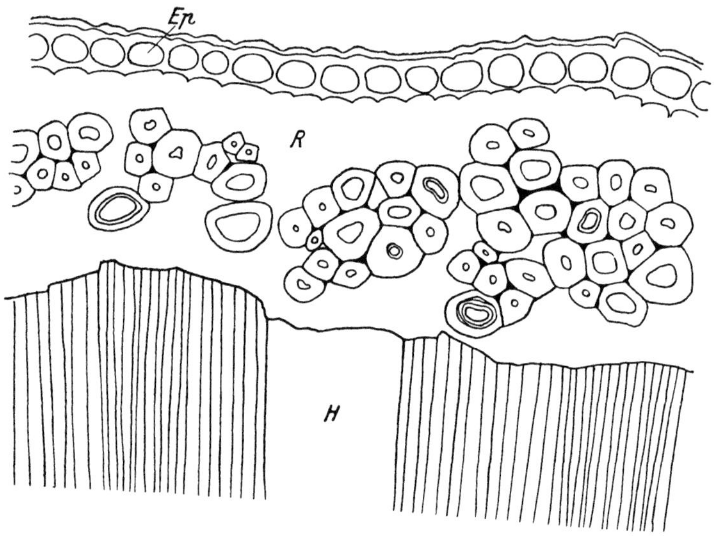

Abb. 40. Querschnitt durch ein Bastbündel einer Sorauer Ölleinzüchtung (in ½ der Stengelhöhe). Aussaatdichte 1500 Korn pro m², Tausendkorngewicht 12 g, Stengel vollreif geerntet. Zerklüftung der Bastbündel und ungleichmäßige Wanddicke.

Faserbündel. Die Beziehungen zwischen Nährstoffen einerseits, Form, Zusammensetzung der Bündel und Beschaffenheit der Faser andererseits, sind vom anatomischen Standpunkt aus noch zu wenig untersucht, als daß sich genaue Aussagen machen ließen. Manche praktisch längst bekannten Tatsachen, so z. B. der ungünstige Einfluß von Stickstoff unter bestimmten Bedingungen, lassen erwarten, daß sich hier deutliche Beziehungen ergeben werden. M. Groß[1] macht z. B. darauf aufmerksam, daß im allgemeinen Stickstoffdüngung Faserzellen mit größerem Durchmesser, aber auch größerem Hohlraum hervorbringt. So fand er z. B. für das Verhältnis Zellwand: Zellhohlraum folgende Werte: Ungedüngt 7,2 : 1, Kali-Phosphordüngung 8,0 : 1, dagegen für Chilisalpeter 2,8 : 1, schwefelsaures Ammoniak 5,8 : 1, Kalkstickstoff 5,0 : 1. Dieser ungünstige Bau der Faserzellen, die aus Stickstoffdüngung stammen, drückt natürlich die mechanische Leistungsfähigkeit

[1] Stickstoffdüngung und Flachs. Faserforsch. Bd. 5, S. 47. 1925.

der Faserbündel ganz erheblich herab (Reißlängen um über die Hälfte geringer als bei Ungedüngt), er ist ferner die Ursache für eine spezifisch leichte Flachsfaser (vgl. S. 145ff.). Umgekehrt wirkt Kalidüngung im allgemeinen auf die Faser recht günstig, doch harrt auch hier die anatomische Begründung noch der Aufklärung.

Über die Beziehungen zwischen Bau des Fasersystems und Leinsorte wissen wir immer noch recht wenig. Fest steht, daß es erbliche Rassen gibt, die sich im Fasergehalt und in der Faserqualität unterscheiden, doch sind diese der industriellen Praxis und der Leinzüchtung wohlbekannten Tatsachen nur sehr selten auf ihre anatomischen Grundlagen hin geprüft worden. Stellen wir die sogenannten „Ölleine" als eine große Gruppe den echten „Faserleinen" gegenüber, so fallen die Ölleine bekanntlich durch schlechte, für Langspinnfaser

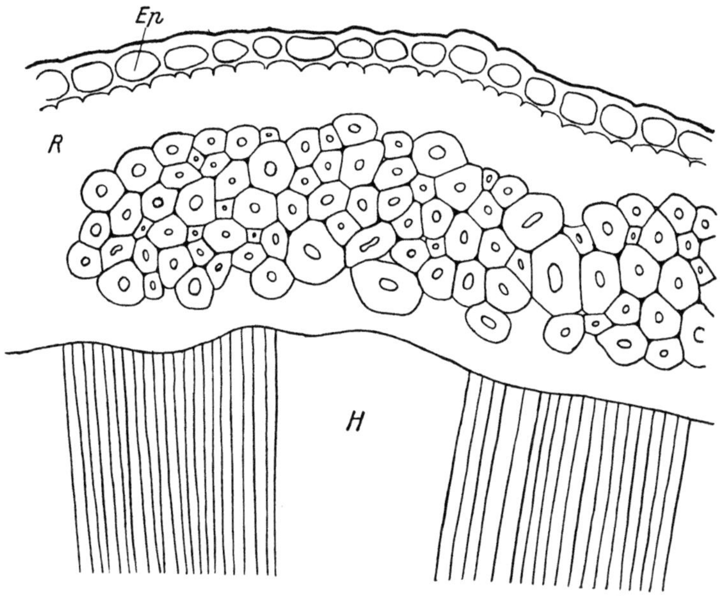

Abb. 41. Querschnitt durch ein Bastbündel der Faserleinzüchtung „Sorauer Feinflachs". Aussaat 2000 Korn pro m². Tausendkorngewicht 4,4 g. Stengel grüngelb geerntet. Kompaktes großes Bastbündel, gleichmäßige starke Wandverdickung.

unbrauchbare Qualitäten und meist auch durch geringeren Fasergehalt auf. Die schlechtere Qualität, die Sprödigkeit, Struppigkeit und der sehr hohe Wergabfall wird im allgemeinen auf das Konto der stärkeren Faserverholzung gesetzt, dazu kann ungünstige Form und Lagerung der Bastbündel sowie ungünstiger Bau der einzelnen Faserzellen treten. Z. B. können die Bündel aus im Querschnitt abgerundeten Zellen zusammengefügt sein, wodurch die mechanische Haltbarkeit zweifelsohne leidet, die Wandungen der einzelnen Faserzellen können aus ungleichmäßigen Schichten bestehen, die Mittellamellen stärker ausgebildet und stärker verholzt sein. Jedoch bedürfen im einzelnen diese Verhältnisse noch sehr der Klärung: für einen genauen Vergleich mit Faserleinen sind nötig gleiche Standdichte, gleiche Aussaatzeit und vor allem auch gleiche Erntezeit, letztere wichtig, da z. B. der Grad der Verholzung mit zunehmender Reife des Stengels steigt (vgl. S. 138). Ebenso müßten topographisch gleiche Stengelteile verglichen werden. Bezüglich des sogenannten „Steppenflachses", der sich durch eine sehr ungünstige Faser auszeichnet, sei auf eine Arbeit von

A. Herzog hingewiesen[1]; Beiträge zur Anatomie der Ölleine finden sich ferner bei F. Tobler[2] und A. N. Melnikov[3]. Nach eigenen Untersuchungen setzt sich die große Gruppe der Ölleine aus einer Unzahl verschiedener erblicher Typen zusammen, die auch im Faserbau große Unterschiede aufweisen können: in der Form, Zusammenfügung und Zahl der Faserbündel, im Feinbau, Dimensionen und Verholzung der Einzelzellen fand ich große Differenzen. Auch dieser Typenreichtum muß demnach bei einer Vergleichung und Verallgemeinerung sehr wohl beachtet werden. Das gilt natürlich noch mehr für die große Gruppe der echten Faserfläche. Ihr gegensätzliches Verhalten zu den Fasern der Ölleine findet in großen Zügen seine anatomische Erklärung in der größeren Faserzahl des Stengels, in den ausgedehnteren, regelmäßiger geformten und fester zusammengefügten Bastbündeln (Zellen im Querschnitt scharfkantig polygonal, ohne Interzellularen) und in den dickwandigen (Zellhohlraum verschwindend klein) und spärlich oder gar nicht verholzten Faserzellen. Auch die trennende Mittellamelle pflegt viel weniger stark ausgebildet zu sein, sie ist in der Regel nur schwierig wahrzunehmen. Geht man zur Einzelbetrachtung über, so zeigt sich innerhalb der Gruppe der Faserleine ebenfalls der eben erwähnte erbliche Typenreichtum, auch in anatomischer Beziehung. Daß z. B. die verschiedenen Her-

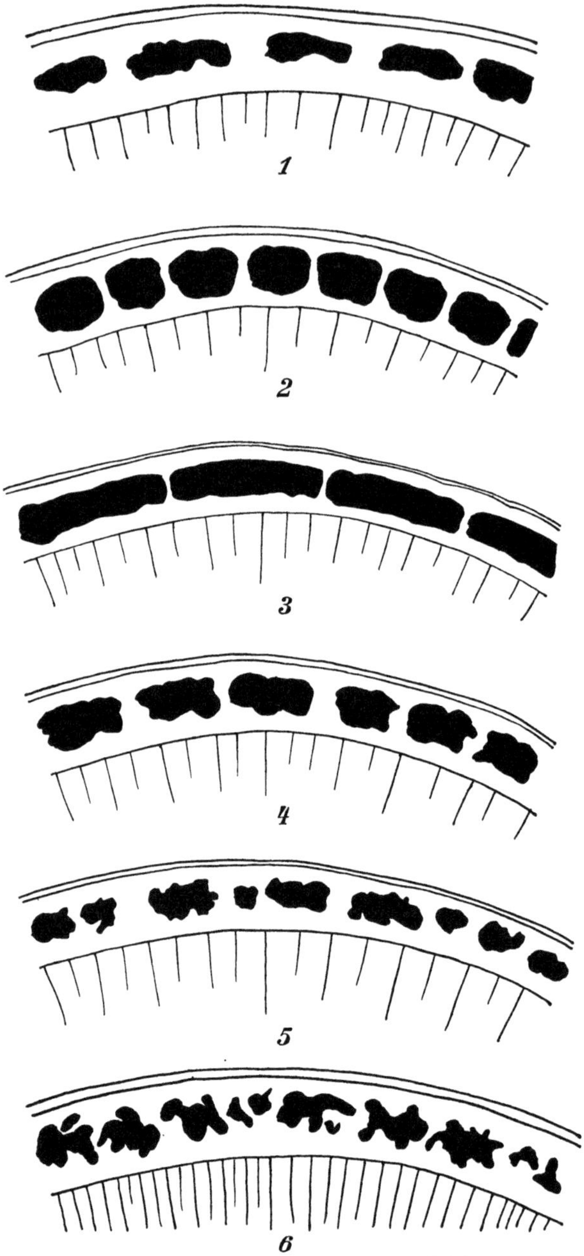

Abb. 42. Verschiedenheiten der Bastbündel bei einigen in Sorau gezüchteten reinen Faserflachslinien. Teilansichten vom Stengelquerschnitt in ½ der Stengelhöhe, schematisiert.

1 = ungünstiger faserarmer Typ, *2* = günstiger faserreicher Typ mit zahlreichen, rundlichen Bündeln, *3* = günstiger faserreicher Typ, breite Bastbänder liefernd, *4* = häufig vorkommender mittlerer Typ, *5* = sehr ungünstiger faserarmer Typ, *6* = ein sehr ungünstiger Öllein.

[1] Zur Kenntnis des russischen Steppenflachses. Textil- u. Färberei-Zg. Bd. 40. 1904.

[2] Über die Fasern von Samenflachssorten. Faserforsch. Bd. 1, S. 47. 1921.

[3] 1927 a. a. O.

künfte, wie etwa Pskower oder weißblühender Holländer Flachs, in Faserertrag und Faserqualität große Unterschiede zeigen können, auch wenn man sie unter gleichen Bedingungen nebeneinander anbaut, ist allgemein bekannt; anatomische Grundlagen dafür sind sicherlich vorhanden, aber noch nicht eingehend untersucht. Da derartige Herkünfte in der Regel selbst wieder aus einem Gemisch zahlreicher erblicher Typen bestehen, so sind gerade sie für unsere anatomischen Zwecke weniger geeignet als reine Flachszüchtungen. Immerhin sind nach Melnikov charakteristische Unterschiede im Bau der Bastbündel manchmal doch genügend festgelegt, um daraus praktische Schlüsse bezüglich der Faser zu ziehen. Bedauerlich ist, daß, wie bereits vorhin betont, eingehende vergleichende Untersuchungen für reine Faserzüchtungen noch nicht vorliegen. Gerade von ihnen läßt sich nach meinen eigenen Erfahrungen manches, auch für die Züchtung und Industrie Verwertbare erwarten. Die Differenzen in Bau und Lagerung der Bastbündel können bei den einzelnen Zuchtstämmen zum Teil sehr augenfällig sein.

Flachsrassen mit hohem Fasergehalt geben sich anatomisch zu erkennen durch Faserbündel, die in tangentialer wie auch radialer Richtung kräftig ausgebildet sind, so daß die Stengelrinde von einem fast geschlossenen Ring der Bündel größtenteils ausgefüllt erscheint (Abb. 42, *3*). Das Gegenbeispiel bilden ausgesprochen faserarme Rassen mit kleineren Bastbündeln, die deutlich viel weniger Fläche in der Rinde bedecken (Querschnittsbild). Da die Faserprozente gewichtsmäßig auf das Stengelgewicht bezogen werden, ist natürlich auch das Verhältnis der anderen Stengelgewebe, Holzkörper, Hohlraum, wie das eingangs geschildert wurde, zu berücksichtigen, ebenso der Bau der einzelnen Faserzellen. Dickwandige Faserzellen mit kleinem Hohlraum erhöhen, dünnwandige Zellen mit großem Hohlraum vermindern das Fasergewicht; bei verschieden starker Ausbildung des Holzkörpers kann, wenn man gleich dicke Stengel verschiedener Rassen vergleicht, das absolut erzeugte Fasergewicht gleich sein, dagegen die prozentische relative Faserausbeute differieren, starker Holzkörper setzt die Faserprozente herab usw. Über Methoden zur Bestimmung des Reinfasergehaltes ist S. 197 nachzulesen, über die technische Faserausbeute S. 274.

7. Stoffliche Zusammensetzung (Chemie).

Die chemische Zusammensetzung der Flachspflanze bietet Interesse für die Landwirtschaft (Ernährung, Düngung), weit mehr aber noch für die Textilindustrie, wo die Kenntnis der Bestandteile für die einzelnen Zweige wie Rösterei, Spinnerei, Bleicherei wertvoll ist. Wenn man sich vergegenwärtigt, daß die Zahl der Flachssorten sehr groß ist, daß weiterhin diese verschiedenen Sorten unter wechselnden Bedingungen kultiviert und verarbeitet werden, so wird man erwarten dürfen, daß auch die chemische Zusammensetzung der Flachspflanze, ihrer Stengel und Fasern in nicht unbeträchtlichem Maße schwanken kann. Dem gegenüber muß die Zahl der Arbeiten, die sich hiermit beschäftigen, als ziemlich gering bezeichnet werden, und insbesondere die Frage nach Zusammenhängen zwischen Faserqualität und chemischer Beschaffenheit bedarf noch sehr der Klärung.

Beginnen wir mit den Mineralstoffen der Flachspflanze, so finden wir in der Asche natürlich alle die Grundstoffe wieder, welche jede höhere grüne Pflanze braucht. Nach älteren Analysen[1] schwankt der Aschengehalt zwischen 2,3 bis 4%, wobei mitunter Kieselsäure, Chlor und Kalzium stärker hervortreten.

[1] Lit. bei Wehmer: Die Pflanzenstoffe S. 378. Jena 1911.

Eine Untersuchung über die Aschenbestandteile während der Entwicklung der Flachspflanze führten Bretschneider und Küllenberg aus[1]. Tabelle 28 gibt eine Analyse von Kränzlin wieder, ausgeführt an Riffelstroh einer einheitlichen Sorauer Faserleinzüchtung; danach erweist sich der Aschengehalt am höchsten in dem obersten verzweigten Stengeldrittel, am geringsten in der technologisch wertvollen Stengelmitte, während die Stengelbasis nebst anhaftenden Wurzelresten etwas ansteigt.

Tabelle 28. Aschenanalyse des Riffelstrohes einer Sorauer Faserleinzüchtung, nach Kränzlin (1929)[2].

Stengelzone	Ges.-Asche %	SiO_2	$Fe_2O_3 + Al_2O_3$	Mn	CaO	MgO	K_2O	Na_2O	P_2O_5	Cl	SO_3	Gesamt-NH_3
Unteres Drittel (0 bis 30 cm)	4,150	0,0563	0,118	0,0169	0,517	0,0844	1,080	0,497	0,107	0,565	0,259	0,313
Mitte (30 bis 60 cm)	3,900	0,0618	0,128	0,0261	0,466	0,0915	1,550	0,413	0,130	0,447	0,346	0,477
Oberes Drittel (60 bis 95 cm)	6,850	0,0884	0,362	0,0400	0,600	0,386	1,780	0,600	0,203	0,425	0,537	0,330

Im einzelnen ist beachtenswert der relativ hohe Gehalt an Magnesium im oberen Stengelteil; Kali findet sich in allen Stengelzonen am stärksten vertreten. Interessant ist auch das Vorkommen von Mangan. Die folgende Tabelle 29 bezieht sich auf dasselbe Flachsstroh, jedoch wurden Stengel benutzt von einer Trockenstelle des Feldes, wo sich die Stengel nicht so gut entwickelt hatten, sie

Tabelle 29. Aschenanalyse des Riffelstrohes einer Sorauer Faserleinzüchtung, nach Kränzlin (1929)[3].

Stengelzone	Ges.-Asche %	SiO_2	$Fe_2O_3 + Al_2O_3$	Mn	CaO	MgO	K_2O	Na_2O	P_2O_5	Cl	SO_3	Gesamt-NH_3
Unteres Drittel (0 bis 30 cm)	3,400	0,052	0,205	0,0146	0,5036	0,0825	1,310	0,439	0,116	0,489	0,249	0,363
Mitte . . . . . (30 bis 60 cm)	3,230	0,0895	0,200	0,0207	0,443	0,0859	0,850	0,565	0,156	0,374	0,378	0,515
Oberes Drittel . (60 bis 90 cm)	5,920	0,1505	0,430	0,0435	0,710	0,209	1,730	0,708	0,333	0,361	0,440	0,775

waren braun geworden und für die Fasergewinnung technologisch minderwertiger. Hier zeigt sich eine deutliche Abnahme des Gesamtaschengehaltes in allen drei Stengelzonen, im übrigen zeigen die einzelnen Bestandteile etwa die gleichen Verhältnisse, nur der Gehalt an Gesamtammoniak ist etwas gestiegen (0,775 gegen 0,330% in der obersten Stengelzone; vielleicht hängt das mit dem durch Trockenheit gestörten Stoffwechsel der Pflanze zusammen. — Angaben darüber, welche Mengen an Mineralstoffen durch die Flachspflanze dem Erdboden entzogen werden, finden sich auf S. 166.

Der Aschengehalt der Faser schwankt von etwa 0,5% bis 1,3%, er wird von den Kulturbedingungen und dem Verarbeitungsgrad (Schwungflachs, Hechelflachs, gebleichte Faser) beeinflußt. In der technischen Faser spielt

[1] Mitt. Landw. Centralverein Sachsen Bd. 13, S. 121. 1862.

[2] Stengel vor der Analyse sorgfältig von anhaftendem Schmutz gereinigt. %ige Ausbeute bezogen auf das Gewicht der völlig trockenen Stengel (bei 85° über P_2O_2 im Luftstrom getrocknet). Stengel grüngelb geerntet, normal entwickelt.

[3] Ausführung wie in Tabelle 28. Stengel von Trockenstelle, braunreif geerntet.

dabei naturgemäß die mehr oder minder große Entfernung von verunreinigenden Rinden- und Holzbestandteilen eine Rolle.

Wie Tabelle 30 zeigt, werden der technischen Faser durch die mechanischen Prozesse beim Schwingen und Spinnen außer Stickstoff auch beträchtliche Mengen an Kali und Phosphor entzogen in Form von Rindenteilen. Ebenso sind im Holzteil, dessen Bruchstücke die technische Faser verunreinigen (Scheben), Mineralstoffe enthalten, der Aschengehalt beträgt etwa 1,5 bis 1,8%. Mit Rücksicht auf industrielle Verwertung dieses Abfallstoffes sind die Scheben öfters analysiert worden[2].

Tabelle 30.
Zusammensetzung von Rindenbestandteilen des Flachsstengels nach J. W. Porter (1926)[1].

	Schwingereistaub %	Spinnereistaub %
Stickstoff	2,48	1,365
Kali	0,760	0,391
Phosphor	0,396	0,200
Wasser	10,0	10,0

Tabelle 31.
Aschenanalyse von Flachsfaser und Scheben nach A. Herzog.

		Faser	Scheben
Reinasche[3] in %		1,10	1,80
in der Reinasche sind enthalten in %	Kieselsäure	12,56	43,60
	Phosphorsäure	2,87	5,49
	Schwefelsäure	3,90	3,26
	Eisen- u. Aluminiumoxyd	7,70	10,04
	Manganoxyd	0,78	0,44
	Kalziumoxyd	49,24	27,18
	Magnesiumoxyd	3,09	2,26
	Kaliumoxyd	17,01	7,17
	Natriumoxyd	2,62	0,45
	Chlor	0,21	0,10

Demnach treten in den Scheben Kieselsäure, Kalzium und Eisen stark hervor. Da die Scheben in den Röstanstalten meist als Kesselfeuerung verbrannt werden, ist es von Interesse, die chemische Zusammensetzung der zurückbleibenden Aschenmengen zu kennen in Hinblick auf ihre eventuelle Verwendung als Mineraldünger. A. Herzog (1918, S. 31) gibt an, daß die Asche nach seinen Erfahrungen ein wertvolles Düngematerial vorstellt, er fand in ihr außer 38,5% Kieselsäure und Sand sowie 24% Kalziumoxyd noch 4,85% Phosphorsäure und 6,3% Kaliumoxyd, also einen immerhin erwähnenswerten Anteil an diesen beiden wertvollen Nährstoffen.

In der Asche der Faser ist am hervorstechendsten der hohe Gehalt an Kalzium, der fast die Hälfte ausmacht. Wahrscheinlich sind hierbei vor allem die Mittellamellen beteiligt, deren Pektinstoffe ja ein Kalzium-Magnesiumsalz der Pektinsäure vorstellen (vgl. S. 134). Auffällig wirkt auch der nicht unbeträchtliche Gehalt an Kieselsäure; ob stärkeres oder schwächeres Vorkommen genügt, um die Qualität der Faser (Weichheit) zu beeinflussen, ist nicht untersucht worden.

Daß auch die Düngung den Aschengehalt beeinflußt, zeigen Analysen von Weinzettl (1925). Danach wiesen die von Inkrusten befreiten, gebleichten

[1] Porter macht darauf aufmerksam, daß dieser Abfallstaub ein ausgezeichnetes Düngemittel vorstellt.

[2] Vgl. S. 139 und 272. [3] Kohle-, sand- und kohlensäurefrei.

Fasern folgende Aschengehalte auf: von ungedüngten Flachspflanzen 0,848%; Volldüngung (KPN) 1,040%; Volldüngung + 50% Phosphorsäuredüngung 1,266%.

Ungleich wichtiger als die Mineralstoffe sind nun aber die organischen Verbindungen, aus denen sich Stengel und Faser zusammensetzen. Wir haben hier komplizierte, durch das Plasma der lebenden Flachspflanze erst geschaffene Stoffe vor uns, deren spezifische Eigenschaften das Wesen und die technische Verwertung der Faser, ihr physikalisches und chemisches Verhalten entscheidend beeinflussen. Genauere Angaben über die Chemie und Physik der faserbildenden Stoffe finden sich an anderer Stelle dieses Gesamtwerkes[1]; hier können nur in aller Kürze die Grundzüge, soweit sie sich auf die Flachsfaser beziehen, dargestellt werden.

Die reine Flachsfaser selbst besteht in der Hauptsache aus Zellulose, sie führt ferner Pektinstoffe, größtenteils stammend von den Mittellamellen, und Eiweißstoffe, stammend aus dem Zellkanal jeder einzelnen Faserzelle; außerdem finden sich Ligninstoffe in wechselnder Menge: stärker bei verholzenden Ölleinen, schwächer oder ganz fehlend bei echten Faserleinen. Ferner fett- oder wachsartige Substanzen. Dazu treten aber praktisch noch weitere Bestandteile, da die technischen Methoden der Fasergewinnung und Ausarbeitung nicht gestatten ein Produkt zu erzielen, welches wirklich allein aus reinen Faserzellen bestünde. Vielmehr bleiben faserfremde Bestandteile des Stengels, Verunreinigungen, Begleitelemente, Auflagerungen, an der Faser erhalten, stärker oder schwächer, je nach Stengelmaterial, Methode und Grad der Verarbeitung. Demgemäß finden sich in der technischen Faser noch: Reste der Stengeloberhaut, die Wachs und Kutinstoffe führen; Reste der Rindengewebe, die unter anderem Stärke, Zuckerarten, Chlorophyllfarbstoff (Blattgrün), Gerbstoffe, Pektin und Eiweiß (Stickstoff!) führen; Reste des Holz- und Markkörpers, die aus verholzten Zellen (Ligninstoffe) bestehen. Da ferner die Flachsfaser hygroskopisch ist, findet sich Wasser in wechselnder Menge[2], beim Schwingflachs zu etwa 8 bis 12%. Zoubkoff[3] fand an 931 russischen Proben im Mittel 13,57%.

Die Zellulose macht etwa 65 bis 89% der Flachsfaser aus, der Rest der Faser besteht aus Inkrusten, Pektinstoffen, Ligninen usw. A. Herzog (1896) fand im Mittel 85,4% Zellulose für gerösteten Flachs, Benedikt und Bamberger für reingehechelten, fast ganz aus Bastzellen bestehenden Flachs 65,5 bis 76,5%. Je besser die Röste und mechanische Verarbeitung der Faser ist, desto größeren Zellulosegehalt darf man erwarten wegen des Wegfalls der verunreinigenden Rindenauflagerungen und Holzteile. Nach Weinzettl (1925) wurde durch Düngung der Zellulosegehalt gebleichter Flachsfasern um ca. 1% gesteigert: ungedüngte Pflanzen brachten 74,09%, gedüngte 74,9 bis 75,70% Zellulose. Die Flachszellulose[4] ist in ihrem Verhalten der Baumwollzellulose ziemlich ähnlich, gilt aber als leichter angreifbar durch Salzsäure, Alkalien (Soda) und Chlorkalk, doch weniger empfindlich gegen konzentrierte Schwefelsäure[5]. Nach A. Herzog absorbiert ferner die Flachszellulose aus Kupfersulfatlösung etwa doppelt soviel Kupfer als Baumwollzellulose; dieser Unterschied soll nicht auf Verunreinigungen des Flachses beruhen: auch feinste gebleichte Leinenbatiste zeigen die Aufnahme. Das Verhalten in der Bleiche ist S. 286 dieses Werkes geschildert, mikrochemisches Verhalten S. 162. Folgt man

[1] Herzog, R. O.: Bd. I. [2] Genauere Angaben vgl. S. 274.
[3] Ref. Dt. Seilerzg. 1917, S. 422.
[4] Schwalbe, C.: Die Chemie der Zellulose. Berlin 1918.
[5] Herzog, A.: Die Unterscheidung von Baumwolle u. Leinen. Sorau 1904.

der von Cross und Bevan[1] vorgeschlagenen Einteilung der natürlichen Zellulosen, so ist die Flachsfaser zu den Pektozellulosen zu rechnen ebenso wie Baumwolle, Ramie, Hanf usw., d. h. sie ist überwiegend charakterisiert durch das Vorkommen der Pektinstoffe, im Gegensatz zu den überwiegend verholzten Lignozellulosen, wie z. B. Jute.

Die reine Zellulose selbst besteht nur aus Kohlenstoff, Wasserstoff und Sauerstoff, entsprechend der Formel $(C_6H_{10}O_5)_n$. Sie ist in frischer Lösung von Kupferoxydammoniak löslich (für die Flachsfaser diagnostisch wertvoll) und kann durch Säuren auf hydrolytischem Wege in Zucker (Dextrose) abgebaut werden. Bei ihrer biologischen Zersetzung durch Mikroorganismen[2] können, je nach den Begleitumständen, weitere Produkte wie Essigsäure, Buttersäure, Wasserstoff, Methan usw. gebildet werden. Im allgemeinen ist aber die echte Zellulose gegen Angriffe ziemlich widerstandsfähig und wird nur unter bestimmten günstigen Bedingungen biologisch abgebaut; z. B. wird sie bei der Überröste des Flachses nicht zerstört[3]. Viel leichter dagegen auf chemischem oder biologischem Wege angreifbar sind Hemizellulosen, die bei der Hydrolyse neben Dextrose noch Galaktose, Arabinose und andere Zuckerarten liefern; ihr Vorkommen in der Flachsfaser wurde von A. E. Cashmore[4] genauer untersucht. Hemizellulosen können ebenso wie Oxyzellulosen und Hydrozellulosen durch Umwandlung aus echter Zellulose entstehen; so kann z. B. durch fehlerhafte Bleiche der Flachsfaser Oxyzellulose gebildet werden, wodurch Leinenerzeugnisse brüchiger werden und leichter zerfallen. Das will auch bei der Kotonisierung der Flachsfaser (vgl. S. 313), wo zum Teil starke chemische Eingriffe vorgeschlagen sind, beachtet sein. Alles in allem ist die Zellulose der wichtigste Bestandteil der Faser, je mehr von ihr vorhanden und je reiner sie ist, desto besser ist das Fasererzeugnis.

Die Pektinstoffe spielen in der Flachsfaser eine wichtige Rolle: sie sind es, die den festen Zusammenschluß der Einzelfasern zum Faserbündel in Gestalt der Mittellamellen (Interzellularsubstanz) vermitteln, wobei aber auch Ligninsubstanzen wirksam sind; sie sind es, denen neben den Wachsstoffen Glanz und Griff der Faser zugeschrieben werden. Flachsfaser, der die Pektinstoffe entzogen sind, soll glanzlos und „mager" sein; damit steht allerdings in Widerspruch, daß die feinste, voll gebleichte Leinenfaser, die nach Cross, Bevan und Briggs aus völlig reiner Zellulose besteht, doch gerade den charakteristischen Glanz aufweist, wohl infolge geringster Spuren von Wachs. W. Honneymann[5] nimmt sogar an, daß Flachsgewebe, aus denen die Pektinsubstanzen nicht entfernt sind, beim alkalischen Waschen oder beim Lagern mißfarbig werden. Die Angaben über den Pektingehalt des Flachses gehen weit auseinander, was sich aus dem verschiedenen Flachsrohstoff, mehr aber noch aus den verschiedenen Gewinnungsmethoden und Ansichten über das Pektin selbst erklären läßt. Ältere Untersuchungen können hier nicht berücksichtigt werden, Interessenten seien auf die bei V. Grafe[6] und F. Czapek[7] zu findenden Zusammenfassungen hingewiesen. Von neueren Untersuchern gibt Honneymann an, daß der Pektingehalt der reinen, von technischen Verunreinigungen befreiten

[1] Cellulose 1903.
[2] Thaysen and Bunker: The microbiology of Cellulose, Hemicellulose, Pectin and Gums. London 1927.
[3] Ruschmann, G.: Grundlagen der Röste. Leipzig 1923.
[4] Die Bestandteile der Zellwände der Flachsfasern. Chem. Soc. 1927, S. 718.
[5] The pectin content of flax fibre. J. Text. Inst. Manchester Bd. 16, S. 370. 1925.
[6] Pektinstoffe. Abderhaldens Biochem. Handlexikon Bd. 2, S. 80—94. Berlin 1911.
[7] Biochemie der Pflanzen, 2. Aufl., Bd. 1, S. 665—672. Jena 1913.

Flachsfaser nicht 2% übersteigt, also recht gering ist, hauptsächlich von den Mittellamellen herstammend. Technische Flachsfaser dagegen weist infolge der Rindenbestandteile größere Mengen auf, die Tabelle 32 angibt.

Tabelle 32. Pektingehalte verschiedener Hechelflächse nach Honneymann (1925).

Gegenstand	Behandlung	% Pektin
Irischer Flachs . .	wassergeröstet	7,02
Courtrai-Flachs . .	„	4,46
Russischer Flachs .	taugeröstet	6,45
Flachs	Peufaillit-Verfahren	5,78
Courtrai-Flachs . .	mit Seife gereinigt	2,54
Rindengewebe von Courtrai-Flachs .	—	17,34

A. E. Cashmore[1] ist ebenfalls der Ansicht, daß höherer Pektingehalt durch anhaftende Rinden-, Oberhaut- und Holzbestandteile vorgetäuscht wird; er fand in gereinigter Flachsfaser, die durch Behandlung mit warmer 0,5%iger Seifenlösung von Fremdteilen befreit war, weniger als 1% Pektin.

Von grundlegender Bedeutung sind die neuesten Untersuchungsergebnisse von F. Ehrlich[2], da sie zum ersten Male einen vollständigen Überblick über die chemische Struktur des Flachspektins und über die Art und Mengenverhältnisse der darin enthaltenen Bausteine liefern.

Abbauschema und Spaltprodukte des Flachspektins nach F. Ehrlich (1926).

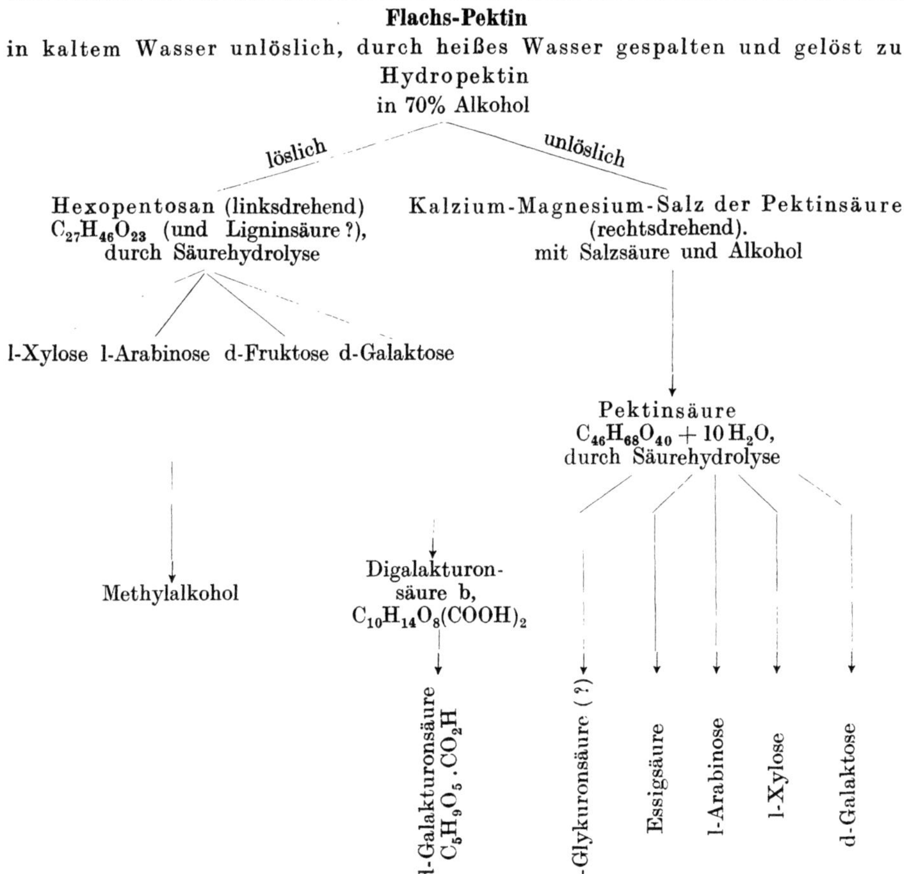

[1] Bestandteile der Zellwände der Flachsfasern. J. chem. Soc. 1927, S. 718.

[2] Ehrlich, F. und F. Schubert: Über die Chemie der Inkrusten des Flachses. Biochem. Z. Bd. 169, S. 13—66. 1926. — Ehrlich, F.: Neue Untersuchungen über Pektinstoffe. Z. angew. Chem. Bd. 40, S. 1305. 1927.

Das wasserlösliche, von **Ehrlich** als **Hydropektin** bezeichnete Pektin macht durchschnittlich 6 bis 7% des lufttrockenen Strohflachses aus, es läßt sich in Form von hellbraunen, gelatineartigen Blättchen gewinnen. Durch Auskochen unter Druck ließen sich bis zu 18,45% Hydropektin erhalten, doch wird dann das Pektin schon ziemlich weitgehend zersetzt. Von den beiden **Hauptkomponenten** des Pektins, dem **Hexopentosan** und der **Pektinsäure**, verdient letztere besonderes Interesse: die Kenntnis ihrer Spaltungsprodukte (vgl. das Schema) wird uns zweifelsohne den Einblick in manche Stoffwechselprozesse der lebenden Pflanze, in die Vorgänge beim Rösten der Faser (Säurebildung!) und vielleicht auch die Beurteilung von Fasereigenschaften wesentlich erleichtern. Spaltung des Pektins und Zerlegung in die einzelnen Bausteine erfolgt bei der Tauröste (meist Pilze) und Wasserröste (meist Bakterien) durch **Enzyme**[1]. F. R. **Davison** und J. J. **Willaman**[2] konnten für den Pektinabbau allgemein drei verschiedene Enzyme feststellen: Protopektinase (bei 48^0 C inaktiviert), Pektinase (60^0) und Pektase (68 bis 70^0). Die wahrscheinliche Wirkungsweise ergibt sich aus folgendem Schema:

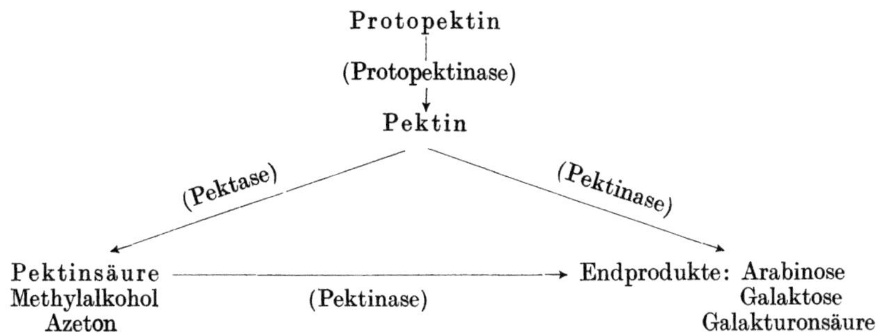

Ein weiterer wichtiger Bestandteil der Flachsfaser besteht aus **wachs- und fettartigen Stoffen**. Das regelmäßige Vorkommen des sogenannten „**Flachswachses**" beruht einesteils ganz sicher auf dem Vorhandensein von Resten der Stengeloberhaut, die ja Kutin und Wachs enthalten, andererseits wird aber angenommen, daß die Faserzelle selbst Lipoidsubstanzen führt. Das Vorkommen von Oberhautresten läßt sich mikroskopisch noch in gut gebleichten Flachsgarnen leicht nachweisen (Rotfärbung der Kutikula durch Sudan III), viel umfangreicher naturgemäß in der ungebleichten Rohfaser. Einen Beweis für Bildung von Lipoidsubstanzen in der Faserzelle selbst konnte ich nur bei solchen Flachsfasern finden, die die „lokalen Anschwellungen" aufweisen (vgl. S. 148): ich fand dort zwischen den Plasmamassen, manchmal in bedeutender Menge, stark lichtbrechende Tröpfchen, die mikrochemisch alle Fettreaktionen zeigten. Immerhin wird dies Vorkommen praktisch keine große Rolle spielen, da derartige Fasern in feineren Garnen zu selten auftreten. A. **Bianchi** und G. **Malatesta**[3] geben an, daß die Fettstoffe die Fasern innig durchdringen und selbst bei energischer Behandlung mit Alkali nur zum Teil entfernt werden. M. **Münch**[4] betont ausdrücklich, daß das Wachs im ganzen Faserquerschnitt verteilt sei, nicht aber als schützende Außenschicht der Faser aufgelagert sei.

---

[1] **Behrens**, J.: Die Pektingärung. Lafar's Handb. d. techn. Mycologie Bd. 3, S. 269. 1904/1906. — **Ruschmann**, G.: Grundlagen der Röste. Leipzig 1923.

[2] Biochemistry of plant diseases. IX. Pectic enzymes. Botan. Gazette Bd. 83, S. 329—361. 1927.

[3] Ann. Chim. appl. 1914, I, S. 297.

[4] Dt. Leinenindustrielle Bd. 45, S. 348. 1927.

Derartige Verteilung aber wird doch wohl zwanglos als nachträgliche Imprägnierung der Faserzellen aufzufassen sein, da der Schmelzpunkt des Flachswachses (ca. 61⁰ bis 69⁰) bei der Garnbehandlung ja überschritten wird. Die Angaben über den prozentischen Anteil des Flachswachses gehen auseinander, was auf Verschiedenheit des Flachsmaterials und der Untersuchungsmethode zurückgeführt werden kann. So fand Fr. Hönig[1] für lufttrockene Fasern folgende Werte:

Tabelle 33. Fettgehalt von Flachsmaterial nach Fr. Hönig (1918).

Flachsmaterial	% Auszug mit Petroläther	% Auszug mit Alkohol	% Gesamtauszug im Mittel
Gehechelt, Wasserröste	2,81 u. 3,29	2,33 u. 4,02	6,32
Gehechelt, Tauröste	1,27 u. 1,39	1,28 u. 1,33	2,53
Gehechelt, überröstet	1,37 u. 1,44	0,64 u. 0,41	1,99
Trockengespinst	2,56 u. 2,31	0,70 u. 0,71	3,14
Naßgespinst	2,49 u. 2,10	0,65 u. 0,47	2,86

S. H. Higgins[2] fand bei wassergeröstetem Flachs 1,89%, bei taugeröstetem 1,19% Wachs, A. Herzog[3] bei verschiedenen Flachssorten 1,6 bis 2,1% des Trockengewichtes, im Mittel 1,9%. In den holzigen Abfällen, den Flachsscheben (wasserfrei), stellten G. Schwalbe und E. Becker[4] 1,38% Ätherextrakt und 1,31% Alkoholauszug, zusammen 2,69% Fett, Wachs und Harz fest. Besonders wachsreich ist naturgemäß der in den Spinnereien anfallende Flachsstaub, der ja zum großen Teil aus Resten der Oberhaut besteht; für ihn fanden C. Hoffmeister[5] wie auch W. Honneymann[6] bis zu 10% Wachsgehalt. In den Flachsgarnen geht mit zunehmendem Bleichgrad der Wachsgehalt selbstverständlich zurück, wird jedoch nicht ganz beseitigt. So fand z. B. W. Münch[7] folgende Werte: Wachsgehalt des Rohgarnes 1,35%; nach Kochung 1,09%; ½ gebleicht 0,96%; ⁴/₄ gebleicht 0,79%. Weitere Einzelheiten finden sich bei W. Kind[8]; vgl. auch S. 285 dieses Buches. Auch über die chemische Natur gehen die Analysenergebnisse auseinander. Mir erscheint das erklärlich, wenn man unter anderem berücksichtigt, daß die im Flachsmaterial zu findenden Fett- und Wachsstoffe von vornherein verschiedener Abstammung sein und in ihrem Mengenverhältnis wechseln können. Echtes Wachs findet sich auf der Stengeloberfläche, ferner auf den Blättern; von diesem Ausscheidungsprodukt ist chemisch verschieden die Kutikula, die als dünnes Häutchen die Epidermis überzieht, in chemischer Hinsicht viel resistenter[9]. Wieder andere Fettstoffe sind in den Zellen der chlorophyllführenden Rinde enthalten; die Pigmente der Chloroplasten sind in Fettlösungsmitteln löslich und können das Flachswachs grünlich oder gelbgrün anfärben. Dazu mögen ferner noch harzartige Stoffe des Holzkörpers (Scheben) treten. Demnach werden die Extraktionen ein Gemisch von wechselnder Zusammensetzung vorstellen.

---

[1] Textile Forsch. Dresden 1918. [2] J. Soc. chem. Ind. 1914, H. 18.
[3] Die Flachsfaser in mikroskopischer u. chemischer Beziehung. Trautenau 1896.
[4] Die chemische Zusammensetzung der Flachs- u. Hanfscheben. Z. angew. Chem. Bd. 1, S. 126. 1919.
[5] Zur Analyse des Flachswachses. Chem. Ber. Bd. 36, S. 1047. 1903.
[6] The constants of flax wax. Pharm. J. and Pharmacist 1926.
[7] Flachswachs in Bleichgarnen. Dt. Leinenind. Bd. 45, S. 347. 1927.
[8] Das Bleichen der Pflanzenfasern. Wittenberg 1922.
[9] Czapek, F.: Biochemie der Pflanzen Bd. 1, S. 700. Jena 1913. — van Wisselingh, C.: Die Zellmembran. Handb. d. Pflanzenanatomie Bd. 3, (2), S. 153. Berlin 1925.

Tabelle 34.
Konstanten des Wachses aus Flachsstaub nach W. Honneymann (1926).

Flachsvarietät	Verseifungszahl	Jodzahl	Säurezahl	Spez. Gewicht	Schmelzpunkt °C
Irischer	79,6	21,6	18,0	0,971	69,2
Courtrai	77,5	23,9	22,0	0,982	69,0
Holländer, Wasserröste	82,0	28,8	18,0	0,983	69,5
Russischer, Tauröste	81,4	21,8	19,5	0,985	69,8
Kanadischer, Tauröste	78,4	27,1	23,8	0,963	68,8
Holländer, Tauröste	83,7	23,3	17,5	0,980	67,3
Russe, Slanetzröste, nach C. Hoffmeister (1903)	101,5	9,61	54,5	0,9083	61,5
Rohflachs nach Bianchi und Malatesta	160	17,25	23,4		68—70

Nach Hoffmeister macht der unverseifbare Rückstand 81,32% aus, die Hauptmenge besteht aus Ceresin bzw. einem diesem sehr ähnlichen Kohlenwasserstoff, neben geringen Mengen Cerylalkohol und Phytosterin. Im verseifbaren Anteil fand er: Stearinsäure, Palmitinsäure, ferner Ölsäure, Linol-, Linolen- und Isolinolensäure neben geringen Mengen einer wasserlöslichen Säure und einem aldehydartigen Körper. Bianchi fand 21,5% Unverseifbares.

Die Rolle, die das Flachswachs in technologischer Hinsicht spielt, wird verschieden beurteilt. Zweifelsohne kann es, da es die Chlorophyllfarbstoffe aufnimmt, die grünliche oder mehr bräunliche Färbung der Flachsfaser verursachen. Ebenso soll es von Einfluß auf die Festigkeit sein: ein Zuviel an Fettstoffen verringert die Festigkeit (angeblich sollen im unbehandelten fettreichen Flachsgarn die Fasern zu schlüpfrig sein), umgekehrt sollen völlig entfettete Flachsfasern an Festigkeit gleichfalls verlieren und ihre Biegsamkeit und Geschmeidigkeit fast gänzlich einbüßen. Mäßige Entfernung erhöht angeblich die Festigkeit: Nach Higgins trug ein Rohgarn unbehandelt 730 g, nach Ätherextraktion aber 790 g. Das Flachswachs ist ferner eines äußerst hohen Glanzes fähig (Honneymann 1926) und soll demgemäß den Glanz der Flachsfaser bedingen oder dazu beitragen; hier kommen jedoch auch zum Teil die Pektinstoffe in Frage, ferner physikalische Faktoren (Oberfläche. Durchsichtigkeit, Verschiebungen usw.), die von A. Herzog diskutiert werden[1]. Über die Rolle des Flachswachses in der Bleicherei vgl. S. 285.

Ein weiterer Bestandteil der Flachsfaser wird von den Ligninstoffen gebildet, mikroskopisch meistens kenntlich gemacht durch die Rotfärbung mit Phlorogluzin und Salzsäure, Gelbfärbung mit Chlorzinkjod oder schwefelsaurem Anilin, Blaufärbung mit Kobaltorhodanid oder weitere viele Farbreaktionen[2], die jedoch nicht durchweg beweisend sind. Im einzelnen auf die Chemie der Verholzung einzugehen, ist hier nicht der Ort, es sei dieserhalb auf die spezielle Literatur hingewiesen[3]. Es mag der Hinweis genügen, daß wir im Lignin oder Holzstoff keinen einheitlichen Körper vor uns haben, und daß man trotz sehr zahlreicher Untersuchungen noch nicht mit Sicherheit weiß, ob chemische oder physikalische Bindung an das Zellulosegerüst vorliegt[4]. Für

[1] Über die Ursachen des Stumpfwerdens der Flachsfaser. Mitt. Forsch. Inst. Sorau Bd. 2, S. 38—46. 1920.

[2] Renker, M.: in Papierfabrikant 1910, Fest- u. Auslandsheft.

[3] Fuchs, W.: Die Chemie des Lignins. Berlin 1926. — Riefenstahl, R.: Der gegenwärtige Stand der Ligninchemie. Z. angew. Chem. Bd. 37, S. 169—177. 1924. — Hägglund, E.: Holzchemie. Berlin 1928.

[4] Neuerdings gibt A. Frey an, daß das Lignin in die Intermizellarräume zwischen die Zellulosekristalle amorph eingelagert ist. Vgl. S. 154.

den Flachs tritt die Bedeutung der Ligninfrage etwas zurück, da die normalerweise in der Spinnerei verwendete Flachslangfaser unverholzt oder nur wenig verholzt ist. Stärkere Verholzung tritt bei den Fasern der Ölleine auf. Von den Verunreinigungen sind die Scheben zu berücksichtigen, die als Reste des Holzkörpers natürlich ganz verholzt sind. Der Grad der Verholzung der Fasern ist zunächst eine Sorteneigentümlichkeit: auch innerhalb der Gruppe der echten Faserleine (microspermum) konnte ich an einem großen Material Unterschiede feststellen. Er kann ferner beeinflußt werden durch die Vegetationsbedingungen: weiter Stand und reichliche Ernährung begünstigen nach meinen Erfahrungen bei vielen Faserleinen die Verholzung. Ähnlich können pathologische Faktoren (Hagelschlag, Pilzkrankheiten) wirken. Sodann ist es nicht gleichgültig, von welcher Stelle des Stengels die Fasern stammen: die Fasern des Stengelgrundes, insbesondere die Hypokotylfasern, neigen zu stärkerer Verholzung als die Fasern aus dem mittleren Stengelteil, und die Fasern der Fruchtstiele sind fast immer ganz verholzt. Demgemäß darf man in der Regel in den Flachswergfasern mehr Verholzung annehmen als in der Langspinnfaser. Und schließlich ist auch noch der Reifegrad des Flachsstengels bei der Ernte zu berücksichtigen, da mit zunehmender Reife der Ligningehalt steigt. Letzterer erreicht in der Vollreife seinen Höhepunkt und setzt die spinntechnischen Eigenschaften der Faser herab, weshalb man den Flachs vorher im Stadium der Grüngelbreife oder für feinste Spezialzwecke in der Grünreife erntet. Außer der Beschaffenheit des Rohmaterials kann ferner die Methode der Gewinnung (Röstgrad, Röstart) und Ausarbeitung den Anteil der verholzten Stoffe beeinflussen; der Ligningehalt geht durch die Röste zurück. Über den Grad der Verholzung können quantitativ-chemische Untersuchungen (Bestimmung der Methoxylzahl, Chlorzahl usw.) gewisse Anhaltspunkte geben. So fand z. B. A. Herzog[1] für die Methylzahl folgende Werte (die daraus berechneten Ligninprozente eingeklammert): Flachs 0,49 (0,92%), Ramie 0,77 (1,46%), Hanf 2,82 (5,33%), Kapok 8,18 (18,08%), Jute (40,26%). Die Flachsfaser weist demnach eine relativ geringe Verholzung auf. Wie im übrigen der Grad der Verholzung von den eben genannten Eigenschaften des Rohmaterials abhängig ist, mag Tabelle 35 zeigen.

Tabelle 35. Verholzung der Flachsfaser in verschiedenen Zuständen nach A. Herzog[2].

Flachsfaser	Methylzahl	Lignin %
Unmittelbar vor der Blüte	0,23	0,43
In der Grünreife	0,31	0,59
In der Gelbreife	1,04	1,97
In der Vollreife	2,15	4,06
Wurzelende	1,51	3,18
Mitte	1,12	2,36
Kopfende	0,79	1,64

Über den Einfluß verschiedener Düngung berichtete J. Weinzettl (1925).

Technologisch ist die Verholzung insofern von Bedeutung, als bei stärkerem Auftreten die spinntechnischen Eigenschaften der Faser ungünstig verändert werden. Stark verholzte Fasern, wie sie z. B. sich von Ölleinen oder russischen Steppenleinen oder in eigenen Versuchungen aus Kreuzungen zwischen Faser- und Ölleinen gewinnen lassen, zeigen das zur Genüge: die Faser verliert an Weichheit und Biegsamkeit, sie wird spröder und splittert leichter ab, Festigkeit und Elastizitätsmodul sind geringer[3].

[1] Beiträge zur Kenntnis der Verholzung pflanzlicher Faserstoffe. Chem.-Zg. Bd. 20, S. 461. 1896.

[2] Mitt. Forsch. Inst. Sorau 1919 und Öst. Chem.-Zg. 1893.

[3] Sonntag, P.: Die Beziehungen zwischen Verholzung, Festigkeit und Elastizität vegetabilischer Zellwände. Jahrb. dt. Land.-Ges. Bd. 21 S. 839. 1892.

Der Sitz der Verholzung innerhalb der Faser läßt sich durch Farbreaktionen deutlich machen, z. B. durch Behandlung der Fasern mit Phloroglucin und konz. Salzsäure (Rotfärbung). Man findet dann entweder die Mittellamellen verholzt, oft dort besonders stark, wo sie an den Zellkanten zusammenstoßen (Zwickelverholzung), oder die Verholzung findet sich fleckenartig an einzelnen Stellen durch die Faserwandung gehend. Bei Ölleinen, deren Stengel vollreif geerntet werden, kann auch die ganze Faserzelle verholzen[1], ebenso bei Faserleinen die Faser der Fruchtstiele. Unregelmäßige, meist aber starke Verholzung zeigen die Fasern des Hypokotyls, besonders an den Pfropfen und Verschlußstellen der lokalen Anschwellungen. Mechanisch beschädigte Stengel von Faserleinen führen an den Schlag- oder Knickstellen Bastfasern, die Holz- oder Holzgummireaktionen ergeben[2].

Völlig verholzt sind die „Scheben", die hier erwähnt werden sollen, weil sie einmal als Verunreinigungen der eigentlichen Faser vorkommen und auch noch in gröberen Flachsgarnen zu finden sind, ferner weil die Kenntnis ihrer Verholzung ein gewisses Interesse bietet bezüglich industrieller Verwertung dieses in größeren Mengen anfallenden Abfallproduktes (für Zellstoff, Papier, trockene Destillation, Dünger usw. vgl. S. 272). Über das Flachslignin und einige Derivate, gewonnen durch Behandlung von Flachsstengeln mit 10proz. Natronlauge bei 130° unter Druck, berichteten W. J. Powell und H. Whittacker[3]. Sie schreiben dem Flachslignin die folgende Formel zu: $C_{40}H_{30}O_6(OCH_3)_4 \cdot (OH)_5 \cdot CHO$; von den fünf Hydroxylgruppen sollen drei Phenolcharakter tragen, während die Natur der anderen beiden nicht sicher feststeht. — Infolge der starken Verholzung setzen die Scheben der chemischen Aufschließung (Zellstoffgewinnung) wie auch dem natürlichen biologischen Abbau (als Dünger im Erdboden) großen Widerstand entgegen. Bei der trockenen Destillation ergeben sie Essigsäure und weitere Produkte wie sonst andere Holzarten[4].

Weiterhin finden sich Eiweißstoffe in nicht unbeträchtlicher Menge, und zwar in den Verunreinigungen (Rindenzellen) der technischen Faser wie auch in den reinen einzelnen Faserzellen selbst. In trockenem Zustand sind im Zellkanal die eingetrockneten Reste des Protoplasmas anzutreffen als körnige graue Massen, das Zellumen mehr oder weniger ausfüllend. Ihre Menge in den Faserzellen ist schwankend, wobei Flachssorte, Vegetationsbedingungen und Stengelteil eine Rolle spielen. So gibt A. Herzog beim russischen Steppenflachs den Eiweißgehalt zu 5,8% der Fasertrockensubstanz an, während er für russischen Faserlein folgende Werte fand:

Tabelle 36. Eiweiß- und Stickstoffgehalt von russischem Schwungflachs nach A. Herzog (1893).

Faserteil	% Wasser	% Stickstoff	% Eiweiß	
			lufttr.	absol. trocken
Wurzelenden	10,33	0,42	2,63	2,93
Mitte . . .	10,23	0,60	3,75	4,18
Spitzen . .	9,30	0,77	4,81	5,30

[1] Tobler, F.: Über die Fasern von Samenflachssorten. Faserforsch. Bd. 1, S. 47—62. 1921.
[2] Schilling, E.: Zur Kenntnis des Hagelflaches. Faserforsch. Bd. 1, S. 87—113. 1921.
[3] Cellulosechem. Bd. 5, S. 26—30. 1924. — J. chem. Soc. Bd. 125, S. 357. 1924.
[4] Csokas, J.: Die Verwertung der Hanf- und Leinbrechlinge mittels trockener Destillation. Chem.-Zg. 1908. — Counkler, F.: Sind Flachsanchen als Holz zu bezeichnen? Chem.-Zg. 1901, S. 95. — Schürhoff, H.: Die Schäbenverwertung. Mitt. Deutsch. Forsch. Inst. Textilst. 1920. — Schwalbe, C., und E. Becker: Die chem. Zusammensetzung der Flachs- u. Hanfschäben. Z. angew. Chem. Bd. 1, S. 126. 1919. — Schaffer, E. R., und C. E. Peterson: Pulping flax straw. Brit. chem. Abstr. 1928, B, S. 476.

Besonders eiweißreich sind diejenigen Flachsfasern, die die „lokalen Anschwellungen“ führen (vgl. S. 148): hier finden sich im erweiterten Zellkanal große klumpige Protoplasmamassen, die sehr auffällig sind. Da ferner Rinde und Holzteil des Stengels Eiweißstoffe führen, wird der Eiweißgehalt der technischen Flachsfaser und weiterhin der Flachsgarne auch hiervon beeinflußt. Eine eingehendere Untersuchung über die Verteilung des Stickstoffes in Flachsstengel und Flachsgarnen verdanken wir J. W. Porter[1].

Tabelle 37. Stickstoffgehalt in verschiedenen Teilen des Flachsstengels nach Porter (1926)[2].

Stengelteil	% Stickstoff
Verzweigungen	0,832
Oberes Drittel	0,455
Mittleres Drittel	0,342
Unteres Drittel	0,256
Holzkern	0,201
Faser mit Rinde[3]	0,610
Rindenstaub von der Anlegemaschine	1,365—1,475

Auch hieraus ergibt sich also, daß der Stickstoff- bzw. Eiweißgehalt in den obersten Regionen des Stengels am höchsten ist und bis zum Stengelgrunde beträchtlich abnimmt, weiterhin aber, daß die Rindengewebe ganz besonders eiweißreich sind: durch deren Entfernung auf mechanischem Wege (Brechen, Schwingen, Hecheln) oder chemischem Wege (Bleichoperationen) muß es gelingen, den Eiweißgehalt der Flachsfaser stark herabzusetzen. Porter verfolgte diesen Vorgang während der ganzen Verarbeitung vom ungerösteten Stengel bis zum gebleichten Flachsgarn und fand folgende Stickstoffprozente: Ungeröstetes Stroh im Durchschnitt 0,464, geröstet 0,360; Faser mit Rinde ungeröstet 0,658, nach Stengelröstung 0,608; nach dem Schwingprozeß Schwingfaser 0,368, Scheben 0,264, Rindenteile (schebenfrei) 2,48; gehechelte Faser 0,446 (diese Zunahme wird erklärt dadurch, daß beim Hecheln noch stickstoffarme Scheben entfernt werden), Naturgarn 0,338. Die Differenz von 0,030% zwischen Hechelfaser und Naturgarn weist darauf hin, daß bei der Umwandlung der Hechelfaser in Band, Vorgarn und Garn durch Aneinanderreiben der Fasern wieder Rindenteile verloren gehen; dieser Staub aus der Vorspinnerei enthielt nur noch 1,47% Stickstoff. Über das weitere Schicksal des Stickstoffes gibt Tabelle 38 Auskunft:

Tabelle 38. Einfluß des Bleichens auf den Stickstoffgehalt von Flachsgarn nach Porter (1926).

Bleichgrad[4]	Irisches Garn		Courtrai-Garn	
	Gewichts-Verl. %	Stickstoff %	Gewichts-Verl. %	Stickstoff %
Naturgarn	—	0,338	—	0,264
Gekocht	10,03	0,200	6,00	0,111
1/4 Bleiche	11,77	0,091	7,60	0,073
1/2 Bleiche	13,50	0,034	9,57	0,031
3/4 Bleiche	14,30	0,034	9,81	0,028
4/4 Bleiche	15,20	0,023	10,55	0,021

Wir haben diese Vorgänge hier so ausführlich verfolgt, weil sie zeigen, wie schwierig es ist, den ursprünglich im Flachsstengel vorhandenen Eiweißgehalt zu beseitigen; eine vollständige Entfernung ist selbst im vollgebleichten weißen Flachsgarn nicht erfolgt. Das ist technologisch interessant, einmal im Vergleich mit der leichter zu behandelnden Baumwollfaser, sodann, weil vorhandene Eiweißreste durch Zutritt von Chlor Chloreiweißverbindungen, Chloramine, bilden können, denen unter Umständen schädliche Wirkung auf die Faser zugeschrieben wird[5]. Technologisch spielen die Eiweißstoffe

[1] The distribution of Nitrogen in the flax plant, and its elimination from flax in the processes of manufacture. J. chem. Soc. Ind. Transact. Bd. 45, S. 335. 1926.

[2] Trockenes, entsamtes, ungeröstetes Stroh. [3] Frei von Scheben.

[4] Absichtlich schonend behandelt (geringe Gewichtsverluste).

[5] Münch, M.: Melliands Textilber. 1928, S. 487. — Bauch, H.: Leipz. Monatsschr. f. Textilind. Bd. 43, H. 11 u. 12. 1928.

ferner insofern eine Rolle, als sie in der Röste durch Mikroorganismen angegriffen und abgebaut werden; einige der entstehenden Zersetzungsprodukte, wie Schwefelwasserstoff, Merkaptan, Skatol, Fettsäuren, bedingen zum Teil den üblen Geruch der Röste und die Schädlichkeit der Röstabwässer[1] für Pflanzen und Tiere. Entstehende Säuren können ferner den Säuregehalt der Röste und der Faser steigern und ungünstig wirken. Für die Diagnostik, insbesondere für die Unterscheidung der Flachs- und Hanffaser, ist der Eiweißreichtum der Flachsfaserzelle von Bedeutung: der nach Auflösung der Zellulosewände durch Kupferoxydammoniak zurückbleibende, kräftige, regenwurmartige Protoplasmaschlauch bietet ein vorzügliches Erkennungsmerkmal gegenüber der Hanfbastzelle.

Die weiteren organischen Bestandteile des Stengels sind weniger wichtig. Von Farbstoffen ist das grüne Chlorophyll bzw. seine Komponenten zu nennen; es kann in Form von auflagernden Rindenzellen die Färbung der technischen Faser beeinflussen oder auch von den Fett- und Wachsstoffen aufgenommen werden. In der Rinde sind ferner Gerbstoffe enthalten, die gleichfalls die Färbung der Faser verändern können, indem sie z. B. in der Tauröste, wo die geringen Tau- oder Regenmengen zur Entfernung des sonst wasserlöslichen Gerbstoffes nicht ausreichen, mit Eisenoxyd zusammentreten und in sehr fein verteilter Form auf der Faser niedergeschlagen werden (A. Herzog). Bei der Wasserröste werden dagegen die Gerbstoffe frühzeitig von der Röstflüssigkeit gelöst; nach G. Ruschmann[2] unterliegen sie keiner weitergehenden Zersetzung und hemmen bei Anhäufung eher das Leben und die Tätigkeit der Mikroorganismen. Von Kohlehydraten sind Zuckerarten und Stärke zu finden: Glukose tritt besonders hervor, sie ist in den Zellen der Rindengewebe schon in gelöster Form vorhanden und tritt dann bald nach dem Einlegen der Flachsstengel in die Röstflüssigkeit aus. Sie und andere leicht vergärbare Zuckerarten werden von Röstbakterien sogleich angegriffen und bilden so eine Quelle für die Entstehung organischer Säuren (Essigsäure, Buttersäure), wobei die biologischen Bedingungen (z. B. Sauerstoffmenge) eine Rolle spielen. Durch Auslaugen mit Wasser können diese Zuckerarten entfernt und die erste Säurebildung vermindert werden. Die Stärke, in geringen Mengen als kleine Körner in Rindenzellen eingelagert, kann durch die Mikroorganismen zu Glukose abgebaut werden. Schließlich sei erwähnt, daß im Flachsstengel (auch in Samen und Blättern) das Glykosid Linamarin = Phaseolunatin vorkommt; es zerfällt bei der Spaltung durch ein Enzym in Dextrose, Blausäure und Azeton.

8. Die einzelne Faserzelle.

Die technische Flachsfaser (Schwingflachs, Hechelflachs) besteht aus den in Kapitel 6 geschilderten Bastbündeln, ähnlich wie Hanf, Jute und andere Textilrohstoffe, im Gegensatz zur Baumwolle, in der von Anfang an immer nur einzelne Zellen (Haare) vorliegen. Wenn man nun auch bei der weiteren Verarbeitung der Flachsfaser, beim Spinnen und Weben, es immer noch mit diesen Faserbündeln zu tun hat, so ist doch die Kenntnis der einzelnen Faserzellen, die die Bündel zusammensetzen, von größtem Interesse, sei es in praktisch-technologischer, sei es in rein wissenschaftlicher Beziehung. Die Dimensionen der Einzelzelle, der Bau ihrer Wandung, ihr Inhalt und ihre chemische

[1] Vgl. z. B. Heitz, K.: Kulturtech. Bd. 28, S. 191. 1925 (Beregnungsversuche).
[2] Grundlagen der Röste. Leipzig 1923.

Beschaffenheit drücken der technischen Faser ihren Stempel auf, sie beeinflussen ihre wertbestimmenden Eigenschaften, wie etwa die Festigkeit, wenn es auch manchmal schwierig ist, sichere Zusammenhänge, z. B. zwischen Einzelzelle und dem wenig exakt zu fassenden Begriff der „Spinnigkeit", genau festzulegen. Weiterhin ist zu beachten, daß durch die chemischen Prozesse der Bleicherei ein mehr oder minder großer Zerfall der Bastbündel eintreten kann und daß bei der „Kotonisierung" eine Zerlegung der Bündel angestrebt wird[1]. Auch für die Unterscheidung der Flachsgespinste von anderen Faserarten kann die Kenntnis der Einzelzelle unerläßlich sein. Wissenschaftlich bietet der strukturelle Feinbau der Zellwandungen viel Interessantes (Mizellartheorie von Nägeli), auch die merkwürdige Fähigkeit der Faserzellen zu stellenweisem Flächenwachstum (lokale Anschwellungen) verdient hier erwähnt zu werden. Demnach ist verständlich, daß die Faserzelle des Flachses oftmals und von verschiedenen Gesichtspunkten aus untersucht worden ist.

Die Bildung und Entstehung der Faserzelle im Vegetationspunkt des Stengels sowie ihr Verhalten beim Längenwachstum des Stengels ist bereits auf S. 119 berührt worden. Zu erwähnen ist noch, daß nach Tammes das sog. gleitende Wachstum keine große Rolle spielt. Neben dem Längenwachstum der Faserzelle ist das Dickenwachstum ihrer Wandung von Wichtigkeit. Während in der frühesten Jugend die Zellwand noch sehr fein und dünn ist und auch chemisch mehr Pektinstoffe und Hemizellulosen enthält, wird mit zunehmendem Alter die Membran immer kräftiger und dicker, dafür das Lumen, der Zellkanal, immer schmächtiger, bis ein gewisser Endzustand erreicht ist. Die fertige Faserzelle des Flachses zeichnet sich gegenüber manchen anderen Bastfasern gerade durch ihre intensive Wandverdickung und den engen, gleichbleibenden Zellkanal aus. Hand in Hand mit der Verdickung der Wandungen gehen chemische Veränderungen: die reine Zellulose tritt immer mehr hervor und überwiegt zum Schlusse bei weitem, Ligninstoffe können mehr oder weniger stark in die Mittellamelle und Faserwand eingelagert werden und zur Verholzung führen, im Zellinhalt verschwindet die anfangs vorhandene Stärke in der Regel fast ganz, und das Zelleiweiß, Protoplasma, tritt gegen frühere Entwicklungsstadien zurück, bleibt jedoch immer noch deutlich bestehen. Das Dickenwachstum der Zellwand erfolgt nicht gleichmäßig, die Wand bildet keine homogene, in sich selbst undifferenzierte Membran, sondern setzt sich aus verschiedenen Schichten zusammen, die der Zahl und der Feinheit nach Unterschiede zeigen können. Der Ablauf des Wachstums und der Endzustand können von der jeweiligen Flachssorte und den äußeren Kulturbedingungen, wie Wasserbilanz, Nährstoffe, Pilzkrankheiten, beeinflußt werden. Daß man für textile Zwecke nicht die völlige Reife des Stengels und der Faser abwartet, ist S. 138 und 181 gesagt worden. Die folgenden Erörterungen beziehen sich demnach hauptsächlich auf solches, in der Grüngelbreife geerntetes Stengelmaterial, bzw. auf die daraus gewonnenen Fasern.

Der Form nach stellt die einzelne Faserzelle ein vielkantiges (3 bis 7 Kanten), sehr stark in die Länge gezogenes Prisma vor, dessen beide Enden oben und unten allmählich in eine scharfe Spitze auslaufen. Da im Bastbündel diese Faserprismen zwar parallel, aber mit den Enden in ganz verschiedener Höhe gelagert sind, erhält man bei einem Querschnitt durch ein Bündel stets Einzelfasern, die an verschiedenen Stellen getroffen sind: bald mehr in der Zellmitte, bald mehr am Zellende, und je näher der Schnitt durch das Zellende geht, desto kleiner ist das Bild der Faser. Isoliert man durch chemische Behand-

[1] In Papieren aus Leinenlumpen oder Flachsabfällen liegen meistens isolierte Einzelzellen vor.

lung (Chromsäure, Chlorwasser usw.) die einzelnen Faserzellen, so lassen sich in der Längsansicht die spitzen Enden sehr gut auffinden[1]. An der Stengelbasis treten jedoch Faserzellen von abweichender Form auf, die Enden sind gröber und abgerundeter, die Zelle kann bauchige Auftreibungen zeigen, ganz besonders im Hypokotyl (vgl. S. 148). Vielfach ist im Querschnitt der Umriß der Faser nicht mehr scharfkantig, sondern abgerundet, so daß die Faser mehr als Schlauch denn als Prisma anzusehen ist, sie ist der Hanffaser ähnlicher. Dazu können weitere Unregelmäßigkeiten treten, wie starke Zusammenpressung in radialer Richtung, Faltung und einspringende Winkel usw. Vgl. Abb. 44.

Die Länge der Faserzellen ist oft untersucht worden. Sie ist von Wichtigkeit bei Festigkeitsbestimmungen: spannt man z. B. in eine entsprechende Reißapparatur Faserbündel von etwa 0,5 cm Länge ein, so erhält man ein Maß für die Substanzfestigkeit der Flachsfaser, d. h. man zerreißt die Faserzellen selbst, weil sie weit länger als ½ cm sind. Zerreißt man dagegen Faserbündel von etwa 15 cm Länge, so tritt die Verbundfestigkeit hinzu, d. h. die mehr oder minder feste Verbindung und Verkittung der einzelnen Faserzellen miteinander spielt eine Rolle, da die Länge der Einzelzelle stets weit unter 15 cm bleibt. Auch für die Kotonisierung ist die Zellänge von Interesse, da allzu kurze Fasern ungünstig sind. Die Ergebnisse der Längenmessungen weichen bei den verschiedenen Untersuchern nicht unbeträchtlich voneinander ab. So beträgt z. B. nach v. Wiesner die Länge 20 bis 50 mm, nach Vétillard 4 bis 66 mm, meist 25 bis 30 mm, nach Tammes 1 bis 120 mm, nach A. Herzog 1,7 bis 53,9 mm. Dies mag seine Erklärung darin finden, daß Flächse von verschiedener Rasse und Ernährung, von verschiedener Stengellänge und Stengeldicke untersucht wurden: alle diese Faktoren können auch die Länge der Faserzelle beeinflussen. Ebenso muß die Topographie des Stengels berücksichtigt werden, da Basis, Mitte und Spitze des Halmes verschiedene Faserlängen zeigen. Auch die Zahl der Messungen spielt bei Durchschnittswerten, mehr noch bei den Maximum- und Minimumwerten eine Rolle, da z. B. sehr lange Faserzellen selten sind. Prüft man zunächst die Faserlängen innerhalb eines einzelnen Stengels, so sind sie nach Tammes (1907) an der Basis am geringsten und nehmen bis zur Spitze fortlaufend zu, wie dies Tabelle 39 zeigt.

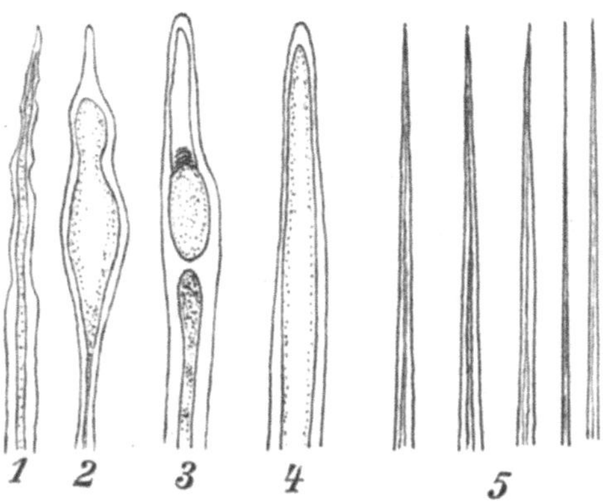

Abb. 43. Enden von Bastfasern, stark vergr. 1—4 = abnorme Formen aus dem Stengelfuß, 5 = normale Formen.

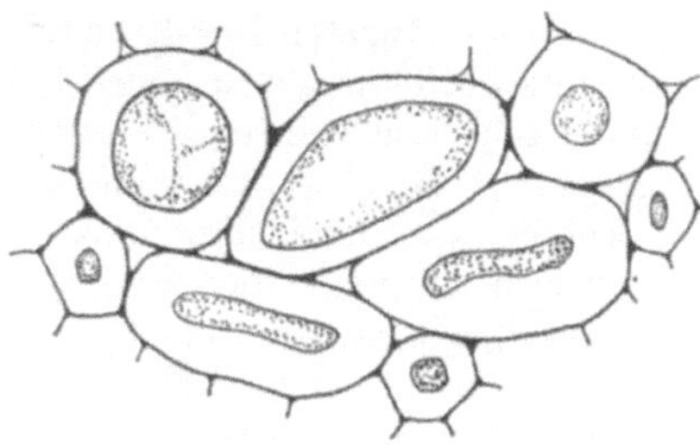
Abb. 44. Querschnittsbild aus der Stengelbasis. Rundliche oder tangential gestreckte Bastfasern. Zusammenschluß lückenhaft (Interzellulargänge).

[1] Die sehr ähnliche Hanfzelle hat meistens gröbere, mehr abgerundete Enden, manchmal auch gegabelte Spitzen.

Tabelle 39. Länge der Faserzelle in verschiedenen Höhen des Flachsstengels.

Stengelzone	Mittlere Faserlänge mm	Minimum mm	Maximum mm
Basis	13,3	2,5	42
Unterer Teil .	27,3	3	85
Mittlerer Teil .	32,6	4	95
Oberer Teil . .	38,5	4	120

Gerade umgekehrte Verteilung hatte A. Herzog in einer früheren Arbeit angegeben[1], fand aber neuerdings[2] die gleichen Werte wie Tammes: mittlere Länge der Einzelfaser im Hypokotyl 10,2 mm, in 1 bis 20 cm Stengelhöhe 25,4 mm, in 20 bis 50 cm Höhe 31,6 mm, in 50 bis 70 cm Höhe 37,9 mm. Diese Zahlenwerte lehren, daß man bei Längenangaben stets die Stengelzone berücksichtigen muß, sie zeigen weiter, daß der technologisch wichtigste Stengelteil, die Mitte, nicht die längsten Faserzellen enthält und daß die Schwankungen der Zellänge sehr groß sind, besonders im oberen Stengelteil (4 bis 120 mm!). Die von Tammes angegebene Maximallänge von 120 mm ist die größte bisher in der Literatur verzeichnete Länge für die Flachsfaser überhaupt; die Autorin betont selbst, daß derartige Längen sehr selten aufzufinden sind. — Vergleicht man nunmehr gleiche Stengelzonen von langen und kurzen sowie von dicken und dünnen Flachsstengeln, so zeigt sich, daß die Länge der Faserzelle in direkter Beziehung sowohl zur Stengellänge als auch zur Stengeldicke steht: je länger der Stengel, desto länger ist auch die Faserzelle, und ebenso steigt mit zunehmender Stengeldicke gleichfalls die Faserlänge. Im allgemeinen werden die längsten Stengel auch die dicksten sein, doch gilt die genannte Beziehung auch für gleich lange, aber verschieden dicke Stengel. Da Stengellänge und Stengeldicke ihrerseits entweder infolge Sorteneigentümlichkeit oder infolge der Wachstumsbedingungen (Standweite, Ernährung, Wasserzufuhr) variieren, sind auch diese Faktoren von Einfluß auf die Länge der Faserzelle.

Die Breite oder der Querdurchmesser der einzelnen Faserzelle schwankt gleichfalls. In den verschiedenen Zonen eines einzelnen Stengels ist der mittlere Durchmesser an der Stengelbasis am größten, nimmt nach oben hin zunächst schnell, dann nach der Spitze zu langsamer ab, wie dies aus Tabelle 40 hervorgeht. Vergleicht man weiterhin Stengel von verschiedener Dicke, so zeigt sich, daß mit zunehmender Stengeldicke auch der mittlere Faserdurchmesser zunimmt. So fand z. B. Tammes für die Stengeldicken 0,55 bis 1,37 mm mittlere Faserbreiten von 17 bis 20 μ, für die Stengeldicken 1,49 bis 2,20 mm Faserbreiten von 21 bis 27 μ, für noch größere Stengeldicken mittlere Faserbreiten von 30 bis 60 μ (alle Messungen in ¼ der Stengelhöhen). Die Tatsache, daß jeder einzelne Flachsstengel an seiner Basis die gröbsten Faserzellen führt und daß wieder dickere Stengel gröbere Faserzellen enthalten als feinere Stengel, ist der Praxis wohlbekannt und kann sich in den Faserqualitäten entsprechend äußern. Dazu kommt noch der Umstand, daß die Ungleichmäßigkeit, die Variationsbreite des Faserdurchmessers in dicken Stengeln größer ist als in feinen. So schwankte z. B. nach Messungen von Tammes der Faserdurchmesser von 12 bis 60 μ bei der Stengeldicke 0,95 mm, von 12 bis

Tabelle 40. Breite der Einzelfaser in verschiedenen Stengelhöhen[3].

Entfernung vom Ansatz der Keimblätter	Mittlerer Durchmesser der Fasern in μ
0,5 mm	36
0,5 cm	33
1 cm	28
2 ,,	26
4 ,,	25
12 ,,	22
15 ,,	22
21 ,,	21
24 ,,	20
30 ,,	20
40 ,,	20
55 ,,	19
75 ,,	19

[1] Basis 53 mm, Mitte 46 mm, oben 43 mm. [2] Flachskäufer, Sorau, 1918, S. 60.
[3] Nach Tammes (1907, S. 198); Stengeldicke in ¼ der Höhe = 1,27 mm.

70 μ bei der Stengeldicke 1,22 mm, von 19 bis 125 μ bei der Stengeldicke 2,15 mm. Als geringste Faserbreite überhaupt fand Tammes 9,6 μ, als größte 201,6 μ. Ebenso sind innerhalb eines Stengels die Schwankungen der Faserbreite an der Basis am größten, weiter aufwärts aber viel geringer. Diese ganzen Zahlen lehren, daß ebenso wie die Länge, so auch die Breite der Faserzelle sehr erheblich schwanken kann und daß Durchschnittsangaben, wie „Breite der Flachsfaserzelle 15 bis 30 μ" vorsichtig bewertet sein wollen. Ein direkter Zusammenhang zwischen Faserbreite und Stengellänge ist nur gering ausgeprägt, doch nimmt im allgemeinen die Faserbreite mit steigender Stengellänge zu, da die längeren Stengel auch meistens die dickeren sind. Die Faserbreite kann ferner durch die Kulturbedingungen (Standweite, Ernährung) und durch die Leinsorte beeinflußt werden. Wie im einzelnen bestimmte Nährsalze wirken, wäre noch zu klären; die auf S. 126 genannte Untersuchung von M. Groß weist darauf hin, daß Stickstoffdüngung die Faserbreite erhöht[1].

Über die Beziehungen zwischen Länge und Breite der Faserzelle wäre kurz folgendes zu sagen. Innerhalb eines einzelnen Stengels liegen, wie die vorangehenden Erörterungen zeigten, an der Basis die kürzesten und gleichzeitig dicksten, nach der Spitze zu aber die längsten und dünnsten Faserzellen; daraus folgt, daß, wenn man nur die Faserzellen eines Stengels betrachtet, im allgemeinen die längsten Fasern die dünnsten, die kürzesten die dicksten sein werden. Gerade das umgekehrte Verhältnis jedoch findet man, wenn man die Fasern aus den Stengeln eines ganzen Feldes betrachtet: in der Vielzahl der Stengel sind die längsten meist gleichzeitig auch die dicksten, sie weisen die längsten und gleichzeitig dicksten Einzelfasern auf, die kleinsten Stengel sind meist die dünnsten und haben die kürzesten und dünnsten Einzelfasern. Demnach wird im Massenmaterial größere Länge der Einzelfaser mit größerer Faserdicke verbunden sein. Zahlenmäßig schwankt das Verhältnis Faserlänge: Faserbreite sehr erheblich; Vétillard[2] gibt dafür als Durchschnittswert etwa 1200 an, A. Herzog[3], der genauere Messungen ausführte, die folgenden Werte: 789 in 0 bis 10 cm Stengelhöhe, 1469 in 20 bis 30 cm Stengelhöhe, 1745 in 40 bis 50 cm Stengelhöhe, 2269 in 60 bis 70 cm Stengelhöhe. Hier wäre auch kurz die metrische Nummer der Einzelfaser zu erwähnen. Da diese Zahl das Verhältnis von Länge : Gewicht eines Fasergebildes ausdrückt $\left(N_m = \frac{\text{Meter}}{\text{Gramm}}\right)$, so gibt sie uns gewisse Anhaltspunkte über die Feinheit der Faserzelle. Es war eben festgestellt worden, daß an der Stengelbasis die kürzesten und breitesten Faserzellen liegen, nach der Spitze zu dagegen die längsten und dünnsten. Wie aus Tabelle 41 hervorgeht, nimmt die metrische Nummer von unten nach oben im Stengel fortlaufend beträchtlich zu, d. h. die feinsten Fasern liegen oben im Stengel, die gröbsten dagegen im unteren Stengelteil. (Vergleichsweise sei angeführt, daß die metr. Nummer für Baumwolle etwa 4000 bis 6000, für Hanf (Stengelmitte) etwa 2400, für Ramie etwa 850 ist.)

Neben den Dimensionen der Einzelfaser bildet ihre Wanddicke ein charakteristisches morphologisches Merkmal, das auch in technologischer Beziehung wichtig ist. Dickwandige Zellen erhöhen gegenüber dünnwandigen die Faserausbeute, sie liefern einen schweren, kernigen Flachs, sie sind mechanisch widerstandsfähiger, erschweren allerdings dafür die Durchdringung der Faser mit chemischen Mitteln (Färben!). Auch in der lebenden Flachspflanze können kompakte, aus dickwandigen Faserzellen bestehende Bastbündel auf die Lagerfestigkeit der Stengel günstig wirken. Im allgemeinen ist die Faserzelle des

---

[1] Mittlerer Faserdurchmesser für ungedüngt 20 μ, für Chilesalpeter 24 μ.
[2] Etudes sur les fibres végétales textiles. Paris 1876. [3] A. a. O. 1918.

Flachses durch eine bedeutende Wanddicke und kleines Lumen (Hohlraum) ausgezeichnet; die Verdickung kann so weit gehen, daß der innere Hohlraum fast verschwindet. Dies bedeutet gegenüber manchen Baumwollen einen diagnostisch und spinntechnisch besonders wichtigen Unterschied. Im einzelnen findet man jedoch, daß aus verschiedenen Gründen die Wanddicke nicht unbeträchtlich schwanken kann. In einer einzelnen isolierten Flachsfaserzelle ist allerdings (mit Ausnahme der später zu besprechenden lokalen Anschwellungen) die Wanddicke und Lumenweite über die ganze Länge der Zelle hin gleichmäßig ein und dieselbe; dagegen zeigen sich Unterschiede je nach der Zone des Stengels, der die Fasern entstammen. Aus Tabelle 41 geht hervor, daß die prozentische Wandverdickung der Zellen am geringsten ist an der Stengelbasis, weiter aufwärts schnell zunimmt, in der Stengelmitte ihr Maximum erreicht und im oberen Stengelteil wieder, aber nur gering, abnimmt.

Tabelle 41. Wanddicke und metrische Nummer der Einzelfaser in verschiedenen Höhen des Flachsstengels nach A. Herzog (1918).

Stengelhöhe cm	Querschnittsfläche der Wandung in μ^2	Faserquerschnitt Lumen %	Faserquerschnitt Wandung %	Metrische Nummer
Hypokotyl	450	außerordentlich wechselnd		1480
0	380			1750
0—10	356	21,0	79,0	1870
10—20	334	13,5	86,5	2000
20—30	224	1,5	98,5	2980
30—40	182	1,3	98,7	3660
40—50	170	1,4	98,6	3920
50—60	168	2,7	97,3	3970
60—70	133	5,4	94,6	5000
70—80	69	8,0	92,0	9660

Auch aus derartigen Messungen geht wieder hervor, daß die Mitte des Leinstengels die wertvollsten Fasern enthält; die an der Stengelbasis auftretende geringere Wanddicke und die damit verbundene geringere Widerstandsfähigkeit der Faserzellen trägt — neben den früher schon genannten Umständen — ihrerseits auch wieder dazu bei, daß beim Schwingen und Hecheln der technischen Faser ihre sog. „Wurzelenden" leichter in das Werg geraten als die kräftigen Fasern der Stengelmitte. Dies wird auch dadurch illustriert, daß die Reißfestigkeit der Bastbündel an der Stengelbasis am geringsten ist (55 km), in der Stengelmitte ihr Maximum erreicht (80 bis 90 km), nach der Spitze zu wieder etwas abfällt (84 bis 73 km)[1]. Die Wanddicke ist ferner abhängig vom jeweiligen Reifegrad des Flachsstengels: zur Blütezeit sind die Zellwände viel weniger stark verdickt als in der Reifezeit. Nach A. Herzog[2] entfallen (in der Stengelmitte) von der gesamten Querschnittsfläche der Einzelfaser auf die Wandung die folgenden Prozentzahlen (die zugehörigen Zahlen für das Lumen in Klammern): blühreif 66,5% (33,5%), grünreif 95,0% (5,0%), gelbreif 98,7% (1,3%). Die Zunahme der Wandverstärkung ist demnach sehr beträchtlich; der auf die Gelbreife folgende Zustand der „Vollreife" scheint keine weitere Vermehrung der Wanddicke zu bringen (dafür aber ungünstige chemische Veränderungen!), so daß sich in der Praxis mit Rücksicht

[1] Diese Zahlen sind einem Beispiel von A. Herzog (Flachskäufer 1918, S. 59) entnommen. Die absoluten Zahlenwerte können natürlich in anderen Beispielen anders sein, ihre relative Abstufung nach Stengelzonen zeigt sich trotzdem.

[2] Mitt. Forsch. Inst. Sorau Bd. 1, S. 3. 1919.

auf Erzielung möglichst hoher Faserausbeute und möglichst fester Fasern die Gelbreife als Erntetermin empfiehlt. — Weiterhin üben die Ernährungsbedingungen einen Einfluß aus. Insbesondere ist mehrfach festgestellt worden[1], daß einige Stickstoffdünger (Chilisalpeter!), ebenso zu hohe Stickstoffgaben[2], insofern ungünstig wirken, als sie zwar breite, aber dünnwandige Faserzellen erzeugen; umgekehrt gelten Kalisalze im allgemeinen als günstig. Daß in dieser Beziehung noch genaue Untersuchungen am Platze sind, ist im vorhergehenden bereits gesagt worden. Zu berücksichtigen sind dabei u. a. auch die Standweite sowie die Flachssorte. Bei der anatomischen Prüfung der zahlreichen Faserflachssorten und Züchtungen, die ich viele Jahre lang unter gleichen Bedingungen nebeneinander kultiviere, fand ich weitgehende Unterschiede in der Ausbildung der Faserwandstärke, die ganz sicher als erbliche Sorteneigentümlichkeit anzusprechen sind. Z. B. zeichnen sich solche Züchtungen, die bei der industriellen Verarbeitung stets hohe Faserausbeuten und feste Fasern ergeben, auch anatomisch durch intensive Wandverdickung aus, im Gegensatz zu faserärmeren Stämmen. Auch bei den Ölleinen lassen sich, sofern man genügend zahlreiche unterschiedliche Sorten kultiviert, deutliche Differenzen in der Faserwanddicke auffinden.

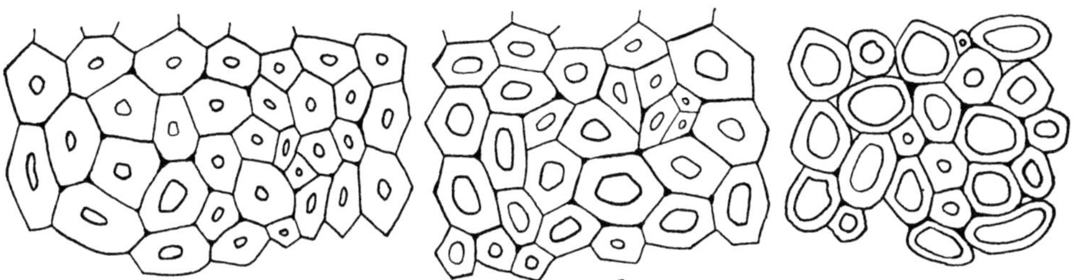

Abb. 45a, b, c. Verschieden starke Wanddicke der Faserzellen bei drei reinen Linien von Faserlein (Sorau 1928, Standdichte 2000 Korn pro m², normale Mineraldüngung). Pflanzenhöhe 90 cm, Querschnitt in der Stengelmitte.

a = günstiger schwerer Typ, *b* = ungünstiger Typ, *c* = sehr ungünstiger leichter Typ.

Daß auch pathologische Faktoren die Zellwanddicke beeinflussen können, sei hier kurz erwähnt. Flachspflanzen, deren normales Wachstum durch parasitische Pilze (Fusarium, Colletotrichum, Polyspora, Phoma usw.) leidet, bilden vielfach nur sehr dünnwandige Faserzellen aus. Dieselbe Erscheinung fand ich als Folge von Blasenfußbefall (Thrips): durch die Beschädigung der Triebspitzen blieb ein ganzes Flachsfeld kurz vor der Blüte im Wachstum stocken und lieferte ein Stengelstroh mit ganz dünnwandigen und mürben Fasern. — In Irland hat man an einigen auf Stengellänge gezüchteten Flachsrassen eine Degeneration und schließliche Auflösung der Bastzellen im Stengel beobachtet („Droop“).

Mit der Dicke der Bastzellwand steht die Beschaffenheit des Zellumens in enger Beziehung: je dicker die Wand, desto kleiner wird der die Zelle durchziehende Hohlkanal (vgl. Tabelle 41). Demgemäß erscheint er auf Querschnitten durch stark verdickte Faserzellen (Stengelmitte) punktförmig oder als kleiner Kreis und Oval, dagegen in dünnwandigen Bastzellen größer und unregelmäßiger, an der Stengelbasis und im Hypokotyl besonders unregelmäßig, sogar sternförmig oder linienförmig, weil die Zellen zusammengepreßt sind. In der Längsansicht verläuft er — im Gegensatz zu Jute, Gambohanf usw. —

[1] Hecker 1897, Groß a. a. O. [2] Fabian in Faserforsch. Bd. 7, S. 87. 1928.

durch die ganze Faserzelle in etwa gleichbleibender Weite, ohne besondere auffällige Erweiterungen, Ausnahmen kommen vor, worauf gleich eingegangen wird. Bei feinerer Untersuchung finden sich jedoch auch in ganz normalen Faserzellen aus der Stengelmitte sehr kleine Erweiterungen, angefüllt mit Plasma (Abb. 46). Sie werden als „Plasmaknötchen" bezeichnet (Reinitzer 1911) und können mit zur Unterscheidung des Flachses von der Hanffaser herangezogen werden. Als Inhalt des Lumens findet sich, solange das Dickenwachstum der Wand noch vor sich geht, Stärke in Form von kleinen Körnern; später verschwindet die Stärke, kann aber gelegentlich auch noch in der fertigen Faser vorhanden sein. Der Hauptinhalt besteht aus dem Protoplasma (Eiweißstoffe), dessen eingetrocknete Reste sich als graue Schollen und Klumpen oder feinkörnige Massen in der Zelle vorfinden (vgl. S. 139). Jede einzelne Zelle besitzt mehrere spindelförmige Zellkerne. Weitere Einschlüsse wie Farbstoffkörper, Kristalle, fehlen vollständig. In alten Faserzellen kann sich das Plasma einkapseln (Kappenbildung).

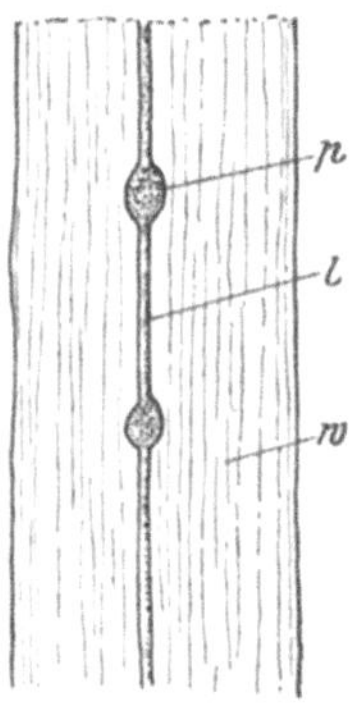

Abb. 46. Teilstück einer Faserzelle aus der Stengelmitte mit feinen Plasmaknötchen (*p*). *l* = Lumen, *w* = Zellwand.

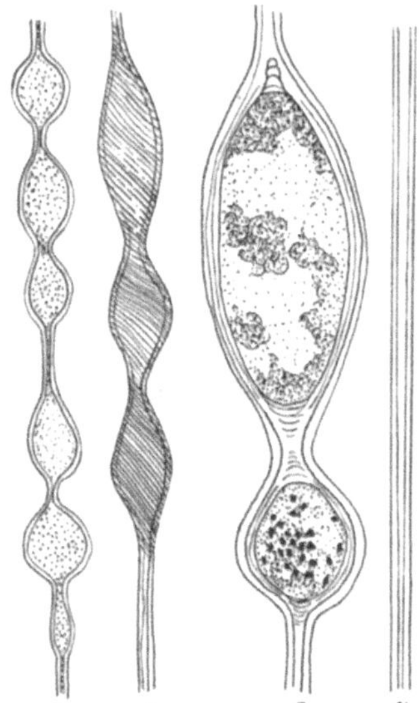

Abb. 47. Faserzellen mit lokalen Anschwellungen.

1 u. *2* = perlschnurartige Formen, *3* = große Anschwellungen mit Einkapselung des Plasmas und Kappenbildung, *4* = normale Faser zum Vergleich.

Von der normalen Faser stark abweichende Bastzellen finden sich an der Stengelbasis und besonders im Hypokotyl. Hier treten Faserzellen auf, die bauchige Auftreibungen, „lokale Anschwellungen", zeigen (Abbildung 47, 48). Der Durchmesser der Zellen schwillt ziemlich unvermittelt an, das Lumen erweitert sich stark, die Wandung ist dünn, das Zellinnere mit großen Mengen von Plasma und manchmal auch Fetttröpfchen erfüllt. Die Anschwellungen können sich an einer Zelle mehrfach wiederholen, auch noch kurz vor den Zellenden auftreten; weitere Unregelmäßigkeiten wie Bildung von zahlreichen dünnen Wänden, die das Plasma in der Anschwellung kappenförmig einkapseln, von Pfropfen, die das Lumen verstopfen, Verholzung von Faserpartien, Auftreten von Wundgummi oder Holzgummi, Vorkommen vereinzelter am Ende gegabelter Bastzellen, tragen dazu bei, daß diese Faserzellen ein ganz abweichendes Gepräge erhalten. Meist tritt auch die Spiralstreifung der Wand (Längsansicht) und die Schichtenbildung der Wand (im Querschnitt) sehr auffallend hervor. Genauere Beschreibungen dieser merkwürdigen Fasern finden sich in den Untersuchungen von G. Krabbe[1], C. Correns[2] und A. Herzog[3]. Die Entstehungsgründe sind unbekannt, im allgemeinen steht das Auftreten mit einem gewissen Alter der Bastzelle und mit der Lage am Stengelgrunde in Verbindung. E. Schilling[4] konnte zeigen, daß derartige Fasern sich experimen-

[1] Jb. f. wiss. Bot. Bd. 18, S. 346—423. 1887. [2] Ebenda Bd. 23, S. 254. 1892.

[3] Über die Bastfasern aus dem Hypokotyl der Flachspflanze. Z. Farben- u. Textilind. 1904, S. 20—22.

[4] Über die lokalen Anschwellungen der Bastfasern. Ber. dt. bot. Ges. Bd. 39, S. 379 bis 383. 1922.

tell durch mechanische Eingriffe (Knicken, Hagelschlag) erzeugen lassen, auch in der Stengelmitte. — In der technischen Langfaser fehlen diese abweichenden Zellen fast völlig oder sind (in groben Werggarnen) nur spärlich vorhanden, in letzterem Falle von gewissem diagnostischen Werte. Das Verschwinden aus der Langfaser erklärt sich aus ihrer geringen mechanischen Widerstandsfähigkeit: Stengelgrund und Hypokotyl gelangen zwar in die Röste, doch werden durch das Knicken und Schwingen gerade diese ganz unregelmäßig verdickten, z. T. sehr dünnwandigen und locker gelagerten Bastzellen sehr leicht beschädigt und aus den Wurzelenden der Faserristen abgeschlagen. Die Ungeeignetheit dieser Faserzellen mag durch folgende Messungen illustriert werden. Bei zehn Faserzellen fand ich pro Einzelzelle an Erweiterungen: 12, 11, 21, 9, 7, 14, 10, 6, 8, 11 Stück; die Breite dieser Bäuche schwankte zwischen 133 μ und 267 μ, während die Zellen an normalen Stellen 30 bis 70 μ breit waren. Die sozusagen perlschnurartige Form ist naturgemäß denkbar ungünstig.

Struktur und Feinbau der Faserwandung sind nicht nur wissenschaftlich von größtem Interesse, sondern haben auch in praktisch-technologischer Hinsicht ihre Bedeutung, wird doch von ihnen das physikalische und physikalisch-chemische Verhalten der Faserzelle und der daraus bestehenden Rohstoffe und Fertigfabrikate weitgehend beeinflußt. Auf eine umfangreiche und eingehende Schilderung muß an dieser Stelle verzichtet werden, es sei dieserhalb auf den ersten Beitrag in diesem Bande, sowie auf die im folgenden genannte Spezialliteratur hingewiesen. Aus allen den subtilen und scharfsinnigen Untersuchungen geht hervor, daß die einzelne Faserzelle selbst wieder ein reichgegliedertes und kompliziertes System und wundervolles Kunstwerk vorstellt. Mikroskop, Ultramikroskop, Polarisationsapparat und weitere Apparaturen sind es, die hier erst einen genaueren Einblick ermöglichen. Vieles davon hat in praktischer Beziehung auch insofern Wichtigkeit, als ihm zur diagnostischen Unterscheidung der Flachsfaser von anderen Faserarten große Bedeutung zukommt. Und vielleicht bleibt es einer späteren Forschung überlassen, Zusammenhänge aufzufinden zwischen dem Feinbau der Faserzelle und der biologisch-physiologischen Entwicklung der Flachspflanze einerseits, bestimmten technologisch wichtigen Eigenschaften andererseits. Die ausgebildete Faserzelle, die in ihrem inneren Feinbau uns als ein Gebilde von fast mathematisch genauer Prägung erscheint, verdankt ihren Aufbau gewiß chemisch-physikalischen Vorgängen und Gesetzen — aber sie ist und bleibt immer ein biologisches Erzeugnis, deshalb wandelbar und abhängig von den inneren und äußeren Bedingungen, denen die Flachspflanze während ihres Lebens unterliegt. Von hier aus betrachtet erscheint es nicht unmöglich, manchem von dem, was die feine Leinenspinnerei empirisch leistet, gewisse Grundlagen und Befruchtung zu geben.

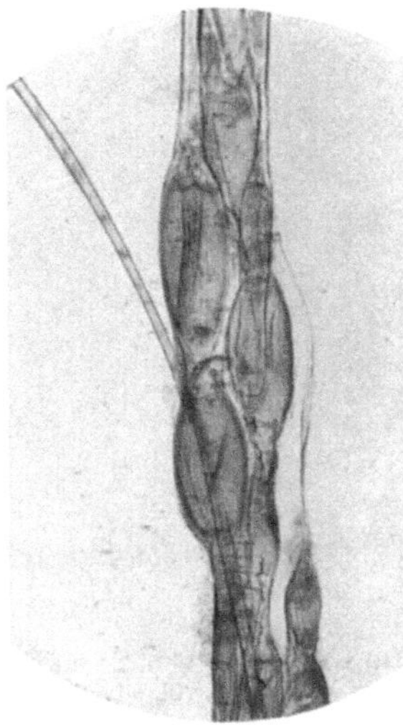

Abb. 48. Mikrophotogramm, die natürliche Lagerung der Anschwellungen zeigend. Nach links oben verlaufend eine normale Bastfaser.

Die Wandung der Faserzelle ist, wie schon mehrfach berührt wurde, nicht einfach und einheitlich aufgebaut. Legen wir einen Querschnitt durch ein Bastbündel, so können wir — unter Benutzung der später genannten Reagenzien —

zunächst verschiedene Schichten in der Wand unterscheiden. Außen wird jedes Faserprisma umzogen von einer sehr dünnen Wandschicht, die als Mittellamelle bezeichnet wird. Diese Mittellamelle, deren Begriff und Abgrenzung öfters diskutiert worden ist[1], stellt ausschließlich die zuerst angelegte, ursprüngliche Scheidewand (Zellplatte) der Faserzelle vor; zwischen den Zellen liegend erscheint sie als eine unpaare gemeinsame Trennungsschicht, die Scheidewand wird als Doppellamelle aufgefaßt (Greger 1928). Die Mittellamelle ist stets fein und zart ausgebildet, besonders bei guten Faserflächsen nicht immer leicht zu finden; bei groben Ölleinen kann sie etwas derber sein. Dort, wo im Bastbündel mehrere Faserzellen zusammenstoßen, wird sie etwas verbreitert: „Zwickelbildung", vgl. Abb. 49. Da die Mittellamelle hauptsächlich aus Pektinen besteht (in die öfters Ligninstoffe eingelagert sind), so weicht sie chemisch von den anderen Wandschichten ab. Technologisch betrachtet stellt sie die „Kittsubstanz" der Faserbündel vor[2], sie besorgt die Verbundfestigkeit der Faserbündel und ermöglicht, da sie von den Röstbakterien weniger schnell angegriffen wird als die Mittellamellen der umgebenden Rindenzellen, die Gewinnung zusammenhängender Faserbündel. Wird die Röste übertrieben oder werden starke chemische Mittel angewendet (Alkalien, Chromsäure, Chlor), so wird sie allmählich zerstört und Zerfall der Bastbündel in einzelne Fasergruppen bzw. Faserzellen ist die Folge (Bleicherei, Kotonisierung). Auch auf die Teilbarkeit der Faserbündel in der Längsrichtung übt sie einen Einfluß aus (Hecheln der Fasern). Wo sie, wie in noch grünen Stengeln, noch sehr zart ist, ermöglicht sie eine so weitgehende Zerteilung der Bastbündel, daß aus den Fasern die feinsten Spitzen hergestellt werden können; umgekehrt nimmt mit fortschreitender Reife des Stengels ihre Widerstandsfähigkeit und Verholzung so zu, daß aus totreifen Stengeln sich eine nur schwer teilbare, gröbere Faser gewinnen läßt. Ungeröstete Stengel mit unveränderter, noch nicht vom Röstprozeß beeinflußter (Entholzung!) Mittellamelle liefern nur eine schwer teilbare grobe Faser, die Teilbarkeit und Feinheit der technischen Faser wächst mit zunehmender Röste. Auf ein für die praktische Langfasergewinnung günstigstes Stadium, in dem bei guter späterer Teilbarkeit doch noch ein genügend fester Zusammenhang der Faserbündel gewährleistet ist, folgt dann beim Überschreiten der Röste weitere Schwächung der Mittellamelle und schließlich Zerfall der Bastbündel. — An die Mittellamelle schließt sich als nächste Wandschicht die primäre Membran an. Sie steht in engster Verbindung mit der ersteren und ist beim Flachs so dünn ausgebildet, daß ihr Nachweis auf Querschnitten sehr schwierig ist; etwas besser gelingt dies, wenn man die später zu besprechenden Streifungsverhältnisse und Polarisationserscheinungen in der Längsansicht

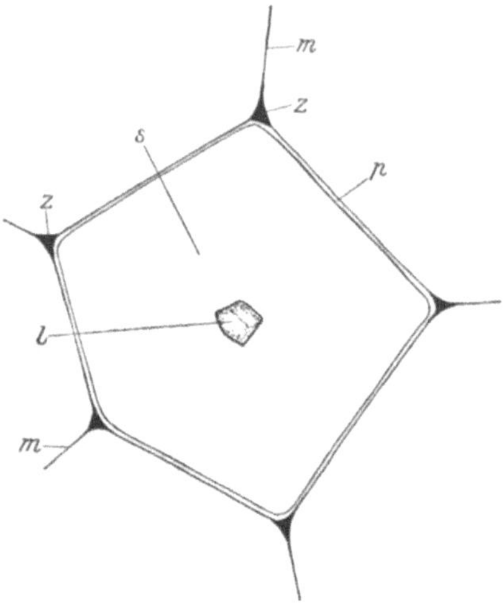

Abb. 49. Quergeschnittene Faserzelle sehr stark vergrößert. Schematisch.
m = Mittellamelle, *z* = Zwickel, *p* = primäre Wand, *s* = sekundäre Wand, *l* = Zellumen.

[1] Reimers, H.: Zur Klarstellung des Begriffes der Mittellamelle bei den Bastfasern. Angew. Bot. Bd. 3, S. 177. 1921. — Greger, I.: Was ist die Mittellamelle der Pflanzenzellhaut? Biol. generalis (Wien) Bd. 4, S. 377—386. 1929.

[2] In der Praxis oft als „Pflanzenleim" bezeichnet.

heranzieht[1]. Wo bei der völligen Isolierung von einzelnen Faserzellen die Mittellamelle zerstört wurde, ist demnach theoretisch diese primäre Membran die äußerste Abgrenzung der Zelle nach außen hin. Über ihre technologische Bedeutung wissen wir kaum etwas Sicheres. Es ist anzunehmen, daß sie bei der normalen Röste morphologisch als Schicht erhalten bleibt, chemisch aber durch Entziehung etwaiger Ligninstoffe günstig verändert werden kann; Leinsorte und Düngung, Röstart und Röstdauer mögen dabei eine Rolle spielen. Ihr gegenüber ist die darauf folgende sekundäre Verdickungsschicht sehr viel mächtiger ausgebildet: H. Reimers vermutet ein Hindernis für die technische Brauchbarkeit, wenn sich die Faserwand aus zwei strukturell sehr verschiedenen und sich leicht voneinander loslösenden Schichten von annähernd gleicher Größe zusammensetzen würde. Er macht darauf aufmerksam, daß ebenso wie beim Flachs so auch bei den technisch wichtigsten Fasern Hanf, Jute, Ramie die primäre Membran relativ schmal ist.

Wo übrigens kotonisiertes Flachsmaterial in Form von isolierten Bastzellen vorliegt, müßte, wie eben gesagt wurde, nach Zerstörung der Mittellamelle die primäre Membran die äußerste Wandschicht bilden, und gerade die große Glattheit der Außenflächen und die daraus folgende geringe Haftfähigkeit der Flachszelle ist spinntechnisch hier sehr ungünstig (Gegenbeispiel: Baumwolle).

Die sich an die primäre Membran anschließende sekundäre Membran ist mächtig entwickelt, sie ist es, die wesentliche physikalische Eigenschaften der Flachsfaser bedingt: die große Substanzfestigkeit, die Dehnung, die Steifheit. Aus den in Tabelle 41 wiedergegebenen Zahlen für die Wanddicke der Faserzelle geht hervor, daß auf die Querschnittsfläche bis zu 98,9% Wandsubstanz entfallen können, und daran ist fast allein die sekundäre Membran beteiligt. Im Leben der Flachspflanze erfolgt ihre Verdickung nicht plötzlich, sondern allmählich und dabei sehr wahrscheinlich in Abhängigkeit vom Wachstumsrythmus. Man kann in ihr wieder eine mehr oder minder große Zahl von Schichten unterscheiden, die wechselnde Stärke besitzen und sich in verschiedener Deutlichkeit voneinander durch feine Trennungslinien abgrenzen. Die Natur dieser Trennungslinien (physikalische bzw. chemische Ursache) ist sehr eingehend diskutiert worden[2], sie beruht wahrscheinlich auf Wassergehaltsdifferenzen der einzelnen Schichten[3]. Durch genaue Beobachtung nach Färbung mit Chlorzinkjod ($\pm$ violettblau) oder auch Rutheniumrot ($\pm$ rot, meist schwach) lassen sich die Schichtungsverhältnisse besser erkennen. Im allgemeinen ist die Schichtung bei guten Faserflächsen (Stengelmitte) viel weniger ausgesprochen als bei typischen groben Ölleinen, doch hängt das nach meinen Erfahrungen bei beiden Gruppen vielfach von der jeweiligen Rasse und den Wachstumsbedingungen ab. Insbesondere lieferten mir innerhalb einer bestimmten Sorte die Fasern aus dicken Stengeln viel stärkere Schichtungsbilder als Faserzellen aus dünnen Stengeln. Zu beachten ist, daß der ganze sekundäre Wandkomplex mit der primären Membran (und der Mittellamelle) innig fest verbunden ist; es kommt auf Querschnitten nicht zu einem „Herausfallen“ der inneren Wandschicht, wie man

[1] Reimers, H.: Die Verschiedenheiten im strukturellen Aufbau der Bastfasern und in ihrer Bedeutung für die technische Warenkunde. Mitt. Deutsch. Forsch. Inst. Textilst. 1920/21, S. 109—282.

[2] Literatur bei Reimers a. a. O.

[3] Nach Nägeli und Correns, während neuerdings wieder C. van Wisselingh (1925) chemische Differenzen verantwortlich macht: zellulosereiche Schichten sollen mit zellulose-ärmeren abwechseln, letztere könnten Hemizellulosen und Pektinstoffe enthalten. Wiesner (1892) hatte Eiweißgehalt der Membran angenommen, was von Correns (1894) widerlegt wurde.

das sonst bei einigen anderen Bastfasern beobachten kann. Chemisch betrachtet besteht die sekundäre Membran aus Zellulose, doch kann gelegentlich schwache oder bei Ölleinen stärkere Verholzung auftreten, auch können die innersten, an den Zellkanal grenzenden Schichten Hemizellulosen oder Pektinstoffe aufweisen, besonders in jüngeren Stadien. Immerhin ist die chemische und morphologische Differenz dieser Innenschicht nicht so ausgeprägt, daß man gezwungen wäre, hier noch eine besondere „tertiäre Membran“ zu unterscheiden[1]. Starke Abweichungen von der eben geschilderten Wandbildung und Wandchemie finden sich in den vorhin beschriebenen Faserzellen mit lokalen Anschwellungen (Hypokotyl und pathologische Bastzellen).

Über diese immer noch verhältnismäßig grobe Wanddifferenzierung hinaus findet man bei genauerer Prüfung besondere Struktureigentümlichkeiten von großer Feinheit. Auszuscheiden ist zunächst eine Erscheinung, die man als „Pseudolängsstreifung“ bezeichnen kann: in der Längsansicht verlaufen, parallel zur Längsachse bzw. dem Lumen der Faserzelle, feine Streifen. Sie stellen nichts anderes vor als die eben erwähnten Grenzlinien, die im Querschnittsbild die einzelnen Schichtkomplexe in der sekundären Membran voneinander trennen. Gänzlich verschieden hiervon ist die „natürliche Spiralstreifung“, hier handelt es sich um sehr regelmäßig in ungefähr gleichem Abstand voneinander verlaufende feine Linien, die schräg zur Längsachse die sekundäre Wand durchziehen. Stellt man sich, um ein Bild zu gebrauchen, eine Faserzelle als einen sehr langen, an beiden Enden sehr lang zugespitzten Bleistift vor, wobei die entfernte Füllung dem Zellumen, die äußere Farbschicht der Mittellamelle + primären Membran entspricht, so verläuft diese Streifung im Holz (= sekundärer Membran) und windet sich in Spiralform um den Hohlraum herum. Dabei lassen sich wieder zwei ganz verschiedene Spiralsysteme unterscheiden: ein äußeres, das den äußeren Schichtkomplexen der sekundären Wand angehört, rechtsläufig ist[2] und in einem Winkel von etwa 10° zur Zellachse verläuft, ein inneres, das den inneren Schichtkomplexen angehört, linksläufig ist und steiler, in einem Winkel von etwa 5° verläuft. Diese verschiedene Tiefenlage der beiden Systeme in der Zellwand führt naturgemäß dazu, daß man bei mikroskopischer Betrachtung (mit dem Tubus von oben kommend) zuerst die äußere, dann bei schwacher Senkung des Tubus die innere Spiralstreifung erblickt; stellt man noch tiefer ein, so erscheint weiterhin auf der Unterseite der Zelle zunächst die innere Streifung, diesmal aber rechtsläufig, da ihre Spirale sich um 180° gedreht hat, dann schließlich die äußere Streifung, diesmal linksläufig. Beide Systeme kreuzen sich also sowohl in der oberen wie auch in der unteren Wandlage. Bei dieser etwas komplizierten Orientierung und bei der Feinheit der Streifung im Vergleich zu den dicken Zellwandungen ist es erklärlich, daß ihre Auffindung und richtige Deutung einige Schwierigkeiten bereitet hat; ob außerdem noch die innersten Schichten der sekundären Membran Strukturen aufweisen, ist nicht festgestellt worden. Im allgemeinen läßt sich die Spiralstreifung am leichtesten finden an den Hypokotylfasern mit den lokalen Erweiterungen, allerdings sind dort die Winkel meistens viel

[1] Ich schließe mich bezüglich Wandschichtung ganz der Ansicht von Reimers an, da ich die Ergebnisse seiner schönen exakten Arbeit aus eigener Erfahrung bestätigen kann. In der Flachsliteratur findet man dagegen öfters auch den Ausdruck „tertiäre Membran“ bzw. „Innenhaut“.

[2] Die Bezeichnungen „rechtsläufig“ und „linksläufig“ werden bei den verschiedenen Untersuchern (Dippel, Nägeli, Correns, Krabbe, Sonntag, A. Herzog, Reimers) nicht gleichsinnig verwendet. Hier soll rechtsläufig ausdrücken, daß die Streifung an der dem Beschauer zugekehrten Zellwand rechts unten angesetzt und nach links oben verläuft. Linksläufig heißt dementsprechend: von links unten nach rechts oben verlaufend.

größer; E. Schilling[1] konnte zeigen, daß derartige erweiterte Zellen mit deutlicher Spiralstreifung auch in der Stengelmitte auftreten, wenn der Stengel durch Hagelschlag oder experimentell durch Knickung verletzt wird. An derartigen Fasern fand ich für die äußere rechtsläufige Streifung Winkel von 10 bis 50°, also bedeutende Abweichungen, die zweifelsohne auf das starke lokale Wachstum der Zellpartien zurückzuführen sind. Inzwischen kann ich meine Beobachtungen noch dahin erweitern, daß sich lokale Anschwellungen mit sehr deutlicher Spiralstreifung in größerer Zahl auch in der Stengelmitte von gesunden Pflanzen bei bestimmten Flachsrassen finden lassen, ferner in pilzkranken Pflanzen. Z. B. wiesen bei einer Züchtung fast 100% der Fasern aus der Stengelmitte derartige lokal erweiterte Faserzellen auf! Ebenso scheint es mir, daß bestimmte dickstenglige Rassen zur Bildung stark sichtbarer Spiralstreifung neigen, an normalen Faserzellen ohne Erweiterungen.

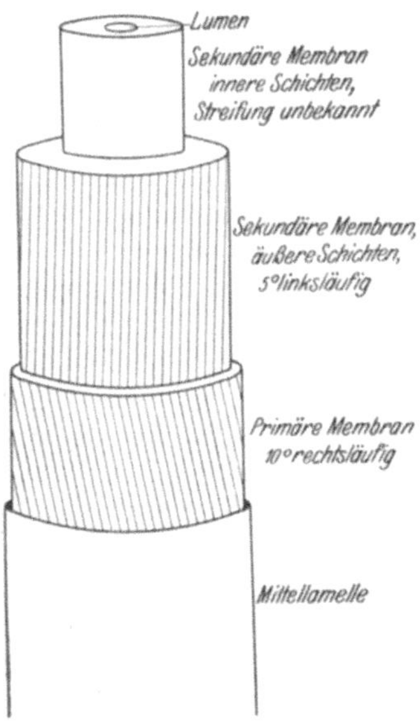

Abb. 50. Schematisches Modell vom Feinbau einer Faserzelle des Leins.

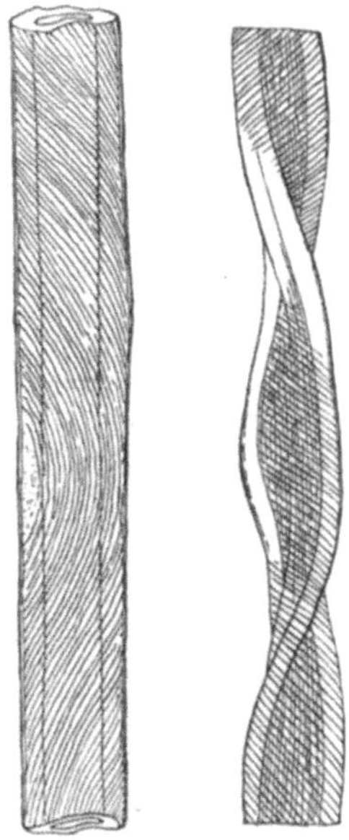

Abb. 51. Streifung und Torsion des Baumwollhaares nach Nägeli.
links = lebend,
rechts = ausgetrocknet.

Die Sichtbarkeit der Spirallinien läßt sich übrigens, worauf schon P. Sonntag[2] hingewiesen hat, durch Kochen mit verdünnten Säuren steigern. Ebenso können sie durch Kupferoxydammoniak gut hervortreten, doch tritt dabei Quellung und Lösung der Wand auf, so daß die Erscheinung schon zu der gleich zu besprechenden künstlichen Spiralstreifung überleitet. Wo genügend feine und gleichmäßige Querschnitte vorliegen, gibt sich die Spiralstreifung als ein System von feinen radial verlaufenden Linien zu erkennen („Rädchenbewegung"). Über die Ursache und Bedeutung der Spirallinien läßt sich nur so viel sagen, daß wohl auch sie auf Wassergehaltsdifferenzen beruhen und in ihrer Anordnung den Micellarreihen der Zellulose folgen. Nach der von C. Nägeli begründeten Micellartheorie und den neuesten sich daran anschließenden Untersuchungen[3] haben wir uns vorzustellen, daß die Zellulose sich strukturell aus anisodiametrischen, doppelbrechenden kristallinen Teilchen zusammensetzt, die „Micelle" genannt werden und von großer Feinheit sind[4]. Diese stäbchen-

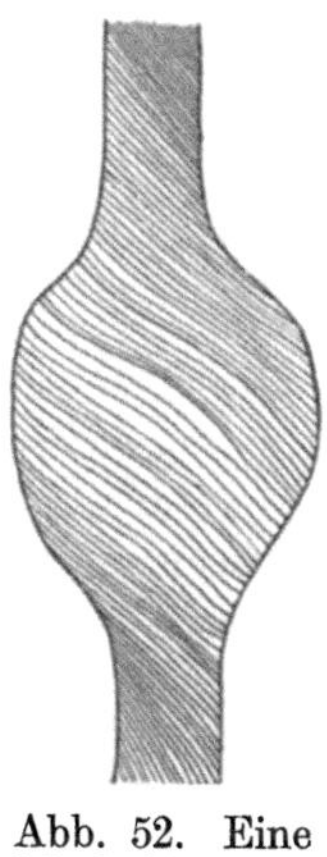

Abb. 52. Eine lokale Faseranschwellung mit flacher äußerer rechtsläufiger Spiralstreifung.

[1] A. a. O. 1921 und 1923.

[2] Die duktilen Pflanzenfasern, der Bau ihrer mechanischen Zellen und die etwaigen Ursachen ihrer Duktilität. Flora (Jena) Bd. 99, S. 203. 1909.

[3] Vgl. R. O. Herzog a. a. O.; Frey, A.: Die submikroskopische Struktur der Zellmembranen. Jb. Bot. Bd. 65, S. 195—223. 1926. Vgl. auch S. 1 dieses Bandes.

[4] Länge (parallel zur Faserachse) etwa 1,03 $\mu\mu$, Durchmesser (quer zur Faserachse) etwa 0,87 und 0,79 $\mu\mu$. 1 $\mu\mu$ = Einmillionstel Millimeter.

förmigen Micelle sind ziemlich regelmäßig so angeordnet, daß ihre längeren Seiten gleichlaufend mit der Längsachse der Faser, ihre Schmalseiten aber quer dazu liegen; die einzelnen Micellen sind getrennt durch Zwischenräume, die „Intermicellarräume", von denen Nägeli annahm, daß sie sich bei Austrocknung der Faser durch Zusammenrücken der Micelle verkleinern und fast verschwinden, durch kapillare Wasserzufuhr aber verbreitern könnten. Heute ist man geneigt, die Intermicellarräume nicht als „leer" zu betrachten, sondern nimmt an, daß sie erfüllt sind von quellbaren Kolloiden, in der Zellwand z. B. von Pektinstoffen oder Hemizellulosen.

A. Frey[1] zeigte mit Hilfe optischer Methoden, daß bei der Ramiefaser die intermicellaren Räume in lufttrockenem Zustand etwa 1% der Membrandicke, dagegen in wassergequollenem Zustand etwa 12% ausmachen, ferner, daß auch die Einlagerung von Lignin wie diejenige von Wasser als eine Quellung bezeichnet werden muß. Wir haben uns vorzustellen, daß das Lignin amorph zwischen die doppelbrechenden Zellulosemicellen eingelagert wird. Auf Grund dieses Feinbaues lassen sich die physikalischen Eigenschaften der Fasern[2] zwanglos erklären, z. B. bei der Quellung die bekannte Erscheinung, daß die Faserzelle in der Querrichtung sehr stark, in der Längsrichtung aber sehr schwach quillt. Bei den eben besprochenen Spiralstreifungen der Flachsfaserzelle nun erhebt sich die Frage, welche Bedeutung der schrägen Anordnung der Spirallinien bzw. Micellarreihen zukommen möge. Im Leben der Pflanze stellen die Bastfasern — neben dem Holzkörper — Festigkeitsorgane vor: käme es bei ihnen allein auf die absolute Festigkeit an, so wäre dem am besten entsprochen, wenn die Micellarreihen genau längs der Zellachse verlaufen würden, da dann die Kohäsion am größten wäre. Aber bereits Schwendener (1874) betonte, daß es weniger auf die absolute Festigkeit ankomme als vielmehr auf die Tragfähigkeit, d. h. die Fähigkeit, starke Längsdehnungen wieder rückgängig zu machen, ohne Überschreitung der Elastizitätsgrenze. Hier knüpft C. Steinbrinck[3] an und vermutet, daß der schraubenförmige Feinbau der Bastfasern nötig sei, um die erforderliche Elastizität zu gewährleisten. So wie eine schraubige Spirale aus Metalldraht ihre Windungen vermindert, d. h. zum Teil abwickelt, wenn sie in die Länge gezogen wird, dann aber, losgelassen, wieder elastisch zurückspringt, so würde man sich auch die Funktion der Spiralreihen zu denken haben, wenn etwa bei stürmischer Witterung die Bastfasern wiederholten plötzlichen Zugwirkungen und Zerrungen im Stengel zu begegnen haben.

Abb. 53. Micellarstruktur einer Zellwand, schematisch. Die Zellulosemicellen sind schwarz gezeichnet, die intermicellaren Räume sind von quellbaren Kolloiden (Lignin, Pektin, Hemizellulosen) erfüllt.

Nun hatte P. Sonntag (1909 a. a. O.) gefunden, daß solche Bastfasern, die eine hohe unelastische Dehnbarkeit besitzen, auch durch die geringe Steigung ihrer Spiralwindungen auffallen. Beim Flachs liegen, wie wir eben gesehen haben, die Verhältnisse so, daß zwei Systeme von Spiralwindungen vorhanden sind, ein äußeres rechtsläufiges flacheres und ein inneres linksläufiges steileres. Diesen Gegensatz faßt Steinbrinck als einen Kompromiß auf zwischen den

[1] Über die Intermicellar-Räume der Zellmembranen. Ber. dtsch. bot. Ges. Bd. 46, S. 444 bis 455. 1928.

[2] Über die Beziehungen zwischen Feinbau und Chemie der Zellulosefaser vgl. K. H. Meyer und H. Mark in Ber. dtsch. chem. Ges. Bd. 61, S. 593. 1928.

[3] Zum Feinbau und zur Physik natürlicher Zellulosefasern. Naturwiss. Bd. 15, S. 978 bis 981. 1927.

Anforderungen der Dehnbarkeit und der vollkommenen Elastizität: die äußeren Windungen begünstigen die erstere Forderung, die inneren die letztere. Über eine andere praktische Folgerung aus diesem Spiralbau vgl. S. 160.

Von dieser natürlichen, an unverletzten Zellen vorkommenden Spiralstreifung kann man unterscheiden eine andere, die Reimers als „künstliche Spiralstreifung“ gegenüberstellt. Sie besteht aus gröberen Spalten und Rissen von unregelmäßiger Verteilung, bald kürzer, bald länger. Sie ist ein Kunstprodukt, hervorgerufen durch Beschädigungen der Faser, und es können sich, je nach dem Grad der Beschädigung, naturgemäß alle möglichen Übergänge zwischen den beiden Spiralstreifungen anfinden (vgl. Abb. 54). In extremen Fällen, z. B. in vielgewaschenen Leinenhandtüchern, können die Faserzellen weitgehende Zerschlitzung zeigen, wobei die einzelnen Fibrillen die ursprüngliche schraubenförmige Anordnung z. T. noch recht gut erkennen lassen.

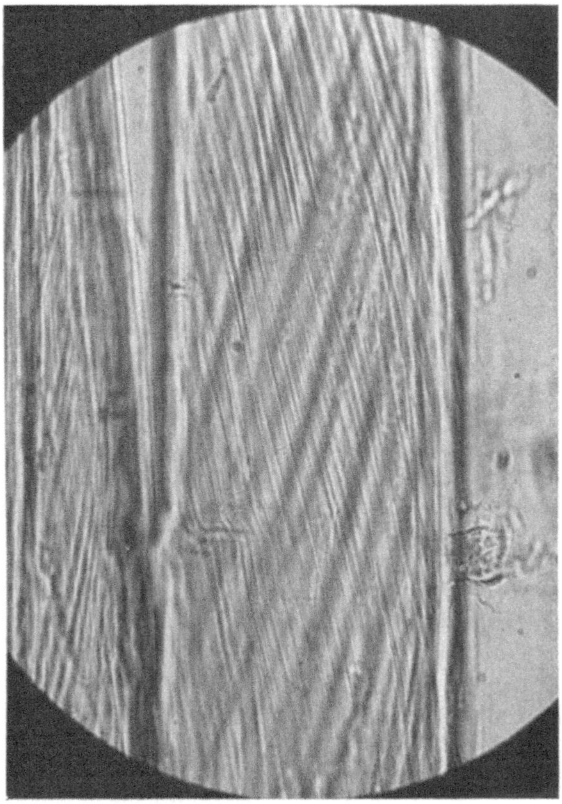

Abb. 54. Übergänge zwischen natürlicher und künstlicher Spiralstreifung.

Auch eine Querlamellierung (Streifung quer zur Längsachse der Zelle) wird für Flachs angegeben (Tammes 1907, Reinitzer 1911), ist jedoch, worin ich A. Herzog beipflichte, sehr selten zu beobachten.

Ein anderes natürliches Strukturmerkmal stellen in vielen pflanzlichen Zellwänden die Poren (Tüpfelkanäle) vor: sehr feine, kanalartige Aussparungen in der Zellwand, durch die ursprünglich der Plasmaleib benachbarter Zellen in Verbindung steht. Die Anwesenheit von Poren nun in der Faserzelle des Leins wurde von den Untersuchern entweder abgestritten oder stillschweigend übergangen; v. Höhnel (1905) gab an, daß Poren kaum wahrzunehmen seien. Neuerdings wird jedoch ihr Vorhandensein von zwei Autoren als sicher angegeben. Reimers (1921 a. a. O.) beschreibt

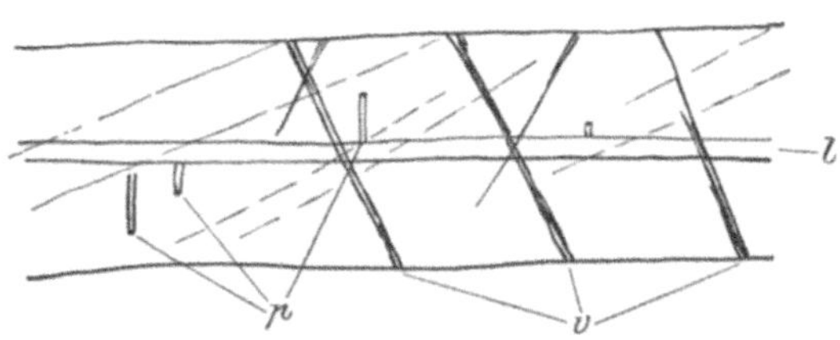

Abb. 55. Poren in der Wand der Faserzelle des Leins, nach Nodder. Sehr stark vergr.
p = Poren, v = Verschiebungen, l = Lumen.

sie als kurze, sehr feine Längsspalten, deren Kanal entsprechend der Streifung in den äußeren Schichten der sekundären Wand rechtsläufig, in den inneren linksläufig ist. C. R. Nodder[1] dagegen beschreibt und bildet ab quergestellte Poren, die vom Hohlraum der Zelle aus sich in die äußeren Wandschichten erstrecken; sie können bis zu 2 μ dick sein, liegen aber oft an der Grenze mikroskopischer Sichtbarkeit. Nodder vermutet, daß sie auch in den Faserzellen, wo sie nicht gefunden werden, stets vorhanden sind und möglicherweise bei der Bildung der Wandverdickung beteiligt sind. Das Vorhandensein der Poren ist interessant in Zusammenhang mit der Ansicht von Tammes (1907), wonach beim Längenwachstum der Faserzellen gleitendes Wachstum keine Rolle spielt; auch die Physik der Färbevorgänge könnte durch etwa zahlreiche Poren beeinflußt werden. Erschwert wird ihre sichere Bestimmung durch künstliche Bruchlinien, Spalten u. dgl. Bildungen in der Zellwand, die nunmehr kurz besprochen werden sollen.

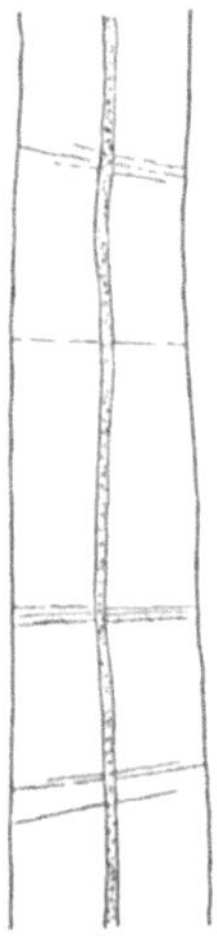

Abb. 56. Sprunglinien, querlaufend zur Längsachse der Faserzelle.

Während im lebenden Flachsstengel die mechanische Beanspruchung der Bastfasern normalerweise nicht die Grenzen überschreitet, an die das System der Faserzellen von Natur aus angepaßt erscheint, wird diese Grenzlinie bei der technischen Verarbeitung des toten Stengels, bei der Herstellung der Leinengespinste und schließlich im täglichen Gebrauch der Leinenwaren überschritten. Als Folgeerscheinung treten demgemäß mannigfaltige Beschädigungen und Zerstörungsformen an der einzelnen Faserzelle auf, bis sie endlich nach längerer Abnutzung infolge mechanischer oder chemischer Einflüsse (Haushalt, Wäscherei) altert und ihrem allmählichen Zerfall entgegengeht, wertlos für den ursprünglichen Gebrauchszweck oder als Leinenlumpen in die Papierfabrik wandernd. Schon bei der Gewinnung der Flachsfaser sind es die Prozesse des Brechens, Schwingens und Hechelns, die zu charakteristischen Strukturveränderungen im Gefüge der Zellwand führen. Unter dem Mikroskop betrachtet erscheint zunächst der glatte Längsverlauf der Zellulosewand stellenweise unterbrochen von feinen Quer- und Schrägrissen, die sich etwa mit Sprunglinien an einem Glasstabe vergleichen lassen (Abb. 56). Zu ihrer Erzeugung genügt schon ein nicht sehr großer Druck auf die Faser. Bei stärkeren mechanischen Schlägen, wie sie beim Knicken und Schwingen leicht vorkommen, verstärken sich diese Linien zu auffälligen, breiteren Bandstreifen, die bei Anfärbung mit Chlorzinkjod, Methylenblau, Methylviolett usw. besonders gut hervortreten. Für diese Erscheinungsform prägte v. Höhnel[2] den Ausdruck „Verschiebungen". Vgl. Abb. 57, 58, 59.

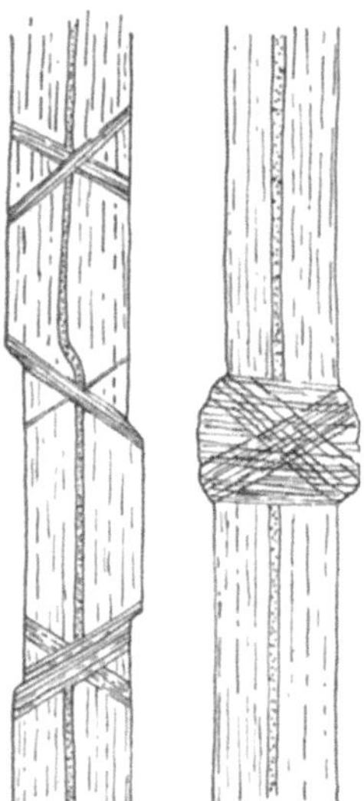

a b

Abb. 57. Faserzellen aus Schwingflachs mit Verschiebungen.

a = treppenförmig, *b* = knotenförmig.

Der Ausdruck ist ganz berechtigt, denn an diesen Stellen sind die Zelluloseteilchen wirklich aus ihrer ursprünglichen

[1] A study of flax and kindred fibres, II. J. Text. Inst. Manchester Bd. 12, S. 213 bis 219. 1922.

[2] Über den Einfluß des Rindendruckes auf die Beschaffenheit der Bastfasern der Dicotylen. Jb. f. wiss. Bot. Bd. 15, S. 311—326. 1884.

Lagerung verschoben. Untersucht man sie im polarisierten Licht zwischen gekreuzten Nikols derart, daß die Faserlängsrichtung mit der Schwingungsrichtung des Polarisators bzw. Analysators zusammenfällt, dann erscheint die normale Zellwand wegen ihrer fast geraden Auslöschung fast ganz dunkel, wogegen die Verschiebungsstellen sehr deutlich helleuchtend hervortreten. Daß die Verschiebungen — sie finden sich ebenso bei anderen Bastfasern, wie z. B. Hanf — lediglich mechanischen Einflüssen ihre Entstehung verdanken, wird allgemein anerkannt; umstritten dagegen ist noch der Zeitpunkt ihres Auftretens. Treten sie schon im lebenden Flachs-

Abb. 58. Faserzellen aus Hechelflachs, in Chlorzinkjod liegend. Verschiebungen und Sprunglinien dunkel hervortretend.

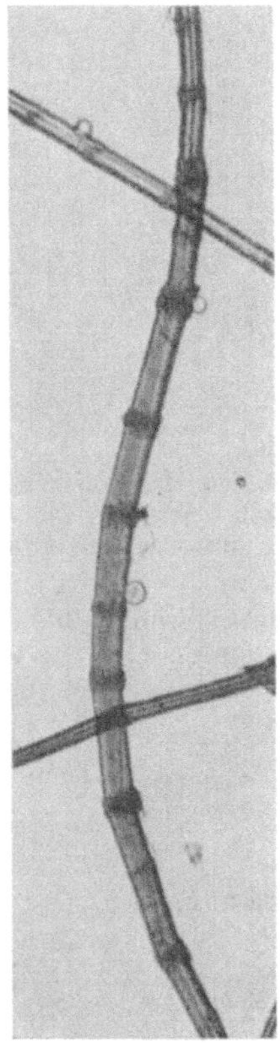

Abb. 59. Faserzelle aus einem gebrauchten Handtuch. Zahlreiche knotige Verschiebungen. In Chlorzinkjod liegend.

stengel auf? Während v. Höhnel dies bejahte und sie auf den radial wirkenden Rindendruck zurückführte, lehnte Schwendener diese Ansicht ab und macht für sie allein die mechanischen Einwirkungen verantwortlich, die während der technischen Ausarbeitung der Fasern auftreten. Letzteres hat viel für sich, durch Untersuchungen von A. Herzog und besonders von W. Müller[1] konnte gezeigt werden, daß mit der technologischen Verarbeitung die Zahl und der Grad der Verschiebungen sich vermehrt. Gleichwohl geben auch neuere Untersucher wie Saito, R. Haller und A. Herzog an, daß sie Sprunglinien schon an der tech-

[1] Faserforschung 1921, 1, 1—25.

nisch noch nicht beeinflußten Flachsfaser gefunden haben. Ich selbst bin auf Grund meiner Erfahrungen der Ansicht, daß wirkliche deutliche Verschiebungen im lebenden normalen Flachsstengel nicht auftreten, sondern die Folge der Verarbeitung sind. Das Herauspräparieren der Faser aus dem Stengel oder das Schneiden mit dem Mikrotom bringt, selbst bei vorsichtigster Handhabung, doch unbeabsichtigt mechanische Einwirkungen mit sich, die ein vereinzeltes Auftreten von Sprunglinien erklären können. An Flachspflanzen, die im Gewächshaus gezogen waren, also allen äußerlichen mechanischen Einflüssen während ihrer Vegetation entzogen waren, fand ich keine Spur von Verschiebungen. Dagegen wiesen Flachsstengel, die im Felde Hagelschlag bekommen hatten, sehr deutliche Verschiebungen auf, ebenso absichtlich geknickte Stengel. — Technologisch sind die Verschiebungen in mancher Beziehung beachtenswert: zahlreiches Vorhandensein vermindert den natürlichen Glanz der Faser, schwächt die Festigkeit, wie W. Müller überzeugend dartun konnte, und ist schließlich die Ursache dafür, daß chemische Agenzien wie Wasch- und Bleichmittel leicht eindringen können. In vielgebrauchten, gebleichten und oft gewaschenen Leinengeweben bilden die Verschiebungen in der Regel die Ausgangspunkte für die Zerstörung der Faserzellen.

Abb. 60. Ungebleichte Flachsfaser (Hechelflachs) in Chlorzinkjod mit dunklen Quetschstellen.

Als weitere Zerstörungsform finden sich Quetschstellen an der Flachsfaser, hervorgerufen durch grobe mechanische Einflüsse während der Verarbeitung (Abb. 60) oder während des Gebrauches (Abb. 61).

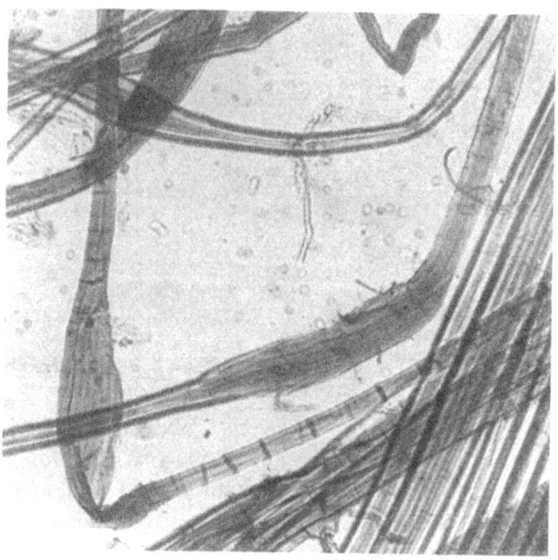

Abb. 61. Gebleichte Flachsfaser (aus einem gebrauchten Handtuch) mit Quetschstellen und Knickstellen.

Die Festigkeit und Haltbarkeit der Faserzelle ist an solchen Stellen naturgemäß stark herabgesetzt. Bei noch stärkerer Abnutzung der Faser treten endlich Zerstörungsformen auf, die einen Zerfall der Faser einleiten: fibrilläre Zerschlitzungen, Absplitterungen von Zellulosezügen aus den Zellwänden (Abb. 62). Insbesondere kann durch unsachgemäßes Waschen ein derartiger Zerfall begünstigt werden. Im übrigen zeigt sonst die Flachsfaser eine recht lange und oft gerühmte Lebensdauer, bestätigt durch den langen Gebrauch von rein leinenen Waren.

Auch die mehrere tausend Jahre alten ägyptischen Leinenerzeugnisse, die uns aus den Mumiengräbern überkommen sind, lassen noch deutlich alle Struktureigenschaften der Faserzelle erkennen, wenn sie auch meistens gebräunt und brüchig geworden sind (Abb. 63).

Das physikalische Verhalten der Faserzelle ist für Praxis und Theorie gleich wichtig und interessant, und es wäre gerade in Hinblick auf eine technologische Betrachtungsweise angebracht, in zusammenhängender Form zunächst zu schildern, wie in dieser Beziehung die Faser als Rohmaterial im Stengel vorliegt, und dann zu verfolgen, ob und wie im einzelnen durch die Verarbeitungsprozesse der Rösterei, Spinnerei, Bleicherei bis zur Fertigware und im Gebrauch die physikalischen Eigenschaften verändert werden. An dieser Stelle können jedoch nur kurze Streiflichter auf einige der hauptsächlichsten Eigenschaften geworfen werden, im übrigen muß auf die betreffenden Kapitel dieses Buches sowie auf die Spezialliteratur hingewiesen werden.

Abb. 62. Fibrilläre Zerschlitzung und Bruchstellen der Faserzellen. Aus einem gebrauchten Handtuch.

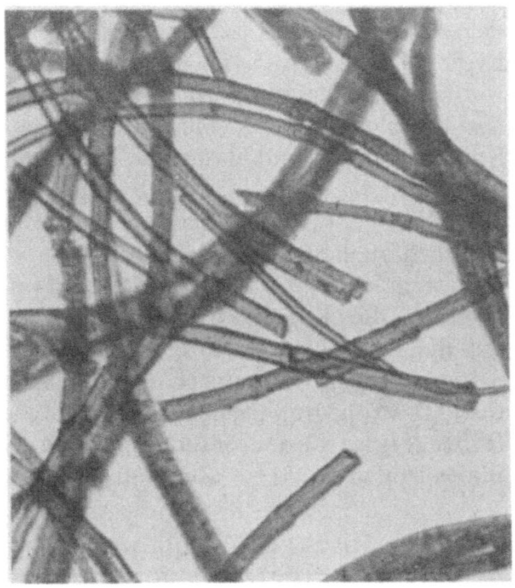

Abb. 63. Flachsfasern, über 3000 Jahre alt. Aus einem ägyptischen Mumiengrab. In Wasser liegend, starke Bräunung zeigend. Fasern leicht zerbrechlich, Verschiebungen.

Wir hatten vorhin gesehen, daß sich die Faserzelle in anatomischer Hinsicht aus langgestreckten Zellen mit geschichteter Wand und dem Lumen, in struktureller Hinsicht aus stäbchenförmigen Micellen sowie Intermicellarräumen zusammensetzt, dabei in der sekundären Wand zwei entgegengesetzte Spiralsysteme zeigend; in chemischer Beziehung war festgestellt worden, daß in der Hauptsache Zellulose vorlag, jedoch mit Einlagerungen von Hemizellulosen, Pektin und Ligninstoffen. Aus dem Zusammenwirken dieser Faktoren ergeben sich die physikalischen Grundlagen für die Einzelfaser und weiterhin für die technischen Faserbündel.

Die typische dickwandige Faserzelle stellt, spinntechnisch betrachtet, ein ziemlich starres und steifes glattes Prisma vor. Man sieht das am besten bei einer Gegenüberstellung der kotonisierten Flachsbastzelle und des Haares der Baumwolle (vgl. auch Abb. 51). Das abgestorbene trockene Baumwollhaar zeichnet sich bekanntlich durch seine starke Kräuselung aus. Diese Kräuselung und Verkrümmung beruht darauf, daß in der Zellwandung die Micellarstreifung nicht wie beim Flachs in regelmäßigen Schraubenlinien verläuft, sondern in unregelmäßigen Schräglinien, die oft ihre Richtung umkehren. Balls[1] fand an 5 cm langen Baumwollfasern durchschnittlich 30 solcher Kehren, Dischendorfer[2] an einigen Haaren sogar über 100. Da beim Austrocknen des Haares jede dieser Kehren eine Umkehrung der Krümmung verursacht, ist das Baumwollhaar stets stark gekräuselt. Beim Flachs kann eine derartige Kräuselung infolge der regelmäßigen Micellarreihen nicht eintreten, was für die spinntechnische Bewertung der isolierten Zelle sehr wichtig ist: in Hinblick auf die Kotonisierung des Flachses bedeutet dies physikalische Verhalten einen grundlegenden und sehr ungünstigen Unterschied. Statt der Kräuselung finden wir beim Flachs eine andere Erscheinung: eine ausgesprochene Linksdrehung der Faser beim Anfeuchten, und eine Rechtsdrehung umgekehrt beim Wiederaustrocknen. Diese Torsionsverhältnisse sind von P. Sonntag[3], R. Schwede[4], H. Reimers[5] und C. R. Nodder[6] eingehender geprüft worden. Man kann sie gut makroskopisch sichtbar machen, wenn man ein feines Faserbündel senkrecht aufhängt, am unteren Ende ein kleines Stückchen Karton anklebt und dann die Faser mit einem Pinsel befeuchtet. Die Flachsfaser führt dann ziemlich zahlreiche und schnelle Linksdrehungen aus (im Sinne des Uhrzeigers), dann bald ziemlich schnelle Rechtsdrehungen. Dies Verhalten läßt sich auch zur Unterscheidung von anderen Bastfasern anwenden (z. B. zeigt Jute angefeuchtet Rechtsdrehung, Hanf unbestimmte Drehungsrichtung usw.).

Über die Festigkeitsverhältnisse der Einzelzelle ist kurz zu sagen, daß die Tragfähigkeit am größten ist bei der intakten Faserzelle des unbehandelten Stengels und durch mechanische oder chemische Eingriffe vermindert wird. Der topographischen Lage im Stengel nach findet man, daß die absolute Rißfestigkeit am größten ist bei den Faserzellen der Stengelbasis und nach der Stengelspitze zu stetig abnimmt, wie dies Tabelle 42 zeigt:

Tabelle 42.
Rißfestigkeit der Faserzelle im unbehandelten Stengel, nach A. Herzog (1918).

Stengelhöhe . . . . . . cm	0—10	10—20	20—30	30—40	40—50	50—60	60—70
Reißlänge des Bastes . . km	55,4	76,8	81,0	79,6	89,8	84,1	73,2
Rißfestigkeit einer Zelle[7] . . g	26,0	20,5	18,0	14,9	14,2	13,6	13,6

An Einzelfasern, die durch Chlorbehandlung aus ungeröstetem Flachs gewonnen waren, fand P. Waentig[8] eine Rißfestigkeit von 13,4 g, an solchen aus gerösteten Stengeln 15,2 g mit einer Bruchdehnung von 3,8%. Kotonisierte Einzelfasern aus Werg und Wirrstroh wiesen im Mittel 11,7g auf, isolierte Zellen aus Rohleinengarn (2 Stunden Wasserkochung) 16,0 g, nach zweistündiger

[1] Structure as seen in the cell-wall of cotton hairs. Proc. roy. Soc. Bd. 9, S. 72—89. 1924.
[2] Zur Kenntnis der Baumwollfaser. Angew. Bot. Bd. 7, S. 63. 1925.
[3] Jhber. Ver. angew. Bot. Bd. 9, S. 140. 1911.
[4] Textile Forsch. Bd. 3, S. 168. Dresden 1921.
[5] Melliands Textilber. Bd. 2, S. 367. 1921 und Angew. Bot. Bd. 4, S. 65. 1922.
[6] J. Text. Inst. Manchester Bd. 13, S. 161. 1922.
[7] Berechnet aus der Festigkeit des Bastes und dem Querschnitt desselben.
[8] Textile Forsch. Bd. 4, S. 124. 1922.

Sodakochung 14,7 g, isolierte Zellen aus einem ¾ gebleichten Leinengarn nur noch 12,0 g. Johannsen und Oppenländer[1] fanden für kotonisierte Fasern Rißfestigkeiten von 9,91 bzw. 11,47 g und dementsprechende spezifische Festigkeiten (kg/mm[1]) von 35,6 bzw. 27,6. Betr. weiterer Angaben über Substanz- und Verbundfestigkeit sowie Dehnung und Elastizität der technischen Faser sei auf den späteren Abschnitt (S. 273) hingewiesen.

Von weiteren physikalischen Eigenschaften sei zunächst kurz an den Glanz erinnert. Die technische Flachsfaser weist bekanntlich einen mehr oder minder starken Glanz auf, dessen Intensität von der Art der Aufbereitung abhängig ist[2]. Auch die Einzelfaser besitzt diesen willkommenen Glanz, in der Regel in verstärktem Maße, da infolge der Kotonisierung bzw. der Bleichprozesse störende Auflagerungen entfernt und die Faserzellen ± isoliert werden, wodurch die Reflektion des Lichtes begünstigt wird. — Die Härte der Flachsfaser ist etwa gleich der des Muskowits[3], die Wärmeleitung ist in der Längsrichtung der Faser größer als in der Querrichtung. Bekannt ist, daß die Flachsfaser im Vergleich zu Baumwolle stärker wärmeleitend ist: Leinengewebe sind „kühl". — Die Flachsfaser besitzt ferner die Fähigkeit, dampfförmiges Wasser aus der Luft aufzunehmen, sie ist hygroskopisch. Das Maß der Hygroskopizität kann je nach Flachssorte und Aufbereitung verschieden sein, worüber im späteren Abschnitt bei der technischen Faser weiteres mitgeteilt ist. Für die technologischen Arbeitsprozesse ist gerade das Feuchtigkeitsverhältnis der Flachsfaser von großer Bedeutung (künstliche oder natürliche Trocknung, Schwingprozeß, Spinnvorgang); in trockenem Zustand ist die Faser gegen mechanische Behandlung empfindlicher als bei Anwesenheit einer genügenden Feuchtigkeit. Umgekehrt kann die Hygroskopizität bei einem Zuviel an Feuchtigkeit zum Verderben der Flachsfaser führen: Bakterien und Pilze treten dann zerstörend auf[4]. — Eine weitere wichtige Eigenschaft ist die Quellfähigkeit. Schon bei Behandlung mit Wasser tritt eine Quellung der Flachsfaser auf, viel stärker aber unter der Einwirkung verschiedener Chemikalien, wie starken Laugen[5], wäßrigen Lösungen von Chromsäure + Schwefelsäure[6], konz. Schwefelsäure, Kupferoxydammoniaklösung; z. T. lassen sich die Quellungsbilder, insbesondere die durch Kupferoxydammoniak erzielten, gut zur Unterscheidung der Flachs- und Hanffaser heranziehen. In der letztgenannten frisch bereiteten Lösung[7] quillt die Flachsfaserzelle bedeutend auf und verschwindet schließlich infolge Lösung der Zellulosewandungen; erhalten bleiben nur spärliche Reste der pektinhaltigen Mittellamelle sowie der eiweißreiche plasmatische Innenschlauch des Zellumens, charakteristisch wurmartig gekrümmt (vgl. Abb. 64 und 65). Die Intensität der Quellung ist wie bei den sonstigen Bastfasern so auch bei der Flachsfaser verschieden in den beiden Richtungen der Faserzelle: während der Querdurchmesser immer sehr erheblich durch die Quellung gewinnt, kann die Quellung in der Längsausdehnung der Zelle sehr gering sein oder sogar zu einer beträchtlichen Verkürzung führen[8]. Wiesner[9] fand z. B., daß 20 mm

[1] Mitt. Forsch. Inst. Reutlingen 1921, S. 6.

[2] Vgl. A. Herzog in Kunststoffe 1916, S. 153 und Mitt. Forsch. Inst. Sorau Bd. 2 S. 38. 1920.

[3] E. Ott in Öst. bot. Z. 1900. [4] Ruschmann in Faserforsch. Bd. 3, S. 131—161. 1923.

[5] Haller, R.: Dt. Faserst. u. Spinnpfl. 1919, S. 229.

[6] Hanausek, T. F.: Z. Farbenind. 1908.

[7] Dischendorfer in Z. f. wiss. Mikrosk. Bd. 39, S. 97—121. 1922. — Herzog, A.: Die Unterscheidung der Flachs- u. Hanffaser. Berlin 1926. — Müller, Herbert: Die Quellung von Pflanzenfasern in Kupferoxydammoniak. Diss. in Faserforsch. Bd. 7, S. 205—291. 1929.

[8] v. Höhnel in Dinglers polytechn. J. 1884.

[9] Rohstoffe, 4. Aufl., Bd. 1, S. 427. 1927.

lange trockene Flachsfasern infolge Quellung in Kupferoxydammoniak nach vollständiger Kontraktion nur noch 15,3 mm lang waren, also 4,7 mm = 23,5% ihrer ursprünglichen Länge eingebüßt hatten. Diese Erscheinung der ungleichartigen Quellung — zu ihrer Erklärung trägt der S. 154 geschilderte Feinbau der Zellwand bei — ist technologisch beachtenswert (Verkürzung von Gespinsten in Flüssigkeiten). — Bezüglich des optischen Verhaltens sei in Kürze bemerkt, daß die Faserzelle des Leins stark doppelbrechend ist. Unter dem Polarisationsmikroskop zwischen gekreuzten Nikols betrachtet erscheint die Faser hell auf dunklem Grunde. Ihr optisches Elastizitätsellipsoid ist so orientiert, daß seine längste Achse parallel, seine kürzeste radial zur Längsrichtung der Faser verläuft, die mittlere Achse liegt tangential zum Querschnitt der Faser. Die Flachsfaser gehört zu den Bastfasern, die die höchsten Po-

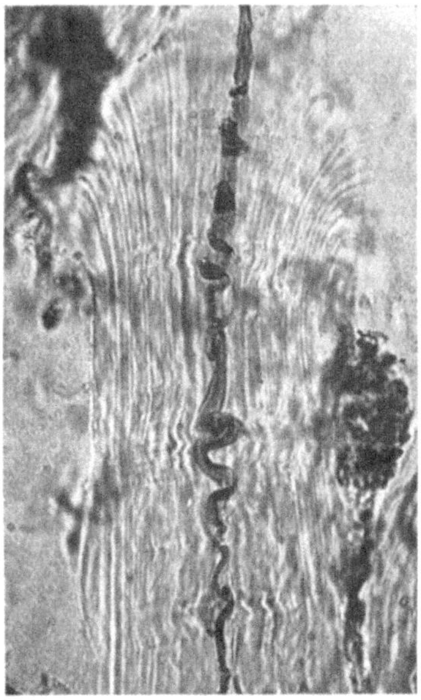

Abb. 64. Flachsfaser in Kupferoxydammoniak quellend.

Abb. 65. Nach Auflösung der Zellulosewand in Kupferoxydammoniak bleibt der Plasmaschlauch erhalten.

larisationsfarben zeigen, zwischen gekreuzten Nikols in der Diagonallage leuchtet sie farbenprächtig auf. Nach Behandlung mit geeigneten Farbstoffen (Kongorot, Benzoazurin usw.) zeigt sie ausgesprochenen Pleochroismus. Betreffs Einzelheiten im optischen Verhalten muß auf die Spezialliteratur verwiesen werden[1]. — Das spezifische Gewicht der Flachsfaser beträgt etwa 1,465.

Zum mikrochemischen Verhalten der Faserzelle ist zu bemerken, daß sich in einigen Punkten darin Unterschiede zeigen können, je nachdem man die unveränderte Faser im Stengel oder die Faser nach der Röste oder chemischen Aufschließung oder nach der Bleiche im fertigen Garn untersucht.

[1] Herzog, A.: Unterscheidung der Flachs- u. Hanffaser. Berlin 1926. — Reimers, H.: Mitt. Deutsch. Forsch. Inst. Textilst. 1922. Weitere Literaturangaben bei Wiesner: Rohstoffe Bd. 1, S. 420—425. 1927.

So kann z. B. eine etwaige Verholzung durch die Röste verringert, durch das Bleichen ganz beseitigt werden. Hier können nur einige der hauptsächlichsten Reaktionen besprochen werden. Die Mittellamelle, als aus Pektinen bestehend, zeichnet sich durch ein starkes Speicherungsvermögen für Metallsalze aus. Darauf beruht z. B. die von Tompa[1] und später von R. Haller[2] angegebene Reaktion mit Zinnchlorür und Goldchlorid: tiefrote Färbung (Cassius' Goldpurpur), während die Zellulosemembran fast farblos bleibt. Durch Rutheniumrot (Rutheniumsesquichlorid) wird die Mittellamelle tief rot gefärbt. Auch basische Teerfarbstoffe können herangezogen werden, z. B. Phenosafranin (violettrote Färbung) oder Methylenblau (violettblaue Färbung). Auf genügend feinen Querschnitten läßt sich damit die Mittellamelle von den anderen Wandschichten genügend differenzieren, es ist jedoch zu beachten, daß alle eben genannten Stoffe kein spezifisches Reagens auf Pektinstoffe vorstellen. Inkrustierung der Mittellamelle mit Ligninstoffen kann durch die üblichen Verholzungsreagenzien nachgewiesen werden: Rotfärbung mit Phlorogluzin und Salzsäure, Gelbfärbung mit Chlorzinkjodlösung oder Anilinsulfat usw. Daß die Mittellamelle beim Auflösen der Faserzelle durch Kupferoxydammoniak erhalten bleibt, ist eben bereits gesagt worden. — Demgegenüber zeigen die aus Zellulose bestehenden Wandschichten ein anderes Verhalten. Durch Chlorzinkjodlösung werden sie rotviolett bis violettblau gefärbt, sofern nicht etwaige Verholzung Gelbfärbung bedingt (primäre Wandverdickung). Jodlösung und Schwefelsäure bewirkt gleichfalls rotviolette bis blaue Färbung, Kupferoxydammoniak bringt sie unter Blaufärbung und Quellung zur Lösung. Reine Zellulosereaktion ist ein Kennzeichen für die Faser von guten Faserleinsorten (Langfaser), doch ist zu bemerken, daß im Schwingwerg, wo sich die Fasern aus Hypokotyl, Stengelgrund und Seitenästen ansammeln, auch verholzte Fasern auftreten, erkennbar an der Rotfärbung mit Phlorogluzin und Salzsäure. Schlechte Leinsorten, wie etwa viele Ölleine, zeigen Verholzung der Faserzellen auch in der Stengelmitte, die Verholzung ist meist unregelmäßig fleckenartig über die Zellen verbreitet (Abb. 66). Ich fand, daß Verholzung auch bei den besten Faserleinen auftreten kann als Folge von Pilzbefall (Fusarium usw.). Ebenso kann Hagelschlag und Befall durch den Leinrostpilz Melampsora lini chemische Veränderungen (Ligninstoffe, Wundgummi) in der Zellulosewand hervorrufen. Außer den genannten Jodreagenzien kommt zur Zellulosefärbung noch eine

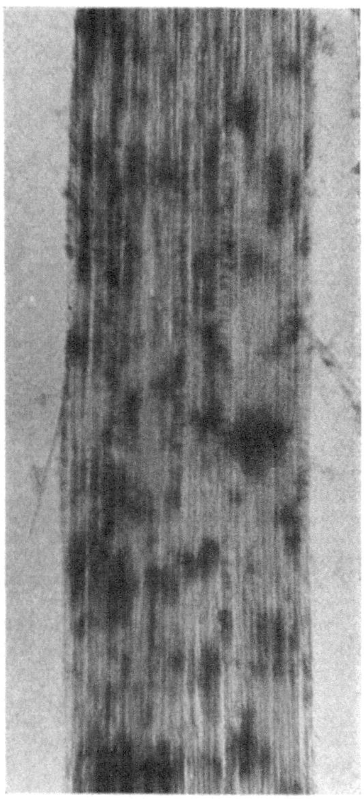

Abb. 66. Bastbündel aus der Stengelmitte einer Sorauer Ölleinzüchtung, behandelt mit Phlorogluzin und Salzsäure. Die dunklen Stellen entsprechen den rotgefärbten verholzten Partien.

[1] Z. f. wiss. Mikrosk. Bd. 20, S. 24. 1903.

[2] Textile Forsch. Bd. 2, S. 22. 1920. Die Faser wird einige Stunden in angesäuertem Zinnchlorür belassen, dann mit aq. dest. ausgewaschen und in 10%ige Goldchloridlösung gebracht.

große Zahl von Teerfarbstoffen in Frage, wie Benzopurpurin, Azoblau, Azoviolett, Benzoazurin, Brillantcrocein, usw.; insbesondere wird Kongorot viel angewendet.

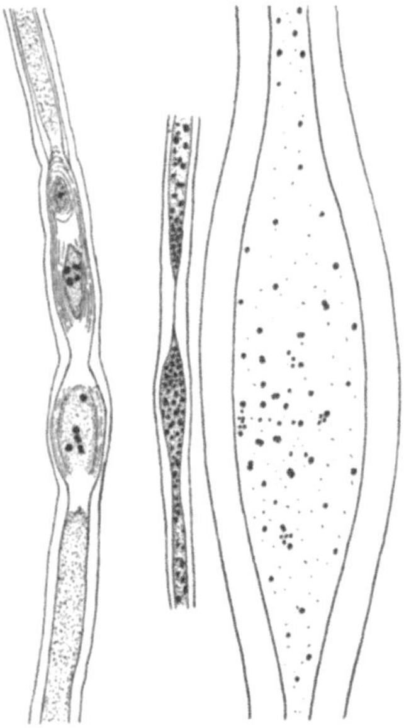

Abb. 67. Abnormale Faserzellen aus der Stengelmitte eines durch Hagel beschädigten Faserflachses. Zahlreiche Stärkekörner (dunkel), unregelmäßige Wanddicke, Einkapselung des Protoplasmas.

Die im Lumen als hauptsächlichster Inhalt vorhandenen Eiweißstoffe (Protoplasma) sind erkennbar durch die Gelbfärbung mit Jodlösung. Mit dem vorhin genannten Rutheniumrot färben sie sich tiefrot, in Kupferoxydammoniak bleiben sie nach Lösung der Zellulosewandungen erhalten als fadenförmiger, oft wurmartig gekrümmter Schlauch (Unterschied gegen Hanffaser). Die Zellkerne lassen sich durch Methylgrün (essigsaure Lsg.) gut sichtbar machen, etwa vorhandene Stärkekörnchen (jüngere oder pathologische Faserzellen) durch die Blaufärbung mit Jodlösung (vgl. Abb. 67). — Von den Verunreinigungen, die der Faser auflagern können, sind die Scheben (Holzteile) gänzlich verholzt und geben dementsprechende Reaktionen, die Wände der Rindenzellen zeigen in der Regel die Zellulosereaktion, doch auch Verholzung. Besonders sei noch auf die Reste der Kutikula (Stengeloberhaut) hingewiesen, die sich selbst noch in vollgebleichten feinen Garnen durch die gelbrote Färbung mit Sudan III (alkoholische Lsg.) einwandfrei erkennen lassen (vgl. Abb. 36).

D. Der Flachs als landwirtschaftliche Kulturpflanze.

Landwirtschaftlich betrachtet stellt der Flachs eine sehr alte und interessante Kulturpflanze vor, die manche Besonderheiten gegenüber anderen Feldgewächsen aufweist. Das verschiedene Verhalten und die verschiedene Erntenutzung von Faser- und Ölleinen, bei den Faserleinen der Umstand, daß die vegetativen Stengelorgane das ausschlaggebende Ernteerzeugnis sind, die Abhängigkeit dieser Stengel von der Art der Aussaat, der Einfluß des Düngers auf Ertragshöhe und innere Beschaffenheit, des Klimas auf das ganze Wachstum, die Pflege des Feldes, die seltsame Erscheinung der Bodenmüdigkeit, die Degeneration der Importsaaten, die Bedeutung der Krankheiten, Sortenwahl und Züchtung, die Bergung der Ernte — all dies sind interessante und für die Landwirtschaft wichtige Fragen, die dem Flachs eine gewisse Sonderstellung verleihen und eine eingehende Darstellung verlangen. Dem Rahmen des vorliegenden Buches entsprechend kann jedoch die landwirtschaftliche Seite hier nur in aller Kürze behandelt werden[1].

9. Anbaugebiete.

Der eingangs geschilderte große Formenreichtum des Flachses deutet schon darauf hin, daß die Pflanze ziemlich anpassungsfähig sein wird. Ein Überblick

[1] Anleitungen zum Flachsbau finden sich bei Behne (1925), Opitz (1922), Kuhnert (1921), Weidner (1921), Püschel (1924), Deutsche Flachsbaugesellschaft (1924).

über die Verteilung der Leinkultur zeigt in der Tat eine weite Verbreitung über die ganze Erde; mit Ausnahme der ausgesprochen tropischen und kalten Klimazonen gedeiht Flachs fast überall[1]. Wir finden ihn sowohl in nördlichen Ländern, wie Schweden, Nordrußland, Sibirien, ebenso auch in warmen Ländern wie Nordafrika, Kleinasien, Indien, Südamerika. Dabei ergibt sich jedoch eine in großen Zügen deutliche, durch das Klima bedingte Scheidung: in ariden oder semiariden Gebieten mit trockenem warmen Klima kultiviert man, lediglich zwecks Saatgewinnung, die „Ölleine"; dagegen die „Faserleine" in feuchteren, gemäßigteren Klimaten, wie z. B. Westeuropa. Landwirtschaftliche Anbauversuche wie auch biologische Beobachtungen haben im großen und ganzen bestätigt, daß erfolgreicher Anbau für textile Zwecke nur in einem Klima mit gewissen sicheren Niederschlagsmengen durchzuführen ist. Trotz seiner kurzen Lebensdauer, die etwa 80 bis 120 Tage beträgt, benötigt der Faserlein aus biologischen Gründen (vgl. S. 94) recht erhebliche Wassermengen, die man mit etwa 110 bis 130 mm Niederschlägen veranschlagen kann, wobei eine gute Verteilung, besonders in der ersten Wachstumshälfte, wichtig ist. Trockenperioden im Mai und Juni können deshalb Mißerfolge bringen, Gebiete mit solchen Perioden sind unsicher oder ungeeignet. Fortschreitende Flachsforschung wird uns sicherlich mit Formen bekannt machen, die weniger anspruchsvoll betr. Wasserversorgung sind. Solche sind vorhanden unter den Ölleinen, die z. T. außerordentlich dürrefest sind[2]. Kreuzungen zwischen Faserleinen und dürreverträglichen Formen könnten später eine gewisse Verschiebung der Anbaugebiete möglich erscheinen lassen. Nicht so bedeutsam ist die Wärme als Klimafaktor, die Wärmesumme beträgt nach Krafft-Fruwirth[3] 1600 bis 1850^0 C, ist also geringer als etwa beim Hanf (2600 bis 2900^0), Hafer (2340 bis 2730^0) oder Sommerroggen (1750 bis 2190^0)[4]. In geschützten Alpentälern wird noch bis zu 1800 m Meereshöhe Flachsbau getrieben, im Tiroler Ötztal sah ich in 1400 bis 1660 m Höhe vorzüglich gedeihende Flachsfelder, neben Kartoffeln und Gerste einzigste Feldfrucht. Bei gleichzeitig guter Luftfeuchtigkeit verträgt der Flachs größere Wärme, ja gedeiht dann besonders üppig, dagegen ist er gegen heiße austrocknende Winde sehr empfindlich; in den Vereinigten Staaten von Nordamerika werden durch heiße Winde pro Jahr durchschnittlich für 1,62 Millionen Dollar, durch Frost für 2,02 Millionen Dollar Verluste an Leinsaat verursacht[5,6]. Niedrige Temperaturen wirken ungünstig auf das Längenwachstum des Stengels, doch verträgt der junge Flachs 3 bis 4^0 Frost ohne Schaden[7], weshalb Frühsaat (Ende März bis April) möglich ist. Der Winterlein vermag unter einer genügenden Schneedecke den ganzen Winter auszuhalten.

10. Boden, Düngung, Fruchtfolge.

Die Ansprüche, die unser Faserflachs an die Bodenart stellt, sind nicht sehr groß[8]. Damit ist allerdings nicht gesagt, daß ein schlechtes Landstück für den

[1] Vgl. Statistik der Anbaugebiete s. Weltwirtschaft.

[2] Vergleichende Anbauten von Öl- und Faserlein, wie sie in Sorau erfolgen, zeigen dies Verhalten deutlich.

[3] Pflanzenbaulehre 1920, S. 138.

[4] Das Minimum der Wärmesumme für Flachs dürfte etwa 1200^0 C betragen.

[5] Valgreen 1922.

[6] Es kann heat canker, Hitzekrebs, auftreten, den Reddy und Brentzel (1922) genau untersuchten.

[7] Die Frostresistenz prüfte Davis (1923) eingehend.

[8] H. L. Bolley (Flax culture 1906), einer der besten Flachskenner Amerikas, sagt: Flachs kann auf Boden wachsen, der in chemischer Beschaffenheit so arm ist, daß viele andere Kulturen keinen Erfolg hätten, wenn nur die anderen wichtigen Produktionsbedingungen vorhanden sind.

Lein gerade noch gut genug ist, wie man in manchen Wirtschaften öfters annimmt. Im Gegenteil ist sorgfältige Bodenwahl gerade beim Lein recht lohnend, bewahrt zum mindesten vor größeren Mißerfolgen; wo eine alte bodenständige Flachskultur besteht, nimmt man darauf weitgehende Rücksicht. Er gedeiht nicht auf dürren Sandböden, schweren kalten Tonböden, sehr kalkhaltigen Böden, torfigen moorigen Böden; gegen stauende Nässe im Untergrund ist er sehr empfindlich. Im übrigen sind fast alle Bodenarten, entsprechende Bearbeitung vorausgesetzt, brauchbar, doch liefern im allgemeinen sandige Lehmböden, Lößböden, humose lehmige Sandböden mit gut durchlässigem Untergrunde die besten Erzeugnisse. Auch die alten Polderböden Hollands (Groninger „Hoogeland") erzeugen ein sehr feines Gewächs, sie enthalten neben fruchtbarem kalireichem Ton auch beträchtliche Mengen an Seesand, der für Frische und Durchlässigkeit sorgt, sie sind andererseits humusreich genug, um die Feuchtigkeit festzuhalten. Nach Frost (1909) enthalten 100 Teile trockenen Bodens: Klei (Ton) = 26 bis 35%, Sand 51 bis 67%, Humus 3,9 bis 7,8%. Demgegenüber zeigen die Flachsböden in Flandern, das eine alte Flachskultur mit vorzüglichen Ergebnissen aufweist, etwa folgende Zusammensetzung: Sand 93 bis 95%, Ton 3 bis 4,3%, organische Stoffe 1,3 bis 1,5%. Man sieht daraus, daß unsere Pflanze auch auf sehr sandigen Böden gut gedeihen kann, Voraussetzung sind dabei jedoch starke Humusdüngung und reichliche Niederschläge. Der Lein ist ferner ein guter Erschließer von Neuland[1], sofern es nicht sonst ungünstig ist, wie etwa Land aus Moorböden[2].

Ungleich wichtiger als die chemische Beschaffenheit des Bodens, die man ja durch zweckentsprechende Düngung beeinflussen kann, sind seine physikalischen und biologischen Verhältnisse. Hier stellt der Lein ganz bestimmte und nicht geringe Ansprüche, die erfüllt sein wollen, wenn eine qualitativ und quantitativ gleich befriedigende Ernte erzielt werden soll. Tiefgründiger und lockerer, feinkrümeliger Boden von fast gartenmäßiger Kultur, Erhaltung der Winterfeuchtigkeit im Boden, Fähigkeit des Bodens, nicht nur Regen und Tau gut aufzunehmen, sondern diese Feuchtigkeit sparsam und langsam wieder abzugeben, Reinheit von Unkräutern, sind solche Erfordernisse. Ein Boden von „alter Kraft", guter Garezustand und ein tadellos bereiteter Saatacker liefert die besten Erzeugnisse. Die Maßnahmen der Ackerbearbeitung sind dem anzupassen, haben sich im übrigen nach dem jeweiligen Kulturzustand des Bodens zu richten, worauf hier nicht näher eingegangen werden kann[3]. Weiterhin ist bei der Bodenwahl zu beachten, daß der Flachs mit sich selbst unverträglich ist, d. h. man soll erst nach Ablauf mehrerer Jahre (7 bis 10) wieder Flachs auf denselben Acker bringen. Anderenfalls tritt „Bodenmüdigkeit" ein, worüber S. 178 nachzulesen ist.

Die Frage der Düngung ist beim Lein recht interessant, da hier durch die Nährstoffzufuhr ja nicht bloß eine Ertragssteigerung erreicht werden soll, vielmehr auch die äußere und innere Beschaffenheit der bastführenden Stengel berücksichtigt sein will. Daß und wie die Bastfasern und Stengel durch Düngung beeinflußt werden, ist bereits vorher geschildert worden. Die Menge der Nährsalze, die durch die Flachsernte dem Boden entzogen werden, sind — entgegen mancher Annahme — nicht als groß, sondern im Vergleich mit anderen Ernten eher als gering zu bezeichnen. Nach Behne (1925) entzieht eine gute Flachsernte von 36 dz Stroh, 5 dz Samen und 7 dz Spreu pro ha dem Boden 45 kg Stickstoff, 46,6 kg Kali, 34,8 kg Phosphorsäure und 29,3 kg Kalk. Von Krafft-Fruwirth[4]

[1] Darauf basiert die Ausdehnung der riesigen Ölleinflächen in Südamerika.
[2] Vgl. z. B. Kappert in Faserforsch. 1921, S. 143.
[3] Vgl. Opitz (1928), Behne (1925). [4] Pflanzenbaulehre 1920, S. 139.

wird entsprechend angegeben: bei einer Ernte von 50 dz Stengel und 6 dz Samen und Spreu pro ha ein Entzug von 45 kg Stickstoff, 60 kg K_2O, 30 kg P_2O_5, 50 kg CaO. Der Bedarf an Nährstoffen ist also mengenmäßig unschwer zu decken, wichtiger ist die Frage, in welcher Form man sie dem Lein zur Verfügung stellt. Nach allen Erfahrungen und zahlreichen Düngungsversuchen[1] ergibt sich im allgemeinen etwa folgendes: zu bestem Gedeihen sind Nährstoffe in leichtlöslicher Form erforderlich; Fehlen oder Übermaß eines Stoffes (Stickstoff!) kann sehr ungünstig wirken. Ein reicher, in alter Kraft stehender Boden bietet die löslichen Stoffe in bester Form dar. Kali ist, weil sehr günstig und faserverbessernd wirkend, reichlich[2] anzuwenden, es kann auch die ungünstige Wirkung von Kalk oder einseitiger Stickstoffdüngung bis zu einem gewissen Grade aufheben; vielfach wird es als 40%iges Kalisalz gegeben, kann aber auch in Form von Kainit[3] geboten werden[4]. Nach Kleberger verdient Kainit den Vorzug. Phosphate sind weniger reichlich nötig und können in Form von Superphosphat, Rhenaniaphosphat oder im Herbst als Thomasmehl geboten werden. Stickstoff erfordert ganz besondere Vorsicht. Er fördert zwar die Ertragshöhe in erster Linie und kann auf leichteren Böden nicht entbehrt werden, wenn man an die Rentabilität denkt, er kann aber andererseits recht gefährlich wirken. Zunächst muß betont werden, daß größere Mengen überhaupt leicht zum gefürchteten „Lagern" des Leins führen (vgl. S. 126). Sodann scheiden nach allen praktischen Erfahrungen frische Stallmistdüngung und Grün-Dung aus, weil sie die Qualität schädigen; grobe, holzreiche Stengel mit schlechter Faser und große Ungleichmäßigkeit des Strohes sind nur zu leicht die Folgen. Dagegen gibt alter Stallmist von der Vorfrucht her gute Resultate. Stickstoff in Form von Kalkstickstoff wird nicht gerne angewendet, vielleicht wirkt der Kalkgehalt nicht günstig[5]. Nitrate (Ammonsalpeter, salpetersaurer Harnstoff) erhöhen zwar den Strohertrag erheblich, liefern jedoch dicke Stengel und grobe Faser (Kleberger 1920). Die ungünstige Wirkung von Chilesalpeter stellte schon Hecker (1897) fest; nach Groß lassen sich damit nur in sehr trockenen Jahren große Erfolge erzielen, im übrigen unsicher bis zum vollständigen Ernteausfall (Lagern!). Eine schwache Nitratgabe kann als Kopfdünger angebracht sein, um einen nach dem Aufgang stockenden Flachs zu fördern, damit er den Erdflöhen schneller entwächst. Wo man auf eine Stickstoffdüngung nicht verzichten kann, hat sich am besten das schwefelsaure Ammoniak bewährt. Allgemein gültige Anweisungen dafür, welche Mengen der einzelnen Düngerstoffe anzuwenden sind, lassen sich naturgemäß nicht geben, es hängt das ganz vom Bodenzustand, Vorfrucht und, falls reine Zuchtstämme angebaut werden, auch wohl von der Leinsorte ab (Weck 1924). Unter normalen Verhältnissen können z. B. 50 kg schwefelsaures Ammoniak, 75 kg Superphosphat und 50 kg 40%iges Kalisalz pro Morgen = ¼ ha angebracht sein.

Besondere Beachtung verdient ferner der Kalkzustand des Bodens und die Bodenazidität. Fest steht, daß Lein frische Kalkung nicht verträgt[6],

[1] Flachsdüngungsversuche der Deutsch. Landw.-Ges.; Kleberger (1919, 1920); Opitz in Mitt. Deutsch. Landw.-Ges. 1921, S. 382—384; Weck (1924); Fabian (1928); Groß (1925); Lindemann, H.: Kalidüngung zu Flachs, Ernährung d. Pflanze 1926, Nr. 20; Kuhnert in Mitt. Deutsch. Landw.-Ges. Bd. 36, S. 417. 1921.

[2] Vgl. dagegen Fabian (1928, S. 50/51).

[3] Chloride wirken anscheinend faserverbessernd, vgl. Kleberger und Krafft-Fruwirth a. a. O.

[4] Bei leichteren, nicht verkrustenden Böden besser in Form von schwefelsaurem Kali.

[5] Vgl. Groß (1925), der starke Qualitätsverschlechterung fand und direkt abrät.

[6] W. Fischer in Landw. Jb. 1923, S. 1 und Ill. landw. Presse Bd. 46, Nr. 58. 1919. — Liechti und Truninger in Dt. landw. Presse 1920, Nr. 9, S. 65. — Münter in Landw. Jb. Bd. 64, S. 65ff. 1926. — Literaturdiskussion bei Merkenschlager (1927).

daß er andererseits einen gewissen alten Kalkgehalt ungern entbehrt[1]. Man wird also durch zweckentsprechende Kalkgaben zu den Vorfrüchten ihm zusagende Bedingungen schaffen müssen, dabei aber wieder allzu großen Kalkgehalt vermeiden, da auch dieser ungünstig wirkt[2]. Der Kalk ist nicht nur direkt als lebenswichtiger Stoff vonnöten, sondern ist auch indirekt von Nutzen, indem Kalkung der Bodenversäuerung entgegenarbeitet. Wenn auch die bisher vorliegenden Untersuchungen für Flachs noch kein ganz abgeschlossenes Bild geben über seine Stellung zur Bodenazidität, so spricht doch manches dafür, daß er eher zu den säureempfindlichen Gewächsen gehört. Selle (1926) fand, daß alle Flächse, die auf neutralem bis alkalischem Boden gewachsen waren, bessere Ernteergebnisse lieferten als solche von sauren Böden; seine Untersuchungen müßten allerdings vervollkommnet werden. Arrhenius[3] fand die besten Ergebnisse bei $p_H = 9$ bei weißblühendem Lein, bei $p_H = 8$ bei blaublühendem Lein, fallende Erträge schon bei $p_H = 7{,}6$ beginnend, also günstigste Wirkung der alkalischen Reaktion. Opitz[4] fand günstigsten Ertrag bei $p_H = 6{,}2$ bis 7, bei 5,6 schon starkes Absinken der Erträge. Münter[5] gibt als Optimum an $p_H = 6$ bis 7,2, also neutrale bis schwach saure Reaktion, während stark saure Reaktion ($p_H = 3{,}7$ bis 4,8) ebenso wie stark alkalische Reaktion ($p_H = 7{,}6$ bis 8,0) stark ertragsmindernd wirkte. Nach Domontowitsch und Abolina[6] liegt das Ertragsoptimum bei $p_H = 6{,}0$; ausgesprochen saure oder alkalische Bodenreaktion verursachten wesentlichen Ertragsausfall.

Nach Merkenschlager[7] und Munkelt[8] besitzt der Lein eine ziemliche Säureresistenz. Man sieht aus diesen verschiedenen Darstellungen, daß sich die Diskussion über Lein und Bodenazidität noch in vollem Flusse befindet. Ich möchte noch auf einen Punkt dabei hinweisen: saure Böden begünstigen im allgemeinen das Wachstum der Pilzflora, könnten also die flachsfeindlichen Pilze Fusarium, Colletotrichum, Phoma usw. fördern und dadurch auch indirekt die Leinpflanze schädigen[9]. Weitere Untersuchungen über die Frage der Bodenazidität und des Kalkzustandes[10], besonders auch mit Beziehung auf die Faserqualität, wären angebracht.

In der Fruchtfolge stellt der Flachs keine besonderen Anforderungen und läßt sich betriebswirtschaftlich gut einschalten. Anbau nach Vorfrüchten, die den Acker in physikalisch gutem und nährstoffreichem Zustand ohne Unkräuter zurücklassen, ist das Gegebene. So folgt der Flachs vielfach hinter Hackfrüchten, deren Stallmistdüngung noch nachwirkt, besonders hinter Kartoffeln, aber auch hinter Zwiebeln, Zichorie, Schwarzwurzel, z. B. in Flandern[11]; oder auch nach Wintergetreide, denen Hackfrüchte mit Stallmist vorausgingen. In Belgien und Holland wird der Lein nach Frost[12] dort, wo reiche alte Kulturböden vorliegen, meistens erst im dritten Feld nach erfolgter Stallmistdüngung gebaut, und zwar nach Hafer. Daß Hafer, der sonst als eine der schlechtesten Vorfrüchte gilt, für Flachs geeignet ist, ist vielfach bestätigt worden[13]. Sehr gute Erfolge werden ferner nach frisch umgebrochener Weide erzielt; auch

[1] Kalzium ist lebensnotwendiger Baustoff. Nach Herzog (1918, S. 31) finden sich in der Reinasche folgende Anteile an Kalziumoxyd: Faser 49,2%, Scheben (Holzteile) 27,2%, Samen 8,6%, Spreu 20,9%.

[2] Nach Münter (a. a. O. S. 93) kann auf leichteren Böden der Kalk die Aufnahme der Phosphorsäure behindern.

[3] Kalkfrage, Bodenreaktion und Pflanzenwachstum. Leipzig 1926.

[4] In Tobler: Der Flachs usw. S. 92. Berlin 1928.

[5] Landw. Jb. Bd. 64, S. 105. 1926.

[6] J. Landw.-Wiss. Bd. 4, S. 450—456. Moskau 1927.

[7] 1927. [8] Angw. Bot. 1927, 9, 35. [9] Vgl. S. 176 ff.

[10] Vgl. P. Ehrenberg: Das Kalk-Kali-Gesetz. Landw. Jb. Bd. 54, S. 1. 1920.

[11] Frost 1909, S. 26. [12] Ebenda S. 27. [13] Behne 1925, S. 14.

baut man im Tiroler Oetztal, wo bis zu 1,5 m lange Flächse erzielt werden, nach siebenjähriger Wiese[1]. Daß Flachs für Neuland geeignet sein kann, wurde schon erwähnt. Leguminosen als Vorfrucht sind bei reichen alten Böden zu verwerfen wegen der Gefahren, die ein Zuviel an Stickstoff mit sich bringt; auf leichteren Böden dagegen sind sie möglich und werden sogar empfohlen. Alte Kleeschläge oder frisch umgebrochene Weide gelten nach Frost in Holland—Belgien als beste Vorfrucht.

Gleichzeitige Kultur von Flachs mit einer anderen Feldfrucht wurde, um die Ackererträge zu erhöhen, früher vielfach betrieben, besonders gebräuchlich war die Einsaat von Möhren (Daucus Carota sativa L.), im Spreewald, Schlesien und auch in Holland, wo Kuhnert[2] früher kaum ein Flachsfeld ohne Möhreneinsaat sah. Heute ist man aber davon fast überall abgekommen; über neuere erfolgreiche Versuche berichtete Kinitz[3]. Ölleine werden in Nordamerika mit bestem Erfolge zusammen mit Sommerweizen im Gemisch gebaut[4].

Flachs kann ferner nach frühzeitiger Ernte von Roggen oder Gerste als Stoppelfrucht gebaut werden[5]. In unserem Klima bleibt der Erfolg dieses sog. „Spätflachses" jedoch unsicher; schlechtere Faserausbeute und ungenügend ausgereiftes, leichtes Samenkorn kann die Folge sein, wenn nicht etwa das Feld, wie ich es auch schon sah, durch die ersten Herbstfröste vernichtet wird.

Als Vorfrucht betrachtet hat der Flachs selbst manche Vorzüge: er räumt frühzeitig das Feld, entzieht dem Boden mäßig Nährstoffe und hinterläßt den Acker in der Regel in gutem Garezustand und frei von Unkraut. Besonders günstig ist Flachs als Vorfrucht für Weizen, er kann die Erträge beträchtlich steigern.

11. Das Saatgut.

Qualität des Saatgutes und Wahl der Leinsorte erfordern beim Flachsbau genaue Beachtung, denn wo schon das Ausgangsmaterial irgendwelche Fehler zeigt, läßt sich eine befriedigende und qualitativ hochwertige Ernte gerade beim Lein schlecht oder gar nicht erzielen. Das ist allen alten oder größeren erfahrenen Landwirten wohlbekannt, wird aber manchmal doch nicht hinreichend gewürdigt, besonders aber im bäuerlichen Kleinanbau vielfach derartig außer acht gelassen, daß man Flachsfelder zu sehen bekommt, die infolge Ungleichmäßigkeiten aller Art, stärksten Unkrautbesatzes, Seidebefall, Krankheiten u. dgl. kaum noch den Namen „Flachs" verdienen. Dies ist um so unverständlicher und bedauerlicher, als unsere fortgeschrittene Technik der Saatgewinnungsmaschinen wie auch unsere Kenntnisse über die wertbestimmenden Eigenschaften der Leinsaat jeden Flachsanbauer in die Lage setzen, sich mit einem einwandfreien Saatgut zu versehen.

Bei der Qualität der Leinsaat sind zu beachten: Reinheit, Kornschwere (Tausendkorngewicht), Keimungskraft (Keimenergie, Triebkraft), Gesundheitszustand. An die Reinheit sind gerade beim Lein die schärfsten Anforderungen zu stellen! Gute Leinsaat soll mindestens 98% Reinheit aufweisen, d. h. die Summe aller fremden Bestandteile soll nicht mehr als

[1] Schilling: Oetztaler Flachs. Faserforsch. 1928, S. 194.
[2] Neues zur Technik des Flachsbaues. Arb. d. Landw. Ver. Breslau 1925, H. 1, S. 36.
[3] Der Flachs mit Möhreneinsaat. Neusalz 1924 (Gruschwitz Textilwerke).
[4] Arny, A. C.: Wheat and Flax as combination crops. Minnesota Agric. Exper. Station 1923, Bull. 204 u. 1924, Bull. 206.
[5] Kuhnert: Über Früh- und Spätflachs. Flachs als Zwischenfrucht. Mitt. Forsch. Inst. Sorau Bd. 1, S. 79. 1919.

2% vom Gesamtgewicht der Saatprobe ausmachen. Dabei ist ganz besonders auf Vorhandensein gefährlicher Unkräuter zu achten: Seide sollte überhaupt nicht vorkommen, ebenso sollte der Leinlolch (Lolium remotum) möglichst fehlen, und auch rankende und windende Unkräuter wie Ackerwinde (Convolvulus arvensis), Klebkraut (Galium Aparine), Windender Knöterich (Polygonum Convolvulus) oder andere Arten wie Leindotter (Camelina dentata), Pfennigkraut (Thlaspi arvense), Hederich (Raphanus Raphanistrum bzw. Sinapis arvensis = Ackersenf) usw. sind sehr unerwünscht, da sie Ungleichmäßigkeiten, Fehl- und Lagerstellen, mit sich bringen und die Aufwendungen für Feldpflege, Raufen, Transportieren und Sortieren erhöhen können[1]. Welchen Schaden schon 2% fehlender Reinheit anrichten können, sofern sie ganz aus Unkrautsamen bestehen, beleuchtet folgende Überlegung: Bei einer Aussaatstärke von 60 Pfund pro Morgen (2500 m^2) machen 2% vom Gewicht 600 g aus; diese 600 g könnten, entsprechend den geringen Korngewichten der Unkrautsamen, nun die folgenden Mengen enthalten: Seide 923000 Korn, oder Lolch 143000 Korn, oder Weißer Gänsefuß 750000 Korn usw., d. h. es könnten auf die Fläche eines Morgens schon ganz gewaltige Mengen von Unkraut gebracht werden. Eine möglichst restlose Entfernung der Unkrautsamen ist deshalb in erster Linie geboten. Über Methoden der Saatreinigung vgl. S. 185. Unnützen Ballast stellen außer Erdbrocken, Steinchen, Teilen der Fruchtstiele[2] usw. ferner vor bereits angekeimte Leinsamen (aus feuchter Saat herrührend) und Leinsamen, die beim Entsamen der Pflanze durch Dreschen angeschlagen und verletzt sind: Druschbruch[3].

Die Bedeutung der Kornschwere ist oft untersucht worden[4], und es hat sich allgemein die große Überlegenheit eines schweren vollen, gut ausgereiften, dicken Samens vor leichter Saat hinreichend erwiesen. Man wird also durch zweckentsprechende Siebung die flache Saat entfernen und nur dickes schweres Korn zur Aussaat verwenden. Für unsere Faserleine sind im Durchschnitt Tausendkorngewichte von etwa 4,4 bis 4,8 g angebracht, bei reinen Zuchtstämmen kann man auch höher gehen[5]. Daß für die Ölleine (Flachsgruppe macrospermum) weit höhere Tausendkorngewichte gelten (etwa 6 bis 14 g), ist bereits vorher S. 67 geschildert worden.

Von ausschlaggebender Wichtigkeit ist weiterhin eine genügend hohe Keimungskraft der Leinsaat. Die Keimenergie, d. h. die Zahl der nach drei Tagen bei 20° C im feuchten Raum deutlich gekeimten Samen soll möglichst nahe an 98 bis 100% liegen; dies gewährleistet ein schlagartiges gleichmäßiges Auflaufen des Flachsfeldes, was sehr erwünscht ist. Weniger wichtig ist die Keimfähigkeit, d. h. die Zahl der nach zehn Tagen gekeimten Samen[6]. Will man ganz sicher gehen, so gilt eine Prüfung der Triebkraft (Leinsaat ca. 2 cm hoch bedeckt mit feuchtem Ziegelmehl, nicht zu feinkörnigem Sand oder Ackererde) die besten Anhaltspunkte.

Die Prüfung des Gesundheitszustandes ist gleichfalls von Vorteil. Die neuere Erforschung der Pilzkrankheiten[7] hat gezeigt, daß auch beim Flachs schwere Verluste und Qualitätsschädigungen eintreten können (vgl. S. 176). Wo matte, stumpfe oder ungleichmäßig verfärbte Leinsaat vorliegt, ist auf Pilze wie Fusarium, Colletotrichum, Phoma, Botrytis usw. zu achten; stärker infizierte

[1] Über die Unkräuter sind S. 178 noch einige Mitteilungen gegeben. Ausführlichere Angaben bei Schilling: Die Unkräuter des Flachses, im Flachsbuch von F. Tobler, S. 101—201. 1928.

[2] Blatt-, Stengel- und Kapselreste können Wintersporen des Leinrostpilzes (Melampsora lini) enthalten und so den Rost ins Flachsfeld bringen! [3] Vgl. S. 185.

[4] Herzog (1918); Kleberger (1919, 1920); Kappert (1921); Burmester (1920); Counkler (1919).

[5] Vgl. S. 68. [6] Vgl. Schilling in Faserforsch. 1927, S. 73—85. [7] Schilling 1928.

Saat ist zu verwerfen, auch bei hoher Keimenergie, da solche Pilze, wenn sie nicht schon bei der Keimung schaden, doch später im Feldbestand ganz erhebliche Schäden verursachen können. Beizung (Trockenbeizen, Halbnaßbeizen) kann erfolgreich sein, versagt aber dann, wenn die Pilze schon in den Embryo des Leinsamens gelangt sind[1].

Bei der Sortenwahl stehen Herkünfte (Importsaaten), alte Landsorten und Leinzüchtungen zur Verfügung, soweit es sich um unseren üblichen einjährigen Schließlein handelt. Springlein scheidet bei uns praktisch aus (vgl. S. 58), Winterlein kann nur in Gebieten mit genügender Schneedecke angebaut werden (vgl. S. 62). Die größte Fläche des europäischen Flachsanbaues wird immer noch mit Herkünften bestellt, wie seit uralten Zeiten — die ganze Sortenfrage ist beim Lein, im Gegensatz zu anderen Kulturpflanzen, total vernachlässigt worden. Erst seit dem letzten Weltkriege setzte die Leinzüchtung in Europa ein und gewinnt allmählich an Boden, besonders in Deutschland, Irland, Holland, Schweden und neuerdings wieder Rußland (vgl. S. 204).

Unter den Herkünften waren und sind am bekanntesten die aus den baltischen Staaten oder Westrußlands Bezirken stammenden Importsaaten, wie Rigaer, Pernauer, Pskower, Revaler Leinsaat. Es sind dies keine einheitlichen Sorten, sondern jährlich wechselnde Gemische aus den betreffenden Anbaugebieten des Ostens, benannt nach dem jeweiligen Ausfuhrhafen, somit keinerlei Gewähr für gleichbleibende Beschaffenheit gebend. Deshalb können Anbauversuche damit ganz verschiedene Ergebnisse zeigen. Vielfach gelten Pernauer und Pskower besser als Rigaer Herkunft. Ebensowenig wie die Bezeichnung „Rigaer Originalsaat" Kennzeichen für eine Sorte ist, sind es Benennungen wie Tonnenlein, Tonnezadd, Graines de tonne, Kronensäelein, die sich auf Merkmale der Verpackung oder Firmen beziehen. „Rosenlein", la rose, après-tonne, stellt nichts anderes als die erste Absaat der importierten Originalherkunft vor. Die Herkünfte „blaublühender holländischer Lein" stammen zwar aus Holland, aber nicht aus dort bodenständigem Anbau, sondern aus dem Nachbau baltischer bzw. russischer Importsaaten, bringen also keinen Vorteil. Wählt man eine der genannten Herkünfte oder deren Nachbau zur Aussaat, so kann man nur die äußere Qualität der Saat (Reinheit, Kornschwere usw.) prüfen, hat dagegen keine Gewißheit über den Ausfall des Feldes, da eben das Saatgemisch aus den verschiedensten Flachstypen bestehen kann. Kommt z. B. Saat des aus dem Süden und Südosten Rußlands stammenden Steppenleins in die russischen Herkünfte hinein, so kann erheblicher Schaden gestiftet werden, da der kürzere, grobstenglige, stark verästelte Steppenlein eine ganz minderwertige Faser enthält[2]. Andererseits zeigt die Flachskultur in Holland, Belgien, Schlesien, daß die importierten Herkünfte auch sehr gut abschneiden können; vielfach wird auch noch deren erste bzw. zweite Absaat ausgesät. Bei ständigem Nachbau weisen jedoch die Herkünfte einen weiteren Nachteil auf: es kommt zu einem „Abbau", zu einer Degeneration des Leins. Dies äußert sich darin, daß die Pflanzen allmählich immer kürzer, stärker verästelt und ungünstiger für textile Zwecke werden, wofür unter anderem als Grund die stärkere Samenproduktion der ungünstigen kapselreicheren Typen angenommen wird[3] [4].

---

[1] Schilling in Faserforsch. 1927, S. 105.

[2] Faseranatomie bei A. Herzog in Textil- u. Färberei-Zg. Bd. 40. 1904. — Nach Mansholt (Dt. landw. Presse Bd. 33, S. 466 u. 474. 1906) verursachte steppenleinhaltige Importsaat 1902 den Groninger Landwirten einen Schaden von 1 Million Gulden.

[3] Zur Frage des Abbaues vgl. Tammes (1908), Wanjek in Dt. Leinenind. 1922, S. 430; Püschel: Ebenda S. 459; Kappert: Ebenda S. 480; Kleberger u. Schönheit in Mitt. Forsch. Inst. Sorau Bd. 1, S. 69. 1919; Schindler (1899, S. 133); Opitz in Faserforsch. 1923, S. 234; Blaringhem 1921, 1924. [4] Über Abbau vgl. auch S. 98.

Landsorten, hervorgegangen aus altem ständigen Nachbau örtlich begrenzter Bezirke, wie z. B. in Schlesien, Spreewald, Alpentälern, können größere Einheitlichkeit und Gleichmäßigkeit aufweisen — daß sie immer günstig seien, soll damit nicht gesagt sein, es gibt natürlich auch fasertechnisch ungünstige Landsorten[1]. An die Landsorten anzuschließen wäre der sogenannte „Holländische weißblühende Lein“, der ursprünglich 1816 in Friesland aus blaublühender russischer Importsaat isoliert wurde und seitdem immer aus eigen gewonnener Saat gezogen wird[2]. Er ist keine reine Linie, aber doch ziemlich gleichmäßig, stark wurzelnd, weniger anspruchsvoll, Faser gröber, spät reifend und rostanfällig; neuerdings sind aus ihm früher reifende und rostresistente Zuchtstämme geschaffen worden.

Der Anbau reiner Originalzüchtungen bietet gegenüber den Herkünften und Landsorten so viele Vorteile, daß er sich, wie auch bei anderen Feldfrüchten, so auch beim Lein zweifelsohne durchsetzen wird. Das Saatgut wechselt nicht in seiner Zusammensetzung, es bleibt in sich stets gleich, das Feld ist gleichmäßiger, abweichende und ungünstige Typen werden stets vom Züchter ausgemerzt, ein Abbau ist nicht zu befürchten[3], und man kann sich, je nach Wunsch und Anbauverhältnissen, bestimmte Zuchtsorten mit besonderen wertbestimmenden Eigenschaften auswählen: früh, mittel oder spät reifenden Lein, besondere lagerfeste Sorten, gegen Rost wenig empfindliche Sorten, ertragreiche Stämme, die mehr Stroh und Faser oder mehr Samen liefern, auf Faserqualität gezüchtete Sorten usw. Weiteres ist darüber in Kapitel 16 zu finden. Es darf nicht vergessen werden, daß im Gegensatz zu anderen Kulturpflanzen beim Faserlein die europäische Züchtung erst in den Anfängen steckt; die großen Anstrengungen, die jetzt in Deutschland, Rußland, Irland, Holland usw. gemacht werden, zeigen deutlich, daß man auch der Flachszüchtung weitgehende Bedeutung zumißt.

12. Aussaat und Feldpflege.

Bei der Aussaat sind zu beachten der Zeitpunkt sowie die Saatmethode. Zeitlich betrachtet ist nach allen Erfahrungen eine möglichst frühe Aussaat am günstigsten; wo es Boden und Witterungsverhältnisse erlauben, wird deshalb im März bis April ausgesät. Nachtfröste bis zu etwa 3,3° C werden ausgehalten, dagegen ist eine zu frühe Aussaat in nassen Boden wegen Verkrustung und ungleichmäßigen Auflaufens durchaus schädlich: der Boden soll gut abgetrocknet sein. Auf leichteren Böden kann man deshalb in der Regel früher aussäen (z. B. in Ostflandern 20. bis 30. März) als auf schwereren (Friesland 15. bis 30. April). In kälteren Gebieten wird der Lein im Mai gesät, ausgesprochener „Spätflachs“ kann noch im Juni als zweite Frucht auf den Acker gebracht werden[4]. Als Vorteile des „Frühleins“ werden angegeben: bessere Ausnutzung der Winterfeuchtigkeit im Boden, vielfach besseres Wachstum, höhere Erträge und bessere Faserausbeute, geringerer Befall durch Erdflöhe und Rostpilz, bessere Widerstandsfähigkeit der Halme gegen Lagern. Spätflachs, in den schon wärmeren Monaten schnell aufschießend, bildet weichere Gewebe aus und ist empfindlicher[5]. Nach W. Hoffmann (1928) nimmt mit späterer Saat die Menge

[1] In bäuerlichen Betrieben (Alpen, Brandenburg) fand ich solche. Sehr zum Schaden des Flachsbauers wird mit großer Zähigkeit am alten Saatgut festgehalten.

[2] Tammes in Mitt. Forsch. Inst. Sorau Bd. 2, S. 75—78. 1920.

[3] Könnte jedoch unter ungünstigen Verhältnissen eintreten, wenn z. B. die Faserleinzüchtung durch nebenstehende Samenleine fremdbefruchtet würde und die Absaaten verwendet würden.

[4] Vgl. auch S. 169.

[5] Vgl. Weck in Faserforsch. Bd. 4, S. 248. 1925.

der durch Krankheiten oder Beschädigungen ausfallenden Pflanzen zu. Ein Beispiel für den Erfolg einer Frühsaat gibt Tabelle 43.

Mit zunehmender Verbreitung bestimmter Zuchtstämme wird man ferner bei der Aussaatzeit auch Rücksicht auf die Eigenschaften der Früh- oder Spätreife nehmen, z. B. ausgesprochene Spätreifer nicht spät aussäen. Eine Sonderstellung nimmt der im Herbst auszusäende Winterlein ein (vgl. S. 62).

Tabelle 43.
Ertragsergebnisse bei verschiedener Aussaatzeit[1].

Tag der Aussaat	Ertrag in Ztr. pro Morgen		% Faserausbeute
	Korn	Stroh	
19. März . . .	6,55	19,3	20,93
1. April . . .	4,35	12,2	18,87
13. April . . .	3,48	11,65	19,25
29. April . . .	3,66	11,95	17,19

Die Art der Aussaat übt auf Ertrag und Faser großen Einfluß aus. Die günstigste Saattiefe zunächst wird durchweg als bei 2 bis 3 cm liegend angegeben[2], tiefe Saat schwächt die Pflanzen und bringt Ungleichmäßigkeiten ins Feld. Besonders fand ich pilzkranke Saat — die häufig ausgesät wird — sehr empfindlich gegen tiefere Lage, Abfall der Triebkraft auf 35 bis 50% bei 4 cm Erdbedeckung war zu beobachten. Erfahrene Flachsanbauer wollen deshalb den Lein lieber zu flach als zu tief ausgesät wissen[3]. Von größter Wichtigkeit ist die Aussaatstärke. Daß und wie die Flachspflanze gerade unter dem Einfluß verschiedener Standdichte ihre technologisch bedeutsamen Eigenschaften des Stengels verändern kann, ist bereits vorher im einzelnen geschildert worden. Ganz allgemein gesprochen schafft Dünnsaat stärker verästelte, an Kapseln und Samen reichere Pflanzen, Dichtsaat dagegen feinere, kapselärmere, weniger verästelte Stengel: demnach wird man dort, wo es lediglich auf Samengewinnung ankommt (Ölleine, Vermehrungen von Faserleinen) Dünnsaat vorziehen, sonst aber für Faserzwecke immer eine ziemlich hoch bemessene Aussaatstärke anwenden. Aus den sehr zahlreich vorliegenden Untersuchungen[4] über die Beziehungen zwischen Aussaatstärke einerseits und Ertragshöhe und Faserausbeute andererseits ergibt sich mit aller Deutlichkeit, daß außer der absoluten Aussaatstärke (kg pro ha) noch das Tausendkorngewicht, die Triebkraft, die Verteilung der Saat (Entfernung der Drillreihen, Breitsaat) und die jeweilige Leinsorte zu berücksichtigen sind[5]. Erst das Zusammenwirken all dieser Faktoren entscheidet — sonst normale Kulturbedingungen vorausgesetzt — über Zahl, Verteilung und Leistung der Pflanzen auf dem Felde. Bezüglich der Triebkraft leuchtet dies ohne weiteres ein, bezüglich des Tausendkorngewichtes wird oft übersehen, daß es nicht ohne Einfluß auf die Standdichte ist. Tabelle 44 zeigt, wie sich die Kornzahl pro 1 m² Fläche bei verschiedener Kornschwere verhält.

Tabelle 44. Kornzahl pro 1 m² bei verschiedenem Tausendkorngewicht

Aussaat kg pro ha	Tausendkorngewicht in g					
	4,0	4,2	4,5	4,8	5,2	5,5
100	2500	2381	2222	2083	1922	1818
130	3250	3095	2889	2708	2500	2363
150	3750	3571	3333	3125	2884	2727
180	4500	4285	4000	3750	3461	3272

[1] Brandenburg 1926. Stamm Lochow VII. Aussaatstärke 35 Pfund pro Morgen. Versuch der Saatzuchtwirtschaft v. Lochow-Petkus.

[2] Kleberger 1919 und 1920.

[3] Leichte Böden vertragen eher etwas tiefere, schwere Böden erfordern eher etwas flachere Saat.

[4] Kleberger a. a. O.; Counkler 1919; Weck 1924; A. Herzog 1900; Kappert in Faserforsch. Bd. 3, S. 174. 1923; Opitz 1922 und 1928; Opitz und A. v. Pander 1923; Strobel 1926; Sochatscheff 1926.

[5] Auch fehlende Reinheit ist natürlich entsprechend zu beachten.

Im allgemeinen werden Aussaatquanten von 60 bis 80 Pfund pro Morgen = 120 bis 160 kg pro Hektar am häufigsten angewendet. Aber auch noch dichtere Saat (90, sogar 100 Pfund pro Morgen) findet ihre Vertreter, ebenso ist dünnere Saat (50 bis 35 Pfund pro Morgen) vorgeschlagen worden. Dünnsaat kommt mehr den landwirtschaftlichen Wünschen entgegen, indem sie zwar dickere Stengel und weniger Faser liefert, dafür aber weniger Saatgut erfordert, größere Standfestigkeit und höheren Kornertrag bringt. Die früher allein geübte und heute noch vielfach von erfahrenen Flachsanbauern angewendete Breitsaat erfordert stets etwas mehr Aussaatquantum als die Drillsaat; als Vorteil der Breitsaat werden betrachtet die bezüglich der Standweite günstige Verteilung der Saat auf die Ackerfläche und Erzielung von Qualitätsflächen, doch kann bei nicht sorgfältigem Ausstreuen und Bodenverschiedenheiten leicht ungleichmäßige Verteilung über die Fläche vorkommen, ferner wird die Saat nicht so gleichmäßig tief untergebracht wie beim Drillen. Die Aussaat mit Drillmaschinen ist heute beim Flachs sehr weit verbreitet und gewinnt immer noch an Ausdehnung. Um eine gute Verteilung auf die Fläche zu erzielen, hatte man vielfach die Reihenentfernung sehr eng gewählt (4 bis 8 cm); damit lassen sich auf unkrautfreiem Boden in der Tat Qualitätsflächse erzeugen. Wo jedoch zur Unkrautbekämpfung Handhacken nötig ist, müssen die Reihen mindestens 10 bis 12 cm Entfernung haben, für Maschinenhacken 15 bis 20 cm. Diese weite Reihenentfernung[1] erleichtert sehr die Ackerpflege und ist bei größeren Flächen vielfach betriebstechnisch direkt notwendig, kann aber, vom Rösterstandpunkt aus gesehen, Qualitätsverschlechterung des Strohes mit sich bringen.

Mit größerer Reihenentfernung neigen viele Flachssorten zu stärkerer Verästelung, diese Neigung läßt sich zwar durch Erhöhung der Aussaatmenge bis zu einem gewissen Grade kompensieren, andererseits wird aber die Kornzahl in der Reihe mit steigender Aussaatmenge und steigendem Reihenabstand so groß, daß die Pflanzen in der Reihe viel zu dicht stehen, sich gegenseitig stärkste Konkurrenz machen, was zur Schwächung aller, zum Lagern und anderen Nachteilen führt. Aus Tabelle 45 gehen diese Verhältnisse hervor; bei der hohen Aussaatmenge von 180 kg pro ha ergibt z. B. 5 cm Reihenentfernung noch eine günstige Verteilung der Pflanzendichte, während dieselbe Aussaatmenge bei 20 cm Reihenentfernung ganz ungünstige Wachstumsverhältnisse schafft. Man muß also außer der Kornzahl pro Flächeneinheit — sie wird für Drillsaat meist mit 2500 bis 3000 Korn als günstig angegeben — auch ihre Verteilung durch den jeweiligen Drillreihenabstand berücksichtigen. Daß fernerhin auch noch die Art der Flachssorte (Züchtung!) beachtet sein will, geht aus den in Kapitel 2 und 5 gemachten Ausführungen hervor; z. B. werden echte, typische Faserleine mit sehr schwacher Neigung zur Verästelung (Gruppe ramosum) viel besser weiten Reihenabstand vertragen als solche, die dafür empfindlich sind und sogleich mit stärkerer und tiefer ansetzender Verästelung oder sogar Grundverzweigung antworten. Das läßt sich an reinen Leinzuchtstämmen sehr gut beobachten! Man wird ferner vorteilhaft sehr langstenglige Sorten wegen der Lagergefahr dünner aussäen

Tabelle 45. Kornzahl pro laufendem Meter bei einem Tausendkorngewicht von 4,5 g und wechselnder Reihenentfernung und Aussaatgewicht.

Aussaat kg pro ha	Reihenentfernung in cm			
	5	10	15	20
100	111	222	333	444
130	144	289	433	578
150	167	333	500	666
180	200	400	600	800

[1] Durch Verwendung von Doppelscharen kann man enge und weite Reihenentfernung kombinieren. Auch Anwendung der Bandsaat wird empfohlen.

als kürzere Sorten, man wird bei größerem Stickstoffgehalt des Bodens die Aussaatmenge vorsichtiger bemessen usw. Aus diesen kurzen Erwägungen ergibt sich schon, daß sich ein allgemein gültiges Rezept für Aussaatstärke natürlicherweise nicht geben läßt: man muß die eben gestreiften Punkte dabei berücksichtigen. Es wäre falsch, anzunehmen, daß Erhöhung der Aussaatstärke immer gleichbedeutend mit Erhöhung der Erträge und Wirtschaftlichkeit wäre; richtig ist, daß meistens ein gewisser Überschuß an Saatmenge über die theoretisch berechnete Aussaatzahl hinaus vorteilhaft sein kann, da infolge Schäden mannigfaltiger Art (Bodenverkrustung, Erdflöhe, Pilzbefall, Jäten und Hacken) selbst beim besten Saatgut immer nur ein Teil (etwa 70 bis 30%) der ausgesäten Körner zur vollen Entwicklung und Ernte kommt[1]. Dichtere Aussaat schafft demnach eine erwünschte „Reserve" an Pflanzen. Berücksichtigt man, daß das Verhältnis zwischen Aussaatmenge (ausgesäte Kornzahl) und tatsächlich geernteter Pflanzenzahl je nach den äußeren Bedingungen ganz erheblich schwanken kann, so läßt sich hierin, mindestens zum Teil, eine Erklärung dafür finden, warum die zahlreichen Anbauversuche[2], die Aussaatmenge und Ertrag verglichen, nicht immer übereinstimmende Resultate gaben. Hinzukommt, daß man, wie schon eben gesagt wurde, die jeweilige Sorte ebenfalls nicht außer Betracht lassen darf. Eine hinlänglich genaue, landwirtschaftlich und industriell gleich befriedigende Auskunft über die beste Aussaatstärke wird sich also nur von Fall zu Fall geben lassen.

Die Pflege des Flachsfeldes hat zum Ziel die Beseitigung vorhandener Unkräuter und womöglich Bodenlockerung. Letztere wirkt sehr vorteilhaft, wenn z. B. durch Regengüsse kurz nach der Aussaat der Boden stärker verkrustet ist und den Auflauf gefährdet (Stachelwalze). In Flachsfeldern, die durch Breitsaat bestellt wurden, erfolgt die Unkrautbekämpfung durch das Jäten. Es soll möglichst frühzeitig erfolgen, da an jungen Pflänzchen weniger Schaden durch die Arbeit als an schon älteren angerichtet wird. Demgemäß beginnt man, wenn der Flachs etwa 3 bis 4 cm hoch ist; bei stärkerem Unkrautbesatz muß oder kann das Jäten wiederholt werden. Wegen Schnellwüchsigkeit des Leins muß das Jäten rasch erledigt werden, es erfordert bei gründlicher Arbeit viel Zeit und Kräfte und ist teuer[3]. Wo man Flachs im Großen baut und mit Drillmaschinen sät, ist an seine Stelle das Hacken getreten. Es kann mit der Hand ausgeführt werden, wobei auch die in den Drillreihen stehenden größeren Unkräuter ausgezogen werden können, oder mit Hackmaschinen, sofern die Drillreihen genügenden Abstand haben. Die dabei erfolgende Bodenlockerung ist eine weiterer Vorteil. Beim Durchgehen des Feldes ist auch auf etwa vorhandene Seidenester zu achten, sie sind möglichst früh gründlich zu entfernen. — Da der Faserlein für eine gute Wasserversorgung sehr dankbar ist, ist eine künstliche Feldberegnung mehrfach vorgeschlagen worden, bisher aber ohne praktische Bedeutung geblieben; daß sich durch Bewässerung günstige Erfolge erzielen lassen, zeigt das Beispiel des Ötztaler Flachses, der nach acht regenfreien Tagen durch Gräben bewässert wird und bis 1,50 m Höhe erreicht. — Das in älterer Literatur angeführte „Ländern" des Leins (Stützen des Feldes durch Reisig, um Lagern zu vermeiden) wird heute nicht mehr geübt[4].

---

[1] Vgl. z. B. Weck in Faserforsch. 1924, S. 4. — Schilling in Faserforsch. 1928, S. 112.

[2] Vgl. z. B. Kleberger (1919, 1920); Weck (1924); Kappert (1922, 1923); Schilling (1926).

[3] Genauere Angaben über das Jäten in Holland gibt Frost (1909, S. 46ff.).

[4] Vgl. Frost (1909, S. 49/50).

13. Krankheiten und Unkräuter.

Die gerade für den Faserflachs wichtige Frage der Krankheiten, Beschädigungen und Unkräuter kann hier nur kurz gestreift werden; ich habe an anderer Stelle darüber zusammenfassend berichtet[1]. Krankheiten können nicht bloß landwirtschaftlich die Erträge drücken oder sogar vernichten, sie können auch Ausbeute der Langfaser und Faserqualität herabsetzen und haben somit auch technologische Bedeutung.

Sehr große Verluste kann in beiden Richtungen das gefürchtete Lagern des Flachses bringen. Flachs mit nicht genügender Standfestigkeit wird durch starken Regen und Sturm niedergelegt, die Stengel verwirren sich, in schweren Fällen bleiben sie liegen und können durch hinzutretenden Pilzbefall (Schwärzepilze, Cladosporium) weiter geschädigt werden. Das Lagern wird begünstigt durch zu dichte Saat, zu starke Düngung (Stickstoff!), rankende und windende Unkräuter, ungeeignete Sortenwahl, späte Aussaat und parasitische Pilze. Die vorbeugenden Maßnahmen sind danach zu treffen.

Mechanische Beschädigungen (Hagelschlag, Hackmaschine) können knotige Auftreibungen am Stengel verursachen. Solche Stengel sind für die Langfasergewinnung unbrauchbar infolge anatomischer Veränderungen[2].

Unter den tierischen Schädlingen spielen die erste Rolle die Erdflöhe (Longitarsus parvulus, Aphtona Euphorbiae usw.). Sie fressen die jungen Flachspflänzchen an, nicht selten so stark, daß ganze Felder umgepflügt werden müssen. Trockenheit und Wärme begünstigt ihr Auftreten[3]. Die zahlreich vorgeschlagenen Streumittel und Brühen (Tabak, Wermut, Bleiarsenat usw.) haben zur Bekämpfung keine praktische Bedeutung erlangt; einfach und angeblich erfolgreich ist Streuen von Thomasmehl. Neuerdings werden von chemischen Fabriken besondere Streupulver auf den Markt gebracht[4]. Bei Befall ist eine schwache Kopfdüngung mit Nitraten empfehlenswert, da sie den Flachs schneller hoch treibt.

Blasenfüße (Thrips linarius, Th. angusticeps Uzel) bringen durch Saugen an den Triebspitzen Verkrümmungen, Stauchungen und dunkle, hinfällige Knospen hervor (kwade koppen, zwarte koppen in Holland); die Larven sind hellgelblich und 1 bis 2 mm lang, das vollentwickelte Insekt geflügelt, selten in großen Mengen epidemisch auftretend. — Die 4 bis 6,5 mm lange, gelblichweiße Raupe des Flachsknotenwicklers Conchylis epilinana Zell, eines Kleinschmetterlings, lebt in der Leinkapsel und frißt die Samen. — Von weiteren tierischen Schädlingen seien erwähnt: Tylenchus devastatrix Kühn (Nematode, verursacht die Stockkrankheit), Cnephasia wahlbomiana L. (Wickler, dunkelgrüngraue Raupen), Plusia gamma L. (Gammaeule, Raupe kann durch Fraß großen Schaden stiften), Lethrus apterus Laxm. (Rebenschneider, Käfer).

Unter den pflanzlichen Schädlingen spielen einige Pilze eine besonders wichtige Rolle, da sie ganz erhebliche Ertragsverluste und Qualitätsminderungen verursachen können. Fusarium lini Boll. ist der Erreger der „Flachswelke" heute fast über die ganze Erde verbreitet. Er bringt die Flachskeimlinge zum Verfaulen oder ältere Leinpflanzen zum Abwelken und ist einer der Haupterreger der Bodenmüdigkeit des Leins. Seine beidendig scharf zugespitzten Konidiosporen

[1] Schilling: Die Krankheiten und Beschädigungen des Flachses, 1928, im Flachsbuch von F. Tobler, S. 106—191.

[2] Schilling: Zur Kenntnis des Hagelflachses. Faserforsch. Bd. 1, S. 102. 1921.

[3] Eingehende Biologie gab Rhynehart: Sci. Proc. Roy. Dublin Soc. Bd. 16, S. 497 bis 570. 1922.

[4] Z. B. „Eklatin" der Deutschen Gold- u. Silberscheideanstalt Frankfurt a. M.

sind etwa 27 bis 39 μ lang, 3 bis 3,5 μ breit, schwach sichelförmig gekrümmt, meist mit drei Querwänden versehen, bei stärkerer Anhäufung lachsfarben erscheinend. Näheres bei Schilling (1928). Fusariumkranke Leinsaat sollte vom Anbau ausgeschlossen werden. — Ähnlich wirkt Colletotrichum lini, Erreger der Anthraknose; Sporen ohne Querwand, Enden abgerundet, 16 bis 20 μ lang, 4 bis 6 μ breit, leicht erkennbar auch an den dunklen Haarborsten des Fruchtlagers. Bei Befall zeigen Keimblätter, Hypokotyl und Stengel des Leins zunächst orangerote Flecken. Verbreitung ebenfalls durch kranke Leinsaat. — Asterocystis (Olpidiaster) radicis de Wildeman ist Erreger des Flachsbrandes, brûlure de lin, Vlasbrand. Die sehr kleinen Sporen des myzellosen Pilzes befallen die feinen Wurzelhaare des Leins 12 bis 25 Tage nach seiner Keimung, das Flachsfeld wird gelblich verfärbt und stirbt ab. Nach J. van der Meer (1928) ist jedoch Pythium megalacanthum de By. der eigentliche Erreger, während Asterocystis nur verstärkt. — Eine der augenfälligsten und bekanntesten Erkrankungen sind die schwarzen Rostflecken am Flachsstengel. Sie werden gebildet von den Wintersporen des Rostpilzes Melampsora lini Pers. Die schwarzen Flecken können die Röste überdauern und gelangen dann als „Teer- oder Tintenspritzer“ in den Schwungflachs. Durch frühzeitige Aussaat und Anbau nicht anfälliger Leinstämme sowie sorgfältige Saatreinigung läßt sich die Krankheit vermeiden. — Der Pilz Phoma exigua Desm. und Ph. herbarum Westend. kommt auf Leinsaat vor, vernichtet die jungen Keimlinge oder Wurzeln (foot-Rot), ferner ältere Pflanzen, die dann braun und dürr werden (Toter Stengel, Doode Harrel, Dead stalks). — Polyspora lini Lafferty kommt auf Leinsaat vor, schwächt die Stengelbasis junger Pflanzen und bringt sie zum Durchbrechen (Stengelbruch, Stembreak); ältere Pflanzen werden kurz vorm Raufen braun (Bräune, browning). — Der graue Traubenschimmel Botrytis cinerea findet sich ziemlich häufig auf Leinsaat und kann bei nassem Wetter die Keimlinge vernichten; auch schon in Knospen stehende Felder können unter braunroter Verfärbung (brennender Lein) von der Spitze her zum Absterben gebracht werden. — Der weitverbreitete Schwärzepilz Cladosporium herbarum Link., oft nur Saprophyt, kann als Schwächeparasit auftreten und lagernden oder angeregneten Flachs befallen; das Stroh wird mißfarben und kann angeröstet werden. Ebenso können weitere Schwärzepilze wie Macrosporium, Pleospora, Fusicladium,

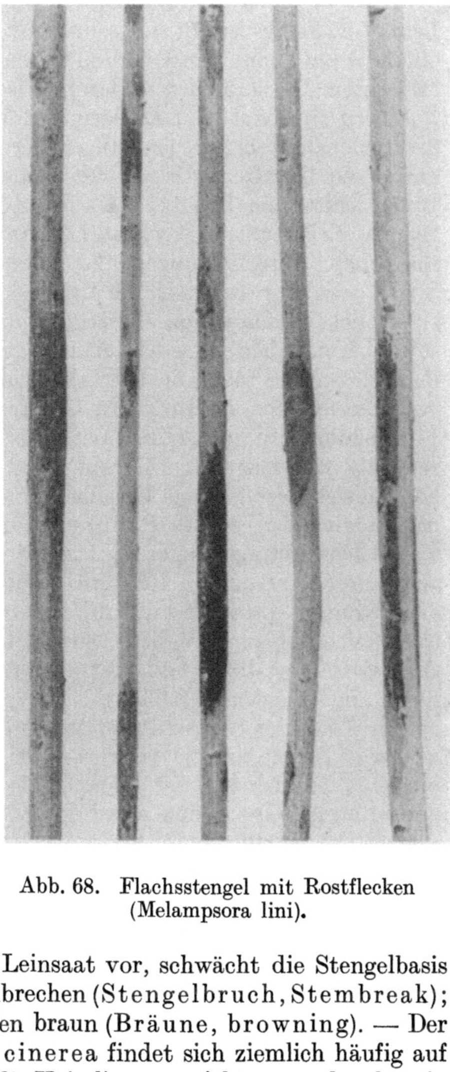

Abb. 68. Flachsstengel mit Rostflecken (Melampsora lini).

Alternaria usw. wirken. — Thielavia basicola Zopf verursacht eine Wurzelkrankheit.

Als vorbeugende Maßnahmen gegen Pilzkrankheiten können angewendet werden: sorgfältige Reinigung der Leinsaat, Ausschluß erkrankter Saat (durch Gesundheitsprüfung festzustellen), Beizung der Saat mit Trockenbeizen (Germisan, Tutan, Tillantin usw.) oder Halbnaßbeizen, frühe Aussaat, die härtere Pflanzen liefert, Anbau gezüchteter pilzresistenter Sorten, gute Bodenpflege, die ein kräftiges Wachstum des Leins ermöglicht.

Eine besondere Krankheitserscheinung stellt die Bodenmüdigkeit des Leins vor. Flachs ist mit sich selbst unverträglich: baut man ihn mehrmals hintereinander auf demselben Felde, so treten schwere Schädigungen auf bis zu völligen Mißernten. Deshalb wird in der Praxis Lein in der Regel erst wieder nach 6 bis 7 Jahren angebaut. Zur Erklärung sind herangezogen worden: Selbstvergiftung des Bodens durch Ausscheidungen der Leinwurzeln (Herzog), Bodenvergiftung durch die blausäurehaltigen Leinsamen (Reynolds 1924, Merkenschlager 1927), bakterielle Tätigkeit (Kaserer 1913, Ruschmann 1924). Nach meinen eigenen Erfahrungen (zehnjähriger Anbau auf einem Versuchsfelde) und nach russischen Untersuchungen (Kletschetow 1925, 1927, Demidenko 1926, Sokolow 1926) ist jedoch die Ursache in der Anhäufung von schädlichen Pilzen zu erblicken (Fusarium, Colletotrichum, Thielavia, Polyspora usw.). Es tritt sowohl Keimschädigung wie auch spätere Wachstumshemmung auf; Nährstoffmangel kommt nicht in Betracht, dagegen verschwindet die Bodenmüdigkeit nach Sterilisation der Erde. In der Erde lassen sich die Sporen der genannten Pilzschädlinge in großer Zahl nachweisen. Weitere Untersuchungen über Bodenazidität, Kalkzustand, Unkrautbesatz usw. erscheinen angebracht. Vielleicht können sich verschiedene Ursachen kombinieren. Daß auch fortgesetzter Flachsbau möglich ist, bewies Püschel (1924), der nach achtjährigem Anbau keine wesentliche Ertragsminderung fand. Auch im Tiroler Ötztal soll nach Literaturangaben (A. Herzog, Püschel) immerwährender Flachsbau geübt werden, doch konnte Schilling (1929) dies nicht bestätigt finden. Durch Züchtung lassen sich selbstverträgliche Sorten heranziehen (eigene Versuche); Boerger (Faserforschung 1929) berichtet über Anbau des selbstverträglichen „Malabrigo-Leins" in Argentinien (Öllein).

Die Frage der Unkräuter[1] ist beim Flachs besonders wichtig. Stark unkrautwüchsige Böden sind zu verwerfen, da sie sehr schaden oder hohe Kosten verursachen. Die Leinsaat ist auf möglichste Unkrautfreiheit zu reinigen; wie schon vorhin ausgeführt, genügen bei der Kleinheit der meisten Unkrautsamen schon wenige Gewichtsprozente fehlender Reinheit zur Erzeugung einer reichlichen Unkrautflora. Die beiden gefährlichsten Unkräuter sind die Leinseide und der Leinlolch. Die Leinseide, Cuscuta epilinum Weihe[2], entwickelt aus ihren grünlichgrauen, oval-kugligen Samen, die ein Tausendkorngewicht von etwa 0,65 g aufweisen, ein fadenförmiges gelbliches Stengelgebilde, das sich um die Flachsstengel schlingt und durch Saugwarzen (Haustorien) festhaftet. Sie ist ein echter Parasit und nährt sich vom Flachsstengel, indem sie ihn aussaugt. Bei stärkerem Befall bilden sich im Flachsfelde ganze Nester, der Lein wird verwirrt, zusammengewunden und schwer geschädigt, das Stroh unbrauchbar. Deshalb ist Seidefreiheit eine der Bedingungen, die als Selbstverständlichkeit bei guter Leinsaat zu gelten haben. Durch zweckentsprechede Reinigung läßt sich das auch erreichen, und so ist das Vorkommen der Seide im fortgeschrittenen

[1] Schilling: Die Unkräuter des Flachses. 1928.

[2] Eine genaue Schilderung der Lebensgeschichte findet sich bei L. Koch: Die Klee- und Flachsseide. Heidelberg 1880.

Flachsbau immer seltener geworden. Im bäuerlichen Anbau kann sie jedoch noch recht unangenehm auftreten[1]. — Das zweite Unkraut, Lolium remotum Schrank = L. linicolum A. Braun, der Leinlolch, ist ein 30 bis 65 cm hohes Gras, dessen Halme die Röste passieren und so den Schwungflachs verunreinigen können. Gewebeteile von ihm finden sich in gröberen Flachsgarnen nicht selten. Seine Früchte, 3 bis 5 mm lang, 1 mm dick, können ferner ein Pilzmyzel führen und giftig wirken; nach Genuß von Leinöl, das aus stark lolchhaltiger Leinsaat gewonnen wurde, traten mehrfach Vergiftungen auf. Die Früchte haben ein Tausendkorngewicht von 3,9 bis 4,4 g, ähneln in Form, Größe und Gewicht sehr dem Leinsamen, so daß ihre Entfernung aus der Leinsaat sehr schwierig ist. Die besten Resultate erhält man durch Vorreinigen der Leinkapseln mit weitmaschigen Sieben. — Die weiteren Unkräuter sind weniger gefährlich und

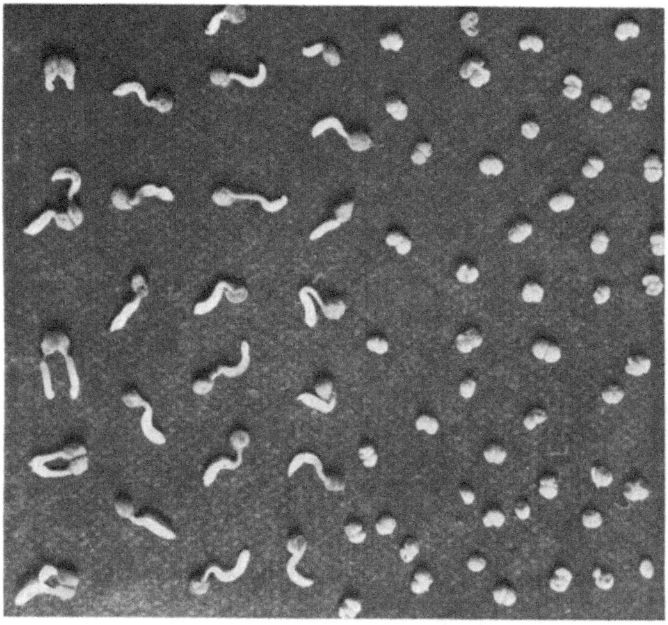

Abb. 69. Samen der Leinseide, einfache und Doppelkörner, z. T. keimend.

lassen sich durch Reinigung der Leinsaat in der Regel gut entfernen. Windende und rankende Unkräuter verschlechtern das Flachsstroh oder können die Lagergefahr verstärken; dahin gehören der Winden-Knöterich (Polygonum Convolvulus), das kletternde Klebkraut (Galium Aparine) und die Ackerwinde (Convolvulus arvensis). Häufiger vorkommende Ackerunkräuter sind ferner der Leindotter (Camelina dentata), der ampferblättrige Knöterich (Polygonum lapathifolium), dessen kleine schwarze flache Früchte besonders in russischen Saaten sich finden, das Pfennigkraut (Thlaspi arvense), der weiße Gänsefuß (Chenopodium album), der Ackersenf (Sinapis arvensis), zum Teil auch Hederich genannt, die Kornblume (Centaurea Cyanus). Alle wirken schädigend durch Nährstoff- und Wasserentzug, durch Erhöhung der Jäte- bzw. Hackarbeit und Erschwerung des Raufens oder Sortierens.

[1] Gentner in Faserforsch. 1923, S. 277—300. — In Rußland erfolgte in den letzten Jahren stärkere Ausbreitung nach Norden: Leningrad, Wjatka, Wladimir, Omsk usw. Vgl. Grjasev: Bull. appl. Bot. Bd. 18, S. 259—272. Leningrad 1928.

Vorbeugende Maßnahmen gegen die Unkräuter sind Auswahl eines nicht unkrautwüchsigen Feldes und beste Saatreinigung; direkte Bekämpfung geschieht durch Jäten bzw. Hacken, auch sind chemische Flüssigkeiten (Bespritzen mit Eisenvitriol oder Schwefelsäure) oder Streumittel (z. B. Kainit) vorgeschlagen worden. Am günstigsten wirkte nach Ritter[1] Eisenvitriol, während Kalkstickstoff Flachs und Unkraut gleichzeitig schädigte. Gegen Hederich wird Raphanit empfohlen.

14. Erträge, Ernte, Saatgewinnung.

Die Höhe der Erträge der Flachsfelder ist im Zusammenhang mit den zu erzielenden Preisen wegen ihrer Wichtigkeit für die Rentabilität des Flachsbaues häufig diskutiert worden, besonders in Deutschland[2] mit seiner rückläufigen Anbaufläche, neuerdings auch in Rußland, wo die Hektarerträge mengenmäßig und qualitativ bemerkenswert zurückgehen[3]. Auf die Frage der Rentabilität kann hier nicht eingegangen werden. Die absolute Höhe der Rohernte schwankt naturgemäß innerhalb weiter Grenzen, abhängig von den verschiedensten Faktoren, wie Düngung, Witterung, Krankheiten, Leinsorte usw., ebenso kann sie in ihrer Zusammensetzung, dem Anteil von Stroh und Samen, erheblich wechseln. Während bei typischen Ölleinen der Samenertrag etwa 20 bis 33% der Roherntc ausmacht, dafür der Stengelertrag entsprechend geringer ist, beträgt bei Faserleinen der Stengelertrag etwa 70 bis 80%, der Kornertrag etwa 8 bis 18% der Gesamternte. Daß und wie im einzelnen die Relation von Stengel : Samen von den Anbaubedingungen und der jeweiligen Leinsorte abhängig ist, wurde bereits vorher auseinandergesetzt. Im allgemeinen läßt sich für normale Faserflachskulturen in gut geleitetem Großanbau ein durchschnittlicher Hektarertrag von 4500 bis 5500 kg an unentsamtem Flachs annehmen, wobei ca. 75% = 3375 bis 4125 kg auf entsamtes Stroh, ca. 11% = 495 bis 605 kg auf die Samen, der Rest von ca. 14% auf Kapselspreu und Abfall zu rechnen sind. Beim Zusammentreffen günstiger Bedingungen können höhere Ernten von 7000 bis 8000 kg pro ha erzielt werden, bei ungünstigen Verhältnissen (Lagern, Dürre, Verunkrautung, Krankheiten) kann der Hektarertrag auf 3000 bis 2400 kg und noch weniger bis zur Mißernte sinken. Im bäuerlichen Kleinanbau sind die Erträge in der Regel geringer als im rationell arbeitenden Großanbau. Die jetzt in Europa fast überall betriebene Flachszüchtung erscheint berufen, die Ertragshöhe, Ertragssicherung und Faserausbeute fühlbar zu verbessern[4].

Der Zeitpunkt der Ernte wird bestimmt von der Leinsorte, dem Reifezustand des Feldes und den Zwecken, die man mit dem Erntegut verfolgt. Während reine Ölleine ohne Rücksicht auf das Stroh lediglich bei Samenreife geerntet werden, erntet man dort, wo es auf die Faser der Stengel ankommt, viel frühzeitiger, schon vor der Samenreife und Vollreife der Stengel. Das ist aus anatomischen Gründen geboten (vgl. S. 138), da anderenfalls die Faser leiden

[1] Ritter, L.: Unkrautbekämpfung in Flachsfeldern durch Chemikalien. Spinner u. Weber 1924, Nr. 70, S. 1—4.

[2] Z. B. Kuhnert in Mitt. Deutsch. Landw.-Ges. Bd. 36, S. 417—420. 1921. — Scheel: Über die Zukunft des Flachsbaues. Z. d. Landw.-Kammer Niederschlesien 1927. — Tschirschwitz im Dt. Leinenindustriellen Bd. 45, S. 888. 1927. — Mathis: Ebenda 1928, S. 384.

[3] Infolge Kulturfehler, Wirtschaftsfehler und Krankheiten. Vgl. z. B. Odinzow in Ekonom. Shisnj 1928; Tschilikin: Ebenda 1928; Chintschuk: Ebenda 1928. — Nach Abramow (Chabarowsk 1927) sind in Ostsibirien die Erträge auf 20 Pud pro Desjatina gesunken, hauptsächlich infolge Rostpilz, Fusarium, Seide.

[4] Vgl. Kap. 16.

würde. Als bester Zeitpunkt gilt für Faserleine im allgemeinen die sog. „Gelbgrünreife", d. h. das Stadium, in dem die Laubblätter anfangen unten am Stengel abzufallen und die Stengel selbst vom reinen Grün zu gelblicher Färbung

Abb. 70. Raufen des Flachses.

übergehen. Die Samen sind dann noch nicht ausgereift, erfahren aber durch Nachreife eine Verbesserung. Für Spezialzwecke (Faser für feinste belgische Spitzen) werden seltener die Stengel sehr früh und noch ganz grün geerntet;

Abb. 71. Flachs in Kapellen.

wo man, wie meist in Deutschland, Wert legt auf gleichzeitige Nutzung von Faser und Samen, schiebt man den Erntetermin mit Rücksicht auf die Samen etwas hinaus (gelbe Stengel) gegenüber solchen Gegenden, wo der Hauptwert allein in dem Gewinn möglichst großer Mengen feiner Faser liegt, wie in Belgien und Holland. Da der Faserflachs kurzlebig ist, setzt die Ernte bereits etwa 95 bis 110 Tage nach der Aussaat ein, fällt also bei Aprilaussaat normalerweise in die erste Hälfte des Juli. Dürre kann sie beschleunigen, nasses Sommerwetter sie verzögern. Landwirtschaftlich betrachtet ist Beginn der Flachsernte vor der Roggenernte wichtig. Durch Züchtung lassen sich frühreifende Leinsorten erzielen, die schon nach etwa 85 Tagen erntereif sind (z. B. Eckendorfer Frühflachs). Umgekehrt gibt es spät reifende Flächse, z. B. den bekannten weißblühenden Holländer Lein, der etwa acht Tage später als normale Leine reift. Im Juni ausgesäte „Spätflächse" müssen nötigenfalls noch grün geerntet werden.

Abb. 72. Hiefel im Tiroler Oetztal. Flachs in Handvollen aufgepackt.

Während bei den Ölleinen die Ernte maschinell durch Abmähen geschieht, ist im Faserflachsanbau immer noch das Raufen durch Handarbeit üblich, wie schon seit fast 5000 Jahren. Das Raufen erfolgt in der Regel durch geübte Leute (Raufkolonnen); eine passende Anzahl Stengel wird mit beiden Händen ziemlich hoch oberwärts angefaßt (um Unterwuchs und Unkraut stehen zu lassen) und mitsamt den Wurzeln ausgezogen, bis eine starke Handvoll beisammen ist. Diese wird kurz abgeklopft, um anhaftende Erdteile zu entfernen, kurz auf den Boden gestoßen zwecks Gleichrichtung der Wurzelenden, und dann reihenweise flach und geordnet auf dem Acker ausgebreitet, damit die zunächst noch etwas weichen Stengel antrocknen und beim Aufstellen in Kapellen steif genug sind, um sich nicht durchzubiegen. Genügende Steifhalmigkeit wird bei trockenem Wetter in etwa 8 bis 12 Stunden, sonst in etwa 24 bis 30 Stunden erreicht. Hieran kann sich für gewisse Zwecke sofort Entsamen und Röste schließen, meistens wird aber der Flachs weiter getrocknet und späterer Verarbeitung vorbehalten[1]. Das Trocknen auf dem Felde geschieht vielfach durch „Kapellen", d. h. mehrere Handvoll des Flachses werden schräg gegeneinander aufgestellt, oberwärts mit den Kapseln zusammenstoßend, unten mit den Wurzelenden einen Zwischenraum lassend, wie es Abb. 71 zeigt. Diese Kapellen, zu derem Aufbau auch Stützgeräte verwandt werden können, sind etwa 1 m lang, ihre Öffnungen sollen in der Hauptwindrichtung liegen, um das Austrocknen zu erleichtern; sie schützen das Stroh vor den nachteiligen Folgen von Regen und lassen die Samen nachreifen. Anderenorts erfolgt das Aufstellen an Kleereutern oder mit Hilfe von Hiefeln (Süddeutschland, Alpen), d. h. die Flachsbündel werden um eine senkrecht stehende Stange, die mit kleineren

[1] Über Einzelheiten vgl. die zitierten Anleitungen zum Flachsbau (Kuhnert, Püschel, Weidner, Opitz, Kleiner Flachsführer usw.); Frost (1909) beschreibt die belgischen und holländischen Verhältnisse, u. a. auch die Aufbewahrung in Mieten.

Querhölzern versehen ist, herumgepackt, die Kopfenden nach innen, in einigem Abstand vom Erdboden. Nach genügender Trocknung wird der Flachs mit Flachsstroh (nicht mit Bindegarnen, Getreidestroh!) sorgfältig in etwa 2 bis 4 kg schwere Bündel zusammengebunden und in Scheunen gelagert.

Abb. 73a. Flachskapelle und daraus hergestelltes fertiges Bündel.

Das Raufen muß wegen der schnellen Reife des Flachsfeldes schnell geschehen, erfordert ziemlich viel Arbeitskräfte und ist teuer[1]. Man hat deshalb öfters

Abb. 73b. Raufmaschine Boby-Soenens, Schlesien 1928.

versucht diese beschwerliche Handarbeit durch Maschinenarbeit zu ersetzen. Maschinelles Mähen hat im großen und ganzen keine Vorteile erbracht, wohl aber gewisse sichere Nachteile; gleichwohl dürften bei den steigenden Löhnen

[1] Über Raufen vgl. Frost (1909) und Behne (1925).

die Akten hierüber nocht nicht völlig abgeschlossen sein. Daß Mähen, wenn man mit minderer Faserqualität vorlieb nimmt, praktisch durchführbar ist, zeigten neuerdings Großversuche des amerikanischen Automobilfabrikanten Henry Ford[1]. Viel aussichtsreicher für Langfasergewinnung ist die Verwendung von Raufmaschinen. Nachdem einige derartige Systeme[2] mehr oder minder versagt hatten, scheint man jetzt in dem System von Boby-Soenens etwas Befriedigendes gefunden zu haben[3]. Im Jahre 1928 haben eine ganze Reihe dieser Maschinen in Belgien und Schlesien zur Zufriedenheit gearbeitet; die Maschinen werden durch 2 bis 3 Pferde oder einen Traktor gezogen, erfordern 2 bis 3 Mann zur Bedienung und raufen ca. 2 ha am Tag. Nach Roßdeutscher betrugen die Raufkosten pro Morgen bei Maschinenarbeit durchschnittlich 4,78 M, bei Handraufen 7,20 bis 9 M. Im Interesse des durch Handarbeit schwer belasteten Flachsbaues steht zu hoffen, daß durch weitere Verbesserungen an dieser Maschine und Senkung des Anschaffungspreises (2240 M frei Schlesien) das maschinelle Raufen im Großanbau sich einführt.

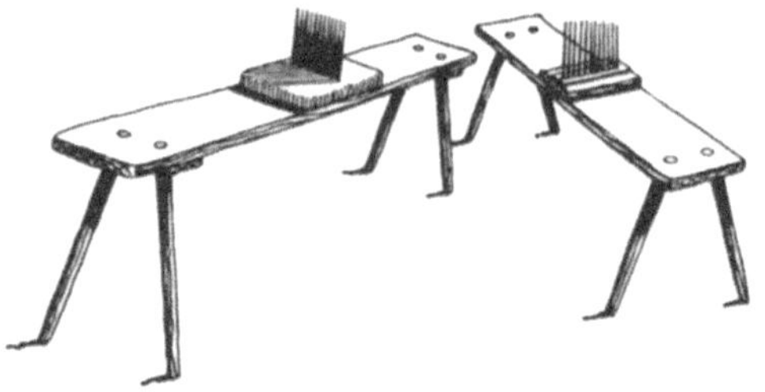

Abb. 74. Zweisitzige Riffelbänke, wie sie in Disentis (Alpen) gebraucht werden. Nach K. Hager.

Als weitere Arbeit folgt dann das Entsamen des trockenen Flachses. Hierbei ist Rücksicht darauf zu nehmen, daß gröbere mechanische Einwirkungen, die

Abb. 75. Riffelmaschine von Bindler.

Stengel und Faser beschädigen können[4], unterbleiben. Deshalb ist Dreschflegel und Dreschmaschine völlig zu verwerfen. Wo der Landwirt nicht selbst entsamen will, kann das Stroh mit Kapseln an die Röstanstalten abgeliefert werden; im übrigen erfolgt die Entsamung entweder durch Riffeln

[1] Ford, H.: Das große Heute das größere Morgen. Leipzig 1926.

[2] Schneider, H.: Mitt. Forsch. Inst. Sorau Bd. 2, S. 94ff. 1920. — Schneider, H.: Faserforsch. Bd. 2, S. 40. 1922. — W. Müller in D. Faserst. u. Spinnpfl. 1922, S. 49.

[3] Roßdeutscher in Ill. Landw.-Zg. 1928, S. 457 und Dt. Leinenind. 1928, S. 635. — Vgl. auch Soenens et Thellier de la Neuville: La Mécanisation et l'Industrialisation du travail du Lin en Flandre. Lille 1928.

[4] Müller, W.: Faserforsch. Bd. 1, S. 1. 1921.

mit der Hand oder durch moderne Entsamungsmaschinen. Die Handriffel — in verschiedenen Formen seit uralter Zeit bekannt — besteht im wesentlichen aus einem Kamm von eisernen Zähnen, zwischen denen eine Anzahl Flachspflanzen durchgezogen wird, wobei die Kapseln (Knoten) von den Stengeln abgestreift werden. Solches Handriffeln leistet eine sehr schonende Arbeit, ist andererseits langwierig, so daß man auch hierbei zum Ersatz durch maschinelle Entsamung gegriffen hat. Eine ganze Reihe älterer und neuerer[1] Entsamungs- und Riffelmaschinen liegen vor (Bauch, Heller-Freytag, Siedersleben, Petermann, Baumleder; Küchenmeister, Herrmann, Abus, Haase, Sigl's Ideal usw.), wovon sich im Großbetrieb unter anderen die ältere von Freytag und neuerdings besonders die von Haase-Ullersdorf bewährt haben[2].

Die beim Entsamen anfallenden Leinkapseln können — sachgemäße Lagerung vorausgesetzt — vorteilhaft einige Zeit aufbewahrt werden (Nachreife, Schrumpfung der Flachkörner, kein Verderben der öl- und eiweißreichen Samen). Die Leinkapseln bieten ferner den Vorteil, daß man aus ihnen durch Siebung (Kapselvorreinigung) den Leinlolch leicht herausbekommt[3], während dessen Entfernung aus der Leinsaat selbst sehr schwierig ist. Die Kapseln werden weiterhin durch einfache Vorrichtungen oder Maschinen zerschlagen und von den Samen befreit; gröbere mechanische Einwirkung ist zu vermeiden, da sonst der Same beschädigt wird (Druschbruch). Der Reinigung der Leinsaat, auf die hier ebenfalls nicht näher eingegangen werden kann[4], kommt, wie schon betont wurde, große Wichtigkeit zu. Man kann zunächst durch Windfege oder Aspirateur leichtere Anteile (Spreu, Stroh- und Blatteilchen, leichte Lein- und Unkrautsamen) entfernen, dann durch Trieur sortieren (Entfernung runder schwerer Unkrautsamen), die Leinsaat kann durch Siebe von verschiedener Schlitzweite in Partien von verschiedener Kornschwere (Tausendkorngewicht; Leichtkorn, Vollkorn, Schwerkorn) zerlegt werden[5]. Daß ein gut ausgereiftes, schweres, volles Korn für Aussaatzwecke von großer Bedeutung ist, wurde bereits vorher (S. 170) geschildert. Spezialmaschinen zur Leinsaatreini-

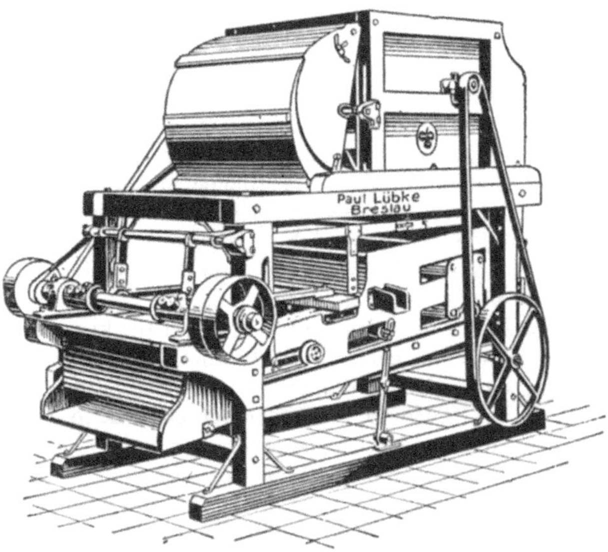

Abb. 76. Plansiebmaschine Energie.

[1] Kuhnert, R.: Der Flachs S. 82ff. 1920. — Müller, W.: Dt. landw. Presse 1923, S. 124. — Müller, W.: Faserforsch. Bd. 1, S. 258. 1921. — Müller, W.: Dt. Leinenind. Bd. 44, S. 146. 1926.

[2] Müller, W.: Faserforsch. Bd. 2, S. 156. 1922.

[3] Kappert in Leipz. Monatsschr. Textilind. Bd. 39, S. 17. 1924. — Bredemann in Faserforsch. Bd. 4, S. 241. 1925.

[4] Kappert, H.: Der gegenwärtige Stand der Leinsaatreinigung. Sorau 1922, Heft der Maschinenausstellung S. 59—62. — Kuhnert: Leinsaatreinigung. Kleiner Flachsführer 1924, S. 8—11. — Kuhnert: Der Flachs S. 89. Berlin 1920.

[5] Kappert in Faserforsch. Bd. 1, S. 211—222. 1921.

gung gibt es in mehreren Ausführungen; genannt seien hier nur die Plansiebmaschine Energie der Firma Paul Lübke in Breslau und das Saatreinigungssystem Schule in Hamburg (Windfege, Plansichter, Trieur, Ausleser), die bei großer Leistungsfähigkeit für Röstanstalten und Großbetriebe in Frage kommen.

Am wichtigsten unter den zu entfernenden Unkrautsamen sind Leinseide und Leinlolch (vgl. S. 178). Neuerdings wird speziell für die Lolchentfernung das „Trifolinverfahren" empfohlen: das Saatgut wird mit Eisenpulver vermischt, wobei die Leinsaat kein Pulver annimmt, während die bestäubten Lolchkörner durch Magneten restlos ausgeschieden werden[1].

E. Zur Genetik und Züchtung.

15. Erbfaktoren.

Eingehende Erblichkeitsanalysen liegen gerade für die technologisch wichtigen Eigenschaften der Flachspflanze wie Stengellänge, Stengeldicke, Fasergehalt, Faserqualität noch nicht vor. Derartige quantitative Untersuchungen sind langwierig und auch schwierig, weil die äußeren Wachstumsbedingungen hierbei eine größere Rolle spielen und die Sicherheit der Merkmale verwischen können, wie das eingangs mehrfach schon geschildert wurde. Lediglich aus Erfahrung wissen wir, daß z. B. Stengellänge erblich ist, d. h. unter normalen Wachstumsbedingungen erhalten wir aus Leinsaat, die von züchterisch durchgearbeiteten langstengligen Pflanzen abstammt, immer wieder langstenglige Pflanzen; das gleiche gilt umgekehrt für kurzstenglige Typen. Bei der Kreuzung solcher verschieden hohen Pflanzen treten in den Folgegenerationen Pflanzen auf, deren Höhe alle möglichen Zwischenstufen zwischen den beiden Eltern aufweist. Solche Kreuzungen werden z. B. in Sorau seit 1920 ständig vorgenommen, insbesondere kreuze ich langstenglige hochwertige Faserleine mit kürzeren und kornschweren Ölleinen. Die erste Generation trägt in bezug auf Pflanzenhöhe, Kornschwere und sonstige Eigenschaften durchaus intermediären Charakter, wie dies aus folgenden Beispielen hervorgeht.

Merkmal	Vater Faserlein	Mutter Öllein	Bastard F_1
Pflanzenhöhe . . .	92 cm	45 cm	68 cm
Obere Verästelung .	schwach	sehr stark	mittel
Kapseldurchmesser .	6—7 mm	11—12 mm	8—9 mm
Tausendkorngewicht	4,4 g	10,6 g	7,6 g
Blütengröße	klein	sehr groß	mittel

In den folgenden Generationen tritt dann Aufspaltung ein; Auslesen von etwa der siebenten Generation ab können zu konstanten Typen führen, z. B. zu erblichen Formen mit 75 cm Pflanzenhöhe bei 7,5 g Tausendkorngewicht, usw. Die Erbfaktoren für die Pflanzenlänge sind nicht bekannt, vermutlich werden es drei bis vier sein. Noch weit schwieriger sind exakte Erblichkeitsuntersuchungen über Fasergehalt und Faserqualität durchzuführen, da auch hier wieder die äußeren Bedingungen wie Aussaatdichte, Ernährung, Wasserversorgung, Erntezeit ausschlaggebend sein können und ferner die Art der Fasergewinnung (biologische Fabrikröste oder chemische Aufschließung) berücksichtigt sein will. Aus der züchterischen Erfahrung wissen wir zwar bestimmt,

[1] Metallochemische Fabrik A.G., Berlin W 50.

daß Fasergehalt und Faserqualität vererbbar sind; ob jedoch einfach mendelnde Faktoren vorliegen, ist unbekannt.

Gut sind wir dagegen unterrichtet über diejenigen Faktoren, von denen die Vererbung der Blütenfarbe, Staubbeutelfarbe und Form der Blütenblätter abhängt. Wir verdanken diese Kenntnisse in erster Linie Tine Tammes, die sich in fast zwanzigjähriger Arbeit mit der Genetik des Leins befaßt und darüber in zahlreichen Publikationen berichtet hat[1]. Im folgenden soll ganz kurz auf einzelne Merkmale eingegangen werden.

Blütenfarbe. Für Art und Verteilung der Farbe in den Blütenblättern sind z. Zt. acht erbliche Faktoren bekannt; wahrscheinlich liegen alle acht Faktoren in verschiedenen Chromosomen. Die Faktoren werden als A, B_1, B_2, C', D, E, F und K bezeichnet, sie können auf viererlei Weise zusammenwirken. Die drei Faktoren B_1, B_2 und C' sind Grundfaktoren, d. h. sie müssen vorhanden sein, wenn die Blüte überhaupt gefärbt sein soll. Die zwei Faktoren D und F beeinflussen den Ton der Farbe, A und E bestimmen die Intensität der Farbe, Faktor K regelt die Verteilung der Farbe im Blütenblatt. Sind allein die drei Grundfaktoren vorhanden, so ist die Blütenfarbe rosa, tritt F hinzu, so ist sie gleichfalls rosa, jedoch etwas dunkler. Tritt D hinzu, so wird die Farbe violett, treten D und F hinzu, so erhalten wir die bekannte blaue Blüte. Wir hatten eingangs (vgl. S. 72) schon gesagt, daß die drei Formen roseum, violaceum und coeruleum jede für sich in vier Farbintensitäten erscheinen können; hierbei wirken die Faktoren A und E. Fehlen beide, so ist die Intensität der Färbung so gering, daß die Blüten praktisch fast weiß erscheinen, wir bezeichnen sie dann als bleichblau, bleichrosa, bleichviolett; im Knospenstadium ist die Art der Farbe sicher zu erkennen[2]. Faktor A allein für sich verstärkt diese Intensität etwas, Faktor E allein für sich noch etwas mehr, sind beide zusammen vorhanden, so erscheint die Blüte in kräftiger dunklerer Farbe. Beim Vorhandensein von K ist das ganze Blütenblatt gefärbt, beim Fehlen von K beschränkt sich die Färbung mehr auf die äußeren Partien des Blütenblattes, das Blütenzentrum erscheint heller. Dagegen wird die Färbung der Adern im Blütenblatt nicht von K bestimmt, die Faktoren hierfür sind noch nicht bekannt[3].

Staubbeutelfarbe. Die Antherenfarbe kann entweder blau oder gelb sein. Um die blaue Färbung zu erzeugen, ist die Gegenwart der Faktoren B_1, B_2, D sowie eines weiteren Faktors H nötig; fehlt einer dieser Faktoren, so ist die Antherenfarbe gelb. Die kultivierten, blau- oder weißblühenden Faserflächse haben fast ausschließlich die blaue Antherenfarbe. Diese Trennung in die beiden Gruppen Blau oder Gelb ist nur grob, denn in der Natur finden wir bei genauerer Beobachtung weitere Unterschiede: dunkelblaue, graublaue, blaßblaue, fast weißliche Antheren, auf der anderen Seite deutlich orangegelbe, blaßgelbe und weißlichgelbe Antheren. Ebenso können Antherenwand und Pollen verschieden gefärbt sein, z. B. können in blauen Antherenwänden gelbe Pollen enthalten sein. Hierüber liegen genaue erbliche Analysen noch nicht vor, desgleichen sind uns die Vererbungsverhältnisse der verschieden gefärbten Filamente, Griffel und Narben nicht bekannt.

Form der Blütenblätter. Wir hatten früher (vgl. S. 71) der normalblütigen Form mit flachen, ausgebreiteten Blütenblättern gegenübergestellt die Form crispum, gekennzeichnet durch die gekräuselten, am Rande umgeschlagenen

[1] Letzte Zusammenfassung in „The Genetics of the Genus Linum". Bibliographia genet. Bd. 4, S. 1—34. 1928.

[2] Bei Zusatz von Säuren tritt die Färbung hervor.

[3] Gegen die Angaben von Tammes polemisiert neuerdings G. Rego: Der genotypische Aufbau von L. usit. bezügl. d. Färbungsmerkmale d. Petalen u. Antheren. Naučno-agronom. Ž. (russ.). Bd. 5, S. 782. 1928.

Petalen (vgl. Abb. 17). Die Form crispum ist bisher nur bei weißen Blüten mit gelben Antheren gefunden worden. Um sie zu erzeugen, ist die Anwesenheit der Faktoren C' und D erforderlich; dagegen kommt C' nicht zur Wirkung, wenn die beiden Faktoren B_1 und B_2 vorhanden sind. Diese zwei wirken dann als Hemmungsfaktoren.

Zur Ergänzung des Gesagten seien noch einige vollständige Erbformeln von einigen Flachsformen angeführt.

Gewöhnlicher blaublühender braunsamiger Flachs $= AAB_1B_1B_2B_2C'C'DDEEFFGGHH$

hellblaublühender Flachs $= aaB_1B_1B_2B_2C'C'DDEEFFGGHH$

blaßblaublühend mit gelben Antheren $= AAB_1B_1B_2B_2C'C'DDeeFFGGhh$

violettblühender Flachs $= AAB_1B_1B_2B_2C'C'DDEEffGGHH$

rosablühender Flachs $= AAB_1B_1B_2B_2C'C'ddEEFFGGHH$

Gewöhnlicher weißblühender Flachs mit blauen Antheren und braunen Samen $= AAB_1B_1B_2B_2c'c'DDEEFFGGHH$

Form crispum $= AAb_1b_1b_2b_2C'C'DDEEFFGGHH$

Samenfarbe. Wir hatten vorher (S. 73) die drei Hauptgruppen phaeospermum (braunsamig), chlorospermum (grünsamig) und xanthospermum (gelbsamig) unterschieden. Beschränken wir uns vorläufig auf diese drei Gruppen, so lassen sich folgende Erbfaktoren aufstellen: Faktor G muß vorhanden sein, wenn der Same (Samenschale) braun oder grün gefärbt ist; fehlt er, so ist der Same gelblich gefärbt. Die grüne Färbung wird verursacht durch den Faktor D, aber nur dann, wenn B_1 nicht anwesend ist. Sind D und B_1 gleichzeitig vorhanden, so ist die Samenfarbe braun. Zur Erläuterung wieder einige Erbformeln:

blaublühender Flachs mit blauen Antheren und gelben Samen $= AAB_1B_1B_2B_2C'C'DDEEFFggHH$

blaßviolettblühender Flachs mit gelben Antheren und gelben Samen $= AAB_1B_1B_2B_2C'C'DDeeffgghh$

dunkelrosablühender Flachs mit gelben Samen, Antheren stets gelb $= AAB_1B_1B_2B_2C'C'ddEEFFggHH$

weißblühender Flachs mit gelben Antheren und grünen Samen $= AAb_1b_1B_2B_2c'c'DDEEFFGGhh$

weißblühender Flachs mit krausen Blüten (crispum), grünen Samen und gelben Antheren $= AAb_1b_1B_2B_2C'C'DDEEFFGGhh$

Für die weißblühende Form crispum mit braunen Samen — sie trat häufig in der Leinzüchtung Petkuser Stamm VII auf, ich fand sie ferner in einer ostpreußischen Herkunft — hätten wir nach Untersuchung von Kappert[1] die Formel $AAB_1B_1b_2b_2C'C'DDEEFFGGHH$ zu setzen.

Eine genauere Beobachtung zeigt, daß nun innerhalb der drei genannten Hauptgruppen wieder eine sehr große Zahl von erblich verschiedenen Samenfärbungen auftreten kann, worauf schon S. 73 hingewiesen wurde. Tine Tammes[2] hat weitere genetische Studien darüber angefangen und ist vorläufig zu dem Schluß gekommen, daß hierbei dreierlei Faktoren beteiligt sind: erstens ein Grundfaktor, zweitens Faktoren, die den Ton der Farbe bedingen und zugleich die Blütenfarbe beeinflussen, drittens einige, wahrscheinlich zwei polymere Faktoren, welche die Intensität der Farbe bestimmen.

Aufspringen der Kapsel. Während die üblicherweise kultivierten Flächse geschlossen bleibende Kapseln besitzen, trägt die Form crepitans (Spring-

[1] Erblichkeitsuntersuchungen an weißblühenden Leinsippen. Ber. dt. bot. Ges. Bd. 42, S. 434—441. 1925.

[2] Genetische Studien über die Samenfarbe bei Linum usitatissimum. Hereditas Bd. 9. 1927.

lein) aufspringende Kapseln, wie dies S. 60 geschildert wurde. Bei Kreuzungen zwischen den beiden Formen erscheint die erste Generation intermediär, in den folgenden Generationen zeigen sich alle Übergänge zwischen vollkommen geschlossenen und weit geöffneten Früchten, auch treten in geringer Anzahl reine Elternformen auf. Kreuzungen zwischen Springlein einerseits, den verschiedensten Faser- und Ölleinen andererseits gelangen mir stets ohne Schwierigkeit. Die Unterschiede zwischen Aufspringen und Geschlossenbleiben werden nach Tammes wahrscheinlich durch mehrere, drei oder vier Faktoren bedingt.

Behaarung der Kapselscheidewände. Die meisten gewöhnlich kultivierten Formen haben behaarte Scheidewände, doch kommen auch solche mit unbehaarten Wänden nicht selten vor; L. crepitans hat unbehaarte Scheidewände. In Kreuzungen zwischen unbehaarten und behaarten Formen erscheint die erste Generation behaart, das Merkmal Behaarung ist dominant. Nach Tammes (1911, S. 278) tritt nur ein Erbfaktor und einfache Mendelspaltung auf. Doch fand Blaringhem (1921, 1925) auch die Spaltungsverhältnisse 3 : 1 und 15 : 1.

Länge, Breite und Gewicht der Samen. Daß bezüglich der Dimensionen der Leinsaat zahlreiche verschiedene erbliche Typen vorhanden sind, war bereits S. 66ff. gezeigt worden. Bei Kreuzungen zwischen groß- und kleinsamigen Formen ist die erste Generation in der Regel intermediär, worüber Tammes genauer berichtet hat (1911, S. 210—245), darauf treten Zwischenformen auf, es müssen mehrere Erbfaktoren angenommen werden. Arbeitet man bei Kreuzungen mit dem Samengewicht (1000 Korngewicht), so zeigt die erste Generation ebenfalls intermediäre Bildung, wie dies die folgende Zusammenstellung deutlich macht, die die Zahlen für einige der von mir zwischen Faser- und Ölleinlinien vorgenommenen Kreuzungen bringt.

Nummer d. Kreuzung	Tausendkorngewicht in g		
	Mutter	Vater	Bastard F_1
239	14,97	3,51	9,08
213	14,75	4,51	8,75
230	14,36	4,42	9,36
221	13,14	4,08	8,38
205	12,84	4,50	6,66
229	12,48	4,49	8,02
163	4,83	12,53	8,36
209	4,57	8,28	6,40
206	4,32	13,04	7,70

Man sieht deutlich, wie in der ersten Generation das Tausendkorngewicht ziemlich genau das arithmetische Mittel zwischen den Gewichten der Elternsamen einhält. Auf die in den folgenden Generationen eintretenden Aufspaltungsverhältnisse kann hier nicht weiter eingegangen werden.

Immunität gegen Pilzkrankheiten. Durch Beobachtungen im Zuchtgarten und Laboratorium läßt sich finden, daß reine Flachslinien gegenüber den pilzlichen Schädlingen eine verschiedene Resistenz zeigen. Wichtig und interessant ist insbesondere das Verhalten gegen die weitverbreiteten Pilzkrankheiten Leinrost (Melampsora lini), Flachswelke (Fusarium lini), Flachsanthraknose (Colletotrichum lini). A. W. Henry[1] fand für den Flachsrost bei Kreuzungen zwischen immunen und anfälligen Linien, daß die erste Bastardgeneration stets immun ist; in der zweiten Generation spaltete die Kreuzung Argentinier immun × Saginaw anfällig im Verhältnis 15 immun : 1 anfällig, während bei der Kreuzung Bombay immun × Winona anfällig einfache monohybride Spaltung auftrat[2]. Über Pilzresistenz vgl. weiterhin S. 199.

Vegetationsdauer. Im allgemeinen besitzt die Gruppe macrospermum (Öllein) eine längere Vegetationsdauer als die Gruppe microspermum (Faserlein), jedoch finden sich nach meinen Beobachtungen innerhalb beider Gruppen auch

[1] Inheritance of Immunity from Melampsora lini. Phytopathology Bd. 16, S. 87. 1926.

[2] Auch nach K. G. Renard (Ann. Weißruthen. Staatl. Akad. Ldw. Gorky Bd. 3, S. 64 bis 78. 1927) wird Unempfänglichkeit gegen Rost gut vererbt.

wieder Formen mit erblicher Früh-, Mittel- und Spätreife. Eine Korrelation zwischen Reifezeit und Blütenfarbe besteht nicht, obschon das in der Praxis manchmal angenommen wird. Der bekannte weißblühende Holländer Lein, der zu den später reifenden Typen gehört, stellt nur einen der vielen möglichen Fälle vor; ich habe z. B. andere weißblühende Sippen in Kultur, die durchaus früh reifen, andererseits violett blühende Faserleine, die extrem spät reifen. Über die Faktoren liegen m. W. noch keine Analysen vor.

Blütendauer. Die Flachsblüte gehört zu den Eintagsblüten (Ephemeriden) und zwar zu den diurnen, d. h. das Aufblühen findet während des Tages statt: bei sonnigem Wetter werden die Blütenblätter im Laufe der Vormittags- bis Mittagsstunden schon wieder abgeworfen. (Kühle bedeckte Witterung verzögert den Vorgang). Davon abweichend lassen sich aus indischen Ölleinen Typen isolieren, die ihre Blütenblätter nach dem Aufblühen längere Zeit behalten[1].

Farbe der Stengel und Laubblätter. Die Tönung des Grüns kann sehr verschieden sein, sei es durch den Chlorophyllgehalt selbst, sei es durch die Auflagerung äußerlicher Wachsschichten. Demgemäß gibt es erbliche Rassen mit hellgrünen, gelblichgrünen, graugrünen, dunkelgrünen und fast blaugrünen Blättern bzw. Stengeln. Nach meinen Beobachtungen kommen die dunkleren Formen und ebenso die sehr stark bewachsten Formen vorzugsweise in der Gruppe macrospermum (Ölleine) vor, während ich ausgesprochen hellgrüne Formen bisher nur in der Gruppe microspermum (Faserleine) gefunden habe. Außerdem kommen Rassen vor mit Anthozyangehalt, die im Hypokotyl, Stengel, Ansatzstellen der Laubblätter, Kelchblättern und heranreifenden Kapseln eine deutlich dunkelrote Färbung aufweisen. Derartige Rassen fand ich besonders unter türkischen und indischen Ölleinen. Nach N. Sylven[2] besteht eine vollständige Korrelation zwischen weißer Blüte mit gelben Antheren und dem Fehlen des Anthozyans im Hypokotyl der Keimpflanzen; bei allen Formen mit gefärbten Blüten sowie bei den Weißblühern mit blauen Antheren sollen die jungen Hypokotylen stets mehr oder weniger Anthozyan aufweisen.

Ölgehalt der Samen. Der prozentische Ölgehalt der Leinsaaten variiert ziemlich stark, etwa zwischen 32 bis 44%. Es gibt ölreiche und ölarme erbliche Rassen, doch spielen beim Ölgehalt und Ölqualität die äußeren Bedingungen (Düngung, Klima) eine Rolle, wie das aus verschiedenen Untersuchungen hervorgeht (Rabak 1918, Ivanoff 1926, Kayser 1925, Fabian 1928). Im allgemeinen ist die Gruppe microspermum ärmer, die Gruppe macrospermum reicher an Öl, ohne daß jedoch Ausnahmen fehlten.

Schon diese gedrängte und unvollständige Übersicht zeigt uns, daß nach unseren bisherigen Kenntnissen der Flachs aus sehr zahlreichen, genetisch verschiedenen Formen besteht. Der praktischen Züchtung steht somit ein reichhaltiges Material zur Verfügung, aus dem sie durch einfache Auslese oder durch Kombinationszüchtung Sorten schaffen kann, wie sie für Landwirtschaft und Industrie erwünscht sind.

16. Zuchtziele.

Wo es sich um die Züchtung reiner Ölleine handelt, liegen die Verhältnisse für den Züchter ziemlich einfach. Er braucht keine Rücksicht zu nehmen auf den Fasergehalt und die Faserqualität des Stengels, es handelt sich nur

[1] Howard, G. and Abdur Rahman Khan: Studies in indian Oilseeds. Mem. Dep. Agricult. India. — Solche Typen beobachtete ich gleichfalls bei einigen Ölleinen.

[2] Einige Spaltungszahlen bei Kreuzungen zwischen blau- und weißblühenden Varietäten von Linum usitatissimum. Hereditas Bd. 7, S. 75—101 1925/26..

darum, den Kornertrag zu steigern oder auch den Ölgehalt zu heben. Steigerung des Kornertrages kann erreicht werden durch Erhöhung der Kapselzahl pro Pflanze (Auslese kapselreicher Pflanzen), durch Erhöhung der Kornzahl pro Kapsel und durch Erhöhung des Samengewichtes (Auslese von Pflanzen mit hohem Tausendkorngewicht). Daneben werden naturgemäß weitere günstige Eigenschaften erwünscht sein, wie z. B. Resistenz gegen den Leinrostpilz oder sonstige Parasiten (Fusarium, Colletotrichum, Phlyctaena usw.).

Ganz andere Schwierigkeiten tauchen jedoch auf bei der Züchtung der Faserflächse. Hier wollen außer den landwirtschaftlichen Wünschen in der Hauptsache die Wünsche der Textilindustrie befriedigt sein, und das ist nicht ganz einfach, einmal weil die Zuchtziele dieser beiden Interessentenkreise sich aus gewissen Gründen nicht in allen Punkten decken, sodann weil Fasergehalt und Faserqualität Eigenschaften sind, die im Innern des Stengels verborgen liegen: sie geben sich erst nach einiger Zeit (längerer Versuchsanbau) und auf Grund bestimmter Prüfungsmethoden (industrielle Röste oder chemische Aufschließung) entscheidend zu erkennen. Dazu kommt vielfach noch die Unsicherheit der wirtschaftlichen Lage, der Rentabilität, die z. B. die Frage offen läßt, ob als erstrebenswertestes Zuchtziel die Schaffung von reinen Fasertypen mit viel Faser aber wenig Kornertrag zu gelten hat, oder ob man lieber Formen heranziehen soll, die bei mittlerem Faserertrag durch reiche Samenernte für den Anbauer nützlich sind. Sollte ferner die Kotonisierung der Flachsfaser zu wirklich praktischen Erfolgen führen, so könnte auch dies auf die Zuchtziele einigen Einfluß ausüben.

Betrachten wir zunächst die Züchtung des Leins vom rein landwirtschaftlichen Standpunkt aus, so liegt ein wichtiges Zuchtziel in der Steigerung des Feldertrages, der sich aus Strohanteil und Samenanteil zusammensetzt. Der Samenertrag kann ebenso wie bei den Ölleinen erhöht werden durch die drei Faktoren Kapselzahl pro Pflanze, Kornzahl pro Kapsel, Tausendkorngewicht der Saat. Freilich sind hier im Gegensatz zu den Ölleinen die Grenzen für den Züchter viel enger gezogen: nur die Steigerung der Kornzahl pro Kapsel läßt sich durch entsprechende Auslesen ohne weitere Beschränkungen durchführen, während die Bearbeitung der anderen beiden Faktoren nur vorsichtig gehandhabt werden kann. Je mehr wir die Kapselzahl und damit die Verzweigung der Pflanze erhöhen, ferner je stärker wir das Tausendkorngewicht steigern, desto mehr nähern wir uns der Gruppe der Ölleine mit ihren textiltechnisch unerwünschten Eigenschaften, wie das am Anfang unseres Buches gezeigt wurde. Abfall des Fasergehaltes, Verminderung der Faserqualität durch Verholzung und technisch ungünstige Verzweigung (Verminderung der absoluten und relativen Stengellänge) setzen hier der Auslese Schranken. Etwas besser ist nach meinen Erfahrungen der Weg gangbar, wenn man zur Kombinationszüchtung schreitet; hier hat man es in der Hand, sich aus den vielen Typen, die aus den Kreuzungen herausspalten, geeignete Formen nach Wunsch auszuwählen, und man wird vielfach Typen finden, die mit starker, aber hoch ansetzender Verästelung oberwärts sowie mit ansehnlichem Tausendkorngewicht eine noch brauchbare Faserausbeute vereinigen.

Steigerung des Strohertrages läßt sich erreichen durch Erhöhung der Stengellänge und Stengeldicke sowie durch Stengel, die innerlich relativ massiv gebaut sind, d. h. auch im reifen Zustand einen nur verschwindend kleinen zentralen Luftgang führen. Da letztere Eigenschaft jedoch nach meinen Untersuchungen auf erhöhter Ausbildung des Holzkörpers beruht, somit die Faserprozente stark herabsetzt, ist sie als ungünstig zu betrachten; eine gewisse Stärke muß der Holzkörper naturgemäß besitzen, da anderenfalls die Stengel zu schwach werden und zum Lagern neigen. Ähnlich liegen die Verhältnisse für die Stengeldicke. Kräftig dicke Stengel erhöhen zwar Gewichtsertrag und Lagerfestigkeit, setzen dafür aber die Faserprozente und oft auch die Faserqualität herab. Bezüglich der Stengellänge zeigt sich, daß durch Auslese unschwer Formen erzielt werden können, die unter normalen Wachstumsbedingungen alle gewünschten Größenklassen von 60—80—100—120—130 cm innehalten. Jedoch auch hier wird man aus guten Gründen die extremen Formen vermeiden, da bei übermäßig langen Stengeln die Lagergefahr wächst. Jedenfalls läßt sich die Steigerung des Strohertrages durch Erhöhung der Stengellänge noch am besten durchführen und erbringt im Vergleich mit unausgeglichenen Saatherkünften schöne Erfolge.

Eine weitere Gruppe von landwirtschaftlichen Zuchtzielen können wir unter dem Ausdruck „Steigerung der Ertragssicherheit" zusammenfassen. Es wird dem Flachs bekanntlich oft vorgeworfen, daß er in puncto Ertragssicherheit anderen Feldfrüchten nachsteht. Insbesondere wird das Lagern des Flachses gefürchtet, das ja Ertrag und Qualität bis zur Vernichtung schädigen kann. Ich habe an anderer Stelle[1] eine Übersicht über die Faktoren gegeben, die zum Lagern führen können. Soweit nicht falsche Kulturmaßnahmen in Betracht kommen, sind es zwei Umstände, die Lagern bedingen und die der Hand des Züchters zugänglich sind: einmal ungenügende Ausbildung der Festigkeitselemente im Stengel, sodann die Empfänglichkeit für pilzliche Krankheiten. Durch vergleichende Feldversuche wird man in niederschlagsreichen Jahren die verschiedene Standfestigkeit der Zuchtstämme erproben können und auch durch anatomische Untersuchungen bestätigt finden. Daß allzu große Stengellänge in Hinsicht auf das Lagern bedenklich ist, wurde eben schon gesagt; wo standfeste Sorten für rauhe, wind- und regenreiche Gebirgslagen geschaffen werden sollen, wird sich sogar die Auslese von kürzeren Typen empfehlen, etwa 60 bis 70 cm lang. Auch die Bedeutung der Stengeldicke war eben schon erwähnt worden, man wird sich freilich hüten müssen vor einseitiger Züchtung auf Lagerfestigkeit, da das letzten Endes auf Kosten der Faser geht, wofür mir Beispiele bekannt sind. Die pilzlichen Krankheiten disponieren durch Schwächung der Stengel die Pflanzen für das Lagern, Fusarium, Colletotrichum und andre können direkt als Fußkrankheiten auftreten, so daß die Stengel leicht knicken oder sogar brechen. Wie die Erfahrung zeigt, lassen sich pilzresistente Stämme heranziehen. Die Pilzparasiten können weiterhin auch standfeste Sorten befallen und den Ertrag wie auch die Qualität der Ernte bis zur Vernichtung bringen. Resistenz gegen Pilze ist demnach ein wichtiges Zuchtziel und vermag die Ertragssicherheit gut zu fördern, wie das z. B. der Anbau der resistenten Flachssorten in Nordamerika zeigt. Insbesondere wäre die Züchtung von Stämmen, die gegen Melampsora (Leinrost), Fusarium, Colletotrichum und Phoma resistent sind, anzustreben.

Noch in einer dritten Richtung können sich die landwirtschaftlichen Zuchtziele bewegen. Aus betriebswirtschaftlichen Gründen ist es für viele Anbauer erwünscht, daß die Ernte des Leins vor die des Roggens fällt. Zuchtziel wird also eine möglichste Frühreife des Leins sein. Diese kommt ferner für solche Anbaugebiete in Betracht, wo der Flachs im Mai oder Juni als „Spätlein" ausgesät wird. Wie wir vorher geschildert haben, finden sich beim Flachs erbliche Formen, die sich in der Vegetationsdauer deutlich unterscheiden, auch hier kann also der Züchter eingreifen und ausgesprochen frühreife Stämme erzeugen. In klimatischer Hinsicht könnte der Wunsch nach Stämmen laut werden, die

[1] Schilling: Die Krankheiten und Beschädigungen des Flachses S. 123—132. In Tobler: Der Flachs als Faser- und Ölpflanze. Berlin 1928.

im Keimlingsstadium stärkere Fröste ohne Schaden aushalten; auch diese Forderung ließe sich erfüllen. Ob es dagegen der Züchtung gelingen kann Faserstämme zu schaffen, die noch in notorischen Trockengebieten wirtschaftlich befriedigende Ernten bringen, muß als sehr zweifelhaft betrachtet werden, während es für Ölleine durchaus bejaht werden kann. Gerade die echten Faserleine brauchen, wie vorher auseinandergesetzt wurde, genügend Boden- und Luftfeuchtigkeit; in Gebieten mit ausgesprochen trockenem Frühjahr und Frühsommer wird sich deshalb auch durch Züchtung der Faserlein wohl nicht durchsetzen können, eher vielleicht Zwischentypen aus Kreuzungen zwischen Öl- und Faserflächsen. Sehr interessant ist die Frage, ob die Züchtung von Leinsorten möglich ist, die mit sich selbst verträglich sind, d. h. die ständig auf demselben Feld ohne Fruchtwechsel gebaut werden können. Der Flachs ist bekanntlich mit sich selbst unverträglich und kehrt in der Praxis meistens erst nach 7 bis 10 bis 15 Jahren wieder auf das Feld zurück. Die Frage ist zwar heute noch ohne praktische Bedeutung, könnte aber doch später für bestimmte Gebiete akut werden. Nach meinen Erfahrungen läßt sich das Zuchtziel erreichen (vgl. Abb. 80 u. 81), und neuerdings berichtet Boerger[1] über ewigen Flachsbau mit Ölleinen aus Südamerika.

Den landwirtschaftlichen Wünschen stehen die fasertechnischen Zuchtziele gegenüber. Für die Textilindustrie ist die Ertragshöhe an Leinsaat ganz nebensächlich, ihr kommt es lediglich auf die äußeren und noch mehr auf die inneren technologischen Eigenschaften des Stengels an. Es bestehen hier also gewisse Gegensätzlichkeiten, die durch Kompromisse in der Züchtung gemildert werden können, die sich noch besser beseitigen ließen, wenn die Industrie (Röstanstalten) sich dazu entschließen könnte, die Flachsernte nach Faserausbeute zu bewerten und zu bezahlen, ähnlich wie Kartoffeln nach Stärke- oder Rüben nach Zuckerprozenten eingeschätzt werden. Für Züchter und Landwirt wäre eine Höherbewertung nach Faserprozenten und Faserqualität zweifelsohne ein guter Ansporn zur Erzeugung von Qualitätsflächsen. Die Bestrebungen hierzu sind jedoch nicht durchgedrungen, und so zahlt die Industrie weiterhin nach Gewicht und den äußerlichen Qualitätsmerkmalen, wie sie in Kap. 5 geschildert wurden.

Zuchtziele in industrieller Hinsicht sind: genügende Stengellänge, hochansetzende spärliche Verästelung im oberen Stengelteil, Fehlen jeglicher Verzweigung an der Stengelbasis, feine bis mittlere Stengeldicke, dabei von möglichster Gleichmäßigkeit, gute gleichmäßige Reife, Lagerfreiheit, Freiheit von Krankheiten; dazu treten ferner als ausschlaggebend noch möglichst hoher Fasergehalt, größte Ausbeute an hochwertiger Langspinnfaser, geringer Werganteil. Betrachten wir zunächst kurz diejenigen Zuchtziele, die sich durch die äußeren Merkmale des Stengels zu erkennen geben. Genügende Pflanzenhöhe läßt sich durch Züchtung, wie schon gesagt wurde, unschwer erreichen. So wie allzu große Höhe landwirtschaftlich wegen der Lagergefahr bedenklich ist, so ist sie auch für die industriellen Ziele durchaus nicht das Haupterfordernis, da das Hantieren und die Verarbeitung von extrem langem Flachsstroh bzw. Fasern im Betriebe zu Unzuträglichkeiten führen kann. Andererseits sind natürlich kurze Pflanzen nicht erwünscht. Flachspflanzen mit einer gleichmäßigen Länge von etwa 80 bis 100 cm sind im Durchschnitt als erstrebenswert zu betrachten. Bezüglich der Stengeldicke sind für die meisten Zwecke der Langfasergewinnung Dicken von etwa 1,3 bis 1,7 mm angebracht; sehr dicke Stengel (über 2 mm) oder sehr dünne (unter 1 mm) sind als ungünstig anzusehen. Wenn für manche Zwecke, z. B. Segeltuchherstellung, eine feste, etwas gröbere Faser gebraucht

[1] Faserforsch. Bd. 7, S. 177—189. 1929.

wird, so können die Stengel entsprechend dicker sein, etwa 1,5 bis 2 mm. Die Aussaat- und Standdichte muß bei der Züchtung auf Stengeldicke genau beachtet werden. Für die Grundverzweigung gilt, daß sie ganz ungünstig ist; Pflanzen aus dem Formenkreise multicaule sind demnach ohne weiteres auszumerzen. Bezüglich der oberen Verästelung stehen sich landwirtschaftliche und industrielle Zuchtziele gegenüber: Erhöhung der Ästezahl steigert den Samenertrag, ist jedoch technologisch ungünstig, da die Fasern der Seitenäste den Werganteil erhöhen. Das Ideal für die Faserindustrie sind eigentlich unverästelte, einkapslige Flachspflanzen, womit den Landwirten, die auf Kornertrag Wert legen müssen, natürlich nicht gedient ist. Für die Industrie kommt demnach der Formenkreis ramosum in Betracht, innerhalb dessen sich Pflanzen, die im Feldbestand durchschnittlich nur 2, 3, 4 bis etwa 7 bis 8 Kapseln zeigen, sehr gut finden lassen. Nach meinen Erfahrungen neigen allerdings die ganz kapselarmen Typen[1] (zweikapslig) öfters zu allzu großer Zartheit, so daß sie recht anfällig gegen Witterungseinflüsse sind. Wichtig ist ferner die Art, wie die Verästelung am Stengel ansetzt. Um die technologisch wertvolle Stengellänge zu vergrößern, soll die Verästelung möglichst hoch oben ansetzen, das Ideal wäre etwa eine doldenähnliche Verästelungsart, wie sie die Umbelliferen aufweisen. Derartige Typen konnte ich aus russischen Herkünften nicht isolieren, erhielt sie aber aus Kreuzungen zwischen entsprechenden Ölleinen mit hohen Faserflächsen. Ungünstige Typen mit ziemlich tief ansetzender Verästelung sind gerade unter den russischen Herkünften nicht selten. Wo Wert auf Fasertypen mit relativ hoher Kapselzahl (Stroh/Samentyp nach Weck) gelegt wird, kann man an die Verästelung die Anforderungen nicht so streng stellen. Gleichmäßige Reife läßt sich durch Ausmerzung abweichender Formen gut erreichen; dabei sei darauf hingewiesen, daß es Typen gibt, die zwar gleichmäßig reifen, aber die Neigung haben trotz fast totreifer Kapseln noch sehr lange Zeit stark dunkelgrüne Stengel zu behalten. Für die Röste sind derartige Formen unerwünscht, die Stengel sollen im Raufstadium ja die bekannte grünlichgelbe Färbung zeigen. Auf die Bedeutung der Lagerfestigkeit und Pilzresistenz ist eben schon eingegangen worden, sie sind für Industrie und Landwirtschaft in gleicher Weise erwünscht, für die Industrie deshalb, weil Lagerstroh unrentabel in der Ernte und Verarbeitung ist und durchaus minderwertige Faser liefert. Durch starken Pilzbefall kann ebenfalls die Faser beträchtlich entwertet oder sogar unbrauchbar werden.

Von ausschlaggebender Bedeutung sind dann weiterhin die Zuchtziele: die Erhöhung des Fasergehaltes und die Verbesserung der Faserqualität. Beide Eigenschaften sind anatomisch, letztere auch noch chemisch bedingt, wie das vorher in Kap. 6 und 8 ausgeführt worden ist. Äußerlich geben sie sich nicht zu erkennen, ich weiß aus eigener Erfahrung, daß Flachsstämme, die äußerlich einen tadellosen Eindruck, auch auf berufliche Flachsaufkäufer machten, bei der praktischen Fasererprobung gründlich enttäuschten. Hier hilft nur mehrjähriger feldmäßiger Vergleichsanbau mit anschließender Röste, Schwingen und Hecheln. Um faserärmere Linien möglichst frühzeitig von der Kultur auszuschließen, kann man, sobald Stengel aus Dichtsaat vorliegen, anatomische Prüfung einschieben oder auch den Fasergehalt auf chemischem Wege durch Aufschließung mit Alkalien bestimmen (vgl. später). Die praktische Zuchterfahrung zeigt nun jedenfalls, daß sich das Ziel der Fasergehaltserhöhung wirklich erreichen läßt. Freilich bleibt gerade hierbei, und ebenso bei der Steigerung der Qualität, noch viel zu tun, da die Flachszüchtung noch recht jung ist. Die äußeren Wachstumsbedingungen, wie Düngung, Wasserversorgung, Stand-

[1] Sie dürfen natürlich nicht mit kapselarmen Hungerpflanzen, die nur phänotypisch kapselarm sind, verwechselt werden.

dichte und Feldpflege spielen ebenfalls stark mit und können die Bewertung sehr erschweren, worauf schon vorher hingewiesen wurde.

Alles in allem zeigt sich, daß die Zuchtziele, mit denen der Landwirtschaft und Textilindustrie gedient ist, sich auch verwirklichen lassen. Der Flachs als Art betrachtet ist so polymorph, so reich an den verschiedensten erblichen Formen, daß bei systematischer Züchtung, wenn sie auch wegen der ziemlich geringen Samenproduktion der Einzelpflanze etwas langsam geht, die gestellten Aufgaben mit Sicherheit zu lösen sind. Und von einer gründlichen Durchzüchtung der Pflanze kann man sich auch Anregung und Förderung für den Flachsbau selbst versprechen, neben den wissenschaftlich interessanten Ergebnissen.

17. Praktische Züchtung.

Zuchtgelände.

Bei der Auswahl des Zuchtgeländes ist zu beachten, daß der Lein mit sich selber unverträglich ist, man darf ihn frühestens nach 6 bis 7 Jahren wieder auf das gleiche Feldstück bringen. In einem festen Zuchtgarten könnte demnach jährlich nur etwa $^1/_7$ der Gesamtfläche mit Flachs bestellt werden; nach eigenen Erfahrungen kann früheres Einschieben in die Fruchtfolge wohl einmal ohne Nachteil verlaufen, doch stellt sich bald Bodenmüdigkeit ein. Ständige Flachskultur auf dem gleichen Feldstück ist nur dann angebracht, wenn Züchtung auf

Abb. 77. Sorauer Zuchtgarten Nr. III, Kreuzungsquartier. Trennung der Stämme durch Sommerweizen.

Immunität gegen die Pilze Fusarium, Colletotrichum, Phoma usw. betrieben werden soll (vgl. Abb. 80/81). Feste Zuchtgärten von kleineren Ausmaßen haben auch den Nachteil, daß sich der Flachserdfloh ständig vorfindet, manchmal so stark, daß die Kultur der Elitepflanzen fast unmöglich wird. Als Schutzmittel kann man Streupulver (Eklatin bewährte sich in Sorau gut) anwenden oder die Käfer durch Klebefahnen wegfangen; ständiges Feuchthalten der Kulturen, auch wiederholtes Begießen mit 2%iger Karbollösung vermindert gleichfalls den Befall[1]. Wo Vogelfraß (Spatzen, Finken) zu befürchten ist, sind die Elitekulturen zweckmäßig durch Netz- oder Drahtkäfige zu schützen. Bei der

[1] Bredemann in Faserforsch. Bd. 3. S. 176—177. 1923.

Auswahl des Bodens ist daran zu denken, daß schwach alkalische bis neutrale Reaktion vorzuziehen ist, während ausgesprochen saure Reaktion ungünstig wirkt; im übrigen wird man extrem leichte bzw. schwere Böden vermeiden. Ausdrücklich geschützte Lagen kommen wohl nur für die Anzucht der ersten Eliten in Frage, für die vergleichenden Feldversuche sind im Gegenteil wegen der Erprobung der Lagerfestigkeit solche Gelände vorzuziehen, die den Witterungseinflüssen richtig ausgesetzt sind. Bewässerungsmöglichkeit kann für die erste Anzucht, besonders der Kreuzungen, erwünscht sein.

Zur Abgrenzung der einzelnen Stämme voneinander, zur Vermeidung von Saatvermischung und Abwehr der Übertragung evtl. Lagerns empfiehlt sich Zwischensaat einiger Reihen einer anderen Feldfrucht (Lupinen, Sommerweizen usw.). Um eine Vermischung der Blütenfarbe durch Fremdbestäubung zu ver-

Abb. 78. Sorauer Zuchtgarten Nr. II. Links großblütige Ölleine, rechts Faserleine.

ringern, kann man ferner die Stämme gesondert nach Blütenfarben (blau, weiß, violett, rosa) oder nach sonstigen Merkmalen (Fasertypen, Öltypen, Zwischenformen) in getrennten Quartieren anbauen. Wo mit absoluter Sicherheit eine Fremdbestäubung verhindert werden soll, können Schutzsäckchen aus Gaze oder Pergamin verwendet werden; Ansatz und Reife leidet dadurch praktisch nicht. Wertvolle Stämme, die rein erhalten werden sollen, vermehrt man zweckmäßig allein für sich an anderen Orten.

Auslesezüchtung.

Hierbei geht man so vor, daß man aus dem Feldbestand einer angebauten Herkunft (Rigaer, Pernauer, Pskower usw.) eine größere Zahl geeigneter Elitepflanzen auswählt, entweder in der Reife, oder falls die Blütenfarbe eine Rolle spielt, dann schon während der Blüte. Die Auswahl richtet sich nach den Gesichtspunkten, die man verfolgen will, also etwa nach Pflanzenhöhe, Kapselbesatz, Art der Verzweigung usw. Ob man schon gleich alle diese Ausgangspflanzen im Laboratorium genauer ausmißt und analysiert, steht im Belieben des Züchters; ich ziehe es vor, in der Tat alle Stammpflanzen von Anfang an zu analysieren. Die Samen dieser Pflanzen werden im nächsten Jahr, jede getrennt für sich, ausgesät. Um bei diesen einjährigen Eliten eine möglichst große Samenproduktion zu erhalten, werden sie weitläufig ausgesät, z. B. in 20 cm Reihenabstand und 5 bis 10 cm Pflanzenabstand. Viel bessere Erfolge erzielt man, wenn man Topfaussaaten macht, die dann später ausgepflanzt werden, die Samenbildung ist dann manchmal erstaunlich groß. Genauere Feststellungen lassen sich an der Ernte dieser weitläufig gebauten Vermehrungspflanzen kaum machen. Je nach der Menge der Kornernte wird dann im zweiten und dritten Jahr der Vermehrungsanbau fortgesetzt; ist genügend Saat vorhanden, so kann schon im

Abb. 79. Sortenprüfung in Sorau. Links lagerfester Zuchtstamm, rechts lageranfälliger.

dritten Jahr feldmäßig dichte Aussaat in wiederholten kleinen Parzellen folgen. Z. B. kann man Vergleichsversuche in Schachbrettform anlegen, wobei alle Quadratstücke, die etwa den weißen Feldern des Schachbrettes entsprechen, einheitlich mit einer Vergleichssorte (Herkunft oder fremde Züchtung) besät werden, während auf die anderen Stücke dazwischen die zu prüfenden Zuchtlinien kommen. Dabei wird man auf dem Felde nach Reifezeit, Standfestigkeit usw. bonitieren, dann später im Laboratorium Ertragsgewichte von Stroh und Korn feststellen sowie sonstige Messungen (Pflanzenhöhe, Stengellänge, Kapselzahl, Stengeldicke usw.) vornehmen. Man kann ferner schon mit Prüfung des Fasergehaltes beginnen, Gleichmäßigkeit des Materiales ist natürlich Voraussetzung. Entweder benutzt man eine rein chemische Aufschließung mit Alkalien, z. B. Kochen mit 1 bis 2%iger Natronlauge, Spülen mit Wasser und Entfernung der Holz- und Rindenteile, dann nochmaliges Kochen mit etwa 1,5%iger Lauge, Säuberung der Fasermasse, Trockengewichtsbestimmung bei 105° C[1]. Man

[1] Vgl. Bredemann in Faserforsch. Bd. 2, S. 239—258. 1922.

erhält auf diese Weise den reinen Fasergehalt und kann faserärmere Linien ausschalten; über die Faserqualität können natürlich so keine Aussagen gemacht werden. Die auf chemische Weise gewonnenen Fasergehalte sind stets geringer als die der industriellen Röste, weil im praktischen Röstbetrieb die erhaltene Schwungfaser noch mehr oder weniger mit anhaftenden Rindenteilen oder auch Holzteilchen (Scheben) verunreinigt ist, die das Fasergewicht erhöhen. Will man die chemisch erhaltene Reinfaser in Vergleich setzen, so muß man demgemäß einen „Korrektionsfaktor" einsetzen, den Bredemann mit 1,25 angibt (16% Reinfaser würden demnach $16 \times 1{,}25 = 20\%$ technischer Faser entsprechen). Andererseits kann man sich auch einer regelrechten biologischen Röste bedienen und das Material bis zum Schwung- bzw. Hechelflachs verarbeiten, sofern die Einrichtungen dafür vorhanden sind. Für die endgültige Bewertung der Zuchtstämme in den folgenden Jahren ist die Bestimmung des Fasergehaltes und der Qualität durch Röste, Schwingen und Hecheln nötig. Zur Bestimmung der mittleren Stengeldicke kann das von R. Weck[1] eingeführte Schnellverfahren herangezogen werden: Aus 100 Stengeln schneidet man etwa 10 cm lange Stücke heraus, die der Stengelmitte entsprechen, dann wird das so erhaltene Bündelchen in der Mitte mit einem Bindfaden unter leichtem Druck, ohne die Stengel plattzudrücken, umschnürt und der Umfang des Bündels dicht neben der Schnürstelle gemessen. Nach der folgenden von Weck ausgearbeiteten Tabelle kann dann der mittlere Stengeldurchmesser der 100 Pflanzen direkt abgelesen werden.

Tabelle 46.
Schnellbestimmung des mittleren Stengeldurchmessers. Nach R. Weck.

Umfang des 100er-Bündels mm	Stengel-durchmesser mm	Umfang des 100er-Bündels mm	Stengel-durchmesser mm	Umfang des 100er-Bündels mm	Stengel-durchmesser mm
41	1,09	56	1,495	71	1,895
42	1,12	57	1,52	72	1,92
43	1,15	58	1,55	73	1,95
44	1,175	59	1,575	74	1,975
45	1,20	60	1,60	75	2,00
46	1,23	61	1,63	76	2,03
47	1,255	62	1,655	77	2,055
48	1,28	63	1,68	78	2,08
49	1,31	64	1,71	79	2,11
50	1,335	65	1,735	80	2,136
51	1,36	66	1,76	81	2,16
52	1,39	67	1,79	82	2,19
53	1,415	68	1,815	83	2,21
54	1,44	69	1,84	84	2,24
55	1,47	70	1,87	85	2,27

Derselbe Autor[2] hat ferner ein Verfahren ausgearbeitet, wonach man durch Absiebung kurzer Stengelstückchen (etwa 2 cm lang, aus der Stengelmitte herausgeschnitten) mittels Schlitzsieben die Stengel der Zuchtlinien in einzelne Dickenklassen zerlegen kann; die Bestimmung der Gleichmäßigkeit der Stengeldicke (Variationsbreite) kann bei der Züchtung gute Hilfe leisten, da ja, wie früher geschildert, möglichste Gleichmäßigkeit vom technologischen Standpunkt aus erwünscht ist. Über die Beziehungen zwischen Stengeldicke und Stengellänge sowie über einige andere Korrelationen ist ebenfalls schon früher berichtet worden.

[1] Faserforsch. Bd. 5, S. 193—195. 1926.
[2] Ermittlungen am Flachsstengel. Faserforsch. Bd. 8, S. 45—49. 1929.

Nachdem man auf diese Weise zu einer Auswahl von guten Zuchtauslesen gekommen ist, wird man die vergleichenden Stammesprüfungen in größerem Maßstab jährlich wiederholen, auch durch entsprechende Begleitversuche mit Änderungen in Aussaatstärke (Kornzahl pro m², Drillweite), Aussaatzeit, Düngung, Bodenqualität usw. die jeweils geeignetsten Kulturbedingungen herauszufinden suchen. Der beste der Stämme kann dann schließlich in große Vermehrung genommen und in den Handel gebracht werden, meistens nach „Anerkennung" durch einschlägige Organisationen (Deutsche Landwirtschaftsgesellschaft, Landwirtschaftskammern). Hat man sich auf den einen oder anderen Zuchtstamm festgelegt, so wird man durch jährliche Elitepflanzenentnahme aus der Stammzucht dafür sorgen, daß die wertvollen Eigenschaften des Stammes erhalten bleiben, man wird eventuelle Fremdbefruchter oder auch Mutationen ausscheiden bzw. weiter prüfen. Wenn gleichzeitig Züchtung auf erhöhten Ölgehalt der Samen betrieben wird, sind die Samen der verschiedenen Zuchtlinien jeweils auf Ölgehalt zu prüfen, wofür verschiedene Methoden zur Verfügung stehen[1].

Abb. 80. Züchtung auf Pilzresistenz in Sorau. Rechts ein resistenter Stamm, links drei anfällige Stämme. Stark anfällige Stämme nicht abgebildet, da sie total vernichtet waren.

Die Züchtung auf Pilzresistenz gestaltet sich dort noch am einfachsten, wo der betreffende Pilz, z. B. der Rost (Melampsora lini), spontan ständig vorkommt. Hier kann Nebeneinanderbau verschiedener Zuchtlinien genügen, um anfällige Sorten auszuscheiden. Für diesen Zweck ist gerade beim Rostpilz späte Aussaat der Flachslinien vorteilhaft, da sich der Pilz erst in der späteren Jahreszeit entwickelt. Zum Beispiel finden sich innerhalb der bekannten, später reifenden Herkunftssorte „weißblühender Holländer Lein" anfällige und

[1] Vgl. z. B. Großfeld in Z. Unters. Nahrgsmitt. usw. Bd. 44, S. 193—203. 1922 u. S. 147—152. 1923 (Extraktion mit Trichloräthylen). — Coleman und Fellows in U. S. Dept. Agricult. Bur. Agricult. Econ. Grain Invest. Publ. Nr. 33, Washington 1925, und U. S. Dept. of Agricult. Bull. 1471, Washington 1927 (Bestimmung durch Refraktometer). — Fabian, H.: Faserforsch. Bd. 7, S. 98ff. 1928.

resistente Genotypen. Durch Ausstreuen von teleutosporenhaltigen Flachsteilen (Stengel, Blätter, Kapselreste) kann man absichtlich die Infektionsgefahr herbeiführen. Wo jedoch das Auftreten des Pilzes unsicher ist, wird man zu künstlichen Infektionen greifen müssen; hierfür sind dann Spezialkenntnisse des Pilzes und seiner Kulturmöglichkeiten erwünscht[1].

Ein bequemerer und von mir angewandter Weg besteht darin, daß man sich ein „ewiges“ Flachsfeldstück anlegt, d. h. ein bestimmtes Feld Jahr für Jahr ständig mit Lein bestellt; trotz Düngung und sonstiger pfleglicher Behandlung des Ackers wird dann die bekannte Bodenmüdigkeit auftreten, nach Kletschetows, meinen und anderen Untersuchungen verursacht durch die Anhäufung der schädlichen Pilze im Boden (Fusarium, Colletotrichum, Phoma,

Abb. 81. Ewiges Flachsfeld in Sorau. Links resistenter Stamm, rechts anfälliger Stamm (sonst hochwertig).

Cladosporium, Alternaria, Polyspora usw.). Baut man nun irgendeine Herkunft, an, etwa Rigaer Importsaat, so wird der Flachsacker im ganzen betrachtet eine völlige Mißernte geben, bei genauerer Untersuchung kann man jedoch stets einige Pflanzen finden, die einen gesunden normalen Eindruck machen. Diese werden dann als Eliten genommen, und man kann durch jahrelange Auslese auf „Gesund“ nach meinen Erfahrungen zu sehr resistenten Stämmen kommen. Setzt man derartige Stämme auf dem ewigen Feld in Konkurrenzanbau mit anderen guten Stämmen, die jedoch im normalen Zuchtgarten gewonnen wurden, so können erstere volle Erträge geben, während letztere einfach verschwinden; schon bei der Keimung zeigen sich eklatante Unterschiede.

Kombinationszüchtung.

Die technische Durchführung der Kombinationszüchtung ist im allgemeinen nicht schwieriger als die Auslesezüchtung, wohl aber langwieriger. Welche gene-

[1] Vgl. Schilling: Die Krankheiten und Beschädigungen des Flachses (1928) und die dort angeführte Spezialliteratur.

tischen Faktoren und Zuchtziele in Frage kommen, ist bereits in den vorangehenden Kapiteln berührt worden. Die verschiedenen Formen des Leins lassen sich leicht miteinander bastardieren, der Samenansatz in den Kreuzungskapseln ist gut. Bei der künstlichen Befruchtung kann man so vorgehen, daß man früh morgens (4 bis 6 Uhr) Blütenknospen auswählt, die sich im Laufe des Tages voll öffnen würden. Man kastriert nach Entfernung der Blütenblätter mit einer geeigneten kleinen Schere alle fünf Staubgefäße und überzeugt sich mittels einer starken Lupe, daß die verbleibenden Narben wirklich frei von jeglichem Pollen sind. Darauf bringt man mit Hilfe einer Pinzette die Staubgefäße der Vaterpflanze an die Narben und verreibt den Pollen sacht auf die Narben. Man kann zur Pollenübertragung auch einen kleinen Pinsel u. dgl. verwenden, doch ziehe ich erstere Methode als sicherer vor. Ebenso kann man nach dem Vorschlage von Fruwirth[1] die Kastrierung der Knospen schon am Abend vorher ausführen. Die geernteten Samen werden dann ausgesät, zweckmäßig zunächst in Töpfe, später auf das Feld ausgepflanzt, um Verluste durch Erdflohfraß, Hagel usw. zu vermeiden. In bestimmten Fällen kann ich empfehlen, die erste Kreuzungsgeneration rechts und links von Vater- und Mutterpflanzen, genauer gesagt von Geschwisterpflanzen, zu umgeben, da man auf diese Weise den Erfolg der Kreuzung gut sehen kann (Abb. 82); die Vergleichspflanzen müssen dann natürlich ebenso wie die Kreuzungspflanzen behandelt sein (Topfaussaat usw.). Parthenogenetischer Samenansatz kommt vor; bei naßkaltem Wetter wird das Gelingen der Kreuzung in Frage gestellt.

Abb. 82. Kreuzung zwischen Öllein und Faserlein.

1 = Mutter (Öllein), *2* = erste Kreuzungsgeneration, *3* = Vater (Faserlein). Jedesmal vier Pflanzen abgebildet.

Im allgemeinen wird man die Kreuzung in den folgenden Generationen einfach weiter vermehren, ohne frühzeitig aus dem Aufspaltungsgemisch Auslesen vorzunehmen; man wird diese „Ramschaussaat" bis etwa in die siebente Generation fortsetzen, da dann die Wahrscheinlichkeit, homozygotische Auslesepflanzen zu treffen, viel größer ist. Bei der dann erfolgenden Auslese spielen natür-

[1] Die Züchtung der landw. Kulturpflanzen.

lich sowohl die äußeren Merkmale wie auch Gefühl und Erfahrung des Züchters sowie die Kenntnis der Vererbungsvorgänge ihre Rolle. Die Einzel- oder auch Massenauslesen werden dann weiterhin so behandelt, wie das für die einfache Auslesezüchtung geschildert wurde. Davon abweichend kann für bestimmte Gesichtspunkte auch schon frühzeitige Auslese in Betracht kommen, worüber die Spezialliteratur Auskunft gibt; insbesondere sei noch einmal auf die zahlreichen genetischen Arbeiten von Tine Tammes aufmerksam gemacht. Die Formen Springlein und Winterlein lassen sich gleichfalls ohne Schwierigkeit mit Faser- und Ölleinen kreuzen, ebenso läßt sich die Artkreuzung Linum angustifolium × Linum usitatissimum gut durchführen. Über sonstige Artkreuzungen hat Laibach[1] interessante Versuche angestellt. Ob derartigen Kreuzungen ein praktischer Wert zukommt, sei dahingestellt; beachtenswert wäre beim Springlein seine große Frühreife, beim Winterlein seine relative Frostbeständigkeit, die die Möglichkeit der Herbstaussaat lokal gestattet. Die Bastarde aus Kreuzungen zwischen echten Faserleinen und typischen Ölflächsen zeichnen sich nach meinen Erfahrungen u. a. durch eine teilweise überraschende Frohwüchsigkeit aus, die zu sehr hohen Felderträgen führt. Feststellung der Faserqualität und des Fasergehaltes sind bei solchen Kreuzungen naturgemäß langwierig, da aus einer einzigen Kreuzung bereits sehr viele Varianten hervorgehen, die zu prüfen sind. Enttäuschungen bleiben gerade hier nicht aus, eine technologisch erstklassige äußere Erscheinung kann mit absoluter Minderwertigkeit der inneren Faser verbunden sein. Das ist eine Mahnung, daß man zum mindesten in diesen Fällen den Korrelationen zwischen äußeren Merkmalen und inneren Eigenschaften nicht eine übertriebene Bedeutung zumessen soll[2]. Auch fast alle in der freien Natur vorkommenden „Zwischentypen“ — sie sind m. E. als spontane Kreuzungen aufzufassen — entpuppen sich bei Durchzüchtung als „Blender“, indem ihre Faser keineswegs dem günstigen Äußeren (Pflanzenhöhe bis 90 cm, ideale Verästelung!) entspricht. Vorläufig scheint es noch so, als ob die beiden Merkmale „hohes Tausendkorngewicht“ und „gute Faser“

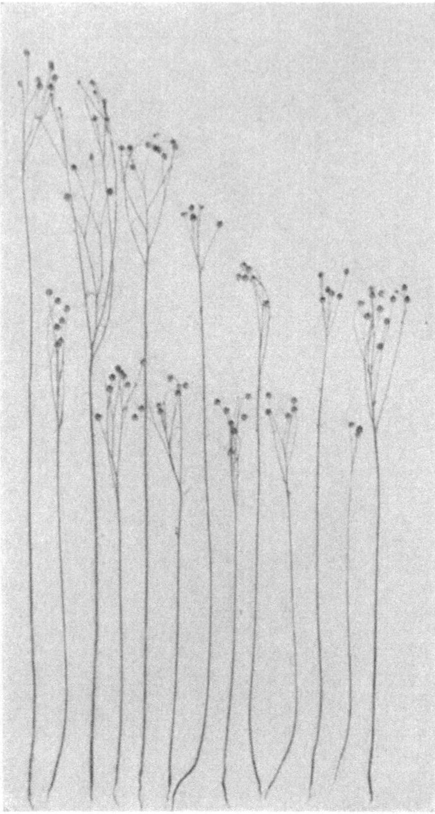

Abb. 83. Einige Typen aus der vierten Generation einer Kreuzung zwischen Holländer Faserlein und Marokkaner Öllein (Sorauer Kreuzung Nr. 163). Aufspaltung in Pflanzenlänge, Verzweigung, Kapselzahl, Kapselgröße, Samengewicht usw.

[1] Das Taubwerden von Bastardsamen und die künstliche Aufzucht für absterbende Bastardembryonen. Z. Bot. Bd. 17, S. 417—459. 1925.

[2] Vgl. hierzu auch die skeptische Beurteilung der Korrelationen durch N. Matweew (1928).

sich gegenseitig ausschließen, doch halte ich es nicht für unmöglich, daß sich auch Korrelationsbrecber finden lassen. Auf weitere Einzelheiten der Flachszüchtung kann hier aus Platzgründen nicht eingegangen werden, es muß auf die Spezialliteratur hingewiesen werden.

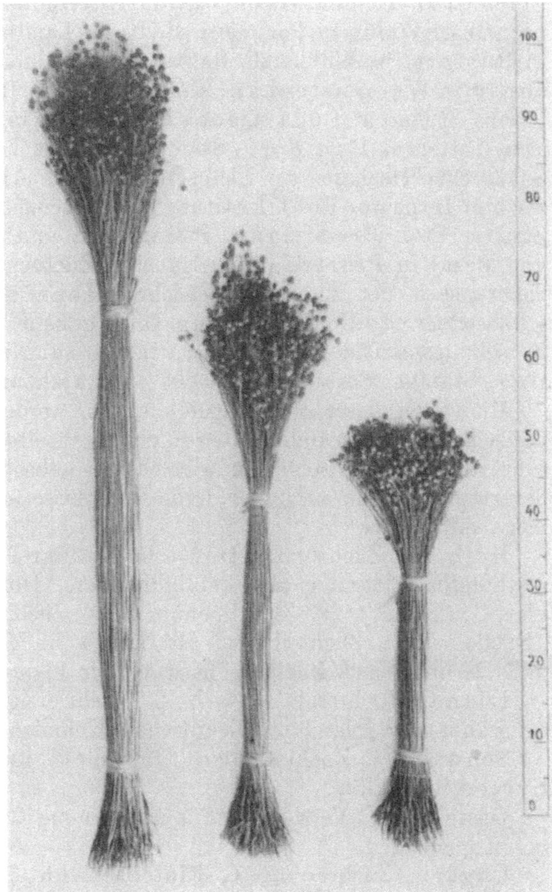

Abb. 84. Aus der neunten Generation einer Kreuzung zwischen westpreußischem Faserlein (links) und Sizilianer Öllein (rechts). Auslese seit der sechsten Generation. Der Bastard (Mitte) zeichnet sich durch sehr hohe Erträge, Lagerfestigkeit und hohes Tausendkorngewicht (7,2 g) aus. Fasergehalt gut, Faserqualität nur mittel.

Zuchtstätten und Flachszüchtungen.

Im Gegensatz zu vielen anderen Kulturpflanzen ist der Flachs bezüglich Züchtung recht stiefmütterlich behandelt worden. Größeres Interesse hat eigentlich erst seit dem Weltkriege eingesetzt, heute finden wir in fast allen flachsbauenden Ländern die Flachszüchtung an der Arbeit. Ansätze dazu waren auch schon vor dem Kriege vorhanden, sie sind jedoch, wie in Österreich und Rußland, zum Erliegen gekommen; dagegen datiert die Flachszüchtung in Nordamerika wohl schon seit 1901. Man ist sowohl an die Züchtung von Ölleinen (Südamerika, Kanada, USA., Indien, Südrußland, Ungarn) herangegangen als auch an die Züchtung der echten Faserflächse (Deutchland, Holland, Irland, Rußland, Ungarn, Schweden, Dänemark). Wenn auch wegen der Jugend der europäischen Flachszüchtung vorläufig erst wenige Zuchtstämme im Handel verbreitet sind, so sind doch schon ansprechende Anfangserfolge erzielt worden, und es besteht die Hoffnung, daß die weiterschreitende Züchtung zu schönen Ergebnissen führt, die die Intensität des Flachsbaues fördern oder ihn dort, wo er bedroht erscheint (Deuschland!), hilfreich unterstützen. Auf die einzelnen Zuchtstätten und Zuchtstämme kann hier nicht näher eingegangen werden, es muß an dieser Stelle eine kurze Übersicht genügen.

In **Deutschland** finden wir folgende Zuchtstätten: Westpreußische Saatzuchtgesellschaft in **Danzig**, Züchter Dr. **Bensing**, im Handel befindet sich „Bensings Faserflachs“; W. von Borries in **Eckendorf** bei Bielefeld, Züchter

Dr. Weck, im Handel „Eckendorfer Frühflachs" und„ Eckendorfer Langflachs", letzterer ist jetzt in die Hände der Staatlichen Landw. Versuchsanstalt Dresden, Abteilung Pillnitz, übergegangen, die außerdem den Zuchtstamm „Saxonia" herausbringt. F. von Lochow in Petkus (Mark Brandenburg), Stamm VII und Stamm 130. Tonniner Lein, Züchter Rittergutsbesitzer Steifensand in Tonnin, Insel Wollin in Pommern. Badische Landw.-Kammer, Saatzuchtabteilung, in Rastatt, weißblühende Rastatter Leinstämme. Bayrische Landessaatzuchtanstalt in Weihenstephan, Zuchtstämme P, R und F. Dr. Kauffmanns blauer Flachs, Rittergut Luga-Quoos bei Bautzen in Sachsen. Dr. Mathis in Schlesien, Rittergut Ransdorf, Stämme „Edelflachs", „Helga" und „Kurzflachs". Saatzuchtwirtschaft v. Lieres-Wilkau in Alt-Rosenberg, Oberschlesien, Züchter Inspektor Pohl. Institut für Pflanzenzüchtung in Landsberg (Warthe), Züchter Prof. Bredemann, Stamm 4/21 und andere. Standesherrschaft Graf von Brühl in Pförten, Niederlausitz, Züchter Prof. Eichinger. Landessaatzuchtanstalt der Landw. Hochschule Hohenheim in Württemberg. Bauerngutsbesitzer Modl in Huglfing bei Weilheim in Bayern, Stamm P und Rw. Forschungsinstitut für Bastfasern in Sorau, Niederlausitz, Züchter Dr. Schilling, Stamm „Sorauer Feinflachs" und viele andere.

Mit vielen dieser Züchtungen sind und werden ständig vergleichende Anbauversuche angestellt und darüber in den Fachzeitschriften berichtet[1]. Insbesondere führt auch die Deutsche Landwirtschaftsgesellschaft in allen Teilen Deutschlands derartige Versuche aus, über deren Ergebnisse letzthin Opitz zusammenfassende Angaben machte[2].

Holland. Züchter Dr. Dorst in Leeuwarden, u. a. frühreifende oder wenig rostanfällige Stämme aus weißblühendem Holländer Lein: Alba vlas, Bella vlas, Concordia, C 22. — „Almenum vlas", Züchter Fa. Postma in Harlingen. — „Exello vlas", Züchter P. J. Hylkema in Mensingemeer. — „Texala vlas" und „Gruno vlas", Züchter Institut voor Plantenveredeling in Wageningen.

Irland. Zuchtstamm „I. W. S.", sehr langstenglig, blaublühend. Vermehrungsanbau in Irland und englischen Kolonien (Neuseeland, Kanada).

Schweden. Zuchtstämme „Herkules" und „Blenda", Züchter Dr. N. Sylven in Svalöf.

Dänemark. Verschiedene Zuchtstämme der Versuchsstation in Lyngby bei Kopenhagen.

Ungarn. Züchter Ing. R. Fleischmann, Saatzuchtstation Kompolt. Verschiedene sehr langstenglige Faserleine, ferner Ölleine.

Rußland. Die Regierung hatte bereits vor dem Weltkriege 168 Flachszuchtstationen eingerichtet, deren Arbeiten dann durch Krieg und Revolution verloren gingen. Die jetzige russische Regierung fördert entsprechend der Bedeutung, die der Flachsbau gerade für Rußland hat, die Züchtung kräftig. Eine ganze Anzahl von Instituten und Stationen, die über das große und klimatisch verschiedene Gebiet verteilt sind, hat sich der Arbeiten angenommen, vgl. V. Pissarev[3].

In den baltischen Staaten, Polen, Nordfrankreich, Tschechoslowakei sind gleichfalls Bestrebungen im Gange, die Saatqualitäten zu verbessern.

In Kanada und den Vereinigten Staaten werden seit längerer Zeit Öl-

[1] Vgl. z. B. Kappert in Faserforsch. 1922 und 1923; Schilling in Veröff. Landw.-Kammer Schlesien 1926, H. 23; Faserforsch. 1927, S. 88—92; Dt. Leinenindustrielle 1928; Weck in Faserforsch. 1924; Bredemann in Faserforsch. 1924; Landw. Jb. 1926, Ergänz.-Bd I.

[2] Arbeiten der Dt. Landw.-Ges. 1929, H. 367.

[3] Der gegenwärtige Stand der Pflanzenzüchtung in Rußland. Z. Pflanzenzüchtg. Bd. 10, S. 221—253. 1925; ferner ebenda 1929, S. 175ff.

leine und auch Faserleine gezüchtet, eine ganze Reihe von Zuchtstämmen findet sich auf dem Markte. Besonders erwähnenswert ist der starke Anbau von pilzresistenten (gegen Fusarium, Melampsora) Zuchtsorten.

In Südamerika wird die Leinzüchtung durch Prof. Boerger in Uruguay ausgeübt[1], ebenso wird in Indien Ölleinzüchtung betrieben, in Japan Faserleinzüchtung.

F. Anhang: Verwendung der Früchte und Samen.

18. Leinöl und Futtermittel.

Bei der Ernte des Faserleins wird neben den Stengeln noch eine mehr oder minder große Menge an Kapseln und Samen gewonnen. Soweit die Samen nicht wieder als Saatgut Verwendung finden, dienen sie, wie die Samen der typischen Ölflächse, zur Gewinnung von Leinöl und Futtermitteln. Wenn auch ihr Gehalt an Öl infolge Sorteneigentümlichkeit in der Regel geringer ist, so stellen sie doch für den Faserlein bauenden Landwirt ein wertvolles, die Rentabilität erhöhendes Nebenprodukt vor, das deshalb auch in diesem Buche eine kurze Hinweisung verdient[2].

Schon die bei der Gewinnung der Leinsaat abfallende Kapselspreu (etwa 10 bis 15% der Rohernte) ist nicht wertlos, sondern kann gut als Futterzugabe für Schweine verwendet werden. Sie enthält ungefähr folgende Bestandteile: Rohprotein 6,8%, Rohfett 4,1%, Wasser 15,2%, Rohfaser 31%, stickstofffreie Extraktstoffe 33%, Asche 10%. Die Zusammensetzung wechselt, insbesondere Eiweiß- und Ölgehalt, je nach der Menge der Leinsamenanteile, die in die Spreu gelangen.

Die Leinsaat selbst enthält als wichtigste Bestandteile etwa 30 bis 44% fettes Öl, 22 bis 27% Eiweiß, 5 bis 6% Schleimstoffe, 3 bis 8% Asche sowie Wasser in wechselnden Mengen (etwa 3 bis 10%). Für sie ist demnach ein hoher Fett- und Eiweißgehalt bei vollständigem Fehlen von Stärke[3] charakteristisch. Der Börsenpreis beträgt etwa 32 bis 44 M pro 100 kg Schlagleinsaat, er wird wesentlich bestimmt durch die Zufuhren aus den Öllein erzeugenden Ländern La-Plata-Staaten, Nordamerika, Indien, Südrußland. Deutschland ist Großverbraucher und ganz auf ausländische Einfuhr angewiesen, die einheimische Saaterzeugung ist verschwindend gering[4].

In geringem Maße werden die Leinsamen direkt ohne Verarbeitung als Futter verwendet, die Hauptnutzung geschieht so, daß man durch Auspressen in Ölfabriken das Öl und die Preßrückstände als Leinkuchen gewinnt. Das Leinöl dient in einigen Gegenden (Lausitz, Schlesien) als Speiseöl, im übrigen ist es ein Welthandelsartikel, der für viele industrielle Zwecke weitgehende Verwertung findet. Ausgezeichnet durch eine sehr große Trockenfähigkeit (Aufnahme von Luftsauerstoff durch die ungesättigten Fettsäuren) dient es zur Herstellung von Farben, Firnissen, Lacken, Ölkitten usw., ebenso wird es gebraucht für Linoleum, Wachstuche, Ballonstoffe, wasserdichte Gewebe. Weiterhin benutzt

[1] Vgl. Faserforsch. 1923, S. 73—112 und 1928, S. 132—136.

[2] Genauere Zusammenfassung vgl. Schilling: Der Leinsame und seine Verwertung, 1928, S. 237—251, in Tobler: Der Flachs (Berlin 1928).

[3] Gelegentliches Vorkommen stärkehaltiger Leinsaat beschrieb Schilling in Faserforsch. Bd. 2, S. 276—281. 1922.

[4] Leinsaatnotierungen erfolgen in Breslau je 100 kg in Mark, in London je engl. Tonne (1016 kg) in £, in Hamburg je 1000 kg, meist in holl. Gulden, in Winnipeg je Bushel (36,35 Liter) in Cents, in Rosario und Buenos Aires je 100 kg fob in Papierpeso.

man es in der Seifenindustrie (Schmierseifen, Kernseifenzusatz) sowie in der Pharmazie (Emulsionen und Bleipflaster).

Die Leinkuchen enthalten je nach der Art des Auspressens (einmalig oder mehrmalig, kalt oder warm) noch wechselnde Wasser- und Ölmengen, ferner Schleim und beträchtlich viel Eiweiß. Als Durchschnittszahlen können etwa folgende gelten: Fett 8 bis 11%, Eiweiß 30 bis 32%, Rohfaser 8 bis 10%, stickstoffreie Extraktstoffe 30 bis 35%. Auch Verunreinigungen wie z. B. Unkrautsamen (Leindotter) können ihre Zusammensetzung beeinflussen. Gute Leinkuchen sind infolge ihres hohen Gehaltes an Eiweiß und Fett ein ausgezeichnetes Fütterungsmittel für Jungvieh, Milchvieh und Pferde, besonders günstig wirkt außerdem in diätetischer Richtung der Schleimgehalt; Leinkuchen oder Leinsamenschrot läßt sich deshalb an darmkranke Tiere mit bestem Erfolg verfüttern. Der Preis für deutsche Leinkuchen betrug 1928/29 etwa 22,70 M pro 100 kg. Die Leinkuchen können weiterhin noch vermahlen werden, man erhält dann das Leinkuchenmehl, das gleichfalls ein hervorragendes Futter bildet.

Die Leinsamen selbst sind als Semen lini offizinell, sie werden zu lindernden erweichenden äußerlichen Umschlägen oder als „Tee“ benutzt, wobei der Schleim wirksam ist. Neuerdings wird der Schleim selbst mit guten Erfolgen als Vorbeugungsmittel gegen den Kesselstein der Dampfkessel (industrielle Betriebe, franz. Marine) verwendet; früher wurde er auch als mildes Appreturmittel in der Textilindustrie angewandt.

Literaturhinweise[1].

Zur Geschichte und Abstammung des Flachses.

Braulik, A.: Altägyptische Gewebe. Stuttgart 1900.
Gentner, G.: Pfahlbauten- und Winterlein. Faserforsch. Bd. 1, S. 94—101. 1921.
Gerig, W.: Untersuchungen zur Terminologie der Hanf- und Flachsbereitung in den frankoprovenzalischen Mundarten. Heidelberg 1913.
Hager, K.: Flachs und Hanf und ihre Verarbeitung im Bündner Oberland. Jahrb. d. Schweizer Alpenklub. Bd. 53. 1918.
Heer, O.: Über den Flachs und die Flachskultur im Altertum. Neujahrsblatt der naturforsch. Ges. Zürich Bd. 74, S. 1—26. 1872.
Hehn, V.: Kulturpflanzen und Haustiere, 8. Aufl. Berlin 1911.
Herzog, A.: Zur Kenntnis altägyptischer Textilien aus Flachs. Faserforsch. Bd. 7, S. 115 bis 121. 1928.
Körnicke, Fr.: Bemerkungen über den Flachs des heutigen und alten Ägyptens. Ber. Dtsch. Bot. Ges. Bd. 6, S. 380—384. 1888.
Krauss, H.: Altägyptische Flachskultur und Leinenindustrie vor vier Jahrtausenden. Dt. Leinen-Industrielle 1905, S. 9949.
Messikomer, H.: Die Pfahlbauten von Robenhausen. Zürich 1913.
Neuweiler, E.: Die prähistorischen Pflanzenreste Mitteleuropas. Zürich 1905.
Overmann, L.: Geschichtliche und wirtschaftgeographische Studien über den Flachsbau insbesondere Deutschlands. Düsseldorf 1910.
Rufin, A.: Der Flachsbau des Erdballs. Studien über die Naturgeschichte, Geographie, Geschichte und Statistik des Flachses und der Flachskultur aller Länder der Erde. Berlin 1881.
Ruoff, E.: Das edle Linnen im Wandel der Zeit. Festschrift. Berlin 1927.
Schoneweg, E.: Das Leinengewerbe. Ein Beitrag zur niederdeutschen Volks- und Altertumskunde. Bielefeld 1923.
Schweinfurth, G.: Über Pflanzenreste aus altägyptischen Gräbern. Ber. Dtsch. Botan. Ges. Bd. 2, S. 351—371. 1884.
Vavilov, N. J.: Studies on the origin of cultivated plants. Bull. appl. Bot. Bd. 16, S. 1—248. 1926.
Wever, L.: Die Anfänge des Deutschen Leinengewerbes. Freiburg i. B. 1918.

Zur Systematik und Formenkenntnis.

Alefeld, F.: Landwirtschaftliche Flora, S. 102—104. Berlin 1866.
Ascherson-Graebner: Synopsis der mitteleuropäischen Flora. Lieferung 84/85, S. 166 bis 225. Leipzig und Berlin 1914.
Danilotchkine, A. V.: Der Faserflachs des Pskover Bezirkes. Mém. d. l'Institut Agronom. d. Leningrad, t. V, livr. 1, S. 1—140. 1928.
Graebner, P.: Der Flachs und seine Formen. Mitteil. Forsch.-Inst. Sorau Bd. 2, S. 18—19. 1920.
Howard, G. and Abdur Rahman Khan: Studies in Indian oilseeds. Mem. Dept. of Agric. in India, Botan. ser. Bd. 12, S. 135—183. 1924.
Kremer, E.: Beiträge zur Kenntnis des Winterleins. Faserforsch. Bd. 3, S. 181—217. 1923.
Planchon, J. E.: Sur la famille des Linées. Hookers London Journal of Botany Vol. 7/8. 1847/48.
Schilling, E.: Was versteht man unter Königslein oder lin royal (Linum usitatissimum regale). Dt. Leinen-Industrielle Bd. 47, S. 835—836. 1929.
Tammes, T.: Het gewone vlas en het vlas met openspringende vruchten. Album der Natuur, 1908, S. 1—12.
— Das genotypische Verhältnis zwischen dem wilden Linum angustifolium und dem Kulturlein, L. usitatissimum, S. 61—76. Genetica 1922.
— Der blaublühende und der weißblühende Flachs und ihre Bedeutung für die Praxis. Mitteil. Forsch.-Inst. Bd. 2, S. 75—78. Sorau 1920.

[1] Es werden hier nur die wichtigeren Arbeiten zwecks Übersicht zusammengefaßt. Weitere Literatur ist jeweils im Text genannt. Die mit * bezeichneten Arbeiten konnten für das Manuskript nicht mehr benutzt werden.

Tobler, F.: Faser- und Ölflachs in Deutschland und im Auslande. Jahrb. d. Deutsch. Landw. Ges. Bd. 36, S. 94—98. 1921.
Weidner: Winterlein. Mitt. Forsch.-Inst. Bd. 1, S. 91. Sorau 1919.

Physiologie und Biologie.

Adams, J.: Relation of flax to varying amounts of light. Botan. Gaz. 1920, S. 153—156.
Arny, C. A. and J. Johnson: The roots of flax plants. Journ. Americ. Soc. of agronomy Bd. 20, S. 373. 1928.
Bredemann, G.: Versuche über Ertragssteigerung bei Flachs durch Klimawechsel. Faserforsch. Bd. 6, S. 51—72. 1927.
Davis, R. L.: Frost resistance in flax. U. S. Dpt. of Agric. Circ. S. 264. Washington, May 1923.
Blaringhem, L.: Sur le pollen du lin et la dégénerescence des variétés cultivées pour la fibre. Cpt. rend. hebdom, d. séances de l'acad. d. sciences Bd. 172, S. 1603. 1921.
Djakonov, A. B.: In connection to the question of the influence of external conditions on the number of fibres in the flax stem. J. Ldw. Wiss. Moskau Bd. 5, S. 194—201. 1928.
Dillman, A. C.: Daily growth and oil content of flaxseeds. Journ. agric. research Bd. 37, S. 357. 1928.
Doornikov, V.: Über das Nachreifen des Leinsamens. Naucno agronom. zurnal Bd. 5, S. 106. 1928.
*Doroshenko, A.: Photoperiodismen of some cultivated forms in connection with their origin. Bull. appl. Bot. S. 17. Petrograd 1927.
Fischer, W.: Über die Kalkempfindlichkeit des Leins. Dt. Ldw. Presse Bd. 46. 1919.
Heidma, J.: Hitze und Frost-Schädigung an Flachs. Tijdschrift ov. Plantenziekten Bd. 29, S. 129—132. 1923.
Herzog, A.: Beziehungen des Wassers zur lebenden Flachspflanze. Mitt. Forschg.-Inst. Sorau Bd. 2, 99ff. 1920.
Hoffmann, W.: Über das Wachstum und die Entwicklung der Flachspflanze und ihre Beeinflussung durch das Wetter. Faserforsch. Bd. 6, S. 149—226. 1928.
*Ivanow, S.: Die Klimaten des Erdballs und die chemische Tätigkeit der Pflanzen. Fortschr. naturw. Forsch. H. 5. 1929.
Merkenschlager, F.: Zur physiologischen Charakteristik des Leins. Fortschr. d. Ldw. Bd. 2, S. 445—447. 1927.
Malinovsky, S. M.: Flax for fibre A—776 grown on soils of various moisture content. Mem. Inst. agron. t. V, livr. 7, S. 65—90. Leningrad 1928.
Pohl, J.: Der Thermotropismus der Leinpflanze. Beihefte Bot. Zentralbl. Bd. 24, Abt. I. S. 111—131. 1909.
Reddy, C. S. and W. E. Brentzel: Investigations of heat cancer of flax. U. S. Dpt. Agric. Bull. Nr. 1120. 1922.
Renard, K.: Zur Frage der Gründe des Abbaues des Leins (Russisch). Naucno agron. zurnal Bd. 5, S. 324. 1928.
Selle, H.: Die Bedeutung der Bodenazidität für das Flachswachstum. Faserforsch. Bd. 5, S. 146—152. 1926.
Schilling, E.: Über die Möglichkeit eines ewigen Flachsbaues mit Hilfe immuner Leinzüchtungen. Dt. Leinen-Ind. Bd. 48, S. 935. 1930.
Strobel, A.: Ein Standraumversuch mit Lein. Faserforsch. Bd. 5, S. 227—238. 1926.
Tammes, T.: Die Flachsblüte. Rec. trav. Bot. Néerl. Bd. 15, S. 185—227. 1918.
Tchijevskaja, Z. A.: Physiological studies on flax. Bull. Plant. Physiol. Exp. stat. Detskoje Sselo, Leningrad 1927, S. 119 und 1929, S. 63—79.

Anatomie von Stengel und Faser.

Anderson, D. B.: A microchemical study of the structure and development of flax fibres. Americ. Journ. of Bot. Bd. 14, S. 187—210. 1926.
Bonanno, G. u. S. Riccardo: Lino da fibra e lino da seme, studi anatomici e bacteriologici. Staz. Sperim. Agr. Ital. Bd. 56, S. 480—511. 1923.
Correns, C.: Zur Kenntnis der inneren Struktur der vegetabilischen Zellmembranen. Jahrb. f. wiss. Bot. Bd. 23, S. 254. 1892.
Davis, R. L.: Flax-stem anatomy in relation to Retting. U. S. Dept. of Agric. Bull. S. 1185. Washington 1923.
Herzog, A.: Über die Bastfasern aus dem Hypokotyl der Flachspflanze. Z. f. Farben- u. Textilindustrie 1904, S. 20—22.
— Über leichten und schweren Flachs. Textile Forsch. Bd. 3, S. 143—154. 1921.
— Die Unterscheidung der Flachs- und Hanffaser. Berlin 1926.
Korn, R.: Untersuchung über die technisch-mikroskopische Unterscheidung einiger Fasern, insbesondere der Hanf- und Leinenfasern. Diss. Berlin 1916.

Lauche, A.: Vergleichende Untersuchungen südamerikanischer und deutscher Flachsstengel gleichen Stammes. Faserforsch. Bd. 6, S. 227—233. 1928.
Lüdtke, M.: Über den Aufbau der pflanzlichen Faserzellen. Melliands Textilber. Bd. 10, S. 445. 1929.
Melnikov, A. N.: Beitrag zur vergleichenden Anatomie des russischen Flachses. Bull. of appl. Bot. Bd. 17, S. 273—288. 1927 (Russ. mit engl. Zusfssg.).
Nodder, C. R.: Study of flax and kindred fibres. J. Text. Inst. Manchester Bd. 13, S. 161 bis 173 und 213—219. 1922.
Reimers, H.: Über die innere Struktur der Bastfasern. Melliands Textilber. Bd. 2, S. 367. 1921.
— Die Verschiedenheiten im strukturellen Aufbau der Bastfasern in ihrer Bedeutung für die technische Warenkunde. Mitt. Forsch.-Inst. f. Textilstoffe in Karlsruhe, 1922.
Reinitzer, F.: Beitrag zur Kenntnis des Baues der Flachs- und Hanffaser. Archiv f. Chem. u. Mikroskopie 1911.
Renard, K.: Beiträge zur experimentellen Erforschung des Flachses und der anatomische Aufbau des Blattes u. des Stengels. Kabinett f. Selektion Weißruthen. Staatsakad. f. Landw. S. 35—78. Gorky 1927.
Schilling, E.: Zur Kenntnis des Hagelflachses. Faserforsch. Bd. 1. 1921.
— Über die lokalen Anschwellungen der Bastfasern. Ber. Dtsch. Bot. Ges. Bd. 39, S. 379—383. 1922.
Steinbrinck, C.: Zum Feinbau und zur Physik natürlicher Zellulosefasern. Naturwiss. Bd. 15, S. 978—981. 1927.
Tammes, T.: Der Flachsstengel. Eine statistisch-anatomische Monographie. Haarlem 1907.
Tobler, F.: Uber die Fasern von Samenflachssorten. Faserforsch. Bd. 1, S. 47—62. 1921.
— Struppiger Flachs. Faserforsch. Bd. 6, S. 1—6. 1927.
Tognini, F.: Sopra il percorso dei Fasci libro-legnosi primari negli organi vegetativi del Lino. Atti Institut. Bot. Bd. 2. Pavia 1890.
Winter, R.: Über den Ursprung und die Entwicklung der Faser von Linum usitatissimum. Diss. Berlin 1909.

Chemie von Stengel und Faser.

Anderson, D. B.: A microchemical study of the structure and development of flax fibres. Americ. Journ. of Bot. Bd. 14, S. 187—210. 1926.
Bartunek, R.: Die Unterschiede beim Färben von Baumwolle, Flachs und Hanf. Textile Forsch. Bd. 6, 1924.
Bauch, H.: Die Bedeutung der Chloraminbildung beim Bleichen. Leipz. Monatsschrift f. Textilind. Bd. 43, S. 484. 1928.
Cashmore, A. E.: Die Bestandteile der Zellwände der Flachsfasern. Chem. Soc. 1927, S. 718. — Ref. Cellulosechemie Bd. 8, S. 80. 1927.
Correns, E.: Zur Kenntnis der Pektinstoffe des Flachses. Faserforsch. Bd. 1, S. 229—240. 1921.
Ehrlich, F. u. F. Schubert: Über die Chemie der Inkrusten des Flachses. Biochem. Z. Bd. 169, S. 13. 1926.
Ehrlich, F.: Neue Untersuchungen über Pektinstoffe. Z. angew. Chemie Bd. 40, S. 1305. 1927.
*— Gegenwärtiger Stand der Pektinforschung. Ref. Chem. Z. Bd. 53, S. 420. 1929.
Gerassimow, G. A.: Pektinfragen. (Russisch.) Arb. Vers. Stat. Moskauer Ldw. Inst. Bd. 1, S. 85. 1915.
Herzog, A.: Die Unterscheidung der Flachs- u. Hanffaser. Berlin 1926.
— Beiträge zur Kenntnis der Verholzung pflanzlicher Faserstoffe. Chem. Z. Bd. 47, 1896.
— Die Bastfasern des Flachsstengels in verschiedenen Reifegraden. Mitt. Forsch. Inst. Sorau Bd. 1, 1919.
*Henderson, S. T.: Das Pektin und die Hemizellulosen des Flachses. Chem. Soc. Bd. 134. S. 2117. 1928.
Hoffmeister, C.: Zur Analyse des Flachswachses. Chem. Ber. Bd. 36, S. 1047. 1903.
Honneyman, W.: The pectin content of flax fibre. Journ. Text. Inst. Manchester Bd. 16, S. 370—374. 1925.
Kind, W.: Das Bleichen der Pflanzenfasern. Wittenberg 1922.
Münch, M.: Flachswachs in Bleichgarnen. Dt. Leinen-Industrielle Bd. 45, S. 347—349. 1927.
Porter, J. W.: The distribution of Nitrogen in the flax plant, and its elimination from flax in the processes of manufacture. Journ. chem. Soc. Ind. Transact. Bd. 45, S. 335. 1926.
Powell, W. J. u. H. Whittaker: Über Flachs-Lignin und einige Derivate. Cellulosechemie Bd. 5, S. 26—30. 1924.

*Rigby, G. W.: Die Konstitution der Flachszellulose. Amer. Chem. Soc. Bd. 50, S. 3364. 1928. Ref. Cellulosechemie Bd. 10, S. 310. 1929.
Schmidt, E., F. Trefz, H. Schnegg: Quantitative Bestimmung der Hexosen durch Gärung. Chem. Ber. Bd. 59, S. 2635. 1926.
Schwalbe, C. u. E. Becker: Die chemische Zusammensetzung der Flachs- u. Hanfschäben Z. angew. Chem. Bd. 126. 1919.
Schwalbe, C.: Die Chemie der Zellulose. Berlin 1918.

Düngerwirkung auf Pflanze und Faser.

Fabian, H.: Der Einfluß der Ernährung auf die wertbestimmenden Eigenschaften von Bastfaserpflanzen (Flachs und Nessel) unter besonderer Berücksichtigung der Ausbildung ihrer Fasern. Faserforsch. Bd. 7, S. 1—56 und 69—115. 1928.
Groß, M.: Stickstoffdüngung und Flachs. Faserforsch. Bd. 5, S. 37—51. 1925.
Havenstein, G.: Beiträge zur Kenntnis der Leinpflanze und ihrer Kultur. Diss. Göttingen 1874.
Hecker, A.: Ein Beitrag zur rationellen Kultur des Leins. Heidelberger Diss., Berlin 1897.
Kayser, R.: Hat eine Mineraldüngung Einfluß auf die wertbestimmenden Eigenschaften von Ölpflanzen? Botan. Archiv Bd. 10, S. 349—386. 1925.
Kleberger, W. mit Fr. Schönheit u. L. Ritter: Bericht über Leinversuche im Jahre 1919. Mitt. Forsch.-Inst. Sorau Bd. 1, S. 91—97. 1919.
— Forschungen auf dem Gebiete der Erzeugung heimischer Spinnpflanzen u. der Faserausbeute. Ebenda Bd. 2, S. 119ff. 1920.
Kulikova, V. I.: Effect ef different sources of nitrogen on the development of fibre flax. Mém. de l'Inst. Agron. de Leningrad Bd. 5, S. 91—108.
Potapow, A.: Versuch zur Verwendung des Flachsröstwassers als Düngemittel. Arb. d. chem. bakter. Abt. Flachsversuchsstation Moskau 1923, S. 189—201.
Scheel, R.: Die Ausbildung des Fasergehaltes bei Flachs unter verschiedenen Wachstumsbedingungen. Landw. Jahrb. Bd. 68, S. 489—523. 1929.
Schulow, I. u. I. Fakuschkin: Zusammenstellung und Übersicht russischer Feldversuche mit Düngung an Langfaserflachs. Arb. Vers. Stat. Agronom. Inst. Moskau Bd. 2, S. 111 bis 168. 1916. (Russisch.)
Steigerwald, E.: Über den Einfluß von Chlor und Magnesium als Nebenbestandteil der Kalisalze auf den Öl- und Faserertrag des Flachses. Ernährung der Pflanze Bd. 23, S. 282 bis 284. 1927.
*Tobler, F.: Zur Kenntnis der Wirkung des Kaliums auf den Bau der Bastfaser. Jahrb. wiss. Bot. Bd. 71, S. 26—51. 1929.
Weck, R.: Aufarbeitung eines Saatstärken- und Düngungsversuches zu Flachs. Faserforsch. Bd. 4, S. 13—35. 1924.
Weinzettl, J.: Ein Beitrag zur Kenntnis über die Einwirkung von Mineraldüngung auf die wertbestimmenden Eigenschaften der Faser beim Lein und Hanf. Dissertation Hamburg 1925.

Leinsaat.

Bredemann, G.: Einfluß der Erntezeit auf die Beschaffenheit der Leinsaat. Faserforsch. Bd. 4, S. 234—243. 1925.
Burmester, H.: Saatenanerkennung von Lein. Dt. Faserstoffe Bd. 2, S. 13. 1920.
Coleman and Fellows: Oil content of flaxseed with comparisons of tests for determining oil content. U. S. Dept. Agr. Bull. S. 1471. Washington 1927.
Councler, O.: Saatlein. Mitt. Forsch.-Inst. Sorau Bd. 1, S. 14—15. 1919.
Djakonow N.: Versuche von Leinaussaat mit Samen verschiedener Herkunft. Arb.Landw. Vers. Stat. Pskow Bd. 1 S. 1—203. 1914. (Russisch.)
Eyre, J.: Die Enzyme des Flachssamens. Chem. Z. Bd. 37, S. 281. 1913.
Ferle, Fr.: Die Bonitierung russischer Leinensaaten. Landw. Vers. Stat. Bd. 65, S. 111—136. 1919.
Filter, P.: Die Herkunftsermittlung der Leinsaaten des Handels. Landw. Vers. Stat. Bd. 93, S. 221—246. 1919.
Gentner, G.: Bayrische Leinsaaten. Faserforsch. Bd. 3, S. 277—300. 1923.
Herzog, A.: Über den Leinsamen in botanischer, chemischer und anderweitiger Beziehung. Jahresber. f. Landw. 1899, S. 204.
— Über die Bedeutung des absoluten Leinsamengewichtes in landwirtschaftlicher Beziehung. Trautenau 1900.
Ivanof, N.: Variation in the chemical composition of the seeds of oleiferous plants in dependence on geographical factors. Bull. appl. Botan. Bd. 16, S. 1—88. 1926.
Kappert, H.: Über Leinsaatprüfungen. Mitt. Forsch.-Inst. Sorau. Bd. 2, S. 59—63. 1920.

Kappert, H.: Über den Wert und die Möglichkeit einer Tausendkorngewichtserhöhung der Leinsaat auf maschinellem Wege. Faserforsch. Bd. 1, S. 211—222. 1921.
— Die Bedeutung der Keimenergie für die Bewertung der Leinsaat. Dt. Leinen-Industrielle Bd. 40, S. 304. 1922.
Kořan: Der Austritt des Schleimes aus den Leinsamen. Pharm. Post Bd. 32, S. 221. 1899.
Opitz, K. u. A. v. Pander: Die Beeinflussung der Saatgutbeschaffenheit des Leins durch Erntezeit und Aussaatmenge. Faserforsch. Bd. 3, S. 234—240. 1923.
Rabak, F.: Influence on linseed oil of the geographical source and variety of flax. U. S. Dept. Agric. Bull. S. 655. 1918.
Rothenfusser, D.: Über Leinsamenschleim. Diss. München 1903.
Schilling, E.: Weißfleckige und stärkehaltige Leinsamen. Faserforsch. Bd. 2, S. 276—281. 1922.
— Der Leinsame und seine Verwertung. Berlin 1928, in Tobler: Der Flachs als Faser- und Ölpflanze, S. 237—251.
— Versuche über Beizung und Stimulation von Leinsaat. Faserforsch. Bd. 4, S. 213—234. 1925.
Tammes, T.: Genetische Studien übér die Samenfarbe bei Linum usitatissimum. Hereditas Bd. 9, S. 10—16. 1927.

Vererbung.

Bateson, W. and A. E. Gairdner: Male-sterility in flax, subject to two types of segregation. Journ. of Genetics Bd. 11, S. 269—275. 1921.
Blaringhem, L.: Recherches sur les hybrides du lin. Compt. rend. d. séances de l'acad. des sciences Paris Bd. 173, S. 329—331. 1921.
— Etudes sur la sélection du lin. I. Caractères morphologiques utilisées pour la séparation et le contrôle des lignées pures. Rev. d. bot. appl. et d'agric. colon. Bd. 3, S. 3—25. Paris 1923. — II. Recherches statistiques sur la dégénerescence des lins à fibres. Ebenda, Bd. 4, S. 633—651 u. 737—745. 1914. — III. Méthodes et resultats des croisements des lins à fibres. Ebenda, Bd. 6, S. 193—204. 1926.
Chittenden, R. I.: Cytoplasmic inheritance in flax. Journ. of heredity Bd. 18, S. 337. 1927.
Graham, R. and S. Roy: Linseed-(Linum usitatissimum) hybrids. Agric. Journ. of India Bd. 19, S. 28—31. 1924.
Howard, G. and Abdur Rahman Khan: Studies in indian oilseeds. Nr. 2 Linseed. Mem. Dept. of agric. in India Bd. 12, S. 135—183. 1924.
Kappert, H.: Erblichkeitsuntersuchungen an weißblühenden Leinsippen. Ber. Dt. Bot. Ges. Bd. 42, S. 434—441. 1924.
*— Über den Rezessivenausfall in den Kreuzungen gewisser blau- und weißblühender Leinsippen. Z. induktive Abst. u. Vererbungslehre. Bd. 53, S. 38—66. 1929.
*Opitz, K. u. W. Hoffmann: Züchtungsversuche mit Lein. Z. Pflanzenzüchtung Bd. 14, S. 411—443. 1929.
*Rego, G.: Der genotypische Aufbau von L. usitatissimum bezüglich der Färbungsmerkmale der Petalen und Antheren. Naučno agronom. Zurnal Bd. 5, S. 782. 1928.
Sylven, N.: Einige Spaltungszahlen bei Kreuzungen zwischen blau- und weißblühenden Varietäten von Linum usitatissimum. Hereditas Bd. 7, S. 75—101. 1925/26.
Tammes, T.: Das Verhalten fluktuierender variierender Merkmale bei der Bastardierung. Rec. d. trav. bot. néerl. Bd. 8, S. 201—288. 1911.
— Genetic analysis, schemes of co-operation and multiple allelomorphs of L. usitatissimum. J. of genetics Bd. 12, S. 19—46. 1922.
— Genetische Studien über die Samenfarbe bei L. usitatissimum. Hereditas Bd. 9, S. 10—16. 1927.
— The Genetics of the Genus Linum. Bibliographia Genetica Bd. 5, S. 1—36. 1928.
Vargas Eyre, J. and G. Smith: Some notes on the Linaceae. The cross pollination of flax. Journ. of genetics Bd. 5, S. 189—197. 1915/16.

Züchtung des Leins.

Althausen, L.: Aus der Methodik und den Resultaten pflanzenzüchterischer Arbeit am Lein. Landw. Chem. Labor. St. Petersburg 1914, Mitt. III S. 1—42.
Bredemann, G.: Die Bestimmung des Fasergehalts in Bastfaserpflanzen bei züchterischen Untersuchungen. Faserforsch. Bd. 2, S. 239—258. 1922.
— Die Züchtung des Flachses. In Tobler: Der Flachs als Faser- und Ölpflanze, S. 39—71. Berlin 1928.
Davin, A. G.: and G. O. Searle: The inheritance and interrelationship of the principal plant characters. A botanical study of the flax plant. Journ. of the Textile Institut Bd. 16, S. 161—196. Manchester 1925.

Davis, R. L.: Frost resistance in flax. U. S. Dept. of Agric. Circ. Bd. 264, S. 1—8. Washington 1923.
— Pedigreed fiber flax. U. S. Dept. of Agric. 1922 Bull. S. 1092.
Djakonow, N.: Über die Züchtung von Linum usitatissimum auf Fasergehalt. Bull. f. angw. Bot. 1913, S. 361—374. (Russisch.)
— Zur Frage der Bestimmung des verhältnismäßigen Fasergehaltes im Lein nach äußeren morphologischen Kennzeichen. (Ldw. Vers. Stat. Pleskau.) Ž. opytn. Agronom. Bd. 24, S. 5—24. 1928. (Russisch mit deutsch. Zsfssg.)
Fleischmann R.: Beiträge zur Leinzüchtung. Z. Pflanzenzüchtung Bd. 8, S. 26—43. 1922.
Ivanovsky, A. I.: Morphological appreciation methods of flax straw. Mém. de l'Inst. Agronom. de Leningrad Bd. 5, S. 5—48. 1929. (Russisch mit engl. Résumé.)
Kappert, H.: Ziele und Wege wissenschaftlicher Kreuzung beim Lein und Hanf. Mitt. Forsch.-Inst. Sorau Bd. 2, S. 59—63. 1920.
Krüger, W.: Die Sorten- u. Züchtungsfrage im Flachsbau mit variationsstatistischen Untersuchungen von Zuchtstämmen und Sorten. Bot. Archiv Bd. 10, S. 33—81. 1925.
Matweew, N. D.: Über die Resultate des Studiums der Korrelationsverbindungen zwischen einigen quantitativen Merkmalen des Flachses. Arb. d. Vers. Stat. f. Pflanzenzüchtung d. Moskauer Landw. Akad. 1928, S. 94—105.
Müller, W.: Die Aufbereitung der Flächse aus den Leinsortenversuchen der Deutschen Landw.-Ges. Ernte 1927 und 1928. Dt. Leinen-Industrielle Bd. 47, S. 729—734. 1929.
Opitz, K., W. Hoffmann u. A. v. Pander: Beiträge zur Kultur und Züchtung des Leins. Festschrift f. Prof. Schindler, S. 87—118. Berlin 1924.
Opitz, K. u. W. Hoffmann: Züchtungsversuche mit Lein. Z. Pflanzenzüchtung. Bd. 14, S. 411—443. 1929.
*Pissarev, V. E.: Methods of flax and hemp breeding. Leningrad 1929.
Renard, K.: Zur Frage der Gründe des Abbaues des Leins. Naucno agronom. Z. Bd. 5, S. 324. 1928 (russisch).
*Schilling, E.: Bestehen Beziehungen zwischen Faserqualität und Blattzahl des Flachsstengels? Dt. Leinen-Industrielle Bd. 48, S. 254. 1930.
— Bericht über eine Leistungsprüfung deutscher Flachszüchtungen. Veröff. d. Landw.-Kammer Schlesien, H. 23, S. 21—25. Breslau 1926.
*— Anbauversuche mit ausländischen Faserleinzüchtungen. Dt. Leinen-Industrielle Bd. 48, S. 111. 1930.
Tammes, E.: Vlas en Vlasveredeling. Mededeel. Nr. 18 d. Nederl. Genet. Vereen. S. 1—78. Haarlem 1924.
Weck, R.: Schnelle Bestimmung der Feinheit und Ausgeglichenheit bei Flachsstroh. Faserforsch. Bd. 5, S. 193—195. 1926.
— Ermittlungen am Flachsstengel. Faserforsch. Bd. 8, S. 45—49. 1929.

Die Aufbereitung des Flachses.

Von Dr. **Willy Müller**, Sorau (N.-L.),
Vorsteher der Technologischen Abteilung am Forschungs-Institut Sorau (N.-L.).

1. Vor der Röste.

a) Sortieren des Flachses.

Das den Röstanstalten (Abb. 1) abgelieferte Flachsstroh wird vor der Röste einer eingehenden Sortierung unterzogen. Sortiert muß werden nach: Länge, Dicke, Farbe, Reinheit und Gesundheitszustand. Der Industrie genügt hinsichtlich Länge des Flachses ein Gewächs von etwa 80 cm, jedoch ist darauf zu achten, daß die Verzweigungen erst ziemlich hoch, etwa 15 cm vor der Spitze, ansetzen. Flachs in der Stärke von 1,3 bis 1,7 mm ist am vorteilhaftesten für die praktische

Abb. 1. Gesamtansicht einer deutschen Röstanstalt.

Ausbeute, weil die Anordnung der Faser (Faserbündel) hier den geringsten Faserverlust hervorruft. Weiterhin werden dickere Stengel bis 2,2 mm vom Röster mehr bevorzugt als Flächse unter 1,2 mm Stengeldicke, da sie geringeren Abfall geben. Wesentlich für die Aufbereitung und weitere Verarbeitung ist es jedoch, daß eine Flachssorte möglichst die gleiche Dicke aufweist. Handelt es sich um Züchtungsflächse, so dürfte die Gleichmäßigkeit (Länge, Dicke, Verzweigung) des Strohes befriedigend sein, sodaß die langwierige Arbeit des Sortierens wesentlich erleichtert wird. Dickstengelige Flächse beanspruchen eine geringere Röstdauer als feinstenglige, was sich bei der einzelnen Pflanze schon in dem unterschi edlichen Rösten an Wurzel und Spitze zeigt. Die Farbe kann einmal einen Hinweis auf den Reifegrad geben (Spätflachs), grüner Flachs wird beispielsweise länger rösten als goldgelber, andererseits ist sie mit wertbestimmend bei der

Beurteilung des Schwungflachses. Das Unkraut macht sich besonders bei der späteren Bearbeitung (Knicken und Schwingen) störend bemerkbar, Gewichtsprozente Unkraut geben kein richtiges Bild von entwertetem Stroh; denn die Art des Unkrautes, z. B. Leinseide, kann sehr oft eine weitere Verarbeitung des Flachses auf Langfaser unmöglich machen, ein solcher Flachs kann nur noch zu Polsterwerg verwertet werden. Grundlegende Unterschiede treten bei der Röste von krankem und gesundem Flachsstroh auf; grundsätzlich sollte man Lagerstroh von gesundem Flachs trennen, da die Röste bei diesem Flachs anders geleitet werden muß (andere Röstart, Tauröste) als bei gesundem, wenn eine rentable Ausbeute erzielt werden soll. Die Verholzung, wie sie bei den Fasern der Samenflächse auftritt, wirkt störend auf das Rösten, der Grad der Verholzung ist mitbestimmend für den Erfolg der Röste. Bei der Sortierung ist ferner das Wachstum der Pflanze während des betreffenden Jahres zu berücksichtigen, 1928 war z. B. die Spitze in Trockenheit geraten, deshalb hatte sie keinen großen Halt, während die Mitte fest war. Die zweckmäßigste Sortierung wird zweifelsohne an der Lys durchgeführt, wo sie bereits auf dem Felde beim Raufen beginnt, beim Entsamen fortgesetzt wird und beim Herstellen der Röstbündel den Abschluß findet. So kostspielig diese Arbeit ist, so sehr wird eine gleichmäßige Röste hierdurch sichergestellt, und es wird andererseits ein Material gewonnen, welches auf dem Markt die höchsten Preise erzielen wird.

Abb. 2. Sortieren und Bündeln des Flachses zur Röste.

Vielfach wird in Belgien und Holland der Flachs vor dem Raufen auf dem Felde von dem Käufer besichtigt, der dadurch natürlich schon einen besseren Überblick über die Qualität erhält, als wenn der Flachs gebündelt abgeliefert wird. Fühlt sich der Flachs, ehe er gerauft ist, schmalzig, weich, biegsam, fettig an, so ergibt er eine gute Faser, dies läßt sich aber nur bei ungerauftem Flachs feststellen. Der Röster kann dann schon von vornherein dafür sorgen, daß der Flachs in ziemlich übereinstimmenden Sorten zur Ablieferung kommt und auch gleich bei der Aufstapelung entsprechend auseinander gehalten wird. Durch dieses getrennte Halten von Flächsen verschiedener Partien ist es z. B. möglich, die durch Erfahrung bekannten Unterschiede zu berücksichtigen, welche der Flachs, wie wir dies schon wissen, bei der verschiedenen Bodenbeschaffenheit des Anbaugeländes aufweist; in diesem Zusammenhang sei hingewiesen auf die verschiedene Röstdauer bei Flachs von leichtem Boden bzw. trockenem Gelände. Bevor der Flachs in die Röste eingesetzt wird, findet nochmals eine flüchtige Prüfung der einzelnen Bündel, nicht nur betreffs der Qualität, sondern auch hinsichtlich der Größe statt. Auf die gleiche Stärke der Bündel wird Wert gelegt, damit die Stengel auch im Innern gleichmäßig durchrösten (Abb. 2). Eine

Sortierung von einzelnen Flachssorten nach der verschiedenen Röstfähigkeit, die hier und da angenommen wird, kann natürlich nicht stattfinden, da diese Eigenschaft nicht äußerlich im Stroh zu erkennen ist, sondern sich erst während des Verlaufes der Röste zeigt. Wenn sich später bei der Prüfung des Schwungflachses Unregelmäßigkeiten in der Faser feststellen lassen, so sind diese nicht immer auf die Röste als solche, sondern auf die ungenügende Sortierung vor der Röste zurückzuführen. Zweifelsohne wird die Sortierung, die immerhin mit erheblichen Kosten verknüpft ist, sich bei einem guten Flachs besser durchführen lassen (z. B. Belgien), als bei den Bauernflächsen, wie sie häufig den deutschen Flachsröstanstalten abgeliefert werden. Es sei auch nicht verschwiegen, daß es sich in Belgien meist um kleinere Partien eines an und für sich gleichmäßigen Flachses handelt. Der deutsche Flachsbau wird sich aber nur dann auf die Dauer behaupten können, wenn er sich auf die Erzeugung von Qualitätsflächsen einstellt, denn nur dann wird die deutsche Röstindustrie mit gleichmäßigen und einheitlichen Mengen auf dem Weltmarkt erfolgreich konkurrieren können. Folgende Tabelle 1 gibt ein Beispiel für die Beurteilung des zu röstenden Materials und einen gewissen Anhalt für seine Behandlung:

Tabelle 1. Bewertung von Strohflachs.

Anbaustelle: Dominium Prenzgau
Bezeichnung des Flachses: Stamm 23/71
Länge der Stengel in cm: 80
Dicke in mm: 1,8
Gleichmäßigkeit a) Länge, b) Dicke } befriedigend
Lager: nein
Farbe: goldgelb
Pilzkrank: nein
Unkraut vorhanden: ja
Bemerkungen: Wurzel sehr stark, Verzweigung setzt normal ein
Wertziffer: 75
(Wertziffer 100 entspricht einem Strohflachs bester Qualität)

b) Einsetzen des Flachses.

Wird der Flachs sofort nach der Ernte an die Röstanstalten abgeliefert, so ist bis zum Verarbeiten dieses Materials mit einem Gewichtsverlust von 5 bis 6 % zu rechnen. Voraussetzung hierbei ist, daß das entsamte Strohflachsgewicht kurz nach der Ernte und das Gewicht des Strohes mit einer Lagerzeit bis zur Verarbeitung im Frühjahr zugrunde gelegt werden. Sehr maßgebend ist naturgemäß hierbei das Wetter bei der Einbringung; bei ungünstigem Wetter kann der Verlust sehr wesentlich höher sein, bei besonders großer Trockenheit jedoch noch ein wenig darunter liegen.

2. Die Röste.

Der sortierte Flachs wird nun in Wasser eingesetzt oder auf dem Felde ausgebreitet, um dort einem Röstprozeß unterworfen zu werden. Unter Röste, Rötze, Rotte, Röthe, Rötten versteht man allgemein das Verfahren, bei welchem auf biologischem Wege die Fasern aus den Pflanzenkörpern freigelegt werden. Diese Arbeit wird durch die Bakterien geleistet, welche einerseits die Bastfasern vom Holzkörper lösen und andererseits den Verband mit der Rinde lockern (Abb. 3). Es braucht wohl nicht besonders darauf hingewiesen zu werden, daß der Name Röste nichts mit einem trockenen Erhitzen der Pflanzenstengel zu tun hat, wie dies fälschlicherweise in älteren Darstellungen hier und da gezeigt wird.

A. Röstorganismen.

Das Rösten ist ein Fäulnisprozeß, der zum Abbau pflanzlicher Stoffe durch gewisse Mikroorganismen führt. Die Röstorganismen sitzen schon auf der Saat oder gelangen aus der Erde auf die Keimlinge und auf die reifen Pflanzen durch Wind und niederfallenden Regen. Bei Beginn der Röste werden durch die Bakterien zuerst die wasserlöslichen und darauf die leichter angreifbaren, wasserunlöslichen pflanzlichen Stoffe zersetzt. Zu letzteren gehören auch die Pektinstoffe, welche von einer engbegrenzten Gruppe von Mikroorganismen aufgespalten, zum Aufbau ihrer Leibessubstanz verwendet oder zu Stoffwechselprodukten wie organischen Säuren umgewandelt werden. Die Interzellularsubstanz, welche die Flachsfasern in Bündel zusammenhält, besteht in der Hauptsache aus Kalziumpektat. und die eigentliche Aufgabe des Röstens besteht darin, diese Substanz in einen löslichen Zustand überzuführen, damit diese bei der späteren Behandlung beseitigt werden kann. Über die Grundlagen der Röste, die einzelnen Phasen ihres Verlaufes sind wir durch die eingehenden Untersuchungen Ruschmanns[1] sehr genau unterrichtet. Für die Durchführung der Röste ist nicht ein bestimmtes Bakterium verantwortlich, sondern verschiedene Gruppen, die sich im Laufe des Prozesses je nach den Nährstoffen, die ihnen zur Verfügung stehen, vollkommen ändern können. Die Röstbakterien, welche schon auf dem vom Felde kommenden Flachs sitzen, lösen sich nach Zutritt des Wassers ab und vermehren sich nun in der Flüssigkeit. Während der weiteren Röste wandern sie hauptsächlich durch das Rindenparenchym hindurch bis in die unmittelbare Umgebung der Bastfasern vor, wo für sie die besten Entwicklungsmöglichkeiten bestehen. Ob chemotaktische Reize, die vielleicht von in Lösung gehenden Pektinkörpern oder noch von anderen pflanzlichen Stoffen ausgehen, bei diesem eigenartigen und schnellen Vordringen wirksam sind, bleibt vorläufig noch dahingestellt. Es ist jedenfalls erstaunlich festzustellen, wie schnell sich die Röstorganismen trotz ihrer verhältnismäßig geringen Anzahl auf dem in die Röste gebrachten Material verteilen und wie so außerordentlich gleichmäßig sie sich innerhalb kurzer Zeit über den ganzen Stengel hin in dem Parenchym verbreiten können. Möglicherweise tragen die frühzeitig in der Röstflüssigkeit erscheinenden beweglichen Formen hierzu bei. Die über die ganze Oberfläche der Pflanzenstengel verbreiteten kleinen Spaltöffnungen, die Atemporen der Pflanze, (Müller und Tobler 1922) können für sie ebenso Einfallstore sein wie die Spalten und Risse, die beim Aufquellen der Stengel entstehen, dann werden die freigelegten Nährstoffe und

Abb. 3. Eine alte Darstellung der Flachsaufbereitung. (Ernte, Röste, Trocknen, Brechen, Hecheln.)

[1] Ruschmann: Grundlage der Röste. Büch. Faserforschung. Leipzig 1923.

Kolloide, auf denen sich anaerobe Bakterien mit besonderer Vorliebe festsetzen, weil sie ihr Wachstum lebhaft fördern, von günstigem Einfluß sein. Im Innern des Rindengewebes ist das dem Gasaustausch der lebenden Pflanze dienende Interzellularsystem ein geeigneter Weg für das schnelle Vordringen der Bakterien.

a) Wasserröste. Anaerobier. Art und Verlauf der Röste sind je nach den vorhandenen Bedingungen sehr verschieden, andererseits lassen sie sich durch äußere Verhältnisse beeinflussen. Da sich die verschiedenen Röstorganismen in mannigfaltiger Weise voneinander unterscheiden und ihre Kenntnis sowohl für die Kontrolle als auch die Beurteilung einer Röste wichtig ist, so seien die wichtigsten Vertreter kurz angeführt. An erster Stelle bei der Wasserröste sei genannt der von van Tieghem 1879 zuerst angeführte Bacillus amylobacter, ein ganz allgemein bei der Zersetzung pflanzlicher Stoffe auftretender Organismus, er hat Stäbchenform, die während der Sporenbildung zu einer mehr oder minder deutlichen Spindelform übergeht; im Endstadium kann auch die Form des Trommelschlägers (Plektridium) angenommen werden. Dieser Bazillus wächst unter anaeroben Verhältnissen und greift Zellulose nicht an, so daß die Bastfasern durch ihn nicht zerstört werden. Plectridium Friebes wurde von Friebes und Winogradsky zuerst beschrieben. Er hat, wie der Name schon sagt, die Gestalt eines Plektridiums, vergärt Stärke und Glukose, vermag aber Zellulose nicht anzugreifen, dagegen zersetzt er Pektinstoffe, die aus den verschiedensten Pflanzen gewonnen und ihm vorgesetzt wurden, leicht. Granulobacter pectinovorum ist ein dem Plectridium Friebes sehr ähnlicher, vielleicht identischer Erreger der Flachsröste, er wurde von Beijerinck und van Delden zuerst untersucht (Abb. 4). Im Gegensatz zu Plectridium Friebes soll Granulobacter pectinovorum die Stärke nicht als Kohlenstoffquelle benutzen, Zellulose wird ebenfalls nicht angegriffen. Neben Granulobacter pectinovorum finden die beiden Forscher auf röstendem Flachs einen zweiten Organismus, Granulobacter urocephalum, der die Form des Trommelschlägers noch typischer zeigt; er tritt nur seltener auf röstendem Flachs auf. Im gleichen Jahre wie Beijerinck und van Delden in Holland ihre Studien über die Flachsröste anstellten, züchtete Störmer in Deutschland von Röstmaterial aus Warmwasserrösten sein Plectridium pectinovorum, das er morphologisch und physiologisch in seiner Studie „über die Wasserröste des Flachses" behandelt. Es vermag nach Störmer in Reinkultur bei Anwesenheit von Sauerstoff Flachs bei höherer Flüssigkeitsschicht nicht zu rösten, erst in Symbiose mit einem Sauerstoff bedürftigen Organismus führt der Bazillus die Röste energisch durch.

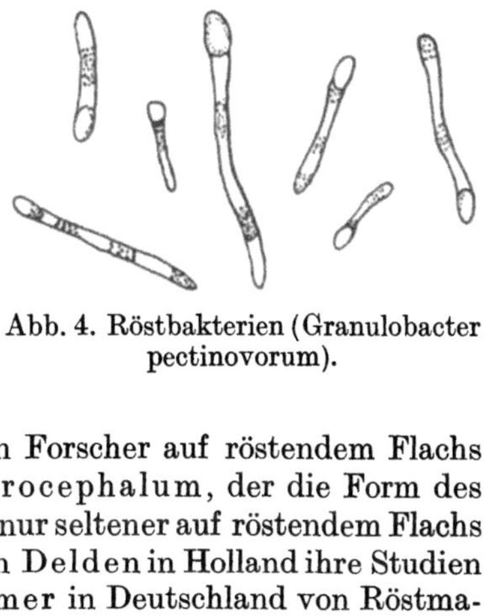

Abb. 4. Röstbakterien (Granulobacter pectinovorum).

In der Wissenschaft ist mehrmals schon darauf hingewiesen worden, daß es nicht richtig ist, Arten zu unterscheiden, wenn nicht wohlbegründete Unterlagen vorhanden sind, besonders bei den anaeroben Bakterien muß man mit einer leichten Veränderlichkeit der Eigenschaften rechnen. Sie sind unter natürlichen Verhältnissen auf eine besonders enge Lebensgemeinschaft mit anderen Organismen angewiesen und werden in der verschiedensten Weise reagieren, wenn sie aus dieser Umgebung plötzlich herausgerissen und unter andere Bedingungen gebracht werden. Die für uns in Betracht kommenden Formen in dieser Richtung sind: Plectridium pectinovorum Störmer, Granulobacter urocephalum Beijerinck und van Delden und Granulobacter pectinovorum.

Bredemann hat kleine Verschiedenheiten bei Bacillus amylobacter festgestellt und sie durch länger fortgesetzte Züchtung unter denselben Bedingungen mehr und mehr zum Schwinden gebracht. Der Formenreichtum der Rösterreger erklärt sich ernährungsphysiologisch durch den großen Unterschied des Röstmaterials. Es ist für Flachs bekannt, daß er dem Röstprozeß mitunter großen Widerstand entgegensetzt. Allgemeine klimatische Verhältnisse, Feuchtigkeit und Wärme während der Vegetationsperiode, Beschaffenheit und Kultur des Bodens, Art des Flachses (Samenflachs), geben ein für die Rösten verschiedenwertiges Stroh. Der Reifegrad und das Anregnen der Faserpflanzen auf dem offenen Felde ist von großem Einfluß. Nicht nur die Pektinstoffe, deren Umwandlung in der Pflanze sich während der Entwicklung dauernd vollzieht, auch die Menge und Beschaffenheit der Stickstoffquellen, der Kohlenhydrate und Mineralstoffe kommen für die Bakterien in Betracht. Es ist eine bekannte Tatsache in der Bakteriologie, daß die Kolloide von höchster Bedeutung für die Tätigkeit und Lebensäußerungen der Mikroorganismen sind, und daß ohne dieselben manche mikrobiologischen Vorgänge auf ein geringes Maß zurückgehen oder gar stehen bleiben. Die Kolloide erfahren dauernd Zustandsänderungen. Da das Bakterienleben mit ihnen in engem Zusammenhang steht, so wird es dementsprechend reagieren. Auf solche Einflüsse mögen u. a. auch die schlangenartig gewundenen Formen der Plektridien zurückzuführen sein, man sieht, es gibt genügend Gründe, die auf die Vielgestaltigkeit der Organismen einwirken können. Auf dem Stengel gehen die Individuen während der Röste ganz allgemein aus der Teilung der Stäbchen hervor, nicht aus der Keimung der Sporen wie ganz zu Anfang der Röste, und ihre erste Tätigkeit ist eine Speicherung von Glykogen. Die durch Spaltung entstehenden Tochterzellen sind beide gleich alt und weisen, sofern nicht die Zellteilungen zu schnell aufeinander folgen und das Auswachsen der Zellen gleichen Schritt halten kann, dieselben Inhaltsbestandteile auf. Gegen Ende der Röste haben die Anhäufung der Bakterien im Innern der Stengelrinde und der Glykogengehalt der Plektridien ihren Höhepunkt erreicht. Am besten ist diese Beobachtung bei vorsichtigem Abziehen der Faserbänder vom Holzkörper und Betrachten der Innenseite der Faser zu machen. Die Röstreife gibt sich somit mehr oder weniger dadurch zu erkennen, daß die Vermehrung der Röstorganismen starken Abbruch erleidet. Die Individuen unterliegen infolge Ansammlung von Stoffwechselprodukten, wie Säuren, oder Nährstoffmangel, nach Ausbildung einer Spore dem Zerfall. Die Röstbakterien treten nicht nur im Innern der Faserstengel auf, sondern verbreiten sich auch in der Röstflüssigkeit mit Hilfe ihrer Geißeln; sie vermögen daher durch den ihnen innewohnenden Richtungssinn passende Lebensbedingungen aufzusuchen. Die Zahl der in der Flüssigkeit auftretenden Formen ist sowohl im Vergleich zu den sie begleitenden übrigen Mikroorganismen als auch zu der großen Menge der sich im Rindengewebe anhäufenden Röstbakterien nur sehr gering.

Außer den bis jetzt behandelten Röstorganismen der anaeroben Wasserröste, welche wir als Amylobakterien bezeichnet haben, ist noch ein anaerobes spezifisches Röstbakterium zu nennen, der von D. Carbone in Mailand entdeckte und im Jahre 1917 beschriebene Bacillus felsineus. Der Bacillus felsineus soll der wirksame Erreger der zahlreichen ländlichen Hanf- und Flachsrösten Italiens sein, in typischer Form wächst er im Kartoffelnährboden. So umständlich die Reinkultur des Bacillus felsineus durchzuführen ist, so leicht fällt sie unter Mithilfe eines sehr sauerstoffbedürftigen Organismus. Das Zusammenleben mit Saccharomyces ellipsoideus erleichtert ihm das Fortkommen derartig, daß er jederzeit in einer sonst geeigneten Nährlösung und bei hoher Flüssigkeitsschicht ohne besondere Wegnahme des Sauerstoffes aufs beste gedeiht.

Aerobier. Der Bacillus Comesii Rossi ist ein typisch aerober Pektinstoffzehrer, er unterscheidet sich von dem neben ihm auftretenden Bacillus amylobacter durch Form und Größe seiner Sporen und Stäbchen. Im Rindenparenchym und auf der Faser des röstenden Pflanzenstengels häuft er sich ebenso wie die anderen Rösterreger an. Ziemlich zahlreich entwickelt er sich auch in der Röstflüssigkeit, wo er anscheinend leichtere Ernährungsbedingungen neben der Begleitflora findet als die Amylobakterien. Er verhält sich danach in den Rösten als nicht so strenger Pektinstoffzehrer wie die übrigen spezifischen Rösterreger; darauf deutet auch die häufiger eintretende mangelnde Befreiung der Fasern von Parenchymresten hin.

Außer den eigentlichen Rotteerregern finden sich bei der technischen Wasserröste natürlich noch viele Begleitorganismen ein, deren Rolle zum Teil vielleicht in einem Schutze der Rotteerreger vor der Einwirkung des Sauerstoffs zu suchen ist. Auf Grund der biologischen Erfahrungen erklären sich nun auch die Maßnahmen, welche die Praxis als empfehlenswert anerkannt hat, zur Förderung und zur richtigen Durchführung der Rotte. Man wählt die für die Rotteerreger günstigste Temperatur aus, sorgt ferner dafür, daß das Wasser, in welches die leicht löslichen Bestandteile aus den Gespinstfaserpflanzen hinausdiffundiert sind, erneuert wird, damit nicht andere, von diesen leichtlöslichen Produkten lebende Spaltpilze die Oberhand gewinnen; man fügt eventuell auch etwas aus einer früheren Rotte stammendes, darum an Rotteerregern angereichertes, Wasser zu der neuen Rotteflüssigkeit hinzu.

b) Tauröste. Die Ansichten über die Erreger der Tauröste gehen noch auseinander, wie auch die Frage, ob Bakterien daran beteiligt sind, noch der Klärung bedarf. Nach J. Behrens kommen hier als Röstorganismen nur Pilze aus der Klasse der Phykomyzeten oder Algenpilze in Betracht, und zwar Vertreter der Gattungen Mukor und Rhizopus aus der Familie der Mukorineen. Der sehr verbreitete Rhizopus nigricans, anfänglich Mucor stolonifer genannt, ist als Erreger der Tauröste, bei nicht zu niedrigen Temperaturen hauptsächlich auf Hanf gefunden worden. Er besitzt ein bräunliches Mycel, nur in der Jugend sind die Hyphen und Sporangien weiß. Auf feucht gehaltenem Flachs treibt er schnell wachsende, freie Ausläufer, welche man als Stolonen bezeichnet. Auf der Oberfläche breitet sich der Pilz mit Hilfe der Stolonen sehr schnell aus, während das Vordringen in das Rindengewebe langsamer vor sich geht. Das Durchwachsen der Rinde mit dem Pilzmyzel ist dem Rösten gleichzusetzen. Bemerkenswert ist, daß Rhizopus nigricans im Gegensatz zu den meisten sonst auf dem Faserstengel anwesenden Pilzen die Fähigkeit, Zellulose zu zerstören, nicht besitzt. Er wird hierdurch zu einem besonders geeigneten spezifischen Taurösterreger. Als weiterer Tauröstpilz ist von Ruschmann Mucor plumbeus festgestellt worden. Er tritt mindestens ebenso häufig wie Rhizopus auf. Mucor plumbeus ist leicht zu erkennen an den dornigen Auswüchsen seiner Kolumella, seinen kugeligen Sporen und der bleigrauen Farbe seines Rasens. Während Rhizopus nigricans und Mucor plumbeus zur Entfaltung kräftiger Rösttätigkeit höhere Temperaturen verlangen und ihr Wachstum bei $+ 10^0$ Celsius schon fast einstellen, weshalb sie von anderen schneller wachsenden Arten unterdrückt werden, sollte für die Winterlandröste nach Behrens Mucor hiemalis als wirksamster Rösterreger in Frage kommen, der von Wehmer näher beschrieben ist. Er gedeiht selbst noch bei $+ 2$ bis 5^0 Celsius. Sein Temperaturoptimum liegt jedoch etwas unter 30^0 Celsius. Die grauen bis bräunlichen Sporangien sitzen auf 1 bis 2 cm langen, selten verzweigten Sporangienträgern. Das Cladosporium herbarum Link (Schwärzepilz), welches bei der Sommer- wie Winterröste auftritt, hat nach Ruschmann als wichtigster Taurösterreger zu gelten.

Es besitzt wesentlich stärkere Rösteigenschaften als die drei vorher genannten Pilze, die es trotz ihrer schnellen Ausbreitung an der Oberfläche leicht verdrängt, bevor sie eine merkliche Wirkung ausüben (Abb. 5). Es gehört nicht wie die drei vorherigen Pilze zu den Phykomyzeten, sondern infolge seiner starken Gliederung zu den Eumyzeten oder Fadenpilzen, und zwar zur Familie der Askomyzeten. Auf ungleiche Ernährungsweise und andere äußere Einflüsse reagiert er durch Ausbildung verschiedener Formen, weshalb er früher häufig mit anderen Namen belegt wurde. Das Myzel hat eine grauschwärzliche bis graubraune Farbe und verzweigt sich stark. Die Hyphen zerfallen in kurze, dicke oder gestreckte, schmale Zellglieder und führen kleinere und größere auffallende Öltropfen. Der Pilz zersetzt Zellulose, was in Anbetracht seines häufigen Vorkommens auf den in der Tauröste liegenden Flachsstengel eine Gefahr werden kann. Ob aber das Cladosporium auf Grund dieser Eigenschaften die Ursache der unter gewissen Verhältnissen so leicht und schnell eintretenden Überröste ist, kann damit noch nicht behauptet werden. Stark ausgereiftes, gelbes Stengelmaterial setzt hier dem Wachstum und der Verbreitung des Tauröstерregers stärkeren Widerstand entgegen. Die Beteiligung der Bakterien an der Tauröste hängt wesentlich von den vorhandenen Feuchtigkeitsmengen ab. Im Freien sind die Bedingungen für eine regere Beteiligung derselben in den seltensten Fällen gegeben, Cladosporium herbarum führt immer mindestens ebenso schnell die Röste durch wie die Bakterien.

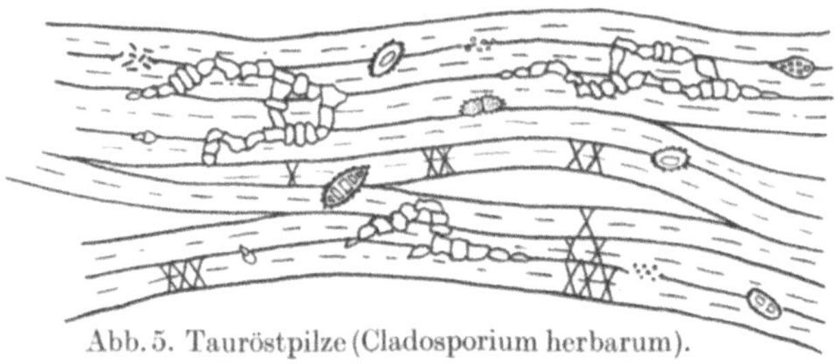

Abb. 5. Tauröstpilze (Cladosporium herbarum).

B. Der Verlauf der Röste.

Der Flachs kann nun aufbereitet werden durch eine biologische Röste oder durch ein chemisches Aufschließungsverfahren. Die biologische Röste gliedert man in Land- und Wasserrösten, wobei man unter Wasserrösten diejenigen Verfahren versteht, bei denen der Flachs vollkommen in Wasser eingetaucht ist, während er bei der Landröste lediglich dem Einfluß von Tau, Regen oder Schnee ausgesetzt ist. Bei den überaus zahlreichen zu Patenten angemeldeten Verfahren sind natürlich auch Übergänge zwischen den einzelnen Prozessen vorhanden, die sich aber bequem in eins der beiden Verfahren einreihen lassen. Ganz allgemein kann gesagt werden, daß bei den Wasserrösten die Bakterien in der Hauptsache die Röste vollziehen, während bei den Landrösten Pilze die Fasern freilegen. Die Wasserrösten zerfallen je nach der Art der Durchführung in aerobe und anaerobe Rösten, wobei anaerobe Bakterien solche sind, die den Sauerstoff nicht lieben, doch wirkt er nicht absolut schädigend auf das Wirken der Bakterien, denn die anaeroben Bakterien finden sich auch in der Röste mit fließendem Wasser vor, welches bedeutend mehr Sauerstoff gelöst enthält als stehendes und denselben durch seinen Wechsel immer von neuem an die Faserstengel, den Sitz der anaeroben Organismen, heranbringt. Noch augenfälliger erscheint diese Tatsache bei dem Verfahren von Feuillette, bei welchem die Röstkästen siebenmal während der Röste langsam aus dem Wasser herausgehoben, umgedreht und wieder eingetaucht werden. Eine kurze Belüftung des

Stengelmaterials oder eine dauernde geringe Zufuhr von Luft kann auf keinen Fall die obligat aeroben Bakterien einer anaeroben Wasserröste zum Gedeihen bringen, da sie darauf angewiesen sind, ohne Unterbrechung reichlich mit Sauerstoff versorgt zu werden.

a) Vorphase.

Den Vorgang einer Röste verfolgen wir am vorteilhaftesten bei einer Warmwasserbassinröste, da sich hier die Verhältnisse für das Studium des Prozesses am besten variieren lassen. Es lassen sich bei der Wasserröste leicht verschiedene Phasen beobachten; die erste ist das Auslaugen der Pflanzenmasse, das unmittelbar nach dem Zulassen des Wassers einsetzt und für die nachfolgende Röste von Wichtigkeit ist. Die bei 29° Celsius und einem Flottenverhältnis 1:18 in 12 Stunden aus einem dünnstengeligen, gelben Qualitätsflachs ausgelaugten Stoffe betrugen 12,3% vom Rohflachs. Bereits in der ersten Stunde ergab sich ein Verlust von 9,3% und nach 2 Stunden von 11,0%. Auf die folgenden 10 Stunden entfällt also der geringe Anteil von 1,3%, und zwar ist während der letzten 3 Stunden nur noch eine kaum nennenswerte Veränderung im Gewichtsverlust des ausgelaugten Flachses feststellbar. Mit dem Auslaugen setzt ein sehr starkes Quellen der Stengel ein. Wichtig ist für diese Zeiten naturgemäß die Temperatur des Wassers, je höher die Temperatur, um so schneller verläuft der Prozeß.

Gärung setzt während dieser Zeit in der Flüssigkeit, die noch klar und goldgelb bei durchfallendem Licht aussieht, nicht ein. Glukose, auch geringe Mengen anderer Zuckerarten, Gerbstoffe, einige Glukoside, kleine Quantitäten Eiweißstoffe und deren Bausteine, einige Mineralstoffe in anorganischer Form und wahrscheinlich geringere Mengen Pektine sind die chemischen Stoffe, welche uns in der Auslaugeflüssigkeit entgegentreten. Die Lösung ist verhältnismäßig schwach und für das Gedeihen der Mikroorganismen besonders günstig, denn in höherprozentigen Lösungen werden Wachstum und Vermehrung der Bakterien gehemmt. Als Hauptenergiequelle für Bakterien sind die Kohlenstoffverbindungen anzusehen, die auch den bei weitem größten Anteil der aus der Pflanze in Lösung gehenden Stoffe ausmachen. Der Verlauf der Röste hängt ganz wesentlich davon ab, wie schnell sich diese Stoffe lösen. Vorgänge dieser Art spielen mit, wenn grüner Flachs zur Röste kommt, der geringeren Auslaugeverlust zeigt und langsamer röstet. Die noch nicht abgestorbenen lebenskräftigen Zellen gehen erst allmählich im Vorstadium der Röste zugrunde und setzen auch später noch den Angriffen der röstenden Bakterien stärkeren Widerstand entgegen. Das langsame Rösten infolge Nichtausreifens der pflanzlichen Gewebe hängt auch mit der Form der Pektinstoffe zusammen, die noch nicht so weit umgewandelt sind wie die in den reiferen Geweben. Eine Anhäufung der Gerbstoffe im Auslaugewasser der Röste oder Röstflüssigkeit, die eine merkliche Hemmung der Gärungen zur Folge haben würde, ist für gewöhnlich wohl nicht zu erwarten. Die Röste ist keine vollkommen reine Gärung, ein gewisser Fäulnisprozeß ist mit dem Auftreten von Schwefelwasserstoff zu beobachten. Die Tauröste, bei der in den meisten Fällen infolge zu geringer Niederschläge die Gerbstoffe nicht extrahiert werden, weist als Rösterreger Schimmelpilze auf, die sich Gerbstoffe sogar vollständig als Nahrung dienen lassen können. Die erste Phase der Röste, in der noch keine Tätigkeit der Bakterien festzustellen ist, wird nach Ruschmann als die physikalische Phase der folgenden biologischen gegenübergestellt. Zu ihr gehört auch das erste Auftreten von Gasblasen in der Flüssigkeit. Es ist aber falsch, dieses Auftreten der Blasen als den Beginn der Röste zu betrachten, sie stehen mit der Gärung jetzt noch in keiner Beziehung. Ein genaueres Hinsehen lehrt, daß die Blasen größer sind als diejenigen der später einsetzenden Gärung, daß sie leichter an der Oberfläche zerplatzen und sich schwerer von den Stengelstellen, an denen sie gebildet werden, loslösen. Die Flachsstengel haben zu dieser Zeit einen mehr oder minder großen Auftrieb, ein Zeichen, daß die Luft noch nicht vollständig aus dem Stroh vertrieben und die Quellung, d. h. das Aufsaugen von Wasser durch die quellbaren Stoffe im Innern des Pflanzenkörpers, noch nicht beendet ist. Ein Teil der im Stengelinnern eingeschlossenen Luft tritt in Form von Blasen, durch den Wasserdruck ausgetrieben, nach außen, hängt eine Zeitlang an der Stengeloberfläche fest, vergrößert sich dort und sucht dann allmählich seinen Weg durch das Gewirr der Flachshalme zur Oberfläche. Die Quellung beträgt durchschnittlich bei mittleren Temperaturen und in der Stengelmitte 10%. Der Grad der Quellung der Pektinstoffe in den Mittellamellen und in den verschiedenen Geweben ist ausschlaggebend für ihre Zersetzbarkeit und das Wirken der Mikroben. Die nicht auslaugbaren Stoffe des Flachsstengels sind kolloidale Körper, die Wasser mit großer Begier an sich reißen und festhalten, ohne ihren stofflichen Charakter zu verlieren. Die Kolloideigenschaft der Pektinstoffe und ihre Fähigkeit, den Bakterien als gute Nährstoffe zu dienen, muß als vorteilhaft für die Pektingärung angesehen werden. Grad und Geschwindigkeit der Quellung von Körpern, die aus kolloidalen Stoffen zusammengesetzt sind, hängen in hohem Maße von der Temperatur ab. Das bedeutet für die Warmwasserbassinröste, daß die erste Phase, welche noch nichts mit den eigentlichen Röstvorgängen zu tun hat, abgekürzt werden kann. Das ungleiche Quellen ist von Bedeutung für das verschiedene Rösten der einzelnen Stengelteile und der verschiedenen Flachssorten. Im allgemeinen kann man sagen, je reiner und größer die Menge des Wassers gegenüber einer bestimmten Menge Flachs ist, desto schneller und weitgehender wird die Auslaugung erreicht (Flottenverhältnis). Die sehr verschiedene Färbung der Auslaugeflüssigkeit darf nicht dazu verleiten, Rückschlüsse auf Menge und Art der in Lösung gegangenen Substanzen zu ziehen. Sie ist im hohen Grade abhängig von dem Reifegrad und der Sorte des Flachses, den meteorologischen und bodenklimatischen Verhältnissen, unter denen er gewachsen ist, sowie den Einflüssen, die während der Ernte und Aufbewahrung mitgespielt haben. Auch die Bedingungen, unter denen ausgelaugt wurde, können große Verschiedenheiten zur Folge haben. Die Feststellung von feinen Farbunterschieden im Auslaugewasser ist zwecklos, wenn man nicht alle mit hineinspielenden Faktoren berücksichtigt, die Farben ändern sich in den ersten Stunden sehr schnell.

b) Biologische Phase.

Die zweite Phase setzt mit dem Entstehen eines Gewimmels von Keimen in der klaren durchsichtigen Auslaugeflüssigkeit ein, welche mit den Röstbakterien selbst nichts gemein haben. Solange die leicht vergärbare Glukose vorhanden ist, stehen andere Energiequellen auch gut verwertbarer Stoffe hintenan. Erst wenn für die anfänglich üppig gedeihenden Organismen längst nicht mehr die glänzenden Bedingungen für die Ernährung und das Fortkommen bestehen und die Stoffumsetzungen einen gewissen Grad erreicht haben, ist die Zeit für die Pektinstoffzehrer gekommen. Selbst bei weiterer Vermehrung der Begleitflora wird ihnen ihre Nährstoffquelle nicht strittig gemacht. Die Dauer der Röste, die Temperatur, die Sauerstoffverhältnisse, die Zusammensetzung des Röstwassers, in hohem Maße auch die Konzentration haben Einfluß auf das Vorkommen von bestimmten, zu den allergewöhnlichsten Arten gehörenden Mikroben. Wesentlich bei der Organismenanreicherung im Röstbottich ist, daß es sich fast ausschließlich um Keime handelt, die sich in früheren Rösten als besonders nützlich erwiesen haben. Die Gärung besteht anfänglich in einem Abbau der löslichen Stoffe, nicht in der Pektinstoffzersetzung. Die beginnende Trübung ist das sicherste Zeichen für den Anfang der Gärung. Die Gasentwicklung, welche nicht mit der Luftverdrängung zu verwechseln ist, setzt ein. Außer Wasserstoff, Stickstoff und Kohlensäure wurden bei der Warmwasserbassinröste von Flachs keine Gase festgestellt. Die Kohlenhydrate werden umgesetzt und führen zur Bildung von Säuren. Da Säuren von ungünstigem Einfluß auf die Fasern sind, ist es wünschenswert, daß eine Säure, die sich bei der Trocknung des Röstflachses, besonders der künstlichen, nicht verflüchtigt, sondern in ihrer Gesamtheit auf der Faser niederschlägt, möglichst wenig in der Röste gebildet wird. Die in großen Mengen erzeugten Kohlensäure- und Wasserstoffgase rufen die hohen Aufwölbungen oder großen Blasen hervor, welche bei einer Entzündung mit einem laut vernehmbaren Knall und einer bläulichen Flamme abbrennen. Dieses Abbrennen ist nicht örtlich begrenzt auf die Entzündungsstelle, sondern erstreckt sich explosionsartig von Blase zu Blase über das ganze Röstbecken. Der weiße Schaum nimmt dann allmählich eine braune Färbung an, die einzelnen Blasen fallen zusammen, und es entwickelt sich nunmehr die Kahmhaut. Für die Entwicklung der Kahmhautbildner bleibt nur die Grenze zwischen Luft und Nährflüssigkeit über, und wir sehen sie dort auf vielen Rösten, wenn sie nicht gestört werden, eine dicke voluminöse und lückenlos zusammenhängende Haut bilden. Von der Unterseite der Kahmhaut lösen sich während der Röste kleine Bestandteile schon bei ganz ruhiger Gärung ab und senken sich nach unten, deshalb treffen wir Organismen, die sich nur in der Haut vermehren, auch in der Röstflüssigkeit an. Dort stellen sie jedoch ihre Lebenstätigkeit bald ein und sind an den Stoffumsetzungen nicht beteiligt. Die Kahmhautorganismen sind von Wichtigkeit für die Säurezehrung in der Röstflüssigkeit. Die Bedingungen der gewöhnlichen Wasserröste schließen die Mitwirkung tauröstеerregender Pilze aus, obwohl sie der Zersetzung von Pektinstoffen weitgehend angepaßt sind.

Die erste in der biologischen Vorphase erkennbare, durch Bakterientätigkeit hervorgerufene Umsetzung ist der Abbau der Glukose und anderer Zuckerarten sowie der glukosidartigen Gerbstoffe, die in Glukose und den für Bakterien unverwendbaren Gerbstoffkörper zerfallen. Meist führen die von Mikroben bewirkten chemischen Umsetzungen nur bis zu den unerwünschten organischen Säuren. Bei normalem Flottenverhältnis tritt die Buttersäure vorwiegend mit Beginn der biologischen Hauptphase auf als charakteristisches Stoffwechselprodukt der Rösterreger. Bei den zuerst einsetzenden Gärungen wird der im Wasser als Gas gelöste Sauerstoff schnell verbraucht, und zwar in der Warmwasserröste schneller als in der Kaltwasserröste.

c) Hauptphase.

Die biologische Vorphase erreicht ihr Ende mit dem Verschwinden der letzten Mengen von Zuckerarten und der anderen leicht vergärbaren Stoffe, dann setzt nach Ruschmann die biologische Hauptphase ein. Der Beginn dieser Phase wird durch energisches Einsetzen der Pektingärung erkennbar. Durch Brechen des Stengels und Loslösen des Bandes kann man den Beginn der Röste und ihr Fortschreiten beobachten. Jetzt ist der Augenblick gekommen, wo die allgemeinen Existenzbedingungen für die Rösterreger außerordentlich günstig sind, und sie verbreiten und vermehren sich deshalb sehr lebhaft. Anfänglich sind die Röstbakterien besonders im Parenchymgewebe unter der Epidermis zu finden, bei fortgeschrittener oder fertiger Röste besonders zahlreich auf der Innenseite des Bastfaserringes. Es genügt für eine gute Röste, wenn das Grundgewebe, in dem die Bastfasern verlaufen, so weit zerstört wird, daß die Faser beim Brechen und Schwingen von den holzigen Bestandteilen und denen des Grundgewebes befreit werden kann. Dem Flottenverhältnis, d. h. dem Verhältnis von Stroh zu Wasser, ist große Beachtung zu schenken, es soll nach Möglichkeit 1:20 betragen, auf einen Teil Stroh entfallen mithin 20 Teile Wasser. Die Ansicht, daß Reinkulturen von besonderen Organismen die besten Schwungflächse ergeben, ist irrig, auf die Mitwirkung der Begleitorganismen kann man bei der Röste nicht verzichten, sie sind zum Teil stark daran beteiligt, die Entstehung der Säuren zu vermeiden oder sie auf unschädliche Weise zu beseitigen. Die Buttersäure steht an Stärke, die sich nach der Dissoziationsfähigkeit der Säure richtet, den anderen in dem Wasser vorhandenen Säuren nach, sie ist jedoch ein Gift für die Röstbakterien. Durch Zufuhr einer gewissen Menge Luft zur Röste ist eine Rückbildung der Säure zu beobachten, dieser Tatsache muß bei der Leitung der Röste Rechnung getragen werden. Eine fast noch bessere Methode zur Beseitigung der Säuren ist das ständige Durchleiten von geringen Mengen reinen Wassers durch die Röstmasse. Mit dem Durchströmungsverfahren werden vor allem auch die Stoffwechselprodukte der gesamten biologischen Phase beseitigt. Die Säurebildung kann durch die verschiedenen Abänderungen der Röste einen so geringen Grad erreichen, daß eine Gefahr für die Faser von ihr nicht mehr zu erwarten ist. Säuren können an sich schon hydrolysieren und Pektinstoffe lösen, ferner kommt die von den Bakterien abgeschiedene Pektinase am günstigsten bei schwach saurer Reaktion zur Geltung, aus diesen Gründen ist die Anwesenheit einer gewissen Säure wünschenswert. Da höhere Temperaturen das Quellen der Pektinstoffe beschleunigen und verschärfen und damit eine Überröste begünstigen, ist man in Deutschland von der früher häufig angewendeten Temperatur von 37° Celsius vollkommen abgegangen.

Die praktische Wissenschaft hat die Aufgabe, die chemischen Vorgänge, die bei der Röste auftreten, zu studieren, wie wir es vorher getan haben, dann die günstigsten Bedingungen hierfür zu suchen, Störungen und Fehlerquellen auszuschließen, kurz mit allen Mitteln dahin zu wirken, daß nicht nur ein hochwertiges Fabrikat erzielt wird, sondern daß auch dieses Ergebnis mit den einfachsten Methoden und billigsten Hilfsmitteln erreicht wird.

C. Wasser.

a) Wasser zum Rösten.

Der Flachs röstet im allgemeinen in jedem natürlichen, d. h. nicht vergifteten Wasser, jedoch dürfte es im Wasser Substanzen geben, die den Röstprozeß fördern oder andererseits behindern können. Ein normales Wasser, das sich zum Rösten eignet, hat nach Kränzlin folgende Zusammensetzung, die in Tabelle 2 wiedergegeben ist.

Ein Beweis für die seit alters immer wiederkehrende Behauptung, daß eisen- bzw. manganhaltiges Wasser dem Schwungflachs eine Färbung gibt, welche u. a. selbst bei der heutigen chemischen Bleiche nicht entfernbar sei, ist bis jetzt nicht erbracht, nach meinen Beobachtungen besteht die Angabe nicht zu Recht. Es kann infolgedessen auch keine Höchstzahlen für den Gehalt eines Röstwassers an Eisen und Mangan geben. Weichheit gilt als ein unerläßliches Erfordernis für ein Röstwasser, besonders bei der Kaltwasserröste; wie weit allerdings ein Röstwasser rösttechnisch als weich zu gelten hat, ist nicht bekannt. Das Leyewasser ist nach Kränzlin als weich angegeben und hat allein eine Karbonathärte von ca. 13 Grad deutscher Härte, was sonst einem mittel- bis ziemlich harten Wasser entspricht.

Tabelle 2. Chemische Analyse eines Wassers, das zum Rösten geeignet ist.

Farbe: klar, farblos	
Geruch: geruchlos	
Bodensatz: geringe Spuren brauner Flocken	
Reaktion gegen Lackmus: schwach alkalisch	
Abdampfrückstand	353 mg/1000
Glührückstand	346 ,,
Kieselsäure (SiO_2)	7 ,,
Sesquioxyde ($Fe_2O_3 + Al_2O_3$)	0,7 ,,
Kalk (CaO)	111 ,,
Magnesium (MgO)	10 ,,
Schwefelsäure (SO_3)	58 ,,
Chlor (Cl)	39 ,,
Kohlensäure (CO_2)	72 ,,
Salpetersäure (NO_3)	—
Salpetrige Säure (N_2O_3)	—
Ammoniak (NH_3)	—
Gesamthärte D. H. G.	12,5 D. H. G.
Vorübergehende Härte	9,2 ,,
Bleibende Härte	3,3 ,,

b) Röstwasser.

Die Säure des Röstwassers ist nicht einheitlich, sie ist ein Gemisch von Kohlensäure und einer Reihe von niedrigen Fettsäuren der Formel C_nH_{2n}—COOH, Essigsäure, Buttersäure, Valeriansäure, Kapronsäure, Propionsäure und Ameisensäure. Die Bildung der Säuren während des Röstprozesses geht nicht in gleicher Weise vor sich. Im Anfang entsteht am meisten Essigsäure, während gegen das Ende hin die Entwicklung der Buttersäure in schnellerem Tempo vor sich geht, sodaß schließlich die absolute Menge der Buttersäure die der Essigsäure überwiegt. Ameisensäure findet sich nach Rjabow nur zu Beginn der Röste.

Die quantitative Bestimmung der Säuren stößt infolge ihrer sehr schweren Trennung auf große Schwierigkeiten. Von den bisher angewandten Verfahren ist wohl die von Potapow für Röstwasser bearbeitete Ducleauxsche Methode der fraktionierten Destillation von Säuregemischen die genaueste, ihrer Kompliziertheit wegen aber in der Praxis nicht anzuwenden.

Vargas Eyre und C. R. Nodder[1] haben eingehende Untersuchungen über die Entwicklung von Säuren bei der Flachsröste und ihre technische Bestimmung gemacht. In ihren Ausführungen wird die Kohlensäure als vorübergehende, die Fettsäuren als bleibende Säure bezeichnet, bestimmt werden beide durch Titration mit n/10-NaOH und Phenolphthalein als Indikator, die Fettsäure nach Vertreiben der Kohlensäure durch 10 Minuten Kochen am Rückflußkühler. Im Gegensatz zu Potapow stellen sie die Kohlensäure als Hauptkomponente des Röstwassers fest, stimmen dann aber mit ihm überein, daß die Fettsäuren in den letzten Stadien des Röstprozesses die Kohlensäure überwiegen, was sie auf die erst da voll einsetzende Vergärung des Pektins zurückführen. Von großem Einfluß auf die Säurebildung sind Temperatur, Reifegrad des Strohes und Beschaffenheit des Wassers. Bei Rösten, deren Temperatur 27° Celsius überstieg, konnten im letzten Stadium des Prozesses weitaus höhere Säuregrade festgestellt werden, was zweifellos für die Faser von großer Bedeutung ist. Die Säurebildung beim Rösten von unreifem Stroh ist im Anfang und am Schluß der Röste größer als die von reifem Stroh, was wohl auf den höheren Gehalt an Zuckern und freien Pflanzensäuren zurückgeführt werden kann. Der Einfluß des Wassers ist groß, so kann z. B. durch ein an Chlorkalzium reiches Wasser eine Verzögerung der Röste herbeigeführt werden, was sich dadurch erklären läßt, daß die sonst lös-

[1] Vgl. J. Text. Inst. 1924, S. 237—272.

lichen Pektine durch das Ca in weniger leicht angreifbare Kalziumpektate übergeführt werden, wodurch der Säuregehalt herabgedrückt wird. Über die Verteilung der Säureanteile auf Stengelinneres, Bündelinneres und umgebendes Röstwasser liegt eine Anzahl von Arbeiten vor, deren Ergebnisse aber so abweichend voneinander sind, daß sich Abschließendes noch nicht darüber sagen läßt. Normalerweise rechnet man mit einem Gesamtsäuregehalt von 100 bis 350 ccm n/10-NaOH in 1000 ccm, wobei der bleibenden 50 bis 250 ccm und der vorübergehenden 50 bis 125 ccm entsprechen, besonders bemerkt sei, daß die Grenzwerte nicht vereinzelt auftreten. Die Zahlen wurden bei der Röstreife ermittelt und entsprechen normaler Röste von normalem Flachs. Die einzig zuverlässige Methode zur Ermittlung des Säuregehalts ist die Bestimmung der Wasserstoffionen-Konzentration (p_H), leider liegen aber hierüber beim Röstwasser noch keine Untersuchungen vor.

c) Röstabwasser.

Die Analyse des Röstabwassers ergab nach Kränzlin

Tabelle 3. Chemische Zusammensetzung von Röstabwasser, welches aus den verschiedenen Rösten A, B, C, D und E stammt.

Röste	A	B	C	D	E
Gesamtazidität in ccm NaOH/10 . .	176	236	156	175	96
Abdampfrückstand in g	2,68	4,563	3,25	2,482	2,635
Glühverlust in g	1,25	3,204	1,78	1,424	1,55
Gesamtstickstoff (N) in mg	36,4	35,0	33,2	82,54	75,76
Ammoniakstickstoff (NH_3—N) in mg	12,9	9,8	8,34	33,49	9,96
Phosphorsäure (P_2O_5) in mg	73,1	54,24	75,0	63,5	70,6
Kieselsäure (SiO_2) in mg	43,8	17,0	25,5	35,1	28,9
Sesquioxyde ($Fe_2O_3 + Al_2O_3$) in mg	118,5	135,3	117,3	124,6	128,9
Kalk (CaO) in mg	182,0	153,6	156,0	161,4	170,8
Kalium (K_2O) in mg	469,0	296,0	311,0	352,8	332,2

Sämtliche Zahlen in Tabelle 3 beziehen sich auf 1000 ccm Röstabwasser einer normalen Röste, die bei einem Flottenverhältnis von 1 : 20 durchgeführt wurde. Die Zusammensetzung des Röstabwassers ist also entsprechend dem Rohstoff und dem Gang der Röste stark schwankend, wie die Tabelle 3 zeigt.

Die Röstwasserbeseitigung ist heute eine sehr wichtige Frage in der Röstindustrie, da von den Behörden größter Wert auf die Unschädlichkeit der Abwässer gelegt wird und im Interesse anderer Wirtschaftszweige gelegt werden muß. Die Schädlichkeit des Röstabwassers ist bedingt weniger durch seinen sauren Charakter, als durch die Art der niederen Fettsäuren und seine große sauerstoffzehrende Wirkung. Beim direkten Einleiten in Ströme, selbst in deren Mittelwasser, soll der Fischbestand wegen der Erniedrigung des Sauerstoffgehaltes auf einige Kilometer weit leiden, beim Berieseln von bestellten Feldern oder Wiesen stirbt deren Pflanzenbestand sofort ab. Eine Reinigung des Röstabwassers auf chemischem Wege ist sehr gut möglich durch Zusatz säurebindender Reagentien, in der Praxis ist das aber nicht durchführbar, da die Zusätze sehr hoch sein müssen, wenn sie einen guten Erfolg haben sollen, und infolgedessen die Kosten zu groß werden. Biologische Reinigungsverfahren wären ebenfalls anwendbar, doch dauert der Prozeß des Ausfaulens beim Röstabwasser sehr lange, so daß Stau- und Klärbecken in zu großen Ausmaßen benötigt würden. Sand und Koksfilter, die bei anderen Abwässern viel zur Reinigung verwandt werden, sind nicht zu gebrauchen, da die im Röstabwasser enthaltenen Schleimstoffe sehr schwer filtrieren und die Filter zu leicht versetzen. Flachsscheben sollen sich nach Kränzlin günstiger erwiesen haben als Filtermassen. Außer den schädigenden

Substanzen sind im Röstabwasser aber auch noch eine Reihe von Stoffen enthalten, die einen hohen Düngewert haben, Kalium, Stickstoff, Phosphorsäure, die bei der Beseitigung nutzbar gemacht werden könnten. Da ein Berieseln bestellter Felder schädlich ist, können nur unbestellte mit Röstabwasser berieselt oder überstaut werden. Durch die Berührung mit der Luft werden hierbei die organischen Säuren z. T. oxydiert, z. T. verflüchtigen sie, die Nährstoffe sickern mit dem Wasser in den Boden ein und sind dem Pflanzenwachstum förderlich. Mit der Zeit nimmt der Boden jedoch eine Einzelkornstruktur an, die seiner Fruchtbarkeit nachteilig ist. Versuche, das Röstwasser zu verregnen, sind vom Kulturtechnischen Institut der Universität Breslau[1] angestellt worden. Man nahm an, daß bei der feinen Tropfenverteilung die Berührung mit der Luft genügen würde, um die Säuren zu oxydieren. Die Versuche ergaben, daß dieses beim Röstabwasser nicht der Fall ist, sondern daß eine günstige Beeinflussung des Pflanzenwachstums erst festgestellt werden konnte, nachdem die Säuren vor dem Verregnen bis zu einem gewissen Prozentsatz mit Ätzkalk abgestumpft worden waren. Das Rösten von Flachs in öffentlichen Gewässern ist nach § 20 des preußischen Wassergesetzes vom 7. April 1918 verboten. Die Einleitung der Abwässer in den Vorfluter ist nur mit Genehmigung der Behörde (Bezirksausschuß) gestattet, die auch entscheidet, welche Vorkehrungen zur Reinigung des Abwassers zu treffen sind.

D. Die verschiedenen Röstverfahren.

a) Tauröste.

Die Tauröstflächse sind meist im Stroh etwas schlechterer Qualität als die Warmwasserröstflächse. Angerösteter oder stark verunkrauteter Flachs ist zweckmäßig in der Tauröste weiter zu behandeln und nicht in die Wasserröste einzulegen. Die Röstart ist deshalb für sie geeigneter, weil der Röstprozeß langsamer verläuft. Tauröstflachs (Schwungflachs) hat zweifellos vor dem wassergerösteten Flachs manche Vorteile, die sich besonders in der großen Weichheit und der besseren Spinnigkeit der Fasern zeigen. Ferner ist noch zu berücksichtigen, daß in manchen Ländern, z. B. in Rußland, bei der Menge des in jedem Jahre geernteten Flachses die Röstmöglichkeit in den bestehenden Anstalten nicht ausreicht, und daß man daher schon gezwungen ist, einen großen Teil des Flachses im Tau zu rösten. Man bevorzugt als Tauröstflächen fette Wiesen, die auch während des Tages immer eine genügende Feuchtigkeit zurückhalten, um den Organismen, die die Freilegung der Fasern hervorrufen, gute Vegetationsbedingungen zu gestatten. Ferner können

Abb. 6. Tauröste auf Wiese.

[1] Kulturtechniker, 1925, S. 191—232.

noch Korn- und Haferstoppel sowie Kleefelder zum Auslegen benutzt werden. Vorteilhaft ist es, wenn ein Bach durch das Röstgelände fließt (Abb. 6), weil dadurch immer etwas mehr Feuchtigkeit vorhanden ist. Am zweckmäßigsten wird im Frühjahr und Herbst geröstet, und zwar kommen die Monate März bis April bzw. Ende August bis Anfang November in Frage. Je nach Klima und Höhenlage kann eine Verschiebung dieser besten Röstzeit um 2 bis 3 Wochen eintreten. Die heißesten Sommermonate eignen sich zum Rösten weniger, weil einesteils nicht das genügende Land zur Verfügung steht und andererseits die grelle Sonne und die geringe Luftfeuchtigkeit hemmend wirken. Eine kräftige Entwicklung des Grases ist unter allen Umständen zu vermeiden, weil erstens dadurch das Hochnehmen des Flachses nach beendeter Röste erschwert wird, andererseits eine Überröste eintreten kann, weil sich die Feuchtig-

Abb. 7. Wiese nach Tauröste. Der Flachs hat abgeröstet und ist aufgenommen worden, die hellen Streifen zeigen an, wo der Flachs zur Tauröste ausgelegen hat.

keit hier länger hält. Je nach der Witterung kann viermal auf ein und demselben Felde geröstet werden, es hängt dies ganz von den Niederschlagsmengen ab. Die letzte Röste im Herbst ist als die bessere zu betrachten, da sie eine weichere Faser liefert, während die im Frühjahr gerösteten Flächse zwar eine helle Farbe besitzen, dafür aber im Griff eine gewisse Härte zeigen. In Belgien röstet man vom 15. Januar bis Ende Oktober im Tau. Um der Witterung immer genügend Rechnung zu tragen, wird der Flachs im Frühjahr und Herbst sehr dicht ausgelegt, in den Monaten Juni und Juli am dünnsten, nur dadurch ist ein gleichmäßiges Rösten gewährleistet. Das Gras unter dem ausgelegten Flachs gedeiht gut und hat eine kräftigere grüne Farbe als nicht beschickte Streifen (Abb. 7). Im Laufe der Jahre kann sich die Flora eines Geländes ändern, auf dem immer geröstet wurde. Im Durchschnitt breitet man bei dünnem Auslegen etwa 10 bis 15 Zentner Rohflachs bei dieser Röstart auf den Morgen, bei dichtem Legen können etwa 20 bis 25 Zentner pro Morgen aufs Feld gebracht werden. In Deutschland wird grundsätzlich nur entsamter Flachs auf die Tauröste gebracht, während man in Belgien und Holland den Rohflachs zum Teil mit Samen auf den Tau bringt, und zwar dann, wenn nach Ansicht der Landwirte ein weiteres Transportieren sich nicht lohnt. Der Samen ist dann natürlich nach meiner Ansicht als Saat nicht mehr zu benutzen, zum Teil geht er schon durch Vogelfraß verloren, teils keimt er aus. Dieser Verlust soll nach belgischen Mitteilungen nur 5% betragen, ich halte dies für ganz ausgeschlossen. Der Rest wird durch eine alte Entsamungsmaschine vor dem Knicken entfernt, er wandert dann sofort in die Ölschlägerei. Die Belgier und Holländer wenden den Flachs mit einer langen Stange, die vorne noch eine Verästelung trägt. In Deutschland hatte die Tauröste zeitweise schon an Bedeutung verloren, weil die Löhne das Verfahren wesentlich verteuerten. Die Deutsche Bastfasergesellschaft brachte deshalb 1920 einen Flachsausleger für Tauròsten auf den Markt, der in der Hauptsache aus einem breiten Blechrad besteht, welches mit welligen Erhebungen versehen war. Die Bedienung erfolgt in der Weise, daß dem an der Maschine tätigen Arbeiter Handvollen Flachs zugereicht werden. Die Vorwärtsbewegung der Maschine geschieht dadurch, daß der Arbeiter bei seiner Tätigkeit ruhig weiter geht und die sehr leichte, gangbare Maschine dabei mit dem Oberkörper vor sich hin stößt. Während er durch eine rollende Bewegung der linken Hand die Handvollen auf dem Auslegebrett ausbreitet, greift er mit den Fingern der rechten Hand zwischen das Flachsstroh, um es noch mehr zu verteilen, und schiebt dann die Handvollen auf die Trommel. Der Apparat hat sich nicht bewährt, da er beim kleinsten Hügel im Gelände, z. B. Maulwurfhügel, steckenblieb. Um der Trockenheit während der Sommermonate bei der Tauröste zu begegnen, wurden mehrmals Versuche mit Beregnungsanlagen gemacht, diese Versuche sind jedoch gescheitert, da sie einesteils zu teuer und andererseits die Befeuchtung zu ungleich war. Trotz der Beregnung am Morgen und Abend, also zu Zeiten, wo die Feuchtigkeit längere Zeit vorhalten mußte, röstete der Flachs sehr schwer, die Faser war außerordentlich hart. Der Feuchtigkeitsgehalt des Röstflachses, wie er von der Tauröste kommt, beträgt im Spätherbst etwa 15 bis 25% auf lufttrockenen Röstflachs bezogen; dieser Flachs muß deshalb vor der weiteren Verarbeitung noch etwas austrocknen, gewöhnlich kann man mit einem Feuchtigkeitsgehalt von 10 bis 14% rechnen, auf lufttrockenen Röstflachs bezogen.

b) Wasserröste.

1. Grubenröste. Die einfachste und primitivste Art der Wasserröste dürfte wohl die Grubenröste sein, welche heute noch in beschränktem Maße im Oetztal angewandt wird. Es ist eine Kaltwasserröste, welche in Gruben betrieben wird, die auf Wiesen ausgehoben und durch einen Bach gespeist werden. Der Grubenröstflachs hat meist eine hellere Farbe.

2. Kaltwasserröste. Die moderne Kaltwasserröste wird in Deutschland nur dort angewandt, wo die Verhältnisse für eine solche Röstanstalt als günstig zu betrachten sind, z. B. in Teichen bzw. Flußläufen. Bei der Kohlenknappheit nach Beendigung des Krieges wurde in Deutschland an verschiedenen Stellen die Teichröste mit großem Erfolge betrieben, z. B. in Holzkirchen, Oberbayern und unweit Neusalz an der Oder. Es waren dies typische Kaltwasserrösten, in die der Flachs in Röstkästen in der Weise eingesetzt wurde, wie es an der Lys in Belgien üblich ist. Jeder Röstkasten faßte etwa 8 dz Strohflachs. Um während des ganzen Sommers rösten zu können, war für eine langsame Wassererneuerung des Teiches durch Zu- und Abfluß Sorge getragen. Die Befürchtung, durch die Kaltwasserröste die Fischerei zu beeinträchtigen, soll nicht zutreffend sein, da in den größeren Seen das Röstabwasser so verdünnt ist, daß die Fische unbehindert bleiben.

Am vorteilhaftesten sind die Kaltwasseranlagen dann, wenn sie mit einer Vorwärmeinrichtung versehen sind; dies kann beispielsweise ein etwas flacher Teich sein, in dem das Wasser durch die Sonne vorgewärmt wird. Die vollkommenste Kaltwasserröste dürfte die Lysröste in Belgien sein. Die Röstdauer bei solchem Rösten richtet sich natürlich ganz nach der Temperatur. Bei ungünstiger Witterung kann sie verhältnismäßig lange währen, und man hat deshalb bei Röstbecken im Freien, welche auch nur mit kaltem Wasser beschickt werden, die Oberfläche abgedeckt (Abb. 8), um die Abkühlung der Nacht

Abb. 8. Kaltwasserröste. Der Teich ist nach der Röste zur Hälfte abgelassen worden, links das natürliche Becken zum Vorwärmen des Wassers.

möglichst zu unterbinden. Im größten Maßstabe wird heute noch in Finnland im kalten Wasser geröstet.

3. Warmwasserröste Schenk. Von alten Verfahren hat am längsten die Franzosen das Verfahren von Schenk interessiert, der mit Hilfe des Kondenswassers von der Dampfmaschine bei 30 bis 32 ^{0} C eine schnellere Röste erzielen zu können glaubte. Man hat aber feststellen müssen, daß die Faser nicht den Schmalz hatte wie kaltwassergerösteter Flachs. Die Flächse waren leicht, hart im Griff und hatten keine große Festigkeit. Die Versuche wurden 1848 in Irland zuerst ausgeführt.

4. Kanalröste Dr. Schneider. Während des Krieges, als die Not an Textilrohstoffen sich immer mehr bemerkbar machte, genügten die vorhandenen Kalt- und Warmwasserröstanstalten nicht, und da war die Erfindung der Kanalröste von Dr. H. Schneider (Abb. 9) für Deutschland von außerordentlicher Bedeutung. Die Kanalröste ermöglichte es, in industrieller Weise den Flachs aufzubereiten und dadurch in kürzester Zeit große Mengen Faser zur Verfügung zu stellen. Die Kanalröste besteht aus drei Kanälen, die ungefähr eine Tiefe von

Abb. 9. Kanalröste nach Dr. H. Schneider. Die Röstkästen sind mit Gewichten beschwert.

1,50 m haben (Wendestellen 1,80 m) und von denen jeder einzelne eine Breite von 3 m (3,25 m Einladestellen) und eine Länge von 32 m aufweist. Diese drei nebeneinanderliegenden Kanäle stehen gegenüber dem Einsetzende miteinander in Verbindung. Der Flachs wird in besonderen Röstkästen, die etwa 3,5 bis 4 dz Flachs fassen, eingesetzt, die dann in dem mittleren Kanal in das Wasser gelegt werden. Jeder Kanal faßt 12 Kästen. Die Kästen werden durch Wasserballast oder Steine so beschwert (Abb. 9), daß sie gerade aus der Wasseroberfläche hervorragen. Beim Einsetzen neuer Kästen rückt der zuerst gefüllte immer weiter vor; sobald er das Ende des Mittelkanals erreicht hat, wandert er nach links in den zweiten Kanal, während der nächste Kasten umschichtig nach rechts in den dritten Kanal geleitet wird (Abb. 10). Die Kästen müssen nun so lange im Wasser bleiben, bis sie das Ende des Kanals erreichen, und dies hängt ganz davon ab, wie schnell die Röste beschickt wird. Das Frischwasser läuft an den Stellen in den Kanal, wo der Röstflachs herausgenommen wird: wir haben also ein sogenanntes Gegenstromprinzip, d. h. das Frischwasser trifft auf den fertig gerösteten Flachs, während das mit Abbauprodukten stark angehäufte mit

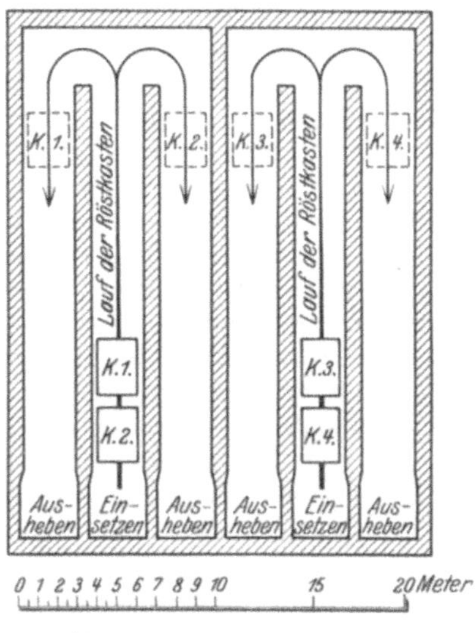

Abb. 10. Kanalröste nach Dr. H. Schneider, 2 Systeme.

dem frischen Strohflachs zuerst in Berührung kommt. Der Nachteil dieses Röstverfahrens liegt vor allen Dingen darin, daß der Flachs bei der Röste nicht individuell behandelt werden kann; dadurch war es unvermeidlich, daß bei der in Deutschland angelieferten ungleichen Flachsqualität ein Teil des Strohes überröstete, während das andere noch nicht als röstreif zu bezeichnen war. Die Wassermenge berechnet man auf 2 dz Strohflachs pro Einheit mit 5 cbm Wasser, ferner fordert Schneider alle 4 bis 8 Wochen eine vollständige Entleerung der Kanäle und Beschickung mit warmem Frischwasser. Jeden Tag werden 4 Kästen aus dem Kanal genommen, die Temperatur des Wassers beträgt etwa 30° C. An der Stelle, an der das Herausnehmen der Kästen stattfindet, läuft stetig gleichmäßig eine bestimmte Menge reinen warmen Wassers zu, etwa 6 bis 8 cbm pro Stunde, während am entgegengesetzten Ende der Röstkanäle über eine Überlaufwand dasselbe Quantum verbrauchten Wassers abläuft. Der nasse Röstflachs wird dann entweder auf besonderen Trockenwagen mit 13 übereinander liegenden Horden dünn ausgebreitet, um nun mittels Schiebebühne in den Kanaltrockenapparat (Abb. 23) gefahren zu werden, oder er wird im Freien getrocknet. Kanalrösten sind in Deutschland nicht mehr in Betrieb.

5. Bassinröste. Die Bassinröste ist als die modernste und vorteilhafteste Röste anzusehen, denn sie gestattet durch ihre Anlage die Durchführung sämtlicher Röstarten, z. B. Kalt- und Warmwasserröste, Rösten mit und ohne Durchlüftung, Rösten mit Zusatz von Chemikalien oder Bakterien. Sie ist hervorgegangen aus der Schneiderschen Kanalröste (Abb. 11), und zwar hat man den mittleren Kanal, in den früher der Flachs eingesetzt wurde, herausgebrochen, die beiden anderen Kanäle sind dreimal untergeteilt worden, so daß im ganzen 6 Röstbecken entstanden sind, von denen jedes 8 mal 3 mal 1,50 m groß ist. Der mittlere Kanal bildet jetzt die Zufuhrstraße zu diesen Röstbecken (Abb. 12). Da früher jede Röste meist über 2 Systeme der Kanalröste verfügte, sind jetzt 12 Röstbecken vorhanden, jedes Röstbecken nimmt etwa 35 dz Flachs auf. Der Flachs wird stehend in einer Lage eingesetzt, und zwar beträgt das Flottenverhältnis 1 : 20, d. h. auf einen Teil Stroh kommen im Durchschnitt 20 Teile Wasser. Der Flachs darf nicht zu fest gebündelt sein, da sonst das Stroh nicht richtig durchröstet (Abb. 2). Um die Vorteile der Bassinröste voll auszunutzen, ist natürlich ein Sortieren erforderlich, es liegt auf der Hand, daß man ein gleichmäßig gutes Produkt nicht erreichen kann, wenn man verschiedenartigen Flachs in ein und demselben Bassin hat. Die Erwärmung des Röstwassers geschieht durch Dampf, welcher durch Schlangen am Boden des Bassins geleitet wird, von einem direkten Einleiten des Dampfes sieht man jetzt ab, weil sich hierdurch gewisse Nachteile in der Röste ergeben hatten, der Flachs am Boden des Bassins war oft nicht fertig geröstet, weil die Bakterien durch die große Hitze abgetötet waren. Wenn Dampf benutzt wird, dann sollen die Löcher, durch die er austritt, nach unten liegen. Kluboff empfiehlt ein allmähliches Anwärmen des Wassers, damit sich die Bakterien an die neue Umgebung gewöhnen können, ich sehe nach meinen Untersuchungen keinen Nachteil darin, wenn das Wasser sofort in der entsprechenden Rösttemperatur zugesetzt wird. Der Rohflachs wird auf besondere Lattenroste aus Holz aufgestellt, die etwa 15 bis 20 cm über dem Boden liegen. Die Abfallstoffe können sich hierdurch leicht am Boden ablagern und stören durch ihre Gegenwart den Röstprozeß nicht mehr. Diese Senkstoffe müssen jedoch so oft wie möglich beseitigt werden, am besten geschieht dies durch ein Abspritzen nach jeder Röste, denn sie bilden einen Nährboden für Zellulose zersetzende Bakterien, also für jene Organismen, die soweit wie möglich vom Röstvorgang ferngehalten werden sollen. Die Verschmutzung kann unter Umständen einen solchen Umfang annehmen, daß die

Röste vollständig zum Stillstand kommt und Fäulniserscheinungen eintreten, die Oberfläche hat dann ein petroleumartiges Aussehen. Die Zufuhr des kalten

Abb. 12. Bassinröste, aus der Schneiderschen Kanalröste hergestellt.

und warmen Wassers erfolgt von unten, beim Durchspülen findet also eine kräftige Zirkulation statt, die nur als vorteilhaft bezeichnet werden kann. Ein zweimaliges Spülen eines jeden Beckens am Tage, durch das jedesmal 10% Frischwasser dem Röstbottich zugeführt werden, ist förderlich für den Röstprozeß, zweckmäßig erfolgt es aber mit etwas angewärmtem Wasser, damit die Bakterien in ihrer Tätigkeit nicht abgeschreckt werden. Wenn die Durchströmung eine gewisse Grenze überschreitet, so kommt keine Nebenflora mehr zur Entwicklung, die unbedingt notwendig ist, die Röste bleibt stehen. Ein starkes Abkühlen der Röste während der Nächte um etwa 10° C ist nachteilig, geschieht es mehrmals hintereinander, so wird die Röstdauer nicht nur wesentlich verlängert, die Röste kann sogar vollkommen zum Stillstand kommen, wobei u. a. Methanbildung nach Ruschmann zu beobachten ist. In den breiten Wänden, in denen die Russen versuchsweise Kork als Isoliermaterial einlagerten, sind Überläufe eingebaut, durch die das Altwasser abläuft. Das erste Spülen braucht

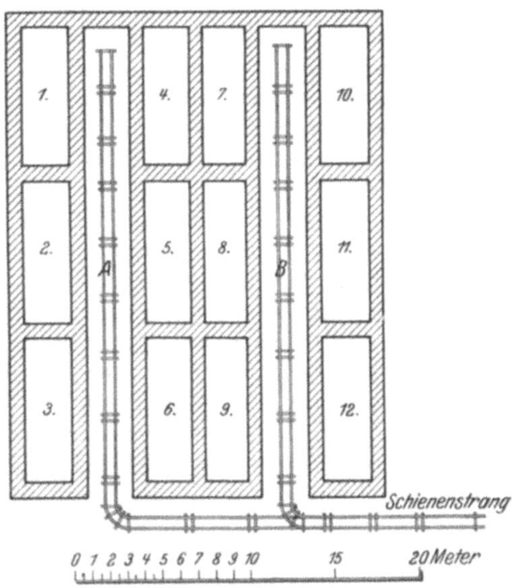

Abb. 11. Bassinröste aus der Schneiderschen Kanalröste hergestellt, 2 Systeme.

erst nach 24 Stunden zu erfolgen, während des Auslaugens nach den ersten 10 bis 12 Stunden ist es zwecklos, und bei Einsetzen der Rösttätigkeit der Bakterien soll der Röstvorgang nicht gestört werden. Nach Kluboff soll mit der Rösttätigkeit eine starke Wärmeentwicklung Hand in Hand gehen, meine Versuche haben diese Annahme nicht bestätigt. Ist der Flachs röstreif, so ist ein energisches Spülen für die nachfolgende Trocknung von besonderem Vorteil, es ist dabei ganz gleichgültig, ob es sich um künstliche oder natürliche Trocknung handelt. Stark gespülter Flachs trocknet schneller als ungespülter, eine alte Erfahrung ist es auch ferner, daß bereits angetrockneter Flachs, welcher noch einmal gründlich durchgeregnet ist, schneller wieder antrocknet, als solcher, der frisch aus der Röste kommt. Das ganze Spülen ist natürlich letzten Endes eine Frage der Wirtschaftlichkeit, die Frage der Beseitigung der Abwässer wird hierbei eine bestimmende Rolle spielen. Ist genügend Wasser vorhanden, und kann das Abwasser ohne besondere Kosten entfernt werden, so ist ein langsames dauerndes Durchfließen nur zu empfehlen, das beste Beispiel für diese Röstart dürfte die Lysröste sein. Die vorteilhaftesten Temperaturen zum Rösten dürften bei etwa 28 bis 30° C liegen, die Röstdauer beläuft sich dann bei einem normalen Flachs auf etwa 96 Stunden. Eine feste Norm kann jedoch nicht aufgestellt werden, das Wachstum des Flachses kann hier vollkommen veränderte Bedingungen hervorrufen. Im allgemeinen röstet der Flachs, welcher in feuchten Jahren gewachsen ist, schneller als solcher, der große Trockenheiten überstanden hat. Hat der Flachs schon im Stroh keine große Festigkeit aufzuweisen, oder ist er krank, so empfiehlt es sich, das Stroh bei niedrigeren Temperaturen zu rösten, damit auch die kranken Stellen mit durchgeröstet werden. Ein schärferes Spülen ist hierbei auch sehr wertvoll, um ein Überrösten an den gesunden Stellen zu verhindern. Die Gefahr der Überröste ist nach meinen Untersuchungen nicht so groß, wie sie früher immer wieder hingestellt wurde. Durch ein regelmäßiges sachverständiges Spülen kann die Gefahr der Überröste so gut wie vollkommen beseitigt werden. Großversuche haben gezeigt, daß ein Flachs, der bei einer Temperatur von 22° C bei 192 Stunden vollkommen röstreif war, eine Ausbeute an Langfasern von 23,2% auf Röstflachs bezogen ergab, derselbe Flachs wurde dann täglich zweimal gespült (jedesmal 10% Frischwasser) und blieb insgesamt 456 Stunden bei derselben Temperatur im Röstwasser. Weder die Ausbeute an Langfaser noch die Festigkeit dieses Flachses hatten irgendwie gelitten.

Wichtig für den Röstprozeß ist, den Zeitpunkt der Röstreife genau festzustellen, hierzu ist eine gewisse praktische Erfahrung notwendig. Röstreife ist das Stadium, bei dem der Röstprozeß abgebrochen werden muß, um nachher die größtmögliche Ausbeute an Langfasern zu erzielen. Ist der Flachs vollkommen röstreif, so lassen sich die Fasern als ein geschlungenes Band vom nassen Stengel abziehen, ohne daß irgendein Widerstand durch das Lösen der Fasern empfunden wird. In Belgien und Holland prüft man ferner bei Röstreife den Flachs noch so, daß der Stengel an zwei Punkten, welche etwa 10 cm voneinander entfernt sind, gebrochen wird, um dann den Holzkörper herauszuziehen. Löst sich der Holzkörper ohne jede Schwierigkeit ab und befinden sich keine Fasern mehr an ihm, so kann die Röste als beendet angesehen werden. In Finnland schlägt man bei Prüfung des Flachses auf Röstreife etwa 10 bis 20 Stengel heftig gegen die Wasseroberfläche. Durch dieses Schlagen lösen sich die Fasern los und bilden ein zusammenhängendes Netz; dieses ist für den Röster das Zeichen der Röstreife. Bei Lager- oder krummem Flachs löst sich die Faser bei der Röstreife an den ovalen Stellen von selbst ab. Bei der Prüfung ist ferner allgemein darauf zu achten, daß die Wurzelenden des Strohes leichter rösten als die Spitzen, dickere Stengel schneller als feine, deshalb sollte man zur Prüfung zweckmäßig dünne Stengel aus der Mitte eines Bündels herausziehen. Ist der Flachs unterröstet, d. h. wurde die Röste zu früh abgebrochen, so bleiben die Fasern rauh und klebschebig, die Holzteile lassen sich bei der weiteren Verarbeitung nur schwer entfernen. Dieser Flachs muß stärker ausgeschwungen werden, wodurch die Festigkeit der Faser wesentlich leidet. Als weiteres Verfahren für die Erkennung der Röstreife ist noch das Schüttelverfahren von Krais zu nennen. Die Prüfung wird so ausgeführt, daß einige Stengelstücke aus der Röste genommen, mit kochendem Wasser übergossen und nach einigem Stehen kräftig geschüttelt werden. Man kann dann leicht und sicher den Grad der Röste erkennen, dabei sind folgende Bezeichnungen für die Röstgrade eingeführt worden: 0 keine Einwirkung, 1 eben beginnend, 2 beinahe fertig und 3 ganz fertig. Wenn die Röste fertig ist, so löst sich der Bast vollständig vom Stengel, die einzelnen Faserbündel schwimmen in der Flüssigkeit und ballen sich zusammen.

Abb. 13. Schwungflachs aus verschiedenen Röststadien. (Die Zahlen geben die Röstdauer in Tagen an.)

Am vorteilhaftesten dürfte für große Betriebe das von A. Herzog angegebene Verfahren sein[1]. Der nasse Röstflachs wird zunächst in einen Trockenschrank gebracht, in dem er etwa bei 100 bis 105° C völlig getrocknet wird, um dann mit der Hand zerrieben oder auf der Knick- und Schwingmaschine aufbereitet zu werden. Die Beseitigung der holzigen und sonstigen nichtfaserigen Stengelanteile muß bei erreichter Röstreife vollständig mühelos vor sich gehen. Je nach dem Röstgrad, bis zu dem die Röste getrieben wird, kann die Feinheit in gewissem Sinne beeinflußt werden. Bei weiter getriebener Röste wird nach Anderson nicht nur die Mittellamelle gelockert, sondern eine ganze Schicht der Zellwand zerstört. Die Festigkeit des Flachses nimmt bis zur endgültigen Röstreife oder bis zu einem ihr naheliegenden Zeitpunkt zu. Mit dem Eintreten der Überröste wird die Festigkeit des Fasermaterials wesentlich herabgesetzt, und zwar nimmt der Halt der Fasern mit dem Überschreiten der Röstreife schneller ab, als er bis zur Röstreife zunimmt. Abb. 13 zeigt das Wachsen des Flachses in der Röste an,

[1] Herzog, A.: Faserforschung 1921, 1, 147—168.

jede der 4 Handvollen Schwungflachs stammt von derselben Menge Strohflachs, die darunter angeführten Zahlen zeigen die Tage an, welche der Flachs in der Röste war. Mit jedem Tag wächst der Flachs, die Wurzel wird allmählich länger, sie wurde am zweiten Tage fast vollkommen abgeschlagen, am fünften Tage wurde die Röstreife erreicht. Die Warmwasserbassinröste wird überall mit vollem Erfolg angewandt und ist als die modernste und zweckmäßigste Warmwasserröste zu bezeichnen.

6. Feuillette. Die ähnlich wie die Schneidersche Kanalröste, aber bereits früher in Frankreich arbeitende anaerobe Feuillette-Röste hat im Gegensatz zu jener nur einen geraden Kanal, in dem auch im Gegenstrom frisches warmes Wasser durchgeleitet wird; beide sind also zu den Warmwasserrösten zu rechnen. Charakteristisch ist für die Röste, daß das Wasser durch eine besondere Vorrichtung in eine langsam fließende Oberschicht und eine schneller fließende Unterschicht getrennt wird; das letztere soll die schädlichen Abfallstoffe durch seine grö-

Abb. 14. Lysröste bei Cuerne.

ßere Strömungsgeschwindigkeit schneller beseitigen. Ein Vorteil gegenüber der Schneiderröste besteht darin, daß die Kästen ausgewechselt werden können, weil eine Laufkatze über den ganzen Kanal geht. Hervorzuheben für die Feuilletteröste ist außer dem Herausheben das jedesmalige Umdrehen der Kästen, so daß einmal die Wurzel oben, einmal die Wurzel unten ist beim Vorwärtsdrücken, bei diesem Abtropfen wird also das ganze im Kasten befindliche Röstmaterial für kurze Zeit der Luft ausgesetzt. Die Durchlüftungszeit ist aber viel zu kurz, als daß sie die Entwicklung einer aeroben Röstflora begünstigen könnte, wie es in den Berichten über die Röste heißt. Eher ist das Umdrehen der Kästen und Mischen des Wassers für das gleichmäßige Rösten der oberen und unteren Stengelteile von Wichtigkeit. Wir wissen aber, daß das sauerstoffscheue Röstbakterium durch geringe Sauerstoffmengen sehr begünstigt wird, vielleicht derselben unbedingt bedarf. Es muß nur darauf geachtet werden, daß nicht der Beginn der anaeroben Pektingärung durch gewaltsame Maßnahmen gestört wird; nach ihrem Eintritt schaden solche weniger, wenn sie auch die Röste verzögern. Der Zeitpunkt und die Art einer Durchlüftung sind also ausschlaggebend für den Erfolg, worauf bei der Feuilletteröste nicht genügend Rücksicht genommen ist. Vielleicht hängt es damit zusammen, daß dies System nichts mehr von sich hören läßt.

7. Lysröste. Eine besondere Art der Kaltwasserröste mit ständiger Erneuerung des Wassers ist auch die Lysröste. Die Flächse, welche in der Nähe von Courtrai (Kortrijk) in der Lys (Leye) oder dem „golden River", wie sie die Engländer nennen, geröstet werden, haben in der Welt anerkannt den besten Ruf (Abb. 14). Man hat lange Zeit geglaubt, daß durch das Wasser der Lys, welches mit Fabrikabwässern reichlich durchsetzt wird, die hohe Qualität hervorgerufen wird; dies ist nicht der Fall. Das Forschungsinstitut Sorau N.-L. hat Lyswasser untersucht, das in Wevelghem bzw. Harlebeke entnommen worden war. Die Analysen geben also keinesfalls ein Bild vom ursprünglichen Leyewasser, wohl aber von dem sogenannten „Frischwasser", mit dem an der Leye geröstet wird; denn der Rohflachs wird immer wieder in dem verdünnten Röstabwasser der anderen Flächse eingesetzt. Da die Untersuchung nicht an Ort und Stelle durchgeführt wurde, fehlen Angaben über Kohlensäuregehalt, Sauerstoffzehrung und -gehalt, sowie vorübergehende Härte.

Tabelle 4. Analyse des Lyswassers zwischen Röstkästen entnommen.

Farbe: trübe, viel suspendierte Teilchen,	Härte: 16,1 deutsche Grade Gesamthärte,
Durchsichtigkeit: unfiltriert 4 cm, filtriert 12 cm,	Abdampfrückstand: 502 mg,
NH_3: +	Glührückstand: 425,2 mg,
N_2O_3: —	Glühverlust: 76,8 mg,
NO_3: —	SiO_2: 16,0 mg,
H_2SO_4: 139 mg SO_3	$Fe_2O_3 + Al_2O_3$: 4,6 mg,
CL: 61,8 mg Cl	CaO: 137,0 mg,
	MgO: 13,8 mg.

Die Zahlen beziehen sich auf mg pro 1000 ccm.

Die mineralische Zusammensetzung der beiden Wasserproben, die im Monat Juli 1929 entnommen wurden, zeigte unter sich keine starken Unterschiede. Beachtenswert ist besonders die fast genau übereinstimmende Gesamthärte von rund 17 Grad deutscher Härte, was nach der Klutschen Tabelle als ziemlich hart, und zwar dicht an der Grenze von Hart zu gelten hat. Das Wasser ist außerordentlich stark mit kolloidalen Körpern belastet, wie die fast momentane Verstopfung der Filter bei dem Versuch, das Wasser durch Filtrieren zu klären, ergab.

Man muß anerkennen, daß die Flächse in der Lys mit der größten Liebe und Sorgfalt behandelt werden. An erster Stelle ist hier das Sortieren des Strohs zu erwähnen, das gleich beim Entsamen des Flachses einsetzt, wobei Unterwuchs, grüne und kranke Stellen entfernt werden. Vor dem Binden des Flachses in die Röstbündel findet nochmal eine kleine Prüfung des Strohes statt, dann werden die sogenannten Röstbündel hergestellt, bei denen Wurzel und Spitze zur Hälfte gegeneinander verschränkt, zweimal mit Flachs, Stroh oder Alfagras gebunden werden. Die Röstbündel werden dann in die Röstbottiche eingesetzt, welche $5 \times 4 \times 1{,}8$ m groß sind. Diese Röstbottiche bestehen aus Holz und werden mit Jutetüchern jedesmal ausgelegt, die als Filter dienen und Schlammstoffe vom Flachs fernhalten sollen. Der Flachs wird aufrecht in diese Röstkästen eingestellt und dann mit Stroh bedeckt. Um den Auftrieb des Flachses zu überwinden, wird der Bottich so stark mit Steinen beschwert, daß der Kasten etwa nur noch 20 bis 25 cm aus dem Wasser herausragt. Das Stroh saugt sich dann allmählich immer mehr mit Wasser voll, wodurch die Luft verdrängt wird, daß der Bottich allmählich so tief untersinkt, daß der Flachs vollkommen im Wasser ruht. Für die Röste ist dies von besonderem Vorteil, die Teile des Flachses, welche zuerst im Wasser waren, kommen allmählich immer mehr in kältere Regionen, so daß der Röstprozeß hier verlangsamt wird, während die oberen Partien, welche erst zuletzt ins Wasser tauchen, sich in wärmeren Gebieten befinden und dadurch schneller rösten. Die Lysröste selbst unterliegt besonderen gesetzlichen Bestimmungen, durch die eine Störung des Röstbetriebes unter allen Umständen vermieden werden soll.

Die Röstkästen liegen in der Lys zu beiden Seiten des Flusses in langen Reihen: ein Dampferverkehr mit eigener Kraft ist während der Zeit der Röste, die gesetzlich vom 15. April bis 15. Oktober festgelegt ist, verboten. Die Schiffe fahren dann entweder mit Segel oder sie werden durch Pferde oder Menschen vorwärts gezogen. In Courtrai selbst ist eine ganze Reihe von Kanälen zur Umgehung angelegt, um dadurch den Dampferverkehr zu erleichtern. Genaue Vorschriften der Regierung regeln die ganze Rösterei, wodurch eine gewisse Ordnung an der Lys gesichert ist. Das Flachsrösten in der Lys ist zunächst nur in der oben erwähnten Zeit gestattet, und zwar stromaufwärts von Astene; es

Abb. 15. Lysröste bei Courtrai.

ist verboten, stromabwärts von der Astene-Schleuse zu rösten. Das Einschieben der Röstkästen in die Lys ist nur an den Stellen verboten, wo nach Ansicht der Strombaukommission die Schiffahrt behindert werden kann. An den Plätzen, wo an beiden Ufern geröstet wird, dürfen keine Röstkästen weiter als 7 m vom Ufer entfernt sein (Abb. 15). Die Fahrstraße für die Schiffe in der Mitte muß mindestens in einer Breite von 14 m stets frei bleiben, außerdem bestehen genaue Bestimmungen darüber, wie dicht die Röstkästen an Schleusen, Brücken usw. herangebracht werden dürfen. An jedem Ufer dürfen die Röstkästen nur in einer Reihe angelegt werden; die Kästen selbst müssen durch Ketten oder Stricke am Ufer gut befestigt sein, doch darf hierdurch der Verkehr auf der Straße, die am Ufer entlang führt, nicht behindert werden. Das Stroh, welches für die Röstbündel benötigt wird, darf nicht in die Lys geworfen werden, auch muß es nach Beendigung der Röstzeit von dem Ufer entfernt werden. Der aus den Röstkästen frisch herausgenommene Flachs darf zunächst nur auf dem Platz zwischen der Lys und dem Weg, der am Ufer entlang führt, aufgestellt werden.

Zu Beginn der Röstzeit müssen die Röster die Ufer der Lys säubern, nach Abschluß der Röstzeit müssen die Röstkästen hinter dem Weg aufgebaut werden, wo sie den ganzen Winter über lagern. Das Entnehmen von Wasser aus der Lys, die nur sehr langsam fließt, für künstliche Rösten ist nur während der Röstsaison gestattet, also zwischen dem 15. Oktober und 15. April verboten. Nach einer amtlichen Statistik wurden folgende Mengen Flachs in der Lys geröstet:

Tabelle 5. Verzeichnis der Röstkästen in der Lys.

Jahr	Anzahl der Röstkästen	Jahr	Anzahl der Röstkästen
1894	6258	1926	7848
1904	7307	1927	7574
1911	8289	1928	7619
1925	7914	1929	7470

Ein Röstkasten faßt ungefähr 1500 bis 1800 kg Rohflachs.

Abb. 16. Lysröste bei Harlebeke. Entleeren eines Röstkastens.

Nach etwa 3 Tagen, bei einer Außentemperatur von etwa 25° C und einer Wassertemperatur von 20 bis 22° C findet die erste Prüfung des Flachses auf Röstreife statt, und zwar wird hierbei dasselbe Verfahren angewandt, wie es auch bei uns in Deutschland üblich ist. Der Stengel wird an 2 Punkten, die etwa 10 cm voneinander entfernt sind, gebrochen, dann wird der dazwischenliegende Holzkörper herausgezogen. Bleibt nun keine Faser mehr am Holzkörper haften, ist der Flachs röstreif. Bei der ersten Röste nimmt man den Flachs schon etwas früher aus dem Wasser, er wird dann direkt am Ufer (Abb. 16) zum Abtropfen aufgestellt und nun auf der Wiese in Kapellen zum Trocknen aufgerichtet. Sobald die Außenseite abgetrocknet ist, werden die Kapellen gewendet und die Innenseite an die Sonne gebracht, wobei die Kapelle lose mit Flachsstroh an der Spitze gebunden wird; dadurch erreicht man ein gleichmäßiges Bleichen des Flachsstrohes, das die helle Farbe der Courtraiflächse bedingt.

Mit dem Fortschreiten der Röste hat ein langsames Abtragen der Steine stattzufinden, da der Flachs sonst durch die Wasseraufnahme zu tief sinken würde. Die Flachsröste zieht sich an der Lys von Deynze bis nach Wervik hin, in einer Länge von etwa 75 km. Jeder Röstkasten wird im Laufe des Sommers etwa 20mal eingesetzt. Bei der Lysröste wird ganz streng darauf geachtet, daß der Flachs bei der zweiten Röste umgekehrt eingesetzt wird, d. h., daß die Spitzen und Wurzeln, welche bei der ersten Röste an der Oberfläche des Wassers waren, bei der zweiten Röste in die tiefere Region kommen. Über die Dauer der ersten und zweiten Röste können natürlich keine festen Zahlen angegeben werden, da die Röstzeiten von der Art des Rohstoffs und der Temperatur des Wassers wesentlich abhängen. Tabelle 6 gibt jedoch einen gewissen Überblick, die Zahlen wurden durch praktische Versuche im Großbetrieb ermittelt.

Tabelle 6. Röstzeiten bei der Lysröste.

Monat	1. Lysröste Dauer in Tagen	2. Lysröste Dauer in Tagen
Mai	9	$6\frac{1}{4}$
Mai	13	$7\frac{1}{2}$
August	$4\frac{1}{2}$	$4\frac{1}{2}$
September	$8\frac{1}{2}$	11

Auffallend ist, wie lange der Flachs zum zweiten Male noch in der Röste bleibt; die Röste setzt hier langsamer ein, weil die Bakterien nicht mehr die Nährstoffe in so großer Menge vorfinden wie bei der ersten Röste.

Abb. 17. Warmwasser-Bassinröste an der Lys bei Bisseghem.

Die Behauptung, daß durch Gewitter eine Anreicherung von Bakterien hervorgerufen würde, ist irrig, lediglich durch den warmen Regen wird die Röstdauer abgekürzt. Die Lysröste ist als die ideale Kaltwasserröste zu bezeichnen.

Die Warmwasserrösten an der Lys, welche immer mehr an Bedeutung in Belgien gewinnen, bestehen aus Bassins (Abb. 17), welche im Prinzip den deutschen Warmwasserröstbecken gleichen. Sie sind $6 \times 4 \times 2{,}5$ m groß und oben vollkommen abgedeckt. Jedes Becken faßt 4000 bis 4500 kg Rohflachs. Über dem eigentlichen Röstbassin befindet sich dann ein weiteres Becken, welches etwa halb so groß wie das eigentliche Röstbassin ist. Dieses Reservebecken ist oben offen, es wird mit Wasser angefüllt, das an vielen Orten mit altem Röstwasser vermischt wird; dieses Wasser soll durch die Sonne vorgewärmt werden. Ist die Witterung jedoch zu kalt, so wird es durch Dampf, welcher durch besondere Heizschlangen, die am Boden des Beckens liegen, auf etwa 25 bis 28° C erhitzt. Die Röstbecken haben vorne eine eiserne Tür von $1{,}50 \times 1$ m Größe, durch diese Öffnung wird das Röstbecken gefüllt und geleert. Der Flachs wird stehend eingesetzt, häufig in 2 Etagen. Das Flottenverhältnis beträgt im allgemeinen 1 : 20, d. h. auf einen Teil Stroh kommen 20 Teile Wasser. Geröstet wird im Durchschnitt bei 30 bis 32° C; früher benutzte man höhere Temperaturen, man ist jedoch von diesen mehr und mehr abgegangen. Nach dem Rösten wird der Flachs gründlich gespült und dann auf dem Felde zum Trocknen aufgestellt. Nach amtlichen Statistiken wurden 1928 in Flandern 40% der Flächse in der Lys, 30% in der Warmwasserröste und 30% im Tau geröstet, dieses Verhältnis wird sich weiterhin zugunsten der Warmwasserröste verschieben.

8. Röste mit Bacillus Felsineus. Der gewöhnlichen Warmwasserbassinröste sind wegen der ähnlichen Vorrichtungen und der Anwendung höherer Temperaturen mit voller Berechtigung auch die Felsineusröste von D. Carbone und die aerobe Röste von G. Rossi an die Seite zu stellen. Beide Verfahren weichen von dem ersteren insofern ab, als sie mit Zusatz eines Bakterienimpfstoffes arbeiten, woran wieder bestimmte Bedingungen zur weiteren Durchführung der Röste geknüpft sind. Einmal ist es die Innehaltung der verhältnismäßig sehr hohen Temperatur von 37° C, das andere Mal die dauernde Zuführung eines Luftstromes zur Röstmasse. Die Carboneröste[1] ist eine anaerobe Röste, die ebenso wie die Rossiröste mit Zusatz von Bakterien arbeitet. Grundlage dieser Röste ist eine Temperaturhaltung von 37° C. Es sollen 39° C nie überschritten werden und ein Herabgehen unter 35° C bedeutet Verzögerung. Die Röste kann natürlich in jeder Bassinröste durchgeführt werden, sofern die Impfung von vornherein mit einer reichen und typischen anaerob gezüchteten Kultur erfolgt, die als Vorkultur bezeichnet wird, ihre Herstellung ist der langwierigste Teil für den Röster. Zu der Erzeugung ist es nötig, einen Raum mit der konstanten Temperatur von 37° C zu besitzen. Als Material werden rohe Kartoffeln und ein als fertiges Präparat zu beziehender Impfstoff Felsinozima benötigt. Außer dem Bazillus Felsineus muß noch der Hefepilz zugefügt werden, welcher an der Röste selbst unbeteiligt ist, für das Gedeihen des Bacillus Felsineus aber unbedingt erforderlich ist. Sehr bezeichnend für die Erkennung des normalen Verlaufes der Vorkultur, die in einem erhöhten Becken eingesetzt wird, ist auch der Geruch, welcher im allgemeinen mit dem frischer Bananen verglichen werden kann. Bei der industriellen Röste muß zunächst das Becken etwas mit Wasser gefüllt werden, etwa 1 bis 2 m, dann findet die Impfung des Wassers statt und nun kann der Flachs eingesetzt werden. Als Vorteile der Röste werden angegeben die kürzere Röstdauer, die bessere Farbe des Flachses und die geringe Säure des Abwassers. Eine wesentliche Verkürzung der Röstdauer findet nicht statt, auch die gewöhnliche Warmwasserröste wird bei der gleichen hohen Temperatur in ungefähr der gleichen Zeit abrösten. Die helle Farbe, welche die Carboneröste in Italien erzielen soll, konnte in Deutschland nicht erreicht werden. Obwohl Carbone in Italien aus deutschem Flachs dieselbe helle Farbe erzielen konnte wie bei italienischem Hanf, so konnte bis jetzt bei allen im Laboratorium vorgenommenen und unter Kontrolle von Wissenschaftlern in Fabriken ausgeführten Versuchen in Deutschland nicht dasselbe Ergebnis erzielt werden. Das Verfahren wird bis jetzt nur in einer italienischen Röste ausgeübt, in Deutschland ist es wegen der zu hohen Kosten und der größeren Arbeitsleistung abgelehnt worden, zumal der erzielte Schwungflachs auf dem Markte keinen höheren Wert bis jetzt erzielen konnte als Warmwasserröstflachs. Hervorgehoben werden muß, daß die Ausgaben für den Nährboden aus Kartoffeln durch die Stärkegewinnung nach Peschke und Tobler[2] wett gemacht werden können.

9. Verfahren Rossi. Bei dem Verfahren von Rossi wird der Flachs wie bei jeder anderen Röste in Wasser eingelegt, welches während der ganzen Röste auf einer Temperatur von 28 bis 30° C gehalten werden muß. Der Röste wird dann eine kleine Menge einer Reinkultur des Röstorganismus Bacillus Comesii Rossi zugefügt und während der ganzen Dauer der Röste wird dann ein Luft-

[1] Faserforschung 1922, S. 163—184. [2] Faserforschung 1924, S. 252—258.

strom durch die Gesamtmasse durchgeschickt. Durch die starke Luftzufuhr soll der Bacillus Comesii sich derart vermehren, daß er als Schnellröster wirkt und die Überhand vor all den anderen vorhandenen Mikroben gewinnt, so daß diese sich nicht recht entfalten können. Besondere Anforderungen an die Zusammensetzung des Wassers werden nicht gestellt, die Röstdauer beläuft sich beim Flachs im Minimum auf 38 bis 42 Stunden. Es ist natürlich ausgeschlossen, daß der Bacillus Comesii Rossi allein hier die Röste durchführt, denn ein Arbeiten mit Reinkulturen ist bei der praktischen Röste vollkommen ausgeschlossen. Zur Impfung der Röste stellt man eine besondere Vorkultur her und gießt diese auf die bereits gefüllten Bassins. Die Luft wird aus einem am Boden liegenden Röhrensystem gepreßt, in dem sich nach oben gerichtete kleine Öffnungen befinden. Aus diesen treten gleichmäßig über den Boden verteilt in ununterbrochener Folge Luftblasen aus und suchen sich ihren Weg zur Oberfläche. Eine natürliche Folge der dauernden Anwesenheit von Sauerstoff ist die völlige Zersetzung der gärungsfähigen Substanzen, ohne daß Stoffwechselprodukte wie organische Säuren entstehen. Mit der Temperatur darf man nicht über 28° C oder höchstens 30° C hinausgehen, weil sonst überhaupt keine neutrale Reaktion trotz stärkster Durchlüftung zu erreichen ist. Man würde sich zu sehr des Temperaturoptimus des Bacillus amylobacter nähern, der als Säurebildner bekannt ist. Auch kann das Wasser um so weniger Sauerstoff absorbiert enthalten, je wärmer es wird, es müßten demnach die anaeroben Bakterien gegenüber den aeroben gefördert werden. Charakteristisch für die aerobe Rossiröste ist die enorme Schaumbildung, der Schaum selbst hat einen mäßig starken loheartigen Geruch. Die Reaktion der Röstflüssigkeit bei starker Luftdurchströmung ist neutral und die Schleimbildung auf den Stengeln gering. Bei schwächerer Luftzirkulation entwickelt sich Bacillus amylobacter und damit ist das Auftreten von Säuren wieder verbunden. Dem Röstverfahren mit Bacillus Comesii Rossi wird nachgerühmt, daß es trotz des beschleunigten Prozesses nicht die Gefahr in sich birgt, durch Überschreiten der Röstreife das Faserprodukt zu schädigen. Nach den Versuchen von Ruschmann ist die Gefahr der Überröste vermieden. Rossi fordert für einen Bottich von 50 cbm Inhalt eine Luftdurchströmung von 200 l in der Minute. Das Verfahren ist lange Zeit in Frankreich und Irland in Betrieb gewesen, wird jedoch jetzt nicht mehr angewandt. Die Methodik ist zweifellos als gut zu bezeichnen, jedoch sind die Kosten für eine gewisse Rentabilität zu hoch.

10. Ozonröste. Die Ozonröste ist eine aerobe Röste, die an einigen Stellen in Holland angewandt worden ist. Der Flachs wird in Betonbassins eingesetzt von 4 × 5 × 25 m Größe. Unmittelbar über dem Boden liegen drei Systeme von Rohrleitungen, die der Zuleitung von Luft, Wasser und Ozon dienen. Eine weitere Vorrichtung ermöglicht es, Röstwasser aus einem beliebigen Behälter in einen anderen überzuführen. Jedes Becken enthält etwa 20 dz Flachsstroh. Das in den Röstbehälter gepumpte, künstlich nicht vorgewärmte Wasser, wirkt auf den Flachs während etwa 2 Stunden bei einer mittleren Temperatur von 20° C auslaugend ein. Dann wird das Wasser abgelassen und der Bottich zur Hälfte mit Röstwasser gefüllt aus einem Becken, das am weitesten in der Röste vorgeschritten ist; die obere Hälfte wird durch Nachfüllung mit frischem Wasser ergänzt. Das alte Röstwasser soll nach Angabe des Erfinders de Jongh als Reinkultur wirken, was natürlich vom wissenschaftlichen Standpunkte aus vollkommen verworfen werden muß. Während der eigentlichen Röste wird dem Wasser ein besonderes Chemikal zugegeben, das einen günstigen Nährboden für die Röstbakterien darstellen soll. Councler und A. Herzog vermuten, daß es sich wahrscheinlich um Ätznatron handelt, welches die während der Gärung entstehenden organischen Säuren soweit wie möglich neutralisieren soll. Die Temperatur der Röste wird auf etwa 25 bis 30° C erhalten, außer Luft wird gleichzeitig frisches Wasser dauernd durchströmen gelassen. Gegen Schluß der Röste steigert sich die Temperatur immer mehr bis auf etwa 32° C. Unmittelbar nach der Röste erfolgt eine sogenannte Ozonosierung des Flachses, wobei Ozon mit Luft durch eine besondere Rohrleitung, durch das noch mit Röstflüssigkeit gefüllte Bassin geblasen wird. Man will hierdurch die im Röstwasser und Stengelinnern befindlichen Bakterien abtöten, um eine Nachröste bei der Trocknung zu unterbinden. Zur Gewinnung von 100000 kg Flachsfasern oder zur Aufbereitung von 500000 kg Rohflachs sollen nur 3 kg Watt-Ozon erforderlich sein. Die Ozonisierung beansprucht rund 6 Stunden, die gesamte Röstdauer einschließlich der Ozonisierung wird von de Jongh auf 30 Stunden angegeben, dieser Flachs war jedoch nach Prüfung von A. Herzog und Councler noch vollkommen unterröstet. In Deutschland ist dies Verfahren nicht eingeführt.

11. Verfahren Soenens-Thellier. Von den neueren Röstverfahren, die an einzelnen Stellen in Belgien schon in der Praxis angewandt werden, sei das Verfahren Soenens-Thellier hervorgehoben. Es ist ein aerobes Verfahren, bei dem das Röstwasser mit einer großen Menge Luft von Zeit zu Zeit in Berührung gebracht wird. Das Verfahren wird in den in Belgien üblichen Röstbecken durchgeführt, das Röstwasser gelangt durch ein weites Rohr von etwa 16 cm Durchmesser in das Vorwärmbecken. In diesem Rohre liegt in der Mitte noch ein zweites, welches einen Durchmesser von etwa 7 bis 8 cm hat. Dieses zweite Rohr ist von unzähligen kleinen Löchern durchbrochen, durch welche Luft in das Röstwasser gepumpt wird. Dieses Wasser, welches stark mit Sauerstoff angereichert ist, gelangt dann in das eigentliche Röstbecken; es findet ein dauernder Zufluß statt. Das ablaufende Wasser wird aber gleich wieder aufgefangen und nochmals durch die Röste geleitet, nachdem es wieder mit Luft vollgepumpt ist. Die Dauer der Röste wurde mit 48 Stunden angegeben, mußte aber bei schwerröstenden Flächsen auf 72 bis 80 Stunden ausgedehnt werden. Wie bei einer Rossiröste ist eine große Schaumbildung zu beobachten. Das Röstwasser führt wenig Säuren und kann getrunken werden, ohne daß ein schädlicher Einfluß auf den Organismus zu beobachten ist. Die Temperatur des Röstwassers beträgt 37° C und ich glaube, daß lediglich auf die hohe Temperatur die etwas geringere Röstdauer zurückzuführen ist. Die Belüftung findet nicht dauernd statt, sondern alle halbe Stunden. Eine so kurze Belüftung des Stengelmaterials oder eine dauernde, geringe Zufuhr von Luft kann auf keinen Fall die obligat aeroben Bakterien einer aeroben Wasserröste zum Gedeihen bringen. Diese Organismen sind darauf angewiesen, ohne Unterbrechung reichlich mit Sauerstoff versorgt zu werden. Die bei dem Verfahren von Soenens-Thellier zur Verfügung stehenden Mengen von Sauerstoff werden den Aerobieren durch eine Schar anderer in gleicher Weise interessierter Mikroben streitig gemacht. Die Mehrkosten des Verfahrens werden durch den erzeugten Schwungflachs nicht wett gemacht, so daß sich diese Röste nicht allgemein einführen wird.

12. Sicherheitsröste. Die Sicherheitsröste ist eine anaerobe Röste, bei welcher der Röstflüssigkeit alkalisch oder neutralisierend wirkende Chemikalien zugesetzt werden, um die im Verlauf der Röste entstehende Säure abzustumpfen oder zu neutralisieren. Als besonders geeignet haben sich hierbei nach Krais und Biltz die Bikarbonate erwiesen, während Kreide zu unsicheren Ergebnissen führt und daher für sich allein keine Vorteile bei der Anwendung bietet. Es hat sich aber gezeigt, daß man die Kreide als billigstes Neutralisationsmittel dennoch nutzbar machen kann, wenn man dafür sorgt, daß neben Kreide noch eine kleine Menge von Bikarbonat vorhanden ist. Die Röste wird bei etwa 35 bis 37° C durchgeführt. Auf 100 kg Flachsstroh werden 5 bis 10 kg Schlämmkreide und 0,5 bis 2,0 kg Natriumbikarbonat zugesetzt. Die Röstdauer bei der Sicherheitsröste beläuft sich auf 50 Stunden, während die Warmwasserröste bei gleichem Material und den gleichen Umständen 72 Stunden dauert. Man kann also sagen, daß die Röstzeit durch den Bikarbonatzusatz etwa um ein Drittel verkürzt wird. Der Geruch der Röste ist ferner nicht so intensiv als bei der gewöhnlichen Warmwasserröste. Wenn sich das Verfahren trotzdem nicht in Deutschland eingeführt hat, so liegt dies an den höheren Kosten, welche die Durchführung erfordert. Das Prinzip der Röste ist zweifellos als gut zu bezeichnen.

13. Verfahren Johnson. Ungefähr auf der gleichen Stufe wie die Kraissche Sicherheitsröste steht das Röstverfahren von Johnson, welches einige Zeit später angepriesen wurde. Johnson schlägt vor, den Flachs vollkommen in Wasser einzusetzen, auf 100 Teile Flachsstroh einen halben Teil Alkali zuzugeben, dann eine viertel Stunde einwirken zu lassen und das Wasser wieder vollkommen zu entfernen. Hierauf soll wieder Frischwasser zugefügt werden, mit einem alkalischen Chemikal in derselben Stärke wie vorher. Die Temperatur der Röste soll 27 bis 35° C betragen, eine langsame Flüssigkeitszirkulation und eine Durchlüftung des Röstwassers wird als notwendig erachtet. Der Wasserverbrauch ist bei diesem Prozeß äußerst groß, das Verfahren hat sich nicht eingebürgert.

14. Verfahren Roche, Kayser und Cousinne. Von anderen Röstverfahren, welche von Zeit zu Zeit immer wieder in den Fachzeitschriften auftauchen, ohne bisher jedoch eine besondere Bedeutung erhalten zu haben, seien der Roche-Prozeß, die Röstverfahren Kayser und Cousinne genannt. Der Roche-Prozeß besteht hauptsächlich in der Anwendung bestimmter Bakterien und ähnelt deshalb sehr dem Verfahren von Rossi. Die Rösttemperatur wird mit 32° C angegeben, 1 Liter der Kulturflüssigkeit genügt für die Behandlung von 600 kg Flachs in etwa 6 cbm Wasser. Wesentlich ist die Angabe, daß man nach jedem Röstprozeß keine frischen Kulturen zu verwenden braucht, sondern daß die alten für mehrere Prozesse genügen. Eine unerwünschte Nebenerscheinung ist der leicht grünliche Ton des Flachses, der bei dem Rocheprozeß sich einstellen soll, wahrscheinlich ist er aber auf ein zu scharfes Trocknen zurückzuführen.

Auch bei dem Röstverfahren Kayser wird dem Frischwasser eine Bakterienkultur zugefügt, die den Röstprozeß energisch beschleunigen soll. Das Rösten findet bei einer verhältnismäßig niedrigen Temperatur statt, und zwar bei etwa 25 bis 28° C. Nach Beginn des Röstprozesses soll, den Angaben des Erfinders entsprechend, durch die Bakterien selbst eine genügend hohe Temperatur erzeugt werden, falls das Wasser durch zu niedrige Außentemperatur an der Oberfläche nicht zu sehr abkühlt. Die zugesetzten Bakterien sollen lediglich das Pektin angreifen, so daß eine Überröste selbst bei ungünstigen Verhältnissen vollkommen ausgeschlossen ist. Diese Angabe geht bestimmt zu weit, denn es wird sich immer eine Begleitflora bilden, welche auch Zellulose zersetzen kann. Der Flachs wird bei dem Verfahren in 2 bis 3 Schichten übereinander in das Röstbecken eingesetzt, die Röstdauer beträgt bei normalem Flachs 60 bis 70 Stunden. Die Ergebnisse, welche in Amerika mit dem Verfahren erzielt wurden, haben nicht befriedigt, die grüne Farbe des Schwungflachses war wenig ansprechend, außerdem hatte der Flachs stark an Halt eingebüßt.

Auch Cousinne führt dem Röstwasser ein besonderes Element zu, welches er aus Röstwasser isoliert haben will. Es ist also wieder im Prinzip altes Röstwasser, welches zugesetzt wird, wie dies Vansteenkiste schon längst vorgeschlagen hat, der ferner noch einen Zusatz von Kalkmilch erwähnt, deren Konzentration geheim gehalten wird. Das Verfahren Cousinne wird nur in einer französischen Röste angewandt.

Alle diese Röstverfahren müssen in gleicher Weise bewertet werden, sie stellen keine Neuerung und vor allen Dingen keine Verbesserung dar. Solange lediglich in geheimnisvoller Weise die Angabe erfolgt, daß eine Reinkultur zugesetzt wird, ohne daß die geringste Angabe über den Röstbazillus gemacht wird, solange ist diesen Prozessen keine besondere Bedeutung beizulegen. Röstbakterien finden sich immer in großer Menge auf den Flachsstengeln und werden stets die Überhand behalten, wenn der neue Bazillus nicht in großer Menge zugesetzt wird und ein Optimum hat, welches sich nicht mit dem der gewöhnlichen Röstbakterien deckt, so daß diese benachteiligt sind. Allgemein sei darauf hingewiesen, daß durch Zusatz von altem Röstwasser (Roche, Kayser, Cousinne usw.) keine bessere Qualität erreicht werden kann, sondern daß nur u. a. eine Verkürzung der Röstdauer eintritt.

15. Harnstoffröste. Die badische Anilin- und Sodafabrik, Ludwigshafen, bezweckt, wie früher Blet, durch den Zusatz von Harnstoff[1] zur Röste eine starke Wachstumsförderung der Röstbakterien durch den Stickstoff des Harnstoffes hervorzurufen und die bei der Röste auftretenden Säuren abzustumpfen. Die Beschickung des Bassins mit Flachs und das Füllen mit Wasser erfolgt in der üblichen Weise. Auf 1 cbm Röstwasser setzt man 2,5 kg Harnstoff zu, bei dieser Konzentration entfaltet der Harnstoff seine volle Wirkung. Der Harnstoff kann entweder auf den Boden des Bassins oder auf den Flachs gestreut oder erst nach dem Füllen zugegeben werden. Die Rösttemperatur soll etwa 28° C betragen, 31° C sollen nach Möglichkeit nicht überschritten werden. Vorübergehende Schwankungen nach unten, wozu auch der Temperaturenabfall während der eventuellen nächtlichen Heizpause gerechnet ist, sollen die Röstdauer nicht beeinflussen. Die Röstdauer beträgt ca. 55 bis 60 Stunden, wobei die Anwärmezeit sowie 2 nächtliche Heizpausen mit einem Temperaturabfall auf 22° C eingerechnet sind. Eine 4 bis 6stündige kalte Auslaugung des Flachses nach dem ersten Einsetzen wird als wünschenswert bezeichnet, während ein scharfes Nachspülen nach beendigter Röste nicht empfehlenswert ist. Die Röste geht auch ohne Spülung mit fast neutraler Reaktion zu Ende. Die Röstwässer weisen nicht den Fäulnisgeruch auf, wie er sonst dem Abwasser eigen ist; sie werden wegen ihres hohen Stickstoffgehaltes für Düngezwecke empfohlen. Der Harnstoff wird aus dem Düngeharnstoff noch besonders kristallisiert, er besteht aus kleinen Kristallnadeln und enthält etwa 46% Stickstoff. Die Industrie hat sich bei ihren Versuchen nicht zu einer Einführung des Verfahrens entschließen können, weil die Unkosten pro kg Schwungflachs sich zu hoch stellen, sie werden durch ein besseres Erzeugnis nicht wieder aus dem Flachs herausgeholt. Auch in der Kaltwasserröste hat man Versuche mit Harnstoff durchgeführt, wobei die gewöhnliche Kaltwasserröste bei einer Temperatur von 17,1° C eine Dauer von 218 Stunden, mit Harnstoff eine solche von nur 97 Stunden hatte. Der Zusatz von Harnstoff kann nur dort von Bedeutung sein, wo die Abwässer landwirtschaftlich nutzbar verwendet werden können, in dem Röstwasser sind noch 1,92‰ Harnstoff vorhanden. Es hat sich bei der Harnstoffröste gezeigt, daß der Harnstoff mit Mineralsalzen gemischt oder teilweise durch solche ersetzt werden kann. Besonders bewährt haben sich Kombinationen mit Alkalikarbonaten. Im allgemeinen hat sich eine Gesamtkonzentration von 2,5 v. T. als vorteilhaft erwiesen, von der Harnstoff bis herab zur Hälfte ausmachen kann. Der Zusatz kann in einer Gabe oder geteilt mit zeitlichen Zwischenräumen gegeben werden. Die Harnstoffröste hat sich wegen der hohen Aufbereitungskosten in Deutschland nicht eingeführt.

16. Flandrische Blauröste. Die flandrische Blauröste wird hauptsächlich in den Bezirken um Lokeren, St. Nikolas, Termonde, wie Audenaerde und Brügge

[1] Faserforschung 1924, S. 131 u. 141.

in Flandern ausgeübt. In Termonde hat die Blauröste sich am besten erhalten, da die Qualität der Flachsfelder am Scheldeufer sehr gut ist, in der Nähe von Lokeren und St. Nikolas sind die Bauern jetzt mehr zur Tauröste übergegangen. Während die Röste früher während des Monates Juli die Hauptbeschäftigung der Landbevölkerung bildete, ist sie jetzt auf etwa $^1/_{10}$ des früheren Umfanges vom Jahre 1900 zurückgegangen und man darf wohl mit Sicherheit behaupten, daß sie auch weiterhin abnehmen wird. Bei dieser Röste wird der Flachs von dem Anbauer mit seiner ganzen Familie in der frühen Gelbreife an einem Tage gerauft, es handelt sich hier im Durchschnitt um Flachsfelder von etwa 20 bis 40 Ar. Sollte der Landwirt jedoch eine größere Fläche mit Flachs bestellt haben, so teilt er seinen Acker in kleinere Parzellen ein, die dann bequem an einem Tage zu ernten sind. Der Flachs wird sofort vom Felde heimgefahren und unmittelbar darauf geriffelt, um am nächsten Morgen in die Röstgruben eingesetzt zu werden. Diese Röstgruben liegen meist direkt an der Landstraße, etwa drei hintereinander, so daß sie bequem beschickt werden können. Jede Röstgrube kann etwa 10 bis 15 dz Flachs aufnehmen. Es wird grundsätzlich in einer Grube während eines Jahres nur einmal geröstet, da bei einem mehrmaligen Rösten der Flachs hart werden soll. Die Röstgruben sind etwa 3 m breit, 6 m lang und 1,20 m tief. Das Wasser fließt ganz langsam zu, ein Abfluß ist nicht vorhanden. Die Röstbündel, welche in die Gruben liegend eingesetzt werden, haben einen Durchmesser von etwa 15 bis 20 cm. Der Landwirt muß bei dem Einsetzen etwa bis zum Bauch ins Wasser steigen und dann wird der Schlamm vom Boden der Gruben auf die einzelnen Röstbündel geschöpft, so daß der Flachs selbst vollkommen unter Luftabschluß geröstet wird. Die Röstdauer richtet sich selbstverständlich nach der Witterung, sie beträgt bei einer Außentemperatur von etwa 28° C und bei einer Wassertemperatur von etwa 22° C 7 bis 9 Tage. Dann wird der Schlamm an einer Stelle abgekratzt und der Flachs in dem Röstwasser gespült, um ihn dann im Tau fertig zu rösten. Der Flachs wird hierbei genau wie bei der Feldröste in langen Reihen ausgelegt und bleibt solange liegen, bis er vollkommen röstreif ist, er wird dabei mit einem langen Stock zwei- bis dreimal gewendet. Der Schlamm, mit dem der Röstflachs bedeckt ist, verleiht dem Schwungflachs nachher die bläuliche Farbe, außerdem zeichnet sich die Faser durch einen hohen Glanz aus. Die Festigkeit des Flachses ist mit etwa 45 bis 50 km als gering zu bezeichnen, dafür läßt sich die Faser aber zu hohen Nummern etwa 60 bis 80 englisch verspinnen. Es kommt hier und da vor, daß die Landwirte außer ihrem eigenen Flachs noch fremde Partien hinzukaufen, um sie in der Grube zu rösten. Der Röstbetrieb ist infolge der Eigenart der Röste nur auf Anfang Juli bis Anfang August beschränkt. Die Ausarbeitung des Flachses geschieht während der Wintermonate im Hausbetrieb, wo der Schwingstand noch mit dem Fuße angetrieben wird. Der Flachs wird auf der Handbreche (Abb. 25) gebrochen und von männlichen Personen ausgeschwungen, wobei in etwa 10 Stunden 12 kg Schwungflachs erzeugt werden. In den Gegenden, wo Elektrizität vorhanden ist, benutzen die Schwinger elektrische Kraft, ein Brecher und ein Schwinger gewinnen dann $\pm$ 40 kg Schwungflachs.

17. Holländische Blauröste. Die holländische Blauröste wird hauptsächlich in der Umgebung von Dordrecht und Lage Zwaluwe ausgeübt. Während sie in früheren Jahren in größerem Maßstabe dort betrieben wurde, ist sie jetzt wie die flandrische Blauröste ganz wesentlich zurückgegangen, und zwar auf etwa ein Drittel ihres früheren Umfanges. Sie wird auch noch weiterhin an Bedeutung verlieren, trotzdem die alteingesessenen Holländer immer noch an ihr festhalten. Zum Unterschied von der flandrischen Blauröste läßt man den Flachs hier nach dem Raufen vollkommen austrocknen wie bei der gewöhnlichen

Wasserröste. Der Flachs wird nach dem Riffeln in kleine Handvollen von 12 bis 18 cm Durchmesser geteilt, die mit Binsen gebunden werden. Der Graben, in dem die Strohflächse eingelegt werden (Abb. 18), ist etwa 2 m breit. Während des Frühjahrs wuchern Schilf, Froschbißlöffel und andere Pflanzen reichlich in dem Graben, der stets mit Regenwasser angefüllt ist. Vor Beginn des Röstens werden diese Gräben in einer Länge von etwa 100 m von diesen Pflanzen gesäubert, die links und rechts auf die Wiesen geworfen werden. Das obere Ende des Grabens wird dann zunächst mit Grassoden abgedichtet, dann werden die Handvollen Flachs so eingelegt, daß die Wurzelenden nach oben ragen, wobei man darauf achten soll, daß der Strohflachs im Wasser schwimmt, und keinerlei Berührung mit dem Boden und den Seitenwänden hat. Die zweite Schicht von Strohflachs wird dann auf die erste Schicht aufgelegt, so daß die beiden Schichten sich decken wie die Ziegel eines Daches. Sobald zwei Lagen Flachs eingelegt sind, wird mit besonderen Schaufeln der Schlamm vom Grunde des Grabens hochgeschöpft und auf den eingelegten Flachs geworfen, so daß dieser vollkommen

Abb. 18. Holländische Blauröste bei 's Gravendeel.

luftdicht abgeschlossen ist. Wenn die ganze Länge des Grabens von etwa 100 m mit Flachs beschickt ist, wird auch das untere Ende mit Grassoden abgedichtet, so daß wir ein langgestrecktes Röstbassin vor uns haben. Durch eine besondere Schöpfvorrichtung, die auf einem Dreifuß beweglich aufgestellt werden kann, wird von Zeit zu Zeit Wasser in den mit Flachs beschickten Graben geschöpft. Die Röstdauer richtet sich auch hier nach dem Material und der Witterung. Sie beträgt bei etwa 28° C Lufttemperatur und 23 bis 25° C Wassertemperatur etwa 6 bis 8 Tage. Bei der Prüfung auf Röstreife wird der Flachs grundsätzlich zunächst im Röstwasser abgespült und dann auf den Reifegrad untersucht. Ist es nicht möglich, den Graben am selben Tage zu entleeren, so wird an einigen Stellen der Schlamm entfernt, damit Luft an das Röstgut gelangen kann, wodurch der Röstprozeß wesentlich gestört wird. Beim Herausnehmen des Flachses wird er in der Röstflüssigkeit gespült und von dem auflagernden Schlamm gereinigt und dann zunächst am Rande des Grabens zum Abtropfen niedergelegt (Spitze nach unten), darauf mit einem Schlitten aufs Feld gefahren. Er wird dann in Kapellen zum Trocknen aufgerichtet, wobei unter allen Umständen nach Möglichkeit vermieden werden soll, daß der Flachs am ersten Tage des Trocknens, solange er noch feucht ist, Regen erhält. Durch den Regen erhält der Schwungflachs weiße Stellen, er wird mißfarbig und verliert dadurch an Wert; während des Trocknens muß der Flachs einmal gewendet werden. Die holländischen Blauröstflächse zeichnen sich vor der flandrischen Blauröste durch eine höhere Festigkeit aus, weshalb sie von den Spinnern vorzugsweise als die Seele beim Flachsgarn verwandt werden. Bleichtechnisch stehen die Blauröste etwas hinter Wasserrösten und Courtraiflächsen zurück. Die Ausarbeitung geschieht während der Wintermonate auf Handbrechen und Schwingständen. Man darf annehmen, daß in diesem Jahre (1929) noch etwa 1000 dz Flachs in Holland in der Blauröste aufbereitet werden.

18. Brakröste. Die Brakröste wird ausschließlich in den Seeland vorgelagerten Inseln ausgeübt, hat jedoch schon so stark abgenommen, daß ihr eine Bedeutung nicht mehr beizumessen ist. Der Flachs wird erst in die Röste eingesetzt, wenn er entsamt und vollkommen trocken ist. Geröstet wird in dem Brakwasser, d. h. im Meerwasser, welches in vielen Kanälen durch die Inseln geleitet wird. Der Wasserstand muß eine bestimmte Höhe haben, wenn er zu niedrig ist, kann der Flachs nicht eingesetzt werden. Die Bündel werden in der Weise hergestellt, wie dies bei der Warmwasserröste üblich ist. Die Röste erfolgt meist in den Monaten August und September, wo die Temperatur des Wassers etwa 20 bis 22^0 C beträgt, die Dauer beläuft sich dann auf etwa 8 bis 10 Tage. Während der Röste bleibt der Flachs unbeschwert im Wasser liegen und wird auch, sowie dies bei der Blauröste der Fall ist, nicht mit Schlamm zugedeckt. Der Grund dafür besteht darin, daß in Salzwasser gerösteter Flachs während der Röstzeit jeden Tag im Wasser umgedreht werden muß. Ist der Flachs geröstet, wird er genau wie Tauröste auf dem Felde ausgelegt und muß wenigstens einmal Regen bekommen haben, damit die Salzteile, welche sich während der Röste am Flachs festgesetzt haben, abgespült werden, dann wird der Flachs in der üblichen Weise in Kapellen zum Trocknen aufgestellt. Flachs, der nach der Röste keinen Regen bekommen hat, so daß die Salzteile also nicht entfernt worden sind, leidet später immer unter dem Einfluß von feuchtem Wetter, selbst wenn die Fasern einige Jahre alt sind. Bei feuchtem Wetter wird die Faser immer wieder feucht, verliert ihre Festigkeit und wird auf die Dauer vollkommen stockig in der salzigen Nässe. Äußerlich zeichnet sich der Seeländer Flachs durch seine hellgelbe, teilweise sogar ganz weiße Farbe aus. Das Schwingen wird während der Wintermonate im Hausbetrieb vorgenommen, die Schwingstände werden größtenteils noch durch Menschenkraft in Betrieb gesetzt.

Wie schon gesagt, ist die Brakröste sehr stark zurückgegangen und die ganze Produktion dürfte in diesem Jahre höchstens noch 50 dz betragen. An Stelle dieser Röste hat man sich vielmehr auf die Tauröste verlegt und in den letzten Jahren auch auf die Warmwasserröste. Eine besondere Qualität Strohflachs wurde für die Brakröste niemals verwendet, man hatte auch da sowohl schlechten wie guten Flachs.

3. Ford. Das Fordsche Aufbereitungsverfahren ist im wesentlichen eine Tauröste, die jedoch in einer etwas anderen Weise als sonst üblich betrieben wird. Der Flachs wird zu 80% bei der Reife gemäht, er wird dann sofort, ohne erst entsamt zu werden, auf dem Felde zur Röste ausgebreitet und nach fertiger Röste zusammengeharkt und in große Ballen gebracht. In diesem Zustand wird der Flachs aufgestapelt und vor der Verarbeitung in einem Trockenraum bei einer Temperatur von 120 bis 140^0 Fahrenheit (50 bis 60^0 C) 5 bis 6 Minuten getrocknet, wobei eine starke Luftdurchströmung erzeugt wird. Die Maschine, auf der der Flachs dann verarbeitet wird, ähnelt sehr stark einer unserer großen Knickmaschinen, die Walzen sind verschieden gelagert und laufen mit verschiedener Geschwindigkeit. Der Röstflachs wird hier zunächst entsamt, geht dann weiter, wird geknickt und zum Schluß so bearbeitet, daß die Faser rein abgenommen werden kann. Das Durchlaufen der Maschine beträgt etwa 20 bis 30 Sekunden. Die Maschine ist etwa 2 m breit und 7 m lang, zum Antrieb benötigt sie eine Kraft von 5 PS, zur Bedienung ist lediglich ein Mann zum Einlegen erforderlich. 95 bis 97% (?) der Faser sollen von der Maschine rein gewonnen werden, man rechnet dabei mit einer Fasergewinnung von 33% (?) bezogen auf Röstflachs. Die Maschine erzeugt in der Stunde 70 Pfund reine Faser, wenn das Material stark verwirrt war, und 100 bis 130 Pfund, wenn das Rohmaterial geordnet vorliegt. Es ist natürlich ausgeschlossen, daß nach diesem Verfahren ein Schwungflachs erzeugt wird, der mit einem Röstflachs in Wettbewerb treten kann. Ford kann sich diesen Luxus gestatten, weil er das gesamte Material im eigenen Betriebe weiter verarbeitet.

c) Aufschließung.

Im Gegensatz zu den biologischen Rösten, bei denen Bakterien die Freilegung der Fasern bewirken, stehen die chemischen Aufschließungen, hier wird durch einen chemischen Prozeß die Gewinnung des Flachses vollzogen.

1. Baur. Die Röste nach Baur ist als eine chemische Aufschließung zu betrachten, im Gegensatz zu den biologischen Rösten, Warmwasserröste, Tauröste usw. Sie geht nach Löwe von der Erwägung aus, daß die als Kalziumsalze organischer Säuren aufgefaßten Pektinstoffe unter der Einwirkung verdünnter Schwefelsäure bei Temperaturen von etwa 90 bis 100° C eine Zersetzung in Pektinsäure von klebriger Beschaffenheit und Kalziumsulfat erfahren. Bei der Baurröste wird der Flachs in große Kessel gepackt und ziemlich fest zusammengedrückt. Über dem Kessel befindet sich ein Becken, in dem das Röstwasser vorgewärmt wird und gleichzeitig werden hier auch etwa 0,9% Schwefelsäure zugesetzt. Nachdem der Kessel mit dieser Lösung gefüllt ist, wird er etwas evacuiert, damit die schwache Schwefelsäurelösung leichter in den Stengel eindringen kann. Er wird dann etwa 3 Stunden gekocht, darauf wird das ganze Wasser abgelassen und nun wird mit 0,5% Sodalösung nachgespült, um die Schwefelsäure zu neutralisieren. Dieser röstreife Flachs wird dann auf dem Felde zum Trocknen ausgebreitet. Er zeichnet sich neben hoher Festigkeit durch eine helle Farbe aus. Der Strohflachs mußte vor der Röste gewissenhaft sortiert werden. Dünnstengeliger Flachs und Lagerstroh mußten ausgeschaltet werden. Baur fand selbst, daß je nach der Art des zur Verfügung stehenden Flachses die Temperatur von 90° C nicht ausreichte und daß das Material in einzelnen Fällen auf 100 bis 115° C erhitzt werden mußte. Trotzdem lange Zeit das Verfahren in der Praxis geprüft und angewandt wurde, hat es sich gegen die neueren Verfahren nicht durchsetzen können, weil die Aufbereitungskosten zu hoch waren.

2. Peufaillit. Die Peufaillitröste[1] ist eine typisch chemische physikalische Aufschließung mit Autoklaven, die entweder horizontal oder vertikal gelagert sind. Der Durchmesser des Autoklaven beträgt etwa 2,50 m, die Höhe 3,50 m, woraus sich ein Fassungsvermögen von 150 cbm ergibt, in denen man ungefähr 15000 kg Strohflachs auf einmal rösten kann. Dem Röstwasser werden etwa 4% Petroleum zugesetzt, nach einem späteren Patent etwas weniger Petroleum, dafür aber ein anderer Kohlenwasserstoff. Bei etwa 2 Atmosphären beträgt die Aufbereitung 6 Stunden, während man bei einer Atmosphäre den Flachs etwa 8 bis 10 Stunden bearbeiten muß. Die Röstflüssigkeit wird durch eine Pumpe dauernd in Bewegung gehalten, so daß ein fortwährendes Durchspülen stattfindet. Die Abkühlung tritt nach erfolgtem Ablassen in verhältnismäßig kurzer Zeit ein. Das schwarzbraune Abwasser riecht fast nicht mehr nach den chemischen Zusätzen. Die Peufaillitröste hat sich in Frankreich verhältnismäßig

[1] Der Spinner u. Weber 1924, Nr. 10.

lange gehalten und wurde auch später in Lettland bei einigen Rösten eingeführt. Weitere Versuche sind auch in Kanada angestellt worden. Das Verhältnis von Schwungflachs zu Werg ist auch nach den Versuchen, welche in Deutschland im Großbetriebe angestellt wurden, als günstig zu bezeichnen. Es ist natürlich unmöglich, feststehende Ausbeutezahlen anzugeben, da diese sich je nach der Qualität des Strohes in erster Linie richten. Typisch für den Flachs aus der Petroleumröste ist die stahlgraue Farbe, der hohe Glanz und die schöne Bänderform. Das Verfahren von Peufaillit wurde im Jahre 1912 erstmalig in Loos bei Lille fabrikmäßig betrieben; in Deutschland hat es keine praktische Anwendung gefunden.

d) Mechanische Aufbereitung.

Schon zu Beginn des 19. Jahrhunderts ist versucht worden, das Flachsstroh allein durch Brechen soviel als möglich vom Holz zu befreien. Lee versuchte durch Knicken, Schaben und Schlagen die Faser aus dem rohen Strohflachs zu gewinnen. A. Herzog bemerkt, daß die mechanisch aufbereiteten Fasern in ihrer Teilbarkeit sehr viel zu wünschen übrig lassen, so daß die aus ihnen hergestellten Gespinste nicht nur grob sind, sondern auch der erforderlichen Weichheit und Geschmeidigkeit ermangeln. Schon damals wurde festgestellt, daß die Bastfasern durch das Verfahren sehr stark in Mitleidenschaft gezogen wurden, sie hatten vor allen Dingen stark an Festigkeit eingebüßt und ergaben bei einer weiteren Teilbarkeit sehr viel Abfall. Trotzdem haben die Versuche auf diesem Gebiete nicht nachgelassen (Kron 1919), zu einigermaßen greifbaren Erfolgen ist es aber nur bei dem Verfahren von J. E. Starling in North Tonawanda bei Buffalo gekommen. Besondere Brech- und Schwingmaschinen wirken hier auf den ungerösteten Flachsstengel und legen zunächst aus dem Stroh die Fasern einigermaßen frei. Durch Anlegen und Strecken wird auf der Vorspinnmaschine ein Vorgarn erzeugt, das sehr borstig aussieht; es wird durch Öldämpfe geschmeidiger gemacht. Auf der Trockenmaschine erhält Starling dann ein Garn von etwa Nr. 8 bis 10 englisch, aus diesem Garn werden dann Gewebe hergestellt, welche eine leidliche Festigkeit, einen gewissen Glanz und eine befriedigende Gleichmäßigkeit aufwiesen.

1. Kuhlmannverfahren. Nach Kuhlmann wird der entsamte Stengelflachs in einen Raum gebracht, in welchem die Luft auf eine Temperatur von etwa 50 bis 70° C gebracht ist, bei einem Feuchtigkeitsgehalt von etwa 70%. Nachdem in diesem Raum der Stengelflachs einige Stunden lang belassen wurde, wird er in den Trockenraum gebracht, in welchem die Luft wiederum eine Temperatur von 50 bis 70° C aufweist, in dem jedoch der Feuchtigkeitsgehalt möglichst gering ist, so daß ein Dörren des Stengelflachses in diesem Raum erfolgt. Das Trocknen wird hier soweit getrieben, daß der Flachs nur noch einen Feuchtigkeitsgehalt von 3% aufweist. Unmittelbar darauf wird er auf eine ebene Fläche ausgebreitet und mit der Hand oder durch Maschinenhämmer leicht gehämmert, bis der Flachs für den Spinnprozeß fertig ist.

2. Watson und Waddell. Auch bei dem Verfahren von Watson und Waddell soll der Flachs erst gedörrt und dann aufbereitet werden, ohne daß er irgendeinen Röstprozeß durchläuft. Über das Verfahren selbst, welches zum Patent angemeldet ist, herrscht vollkommenes Stillschweigen. Die Erfinder garantieren Reinheit der Garne, die der guter Werggarne gleichkommen soll. Der gemähte Flachs soll direkt vom Felde zur Spinnerei transportiert werden, der Spinner soll ihn selbst aufbereiten, wobei die Kosten sich höchstens auf 3 Pence pro englisch Pfund belaufen sollen.

3. Verfahren Michotte. Mit einer sehr großen Reklame preist Michotte sein neuestes Verfahren an, mit dem er vor allen Dingen die Aufbereitungskosten wesentlich drücken will. Der Flachs wird gemäht, dann auf dem Felde, frisch oder trocken, durch die Maschine „La Francaise“, welche bisher für die Aufbereitung von Ramie benutzt wurde, von der Rinde befreit. Diese erhaltene Rohfaser, welche noch stark mit anhaftendem Gewebe besetzt ist, wird dann in der Fabrik etwa 2 Stunden einem chemischen Prozeß ausgesetzt, in dem die Faser gleichzeitig gebleicht wird. Es ist ganz selbstverständlich, daß die Faser eine vollkommen verschiedene Festigkeit aufweisen muß, wenn sie in frischem oder getrocknetem Zustand gewonnen worden ist. Das Verfahren ist auf keinen Fall geeignet, Schwungflachs zu liefern, der mit solchem aus einer richtig geleiteten Röste verglichen werden kann.

4. Pritchard. Beim Pritchardverfahren wird das Flachsstroh zunächst so, wie es vom Landwirt abgeliefert wird, durch eine besondere Entfaserungsmaschine, geschickt. Bei der Maschine werden ortsfest gelagerte Riffelwalzenpaare angewendet, um Arbeitsfelder zu bilden, durch die der Flachsstengel flachgeschichtet von dem einen Ende der Maschine her bis zum Austragende hindurchgeführt wird. In bekannter Weise nimmt bei den Walzenpaaren die Riffelteilung in den einander folgenden Gruppen an Feinheit zu, während die Walzenpaare einer jeden Gruppe, die mit gleicher Geschwindigkeit umlaufen, unter sich gleiche Riffelteilung besitzen. Ehe die Stengel in das erste Riffelwalzenpaar eintreten, werden sie durch einen Kamm hindurchgeführt, um sie gleich zu richten, und vor dem Verlassen des Apparates wird das Fasergut zwischen zwei Reihen von Zinken oder Stiften wie durch Kämme durchgezogen, um die noch vorhandenen Verunreinigungen zu entfernen. Das Stroh wird also ohne irgendwelche Vorbehandlung an dem einen Ende der Maschine eingeführt, und die entholzte ungeröstete Faser wird an dem anderen Ende abgenommen. Die Faser wird dann in große Waschfässer geworfen, die eine gewöhnliche Seifenlösung von einer Temperatur von 110 bis 120° Fahrenheit (43 bis 50° C) enthalten. In dieser Lösung bleibt die Faser etwa 5 Stunden, danach wird sie getrocknet, was ungefähr 8 Stunden beansprucht; die Faser ist hiernach fertig zum Verspinnen. Die ganze Aufbereitung bis zum Spinnen dauert also nach den Angaben Pritchards höchstens 13 bis 24 Stunden.

Die gewonnenen Fasern führen noch eine Menge anhaftender Rindenzellen, so daß der Flachs meist etwas grünlich aussieht. Die Fasern sind mechanisch sehr stark in Anspruch genommen, was sich vor allen Dingen auch in der geringen Ausbeute wiederspiegelt, die bei Vergleichsversuchen erzielt wurden (Abb. 43, *d*). Der Flachs ließ sich zu Garn von der Nummer englisch 20/25 verspinnen, die Festigkeit und Gleichmäßigkeit der Gespinste waren befriedigend, auch die Gewebe gaben zu besonderen Beanstandungen keinen Anlaß. In England hat sich eine Gesellschaft mit einem ansehnlichen Aktienkapital gegründet, um das Verfahren in die Praxis einzuführen[1].

5. Dunbar. Auch das Verfahren von Dunbar, welches mit gewissen Abänderungen dem Pritchardschen sehr ähnelt, hat sich bis jetzt nicht in die Praxis einführen können.

e) Kotonisieren.

Das Problem, die an sich wertlosen Abfallprodukte der Flachsindustrie — Wirrstroh, Abfallwerg usw. — in veredelter Form der Feinspinnerei zuzuführen, ist auch heute noch nicht ganz eingeschlafen, wenn es auch gegenüber den Jahren um 1920 ganz wesentlich infolge der veränderten Wirtschaftslage an Bedeutung verloren hat. Diese Veredelung, welche im allgemeinen darauf ausgeht, die Fasern durch Zerlegung in eine hinsichtlich Länge und Spinnbarkeit der Baumwolle

[1] Vgl. Müller, W.: Deutsch. Leinenind., 1930, S. 96.

ähnliche Form überzuführen, wird als Kotonisierung bezeichnet. Bei weitem die Mehrzahl der bekannten Kotonisierungsverfahren sucht die Zerlegung der Bastbündel durch Behandlung mit mehr oder minder konzentrierten Alkalilaugen zu erreichen, ferner durch Behandlung mit Chlorgas oder auf rein biologischem Wege. Es würde hier zuweit gehen, die einzelnen zahllosen Verfahren anzuführen, zumal sie für die Praxis wohl jede Bedeutung verloren haben. Nach meiner Ansicht ist das ganze Kotonisierungsproblem weniger ein chemisches als ein mechanisch-physikalisches. Die einzelnen Fasern kleben nach jeder Naßbehandlung wieder zusammen und die größte Schwierigkeit ist hier eine zweckmäßige Trocknung, bei der die Fasern soweit isoliert erhalten werden, daß die verlustreichen Verfahren des Öffnens und Kämmens des Materials vermieden werden. Praktisch angewandt (in einer süddeutschen Fabrik) wurden nur die Verfahren von Possaner von Ehrental (Digerieren mit schwachen Säuren mit nachfolgender alkalischer Behandlung), Verfahren Waentig (Aufschließung mit Chlor), das lange Zeit von der deutschen Wollentfettungsanstalt A.G. Oberheinsdorf angewandt wurde und endlich das Gmindersche Verfahren, welches mit Natronlauge und Chlor ohne Druck arbeitet und welches heute noch in Betrieb ist. Von besonderer Bedeutung für die Kotonisierung war die Maschine Lau der Maschinenfabrik H. Krantz, Aachen, die durch eine kombinierte Bürst- und Kämmvorrichtung die Entholzung durchführte.

Bei dem Verfahren Gminder werden als Rohmaterial die Abfälle der Flachs- und Hanfaufbereitung verarbeitet, insbesondere die sogenannten Kardenabfälle der Werggarnspinnereien, aber auch das Werg selbst, soweit es nicht von den Spinnereien aufgenommen wird; endlich auch Naßspinnabfälle aus den Flachsspinnereien. Ferner kommen für die Kotonisierung in Frage Samenflächse, die eine minderwertige Faser aufweisen und deshalb für die Röstindustrie nicht von Wert sind, und an letzter Stelle Wirrstroh, welches in der Röstindustrie keine Rentabilität mehr ergeben würde. Die Fasern sind ohne weiteres in der Baumwollspinnerei unter Zusetzung ungefähr der gleichen Menge Baumwolle zu verspinnen. Die Fabrikation wurde bei den meisten Verfahren eingestellt, da das Produkt auf die Dauer mit Baumwolle nicht konkurrieren kann.

3. Nach der Röste.

Versuche über Geruchsverminderung bei der Flachsröste von Schürhoff und Jochum haben ergeben, daß sowohl durch Auslaugen als auch durch Durchlüftung gute Erfolge zu erzielen sind. Versuche im Forschungsinstitut Sorau zeigten, daß eine Auslaugung von über 3, aber unter 12 Stunden für den Verlauf der Röste am günstigsten sind. Der Zusatz von Harnstoff, von Alkalibikarbonaten und anderen Chemikalien vermindern ebenfalls den Röstgeruch, der aber vor allen Dingen bei der aeroben Röste einen anderen Charakter annimmt.

A. Quetschen, Pressen und Zentrifugieren.

Um die Röste zu vervollkommnen und um trotz der künstlichen Trocknung eine Langfaser zu erzielen, die der natürlichen Trocknung nicht nur gleichkommt, sondern sie hinsichtlich Farbe und Geschmeidigkeit noch übertrifft, schlug u. a. Püschel vor, das aus der Wasserröste kommende Stroh vor der künstlichen Trocknung mit warmem Wasser abzuspülen und dann durch eiserne Quetschwalzen die noch anhängende Röstflüssigkeit abzupressen. Der Flachs wird hierbei in dünnen Handvollen durch die Maschine gegeben und gleichzeitig von oben und unten mit Wasser bespritzt. Der Püschelsche Quetschflachs zeichnet sich unzweifelhaft durch seine schöne, weiße Farbe, seine Bänder und seinen weichen Griff aus. Er hat dafür aber gegenüber gewöhnlichem Flachs an Festigkeit und Hechelausbeute eingebüßt. Die Quetsche hat sich in den deutschen Rösten nicht allgemein eingeführt. Die Belgier, welche ihre Quetschen zum Teil mit Bindfaden umwickelt haben, führen ganze Röstbündel durch die Walzen hindurch, ein eigentliches Quetschen findet hier nicht mehr statt, man kann nur ein schwaches Ausdrücken und ein Verschieben der Stengel gegeneinander beobachten (Abb. 19). Dieses Verschieben der Stengel gegeneinander genügt aber, um die Oberhautzellen zu lockern, von denen dann ein großer Teil durch das Wasser abgespült wird. Die ersten Versuche mit Quetschen wurden in den Rösten von Feuillette und Rossi in Frankreich durchgeführt. Auch die Ergebnisse Rjabows, die vor allen Dingen in Rußland zu einer Einführung des Quetschens zu ermuntern scheinen, bedürfen vorläufig einer dringenden Nachprüfung. Es wird unter anderem von ihm angegeben, daß gequetschtes Stroh sich leichter knicken läßt als ungequetschtes, weil beim Quetschen das Holz bereits plattgedrückt wird, und daß ferner gequetschter Röstflachs später schneller ausgeschwungen werden kann, da die Scheben sich beim Schwingen leichter ablösen. Diese Vorteile werden weniger durch das Quetschen als durch eine richtig geleitete Röste erzielt. Man quetscht in Belgien im allgemeinen nur die Flächse, welche durch ihre grünliche Farbe ein schlechtes Aussehen haben. Wenn auch jetzt wieder neue größere Quetschen in Belgien eingeführt werden, so betont man doch immer, daß auf ein eigentliches Quetschen und Pressen kein Wert gelegt wird, man will durch diese Maschinen lediglich die Rinde entfernen (Entrinden), um einen hellen, ansehnlichen Flachs zu erhalten. Tobler und Rjabow geben an, daß der Flachs, welcher nach Rjabow gequetscht wird, etwa 35% Röstwasser abgibt und zugleich später anhaftende Trockensubstanzen verliert; die Belgier rechnen mit 66%. Trotz dieses Vorteils haben meine neuesten Untersuchungen gezeigt, daß der Flachs durch das Quetschen geschädigt wird, weil er an Halt verliert. Es sei denn, daß der Flachs so „gequetscht“ wird, daß man nicht von einem Pressen reden kann und daß die angeblichen Vorzüge des Verfahrens auch nicht in Erscheinung treten. Ein dauerndes Quetschen bei allen Flächsen ist unbedingt zu verwerfen, da die Faser mechanisch zu stark beschädigt wird.

Abb. 19. Fahrbare Flachsquetsche an der Lys bei Wevelghem.

Einige wenige Aufbereitungsanstalten pressen den nassen Röstflachs, um die künstliche Trocknung zu beschleunigen und sauberen, oder richtiger gesagt, helleren Schwungflachs zu erhalten. Das ganze Röstbündel wird in die Presse gelegt und dann wie in der Garnbündelpresse auf etwa ein Fünftel seines Volumens zusammengedrückt. Ein wesentlicher Vorteil außer dem Wasserverlust wird ebensowenig erzielt, wie durch das Zentrifugieren, wobei der Flachs in einer Trommel aufgebaut und durch schnelles Drehen infolge der Zentrifugalkraft sein Wasser zum größten Teil weggeschleudert wird. Quetschen, Pressen und Zentrifugieren sind für die Aufbereitung nicht erforderlich und können bei unsachgemäßer Behandlung viel Schaden anrichten.

B. Trocknung.

a) Naturtrocknung.

Den fertig wassergerösteten Flachs läßt man zunächst etwas abstehen, falls es die Zeit erlaubt, um ihn dann draußen im Freien natürlich oder aber im Trockenapparat künstlich zu trocknen. Die Naturtrocknung ist für einen Betrieb wirtschaftlicher, falls genügende Flächen zum Aufstellen der Kapellen zur Verfügung stehen. Man rechnet, daß im Durchschnitt 2 dz Flachs etwa 120 qm zum Aufstellen erfordern. Der Röstflachs wird mit Wagen auf das Feld gefahren (Abb. 20) und die Röstbündel werden dann in bestimmten Abständen voneinander abgelegt. Kapellen werden meist aus je einer starken Handvoll aufgerichtet, der Durchmesser einer Kapelle am Boden beträgt etwa 50 cm. Sie werden nicht vollkommen geschlossen, sondern führen eine kleine Lücke, damit der Wind durchstreichen kann (Abb. 21), und in diesen Spalt greifen die Frauen, wenn der Flachs gewendet werden muß. Ist die Witterung günstig und trocknet der Flachs auch im Innern des Bündels, so wenden manche deutschen Röstanstalten den Flachs nicht. Vorteilhaft ist aber ein Wenden zur Erzielung einer gleichmäßigen Farbe, aus diesem Grunde wird auch an der Lys jeder Flachs gewendet. Nach dem Wenden wird hier die Spitze des Bündels mit etwas herausstehendem Wirrstroh oben zusammengebunden, damit der Flachs durch einen Windstoß nicht so schnell umgeworfen wird. Für die natürliche Trocknung spielt sauerer Röstflachs keine wesentliche Rolle, denn selbst dieser Flachs ist

Abb. 20. Der Flachs wird zur Naturtrocknung auf das Feld gefahren.

Abb. 21. Naturtrocknung an der Lys. Die beiden ersten Reihen links gute, die folgenden mittlere Qualität.

bei der Trocknung im Freien stets von seiner Säure fast frei geworden. Vorteilhaft ist es jedoch, wenn der Flachs nach dem Rösten gründlich gespült wird, er trocknet dann auch bei bedecktem Himmel schneller als ungespülter. Nur wenn der Röstflachs im Hochsommer gleich nach dem Kapellen oder Auslegen grellen Sonnenschein bekommt, wird der Bassinflachs dunkler und härter, als wenn er erst noch längere Zeit bei trübem Wetter sehr langsam getrocknet ist. Die Entsäurung ist auch das Ergebnis einer Bakterientätigkeit, die nur bei gewisser Feuchtigkeit und Fernbleiben von Sonnenschein genügend lange wirksam sein kann. In den ca. 300% Wasser des nassen Röstflachses finden sich außer gelösten und ungelösten Bestandteilen, die sich auf der Faser niederschlagen oder an ihr festkleben, auch Bakterien in großer Menge, Vorbedingung für die biologische Entsäuerung des Röstgutes ist, daß der Flachs genügend lange in nassem Zustande verbleibt, so daß die aerobe Flora sich zu entwickeln und ihre Säure zehrende Tätigkeit auszuüben vermag. Bei Frost ist das Trocknen im Freien zu unterlassen. Der Flachs friert sofort zu einer festen Masse und hierbei werden die Faserbündel gesprengt. Die natürliche Folge hiervon sind eine geringere Ausbeute an Langfasern, eine schlechtere Farbe des Flachses und zuletzt noch ein wolliger Flachs, der in der Hechelei nur eine geringe Ausbeute ergibt, die durch die höhere Nummer in diesem Fall nicht wett gemacht wird. Die Behauptung, daß der Röstflachs mechanisch beschädigt wird, wenn er sofort nach dem Aufstellen Regen bekommt, beruht auf einem Irrtum; wenn die Faser auch im feuchten Zustand am empfindlichsten ist, so genügt ein leichter Regen jedoch noch nicht, um die Faser zu verletzen (hellere Farbe). Am langsamsten trocknen oben die Verzweigungen, sie müssen deshalb, wenn der Flachs nicht gewendet wird, etwas aufgelockert werden. Ist der Flachs einmal angetrocknet und erhält er dann nochmals Regen, so trocknet er schneller als beim erstenmal, wo er frisch aus der Röste kam. Ebenso ist festgestellt worden, daß der Flachs an der Lys bei der Doppelröste nach der zweiten Röste schneller trocknet als nach der ersten. Auch die Qualität des Strohes macht sich bei dem Trocknen bemerkbar, so trocknet gesunder, gerader Flachs schneller als z. B. Lagerflachs, auch Wirrstroh hält die Feuchtigkeit sehr lange fest. Ein Nachrösten bei der Naturtrocknung tritt im allgemeinen bei aufgestelltem Flachs nicht so schnell ein. Trockenversuche in heller Sonne, bei bedecktem Himmel und leichtem Wind haben ergeben, daß ein leichter Wind und bedeckter Himmel am vorteilhaftesten für die Schwungflachsqualitäten sind.

Abb. 22. Einbinden des im Freien getrockneten Röstflachses.

Der Wassergehalt eines normalen lufttrockenen Röstflachses beträgt 14—16% auf den vollkommen trockenen Röstflachs (bei 110° C getrocknet) bezogen. Für gewisse Maschinen ist es zweckmäßig, wenn der Flachs etwas stärker getrocknet ist (Etrich, Ringschwingmaschine), deshalb wird er in einem Trockenapparat noch einmal künstlich getrocknet, so daß die Naturtrocknung nur als Vortrocknung zu betrachten ist. Der Röstverlust beträgt bei normalem gesunden Flachs 20 bis 25% auf den lufttrockenen Rohflachs bezogen. Bleichwirkung ist nur bei nassem Röstflachs zu beobachten. Die Farbe des zum Trocknen aufgestellten Röstflachses ändert sich in den ersten Stunden sehr schnell, sie geht von einem hellen Gelb schnell auf ein Grau über. Auffallend ist, daß ein Flachs, welcher in einem kleineren Bassin (2 dz fassend) geröstet wurde, stets eine dunklere Farbe hat als Material aus einem gewöhnlichen Röstbecken. Ist der Flachs fertig getrocknet, so wird er wieder in Bündel gebunden und zum Lagern in die Scheune gebracht (Abb. 22).

b) Künstliche Trocknung.

Die deutsche Röstindustrie hat das Prinzip der künstlichen Trocknung vollständig verlassen. Trockenanlagen werden lediglich noch benutzt, um im Freien vorgetrockneten Röstflachs nachzutrocknen. Bei den modernen Trocken-

Abb. 23. Künstliche Trocknung. Einfahren des Wagens in den Trockenkanal.

anlagen handelt es sich um Kanalanlagen, welche an beiden Stirnseiten vollständig offen sind. Die Luft zirkuliert in den einzelnen Stufen wechselseitig einmal von links nach rechts und einmal von rechts nach links, hierdurch wird der Flachs gleichmäßig getrocknet. Bei den meisten Anlagen kommen bei naßem Röstflachs 6 Stufen in Frage. Die erste Stufe ist diejenige, wo der Exhaustor die feuchte, aber heiße Luft absaugt. Der Flachs wird beim Einschieben also zunächst dem heißesten Luftstrom ausgesetzt. Da die Luft von der Materialausfahrtseite hindurchgeschwenkt wird, so erfolgt einmal die Trocknung nach dem Gegenstromprinzip und das andere Mal beginnend mit hoher Temperatur und hohem Feuchtigkeitsgehalt der Luft, welche dann allmählich bei zunehmender Trocknung abnehmen. Es sind natürlich gewisse Schwierigkeiten vorhanden, den Flachs namentlich bei stärkeren Auflagen in den einzelnen Horden so gleichmäßig zu trocknen, daß keine feuchten Nester übrig bleiben. Aus diesem Grunde läßt es sich leider nicht vermeiden, daß die äußeren Partieen etwas übertrocknet werden, man ist daher bei einigen Systemen dazu übergegangen, den Flachs auszuquetschen, um den sonst unmittelbar aus der Warmwasserröste herausgenommenen Flachs, welcher bis 350% Feuchtigkeit, bezogen auf das trockene Material, besitzt, auf etwa 150 bis 200% zu reduzieren. Die Nachteile des Quetschens sind hier natürlich auch in vollem Maße festzustellen.

Es hat sich als notwendig herausgestellt, bei den Hordenwagen mit etwa 22 bis 24 übereinander angeordneten Horden (Abb. 23) die einzelnen Lagen nur schwach aufzulegen, um hierdurch eine schnelle und gleichmäßige Trocknung zu bekommen, denn für die gleichmäßige Trocknung ist vor allen Dingen maßgebend die wirksame Oberflächenverdunstung und bei nicht zu starken Lagen lassen sich dann auch feuchte Nester in mittleren Hordenlagen vermeiden.

Die Trockendauer kann man hierbei, und zwar bei Flachs mit 350% Feuchtigkeitsgehalt, auf etwa 2 Stunden und bei ca. 200% Feuchtigkeitsgehalt auf etwa 1½ Stunden normieren. Da in jeder Stufe bei 2 Wagenreihen nebeneinander 4 Wagen stehen, lassen sich also in einem 6 Stufentrockner 24 Wagen unterbringen. Bei einem mittleren Belag von 18 kg Trockengewicht pro Wagen würde die stündliche Leistung bei ganz nassem Flachs etwa 200 und bei ausgequetschtem Flachs ca. 250 kg betragen. Der Dampfverbrauch stellt sich nach vielfachen Messungen auf etwa 1,8 bis 2 kg für je 1 kg zu verdampfende Wassermenge, der Kraftverbrauch des kompletten Stufentrockners für den Antrieb der Ventilatoren auf ca. 15 PS.

Eine zweckmäßige Konstruktion für Flachstrocknung wird der Stufentrockner bleiben, da er auf einem möglichst kleinen Raum eine große Leistung erzielt, und weil nach diesem Trocknungsprinzip das Material schonend behandelt wird. Es ist festgestellt worden, daß der Flachs, wenn er im feuchten Zustand hoher Temperatur mit feuchter Luft ausgesetzt ist, in der Festigkeit und Griffigkeit nicht beeinflußt wird. Die kritischen Temperaturen hängen unmittelbar mit einem ungünstigen Feuchtigkeitsgehalt zusammen, man sollte eigentlich bei Anwendung von Luft von weniger als 60% Feuchtigkeit den Flachs nicht Temperaturen über 55 bis 65° Celsius aussetzen.

Trockenkammern wird man immer nur für kleine Leistungen wählen, sie haben den Nachteil, daß das Trockengut in ihnen während des ganzen Trockenvorganges an derselben Stelle bleibt, so daß infolgedessen stets dieselben Materialteile von der heißesten und trockensten Luft getroffen werden und andere Teile des Trockenmateriales immer nur die bereits abgekühlte und hochgesättigte Luft erhalten. Die Trocknung in der Kammer kann daher nur eine ungleichmäßige sein.

Es ist ausgeschlossen, in einem Trockenapparat eine schnelle und dabei doch schonende und gleichmäßige Trocknung zu erzielen, ohne die Verwendung einer Luftbewegungseinrichtung. Im Gegenteil, die gute Wirkungsweise eines modernen Trockners ist geradezu abhängig von einer solchen; je besser die Luftbewegung erfolgt, d. h. je intensiver und gleichmäßiger auf den ganzen Raum des Trockenkanals, Schachtes oder der Kammer sie sich verteilt, um so besser arbeitet der Trockner.

Die Bewegung der Trockenluft ist von sehr großer Bedeutung für die Schnelligkeit der Trocknung, aber auch für die Gleichmäßigkeit des Trocknungsvorganges im ganzen Apparat. Der Einfluß der Luftbewegung auf die Geschwindigkeit des Trocknungsvorganges kann etwa so ausgedrückt werden, daß die Trocknungsgeschwindigkeit proportional wächst mit der Stärke der Luftbewegung. Natürlich sind dieser letzteren gewisse Grenzen gesetzt, die bedingt sind durch den Kraftverbrauch zur Erzeugung, die Empfindlichkeit des Trockengutes usw.

Um dem Trockengut im Anschluß an die Trocknung einen bestimmten Feuchtigkeitsgehalt zu geben, können die Trockenapparate in ihrem letzten Ende als Wiederbefeucht-Kanäle ausgebildet werden. Als Mittel zur Anfeuchtung wird der Abluftwrasen benutzt, dem nötigenfalls noch Feuchtigkeit durch besondere Befeuchtaggregate zugesetzt wird. Auch die Verbesserungen[1] von

[1] Faserforschung 1923, S. 52—65.

Reiche, Hefter, Stutz-Bentz haben nicht zur Wiedereinführung der künstlichen Trocknung geführt, die zu hohen Kosten verbieten es vor allen Dingen.

Vorteilhaft für die weitere Verarbeitung des Flachses ist es nun, wenn der getrocknete Röstflachs einige Monate lagert, damit er die Feuchtigkeit gleichmäßig anzieht. Die Faser wird dadurch geschmeidiger und widerstandsfähiger für das Brechen und Schwingen. Keinesfalls darf der Flachs bei diesem Lagern Nässe ausgesetzt sein, da dann ein weiteres Rösten des Flachses einsetzt, was zum vollständigen Verderben der Faser führen muß. Eine Selbstentzündung von Flachsstroh ist bisher noch nicht einwandfrei nachgewiesen worden. Die Feuchtigkeit des Röstflachses darf nicht über 17% steigen, da sonst beim Schwingen Knoten in den Fasern der Verzweigungen sich bilden.

C. Knicken.

Die Industrie verlangt guten Faserflachs als Rohmaterial, weil ihr nur dadurch allein die größte Ausbeute an Langfasern gesichert ist. Es muß aber betont werden, daß bei der Gewinnung und Aufbereitung der Faser noch nicht immer alles vermieden wird, was das Material schädigen und den Prozentsatz an Langfasern zugunsten des Wergs herabsetzen kann. Beim Studium der Flachsfaser findet man immer eigentümliche Erscheinungen in der Struktur der Zellwand, für die von Höhnel zuerst die Bezeichnung „Verschiebung" eingeführt hat (Abb. 24). Diese Verschiebungen der Faserwand sind Kunstprodukte, die nur auf eine mechanische Behandlung zurückzuführen sind. Solche Verschiebungen findet man immer auf technischen Fasern und die Aufgabe der Industrie ist es nun, die Zahl der Verschiebungen auf ein Minimum herabzudrücken, um dadurch eine unbeschädigte Faser zu erhalten, denn je reichlicher die Zahl der Verschiebungen ist, um so geringer ist die Güte der Fasern, da durch diese Gebilde die Festigkeit ganz wesentlich heruntergedrückt wird. Die folgende Tabelle 7 gibt Aufschluß darüber, wie stark eine falsche Behandlung die Qualität des Flachses herabdrücken kann.

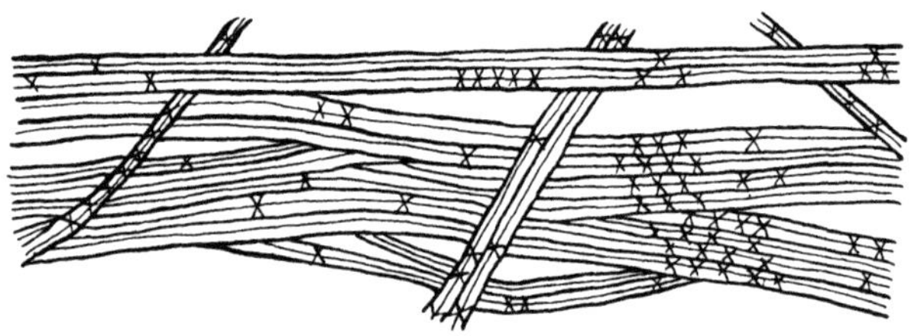

Abb. 24. Gedroschener Flachs mit zahlreichen Verschiebungen (×).

Tabelle 7. Linum usitatissimum. Prüfung auf Festigkeit von Schwungflachs in den verschiedenen Aufbereitungsstufen.

Lfd. Nr.	Material	Reißlänge in km	spezifische Reißfestigkeit in kg
1.	gerauft und geriffelt	86,7	130,1
2.	Bauerndrusch	23,7	35,5
3.	Maschinendrusch	26,5	39,8
4.	Riffelturbine	62,4	93,6
5.	ungerösteter	20,4	30,6
6.	Püschel ungequetscht. Schwungfl.	62,9	94,4
7.	Püschel gequetscht. Schwungfl.	52,4	78,5
8.	Flachs 1 × geknickt u. geschwung.	79,6	119,4
9.	Flachs 3 × geknickt u. geschwung.	55,2	82,8
10.	Schwungflachs, Tauröste und fertig ausgeschwung.	68,5	102,8
11.	Schwungflachs, Tauröste übermäßig geschwungen.	45,9	62,9
12.	Schwungflachs, gepreßt	56,8	85,2

Zur Erläuterung der Tabelle 7 sei mitgeteilt, daß man unter Reißlänge diejenige Länge eines Körpers versteht, unter deren Zuglast der Körper zerreißt oder bricht. Mit anderen Worten: Reißlänge ist diejenige Länge, die ein Versuchskörper haben muß, damit sein Eigengewicht gleich ist der Last, die ihn zum Bruch bringt, also diejenige Länge, die das Gewicht der Bruchlast erfüllt. Die spezifische Festigkeit steht mit der Reißlänge in enger Beziehung und kann als Produkt von Reißlänge und dem jeweiligen spezifischen Gewicht des Materials berechnet werden (spez. Gewicht Flachs = 1,5). Zu den laufenden Nummern 1, 2, 3, 4, 5 wurde das gleiche Material benutzt, ebenso zu den Versuchen 6, 7, 8, 9, 12, und endlich zu den Prüfungen 10 und 11. Zur Ermittlung der Reißfestigkeit wurde das Material zunächst 48 Stunden im Prüfungsraum ausgehängt bei einer relativen Luftfeuchtigkeit von 65% und einer Temperatur von 18° C. Die Prüfung

Abb. 25. Bearbeiten des Röstflachses auf der Handbreche.

selbst wurde auf dem Schopperschen Festigkeitsprüfer für Fasern vorgenommen bei einer Einspannlänge von 5 mm und einer konstanten Abzugsgeschwindigkeit von 100 mm in der Minute. Insgesamt wurden 100 Reißversuche von jeder Nummer durchgeführt, das Material wurde zu 50% der Mitte des Stengels, 25% der Wurzel und 25% der Spitze entnommen.

Diese Prüfungen sind für die Beurteilung von neueren Maschinen von außerordentlichem Werte. Grundsätzlich darf bei allen Aufbereitungsmaschinen der Flachs nur an einem Punkte eingespannt sein, damit er mit dem freien Ende leicht nachgeben kann. Falsch ist die Behauptung, daß bestimmte Röstverfahren für gewisse Maschinen am vorteilhaftesten sind.

Die primitivste Art des Schwingens ist das Schwingen mit dem Schwingmesser wie es nur noch ganz vereinzelt ausgeübt wird. Der Flachs wird zunächst auf der Handbreche, Handraste (Abb. 25) gebrochen, welche aus zwei spitz zulaufenden Leisten besteht, in welche ein Stab hineingepreßt wird. Der Flachs wird nun hier zwischen geführt und durch das Auf- und Abbewegen des Hebels wird der Holzkörper der einzelnen Flachsstengel gebrochen, die zersplitterten

Holzteile bezeichnet man als Scheben. Dieser Brechflachs wurde dann früher auf einem rauhen ledernen Lappen gerieben (Ribben) und dann mit dem Schwingmesser auf dem Schwingstock ausgearbeitet. Der Schwingstock besteht aus einer etwa 5 cm starken aufrechtstehenden Bohle von 1,25 m Höhe, welche unten in einem Brett befestigt ist. 20 cm von dem oberen Ende befindet sich ein 18 cm tiefer und 6 cm breiter Ausschnitt, dessen untere Kante etwas abgerundet ist. Die Handvollen werden in diesen Ausschnitt hineingelegt und so gehalten, daß die größere Hälfte auf der abgerundeten Seite herabhängt. Das Schwingmesser oder die Schwinge (Abb. 26) besteht gewöhnlich aus Buchenholz, es setzt sich zusammen aus einem 35 cm langen sichelförmigen Oberteil, welches den Schwung gibt und dem eigentlichen Schwingmesser von etwa 25 cm Länge, welches sich an der unteren Kante bis etwa Messerrückenstärke verjüngt. Um den Schlag, welcher stets am Schwingstock hinunter ausgeführt wird, aufzufangen und die Zurückführung des Messers zu erleichtern, ist in etwas über Kniehöhe an 2 Ständern ein Strick befestigt, welcher das Schwingmesser auffängt und zugleich das Knie des Arbeiters schützt. Man bearbeitet zuerst das Wurzelende und dann die Spitzenseite, wobei man immer die im Innern der Handvollen befindlichen Stengel nach außen kehrt, damit sie gleichmäßig vom Messer getroffen werden. Eine Arbeiterin liefert bei 8- bis 9 stündiger Arbeitszeit auf dem Schwingstock 3 kg fertiggeschwungenen Flachs.

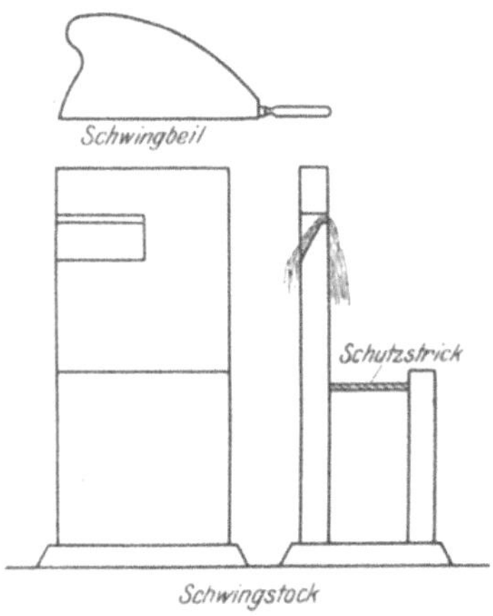

Abb. 26. Schwingstock mit Schwingbeil.

Nach der gleichen Methode wird in den böhmischen Brechhäusern (Abb. 27) gearbeitet. In den drei Dörfern Merkelsdorf, Adersbach und Weckelsdorf wohnen ca. 120 Brechler, die sämtlich Flachs aufbereiten. Das Verfahren ist einfach und primitiv, es werden nur im Tau geröstete Flächse verarbeitet. Die Brechhäuser selbst sind einfache scheunenähnliche Gebäude, in denen in der Mitte zwei große runde Lehmöfen eingebaut sind, die eine Höhe von ca. 4 m und einen Durchmesser von 2 bis 3 m haben. In diesen Öfen wird der Tauröstflachs nicht nur getrocknet, sondern vollständig gedörrt und in noch warmem Zustande gelangt er dann auf Holzknicken, welche das im Röstflachs enthaltene Holz vollständig zerkleinern. Die noch vorhandenen geringen Scheben werden durch sogenannte Brechen entfernt, die aus einem ganz einfachen Holzgestell bestehen, in dem ein Holz-

Abb. 27. Ein modernes böhmisches Brechhaus in Wichstadl.

messer befestigt ist, welches auf- und abwärts bewegt werden kann; die Arbeitsweise ist eine äußerst primitive. Hygienische Einrichtungen sind garnicht vorhanden, Staubabsaugungen fehlen vollständig. Die Leute arbeiten 10, 12 und noch mehr Stunden täglich im allergrößten Staub und Schmutz. Die Bevölkerung dieser drei Dörfer ist auf die Arbeit in den Brechhäusern angewiesen, da in diesen Gebirgsdörfern eine andere Industrie nicht vorhanden ist. Eine Verpflanzung dieser Art der Aufbereitung nach Deutschland ist vor einigen Jahren versucht worden, jedoch mit negativem Ergebnis, da diese Flachsaufbereitung in Form des Brechens ein Jahrhunderte alt geübtes Gewerbe ist, das in der Tschechoslowakei nur in den Sudeten und dem Böhmerwald, hauptsächlich aber in den drei genannten Dörfern vorkommt, in Deutschland wegen der höheren Ansprüche der Arbeiter in bezug auf Lohn und Hygiene jedoch nicht durchführbar ist. Jedes Brechhaus ist in der Lage, 4000 bis 6000 Ztr. Strohflachs

Abb. 28. Knickmaschine mit zentraler Einstellung.

jährlich zu verarbeiten. Während wir in Deutschland mit Ausarbeitungskosten von 10 bis 12 Mark je dz Strohflachs rechnen, betragen die Ausarbeitungskosten in der Tschechoslowakei nur 6 bis 7 Mark pro 100 kg Strohflachs. Diese geringen Kosten basieren auf ca. 40% niedrigeren Löhnen, auf geringeren Steuern und auf dem Wegfall jeglicher Kosten für soziale und hygienische Einrichtungen.

Beim Peitschen des Flachses, wie es noch im Winter auf einigen oberschlesischen Gütern betrieben wird, hält die Arbeiterin den Brechflachs frei in der Hand und reinigt ihn durch schnelles Schlagen (Peitschen) mit einem Holzmesser, das etwa 50 bis 60 cm lang und 10 bis 12 cm breit ist.

Durch das Brechen oder Knicken wird der Holzkörper, welcher dem gerösteten Flachsstengel den Halt verleiht, in kleine Stücke, die man als Scheben bezeichnet, zerteilt. Je nach der Beschaffenheit des Röstflachses müssen die Knickwalzen, die gerifft sind, mehr oder weniger stark eingestellt werden. Die Einstellung wird entweder zentral bewirkt (Abb. 28) oder aber die einzelnen Walzen werden jede für sich eingestellt, wodurch erreicht wird, daß die Intensität der Knickarbeit dem jeweiligen Röstgrad und Feuchtigkeitsgehalt des Rohmaterials angepaßt werden kann. Bei vielen Knickmaschinen wird der Flachs von der Einführwalze, welche eine glatte Oberfläche hat, gequetscht und erst dann durch die nächstliegenden Walzen geknickt. Die Anzahl der Knickwalzen ist ganz verschieden, sie wechselt zwischen 3 und 31 Paar Walzen, meist sind die unteren fest gelagert. Vor dem Einlegen des Flachses in die Knicke ist darauf zu achten, daß die Wurzeln in einer Ebene liegen, etwa vorhandenes Wirrstroh wird durch ein Hindurchziehen durch einen breiten Riffelkamm entfernt. Die Umlaufzahl der Walzen soll nach Schneider nur 130 in der Minute betragen, bei den neueren Maschinen ist sie wesentlich gesteigert worden. Es ist vorteilhaft, wenn der holzige Stengel in nicht zu kleine Teilchen gebrochen wird, weil diese sich schwieriger durch den folgenden Schwingprozeß abscheiden lassen. Wird der Stengel in

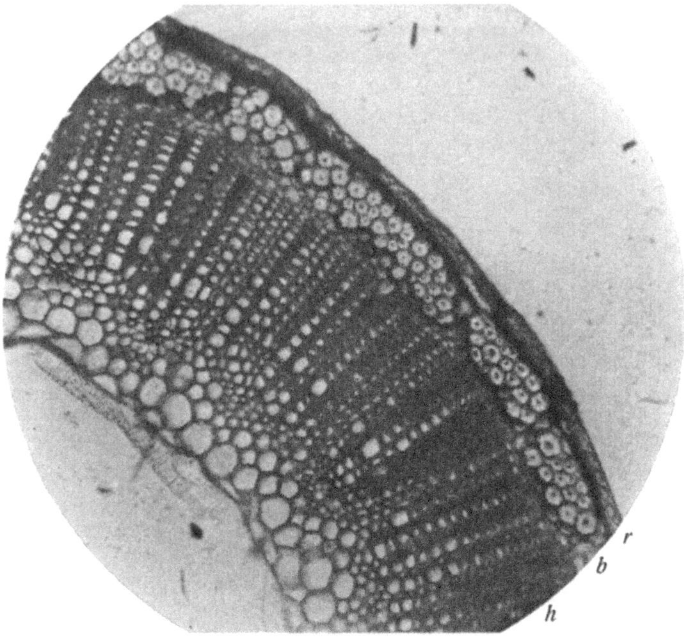

Abb. 29. Querschnitt durch den mittleren Teil eines Flachsstengels. Die Bastfasern *b* bilden einen geschlossenen Faserring. *r* = Rinde, *h* = Holz.

allen Teilen in ziemlich regelmäßigen Abständen gebrochen, so kann später ein viel gleichmäßigeres Abschaben und Abstreifen der Scheben von den Fasern stattfinden. Bestimmte Zahlen für den Knickverlust anzugeben, ist nicht möglich, er wird bei den einzelnen Rösten ganz verschieden sein. Von Wichtigkeit ist für die Angabe, ob der Aufbereiter scharf knickt und leicht schwingt oder ob umgekehrt leicht geknickt und scharf geschwungen wird. Ist der Röstflachs bei Sonnenglut, also zu trocken, eingefahren worden, so wird der Knickverlust größer sein als bei Flachs, der in den Vormittagsstunden nach dem Abziehen des Taues eingebracht wurde. Bei der Kanaltrocknung beträgt der Knickverlust etwa 45 bis 55%, bei normaler Naturtrocknung und normalgeröstetem Flachs 15 bis 25% auf den Röstflachs bezogen. Bei feinstengeligem Flachs ist der Verlust geringer, bei grobstengeligem etwas größer als bei gewöhnlichem Flachs.

Der Knickflachs tritt in ausgebreitetem Zustand aus der Maschine heraus, so daß man genau den Flachs überblicken kann, und zwar so, wie es an keinen anderen Stellen der Verarbeitung der Fall ist. Aufgabe des Arbeiters ist nun, die Flachsstränge, die klebschebig sind, oder welche die sonstigen Merkmale einer nicht genügenden Behandlung zeigen, schnell herauszunehmen und sie für eine Nachbehandlung beiseite zu legen; ferner ist darauf zu achten, daß keine wesentlichen Qualitätsunterschiede vorhanden sind, etwaige Abweichungen sind durch Aussortieren abzusondern. Je sorgfältiger hier gearbeitet wird, um so schöner und gleichmäßiger ist nachher der Schwingflachs, und Fehler, die hier übersehen werden, sind bei der späteren Verarbeitung und Sortierung kaum vollständig wieder gut zu machen. Der eigentliche Zweck des Röstens ist, wie früher bereits ausgeführt wurde, eine Trennung von den Zellen zu bewirken, die die Faserbündel mit der Rinde und dem Holz verbinden, so daß die letzteren während des Schwingens entfernt werden können. Diese Trennung muß so weit wie möglich ohne Auflösung der Bündel in die einzelnen Fasern zustande gebracht werden, da die geschlossenen Gruppen durch die mechanische Behandlung nicht so stark verletzt werden wie die Einzelfasern. Wenn die Bündel deshalb in der Form unregelmäßig sind (geringe Stengeldicke), kann die Röste nicht bis zur gewünschten Stufe durchgeführt werden, ohne daß eine Anzahl der außerhalb liegenden Fasern getrennt werden; solche getrennten Fasern werden beim Schwingen und Hecheln dann verloren gehen; bei runden, in sich geschlossenen Bündeln (Abb. 29) wird solch Abschlagen ins Werg nicht so leicht vorkommen. Ein größerer Verlust an Fasern ist bei der praktischen Aufbereitung der Stengel von 2,0 mm Dicke wenig zu befürchten, da die geschlossenen Bündel dem Knicken und Schwingen einen großen Widerstand entgegensetzen und einzelne, abseits liegende Fasern fast nicht vorhanden sind. Die größere prozentuale Faserausbeute[1] in der Praxis bei den mittleren und stärkeren Stengeln ist ferner darauf zurückzuführen, daß bei diesen die Röste nicht so weit getrieben zu werden braucht als bei den feineren Stengeln; die letzteren müssen vollständig ausgeröstet (nicht überröstet) werden, damit die mehr verteilt liegenden Fasern sich leicht von dem umgebenden Gewebe lösen, was bei den geschlossenen Gruppen der stärkeren Stengel leichter erreicht wird.

D. Schwingen.

Nach dem Knicken wird der Flachs geschwungen, d. h. durch ein Vorbeistreifen von Messern werden die noch anhaftenden Holzteilchen abgeschabt. Das Schwingen geschieht nun entweder auf Holzschwingständen oder auf modernen Schwingmaschinen, und zwar dem Haase-Schwingstand, dem belgischen Schwingstand, der Etrichschen Ringschwingmaschine und den neuesten Turbinen oder Automaten von Bindler, Etrich und Soenens.

a) Haase-Schwingstand.

Der Haaseschwingstand (Abb. 30) ist im Gegensatz zum belgischen Serienschwingstand für Einzelantrieb gebaut. Auch die Arbeitsweise unterscheidet sich vom belgischen Schwingstand dadurch, daß beim Schwingen der Flachs mit der rechten Hand in die Maschine gehalten wird, während dies beim belgischen Schwingstand mit der linken geschieht. Die Eigentümlichkeit bei dem Haase-Schwingstand ist die verschiebbare Welle; durch die Verringerung des Messerabstandes vom Schwingbrett von 15 mm bis 5 mm ist die Möglichkeit gegeben, den Flachs in schwachen Handvollen rein zu schwingen. Die Maschine eignet sich in erster Linie zum Ausarbeiten von Flachs mit wenig haltbarer Faser. Die Tourenzahl darf hierbei nicht über 180 pro Minute betragen. Bei

[1] Man rechnet gewöhnlich mit Ausbeuten von 12—14% Langfaser und 6—8% Werg, auf Rohflachs bezogen.

luftgetrockneten und Rasenfläöchsen kann die Tourenzahl je nach dem Ausfall der Röste bis auf 220 pro Minute erhöht werden. Um die Schwingstände rich-

Abb. 30. Haase-Schwingstand.

tig auszunutzen, d. h. nicht leer laufen zu lassen, empfiehlt es sich, bei jeder Maschine einen Abreißerstand anzubringen (Abb. 31), wo der Knickflachs vorgeordnet wird, damit die Schwingerinnen durch das Geradeziehen nicht aufgehalten und lange Fasern nicht mit in das Werg geschlagen werden. Die Leistungsfähigkeit richtet sich nach der Qualität des Flachses und der Geschicklichkeit der Schwingerin. Bei gut geröstetem und geknicktem Flachs erster Qualität wurden mit Vorbereitung bis 10 kg Halbschwung pro Stunde und Maschine erzielt. Der Haase-Schwingstand ist nur noch ganz vereinzelt in Betrieb.

Abb. 31. Verziehen des Knickflachses.

b) Belgischer Schwingstand.

Bei dem belgischen Schwingstand (Abb. 32) sind die Holzmesser (bei dem ersten Haaseschen waren es Stahlmesser) sternförmig an einem Kranze federnd angebracht, der in drehende Bewegung versetzt wird. Die Messer streichen hierbei in schneller Folge an den Flachsstengeln vorbei, welche in das Maul des Schwingstandes gebracht werden. Nach meiner Ansicht ist es am vorteilhaftesten, nur Naturtrocknung auf den Schwingständen zu verarbeiten. Der Flachs darf auf keinen Fall etwas überröstet, eher hart und unterröstet sein, da sonst zu viel von Wurzel und Spitze ins Werg geschlagen wird. Die Belgier schwingen ihre guten Flächse nur zwischen dem 15. Oktober und dem 15. April, der Flachs wird auf besonderen Schwingständen, bei denen der Abstand zwischen Schwingmaul und Messer groß ist, vorgeschwungen und dann auf anderen Schwingständen rein geschwungen. Die Gruschwitzschen Schwingstände mit verstellbarer Wand sind nur noch sehr wenig in Betrieb. Ist die Röstanstalt mit einer modernen Schwingmaschine ausgerüstet, so ist es doch ratsam, einige Schwingstände zum Nachschwingen aufzustellen (Abbildung 33). Als vorteilhaft für den Abtransport des Wergs und der Scheben ist das endlose Band der Firma Gebr. Bindler, Freital i. Sa., zu bezeichnen, welches unter den Schwingständen durchgeleitet wird und welches das Werg sofort auf die Wergsysteme leitet.

Abb. 32. Belgische Schwingstände (Serienstand).

Abb. 33. Schwingstände, links belgische, rechts Haase-Systeme.

c) Etrich-Ringschwingmaschine.

Die Etrichsche 2- bzw. 4-Ringschwingmaschine (Abb. 34) war lange Zeit führend auf dem Gebiete des maschinellen Schwingens. Dieses System beruht darauf, daß die bis jetzt getrennt vollzogenen 2 Arbeiten der Flachsaufbereitung, nämlich das Knicken und Schwingen, in einem Zuge bewerkstelligt werden. Das Etrichsche Flachsreinigungssystem besteht aus einer Knickmaschine und einer patentierten Ringmaschine aus 2 oder 4 Ringen (Abb. 35). Der Arbeitsgang ist etwa folgender: der Flachs, welcher vorgetrocknet sein muß, wird zunächst in nicht zu großen Handvollen in die Knickmaschine mit der Spitze eingeschoben und am Ausgang derselben von einem innerhalb des Ringes stehenden

Abb. 34. Zweiringschwingmaschine System Etrich.

Arbeiter gewendet und so auf den Ring geschoben, daß die Spitze zuerst ausgearbeitet wird. Der Flachs wird hier mittels automatischer Einspannvorrichtung (Gummi- oder Hanfseile) auf den Ring so festgeklemmt, daß das eine Ende, etwas über die Hälfte des Flachsstengels, frei vorsteht, und der Schwingvorrichtung zugeführt wird. Das gereinigte Ende wird dann durch eine zweite automatische Umspannvorrichtung zum nächsten Ring geführt, dort wieder automatisch eingespannt und das zweite Ende (Wurzel) ausgeschwungen. Um die Tourenzahl den jeweilig so sehr verschiedenen Flächsen anpassen zu können, werden die einzelnen Schwingvorrichtungen durch konische Riementriebe angetrieben; durch entsprechende Vorrichtungen zur Verschiebung der Riemen kann die Tourenzahl der Schabewellen, ohne die Maschine still zu stellen, jederzeit der Beschaffenheit des Materials aufs genaueste angepaßt werden, und zwar Kopf- und Wurzelseite für sich. Die Schwingwerkzeuge bei

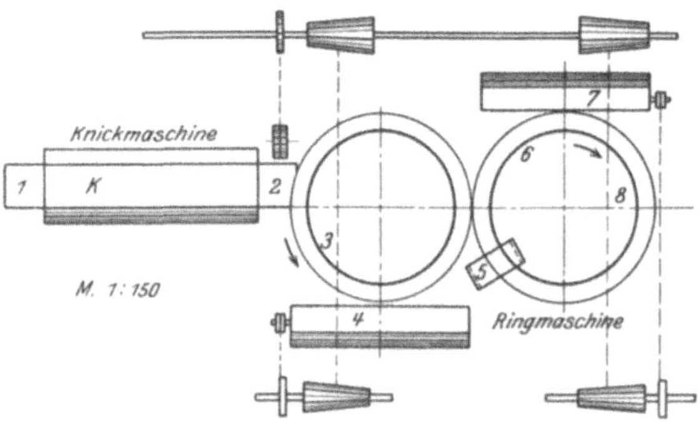

Abb. 35. Zweiringschwingmaschine, System Etrich. *K* = Knicke, *1* Eintritts-, *2* Austrittsstelle, *3* erster Ring, *6* zweiter Ring, *4* und *7* die beiden Schabewellen, *5* Umspannung, *8* Abnahme des Flachses.

diesem System sind Schabewellen, die ungefähr 5 bis 600 Umdrehungen in der Minute ausführen. Vorteilhaft ist, daß das eingespannte Fasergut ganz schonend, vom Ende beginnend, immer mehr nach der Mitte zu gereinigt wird. Die Maschine ist nur noch ganz vereinzelt im Betriebe, da sie durch die neueren Maschinen vollkommen überholt worden ist.

Abb. 36. Die Knick- und Schwingmaschine Leterme. Der Arbeiter zum Abnehmen des Schwungflachses steht tiefer.

Von anderen Systemen, die den Knick- und Schwingprozeß vereinigen, seien die Maschinen: Helsing, Swynghedauw, Dürr, Karnat, Leterme (Abb. 36), Kluboff und andere genannt, sie haben sich jedoch nicht allgemein in die Praxis einführen können. Leterme wird in Frankreich und Belgien noch verwandt, während Kluboff in Rußland arbeitet; sie kommen nur für kleinere Betriebe in Frage.

d) Schwingturbine Vansteenkiste-Bindler und Etrichs Schwingautomat.

Mit am vollkommensten durchkonstruiert sind die Schwingmaschinen von Soenens, der Schwingautomat von Etrich (Abb. 37) und die Schwingturbine Vansteenkiste (Abb. 38). Alle 3 Maschinen, von denen Soenens am meisten abfällt, sind ungefähr nach dem gleichen Gesichtspunkt aufgebaut, während Vansteenkiste vertikal schwingt, wird bei Etrich die Aufbereitung in horizontaler Richtung durchgeführt. Der Hauptvorteil gegenüber den alten Schwingmaschinen beruht darin, daß eine Vortrocknung des Flachses nicht mehr erforderlich ist. Von den 3 Systemen hat sich die Maschine Bindler-Vansteenkiste am besten eingeführt. Alle 3 Schwingmaschinen bestehen aus 2 Schwingaggregaten, von denen das eine die Wurzel, das andere die Spitze bearbeitet. Für jedes Schwingaggregat ist ein gesonderter Antrieb vorhanden, wodurch das Schwingen der Spitzen und Wurzelenden mit verschiedener Umdrehungszahl der Schwingorgane ermöglicht wird. Das Schwingen erfolgt wechselweise von beiden Seiten des frei wie eine Gardine herabhängenden Teiles des Flachses. Durch eine sehr sinnreiche und gutwirkende Festklemmung (Bindler Feder, Etrich mit Luft gefüllter Schlauch) des Fasergutes ist es gelungen, die Schwingmesser so knapp an dem Transportband vorbeizuführen, daß nur eine minimale Umspannlänge sich ergibt. Es können deshalb auch ganz kurze Fasern erfaßt und geschwungen

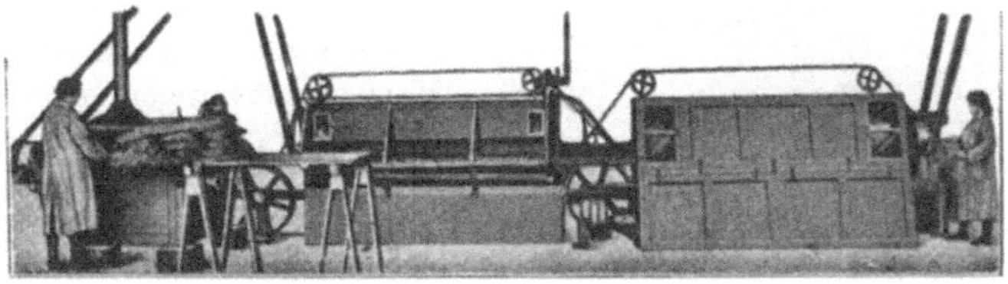

Abb. 37. Schwingautomat, System Etrich.

werden, und zwar in der Weise, daß auch die Mitte vollkommen rein wird. Die Umspannung, deren Weite 160 mm bei Bindler beträgt, erfolgt rein automatisch, indem durch einen Luftstrom der geschwungene Teil des Flachses hochgehoben und zwischen 2 Riemen eingespannt wird. Das abfallende Schwingwerg ist auf der Wurzelseite weicher und besser als von der Spitze, obgleich die Elementarfasern minderwertiger sind. Die Leistungen der Bindler- und Etrich-Maschine betragen bei mittlerem Flachs etwa 350 bis 400 kg Röstflachs pro Stunde. Die Turbine Vansteenkiste-Bindler ist durch Einführen der Bogengleitbahn noch vervollkommnet worden, da jetzt die ganzen Druckrollen fortfallen und nur ein Gummiband mit Stahleinlage den Flachs festhält.

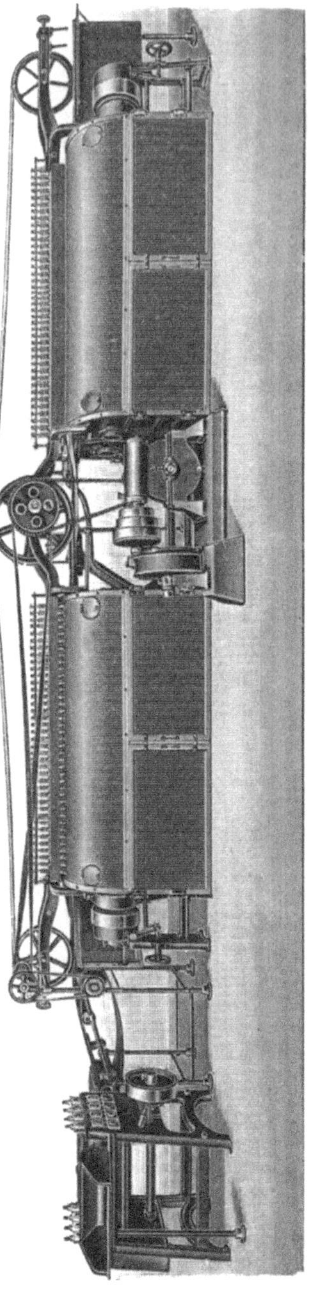
Abb. 38. Schwingturbine Bindler-Vanstenkiste.

Bei allen Schwingprozessen ist darauf zu achten, daß in dem Arbeitsraum eine entsprechende Luftfeuchtigkeit herrscht, ist die Luft zu trocken, so läßt sich der Flachs zwar leicht bearbeiten, wir erhalten dann aber keine geschlossenen Faserbänder, sondern müssen feststellen, daß überall Fasern in der Länge von etwa 1 cm senkrecht von dem Faserbündel abstehen, wodurch der Griff stark beeinträchtigt wird. Es wird häufig behauptet, daß Elektrizität diese Erscheinung hervorruft. Ist andererseits das Flachsstroh nicht vollkommen trocken, so lassen sich vornehmlich die Spitzen, welche immer etwas härter als die Wurzeln sind, nicht rein ausschwingen, die Fäserchen ballen sich dann zu Knoten zusammen, welche bei dem Hechelprozeß zu Störungen Anlaß geben. In Belgien und Holland wird der Flachs, und zwar der gute, grundsätzlich nur in den Monaten Oktober bis März geschwungen, dann ist die nötige Luftfeuchtigkeit vorhanden, etwa 65%, die zur Erzeugung eines schmalzigen und griffigen Flachses erforderlich ist. Vorteilhaft ist es, wenn die Feuchtigkeit bis zu den Faserbündeln im Stengel vordringt, damit diese sie entsprechend aufnehmen, der Holzkörper jedoch soll trocken bleiben, damit er bei der weiteren Behandlung leicht absplittert. Ist der Röstflachs stark mit Unkraut, vornehmlich mit Lolch, durchsetzt, so empfiehlt es sich, den Flachs vorzutrocknen, der Lolch wird dann restlos beseitigt werden können. Die verschiedene Art der Ernte (Raufen, Mähen usw.) ist für das Schwingen nicht von besonderer Wichtigkeit; sie macht sich dagegen beim Rösten geltend, da gemähter (verwirrter) Flachs ungleichmäßiger röstet als gut gehaltenes, unbeschädigtes Stroh; dies spiegelt sich naturgemäß auch in der Ausbeute an Lang- und Kurzfasern wieder.

e) Wergreinigung.

In Belgien und Holland findet nun noch ein Nachschwingen des Wergs statt, und zwar auf besonderen Schwingständen, bei denen die Öffnungen etwa doppelt so groß sind wie bei den Langfaserschwingständen. Der Durchmesser der Schwingräder ist meist 40 bis 50 cm größer als bei gewöhnlichen Schwingständen und es werden etwa 250 Umdrehungen pro Minute gemacht. Die Schwingwelle liegt näher dem Schwingmaul als bei den deutschen Schwingständen, die Messer sind kürzer und federn infolgedessen weniger. Es kann natürlich auf diesen Schwingständen nur ein langes Werg verarbeitet werden (Knick- und Schwingwerg). Der Abfall wird in einem sogenannten Teufel einer primitiven Schüttelmaschine gereinigt und mit einem rotierenden Rechen nachgereinigt. Der Teufel besteht aus einem länglichen Kasten, durch den eine Welle gelegt ist, an der spiralenförmig Schlagleisten befestigt sind. Beim Drehen der Welle auf mechanischem Wege wird das

Abb. 39. Wergmaschine, bestehend aus Auflagemaschine, 3 Paar Knickwalzen, Schwingeinrichtung, Schüttelmaschine und Abführtisch.

Abb. 40. Wergschüttelmaschine.

hineingeworfene Werg auf einem Holzrost durcheinander gewürfelt und so von anhaftenden Scheben befreit.

Von anderen Wergreinigungsmaschinen (Abb. 39 und 40) seien genannt die Wergwölfe und die Wergschüttelmaschinen. Die Wergwölfe oder Wergreiniger zeigen als Hauptarbeitsorgane sich drehende Siebzylinder, die gegen den Auslauf geneigt sind, damit das Material leichter vorwärts kommt. Von einem Gehäuse umschlossen ist unten ein Rost angebracht, in dem Schmutz und Scheben aufgefangen werden. Solche Schlag- oder Putzwölfe findet man auch in den Schüttelmaschinen angebracht oder vorgesetzt, sie haben nur die Aufgabe, große Verunreinigungen abzusondern. Will man auf Schüttelmaschinen außer der Wergreinigung noch weitergehend auflockern, so gelingt dies nur bis zu einem gewissen Grade, die Fasern werden dabei leicht zerrissen, und dadurch kürzer und minderer im Werte. Bei den Schüttelmaschinen wird das Werg von endlosen Zuführlattentüchern über schräge oder horizontale Lattenführungen mit gitterartigen Öffnungen geleitet, wobei zumeist schwingende Nadelwellen oder Nadelleisten durchstreichen. Die Nadelwellen schwingen ihre Nadeln gegen die Ablieferungsseite mehr aus und bringen dadurch das zu reinigende Werg weiter. Durch die Öffnungen der Transportführung fallen die Holzteile, Schmutz und dgl. zu Boden und können zeitweise entfernt werden. Den größten Fortschritt ständiger Wergaufbereitungssysteme zeigt das Wergsystem Etrich (Abb. 41). Dieses System dient zur Erzeugung von reinem knotenfreiem Werg aus Röstflachs direkt und

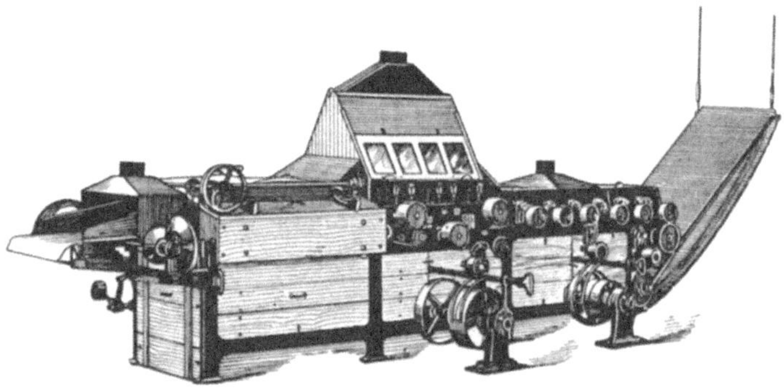

Abb. 41. Wergveredelungs-System Etrich.

aus mit Scheben durchsetztem Werg, das aus Röstflachs bereits auf irgendeine Art gewonnen wurde. Das System ist auch nach dem Prinzip der Fließarbeit gebaut, in dem 3 bisher getrennt vollzogene Arbeitsprozesse unmittelbar hintereinander angeschlossen sind. Das Material passiert zunächst eine Knickmaschine, dann gelangt es selbsttätig in die Wergschwingmaschine, welche es direkt auf das Nadeltransporttuch der Schüttelmaschine abliefert und von dieser wird es mittels eines Transporttuches hoch geführt und zu einem Haufen hoch geschüttet. Es ist jedoch erforderlich, daß das Material vor der Verarbeitung auf dem Wergsystem vorgetrocknet wird, dadurch verliert es einen großen Teil seines natürlichen Feuchtigkeitsgehaltes, wodurch die Faser weniger geschmeidiger und leichter wird. Um diesen Übelstand zu beheben, feuchtet Etrich das veredelte Werg mit einer besonderen Befeuchtungseinrichtung wieder an. Diese Vorrichtung besteht aus 2 rotierenden Messingzylindern, von denen der untere in einen Wasserbehälter taucht und der obere mit Borsten versehen ist, welche das am unteren Zylinder haftende Wasser in fein verteiltem Zustande abspritzen.

F. Scheben.

Die abfallenden Scheben bei der Flachsaufbereitung werden einmal an die Landwirte abgegeben, welche sie als Spreu in den Ställen oder zum Abdecken von Mieten verwenden. Sehr gerne werden sie auch von Eisengießereien erworben, dort werden sie bei der Lehmformerei der Formmasse beigegeben, um diese luftdurchlässig zu machen und das Entweichen der beim Gießen sich bildenden

Gase zu gestatten. Wo man ein anderes vorteilhafteres Absatzgebiet für die Scheben nicht hat, benutzt man sie zum Heizen des Dampfkessels, man hat hier besondere Vorfeuerungen konstruiert, die es gestatten, die Scheben fast ohne jede Beimengung von Kohle zu verfeuern. Der Transport der Scheben von der Entstehungsstelle zum Kesselhaus erfolgt in der Regel pneumatisch, indem die an den Knick- und Schwingmaschinen und Wergveredelungssystemen herabfallenden Scheben durch einen Luftsauger aufgesaugt und in einen Zyklon geführt werden, aus dem sie selbsttätig in die Feuerung fallen. Durch den Schebentransportapparat von Hefter (Abb. 42) wird erreicht, 1. daß die Scheben beständig in kleinen Mengen über die ganze Feuerung verbreitet in dieselbe befördert werden, 2. daß das Brennmaterial unter Luftabschluß in die Feuerung gelangt und dadurch ein Zurückschlagen der Flamme in den Heizerstand oder ein Hochbrennen in den Zyklon vermieden wird. Nach den A. Herzogschen Untersuchungen über Scheben enthalten 100 Teile wasserfreier Substanzen:

Abb. 42. Schebenfeuerung und Hefterscher Schebentrocknungsapparat (*a*).

Kohlenstoff	44,20	Gewichtsteile
Wasserstoff	5,92	„
Sauerstoff	47,10	„
Stickstoff	1,00	„
Asche	1,78	„

was nach seinen Berechnungen eine Wärmemenge von 3500 Kalorien ergibt, eine Menge, die ungefähr der des Eichenholzes entspricht, demgegenüber hat Kohle mittlerer Qualität nach Schlesier

Kohlenstoff	75 %	
Wasserstoff	5 %	
Sauerstoff und Stickstoff	10 %	
Asche	6,5%	außer Schwefel

die hierdurch erzeugte Wärmemenge beträgt 7000 WE. Danach muß man also um 1 kg Dampf zu erzeugen, theoretisch ungefähr doppelt soviel Scheben verfeuern als Kohle. Allein werden die Scheben nur noch in den allerwenigsten Betrieben verfeuert, da hiermit allerhand Schwierigkeiten verknüpft sind (Verschlackung der Roste, Glasbildung usw.), am verbreitetsten sind augenblicklich die Mischfeuerungen. Ein Weg zur Einschränkung der Schwierigkeiten bei Alleinfeuern von Scheben ist die Brikettierung der Scheben, die ohne Bindemittel unter Anfeuchtung und Erwärmung geschehen kann, bisweilen geschieht dies auch unter Zugabe von Braunkohle. In Amerika hat man neuerdings Versuche über den Heizwert von Briketts aus Flachsscheben angestellt, die aus Flachsscheben und Hechelabfall bestanden, welche mit 5% Pech gebunden waren. Es ergab sich ein Heizwert von 4,918 Kalorien, Kohle hat einen mittleren Heizwert von 7000 Kalorien. Scheben werden ferner von den Bauhandwerkern als Isoliermasse benutzt, da sie einesteils die Wärme zurück halten und andererseits den Schall dämpfen, neuerdings werden sie auch zu Kunststein gepreßt (Sifaplatte). Versuche zur Herstellung technischer Zellulose wurden auf A. Herzogs Veranlassung in einer Papierfabrik ausgeführt, die Qualität des fertigen Papiers war wegen der kurzen Zelllänge jedoch nur wenig befriedigend. Ähnliche Versuche sind dann 1924 in Rußland wieder angestellt worden, dort wurden bereits Abhandlungen auf Schebenpapier veröffentlicht. Zu Düngezwecken eignen sich Scheben nicht, da sie sehr langsam verrotten und außerdem als Krankheitsträger wirken können.

Die Analyse der Flachsscheben nach Kränzlin ergab in Prozenten auf Trockengewicht bezogen:

Tabelle 8. Chemische Zusammensetzung von Flachsscheben.

Asche	3,798%	Kalium + Natrium (KCl + NaCl)	0,334%
Kieselsäure (SiO_2)	2,096%	Phosphorsäure (P_2O_5)	0,184%
Sesquioxyde ($Fe_2O_3 + Al_2O_3$)	0,368%	Sulfate (SO_3)	0,122%
Kalk (CaO)	0,685%	Chloride (Cl)	0,052%
Magnesium (MgO)	0,105%	Gesamtstickstoff (N)	0,900%

Die Zahlen können naturgemäß nicht als feststehend betrachtet werden, die prozentualen Anteile wechseln mit den Bedingungen, unter denen der Flachs aufgewachsen ist.

Küchenmeister hat seinerzeit durch eine besondere Schebenentfaserungsmaschine versucht, auch die letzten den Scheben noch anhaftenden Faserteile zu gewinnen, der Erfolg stand jedoch mit den Kosten in keinem Verhältnis, so daß sich die Maschine nicht eingeführt hat.

G. Lagern.

Auch dem Lagern des fertigen Schwungflachses und des Wergs ist große Bedeutung zu schenken, der Flachslagerraum soll vorteilhaft stets 60 bis 65% relative Luftfeuchtigkeit bei einer Temperatur von 18 bis 20° C aufweisen, der Flachs verliert dann nicht an Festigkeit, er gewinnt sogar an Geschmeidigkeit und Spinnfähigkeit, so daß einesteils eine höhere Hechelausbeute an Langfasern erzielt wird und andererseits höhere Garnnummern aus dem Rohstoff erzeugt werden können. Den Flachs über stehendem Wasser direkt aufzubewahren, ist sehr gefährlich, die unmittelbar darüber lagernden Bündel nehmen zu viel Wasser auf, und die Fasern werden stockig, wenn nicht dauernd eine entsprechende Luftzirkulation vorhanden ist. Die Keime, welche die Fasern bei einer Anfeuchtung schädigen, sind sowohl aerobe sporenbildende Bakterien, als auch besonders Schimmelpilze. Ob die Zahl der Bakterien oder die der Pilze größer ist, hängt von dem Grad der Feuchtigkeit ab. Der Flachs ist infolge seiner wasseranziehenden Kraft bei schlechter Lagerung stets in Gefahr, durch diese Organismen geschädigt zu werden. Das Anfeuchten desselben ist in den meisten Fällen zu verurteilen, geschieht es trotzdem, so muß aber mindestens das Wasser auf den Fasern durch Streichen verteilt werden.

Der Flachs wird nun im Handel nach entsprechenden Qualitäten gehandelt. Der russische Flachs wird als Slanetz (Tauröste) oder Motchenetz (Wasserröste) auf den Markt gebracht, weitere Marken kommen als Siretz in den Handel. In manchen Teilen Rußlands und besonders Polens versteht man unter Siretz einen wenig bearbeiteten Brechflachs, der noch ziemlich viel Scheben enthält. Die wichtigsten Gebiete für Slanetz sind Bejedsk, Krasnoholm, Troer, Kashin, Gospodsky, Nerechta, Wologda, Jaraslav, Graesowetz, Kostroma u. a. Für Motchenetz-Flächse gibt es natürlich ebenso viele Gebiete wie für Slanetz. Genannt seien nur:

in Estland: Petschura, Werro, Dorpat, Pernau, Fellil;

in Lettland: Livonier, Schwanenburger, Hoffs-Flächse;

in Sowjet-Rußland: Pskow, Ostrow, Gdow, Opotschk, Taropetz usw.

in Litauen: Radischker, Kupischker, Kurischer, Oberkurischer, Memeler.

Die einzelnen Marken der Wasserröste oder Motchenetz-Flächse sind jetzt handelsüblich: OR, R, ZK, SPK, PK, K, W.

Slanetz: F, O, I, II, III.

In Estland und bei den Hoffs-Flächsen sind auch folgende Markenbezeichnungen gebräuchlich: xRx, xHDx, D, OD, LOD. Ebensolche Marken bestanden früher auch in Belgien und Holland, es waren dies aber nur Privatmarken von bestimmten Flachshändlern. Jetzt lauten die Marken für die einzelnen Schwungflächse dort

Blauholländer Flachs .	B. H.	B oder C
Weißholländer	W. H.	B oder C
Courtrai	C. R.	

wobei B die niedrigste Marke darstellt. Im allgemeinen wird in Westeuropa nicht mehr nach Marken, sondern nach Probemustern gehandelt. Eine Standardisierung der Flächse ist in Deutschland noch nicht durchgeführt, für die Spinnerei zweifellos ein Nachteil, da sie sich jetzt nur schwer mit größeren Mengen einheitlichen Materials eindecken kann.

4. Bewertung der Faser.

Die Qualität des Schwungflachses wird beurteilt nach Haltung, Griff, Glanz, Festigkeit, Farbe und Feinheit. Ist der Flachs verzogen, d. h. befinden sich die Wurzeln des Flachses nicht alle in einer Ebene, so ist das Material nicht als vollwertig zu betrachten. Je schmalziger der Flachs im Griff ist, um so höher wird auch die Spinnfähigkeit sein. Ein erstklassiger Flachs wird stets einen hohen Glanz aufweisen, dieser Glanz zeigt weiter an, daß das Material gesund ist. Die Festigkeit des Flachses schwankt je nach der Qualität der Faser und der Art der Behandlung, die die Faser durchlaufen hat. Die Festigkeit wird meist in km Reißlänge angegeben. Bester Flachs hat[1] etwa eine Reißlänge von 70 bis 90 km, d. h. wenn 70 bis 90 km dieser Faser frei aufgehängt werden, reißt die Faser infolge ihres eigenen Gewichtes. Von gutem Flachs erwartet man eine Reißlänge von 55 bis 70 km. Am festesten ist die Faser aus der Mitte des Stengels, am wenigsten Halt hat die Wurzel. Bänderiger Flachs zeichnet sich durch eine hohe Festigkeit aus, weil die einzelnen Fasern durch die mechanische Aufbereitung nur wenig gelitten haben. Ein wolliger Flachs wird dagegen nur geringen Halt aufweisen. Die Festigkeit des Materials ist deshalb von besonderer Wichtigkeit, weil sie einen gewissen Rückschluß auf die spätere Hechelausbeute gestattet. Das spezifische Gewicht des Flachses wird mit 1,5 angegeben. Der Wassergehalt des Schwungflachses beträgt nach E. Müller im Mittel 9,09%, höhere

[1] Bei einer Einspannlänge von 5 mm auf dem Festigkeitsprüfer.

Feuchtigkeiten wurden früher besonders im Winter durch einfachen Wasserzusatz erreicht. Zulässig ist ein Zuschlag von 12%, der einem Gehalt von 10,8% entspricht. Feuchtigkeitsgehalt und Feuchtigkeitszuschlag sind scharf voneinander zu unterscheiden. Unter dem Feuchtigkeitsgehalt versteht man ganz allgemein den Feuchtigkeitsgehalt in 100 T. des Versuchsmaterials in dem Zustande, in dem es zur Verarbeitung gelangt. Der Feuchtigkeitszuschlag bezieht sich dagegen auf 100 T. der vorher getrockneten Ware (des absolut trockenen Versuchsmaterials). Die Spinnfähigkeit hängt von der Feinheit der Faser ab, Sprödigkeit beeinträchtigt die Spinnfähigkeit. Der Flachs darf nicht schiefern, d. h. er muß beim Durchgleiten durch die Hand nichts oder nur sehr wenig an Länge verlieren. Der deutsche Flachs läßt sich durchschnittlich zu Kette von Nr. 30 bis 50 engl. verarbeiten, es gibt aber auch sehr viele Qualitäten, die eine Verwendung für prima mechanische Kette bis zu den Nummern 40 engl. ohne weiteres gestatten. Es ist durchaus nicht notwendig, daß man belgischen und holländischen Flachs bei feinen Nummern als Seele zugeben muß, um die nötige Festigkeit zu erhalten. Correns kommt auf Grund seiner Untersuchungen über die Pektinstoffe des Flachses zu der Vermutung, daß Festigkeit, Glanz und Griff mit den Pektinstoffen, Fetten und Wachsen in engem Zusammenhang stehen, denn diese Eigenschaften hängen wesentlich von den Inkrusten ab, bei denen wiederum die Pektinstoffe den weitaus größten Teil ausmachen. Correns glaubt, daß durch eine eventuelle Umwandlung oder Vermehrung der Pektinstoffe auf der Faser eine hohe Veredlung des Ausgangsmaterials in besserer Weise als bisher erzielt werden kann. Ein wesentlicher Vorteil dürfte in dieser Beziehung schon durch die Züchtungsflächse erreicht worden sein, langjährige Versuche der Deutschen Landwirtschaftsgesellschaft Berlin haben immer eine Überlegenheit der Züchtungsflächse hinsichtlich Quantität und Qualität der Faser gegenüber den gewöhnlichen Landsorten ergeben. Nach Honneyman befindet sich der Hauptanteil des Flachspektins in der Rindensubstanz. Eine Untersuchung des Staubes, der bei der Verarbeitung des Flachses (z. B. Schwingen) abfällt und der nach mikroskopischer Untersuchung aus Zellresten der Rinde besteht, ergab einen Pektingehalt von 17,34%, während die durch Seifenkochung gewonnene Faser nur 2,54% Pektin enthält. Versuche über den Pektingehalt bei Flächsen, die nach verschiedenen Röstmethoden aufbereitet wurden, ergaben folgende auf Schwungflachs bezogene Zahlen:

Lysröste	4,46%	Peufaillit	5,78%
Russische Tauröste	6,45%	Grubenröste	7,02%

Bei der Beurteilung eines Flachses ist es somit für den Erzeuger, als auch für den Röster und Spinner von Wichtigkeit, die Werteigenschaften des Flachses zu erfahren. Der Flachs kann auf Grund einer Prüfung mit einer Wertziffer belegt werden, wobei Wertziffer 100 einen Flachs allerbester Qualität entspricht. Tabelle 9 (S. 275) stellt den Werdegang und die Beurteilung einer Faser dar.

Für den Spinner wäre es noch wünschenswert, eine Angabe über die Feinheit der Faser einzufügen, d. h. anzugeben, zu welchen Nummern sich der Flachs voraussichtlich verspinnen läßt. Bei den Ausbeutezahlen[1], die in der Tabelle auf Rohflachs bezogen sind, ist es natürlich selbstverständlich, daß der Rohflachs nicht angeröstet ist, hat der Flachs bereits einen Röstverlust aufzuweisen, so werden die Ausbeutezahlen, fälschlicherweise, höher erscheinen.

Der Flachs wandert nun in die Spinnereien, wo er zu den verschiedensten Garnen verarbeitet wird, zum Teil geht er auch in die Papierindustrie, denn Leinenpapier steht hinsichtlich der Qualität in hohem Ansehen.

---

[1] Vgl. Anm. 1, S. 263.

Tabelle 9. Bewertung von Schwungflachs.

Bezeichnung: Stamm $^{36}/_{24}$ B
Zur Röste abgeliefert: 15. XII. 28
Gewicht des Rohflachses (entsamt); 5,74 kg
Eingesetzt am: 12. III. 29
Röstverfahren: Warmwasser-Bassinröste
Temperatur (Durchschnitt): 25 C°
Röste beendet: 16. III. 29
Röstdauer: 94 Stunden
Verlauf der Röste: normal
Säuregehalt: Gesamt 250, vorübergehend 50, bleibend 200 ccm n/10 NaOH
Trocknung: im Freien
Regen während des Trocknens: nein
Als Röstflachs gelagert vom: 20. III. bis 30. V. 29
Röstverlust: 0,8 kg = 22,2%
Ausbeute an Langfasern: 0,775 kg = 13,5% auf Rohflachs bezogen
Ausbeute an Werg: 3,68 „ = 6,4% „ „ „
Farbe des Schwungflachses: grausilbern
Glanz „ „ gut
Bänder „ „ sehr gut
Länge „ „ 85 cm
Griff: kernig
Festigkeit: 85,2 km Reißlänge
Qualität: I.
Hechelergebnis: Langfaser = 0,440 kg = 56,8%[1]
Hechelergebnis: Werg = 0,320 kg = 41,3%
Besondere Bemerkungen: keine
Wertziffer: 95.

Die Aufbereitungskosten für den Flachs sind durch die Vervollkommnung der Röste und die Mechanisierung des Knickens und Schwingens immer mehr herabgedrückt worden und betragen jetzt pro Doppelzentner noch etwa 12 Mark.

Tabelle 10. Preisentwicklung von Stroh- und Schwungflachs.

Jahr	Monat	Strohflachs ohne Samen Preis pro 100 kg M.	Schwingflachs pro 100 kg M.	Belg. Tauröste M.	B. K. K. O. M.
1910—1914		7—10	70—80		
1919		32—46	600—770		
1920		70—100	1750—2150		
1921		⅔ d. Roggenpreises	100—210		
1925	Januar	22,50	295,—		
1925	April	21,—	265,—		
1925	Juli	16,—	220,—		
1925	Oktober	16,—	200,—		
1926	Januar	9,20	150,—		
1926	April	10.50	145,—		
1926	Juli	—	145,—	146,—	154,—
1926	Oktober	10,40	144,—	122,—	130,—
1927	Januar	12,20	145,—	135,—	122,—
1927	April	—	165,—	158,—	156,—
1927	Juli	—	200,—	205,—	216,—
1927	Oktober	19,—	230,—	234,—	230,—
1928	Januar	20,30	220,—	240,—	206,—
1928	April	—	235,—	205,—	220,—
1928	Juli	17,—	210,—	220,—	212,—
1928	Oktober	18,—	200,—	188,—	196,—
1929	Januar	—	212,—	216,—	176,—
1929	April	—	205,—	200,—	160,—
1929	Juli	15,—	175,—	175,—	159,—
1929	Oktober	14,—	175,—	175,—	150,—

[1] Das Metergewicht des gehechelten Schwungflachses bei 65% rel. Luftfeuchtigkeit und 18° C beträgt im Mittel 0,005 g.

Die Preise des Schwungflachses sind jedoch denen des Rohstoffes nicht angepaßt. Die deutsche Röstindustrie, die im Jahre 1920 130 Röstanstalten umfaßte, ist jetzt auf ca. 20 bis 30 Anstalten zusammengeschrumpft, welche im Reichsverband der deutschen Flachsröstindustrie Sorau N.-L., zusammengeschlossen sind. Tabelle 10 (S. 63) gibt einen Überblick über die Preise, die jeweils für Strohflachs und Schwingflachs erzielt wurden. Vom Jahre 1926 ist auch belgische Tauröste angeführt, und ferner der russische Standardflachs B. K. K. O. (Nach Angaben der deutschen Flachsbaugesellschaft m. b. H., Berlin.)

Abb. 43. Flachs nach verschiedenen Verfahren aufbereitet.
a überröstet, *b* richtig geröstet, *c* unterröstet, *d* mechanisch aufbereitet.

Landwirtschaft und Röstindustrie müssen zur Erzeugung eines guten Faserstoffes eng zusammenarbeiten, hierin liegt letzten Endes auch der Ruf der Courtraiflächse begründet. Nur aus einem guten einwandfreien Strohflachs kann die Röstindustrie durch sachgemäße Aufbereitung eine Faser erzeugen, die sich trotz aller Fehlschläge ihren alten Platz auf dem Weltmarkt wieder sichern wird.

Welchen großen Einfluß unsachgemäße Aufbereitung auf das Endprodukt ausübt, zeigt Abb. 43. Sämtliche Schwungflächse stammen von derselben Menge desgleichen Flachsstrohs. *a* ist überröstet, *b* richtig geröstet, *c* unterröstet und *d* nach dem Pritchard-Verfahren aufbereitet. *a* ist wollig, *b* bänderig, *c* führt Scheben, und *d* hat durch die mechanische Aufbereitung gelitten. Für die beste und vorteilhafteste Aufbereitung des Flachses halte ich das Rösten während der Frühjahr-, Sommer- und Herbstmonate, welches mit einer Naturtrocknung verbunden ist, die Ausarbeitung hat während der Wintermonate zu erfolgen. Soweit es die finanziellen Verhältnisse ermöglichen, hat dann der Flachs unter geeigneten Bedingungen abzulagern, wodurch die Qualität wesentlich gesteigert werden kann.

Literatur.

Anderson, D. B.: A microchemical study of the structure and development of flax fibres. Americ. Journ. of Bot. Bd. 14, S. 187—210. 1927.

Bagrezowa, W. P.: Analyse der Aschenbestandteile des Röstwassers. Arb. d. Chem.-Bakt. Abt. d. Flachsversuchsstation Moskau, S. 176—188. Moskau 1923.

Brandt, O.: Schebenverwertung in Flachsaufbereitungsfabriken für Brennstoffzwecke. Techn. Rundschr., Beil. z. Frankfurter Zg. 1921.

Brenger: Spinn- und Webversuche mit verwollter Flachsfaser. Mitt. a. d. dtsch. Forschungsinst. f. Textilind. z. M.-Gladbach 1921.
Carbone, D. und Tobler, F.: Die Röste mit Bacillus felsineus. Faserforsch. Bd. 2, S. 163 bis 184. 1922.
Carbone, D.: La macerazione industriale delle piante tessili col „Bacillus felsineus", 2. Aufl., S. 159. Milano 1926.
Correns, E.: Zur Kenntnis der Pektinstoffe des Flachses. Faserforsch. Bd. 1, S. 229—240. 1921.
Councler, O. und Herzog, A.: Über die de Jonghsche Ozonflachsröste. Textile Forsch. 1921, 3., S. 207—211.
Davis: Flax stem anatomy in relation to retting. United States Department of Agriculture, Bull. 1185. 1923.
Deutsche Flachsbau-Gesellschaft m. b. H.: Der kleine Flachsführer, Ausgabe 1929.
Dobrytschin, W. P.: Zur Frage der Methode der Feststellung des Feuchtigkeitsgehaltes der Flachsfaser. (Russisch.) Arb. d. Vers.-Stat. d. Moskauer landw. Inst. Bd. 2, S. 95 bis 101. 1916.
Etrich, J.: Die Flachsbereitung und ihre Beziehung zur Flachsbaufrage. Trautenau 1898.
Flieg, O.: Die Harnstoffröste. Faserforsch. Bd. 4, S. 131—141. 1924.
Frost, J.: Flachsbau und Flachsindustrie in Holland, Belgien und Frankreich. (Ber. über Landwirtschaft, herausg. v. R. A. d. Innern, H. 9.) Berlin 1909.
Friesche Maatschappij van Landbouw: Vlascultuur en Vlasbewerking in Friesland 1925.
Gminder, U.: Die Kotonisierung deutscher Bastfasern und ihre Auswirkung auf Ackerbau, Technik und Volkswirtschaft. Techn. i. d. Landw. 1924, H. 4.
Halama, M.: Zum Problem und zur Praxis der Kotonisierung. Faserforsch. Bd. 5, S. 179—186. 1926.
Heitz, K.: Die landwirtschaftliche Verwertung der Abwässer der Flachsröste durch Beregnung. Kulturtechn. Jg. 28, S. 191—232. 1925.
Herzog, A.: Der Wassergehalt der ausgearbeiteten Flachsfaser. Mitt. d. Forsch.-Inst. Sorau Bd. 1, S. 36—41. 1919.
— Was muß der Flachskäufer vom Flachsstengel wissen? Sorau 1919.
— Der Wassergehalt des gerösteten und ungerösteten Flachsstrohes. Mitt. d. Forsch.-Inst. Sorau Bd. 1, S. 44—49. 1919.
— Aufnahme und Zurückhaltung tropfbar flüssigen Wassers durch die Flachsfaser. Mitt. d. Forsch.-Inst. Sorau Bd. 2, S. 4—7. 1920.
— Über die Festigkeit des Flachses in feuchtem Zustande. Mitt. d. Forsch.-Inst. Sorau Bd. 2, S. 11—13. 1920.
— Die Feststellung der Röstreife des Flachses. Faserforsch. Bd. 1, S. 147—168. 1921.
— Über die Ursachen der natürlichen Färbung des gerösteten Flachses. Flachs und Leinen 1895, S. 319—320.
— Über leichten und schweren Flachs. Textile Forsch. Bd. 3, S. 143—154. 1921.
Honneyman, W.: The pectin content of flax fibre. Journ. Text. Inst. 1925, T. 370—374.
Kind, W.: Bleichversuche. Dt. Leinen-Industrielle 1925, S. 441—443.
— Die Bedeutung des Röstgrades von Flachs beim Bleichen. Mell. Textilber. 1923, S. 22—23.
Krais, P.: Über L. A. Johnsons neues Flachsröstverfahren. Textile Forsch. Jg. 3, S. 26 bis 28. 1921.
Kränzlin, G.: Prinzipien der Kotonisierung. Faserforsch. Bd. 1, S. 121—138. 1921.
— Röstwässer. Faserforsch. Bd. 2, S. 126—150. 1922.
Kuhnert, R.: Zur Tauröstfrage. Mitt. d. Forsch.-Inst. Sorau Bd. 2, S. 26—28. 1920.
— Der Flachs, seine Kultur und Verarbeitung. 3. Aufl. Berlin 1920.
Lazarkevitch, N. A.: Le lin, sa culture et son industrie dans l'Europa occidentale. Paris 1925.
Lehmann: Flachsröstabwässer und Fischerei. Mitt. d. Fischerei 1923, Nr. 5.
Lorenz, F.: Flachsrösten ohne Kohle. Mitt. d. Forsch.-Inst. Sorau Bd. 2, S. 23—25. 1920.
— Einiges über die Gleichmäßigkeit des Röstprozesses. Mitt. Forsch.-Inst. Sorau Jg. 2, S. 23—25. 1920.
Löwe, H.: Zur Kenntnis der Petroleumröste. Der Spinner und Weber 1924, Nr. 10.
— Biologische oder chemische Röste? Katalog der Maschinenausstellung d. dtsch. Bastfaserindustrie Sorau 1922, S. 63—71.
Makrinow u. Tschischowa: Zur Charakteristik des Erregers der Pektingärung bei der Röste von Kenaf (Hibiscus cannabinus). Zentrbl. f. Bakt., Parasitenkunde und Infektionskrankheiten. 2. Abt., Bd. 80, S. 57—63. 1930.
Mann, E.: Die für die Bereitung von Brech- und Schwingflachs maßgebenden Eigenschaften. Der Spinner und Weber Bd. 42, Nr. 10. 1924.
Merrill, Jason L.: Utilization of American flax straw in the paper and fiber board industry. U. S. Dpt. of Agric. Bull. 322. Washington 1916.

Michotte, F.: Le lin. Culture & Exploitation. Cause de sa décadence. Moyens d'y remédier. Paris 1929.
Müller, W. und Tobler, F.: Ungerösteter Flachs. Mitt. Forsch.-Inst. Sorau Bd. 2, S. 117 bis 119. 1920/21.
— Einfluß und Erkennung mechanischer Behandlung der Flachsfaser. (Zur Kenntnis der Verschiebungen.) Faserforsch. Bd. 1, S. 1—25. 1921.
— u. Tobler, F.: Wie dringen die Röstbakterien in den Flachsstengel ein? Faserforsch. Bd. 2, S. 21—28. 1922.
— Swynghedauw-Maschine. Faserforsch. Bd. 2, S. 76—78. 1922.
— Der Flachs in den verschiedenen Röststadien. Faserforsch. Bd. 3, S. 41—51. 1923.
— Ausbeute an Langfasern. Faserforsch. Bd. 3, S. 253—265. 1923.
— Scheben als Feuerungsmaterial. Dt. Kohlen-Zg. Bd. 41, S. 424—425. 1923.
— Die Flachsbrech-Schwingmaschine „Loreley". Faserforsch. Bd. 4, S. 166—168. 1924.
— Die Schwingturbine System Vansteenkiste-Küchenmeister. Dt. Leinen-Industrielle Bd. 43, S. 649—652. 1925.
— Die Aufarbeitung der Flächse aus den Leinsortenversuchen der Deutschen Landwirtschaftsgesellschaft 1924. Faserforsch. Bd. 5, S. 162—179, 1925/26; S. 116—125, 1927/28 u. Dt. Leinen-Industrielle 1926, S. 904—907; 1929, S. 729—734.
— Welchen Einfluß üben Aussaatdichte und Stengel auf die Flachsfaser aus? Faserforsch. Bd. 5, S. 239—255. 1926.
— Der gegenwärtige Stand der Flachsgewinnung und Aufbereitung in Belgien. Dt. Leinen-Industrielle 1929, S. 674—675.
Munck, E.: Sommerweide-Abdeckung mit Stroh. Ill. Landw. Ztg. 1929, S. 408.
New, G. F.: The breakdown of flax and similar fibre-strands during the preparing processes. J. Text. Inst. 1925, S. T 1 bis T 12.
Nodder, C. R. A.: Study of flax and kindred fibres. J. Text. Inst. Bd. 13, S. 161—173. 1922.
Peschke, B. und F. Tobler: Stärkegewinnung und Faserröste. Faserforsch. Bd. 4, S. 252 bis 258. 1925.
Potapow, A. A.: Versuch zur Verwendung des Flachsröstwassers als Düngemittel. Arb. Chem. Bakter. Abt. Flachsversuchsstation Moskau 1923, S. 189—201.
Püschel: Die Technik des Flachsanbaues. Glogau 1924.
Rjaboff, J. J., Dobrytschin, B. P. u. Minervin, B. B.: Untersuchungen über Warmwasserröste. Text. Atlas. Moskau 1922.
— — — Warmwasserröstversuche an Flachs. Arb. Chem.-Bakt. Abt. Flachsversuchsstation Moskau. S. 5—83. Moskau 1923.
Ruschmann, G. (mit Beitr. v. F. Tobler): Faserstengelrösten mit Luftzufuhr (aerobe Pectingärung). Faserforsch. Bd. 1, S. 67—94. 1921.
— Vergleich von Röstverfahren im Fabrikbetrieb. Faserforsch. Bd. 2, S. 184—189. 1922; Bd. 3, S. 301—313. 1923.
— Entwertung des Schwingflachses durch Mikroorganismen. Faserforsch. Bd. 3, S. 131 bis 161. 1923.
— Die moderne Warmwasserbassinröste in der Industrie. Z. ges. Textilind. Bd. 26. 1923.
— Fehlerhafte Röste. Faserforsch. Bd. 3, S. 314—318. 1923.
— Grundlagen der Röste. Büch. Faserforsch., herausg. v. F. Tobler Bd. 1. Leipzig 1923.
— Über Röstfehler. Leipz. Monatsschr. Textilind. 1924. Sondernummer S. 15.
— Die geeignete Lage von Röstanstalten. Leipz. Monatsschr. Textilind. Bd. 39, S. 279—284. 1924.
Schilling, E.: Zur Kenntnis des Hagelflachses I. Faserforsch. Bd. 1, S. 102—120. 1921.
— Hechelflachs mit Tintenspritzern. Leipz. Monatsschr. Textilind. Bd. 39, S. 17—18. 1924.
— Wie läßt sich ein möglichst gleichmäßiges Flachsstroh erzielen? Faserforsch. Bd. 6, S. 73—85. 1927.
Schneider, H.: Meine Studienreise nach Nordamerika. Mitt. Forsch.-Inst. Sorau Bd. 2, S. 94—98, 131—132, 141—143. 1920.
— Der Stand unserer industriellen Warmwasserröste und Peufaillits Petroleumröste. Mitt. Forsch.-Inst. Sorau Bd. 2, S. 136—138. 1920.
Schürhoff, H.: Die Schebenverwertung. Mitt. Dtsch. Forsch. Inst. Textilst. S. 135—149. Karlsruhe 1919.
— Die Sortierung des Flachses. Dt. Leinen-Industrielle Bd. 37, S. 473—475. 1924.
Sjollema, B.: Onderzoek naar verschillende metoden van vlasbewerking. Rapport aan het hoofdbestuur des Groninger Maatschappij van Landbouw en Nijverheid, 72 S. Groningen 1909.
Stoof, H.: Über die Beschaffenheit und Reinigungsmöglichkeit der Abwässer von Flachsröstanstalten. Gesundhtsing. Bd. 46, S. 16—23. 1923.
Störmer: Über die Wasserröste des Flachses. Diss. Jena 1904.
Tammes, T.: Der Flachsstengel. Eine statistisch-anatomische Monographie. Naturk. Verhandl. van de Holland. Maatschappij der Wetenschappen Derde Verzam, Deel 6, vierde Stuk. Haarlem 1907.

Tammes, T.: Vlas en Vlasveredeling. Mededeel. Nr. 1 Nederl. Genet. Vereen. Haarlem 1924.
Teichmann, W.: Die Flachsbrecherei Nordostböhmens. Dt. Leinen-Industrieller 1926, Nr. 30, S. 587—589.
Tobler, F.: Die Festlegung von Standardmustern des Flachses. Mitt. Dt. Forsch.-Inst. Sorau Bd. 2, S. 63—64. 1920.
— Über die Fasern von Samenflachssorten. Faserforsch. Bd. 1, S. 47—62. 1921.
— Wege zur Geruchsverminderung der Flachsröste. Die Preisarbeiten Schürhoffs und Jochums mit Bemerkungen und Versuchen des Forschungsinstituts. Faserforsch. Bd. 2, S. 9—21. 1922.
— Bemerkungen über Tauröstflächen für Flachs und ihre Erkennung. Faserforsch. Bd. 2, S. 282—285. 1922.
— Die künstliche Trocknung von Flachs. Lösungen von Preisfrage 3 des Forschungsinstituts Sorau. Faserforsch. Bd. 3, S. 52—65. 1923.
— Bemerkungen und Versuche zur Harnstoffröste. Faserforsch. Bd. 4, S. 141—145. 1924.
— Struppiger Flachs. Faserforsch. Bd. 6, S. 1—6. 1927.
— Flachssortierung und Röstfähigkeit. Dt. Leinen-Industrielle Bd. 37, S. 652—653. 1924.
— Der Flachs als Faser- und Ölpflanze. Berlin 1928.
Vargas Eyre, J.: The modern treatment of flax from the time of harvesting to the completion of spinning. J. Text. Inst. 1925, P 250—256.
— and Nodder: The development of Acidity during the retting of flax, its interpretation and technical significance. J. Text. Inst. 1924, T. 237—272.
Verslagen en Mededeelingen van de Direetie van de Landbouw: Beschrijving der Vlasculture en Vlasindustrie in Nederland. 1913.

Das Bleichen und Merzerisieren von Flachs.

Von Dr. **W. Kind**-Sorau.

Das Bleichen von Flachs.

Geschichtliche Entwicklung. Das Bleichen von Flachsgespinsten und -geweben beruhte ehedem im wesentlichen auf einem abwechselnden Brühen = Beuchen in offenen Fässern mit alkalischen Laugen aus Pottasche und dgl. und einem Auslegen auf den Plan unter Begießen des Gutes mit Wasser. Solche Arbeitsweise erforderte Monate, um ein gutes Weiß zu erhalten. Man benötigte große Rasenflächen, zudem konnte man nur im Sommer auf den Plan legen. Durch Mitverwendung von Kalk vermochte man zwar die Wirksamkeit der Laugen zu steigern, ein unsachgemäßer Gebrauch von Kalkmilch gefährdete aber andrerseits die Fasern. Kalk wurde deshalb zeitweise von den Behörden verboten, obschon der Mangel an Holzasche wieder zu anderen Mißständen führte. So sah sich Friedrich der Große veranlaßt, der Entwaldung des Riesengebirges zu steuern, welche bei zu starker Gewinnung von Holzasche zu befürchten war. Nachdem gegen Ende des 18. Jahrhunderts die aufblühende chemische Industrie Soda, Chlorkalk sowie Salzsäure und Schwefelsäure lieferte, war es möglich, das alte Bleichverfahren abzukürzen. Mangelnde chemische Kenntnisse führten jedoch zunächst zu manchen Mißerfolgen, durch unsachgemäße Chlorbleiche wurden vielfach Waren verdorben. Die Technik entwickelte sich langsam dahin, die ersten Bleichstufen durch wiederholtes Beuchen mit Soda oder mit kaustifizierten Laugen und durch Bleichen mit Chlorkalkflotten unter Einschalten von Säurebädern zu erzielen. Für die höheren Bleichgrade waren noch Rasenbleichen erforderlich, da die rein chemische Bleiche nicht das angestrebte klare Weiß ergab. Die Rezeptur hatte sich dem jeweiligen Arbeitsgut anzupassen, denn die Bleichbarkeit der Garne und Gewebe hängt sehr von der Ausarbeitung des Flachses ab, ein feineres Gespinst enthält weniger Faserfremdstoffe als eine gröbere Garnnummer. Die Stärke der Flotten, die Einwirkungszeit usw. müssen deshalb erfahrungsgemäß dem Zustand des Bleichgutes Rechnung tragen. Nachdem auch die maschinellen Einrichtungen der Bleichen im Laufe der Zeit vervollkommnet wurden, gelang es, die Zahl der Arbeitsvorgänge einzuschränken. Die Bestrebungen gehen dahin, große Bleichposten ohne vieles Umpacken und Hantieren fertigzustellen, insbesondere die Planbleiche entbehrlich zu machen, welche sich teilweise noch erhalten hat. Ist doch das Auslegen der Garne oder Gewebe auf den Plan oder das Aufhängen auf Stangen mit viel Handarbeit verbunden und zu sehr von der Witterung abhängig.

Allgemeines. Flachs wird vorwiegend in Form von Strähngarn, dann als Stück gebleicht. Versuche, Kreuzspulen oder Kettbäume zu bleichen, haben weniger Erfolg gehabt. Bei festgewickelten Spulen verklebt das Garn zu leicht und wird beim Umspulen wollig. Selbst bei Kreuzspulen gröberer Garnnummer befriedigt der Ausfall nicht so recht, so daß die Spulen- und Kettbaumbleiche von Leinen bislang keine technische Bedeutung erlangte. Auch die Verarbeitung von losem Material, wie insbesondere von Spinnereiabfällen hat nicht die Verbreitung gefunden, welche man in Kriegs- und Nachkriegsjahren erwartete. Es waren die Bestrebungen darauf gerichtet, den Flachs gleich wie den Hanf zu verbaumwollen, um ihn auf Baumwoll- oder Streichgarnspinnmaschinen verarbeiten zu können. Die Aufgabe bestand darin, das Spinngut von den starken Verunreinigungen durch Strohteile zu befreien und die technisch zu langen Faserbündel in kleinere Bündel bzw. Zellen von der Länge der Baumwollfasern zu zerlegen. Die Vorschläge gehen zum Teil auf eine mechanische Vorbereitung wie ein Kardieren mit etwaiger chemischer Nachbehandlung, zum Teil auf ein unmittelbares Aufschließen mit Laugen und Oxydationsmitteln hinaus. Das Kotonisieren bedeutet gewissermaßen ein Vorbleichen. Mangelnde Ausbeuten, hohe Chemikalienkosten, ungenügende Spinnfähigkeit der kotonisierten Fasern, welche das Mitverspinnen von Baumwolle erforderte, haben die Verbaumwollung der Bastfasern nicht im erhofften Umfange aufkommen lassen. Bekannter geworden ist das Gminder-Halblinnen von Gminder-Reutlingen. Vgl. S. 252.

Abwasserbeseitigung. Nach § 16 der Gewerbeordnung sind „Schnellbleichen" genehmigungspflichtig. Unter Schnellbleichen verstand man die gegensätzlich zur Rasenbleiche mit Chlorlaugen arbeitenden Anlagen. Die Behörde befürchtete Übelstände durch die Ableitung der in den Abwässern gelösten Faserbegleitstoffe mit Chlor-, Lauge- und Säureresten. Auch soll Rücksicht auf einen genügenden Luftwechsel in den Räumen und auf Beseitigung schädlicher Gase und Dämpfe genommen werden. Vor allem war an eine Gefährdung der Fischzucht durch die Abwässer gedacht. Einsprüche gegen derartige Anlagen sind selten begründet, die Erfahrung hat gelehrt, daß der Betrieb der Chlorbleichen für die Gesundheit der Arbeiter oder für die weitere Umgebung nicht so nachteilig ist, wie man glaubte annehmen zu müssen. Der Belästigung durch Chlorgase beim ersten Chloren (Reelen) ist durch Anordnung von Ventilatoren und hohe Arbeitsräume zu begegnen. Was die Abwässer anbelangt, so sind nur die ersten Kochlaugen (Schwarzlaugen) sowie die ersten Chlorbäder stärker verunreinigt. Bei der ersten Kochung ist mit einem Auflösen von 10% Faserbegleitstoffen vom Fasergewicht zu rechnen, wozu noch das Alkali, beispielsweise 10% Soda kommen. Eine Bleichpartie von etwa 550 kg bringt somit in 3 cbm Ablauge 55 kg organische Substanz + 55 kg Soda in den Vorfluter. Die ablaufenden ersten Chlorbäder sind meist schon stark ausgenutzt. Nicht statthaft wäre ein Einleiten des Chlorkalkschlammes in einen kleinen Wasserlauf, es muß der Kalkschlamm zum Absetzen gebracht, der Schlamm anderweitig beseitigt werden. Durch die Spülbäder ist aber eine weitgehende Verdünnung möglich, die folgenden Beuch- und Bleichlaugen sind weniger verunreinigt; beim Mischen mit den sauren Abwässern und den abfließenden Bleichflotten tritt ein Aufhellen des Abwassers und eine weitgehende Neutralisierung ein. Das Gegebene zur Vermeidung von Abwässerschwierigkeiten ist das Ableiten in einen nicht zu kleinen Klärteich, aus welchem das Wasser gleichmäßig in den Vorfluter fließt. Die Regelung hat sich den „ortsüblichen" Verhältnissen anzupassen. Vorschläge, die Schwarzlaugen einzudampfen, um die Soda durch Kalzinieren zurückzugewinnen, sind zu verwerfen, die Unkosten wären sehr hoch, die anfallende Soda ist zudem stark durch Eisen und andere Salze verunreinigt. Das Bleichereiabwasser eignet sich auch nicht zum Berieseln von Feldern, da es zu wenig Düngesalze enthält.

Zur etwaigen Überwachung der Verunreinigungen empfiehlt es sich, neben analytischen Prüfungen die 100- oder 200fache Menge des fraglichen Wassers auf einer gebleichten Stoffprobe einzudampfen, um die Beeinflussung des Weiß zu erkennen.

Das Bleichwasser muß klar, möglichst weich, frei von Eisen und von organischen Verunreinigungen sein. Kalk und Magnesia bedingen einen Mehrverbrauch an Chemikalien, da sie sich mit Laugen, Säuren, Seifen umsetzen und Niederschlage auf der Faser geben können. Eisen beeinträchtigt in Spuren das Weiß, gleichwie organische Substanzen vergilbend wirken können. Grenzwerte sind schlecht aufzustellen, weil die jeweiligen Arbeitsbedingungen zu berücksichtigen bleiben. Das Wasser sollte nicht über 5—6° deutsche Härte haben und unter 0,1 mg/l Eisen enthalten. Über die Brauchbarkeit eines Wassers gibt eine Eindampfprobe auf weißem Stoff einen Anhalt. Als Wasserverbrauch für eine Partie Leinengarn ¾ Weiß rechnet man 100 cbm. Um Rostflecken im Gut vermieden zu wissen, ist beim Legen der Leitungen entsprechend vorzubeugen.

Die Begleitstoffe der Flachsfaser.

Nach A. Herzog[1] beträgt die Prozentmenge der im Flachs enthaltenen Zellulose im Mittel 85,4%. Die stickstofffreien Extraktivstoffe als Pektin-, Farb- und Gerbstoffe haben mit etwa 7,2% Anteil an der Zusammensetzung der Flachstrockensubstanz. Der Gehalt an Begleitstoffen schwankt stark je nach der Röstmethode. Die Farbstoffe sind zum Teil den gelb bis braun gefärbten Zersetzungsprodukten des Chlorophylls, insbesondere dem Xantophyll und nicht zuletzt dem im Flachsstengel enthaltenen Gerbstoff zuzuschreiben. Verholzte Faser, Lignin, findet sich in gut gehecheltem Flachs nur in unbedeutenden Mengen. Der Aschengehalt von ungebleichtem, schäbenfreiem Flachs macht etwa 1% aus. Im Verlauf des Bleichprozesses sinkt der Gehalt auf etwa 0,1—0,2%. Auch der Gehalt an hygroskopisch aufgenommenem Wasser nimmt mit zunehmender Bleiche um 1—2% ab. Die Zahlen für den Gehalt an Zellulose sind von den jeweiligen Bestimmungsmethoden abhängig — Aufschließungsverfahren mit Bromwasser nach Müller, oder mit Chlorat + Säure nach Schulze und Hofmeister. Technisch interessiert die Menge der alkalilöslichen Extraktivstoffe. Schon mit kaltem Wasser lassen sich einige Prozente lösen, mehr noch durch Abkochen mit Wasser. Je schärfer ein alkalisches Abkochen durchgeführt wird, um so mehr steigt der Verlust, da auch Fasersubstanz als solche, Hemizellulose, Oberhautgewebe, Parenchymzellen mehr und mehr abgelöst werden. Nach W. Frenzel[2] — vgl. S. 297 — soll der Gesamtextraktivstoffgehalt durch 6 Stunden langes Kochen am Rückflußkühler mit einer verdünnten Natronlauge, welche im Liter 3,5 g Natron enthält, bei 20facher Flottenlänge festzustellen sein. P. Budnikoff[3] hydrolysierte Flachsabfall mit Schwefelsäure und bestimmte mit Hilfe von Fehlingscher Lösung die gebildete Dextrose, um aus der verzuckerbaren Zellulose den Fasergehalt, die Ausbeute beim Kotonisieren zu errechnen.

Der Bleichereipraktiker bezeichnet die durch Abkochen mit alkalischen Laugen entfernbaren Nichtfaserstoffe als Pektine, Pflanzengummi, doch ist zu sagen, daß die Pektine hierbei nur einen Bruchteil ausmachen. Als wesentliche Begleitstoffe wären zu nennen Pektine, Proteine, Wachs.

Pektine. Nach F. Ehrlich[4] geht die in vielen Pflanzenteilen ursprünglich zu findende, in kaltem Wasser unlösliche Pektose beim Kochen bei 1—2 at leicht in Lösung und gibt dabei neben dem durch Alkohol oder Bleiessig fällbaren Pektin noch zu einem erheblichen Teile lösliches Hydropektin, das wieder zu 25—30% aus Araban und zu 70—75% aus dem Kalzium-Magnesiumsalz der Pektinsäure be-

[1] Herzog, A.: Die Flachsfaser in mikroskopischer und chemischer Beziehung. Trautenau 1896.

[2] Frenzel, W.: Die Entfernung von Extraktivstoffen aus Bastfasern. Leipz. Monatschr. Textilind. 1927, S. 261.

[3] Budnikoff, P.: Quantitative Bestimmung der inkrustierenden Bestandteile in der Flachsfaser durch Verzuckern der Zellulose. Z. angew. Chem. 1923, S. 138.

[4] Vgl. Chem.-Zg., Techn. Übers. 1924, S. 163 und Chem.-Zg. 1917, S. 197.

steht. Die aus der Lösung des Ca-Mg-Salzes durch Alkohol + Salzsäure als dicke Gallerte ausfällbare Pektinsäure leitet sich von der Polygalakturonsäure ab. W. Honeyman[1] faßt Pektin als eine Hemizellulose auf, welche die Elementarzellen verklebt. Eine weitgehende Entfernung beim Bleichen soll erforderlich sein, um ein schönes, nicht vergilbendes Weiß zu erzielen, weil restliches Pektin sich mit Alkali verfärbt. — Ammoniak wurde von Kolbe als Reagens für Pektin genannt. — H. ermittelte den Gehalt an Pektin durch 4stündiges Kochen der zerteilten Fasern mit 10%iger Salzsäure, wobei der Pektinkomplex unter Bildung von Zwischenprodukten wie Arabinose und Galakturonsäure, Furfurol und freie Kohlensäure liefert, welch letztere in Barytwasser aufgefangen wird. Der CO_2-Gehalt mit 5,66 multipliziert gibt die Pektinmenge an[2]. Der Gehalt an Pektin schwankt bei den einzelnen Arten und in den einzelnen Lieferungen. H. fand z. B.: Irische Röste 7,02%, Courtrai-Röste 4,46%, Russische Tauröste 6,45%, Peufallit-Röste 5,78%. Eine restlose Beseitigung hält schwer. Wurde Flachs wiederholt mit Wasser gekocht, so ergab sich ein Gewichtsverlust von 7,5%, hiervon waren jedoch nur 1,46% als Pektin anzusprechen. Als bei weiteren Kochungen mit Natronlauge der Gesamtverlust 26,2% betrug, war der Anteil des Pektins hierbei 3,3%, die Faser hatte demnach noch einen Restwert von 1,26% Pektin behalten. Das schwer auslaugbare Pektin befindet sich vermutlich in der Mittellamelle zwischen den Elementarzellen. Besonders reich an Pektinen ist das Oberhautgewebe des Flachses, sowie der beim Hecheln entstehende Flachsstaub mit über 17%. Pektinstoffen schreibt man ein gewisses Speicherungsvermögen für Kupfersalze zu. Aufgenommenes Kupfer läßt sich durch Einlegen in Ferrozyankali nachweisen (Unterscheidung von Baumwolle und Leinen nach A. Herzog).

Proteine. W. Frenzel (a. a. O.) fand bei Stickstoffbestimmungen nach Kjeldahl unter Berechnung des Proteingehaltes durch Multiplikation der Stickstoffzahl mit 6,25 im Rohgarn 2,7%, nach zweistündigem Kochen mit 2,5%iger Sodalauge noch 1,4%, nach 10 Stunden 0,6%, während schon ein zweistündiges Kochen mit 1%iger Natronlauge den letztgenannten Wert erreichen ließ. J. W. Porter[3] veröffentlichte als Prüfungsergebnisse

	Irisches Garn		Courtrai-Garn	
	Gewichtsverlust	Stickstoff	Gewichtsverlust	Stickstoff
Rohgarn		0,338		0,264
Gekochtes Garn	10,03	0,200	6,0	0,111
¼ Bleiche	11,77	0,091	7,6	0,073
½ Bleiche	13,50	0,034	9,57	0,031
¾ Bleiche	14,30	0,034	9,81	0,028
4/4 Bleiche	15,20	0,023	10,55	0,021

Für die Bleichereitechnik ist von Belang, daß beim Chloren sich schwer auswaschbares Chloreiweiß, Chloramin bilden kann, weshalb gegebenenfalls ein Antichlorieren des Gutes angebracht erscheint, vgl. S. 292.

Flachswachs. Flachswachs, das durch einen mit dem Wachs extrahierbaren Aldehyd einen eigentümlichen, stechenden Geruch besitzt, gleicht dem Bienenwachs, ist etwas härter und spröder, hat eine niedrigere Verseifungszahl, 78,4—83,7, eine höhere Jodzahl, 21,6—28,8, sowie den erhöhten Schmelzpunkt von 67—70° C. Je nach dem anwesenden Chlorophyllgehalt ist Flachswachs dunkelgrau oder

[1] Vgl. W. Kind: Der Gehalt der Flachsfaser an Pektinstoffen. Spinner Weber 1926, H. 17.
[2] Verfahren von Nanji, Paton und Ling, Journ. Soc. Chem. Ind. 1915, 44, 253.
[3] Porter, J. W.: J. Soc. Chem. Ind. 1926, S. 45.

braun, die Farbe wird von der Röste beeinflußt, doch sollen die Röstmethoden ebenso wie die Wachstumsbedingungen die Zusammensetzung des Wachses wenig beeinflussen.

Fr. Hönig[1] fand bei 3—5stündigem Ausziehen im Soxhlet als lösbare Prozentmengen an Wachs und ähnlichen Stoffen (?):

	Gehechelter Flachs Wasserröste	Flachs, Trockengespinst	Flachs, Naßgespinst
Petroläther	2,81 und 3,29	2,56 und 2,31	2,49 und 2,10
Alkohol	2,33 „ 4,02	0,70 „ 0,71	0,65 „ 0,47
Gesamtmittel	6,22	3,14	2,86

C. Hoffmeister fand in Spinnereiabfällen, Flachsstaub bis 10% Wachs.

Mit fortschreitender Bleiche geht der Gehalt der Fasern an Wachs zurück, eine volle Beseitigung erscheint nicht erforderlich. 30er Flachsgarn mit der Anfangszahl von 1,35% ätherlöslichem Wachs wies nach dem Kochen noch 1,09%, nach ½ Bleiche 0,96% und nach Vollbleiche 0,79% auf. Es sind dies Mittelwerte aus vier Betriebsversuchen, die Einzelzahlen können erheblich schwanken. Anderweitige Versuche mit Rohleinen hatten beim Ausziehen mit Benzin 1,47% gegeben, nach Wasserkochung 1,42, nach Kalkkochung mit Absäuern 1,59%, nach der ersten Laugenkochung 0,25%, nach der zweiten Laugenkochung 0,11, nach völligem Bleichen **0,03**%. (Die Menge des ausziehbaren Wachses wird durch ein zwischengeschaltetes Säuern erhöht, da vermutlich Magnesiumsalze zunächst unlöslich bleiben.) Das aus Rohleinen gewonnene Wachs war zu 72% unverseifbar, das aus kalkgekochtem und abgesäuertem Leinen erhaltene Wachs wies 50% unverseifbare Teile auf, das Kochen bewirkt eine gewisse Änderung, ebenso steigert Chloren die Verseifbarkeit.

Die Wirksamkeit der Kochflotten zwecks Entfernung von Wachs und von öligen Verunreinigungen wird durch Zugabe von geringen Mengen Beuchöl nicht wesentlich verbessert, größeren Zusatzmengen stehen die Kosten entgegen[2]. Eine Partie aus 40er Flachsgarn mit 3,6% Ätznatron im offenen Kessel gekocht ließ in dem in üblicher Weise vollgebleichten Garn 1,14% Wachs finden, eine Vergleichspartie unter Mitverwendung von 1% Beuchöl noch 1,04% Wachs. In der Leinenstückbleiche wurden ebenfalls nur fragliche Verbesserungen beobachtet, die Bleichwaren zeigten keine charakteristischen Unterschiede. Eine völlige Entfettung des Bleichgutes erscheint nicht notwendig, denn durch Extraktion mit Petroläther nachträglich wachsfrei gemachte Leinengespinste wiesen kein besseres Weiß oder besseren Glanz auf, auch zeigten vor dem Bleichen entfettete, zur Partie gegebene Proben keinen besseren Bleichgrad. Hingegen soll einem englischen Patente zufolge[3] ein Extrahieren im Druckkessel mit Benzin oder anderen organischen Fettlösern das Bleichen erleichtern und abkürzen lassen, insbesondere durch Abschwächung des Kochens einen geringeren Gewichtsverlust ergeben und das Leinen einen schönen Glanz beim Ausrüsten annehmen. Rohleinen besitzt selbst bei einem Wachsgehalt von 1% ein verhältnismäßig gutes Netzvermögen. Die Netzfähigkeit der Textilien hängt nur in gewissem Grade von ihrem Gehalt an Wachs- und Fettstoffen ab, sehr wesentlich ist dabei die Verteilung in den Fasern. Deshalb netzt sich Rohleinen trotz höheren Gehaltes an Wachs besser als Baumwolle. Ein Leinen mit 1,12% Wachs sank in 3 Minuten unter das Wasser, nach dem Extrahieren in 8 Sekunden. Wurde auf den ent-

[1] Hönig, Fr.: Textile Forsch. Dresden 1918.
[2] Kind, W.: Der Wachsgehalt des Bleichgutes. Dt. Leinen-Ind. 1929, S. 243.
[3] Mackenzie, Robinson, Lumsden, Fort: 221296, vgl. Textilber. 1925, S. 293.

fetteten Stoff die ätherische Lösung des Wachses wieder eingedunstet, so stieg die Netzzeit auf über 7 Minuten. Eine eindeutige Beeinflussung der Festigkeit durch den restlichen Wachsgehalt der Fasern war nicht zu erkennen[1].

Das Bleichen von Leinengarn.

Allgemeines. 1200 englische Pfund = 544 kg bilden eine Bleichpartie. Eine Partie 30er Garn hat beispielsweise 180 Bündel zu je 20 Strähnen. Nur bei nicht zu kleiner Produktion wird eine Bleiche rationell arbeiten, da sonst die technischen Einrichtungen nicht ausnutzbar sind, zumal in der Stückbleiche, der eine Appretur angegliedert ist.

Die Technik unterscheidet verschiedene Bleichgrade ¼, ½, ¾ und $^4/_4$ Weiß, spricht auch von $^5/_8$ und $^7/_8$ sowie von cremiertem Garn, welch letzteres ohne schärferes Vorkochen erhalten wird. „Aschweiß“ bedeutet ein Grauweiß, das man durch alkalisches Auskochen unter Zugabe von Bisulfit (?) herzustellen pflegt. Die Bleichstufen werden nach Handelsgebrauch eingeschätzt, Normen lassen sich kaum aufstellen. Die Einschätzung schwankt mitunter in den verschiedenen Landesteilen und ist subjektiv, zumal das übliche Anblauen bei Fertigstellen des Bleichgutes dem Weiß eine verschiedene Tönung gibt. Bei Messungen von Bleichmustern mit dem Stufenphotometer liefern geblaute Garne einen geringeren Prozentgehalt an Weiß. Flächse verschiedener Herkunft bleichen sich nicht gleichmäßig, rotstichige gelten als schwer bleichbar. Unterschiede fallen vor allem bei den ersten Bleichstufen auf, kleine Verschiedenheiten im Ton mögen bei Vollweiß bestehen bleiben, vor allem, wenn Gespinste verschiedener Feinheit verglichen werden, denn für die Beurteilung hat der Glanz der Faser und der Drall Bedeutung. Ein glänzender Faden sieht heller aus, gleich wie ein gemangeltes Leinen weißer erscheinen kann, ein stark gezwirntes Garn ist stumpfer. Bei Messungen von gebleichtem Garn mit dem Stufenphotometer wurden z. B. folgende Prozentwerte gefunden[2].

30er Flachsgarn roh 29,3,	¼ weiß 53,5,	½ weiß 63,4,	¾ weiß 69,2,	$^4/_4$ weiß 73,9 ungeblaut
14er Werggarn	½ weiß 60,7 geblaut			
18er Werggarn	¾ weiß 63,5 „		¾ weiß 68,0 nicht geblaut	
25er Flachsgarn A	¾ weiß 66,5 „		¾ weiß 71,4 „ „	
25er Flachsgarn B	¾ weiß 68,0 „		$^4/_4$ weiß 68,3 „ „	

Ein 100%iges Weiß kommt auch für Vollweiß nicht in Betracht.

(Glanzreiche Textilien, wie Kunstseide, können bei auffallendem Lichte in der Längsrichtung über 100% geben. Bei Messungen von Leinen ist vorher der etwaige Appreturglanz zu beseitigen.)

G. Kränzlin[3] fand bei Versuchen, daß die dunkelfärbenden Substanzen aus den Wasserrösten sehr leicht durch Chlor angreifbar sind, daß gut geröstete Faserflächse schon im ersten Rundgang alle dunkelfärbenden Substanzen zerstören ließen, während holländische Blauflächse einen größeren Aufwand an Chlor zur Zerstörung dieser dunklen Stoffe brauchten. Die restierenden gelbfärbenden Stoffe waren durch Chlor allein schwerer zu beseitigen als durch eine intensive Alkalibehandlung bzw. erst dann angreifbar.

Gröbere und strohige Garne benötigen eine schärfere Behandlung, bedingen somit einen Mehrverbrauch an Chemikalien. Dementsprechend hängt der Gewichtsverlust in erster Reihe von der Menge der Faserverunreinigungen ab. Es ist zwar möglich, auch ohne völliges Beseitigen der Begleitstoffe ein Weiß zu

[1] Higgins, S. H.: J. Soc Chem. Ind. 1914, S. 18.
[2] Zieger, E.; Weißmessungen. Textilber. 1928, H. 12.
[3] Kränzlin, G.: Bleichversuche an verschiedenen Flächsen. Faserforschung Bd. 4, S. 200.

erzielen, andererseits kommt es jedoch bei der üblichen Bleiche je nach den Arbeitsbedingungen zu einem ungleich weitgehenden Auflösen an Zellstoff. Im allgemeinen „steht" das Weiß weniger gut, wenn die Begleitsubstanzen und Abbauprodukte nicht genügend abgelaugt wurden. Ein „Rundgang", d. h. ein Beuchen, ein Chloren, ein Säubern mit den nötigen zwischengeschalteten Spülbädern liefert ein Viertelweiß. Cremiertes Garn wird nur mit Wasser gebrüht und dann gechlort. Zwei Rundgänge geben ein Halbweiß.

Beim dritten und vierten Rundgang kommen die Rasenbleichen hinzu, d. h. man pflegt heute Garne und Gewebe nicht mehr auf dem Plan auszubreiten, sondern auf Pfählen aufzuhängen. Bei vergleichenden Versuchen nahmen die auf Stangen gehängten Garne einen mehr grauen Ton an, während die ausgebreiteten Proben ein gelblicheres Weiß zeigten. Beim Ausbreiten der Garne müssen Stöcke in die Garne eingelegt werden, Gewebe sind mit Schlaufen zu befestigen, um ein Verzerren durch Wind und Sturm zu verhüten. Ein Begießen der ausgebreiteten Waren mag zwar das Ausbleichen beschleunigen, wegen der Mehrkosten ist jedoch solches Besprengen nicht mehr üblich. Als wesentlichen Faktor bei der Rasenbleiche sah man Wasserstoffsuperoxyd und Ozon an. Die Bildungsmöglichkeit von Wasserstoffsuperoxyd aus Wasser und Luftsauerstoff unter dem Einfluß von Licht wird daraus gefolgert, daß beim Verdunsten von Wasser in porösen Stoffen Wasserstoffsuperoxyd entstehen kann. Nach Kauffmann[1] handelt es sich bei der Rasenbleiche um eine photochemische Zersetzung der natürlichen Farbstoffe in den Fasern. Mit dem Ausbleichen der Farbstoffe soll ein gleichzeitiger Angriff der Fasern zu erwarten sein, da den sichtbaren Strahlen im Freien stets ultraviolette Strahlen beigemengt sind, welche die Zellulose in eine der Oxyzellulose weitgehend ähnelnde Abart überführen, die Kauffmann „Photozellulose" genannt hat. Eine Ozonwirkung bei der Rasenbleiche ist schon wegen der minimalen in der Luft vorkommenden Mengen unwahrscheinlich. Versuche, die Rasenbleiche von Leinengarn durch Aufhängen der mit Chlor vorgebleichten Garne in Kammern zu ersetzen, in welche ozonisierte Luft eingeleitet wurde, schlugen fehl[2]. Daß sich beim Belichten von Zellulose in Gegenwart von Sauerstoff ein Oxydationsprozeß abspielt, wäre nach Scharwin und Packschwer[3] aus der nachgewiesenen Bildung von Kohlensäure zu folgern. Für eine Wirkung von Wasserstoffsuperoyxd spricht die Beobachtung, daß ein Anfeuchten, Besprengen der Ware auf dem Plan das Bleichen befördert und daß eine alkalisch gehaltene Ware schneller ausbleicht. Eben deshalb pflegt man die Fasern nach dem Beuchen nicht völlig alkalifrei auszuwaschen bzw. alkalisch auf den Plan zu bringen. Eine längere Rasenbleiche bleibt im übrigen nicht ohne Einwirkung auf die Faserfestigkeit, zumal bei einer alkalisch gehaltenen Ware[3]. Es ergeben sich bei längerer Bleiche immerhin Verluste um einige Prozente, bei alkalischer Bleiche wurden nach 3 Wochen Rückgänge bis 25% beobachtet. Um das Licht gleichmäßig einwirken zu lassen, werden die Garne bzw. Gewebe während des mehrtägigen Belichtens umgehängt bzw. umgelegt. Ein etwaiges Einfrieren schädigt die Fasern zwar nicht, das steif gefrorene Gut ist jedoch vorsichtig aufzutauen, da es in gefrorenem Zustand spröde ist. Die irische Bleiche dürfte die ihr zugeschriebene Wirksamkeit dem feuchten Klima verdanken, gleichwie man in den Frühjahrsmonaten im Gegensatz zur Winterbleiche den erreichbaren besseren Weißgrad mit der Luftfeuchtigkeit in Beziehung bringt. Die Lage des Bleichplanes mag nicht ganz ohne Bedeutung sein. Vorwiegend hängt jedoch der Ruf einzelner

[1] Textilber. 1925, 1926 und 1928. [2] D.R.P. 77117, 77839.
[3] Z. angew. Chem. Bd. 27, S. 1008.
[4] Kind, W. und E. Schäfer: Die Beeinflussung der Festigkeit von Flachsgarnen durch die Rasenbleiche. Dt. Leinenindustr. 1927, S. 283.

Bleichen mit der einwandfreien Beschaffenheit des Wassers zusammen. Die Rasenbleiche ist mit gewissem Erfolge durch die Peroxydbleiche ersetzbar gewesen, erneute Bestrebungen gehen dahin, mit Kaliumpermanganat zu arbeiten.

Abb. 1. Beuchkessel der Zittauer Maschinenfabrik A.-G.

Bei einer analytischen Prüfung der Zunahme des Reduktionsvermögens von mit ultraviolettem Licht bestrahlten Fasern scheint der Reduktionswert nicht der Festigkeitsabnahme parallel zu laufen, was bei Beurteilung von auf dem Rasen gebleichten Fasern zu beachten wäre.

Da die Bleichbarkeit der verschiedenen Garne ungleich ist, ein Zwirn ähnlich einem festgewebten Stoffe sich schlechter durchbleichen läßt, so sucht der Bleicher die Partien aus gleichartigem Garn zusammenzustellen, um die Chemikalienmengen dem jeweiligen Erfordernis anzupassen. Ob das Spinngut überröstet oder unterröstet war, hat für den Bleicher nicht die Bedeutung wie für den Spinner. Die zu stark gerösteten Fasern liefern zuviel Abfall und lassen sich nicht fein ausspinnen. Ungenügend geröstetes Gespinst behält beim Bleichen einen mehr schmutzigen Ton, die strohigen Teile verbrauchen mehr Chlor[1]. Als Bleichmittel dient zumeist noch Chlorkalk, da sich der

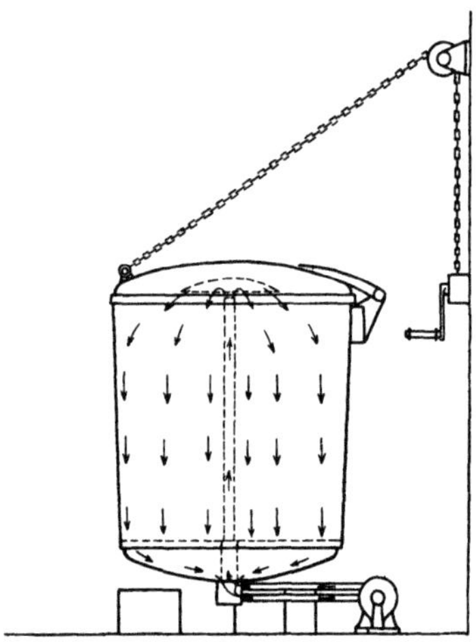

Abb. 2. Beuchkessel für Garne.

Bezug von Chlornatron bzw. die Selbstherstellung von unterchlorigsauren Natronlösungen durch Elektrolyse von Kochsalzlösungen oder durch Einleiten von Chlorgas in Lauge teurer stellte, bzw. die Einrichtungen fehlten, so daß der Bleicher die Mängel des Arbeitens mit Bleichkalk in Kauf nehmen zu müssen glaubt. Es bleibt aber zu betonen, daß unterchlorigsaures Natron das empfehlenswertere Bleichmittel ist. Der Bedarf an Bleichchlor ist in der Flachsbleiche verhältnismäßig groß, man benötigt deshalb für das Lösen von Chlorkalk besondere Einrichtungen und große Klärbassins zum Absetzen des Schlammes, denn nur die klaren Lösungen sind verwendbar. Ein Einleiten des Schlammes ist nach den Wassergesetzen zumeist ebensowenig wie das Einleiten der konzentrierten Ablaugen statthaft. Man läßt den Kalkschlamm in Gruben absetzen, um ihn abzufahren.

Durch eine alkalische Vorbehandlung ist die Hauptmenge der Faserfremdstoffe auslaugbar. Ohne solche Vorbehandlung wird der Verbrauch an Oxydations-

[1] Kind, W.: Die Bedeutung des Röstgrades von Flachs beim Bleichen. Textilber. 1923, S. 22.

mitteln ein viel größerer, der Bleicher befürchtet zudem ein „Einbrennen der Verunreinigungen". Andrerseits verbessert das zwischengeschaltete Chloren das Entfernen von Pektin und Proteinstoffen bei dem nachfolgenden weiteren Auslaugen. Die wiederholten Beuchen bedingen einen größeren Dampfverbrauch, so daß es nahe liegt, die Garne mit stärkeren Ätznatronlaugen kalt auszuziehen[1]. Das Arbeiten mit konzentrierteren Laugen, wie diese als Ersatz für die erste Kochung erforderlich wären, bringt jedoch gewisse technische Schwierigkeiten mit sich, so sind bei den vorhandenen Einrichtungen die verbleiten Rohrleitungen gefährdet. Eher wird es möglich sein, das zweite und folgende Beuchen durch ein Behandeln mit kalten Ätznatronlaugen zu umgehen.

Abb. 3. Hydraulische Garnpresse der Zittauer Maschinenfabrik A.-G.

Kochen. Die unterbundenen, in Form von Schleifen und Ringen gleichmäßig in den Kessel eingelegten Garne werden in den älteren Beuchkesseln durch Einleiten von direktem Dampf unter Verwendung eines Injektors gekocht. Die Kessel mit lose auflegbarem Deckel stehen dabei vertieft im Boden, um das Beschicken und Entleeren zu erleichtern. Hebevorrichtungen gestatten zweckmäßig das auf herausnehmbarem Einsatz gelagerte Gut nach dem Beuchen und etwaigem ersten heißen Spülen in ein Bassin zum Wässern zu bringen. Die neuen Kessel mit indirekter Erhitzung unter Pumpenzirkulation besitzen verschließbare Deckel; ein Kochen mit schwachem Überdruck von 0,1—0,2 at läßt die Kochdauer auf 3½—5 Stunden herabsetzen. Die Kessel sind nur für eine Partie eingerichtet, denn es ergaben sich Schwierigkeiten, größere Mengen gleichmäßig durchzukochen. Damit sich die in der heißen Lauge gelösten Pektinstoffe nicht bei kaltem Spülen wieder auf der Faser niederschlagen, sind die Garne zunächst warm zu wässern und weiterhin kalt zu spülen.

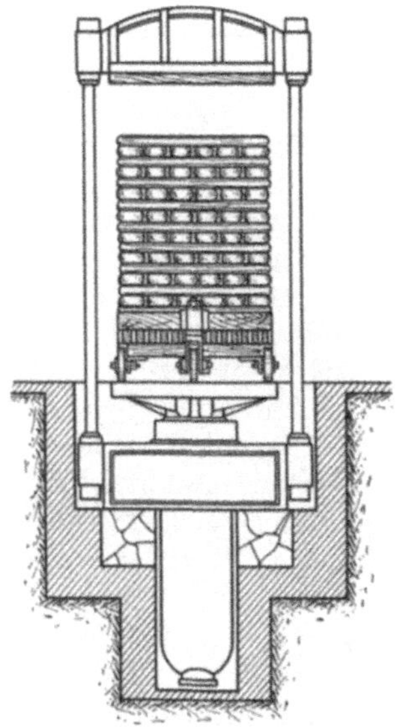

Abb. 4. Hydraulische Garnpresse.

Die Flachsfaser ist gegen scharf alkalische Kochlaugen empfindlicher als Baumwolle, scharfe Laugen bewirken große Gewichtsverluste. Wenn der Bleicher früher die Sodalaugen teilweise mit Ätzkalk kau-

[1] Kränzlin, G. und G. Boehm: Zum Kapitel Kaltbleiche. Faserforsch. 1922, S. 259.

stifizierte, traten bei unsachgemäßer Abrichtung Schäden ein. Üblich ist das Beuchen mit Soda unter Anpassung der Sodamengen an das Gut. Für die gröberen Garne nimmt man gerne bis 10% Ätznatron vom Sodagewicht hinzu, um die strohigen Verunreinigungen besser zu erweichen. Konzentration der Flotte, Kochdauer, Temperatur und Zirkulation beeinflussen die Wirkung. Die Mitverwendung von Seifen kommt mehr bei den letzten Beuchflotten der Stückbleiche in Betracht, um Öl und Schmutzflecken besser zu beseitigen. Mannigfache Vorschläge für die Verbesserung der Laugen finden sich in den Patenten, welche namentlich zum Aufschließen von Bastfasern zwecks Kotonisierung genommen wurden und meist auch die Verarbeitung von Flachs vorsehen. Praktische Bedeutung erlangten dieselben kaum.

Die gut ausgewässerten Garne werden auf ein Wagengestell gleichmäßig aufgeschichtet, unter die hydraulische Presse gefahren oder mit der früher mehr verbreiteten Garnquetsche entwässert. Zentrifugen eignen sich weniger, weil man ein Rauhwerden befürchtet und das Hantieren der großen nassen Strähne mühsam ist. Mit der hydraulischen Presse läßt sich eine Partie in 10 Minuten entwässern.

Bleichen. Die Flachsfaser hat einen verhältnismäßig hohen Chlorbedarf. Chlorkonzentration, Flottenlänge, Reaktionsgeschwindigkeit und Art der Garne sind für das Ansetzen der Bäder von Belang. Die Einwirkungszeit regelt der Bleicher auf Grund seiner praktischen Erfahrungen. Ein Einlegen der vorgekochten Garne in eine ruhende Chlorflotte geht beim ersten Chloren nicht an, die Garne fallen sonst mangels Flottenzirkulation fleckig aus. Ein gleichmäßiges Anbleichen sucht man in der Weise zu erreichen, daß die auf einem Rahmengestell aufgehängten Garne zeitweise wiederholt in die Flotten untergetaucht wurden, besser eignet sich hierfür der Rollenkasten, das Reel. Die auf kantigen Tragstangen gehängten Garne tauchen hier nur zu ¼ bis ⅓ ihrer Länge in die Bleichflotte ein und werden durch Umdrehen der Stangen in der Lösung umgehaspelt. Durch die zunehmende Oxydierung der Faserverunreinigungen oder der Zellulose selbst wird die Chlorflotte schnell sauer. Ein frisches alkalisches Bad muß sich etwas einarbeiten. Beim Reelen entwickelt sich ein penetranter Bleichgeruch — Chloramin —, der die Arbeiter, welche ein Verwickeln der Garne zu verhüten haben, belästigt. Der Reelraum muß luftig sein, Exhaustoren sollen die Gase ins Freie schaffen.

Von der Reinheit des Bleichgutes hängt der Chlorverbrauch ab, nach Zerstörung der leichter oxydablen Faserbegleitstoffe nimmt die Chlorkonzentration nur noch langsam ab. Nach Erreichen eines gewissen Weißgrades ist das Chloren zu beenden, um nicht durch längere Einwirkung die Faserfestigkeit zu gefährden. Während des Reelens werden die unteren Schichten der Flotte nicht so ausgenutzt wie die oberen, aus denen die umlaufenden Garne das Chlor schneller verbrauchen.

Zur Kontrolle der angesetzten Bleichbäder und des Chlorverbrauches sind die Lösungen zu titrieren, das in der Praxis vielfach übliche Ermitteln des spezifischen Gewichtes mit einem Aräometer ist unzuverlässig und versagt bei alten Laugen gänzlich. Die Bäder ziehen nicht aus, sie werden weiter benutzt. Das beim Reelen sauer gewordene Bad besitzt jedoch eine schlechte Haltbarkeit, beim Aufheben der alten Flotte hat man mit einem starken Chlorrückgang zu rechnen. So ging ein nach dem Reelen in den Sammelbehälter zurückgepumptes Bad von 3000 l während der Weihnachtstage von 3,60 g auf 1,52 g Chlor/l zurück, was einen Verlust ven 6,24 kg Aktivchlor bedeutete. Zur Vermeidung von Verlusten sollte die frische Stammlauge erst kurz vor der Verwendung zur alten Flotte zugegeben werden.

Die Bleichmeister richten sich die Bleichflotten oft in der Weise her, daß sie von der konzentrierten Chlorkalklauge so viel zu der gebrauchten Lösung im Reel oder Bassin zulaufen lassen, bis eine gewisse Niveauzunahme erfolgt, um aus dieser Zunahme erfahrungsgemäß die Menge des zugesetzten Chlors zu folgern. Wenn sich der aus kohlensaurem und oxalsaurem Kalk bestehende Schlamm zu sehr anreichert, muß man die Bäder weglaufen lassen.

An Stelle der Reele haben sich in den letzten Jahrzehnten Zirkulationsapparate eingeführt, in welche die Garne eingelegt werden, um die Flotte mit großen Pumpen durch das Gut in starkem Umlauf zu halten. Ein solcher für 2 Partien eingerichteter Apparat, gebaut von C. A. Gruschwitz, A.-G., Olbersdorf und von der Zittauer Maschinenfabrik, A.-G., Zittau, besteht aus widerstandsfähigem Holz mit oberem geteilten Lattenrost, der das Bleichgut unter der Flüssigkeit hält. Der Kasten hat durch Rohrleitungen Verbindung mit den höher liegenden Chlorbassins und Säurebehältern bzw. Kufen, die zum Ansetzen der Bäder dienen. Damit bei einem etwaigen Undichtwerden der Ventile kein Zulauf zur Bleichkufe erfolgen kann, sind Sicherheitsvorrichtungen vorgesehen. Eine kräftige Rotationspumpe aus säure- und chlorbeständigem Material

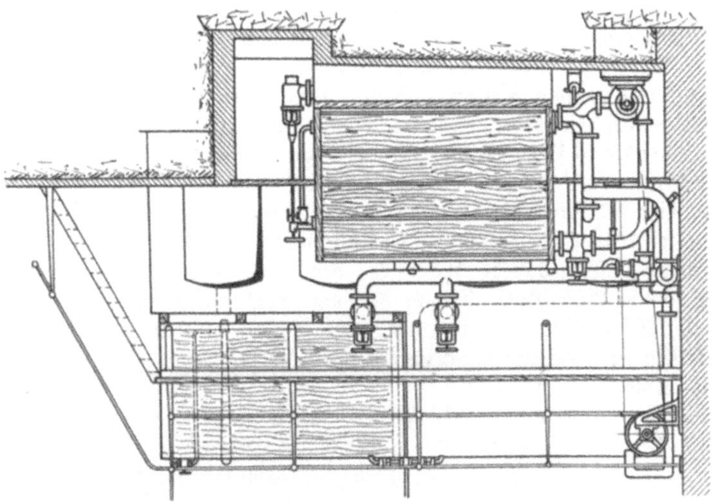

Abb. 5. Bleichapparat nach Gruschwitz.

bewirkt die Zirkulation. Es wird die Flüssigkeit unter dem Siebboden bei Vermeidung eines Vakuums in der Apparatur abgesaugt und durch die Leitungen aus Blei unter Verwendung eines Verteilungsrohres unterhalb des Flottenspiegels wieder zugeführt, da anderenfalls die Flotte durch ihren Gehalt an Eiweißsubstanzen stark schäumt. Zur Vermeidung von Katalyseschäden sollte das Verteilungsrohr nicht aus Kupfer, sondern aus Nickelin oder einem anderen, nicht angreifbarem Metall, Kruppschen Spezialstahl, bestehen. Man läßt die Flotte zunächst von unten zutreten, um das Gut zum Schwimmen zu bringen, und schaltet nun die Pumpe ein. Nach einem ungleichmäßigen Einpacken, bei Bildung von ungleich gepreßten Stellen und bei zu schneller Erschöpfung der Bleichlauge bleiben leicht fleckige Stellen zurück, weil der Flotte durch die äußeren Garnschichten schnell Chlor entzogen wird, so daß in das Innere nur eine schwächere Flotte eindringt oder weil Alkalireste örtlich die Bleichgeschwindigkeit verzögern.

Säuern und Entchloren. Nach dem Chloren auf dem Reel überführt der Arbeiter das ganze Rahmengestell mittels Transportlaufkatzen in ein zweites und drittes zum Spülen und Säuern bestimmtes Bassin oder er wirft die gespülten

Garne in das vorbereitete Säurebad und wässert in dieser Kufe nach einigen Stunden wiederholt gut aus. Im Bleichapparat kann das Spülen unmittelbar an das Chloren angeschlossen werden. Ohne umpacken zu müssen, ist hier weiter zu säuern, gegebenenfalls mit Antichlor nachzubehandeln, um nach zwischengeschaltetem Wässern gleich die zweite alkalische Behandlung folgen zu lassen. Beim Reelen sind die Garne nach dem Säuern und Spülen von den Stangen zu nehmen und umzupacken. Die Apparatbleiche bedingt weniger Handarbeit, sie ist in kürzerer Zeit durchführbar und verdrängte daher die alten auch mehr Platz beanspruchenden Einrichtungen, zumal durch vieles Hantieren die Garne eher rauh werden. Beim Chloren im Apparat ist des weiteren die Geruchsbelästigung geringer. Kleine Reels verdienen vielleicht den Vorzug, wenn kleine Garnposten als solche zu bleichen sind, weil sich keine passende Doppelpartie für den Apparat zusammenstellen läßt.

Chloraminbildung. Zufolge des Gehaltes an Eiweißsubstanzen bleiben auf dem Bleichgute Reste von Chlormineiweiß, welche durch Wässern und Absäuern nicht entfernbar sind. Deshalb zeigt namentlich das ¼ gebleichte Garn nach dem Absäuern noch eine starke Chlorreaktion, die höheren Bleichgrade dem minderen Gehalt an restlichen Eiweißverbindungen entsprechend geringer. Croß, Bevan und Briggs fanden in Leinengarn bis zu 0,1% nicht auswaschbares Chlor. Roher Damaststoff mit 0,5% Stickstoff zeigte nach dem Chloren 0,069% Cl, nach dem Kochen mit Kalk, Säuern und Waschen bei 0,2% Stickstoff noch 0,029% Cl und nach einer weiteren Kochung mit kaustischer Soda 0,007% Cl. Bei Einwirkung von Chlorgas ergaben sich höhere Werte. Versuche mit nichtvorgekochtem 30er Flachsgarn ließen nach dem Auswässern 0,049% Cl finden, ein vorgekochtes Garn nur 0,03%. Grobere Garne liefern höhere Werte, so ein rohes Trockengarn Nr. 9 0,085%. Je alkalischer die Bleichflotte ist, um so mehr geht das Chloramin in die Lösung über[1]. In den Bleichflotten können sich die Chloraminverbindungen etwas anreichern, frisch eingebrachte, vorgebleichte Fasern, auch Baumwolle, nehmen andererseits etwas Chloramin auf.

Die Bestimmung von Chloramin neben aktivem Chlor in gebrauchten Bleichflotten begründet sich auf das ungleiche Verhalten gegenüber Wasserstoffsuperoxyd: Chloramin ist beständig, unterchlorigsaures Salz wird durch Wasserstoffsuperoxyd zersetzt. Man gibt zu der zu untersuchenden Flüssigkeit einen geringen Überschuß von Wasserstoffsuperoxyd, säuert an und nimmt den Überschuß durch vorsichtige Zugabe von Kaliumpermanganat bis zur schwachen Rosafärbung weg. Wird hernach mit Jodkalium versetzt, so tritt etwa vorhandenes Chloramin in Reaktion und das ausgeschiedene Jod ist mit Thiosulfat titrierbar. Zur Ermittlung von Chloramin auf der Faser, durch Jodkalistärke nachweisbar, gibt man einen Überschuß von Thiosulfat zur Probe, um mit Jodlösung zurückzutitrieren.

Die in Betracht kommenden geringen Reste von Chlor lassen eine nachträgliche Oxyzellulosierung der Faser beim Lagern nicht annehmen, man befürchtete aber, daß sich aus Chloreiweiß bei längerer Lagerzeit oder bei heißem Trocknen freie Salzsäure abspalte. Freie Mineralsäure würde große Faserschwächungen bewirken können, doch enthalten die höher gebleichten Fasern zu geringe Reste von Eiweiß, um nennenswerte Mengen von Chloramin in Betracht kommen zu lassen, nur bei einem ¼ gebleichten Flachs wäre mit solcher Möglichkeit eher zu rechnen. Ein Viertelweiß abzulieferndes Gespinst wird schon des unerwünschten Chlorgeruches wegen antichloriert. Wenn Bleichwaren beim Aufbewahren mürbe wurden, wird nicht zuletzt an eine Schädigung durch nichtausgewaschene Mine-

[1] Bauch, H.: Die Bedeutung der Chloraminbildung beim Bleichen. Leipz. Monatschr. Textilind. 1928, S. 484.

ralsäure zu denken sein, die zum Nachbehandeln der gechlorten Stoffe verwendet wurde. Eine Gefährdung der Festigkeit oder Beeinträchtigung des Weiß durch Chloramine war bei Versuchen nicht feststellbar.

Der Bleicher verwendet als Antichlor meist Lösungen von Natriumthiosulfat oder setzt dem Säurebad etwas Bisulfit zu. Ein zwischengeschaltetes Antichlorieren der höher zu bleichenden Garne ist nicht üblich. Das Antichlorbad dient gleichzeitig dazu, Rost- und Kalkabscheidungen zu entfernen.

Kochen, Chloren, Säuern mit den nötigen Spülbädern liefern ein ¼ Weiß. Für ein Halbweiß ist der Rundgang unter Abschwächen der Bäder zu wiederholen. Für ¾ Weiß schaltet man meist eine Planbleiche ein. 4/4 Weiß sucht man mit 4 Rundgängen und 2 Planbleichen zu erhalten. Für die letzten Chlor- und Säurebäder werden die Garne in Bassins, Steeps, eingelegt, da eine Zirkulation nicht erforderlich ist. Werden die Garne umgepackt oder auf den Plan gebracht, so entwässert der Bleicher dieselben unter Verwendung von Garnquetschen oder hydraulischen Pressen, ebenso vor dem endgültigen Fertigstellen, dem Trocknen.

Fertigmachen, Bläuen. Die Bleichgarne werden zum Schluß angeblaut, vielleicht dabei schwach angestärkt, oder zwecks Erzielung eines weicheren Griffes geseift, um nach dem Abpressen ausgeschlagen, gestoßen zu werden. Das Anblauen drückt den gelblichen Ton, die mehr graublaue Tönung läßt das Weiß frischer, schöner erscheinen.

Zum Blauen sind unlösliche Farben wie Ultramarin, Indanthrenblau nur verwendbar, wenn die Strähne in der Bläueflüssigkeit hantiert werden, anderenfalls sind lösliche Farbstoffe zu nehmen, wie Alizarincyanin. Bei Wahl der Bläue hat man sich nach dem jeweilig bevorzugten Ton zu richten, das Weiß wird gegebenenfalls mehr grün- oder rotstichig verlangt. Nach Möglichkeit sollten lichtechtere Farbstoffe Verwendung finden, die auch nicht gegen Alkali oder Säure empfindlich sind.

Nachdem ein Trocknen im Trockenschuppen nur bedingt möglich ist, Trockenstuben in der Ausnützung der Wärme unrationeller als Trockenkammern sind, haben letztere vielfache Aufnahme gefunden. Ein Ausdörren der Garne bleibt zu vermeiden, durch schnelles und langes Trocknen geht das Weiß zurück, der Griff der übertrockneten Garne ist zu hart, bessert sich aber wieder beim Liegen an der Luft. Eine wesentliche Schädigung der Festigkeit durch heißes Trocknen konnte nicht beobachtet werden, sofern die Garne Gelegenheit erhalten, an der Luft Feuchtigkeit anzuziehen[1]. Ein Prüfen der Garne ist erst nach längerem Liegen an der Luft statthaft.

Die Kanaltrockenapparate haben Spannvorrichtungen, um die Garne am Einlaufen zu verhindern. Die Garne auf dem Trockenboden werden nach dem Antrocknen zwischendurch gestoßen. Die getrockneten, ausgeschlagenen und gebürsteten Garne kommen zu Bündeln gepreßt wieder zur Ablieferung.

Neuere Bleichverfahren.

Vorschläge, die Wirksamkeit der Kochlaugen durch Zugabe von Fettlöserseifen zu verbessern, haben bei Verwendung geringer Zusatzmengen kaum Erfolg. Die Bleichbarkeit hängt nicht in entscheidendem Umfange von dem Gehalt an Flachswachs ab. Seifen können wohl das Beseitigen von Öl- und Schmutzflecken erleichtern, doch bleibt die Verwendung von konzentrierten Lösungen erforderlich, so daß man fleckige Stellen meist örtlich nachbehandelt. Das Bleichen ist durch Abänderungen der Flottenreaktion zu beeinflussen. Saures Chlorieren erleichtert das Ausbleichen der Strohteile, da das Lignin chloriert wird, somit

[1] Kind, W.: Festigkeitsprüfungen von Flachsgarn. Spinner Weber 1929, H. 11.

werden alte, sauer gewordene Chlorbäder gern zum Bleichen von strohigem Garn genommen. Ein abwechselndes alkalisches und saures Chloren mit folgenden alkalischen Auslaugungen kann ein schönes Weiß liefern, doch setzt saures Chloren eine gleichmäßige Einwirkung voraus. Wegen leichterer Gefährdung durch Oxyzellulosebildung sind stark saure Flotten wenig gebräuchlich gewesen. Um die Rasenbleiche zu ersetzen, hat man Kaliumpermanganat- und Peroxydlösungen verwendet. Auch hier ist die jeweilige Flottenreaktion bedeutungsvoll, sie beeinflußt die Bleichenergie. In einem alkalischen Permanganatbad tritt leicht eine Oxyzellulosierung ein, es bleibt schwach sauer zu arbeiten. Das Bleichgut verfärbt sich durch abgeschiedenen Braunstein, es ist mit angesäuertem Bisulfit nachzubehandeln, wobei nötigenfalls für den Abzug der schwefligen Säure zu sorgen wäre, damit die Arbeiter nicht durch die Gase belästigt werden. Da Kaliumpermanganat bei weniger sorgsamer Anwendung eine leichter vergilbende Ware liefert, sei es wegen eines ungenügenden Auslaugens der Oyxdationsprodukte oder wegen unvollkommener Entfernung von Manganzalzresten, konnte diese Schnellbleiche mit etwa 1 g $KMnO_2$ im Liter noch keine allgemeine Aufnahme finden.

Gleich wie in der Baumwollbleiche hat sich für das Nachbleichen von Leinengarn und Leinenstück die Peroxydbleiche eingeführt. Die Technik ist zwar noch nicht allgemein von der Planbleiche abgegangen, weil sie die Kosten der Sauerstoffbleiche höher einschätzte und die Erfolge von den jeweiligen Arbeitsbedingungen, so von der Reaktion und der Temperatur abhängen. Nicht zulezt bereitete die Apparaturfrage wegen leichter katalytischer Zersetzung der Flotten durch Metalle, wie Kupfer und Eisen, Schwierigkeiten. Die Möglichkeit, das Verfahren abzukürzen, die Unabhängigkeit von der Witterung, die Ersparnis an Arbeitskräften, lassen die Planbleiche jedoch aufgeben, denn das häufige Umpacken und Ausbringen auf den Plan bedingt zu viele Arbeitskräfte, weil die Garne wiederholt auszuschlagen sind, um die Fäden parallel zu legen.

Die Grundlage der Sauerstoffbleiche bildete das D.R.P. 130437 von Gagedois, das eine Reihe von Zusätzen für die Natriumsuperoxydflotte aufzählt: Seife, Soda, Wasserglas oder Magnesium- und Tonerdesalze, wobei die Salze ganz oder teilweise durch alkalilösliche Stärke, Gummi oder Harze ersetzbar sein sollten. Die praktische Ausführung beruhte auf einem Stabilisieren mit Wasserglas. Es wurden auf eine Partie 1—3% Natriumsuperoxyd mit der 5- bis 10fachen Menge Wasserglas gerechnet. Die beim Erwärmen auf 80° C in offenem Holzbottich nicht ausziehenden Flotten waren weiter verwendbar. Das Verfahren konnte sich der Kosten wegen nur wenig einführen.

Der Deutschen Gold- und Silber-Scheideanstalt Frankfurt gelang es, bessere Arbeitsbedingungen zu finden. Weiterhin kam die Verwendung von Wasserstoffsuperoxyd in Betracht, nachdem die Lieferung von 30proz. Lösung möglich wurde, denn bei der 3proz. Handelsware ergaben sich untragbare Frachtkosten. Die Rücksicht auf die Preisfrage läßt im allgemeinen die Sauerstoffbleiche nur zum Nachbleichen der mit Chlorlauge in üblicher Weise auf ein ¼ oder ½ Weiß gebrachten Garne verwenden. Das Natriumsuperoxyd ist vorsichtig in verdünnte kalte Schwefelsäure einzustreuen, eine stark alkalische Lauge ist leichter zersetzlich und gibt zudem bei größerer Gefährdung des Bleichgutes wegen schlechter Ausnutzung des aktiven Sauerstoffs ein schlechteres Weiß. Die Lösung wird nur bis zu einem gewissen Grade abgestumpft, wobei sich die Einstellung der Alkalität nach der Art des Garnes und der Vorbleiche richtet. Gröbere und weniger vorgebleichte Gespinste verlangen mehr freies Alkali. Der Zersetzlichkeit wird vorgebeugt durch Zugabe von Wasserglas und anderen Stabilisatoren sowie durch Vermeiden von Metallapparaturen, welche katalytisch die

Sauerstoffflotte beeinflussen. Nickel- und Kruppmetall (Patent der Scheideanstalt), sind verwendbar. Stabilisierend wirken namentlich kleine Mengen von Magnesiumsilikat (D.R.P. 284761). Die Haltbarkeit von Sauerstoffflotten hängt mit von der Reinheit des Wassers ab, die Flotten werden den jeweiligen Arbeitsbedingungen entsprechend stabilisiert.

Bei vorgebleichtem Halbweiß beträgt der Verbrauch an Natriumsuperoxyd etwa 1,8% vom Garngewicht, um ein ¾ Weiß zu erzielen. Die Bäder ziehen nicht aus, so daß die alte Flotte bei ausreichender Stabilisierung und Verstärkung weiter verwendbar ist. Im Bleichbad soll eine gewisse Alkalität erhalten bleiben; falls die entstehenden sauren Oxydationsprodukte das vorhandene Alkali zu weit neutralisieren, muß freies Alkali zum Regeln der Reaktion nachgegeben werden. Als Anhalt für die Arbeitsweise seien die Durchschnittszahlen für das Bleichen eines mittleren, ½ vorgebleichten Garnes bei Apparatbehandlung genannt. Auf eine Doppelpartie (rund 1100 kg Rohgarn) sind 5 cbm Bleichflotte zu rechnen mit 20 kg Peroxyd, 21 kg reine Schwefelsäure, 30 kg Wasserglas, im Bedarfsfalle Alkali zum Einstellen der Reaktion und Magnesiumsalz zum Stabilisieren. Man erwärmt bei 6- und 8stündiger Bleichdauer unter Zirkulation nach und nach auf etwa 80° C. Nötigenfalls wird schwach nachgechlort. Für ⁴/₄ Weiß ist ein weiterer Rundgang mit abgeschwächten Flotten erforderlich.

Wiederholt ist ein Bleichen mit Chlorgas angeregt worden. So hat neuerdings P. Wäntig[1] im Anschluß an seine Aufschließungsarbeiten von Flachsabfall (Kotonisieren) unter Verwendung von elementarem Chlor ein Vorbleichen von Rohleinen in Vorschlag gebracht, weil der Bleichprozeß dadurch abzukürzen und an Chemikalien zu sparen sei. „Saures" Chloren ist zwar zum Ausbleichen von verholzten Fasern günstig, aber das Arbeiten mit gasförmigem Chlor würde besondere Einrichtungen bedingen, um das Gas gleichmäßig zur Einwirkung auf das Gut zu bringen. Dipl.-Ing. Uhlmann[2] wollte Chlorgase auf vorgekochte und feucht aufgehängte Garne einwirken lassen, um unter Nachbehandeln mit Permanganat und Bisulfit in 2—3 Stunden eine „Schnellbleiche" zu erreichen. Derartige Vorschläge werden in der Praxis nicht zu verwirklichen sein.

Die Verwendung von Chlordioxyd in wäßriger Lösung oder in Gasform[3] — D.R.P. 413333 Dr. Hamburger und Murmann — kann in der Praxis kaum in Betracht kommen, schon weil ein Arbeiten mit ClO_2 in Bleichereien zu bedenklich erscheint. Diese und ähnliche Vorschläge gehen von der irrigen Auffassung aus, daß im Gegensatz zu den bisherigen Bleichverfahren mit Chlorlaugen beim Arbeiten mit irgendwelchen anderen Oxydationsmitteln ein „schonendes Bleichen" gesichert und die „Chlorbleiche" verfehlt sei. Nicht zuletzt hängt die Verwendbarkeit von Bleichmitteln von ihrem Preise ab.

Einem neueren Patente D.R.P. 324464 der Chemischen Fabrik von Heyden, A.-G., Radebeul-Dresden, zufolge soll mit Chlor vorgebleichtes Leinengarn mit Toluolsulfochloramid (Aktivin) bei höherer Temperatur nachbehandelt werden. Versuche lassen es fraglich erscheinen, ob Chloramin die Rasenbleiche ersetzen kann, der Verbrauch an Aktivin ist zu hoch bzw. der Bleichgrad befriedigt nicht.

Ebensowenig haben sich die mehrfach in Vorschlag gebrachten Reduktionsmittel bewährt. A. Schott wollte nach D.R.P. 124677 die gebeuchten Garne mit schwefliger Säure bleichen. C. Bochter sah ein Behandeln von Rohleinen mit Bisulfitlaugen vor, denen auch flüchtige Basen wie Ammoniak usw. zuzu-

---

[1] Waentig, P.: Über das Bleichen von Rohzellulose. Z. angew. Chem. 1928, S. 638.
[2] Uhlmann: Leinengarn-Bleicherei mit Chlorgas. Textilber. 1924, S. 601.
[3] Vgl. auch Kollmann: Z. ges. Textilind. 1926, S. 631.

setzen waren (D.R.P. 274626, 378803, 405245). Bei Reduktionsmitteln ist es fraglich, ob nicht das Weiß leichter vergilbt, zudem ist die Kostenfrage zu berücksichtigen. Hydrosulfit (Blankit I) hat aus diesem Grunde nicht die angestrebte Verwendung als Ersatz der Rasenbleiche finden können.

Die Entwicklung der Technik geht dahin, als reaktionsfähig erkannte Flotten unter Ausgestaltung der Apparatur gleichmäßig zur Einwirkung auf das Bleichgut zu bringen, um in wenigen Arbeitsgängen möglichst ohne Umpacken des Gutes den gewünschten Bleichgrad bei Schonung der Faser und nicht zu hohen Chemikalienkosten zu erzielen.

Chemikalienverbrauch. Alkali- und Chlorverbrauch sind von der Beschaffenheit des Bleichgutes, von der Vorbehandlung abhängig. Die Art des Flachses ist nicht ohne Belang, da die Extraktivstoffe beim Rösten ungleich ausgelaugt werden. So hatten Garne aus Courtraiflachs und aus Wasserröste gegenüber einem taugerösteten Flachs geringere Gewichtsverluste aufzuweisen und waren leichter zu bleichen, doch bleibt dabei ein gutes Auswässern des Strohes Voraussetzung. Je besser die Fasern vorgekocht sind, um so geringer ist der Chlorverbrauch, insbesondere haben die strohigen Anteile einen großen Chlorbedarf. Auch die Art der Röste beeinflußt den Chlorverbrauch, zumal wenn die Garne nicht gut vorgekocht, ausgelaugt werden. 3 Stunden offen vorgekochte Proben von 12er Werggarn und 25er Flachsgarn gaben folgende Gewichtsverluste und Chlorverbrauchszahlen[1]:

	12er Werggarn			25er Flachsgarn		
	Gewichtsverlust		Chlorverbrauch %	Gewichtsverlust		Chlorverbrauch %
	gekocht %	gechlort %		gekocht %	gechlort %	
Nicht vorgekocht	—	13,7	7,89	—	9,8	5,76
Mit Wasser gekocht	6,6	13,6	6,56	4,7	10,6	5,33
Mit 2% Soda gekocht	7,1	17,7	6,43	6,4	11,6	5,03
Mit 4% „ „	9,0	18,9	6,22	7,0	12,1	4,68
Mit 6% „ „	10,3	18,5	5,80	9,1	14,1	4,27
Mit 8% „ „	11,1	20,0	5,67	9,7	16,4	4,18
Mit 10% „ „	11,8	21,0	5,54	9,8	14,6	4,05
Mit 12% „ „	11,8	21,1	5,37	10,1	14,8	3,96
Mit 3% Soda +1% Ätznatron gekocht	—	—	—	10,8	17,5	3,23
Mit 3% „ +3% „ „	13,1	21,1	4,85	11,7	17,5	2,91
Mit 3% Ätznatron gekocht	14,3	22,2	4,56	12,1	18,8	?
Mit 10% „ „	21,8	28,3	2,90	20,6	23,6	2,17

Nach G. Kränzlin, vgl. S. 286, besitzt holländischer Blauflachs einen größeren Bedarf an Chlor und Alkali als normaler guter deutscher Langflachs, doch können gute deutsche Wasserröstflächse unter Umständen noch mehr verbrauchen. Der ungleiche Bedarf wird auf das jeweilige Gewächs bzw. den Jahrgang, ob Faser oder Samenzüchtung, zurückzuführen sein.

Die Dauer des Kochens beeinflußt den Verlust. Der Gesamtextraktivstoffgehalt wird nach W. Frenzel[2] (Lieferungsvorschriften der Niederl. Marine) ermittelt durch 6 Stunden langes Kochen am Rückflußkühler mit der 20fachen Menge — vom Fasergewicht — einer verdünnten Natronlauge, welche im Liter 3,5 g Ätznatron enthält.

[1] Kind, W. und Barz, W.: Die Bedeutung des Bleichgutes. Dt. Leinenindustr. 1925, S. 867.

[2] Frenzel, W.: Die Entfernung von Extraktivstoffen aus Bastfasern. Leipz. Monatschr. Textilind. 1927, S. 261.

Die Feststellung der alkalilöslichen Extraktivstoffe ist vorgesehen, um den Maximalgehalt auf 4% zu begrenzen, da vorwiegend die Faserbegleitstoffe den Mikroorganismen (Schimmelpilzen) als Nährboden dienen. Eine restlose Entfernung der alkalilöslichen Substanzen durch ein schärferes Abkochen und ein Chloren erscheint wieder nicht angebracht, weil die völlige Isolierung der Einzelzellen zu befürchten wäre, denn die Inkrustierungen verkitten die Elementarzellen mit. Die deutsche Marine schreibt aus gleichem Grunde vor, das Material für Segeltuche aus Flachs und Hanf mit 8% Soda und ein zweites Mal mit 7% Soda vorzukochen.

Es kann der durch Kochen mit 3,5 g Ätznatron/l gefundene Gehalt an alkalilöslichen Stoffen nur unter den gewählten Bedingungen Geltung besitzen. Schärfere Laugen, verlängerte Kochzeit und nicht zuletzt das Flottenverhältnis beeinflussen die Ausbeute, denn Fasersubstanz als solche (Hemizellulose), Oberhautgewebe, Parenchymzellen vor allem, werden mehr und mehr abgelöst. Aus den Untersuchungszahlen von W. Frenzel geht hervor, daß die Extraktivstoffe nur langsam entfernt werden. Beim Kochen mit Soda waren 10 Stunden erforderlich, um den geforderten Restwert von 4% zu erreichen. Hingegen genügte bei gleichen Einwirkungsverhältnissen schon ein zweistündiges Kochen mit 1 proz. Natronlauge.

		Kochbehandlung mit 1 proz. Sodalösung nach Stunden				
	unbehandelt	2	4	6	8	10
Restlicher Extraktivstoffgehalt in % vom Trockengewicht	18,2	12,5	8,4	6,2	5,0	4,4
		2 proz. Sodalösung nach Stunden				
a)		10,8	7,5	5,9	4,7	4,2
		mit Salzsäure nachbehandelt				
b)		11,5	7,1	5,7	5,2	4,0

Wie die Flottenlänge, welche in der Praxis nur in gewissen Grenzen zu schwanken pflegt, die Ergebnisse beeinflussen kann, sei durch die nachstehenden „Laborversuche" mit Alkali- und Sauerstoffflotten bewiesen[1]:

Flachsgarn Nr. 28, 1 Stunde bei 95° C gebrüht, 3mal warm, dann kalt nachgespült.

Die Festigkeitsverluste der mit 10% Ätznatron gebrühten Garne betrugen 16,3%, 8,5%, 4,4%, 6,6%.

Flottenlänge	Gewichtsverluste in %			
	1:10	1:50	1:100	1:200
10% Ätznatron	18,3	12,6	10,6	8,8
2% Ätznatron	9,9	8,3	7,4	6,4
10% Soda	9,1	8,3	8,5	7,1
2% Soda	2,5	2,5	2,2	2,2

Bleichversuche unter Verwendung eines ½ Weiß vorgebleichten Werggarnes mit 2% Ätznatron bzw. der äquivalenten Menge Natriumperoxyd gaben:

Flottenlänge	Gewichtsverluste in %	
	Ätznatron	Peroxyd
1: 5	4,6	4,7
1:10	3,4	3,7
1:20	2,5	2,7

Hier sind auch Versuche von P. P. Victoroff[2] anzuführen, der die Anwendbarkeit von Alkalisulfiden zum Bleichen prüfte, Vorschläge, welche von Higgins, Keuckelaere stammen und wiederholt von anderer Seite aufgegriffen wurden. Nach Victoroff wirkt bei gleichem Laugengehalt Natriumsulfid energischer reinigend auf die Leinenfaser ein als Ätznatron, die Faser wird auch mehr

[1] Kind, W.: Die Sauerstoffbleiche. Dt. Leinenindustr. 1928, S. 334.

[2] Victoroff, P. P.: Über den Einfluß von Natriumsulfidlösungen auf die Leinenfaser. Textilber. 1926, S. 61.

geschont, Glanz, Weichheit und weiße Farbe des mit Sulfid behandelten Garnes stehen nicht hinter den Eigenschaften des mit Natronlauge gekochten Garnes zurück. Die Versuche wurden jedoch bei zu großer Flottenlänge angestellt — auf 2 g Garn kamen 200 ccm Flotte —, so daß sie kaum Schlüsse für die Technik erlauben.

Konzentration und Dauer und Bleichbäder. Über die Konzentration und Dauer der Bäder, wie solche nach H. Schneider[1] in der Bleiche der Spinnerei Ravensberg den üblichen Bleichgang kennzeichnen, gibt die folgende Zusammenstellung Aufschluß:

Rundgang	30er Flachs- und Hedegarn			60er Flachs	
	Behandlungsart	Art des Bades	Std.	Art des Bades	Std.
I	Sodakochung	7,2%	3	6,8%	3
	Chlorung auf Haspel .	3,2% akt. Cl	3	3% akt. Cl	3
	Absäuern auf Haspel.	Schwefelsäure 1:300	¼	Schwefelsäure 1:400	¼
II	Sodakochung	5%	2¾	2,3%	2¼
	Chlorung ruhend. . .	1,2% akt. Cl	14	1,1% akt. Cl	7
	Absäuern ruhend . .	Schwefelsäure 1:400	2	Schwefelsäure 1:400	2
III	Sodakochung	3,5%	2½	2,5%	1
	Rasenbleiche	2 × 2 Tage	96	2 × 2 Tage	96
	Chlorung ruhend. . .	0,8 akt. Cl	9	0,8% akt. Cl	9
	Absäuern ruhend . .	Schwefelsäure 1:400	2	Schwefelsäure 1:400	1½
IV	Sodakochung	2,5%	1	2,5%	1
	Rasenbleiche	2 × 2 Tage	96	2 × 2 Tage	96
	Chlorung ruhend. . .	0,46% akt. Cl	14	0,46% akt. Cl	14
	Absäuern ruhend . .	Schwefelsäure 1:400	2	Schwefelsäure 1:400	2

Rundgang	Behandlungsart	5er Hede	16er Flachs 20er Hede	5er Hede		16er Flachs 20er Hede	
		Art des Bades		Stunden			
I	Sodakochung		10,7%			3	
	Chloren auf Haspel .		4,0%			2½	
	Absäuern auf Haspel.		1:300			¼	
II	Sodakochung		6,0%			3	
	Chloren auf Haspel .		2,6%			3	
	Absäuern ruhend . .		1:400			2	
III	Sodakochung		4,0%			2	
	Chlorung ruhend. . .		1,0%			11	
	Absäuern ruhend . .		1:400			2	
IV	Sodakochung	5,8%		3,8%	1½		¾
	Chlorung ruhend. . .		1,25%			1½	
	Absäuern ruhend . .		1:400			2	
V	Sodakochung		3,4%			2	
	Rasenbleiche		2 × 2 Tage			96	
	Chlorung ruhend. . .	0,96%		0,46%		10	
	Absäuern ruhend . .		Schwefelsäure 1:400			1	
VI	Sodakochung	2,0%		1,0%		1	
	Rasenbleiche		2 × 2 Tage			96	
	Chlorung ruhend. . .		0,54% akt. Cl			14	
	Absäuern ruhend . .		Schwefelsäure 1:400			2	

[1] Schneider, H.: Über die technologischen Veränderungen der Leinengarne durch den Bleichprozeß. Leipz. Monatschr. Textilind. 1909.

Diese Zahlen gestatten die ungefähre Aufstellung des „Rezeptes“ für das Bleichen. Der Praktiker pflegt auf Grund seiner Erfahrungen die Einzelheiten dem Bleichgut anzupassen, denn die jeweilige Bleichfähigkeit der Gespinste bleibt zu berücksichtigen. Ein stärker strohiges Garn verlangt vielleicht ein schärferes Kochen, eine andere Partie nimmt in kürzerer Zeit den üblichen Bleichgrad an. Die Kurvenzeichnung über den Chlorrückgang beim Bleichen im Apparat gibt Aufschluß über die Konzentration der ersten Bäder.

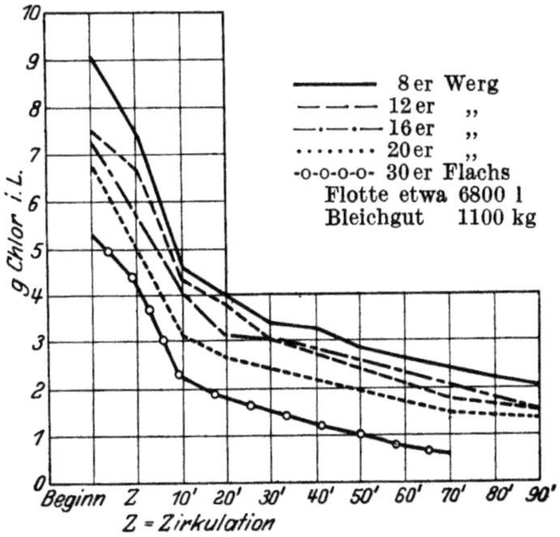

Abb. 6. Chlorrückgang beim Bleichen im Apparat.

Beurteilung der Bleichgarne.

Festigkeitsbeeinflussung und Gewichtsverlust entscheiden vorwiegend den Wert des Bleichverfahrens. Die chemische Untersuchung auf Oxyzellulose durch Ermitteln des Reduktionsvermögens oder der Anfärbbarkeit liefert beim Leinen leicht unsichere Werte, da einerseits die Faserbegleitstoffe selbst, wie Pektin, stark reduzierend wirken und da andererseits durch das abwechselnde Beuchen und Chloren die bei den ersten Arbeitsgängen etwa entstandene Oxyzellulose durch die folgenden Bäder wieder teilweise in Lösung gehen kann. Die rohen Flachsgarne geben somit als solche schon hohe Kupfer- und Permanganatzahlen und diese bleiben auch bei vorsichtiger Bleiche relativ hoch, so daß ein Vergleich mit den Konstanten für Baumwolle nicht angeht. Überdies wird die Faser durch stark alkalische Reagenzien beeinflußt, siehe S. 303.

Zur einwandfreien Ermittlung der Festigkeit ist eine größere Zahl von Einzelversuchen erforderlich; sogar feinere Leinengarne weisen oft erhebliche Schwankungen auf, da die einzelnen Spindeln ungleich arbeiten. Durch Prüfen einer begrenzten Zahl von Fäden aus einem einzelnen Gebind kann man Zufallswerte erhalten, selbst wenn sich das Mittel auf 50 Einzelversuche stützt. Es sind nach Möglichkeit von mehreren Strähnen einige Gebinde für die Prüfungen zu nehmen. Von der Einspannlänge, der Feuchtigkeit, der Art des Dynamometers ist die jeweilige Reißfestigkeit beeinflußt; als Einspannlänge wird meist 50 cm gewählt.

Nach dem ersten Kochen ist meist eine Verbesserung der Anfangsfestigkeit namentlich bei Trockengespinsten zu beobachten, da das Aufweichen der Pektinstoffe ein besseres Verkleben der Einzelfasern ermöglicht. Die Verklebung tritt bei Naßgarnen schon im Spinnprozeß ein; anfänglich liegen die Fasern nur zufolge der Drallgebung nebeneinander, durch das Kochen usw. kommt es zu einem besseren Verfilzen der Fasern.

„Normen“ für die zulässigen Festigkeitsverluste gibt es nicht, so daß es mitunter strittig ist, ob ein Bleichgarn zu sehr gelitten hat. Die Bleichgarnfestigkeit hängt naturgemäß von der Anfangsfestigkeit des Rohgespinstes ab. Allgemein anerkannte Grundzahlen für die Garnqualitäten haben wir auch hier nicht. K. Martini[1] forderte folgende Reißlängen (der Umrechnungsfaktor für die Verwandlung der englischen Garnnummer in die metrische ist 0,605; z. B. Garn Nr. 30 englisch = Nr. 18 metrisch):

[1] Martini, K.: Reißkraft und Reißlänge für mittlere Leinengarne. Leipz. Monatschr. Textilind. 1926, S. 405.

	Flachsgarn		Flachs-Werggarn	
	für Nr. 22 m u. darüber km	unter Nr. 22 m km	für Nr. 12 u. darüber km	unter Nr. 12 km
Extra mech. Kette (schwere Kette)	24,0	22,0	16,5	15,5
Ia. mech. Kette	21,5	19,5	14,5	13,5
Mech. Kette	19,5	17,7	13,5	12,5
Ia. Schuß	18,5	16,7	12,5	11,5
IIa. Schuß	—	—	11,0	10,9

Als absolute Festigkeit (Gramm bei 50 cm Einspannlänge) kommen nach Martini in Betracht:

	Linegarne				Towgarne			
	extra Ia. Kette	Ia. mech. Kette	mech. Kette	Ia. Schuß	extra Ia. Kette	Ia. mech. Kette	Ia. Schuß	IIa. Schuß
Nr. 12e.	—	—	—	—	2270	2000	1720	1510
16	2270	2010	1820	1740	1700	1500	1290	1130
20	1820	1710	1460	1390	1360	1200	1030	910
30	1330	1180	1070	1020	—	—	—	—
40	1000	890	800	765	—	—	—	—
60	665	590	535	510	—	—	—	—

Der Bleichereipraktiker sucht sich durch eine Handprobe von der Festigkeit zu überzeugen, er achtet auf den beim Reißen des Fadens hörbaren hellen Ton. Durch wenige Reißversuche mit dem Dynamometer sind zwar größere Festigkeitsverschiebungen erkennbar, kleinere Abweichungen können aber als Zufallswerte gelten. Systematische Versuche hat zuerst H. Schneider a. a. O. angestellt. Bei sachgemäßer Anwendung aller Bäder sollte nach diesem Autor die Festigkeit nur etwa soweit abnehmen, als dem Feinerwerden der Garnnummer entspricht, d. h. die Reißlänge darf nicht kleiner werden, sie kann bei günstig gewählter Behandlung sogar etwas ansteigen. Nur wenig stärkere Bäder sollen die Festigkeit mindern können, ohne gleichzeitig den Gewichtsverlust entsprechend zu erhöhen, so daß dann die Reißlänge schnell fällt (?). Gleiche Behandlung derselben Nummern von Flachs- und Werggarn gab für ersteres etwas schlechtere Werte. Ein Abfall der Festigkeit erklärt sich im übrigen aus der beim Bleichen fortschreitenden Auflösung der technischen Faserbündel in die Einzelfasern zusammen mit dem Verschwinden des die Fasern verklebenden Pektins. War bei einem Rohgarn die mittlere Faserlänge mit 63 mm gemessen worden, so betrug dieselbe nach dem Bleichen nur noch 34—36 mm.

Änderungen bei ³/₄ Bleiche von naß gesponnenen Garnen. Die Zahlen sind auf Rohgarnzustand = 100 bezogen, ohne Berücksichtigung der Längenänderung, welche im übrigen nur gering ist.

	5er Hede	16er Flachs	20er Hede	30er Flachs	30er Hede	60er Flachs
1. in der Nummer	132,4	129,8	135,2	117,2	118,4	121,9
2. in der Festigkeit P.	76,0	61,0	61,7	81,8	87,2	83,3
3. in der Reißlänge R.	100,9	80,5	83,1	96,3	103,0	101,2
4. also Festigkeitsverlust in %	24,0	38,5	38,3	18.2	12,8	16,7

In welchem Umfange sich die Festigkeit in den verschiedenen Stadien des Bleichprozesses ändert, sei an Zahlen gezeigt, welche Schneider für 30er Flachs und für Trockengespinst Nr. 18 als Mittelwerte berechnete. (Festigkeit = P in kg, Reißlänge = R in km.)

Flachs Nr. 30.

	P kg	%	R km	%
Rohgarn	1,080	100,0	19,63	100,0
1. Kochung	1,072	99,3	20,65	105,2
1. Chlor- und Säurebad	1,051	97,3	21,32	108,6
2. Kochung	1,030	95,4	21,34	108,7
2. Chloren und Säuern	0,985	91,2	20,70	105,5
3. Kochung	0,950	88,0	20,27	103,3
1. Auslegen	0,922	85,4	19,68	100,3
3. Chloren und Säuern	0,859	79,5	18,50	94,2
4. Kochung	0,831	76,9	18,20	92,7
2. Auslegen	0,825	76,4	17,90	91,2
4. Chloren und Säuern	0,804	74,4	17,60	89,7

Trockengespinst Nr. 18.

	P kg	%	R km	%
Rohgarn	1,190	100,0	13,20	100,0
1. Kochung	1,430	120,2	17,09	129,5
1. Chloren und Säurebad	1,508	126,7	19,29	136,1
2. Kochung	1,485	124,8	19,43	147,6
2. Chloren und Säuern	1,483	120,4	18,89	143,1
3. Kochung	1,373	115,4	18,48	140,0
3. Chloren und Säuern	1,269	106,6	17,31	131,1
4. Kochung	1,220	102,5	16,95	126,9
1. Auslegen	1,178	99,0	16,20	122,7
4. Chloren und Säuern	1,105	92,9	15,39	116,2

Die vorstehenden Zahlen sind als recht günstig anzusprechen. Eigene Versuche zeigten, daß die einzelnen Betriebe sehr ungleich arbeiten, die Festigkeitsverluste können erheblich schwanken[1]. Die Reißlängen der Bleichgarne stehen bei höheren Bleichstufen meist erheblich hinter den anfänglichen Werten zurück.

Werggarn Nr. 25 (bei 30 cm Einspannlänge).

		Festigkeit		Reißlänge		Gewichtsverlust
		g	%	km	%	%
Rohgarn		1161	100,0	17,2	100,0	—
gekocht	Bleiche A	1420	122,3	22,7	132,1	7,8
	Bleiche B	1162	100,0	18,9	110,1	9,5
	Bleiche C	1363	117,4	22,1	128,4	8,9
	Bleiche D	1280	110,3	21,0	122,0	10,1
$^4/_4$ Weiß	Bleiche A	911	78,5	15,4	89,5	13,0
	Bleiche B	838	72,2	14,8	85,8	16,1
	Bleiche C	738	63,6	13,1	76,4	17,1
	Bleiche D	906	78,0	16,0	93,3	16,8

Die Kurvenwerte für die mittleren Bruchbelastungen — in % der Rohgarne — mögen als Anhalt dienen. Sehr wesentlich ist, daß sich eine etwaige beim Bleichen eingetretene Faserschädigung erst voll und ganz nach einem weiteren alkalischen Abkochen herausstellen kann; deshalb sind gegebenenfalls Versuchsgarne vor dem Reißen abzukochen, zumal wenn sie in geschlichtetem Zustande vorliegen.

Die technische Verwendbarkeit eines Gespinstes hängt wesentlich von der Ungleichheit ab, denn das Garn wird beim Spulen und Verweben vor allem an

[1] Kind, W.: Die Prüfung des Bleichgutes. D. Dt. Leinenindustr. 1926, S. 990.

den „spitzen“, den dünnsten Stellen, reißen. Spitze Stellen im Bleichgarn werden im wesentlichen schon beim Rohgarn vorhanden gewesen sein. Was die Dehnbarkeit anbelangt, so nimmt wohl allgemein die Bruchdehnung durch das Beuchen und Bleichen zu, da das Gespinst gewissermaßen zufolge eines Herauslösens der Begleitstoffe schwammiger wird.

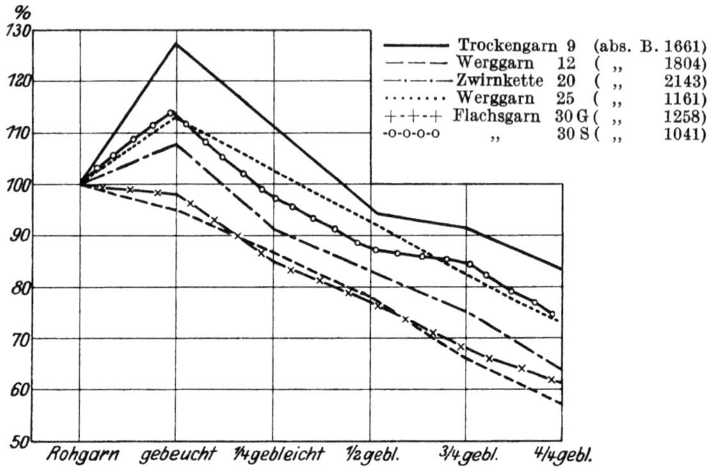

Abb. 7. Mittlere Bruchbelastung verschiedener Leinengarne während des Bleichprozesses in % der Rohgarnfestigkeit.

Gewichtsverlust. Anerkannte „Normen“ gibt es nicht. Der Gewichtsrückgang tritt vorwiegend beim ersten Kochen und Chloren ein, wobei ein schärfer alkalisches Kochen von großem Einfluß ist, da mehr Zellulosesubstanz in Lösung geht.

Mittlere Gewichtsverluste in Prozenten.

	gekocht	¼ weiß	½ weiß	¾ weiß	4/4 weiß
Trockengarn 9	16,0	21,1	23,5	26,4	27,2
Werggarn 12	14,0	18,9	22,8	24,2	25,0
Zwirnkette 20	10,8	13,0	15,2	16,4	17,1
Werggarn 25	9,1	11,6	13,8	15,1	15,7
Flachsgarn 30 G	11,4	13,2	16,2	17,4	17,8
Flachsgarn 30 S.	9,6	12,6	14,0	15,0	15,9

Die Garne sind mit gleicher Feuchtigkeit zu wiegen, damit nicht etwa ein im Trockenapparat ausgedörrtes Bleichgut mit einem feuchten Rohgarn zum Vergleich kommt. Andererseits darf der Gewichtsverlust nicht durch eine Appreturerschwerung verschleiert sein. Bei genaueren Bewertungen wäre zu bedenken, daß die Hygroskopizität von Bleichgarnen um 1—2% geringer ist. Mit dem Gewichtsrückgang steht ein Feinerwerden in der Garnnummer in Beziehung. Will man etwa aus der veränderten Nummer des Bleichgutes den Bleichverlauf folgern, so darf wegen der großen Ungleichheit der Gespinste keine zu kleine Meterzahl zugrunde liegen. Die Gewichte beliebiger Gebinde oder Strähne sind nicht vergleichbar, da die Rohgewichte in nicht vorherzusehendem Umfange schwanken können. Man hätte auch an Längenänderungen zu denken, es pflegt dieselbe jedoch sich in geringen Grenzen zu bewegen. Wenn zwar das Abkochen ein gewisses Einlaufen bewirkt, so ist von dem Ausschlagen und Stoßen der Garne ein Ausgleich zu erwarten. Bei Leinwand kann hingegen durch das Strecken des unter Spannung laufenden Stranges eine Längung um einige Prozente unter Einlaufen in der Breite eintreten.

Analytische Untersuchung und Prüfung der Lagerbeständigkeit der Bleichgarne. Mit einer gewissen „Oxyzellulosereaktion" ist bei gebleichtem Leinen stets zu rechnen, wobei es sich jedoch fragt, ob und wie weit die Faserbegleitstoffe solche Reaktionen vortäuschen, z. B. Pektine die Reduktion von Fehlingscher Lösung usw. bewirken.

Zweckmäßig stellt man Vergleiche unter Verwendung von bekannten Ausfallmustern an. So durch Behandeln mit Neßlers Reagens. Ausfärbungen mit Methylenblau sind nicht zuverlässig, da die Farbaufnahmefähigkeit von der physikalischen Beschaffenheit der Fasern abhängt. Örtliche Faserschwächungen können von katalytisch wirksamen Fremdkörpern wie Eisen, Kupfer herrühren, vgl. S. 307.

Bei Baumwolle wird versucht, die fortschreitende Verbesserung des Bleichgrades und die etwaige Oxyzellulosierung u. a. durch Ermitteln der Kupferzahlen oder der Abkochzahlen nach Kauffmann[1] analytisch festzulegen, indem man die Proben wiederholt mit Alkalilauge auskocht, um aus dem Reduktionsvermögen auf die Menge der gelösten Verunreinigungen bzw. Abbauprodukte zu schließen. Solche Bestimmungen sind bei Flachsfasern nicht durchführbar, denn die gegen Alkalilauge empfindliche Faser wird beim Abkochen mit den Reagenzflüssigkeiten angegriffen, so daß sich keine charakteristischen Unterschiede herausbilden, welche die Reinheit der Fasern erkennen lassen. Auch durch Abschwächen der ätznatronhaltigen Abkochlauge erhielt E. Zieger[2] keine zuverlässigen Werte. Je mehr sich beim Abkochen mit Alkali eine gelbe Verfärbung einstellt, um so verdächtiger ist allerdings das Bleichgut. In der nachstehenden Zusammenstellung von J. Auerbachs ausgeführten Versuchen mit einem in zwei Betrieben gebleichtem Flachsgarn Nr. 30 sind nur 2 Abkochungen für die Permanganatzahl gemacht worden; die Kupferzahl wurde nach Braidy[3] bestimmt, d. h. mit einer Lösung, welche weniger alkalisch als die Fehlingsche Lösung ist.

	gekocht		¼ gebl.		½ gebl.		¾ gebl.		⁴/₄ gebl.	
	A	B	A	B	A	B	A	B	A	B
Abkochzahl I	122	109	116	111	110	96	108	94	86	86
„ II	21	22	26	27	31	31	23,5	23,5	15,5	22,0
Kupferzahl nach Braidy	1,57	1,27	1,40	1,26	1,38	1,13	1,23	1,17	1,28	1,28
Bruchbelastung g	1295	1234	1148	1116	1037	1034	958	877	918	810
Reißlänge km	26,5	25,5	24,2	23,7	22,0	23,1	20,7	19,7	19,8	18,2
Gewichtsverlust %	10,1	11,2	12,6	13,3	13,2	17,5	14,7	18,1	14,7	18,3

Bei gebleichten Flachsfasern findet sich meist auch eine schwach saure Reaktion gegenüber Lackmus, ohne daß es sich um Reste der Säurebäder handelt, denn die Oxyzellulose, Pektine usw. können ihrerseits schwach saure Reaktionen aufweisen, ebenso in Gärung übergegangene Schlichte. Wenn Mineralsäure nicht ausgewaschen wurde, so kann man u. a. durch Erhitzen der Fasern auf 110° C zu ermitteln suchen, ob eine Faserschwächung eintritt.

Rostflecken, durch angesäuerte Ferrozyankalilösung nachweisbar, sind mit Oxalsäure zu beseitigen, Wirksam erweisen sich auch Hydrosulfitverbindungen sowie saure Fluorsalze. Schwierigkeiten machen eingetrocknete Schmieröl-

[1] Kauffmann, H.: Textilber. 1923, S. 333.

[2] Zieger, E.: Oxyzellulosebestimmungen bei Leinengarnen. D. Dt. Leinenindustr. 1929, S. 125.

[3] Vgl. Korte, H.: Textilber. 1925, S. 663.

flecken[1]. Während und nach dem Kriege hatte der Bleicher mit Teerölflecken zu kämpfen, da die Spinnereien die Spulen mit ungeeignetem Firnisersatz präparierten. Es bleibt zu versuchen, ölige Schmutzstellen mit höhersiedenden hydrierten oder gechlorten Kohlenwasserstoffen bzw. deren Mischungen mit Seifen zu verbessern. Derartige Produkte sind als Beuchöle im Handel, eine genügende Wirkung ist aber nur bei nicht zu starker Verdünnung zu erwarten.

Man prüft das Bleichgut auf Vergilben durch halbstündiges Erhitzen einer Probe auf 100—110°; Gewebe wären heiß zu plätten. Die Prüfungen sind dadurch verschärfbar, daß man die Fasern zuvor mit einer alkalischen Lösung von 5 g Soda + 5 g Seife oder von Soda + 10 g Türkischrotöl/l behandelt und heiß abmustert, denn die Vergilbung geht beim Erkalten meist wieder zurück. Eine schlecht durchgebleichte Faser oder eine überbleichte Zellulose vergilbt leicht. Die Ursache des Vergilbens kann aber auch an der Verwendung ungeeigneter Appreturmittel oder an der Zersetzung der Bläue liegen, z. B. wird Ultramarin durch Säure leicht mißfarbig. Wasserblau ist alkaliempfindlich. Reste von Schäben und Stroh lassen sich in den ersten Bleichstufen mit Anilin oder Phlorogluzinsalzsäure sichtbarer machen, bei den höheren Bleichgraden ist kein Lignin mehr zu finden.

Das Bleichen von Leinengeweben.

Man unterscheidet verschiedene Bleichgrade, Klären. Die Arbeitsvorschriften haben sich nach der Art der Ware zu richten, ein schweres Rohleinen verlangt eine andere Behandlung als ein aus vorgebleichten Garnen hergestelltes und nur nachzubleichendes Gewebe. Die sortierten Leinen stellt man je nach Arbeitsmöglichkeit des Betriebes zu Partien von 300—900 kg zusammen. Für die Strangbleiche werden die gezeichneten Stücke aneinander genäht, andernfalls wird jedes Stück zu einem Bündel aufgezogen. Feinere Gewebe, insbesondere aus Halbleinen, gehen vor dem Kochen durch die Senge, um die abstehenden Fasern abzuflammen, den Stoffen eine schöne glatte Oberfläche zu geben. Zwecks besseren Netzens der Ware empfiehlt sich ein Entschlichten mit diastatischen Produkten oder ein Einweichen in alter Kochlauge. Wie bei der Garnbleiche werden die Gewebe abwechselnd gebeucht und mit Chlorlaugen oder anderen Oxydationsmitteln unter Einschalten der nötigen Spül- und Säurebäder behandelt. Man sucht die für Vollweiß erforderlichen Wiederholungen, insbesondere die Planbleiche abzukürzen, bzw. aufzugeben, hat jedoch darauf zu achten, daß die Faser nicht durch stärkere Bäder zuviel an Gewicht und Festigkeit verliert.

Abb. 8. Kalkanstalt der Zittauer Maschinenfabrik A.-G.

Kalkkochen. Das Kochgut läuft als Band durch eine Imprägnierkufe mit Leit- und Quetschwalzen, die Kalkanstalt, in welcher sich eine durchgesiebte angewärmte Kalkmilch befindet. Die mit Kalk gleichmäßig getränkten Stücke werden mit so viel Kalkmilch, daß das mit einem Schutztuch bedeckte und mit einem Bretterbelag niedergehaltene Gut beim Kochen stets unter der Flüssigkeit bleibt, unter schwachem Überdruck einige Stunden gebeucht. Beim Einlegen in den Kessel ist auf sorgfältiges Ablegen zu achten, um Kanalbildung bei der Flot-

[1] Vgl. Kind, W. und G. Kränzlin: Mitt. Sorauer Forschungsinstitutes 1920, sowie Textilber. 1920.

tenzirkulation zu vermeiden. Das Kochen mit Kalk wirkt gewissermaßen nur aufschließend auf die Verunreinigungen; aus den Fetten sollen sich Kalkseifen bilden, welche aber ihrer Unlöslichkeit wegen einer weiteren Behandlung mit Säure und einer Sodakochung bedürfen. Durch das Vorkochen mit Kalk wird eine gut durchgebleichte Ware erhalten. Bei besonders schwer bleichbarer Ware kann gegebenenfalls dem Kalk noch Ätznatron, ½—1% vom Warengewicht zugesetzt werden.

Nach dem Kalkkochen wird der Warenstrang mit Hilfe von Leitwalzen durch eine Waschmaschine geführt und weiter auf der Maschine oder durch Einlegen in ein Salzsäurebad von 1½—2° Bé gut abgesäuert. Die nach dem Kalkkochen stark abgedunkelte Ware erhält hierbei ein helleres Aussehen. Nach gründlichem Auswässern folgt ein Kochen mit Soda oder mit einer ätznatronhaltigen Sodalauge, welche sich die Betriebe früher durch teilweises Kaustifizieren der Soda mit Ätzkalk bereiteten. Schärfer eingestellte Laugen bewirken größere Gewichtsverluste des Bleichgutes und gefährden dementsprechend die Festigkeit des Stoffes. Wird die Kalkkochung durch ein Beuchen mit Natronlauge ersetzt, so ist doppelte Vorsicht geboten, der Kessel muß gut entlüftet sein, da andernfalls das Material stark an Gewicht und Festigkeit verliert. Für die weiter folgenden Beuchen kommen schwächere Sodalösungen in Betracht.

Beim Einlegen von Geweben in eine ruhende Chlorflotte ist ein fleckiges Anbleichen zu befürchten; man nimmt deshalb insbesondere schwere Gewebe zuerst auf einen Reelhaspel. Auf der Mittelwand zweier Betonbassins von genügend großem Fassungsvermögen steht ein seitlich angetriebener Haspel. Die Ware wird in einer der Kufen eingelegt, mit Stangen nötigenfalls unter die Flotte niedergedrückt und nach ½—1 Stunde mit Hilfe des Haspels in die zweite Kufe übergeführt. Wiederholtes Umhaspeln sichert eine gleichmäßige Einwirkung der Bleichflotte, deren Konzentration und Einwirkungszeit der Reinheit des Bleichgutes anzupassen bleibt. Es ist auch ein Chlor- und Säurespeicher verwendbar, in welchem die Strangware langsam vorwärts bewegt wird. Feine und gemusterte Gewebe legt man besser in die ruhende Flotte ein um die nötige Flottenzirkulation durch Ablassen der Flüssigkeit in ein unteres Bassin bei wiederholtem Aufpumpen zu erreichen. Nach genügendem Auswässern der Partie folgt später das Säurebad, dem man zweckmäßig etwas Bisulfit als Antichlor zugibt.

Wiederholtes Brühen mit abgeschwächten Sodalösungen und erneutes schwaches Chloren gibt die höheren Bleichgrade, wobei das Ausbringen auf den Plan nach vorangegangener alkalischer Behandlung das Weiß verbessern hilft. Die während der mehrtägigen Planbleiche gewendeten Stücke erhalten hinterher ein schwaches Chlorbad und machen erforderlichenfalls einen weiteren Rundgang durch.

Wenn das Abkochen in den nur mit Injektor arbeitenden Kesseln nicht genügte, um die Flecken und strohigen Verunreinigungen zu beseitigen, behandelte der Bleicher die Ware auf dem Seifhobel. In der Hobelanstalt, einem Balkengerüst, wurde die Ware gleich dem Reiben der Wäsche auf dem Waschbrett wiederholt zwischen einer festliegenden Unterlage und einem hin- und herbewegten gerippten Brett durchgeknetet. Die Mitverwendung von Seifen in nicht zu geringen Mengen kann beim Kochen von Vorteil sein, die Ware erhält auch einen weichen Griff, doch wird die Wirksamkeit von Beuchölen überschätzt, wenn die Zusätze nur geringe Prozentmengen ausmachen. Restliche Schmutzflecken in der Bleichware sind nötigenfalls vor dem Fertigstellen durch örtliches Putzen mit Seifen-Fettlösungsmitteln, welche sich hier in konzentrierter Form anwenden lassen, auszuwaschen, oder man nimmt die aussortierten fleckigen Stücke auf der Haspelkufe oder auf dem Jigger durch eine Seifenlauge, verwendet auch zum Seifen Einweichbottiche mit Stampfen.

Weiterhin findet sich in Leinenstückbleichen noch der Waschhammer oder die Walke. Das zu einem Pack gebündelte Gut wird in einem muldenförmigen Troge unter Zusatz von Frischwasser längere Zeit gestampft. Der fallende Hammer preßt das Schmutzwasser aus der Ware, diese gleichzeitig etwas wendend. Durch das Kneten und Pressen soll das Gewebe Fadenschluß erhalten, so daß einzelne Betriebe die Walke für bestimmte Stoffe vorziehen, doch verdrängt die Strangwaschmaschine wegen ihrer größeren Leistung die Walke. Ist beim Arbeiten auf der Strangwaschmaschine ein Verzerren feiner Batiste zu befürchten, so kommen Haspelkufen zum Auswaschen in Frage.

Als Ersatz der Rasenbleiche kommt ein Nachbleichen mit Superoxyd unter Verwendung von Wasserglas als Stabilisator in Betracht.

Ware, welche nicht angestärkt, nicht appretiert werden soll, ist zum Schluß zu blauen, andernfalls erfolgt das Blauen zusammen mit dem Appretieren. Das Trocknen geschieht gerne in der Hänge, um das in langen Bahnen auf Latten gehängte Gewebe ohne Spannung fertigzustellen. Ein Ausspannen auf Rahmen ist weniger üblich, denn Leinen ist nicht so elastisch wie Baumwolle. Zum Ausrüsten des Leinens findet vorwiegend die Mangel Verwendung.

Ausführungsbeispiele für einen Leinendamast und für Halbleinen.

Damaste aus vorgekochtem Garn, die zunächst gesengt wurden.

1. Kalkkochung 6° Bé. 5 Std. schwacher Überdruck, Waschen, Säuern auf Maschine, Abquetschen.
2. Sodakochung mit 6% Soda zu ⅓ kaustifiziert, 5 Std. 2 Atm., Waschen.
3. Sodakochung mit 2,5% Soda, Soda zu ⅓ kaustifiziert, Waschen.
4. Chloren auf dem Haspel, mit 3 g Cl/l anfangend, 3 Std., Waschen, Säuern mit Zugabe von Bisulfit, Waschen.
5. Seifen mit Schmierseifenlauge oder Natronlauge und Seife, auf Maschinen.
6. Beuchen mit 3% Soda 6 Std., Waschen.
7. Rasenbleiche.
8. Chloren im Bassin mit 0,5 g Cl/l, Waschen, Säuern, Waschen.
9. Seifen auf Maschine.
10. Beuchen mit 2,5% Soda + Seife.
11. Rasenbleiche.
12. Chloren im Bassin mit 0,4 g Cl/l, Waschen, Säuern, Waschen.
13. Seifen.
14. Bläuen.

Vorgebleichtes Halbleinen.

1. Zweiseitiges Sengen.
2. Kalkkochung mit 8% 5 Std., Waschen, Säuern, Waschen.
3. Kochung mit 5% Soda und 2% Ätznatron 5 Std., Waschen.
4. Kochung mit 5% Soda 5 Std., Waschen.
5. Chloren auf dem Reel, 1½ g Cl/l, Waschen, Säuern mit Zugabe von Bisulfit, Waschen.
6. Kochung mit 4% Soda 4 Std., Waschen.
7. Auslage auf den Plan.
8. Chloren mit ½ g Cl/l 6 Std., Waschen, Säuern mit Bisulfitzugabe, Waschen.
9. Kochung mit 5% Soda 4 Std., Waschen.
10. Seifen auf dem Seifhobel.
11. Kochung mit 2% Soda und 1% Seife 3 Std., Waschen.
12. Chloren mit ½ g Cl/l, Waschen, Säuern mit Zugabe von Bisulfit, Waschen.

13. Beuchen mit 2% Soda und 1% Seife 3 Std., Waschen.
14. Chloren mit ¼ g Cl/l, Waschen, Säuern mit Bisulfitzugabe, Waschen.
15. Beuchen mit 1½% Soda und 1% Seife 3 Std., Waschen.
16. Chloren mit ¼ g Cl/l, Waschen, Säuern, Antichlorbad, Neutralisieren, Waschen.

Bei leichter bleichbaren Geweben läßt sich der Gang entsprechend abkürzen. In neuerer Zeit gewinnen Schnellverfahren unter Mitverwendung von Peroxyd Bedeutung.

Prüfung der Bleichware. (Vgl. Prüfung der Bleichgarne.)

H. Sommer[1] hat eine umfassende Untersuchung über Festigkeits- und Gewichtsänderungen, Änderungen der Elastizität, der Durchlässigkeit, über Aschengehalt usw. eines Versuchsstoffes aus 30er Flachsgarn veröffentlicht. Wie bei der Garnbleiche beeinflussen vorwiegend die ersten Arbeitsgänge die technologischen Eigenschaften der Stückware. Von der jeweiligen Warengattung sind die Änderungen stark abhängig, so der Gewichtsverlust von der etwaigen Schlichtmenge. Bei Beurteilung von Handelsware wäre eine spätere Erschwerung durch Appreturmasse zu berücksichtigen.

Über Lagerbeständigkeit, Vergilben von Bleichware vgl. S. 306.

In Leinengeweben finden sich mitunter örtliche Schäden in Form von kleinen Löchern, bei denen nur Stücke von Kett- und Schußgarn fehlen, oder schadhafte Stellen in Form von Schnitten. Solche Schäden sind auf eine durch Metallverunreinigungen, wie Kupfer und Eisen, verursachte katalytische örtliche Aktivierung der Bleichflotten zurückführbar[2]. Es wäre zu versuchen, ob beim Einlegen der schadhaften Gewebeteile in angesäuerte Ferrozyankalilösung eine eintretende blaue oder bräunliche Verfärbung Eisen oder Kupfer andeutet. In fertiger Bleichware ist jedoch Metall meist nicht mehr nachweisbar, da restlos in Lösung gegangen. Um derartige Schäden vermieden zu wissen, ist in der Spinnerei darauf zu achten, daß bei etwaigen Instandsetzungsarbeiten keine Metallteile in das Garn eingesponnen werden (Abb. 9). Namentlich wirkt sich ein Beschmutzen des Gespinstes durch metallhaltige Schmieren, etwa von Bronzelagern, gefährlich aus, da die geringen Spuren von Metall durch Mineralöl im Faden festgehalten werden und die Beschmutzung beim Beuchen schwer zu beseitigen ist. Man findet mitunter bei Prüfung derartiger Katalyseschäden unter der Ultralampe an den Lochrändern noch restliche Spuren von Mineralöl, welche sich durch blaues Aufleuchten verraten.

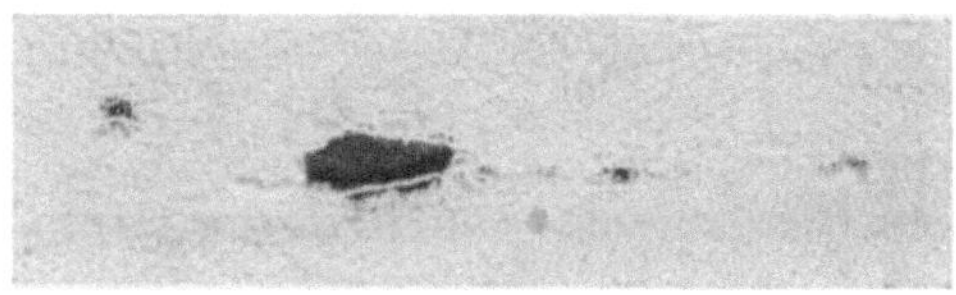

Abb. 9. Katalyseschäden in Leinen.

Eigentümlich für Katalysefehler ist, daß die Schäden von einem bestimmten einzelnen Faden ausgehen, es weist gegebenenfalls ein Faden auf eine größere Strecke Fehler auf, es bildet sich unter Umständen ein langer Riß, weil das Garn durch alte Lagerschmiere auf eine größere Strecke infiziert war und das Gewebe beim Waschen und Fertigstellen auf den Maschinen auseinander klaffte. Da ein zuverlässiges Verfahren, Katalyseschäden in Geweben zu vermeiden, nicht anzugeben ist, empfiehlt es sich nötigenfalls, die Garne vorzubleichen, damit sich die Katalyse in der Garnbleiche auswirkt und die geschwächten,

[1] Sommer, H.: Der Einfluß des Bleichprozesses auf die technologischen Eigenschaften eines Leinengewebes. Spinner Weber 1926, H. 37—49.

[2] Kind, W.: Bleichschäden in Leinen durch Metallverunreinigungen. Textilber. 1922, S. 133.

nicht spulbaren Fäden oder Fadenstücke, deren Enden wie abgeschnitten aussehen, zur Ausscheidung gelangen.

Katalyseschäden dürfen nicht mit mechanischen, durch unvorsichtiges Putzen von Garnknoten entstandenen Beschädigungen verwechselt werden. Einzelne kleine Fehler erklären sich mitunter durch Auflösen von knotigen Garnstellen, weil das Gespinst hier ungenügend Drall hatte.

Das Merzerisieren von Flachs.

Während in der Baumwollveredlung das Behandeln der Fasern mit konzentrierter Lauge zur Erzielung von Glanz größte Bedeutung besitzt, kommt ein Merzerisieren von Flachs wenig in Betracht, denn die Leinengarne und Gewebe weisen an sich schon einen meist genügenden Glanz auf, bzw. lassen sich dieselben durch Mangeln und Kalandern ausrüsten. Es ist sehr wohl möglich, das Aussehen von Flachsgespinsten durch Merzerisieren weiter zu verbessern. Wie beim Veredeln von Baumwolle sind dabei gewisse Arbeitsbedingungen einzuhalten. Von wesentlicher Bedeutung sind Spannung, Konzentration und Temperatur der Lauge sowie Geeignetheit der Garne und Gewebe. Bei nicht vorgebleichter Faser fällt eine Glanzsteigerung weniger auf, ein Behandeln von Rohgespinst empfiehlt sich schon deshalb nicht, weil die Laugen durch die gelösten Extraktivstoffe zu sehr verunreinigt werden können. Andererseits ist es erforderlich, die gelaugte Ware nach dem Absäuern gut nachzubleichen, da das Einbringen in die alkalische Lösung ein Vergilben des Weiß mit sich bringt. Merzerisierte leinene Handarbeitsgarne pflegen deshalb neben Hochglanz einen besonders schönen Bleichgrad aufzuweisen. Um einen guten Glanz zu erhalten, soll das Garn bzw. der Zwirn nur geringen Drall haben, ein festgedrehter Zwirn bleibt immer stumpf, gleich wie sich auf einer glatten Leinwand nicht der Glanz erzielen läßt, den ein Damastgewebe mit flottierender Atlasbindung annehmen kann. Einfache Garne eignen sich zum Merzerisieren nicht. Abgesehen davon, daß bei Einwirkung der konzentrierten Lauge auf die ausgespannten Fäden leicht dünne Stellen abreißen, wird der Faden durch die abstehenden, nicht eingesponnenen Faserenden wollig, denn die ohne Spannung merzerisierten Fäden laufen ein und verdicken sich. (Baumwollgarne und Stoffe werden vor dem Merzerisieren gesengt, um eine möglichst glatte Oberfläche ohne Faserenden zu schaffen.) Bei zu geringer Drallgebung ist wieder mehr zu befürchten, daß die zunächst als Faserbündel verklebten Bastfasern des Flachses aufgelöst werden und die freien Faserstücke an der Oberfläche des Gespinstes einlaufen, glanzlos werden. Ohne Spannung behandelte Garne laufen in konzentrierteren Laugen stark ein und werden glanzlos, direkt wollig.

Die Schrumpfkraft der Laugen unter 10° Bé ist wenig auffallend. Bei Versuchen mit vorgekochten bzw. gebleichten Flachsgarnen 35/2 ergaben sich folgende Änderungen[1]:

Längenänderungen auf anfängliche Länge = 100 bezogen.

	8° C ½ Std.				5 Min.
	5° Bé	10° Bé	20° Bé	30° Bé	30° Bé
abgekochtes Flachsgarn	97,8	93,2	62,4	66,2	65,7
gebleichtes Flachsgarn	100,0	99,2	64,9	70,6	69,4
(abgek. Makogarn 32/2 z. Vergleich) .	98,5	98,5	84,9	80,6	80,6
	¼ Std. heiß 60—85° C				
abgekochtes Flachsgarn.	98,5	98,5	86,6	74,6	

[1] Kind, W.: Über den Einfluß von Säuren und Alkalien auf die Festigkeit von Baumwolle und Leinen. Dt. Färber-Zg. 1909, S. 663.

Festigkeitsänderungen, auf Anfangsfestigkeit bezogen.

	Ohne Spannung				
abgekochtes Flachsgarn	97,5	91,1	64,8	80,9	77,0
gebleichtes Flachsgarn	93,3	73,0	73,3	82,6	84,6
	Mit Spannung				
abgekochtes Flachsgarn	96,7	94,1	107,2	114,0	116,0
gebleichtes Flachsgarn	88,9	103,7	129,9	138,9	138,7

Heiße Laugen bewirken ein geringeres Einschrumpfen, immerhin kommen bei 30° Bé starken Bädern Längenänderungen von gegen 25% in Betracht. Heiße Laugen beeinflussen die Festigkeitseigenschaften ungünstiger, doch können sich Prozentzahlen von über 100 ergeben, da die bessere Verfilzung des Gespinstes eine Isolierung der Zellen und das Auflösen von Fasersubstanz wettmacht. Bei Festigkeitsprüfungen eingeschrumpfter Garne bleibt zu berücksichtigen, daß durch das Einlaufen grobere Garne entstanden sind.

Nach P. P. Victoroff[1] sank die Festigkeit von Geweben beim Behandeln mit Alkali ohne Spannung durchschnittlich um 10%, bei gespannt merzerisierter Ware stieg die Festigkeit der Kette bis auf 150%, diejenige des Schußfadens war zurückgegangen, wohl weil bei den Versuchen das Breithalten versagte. Die Dehnbarkeit ungespannt merzerisierter Leinwand wurde erheblich erhöht, auf 225%, reichte jedoch noch nicht an diejenige von ähnlich merzerisierter Baumwollware mit 400% heran. Nur bei Merzerisation unter Spannung erhöht sich der Glanz. Die Anfärbbarkeit gelaugter Ware steigt erheblich an, bis 40% bei substantiven Farbstoffen, 23% bei Indigo. Zur Erzielung einer bestimmten Farbtiefe benötigt man weniger Farbstoff, die Ersparnis betrug für Indigo wie für substantive Farbstoffe etwa 40%.

Durch einstündiges Einlegen von 20 g gebeuchtem Flachs in 500 ccm Ätznatronlösungen verschiedener Stärke stellte M. M. Tschilikin[2] unter Titrieren der Laugen zum Ermitteln der Konzentrationsänderungen fest, daß die von der Faser adsorbierte NaOH-Menge bei Konzentrationen bis zu 11° Bé wie bei der Baumwolle dem Adsorptionsgesetz entsprechend verläuft, bei 11° Bé wird die Faser schleimig und quillt auf. Die Leinenfaser beginnt ihre Struktur, ihren Dispersitätszustand zu ändern, die eintretende Merzerisation verläuft schnell und ist bei einer Konzentration von 14° Bé vollkommen beendet. Die Wirkungsgrenze des Ätznatrons auf die Faser ist hier erreicht, eine Konzentrationssteigerung auf der Faser findet nicht mehr statt, die Menge des adsorbierten NaOH bleibt konstant. Als Grenze erscheinen 13,66% vom Gewicht der normalfeuchten Faser. Wenn sich 2 Mol $C_6H_{10}O_5$ mit einem Mol Ätznatron vereinigen, so kommt als prozentuales Verhältnis 12,35% NaOH für trocknen und 11,6% für feuchten (6% Feuchtigkeit) Flachs in Frage. Natronlauge von 13—19° Bé genügt technisch, um Leinengewebe merkbar zu verändern, die Arbeit ist ohne Spannrahmen ausführbar. Bei Laugen über 23° Bé wurde eine bedeutende Schwächung der Faser, bis zu ihrem Zerfall gehend, beobachtet. Von vormerzerisiertem Gewebe werden Druckfarben besser aufgenommen, die Färbungen haben eine besondere Fülle und Lebhaftigkeit.

A. Herzog[3] untersuchte die physikalischen Veränderungen merzerisierter Flachsfasern. Bei der mikroskopischen Prüfung in Wasser, Glyzerin oder

[1] Victoroff, P. P.: Die Einwirkung starker Natronlauge auf Leinengarn und Gewebe bei der Merzerisation. Textilber. 1925, S. 169.

[2] Tschilikin, M. M.: Leinen und wässerige Ätznatronlösung (Adsorption und Merzerisation. Textilber. 1928, S. 592).

[3] Herzog, A.: Über die physikalischen Veränderungen der Flachsfaser beim Merzerisieren. Textilber. 1920, S. 159.

anderen die Zellwand chemisch nicht beeinflussenden Flüssigkeiten fällt der seidenartige Charakter auf. Die Faser erscheint nahezu stielrund mit glatter Oberfläche, und die von der gewöhnlichen Faser her bekannten knotigen Stellen (Verschiebungen) und Querrisse sind nahezu verschwunden. Nach Einwirkung von Chlorzinkjod oder dgl. läßt sich allerdings feststellen, daß sie nicht ganz verschwunden sind, nur können sie hinsichtlich ihrer Form und Menge bei weitem nicht mit denen des nichtmerzerisierten Flachses verglichen werden. Ein außerordentlich gegensätzliches Bild wird vor allem bei der Ölprobe (Unterscheidung von Baumwolle und Leinen) erhalten. Die nicht merzerisierten Fasern erschienen im durchfallenden Licht trüb, mehr oder weniger dunkel, die merzerisierten Fasern kristallklar. Die Trübung ist auf die in den Querrissen der Wandung eingeschlossene Luft zurückzuführen und die dadurch bewirkte Totalreflexion des Lichtes. Die mit bleibender Strukturveränderung verbundene Quellung der Faser hat zu einem Verengen und Verschwinden der Verknüpfungen geführt. Der Glanz ist nicht wie bei Baumwolle in erster Reihe durch eine Veränderung der äußeren Form bedingt, sondern mehr durch Änderung der inneren Beschaffenheit, hinzu kommt eine Umwandlung der mehr polygonalen Querschnittsform in eine rundliche.

Mit Merzerisationswirkungen wäre bei gewissen Kotonisierungsverfahren zu rechnen, welche konzentrierte Laugen benutzen wollen, um die langen Faserbündel in kleinere Bündel oder in Einzelfasern, die spinntechnisch der Baumwolle entsprechen sollten, zu zerlegen. Die nicht unerheblichen Kosten lassen solche Bestrebungen wenig erfolgreich erscheinen, zumal ein Hochglanz hierbei nicht zu erreichen ist, schon weil im späteren Gespinst die Lichtbrechung ungünstiger ausfällt als bei den in Garnform (unter Spannung) merzerisierten Fasern, da hier die Einzelfasern paralleler geordnet liegen. Gleichwie Baumwolle und andere Textilien kann man Flachsgespinste durch Seifen etwas glänzender und weicher machen, doch hat dies mit Merzerisieren nichts zu tun. Der knirschende Seidengriff von merzerisiertem Baumwollgarn läßt sich auch auf Leinengarnen durch Nachbehandlung der vorgeseiften Ware mit organischen Säuren erzielen.

Die Weltwirtschaft der Flachsfaser[1].

Von Direktor Dr. **Paul Koenig**, Forchheim.

Vorbemerkung: Die in Klammern gesetzten Zahlen beziehen sich auf das am Schlusse der Arbeit wiedergegebene Quellenverzeichnis.

Die Verarbeitung der Flachsfaser stellt eine der ersten Formen der „Hausindustrie" dar. Aus ihr entstand nach der Mechanisierung des Arbeitsganges die erste „Industrie". Wenn wir bedenken, daß schon zur Zeit der Pfahlbauten in Deutschland und in der Schweiz Flachs versponnen wurde und daß die alten Ägypter die prächtigsten Linnengewebe herstellten, daß die klugen Phönizier mit Leinwand Großhandel trieben und daß längst vergessene Städte, wie Kolchis und Sidon, schon vor viertausend Jahren durch ihren Flachsanbau und ihre Leinenwaren in der damaligen Welt so berühmt waren, wie es heute Belfast ist, so dürfen wir den Flachs mit Recht als den Vater der Industrien und des Großhandels, selbst des Überseehandels bezeichnen.

Volkswirtschaftlich hat wohl kaum eine Ware so gewaltige Wandlungen durchgemacht wie der Flachs. Diese Wandlungen nahmen ihren Anfang mit dem Aufgeben des Anbaues zur Eigenverarbeitung und mit dem Aussterben der Hausindustrie. Z. Zt. der Selbstherstellung der Leinenwaren für den Hausgebrauch galten sie als selbstverständliche Lebensbedarfswaren. Man konnte sich kaum einen Haushalt denken, in dem das selbstgesponnene und verarbeitete Leinen nicht den Stolz der den neuen Haushalt begründenden Frau darstellte. Als dann die Industrie den fleißigen Hausfrauen- und Gesindehänden Spinnrad bzw. Rocken in eine verstaubte Ecke stellen ließ, wurde nach und nach aus dem unentbehrlichen Bedarfsartikel — eine „Luxusware". Die billige Baumwolle war es, die das gute alte feine Linnen verdrängte. Heute ist es der Stolz der Enkelinnen, noch selbstgearbeitete Tisch- oder Leintücher von Großmutters Zeiten her „im Schrank" zu haben. Das alte Linnen ist vom Gebrauchsgegenstand zur „Kostbarkeit" geworden. Der alte Linnenschrank ist fast so geschätzt wie der Schmuckkasten. Das sind Wandlungen, die kaum sonst ein Beispiel finden. Und doch sollten wir ein kräftiges „Zurück zum Linnen" in die Verbraucherkreise hineinrufen. Noch kann man es den Hausfrauen nicht dringend genug zurufen, daß „Reinlinnen" 10mal und „Halblinnen" 5mal so lange hält als Baumwollgewebe. Die deutschen Hausfrauen müßten vielmehr daran gemahnt werden, daß Leinen eine kostbare Gebrauchsware, aber kein Luxusartikel ist!

Die Entwicklungsgeschichte des Flachsbaues haben wir bei der Beschreibung der einzelnen Länder gebührend berücksichtigt. Auch über Anbau, Ernte,

---

[1] Ich bitte Herrn Generaldirektor Dr. h. c. Hildebrand, Vorsitzender des Verbandes Deutscher Leinenindustrieller, diese Arbeit zu seinem 70. Geburtsfeste widmen zu dürfen. Die Arbeit war lange vor dem Wiegenfeste des Jubilars abgeschlossen.

An den Arbeiten der Korrektur hat sich meine Frau stark beteiligt. Ich danke ihr auch an dieser Stelle herzlich dafür! Der Verfasser.

Verarbeitung, Handel und Industrie des Flachses soll hier nur eine Übersicht gegeben werden, da die Abschnitte über die einzelnen Flachsgebiete genauere Auskunft darüber geben.

Es darf an dieser Stelle bemerkt werden, daß ich, entsprechend der mir gestellten Aufgabe, es unterlassen habe, über die Botanik, die Methodik der Landwirtschaft, die Pflanzenzucht, über die Technik des Rottens, über die Technik des Spinnens und Webens zu schreiben, um ein Überschneiden mit anderen Arbeiten dieses Sammelwerkes zu vermeiden. Die Quellennachweise glaubte ich in dieser Arbeit besonders stark pflegen zu müssen, da es bekanntlich noch in keiner Sprache ein einheitliches Werk über die „Flachsweltwirtschaft" gibt. Der Leser mag aus dem Quellenverzeichnis ersehen, daß es oft mit großen Schwierigkeiten verknüpft war, von jedem Land seiner Bedeutung entsprechend, ein zusammenhängendes Bild über die betreffende Flachswirtschaft zu schaffen. Zuweilen war es fast unmöglich, Originalliteratur, die oft versteckt in Werken oder Zeitschriften, die an sich mit Flachs nichts zu tun haben, zu finden. Aus diesen Gründen darf ich den Leser um Nachsicht bitten, denn die Arbeit weist Lücken auf, die der Schwierigkeit der Materie zuzuschreiben sind, aber auch durch die Konzentration, deren ich mich zu befleißigen hatte, bedingt sind. Die Aufgabe war auch nicht gedacht als eine weltwirtschaftliche Studie, die das „Für und Wider" in der Flachswirtschaft gegeneinander abzuwägen hat, sie bestand vielmehr darin, einen Überblick über den Bestand, d. h. sozusagen eine **Inventuraufnahme der Flachsweltwirtschaft** zu geben. Die Ländergruppierung habe ich nach regionalen Gesichtspunkten vorgenommen, und zwar so, daß zuerst Deutschland beschrieben wird, dann der für den Flachsbau wichtige Osten Europas, darauf der Norden, dann der Nordwesten, Westen und der Süden und schließlich der Südosten (Balkan und Türkei), womit schon ein Übergang zu Asien geschaffen war. Es folgen dann Afrika, Nord- und Südamerika und schließlich Ozeanien.

Bei der Bearbeitung der Flachsweltwirtschaft habe ich mich vielfach an die Angaben des Internationalen Landwirtschaftlichen Institutes in Rom (3) gehalten, schon um auch eine gewisse Einheitlichkeit in den Zahlenwirrwarr zu bringen, doch hielt ich es für notwendig, in einer sehr großen Anzahl von Fällen auf andere Quellen zurückzugreifen, wobei ich mir sagte, daß eine kritische Aktivierung der laufenden Flachsliteratur zum mindesten nichts schaden kann. Ich habe mich bemüht, möglichst nur den Faserflachs zu erfassen, und ließ den Ölflachs meist außer acht. Nur bei den größten „Leinsaat erzeugenden Ländern", wie Argentinien, Rußland, Indien, und in einigen Spezialfällen zog ich es aus Gründen, die aus dem Text zu ersehen sind, vor, auch ein Bild von dem Leinsaatbau, (der Rückschlüsse auf die Wirrstroherzeugung zuläßt), zu geben. Der Wert der im Folgenden gegebenen Übersichten möchte weder über- noch unterschätzt werden. Die Zahlen sind nie absolut zu nehmen, sie sollen vielmehr nur Vergleiche mit den Zahlen früherer Jahre oder anderer Länder zulassen und somit als Verhältniswerte angenommen werden. Es kommt nicht selten vor, daß mit Zahlen gar zu leicht umgegangen wird. Es geschieht dies im Wirtschaftsleben, wenn man propagandistisch wirken will oder aber eine Beeinflussung der Konjunktur beabsichtigt. Durch solche Veröffentlichungen wird häufig die Statistik in Mißkredit gebracht, und gar zu gerne werden dann die wissenschaftlichen Statistiken mit dem Erzeugnis der Propaganda oder der Preispolitik zusammengeworfen. Ich habe in der vorliegenden Arbeit die sog. „Handelsschätzungen" oder „vorläufigen Handelsberichte" bewußt selten berücksichtigt, um „gefärbte Zahlen" möglichst auszuschalten, wo sie aber angeführt worden sind, habe ich an Kritik nicht gespart.

Die Flachswirtschaft der Welt.

Weltflachsanbau. Von den 6087000 ha, die vor dem Kriege (1913) auf der Erde mit Lein- und Faserflachs bestellt waren, entfielen 4368000 ha auf Lein (Leinsaatanbau) und 1719000 ha (1905 waren es noch 2691800 ha) auf Faserflachs. Obgleich der Faserflachsbau nach dem Kriege in vielen Ländern, allerdings häufig auf kleineren Flächen gefördert worden ist, war die Gesamtanbaufläche infolge des Ausfalls Rußlands doch wesentlich zurückgegangen. Im Jahre 1923 hatte die Faserflachsanbaufläche wieder 1 Mill. ha erreicht. Das Jahr 1924 brachte eine Vergrößerung auf 1,4 Mill. ha, und seitdem ist die Fläche auf etwa der Höhe der Friedensanbaufläche (1,7 bis 1,8 Mill. ha) geblieben, ja sie soll nach anderen Angaben (20) in den Jahren 1926 und 1927 schon auf 2,078 bzw. 2,082 Mill. ha und 1927/28 einschl. U. R. S. S.: auf 2,2 Mill. ha erhöht worden sein. Die einzelnen Erdteile (3) waren in den Jahren 1909/13 (Jahresdurchschnitt), sowie 1923 bis 1926 am Flachsfaserbau wie folgt beteiligt (in ha):

	1909/13	1923	1924	1925	1926[1]
Europa (ohne Rußland) . . .	420000	379000	413000	482000	443000
Rußland (einschl. russ. Asien) .	1255000	723000	952000	1335000	1318000[2]
Amerika (Kanada)	4000	1000	2000	3000	2000
Asien (Japan)	5000	18000	15000	21000	18000
Afrika	400	3000	3000	2000	2000
Weltflachsfaseranbau	1688000	1133000	1385000	1843000	1783000

Aus diesen Zahlen darf man aber nicht etwa den Schluß ziehen, daß „wieder alles beim Alten" sei. Für die Flachsproduktion und für die Deckung des Flachsbedarfs wirken diese Zahlen irreführend, und man sollte vornehmlich die Anbauflächen ohne die U. R. S. S. in Betracht ziehen.

Um nun die Flachsproduktion Rußlands so zu berücksichtigen, daß die Vorkriegszahlen zum Vergleich herangezogen werden können, müßte man errechnen, welche Flächengröße der Flachsmenge entspricht, die Rußland früher und heute dem freien Markte zur Verfügung stellen konnte bzw. kann, und da wird man nicht weit fehlgehen, wenn man sagt, daß Rußland vor dem Kriege den Ertrag von etwa 1 Mill. ha dem Weltflachsmarkte zur Verfügung gestellt hat, daß dieses Land aber heute — seinen Vorkriegsflächenertrag von 2,5 dz je ha als Grundlage genommen — nur noch etwa 150000 ha, also 15% der „Handelsflachsfläche" vom Jahre 1913, dem Weltmarkt zur Verfügung stellt. Um uns nicht zu täuschen, mußte ich daher „theoretisch" (in diesem Falle entspricht die Theorie rechnerisch der Praxis) mir sagen, Rußland baute (für den Weltmarkt) z. B. im Jahre 1926 nicht, wie in der Statistik angegeben ist, 1318000 ha, sondern nur 150000 oder noch weniger ha an, und so würde die mittlere Weltanbaufläche der Jahre 1909/13 von 1,7 Mill. ha wohl bestehen bleiben, die wirkliche Weltflachsanbaufläche im Jahre 1926 aber nicht 1,783 Mill., sondern [1318000 (Rußland) ha minus 150000 ha] gleich 1168000 ha weniger, also 715000 ha Welt-Handelsflachsanbaufläche (hochgegriffen) sein. Nur bei dem Durchdenken dieser Verhältnisse verstehen wir es, daß man heutzutage so oft von der „Knappheit am Flachsmarkte" spricht, die übrigens auch durch eine in verschiedenen Ländern auftretende Verminderung des Hektarertrages

[1] Neuere Zahlen: Europa: 1927: 437000 ha und 1928: 478000 ha (3). Weltflachsbau mit U.R.S.S.: 1926: 2,138 Mill., 1927: 2,133 Mill. und 1928: 2,245 Mill. ha.

[2] Neuere Zahlen: Sowjetrußland: 1927: 1687300 ha und 1928: 1756800 ha (3). Vgl. auch die Übersichten über die „Weltflachsernte", die in neuerer Zeit Dr. E. Ruoff in dem „D. L. J." (102 m) veröffentlicht hat.

(besonders der Oststaaten) mit beeinflußt sein mag. Bei der oben angegebenen russischen Vorkriegsfläche sind die Flachsflächen von Litauen, Lettland, Estland und z. T. Polen, die 1926 zusammen etwa 188000 ha mit Flachs bestellt hatten, schon richtig in Abzug gebracht worden.

Der Welthektarertrag an Flachsfaser ist durch die Schwankungen in den einzelnen Ländern sehr verschieden. Es schwankte vor dem Kriege (1909/13) zwischen 11,0 dz (Österreich) und 1,0 dz (Serbien) und im Jahre 1926 zwischen 14,7 dz (Österreich) und 1,0 dz (Südslawien). Der Weltdurchschnittsertrag ohne Rußland belief sich 1909/13 auf 5,3 dz, 1923 auf 4,8 dz, 1924 auf 4,7 dz, 1925 und 1926 auf 5,1 dz, 1927 auf 4,9 und 1928 auf 4,4 dz. Rußland allein hatte in den genannten Jahren folgende ha-Erträge: 1909/13: 2,7 dz, 1923: 2,5 dz, 1924: 2,6 dz, 1925: 2,3 dz und 1926 bis 1928: 2,0 bis 2,1 dz. Zählt man, was nicht richtig ist, den russischen Hektarertrag zum Durchschnittsertrag der übrigen Länder, so verringert sich der Weltflachshektarertrag auf: 1909/13: 4,3 dz, 1923: 3,3 dz, 1924: 3,2 dz, 1925: 2,8 dz, 1926: 2,6, 1927: 2,4 und 1928 auf 2,5 dz.

Klarer treten diese Unterschiede auf bei der Betrachtung der Ernteergebnisse, da für uns „t oder dz“ als Maße geläufiger sind als „ha“:

Die Flachswelternte. Die Flachsanbaufläche und Ernte hat mit dem Erscheinen der Baumwolle auf dem Weltmarkt immer mehr abgenommen. Während im Jahre 1783 noch 18% aller Bekleidungsstoffe aus Leinen hergestellt worden sind, machte das Leinengewebe im Jahre 1913 nur noch 6% der Textilindustrie aus, und es dürften heute nur noch 3% unserer Bekleidungswaren aus Leinen hergestellt werden.

Der Flachsweltertrag (6c) war noch 1908 fast 1 Mill. t, nämlich 953795 t (davon Rußland 789000 t). Er fiel schon im folgenden Jahre 1909 auf 692264 t, Rußland* allein 545532 t. Im Durchschnitt der Jahre 1907/11 wurden 736000 t und im Jahre 1913: 587435 t Weltflachsernte (von Rußland 456142 t) hervorgebracht. Von der letztgenannten Erntemenge konnte Altrußland etwa 300000 t an den Weltmarkt abgeben, davon würden heute etwa 60000 t Flachs auf die Randstaaten und Polen fallen, so daß innerhalb der heutigen Grenzen Rußlands immerhin 240000 t Flachs für den Welthandel im Jahre 1913 (zuvor bis zu 700000 t) erübrigt werden würden. Heute haben sich aber die Verhältnisse von Grund aus geändert, was wir wieder an einer Übersicht (3) über die Produktion der einzelnen Erdteile (mit und ohne U.R.S.S.) studieren wollen:

	1909/13 t	1923 t	1924 t	1925 t	1926 t
Europa (ohne U.R.S.S.)	220600	186700	197600	245700	320700
Amerika (Kanada)	1300	100	800	700	700
Asien (Japan)	2300	5000	3800	5800	5500
Afrika	3800	1100	1300	1300	1400
Welternte ohne Rußland	228000	192900	203500	253500	238300
U.R.S.S.	339800[1]	180800	244200	311200	293900
Welternte	567800	373700	447700	564700	532200

Die Welternte ohne Rußland hatte in den Jahren 1925 und 1926 gegenüber 1909/13 eine kleine Erhöhung zu verzeichnen. Die Vorkriegsernte Rußlands ist dagegen nie wieder erreicht worden. Das alte Rußland konnte z. B. im Jahre 1913 von seinen 456000 t Flachs, wie gesagt, etwa 300000 t an den Weltmarkt abgeben, so daß es etwa 156000 t, bzw. ohne die abgetrennten Länder ungefähr 150000 t selbst verbrauchte. Von den Ernten 1925 und 1926 gab U.R.S.S. nur

[1] Erträge Rußlands in den heutigen Grenzen!

31336 t bzw. 58237 t ab, so daß das neue Rußland, rechnerisch genommen, im Jahre 1925 allein 279864 t und 1926: 235663 t Flachs selbst verbraucht haben müßte, also mehr als das 1½ fache des Verbrauches des alten Rußland. Da aber die russische Leinenindustrie z. T. aus Mangel an Rohstoff nicht voll beschäftigt werden kann, da außerdem die große Bedürfnislosigkeit des russischen Volkes bekannt ist, sind die russischen Zahlen entweder viel zu hoch, oder die Bauern liefern ihre Ernten nicht ab. Ich bin der Meinung, daß die Statistiker in Rußland viel zu — sagen wir einmal — optimistisch, d. h. propagandistisch arbeiten, was zu bedauern ist. Sollte Rußland von der Ernte 1927, wie vielfach angenommen wird, wirklich nur 30000 t oder noch weniger für den Export erübrigt haben, so würde das auf eine „Ausfuhranbaufläche“ von nur 136000 ha herauskommen, die gegenüber den angegebenen 1,3 Mill. ha verschwinden. Wir tun gut daran, die russischen Ernten für den Ausfuhrhandel höchstens mit 30000 t (1928) anzusetzen und mit etwa 238300 t und 30000 t = 268300 t Welternte statt mit 532200 t, in welcher Zahl die „statistische“ Ernte Rußlands enthalten wäre, zu rechnen. Eine Statistik der russischen Flachswirtschaft (2v) setzt übrigens an: für (in engl. t):

	1925/26	1926/27	1927/28
den Bedarf der sowjetruss. Leinenindustrie . .	120000	125000	135000
die Ausfuhr	65000	37000	28000
den Bedarf der russ. Landwirtschaft	121500	127460	127000
Zusammen	306500	289460	290000

Diese Zahlen stimmen nicht schlecht mit denen des internationalen Landw. Instituts überein. Es ist aber interessant zu vermerken, daß der Fehlbetrag einfach als „Bedarf der russischen Landwirtschaft“ verbucht wird. Da das russische Volk in der Hauptsache ein Bauernvolk ist, muß erst eine Doktorarbeit darüber entscheiden, ob die 135000 t der von der Leinenindustrie verarbeiteten Waren allein bei den Arbeitern und Soldaten abgesetzt werden. Die Ausfuhr an russischen Leinenwaren ist aber wiederum so gering, daß auch hier wieder ein großes Fragezeichen über das „Woher und Wohin“ gemacht werden muß. Wir wollen diese Untersuchung dahin zusammenfassen: Wenn es richtig ist, daß z. B. im Jahre 1926/27 geerntet wurden in Sowjetrußland 293900 t Flachsfaser und in der übrigen Welt (Europa, Asien, Afrika und Amerika) 238300 t Flachsfaser, so würde selbst bei einer theoretischen russischen Ausfuhr von 55600 t Flachsfaser, Sowjetrußland noch genau soviel Flachs für sich selbst verbrauchen, wie die übrige Welt (Europa, Asien, Afrika und Amerika) zusammen genommen. Für so verschwenderisch in diesem teuren Faserstoff halte ich aber Sowjetrußland nicht. Es kann sich also wohl nur um eine „statistische Verschwendung“ handeln!

Die amtlich festgestellte Ernte des Int. Landw. Instituts in Rom wird wie folgt angegeben in Millionen Doppelzentnern Faserflachs:

	1909/13 Durchschn.	1924/25	1925/26	1926/27	1927/28	1928/29
Welternte ohne U. R. S. S.	2,3	2,0	2,5	2,4	2,2	2,16
Welternte mit U. R. S. S.	7,4	5,1	6,15	5,5	5,1	5,6

Der **Weltflachsbedarf** wird für das Jahr 1926/27 mit 260230 t angegeben, die Welternte ohne Rußland betrug 238300 t, es fehlten also noch 21930 t, die durch die russische Ausfuhr von angeblich 58237 t gedeckt wurden.

Da aber auch in anderen Ländern noch die Heimindustrie, wenn auch in bescheidenem Umfange, Flachs konsumiert, so dürfte der Bedarf durch das Angebot kaum befriedigt werden. In der Tat wurde in der Literatur (2v) für das Jahr 1927/28 einem Ernteangebot von 205200 t ein voraussichtlicher Weltverbrauch von 275000 t gegenübergestellt, d. h. es hätten dem Konsum 69800 t Flachs gefehlt. Wann und ob sich diese Flachsknappheit in nächster Zeit wird beheben lassen können, ist mehr als zweifelhaft. Es wird also immer mehr eine Streckung der Flachsfaser mit Baumwolle, Seide und Kunstseide u. a. vorgenommen werden müssen. — Zunächst darf man jedenfalls noch nicht damit rechnen, daß das bei der Leinsaatgewinnung abfallende Wirrstroh, das bis jetzt in den Erzeugungsländern vernichtet wird, etwa als Flachsersatz nutzbar gemacht werden kann. Bei einer Annahme von 8% Wergertrag wurde aus der Leinsaaternte 1923/24 die mögliche Ernte an Wirrstroh (Strohertrag), bzw. an Werg errechnet (70 h) in t:

	Strohertrag	Werg
U. S. A.	436000	34880
Kanada	178000	14240
Argentinien	1581000	126480
Indien	462000	36960
Rußland	400000	32000
	3057000	244560 t

Wir müssen uns zunächst hüten, diesen Zahlen irgendwelche Bedeutung im Sinne einer Konkurrenz der Flachslangfaser beizulegen.

Welthandel. Der Flachsaustausch der einzelnen Anbau- und Industrieländer ist so verschiedengestaltig, daß ich hier den Leser auf die Beschreibung der Einzelländer verweisen muß. Der Welthandel mit Flachs spielt sich besonders in Europa ab, da sich außerhalb Europas fast keine Leinenindustrie befindet (3):

Erdteil	Einfuhr (in t)				
	1909/13	1923	1924	1925	1926 [1]
Europa	330900	120100	197000	212800	239100
Amerika	15200	7500	3500	5400	7100
Asien	3700	10800	17400	12100	12000
Afrika	—	—	—	—	—
Ozeanien	6500	7300	7800	8200	100
Welthandel	356300	145700	226500	238500	258300

Erdteil	Ausfuhr (in t)				
Europa	325500	120600	205600	214200	229800
Amerika	2000	1000	1400	200	—
Asien	100	100	100	100	100
Afrika	—	1200	1300	700	600
Ozeanien	—	—	—	—	—
Welthandel	327600	122900	208400	215200	230500

Die Einfuhr des Jahres 1923 blieb etwa um die Hälfte derer vor dem Kriege zurück, und auch im Jahre 1926 fehlten noch etwa 100000 t, um die Vorkriegseinfuhr zu erreichen. Ähnlich ist das Verhältnis bei der Ausfuhr. Man sieht auch hier, wie sehr der vor dem Kriege privatwirtschaftlich eingestellte russische Handel fehlt, um die in Ein- und Ausfuhr gegen früher fehlenden 100000 t Flachsfaser zu „realisieren“. Daß dieses Fehlen Rußlands auch in der Versorgung der einzelnen Länder große Verschiebungen hervorgerufen hat, ist selbst-

[1] Neuere Zahlen: Welteinfuhr: 1926: 308800 t, 1927: 314300 t, 1928: 344600 t. Weltausfuhr: 1926: 301200 t, 1927: 305200 t, 1928: 331300 t. Vgl. auch (102r) und (107f).

redend. So bezog Deutschland vor dem Kriege 21% und mehr seines Flachsbedarfes aus Rußland, im Jahre 1926 nur noch 13%, entsprechend mehr wurde nach dem Kriege vom Baltikum bezogen. England bekam von Rußland vor dem Kriege 13,6% seines Bedarfes. Dieser Anteil ist auf 4% im Jahre 1926 zum Teil zugunsten der Randstaaten gefallen (32v). Wenn wir die Einwohnerzahl der Erde 1927 mit 1900 Mill. annehmen, wovon auf Europa 484 Mill. und auf Amerika 226 Mill. kommen, so darf man wohl mit Fug und Recht sagen: die Menschheit ist in bezug auf den Flachsverbrauch — recht bescheiden geworden!

Preise. Als Jahresdurchschnittspreise wurden für Rigaflachs „Z K" per t zu 2240 lbs (= 1016 kg) in Pfund Sterl. errechnet (3): im Durchschnitt der Jahre

1913: 34/19	1920: 380/-	1926: 64/5
1914/1916: 34/5	1922: 93/6	1927: 93/18
1917: 152/-	1923: 82/11	1928: 97/15
1918: 147/-	1924: 118/1	1929: 75/8/11
1919: 177/-	1925: 97/7	

und für Rohflachs in Belgien in Goldfranken für je 10 kg:

1913: 125,0	1924: 89,16	1927: 188,45
1922: 82,85	1925: 123,36	1928: 216,58
1923: 88,58	1926: 126,5	1929: 140,70

In der ersten Woche jeden Jahres notierten in Goldfranken für den dz (3):

	1913	1923	1924	1925	1926	1927	1928	1929
London Riga ZK. . .	94,74	210,89	200,08	291,35	174,45	133,75	228,97	226,41
Belgien Rohflachs . .	129,15	257,10	168,20	378,21	233,57	217,01	317,77	315,86

Leinenweltindustrie. Das Leinenherstellungsgewerbe ist schon manches Jahrtausend alt, denn es geht zurück bis in die Steinzeit (vgl. Schweiz). Schon vor Jahrtausenden wurde Leinen gewerbsmäßig hergestellt. Es bildete sich ein Großhandel mit Leinenwaren heraus, der nach früheren Begriffen (z. B. von Kolchis in Kleinasien aus nach Ägypten oder Indien) als „Überseehandel" gelten konnte, der weit mehr Fährnisse zu überwinden hatte, als der heutige Exporthandel (also Gründung des Überseehandels durch die Phönizier).

Eine gewaltige Umwälzung erlebte das Leinengewerbe durch die Erfindung der Maschinenspinnmaschine durch Philippe de Girard im Jahre 1810. Mechanisierte Spindeln und Webstühle eroberten gar bald die Welt und ihnen ist es auch zuzuschreiben, daß die Baumwolle nach diesen Erfindungen gar bald den erfolgreichen Wettbewerb mit dem Flachs aufnehmen konnte. Ein Verdrängen war nicht möglich, die Leinenindustrie blieb nach 1850 stabilisiert; von 1880 ab kann man eine Verminderung der kleinen Flachsbetriebe bemerken zugunsten von großen Betrieben, so daß die Spindel- und Webstuhlzahl nicht wesentlich verringert wurde. Im Jahre 1900 bestanden in Großbritannien und Irland, Belgien und Frankreich zusammen 1763578 Spindeln gegen 2052200 im Jahre 1920, dagegen waren im Jahre 1900 im übrigen Europa etwa 1501675 Spindeln vorhanden gegen nur 1094772 Stück im Jahre 1920.

Wie das bei Industriestatistiken nicht gut anders möglich ist, können die Angaben nicht absolut genommen werden. Sie bieten aber immerhin einen brauchbaren Anhalt über die Größe der Leinenindustrie in den einzelnen Ländern. In der Länderbeschreibung habe ich mich übrigens bemüht, ein möglichst klares Bild über die Industrie eines jeden Landes zu beschaffen. Ergänzungen sind dem Verfasser willkommen.

Die **Weltleinenspinnerei** war im Besitz der folgenden Anzahl von Spindeln:

Flachspindelzahl.

	1914	1926
Deutschland	313000	247565 (1928); (1929: 100000 laufde. Spindeln)
Irland (Ulster)	966500	941000
Schottland	152550	77785
England u. Wales	50000	50000
Großbritannien	1168000	1120000
Frankreich	557450	555000
Rußland	358000	372000 (Plan 1933: 590000)
Finnland	14715	14700
Lettland	18000	13000
Polen	(56086) (Leinen, Hanf und Jute)	27884
Österreich-Ungarn	297928	—
Deutsch-Österreich	—	11000
Ungarn	17500	8208
Tschechoslowakei	—	289000 1929: 273000
Italien	20000	22500
Spanien	10000	10000
Belgien	321560	400000
Holland	8000	8000
Schweden	17770	20000
Japan	24000	60000
Ver. Staaten (Flachs, Hanf und Jute)	67410	120000
Kanada	—	3300 (1921)
Brasilien	—	3112
Weltspindeln:	3269419 Spindeln v. dem Kriege	3342697 Spindeln n. d. Kriege (1926)

Diese Liste macht auf Vollständigkeit keinen Anspruch, da die kleineren Spinnereien der für die Flachsindustrie weniger bedeutenden Länder nicht berücksichtigt werden konnten (1925/26 wurden für Deutschland 285008 Spindeln angenommen).

Nach Lorenz (30b und 94d) verarbeiteten vor dem Kriege von 2905000 Spindeln der Welt — im ganzen 2205000 Spindeln — nur russischen Flachs = 76%. Zu ihrer Bedienung würden noch 163625 t Ostflachs fehlen. Auf russischen Flachs sind eingestellt gewesen: Deutschland: 260000 Spindeln, in Großbritannien: 620000 Spindeln, Frankreich: 340000 Spindeln, Belgien: 315000 Spindeln, Österreich: 290000 Spindeln, Rußland: 350000 Spindeln, zusammen 2175000 Spindeln. — Im Jahre 1929 rechnet man nur noch mit 2 Mill. tätigen Weltflachsspindeln.

Über die Numerierung der Flachsgarne siehe: (94e).

Auch in der folgenden Liste (Tabelle S. 319) konnten die mit wenigen kleinen Betrieben ausgestatteten Länder nicht berücksichtigt werden.

Man sieht, daß eine wesentliche Änderung in der Anzahl der Webstühle eingetreten ist. Auch fluktuiert die Zahl der beschäftigten Spindeln und Webstühle natürlich je nach dem Beschäftigungsgrad dauernd.

Die Leinenindustrie ist z. T. aus Mangel an Rohstoff, um konkurrieren zu können, dazu übergegangen, mit Flachs zusammen — außer Baumwolle — Kunstseide und in neuerer Zeit auch feine Hanfgarne zu verspinnen und zu verweben.

Anzahl der Webstühle in der Welt.

	1914	1926
Deutschland	50000	45900(1920)(1929verringert!)
Alt-Österreich	15183	—
Deutschösterreich	—	1800
Tschechoslowakei	—	11000
Ungarn	1900	813
Rußland	15049	5300 (1922), 13600 (1930), Plan 1933: 18400
Polen	(2360)	1169 (1922)
Finnland	360	360
Lettland	1200	900
Irland	36942	37600
Schottland	11640	5279
England	4400	2000
Frankreich	22000	22000
Belgien	7099	7100 (+ 6847 für Gemischtwaren)
Spanien	1200	1200
Ver. Staaten	39	250
Kanada	—	171 (1921)
Zusammen:	109372	142842

Weltorganisation. Vor dem Kriege bestand der „Internat. Verband der Flachs- und Werggarnspinnereien", der aber (schon vor dem Kriege) eingegangen ist. In neuerer Zeit haben Gruschwitz und Janson wieder eine „Internat. Vereinigung der Leinenindustrie" vorgeschlagen, mit dem Zweck, in London eine Leinenbörse zur Regulierung der Flachspreise zu erreichen (25s). Obgleich es auch für die Leinenindustrie nützlich sein könnte, einen ähnlichen Verband wie die „Internat. Federation of Master Cotton Spinners and Manufacturer's Associations", Manchester, zu haben, konnte man sich zu solch einer Gründung in der Flachsindustrie noch nicht aufschwingen, wenn auch die Zeiten dazu angetan wären. Es scheint, daß die Leinenindustrie noch nicht den Mann gefunden hat, der es versteht, mit einem internationalen Flachsverband die Weltflachsindustrie zu verbinden. Was in der Baumwollindustrie möglich ist, sollte in der Flachsindustrie erst recht möglich sein, denn Flachs hält besser als Baumwolle! Es erscheint der enge Zusammenhalt der Weltflachsverarbeiter um so wichtiger zu sein, als es die bestehende russische „Flachswirtschaft" fertiggebracht hat, die gesamte Leinenindustrie der Welt so zu stören, wie noch nie eine Industrie in der Welt beeinträchtigt worden ist. Die Leinenweltindustrie wird sich umzustellen verstehen. Ob aber nach vollzogener Umstellung nicht ausgerechnet Rußlands Außenwirtschaft bis ins Mark getroffen werden wird — das überlasse ich dem Urteil der Weltwirtschaftsgeschichte!

Deutschland.

Deutschlands Flachsbau ist älter als die Geschichte Germaniens. Ohne Zweifel ist er in grauer Vorzeit vom Osten her zu uns gebracht worden. Die ersten Urkunden über die deutsche Flachskultur finden wir bei Plinius dem Älteren in seiner „Historia naturalis". Auch Paul Warnefried (Paulus Diakonus) und Sidonius Apollinaris wissen schon über den Flachsbau in Deutschland zu berichten. Die Flachsverarbeitung kann als die älteste deutsche Industrie bezeichnet werden, als die Industrie, aus der sich alle anderen Industrien allmählich herausgebildet haben. Dabei ist bemerkenswert, daß diese erste „Hausindustrie" so recht als die Industrie der Frauen und Mädchen bezeichnet werden muß, welche die Frauen der höchsten Stände, wie die Töchter Karls des Großen, ja selbst die Gemahlin des Kaisers Heinrich II. und andere regierende Fürstinnen, wie die Frauen und Mädchen der Bauern und Arbeiter ausübten.

Besonderen Wert auf die Förderung des Flachsbaues legten die Klöster und Adeligen, weil ihnen (durch Massenanbau oder Abgaben der von ihnen Abhängigen) der Flachs reiche Einnahmen verschaffte. Aus den Chroniken der Klöster erfahren wir, daß im Mittelalter der Flachsbau gepflegt worden ist in Schlesien und in der Lausitz, dem auch heute noch bestehenden Eldorado des deutschen Flachsbaues an der Oder, in Pommern, in Sachsen, in Bayern und Alemannien, in Thüringen und Friesland, in Brandenburg, Hannover, Westfalen, vom Niederrhein bis zur Eifel, Mosel und dem Hunsrück. Auch der Großhandel dürfte seine wesentliche Förderung dem Flachs und seinen Produkten zu verdanken haben, denn es wird berichtet, daß die Fugger in Augsburg zum Ausgangspunkte ihres Reichtums den Flachs- bzw. Leinwandhandel genommen haben. Ich will es bei diesen kurzen Proben aus der reichen Geschichte des deutschen Flachsbaues bewenden lassen, verweise im übrigen Sonderinteressenten auf die auch hier benützte Broschüre von A. Brosch: „Der Flachs in der Fachliteratur" (81), sowie auf das alte Flachsbuch von J. W. (Johann Wiegand), Wien 1767 (82). In diesem zuletzt genannten Buche finden sich auch genaue Anweisungen zum Flachsbau in Deutschland, Österreich und der Schweiz, wie er vor 150 Jahren geübt worden ist. Der moderne Flachsbau ist (außer in diesem Sammelwerk) vom praktischen Standpunkte aus u. a. von Kuhnert (83) beschrieben worden. Eine treffliche Übersicht über wissenschaftliche Flachsarbeiten geben Tobler und Mitarbeiter (84).

Anbau. Über den Flachsbau Gesamtdeutschlands sind wir erst seit der Reichsgründung genau unterrichtet. Zuvor sind über die größeren Flachsbauländer genauere Angaben bekannt, die ich bei der Beschreibung der Flachskultur in einzelnen Ländern und Provinzen erwähnen werde. Es liegt eine Angabe vom Jahre 1850 vor, wonach damals 250000 ha im heutigen Reiche mit Flachs bestellt worden sind. Die Anbaufläche war aber früher noch viel größer; da ja zur Herstellung der Kleidung bzw. Unterkleidung und Wäsche die Baumwolle fehlte. Im Unterschied zu anderen Ländern ging aber der deutsche Flachsbau seit den 1860er Jahren immer weiter zurück, so 1869 auf 159136 ha. Während des Deutsch-Französischen Krieges trat eine Steigerung ein, und 1872 zählte man im neugegründeten Reiche wieder 214835 ha Flachsland. Die weiteren Angaben bis zum Kriegsausbruch stützen sich auf die sporadisch angestellten amtlichen Landaufnahmen (87), nämlich 1878: 133890 ha, 1883: 108297 ha, 1893: 60956 ha, 1900: 33663 ha und 1911: 9000 ha.

In den folgenden Jahren begann wieder ein Aufstieg der deutschen Flachskultur. In den Jahren 1912 und 1913 zählte man je 12000 ha. Im Durchschnitt der Jahre 1909/13 wurden 15854 ha mit Flachs bestellt. Der Tiefstand war wohl im Jahre 1914 mit nur 7000 ha erreicht worden, auch ein Zeichen unserer „Kriegsvorbereitungen". Es ist interessant, wie gerade durch die doch kriegswichtige Textilindustrie Deutschlands die üblen Andichtungen unserer früheren Gegner aufs deutlichste widerlegt werden können, wie z. B. durch den geringeren Bezug von Baumwolle im Jahre 1913 (und 1914) gegenüber 1912, was leider viel zu wenig beachtet wird, worüber ich schon bei anderer Gelegenheit (85) berichtet habe.

Während der Kriegsjahre und unmittelbar nach dem Kriege trat für den Flachsbau Hochkonjunktur ein, da uns die Zufuhr anderer Faserstoffe so gut wie abgeschnitten worden war. Man schätzte die mit Flachs bestellten Flächen auf (87):

1915: 12000 ha	1920: 51000 ha	1925: 33661 ha
1916: 22000 „	1921: 43000 „	1926: 22207 „
1917: 26000 „	1922: 46362 „	1927: 15492 „
1918: 40000 „	1923: 45069 „	1928: 14479 „
1919: 41600 „	1924: 41354 „	1929: 13188 „

Die Anbaugrößen der Jahre 1919—1922 wurden in der Literatur z. T. viel höher angegeben, als sie den tatsächlichen Verhältnissen entsprechen. So begegnet man z. T. auch in der sonst ernsten Literatur Angaben über Anbauflächen von: 1917: 35000 ha, 1918: 50000 ha, 1919: 60000 ha, 1920: 60—85000 ha. Daß durch solche wohl mehr der Propaganda dienenden Zahlen bei Praktikern wie Wissenschaftlern das Vertrauen zur ernsten Statistik verloren geht, ist begreiflich. Man darf aber das Kind nicht mit dem Bade ausschütten, da die ernste Statistik die gewonnenen Zahlen nicht als absolute Werte, sondern als Vergleichswerte ansieht. Auch die Naturwissenschaft findet sich bekanntlich mit den durch verschiedene Verfahren ermittelten verschiedenen analytischen Ergebnissen ab, und weiß sie zu werten, ohne sie grundsätzlich abzulehnen.

Flachsbaugebiete. Ich halte es für richtig, wenigstens in großen Zügen die Verhältnisse der einzelnen deutschen Flachsbaugebiete zu schildern. Der deutsche Flachsbau wird für unsere Heimat immer seine Bedeutung haben, da die deutschen Flächse besondere Eigenschaften aufweisen und in neuerer Zeit durch das Forschungsinstitut für Bastfasern in Sorau, sowie durch die Arbeiten von Prof. Dr. Tobler und Mitarbeiter, sowie von Prof. Dr. Bredemann so verbessert worden sind, daß es geradezu einen Verlust des deutschen Volksvermögens bedeuten würde, wenn wir den Flachsbau vernachlässigen würden. Hier haben wir ähnlich wie durch Förderung des Tabakbaues noch ein Mittel an der Hand, die deutsche Landwirtschaft, wenn auch in kleineren Gebieten zu stützen. Vgl. auch die Arbeiten von Opitz u. Hoffmann (109).

Die genauen Zahlen der Bezirke aller deutscher Bundesstaaten anzuführen, verbietet hier der Raum. H. Schürhoff hat die Mühe nicht gescheut, das gewaltige amtlich erfaßte statistische Material der einzelnen Bezirke der Bundesstaaten Preußen, Sachsen, Bayern, Württemberg, Baden und Hessen von den Jahren 1878—1919 zusammenzutragen und in den „Mitteilungen des Forschungsinstitutes Sorau“ (41g) zu veröffentlichen. Sonderinteressenten seien darauf verwiesen.

Ich muß mich darauf beschränken, die neuesten amtlichen Zahlen (1t und 50v) folgen zu lassen (s. Tabelle S. 316).

Nach den alten wie den neuen Ermittlungen ist Schlesien einschl. Oberschlesien stets die Wiege des deutschen Flachsbaues gewesen. In dieser Provinz hat auch die alte Flachsackerbauschule in Popelau (Kreis Rybeck) viel geleistet. Die Bezirke Breslau, Liegnitz und Oppeln standen neben den ostpreußischen Bezirken und Kassel immer an der Spitze des deutschen Flachsbaues. Eine genaue Beschreibung des schlesischen Flachsbaues gibt R. Scheel (88a) für die Jahre 1914—1925, wobei sogar die Anbauflächen der einzelnen Kreise (für 1925) angeführt werden. An ersten Stellen stehen die Kreise Öls, Trebnitz, Kreuzburg, Glogau und Rosenberg, die sämtlich über 500 ha Flachs angebaut hatten. Scheel bietet auch prächtige Bilder vom schlesischen Flachsbau.

Die Geschichte des Flachsbaues von Südhannover beschreibt F. W. Kempe (30x), worauf hier verwiesen sei. Über den Flachsbau in Bayern hat namentlich Weidner (2g) gearbeitet. Bayern bestellte mit Flachs: 1853: 23314 ha, 1863: 38353 ha, 1878: 19384 ha, 1883/88: 14076 ha, 1925: 11810 ha, 1900: 8294 ha.

1913: 2081 ha, 1916: 2225 ha, 1917: 2799 ha, 1918: 3758 ha, 1919: 4796 ha, Die neueren Daten habe ich schon in der allgemeinen Darstellung erwähnt.

Gebiete	Anbauflächen (ha)					
	1924	1925	1926	1927	1928	1929
Ostpreußen	3164	3006	1823	1422	1297	1113
Brandenbg. u. Berlin	2502	2373	1598	974	843	776
Pommern	1799	1794	1504	1797	1081	979
Grenzmark	437	414	299	201	207	179
Schlesien u. Oberschl.	9700	10014	6555	4807	5516	5367
Sachsen.	1177	1050	362	221	171	157
Schleswig-Holstein .	447	229	24	4	2	24
Hannover	2017	1670	1211	881	690	604
Westfalen	755	507	328	193	158	132
Hessen-Nassau. . .	766	638	499	371	257	282
Rheinprovinz . . .	401	341	246	191	161	145
Hohenzollern . . .	38	44	22	6	21	5
Preußen	23203	22080	14471	10468	10404	9763
Bayern	7496	6420	4633	3255	2569	2142
Sachsen.	1930	1493	789	489	525	459
Württemberg . . .	1911	1619	1031	592	451	449
Baden	671	494	340	180	139	130
Thüringen.	1181	669	381	279	209	159
Hessen	259	175	127	22	19	14
Meckl.-Schwerin . .	342	181	85	49	50	36
Oldenburg.	205	114	81	6	7	7
Braunschweig . . .	70	61	33	12	16	16
Anhalt	68	45	14	1	—	—
Lippe.	177	120	74	9	5	5
Lübeck	12	2	1	—	—	—
Meckl.-Strelitz. . .	45	11	4	2	2	—
Waldeck	114	109	91	85	65	s. Hannover
Schaumburg-Lippe .	86	67	51	43	18	8
Bremen	1	1	1	—	—	—
	37771	33661	22207	15492	14479	13188

Sachsen ist ebenfalls ein ganz altes Anbaugebiet, das in der alten Literatur noch öfter erwähnt wird, als die schlesischen Bezirke. In Sachsen waren im Jahre 1800: 19369 ha mit Flachs bestellt, 1820: 11621 ha, 1865: 6135 ha, 1878: 4908 ha, 1883/84: 3345 ha, 1895: 1290 ha, 1900: 561 ha und 1913/14 nur noch 471 ha, 1916: 445 ha, 1918: 1119 ha und 1919: 4156 ha. Die neueren sächsischen Anbauflächen siehe oben.

Ganz klar geht aus den bayrischen und sächsischen Angaben hervor, daß der Anbau von Flachs nach dem Krimkriege ebenso stark fiel, wie er in Rußland sich hob. Der deutsche Flachsbau wurde vom russischen Flachsbau abgelöst. Die deutsche Leinenindustrie blieb dabei nicht etwa in ihrer Entwicklung stehen, sie vermehrte sich vielmehr kräftig. Sie wurde in der Hauptsache von ausländischem Flachs gespeist. Der deutsche Flachs war für die deutsche Industrie in den letzten Jahrzehnten vor dem Kriege überhaupt nicht ein wesentlich in Betracht kommendes Rohmaterial gewesen. Der deutsche Flachs wurde vielfach in der Heimindustrie verarbeitet, und dem Eingehen der Heimindustrie verdanken wir auch z. T. das Eingehen des deutschen Flachsbaues. Die deutsche Flachsaufbereitungsindustrie fehlte, ebenso jede Anbau- und Verarbeitungsorganisation (89).

Württemberg. Auch das stark parzellierte Schwabenland hatte von jeher eine Vorliebe für den Flachsbau gezeigt. So wurden 1874: 13410 ha, 1878: 5069 ha, 1900: 1177 ha, 1913: 471 ha, 1918: 840 ha und 1919: 1079 ha mit Flachs bestellt (neuere Daten siehe oben).

Baden. stellte 1865 noch die Ernte von 9450 ha, 1870 von 8980 ha, 1875: von 6500 ha, 1878: 6500 ha, 1900: 2358 ha, 1917: 125 ha zur Verfügung (neuere Angaben siehe oben).

Hessen trug auch früher in geringen Mengen zur Beschaffung dieser für das deutsche Volk lebenswichtigen Rohfaser bei (1919: 462 ha, weitere Angaben siehe oben).

Über die Verteilung des deutschen Flachsanbaues auf die verschiedenen Größen des Grundbesitzes in früheren Jahren (bis 1919) hat Schürhoff ausführlich berichtet (41 g). Ich will mich darauf beschränken, die absoluten Größenklassen der Flachs-Hanfflächen des Deutschen Reiches im Jahre 1925 (90a) anzuführen. Es bauten an: Besitzer von 5—50 ar: 300 ha, von 50 ar bis 2 ha: 564 ha, von 2—5 ha: 1385 ha, von 5—10 ha: 2940 ha, von 10—20 ha: 4151, von 20—50 ha: 3495 ha, von 50—100 ha: 1155 ha, von 100—200 ha: 2667 ha, von 200 und mehr ha: 11558 ha, zusammen im Deutschen Reiche im Jahre 1925: 28215 ha. Der Großgrundbesitz (über 200 ha) stellte also allein 41% der Flachsfläche, es folgte sodann die Größenklasse von 10—20 ha mit 14,7%, darauf die Größenklasse von 20—50 ha mit 12,4% und dann die Klasse 100—200 ha mit 9,4%. Die Größen 2—5 ha und 50—100 ha bebauten ungefähr gleichviel, nämlich 4,9 bzw. 4,1%. Zuletzt kommen die kleinen Betriebe mit 0,5—2 ha mit 2% und die mit 5—50 ar mit 1,1% Flachsland.

Es ist durchaus nicht so, wie sonst angenommen wird, daß der Flachsbau in der Hauptsache von der Kleinwirtschaft angebaut wird. Den Löwenanteil am deutschen Flachsbau hat der größte Besitz. Die deutsche Flachsfläche nimmt nur etwa 0,2% der Ackerfläche Deutschlands ein.

Der Flächenertrag ist in Deutschland je nach der Gegend, dem Jahrgang, nach der Art des Anbaues (Groß- oder Kleinbetrieb), nach der Sorte (Faser- oder Samenflachs) sehr verschieden. Im Durchschnitt darf man in Deutschland mit 3500—3600 kg Flachsstroh, d. h. bei der Annahme von etwa 20% Faser etwa mit 700—712 kg = 7,12 dz Rohflachs rechnen. In manchen Gegenden wurden auch 910 dz Rohfaser v. ha geerntet. Deutschland dürfte in bezug auf den ha-Ertrag etwa an der 4.—5. Stelle der europäischen Länder stehen. Wahrscheinlich ist aber bei Benützung der neu gezüchteten Flächse der Flächenertrag höher einzuschätzen. Nach Kuhnert (83) werden in Schleswig-Holstein 2700 kg, in Schlesien 2800 kg, in Westfalen 2400 kg, in Bayern 1700—2300 kg, in Hessen 800—1200 kg Strohflachs vom ha gewonnen. Im Jahre 1929 rechnet man mit 60—65 dz Strohflachsernte vom ha.

Ernte. Unmittelbar vor dem Kriege spielten die Flachserträge im deutschen Flachsverbrauch eine durchaus untergeordnete Rolle. Nur etwa 5% des Bedarfs von 80000 dz Rohfaser wurde selbst erzeugt und 95% mußte vom Ausland bezogen werden. Ganz anders war das Verhältnis nach der Reichsgründung, wo man in Deutschland noch 1,72 Mill. dz deutschen Rohflachs unserer heimischen Leinenindustrie zur Verfügung stellen konnte, womit man (außer der vollgedeckten Versorgung der damals noch in Blüte stehenden Heimindustrie) noch 60% des Bedarfs der bestehenden Industrie decken konnte (50 w). Vor dem 70er Kriege, insbesondere in den 50er Jahren des vorigen Jahrhunderts war das Verhältnis so, daß wir den Gesamtbedarf unserer Leinenindustrie durch Eigenerzeugung decken konnten. Entsprechend der Verringerung der Anbaufläche in der Folgezeit nahmen auch die Erträge ab. Es wurden noch geerntet 1878: 80334 t Schwingflachs und 27778 t Werg, 1893: 36575 t Schwingflachs und 12190 t Werg (Wert 43,1 Mill. M.), 1905: 20200 t Schwingflachs und 6730 t Werg (Wert 12 Mill. M.). Die Kriegsernten erbrachten 1914: 10200 t Flachsfaser, 1916: 14000 t, 1917: 23000 t und 1918: 28000 t, 1919 etwa 20000 t.

Über die Anlieferung z. Z. der sog. „gebundenen Wirtschaft" geben die Zusammenziehungen der Zahlen vom September 1916 bis 30. Juni 1919 Auskunft. Die gebundene Wirtschaft erfaßte in der genannten Zeit in Deutschland: 17127131 kg Knickflachs, ferner 11830382 kg Schwingflachs und 16113655 kg Werg, zusammen 45131168 kg Flachsfaser.

Die folgenden Jahre erbrachten: 1920 etwa 30000 t, 1923: 29000 t, 1924: 25000 t Flachsfaser. Im Jahre 1927 wurden nur noch 11200 t (= 30% des Bedarfs der deutschen Leinenspinnereien), nach anderer Angabe nur 10800 t geerntet. Als im gesamten Reiche noch Flachsanbauhochkonjunktur vorhanden war, stand Schlesien mit einer Produktion immer noch an der Spitze mit 100000 dz Fasererzeugung, was damals immerhin 30% der deutschen Ernte ausmachte. (Oberschlesien war an dem schlesischen Ertrag mit 33% beteiligt, so daß Oberschlesien allein mit 10% an der deutschen Produktion beteiligt war.) Damals war das Hultschiner Ländchen noch nicht in fremden Händen. Inzwischen macht die Ernte Schlesiens im deutschen Flachsbau weit über 50% aus und ist für die deutsche Flachsernte ausschlaggebend. Die Ernte des Jahres 1927 wird mit 108000 dz und 1928 mit 130000 dz angegeben. Im Jahre 1929 rechnet man mit einem Ertrag von 150000 dz Faser.

Organisationen. Die Notwendigkeit, den deutschen Flachsbau zu fördern, hat insbesondere der Krieg gezeigt, dann aber auch die unsichere Lage des russischen Flachsbaues und damit die schwierigere Versorgung der deutschen Leinenindustrie mit Rohstoff. An der intensiven Arbeit der Hebung des deutschen Flachsbaues in quantitativer und qualitativer Hinsicht haben außer den Organisationen der Leinenindustrie (Verband der Deutschen Leinenindustriellen, der Spinner und der Weberverbände) vor allem der Verband Deutscher Bastfaser-Röst- und Aufbereitungsanstalten in Sorau (vgl. 91), das Forschungsinstitut für Bastfasern in Sorau (eingeweiht am 10. 8. 1920), die Flachsausstellungen in Sorau (1. Ausstellung am 9. 11. 1920) und in Breslau, die deutsche Flachsbaugesellschaft und auch der vornehmlich in Breslau ansässige Handel, sich verdient gemacht. Namentlich die Röstervereinigung unter ihrem tüchtigen Vorsitzenden Generaldirektor Urban ist heute noch daran, den Flachsbau mit allen guten Mitteln zu heben. Die Gründung der „J. G. deutscher Flachs" (im Dezember 1927), eine Idee des Rösterverbandes, will die Interessen der Röster mit denen der Landwirte zur gemeinsamen Arbeit zusammenschließen. Bis September 1929 war eine bindende Vereinbarung zwischen Flachspflanzern und Industrie leider noch nicht zur Wirklichkeit geworden, obwohl dies dringend nötig wäre. Es darf nicht vergessen werden, daß zu Zeiten der Not auch die deutsche Regierung durch Schaffung von Prämien die Unterstützung des Flachsbaues sich hat angelegen sein lassen.

Über die gebundene Flachswirtschaft in Deutschland während der Kriegs- und Nachkriegszeit wäre manches zu sagen. Ich glaube jedoch, daß es genügt, im Rahmen dieser Arbeit auf die 2. Zusammenstellung von Bekanntmachungen auf dem Textilgebiet (Stand vom 1. April 1920), ausgegeben von der Reichsstelle für Textilwirtschaft, und den im „Reichsanzeiger" erschienenen Nachträgen aufmerksam zu machen. Über „Die Kontingentierungsarten in der Textilindustrie während der Kriegszwangswirtschaft" (105) hat Dr. P. Alff eine verdienstvolle Zusammenstellung gemacht, die kriegsgeschichtlichen Dauerwert haben wird. Die gebundene Flachswirtschaft (Zwangswirtschaft) wurde in Deutschland am 1. August 1921 nach schwierigen Kämpfen zur Genugtuung von Landwirtschaft, Handel und Industrie aufgehoben. Während der Zeit der gebundenen Wirtschaft und späterhin noch, haben außer der deutschen Flachsbaugesellschaft bzw. Kriegsflachsbaugesellschaft, durch die „Leinengarn- und

Abrechnungsstelle A.G.“ und die „Bastfaserkontor G. m. b. H.“ sich für das Allgemeinwohl der Flachsindustrie eingesetzt. Auch der hervorragenden Arbeit der Fachpresse sei an dieser Stelle gedacht.

Röste. Vor dem Kriege hat man in Deutschland fast nur mittels der Rasen- und Kaltwasserrotte geröstet. Es bestand 1914 nur 1 Großröstanstalt. Im Kriege trat eine industrielle Röstanstalt nach der anderen auf und nach dem Kriege war die industrielle Röste dank der Tätigkeit des Flachsrösterverbandes überaus rege tätig. Es gab 1915: 2, 1916: 40, 1917: 70, 1918: 80, 1919: 90 und 1920 etwa 113 Flachsröste- und Aufbereitungsanstalten, deren Zahl sich bis 1923 auf etwa 150 erhöht hatte und die 1,7 Mill. dz Strohflachs ausarbeiten konnten. Der Rückgang der Flachsanbaufläche hatte eine gewaltige Verminderung der Flachsröstanstalten (1927 noch knapp 50 Röstanstalten) zur Folge und heute (1929) ist die Zahl der industriellen Flachsröstanstalten auf nur wenige zusammengeschrumpft. Noch im Jahre 1919 konnten 730000 dz Flachsstroh durch die Röstereien und 936000 dz durch die Schwingereien Deutschlands bewältigt werden. Über die Gründe des Niederganges der Röstindustrie vgl. die Arbeit von R. Schlesier (70f).

Die Ausarbeitungsmöglichkeit verteilte sich nach Kubens (50x) im Jahre 1919/20 wie folgt (s. Tabelle):

	Ernte Strohflachs dz	Ausarbeitungsmöglichkeit dz
Schlesien	350400	297450
Brandenburg und Posen	59300	37660
Ost- und Westpreußen	46100	65200
Schleswig-Holstein	44700	16200
Sachsen (Provinz)	34400	36900
Westfalen	26000	11300
Hannover	16000	34160
Rheinland	13000	25800
Pommern	10500	14400
Hessen-Nassau und Rheinhessen	12400	32700
Mecklenburg, Oldenburg, Braunschweig, Lippe, Bremen, Hamburg, Lübeck	21000	—
Sachsen u. Thüringen	155500	138300
Bayern, Baden, Württemberg	153700	102300
	943880	812425

Im Durchschnitt wird man vom Strohflachs durch das Rotten 21%, durch das Knicken, Brechen und Entstauben weitere 59% verlieren, so daß man 20% Rohfaser erhält, die bei deutschen Landfläschsen zu 50% Langflächse und 50% Werg ergeben dürften. Bei der Herstellung von Garn aus den Flächsen entstehen wieder 40% Verluste, d. h. man rechnet beim Verspinnen mit einer Garnausbeute von 60%. Noch heute muß man mit Bewunderung der Arbeit gedenken, die in der Zeit der Flachsnot von unserer Bauernschaft, besonders aber auch von den Röstanstalten geleistet worden ist. Nur durch die Schaffung der Röstindustrie in kürzester Zeit war es möglich, so viel Flachs anzubauen und zu verarbeiten und es muß den damaligen Leitern des Röstverbandes (gegründet 7. 3. 1917) und der deutschen Flachsgesellschaft heute noch Dank gesagt werden für die angestrengte und wichtige Arbeit, die sie in schwierigster Zeit geleistet haben. Auch die deutsche Regierung hat dies anerkannt, denn sie und die Industriekreise brachten damals etwa einen Fond von 25 Mill. M. zur Stützung der Röstindustrie und der Pflanzer auf.

Die inzwischen stark verringerte Röstindustrie hat sich aber aller Schwierigkeiten zum Trotz infolge ihrer zielbewußten Leitung von Generaldirektor Urban weiter technisch verbessert, so daß sie nach Georg Müller (50w) die Ausarbeitungskosten für Flachs von 1924—1927 allein auf die Hälfte herabdrücken konnte.

Besondere Anerkennung verdient die deutsche Röstindustrie in Oberschlesien, wo sich nach Langer (50y) 8 Aufereitungsanlagen von z. T. größten Ausmaßen befanden, die allein 280000 dz Strohflachs aufzuarbeiten in der Lage waren. Es ist bezeichnend, daß die bedeutendeste Anlage in Kuchelma, wo über 30% des deutschen Flachses verarbeitet wurden, dem Deutschen Reiche weggenommen worden ist. Kuchelma wird nur zu 15% aus dem Hultschiner Ländchen und zu 85% aus dem oberschlesischen Gebiet mit Strohflachs versorgt. Um den Betrieb überhaupt aufrecht zu erhalten, mußte Deutschland sich dazu „bequemen", einen Vertrag mit der Regierung der Tschechoslowakei zu schließen. In dem ehemals deutschen Kuchelma befindet sich auch die größte Flachsschwingerei Europas mit 200 Schwingständen. Schon aus diesen wenigen Angaben erhellt, welche Beweggründe dazu geführt haben, das jetzt schwerleidende rein deutsche Hultschiner Ländchen von Deutschland abzuknicken. Über einzelne Röstanstalten in Schlesien vgl. die Arbeit von R. Scheel (88).

Die Deutsche Leinenbörse (106) wurde am 16. 6. 1920 gegründet zur Erleichterung und Regelung des Flachshandels durch Schaffung und Festlegung von Handelsbedingungen und -gebräuchen, durch Schlichten von Handelsstreitigkeiten (Schiedsgericht), durch Abhaltung von Flachsmärkten und Flachsschauen, durch Sammlung und Übermittlung von Nachrichten auf dem Gebiete der Flachswirtschaft. Es besteht oder bestand 1. ein Schiedsgericht und Schätzungsausschuß, 2. ein Markierungsausschuß und 3. ein Ausschuß für Statistik[1].

Nachdem schon E. Pfuhl (10) es versucht hatte, deutsche (ostpreußische) Flächse zu sortieren, ging die Deutsche Leinenbörse daran, für Strohflachs, Flachsfaser und Werg Standardflachsklassen zu schaffen, und auf Schauen und Märkten Wertzahlen festzulegen.

Deutscher Flachshandel. Mit dem Rückgange des deutschen Flachsbaues, mit der stärkeren Baumwolleinfuhr und der Entwicklung des Flachsbaues im früheren Nachbarland Rußland, sowie mit der Vergrößerung und Verfeinerung der deutschen Flachsgarnspinnerei und Leinenweberei wuchs natürlich auch die Einfuhr fremder Flächse nach Deutschland. In früheren Jahrhunderten konnte Deutschland nach Deckung seines Eigenbedarfs sogar Flachs ausführen. So gingen nach Brosch (81) im Jahre 1777 vom deutschen Memel 1380000 Pfund Flachs außer Landes. Schlesien führte 1769 für 9000 Taler Flachs ein und für über 39000 Taler Flachs- und Hanffaser aus. Von Preußen wird für das Jahr 1795/96 eine Flachseinfuhr im Werte von 2614709 M. und eine Ausfuhr von 3212013 M. gemeldet (81). Kurz nach dem 70er Kriege (1872) nahm Deutschland nur 39687 t Flachs auf, später 1891 schon 57900 t, im Jahre 1908: 54200 t. Von Rußland allein bezogen wir 1909: 53100 t und 1911: 55200 t. Im Jahre 1913 erhielten wir im Gesamteigenhandel (92) nach dem amtlichen deutschen Nachweis 71640 t Flachs im Werte von 58,8 Mill. M., und zwar aus Belgien 354 t, aus Frankreich 84 t, aus Holland 921 t, aus Österreich-Ungarn 4413 t, aus Rußland 65753 t (etwa 25% der gesamten russischen Flachsausfuhr). An Werg führten wir 1913: 38468 t im Werte von 24,5 Mill. M. ein. Die deutsche Spezialhandelsstatistik weist die folgenden Flachseinfuhrzahlen vom Jahre 1913 nach: Flachs (roh, gerottet): 3710 t (Wert: 2,9 Mill. M.), Flachs gebrochen und geschwungen 67124 t (Wert: 57,3 Mill. M.), Flachswerg-Hede: 22388 t (im Werte von 15,5 Mill. M.) und Flachs gehechelt 1014 t. Zum Vergleich folge hierauf die Flachsausfuhr im Jahre 1913: a) Gesamteigenhandel 1913: 36197 t = 19,1 Mill. M. und b) im Spezialhandel Flachs geröstet: 15056 t = 1,87 Mill. M., Flachs, gebrochen und geschwungen: 20829 t (Wert: 16,9 Mill. M.), Flachswerg

[1] In der Zeitschrift „Der Deutsche Leinenindustrielle" veröffentlicht die Deutsche Leinenbörse ihre Preisnotizen.

(Hede): 7322 t = 5,1 Mill. M., Flachs gehechelt: 300 t im Werte von 0,28 Mill. M. Ich hielt es für wichtig, die Zahlen vom Jahre 1913 ausführlicher anzugeben, da gerade auf diese häufig in der Praxis und Wissenschaft zurückgegriffen werden muß. Im Jahre 1914 führten wir noch 55184 t Flachs ein. Die Einfuhr während des Krieges war natürlich unbedeutend. Im Jahre 1918 bekamen wir wieder 22618 t, im Jahre 1919 dagegen nur 4342 t Flachs.

In den Nachkriegsjahren weist das internationale Landw. Institut in Rom (3) folgenden deutschen Außenhandel mit Flachs in dz nach:

a) Einfuhr:

	1909/13	1922	1923	1924	1925	1926	1927	1928
Flachsfaser .	629928	131065	85722	115548	116961	94128	222997	111761
Werg . . .	194170	41916	28464	41958	51192	28671	77900	45932
Leinsaat . .	3,8 Mill.	—	—	—	2,5 Mill.	3,2 Mill.	4 Mill.	4,4 Mill.

b) Ausfuhr:

	1909/13	1922	1923	1924	1925	1926	1927	1928
Flachsfaser .	271205	1348	6293	12983	5670	10615	8750	9312
Werg . . .	58951	741	812	8319	12525	11860	5043	9958

Es würde zu weit führen, wollte ich hier noch den Nachweis der Ein- und Ausfuhr von Rohflachs, Reinflachs, Flachsgarnen und Leinengeweben in den Jahren nach dem Kriege anführen. Diese Zahlen sind jedem Fachmann außer in der deutschen Statistik in den Fachzeitschriften, z. B. im „Deutschen Leinenindustriellen" und im „Spinner und Weber" zugänglich. Am ausführlichsten berichtet darüber jedes Jahr (bzw. jeden Monat) der „Deutsche Leinenindustrielle". Die Jahreszusammenstellungen finden sich in folgenden Nummern des „Deutschen Leinenindustriellen" für 1924: Nr. 9 vom 26. 2. 1925 und in Nr. 13 vom 26. 3. 1925, für 1925 in der Nr. 9 vom 4. 3. 1926, für 1926 in der Nr. 5 vom 3. 2. 1927, für 1927 in der Nr. 4 vom 26. 1. 1928 und Nr. 6 vom 9. 2. 1928 und für 1928 in den Nr. 4 vom 31. 1. 1929, Nr. 7 vom 14. 2. 1929 und für 1929: Nr. 5 vom 30. 1. 1930.

Um einen kurzen Überblick der deutschen Statistik zu geben, sei hier die Zusammenfassung für die Jahre 1925—1928 (und im Vergleich dazu für das Jahr 1913) wiedergegeben (50z und 102b und u):

Deutscher Außenhandel mit Flachs- und Leinenwaren.

a) Mengen in Doppelzentnern.

Einfuhr.

	1929	1928	1927	1926	1925	1913
Strohflachs	22127	35403	35037	12788	12124	
Flachs und Flachswerg .	120158	163556	306237	125296	172913	943923
Flachs und Werggarn . .	84689	89790	142666	55543	90172	163094
Fertigwaren	3321	2422	2696	1288	2008	7021

Ausfuhr.

	1929	1928	1927	1926	1925	1913
Strohfl. auch geröstetes .	63171	56495	76816	67663	9356	
Flachs und Flachswerg .	32239	28616	23012	29685	23646	435065
Flachs und Werggarn . .	2462	4947	4950	3269	1811	11908
Fertigwaren	12567	12826	18402	18990	15231	47649

b) Wert in 1000 Reichsmark.

Einfuhr.

	1929	1928	1927	1926	1925	1913
Strohflachs	392	639	626	258	241	
Flachs und Flachswerg .	16219	26056	38823	15389	34856	77073
Flachs und Werggarn . .	27774	38141	56726	21039	45783	34084
Fertigwaren	3998	3354	3701	2152	3692	6917
Zusammen	48383	68190	99876	38838	84572	118074
Ausfuhr.						
Strohflachs	1363	1298	1339	808	135	
Flachs und Flachswerg .	4196	3755	2516	3348	2860	24250
Flachs und Werggarn . .	1601	2647	2420	1576	942	3391
Fertigwaren	14138	14138	16495	17404	15820	24596
Zusammen	21298	22464	22770	23136	19757	52237

In den Nachweisen des „Deutschen Leinenindustriellen“ sind die Warengattungen einzeln angegeben, ebenso die Herkunfts- oder Ausfuhrländer (50z), auf welch letztere hernach noch kurz eingegangen wird. Bemerkenswert ist, daß wir leider seit langem Einfuhrüberschuß im Flachs- und Leinenwarenhandel Deutschlands haben, was wieder als ein Hinweis auf die Notwendigkeit der Förderung des deutschen Flachsanbaues gewertet werden möge. Der Einfuhrüberschuß erreichte in 1000 Reichsmark: 1913: 65837, 1924: 46310, 1925: 64815, 1926: 15702 und 1927: 77106 M. (!). Der Einfuhrüberschuß an Rohflachs allein betrug in 1000 t: 1913: 61,4, 1924: 12,7, 1925: 15,0, 1926: 10,1, 1927: 23,1. Diese Zahlen spiegeln die geringe Beschäftigung der deutschen Leinenindustrie deutlich wieder (25g). — Die Einfuhr an Bastfaserstoffen (Flachs, Hanf, Jute usw.) belastete den deutschen Staatsetat wie folgt: 1925 mit 232,1 Mill. M., 1926: 147,5 Mill. M., 1927: 220,0 Mill. M. und 1928: 186,2 Mill. M.

Die Hauptflachseinfuhr- und Handelsplätze sind Breslau, Königsberg und Memel, die über Wirballen im Jahre 1912: 3 Mill. und 1913: 2¼ Mill. Pud russischen Flachses einführten. Im ganzen wurden über Wirballen zu Land befördert: 1912: 6⅔ Mill. Pud = 30% und 1913 über 5 Mill. Pud Flachs = 28% der gesamten russischen Ausfuhr (11). Aus diesem Grunde war die Ausfuhr zur See (von Riga oder Libau aus) nach Deutschland verhältnismäßig gering. In neuerer Zeit hat sich der Flachshandel an unserer Ostgrenze wieder stark gehoben. Er erreichte für a) Flachs und b) Flachswerg (in dz) aus:

	1928	1927	1926	1925	1924	1923	1913
Rußland . . a)	19838	51522	14424	33412	8087	10263	627747
b)	5470	5375	2000	2292	3145	4901	99189
Litauen . . a)	20819	44184	16986	16236	15477	14229	—
b)	11394	27108	8022	5831	5478	5099	—
Lettland . . a)	11765	18007	11900	23515	17245	8002	—
b)	2889	3616	1695	3689	4713	4089	—
Estland . . a)	2028	3853	5247	10997	15496	11673	—
b)	8	2237	1460	2227	1145	1575	—
Memelland . a)	114	1316	1066	3139	2935	7075	—
b)	—	—	354	1060	558	1232	—

Unser stärkstes Flachsfasereinfuhrland war:

Belgien . . a)	30004	60633	24272	10392	12489	5910	2889
b)	3194	6258	5671	12965	5853	2076	31835

Nach Belgien folgte (1927) in bezug auf Schwing- und Brechflachs: Rußland als 2. Lieferant (s. o.), sodann Litauen (s. o.), Litauen steht 1928 mit 20000 t an 2. Stelle, an 4. Stelle: Niederlande (1927: 21444 dz, 1928: 5982 dz), an 5. Stelle: Lettland (s. o.), an 6. Stelle: die Tschechoslowakei (1927: 17374 dz, 1928: 8684 dz). 7.: Estland (s. o.), 8. Polen (1927: 3321 dz, 1928: 10055 dz), 9. das Memelland (s. o.). In bezug auf Werg war die Reihenfolge der Bezugsländer in den Jahren 1927 und 1928: 1. Litauen (s. o.), 2. Polen (1927: 23472 dz und 1928: 19872 dz!!), 3. Belgien (s. o.), 4. Rußland (s. o.), 5. Lettland (s. o.), 6. Tschechoslowakei (1927: 3333 dz und 1928: 1516 dz), 7. Niederlande (1927: 3241 dz und 1928: 724 dz) und 8. Estland (s. o.). Der Flachshandel vom deutschen Memel war schon 1777 bedeutend, denn er führte damals 1,4 Mill. Pfund deutschen Flachs aus. Memel besaß in den 80er Jahren seine eigene Segelschiffflotte von 100 Schiffen. Davon gehörten mehrere den Flachsfirmen Wm. Pietsch, Graff, Bannitz, Fowler u. a. Memel hatte seine eigene Flachswage und große Flachsspeicher, die bis 1914 große Mengen Flachs aufnahmen. Der Flachshandel blüht auch heute noch zu einem gewissen Teil in Memel. Vor dem Kriege unterhielten die Memeler Flachshändler ihre eigenen Vertretungen an verschiedenen Orten Rußlands (93).

Der Flachs spielte nach B. Schmidt (94a) im Eisenbahnverkehr Deutschlands nach der Erntezeit eine erhebliche Rolle. Es wurden an Flachs und Hanf befördert in 1000 t in den Jahren 1913: 238 (altes Reichsgebiet) und 234 (neues), 1922: 150, 1923: 125, 1924: 166, 1925: 154, 1926: 139 und 1927: 200 Tausend t. Es kam der Reihe nach im Jahre 1926 (bzw. 1927) am meisten Flachs (und Hanf) zum Versand (über 1000 t) von den Elbhäfen: 10768 t (1927: 13188 t), von den pommerschen Häfen aus: 8370 t (1927: 16439 t), von der Rheinprovinz aus (links des Rheins): 6176 t (1927: 2107 t), von Niederschlesien aus (ohne Breslau): 5466 t (1927: 6187 t), von Oberschlesien: 4954 t (1927: 2913 t), von Westfalen: 4786 t (1927: 2570 t), von den Weserhäfen: 4705 t (1927: 6172 t), von Südbayern: 2877 t (1927: 2697 t), von der Stadt Breslau: 1685 t (1927: 1409 t), von Brandenburg: 1650 t (1927: 1466 t), von Mannheim und Ludwigshafen: 1399 t (1927: 2147 t) und von Ostpreußen aus 1078 t (1927: 1585 t); ferner 1927 von den Reg.-Bezirken Hannover, Hildesheim und Braunschweig: 1285 t und von Baden ohne Mannheim: 1415 t.

Der Empfang von Flachs (über 2000 t) gestaltete sich (1926 u. 1927) im deutschen Eisenbahnverkehr wie folgt:

Niederschlesien (ohne Breslau): 16378 t (1927: 25266 t), Südbayern: 15373 t (1927: 19302 t), Westfalen (ohne Ruhrgebiet): 9971 t (1927: 12496 t), Rheinprovinz links des Rheins: 7094 t (1927): 11825 t, Baden (ohne Mannheim): 6927 t (1927: 14386 t), Sachsen (ohne Leipzig): 1495 t (1927: 8541 t), Württemberg und Hohenzollern: 1408 t (1927: 1971 t), Mannheim und Ludwigshafen: 1277 t (1927: 2323 t), Rheinprovinz rechts des Rheins: 1138 t (1927: 920 t) und Brandenburg 1024 t (1927: 2572 t), ferner im Jahre 1927 von den Häfen Königsberg i. Pr., Pillau und Elbing: 2735 t, von den pommerschen Häfen: 2811 t, von den Elbhäfen 3762 t, von Hannover, Hildesheim und Braunschweig 3443 t, von Oberschlesien: 4626 t, von der Stadt Breslau: 11053 t, Berlin: 2016 t, vom Ruhrgebiet in Westfalen: 2579 t, vom Ruhrgebiet im Rheinland: 2731 t, von der Stadt Köln: 2478 t und von Nordbayern 3985 t.

Über Preisbewegung von Flachs in früheren Jahren unterrichtet folgende kurze Übersicht (95):

Preis für 100 kg Faserflachs:

Jahr	Preis M.	Index	Jahr	Preis M.	Index
1847/50	94,80	100	1871/75	123,12	129,87
1851/60	101,18	106,73	1876/80	124,02	130,82
1861/70	150,02	158,25	1881/84	123,19	129,95

Vor dem Kriege war der Einfuhrwert nach der deutschen Statistik von gehecheltem Flachs: 1912: 147 M. und 1913: 153 M. je dz. Die amtlichen Preise für bearbeitete Flächse in M. für den dz während der Jahre der gebundenen Flachswirtschaft 1917/20 jetzt noch zu veröffentlichen, würde zu weit führen. Die Leinengarnabrechnungsstelle in Berlin hat sie zur Verfügung.

Nach dem Kriege war der Jahresdurchschnittspreis von 1 kg Schwingflachs in Berlin (ab Station) in M.:

	1913	1924	1925	1926	1927	1928	1929
Schwingflachs in Berlin (ab Station)	0,95	2,21	1,95	1,28	1,64	1,87	1,76
u. v. 1 kg Litauer in Berlin	0,65	1,72	1,57	1,05	1,42	1,45	1,10

(Litauer März 1930 je kg 0,88 M.). — Die weltwirtschaftlich wichtigen Preisnotierungen sind unter „Welthandel" und „Lettland" angegeben.

Die Meßziffer (Index) stand (1913 = 100) im Dezember 1927 für Schwingflachs auf 194,7 (Dez. 1928 auf 202,1) und für Litauer auf 210,8 [Dez. 1928 auf 220,0 (90) und Jan. 1930 auf 141,5]. Der Jahresdurchschnitt für 100 kg Flachs-Riga (London) erreichte 1913: 66,72 M., 1927: 188,01 M. und 1928: 196,46 M.[1].

Industrie. Die Geschichte des uralten deutschen Leinengewerbes geht bis zur Entdeckung Germaniae zurück, denn von deutschen Leinenerzeugnissen berichten schon Plinius der Ältere, wie wir schon eingangs mitgeteilt haben. Im 12. Jahrhundert soll der Handel mit deutschem Leinengewebe besonders stark ausgeprägt gewesen sein. Als größte Erzeugungsgebiete werden immer wieder Schlesien, aber auch die Lausitz und Westfalen genannt. Im 16. Jahrhundert stand das schlesische Leinengewerbe in vollster Blüte. Schlesien war damals Ausfuhrland von Leinenwaren ersten Ranges. Um das Jahr 1790 befanden sich dort nach Brosch (81) rund 28700 Stühle, an denen 50500 Arbeiter für etwa 8 Mill. Reichstaler Leinenwaren herstellten. Im Jahre 1786 sollen aus Landshut allein für 1,3 Mill. Taler Leinwand ausgeführt worden sein und aus ganz Schlesien in den Jahren 1784 bis 1790 jährlich für etwa 6 Mill. Reichstaler. Auch das westfälische Leinengewerbe machte schon im 14. Jahrhundert viel von sich reden (Bielefeld, Münster, Minden, Ravensberg). Die Oberlausitz mit Bautzen, Zittau und Herrnhut hat sich schon frühzeitig auf die Herstellung feiner Leinenwaren geworfen; in der Niederlausitz spielte Sorau von jeher als Sitz der Leinenweberei eine bedeutende Rolle. In Süddeutschland standen Augsburg (Fugger) und Konstanz an der Spitze. In ganz Preußen wurden schon 1787 für 9 Mill. Taler Leinenwaren hergestellt (81).

Der Flachsverbrauch Deutschlands erreichte vor dem Kriege 19% der Welterzeugung. Deutschland mußte fast seinen ganzen Flachsbedarf bis auf 5—10% einführen. Der Verbrauch je Spindel mit 125 kg Flachs angenommen, erreichte bei den 300000 deutschen Spindeln jährlich (bei Vollbeschäftigung) 37500 t Flachs. Außerdem kamen noch 35—40% des Flachsgarnbedarfs (insbesondere der feineren Nummern) vom Ausland herein: bei voller Beschäftigung (Verarbeitung von 50000 t Flachs) vermag man in deutschen Flachsspinnereien nur etwa $^1/_2$ bis $^3/_5$ des Bedarfs der deutschen Leinenweberei zu decken.

Spinnerei und Weberei. In der Statistik des Deutschen Reiches vom Jahre 1907 wird eine Übersicht über die Zunahme mittlerer und großer Betriebe (mit 5 und mehr Arbeitnehmern) der deutschen Baumwollspinnereien und der entsprechenden Abnahme der deutschen Leinenspinnereien gegeben:

[1] Großhandelspreise für Flachs, Flachsgarn und Leinengewebe 1924 bis 1929 vgl. (107c).

	Mittlere und große Flachs- und Hanf-spinnereien	Mittlere und große Baumwoll-spinnereien
1882	99	440
1895	126	480
1907	82	600

Die Bastfaserindustrie zählte 1926: 679 mit 78068 Arbeitnehmern und 1927: 700 Betriebe mit 90430 Arbeitnehmern (Großbetriebe 1926: 280 und 1927: 292)[1]. Die Baumwollindustrie hatte dagegen 1926: 1894 und 1927: 2031 mittlere und große Betriebe aufzuweisen.

Im Jahre 1911 gab es im Deutschen Reiche in 120 Betrieben etwa 313000 Flachsspindeln, die für 213 Mill. M. Werte schafften. Deutschland stand damals an 4. Stelle der Spindelbesitzer der Welt. Leinewebereien sind etwa 100 mit 40—60000 Webstühlen vorhanden. Spinnerei und Weberei beschäftigen etwa 100000 Arbeiter. Von den 300000 Spindeln waren etwa 290000 Spindeln auf die Verarbeitung von russischen (östlichen) Flächsen eingestellt. Die gesamte Leinenindustrie (einschl. Röstanstalten), Spinnereien, Webereien und Nachfabrikationsbetrieben) wies im Jahre 1925: 828 Betriebe auf. Diese verteilten sich nach B. Schmidt (60g) auf: Schlesien 186, Freistaat Sachsen 379, Bayern 35, Brandenburg 48, Westfalen 30, Rheinprovinz 30, Braunschweig 7, Hannover 26, Baden 15, Hessen-Nassau 11, Württemberg 21, Ostpreußen 10, Provinz Sachsen 8, Pommern 4 und die übrigen Staaten 18, zusammen auf 828 Betriebe. In Schlesien gab es 1920 etwa 140000 Flachsspindeln, d. h. fast 50% der deutschen Spindeln.

Die gesamte Spinnerei erfaßte nach Kurtz (94b) 1913: 3,22 Mill. kg und 1924: 15,46 Mill. kg (ferner 1925: 117840 dz, 1926: 120240 dz und 1927: 78550 dz) Inlandsflachs, sowie 1913: 38,87 Mill. kg und 1924: 8,4 Mill. kg Auslandsflachs, zusammen 42,09 (1913) bzw. 23,86 Mill. kg (1924) Flachsgarn. Außerdem wurden 1913: 14,11 und 1924: 6,92 Mill. kg ausländisches Flachsgarn eingeführt. Daraus stellte die Weberei 1913: 56,2 und 1924: 30,78 Mill. kg Leinenwaren her. Ausgeführt wurde an Flachs-, Hanf- und Jutegarn in den Jahren 1927: 86254 dz und 1928: 85005 dz. Leinengarn Nr. 30 notierte Berlin im Durchschnitt der Jahre je 1 kg: 1926: 3,80 M., 1927: 4,69 M. und 1928: 4,61 M., Febr. 1929: 4,35 M. Febr. 1930: 3,85 M. Meßziffer 1913: 100, Dez. 1928: 176,1, Febr. 1929: 176, Jan. 1930: 163,6.

Die Webstühle der organisierten Weberei verteilten sich (1920) auf das Rheinland (1500 Webstühle in 10 Betrieben), auf Süddeutschland (2600 Webstühle in 16 Betrieben), Niederlausitz: 4500 Webstühle in 23 Betrieben, Mitteldeutschland: 6200 Webstühle in 34 Betrieben, Sachsen: 7300 Webstühle in 67 Betrieben, Schlesien: 10800 Webstühle in 59 Betrieben und auf Westfalen: 13000 Webstühle in 63 Betrieben (96).

Die Reichsaufnahme im Jahre 1925 gibt Aufschluß über die Zahl der von der Untersuchung erfaßten Betriebe, über die Zahl der in diesen beschäftigten Personen, über die Stärke ihrer Kraftanlagen, über ihre Spindelzahl, ihre Produktion usw. Es waren danach (90c) und (1f) von der Untersuchung erfaßt worden:

	Nieder-lassungen (Betriebe)	Beschäftigte Personen		Antriebskräfte	
		Männl.	Weibl.	Wind-Wasser u. Wärmekraft PS	Elektro-motoren PS
Reine Flachsspinnerei	32 (von 56)	3504	2201	2975	1379
Flachsröstanstalten .	119	5854	3734	3033	3956
Flachshechelanstalten	195	16216	10110	11437	13460
Weberei u. Spinnerei	3036	33514	18790	12574	13620

[1] Reine Flachsspinnereien gab es 1927: 25, Zwirnereien 16 und gemischte Betriebe 12. Sie arbeiteten mit 219000 tätigen Spindeln. Näheres über Verbrauch, Erzeugung, Absatz, Spinnergebnis und Veredelung siehe (110) und (101). Über Flachsspinnereien i. J. 1928 s. 102/bb u. 90/ε. Anfang 1929 waren wenig mehr als 100000 Spindeln tätig (102s) und (102t).

Es interessieren noch die weiteren Angaben über die Reichserfassung (1925):

	1909	1925
Inlanderzeugung an Flachsgarn	33226 t	22192 t
Einfuhrüberschuß an Flachsgarn	11340 t	8837 t
Inlandverbrauch an Flachsgarn und Leinenzwirn	44566 t	31029 t
Zahl d. Spinnspindeln:		
Naßspindeln	260383	266405
Trockenspindeln	10578	18598
Gesamtflachsspindeln	270961	285003
Zwirnspindeln	20276	45759
Produktion an Flachsgarn in 1000 kg bis Nr. 14 engl.	10658	7576
Nr. 14—35 engl.	19095	11945
über 35 engl.	2789	1319
Gesamtes Spinnergebnis (1000 kg) an Flachsgarn	—	20839
Jahreserzeugung der Spinnereien an Garn:		
auf eigene Rechnung (1000 kg)	—	22504
= Wert Mill. M.	—	91,8
für fremde Rechnung (1000 kg)	—	129
= Arbeitswert (Tausend Mark)		156

Nach Kurtz (94i) war die deutsche Webereiproduktionsmöglichkeit (in Mill. kg Garngewicht) in den Jahren:

Garngewicht	1927	1926	1925	1924	1907/13
	34,93	18,73	29,63	26,07	51,12
abzüglich der Fertigwarenausfuhr	1,84	1,90	1,52	1,75	4,77
Somit Webereiproduktion für das Inland	33,09	16,83	28,11	24,32	46,35

Weitere Produktionserhebungen wurden in Deutschland öfter veranstaltet, so daß man wohl sagen kann, daß die Produktionsverhältnisse und die Bilanz der deutschen Leinenindustrie so offen vor aller Welt liegen, wie ein aufgeschlagenes Buch. Man vergleiche nur die Ausführungen im DLI. 1927, Nr. 42, 47 und 50, 1928, Nr. 13, 21, 30, 49 und 1930 Nr. 15. Der Gesamtproduktionswert der deutschen Bastfaserindustrie wird vom Statistischen Reichsamt auf 1 Milliarde M. geschätzt (1925), daran sind Flachs, Hanf und Jute mit 850 Mill. M. beteiligt (70w). Die deutsche Leinenweberei erzeugte im Jahre 1925 in 339 Betrieben und mit 46584 Webstühlen und 1234 Handwebstühlen unter Beschäftigung von 36512 Personen Werte von 290435000 M. (90d). Die gesamte Leinenweberei (einschl. Halbleinen) beschäftigte (1925) 40636 Personen und erzielte einen Produktionswert von 340,4 Mill. M. [Vgl. auch (101)].

Die Produktion der Leinenweberei in den einzelnen Ländern bzw. Provinzen war im Jahre 1925 in 1000 M.:

Preußen	225300	
Schlesien	84420	(29%)
Brandenburg	23507	
Sachsen	5775	
Westfalen	65530	(23%)
Rheinprovinz	7248	
Hannover	14489	
Sonstige Provinzen in Preußen	24231	
Württemberg und Baden	11828	
Bayern	900	
Sachsen	36380	(13%)
Übrige Länder	16026	
Zusammen im Deutschen Reich	290434000 M.	
(Produktionswert 1913 ohne Halbleinen	331 Mill. M.)	

Der Wert der Produktion der Weberei aller Faserstoffe erreichte dagegen im Jahre 1925: 3678 Mill. M. In der gesamten deutschen Weberei waren 336120 Personen an 406689 mechanischen und 11625 Handwebstühlen in 3320 Betrieben beschäftigt.

Der Verbrauch der deutschen Leinenweberei an Gespinsten erreichte im Jahre 1925 an (s. Tabelle):

	Deutsches Erzeugnis kg	Ausländ. Erzeugnis kg
Leinengarn (44%) . . .	13855386	51502297
Baumwollgarn (49%) . .	17084037	4034648
Jutegarn	2450691	407794
Anderen Gespinsten . .	470990	46548
Zusammen	33861104	9639287

Man sieht, zu welchen Umstellungen die deutsche Leinenindustrie in der Not der Zeit gezwungen worden ist. Von dem oben erwähnten Produktionswert von 290,4 Mill. M. fielen auf Gewebe überwiegend aus:

Rein-Leinen (33%)	95747000 M.
(Davon Taschentücher 7631000 M.)	
Halbleinen (29%)	84481000 M.
Baumwolle (35%)	100648000 M.
Andere Gespinste	9558000 M.
Zusammen . . .	290434000 M.

Von diesen Werten bleiben 93% im Inland. (An Schwergeweben wurden außerdem noch für 14057000 M. im Jahre 1925 in Deutschland erzeugt und zwar 2596737 kg inländisches und 566217 kg ausländisches Erzeugnis.) (90 d).

Die deutsche Leinenindustrie beschäftigte im Jahre 1907: 77629 + 14549 Arbeiter, in der Röstindustrie 12000 Arbeiter, in der Weiterverarbeitung (Wäscheindustrie) 120000 Arbeiter, dazu in der Landwirtschaft etwa 30000 Arbeiter. Im Jahre 1913 bearbeiteten nach G. Müller etwa 85000 Arbeiter ungefähr 90 Mill. kg Rohflachs (bei 10stündiger Tagesarbeit), im Jahre 1920 bearbeiteten dagegen 70000 Arbeiter nur 18 Mill. Rohflachs (bei 8stündiger Arbeitszeit). Der „Vorwärts" vom 23. 12. 1920 (Nr. 626) bemerkt dazu: „Ein erschütterndes Bild unserer jetzigen Wirtschaft — mehr als das dreifache könnte bei vergrößerter Erzeugung für den gleichen Lohn erzeugt werden. Was das heißt bei einem Produkt, bei dem in 100 M. Fertigfabrikat nur etwa 7 M. Rohstoff und Bodenrente enthalten sind, während alles andere Löhne und Kosten darstellt, die indirekt (wie Kohlen) große Lohnanteile enthalten, versteht der Wirtschaftskundige." (Vgl. „Mittel- und Großbetriebe" 107 b.)

Daß die deutsche Leinenhausindustrie stark zurückgegangen ist, bedarf keiner Beweisführung. Hier genüge die Feststellung (96 b), daß die zähen Breit- und Bandweber in der Oberlausitz von 1872—1920 wie folgt zurückgedrängt worden sind. Es waren vorhanden in der Oberlausitz:

Oberlausitz	1872	1915	1920
Breitweber	28036	2059	1256
Bandweber	1000	1580	559

Über die Ausfuhr von Leinenwaren habe ich schon oben (siehe Außenhandel) berichtet. Die Ein- und Ausfuhr der einzelnen Fertigwaren nach den verschiedenen Ländern im Jahre 1928 (siehe 102 b). Erinnert sei noch an die sog. Fertigwarenrücklieferungen in der Zeit der gebundenen Wirtschaft. Beispielsweise fanden im Jahre 1918 folgende „Fertigwarenrücklieferungen an Flachs- und Hanfbauern" statt: 793000 m Rohleinen, 1195000 m Weißleinen, 231000 m Drillich, 12000 kg Seilerwaren, 20000 kg Werggarn, 4000 kg Zwirn, 36000 kg Bindegarn (94 c). Ergänzend sei noch gesagt, daß an Leinen-, Hanf- und Jutegewebe aus Deutschland ausgeführt wurde, 1913: 671260 dz, 1925: 237588 dz, 1926: 293496 dz, 1927: 199405 dz und 1928: 226183 dz.

Zum Schluß mag es noch nützlich sein, auf die Verwendungsvorschriften der Schutzmarken „Reinleinen“ und von Textilmischungen mit Leinen und Baumwolle hinzuweisen (102c).

Rußland.

(Vorbemerkung: Über den wichtigen Flachslieferanten Rußland ist auch in dem einleitenden Abschnitt über die „Flachsweltwirtschaft“, soweit Sowjetrußland mit dieser in Beziehung steht, ausführlich berichtet worden.)

Diese Abhandlung ist mit Absicht nicht mit Sowjetrußland oder mit U.S.S.R. überschrieben, denn sie soll auch eine Übersicht über die wirtschaftliche Entwicklung der Flachswirtschaft Altrußlands geben und diese umfaßt eine weit größere Zeitspanne, als die seit Bestehen der U.S.S.R. Es müssen auch öfter die Randstaaten und Polen in diesem Abschnitt behandelt werden. Selbstverständlich hat diese in der Natur des Stoffes liegende Gliederung nichts mit Politik zu tun. Das alte Rußland sei daher für sich als eine Einheit angesehen und das Sowjetrußland wird erst von seiner Gründung an zu berücksichtigen sein. Rußland wird als wichtigstes Flachsgebiet ausführlicher behandelt werden, denn vor dem Kriege lieferte Rußland allein 78,2% der Flachswelternte.

Geschichte: Der Flachsanbau in Rußland, besonders in den Schwarzmeergebieten ist sehr alt. Merkwürdig ist, daß — nach Warden — zuerst die Ausfuhr von Leinenwaren nach Rußland (1553) erwähnt wird, und daß erst ein Jahrhundert später 1653 von Rußland (Archangelsk) aus Flachsgarn und Leinengewebe ausgeführt wurden. Die Ausfuhr von Rohflachs wurde vom Jahr 1823 ab von der Statistik erfaßt, in der damals 1356 t Flachs und 116 t Werg von Archangelsk ausgeführt worden sind. Kurze Zeit danach gewannen auch Petersburg, Narwa, Reval, Pernau, Libau und besonders Riga eine große Bedeutung für die Ausfuhr des russischen Flachses. Inzwischen mußte sich der russische Flachsanbau, dessen geschichtliche Entwicklung man allerdings nur an den Ausfuhrzahlen messen kann, gewaltig entwickelt haben. Der Flachsanbau wurde für die Wirtschaft des Landes immer wichtiger. Flachs wurde Hauptausfuhrartikel. Klima und Boden eignen sich vorzüglich zum Anbau dieser Faserpflanze. Geographisch ist Flachsbau zwischen dem 52. und 60. Breitegrad möglich.

Der russische Flachsbau dehnte sich im Laufe der Zeit auf Nord-, Zentral- und Südrußland aus. Die einzelnen Flachsanbaugebiete Rußlands vor dem Kriege seien hier in Kürze angeführt, gleichzeitig füge ich die Größe der Flachsanbaufläche dieser Gebiete vor dem Kriege (1913 in Deßjatinen zu je 1,09 ha) an:

a) in Nordrußland:	
Wologda	143700
Wjatka	88500
Kostroma	88000
Wladimir	84000
Jaroslaw	50000
Orenburg	8000
Olenez	3000
Archangelsk	800
b) im zentralen und westlichen Rußland:	
Smolensk	100000
Pleskau (Pskow)	80000
Livland	75000
Kowno	50800
	771800 Deßj.

Übertrag:	771800 Deßj.
Witebsk	55000
Nowgorod	30000
Wilna	26700
Kurland	15000
Twer	10000
Grodno	8700
Moskau	1000
c) im Gebiet der Schwarzerde.	
Woronesch	52200
Saratow	9000
Kiew	8700
Tschernigow	5000
Wolhynien	3400
Gesamtflachsanbau Altrußlands	996500 Deßj.

Diese Zahl von 996500 Deßj. ist auf 916600 Deßj. zu verringern, da im Gebiete der Schwarzerde Lein fast nur zur Erzielung von Leinsaat angebaut wurde. Wie überragend der russische Flachsbau vor dem Kriege für die Weltwirtschaft war, geht daraus hervor, daß das zweitwichtigste Flachsland — Österreich — 1913 nur 50500 Deßj. mit Flachs anbaute (2c).

Von Sowjetseite wird übrigens die Anbaufläche im Jahre 1913 mit 1,7 Mill. Deßj. (2b) und 1914 mit 1,2 Deßj. (1b) angegeben. In neuerer Zeit hat Percy-Meyer (1a) einige Angaben über die russischen Einzelflachsgebiete, wie sie sich nach dem Kriege entwickelt haben, gemacht. Im äußersten Norden sind die Provinzen Archangelsk, Wologda, das nördliche Düna, Olonez, die Karelische Kommune und das Syjanegebiet zu nennen (1924: 24100, 1925: 35800 Deßj.).

Als zweites tritt das Nordwestgebiet mit den Provinzen Petersburg, Pleskau, Nowgorod und Tscherepowez in Erscheinung (1924: 93100 Deßj., 1925: 164100 Deßj.), als drittes kommt das Westgebiet mit den Provinzen Smolensk, Homel und Brjansk in Frage mit (1924: 110700 Deßj. und 1925: 154400 Deßj.). Es folgt als viertes Gebiet der Moskauer Industriebezirk, wozu die Provinzen Moskau, Wladimir, Kaluga, Iwanowo, Wosnessensk, Twer, Jaroslaw, Kostroma und Nishni-Nowgorod mit 250300 Deßj. bzw. 334500 Deßj. zu zählen sind. Schließlich wird als fünftes Gebiet das der Weißruthenischen Republik genannt mit 63800 bzw. 104800 Deßj.

Die Hauptflachsanbaugebiete sind nach wie vor Pleskau (Pskow), Smolensk, Wjatka, Twer, Jaroslaw, Witebsk, Nowgorod, Wologda und Kostroma. An neueren Flachsanbaugebieten wird von der Sowjetregierung berichtet über den Uralflachs (1928/29 in 14 Bezirken des Uralgebiets angebaut). Die westsibirischen Kreise Bijsk (Tomsk), Barnaul und Nowosibirsk (früher Nowo-Nikolajewsk) sind besonders stark an der sibirischen Flachserzeugung beteiligt, 1913: 57000 ha, 1924: 66000 ha, 1926: 83000 ha. Im Jahre 1927 hat sich in Bijsk der Flachsbau um weitere 8000 ha erweitert. Schließlich ist noch des Flachsbaues in der Mandschurei zu gedenken, der 1922 dort von Chinesen aufgenommen worden ist (1927: 450 Deßj.) und in den Gegenden von Yakehshihchen und an den Ufern des Sungari betrieben wird. Nach anderen Angaben (2a) wurden im Fernen Osten schon 1916: 11000 Deßj. und 1920: 20000 Deßj. mit Flachs bestellt.

Die Anbauflächen des russischen Reiches hatten kurz vor dem Kriege ihren Höhepunkt erreicht. Im Jahre 1914 zählte man in 25 verschiedenen russischen Regierungsbezirken 1108678 Deßj. Flachsland (etwa ein Fünftel davon fiel auf die heute abgetrennten Länder Estland, Lettland, Litauen, Polen, Finnland). Um die Jahrhundertwende bis 1908 schwankten die Größen der Flachsländereien immer um 1 Mill. Deßj. herum (0,983 Mill. Deßj. im Jahre 1903 als geringste Fläche, 1,07 Mill. Deßj. im Jahre 1907 als höchste Zahl). Auch 1909 und 1910 blieb der Flachsanbau unter 1 Mill. Deßj. (1909: 0,982 und 1910: 0,968 Mill. Deßj.) stehen. (Über russische Flachsforschung vgl. 102 v.)

Als durchschnittliche Anbaufläche der fünf Jahre vor dem Kriege 1910 bis 1914 werden 1031348 Deßj. vermerkt, z. B. 1911: 1,026 Mill. Deßj. — 1912: 1,11 Mill. Deßj. — 1913: 1,1 Mill. Deßj. Im Kriege ging der Flachsanbau wesentlich zurück. 1915 wurden noch 0,867 Mill. Deßj. mit Flachs bestellt. Die Fläche erhöhte sich etwas im Jahre 1916 auf 1,005 Mill. Deßj., fiel aber dann 1918 auf 0,72 Mill. — 1919 auf 0,536 Mill. — 1920 auf 0,350 Mill. — 1921 auf 0,37 Mill. — 1922 auf 0,37 Mill. Deßj. Nunmehr begann wieder eine merkliche Steigerung der Flachsflächengeöße: 1923: auf 487500 Deßj. — 1924 auf 0,68 Mill. Deßj. — 1925: 0,95 Mill. Deßj. (davon 0,3 Mill. Deßj. für Samenflachs; nach Sowjetangaben 1,55 Mill. Deßj.) — 1926: 1,615 Mill. Deßj. (2c). (Die letzteren Zahlen, einschl. Samenflachs sind sehr vorsichtig aufzunehmen.) Eine andere Mitteilung (1b) verringert übrigens diese Zahl für 1926 auf 1,05 Mill. Deßj., die der Wahrscheinlichkeit wesentlich näher kommen dürfte. 1927 sollen rd. 1,3 Mill. Deßj. mit Flachs angebaut worden sein. Man scheint in Rußland öfter die Flachsanbaufläche mit der „Bastfaseranbaufläche" zusammenzuwerfen. Die staatlichen Flachsfelder erreichten im Jahre 1929 die Ausdehnung von 2275 ha. Es ist „geplant", in den nordöstlichen Teilen des Landes noch 7200 ha Land vom Staate aus zu bewirtschaften, doch wird bezweifelt, daß staatssozialistische Mittel dafür aufgebracht werden können (102h). — Als neuestes Mittel zur Flachsanbauförderung (1929) wendet man nicht mehr das einjährige, sondern ein 7jähriges Kontraktsystem an, nach dem sich die Bauern zu einer so langen Dauer des Flachsanbaus verpflichten sollen. Vorläufig besteht dieses System aber nur in den in Moskau ausgearbeiteten Plänen (102f).

Um die neuere Verteilung des Flachsanbaues nach Provinzen kennen zu lernen, sei hier eine Gegenüberstellung der Anbauflächen 1916 zu 1925 angeführt (15) (in 1000 Deßj.; 1 Deßj. = etwa 1 ha):

Provinz	1916 1000 Deßj.	1925 1000 Deßj.	1926 1000 ha	1927 (103a) 1000 ha
Nord-Dwina	19,2	12,3	—	—
Lodeinoje Pole	—	—	1,4	1,2
Wologda	18,1	20,7	—	—
Borowitschi	—	—	6,1	6,9
Leningrad	12,7	16,7	4,6	4,3
Tscherepowez	7,1	12,8	12,6	13,2
Pleskau (Pskow)	123,3	113,3	79,5	87,2
Nowgorod	26,2	21,3	25,9	29,9
Luga	—	—	9,1	10,7
Weißrussische S. S. R.	79,5	104,8	—	—
Welikije Luki	—	—	37,2	41,2
Smolensk	160,0	107,2		
Homel	14,4	19,6		
Twer	117,4	119,8		
Jaroslaw	49,6	48,5		
Iw.-Wosnessensk	17,8	19,6		
Kostroma	24,5	20,0		
Kaluga	30,1	31,6		
Moskau	18,8	22,7		
Wladimir	26,3	19,6		
Nishegorod	40,8	52,7		
Ural-Gebiet	51,5	67,0		
Wjatka	109,9	86,2		
Mari-Gebiet	6,1	6,1		
Autonomes Gebiet d. Wotjaken	21,8	27,8		
Zusammen	975,1	950,3 Tausend Deßj.		

Da man in Sowjetrußland gerne mit „Wirtschaftsprogrammen" arbeitet, sei noch mitgeteilt, daß der „planmäßige" Anbau mit Flachs im Jahre 1929 auf 1,256 Mill. Deßj. (bei Hanf auf 0,6 Mill. Deßj.) angesetzt ist (1c) und 1931 soll die Fläche von 1,3 Mill. Deßj. erreicht sein (1h). Diese Zahlen sind aber vorsichtig aufzunehmen, da man in Rußland selbst die Planmäßigkeit wohl als Hoffnungszeichen, nicht aber als Realität auffaßt.

An dieser Stelle mögen noch einige Anbauflächen in Hektaren genannt werden. Da die Deßjatine nur ein wenig größer ist als der Hektar, kann man — zumal die Schätzungen doch allzusehr cum grano salis zu nehmen sind — so gut wie darauf verzichten. Aber der Vollständigkeit halber seien noch einige Anbauflächen des Intern. Landw. Instituts in Rom (3a) genannt (in Mill. ha): 1909: 1,325, 1910: 1,301, 1911: 1,388, 1912: 1,398, 1913: 1,488, 1914: 1,450, 1916: 1,418, 1922: 0,874, 1923: 0,937, 1924: 1,198. 1925: 1,498, 1926: 1,063, 1927: 1,68, 1928: 1,2 Mill. ha und 1929: 1,175 Mill. ha wohl einschl. Samenflachs und zum Teil auch mit Hanf. In dem neuen Jahresbericht des Internat. Landw. Instituts (1928) sind die Anbauflächenzahlen zum Teil wesentlich erhöht, so für 1925: 1,716 Mill. ha, für 1926: 1,686 Mill., für 1927: 1,761, für 1928: 1,737 Mill. ha.

So erfreulich die hohen Anbauflächenzahlen des Sowjetlandes lauten, so wenig besagen sie für die Produktionsleistung! Wenn man in der Sowjetliteratur betont, daß die Vorkriegsjahre in bezug auf die Anbauflächengröße schon 1927 erreicht war, oder gar überschritten worden sei, so muß bemerkt werden, daß der frühere Großgrundbesitz völlig ausgemerzt worden ist. An seine Stelle trat die kleine Bauernwirtschaft, die fast nur extensiven Ackerbau betreibt, kaum fremde Arbeitskräfte heranziehen kann und zur Bestellung des Feldes kaum genügend Geräte besitzt. Die Flachsanbaubetriebe verteilen sich zu 24,4% auf Betriebe von 0,1—2 Deßj. Größe, von 2—6 Deßj. zu 66,1% und von über 6 Deßj. zu 9,5%. Gegenüber 1913 ist der Flachsertrag je Deßj. um 28% gefallen (2b), nach einer anderen Angabe, die noch mehr Wahrscheinlichkeit für sich haben dürfte, um 56,5% (1d). Der Flächenertrag war 1910—1916 im Durchschnitt 330—410 kg, ab 1918 nur noch 260 kg und weniger Flachs je ha. An Puderträgen je Deßjatine werden für das Jahr 1914: 20—25 Pud, als allgemeiner Durchschnitt vor dem Kriege 25 Pud, 1919: 10,6 Pud, 1920: 12,6 Pud, 1921: 13,5 Pud, 1922: 13,8 Pud und 1923: 17,0 Pud genannt (2k). Die Sowjetregierung gibt dem Intern. Landw. Institut in Rom folgende Flächenerträge an: 1928: 2,1 dz, 1927: 2,0 dz, 1926: 2,1 dz, 1925: 2,4 dz, 1909/13: 4,0 dz je ha.

Die Bauern verarbeiten den Flachs in durchaus primitiver Weise, etwa wie im 12. Jahrhundert — so sagt A. P. Smirnow, ein rätestaatlicher Flachsmann (1b). Der (frühere) Großgrundbesitz dagegen hat sich auf neuzeitlichere Verfahren viel leichter einstellen können. Es sei nicht verkannt, daß sich die Räteregierung alle Mühe gibt, den Anbau zu verbessern. So war 1927 die Errichtung von 3500 Flachsmusterwirtschaften „geplant“, 1500 Musterfelder „sollten“ angelegt werden. Es sollten 27 Flachsausstellungen (1927) stattfinden (1e). Auch Steuerverminderung der Flachswirtschaft auf die Hälfte war für 1927/28 vorgesehen. Für das Jahr 1928 sind 7,1 Mill. Rbl. für die Beschaffung von Flachssaat in Aussicht gestellt worden, für die geplanten Flachsmusterwirtschaften sollen 475000 Rbl. (1f) bereitgestellt sein. Weiterhin soll die Flachssortierung verbessert werden. Zwar sind seit Peter dem Großen, der den ersten Versuch machte, eine Flachssortierung einzuführen, schon oft solche Bestrebungen hervorgetreten, ohne mehr als regionale und zeitlich kurze Erfolge gehabt zu haben, z. B. die Sortierungsvorschläge 1909/10 durch das Pleskauer Flachskomitee. Der Rätestaat hat die Flachssortierung durch Gesetze beschlossen. Das erste Rätesortierungsgesetz stammt vom 3. 10. 1918. Die erste Verbesserung dieses Gesetzes erfolgte schon im Jahre 1919 und ein weiterer Schritt wurde 1923 durch das „Pudnumerierungssystem“ gemacht. Rohflachs erhält danach überall die Bezeichnung der Garnnummer, die aus dem betr. Flachs voraussichtlich gewonnen werden kann, z. B. Sorte 0 = Garndurchschnittsnummer 15, Sorte I = 13, Sorte II = 11, Sorte III = 9, Sorte IV = 7, Ausschuß-Nr. 5 (1g).

Näheres über das „Pudnumerierungssystem“ siehe unter „Sorten“. Die „Ljnozentr“ gründete eine A.-G. „Ljno“, die das Kontraktsystem einführen sollte.

Die russische Flachsernte hat in der Flachsweltwirtschaft von jeher eine bedeutende, vor dem Kriege die bedeutendste Rolle gespielt. Kamen doch [nach Müller-Örlinghausen (1d)] vor dem Kriege (wohl als Höchstertrag) von der Gesamtwelternte von 876000 t allein 772000 t Flachs aus den Oststaaten (damals Rußland). Heute erbringen die Oststaaten von einer Welternte von 562000 t, immerhin noch einen sehr erheblichen Teil, doch sind an dieser Lieferung Polen, Lettland, Estland und Litauen erheblich beteiligt. Nach einer englischen Quelle (3) lieferte Rußland 1913/14: 363659 t Ausfuhrflachs (75%) des Weltbedarfs. In manchen Jahren mag dieser Anteil bis auf 82% der Welternte gestiegen sein. Das nächste größte Flachsland — damals Österreich — brachte es nur auf 44325,8 t, d. h. 9,2% des Weltbedarfs.

Als höchste landwirtschaftliche Ernte vor dem Kriege werden im Jahre 1908: 35 Mill. Pud (zu je 16 kg) genannt, worin wohl 5 Mill. Pud Hanf enthalten waren. Im Durchschnitt erbrachten die letzten 15 Jahre (vor 1916) etwa 20—22 Mill. Pud, — Sponar (5) berichtet über die Flachs- und Hanfernten Rußlands (Erträge in Mill. Pud): 1902: 20,5, 1903: 17,7, 1904: 21,1, 1906: 30,9, 1907: 34,6, 1908: 35,5, 1909: 22,4, 1910: 19,5, 1911: 21,9, 1912: 22,6, 1913: 27,7, 1914: 22,5, 1915: 17 und 1916: 21,1. Doch wurde schon im vorigen Jahrhundert über Ernten von 35,0 Mill. Pud (1898) berichtet. Zur Kontrolle sei auf Angaben der Ernten in Tonnen verwiesen, die mit den gennannten Zahlen ziemlich übereinstimmen (6), z. B. 1907/11: Durchschnitt 623000 t (8), 1908: 772000 t, 1912: 650000 t, 1912/13: 456142 t [nach Kerteß (7)], wovon Rußland (1913) selbst 120000 t verbraucht hat.

Die reinen Flachsernten (ohne Hanf) sollen nach Schürhoff (2e) geerntet worden sein in den Saisons (1. Okt. bis 30. Sept.): 1907/08: 20,1 Mill. Pud, davon gingen 15,5 Mill. Pud ins Ausland, 1908/09: 20,4 Mill. Pud (15,6 ins Ausland), 1909/10: 18,6 Mill. Pud (14,1), 1910/11: 20,1 Mill. Pud (15,1), 1913/14: 23 Mill. Pud (18,9 Mill. Pud ins Ausland). Die weiteren Angaben von Schürhoff (2e) über die Ernten, nach den einzelnen Anbaugebieten im Jahre 1913 stimmen etwa mit der eben genannten Faserernte überein (23 Mill. Pud). Die Ernte verteilte sich danach auf die Provinzen (in Pud): Twer: 3380000, Smolensk: 3254000, Peskau: 2801000, Witebsk: 1916000, Livland: 1835000, Mohilew: 1330000, Wiatka: 1326000, Wladimir: 837000, Kostroma: 803000, Jaroslaw: 795000, Wologda: 745000, Nishni-Nowgorod: 730000, Moskau: 661000, Nowgorod: 448000, Perm: 410000, Kowno: 405000, Kurland: 263000, St. Petersburg: 250000, Wilna: 169000, Kaluga: 156000.

Auch der Flachsfaserertrag, wie er vom Internat. Landw. Institut in Rom (3) angegeben wird, sei noch erwähnt (in 1000 dz): 1909: 4948,8, 1910: 4272, 1911: 4688, 1912: 6850, 1913: 7725,7.

Als durchschnittliche Ernte der Jahre 1909/13 wurden angeführt:

a) für das europäische Rußland 4901000 dz und für das europäische und asiatische Rußland zusammen 5130000 dz.

Wenden wir uns nunmehr den Ernten in der Kriegs- und Sowjetzeit zu:

Die Erträge waren:

1914:	388000 t (28)	1922:	7,5 Mill. Pud
1915:	384000 t	1923:	8,7 „ „
1916:	218300 t (333000 t?)	1923/24:	3,5 „ „
1917:	11,7 Mill. Pud (253000 t)	1924/25:	11,6 „ „
1918:	10,5 „ „ (175000 t, nach anderen nur 80000 t)	1925/26:	14,4 „ „
1919:	5,2 „ „	1926/27:	8,5 „ „
1920:	5,0 „ „ (41600 t)	1927/28:	6,8 „ „
1921:	5,0 „ „		

Die Ernteangaben des Intern. Landw. Institutes Rom scheinen viel zu hoch zu sein. Sie werden in den Jahrbüchern 1925/29 des genannten Instituts wie folgt angegeben: in Mill. dz.

1909/13 (durchschnittl.): 4,9, 1922: 3,2, 1923: 2,3, 1924: 3,0, 1925: 3,7, 1926: 3,3, 1927: 3,42 Mill. dz und 1928: 3,04 Mill. dz Flachsfaser. Für die Ausfuhr verbleiben 1928 planmäßig nur 2,5 Mill. Pud. Für 1929 erwartet man eine Ernte von 255000 t.

Vielfach finden sich in der Literatur viel höhere Erntezahlen, die sich auf sehr optimistische Statistiken stützen. In letzter Zeit hat sich jedoch auch die russische Statistik etwas ernüchtert und gibt niedrigere Zahlenwerte an, die der Wahrscheinlichkeit näher kommen. Es wird zugegeben, daß die Qualität der Ernten bedeutend zu wünschen übrig läßt. Die Zunahme des Syretzflachses (halb und schlecht verarbeitet) nimmt gegenüber der Dolgunetzware (vollaufbereitet) zu (1i). Um so mehr kann man verstehen, daß die Sowjetregierung mit Anstrengung sich auf die Förderung des Flachsbaues bzw. der Verbesserung der Ernten wirft. Es ist allerdings ein sehr bedenkliches Zeichen, wenn der Ostberichterstatter des „Deutschen Leinenindustriellen" vom 12. 5. 1927 einen Aufsatz über „Kommt das Flachsdekret noch zur rechten Zeit?" veröffentlichen konnte. Ich glaube zwar nicht, daß das „Kontraktsystem", bestehend in Krediten, Lieferung von Vorschüssen auf Leinsaat, Maschinen und Düngern oder die Einrichtung von Musterfarmen, die Flachserträge so rasch verbessern und vermehren wird. Die Not liegt wohl viel tiefer — sie beginnt schon bevor die Saat sich im Boden befindet — bei der primitiven Bodenbearbeitung. Wenn die Sowjetregierung aber (1927) 985000 Rbl. für die „weitere Industrialisierung" der Flachskultur auswarf, so denkt man dabei unwillkürlich an den Großgrundbesitz. Starken Einfluß auf die (geringe) Güte des Flachses üben auch die zu wenig nach Qualität bezahlenden Sammelstellen aus. Es wird geklagt, daß es deren viel zu viel gäbe. Dazu kommen noch private Aufkäufer, die erst recht nicht auf die Güte des Flachses Rücksicht nehmen können, da ihnen das Monopolgesetz allzusehr im Wege steht (1k). Unter den gegebenen Umständen ist es verständlich, daß die Bauern etwa 60% der Flachsernte zurückhalten sollen (70n).

Die staatliche Flachslieferung wird stets ein teures Experiment bleiben, auch wenn es nicht eingestanden wird bzw. nicht gesagt werden darf. Es gibt doch zu denken, daß z. B. der große Ljnozentr im Jahre 1926 allein mit 1,5 Mill.Rbl. Verlust gearbeitet hat (1k). — In den Jahren 1927 und 1928 waren die Verluste noch größer, da die Zufuhren sehr spärlich vor sich gingen. Wer sich ein Bild von der ehemals so blühenden russischen Flachskultur machen will, lese den Bericht über „die Flachswirtschaftskonferenz in Moskau (Okt. 1928)" (94n). Dabei soll durchaus nicht an dem guten Willen der Regierung zur Hebung der Flachskultur gezweifelt werden. Das ergibt sich schon aus dem neuen Produktionsplan der Sowjetregierung für das Jahr 1932/33. Danach will man bis dahin eine Produktion erzielen von 620000 t Flachsfasern, davon sollen 490000 t marktfähige Ware sein. Die Staatsindustrie will im Jahre 1932/33 nicht weniger als 280000 t Flachsfasern verarbeiten (1021).

Von den asiatischen Flachsgebieten, die schon anläßlich der Beschreibung des Anbaues erwähnt worden sind, darf gesagt werden, daß in Sibirien der Flachsbau schon vor dem Kriege ausgebreitet war, wie durch die folgende Tabelle nachgewiesen werden kann. Im neuen Uralgebiet (mit Flachsanbau in 14 Bezirken) wurden 1928/29 nach dem „Plan" 15400 t Flachsernte erwartet. [Die Ankäufe der Jahre 1923—1928 erbrachten zusammen 13000 t Flachs (107a).]

Flachsanbau in Sibirien:

	1909/10 ha	1910/11 ha	1911/12 ha	1912/13 ha	1913/14 ha	1914/15 ha	1915/16 ha
9 Gouvernements . . .	86503	91942	113126	91324	139347	117769	95194
andere	46342	49342	49635	61406	60118	53164	31814
Gesamtanbau. . .	132845	141248	162761	152730	199645	170933	127008

Faserernte in Sibirien (dz.).

9 Gouvernements . . .	225141	269590	220475	393821	543731
andere	212131	218803	185274	358221	242044
Gesamtfaserertrag in dz	437272	488393	405749	752042	785775

Im Wirtschaftsjahr 1924/25 erfaßte man in Sibirien 4500 t Flachs und Werg, 1925/26: 7200 t, 1926/27: 8100 t (11), 1927/28: 8200 t (94f). — Besonders wichtig scheint der Kreis Bijsk (Tomsk) für den Flachsbau zu werden. Man will dem Bezirk durch Errichtung von 12 Aufbereitungsfabriken helfen. Auch das Kontraktsystem soll dort nach Kräften eingeführt werden (1m). — Eine genaue Beschreibung des sibirischen Flachses 1929 bringt Percy Meyer-Riga in (94y). — Die Flachsanbaufläche in Sibirien stieg 1927/28 von 80000 auf 111000 in 1928/29 (70y).

Ferner Osten. Während man 1916 im Fernen Osten (fernöstl. Republik) 11000 Deßj. mit Flachs bebaut hatte, waren es 1920 bereits 20000 Deßj., die 500000 Pud Flachs für die Ausfuhr ergaben. Da während der japanischen Intervention der Flachsanbau außerordentlich zurückgegangen ist, wurden später Regierungsmaßnahmen getroffen, um den Anbau zu vergrößern. Die Flachsanbaufläche ließ sich bald auf 50000 Deßj. bringen. Flachsaufbereitungsanstalten sollen eröffnet werden. Bis jetzt (1928) besteht nur eine Röstanstalt im Fernen Osten.

In der Mandschurei ergab die Ernte im Jahre 1925: 15000 Pud Strohflachs (neben 3000 Pud Saat). In den Jahren 1926 und 1927 soll sich die Ernte gesteigert haben. Es waren 1927 allein 20000 Pfund Leinsaat angefordert worden.

Die Strohflachsverarbeitung geschah in den Provinzen Pleskau, Livland, Petersburg, Nowgorod, Wilna, Witebsk, Kowno und Kurland nach dem Verfahren der Wasser- oder Flußröste, in den Provinzen Twer, Smolensk, Moskau, Jazeks, Jaroslaw, Wladimir, Nishni-Nowgorod und Wjatka nach dem Verfahren der Tauröste. In ganz Rußland gab es vor dem Kriege 80 Flachsbrechanstalten, die etwa 4000 Arbeiter beschäftigten. Davon lagen allein 50 Anstalten (mit 2000 Arbeitern) im Pleskauischen. Im Jahre 1925 waren nur 5 Flachsaufbereitungsfabriken in Rußland im Betrieb, nämlich in Rshew (Twer) für 150000 Pud Strohflachs, in Porchow (Pleskau) für 100000 Pud, in Sytschewska (Smolensk) für 30000 Pud, in Krassny (Cholm) für 30000 Pud und in Staraje (Kussa) für 25000 Pud Strohflachs jährlich (2qu). Noch 1927 wurde berichtet, daß in ganz Rußland nur 11 mechanische Flachsaufbereitungsbetriebe funktionieren (1v). Das Zentrum der russischen Flachsverarbeitung liegt immer noch in Pleskau, wo die Räteregierung auch eine große Aufbereitungsanstalt für die Verarbeitung von 400000 Pud hat errichten lassen. — Die Flachsaufbereitungsanstalt in Rshew, die hauptsächlich für die Ausfuhr arbeitet, hat 1926/27 für 4,2 Mill. Rbl. Flachs ausführen können (94qu).

In der Gegend von Nishni-Nowgorod sollen eine ganze Anzahl neue Röstereien errichtet werden. Von einer großen neuen Flachsrösterei in Schachowskaja, die ausschließlich mit deutschen Maschinen ausgerüstet worden ist, wird berichtet, daß sie jährlich 200000 Pud (= 3200 t) Strohflachs zu 40000 Pud (= 650 t) Faser verarbeiten könne (1n) [1].

Welchen wirtschaftlichen Wert die industrielle Flachsaufbereitung für Rußland hat, erhellt schon daraus, daß der Bauer bei eigener Aufbereitung 4% Faserverlust hat. Da nun die Kosten je 100 kg Röstflachs für die Erfassung, Sortierung und Verfrachtung für Riga auch noch auf 4,50 Rbl. kommen und diese Summe dazu ausreichen würde, den Flachs zu spinnfäsrigem Flachs zu verarbeiten, kann man es sehr wohl verstehen, wenn man in Rußland daran denkt, die Flachsaufbereitungsindustrie immer mehr einzuführen. Püschel empfiehlt die Errichtung von Aufbereitungsanstalten mit einem Jahresumsatz von 25000—30000 dz Röstflachs (1o); vgl. ferner (102w).

Die „Flachstrusts" zum Aufkauf und zur Vorbereitung von Flachs für Handel nnd Industrie haben wir im Laufe dieser Abhandlung schon öfter zu erwähnen Gelegenheit gehabt. Genossenschaftliche Organisationen sind der Ljnozentr und der Zentrosojus. Als staatliche Handelsorganisation gibt sich mit Flachshandel der Linotorg ab. Früher beschäftigten sich noch mit Flachshandel Gostorg, Chleboprodukt und Selkosojus. Der Export geht durch das „Ljno-Exportnoje-Biuro" mit dem Hauptsitz in Moskau und Zweigstellen in Berlin, London, Paris und Riga (1p). Anfang 1928 ist noch eine besondere A.-G. „Exportljon" gegründet und mit dem Flachsausfuhr-Monopolrecht ausgestattet worden (21c). Im Flachsexporthandel ist das Sowjetmonopol jedenfalls führend und preisangebend (21s) und (107d).

Der Eigenverbrauch Rußlands an Flachs ist im Wachsen begriffen, da Rußland danach trachtet, seine Leinenindustrie auszubauen. Im Jahre 1927 hat der Rat für Arbeit und Verteidigung 125000 t Flachs für die russische Industrie beansprucht (1b). Im allgemeinen wurden als Bedarf vor dem Kriege für die russische Fabrikindustrie jährlich 7 Mill. Pud = 112900 t und für die Heimindustrie 5 Mill. Pud = 80600 t Flachs verbraucht. Neuere Aufstellungen geben als Bedarf der russischen Industrie für 1925/26: 120000, für 1926/27: 125000 und für 1927/28: 135000 t Flachs an. Der Bedarf der russischen Heimarbeit wird geschätzt auf 1925/26: 121500 t, 1926/27: 127460 t und 1927/28: 127000 t (1r). Herr Shilin vom „Ljnozentr" hat Ende November 1928 noch betont, daß die russische staatliche Leinenindustrie 80% der erfaßten Flachsmenge für sich beansprucht (vor 1914: industrieller Verbrauch: 25%) (94w).

Eine andere Mitteilung (1d) besagt, daß sich der Eigenverbrauch Rußlands wie folgt gestaltet habe:

1908/12 (Durchschnitt):	Russ. Industrie	5 Mill. Pud,	Heimarbeit	4,3 Mill. P.
1914/15 bis 1917/18 jährlich:	Russ. Industrie	6 „ „ ,		
1918/19 (Durchschnitt):	Russ. Industrie	4 „ „ ,		
1923/24 „ :	„ „	3,6 „ „ ,	„	5,0 „ P.
1924/25 „ :	„ „	4,3 „ „ ,	„	4,3 „ P.
1925/26 „ :	„ „	6,8 „ „ ,	„	4,4 „ P.
1926/27 „ :	„ „	7,64 „ „ (1 qu)		

In diesem Zusammenhange sei noch eine interessante Mitteilung der „Ekonomicheskaya Shisn" [nach (2g)] bekannt gegeben, nach der errechnet wurde, daß die russische Bevölkerung zu ihrer Bekleidung (1921) die folgenden Mengen Rohstoffe bedürfe: 196000 t Flachs, 282000 t Hanf, 344000 t Baumwolle und 73000 t Wolle.

Der Überfluß der russischen Flachsproduktion geht an die Handelsplätze.

---

[1] Ljnozentr hat außerdem 1927 noch die Anstalten in Kostroma a. d. Wolga, in Lichoslawi, Sytschewka und Temkino (Kaluga) errichtet. (10)

Die Innenhandelsplätze haben (außer Moskau) für die Ausfuhr nur Bedeutung als Sammelstellen. Die Hafenplätze Leningrad und Archangelsk dürften innerhalb des Sowjetreiches auch noch Bedeutung für die Flachsausfuhr haben. Überragend ist für die Flachsausfuhr aus Rußland der Hafen von Riga, früher waren auch die Häfen von Libau, Windau, Pernau und Reval am russischen Flachsexport etwas beteiligt, doch nahm Riga immer den größten Platz ein (1913: 50,5% der gesamten russischen Flachsausfuhr). Auch Wirballen nahm (1913) über 5 Mill. Pud russischen Flachses auf. Königsberg, Memel und Kattowitz hatten ebenfalls ihren Anteil an dem russischen Flachshandel. Breslau ist heute noch der größte Handelsplatz für russische Flächse im Binnendeutschland.

Flachsbörsen. Als größte russische Flachsbörse der Vorkriegszeit ist Riga zu nennen. Die Rigaer Flachswrake ist eine Schöpfung der deutschen Hansa. Die ersten Statuten wurden 1794 von dem damals rein deutschen Rate der Stadt Riga entworfen. Auch in Petersburg und Perkau wurde nach dem Muster von Riga bis 1844 zwangsweise gewrakt. Über die Tätigkeit und die Schicksale der Rigaer Flachswrake hat der Verfasser dieser Abhandlung auf der Tagung des Verbandes deutscher Bastfaser-Röst- und -Aufbereitungsanstalten e. V. zu München 1921 einen Vortrag gehalten, auf dessen Inhalt (2h) hier nicht eingegangen werden kann. Als hauptsächlichste Quelle dienten die Arbeiten des bekannten deutsch-russischen Flachsforschers Prof. E. Pfuhl (9).

Über Riga-Flachspreise siehe „Welthandel“ (Seite 311).

Handelssorten. Das erste Verdienst, Flachs zu sortieren, gebührt der Flachswrake in Riga. Zunächst sortierte man nach der Herkunft der Flächse (Ostrowa, Pskowa, Livländer, Seletzkyer usw.). Dann unterschied man nach der Art des Röstens in wasser- oder flußgerösteten Flachs (Motschevezröste) und in Tau- oder Slanitz- (= ausgebreitete) Flächse (S-Flächse). Ferner unterschied man nach Farben und nach Langfasergehalt. Der gehechelte Flachs wurde nach Farbe, Glanz, Weichheit, Milde, Schmiegsamkeit, Festigkeit, Feinheit, Länge und Reinheit beurteilt. Später kam dann das System der Beurteilung nach deutschen Garnnummern auf. Man unterschied schon 1874 die Sorte I bis IV mit Untersorten. Der allerbeste Z (= Zinsflachs) kam sehr selten vor. Die Sorte I war die K oder Kronsorte, Sorte II hieß die W oder Wrak und HD oder Hofsdreibandsorte. Als III. Sorte galt D (= Dreiband), LD (= Livland-Dreiband) und SD (= Slanitzdreiband). Die IV. Sorte trug das Zeichen DW (= Dreibandwrak) oder SDW (= Slanitzdreibandwrak). Untersortierungen erfolgten bei Sorte I mit dem Zeichen K z. B. als PK = Puikkronenflachs oder als SPK = Sperior Puikkronenflachs und FPK = Feiner Puikkronenflachs. Dazu kamen noch die Farbenbezeichnungen, z. B. W (= weiß), G (= grau), H (= hell). Um einen komplizierten Fall zu erklären, bedeutet das Zeichen W S F PHD = Weiß, superfein, Puik, Hofsdreiband (2h).

Da jede Flachsausfuhrorganisation in USSR. (siehe „Flachstrusts“) ihre besonderen Marken führt, arbeitet das neue russische Sortierungssystem schwerfällig. Dazu kommt noch, daß die „Standardtabelle“, die 1923 von der Sowjetregierung eingeführt worden ist, reichlich ausführlich geraten ist. An dieser Stelle sei nun das „Pudnumerierungssystem“ angeführt.

Nach Püschel (1g) werden die Flächse von den Organen der Verbände, welche die Flachsernte zu erfassen haben, bonitiert. Das ganze Flachsbaugebiet ist in sechs Slanetz-(Rasenflachs-) und in drei Motschenetzgruppen (= Wasserflachs) eingeteilt. Man begutachtet nach dem Spinnwert, den die Flächse und Werge für eine mittlere russische Flachsspinnerei haben und unterscheidet:

a) Flächse: Otborny Fabritschny (OF), Wissocky Fabritschny (WF), Fabritschny (F), Otborny (O), dann Sorte I, II, III und IV, sowie 5. Ausschuß;

b) Hede: 1. Patsches, 2. Otborny (O), dann Sorte I, II, III und IV. Sorte.

c) Brechflächse (Giretz) 1. Otborny, dann Sorte I, II, III und IV. Sorte. 2. Ausschuß.

Die Bezeichnung eines Flachses z. B. II. IV. 13 bedeutet, daß wir es mit der Sorte II aus dem Slanitzgebiet IV zu tun haben, die sich zu Nr. 13 verspinnen läßt. Es ist selbstredend, daß bei diesem System der Bonitierung viele Fehler gemacht werden können, die aber dadurch verringert werden, daß der aufgekaufte Flachs noch 2—3mal und schließlich vor dem Export durch reine Spezialisten sortiert wird, und daß dann eine Gewähr für die Begutachtung bzw. für die an den Ballen angebrachte Nummer übernommen werden kann.

Die Gebietssortierungen werden wie folgt gehandhabt:

A. für Slanitzflachse (Tauröste): Gruppe I: Wilegodsk und Suchom. Gruppe II: Kadnik und Grjasowetzk. Gruppe III: Wologda, Danilow, Poscheschon, Jaroslaw, Kostroma. Gruppe IV: Bjeschatz, Krasnocholmsk, Kaschin, Uglitsch, Rybinsk. Gruppe V: Rshew, Twer, Bjelsk, Subzow, Starizk, Lichoslawl, Tschorkowsk, Ostaschkowsk, Schachowsk. Gruppe VI: Smolensk, Sytschowsk, Gshatsk, Wjasma, Elnikow, Wjasnik, Glasow.

B. für fluß- oder wassergeröstete Flachse (Motschevezflächse): Gruppe I: Gdow, Ostrow, Opot. Gruppe II: Pskow, Porchow, Starorus, Lusch, Soletz, Noworshewsk, Cholm, Toropetzk, Wali-Kolutzk, Nowal, Gruppe III: Sebesch, Drissen, Disna, Polotzk, Gorodok, Jawortsch, Witebsk.

C. Hede: I. Gruppe: Wilegodsk, Suchon, Fotem, Kadnikow, Welikij, Usting. — II. Gruppe: Wologda, Waldaj, Kamsk, Sibirien. — III. Gruppe: Rshew, Kotelniki, Jaransk, Glasow. — IV. Gruppe: Smolensk, Duchowschtschinsk, Dogorobusch, Gshatsk, Wjasma. — Gruppe V: Rohede, Dchlopok und Werk (1p). Sollten weitere Auskünfte erwünscht sein, so wird auf den Aufsatz „Die russische Flachssortierung" im „Deutschen Leinenindustriellen" hingewiesen (1p).

Es sei noch bemerkt, daß die U.R.S.S. seit neuerer Zeit auch Wert auf die Sortierung der Fabrikflächse legt. Man unterscheidet die Qualitäten nach „sehr fest" (Ia, IIa, IIIa), nach „fest" (Ib, IIb, IIIb), „mittelfest" (Ic, IIc, IIIc) und „schwach" (Id, IId, IIId, IVd), und damit im Zusammenhang mit „fein" (rote Fabrikmarke: Sorten Ia, Ib, Ic und Id), „mittelfein" (blaue Fabrikmarke): Sorten IIa, IIb, IIc und IId, „grob" (gelbe Fabrikmarke): Sorte IIIa, IIIb, IIIc, IIId und „Ausschuß" (schwarze Fabrikmarke), auch gibt es noch eine andere „Feinmarke" (lila): mit Sorte IVba fest und Sorte IVd, sowie eine „Grobmarke" (grüne Fabrikmarke) mit Sorte Vb und Vd (1g).

Außenhandel. Die Abtrennung der Randstaaten und Polens vom russischen Reich hat gewaltige Rückwirkungen auf den Flachshandel zur Folge gehabt, so daß die Zeit vor und nach der russischen Revolution in bezug auf die Ausfuhr nicht verglichen werden kann. Es wird daher zunächst der Handel Zarenrußlands skizziert werden:

Wenn auch der Ursprung des russischen Flachshandels auf die „Entdeckung Rußlands durch die Engländer in Archangelsk" im Jahre 1553 bzw. 1653 zurückzuführen ist, so stehen doch die viel bequemer gelegenen Ostseehäfen, vor allem Riga, als Träger des russischen Flachshandels im Vordergrund. Riga bildete die Seele der russischen Flachsausfuhr. Hatte Rußland reichliche Flachsernten, so stieg das Wohlstandsbarometer Rigas. Die erste Flachsausfuhr über Riga, die urkundlich festgelegt ist, war im Jahre 1686 mit 17355 Schiffspfund Flachs. Weitere Angaben liegen vor vom Jahre 1709: 18506 Schiffspfund, vom Jahre 1766: 37837 Schiffspfund. In den Jahren 1800—1810 führte Riga im Mittel 64000 Schiffspfund aus. Pfuhl (9) weiß nun vom Jahre 1842—1888 über beinahe jedes Jahr die Anfuhrzahl nach Riga anzugeben. Ich begnüge mich damit, hier die Hauptdaten zu nennen (in Mill. Pud):

1842/46 (Durchschnitt)	3,1		
1847/53 „	3,7		
1857/1861 „	3,8		
1862/68 „	4,8		
1869	5,9	Flachs und	1,0 Hede
1870	10,4	„ „	1,1 „
1871	9,0	„ „	9,2 „
1873/75 (Mittel) . . .	9,4	„ „	6,5 „
1876	6,8	„ „	1,6 „
1877	11,2	„ „	1,6 „
1881	12,9	„ „	1,8 „
1886	7,1	„ „	1,5 „
1888	11,3	„ „	1,8 „

Diese Ausfuhrzahlen decken sich natürlich nicht mit dem Export Rigas an Flachs und Hede. Darüber besitzen wir ein ausgezeichnetes Werk von v. Gernet (11): „Entwicklung des Rigaer Handels und Verkehrs". Danach lieferte Riga direkt ans Ausland: 1866/70 (im Durchschnitt): 2,5 Mill. Pud Flachs, 1871/75: 2,3, 1876/80: 2,0, 1887/88: 2,8, 1886/90: 2,7, 1891/95: 3,4, 1896/1900: 4,5, 1901/05: 4,7, 1906/10: 6,7, 1911: 5,1, 1912: 8,0 und 1913: 8,3 Mill. Pud. Außerdem in den beiden zuletzt genannten Jahren etwa 1 Mill. Pud Hede (früher bedeutend weniger Hede).

Der Flachshandel machte am Gesamthandel Rigas aus: 1866/70 noch 41,7%, 1896/1900: 24,9%, 1913 noch 20,1% (11).

Die Verteilung des russischen Flachshandels auf die einzelnen nordischen Häfen war die folgende (11):

Durchschnitt der Jahre	Riga	Libau	Windau	Reval	Pernau	Petersburg	Zusammen
1886/90	27,5	7,8	0	10,5	7,8	7,0	60,6
1901/05	40,1	2,6	11,4	10,7	3,9	1,5	70,2
1906/10	48,5	0,2	12,2	8,6	4,2	0,6	74,2
1913.	50,5	0,1	12,3	5,1	3,0	0,1	71,1

Libau und Windau arbeiteten nur auf Rechnung von Rigaer Exporteuren und Spediteuren. — Archangelsk war an Flachsexport nur mit 40000 Pud beteiligt. Über Wirballen gingen 1913 zu Land: über 5 Mill. Pud Flachs (28%) und 1912: 6⅔ Mill. Pud Flachs (30%) der gesamten russischen Ausfuhr. Königsberg und Breslau erhielten über Wirballen 1912 allein 3 Mill. Pud und 1913: 2¼ Mill. Pud Flachs.

Der Höhepunkt der Rigaer Flachsausfuhr wurde 1913 mit 8⅓ Mill. Pud Flachs erreicht.

Der Wert der Flachsausfuhr Rigas war (im Durchschnitt der Jahre) (in Mill. Rbl.): 1866/70: 12,9, 1881/85: 13,8, 1896/1900: 17,5, 1901/05: 24,4, 1906/10: 32,9, 1912: 51,2 und 1913: 42,3.

Wert der Gesamtausfuhr Rußlands an Flachs und Hede: 1912: 120 Mill. Rbl. Die Hauptabnehmer Rigas waren der Bezugsmenge nach: 1. Frankreich, 2. Belgien, 3. Deutschland, 4. England, 5. Dänemark, 6. Niederlande usw.

Archangelsk konnte die Bedeutung Rigas (schon wegen seiner ungünstigen geographischen Lage) nie erreichen. Die Provinzen Wologda, Wietka, Jaroslaw, Kostroma und Nowogorod sandten aber immer gewisse Flachsmengen nach diesem nordischen Hafen. Warden (21) hat den Flachsaußenhandel von Archangelsk in den Jahren 1823—1863 aufgezeichnet; einige Zahlen seien auszugsweise hier vermerkt:

Ausfuhr von Archangelsk:

	Flachs in t	Hede in t		Flachs in t	Hede in t
1823	1356	116	1847	6340	6163
1830	2577	876	1850	7100	4961
1831	4315	1232	1853	8465	6138
1839	4788	1897	1859	8168	8063
1840	3940	2521	1863	4134	4451
1845	6414	5096			

Zwischen diesen Spitzenausfuhren von Archangelsk liegen oft Rückschläge (so 1826: 228 + 32 t, 1839: 1916 + 1287 t, 1848: 1799 + 1975 t, 1860: 3588 + 3218 t Flachs bzw. Hede).

Welch gewaltigen Anteil Riga an dem Flachshandel Rußlands hatte, geht aus einer von W. Kowalcwski (12) bearbeiteten Übersicht über: „Die Gesamtausfuhr Rußlands an Flachs" hervor:

Gesamt-Flachsausfuhr Rußlands bis zur Revolution in Mill. Pud:

Jahr 1800 .	1,652		Jahr 1861/70	5,606	„
„ 1801/10	1,444	(Durchschnitt)	„ 1871/80	9,343	„
„ 1811/20	1,175	„	„ 1881/90	10,694	„
„ 1821/30	2,059	„	„ 1891/95	11,646	„
„ 1831/40	2,531	„	„ 1896 .	12,061	
„ 1841/50	3,369	„	„ 1897 .	12,483	„
„ 1851/60	3,430	„	„ 1898 .	13,918	

Es seien gleich die weiteren Jahresausfuhrzahlen für Flachs angegeben (2e):

		Mill. Pud
Saison:	1907/08 . .	15,5 (1. Okt. bis 30. Sept.)
„	1908/09 . .	15,6
„	1909/10 . .	14,1
„	1910/11 . .	15,1 (1911: 225700 t) (7)
„	1911/12 . .	18,9 (1912: 356309 t) (7)
„	1912/13 etwa	18,0 (1913: 304992 t) (7)
Jahr:	1912 etwa .	21,6 (1 p)
„	1913	16,6 (13) (18,6) (1 p)
„	1914	12,5 [14,1 nach (1 p)]
„	1915	3,8 [5,3 nach (1 p)]
„	1916	6,3 (12333 t) [7,4 nach (1 p)]
„	1917	8,9 [8,4 nach (1 p)]
„	1918	3,5 (5833 t) (1,9 [1,9 Mill. Pud nach (1 p)]

Im Durchschnitt wurde von den Vorkriegsernten von 500000 t Ernte etwa 300000 t an das Ausland abgegeben, das sind immerhin gewaltige Werte. Flachs stand denn auch schon an dritter Stelle unter den Werten der Ausfuhrartikel Rußlands.

Über den Wert der Ausfuhr von Flachs seien einige Daten angegeben, um zu zeigen, wie groß die Kapitalien waren, die Rußland durch den Flachsexport jährlich zugeflossen sind:

1912:	120 Mill. Rbl. (14)	
1913:	87 „ „ (13)	
1914:	64 „ „ „	
1915:	31 „ „ „	
1916:	98 „ „ „	
1917:	220 „ „ „	entwerteter Rubel
1918:	500 „ „ „	entwerteter Rubel

Weitere Wertangaben siehe im folgenden (unter Riga).

Die Verteilung der Ausfuhr auf verschiedene Länder wechselte nach Ereignissen. Nach Warden stand Großbritannien in den Jahren 1860 und 1861 bei weitem an der Spitze der Bezieher von russischem Flachs:

1860: 25277 t, 1861: 19115 t.

Es folgten damals Frankreich mit 5687 bzw. 4306 t, Belgien mit 2159 bzw. 1986 t, Dänemark mit 774 bzw. 351 t, dann erst Preußen mit 497 bzw. 391 t, Lübeck mit 153 bzw. 129 t, Bremen mit 0 bzw. 3 t, Hannover mit 78 t, Portugal mit 478 bzw. 355 t und Holland mit 139 bzw. 227 t.

In späteren Jahren wechselten Deutschland, Großbritannien, auch Frankreich den ersten Platz in der Aufnahme der Flachsausfuhr, wie die nebenstehende kleine Übersicht zeigt [nach Kowalewski (12) in 1000 Pud].

Ausfuhr nach	1887/91	1892/96	1897	1898
Deutschland . .	4132	3443	2929	2958
Großbritannien .	3676	3591	3713	4713
Frankreich . . .	1551	2614	2953	3245
Belgien	1006	1577	1826	2224

Während der Jahre 1909/13 wurden bei der Annahme einer durchschnittlichen Ausfuhr von 17 Mill. Pud jährlich die Bezugsländer wie folgt mit Flachs und Hede bedient (1p) (in 1000 Pud):

	Flachs	Hede	Zusammen
Deutschland . .	3600	525	4125
Österr.-Ungarn .	1300	150	1450
Belgien	3890	410	4300
Großbritannien .	4500	875	5375
Frankreich . . .	1660	80	1740
Sonstige Länder	350	40	390
Zusammen:	15300	2080	17380

Von Riga aus ging nach v. Gernet (11) der weit größte Teil des Flachses in den Jahren 1870—1913 nach Großbritannien, das ansteigend Werte von 5 Mill. bis (1912) 20 Mill. Rbl. von Riga kaufte. Als nächstgrößter Abnehmer kam Belgien, das zwar 1870—90 noch von Frankreich um einige 100000 bis 1 Mill. Rbl. übertroffen wurde. Es kaufte ab 1870 (2,4 Mill. Rbl.) ansteigend für bis zu 21,6 Mill. Rbl. In den Jahren von 1906—1913 übertraf Belgien sogar Großbritannien um einige Mill. Rbl., z. B. 1912: Belgien 20,6, Großbritannien 20,1 Mill. Rbl., 1913: Belgien 20,5, Großbritannien 16,8 Mill. Rbl.

Der dritte Flachsbezieher Rußlands zur See war Frankreich, das, wie gesagt bis 1890 noch als zweiter Abnehmer vor Belgien rangierte, dann aber ab 1906 stark hinter Belgien blieb, z. B.:

1906/10:	Frankreich . . .	7,7 Mill. Rbl.	1912:	Frankreich . . .	7,9 Mill. Rbl.
„	Belgien	12,9 „ „	„	Belgien	21,6 „ „
1911:	Frankreich . . .	3,1 „ „	1913:	Frankreich . . .	6,8 „ „
„	Belgien	13,8 „ „	„	Belgien	20,5 „ „

In weitem Abstand folgte als vierter Abnehmer zur See (!) Deutschland, das von Riga z. B. 1871/75 (Mittel) nur für 84166 Rbl., 1901/05 für 320310 Rbl., 1912 für 224041 Rbl. und 1913: für 147132 Rbl. Flachs bekam. Deutschland bezog eben den russischen Flachs meist auf dem Landwege per Achse über Wirballen oder über Königsberg. Es war vor dem Kriege der Bezieher von 23,3% des russischen Flachsexports. Weitere wichtige Flachsbezieher Rigas vor dem Kriege waren Dänemark und Holland. Die Gesamtwerte, die für Flachs von Riga abgenommen wurden, erreichten z. B. 1866/70: 12,9, 1881/85: 13,8, 1896/1900: 17,5, 1901/05: 24,4, 1906/10: 32,9, 1911: 31,0, 1912: 51,2 und 1913: 45,3 Mill. Rbl.

Während des Krieges stockte die russische Flachsausfuhr fast ganz. Soweit es möglich war, wurde über den Fernen Osten noch Flachs abgegeben. Nach einer besonderen Mitteilung hat Rußland während des Krieges ausgeführt:

1. nach England: durch die Vereinigte Flachs-Import-Ges. 5281639 Pud, ferner durch verschiedene russische Firmen, darunter Zyn in Petersburg, Kolbin, Export- u. Import A.-G. in Petersburg.

2. nach Frankreich: 67214 Pud.

3. nach Amerika: 497780 Pud.

Diese Zahlen dürften nur Teilzahlen vorstellen, denn im Jahre 1915 führte Rußland allein aus: nach Großbritannien: 3,95 Mill. Pud, nach Schweden 807000 Pud, nach Frankreich 128000 Pud, nach den Ver. Staaten 72000 Pud, nach Norwegen 49000 Pud, nach Dänemark 10000 Pud, und nach Rumänien 7000 Pud, zusammen 5016000 Pud (6b). Das „Loch im Osten" hat sicherlich manche Tonne Flachs verschluckt. Noch 1919 wurden 1121 t Flachs bzw. 1327000 lbs = 335068 $ und 1920: 155568 lbs = 44239 $ von Wladiwostok nach den Ver. Staaten versandt (16a).

Die russischen Flachsvorräte bei Ausbruch des Krieges waren einschl. der neuen Ernte 400000 t. Die heutigen Vorräte auch nur schätzungsweise anzugeben, würde keiner Kritik standhalten.

Flachsbilanz: Nehmen wir eine mittlere Flachsernte vor dem Kriege mit etwa 38000 Waggons = 24 Mill. Pud an, so wurden diese wie folgt verwendet:

1. durch russische Spinnereien	5000 Waggons	=	3,0 Mill. Pud
2. durch die Heimindustrie	3000 „	=	2,4 „ „
	8000 „		5,4 „ „
3. Ausfuhr nach Deutschland	5000 „	=	3,0 „ „
4. „ „ Großbritannien u. Irland	5000 „	=	3,0 „ „
5. „ „ Frankreich	6000 „	=	3,9 „ „
6. „ „ Belgien	5500 „	=	3,6 „ „
7. „ „ Österreich-Ungarn	4000 „	=	2,7 „ „
8. „ „ Amerika, Italien, Spanien, Schweden, Norwegen	2000 „	=	1,2 „ „
	27500 Ges.-Ausfuhr		17,4 „ „
	8000 Heimverbrauch		5,4 „ „
	35500 Ernte		22,8 „ „
	2500 Übertrag		1,2 „ „
	38000 Waggons	=	24,0 Mill. Pud

Die Flachserfassungen Sowjetrußlands werden 1926/27 mit 125670 t und 1927/28 mit 121480 t angegeben (94x).

Flachsausfuhr Sowjetrußlands. Über die Flachsausfuhr Rußlands, die früher zu $^1/_3$ von den Randstaaten, namentlich von Lettland besorgt wurde, nach dem Kriege zu berichten, ist eine durchaus undankbare Arbeit. Jedes Jahr bringt gewissermaßen eine Doktorarbeit für sich. Sowjetangaben (1p) und (15) bestätigen die überaus geringe Ausfuhr. Nach dieser Quelle wurden ausgeführt in 1000 Pud: 1920: 100, 1921: 700, 1922/23: 2271, 1923/24: 1814, 1924/25: 3249, 1925/26: 3386 und in t: 1925/26: 65000, 1926/27: 37000, 1927/28: 28000 t.

Für das Jahr 1928/29 erwartete man eine Ausfuhr von 27000—28000 t (70o) die russische Flachsausfuhr soll aber April 1929 schon 35000 t erreicht haben. Die Ausfuhr 1929 wird bei einer Ernte von 17000 t höchstens 15000 t erreichen.

An der eben genannten Ausfuhr hatten die fünf oben genannten Organisationen 1924/25 folgende Anteile (15):

	1000 Pud	%
Ljnotorg	544,0	16,8
Gostorg	888,8	27,3
Ljnozentr.	791,3	24,4
Zentrosojus	611,9	18,8
Chleboprodukt	413,4	12,7
	3249,4	100,0

Länder-Anteil an dieser Ausfuhr (15) hatten 1924/25:

	t (zu 62 Pud)	%
Deutschland	8267,6	15,6
Großbritannien	16381,2	30,9
Frankreich u. Belgien	20553	38,8
Estland	5276	10,0
Amerika	596,6	1,1
Holland	277,0	0,5
Sonstige Länder	1671,3	3,1
Zusammen	53022,7	100,0

Von den unter Estland angegebenen 5276 t wurden weitergeleitet nach: Deutschland 2055 t, Belgien 940 t, Großbritannien 623 t, Frankreich 975 t, nach anderen Ländern 683 t, so daß Deutschlands Anteil auf 10322 t, also auf über 20% im Jahre 1924/25 kam.

Die Ausfuhr nach Sorten setzte sich im Jahre 1924/25, wie folgt zusammen (15) (in 1000 Pud):

Slanetz (Rasenflachs) I—III	153,9 =	4,7%
„ „ IV	706,5 =	21,7%
„ „ V	878,9 =	27,0%
„ „ VI	518,3 =	16,0%
Wasserflachs	502,0 =	15,4%
Hede	413,1 =	12,7%
Sonstiges	79,7 =	2,5%
Zusammen	3252,4 =	100,0%

Schließlich seien noch die Aufzeichnungen des Internat. Landw. Institutes in Rom (3) über die Ein- und Ausfuhr Rußlands von Flachs hier wiedergegeben:

a) Ausfuhr von Flachs und Hede (in dz):

Durchschnitt	1909/13	1922	1923	1924	1925	1926	1927	1928
Flachs	2472394	352671	264872	390215	313359	590188	286720	421510
Hede	355036	114827	72729	105654	107040	136449	128090	

b) Einfuhr von Flachs (in dz):

Mittel	1909/13	1922/25	1926	1927
	6324	—	295	620

Im Anschluß an die Abhandlung über die Flachsausfuhr aus Rußland wäre es angebracht, eine Übersicht zu geben über die Außenhandelsbeschränkungen der Nachkriegsjahre und über die Abmachungen mit verschiedenen Ländern; darüber könnte man Bände schreiben. Im Vordergrund der Verhandlungen stand nach der Beruhigung der russischen Revolution — England, das befürchtete, daß Deutschland vom russischen Flachs, dessen es natürlich dringend bedurfte, zu viel oder zu billig abbekomme. Aus diesem Grunde hatte auch die „Metal and Chemical Bank“ die Flachsernte von Rußland und Lettland im Jahre 1919/20 auf Jahre hinaus angekauft, aber sie ist böse damit hereingefallen, denn sie bezahlte den Flachs mit Preisen, für die man ihr später die Flachsvorräte nicht abnehmen konnte. Lettland spielte in den Abmachungen mit den verschiedenen flachsdürstenden Ländern ebenfalls eine große Rolle, aber auch Estland und Litauen hatten viel Zeit, auf Flachsverhandlungen mit nichtdeutschen Ausländern zu verwenden. Man träumte von der allrettenden „Bank“, die nach dem Muster der „Bank of England“ (Emissionsabteilung) errichtet werden sollte. Auch Frankreich und Belgien wollte man Flachs „zuteilen“. Die Begeisterung war groß, als es hieß, daß die allrussische Vereinigung der Flachsbauern, die 3½ Millionen Mitglieder zählen sollen, ein Büro in London errichtet habe! Man faselte von einem 15jährigen Abkommen! Weiteres Eingehen auf diese „Abmachungen“ kann ich mir (post festum) um so eher ersparen, als eine Zusammenfassung diese Abmachungen „Nordrußlands“ mit Großbritannien in der Zeitschrift „Deutsche Faserstoffe und Spinnpflanzen“ 1920, Nr. 7, S. 83/84 schon zusammengefaßt worden sind. Auch auf die Angaben der Ausfuhrregelungen der russischen Behörden kann ich verzichten, die darauf hinausliefen, daß Flachs von einzelnen Unternehmern immer weniger verkauft werden konnte, daß die örtlichen russischen Behörden die Gestehungskosten festzusetzen hatten, und daß der Einkauf nur durch die „kooperativen" Verbände erfolgen durfte, deren Nachfolger dann die Einkaufszentralen wurden, die wieder durch die weiter oben genannten 5 Organisationen, die dann sich endgültig mit dem Flachs-An- und -Verkauf und mit der Flachsausfuhr beschäftigen durften, abgelöst worden sind. Jetzt (1927) sind es nur noch 3 Organisationen, die sich mit der Flachsausfuhr befassen dürfen.

Langwierig haben sich die Verhandlungen mit Lettland erwiesen, die das Ziel hatten, ein russisch-lettländisches Flachsmonopol (auch „Flachskonvention" oder „Gemischte russisch-lettische Flachsexport-Gesellschaft" genannt), zu erreichen, was 1930 noch nicht gelungen war. Als Goldgrube wird auch dieses wohl kaum kommende „Monopolkonglomerat" (das Wort ist ebensowenig schön, wie das Monopol selbst) sich nicht bewähren. Ich glaube daher auch nicht, daß andere Länder, etwa Estland und Litauen ein Verlangen danach in sich verspüren werden, nach einem Anschluß an ein solches Doppelmonopol zu lechzen. Es ist sehr wohl möglich, daß zunächst Litauen mit Estland zusammen ebensoviel Flachs als Ausfuhrgut aufbringen werden, als der „künftige" Monopolkomplex. Wenn man dann noch Polen als nächsten flachshandelsfreien Nachbarn berücksichtigt und auch daran denkt, daß Belgien, Frankreich, Böhmen und Irland nicht außerhalb der Welt liegen, so darf man wohl den Schluß ziehen, daß ein künftiges russisch-lettisches Monopol nach außen hin (Preispolitik) nicht gerade als alleinherrschend bewertet werden darf. Vielleicht stecken aber andere wirtschaftliche und politische Momente hinter diesem geplanten Monopol, die zunächst mit Flachs gar nichts zu tun haben. Nachdem der Abbau des lettländischen Monopols Tatsache zu werden scheint, gehören diese Verhandlungen wohl der Geschichte an.

Bemerkenswert ist noch, daß die Sowjetregierung im Jahre 1928 eine „Russische Flachs- und Hanf-G. m. b. H. in Berlin" ins Leben gerufen hat, die den Flachsexport nach Deutschland regeln sollte (21n). Sonderinteressenten seien auch noch auf einen ausführlichen Aufsatz (1929) „Warum kann Rußland nicht wieder Weltflachslieferant werden?" aufmerksam gemacht (103a).

Die Leinenindustrie Rußlands (Spinnerei und Weberei) und die Heimindustrie. Da die Aufbereitungsindustrie in Rußland zwischen Landwirtschaft und Handel eingeschaltet liegt, wurde sie an der entsprechenden Stelle schon oben behandelt. Auch die für die Leinenindustrie und Heimverarbeitung jährlich verlangten oder zur Verfügung gestellten Flachsmengen („industrielle Vorräte") sind schon bei der Abhandlung über den Handel mitgeteilt worden.

Die Leinenindustrie ist in Rußland uralt. Sie ist so recht eine bodenständige, eine Bauernindustrie gewesen. Rußland hat längst vor seiner „Entdeckung" als Flachslieferant Leinenwaren aller Art hergestellt und führte als eines der ersten Länder Europas den Überfluß seiner Leinenwebwaren aus, die dann auf örtliche Märkte gebracht wurden, von denen aus sie ihren Weg in die Städte und ins Ausland nahmen. Eine Zeitlang deckte Rußland sogar zwei Drittel der Leinenwaren des Weltmarktes (21). Es ist beachtenswert, daß ausgerechnet Philipp Girard 1826 (im Alter von 50 Jahren) nach Polen kam, nicht etwa um seine Erfindung auszubauen, sondern um eine Stellung als Direktor des polnischen Bergbaues anzutreten (17). Daß er sich aber doch seiner Lieblingserfindung gewidmet hat, ersehen wir daraus, daß er es durchsetzen konnte, daß er im Auftrag der russischen Regierung auf der Domäne Guzow im Jahre 1827 (vor hundert Jahren!) eine Flachsspinnerei errichten konnte. (Während diese Arbeit geschrieben wird, konnte also die mechanische Leinenindustrie ihren 100. Geburtstag feiern.) Schon 1829 hatte sich um diese Fabrik herum eine Gemeinde von 500 Arbeiterfamilien angesiedelt. Die Regierung benannte dieses Dorf dem tatkräftigen Manne zu Ehren „Girardowo“. In dieser Fabrik baute der Unermüdliche auch seine Schwingmaschine und eine neue Kämmmaschine. Etwa um das Jahr 1850—1860 gab es in Rußland (und Polen) wohl schon 80 meist kleinere Leinenwarenfabriken. Ein weiterer Anstoß zum Bauen von Fabriken erfolgte in den 80er Jahren. Es gab sodann im Jahre 1896 [nach Kowalewski (12)] 160 Betriebe mit 40366 Arbeitern. Sie befanden sich hauptsächlich in Wladimir (48 Betriebe mit 12245 Arbeitern und 11,64 Mill. Rbl. Produktion), in Kostroma (18 Betrieben mit 11105 Arbeitern und 10,1 Mill. Rbl. Produktion), Warschau (1 Betrieb mit 3000 Arbeitern und und 4,5 Mill. Rbl. Produktion), Jaroslaw (13 Betriebe mit 2947 Arbeitern und 4,4 Mill. Rbl. Produktion) und Petersburg (2 Betriebe mit 3115 Arbeitern und 3,5 Mill. Rbl. Produktion). Die kleineren Betriebe sind hierbei nicht genannt. Weitere 100 Fabriken entstanden in den Jahren 1905—1913, so daß man vor dem Kriege in Rußland 258 Betriebe zählte, die etwa 100000 Arbeiter (ohne Heimarbeiter) beschäftigten.

In Jahre 1913/14 wird von einem Bestand von 357834 Spindeln, darunter 36773 Ringspindeln berichtet, davon waren in der Provinz Kostroma 107013 Spindeln (9510 Ringspindeln), Wladimir 94011 Spindeln (11395 Ringspindeln), Jaroslaw 47834 Spindeln (3620 Ringspindeln), in anderen Provinzen 109001 Spindeln (12248 Ringspindeln) vorhanden. Webstühle gab es 1913/14 in Rußland: 15049 Stück (gegen 15957 Stück im Jahre 1912), darunter befanden sich 14340 (1912: 15315) und 608 Hand-Webstühle (1912: 642) (ohne Heimindustrie!). Große Fabriken gab es namentlich in Petersburg (5 Betriebe mit 3300 Arbeitern). Als sehr großer Betrieb ist die Narvaer Flachsmanufaktur mit allein 2200 Arbeitern zu nennen. Die wichtigsten Zentren der Leinenindustrie waren vor dem Kriege: Kostroma, Jaroslaw, Witebsk, Livland, Warschau, Rjäsan und Petersburg, auch Wladimir, Twer, Wologda und Kasan spielten besonders in der Leinenweberei eine große Rolle (21).

Während des Krieges hatte die Leinenindustrie Rußlands sehr zu leiden, 1920 zählte man nach K. Ballod (18) nur noch 75 Betriebe, von denen 25 außer Betrieb standen oder stillgesetzt wurden. Spindeln waren am 1. Januar 1920 noch 212600, im Mai 1920 nur noch 140000 in Tätigkeit. Von den 14700 Webstühlen waren am 1. April 1920 noch 4000 im Betrieb. Es fehlte vor allem an gelernten Arbeitern, aber auch an Nahrungsmitteln, sowie an dem nötigen Brennmaterial, weniger an Rohstoff (Flachs). — Von den Betrieben wird berichtet, daß 1920 nur noch 48,75% der Schützen und 40% der Webstühle wieder in Gang zu bringen waren (19). Die Betriebe wurden bekanntlich „nationalisiert“, 1919 waren davon schon 45 Unternehmungen mit 384919 Spindeln (45000 Ringspindeln) und 14262 Webstühlen betroffen (20). In der Ukraine waren 1920 nur eine Flachs- und Hanfspinnerei in Tätigkeit (19). Diese nationalisierten Betriebe waren im „Flachstrust“ zusammengeschlossen. Es handelte sich zunächst natürlich um die größeren Betriebe. Schürhoff (2m) zählt sie in seiner Arbeit über die „Rohstoffversorgung der Leinenindustrie“ namentlich auf. Im Jahre 1921 sollen 109000 Spindeln und 3175 Webstühle und 1922: 185400 Spindeln und 5300 Webstühle wieder gearbeitet haben. Inzwischen ist die Anzahl der tätigen Spindeln und Webstühle wieder bedeutend gestiegen, ohne daß neueres Zahlenmaterial vorliegt. Daß aber die Geräte und Maschinen in der Sowjetleinenindustrie sehr im Argen liegen, geht aus zwei Bemerkungen hervor: In der einen (vom 7. 10. 1927) wird Klage darüber geführt, daß die Spindeln und Webstühle auch in der staatlichen Großindustrie oft 50—60 Jahre alt wären (2b). Bezeichnend ist ferner ein Sowjetbericht, der Ende 1920 herausgegeben worden ist, der u. a. besagt (2n): „Die Leinenindustrie wird durch die

Herstellung von Säcken für das Lebensmittelversorgungsamt so sehr in Anspruch genommen, daß man in nächster Zeit nicht an die Herstellung von Bekleidungsartikeln für die Bevölkerung denken könne." Unterdessen haben sich die Verhältnisse immerhin sehr geändert und 1927 heißt es: „Bisher genügten die alten Betriebe, nun müssen aber neue Spinnereien und Webereien errichtet werden", wozu gleichzeitig 120 Mill. Rbl. angefordert werden (1s), allerdings wird im gleichen Artikel gesagt, daß „die nüchterne Praxis ein anderes Bild biete" und ein im Mai 1927 erschienener Artikel (1w), der die Überschrift trägt: „Stillegung der russischen Leinenindustrie" ermutigt recht wenig zur Errichtung neuer Flachsspinnereien in Rußland. Dieselbe Stimmung dauerte auch 1928 an (94g). Und trotzdem sollen durch die russische Leinenindustrie im Jahre 1928 nicht weniger als 80—83% der „erfaßbaren" Flachsmenge verbraucht werden. Es werden eben im heutigen Rußland statt 18—18,5 Mill. Pud nur noch 4—4,5 Mill. Pud „erfaßt", d. h. 22—24% der früheren Flachsmenge.

Über die Garn- und Gewebeproduktion Rußlands berichten vorhandene Ein- und Ausfuhrzahlen. Vor dem Kriege wurden jährlich etwa 3,25 Mill. Pud Leinengarn hergestellt, später: 1916: 4,164 Mill. Pud, 1917: 3,25 Mill. Pud, 1918: 1,57 Mill. Pud, 1919: 947000 Pud, 1920: 806000 Pud, 1921: etwa 500000 Pud, 1922 (Programm): 500000 Pud, 1925/26: 3,7 Mill. Pud, 1926/27: 4,427 Mill. Pud (?) (1t u. 2m), nach anderer Angabe 1926/27: 72600 t (1u).

An Webgut produzierte die russische Leinenweberei monatlich im Jahre 1914: 250000 Pud, 1916: 350000 Pud, 1918: 100000 Pud (20). 1920 (April): 4½ Mill. Quadratarchin (= 2¼ Mill. qm) (18) und 3500 Pud Zwirn, 1921: (Jan.) 4½ Mill. Quadratarchin, 1922 (Programm): 490000 Pud. Als Produktion von je 1000 Spindeln, je Tag werden 22,5 Pud und je Webstuhl und Tag 68,5 Archin Webgut angegeben. — Produktion an Webgut 1925/26: 172,6 Mill. qm, 1926/27: 203,7 Mill qm und an Zwirn: 1925/26: 132743 Pud, 1926/27: 119512 Pud (2b). Die Produktion an Webgut wird für das Jahr 1927 mit 203,7 (auch 171) Mill. qm angegeben. Im Jahre 1927/28 ist die Herstellung von 210 Mill. qm Webgut vorgesehen gewesen (25s). Bis zum Jahre 1931/32 will man die Produktion auf 220 Mill. qm steigern (1s.) — Nach einem anderen Bericht wird die Produktion an Webgut im Jahr 1927 auf 192 Mill. qm (gegen 1926: 175 Mill. qm) ermäßigt (2o). Zwirn wurde darnach 1926/27: 1960 t hergestellt (1u).

Die Heimindustrie, die seit uralten Zeiten in Rußland tätig ist, wird auch von der Sowjetregierung nach Möglichkeit gefördert. Sie ist besonders stark verbreitet in den Provinzen Kostroma, Petersburg, Jaroslaw, Wologda, Kasan, Moskau (Bogorodsk, Wladimir, Alexandrowsk, und Iwano-Wosnessensk). In dem zuletzt genannten stark industrialisierten Landkreise befinden sich allein 8 sog. Artelle, d. h. Arbeitsgenossenschaften zur Erzeugung von Leinenwaren (1k). — Bei dieser Gelegenheit sei der prächtigen Ausstellung der Hausindustrie-Webwaren der Ukraine im Jahre 1920 in Berlin anerkennend gedacht.

Der Außenhandel von russischen Leinenwaren spielte schon i. J. 1653 eine beachtliche Rolle. Die Ein- und Ausfuhr bewegte sich nach der Richtung, daß neben rohem Gewebe, auch gute Erzeugnisse der Hausindustrie ausgeführt und feine Gewebe eingeführt worden sind. Kowalewski gibt uns über ältere Ein- und Ausfuhrdaten von russischem Webgut Auskunft (12) (in 1000 Pud)

Jahresdurchschnitt	Einfuhr	Ausfuhr	Jahresdurchschnitt	Einfuhr	Ausfuhr
1841/50 . .	400	1242	1881/90 . .	3410	1040
1851/60 . .	1520	1620	1891/95 . .	1440	600
1861/70 . .	2950	1380	1896	1769	636
1871/80 . .	6640	1420	1897	1768	924

Im Jahre 1912 wurden 409 t Flachsgarn und 1255 t Leinengewebe und im Jahre 1913: 175 t Flachsgarn und 1272 t Leinengewebe ausgeführt (70w).

Nach Kerteß (7) wurden im Jahr 1900 für 2,4 und im Jahr 1913 für 3,0 Mill. M. an Leinenwaren eingeführt und im Jahre 1900 für 107,9 und im Jahre 1913 für 205,6 Mill. M. Leinenwaren ausgeführt.

Seit der Revolution sind nach Europa — außer geringen Mengen von kunstgewerblichen Gegenständen — kaum in Frage kommende Mengen von Leinenwaren aus Rußland ausgeführt worden. Dagegen hat die Ausfuhr von Webwaren nach dem Orient an Bedeutung wieder gewonnen. Das zeigt die folgende Übersicht (70w).:

Leinenwaren in Mill. M.	1913	1927/28
Persien	108	92
Afghanistan	21,2	14
Wetschina	26	26,4
Mandschurei u. Zentralchina	25,6	11,6
Türkei	4,8	2,6

Der Wert der Orientausfuhr Rußlands an Leinenwaren erreichte 1924/25: 3,9 Mill. Rbl., 1925/26: 17,7 Mill. Rbl. und 1926/27: 25,7 Mill. Rbl. (70w).

Über die „Trustbildung" in der russischen Leinenindustrie hat H. Schürhoff in seiner schon genannten Arbeit die Verordnung der Sowjetregierung vom April 1922 bekanntgegeben, auf die hier hingewiesen sei (2p). — Der Wert der russischen Leinenproduktion wird 1926/27 auf 194,2 Mill. Rbl. geschätzt (1u); Produktionsplan: 1927/28: 203,7 Mill., 1932/33: 751,7 Mill. Rubl. (107g).

Die Zahl der in der Leinenweberei beschäftigten Arbeiter war 1924/25: 72000, 1925/26: 89000, 1926/27: 96000 und 1927/28: 98000 (70x). Besonders interessant erscheinen Angaben über den Verdienst der Arbeiter der Leinenindustrie in Sowjetrußland (nach amtlichen Angaben). Danach ist der Verdienst der Arbeiter in der Textilindustrie der geringste aller russischen Industrien. Im Durchschnitt aller Industrien werden im Monat 55,92 Rbl. = 204,45 österr. Schilling = 24,96 Real-(Kaufkraftrubel) = 120 Reichsmark verdient. In der Leinenindustrie verdiente dagegen der Arbeiter (1928) im Monat: 33,97 Rubel = 133,26 österr. Schilling = 15,12 Kaufkraftrubel = 78 Reichsmark (21o).

Zum Ausbau der russischen Leinenindustrie werden 1927/28 im Finanzplan ausgesetzt für Neubauten: 400000 Rbl., für Erweiterungsbauten: 7120000 Rbl., für allgemeine Reparaturen: 2470000 Rbl., für Wohnungsbau: 720000 Rbl., zusammen 10,7 Mill. Rbl. (1u)

Starken Einfluß hat in der Sowjetflachsindustrie die Einführung der Watermaschine ausgeübt, die statt bisher 3800, nicht weniger als 6800 Umdrehungen zu machen in der Lage ist. Eine kräftige Einfuhr dieser Watermaschinen ist in den Jahren 1929 u. ff. geplant (21r).

Polen.

Polens Hauptanbaugebiete befinden sich in früher russischen und österreichischen Provinzen, so in Bialystok, Wilna, Nowogrodek, Polesie und Lublin. Auch Teile von Oberschlesien, die von Deutschland weggenommen wurden, sind als alte bestgepflegte Flachsgebiete anzusprechen. Das Klima Polens und die sandigen Tonböden eignen sich sehr gut zum Flachsanbau. Trotzdem steht der Flachs Altpolens an Güte weit hinter den russischen und baltischen, noch mehr natürlich hinter den westeuropäischen Flächsen. Die Regierung soll sich in neuerer Zeit (1927/28) aber Mühe geben, die Beschaffenheit des polnischen Flachses zu verbessern (94qu). Besonders geklagt wird über die Verwendung schlechten Saatguts und über die primitiven Verfahren der Verarbeitung des polnischen Flachses.

Anbauflächen. Die Vorkriegsfläche (Durchschnitt der Jahre 1909/1913), berechnet auf das heutige Gebiet des polnischen Freistaates, wird amtlich mit 80445 ha angegeben (3), Russisch-Polen hatte etwa eine Flachsanbaufläche von 45000 ha und Österreichisch-Polen (Galizien) eine solche von 30000 ha.

In den Nachkriegsjahren bebaute man im heutigen Polen folgende Flächen mit Flachs:

1922: 101778 ha, 1923: 103453 ha, 1924: 106013 ha, 1925: 107588 ha (3), 1926: 108500 ha (25y), 1927: 111399 ha, 1928: 114079 ha (3). — Im Verhältnis zur Größe des Landes wird von Lettland und Litauen bedeutend mehr Flachs angebaut, absolut genommen steht Polen diesen Ländern voran. Man darf nicht verkennen, daß es Polen gelungen ist, seine Flachsproduktion bedeutend zu erweitern. Ob es der im Jahre 1929 in Wilna gegründeten Flachsgesellschaft — „Towarzystwo Lnierskie w Wilnie“ — gelingen wird, auch die Flachsqualität zu verbessern, bleibt abzuwarten (102f).

Die Hektarerträge waren vor dem Kriege (Durchschnitt 1909/13) 5,1 dz, 1922: 5,1 dz, 1923: 3,9 dz, 1925: 5,6 dz, 1926: 5,5 dz, 1927: 5,2 dz, 1928: 4,6 dz. Nach anderen Angaben sind die polnischen Hektarerträge nur mit 1500 bis 2750 kg gegenüber den deutschen mit 4000 kg einzuschätzen (25y). Der Faserertrag ist wohl in den einzelnen Wojewodschaften recht verschieden. 1928 soll der Faserertrag auf 6,2 dz je ha gestiegen sein (?) (94qu).

Als Ernteerträge werden auf das heutige Polen in Vorkriegszeiten (Durchschnitt der Jahre 1909/13) berechnet: 410200 dz. Nach dem Kriege wurde an Flachsfaser in Polen eingebracht: 1922: 516064 dz, 1923: 408255 dz, 1924: 436459 dz, 1925: 542400 dz, 1926: 504900 dz, 1927: 577800 dz, 1928: 520005 dz, 1929: 550000 dz (3).

Die Strohflachsernte betrug 1924: 218200 t, — 1926: 297811 t (2v) und 1927: 297811 t. Diese Zahlen werden angeführt, weil Polen vielfach auch Strohflachs zur Ausfuhr bringt.

Ohne Zweifel sind in der polnischen Flachswirtschaft quantitativ Fortschritte erzielt worden. Auch die Erträge Polens an Leinsaat sind bedeutend, z. B.: 1924: 56912 t, — 1925: 62000 t, — 1926: 71470 t (25y). In den einzelnen Bezirken wurden im Jahre 1927 angebaut (94k):

Wojewodschaft	Anbaufläche ha	Strohflachsernte t
Bialystok	18520	50004
Lublin	13570	45342
Wilna	13440	22117
Nowogrodek	11800	28354
Lodz	9070	27733
Polesie	6970	12594
Warschau	5980	23774
Lemberg	5290	15660
Kielce	5030	17191
Poln.-Wolhynien	4840	7564
Krakau	4170	11049
Posen	3640	13940
Stanislau	2760	9180
Tarnopol	2090	8682
Pommerellen	1270	4627
Poln.-O.-S.	—	—
Zusammen	108500	297811

Etwa das Dreifache wird in dem poln. statistischen Jahrbuch (1928) nachgewiesen (Vergleiche auch 102x) = Anbauflächen 1928

Röstindustrie. In Polen arbeiteten nach dem Kriege eine ganze Anzahl größere Aufbereitungsanstalten, die aber im Jahre 1927 bis auf fünf (Leistung: 3450 t jährlich) eingegangen waren. Es arbeiteten 1927 nur noch die Betriebe der großen Firma Zyrardow bei Warschau, ferner „Len Pomorski“ in Thorn, „Plotno“ in Posen und Bezdary, sowie „Linum“ in Leszno. Diese fünf Schwing- und Hechelanstalten liefern etwa 3500 t Flachs und Werg, wovon etwas über die Hälfte auf Zyrardow entfällt. Im Jahre 1928 arbeiteten in Polen wieder Flachsaufbereitungsanstalten in Zyrardow, Konitz, Thorn, Lissa, Gostyn, Steszewo, Lowicz, Bialla, Podlaska, Frampol, Bezdany und Mosarz. Die größte Leinenfabrik, die Posener Aktiengesellschaft „Plotno“, unterhielt im Posenschen Bezirk Chmielnik und Gostyn) zwei eigene Flachsstrohverarbeitungswerke, die jährlich 2000 t Flachsstroh verarbeiteten. Auch die Leinenfabrik „Len“ in Thorn, die jährlich 4000 t verarbeiten könnte, will ihre Jahresleistung um 2000 t erhöhen (70m). In der Hauptsache röstet der Bauer auf primitive Weise nach dem Tau- oder Wasserröstverfahren. Die polnische Enquêtekommission (1928) tadelt insbesondere die schlechte Aufbereitungsart des Flachses in Polen (94p)[1].

Die Sortierung der Flächse läßt in Polen noch sehr viel zu wünschen übrig. Nach polnischen Angaben schwankt die Ausbeute des heimischen Flachses zwischen 25 und 48%. Die Spinnausbeute von westeuropäischem Flachs erreicht dagegen 57—73% (94p).

Organisationen bestehen in Form von Genossenschaften. Ein Flachsmonopol besteht in Polen nicht, obgleich es an Ansätzen zur Schaffung eines Monopols (1919) seitens der Regierung nicht gefehlt hat. Diese vergeblichen Versuche sind, weil negativ, zugunsten Polens ausgefallen, denn mit den Flachsmonopolen hat noch kein Land sein Glück gemacht. Es dürfte auch zweifelhaft sein, daß sich Polen an der lettisch-russischen Flachskonvention mittel- oder unmittelbar beteiligen wird. Auch einem „Ausverkauf“ dürfte sich Polen im Interesse der Verhütung einer Preissteigerung des Eigenverbrauchs widersetzen. Die Beteiligung des Staates an einer Exportfirma „Len Kresowy“ im Jahre 1919 schlugen fehl (25x).

Transit. Polen benutzte Riga als Ausfuhrhafen im Umfange von 2736 t Faserflachs im Jahre 1924, von 4289 t im Jahre 1925, von 5816 t im Jahre 1926, und von 2189 t im 1. Halbjahr 1927 (1f).

Ausfuhr. Polens Flachsausfuhr wird amtlich wie folgt angegeben: 1922: 37899 dz, 1923: 65656 dz, 1924: 102306 dz, 1925: 120110 dz, 1926: 111713 dz, 1927: 141002 dz, 1928: 161189 dz und 1929: 18000 dz (Schätzung) (3). Die polnische Enquêtekommission berichtet dagegen über eine Flachsausfuhr im Jahre 1924 von 134790 dz, 1925 von 155930 dz und von 141140 dz im Jahre 1926 (94p). Eingeführt wurden: 1925: 6490 dz, 1926: 4580 dz, 1927: 3073 dz und 1928: 5668 dz.

Die Ausfuhr Polens an einzelnen Flachsprodukten gestaltete sich wie folgt (25y):

	1924 t	1925 t	1926 t	1927 t	1928 t
Strohflachs	3249	3582	2943		16209
Rohflachs, Hede und Abfall	9061	10245	9065	17192	1929:
Schwingflachs	981	1643	2081		16600
Flachsgarn	188	123	26	?	?

Zur Förderung der Ausfuhr polnischen Flachses — auch zur Verbesserung des Produktes (26) hat sich (1927) die Flachsgesellschaft zu Wilna gebildet (94qu).

[1] Weitere Mitteilungen über die Aufbereitungsanstalten in Nordpolen, sowie über die nordpolnische Flachskultur macht Percy Meyer-Riga im D. L. J. (102o) und (102y).

Die wichtigsten Absatzgebiete für den polnischen Flachs sind Deutschland, die Tschechoslowakei und Lettland (Transit). Als Ausfuhrgut wurde versandt nach Deutschland an Strohflachs (25y): 1925: 2334 t, 1926: 563 t, an Flachsfaser: 1925: 2751 t, 1926: 1499 t, an Schwingflachs: 1925: 235 t, 1926: 188 t und an Flachsgarn: 1925: 54 t, 1926: 10 t. Die Ausfuhr nach Deutschland ist besonders infolge der polnisch-deutschen Zollunstimmigkeiten zurückgegangen. Die Gesamtausfuhrzahlen für „Flachs und Abfälle" nach Deutschland waren für die Jahre: 1924: 5909 t, 1925: 5374 t, 1926: 2257 t und 1927: 5076 t (94m). Ferner wurde ausgeführt nach der Tschechoslowakei an: Strohflachs 1925: 1259 t und 1926: 2378 t, an Flachsfaser: 1925: 2759 t, 1926: 3039 t, an Schwingflachs: 1925: 197 t und 1926: 480 t und an Flachsgarn: 1925: 69 t und 1926: 16 t. Die Gesamtausfuhr an „Flachs und Abfällen" nach der Tschechoslowakei waren: 1924: 4378 t, 1925: 4605 t, 1926: 6754 t und 1927: 7776 t (94m).

Über Lettland kamen zur Ausfuhr: Flachsfaser: 1925: 3671 t, 1926: 3668 t, Schwingflachs: 1925: 1049 t und 1926: 1184 t.

Die Preise für polnischen Flachs stehen weit zurück gegenüber den Preisen, die für andere Flächse gezahlt werden. 1927: poln. Flachs: 50—80 £, lettl. Flachs: 95—100 £, belg. Flachs: 120—200 £. (1926) (94p).

Der Eigenverbrauch Polens dürfte etwa ein Drittel der Ernte absorbieren, also etwas über 100000 t Strohflachs. Nach den Mitteilungen der polnischen Enquêtekommission verarbeitet die größte polnische Flachsspinnerei, die jährlich 2600 t gehechelten Flachs verbraucht, nur 1600 t polnischen Flachs. Den Rest muß sie aus dem Ausland beziehen, da der polnische Flachs den Ansprüchen der Fabrikation nicht genügt (94p). Die Flachseinfuhr schwankte in den Jahren 1924—1927 von 230—660 t (94m), 1927: 342 t; 1928: 627 t.

Industrie. Die polnische Leinenindustrie war auch vor dem Kriege bedeutend. Es arbeiteten in der Leinen-, Hanf- und Juteindustrie vor dem Kriege: 56086 Spindeln, 2360 Webstühle und 10800 Arbeiter, im Jahre 1922: 27884 Spindeln, 1169 Webstühle und 6000 Arbeiter ohne die nicht organisierten Betriebe (2w). — In Kongreßpolen befanden sich vor dem Kriege 35200, in Tschechen: 9600 Spindeln. Am 1. Januar 1920 waren in Betrieb davon in Kongreßpolen 5350 Spindeln und im Tschechenbezirk 6000 Spindeln, sowie an Webstühlen 312 bzw. 110 Stück.

Die drei großen Leinenindustriebetriebe waren vor dem Kriege Tow — Akc — Zakladow Zyrardowskich, Warta Man. Co und La Csentochowa. Die größte Spinnerei des Landes ist heute noch die Zyrardowspinnerei (vormals Hielle und Dittrich) bei Warschau mit 22000 Spindeln. Sie soll das größte Unternehmen dieser Art in Europa vor dem Kriege gewesen sein. Sie besaß außerdem 1700 Leinenwebstühle und beschäftigte bis zu 10000 Arbeiter (einschl. der Baumwollspinnerei und -weberei). Die Entwicklung der Zyrardower Manufaktur war in den letzten Jahren (25z):

Anf. 1923:	10256	Spindeln,	454	Webstühle	im Betrieb
„ 1924:	14832	„	715	„	„ „
„ 1925:	7690	„	804	„	„ „
„ 1926:	14928	„	970	„	„ „
Juli 1926:	17644	„	722	„	„ „

Nimmt man nach Mischke (25z) die Vorkriegsprodukte mit 100 an, so wurden % erzeugt:

	1914	1923	1924	1925	1926	1927	1928
in der Leinenspinnerei:	100	37,81	54,68	28,35	55,03	—	—
in der Leinenweberei:	10	33,02	52,00	58,47	70,55	—	—
Beschäftigte Personen in der Leinenindustrie:	3797	1692	1959	1779	2454	740	1456

Die letztgenannten Zahlen der beiden Jahre 1927 und 1928 geben uns eine Ahnung von der gewaltigen Krise in der polnischen Leinenindustrie (70k).

Die Einfuhr von Leinenwaren Polens erreichte die Werte im Jahre 1924: 8,4, 1925: 8,7 und 1926: 3,6 Mill. Zloty (25z).

Die Ausfuhr von Leinenwaren aus Polen belief sich: 1924 auf 0,7, 1925 auf 0,7 und 1926 auf 0,4 Mill. Zloty (25z).

Die Einfuhr übersteigt gewichtsmäßig bedeutend die Ausfuhr an Flachsgarn und Fertigwaren. [Ausführliche Zahlen vgl. 94m].

Litauen.

Litauen war zur Zeit der Zugehörigkeit zum russischen Staatswesen ein Land, dessen Flachsbau weit weniger wichtig war, als er es heute ist. Man baute in den damaligen Gouvernements Kowno, Grodno, Suwalki und zum Teil Wilna seit Jahren um die 50000 ha (49000 Deßjatinen) mit Faserflachs an und erntete etwa 200000 dz Faser. Die Flachskultur hat sich aber in den letzten Jahren von den südlichen (sandigen) auch nach den nördlichen (tonigen) Gebieten ausgedehnt. Eine Zeitlang wurden die Bauern vom „Flachsfieber" von Lettland her angesteckt. Während aber die Flachsanbaufläche in Lettland im Jahre 1925 ihren Höhepunkt schon erreicht hat, scheint man in Litauen immer mehr auf die Ausdehnung der Flachsländereien bedacht zu sein. Jedenfalls ist die Anbaufläche seit 1913 um mindestens 50% vergrößert worden. Sie ist noch leicht zu erweitern, da angeblich 250000 ha mit Flachs belegt werden könnten und sich der Flachsbau für fast alle Gebiete des Landes eignet. Klimatisch soll Litauen gegenüber Lettland noch im Vorteil sein, denn Litauen ist klimatisch milder; die Aussaat ist früher möglich und die Ernte kann eher eingebracht werden.

Während des Krieges ist in Litauen fleißig Flachs angebaut worden, mehr als vor dem Kriege, so daß der neugegründete Staat schon 1919 angeblich mit etwa 75000 ha (?) Flachsland beginnen konnte, das damals 4,5 Mill. Pud Flachs und 2,7 Mill. Pud Leinsaat erbrachte (21b), womit Litauen sofort nach dem Waffenstillstand als wichtiger Flachshandelsstaat sich umwerben lassen konnte, was denn auch seitens der Engländer und Böhmen ausgiebig geschah.

Die Anbaufläche von Flachs und Hanf erreichte in Litauen in den Jahren:

1909/13	(im Durchschnitt)	55167 ha (3)	1924	(im Durchschnitt)	61500 ha
1913	„	51300 „	1925	„	76000 „
1914	„	55200 „	1926	„	81100 „
1920	„	67200 „	1927	„	84000 „
1921	„	51300 „	1928	„	95300 „
1922	„	51200 „	1929	„	86000 „
1923	„	52100 „			

Im Jahre 1928 wurden 96000 ha mit Lein angebaut, wovon 84000 ha mit Faserflachs bestellt waren (70k).

Auf die einzelnen Bezirke war der Bastfaseranbau Litauens wie folgt verteilt:

Kreis	1000 ha		Kreis	1000 ha	
	1927	1928		1927	1928
Alytus	2,3	2,5	Šiauliai	11,0	11,0
Biržai	9,5	9,5	Tauragé	3,6	3,9
Kaunas	2,3	3,0	Telšiai	5,2	5,4
Kedainiai	2,4	2,3	Trakai	1,8	2,4
Kretinga	5,3	7,1	Utena	6,0	9,8
Mariampolé	2,6	2,5	Ukmergé	3,8	5,7
Mažeikiai	4,4	4,2	Vilkaviškis	2,0	2,0
Panevežys	8,3	8,3	Zarasai (Ezerenai)	1,6	2,2
Raseiniai	2,3	2,8	Memelgebiet	0,2	0,2
Rokiškis	5,5	5,6			
Seinai	0,7	1,2	Insgesamt Bastfasern in Litauen	84,0	95,3
Šakiai	3,5	3,7	Darunter Hanf	5,0	—

Der Flächenertrag hat in Litauen in den letzten Jahren zugenommen, so daß man bei der gleichzeitigen Vergrößerung der Flächen auch auf höhere Erträge rechnen konnte. Jedenfalls hat Litauen in der kurzen Zeit seines selbständigen Strebens auch in bezug auf die Ernteerträge sein Nachbarland Lettland überflügeln können. Die Hektarerträge waren 1909/13 (im Durchschnitt): 4,4 dz, dann 1922: 4,0 dz, 1923: 5,8 dz, 1924: 5,3 dz, 1925: 5,1 dz, 1926: 4,7 dz, 1927: 4,0 dz und 1928: 3,6 dz.

Die Ernteerträge waren in den früher russischen Provinzen Litauens im Durchschnitt an Flachsfaser etwa 25000 t im Werte von 8—9 Mill. Rbl. und an Leinsaat 21000 t im Werte von 2,4 Mill. Rbl. Kowno allein erbrachte im Jahre 1913: 22600 t Faser und Wilna 8200 t Faser (27a). Im Jahre 1914 wurden 24800 t Leinsaat und 24160 t Flachsfasern geerntet.

Das internat. Landw. Institut in Rom (3) gibt als durchschnittliche Ernte der Jahre 1909/13: 241600 dz an. Als Nachkriegserträge können die folgenden Angaben gemacht werden:

1918/22	(Durchschnitt)	206000 dz		1925	(Durchschnitt)	413000 dz (3)
1920	„	205000 „		1926	„	383770 „ (3)
1921	„	188000 „		1927	„	335000 „
1922	„	205000 „	(3)	1928	„	346000 „
1923	„	302200 „	(3)	1929	„	360000 „
1924	„	326000 „	(3)			

Die stärksten Flachslieferanten sind die Provinzen: Ukmerge (1928: 30800 dz), Siauliai (30000), Utena (28400), Kretinga (24500), Mazeikiai (23300), Vilkaviskis (22700), Sakiai und Mariampole und Birzai je etwa 20000 dz.

Die Leinsaaternte Litauens erbrachte (in Tonnen): 1914: 24800, 1920: 24680, 1921: 23085, 1922: 28150, 1924: 26830, 1925: 39900, 1926: 34960, 1927: 39600 (70k), 1928: 25400 t und 1929: 42300 t.

Die Aufbereitung des litauischen Flachses erfolgt meist im bäuerlichen Betrieb (Tau- oder Wasserröste). Ungefähr 17 Unternehmen rösten Flachs gewerblich. In 1000 bäuerlichen Betrieben rechnet man mit 7000 Arbeitskräften (30d). Nach amtlichen litauischen Angaben bestehen dort 38 Aufbereitungsanstalten.

Auf die Flachssortierung wird in Litauen Wert gelegt, doch ist Lettland in dieser Beziehung noch weit voraus. Es soll in ein und demselben Waggon nur eine Sorte versandt werden. Bei Versand von mehreren Sorten in einem Wagen wird die Ausfuhrabgabe nach der höchsten im Wagen vorhandenen Sorte erhoben.

Flachserfassung- und Verkaufsorganisationen. Gleich zu Beginn der Gründung des Staates wurde ähnlich wie in Lettland und im Sowjetstaate ein Flachsmonopolamt errichtet. Nur wenige Ausführer hatten das Recht, im Auftrage der Regierung Flachs ans Ausland zu verkaufen. Wie in Lettland machte sich auch in Litauen im Jahre 1919 das englische Kapital sehr stark bemerkbar. Ein englisches Konsortium bekam 1919 das Recht, die ganze litauische Ernte aufzukaufen, aber schon 1920 hatten die Engländer ein Interesse daran, auch Deutsche mit „ins Geschäft zu ziehen“, die jedoch sich nicht darauf einließen (vgl. Lettland und Rußland), da die Engländer nur zu Höchstmarktpreisen plus 5% Provision Flachs abgeben wollten, der dann nach dem Abflauen der Kriegspsychose wesentlich billiger zu haben war. Das litauisch-englische Abkommen mit der „National Metal and Chemical Bank“ hatte kurze Beine. Schon 1921 hörte diese fremde Kontrolle auf. Aber auch die litauischen Monopolbestimmungen wurden schon 1922 gemildert. Durch Verordnung vom 23. 9. 1922 wurde allen behördlich eingetragenen Firmen freigestellt, sich an der Flachsausfuhr gegen Stellung einer Kaution von 20000 Lit. zu beteiligen. Ende der Saison

1922/23 wurde das Monopol ganz aufgehoben und die Ausfuhrfirmen erhielten das Recht, den Rohstoff bei den Erzeugern frei einzukaufen und gegen Bezahlung einer Ausfuhrabgabe ohne Einschränkung der Menge auszuführen. Seit 1926 ist man wieder daran, eine Flachsexportkontrolle zu schaffen. Die Genossenschaften legen Wert darauf, daß die Litauische Handelskammer in Kowno diese Kontrolle ausübe und daß dort ein Schiedsgericht für Streitigkeiten zwischen Exporteuren und ausländischen Käufern errichtet werde (25o). — Das kurzlebige Monopolamt in Kowno hat in den Jahren 1920—1922 durch seine Sammler folgende Flachsmengen zusammengebracht (in Tonnen zu 1000 kg):

	1920	1921	1922
Hechelflachs	4,1	9,5	3,7
Wasserröstflachs	1793	2244	2251,4
Tauröstflachs, geschwungen	531	350,9	207,3
„ ungeschwungen	1414,3	483,4	1023,3
Werg	617,8	111,7	425,2
Zusammen	4360,5	3199,1	3910,9

Handelsplätze. Litauen besitzt nur Binnenhandelsplätze. Der litauische Flachs wird zu einem bedeutenden Teil über Libau und Riga exportiert, z. B. 1924: 6075 t, 1925: 4788 t, 1926: 9821 t, 1927 (1. Halbjahr): 7532 t (25g). — Es ist begreiflich, daß Litauen bestrebt ist, den großen Einfluß der lettländischen Häfen etwas zu mildern. Der „Verband der litauischen Flachsexporteure" hat daher angeregt, daß die Frachtsätze nach Memel noch stärker herabgesetzt werden möchten, als dies bisher für den über das deutsche Memel auszuführenden Flachs der Fall ist. Die ganz bedeutenden Vorzugssätze, die die Leitung des Transits über Libau und Riga ausschalten und eine solche nach Memel bewirken sollen, lassen sich aber kaum mehr verringern, da die Eisenbahn schon bei den jetzigen Sätzen zum Teil mit Verlust arbeitet (25o). Jedenfalls sucht Litauen mit allen Mitteln seine Ausfuhrwaren über Memel zu verschiffen.

Ausfuhr. Deutschland war schon infolge seiner Nachbarschaft meist Litauens bester Flachsabnehmer. Die Jahre nach dem Kriege brachten es mit sich, daß Deutschland auf den viel zu teuren litauischen Flachs leicht verzichten konnte. Die Ausfuhr Litauens im Jahre 1919 wird auf 1 Mill. Pud angegeben. Der Staat kaufte damals den Flachs zu 70—80 Angsinas auf und gab ihn an England zu 500—700 Angsinas wieder ab. Nach der amtlichen litauischen Statistik, die am 25. Mai 1919 anfing zu arbeiten, wurden in der Zeit vom 25. Mai bis 1. Dezember 1919: 123492 dz Flachs für 873000 Angsinas verkauft. Der Gesamtexport 1919 soll 6184000 Angsinas ausgemacht haben (25qu).

Im Jahre 1920 wurden nach Percy Meyer (25qu) 345098 Pud (6000 t) für 168 Mill. Angs. und 1921 2400 t Flachs im Werte von 32 Mill. Angs. (ohne die damals reichliche Schmugglerware) ausgeführt. Im Jahre 1922 wurden bis 30. September 39000 dz Flachs für 164 Mill. Angs. ausgeführt. Es erfolgte dann die Umstellung der Währung. Vom 1. Oktober bis 31. Dezember 1922 exportierte man noch 7000 dz für 1224000 Lit. Im Jahre 1923 führte man aus Litauen 7725 t für 12,98 Mill. Lit. aus. Im Jahre 1924 waren es 14047 t im Werte von 54,8 Mill. Lit. Ein Exportrückgang erfolgte im Jahre 1925, in welchem nur 11062 t für 42,8 Mill. Lit. zur Ausfuhr kamen. (Die amtlichen Ermittlungen (3) geben für 1925 eine Ausfuhr von 13103,4 t an, ferner für 1926: 19733 t, 1927: 24149 t, 1928: 13176 t und 1929: 11529 t.) In Litauen wird neben der Faser auch viel Leinsaat gewonnen. Die Ausfuhrzahlen für Leinsaat seien zum Vergleiche angeführt: 1921: 16200 t, 1922: 8600 t, 1923: 18900 t, 1924: 18637 t, 1925: 20567 t (25r), 1926: 25762 t, 1927: 25018 t und 1928: 6993 t.

Die Artikel Flachs und Flachssaat nehmen in der litauischen Ausfuhr bei weitem die erste Stelle ein. Der Ausfuhrwert des im Jahre 1925 exportierten Flachses war 42,8 Mill. Lit. Der Wert aller im Jahre 1925 von Litauen ausgeführten Waren erreichte die Höhe von 242,7 Mill. Lit., so daß etwa der 6. Teil der Ausfuhrwerte allein auf Flachs entfiel. Auf Flachs und Leinsaat entfielen 1924: 25,5% und 1925: 27,1% des Gesamtwertes der Ausfuhr. Im Jahre 1926 stieg die Flachsausfuhr Litauens wieder bedeutend. Sie hatte 1926 einen Wert von 56,9 Mill. Lit. Für das Jahr 1928 wird die gesamte Flachsausfuhrmenge auf 15600 t (Wert 58 Mill. Lit.) geschätzt. Die Ausfuhr ist also in den letzten Jahren wohl zugunsten des in der Heimarbeit verbrauchten Rohstoffs zurückgegangen (94o). Über die Ausfuhr nach den einzelnen Abnahmeländern unterrichten die folgenden Zusammenstellungen:

Land	Jahr 1925 (25qu)		1927 (94k)					
	Flachsfaser		Flachs		Hede		Flachsabfälle	
	t	Mill. Lit.	t	Mill. Lit.	t	Mill. Lit.	t	Mill. Lit.
Deutschland . . .	4834,6	19,2	6102,3	17,4	2165,3	4,2	261,0	0,48
England	4261	16,3	7486,6	23,4	2661,0	5,9	110,4	0,22
Tschechoslowakei .	633,1	2,3	1279,8	3,1	163,0	0,3	6,3	0,006
Frankreich	384	1,6	513,4	1,6	—	—	48,9	0,05
Belgien	193,4	0,78	385,0	1,2	23,4	0,07	69,0	0,08
Lettland	251,9	0,83	1547,3	4,8	223,1	0,4	40,2	0,06
Schweden	457,6	1,78	984,1	2,9	20,2	0,04	—	—
Dänemark	36,5	0,13	—	—	—	—	—	—
Schweiz	10,2	0,04	—	—	—	—	—	—
Andre Staaten . .	—	—	50,0	0,5	0,5	0,001	—	—

Deutschland war somit im Jahre 1925 der Hauptabnehmer Litauens, wurde aber 1927 auf die zweite Stelle gedrängt. Alle übrigen Abnehmer, außer der Tschechoslowakei und Lettland (Transit), vielleicht auch außer Schweden, Frankreich und Belgien, spielen keine Rolle im litauischen Flachsexport. Eingeführt hat Litauen: 1924: 201, 1925: 922, 1926: 941, 1927: 1447 und 1928: 4453 dz Flachsfasern.

Man muß das kleine Land Litauen bewundern, das es verstanden hat, in so kurzer Zeit seinen Flachsertrag gewaltig zu steigern, die Nachbarländer Lettland und Estland zu übertreffen und als Rußlands bedeutendster Wettbewerber aufzutreten. Flachs steht nun an der führenden Stelle des litauischen Exports (30% einschl. Leinsaat). Es wäre nur zu wünschen, daß der litauische Flachs auch qualitativ sich an die Seite des lettischen Flachses stellen könnte. In Bezug auf Verbesserung von Qualität und Sortierung ist in Litauen noch sehr viel zu tun. Immerhin darf gesagt werden, daß der litauische Flachs den polnischen an Qualität weit übertrifft. Berichte vom Jahre 1929 besagen, daß die Qualität des litauischen Flachses schon gute Fortschritte gemacht habe.

Nach einer Verfügung des litauischen Finanzministers wird (1929) die zollfreie Ausfuhr von Flachs nur solchen Exporteuren gestattet, die beim Handelsdepartement eingetragen sind. Die Eintragung geschieht auf Grund eines Antrages, in dem anzugeben sind a) die Firma, b) der Name des Inhabers nach einem Handelsschein, c) die Zentralstelle und die Niederlage der Firma, d) die Namen der bei der Sortierung beschäftigten Personen, e) die Sortierungsanlagen (70n). In Regierungskreisen Litauens wurde (1929) die Befürchtung laut, daß der Flachsbau notgedrungen zurückgehen müsse, da sich infolge der geringeren Qualität gegenüber den Flächsen von Lettland, Estland und Rußland eine Absatzkrise bemerkbar mache, die mit der Zeit untragbar werde, — mit andern Worten: Es bleibt zuviel Flachs in Litauen liegen, so viel, daß seine Verarbeitung im Heimbetrieb nicht bewältigt werden kann (102i). Es verblieben in der Saison 1928/29 von einer Ernte von 30000—35000 t Flachs nicht weniger als 23000—28000 t; exportiert wurden 6000 bis 7000 t.

Industrie. In Litauen ist die Leinenheimindustrie zu Hause. Das Land verbraucht zu eigener Verarbeitung, zumeist der Pflanzer selbst, etwa ein Drittel seiner gesamten Flachserzeugung. Die Textilindustrie ist recht wenig entwickelt. 1924 zählt man im Lande nur 17 „Textilbetriebe", die mehr als 20 Arbeiter aufweisen und sich wohl zum größeren Teile mit der Verarbeitung von Baumwolle und Wolle beschäftigten. In einem anderen Berichte wird mitgeteilt, daß sich in Litauen 27 „Spinnereien" und 218 „Webereien" befänden. Als „Betrieb" ist hierbei die Heimindustrie eingerechnet, die mit mehr als einem Webstuhl arbeitet (30d). Einer amtlichen litauischen Mitteilung zufolge gibt es dort 10 Spinnereien und Webereien, die nur 275 Arbeiter beschäftigen (1928).

Lettland.

Daß in Lettland der Flachsbau seit langem blüht, darf uns nicht wundernehmen, da Riga als größter Flachsumschlageplatz der Welt auch auf sein nächstgelegenes Hinterland einen gewaltigen Einfluß ausgeübt hat. Leichter Absatz einer Kulturpflanze schafft Vermehrung der Anbauflächen, sofern die Pflanze sich einigermaßen für die Gegend eignet. Ich habe die Wirtschaft des lettländischen Flachses der Vorkriegszeit unter „Rußland" behandelt, weil es sich für diese Zeit um ein wirtschaftspolitisch zusammengeschlossenes Gebiet gehandelt hat. Um einigen Einblick in die Entwicklung des Flachsanbaues zu gewinnen, will ich hier einige Bemerkungen über den Flachsbau der heute zu Lettland gehörenden Gebiete aus der Zeit vor 1918 machen.

Von den lettländischen Provinzen war Livland stets das Flachsland dieses baltischen Staates. Verteilt man die Flachsanbaufläche vor dem Kriege, so treffen auf Livland 50,9%, auf Lettgallen 25,34% und auf Kurland 17,76%. Vom Gesamtareal des bebauten Landes waren in Livland 6,49%, in Lettgallen 5,33% und in Kurland 1,61% mit Flachs belegt.

Die gesamte Flachsanbaufläche Lettlands nahm vor dem Kriege — in den Jahren 1909/13 — im Durchschnitt 69619 ha (1909/12: 71627 ha) ein. Nach der Erreichung der Selbständigkeit des Landes bewegte sich die mit Flachs bestellte Fläche wie folgt:

1919:	27923 ha (22a)	1925:	78100 ha
1920:	30499 „	1926:	63800 „
1921:	34129 „	1927:	63200 „
1922:	37705 „	1928:	68700 „
1923:	56816 „ (3)	1929:	56000 „
1924:	60496 „		

Wenn wir auch die Anbaufläche des Jahres 1925 als zu hoch geschätzt ansehen, so hatte jedenfalls dieses Jahr in bezug auf Flachsproduktion Hochkonjunktur aufzuweisen. In einem Sonderbericht (1x) wird die 1925er Flächenzahl allerdings schon auf rund 70000 ha verringert. Die Anbaufläche der Vorkriegsjahre war aber jedenfalls ungefähr erreicht worden. In den nachfolgenden Jahren blieb sie allerdings um 10% zurück.

Der Flachsbau (Anbaufläche und Faserernte) Lettlands verteilte sich nach amtlichen lettländischen Angaben in 1000 ha bzw. 1000 dz wie folgt:

	1909/13		1920		1925		1926		1927	
	Fläche	Ernte	Fläche	Ernte	Fläche	Ernte	Fläche	Ernte	Fläche	Ernte
Livland	37,5	170,9	16,2	52,5	29,1	112,8	20,1	77,4	19,0	60,4
Kurland	13,1	62,4	7,3	24,9	2,7	10,4	2,6	8,9	2,4	7,9
Semgallen	zusammen mit Kurland				10,5	45,6	7,1	31,1	6,3	22,7
Lettgallen	19,0	69,0	7,0	18,7	35,8	131,3	34,0	135,8	35,5	94,7

Die Flächenerträge in Lettland waren vor dem Kriege 4,3 dz vom ha (1909/13 im Durchschnitt), 1923: 3,4 dz, 1924: 4,3 dz, 1925: 3,8 dz, 1926: 3,97 dz, 1927: 2,94 dz, 1928: 2,13 dz. Im allgemeinen kann man sagen, daß die Flächenerträge gegenüber den früheren Erträgen zurückgeblieben sind und voraussichtlich sich nicht steigern werden, da der Flachs anbauende kleine Bauer nicht in der Lage ist, eine richtige Fruchtfolge einzuhalten. Mit der Zeit werden die Felder mancher kleiner Bauern infolge dauernder Wiederholung des Flachsbaues flachsmüde werden; Bauern aber, die bisher keinen Flachs angebaut haben, werden nur mit viel Überredungskunst in die Bresche springen.

Ernte. Als Ernte wurden vor dem Kriege im Durchschnitt der Jahre 1909/12 im ganzen 30743 t Flachs und 26691 t Leinsaat eingebracht (22). Nach amtlichen Mitteilungen waren es im Durchschnitt der Jahre 1909/13 = 302295 dz.

In den Nachkriegsjahren erhielt man:

	an Flachsfaser t	an Flachssaat t		an Flachsfaser t	an Flachssaat t
1920	9590	10580	1925	30000	27910
1921	13920	15890	1926	25320	24670
1922	17040	14310	1927	18570	16640
1923	19220	16310	1928	14640	10430 (94 qu)
1924	26180	24600	1929	22300	24200 (3)

Entsprechend der großen Anbaufläche im Jahre 1925 wurde damals auch der Spitzenertrag Lettlands an Flachsfaser (und Leinsaat) erreicht. Im Jahre 1928 war die Ernte trotz erhöhter Anbaufläche (infolge von Überschwemmungen usw.) geringer. Nach freundlicher Mitteilung des lettländischen Generalkonsuls Kreevinsch war der geerntete Strohflachs (infolge der schlechten Witterung) im Jahre 1928 von so geringer Qualität, daß seine Verarbeitung zum Teil kaum lohnte. Aus diesem Grunde wird Lettland im Jahre 1929 kaum mehr als 6000 bis 7000 engl. t aus der Ernte 1928 ausführen können.

Die Flachsernteerfassung erfolgt in Lettland fast seit Gründung des Staates auf amtlichem Wege durch das Flachsmonopolamt. Im Dezember 1926 bestanden in Lettland 280 Annahmestellen des Flachsmonopolamtes (1z). Wie scharf die Regierung von Anfang an vorging, geht aus einer Verordnung vom Januar 1921 hervor, nach der alle Personen, die Flachs eingekauft hatten, diesen bis zum 31. Januar (1921) an die Rigaer Niederlage des Versorgungsministeriums abzuliefern hatten, sonst wurde der Flachs beschlagnahmt, und sie hatten noch eine Bestrafung zu gewärtigen. Dem Spitzeltum wurde 25% vom Werte des gefundenen Flachses als Lohn zuerkannt (24a). Daß sich die Flachsbauern mit dem Monopolamte nicht sehr befreunden können, erwies der 2. Flachsbauernkongreß Lettlands, gehalten am 31. Oktober 1926, der die Aufhebung der staatlichen Annahmestellen, die Übertragung der Flachsabnahme an die landw. Genossenschaften, die Aufhebung des Garantiesystems, die Auszahlung in Bankschecks und die Durchführung einer Neuorganisation der Flachsmonopolverwaltung beantragte (1y). Nach einem neuen Gesetz (1928) wird den Pflanzern eine höhere Prämie für das nächstfolgende Anbaujahr gutgeschrieben, wenn der Flachs um 2% mehr ans Ausland verkauft worden ist, als veranschlagt war (21 o). Das neue Prämiengesetz trat mit dem 1. 4. 1927 in Kraft (94i).

England hat sich kurz nach dem Friedensdiktat von Versailles alle Mühe gegeben, den lettländischen Flachs in die Hand zu bekommen. Es geschah dies durch die „National-Metal- and Chemical Bank", die der englischen Regierung gewissermaßen als Kommissionsagentur diente. Im Jahre 1920 sollte Großbritannien an Lettland 300 Mill. (damals) lettl. Rubel leihen. Dafür sollte es das Flachsmonopol auf 15 Jahre (und den Holzexport auf 30 Jahre) bekommen. England ist von diesen Plänen abgekommen, da die „Metal-Bank" größte Verluste erlitten hat. Lettland hat sich sodann durch Gründung seines Flachsmonopolamtes selbst geholfen. In den Jahren 1925—1927 fanden seitens der lettländischen und Sowjetregierung eifrigst Verhandlungen statt, um eine lettisch-russische Flachskonvention zu schaffen. Eine gewaltige Menge von Reden und Gegenreden, Federn und Druckerschwärze sind vergeudet worden, ohne daß diese von allen Seiten erwartete Vereinbarung endgültig beschlossen worden ist. Das Grundkapital dieser lettländisch-russischen Flachsexportgesellschaft wurde mit 1,2 Mill. Lats angenommen, von dem entsprechend der Flachsmengenbelieferung ein Drittel Lettland und zwei Drittel die Sowjetregierung aufzubringen hätten (2r). Man beabsichtigte zwar nicht Litauen, Estland und Polen an dieser Konvention zu beteiligen, aber man wollte nach Presseberichten die Flachsproduktion dieser Länder aufkaufen, um auf diese Weise auf die Gestaltung der Flachspreise Einfluß gewinnen zu können.

Nach Angaben des lettländischen Finanzministers W. Bastjahn (23a) „sollten" der Konvention (wohl für 1928 und die folgenden Jahre) jährlich folgende Flachsmengen zur Verfügung stehen:

Rußland etwa 60000 t, Lettland etwa 23000 t, zusammen 83000 t. Weiterhin produzieren zum Export: Litauen und Estland etwa 23000 t, Polen etwa 15000 t, zusammen 38000 t.

Mit diesen letzteren Mengen würde die Konvention allerdings den Flachsweltmarkt bedrücken können, da aber bekanntlich die Bäume nicht in den Himmel wachsen, wird es noch eine gute Weile dauern, bis derartig ausgedehnte Abkommen und Aufkäufe zustande kämen. Auch hätte die Sowjetregierung den Rigaer Flachshandel von dem Augenblick des Inkrafttretens dieser Konvention völlig in der Hand, da sie ihren gesamten Flachsexport über Riga zu lenken die Absicht haben soll. Die Sowjetregierung wollte im Fall des Zustandekommens der Vereinbarung ihre Flachszentrale von Paris nach Riga verlegen (2s). Auch dies würde den Weltflachsmarkt noch nicht umwälzen können, da die Frage des Angebotes und der Nachfrage, sowie des billigsten Transportes durch solche Maßnahmen immer noch nicht ausgeschaltet werden könnte. Außerdem spielt die evtl. Aufhebung der Prämiierungssysteme, der Kreditsysteme usw., die dem Zustandekommen der Konvention auf dem Fuße folgen würden, eine so große Rolle, daß man noch gar nicht voraussehen kann, in welcher Weise sich die Abkommen zunächst innerhalb der Länder Lettland und Sowjetstaat auswirken würden. — Auch die staatliche Kreditierung der privaten Flachshändler (1927: 10 Mill. Lats) müßte wenigstens zum Teil von der Konventionsgesellschaft getragen werden. Ob sich ferner die Übertragung des Flachsaufkaufes durch die Genossenschaften ohne finanzielle Schwierigkeiten vollziehen kann, steht auch noch auf einem unbeschriebenen Blatt. Die Verhandlungen Lettlands mit Sowjetrußland haben sich indessen (1928) zerschlagen. Lettland und Rußland führen im Jahre 1928 bestfalls zusammen 55000 t Flachs aus, während die Welthandelsernte 180000 t beträgt, so daß auch der Einfluß auf die Preisregulierung nicht so stark hervorgetreten wäre, wie man sich ursprünglich in Riga und Moskau vorgestellt hat (2t). — Im übrigen dachte man schon im Jahre 1927 in Lettland recht nüchtern über die sogenannte Flachskonvention (25a). Ob der lettländische Flachsgroßhandel durch das Monopolamt lahmgelegt werden soll (1929) oder sich weiterentwickeln kann — scheint das nächste Problem zu sein, das einer Lösung harrt (94z). Gewisse Zeichen deuten darauf hin, daß man in Lettland doch daran denkt, das Flachsmonopolamt allmählich abzubauen. Ich glaube nicht, daß das Verschwinden des Flachsmonopolamts in Lettland diesem Lande schaden würde; im Gegenteil — Litauen hat dem Abbau seines Flachsmonopolamts die rasche Entwicklung seiner Flachswirtschaft zu verdanken. Es verbleibt nur noch ein Vorbild — Sowjetrußland!

Flachsaufbereitung. Mit den mechanisch-chemischen Flachsaufbereitungsanstalten hatte man bis jetzt (1928) in Lettland wenig Glück. Die erste mechanische Anstalt entstand erst Ende 1922. Geplant war die allmähliche Errichtung von 24 (kleineren) Werken, in denen man etwa die Hälfte der lettländischen Flachserzeugung zu marktfähiger Ware fabrikmäßig hätte aufarbeiten können. Im Laufe der letzten Jahre hat denn auch die Gesellschaft „Lini" fünf Flachsaufbereitungsanstalten errichtet und mit meist englischen und einigen deutschen Maschinen (J. Küchenmeister, Freiberg i. Sa.) (25c) ausgestaltet. Die englischen Maschinen von Vickers haben sich indessen nicht bewährt, so daß sie fast ungebraucht geblieben sind. Außer den Betrieben der „Lini" besitzen noch die Firmen „Linrupneeks" und „Latvijas Lini" Aufbereitungsbetriebe. Im ganzen gibt es 15 Aufbereitungsanstalten in Lettland. Die größten Betriebe befinden sich in Wenden und Sesswegen (Livland), kleinere z. B. in Pürkeln und Meiran. Die A.G. „Lini" brach im Jahre 1927 zusammen (25d). Es kam zur Versteigerung, und das lettländische Finanzministerium hat als Hauptgläubiger die Betriebe übernommen (25e). Auch die anderen Firmen scheinen nicht lebensfähig zu sein, so daß auch sie über kurz oder lang dem Kreditgeber — dem Finanzministerium — in die Hände fallen werden. Die Betriebe werden auf genossenschaftliche Grundlage, besonders durch den Zentralverband „Konsum", weitergeführt werden. Staatliche Hilfe wird auch im Falle der Einführung reiner Privatwirtschaft nicht zu entbehren sein. Die Heimröste (Tauröste und Wasserröste) wird auch in Lettland ihre Bedeutung wohl nie verlieren.

Der Eigenverbrauch des Landes an Flachs wird im Jahre 1924 auf rund 17% und 1925 auf rund 21% der abgelieferten Flachsmenge, d. h. 4000—5000t Flachsfaser jährlich angegeben (25f).

Von Lettlands Flachshandelsplätzen steht Riga, das nach wie vor der größte Flachsumschlagplatz der Welt ist, oben an. Die Bedeutung Rigas wurde im Abschnitt „Rußland" schon ausführlich beschrieben. Riga spielt als Flachshandelszentrum schon seit 125 Jahren eine hervorragende Rolle. [Vgl. meine Aufsätze: „Die Entwicklung des russischen Flachsbaues und -handels und der Rigaer Flachswracke in 125 Jahren" (2h) und „Rigas Aufstieg zum größten Welthandelsplatz für Flachs" (26).] Die Flachshandelsstatistiken Rigas gehen bis auf das Jahr 1686 zurück. Schon 1794 wurden die ersten Flachswrackvorschriften von dem damals deutschen Rate von Riga entworfen.

Im Jahre 1914 war Riga mit einer Ausfuhr von etwa 17—18 Mill. Pud Flachs immer noch weit an der Spitze der Flachsumschlagplätze. Der neue Staat Lettland trat im Flachshandel eine schwierige Erbschaft an. Wurden im Jahre 1919 noch 3,5 Mill. Pud Flachs aus Lettlands Hauptstadt ausgeführt, so sank die Ausfuhr im Jahre 1920 auf den Tiefstand von 0,5 Mill. Pud. Die Statistik kennt einen solchen Tiefstand der Rigaer Flachsausfuhr nicht, denn schon im Jahre 1853 wurde sie auf 3,7 Mill. Pud angegeben. Seit 1921 erlebt jedoch Riga wieder starke Bedeutung. Es wurden aus Lettland ausgeführt in den Jahren 1921 bis 1925 im Durchschnitt: 16994 t, 1926: 25272 t, 1927: 16775 t.

Einen wesentlichen Teil zur Hebung Rigas trug vor allem der Transithandel bei, der im Jahre 1922: 15528 t, 1923: 19510 t, 1924: 23088 t, 1925: 19399 t, 1926: 35671 t (25m) und 1927: 43427 t über Lettland ausführen ließ Sowjetrußland nimmt an diesem Transit den Löwenanteil, nämlich: 1922: 15016 t, 1923: 16049 t, 1924: 15783 t, 1925: 12708 t, 1926: 22670 t, 1927: 32252 t und 1928: 22353 t.

Dazu kam noch der russische Transit an Werg: 1922: 324 t, 1923: 3387 t, 1924: 3747 t, 1925: 6319 t, 1926: 6807 t und 1927 (1. Halbj.): 7015 t (25g).

Auch Litauen sandte über Lettland (Riga) erhebliche Flachs- und Wergmengen: 1924: 6075 t, 1925: 4788 t, 1926: 9821 t, 1927 (1. Halbj.): 7532 t (25g).

Selbst Polen benützte Lettland als Umschlagplatz für Flachs und Werg, und zwar: 1924: 2736 t, 1925: 4289 t, 1926: 5816 t, 1927 1646 t und 1928: 2547 t.

Geringe Mengen (1102 t im Jahre 1926 und 2262 t im Jahre 1927) führte Estland über Riga aus, da dieses Land eigene Einrichtungen im Hafen von Reval besitzt. Der Flachstransitverkehr Lettlands aus Estland und Litauen und anderen Ländern (außer aus Rußland und Polen) erreichte im Jahre 1927: 9526 t und 1928: 4958 t (102e). Riga wird von ausländischem Flachs (1927) stärker gespeist als von lettländischem. Das Verhältnis war 1927 etwa wie 8:5 (25g). Vom Transithandel im Jahre 1926 nahmen auf: Belgien: 17968,7 t, Deutschland: 2133,2 t und England: 1857,1 t (25m). Lettlands Eigenexport und der Transithandel zusammen führten aus Riga im Jahre 1926: 61127 t Flachs aus (25m). — Die schon unter „Rußland" beschriebenen Flachsausfuhrhäfen Lettlands Libau und Windau spielen eine untergeordnete Rolle und dürften zum Rigaer Ausfuhrhandel heute noch in einem gewissen Abhängigkeitsverhältnis stehen. Der Transitflachs wird in Riga vielfach umsortiert, z. B. im Jahre 1928: 12894 t russischer Flachs, von denen dann 9345 t nach Frankreich-Belgien und 3549 t nach England gingen (102e).

Auch in der Sortierung der Flachse steht Riga an der Spitze der Oststaaten. Den lettländischen Sorten „Livländischer", „Kurischer Hoffs" und „Schwanenburger" kommt auch heute noch ihre Bedeutung zu. (Näheres über Sortierung siehe unter „Rußland".)

Über Flachspreise habe ich ausführlich unter „Welthandel" berichtet. Hier sei die Entwicklung der Flachspreise im Jahre 1928 veranschaulicht (in £ per Tonne):

	Jan.	Febr.	März	April	Mai	Juni	Juli	Aug.	Sept.	Okt.	Nov.	Dez.
Livonian	97	112	112	112	110	110	118	108	104	97	92	103
Pernau	94	112	108	108	108	108	106	106	103	97	88	95

Aus der Übersicht ist deutlich ersichtbar, wie leicht sich der Flachskäufer verkalkulieren kann.

Ausfuhr. Flachs ist für den lettländischen Ausfuhrhaushalt von ausschlaggebender Bedeutung. Macht doch die Flachsausfuhr etwa ein Drittel der gesamten Ausfuhr an landwirtschaftlichen Erzeugnissen des Landes aus, wobei zu berücksichtigen ist, daß Lettland z. B. eine sehr starke Butterausfuhr aufweist (25h). Nach den Angaben des lettländischen Finanzministers Bastjahn macht der Flachsexport allein 10—12% der Gesamtausfuhr des Landes aus (23). — Von Begründung des Flachsmonopols (1919) bis zum 1. Februar 1926 hat Lettland

105850 t Flachs im Werte von 186,8 Mill. Lat. ausgeführt und daraus einen Gewinn von 43,9 Mill. Lat. (= 23,5%) erzielt (25i). Im Jahre 1926 exportierte die Flachsmonopolverwaltung 25300 t Flachs für rund 38 Mill. Lat., 1927: 16775 t für 26,5 Mill. Lat. und 1928: 11864 t. Die Einnahmen sind für 1927 auf 1,5 Mill. Lat. vorgesehen gewesen. Man nimmt an, daß das lettländische Flachsmonopol sich nicht mehr lohnt und geht mit dem Gedanken um, das Monopolkapital, das 1926 ungefähr 200 Mill. Lat. betragen hat, einer staatlichen oder genossenschaftlichen Gesellschaft zu übertragen (25i). Die Stimmen für die Abschaffung des Flachsmonopols wollen (1929) nicht verstummen.

Die Ausfuhrzahlen des Landes stimmen namentlich in der ersten Zeit des Bestehens des Staates, da Deutschland noch vom Flachsbezug durch die Aktion Englands (siehe „Metal-Bank" im Aufsatz über „Rußland") ausgeschlossen war, mit den Exportmengen Rigas ungefähr überein. 1919/20 wurden 10158 t Flachsfasern ausgeführt, in den folgenden Jahren:

Jahr	Flachsfaser (25k) t	Leinsaat Mill. kg	Gesamtwert Mill. Lat
1921	6276	(+ 4,8)	13,6
1922	16125	(+ 11,4)	29,3
1923	22357	(+ 10,7)	44,6
1924	20505	(+ 18,7)	54,0
1925	19798 (= 40,4 Mill. Lats)	(+ 25,1)	51,8
1926	25460 (= 37,9 Mill. Lats)	—	38,0
1927	17068 (= 26,8 Mill. Lats)	(+ 6,5)	33,5
1928	11864 (= 25,4 Mill. Lats)	(+ 9,6)	31,0

1929 voraussichtlich nur etwa 6000—7000 t Flachsfaserausfuhr möglich (amtlich).

Die vom Intern. Landw. Institut in Rom (3) veröffentlichten Zahlen stimmen mit den obigen (1922—1925) überein, für das Jahr 1922 wird aber ein Export von 10264 t Flachsfaser angeführt. Die Einfuhr (Transit) wird von derselben Quelle wie folgt angegeben: 1922: 5529 dz, 1923: 9362 dz, 1924: 2635 dz, 1925: 1910 dz, 1926: 4540 dz, 1927: 5080 dz und 1928: 3327 dz.

Die Flachsausfuhr Lettlands nach einzelnen Ländern (25l) verteilte sich wie folgt (in t):

	1919/20	1921	1922	1923	1924	1925	1926	1927
Deutschland . .	—	2468,5	1771,1	2101,1	3889,9	1523,3	2083	2328
Großbritannien	6735	1344	2742,4	7753,5	6905,2	6799	9777	5910
Belgien	2484	3056	10152,9	10508,1	9058,0	11175,7	13373,6	8446
Frankreich . .	—	—	—	1860,8	479,9	96,5	131,5	33
Schweden . . .	—	50	161	81,8	—	2,5	10,1	15
Dänemark. . .	100	120	5	7,1	13	—	9,9	—
Norwegen . . .	—	—	—	27,5	10,2	—	—	—
Estland. . . .	—	—	—	12,1	—	—	—	—
Holland. . . .	819	—	—	—	65	—	20,3	—
Ver. Staaten .	—	—	—	—	30	—	—	—
Polen.	—	—	—	—	—	70,8	30,5	20
Danzig	—	—	—	—	—	40,8	—	1
Andere Länder	—	—	81,2	5,3	1,6	—	—	3
Finnland . . .	—	10	1,8	—	—	—	—	—
Zusammen	10138	7048,5	14915,4	22357,3	20445,8	18710,6	25455,9	16775

Im Jahre 1928 erhielten Frankreich und Belgien 6784 t, England 4723 t, Deutschland 420 t und andere Länder 65 t, d. h. 1928: 11992 t Flachsausfuhr aus Lettland (102e). — Am 11. 4. 1930 verbrannten in Riga 8500 t russ. Flachs im Werte von 10 Mill. M. (102aa).

Der Wert der Flachsausfuhr (Flachs und Hede) verteilt sich in den Jahren 1926 bis 1928 auf (in 1000 Lats):

	1926	1927	1928
Deutschland	2792	3625	933
Großbritannien	14705	8818	9911
Belgien	20331	13973	14419
Holland	15	—	—
Frankreich	208	49	(mit Belgien)
Dänemark	3	—	—
Polen	54	35	—
Schweden	12	21	—
Danzig	—	52(?)	—
Sonstige Länder	—	1	146
Zusammen	37998	26574	25409

Die drei Hauptabnehmer des lettländischen Flachses sind somit Deutschland, Belgien und Großbritannien. Belgien nimmt über die Hälfte des lettländischen Flachses ab, es folgt England mit etwa einem Drittel und den Rest nahm bis 1927 fast ganz Deutschland auf. Die übrigen Abnehmer kommen fast nicht in Frage.

Der lettländischen Leinenspinnerei und Weberei hat der Generalkonsul Lettlands in Berlin, E. Kreewinsch, eine längere Arbeit gewidmet (Konfektionär vom 9. 3. 1927). Diese Arbeit ist um so dankenswerter, als man sonst über die lettländische Textilindustrie äußerst wenig erfahren konnte. Das Flachsspinnen und Weben ist seit langem in Lettland heimisch. Vor dem Kriege bestanden in Lettland 9 Flachsspinnereien und Webereien, und zwar die Kurländische Flachsspinnerei in Mitau mit 7000 Spindeln, die Baltische Leinenmanufaktur in Kengeragge bei Riga mit 5000 Spindeln und die Mitauer Flachsmanufaktur Westermann & Döhring (jetzt Akt.-Ges. L. & J. Hoff) mit 5100 Spindeln. Werke geringen Umfangs gab es in Raiska-Salisburg, Schloß Marienburg, Paterson-Volmar, Davis Erben-Saßwagen. Die letztere Fabrik arbeitete mit 1500 Spindeln. Es gab also vor dem Kriege 18000 Spindeln in Lettland. 1927 waren von den Großbetrieben noch einer tätig und außerdem arbeiteten zwei kleinere Betriebe in Kreslin und Halgerin. Man schätzt die Zahl der lettländischen Spindeln im Jahre 1927 auf 13000 Flachsspindeln, wovon die Mitauer Flachsmanufaktur L. & J. Hoff allein 10000 Spindeln, an denen 700 Arbeiter (1928: 1500 Arbeiter) beschäftigt waren, besitzt. Die Produktion der Spinnerei betrug 1927 noch über 100000 kg Garn im Monat (Produktionswert 1927 dieser Firma: 10 Mill. Lats). Die Leineweberei „Buffalo“ ist ein Tochterunternehmen des erstgenannten Betriebs (Gründung 1926) mit 300 Webstühlen. Man hofft in Bälde mit 800 Webstühlen arbeiten zu können. Es besteht ferner noch die Lassenhöfer Leinenmanufaktur O. Seisler in Riga. Die lettländische Leinenindustrie genießt die Unterstützung der Regierung. Die genannten drei Fabriken stellten als lettländische Spezialität auch Treibriemen aus Werg her (25n). Als Produktionszahlen werden 720000 kg Flachsgarn (1920) angegeben. Etwa ebensoviel Flachsgarn wird in der dortigen Hausindustrie hergestellt (22a).

Die Textilienfabrik „Buffalo“ in Riga mußte als Kreditnehmerin der „Bank von Lettland“ im Jahre 1926 Leinenerzeugnisse im großen Maßstabe zur Versorgung des Landes herstellen (25x). Vgl. auch (107e). Die Einfuhr von Flachsgarn nach Lettland ist gering (1925 und 1926 je 11 t und 1927: 5 t). Die Ausfuhr ist nicht unbedeutend: 1924: 2694 t, 1925: 2353 t, 1926: 2848 t und 1927: 2992 t.

Estland.

Die Flachskultur hatte im vergangenen Jahrhundert in Estland eine größere Bedeutung als heute. Das Klima Estlands und namentlich der Boden des nördlichen (an Estland gefallenen) Livland sind aber vortrefflich für die Flachskultur geeignet. Vor dem Kriege baute man im Durchschnitt der Jahre 1900—1909 etwa 47000 ha und 1909—1913: 42192 ha (3) an. Eine Einzelangabe vom Jahre 1908 besagt, daß man damals 31589 Deßj. (ohne den Petschorydistrikt) angebaut hätte. Während des Krieges und besonders nach dem Kriege ist der Flachsanbau stark zurückgegangen, und nur im Jahre 1925 („Flachsfieber") erreichte man den Vorkriegsflächenumfang. Die Statistiken führen folgende Zahlen von Anbauflächen an:

1913: 32515 ha, 1915: 26730 Deßj. (ohne Petschory), 1916: 25132 Deßj. (ohne Petschory), 1919: 11500 Deßj. (ohne Petschory), 1921: 23500 ha, 1922: 23949 ha (3), 1923: 30637 ha (3), 1924: 30721 ha (3), 1925: 45600 ha (3), 1926: 33765 ha (25d), 1927: 35648 ha (25d), 1928: 33541 ha und 1929: 32000 ha.

Hauptanbaugebiet ist der Kreis Dorpat mit 6627 ha Flachsfläche (1926). Wichtig sind auch noch die Dorpat benachbarten Kreise: Fellin, Pernau, Petschur und Werro, die von 2585—6607 ha Flachsfläche (1926) aufwiesen (25t). Voraussichtlich wird die Flachskultur in Estland keinen erheblichen Aufschwung mehr nehmen, da sie allmählich zugunsten der Weidewirtschaft (Fortschritt in der Molkereiindustrie) sichtlich zurücktritt. Die Regierung (1c) bemüht sich zwar durch Gewährung von Krediten (1925: 20 Mill. EM., 1926: 10 Mill. EM. auf 5 Jahre zu 6%), sowie durch die Tätigkeit des Flachsbauinspektors L. Timpka (25u) den Flachsbau zu fördern. (Einzelbezirke vgl. 102s.)

Der Hektarertrag ist gegenüber der Vorkriegszeit wesentlich geringer geworden: a) Angaben in Puds: 1913: 30,7, 1922: 24,0, 1923: 19,6, 1924: 21,3 (2u), b) in dz: 1909/13 (Mittel): 4,0, 1922: 3,9, 1923: 3,2, 1924: 3,5, 1925: 2,98 (3), 1926: 2,7, 1927: 2,7 und 1928: 2,3 ha.

Die Faserernte war vor dem Kriege im Durchschnitt der Jahre 1900 bis 1909: 16393 t und 1909—1913 im Mittel: 16917 t (im Jahre 1913: 1180000 Puds). Von Nachkriegsernten nennen wir: a) in Puds: 1922: 574800, 1923: 599300, 1924: 655390 (2u); b) in t: 1919 und 1920 etwa 4000, 1922: 9416, 1923: 9817, 1924: 10743, 1925: 13624, 1926: 9265, 1927: 9647 (3), 1928: 7800 (94r) und 1929: 7300 t. — Die Erträge an Leinsamen sind für das Land von großer Wichtigkeit. Sie erreichten 1919/23 (Jahresdurchschnitt): 7700 t, 1924: 11693 t, 1925: 12415 t, 1926: 12070 t, 1927: 9336 t, 1928: 5827 t.

Die Aufbereitung in Estland geschieht zum überwiegenden Teil durch Tau- oder Wasserrotte. Einige Flachsröstereien, z. B. bei Abja, sind zumeist mit staatlichem Kredit errichtet worden, aber sie scheinen sich nicht zu lohnen, denn einzelne mußten schon geschlossen werden (1927). Die Blütezeit der mechanischen Flachsrösterei fällt in das Jahr 1924, in dem sie 6,4% (gegen 1,6% im Jahre 1925) der estländischen Produktion verarbeitet hat (27v). Auch die u. a. zur Stützung der mechanischen Rösterei gegründeten „ländlichen Genossenschaften" konnten nicht viel helfen. Am 15. Jan. 1929 wurde die (1926) abgebaute Röstfabrik unter dem Namen „Flachsfabrik Abaja A.G." (mit staatlicher Unterstützung) als Genossenschaftsfabrik wieder eröffnet (94qu).

Handelssorten. Der zum Verkauf und zur Ausfuhr bestimmte estnische Flachs wird wie folgt sortiert: „Petseri" (Petschur), „Vöru" (Werro), „Piiri" (Grenz), „Liivi" (Livland), „Tartu-" (Dorpat) und „Pärnu-" (Pernau) Flachs. Jede Sorte wird untergeteilt in: G (Geschnitten), R (Risten), HD (Hofs Dreiband), D (Dreiband), OD (Ordinär-Dreiband), Lod (Livland Ordinär-Dreiband). Der Flachs wird nach verschiedenen Merkmalen, wie nach der Zähigkeit, der Weichheit, dem Glanze der Faser usw. sortiert. Die besten und teuersten Flächse sind die „Vöru-" (Werro) und Petserisorten. Das Sortieren geschieht seitens der Pflanzer, Händler und Exporteure, wird aber vom Handelsministerium aus überwacht.

Handelsplätze für die Flachsausfuhr sind in Estland namentlich Reval und Pernau. Reval mit Baltisch-Port hatte als Flachsausfuhrhafen seine größte

Blütezeit in den Jahren 1896—1900, in denen 14,5% der nordisch-russischen Flächse von dort aus verschifft wurden (1913 nur noch 5,1%). Von Pernau aus wurden 1881/90: 7,8%, 1896/1900: 6,8% und 1913: 3,0% ausgeführt (11). Heute geht der Sowjetflachshandel so gut wie ganz über Riga. Estländischer Flachs geht nur wenig über Riga, so im Jahre 1926: 1102 t, wovon die Hälfte nach Belgien, ein Viertel nach Deutschland und ein Viertel nach England ging (25 m).

Handelsorganisation. Monopol. Gleich nach der Selbständigmachung Estlands (im Jahre 1918) wurde ein Staatsmonopol für den Flachshandel eingeführt. Die „National Metal and Chemical Bank", die in Lettland, Litauen und Rußland eine so große Rolle gespielt hat, konnte zwar in Estland keinen Fuß fassen, doch bekam 1919 die englische Firma W. F. Malcolm & Cie in London den Flachshandel Estlands kurze Zeit lang in die Hand. Die Regierung hoffte auf diese Weise, die neue estländische Währung stützen zu können. Aber schon am 12. 11. 1920 gab Estland sein Flachsmonopol auf, setzte allerdings den Flachsexportzoll auf 30% fest, der aber sich nur bis zum 11. 2. 1921 halten ließ, um dann auf 15% ermäßigt zu werden (25w). Zur Förderung des Flachshandels wurde der Zentralverband „Eesti lina" gegründet, von dem man aber wenig gehört hat. Daß die beiden noch bestehenden Monopolländer Sowjetrußland und Lettland anläßlich einer zu errichtenden Flachskonvention auch den etwa 8000 t jährlich betragenden Flachsüberschuß Estlands durch Verhandlungen oder Kauf zwecks leichterer „Preisbildung" in die Hände zu bekommen trachten, liegt auf der Hand. Es ist anzunehmen, daß die estländische Industrie einen solchen Aufkauf aufs schärfste bekämpfen wird.

Ausfuhrhandel. Der Anteil des Wertes des estländischen Flachsexportes am Gesamtwert der Ausfuhr des Landes macht immerhin etwa 10—20% aus, nämlich im Jahre 1923: 19%, 1924: 21%, 1925: 13%, 1926: 12%, 1927: nicht ganz 10% (25s).

Die erste Ausfuhr von Flachs nach Gründung des Staates ging nach England. In der ersten Zeit (Dez. 1919 bis Juli 1920) exportierte Estland 7039500 lbs im Werte von 862301 £, wovon allein 6100900 lbs im Werte von 766223 £ nach England gingen, der Rest verfing sich nach Frankreich. In den ersten Jahren nach dem Kriege blieb die Ausfuhrmengenangabe in Puds noch gebräuchlich. Sie betrug: 1922: 589694, 1923: 569387, 1924: 636150 Puds (2u).

Die amtlichen Ausfuhrzahlen (3) sind für die Jahre: 1922: 9659,2 t, 1923: 9326,6 t, 1924: 10432,8 t, 1925: 7574,2 t, 1926: 10333 t, 1927: 8794 t, 1928: 5630 t (94r), 1929: 7000 t (Schätzung).

Der Wert der Flachsausfuhr in Mill. Estimark erreichte die Höhe von: 1922: 987,6, 1923: 1084,8, 1924: 1690,5, 1925: 1286,8 Mill. EM. (25c), 1926: 11,71 Mill. Kr., 1927: 10,37 Mill. Kr., 1928: 9,30 Mill. Kr. (94r).

Für die Ausfuhr nach Monaten dürfte als Beispiel die vom Jahre 1926 willkommen sein: Januar: 2192,6 t (Wert 266 Mill. EM.), Februar: 1377,7 t (Wert: 178 Mill. EM.), März: 1433,4 t (Wert: 171 Mill. EM.), April: 2195,8 t (Wert: 233 Mill. EM.), Mai: 1120,3 t (Wert: 115 Mill. EM.), Juni: 402,0 t (Wert: 40 Mill. EM.), Juli: 278,4 t (Wert: 27,3 Mill. EM.), August: 185,6 t (Wert: 16,6 Mill. EM.), September: 205,1 t (Wert: 18,7 Mill. EM.), Oktober: 321,6 t (Wert: 30 Mill. EM.), November: 497,8 t (Wert: 40 Mill. EM.), Dezember: 1570,5 t (Wert: 130 Mill. EM.) (25t). Die Hochsaison dauert sonach vom Dezember bis April, im Mai ist Nachsaison, im August und September herrscht fast Stillstand, im Oktober und Dezember beginnen die ersten Anlieferungen der neuen Saison.

Der Wert der Flachsausfuhr (1926) von 1267,2 Mill. EM. bestritt fast die ganze estländische Einfuhr von Textilwaren, im Werte von 1282,7 Mill. EM. Fügt man hierzu noch den Wert der Leinsaatausfuhr, so wird der Textileinfuhrwert des Landes weit überholt. Die Flachseinfuhr Estlands ist gleich Null: 1925: 206 dz, 1926: 19 dz, 1927: 157 dz und 1928: 385 dz.

Der Eigenverbrauch Estlands an Flachs betrug im Jahre 1923: 3279 t. Im allgemeinen dürfte man Estlands Selbstverbrauch in Fabrik- und Heimindustrie auf 4000 t jährlich angeben können. Der Verbrauch der eigentlichen Leinenindustrie wird (1929) mit 1500 t angegeben (94r).

	1924	1925	1926	
	t	t	t	Wert in EM.
Deutschland . .	1923	1022	508,2	52,9
Belgien	2696	2019	4651,5	489,9
England . . .	3792	1838	1931,3	189,4
Frankreich . .	623	1823	3824,1	440,9
Finnland . . .	1091	551	749,7	67,0
Lettland . . .	41	159	379,0	23,2
Schweden . . .	176	124	—	—
Dänemark. . .	91	2	53,5	1,3

Industrie: Die estländische Leinenindustrie ist nicht unbedeutend. Außer zwei größeren Betrieben in Pernau (erste Pernauer Flachs- und Hedespinnerei von Gebr. Fröhling [Produktion etwa 40—50000 Pud] und „A.G. der Pernauer Flachsmanufaktur"), sowie einer großen Fabrik in Reval (Tallin), befinden sich noch eine Anzahl mittlere und kleinere Betriebe im Lande. Im Jahre 1927 beschäftigten die größeren und mittleren 6 Flachsspinnereien etwa 1500 Arbeiter. Diese Betriebe erzeugen aber vielfach auch Baumwollwaren. Der Produktionswert dieser Fabriken an Leinenwaren erreichte im Jahre 1927 rund 3,55 Mill. E-Kronen. In Estland werden hauptsächlich Leinengewebe erzeugt (während man in Lettland vornehmlich Flachsgarn herstellt). Als Ausfuhrgebiete für die baltischen Leinenerzeugnisse kommen außer Litauen noch die Balkanländer und Kleinasien in Betracht. Der Eigenverbrauch der lettländischen und estnischen Leinenindustrie wird 1927 auf 1677 t und 1928 auf 1500 t angegeben. Die estländische Bastfaserindustrie arbeitet hauptsächlich mit englisch-amerikanischem Kapital (21t). Flachsgarn hat die estländische Industrie in den Jahren 1922—1927 eine Herstellungserzeugung von 186 t auf 484 t erfahren. Leinengewebe wurde in Estland hergestellt: im Jahre 1922: 0,96, 1923: 1,23, 1924: 1,22, 1925: 0,8, 1926: 1,35 und 1927: 1,48 Mill. m (102/17).—Im Jahre 1926 wurden (abgesehen von dem Eigenverbrauch) 365 t Textilwaren für 1,4 Mill. EM. ausgeführt (25t).

Finnland.

Flachs gedeiht bis hinauf zum 63. Breitengrad. In Finnland wurde schon im 16. Jahrhundert Flachs angebaut, was daraus geschlossen werden kann, daß die Leinenwaren von Åbo und Karelien schon damals einen sehr guten Ruf hatten. Der Anbau verteilt sich auf die Provinzen Åbo Björneborgs, Tavastehus (mit Lampis, Koskis, Asikkala, Längelmäki und Orivesi). Diese beiden Provinzen erzeugten vor dem Kriege über 1500 dz Flachs. Zwischen 1200 und 1300 dz Flachs brachten die Provinzen Viborgs, Kuopio und Vasa hervor. Es folgt dann noch S. Michels mit fast 1000 dz, Nylands mit 600—700 dz und Uleàborgs mit etwa 250 dz Flachsfaser. Die Flächse wurden von altersher in den Bauernstuben versponnen. Großabnehmerin war schon lange vor dem Kriege die Leinenfabrik in Tammerfors (30a).

Die Anbaufläche war vor dem Kriege etwa 5000 ha (1910: 4952 ha). Sie muß an den Angaben über die Ernten gemessen im vorigen Jahrhundert über doppelt so groß gewesen sein. Nach dem Kriege baute man in Finnland 1918/22 im Durchschnitt: 6600 ha, 1922: 6950 ha, 1923: 5873 ha, 1924: 5282 ha und 1925: 5452 ha, 1926: 5464 ha, 1927: 5396 ha, 1928: 5495 ha und 1929: 54000 ha Flachs (einschl. wenig Hanf) an.

Die Flächenerträge waren in Finnland nie hoch. Man erzielte 1923: 2,3 dz, 1924: 2,4 dz, 1925: 2,9 dz, 1926: 2,8 dz, 1927: 3,0 dz und 1928: 2,9 dz Faser vom ha (3).

Ernte. Über die Ernten von Flachs (einschl. Hanf, auf den etwa $^1/_3$ der Erträge kommt) liegen ältere Angaben vor (2x und 3):

Jahr	dz	Jahr	dz	Tausend FM. Wert
1878/80 (Durchschnitt)	22289	1908	12271	859
1881/83 „	23486	1909	13132	919
1884/86 „	25986	1910	12887	902
1887/89 „	28171	1911	11689	811
1890/92 „	26391	1912	12667	887
1893/95 „	20935	1913	10968	768
1896/98 „	23460	1914	9790	685
1899	19957	1915	—	844
1900	19360	1916	12055	1122
1901	17403	1917	11215	2637
1902	19174	1918/22	13800	
1903	16692	1922	15634	
1904	15140	1923	13259	
1905	13486	1924	12217	
1906	13280	1925	16040	
1907	13604	1926	15344	
		1927	16067	
		1928	16097	
		1929	15000	(Schätzung)

Die Flachsaufarbeitung erfolgt in Finnland noch zumeist nach den alten bewährten Verfahren, der Tau-(Rasen-)röste und der Kaltwasserröste (in den Teichen von Lampis, Orivesi und Kuhmois im Tavastehus. Warmwasserröstversuche sind in Tammers schon vor dem Kriege in der Aufbereitungsanstalt „Hankalla“ in Kosko (Tavastehus) von Ingenieur A. Donner angestellt worden. Diese Anstalt gehört der Tamersforter Fabrik. Auch sonst befinden sich im Lande noch einige kleine Röstanstalten.

Der Eigenverbrauch Finnlands ist offenbar größer als seine Produktion. Die Leinenfabrik Tammersfors erhält nur 11,2% ihres Bedarfs vom Inlande (30a). Im Jahre 1900 wurden noch 966 t, im Jahre 1913 nur noch 282 t einheimischer Flachs dort eingeliefert. Der Jahresbedarf der Fabrik war 1910: 2155 t, 1914: 2698 t, 1915: 3500 t und 1916: 3997 t Flachs und Werg (2x). Die Fabrik behilft sich auch durch Eigenanbau. Sie bebaute 1924 selbst 800 ha mit Flachs.

Flachshandelsorganisationen fehlen in Finnland.

Ausfuhr fand nur vereinzelt in einigen Jahren statt, z. B. 1914: 3 t, 1916: 16 t, 1917: 10 t und dann erst 1924: 6 t, dagegen war die Flachseinfuhr bedeutender, nämlich an Schwingflachs, 1905: 1690 t (+ 76 t Werg), 1910: 2088 t (+ 90 t), 1909/13: 8268 t, 1914: 3851 t (+ 476 t), 1915: 5533 t (+ 709 t), 1916: 6187 t (+ 182 t), 1917: 3777 t (+ 53 t), 1919: 653 t (+ 14 t), 1922: 2295 t, 1923: 3240 t, 1924: 1129,3 t, 1925: 629 t, 1926: 732,8 t, 1927: 199 t und 1928: 552 t.

Transit. Solange Finnland von Rußland noch abhängig war, kamen über Finnland im Transit beträchtliche Flachsmengen z. B. im Jahre 1913: 532143 Pud nach England, 49000 Pud nach Norwegen, 10000 Pud nach Dänemark und 8002 Pud nach Schweden. Seit Wiedererlangung der Selbständigkeit ist der Transitverkehr über Finnland unbedeutend geworden.

Industrie. Die einzige Leinenspinnerei und -Weberei Finnlands ist die „Tammerfors Linne- och-Jorn-Manufaktur Aktie-Bolag“. Sie besteht schon seit 1861. Ihr Aktienkapital betrug 1919: 20 Mill. FM., das inzwischen auf 30 Mill. FM. erhöht worden ist (einschl. des Kapitals von je einer Maschinen- und Zellstoffabrik, die derselben Gesellschaft gehören). Die Fabrik stellt Shops, gebleichte Leinenwaren und Schuhsenkel her. Die Zahl der Spindeln war 1914: 14715, 1915: 11955, 1916: 12880 und der Webstühle: etwa 360 Stück. Arbeiter waren in der Leinenfabrik (1921): 2225 tätig.

Garne wurden 1916: 2692 t und Gewebe 1598 t erzeugt. Die Einfuhr bezieht sich besonders auf Seilerwaren und Fischnetze.

Schweden.

Schweden hat im Verhältnis zu seiner nördlichen Lage je nach dem Jahrgang eine Flachsanbaufläche in der Ausdehnung von 1500—2500 ha. Der Flachsbedarf Schwedens wäre mit einem Anbau von 8300 ha zu befriedigen.

Vor dem Kriege (1909—1913) wurden im Durchschnitt 1555 ha, nach dem Kriege: 1918/22 (im Durchschnitt) 2500 ha, 1922: 2253 ha, 1923: 2204, 1924: 2049 ha, 1927 und 1928: 346 ha und 1929: 350 ha mit Flachs bestellt. Zur Förderung des Flachsbaues setzte die schwedische Regierung 16000 Kronen in den Etat ein (1920).

Hektarerträge können unter den dortigen klimatischen Bedingungen nicht hoch sein. Sie waren 1909/13: 3,2 dz, 1922: 1,4 dz, 1923: 1,3 dz, 1924: 1,0 dz vom ha. Schweden hat somit die schlechtesten Ausbeuten Europas.

An Ernten wurden gewonnen 1909/13: 5117 dz, 1918/22: 6700 dz (und 4600 dz Saat), 1922: 3140 dz, 1923: 2840 dz und 1924: 2110 dz, 1925: 2470 dz, 1926: 2070 dz, 1928: 3000 dz und 1929: 2750 dz.

Eine Flachsbearbeitungsanstalt befindet sich (1919) in Hässeholm.

Flachsausfuhr weist Schweden naturgemäß keine auf. Im Jahre 1925 wurden 3 dz, 1926: 45 dz und 1927: 96 dz versandt. Auch die Flachseinfuhr zur Versorgung der dortigen Industrie ist nicht erheblich. Sie erreichte 1909/13: 2013 t, 1922: 2338 t, 1924: 1927 t, 1925: 1777 t, 1926: 2510 t, 1927: 2400 t und 1928: 2158 t.

Industrie. Es befinden sich in Schweden u. a. 4 große Leinenwarenfabriken (R. Jonsson, Julius Bertelsen & Cots und A. B. Kinna, sowie Sveriges Foerenade Linnenfabrikers A.G. Göteborg). Diese Fabriken haben sich zu einem Trust (1920) zusammengeschlossen.

Norwegen.

Flachsanbau wird in Norwegen so gut wie nicht betrieben. Auch die Flachseinfuhr ist nicht erheblich. Sie betrug 1909/13 (im Durchschnitt): 884 dz, 1922: 456 dz, 1923: 216 dz, 1924: 1394 dz, 1925: 545 dz, 1926: 448 dz, 1927: 218 dz und 1928: 310 dz.

Von diesen Mengen gingen in der Ausfuhr wieder aus dem Lande, 1922: 58 dz, 1923: 97 dz, 1925: 6 dz, weiterhin 0 dz.

Dänemark.

Der Flachsanbau in Dänemark ist zwar alt, aber doch so unbedeutend, daß er statistisch nicht erfaßt wird. Durch das Friedensdiktat von Versailles wurden Dänemark einige deutsche Gebiete aufgedrängt, die etwas Flachsbau aufwiesen. Die Saatprüfungsstation in Lynby befaßt sich auch mit Flachsanbauversuchen (2y).

Die Flachseinfuhr war 1909/13 im Mittel 78 dz, 1922: 132 dz, 1923: 61 dz, 1925: 359 dz. Bedeutendere Mengen Flachs, die wir bei der Ausfuhr von Rußland und Lettland genannt haben, scheinen in der Hauptsache zum Weitertransport bestimmt gewesen zu sein. Sie hatten im Jahre 1913 nur einen Wert von 8803 Rbl., in den Jahren 1896/1900 dagegen 487818 Rbl., von da ab fiel der Export Rigas nach Dänemark rasch.

Eine Reinleinenindustrie gibt es in Dänemark nicht, dagegen befassen sich 23 zumeist kleine Betriebe mit der Herstellung von Halbleinen. Die bedeutenderen Fabriken sind die von: Brandt, Modeweg, Horsholm, Lund und Kjaers (30b). Ihr Bedarf an Flachsgarn war 1919: 52675 kg (2y).

Die Produktion von Leinengewebe war 1920: 310,5 t bei einem Eigenverbrauch von 245 t. Einzelheiten über die Produktion der dänischen Industrie 1916/19 siehe (30c). Flachsgarn wird hauptsächlich von England bezogen. Die Ausfuhr von Leinen-, Hanf- und Jutewaren, die in der Statistik zusammengefaßt werden, überwiegt bedeutend die Einfuhr.

Die dänische Halbleinenindustrie wollte sich (Ende 1927) zu einem Trust zusammenschließen.

Großbritannien und Nordirland (Ulster).

Das größte und älteste britische Flachsanbauland ist der Teil der „grünen Insel", der englisch geblieben ist und nicht zum Freistaate Irland gehört. In England selbst ist nur sporadisch Flachs gezogen worden. Wir wollen diese beiden Gebiete, die ganz auf die britische Industrie eingestellt sind, zusammen behandeln. Über den Flachsbau andrer Länder des britischen Weltreichs, nämlich in Amerika: Kanada, in Afrika: Kenya, Südafrika, in Asien: Zypern und Indien und in Australien und Neuseeland werden wir in den Abschnitten über die betr. Erdteile berichten.

Der Flachsanbau in England geht bis auf die Römerzeiten zurück. Er fand Förderung unter Wilhelm I., Eduard III. und besonders unter Richard III., unter dessen Regierung im Jahre 1386 die erste Leineweberzunft in England gegründet wurde (32b). Auch Heinrich VIII. hatte großes Interesse für den Flachsbau. Er verlangte, daß jeder Pflanzer, der 60 acres besaß, davon mindestens einen acre mit Flachs bestellte (Gesetz vom Jahre 1533). Nach dem Tode Heinrichs scheint indessen der englische Flachsbau wieder zurückgegangen zu sein, denn die englische Regierung sah sich veranlaßt, vom Jahre 1783 ab Anbauprämien zu gewähren, die verstärkten Anbau zur Folge hatten, bis dann der russische Flachs in Wettbewerb trat. Schutzzölle, mit denen dann der fremde Flachs belegt wurde, hatten nicht den gewünschten Erfolg; im Jahre 1845 wurden diese auch wieder aufgehoben. Während der Jahre 1861 bis 1864 (z. Z. des amerikanischen Bürgerkrieges) trat Baumwollmangel ein, was einen erhöhten Flachsanbau auch in England zur Folge hatte. Den gleichen Einfluß hatte der deutsch-französische Krieg, denn im Jahre 1870 erreichte Englands Flachsanbaufläche eine Größe von 23957 acres (½ Faserflachs und ½ Leinsamen) (32a). Von da ab sank der Flachsanbau in England selbst ständig. Die Anbaufläche war 1887 noch 17366 acres, (2z) um schließlich bis zum Jahre 1911 auf nur 449 acres zu sinken, die in Pertshire bestellt worden sind. Geringe Vermehrung erfuhr die Flachsanbaufläche während des Krieges (1915: 664 acres). Das im Kriege entstandene englische Flachsamt „Flax Control Board" hatte für Anbau und Zufuhr zu sorgen. (Über die amtlichen Vertragsbestimmungen des Flachsanbaues siehe Quelle (33a).) Um die Flachsnot zu steuern, wurde der „Flax Production Branch" beim „Board of Agriculture" geschaffen, welches im Jahre 1917: 10000 acres und 1918 in Sommerset und Dorset (3450 acres), Yorkshire (3755 acres), Lincolnshire (3173 acres), Suffolk (1802 acres) und Tifeshire (1357 acres), zusammen: 12363 acres (31) anbaute. Im Jahre 1919 war die amtliche Anbaufläche auf 12568 acres gestiegen (31). Außerdem baute 1919 noch eine Privatfirma 1140 acres mit Flachs an. Im Jahre 1920 finden wir noch einen Zuwachs auf 15500 acres Flachsanbaufläche verzeichnet (31). Zur Förderung des Flachsbaues entstanden das „Empire Flax Growing Commitee" (gegründet am 25. 2. 1918) (30e.) Seinen Bemühungen ist es zu verdanken, daß noch im Jahre 1922 in England und Wales 22276 und in Schottland 1638 acres Flachs angebaut worden sind. Diese Fläche verringerte sich mit der zunehmenden Einfuhr von Flachs aus Rußland und dem Baltikum allerdings schon im Jahre 1924 auf 5743 acres in England und Wales, auf 6 acres in Schottland (2z). Diese Zahlen scheinen übrigens stark gefärbt zu sein, um das sehr rasche Sinken der Anbauzahlen zu verdecken. Der heutigen ungeschminkten Statistik dürfen wir daher wohl mehr Recht geben. Sie gibt für Großbritannien (ohne Irland) folgende Flachsanbauflächen an: 1909/13: (Durchschnitt): 197 ha, 1922: 1972 ha, 1923: 487 ha, 1924: 275 ha, 1925: 580 ha, 1926: 438 ha, 1927: 478 ha und 1928: 1189 ha (3).

Anbau in Nordirland (Ulster): Das irische Flachsdorado ist so bekannt, daß wir seinen Ruhm nicht zu vermehren brauchen. Über die geschichtliche Entwicklung dürfen wir auf das unter „England" Gesagte verweisen, denn selbstredend galt die Fürsorge des Herrschers nicht weniger dem irischen Flachsbau. Auch Irland (einschl. des Freistaates bis 1920) hatte vor dem Kriege starken Rückgang der Flachskultur zu verzeichnen. Es wurden in Irland bis 1920 (einschl. Freistaat) angebaut: 1864: 140000 ha, 1865: 43705 ha, 1890: 39204 ha, 1891: 30212 ha, 1893: 27305 ha. Ferner in acres: 1898: 39489 acres, 1904/13 (Durchschnitt): 51712, 1912: 55062, 1913: 59305, 1914: 49253, 1915: 53143, 1917: 107705, 1918: 141538, 1919: 95610, 1920: 127198, 1921: 32492, 1922: 29117, 1923: 42712, 1924: 42838 acres (30f), 1925: 37812, 1926: 36000 acres. Die amtlichen Anbauzahlen in ha (3) lauten: für 1909/13 (Durchschnitt): 17404, 1922: 11783, 1923: 17285, 1924: 17336, 1925: 15291 ha, 1926: 12209 ha, 1927: 10657 ha, 1928: 15074 ha und 1929: 14000 ha. Anbaufläche 1929: 13700 ha (Schätzung).

Die gewaltige Steigerung des Flachsanbaues vom Jahre 1917 ab ist der Anregung der Regierung, wie dem Eifer privater Verbände zuzuschreiben. Außer den oben genannten amtlichen Stellen seien genannt: „The Irish Producers Association", „The Ulster Farmers Union", „The Flax Industry Development Society", sowie die „Linen Industry Research Association" (gegründet 1919). Den letzteren beiden ist auch die Entstehung und die weitere Unterstützung der britischen Flachsforschungsanstalt in Lambeg zu verdanken, die sich schon reichlich betätigt hat (30g und 2b). Sie ist besonders bekannt geworden durch die ihr gelungene Zuchtsorte „J. W. S.". Für dieses „Linen Research Institute" stiftete das nordirische Handelsministerium 22000 £ und außerdem 10000 £ für allgemeine Förderung des Flachsanbaues. Besonders interessant ist auch das „Irische Flachsabkommen" (etwa 1920), das unter den irischen Flachspflanzern viel böses Blut gemacht hat, da der weniger wertvolle englische Flachs besser bezahlt wurde als der irische Flachs, was heute natürlich nicht mehr geschieht.

Zu erwähnen sind noch die irischen Flachsanbaugebiete: Flachs wird hauptsächlich in den sechs Grafschaften: Down, Antrim, Londonderry, Tyrone, Fermanagh und Armagh angebaut (30h).

Der Flächenertrag erreichte in Nordirland: 1909/13 (Durchschnitt): 5,0, 1922: 4,1, 1923: 4,3, 1924: 3,4, 1925: 3,9 dz, 1926: 5,0 dz, 1927: 4,8 dz und 1928: 3,9 dz vom ha (3). Interessant sind noch die aus der Praxis stammenden Angaben über die Erträge vom acre in stones: 1912: 42,11, 1913: 36,25, 1922: 29,86, 1923: 25,93, 1924: 21,42, 1925: 29,8, 1926: 31,6 stones (30f und 1e).

Über die Ernten in England liegen spärlichere Nachrichten vor. Der Ertrag der englischen und schottischen Ernten war: 1913: 153 t, 1915: 123 t, 1917: 379 t, 1918: 2343 t, 1919: 2755 t, 1922: 222 t, 1923: 917 t, 1923: 103 t (30f).

Die Produktion in England nahm nach dem Kriege schnell ab, so daß selbst die Statistik des Intern. Landw. Instituts in Rom sich sowohl über die Erntemengen, wie über die Erträge vom ha ausschweigt.

Von den Ernten in Nordirland liegen genaue Belege vor. Das Jahr 1890 erbrachte noch 20045 t. Schon im folgenden Jahre 1891 wurde ein Rückgang der Faserernte auf 12433 t verzeichnet. Als Durchschnittsernte der Jahre 1907 bis 1911 werden 9000 t genannt (1904 bis 1913: 10677 t). Es seien noch die folgenden Jahreserträge genannt: 1912: 14452 t, 1913: 13439 t, 1914: 8792 t, 1915: 10162 t, 1916: 15404 t, 1917: 16271 t, 1918: 18252 t, 1919: 14270 t, 1920: 16652 t, 1921: 4293 t, 1922: 5434 t, 1923: 6922 t (30f, 1e), 1924: 5912 t, 1925: 5944 t, 1926: 6123 t, 1927: 5068 t, 1928: 5950 t (3), 1929: 5600 t.

Die Preise im Jahre 1919/20 waren gewaltig gestiegen, was eine starke Vermehrung der Flachsgewinnung zur Folge hatte. Der plötzliche Preissturz in der zweiten Hälfte des Jahres 1920 bewirkte dann in schroffer Weise das Gegenteil. Die den Pflanzern i. J. 1928 bezahlten Preise von 30 £ je acre Flachs müssen als lohnend bezeichnet werden. Diese Preise werden aber nur von der Watson-Waddel Unretted Flax Process Co. in Belfast bezahlt.

Die amtlichen Ernteergebnisse (3), werden wie folgt angegeben: 1909/13 (Durchschnitt): 86855 dz, 1922: 47744 dz, 1923: 74182 dz, 1924: 59124 dz, 1925: 59439 dz.

Aufbereitung. Auch in Nordirland und England entstanden kurz nach dem Kriege eine größere Anzahl Röstanstalten, im ganzen etwa 12, die aber 1927 bis auf 2 eingegangen waren (32a).

Flachsmonopole gab es in England und Irland nie. Die Kriegsgesellschaft wurde entsprechend dem englischen Charakter der Handelsfreiheit bald nach dem Kriege aufgehoben.

Die große Leinenindustrie Englands und Irlands war von jeher auf Flachseinfuhr eingestellt, so daß ein großer Teil der zur Verarbeitung benötigten Menge Flachses von anderen Ländern beschafft werden mußte. Die „Linen Trade-Corporation" sorgte sowohl für die ungehinderte Einfuhr, wie für den Eigenanbau. Nach älteren Angaben wurden 1890: 19607 t und 1891: 25387 t Flachs eingeführt (34a). Aus der folgenden Übersicht ergibt sich der Umfang der britischen Flachseinfuhr. Gleichzeitig sei die Flachseinfuhr berücksichtigt:

Einfuhr und Ausfuhr von Flachs nach bzw. aus Großbritannien und Irland (30f und e).

	Einfuhr				Ausfuhr
	Flachs t	Wert Tausend £	Werg t	Wert Tausend £	Flachs t
1909/13	69358	—	18126	—	—
1913	84270	4180,1	18183	591,0	8787
1915	63632	—	21174	—	6730
1916	74447	6753,6	—	—	—
1917	70346	10194,5	13991	—	4187
1918	22950	3660,4	—	—	—
1919	9996	2632,4	1111	—	3231
1920	18418	7374,8	2370	401,7	—
1921	16275	3124,2	2376	225,3	6204
1922	31096	3327,6	8513	616,1	—
1923	27641	2651,4	6050	356,2	—
1924	36858	4340,6	13011	996,7	11114
1925	29370	3768,5	4954	404,8	7383
1926	38932	3335,5	4301	239,5	—
1927	47700	—	—	—	—
1928	33389	—	—	—	—

Die amtlichen Ein- und Ausfuhrzahlen von Flachs und Werg zeigt die folgende Übersicht (3) in dz:

Jahr	Einfuhr		Ausfuhr	
	Flachs	Werg	Flachs	Werg
1909/13	763448	186587	24548	5324
1922	315676	86496	18482	8260
1923	280846	61471	64336	16988
1924	372107	132076	40114	9246
1925	298413	50335	25716	24263
1926	395252	43212	19488	2957
1927	407445	77209	18197	1819
1928	295365	43883	24466	7589

Die Einfuhr von Flachs nach Großbritannien erfolgte vornehmlich aus Belgien, Holland, Rußland und den Randstaaten. Früher war naturgemäß Rußland der Hauptlieferant, das seinen Flachs über Riga einführte. Großbritannien war fast stets der Hauptkunde Rigas. Es sei daher die Entwicklung des Riga-England-Flachshandels hier veranschaulicht (11):

Einfuhrwerte von Riga-England (in Mill. russ. Rubeln): 1866/70: 7,2, 1871 bis 1875: 5,1, 1876/80: 5,3, 1881/85: 7,5, 1886/90: 5,0, 1891/95: 5,6, 1896/1900: 6,7, 1901/05: 8,9, 1906/10: 11,6, 1911: 13,1, 1912: 20,1, 1913: 16,8.

Die Einfuhr nach Ländern sei in tabellarischer Form gegeben.

	1909/13 5-Jahres-durchschnitt	1914	1915	1916	1917	1918	1919
	(in tons von 2240 Pfund)						
Rußland	69331	64169	71856	80407	77281	23696	3895
Belgien	20149	16350	1171	62	—	—	545
Niederlande	2211	4509	6394	1932	2868	597	2880
Deutschland	582	284	—	—	—	—	—
Frankreich	573	1304	3419	3629	3501	288	—
Andere Länder	657	510	1860	449	687	454	3788
	93503	87126	84700	86479	84337	25035	11108

Englands Einfuhr von Flachs und Werg nach Bezugsländern (31) [in engl. t (zu 2240 lbs)]:

	1920		1921		1922		1923		1924		1926	1927
	Flachs	Werg	Flachs	Werg	Flachs	Werg	Flachs	Werg	Flachs	Werg	Flachs	Flachs
Rußland . .							3088	1575	2391	2469	1729	713
Lettland . .	11654	197	662	—	12877	4746	9882	—	10384	—	15607	11636
Estland . .							3279	968	4583	2656	4797	2329
Belgien . .	1827	540	9730	376	7230	458	7706	417	13123	2639	8213	13247
Niederlande	2558	—	1917	—	1552	—	1364	—	2958	—	1788	2266
And. Länder	2393	1919	3966	640	9410	3270	2322	3090	3419	5247	2508	3124
Zusammen	18432	2456	16275	2376	31069	8474	27641 (30f)	6050	36858 (30f)	13869	34642 (32d)	33315 (32d)

Preisbildung. Bei einem so ausgesprochenen Flachseinfuhrland wie England ist die Preisbildung natürlich ein sehr wichtiger Faktor für die Leistungsfähigkeit der Fertigwarenproduktion. Ich verzichte darauf, ältere Preisentwicklungen hier anzuführen, möchte aber doch wenigstens den Indexziffern für Flachsfaser 1901/1920 Raum geben. Als Grundlage sind die Durchschnittspreise für die Marke „Riga ZK" der Jahre 1901/1903 mit 100 angesetzt. (Als Vergleichszahlen setze ich die tatsächlichen Notierungen für Flachs „Riga ZK" in Klammern in £ je t bei) (35a):

1903: 93	1912: 100	1. 1.—1. 3. 1920: 658 (23c) (362½ £)
1904: 104 (35 £)	1913: 109	1. 4.—6. 1920: 1036 (382½ £)
1905: 92	1914: 93 (32¾ £)	1. 7.—1. 10. 1920: 1093 (382½ £)
1906: 95	1915: 103 (36 £)	1. 11.—1. 12. 1920: 713 (250 £)
1907: 100	1916: 103 (36 £)	1. 1. 1921: 428 (150 £)
1908: 86	1917: 269 (94 £)	1. 2. 1921: (100 £)
1909: 88	1918: 420 (147 £)	1. 1. 1924: (108 £)
1910: 97	1919: 505 (177 £)	Mai 1924: (144 £) Jan. 1925: 134 £
1911: 112		Dez. 1924: (138 £) Juni 1925: 84 £

Im Jahre 1927 bezahlte man 92 £ und im Jahre 1928: 101 £ je t für ausländischen Flachs, ferner Ende 1929: 58 £/10 sh und Ende Jan. 1930: 57/14/0.

Stones: Hervorgehoben sei, daß die Ulsterleute und Engländer den Flachs vielfach nach Stones bewerten, z. B. Preis 1905/1914 im Mittel für den Stone: 7 sh 4⅓ d, 1915: 17 sh 8 d, 1919: 30 sh 10 d bis 45 sh. Ein Stone Flachs wiegt in Belfast 16¾ lbs = 7,397 kg, in Downpatrick: 24 lbs = 10,886 kg, in England wiegt ein Stone = 16½ lbs. Über die Kämpfe in England um den Flachspreis habe ich in einer Sonderarbeit schon früher berichtet (31).

Die Flächse verschiedener Herkunft werden natürlich ganz verschieden gewertet. Beispiele (£ je t):

	Juni 1914	Dezember 1920	Dezember 1921	Dezember 1922	Dezember 1928
Riga (Livonian ZK)	33	320[1] (!)	130	95	103
Holländischer. . .	65	180	145	140	—
Coutrai	65	350	155	300	—
Belgischer	60	200	155	150	—
Irischer	54	180	150	145	—

Der Durchschnittspreis von fremdem Flachs war im Jahre 1927: £ 92,8 je t und im Jahre 1928: £ 101,28 je t (104).

---

[1] Siehe meine Bemerkungen unter Rußland, Lettland, betr. die „Metal Bank".

Flachsbedarf Englands. Der Flachsverbrauch der englischen Leinenindustrie ergibt sich aus den oben genannten Zahlen von Eigenernte, Einfuhr und Ausfuhr. Ich möchte dem Leser aber doch das Ausrechnen ersparen und bemerken, daß England vor dem Kriege etwas mehr als 100000 t Flachs jährlich verarbeitet hat, wovon 70000—80000 t allein aus Rußland stammten. Wenn man sich überlegt, daß selbst das reiche England 1919/20 sich mit etwa 24900 t ($^1/_5$ bis $^1/_4$ der gewöhnlichen Verbrauchsmenge) begnügen mußte, so kann man sich vorstellen, daß auch die britische Leinenindustrie allerhand Krisen durchzumachen hatte. Dazu kam noch, daß der Russenflachs viel zu teuer eingekauft war. Es folgen einige Verbrauchszahlen von Flachs und Werg: 1913: 107258 t, 1915: 88356 t, 1917: 96800 t, 1918: 44852 t, 1919: 24901 t, 1921: 17879 t, 1923: 29601 t, 1924: 48222 t (30f). (Neuere Zahlen vgl. unter Flachsernte und -einfuhr!).

Industrie. Großbritanniens mechanische Leinenindustrie ist wohl die älteste, aber auch die größte der Welt, sie hatte vor dem Kriege etwa doppelt soviel Spindeln als die französische und dreimal soviel als die deutsche Leinenindustrie. Man unterscheidet drei Industriebezirke: Belfast (Nordirland) stellt feinstes Leinen (Batist usw.) her, Dunfermline in Fifeshire (Schottland) fabriziert Tischzeug, z. B. Damast, und Dundee produziert grobe Waren, wie Drillich und Segeltuch. In Belfast ist die größte Seilfabrik der Welt. In Ulster ist eine große Textilmaschinenindustrie bodenständig. Die Leinenindustrie soll schon von den Normannen nach England (Irland) gebracht worden sein. Im Jahre 1386 gründete Richard III. schon eine Leineweberzunft. Sie war im 15. Jahrhundert schon „exportfähig“ und blühte im 17. Jahrhundert so auf, daß sie das größte Ansehen aller damaligen Gewerbezweige hatte, Königin Anna gründete den „Board of Trustees of the Linen trade“, der bis 1828 bestand. In Schottland bestand schon 1727 der „Board of Manufacturers“ (32b).

Der ursprüngliche Sitz der feinen Leinenindustrie befand sich in Dublin (jetzt Freistaat Irland). Die dort ansässig gewesenen Leinenweber (Hugenotten) flüchteten sich aber nach Nordirland (Belfast), und nach und nach zog sich die ganze feine Leinenindustrie nach Belfast. Belfast ist außerdem Haupthandelsplatz für Leinenwaren. Etwa 75% der gesamten Leinenwaren treten ihre Reise ins Ausland von Belfast aus an.

Seit der Erfindung der Naßspinnmaschine durch Philippe Henri de Girard (18. 7. 1810) nahm diese Industrie in England einen gewaltigen Aufschwung. Die Spinnmaschine kam 1810 nach England, und 1829 wurde dort nach W. Lippmann (30k) die erste mechanische Flachsspinnerei aufgetan. Schon 1834 waren über 100000 mechanische Flachsspindeln dort tätig, und 1850 zählte man deren bereits 396000. Den größten Aufschwung nahm die irische Leinenindustrie zur Zeit des amerikanischen Bürgerkrieges. 1868 waren schon 905000 Spindeln in Irland im ganzen tätig gegen 827451 in 1891, 922322 in 1877 (34a) und 921502 Spindeln in 1926! Kurz vor dem Kriege zählte man in Irland 955000 (in Irland und Großbritannien 1168005) Spindeln. Die Spindelzahl ging im Kriege wieder zurück, und nach dem Kriege versorgte Belfast die französische Industrie mit (gebrauchten) Spindeln, was die Herren der Ulster allerdings später bitter bereut haben. Man gab die Spindelzahl 1922 mit 941000 an. Man kann sagen, daß die derzeitige mittlere Zahl der tätigen Flachsspindeln Irlands 920000 beträgt (1925: 938678 und 1926: 921502). Sie ist im Rückgang begriffen. Insgesamt zählte Großbritannien und Irland (Ulster) 1925: 1089041 Flachsspindeln. In Schottland liefen: 1914: 152547 und 1924 nur 77785 Spindeln. Spinnereien gab es in Schottland 1864: 102, 1901: 51, 1914: 38 und 1927 noch etwa 18. England und Wales zählen etwa 50000 Spindeln. Die Spinnereien haben meist 20000 Spindeln und beschäftigen je etwa 750 Arbeiter (32b). Die gesamte britische Leinenindustrie beschäftigt etwa 30000 männliche und 71000 weibliche Arbeiter, wovon auf Irland (Ulster) allein 90000 Arbeitskräfte kommen. Es gibt in Irland kaum eine Familie, die nicht in irgendwelcher Weise mit der Flachsindustrie verwoben ist (1930).

Im Jahre 1927 waren nur 85136 Arbeitskräfte in der irischen Leinenindustrie tätig; die Arbeitslosigkeit im Jahre 1928 stieg auf 22,5% im Durchschnitt (im Juli 1928 sogar auf 33,5%). — Über den Stand der Industrie 1930 s. 102w. — Es interessieren noch die Preisspannen von Flachsgarnen in England 1928 (je Pack in sh/d):

		40	50	60	80	130	
Leinenschußgarn	Januar	11/6	10/6	9/6	9/3	9/6	
	Dezember	11/6	10/6	9/6	8/6	8/9	
Wergschußgarn	Januar	16/6	14/6	12/6	10/0	8/3	
	Dezember	16/6	13/6	11/6	9/0	7/6	(104)

Kraftwebstühle waren vorhanden 1913: in Irland 36942, in Schottland: 17000 (andere Angabe: 11640) und in England: 4400. Sie sind in Irland (1925) auf 37233, in Schottland 1924 auf 5249 (30l) und in England auf 2000 Stück zurückgegangen (30o). In Belfast zählte man 1929 über 3000 aktive Webstühle (104).

Das investierte Kapital der Leinenindustrie an Gebäuden, Material und Inventar wird in Irland auf 30 Mill. £ und in Schottland auf 18 Mill. £ (30l), in ganz Großbritannien und Irland auf 52 Mill. £ geschätzt.

Die Produktion der britischen Leinenindustrie erreichte 1907: noch 35700 bis 38000 t Leinengarn, 1912: 31000 t und 1924 nur noch 14170 t. Gestiegen ist die Erzeugung von Segelleinen im Jahre 1924 um 42% (gegen 1912). Die übrigen Leinenwaren hatten im Werte eine Verminderung um 30% gegen 1907 und um 40% gegen 1912 aufzuweisen (30 m und n). Die gesamte britische Leinenproduktion (Leistungsfähigkeit) schätzt eine amerikanische Quelle (1913) auf 97 Mill. $ (nach engl. Quelle 1928: 20 Mill. £). Im Jahre 1928 produzierte man an Stückwaren etwa 80 Mill. Quadratyards (104). Die Leinenindustrie verarbeitet jetzt auch viel Seide, Kunstseide und Baumwolle zusammen mit Flachs.

Verbände. Zur Förderung der Leinenindustrie besteht die „Linen Industry Research Association". Als Hilfsaktion während der schlechten Jahre 1917 usf. wurde die „Linen Trade Corporation" (Kapital ½ Mill. £) gegründet. Ferner sind zu nennen die „Irish Flax Supply Association" in Belfast und „The Scotish Flaxspinners and Manufacturers Association". Die irischen Leinwandindustriellen haben sich (1928) zu „The Linen Guild" zusammengeschlossen.

Der Flachsgarn- und Leinwarenhandel ist in Belfast konzentriert, von wo aus 1925 allein 12,4 Mill. lbs Flachsgarn ausgeführt und 15,2 Mill. lbs eingeführt worden sind (30f).

Über die Gesamtausfuhr Großbritanniens seien zur Orientierung einige Angaben gemacht:

	1913 lbs	1918 (21d)	1919 (21d)	1920 (30p)
Garnausfuhr.	—	1667600	13247200	—
Leinenstoffausfuhr Yards	193681000	70204200	76864800	93072500

	1922	1923	1924	1925	1926
Leinenausfuhr Quadratyards	77435600	89666400	110793000	—	75282000
Wert £	7070045	7043724	8444799	13320491	—

Im einzelnen wurde ausgeführt (30i):

	1913	1924	1925	1926	1927	1928
Leinenwaren am Stück in 1000 Quadratyards . . .	193696 (1912: 250689)	110786	83681	75282	71500	66109 (1929: 71539)
Taschentücher in 1000 Dutzend	—	4252	3128	4098	5061	4569
Damasttischleinen in 1000 £ (Wert)	—	1466	1285	1338	1464	1346
Leinennähzwirn in cwts. . .	23815	23714	24572	23080	—	—
Gesamtwert in 1000 £ . . .	8248	13320	11207	10018	9801	9289

Die Ein- und Ausfuhrbilanz Großbritanniens in Flachsgarn und Leinen während der letzten Jahre läßt sich wie folgt darstellen (36):

Leinengarn	1924	1925	1926
Menge der Einfuhr (1000 cwts)	236	179	253
„ „ Ausfuhr (1000 „)	95	80	65
Wert der Einfuhr (Mill. £)	1,8	1,3	1,9
„ „ Ausfuhr (Mill. £)	1,4	1,3	0,8

(In den letzten Jahren wurden eingeführt an Flachs und Flachswerg, 1926: 43154 tons, 1927: 47700 t und 1928 nur 33389 t gegen 84000 t im Jahre 1913 (104).)

Leinwand.			
Menge der Einfuhr (1000 Quadratyards) . . .	11414	11712	9235
„ „ Ausfuhr (1000 „) . . .	110786	83694	75282
Davon nach den Vereinigten Staaten.	67306	40231	33917
„ nach Deutschland	193	274	154
Wert der Einfuhr (Mill. £)	0,7	0,8	0,6
„ „ Ausfuhr (Mill. £)	8,4	6,9	5,5

Ausfuhr von			
Taschentüchern (1000 £)	1172	901	970
Tafeldamast (1000 £)	1466	1285	1338
Zwirn (1000 £).	888	864	792
Sonstigen Leinenwaren (1000 £)	1361	1290	1424
Gesamtwert der Ausfuhr einschl. Garn (Mill. £) .	14,7	12,5	10,8

Bezahlt wurde Ende 1928 je Pack Leinenschußgarn Nr. 40 mit 34/6, Nr. 60 mit 28/6, Nr. 130 mit 26/3 und Wergschußgarn: Nr. 16 mit 46/6, Nr. 25 mit 34/6, Nr. 40 mit 27/– und Nr. 60 mit 22/6 (94u).

Schließlich sei noch darauf hingewiesen, daß der starke Rückgang der englischen Ausfuhr in Leinenwaren hauptsächlich dem Rückgang der Ausfuhr nach den Ver. Staaten von Amerika zu danken ist. Nach diesem Lande setzte England vor dem Kriege 60% seiner Leinenwaren ab, 1926 nur noch etwa 34%, d. h. der Rückgang bedeutet, daß statt 1913: 110 Mill. Qu.-Yards und in den Jahren 1925: 40,2 Mill. Qu.-Yards; 1926: 33 Mill. Qu.-Yards und 1928 nur noch 26,5 Mill. Qu.-Yards nach den Ver. Staaten ausgeführt worden sind. In der gleichen Zeit sank die Ausfuhr nach Kuba von 7 auf 3 Mill. Qu.-Yards und nach Brit.-Ostindien von 9 auf 2½ Mill. Qu.-Yards (30qu). Hauptwettbewerber Irlands ist die Tschechoslowakei geworden, die auch in feinen Damastwaren viel nach den Ver. Staaten ausführt. Um den Markt wieder zurückzugewinnen, hat die irische Industrie beschlossen, jährlich 35000 £ für Reklame in den U.S.A. „auszuwerfen“ (32e und 30r). Ausfuhrländer 1929 vgl. (102u).

In den Jahren 1927 und 1928 wurden je etwa 18000 £ von der irisch-schottischen Leinengilde zur Reklame in den Ver. Staaten von Amerika ausgegeben. Die Irish Linen Guild will (1928) den Betrag von 17500 £ aufbringen, um höheren

Absatz für die irischen Industrieprodukte in den U.S.A. zu erzielen. Wenn man erfährt, daß 1928 nur 35% der Webstühle und 15% der Spindeln in einer Industrie, von der fast die ganze Bevölkerung abhängig ist, beschäftigt waren, kann man sich die Not des Landes (Ulster) vorstellen und die hohen Summen, die für Reklame ausgegeben werden, verstehen. In der Richtung der Standardisierung der Fabrikate hat die Industrie eine Verbilligung der Herstellung von Leinenwaren herbeizuführen versucht (94n). Es scheint aber, daß auch dieses Mittel versagt hat, denn im Jahre 1928 war die Ausfuhr an allen Artikeln der englischen Leinenwarenindustrie nach fast allen Ländern der Erde z. T. sehr erheblich im Abnehmen begriffen. Selbst die britischen Dominien gehen in ihren Bestellungen von England wesentlich zurück. Sie kauften: 1926: 22453600 Qu.-Yards, 1927: 20630500 Qu.-Yards und 1928: 18355500 Qu.-Yards. Gute Käufer englischen Leinens sind noch Australien und Südafrika. Die südamerikanischen Staaten nahmen an englischen Leinen auf: 1925: 9171000 Qu.-Yards, 1927: 7426600 Qu.-Yards und 1928: 6922800 Qu.-Yards. Die europäischen Länder befriedigen den Absatz Englands mit seinen Leinenwaren nicht im geringsten. Es werden mehr „Piece goods" vom Kontinent nach England abgesetzt, als umgekehrt. Europa kaufte 1928 in England nur noch 2335500 Qu.-Yards, etwa soviel als Kuba oder einer der südamerikanischen Staaten.

Die Ausfuhr von Taschentüchern aus Großbritannien hat sich in letzter Zeit wie folgt entwickelt: 1925: 3127833 Dutzend, 1926: 4098342 Dutzend, 1927: 5061447 Dutzend (Rekord!) und 1928: 4568781 Dutzend.

Damasttischtücher führte Großbritannien aus für £ in den Jahren: 1926 für 1338043 £, 1927 für 1464353 £ und 1928 für 1346442 £ (104). (Die Ausfuhr nach den U.S.A. vgl. „Vereinigte Staaten".)

Der Gesamtwert aller aus Großbritannien ausgeführten Leinenwaren wurde 1926 mit 10018626 £, 1927 mit 9800798 £ und 1928 mit 9288873 £ angegeben (94u)! Diese Zahlen sprechen Bände und sollten den Interallierten mehr Verständnis für die sog. Reparationszahlungen Deutschlands lehren, das bekanntlich aus seiner Ausfuhr die ganze Welt befriedigen soll. Wir Deutsche fragen uns mit Recht, wie das möglich sein soll, wenn es nicht einmal den Engländern gelingt, ihren Export zu heben.

Freistaat Irland.

Im Freistaate Irland wurde ebenfalls seit langen Jahrhunderten der Flachsanbau gepflegt. Die Leinenindustrie Dublins war früher stärker als die von Belfast. Der Flachsbau der gesamten Insel Irland (bis zur Gründung des Freistaates) ist unter „Großbritannien" beschrieben.

Die Flachsfläche im Freistaat ist um etwa $^1/_5$ bis $^1/_4$ geringer als die von Nordirland. Sie erreichte: 1909/13 im Durchschnitt (umgerechnet auf das Gebiet des Freistaates): 4049 ha, 1922: 1989 ha, 1923: 3264 ha, 1924: 4192 ha, 1925: 4325 ha (3), 1926: 2753 ha, 1927: 2427 ha, 1928: 3250 ha und 1929: 3600 ha, die sich auf 26 Bezirke verteilen. Auch im Freistaat ist der Flachsbau stark im Rückgang begriffen, obwohl die Preise unverändert geblieben sind. (Man bezahlte 1926 für den Stone in Dublin 7—9 sh, in Ballymena $7^1/_2$—8 sh und in Cookstown $6^1/_2$—9 sh.) Ernteerträge: 1909/13: 20649 dz, 1922: 8626 dz, 1923: 13209 dz, 1924: 13686 dz, 1925: 15505 dz, 1926: 11644 dz, 1927: 10059 dz, 1928: 11959 dz und 1929: 12000 dz (3).

Auch die Flächenerträge haben sich verringert; sie betrugen: 1909/13: 5,1, 1923: 4,0, 1924: 3,3 und 1925: 3,6 dz vom ha, 1926: 4,2 dz, 1927: 4,1 dz und 1928: 3,7 dz vom ha. Eingeführt wurde im Jahre 1924 an Flachs: 4648 dz und an Werg 903 dz und im Jahre 1925: an Flachs 989 und an Werg

206 dz, 1926: 11 + 19 dz, 1927 nur noch 21 + 5 dz und 1928: 0 dz Flachs bzw. Werg. Die Ausfuhr war stärker, nämlich im Jahre 1924: 7265 dz Flachs und 1147 Werg, 1925: 4050 dz Flachs und 374 dz Werg, 1926: 9148 dz Flachs und 2764 dz Werg, 1927: 11613 dz Flachs und 2774 dz Werg und 1928: 7260 dz Flachs und 1840 dz Werg.

Industrie: Im Freistaat Irland befindet sich ein kleiner Teil der irischen Leinenindustrie, die namentlich gute Hemdenstoffe herstellt. Es sind (1927) etwa 1600 Arbeiterinnen beschäftigt worden. 15 neue kleine Betriebe wurden eröffnet (32f).

Niederlande.

Der sehr alte Flachsbau der Niederlande ist über fast alle Provinzen verteilt. Sehr verschiedene Wachstumsbedingungen haben verschiedene Saatzeit, Pflege und Ernte zur Folge. Auch fast alle Röstverfahren sind in den Niederlanden vertreten. Die Nähe Belgiens verursacht, daß ein großer Teil des Strohflachses nach der Leye (Lys) wandert, um dort geröstet zu werden, aber dieser alte Brauch wird nach und nach eingestellt, da an seiner Statt die Warmwasserröste auch in Holland immer mehr Eingang findet.

Es erscheint verlockend, die alten Anbaugebiete vom Jahre 1834 mit denen der neueren Zeit z. B. 1911 zu vergleichen (ha):

	1834	1911
Land van Cadzand, Terneuzen en Hulst	200	3689
Walcheren, Zuid- en Nordbeveland	500	1565
Schouwen en Duiveland	250	582
Tholen	500	334
Goeree en Overflakkee	400	552
Willemstad, Klundert, Steenbergen	1000	917
Land van Voorne, Bijerland, Strijen, s'Gravendeel enz	1000	768
Ijeselmonde, Rhoon, Heerjansdam enz	300	376
Droogmakerijen in Veenen	250	195
Westland	100	5
Noordholland	160	227

Wir ersehen daraus, daß der Flachsanbau in der Zeit von fast 80 Jahren — im Gegensatz zu anderen Ländern, besonders zu Deutschland — wesentlich zugenommen hat, wenn auch Verschiebungen innerhalb der Flachsgebiete eingetreten sind.

Über die Verteilung des Flachsbaues in den Niederlanden während der Vorkriegs- und Kriegsjahre gibt die folgende Tabelle Aufschluß:

Anbaufläche in ha:

Provinzen	1911	1913	1914	1925	1926
Groningen	4310	3491	1866	4523	4184
Friesland	2044	1822	1491	2585	2425
Drenthe	2	—	—	—	1
Overijsel	5	4	4	3	2
Gelderland	14	11	11	89	11
Nordholland	227	278	125	484	194
Südholland	1912	1663	865	1169	892
Seeland	6170	6325	2669	5090	5207
Nordbrabant	941	968	634	1179	904
Limburg	86	88	58	58	34
	15711	14650	7723	15108	13854

In anderen Jahren bestellte man nach den Mitteilungen der Nederlandsche Maatschappij (100) in den Niederlanden die folgenden Flächen mit Flachs: 1917:

11971 ha, 1918: 5951 ha, 1919: 9826 ha, 1920: 24354 ha, 1921: 8705 ha, 1922: 9694 ha, 1923: 10083 ha, 1924: 12673 ha, 1925: 15177 ha, 1926: 13851 ha, 1927: 10777 ha, 1928: 15847 und 1929: 19205 ha. — Die Flachsanbaufläche hat sich in den Niederlanden gut auf Vorkriegshöhe gehalten und wurde 1929 wesentlich verstärkt.

Über die in Holland zum Anbau verwendeten Flachssorten und über den Fortschritt der dortigen Flachszüchtung berichtet Schilling in (102 g).

Der Ertrag vom Hektar hat sich gegen 1909/13 mit 5,8 dz wesentlich verbessert. Er schwankte 1923 bis 1925 zwischen 7,1 und 7,3 dz und erreichte 1926 sogar 7,5 dz, fiel aber 1927 auf 6,3 dz vom ha. Er hat im Jahre 1926 zwar noch nicht die belgischen Erträge erreicht, ist aber nahe an die hohen Erträge Ungarns herangekommen. Ein Höchstertrag wurde i. J. 1928 mit 8,8 dz vom ha erreicht.

Die Ernten fallen in Holland meist befriedigend aus. Die mittleren Ernten der Vorkriegsjahre 1909/13 mit 78363 dz wurden 1923 nahezu erreicht (71995 dz). Von da ab gab es wesentlich höhere Erträge: 1924: 92940 dz, 1925: 108520 dz, 1926: 104546 dz, 1927: 69000 dz, 1928 wieder 138900 dz und 1929: 122000 dz (Schätzung). — Kriegsernten: 1914: 4904 t, 1915: 5861 t, 1916: 9908 t, 1917: 6233 t, 1918: 3425 t, 1919: 5059 t (3).

Die Bestuur der Nederlandsche Maatschappij zur Förderung der Flachsindustrie (100) gibt folgende holländischen Ernten an Flachslint an (in t): 1919: 2555,4, 1920: 14251,5, 1924: 9294, 1925: 10852, 1926: 10461, 1927: 6864, 1928: 13890 und 1929: 12200. Die Ernten der einzelnen Flachsgebiete ersehen wir aus der folgenden Tabelle (100) in t:

	1924	1925	1926
Groningen	2802	3276	3147
Friesland	1716	1862	1683
Gelderland	27	40	6
Nordholland	197	262	173
Südholland	693	828	724
Seeland	3266	3755	4004
Nordbrabant	567	797	700
Limburg	25	30	24
Niederlande	9294	10852	16460

Flachsmaße. In Holland werden die Flächse oft noch nach Bündeln, Steinen oder Ballen gehandelt. 5 Bündel Flachs geben einen Stein (= 2,82 kg); 36 Steine sind ein Ballen (101,62 kg) und 10 Ballen rechnet man auf eine englische Tonne (t) = 1015 kg.

Organisationen bestehen in Holland zwei, wovon eine auf genossenschaftlicher Grundlage aufgebaut ist und die andere eine Pflanzer-Händler-Vereinigung darstellt (41 f). Die „Bestuur der Nederlandsche Maatschappij ter Bevordering van Vlasindustrie“ besteht schon seit 65 Jahren und fördert den Flachsbau und den Flachshandel. Sie hat eine eigene Flachsarbitrage in Rotterdam eingerichtet und gibt jährlich ihre „Mededeelingen“ (1927 im 61. Jahrgang erschienen) heraus.

Flachsröste. Im Jahre 1911 zählte man in Holland 40 Röstereien mit etwa 1100 Arbeitern. Davon befanden sich 18 in Südholland, 11 in Nordbrabant, 8 in Groningen und je 1 in Friesland und im Seeland. Mit Flachsbrechen und -Schwingen beschäftigen sich in Groningen 241, in Friesland 2836, in Südholland 649, in Seeland 110 und in Nordbrabant 158 zusammen 3994 „Betriebe“ mit nur 8071 Arbeitern. Im Jahre 1922 gab es 50 Röstanstalten. Große Aufbereitungsanstalten im deutschen Sinne gibt es jedoch nur einige wenige. In Holland werden alle möglichen Röstarten angewandt (98). Um Dordrecht und Rotterdam wendet man die Schlammröste an. Winterröste finden in Friesland statt. In Groningen und Südholland wird in geringem Umfange in Gräben geröstet. Auf der Insel Tholen röstet man im Salzwasser. Sonst wird auch viel die Tauröste angewandt. Etwa die Hälfte des in Holland gebauten Flachses geht aber noch als Strohflachs zur Röste nach Kortryk in Belgien.

Die Prüfung der Flächse besorgt die holländische Reichsfaserprüfungsstelle in Delft, Niewe Laan 76 (27b).

Ausfuhrverbot. Das holländische Flachsausfuhrverbot wurde im Jahre 1919 aufgehoben (21k).

Außenhandel. Flachs war seit alten Zeiten ein Handelsobjekt der Holländer. Schon im 14. und 15. Jahrhundert blühte Hollands Flachsaußenhandel. Im Jahre 1669 wurde aus Amsterdam 105000 Pfund, aus Rotterdam 2—3 Mill. Pfund Flachs und 8—10000 t Leinsaat ausgeführt. Die Einfuhr aus Rußland war vor dem Kriege nie erheblich und erreichte nicht einmal die Mengen, die Dänemark bezog. Der Wert des eingeführten russischen Flachses aus Riga war z. B. 1876/80: 112467 Rbl. Von da ab sank er stark, so 1906/1910 auf 35886 Rbl. und 1913 gar auf 3092 (11). Hollands Flachsausfuhr war in den Jahren 1914—1916: 1914: 7551 t, 1915: 10769 t und 1916: 13831 (501).

Der neuere Außenhandel bewegte sich wie folgt (in dz).

	Einfuhr			Ausfuhr		
	Strohflachs	Schwingfl.	Werg	Strohfl.	Schwingfl.	Hede
1909/13 .	5641	4464	—	297265	65233	—
1923 . . .	1458	13372	6290	138966	37884	—
1924 . . .	6868	15142	7870	333210	55180	28320
1925 . . .	2620	8520	4260	298730	42390	15440
1926 . . .	5150	6730	5560	305140	43930	18400
1927 . . .	13600	5250	5840	479420	69600	28820
1928 . . .	11950	3350	6030	414480	40250	16000

Die Ausfuhr, wie die Einfuhr hat sich etwa in den Grenzen der Vorkriegsjahre gehalten. Sie erreichte im Jahre 1927 einen Rekord. Gegenüber den starken Unterschieden bei anderen Ländern läßt die Regelmäßigkeit der Außenhandelszahlen auf einen vorzüglich organisierten Handel schließen.

Der Hauptmarkt des Flachshandels befindet sich in Rotterdam. Die Anfuhr zum Rotterdamer Markt (100) gestaltete sich in den letzten 20 Jahren wie folgt:

1904/05 .	693,9 Tausend Steen (Stein)	1915/16 .	438,3 Tausend Steen
1905/06 .	591,6 „ „	1916/17 .	712,8 „ „
1906/07 .	645,4 „ „	1917/18 .	559,7 „ „
1907/08 .	776,7 „ „	1919/20 .	320,2 „ „
1908/09 .	572,5 „ „	1920/21 .	593,5 „ „
1909/10 .	430,0 „ „	1920/22 .	2391 t
1910/11 .	260,9 „ „	1922/23 .	15626 t
1911/12 .	408,0 „ „	1923/24 .	1172 t
1912/13 .	503,5 „ „	1924/24 .	1630 t
1913/14 .	567,0 „ „	1925/26 .	1213 t
1914/15 .	454,4 „ „	1926/27 .	1140 t

Industrie. Die Flachsspinnerei der Niederlande ist nicht sehr bedeutend. Man zählte 1906 etwa 8000 Spindeln. Ein wesentlicher Fortschritt ist seither nicht gemacht worden. Die Leinenweberei in Twente wurde zu Beginn des 19. Jahrhunderts durch die Baumwollindustrie verdrängt und ist jetzt fast ausschließlich auf den südöstlichen Teil Nordbrabants um Eindhoven und Boxtel beschränkt. Im Jahre 1874 waren 1300 Leinenweber vorhanden, und zwar handelt es sich hauptsächlich um Heimarbeiter. Auch jetzt spielt die Heimarbeit in diesen Bezirken noch eine große Rolle, obgleich die Anzahl der Heimarbeiter in den letzten 25 Jahren abgenommen hat. 1920 waren 21 Leinenfabriken vorhanden, die mit Maschinenwebstühlen ausgerüstet sind und etwa 1400 Arbeiter beschäftigen. Dann folgen Handwebereien, deren Arbeiter hauptsächlich mit der Herstellung von Damasten und feinem Tafelleinen beschäftigt sind. Es gibt heute noch einige Hundert Weber, die, wenn keine Landarbeit zu tun ist, an den Webstühlen sitzen und für eigene Rechnung oder für Rechnung des Kleinhändlers Leinen oder Halbleinen herstellen. Die meisten Webereien führen ihren Flachs von außen ein. Es gibt nur eine beschränkte Anzahl von Fabrikanten, die das Garn für den Bedarf ihrer Weberei selbst spinnen. Neben den 21 Webereien mit Dampfbetrieb gibt es viele Handwebereien von Bedeutung. Sie finden sich in Aalst, Alphen und Riel, Boekel, Boxtel, Eindhoven, Goirle, Mierlo, Nunen, Oerle, Someren, Stratum, Strijp, Tongelre, Veghel, Veldhoven, Vessem, Waalre und Zeelst.

In Brabant sind 260 Leinenweber, die Heimarbeit machen, in Nunen 125. Oldenzaal besitzt eine Handweberei für Leinen und Jutewaren und beschäftigt etwa 75 Arbeiter. Goirle hat zwei Webereien für Leinen, Baumwolle und Jutewaren und beschäftigt etwa 400 Personen. Die Leinenfabriken in den Niederlanden machen hauptsächlich Tischzeug aus Damast und geköpertem Leinen, so wie alle Arten von Haushaltleinen, Handtücher, Stoffe für Damenkleidung und Material für Schneider.

Ausfuhr von Fertigfabrikaten. Die Garnausfuhr von Flachs (auch Hanf, Jute usw.) ist auf der Vorkriegshöhe geblieben, während die Ausfuhr von Gewebe aus Flachs usw. sehr stark vermehrt worden ist, wie die folgende Übersicht (25y) erklärt:

	Garn aus Flachs usw. dz	Gewebe aus Flachs usw. dz		Garn aus Flachs usw. dz	Gewebe aus Flachs usw. dz
1913	7866	6774	1925	9399	51872
1923	17693	59382	1926	7699	68853
1924	9582	52767			

Belgien.

Belgien ist von jeher das klassische Land des Flachsbaues und der Flachsaufbereitung gewesen. Die Geschichte erzählt, daß schon Baudouin IV (der Jüngere) im 10. Jahrhundert ausländische Flachsweber (wohl Slaven?) nach Westflandern kommen ließ und daß damit die Flachs- und Leinenindustrie um Kortryk (Courtrai) herum gegründet worden sei (50a).

Das Klima ist feuchtwarm; jährlich gibt es 900 mm Niederschläge. Die tiefgründigen, sandigen humösen Tonböden eignen sich vorzüglich für den Flachsbau. Noch im Anfang dieses Jahrhunderts (1905) verteilte sich der Flachsanbau auf Ostflandern (7031 ha) und Westflandern (8978 ha) etwa gleichmäßig, während Brabant nur 1139 ha und der Hennegau 2263 ha Flachsbestand aufwiesen, zusammen 20313 ha, die 10,3 Mill. kg Flachs erbrachten (51).

Noch Anfang der 90er Jahre (1892) wurde die Größe der Anbaufläche mit 60000 ha (Ernte 400000 Ztr., Wert 60 Mill. frcs) angegeben. Etwa ein Fünftel der Bevölkerung arbeitete schon damals im Flachsbau und in der Flachsverarbeitung (34b). Aber schon 1895 war diese Anbaufläche auf 30500 ha und 1915 gar auf 20313 (1o) zurückgegangen. Die Verminderung der Flachsanbaufläche wird zurückgeführt auf den erweiterten Anbau von anderen Handelsgewächsen (Zuckerrübe und Zichorie); ich bin der Meinung, daß die vermehrte Einfuhr von billigen russischen, bzw. lettländischen Flächsen auch mit Schuld daran tragen. Kurz vor dem Kriege (1913) erreichte das Flachsland Belgiens einen Umfang von 20813 ha (es war somit fast genau so groß wie 1905). Die Verteilung auf die einzelnen Provinzen war etwa die gleiche, wie 1905, nur werden noch für Antwerpen 488 ha, für Namur 241 ha, für Luxemburg 34 ha und für Limburg 15 ha Flachsfläche genannt. Als mittlere Flachsfläche wird für die Jahre 1909 bis 1913 von 19802 ha berichtet. Unter dem Kriege hat der belgische Flachsbau namentlich in Flandern leider viel Einschränkungen erfahren müssen, aber er erholte sich gleich nach dem Waffenstillstand wieder rasch. Schon 1919 sollen 25000 ha unter Flachs gestanden haben und 1920 wurde die Flachsfläche gar auf 48900 ha geschätzt. Sie ging indes wieder rasch zurück, und zwar 1921 auf 15040 ha, 1922 auf 16471 ha, 1923 auf 18782 ha, 1924 auf 22040 ha, 1925 auf 23400 ha, 1926 auf 23678 ha, 1927 auf 21091 ha, 1928 auf 23804 ha und 1929 auf 27300 ha (102 m).

Der Hektarertrag ist recht verschieden. 1893 wurde er im Mittel je ha mit 4500 kg Strohflachs (schwankend zwischen 2500 und 5500 kg) angegeben. An Strohflachs wurden vom Felde etwa 6000 kg je ha eingebracht = 4500 kg getrocknetem Strohflachs. Vom Grünstrohflachs bis nach dem Rösten gehen 40 bis 45% verloren, man kann daher die Hektarernte mit 3300—3600 kg annehmen (34b). Die Vorkriegshektarerträge (1909/13: 11 dz Rohflachs) sind nach dem Kriege in den Jahren 1923, 1926 und 1927 mit 14,5 dz, 14,7 dz, 15,7 dz und 1929: 15 dz nicht von den höchsten Hektarerträgen der Welt übertroffen worden, sonst aber blieben sie unter dem Vorkriegsdurchschnitt (1924: 8,0 dz, 1925: 10,0 dz, 1928: 9,1 dz).

Ernte: Gute belgische Flächse werden immer gesucht sein, weshalb man in Belgien besonders auf die Erzeugung eines erstklassigen Produktes sieht. Schon die alten Verfahren der Ernte gewährleisteten einen qualitativ guten Flachs. Der Bauer pflanzte nur soviel Flachs, als er nachher verarbeiten konnte. Den modernen Verfahren der Flachsbehandlung, der Düngung, des Raufens steht der belgische Bauer nicht abweisend gegenüber. Man erhält daher auch, wie wir gesehen haben, außerordentlich hohe Faserernten. Vor dem Kriege (1909—1913) rechnete man mit einem Faserertrag von 235264 dz. Nach dem Kriege erntete man: 1919: 130000 dz, 1920: 347700 dz (!), 1918—1922 (Mittel): 288300 dz Faser (und 128400 dz Leinsaat), 1922: 151868 dz, 1923: 271156 dz, 1924: 160478 dz, 1925: 232933 dz, 1926: 348794 dz, 1927: 330169 dz, 1928: 215441 dz und 1929: 255000 dz (Schätzung) (102m und 3).

Organisationen. In Belgien ist der Sitz der „Fédération Internationale des Producteurs du Lin" (International Federation of flax growers). Dieser Verband, dem auch die Röster angehören, trat nach dem Kriege (18. November 1920) in Brüssel wieder zusammen. Er war von Belgien, Großbritannien, Irland, Frankreich, Holland, Kanada, den Ver. Staaten von Amerika und von Marokko beschickt (50b).

Flachsröste. Lange Zeit hindurch wurde die Güte der Kortrykflächse nur dem zur Flachsrotte vorzüglich geeigneten weichen, langsamfließenden (1 cm/Sek.) bakterienreichen Wasser der Leye (Lys), namentlich nach Aufnahmen der Deule, die die Abwässer der Stadt Lille aufnimmt, zugeschrieben. Die Leye entspringt in Frankreich, bildet eine Strecke lang die belgisch-französische Grenze. Sie wird von Werwick (Frankreich) bis Deynze (Ostflandern) — etwa 75 km lang — zum Flachsrösten benützt, besonders stark wird sie zwischen Werwick und Menia mit Röstkästen (etwa 10000 Stück) belegt (Größe: 4 × 4 × 1,3 m)[1]. Die Schlepperschiffahrt auf der Leye ist vom 15. April bis 15. Oktober verboten (41c und 341). Die Uferplätze an der Leye werden an die Röster zu hohen Preisen vermietet. In der Leye soll noch 1927 Flachs im Werte von 350—400 Mill. Fr. geröstet worden sein (21f). Das Rösten wird kaum mehr von Bauern ausgeführt. Die Röstindustrie verarbeitet fast alle belgischen Flächse. Die Winterrösten werden noch in Ostflandern (bei den meist in Holland aufgekauften Strohflächsen) angewandt,

[1] Röstkästen in der Leye: 1925: 7914; 1926: 7848; 1927: 7574 und 1928: 10000 Stück. Im Jahre 1928 wurden 7000 t Flachs in der Leye und 11000 t in Warmwasser geröstet (102qu).

während im Hennegau, Namur und Südbrabant die Tauröstten vorherrschen. In den letzten Jahren hat die Warmwasserröste starken Anklang gefunden. Es ist anzunehmen, daß 1928 schon die Hälfte der Flächse auf künstlichem Wege geröstet wird (50c). Doch ein Viertel wird noch in der Leye geröstet und ein Viertel kommt auf die Tauröste (50d). Über die Technik des Röstens siehe die Abhandlung von Schillings in diesem Sammelwerk. Die älteren Werke von Frost und Langer klären besonders über die Leyeröste auf[1].

Die Schönheit des Flachsfeldes, die Arbeit des Flachs bauenden Pflanzers, wie des Aufbereiters verherrlicht der flämische Dichter Streuvel in seinem Roman „Der Flachsacker" (52). Püschel nennt in einem Aufsatz über die belgische Flachsaufbereitung die Leye (Lys) den „Goldenen River" (50d). In der Tat ist sie ein Fluß, der mit Recht Belgiens Goldfluß genannt werden kann und heute, wo seine Eigenschaften für die Flachsröste immer geringere Bedeutung zugesprochen werden, ist in Kortryk (Courtrai) der Flachshandel so fest verankert, daß auch die aus Holland, Frankreich und Rußland eingeführten Flächse als „Kortryk-Flächse oder Lysflächse" wieder aus dem Lande gehen, und so den Ruf der Stadt an der Leye immer weiter tragen. So führte Frankreich im Jahre 1928 nicht weniger als 1777270 dz Strohflachs zum Rösten nach Belgien aus (102 m).

Den eigentlichen Kortrykflächsen wird großer Glanz, gute Elastizität und gleichmäßige Farbe nachgerühmt. Sie dienen zur Herstellung feinster Garne und werden auch viel von der Belfaster Industrie gesucht, so daß die nordische Industrie ein eigenes Einkaufsbüro in Kortryk unterhält. Ich gebe noch die Orte an der Lys an, denen während der Hauptverarbeitungszeit von Juli bis Oktober über 1000 Waggons Strohflachs zuging. Damit soll nicht gesagt sein, daß all dieser Strohflachs in der Lys geröstet wird, vielmehr wendet man auch an den Ufern der Lys oft Warmwasserröste an. Der Verkehr mit Strohflachs war 1928 wie folgt:

	Anzahl der Waggons 1928 im				
	Juli	August	September	Oktober	Summa
Bisseghem	337	3054	3763	480	7634
Desselghem	89	1200	1177	243	2709
Harelbeke	272	3029	3099	462	6862
Heule	100	998	977	132	2207
Kortryjk	65	720	914	118	1817
Lauwe	205	1068	1137	136	2546
Ledeghem-Dadid	195	590	570	397	1752
Lendelede	104	803	642	123	1672
Marcke	39	427	569	123	1158
Meenen	153	967	725	63	1908
Oostroosebeke	82	1502	1752	496	3832
St.-Catharina	89	792	860	183	1925
St. Elois-Vijve	152	662	846	244	1904
Wevelghem	709	3393	2821	483	7406
Wielsbeke	55	1458	1470	235	3218
Zulte	30	627	618	38	1313
	2676	21290	21941	3956	49863

Die Zeitschrift „Het Vlas" 1929, Nr. 7 zählt insgesamt 61 Orte auf, von denen hier nur 16 aufgeführt sind. Der Gesamtverbrauch dieser Orte betrug in den Monaten:

Jahr: 1928	Juli	August	September	Oktober	Summa
	3287	26527	27915	5057	62786

[1] Über die Betriebe der Flachsgewinnung und Aufbereitung in Belgien berichtet Dr. Willy Müller-Sorau (102 n).

Die Hauptanlieferung bei den Rösten findet also unmittelbar nach der Ernte statt, die Hauptröste wird jedoch erst im nächsten Sommer vorgenommen (102d).

Handelsplätze. Neben Kortryk (Courtrai), dessen Bedeutung wir schon geschildert haben, sind als Flachshandelsplätze noch Roulers und Gent zu nennen. In Roulers (nahe Menin und Brügge) wird seit alten Zeiten ein Wochenmarkt für Flachs, Garn und Leinwand abgehalten. Gent ist als Hafenstadt der Hauptein- und -ausfuhrplatz Belgiens für Flachs. Aus Gent wurde an Flachs ausgeführt z. B.: 1908: 84400 t, 1910: 91000 t, 1912: 86000 t, 1926: 81491 t. Die Flachseinfuhr Gents erreichte 1924: 53656 t, 1925: 52515 t und 1926: 81492 t (2k).

Außenhandel. Belgien ist vor allem als Flachseinfuhrland wichtig. Man rottete früher mehr als heute fremde Flächse in der Leye. Die belgische Industrie erfordert eine große Menge Flachs und die Ausfuhr aus Belgien muß daher durch entsprechende Einfuhrmengen gedeckt werden. Große Mengen Flachs führte Belgien vor dem Kriege aus Holland, besonders aber über Riga von Rußland bzw. Lettland ein. Schon 1866/70 gab Riga an Belgien für 2371813 Rbl. Flachs ab. Diese Mengen steigerten sich 1886/90 auf 2,5 Mill. Rbl., 1891/95 auf 3,9 Mill., 1896/1900 auf 5,0 Mill., 1901/05 auf 7,5 Mill., 1906/10 auf 12,9 Mill., 1912 auf 21,6 Mill. und 1913 auf 20,5 Mill. Rbl. Die Einfuhr von Rohflachs nach Belgien begann schon im Jahre 1835 mit 377 t. Sie steigerte sich mit jedem Jahr, so 1840 auf 476 t, 1850 auf 3758 t, 1860 auf 9704 t, 1870 auf 41286 t, 1890 auf 63967 t, 1900 auf 72905 t, 1902 auf 102391 t, 1905 auf 138425 t. Haupteinfuhrland war fast immer Rußland. Es folgten dann Frankreich und dann die Niederlande, z. B. 1905: Einfuhr aus Rußland: 55571 t, Frankreich: 46413 t und Niederlande: 35798 t (51). Die gesamte Rohflachseinfuhr (wohl vielfach Strohflachs) Belgiens bewegte sich 1909/1913 um 1380695 dz Flachs und 189286 dz Hede. Bald nach dem Waffenstillstand gewann sie ihre alte Bedeutung wieder. Es wurden eingeführt an Strohflachs (und in Klammern an Hede): 1923: 876664 dz (127425 dz), 1924: 1304448 dz (133327 dz), 1925: 1514164 dz (110504 dz), 1926: 1715704 dz (93752 dz), 1927: 1851019 dz (101594 dz) und 1928: 2380174 dz (118564 dz).

Die Flachsausfuhr, die vor dem Kriege z. B. 1905: 475030 dz und 1909/13: 966696 dz erreicht hatte, konnte diese Bedeutung nie wieder erringen. Sie schwankte zwischen 256926 dz (1922), 227134 dz (1923), 253191 dz (1924), 209569 dz (1925), 260827 dz (1926) und 338765 dz (1927) und 319361 dz (1928). Hede wurde ausgeführt: 1922: 130276 dz, 1923: 107020 dz, 1924: 129904 dz, 1925: 278872 dz, 1926: 269317 dz, 1927: 267071 dz und 1928: 264758 dz.

Im Jahre 1926 führte man 17200 t Rohflachs im Werte von 365,2 Mill. Fr. (1925: 15100 t im Werte von 288,8 Mill. Fr.) ein und brachte es zu einer Ausfuhr (1926) in der Höhe von 26000 t im Werte von 288,7 Mill. Fr. gegen 21000 t im Werte von 264,8 Mill. Fr. im Jahre 1925 (21f).

Preise: Die Kortryk-Courtrai-Flachspreise werden regelmäßig im „Deutschen Leinenindustriellen“ und im „Spinner und Weber“ veröffentlicht. Vgl. auch Flachsweltwirtschaft.

Industrie. Wir haben eingangs erwähnt, daß die belgische Flachsindustrie schon im 10. Jahrhundert durch Baudouin II. begründet worden ist. Rasch entwickelte sich diese Kunst und schon im Mittelalter war Kortryk durch seine Leinenwaren berühmt geworden. Die Weberei breitete sich in der Umgegend von Kortryk immer weiter aus und wurde bodenständig in Sweveghem, Menin, Mouscron, Roulers, Iseghem und Thielt. Sweveghem ist ein Hauptsitz der Weberei. In Menin wird außer Leinengewebe die Kunst der Spitzenherstellung betrieben. Mouscron hat große Spinnereien und Webereien. Thielt ist besonders durch seine Leinenbleichereien bekannt, trieb aber schon im 13. Jahrhundert einen ausgedehnten Leinenwarenhandel. Iseghem hat außer Leinen auch eine bedeutende

Spitzenindustrie (50a). Ganz bedeutend entwickelt hat sich in neuerer Zeit auch die Leinenindustrie von Gent. Einen Begriff von der Ausdehnung der belgischen Leinenindustrie vor bald hundert Jahren kann man sich machen, wenn man erfährt, daß sich schon 1843 in Flandern, im Hennegau und in Brabant nicht weniger als 328249 Personen (57821 Weber, 194091 Spinnerinnen und 76337 Hechler und Flachsbrecher) im Flachs- bzw. Leinengewerbe betätigt waren. Damals hatte ein jeder noch seine ländliche Nebenbeschäftigung, die wiederum meist im Flachsanbau bestand. Die damaligen Tageslöhne von 85 Pfennig für Weber und 50 Pfenig für Spinnerinnen reichen nicht einmal an die heutigen Stundenlöhne heran (51).

Die Spindelzahl Belgiens hatte im Jahre 1914 etwa 321560 (nach anderen Angaben 375000) erreicht. Vor dem Kriege bestanden 27 Flachsspinnereien in Belgien, die 1921 schon wieder 311000 Spindeln in Gang gebracht hatten. Die Flachsspinnereien sind durch den „Wiederaufbau" (Reparation) moderner eingerichtet, als je zuvor. Im Jahre 1927 befanden sich in Belgien schon 32 Spinnereien mit 400000 Spindeln, die 1926: 363000 Ztr. (1925: 233000 Ztr.) Flachs verarbeiteten. In Gent allein waren 1927 nicht weniger als 16 Flachs- und Wergspinnereien im Gange mit 250000 Spindeln und 10000 Arbeitern (21f). Die Genter Industrie verarbeitete in Zeiten des Flachsmangels (1919 und 1920) auch Jute und Hanfgarn.

An Webstühlen besaß die belgische Textilindustrie 1923 etwa 61000, wovon 7100 Flachsgarn verarbeiteten, und weitere 6847 gemischte Leinen- und Baumwollwaren herstellten (50e). Über die Rentabilität der belgischen Leinenindustrie sei mitgeteilt, daß 12 Flachsspinnereien- und Webereien im Jahre 1924 einen Kapitalwert von 58¾ Mill. Fr. darstellten und einen Reingewinn von 25½ Mill. Fr. d. h. 43% erzielten (50f). In Belgien wurden vor dem Kriege Garnnummern bis zu 100, in nur wenigen Fabriken bis zu 150 und 200 hergestellt, da die ganz feinen Flächse nach England ausgeführt wurden und noch werden. Der jährliche Flachsverbrauch der belgischen Leinenindustrie von 35000 t ist bedeutend gestiegen. In Gent werden geringere Flächse zu Garn Nr. 30 hergestellt.

Belgien exportierte vor dem Kriege etwa 4/5 seiner Produktion an Garnen und Geweben nach Deutschland, Frankreich, Großbritannien, Holland und Italien (1qu). Gleich nach dem Kriege setzte die Ausfuhr belgischer Fabrikate wieder ein, so 1919: für 49,8 Mill. Fr. Leinengarn und für 13,6 Mill. Fr. Leinengewebe, 1924: etwa 19000 t Garnausfuhr und über 10000 t Leinengewebeausfuhr (nur 1300 t Einfuhr).

Zur Förderung der belgischen Flachsindustrie taucht von Zeit zu Zeit der Gedanke an die Errichtung eines Flachsforschungsinstitutes auf, ohne daß dieses bis jetzt seine Verwirklichung gefunden hat (1928). Die Firma Vansteenkiste & Co. hat in Ypern eine technologische Abteilung eingerichtet, die sich wissenschaftlichen Arbeiten widmen soll (70m).

Frankreich.

Das französische Flachsgebiet grenzt eine Strecke weit an der Leye (Lys) entlang an das belgische und bringt dort nicht minder gute Flächse hervor. Der Flachsbau und das Leinengewebe können bis auf das 13. Jahrhundert zurück verfolgt werden. Sie erreichten um das Jahr 1800 den höchsten Stand. Als die Vereinigten Staaten etwa vom Jahre 1820 an immer mehr Baumwolle einführten und die Engländer auch noch Baumwollspinnmaschinen nach Frankreich hereinbrachten, da ging es mit der französischen Flachsindustrie rasch zurück, sie drohte völlig einzugehen. Der amerikanische Bürgerkrieg 1860—1864 half ihr aber noch einmal auf die Beine, und 1860 wurde mehr Flachs in Frankreich angebaut (150000 ha) als je zuvor und je hernach. Stark machte sich sodann die Einfuhr von billigem russischem Flachs bemerkbar.

Im Jahre 1883 wurden noch 81000 ha, im folgenden Jahre 1884 noch 44500 ha, 1890: 32000 ha, 1892 nur 27137 ha mit Flachs bestellt. Nun griff, auf vielfaches Drängen des „Comité Linier de France“ (Lille) die Regierung ein und schuf am 13. 1. 1892 das „Anbauprämiengesetz für den Flachs und Hanfbau“. Es wurden zunächst für jedes Jahr 2½ Mill. Goldfranken bis 1898 zur Verteilung bewilligt (Wortlaut des Gesetzes siehe 50g). Dieses Gesetz wurde nun alle 6 Jahre bis zum Jahre 1922 erneuert. In dem letzgenannten Jahre wurde es aufgehoben, so daß seit 1922 keine Prämien mehr bezahlt werden (21g). Das Gesetz hatte insofern eine gute Wirkung, als die Flachsanbaufläche Jahrzehnte hindurch etwa in der gleichen Höhe gehalten wurde. Seit 1892 haben wir auch eine fortlaufende genaue Statistik sowohl der Gesamtanbaufläche wie der für einen Hektar bezahlten Prämie. Die höchste Prämie wurde 1892 bezahlt, nämlich 132 Fr. je ha, 1905 war die Prämie nur 60 Fr. für jeden bebauten Hektar. Die Anbauflächen vermehrten sich von 1892 zunächst bis 1895 auf 34054 ha, nahmen aber dann bis 1899 (17594 ha) wieder stark ab. Das Jahr 1901 brachte wieder 25132 ha, 1904: 26000 ha, und 1905 wurde mit 27113 ha die Flächengröße von 1892 wieder erreicht (51). Damals (1905) wurden im Dep. Seine Inférieure 5472 ha, im Dep. du Nord 4416 ha, im Pas de Calais 3625 ha und im Somme-Dep. 1672 ha mit Flachs bestellt. Auch kurz vor dem Kriege (1912) finden wir immer noch dieselbe Flächengröße der Flachsbauern (27812 ha) vor (1913: 30475 ha). Die Verteilung auf die Hauptflachsgebiete war fast dieselbe wie im Jahre 1905 (32n). Als mittlere Anbaufläche der Jahre 1909/13 werden 24905 ha genannt, die etwa ein Fünftel des Flachsbedarfes Frankreichs decken konnten. Während des Krieges war die Flachsfläche schon deshalb zurückgegangen, weil das Flachsgebiet z. T. im Operationsgebiet gelegen war. So wurde 1916: 7073 ha, 1917: 8729 ha, 1918: 11331 ha mit Flachs bepflanzt (53). Nach dem Kriege hob sich die Flachskultur rasch: 1919 auf 15513 ha, 1920 auf 34813 ha (die in der Literatur angegebenen Flächen von 45000 ha sind zu hoch gegriffen), um dann wieder stark zu sinken: 1921: 17468 ha, 1922: 15468, 1923: 14898, 1924: 19630, 1925: 24618, 1926: 26865, 1927: 24437 ha, 1928: 33874 ha und 1929: 33900 ha.

Der Flachsbau wird in Frankreich fast nur von mittleren und kleineren Landwirten betrieben, die ½—10 ha anbauen. Die Bauern im Norden verkaufen ihr Flachsstroh an belgische Röster. Über den französischen Flachsbau ist 1926 ein ausführlich gehaltenes Werk von Lazarkevitsch (in französischer Sprache) erschienen (54). Einen guten Überblick über die Verteilung des heutigen Flachsbaues auf die einzelnen Depts. erhalten wir durch die Tabelle auf S. 383, nach der die Anbaufläche mit 22461 ha, der Faserertrag mit 102203 dz und die Saaternte mit 83376 dz amtlich geschätzt worden war (55). (Vgl. auch Michotte 111).

Der Flächenertrag war in Frankreich dank seiner guten Wachstumsbedingungen und des öfteren Neubezuges von Saatgut aus Rußland immer ziemlich hoch, wenn er auch selten an den Hektarertrag Belgiens heranreichte. Man erhielt 1909/13: 7,4 dz vom ha und nach dem Kriege: 1923: 7,1, 1924: 7,8, 1925: 8,2, 1926: 8,3, 1927: 7,6 und 1928: 9,4 dz vom ha. Der Ertrag ist also gegenüber Vorkriegsflächenerträgen (z. B. 1905: 7,61 dz) erheblich gestiegen.

Ernte. In „guten“ Zeiten deckte Frankreich vom eigenen Boden ganz seinen Flachsbedarf. So brachte das Jahr 1860 die ansehnliche Ernte von 75000 t Flachsfasern. Im Jahre 1905 erzielte man noch 20645 t, in den Jahren vor dem Kriege (1909/13): 18426 t, (1912/13): 20899 t. Während des Krieges war der Ertrag gesunken auf: 1914: 10433 t, 1915: 4938 t, 1916: 4491 t und 1918: 6752 t.

Flachsanbau, Faser- und Saaternte der einzelnen französischen Provinzen im Jahre 1926.

Provinz	Fläche ha	Ernte Faser dz	Ernte Samen dz
Ain	1,2	5	—
Aisne	1500 (1927: 1500) (1928: 2000)	—	9000
Ardennes	75	525	300
Ariège	35	125	70
Aube	15	—	180
Calvados	350	2100	—
Charante	6	21	12
Cher	20	100	80
Corrèze	70	700	350
Côte-d'Or	35	1750	—
Côtes du Nord	2950 (1928: 3000) (1927: 2600)	20650	11800
Eure	1300 (1927: 1500) (1928: 1100)	16900	5200
Finistère	800 (1927: 1400)	5600	4000
Ille-et-Vilaine	185	2775	1665
Laudes	3	12	9
Loire-Inférieure	180	1080	900
Loiret	65	244	—
Loi	9	50	14
Maine et Loire	110	660	550
Marne	90	900	—
Mayenne	6	30	24
Morbitran	250	1250	500
Nord	4000 (1928: 4100) (1927: 5500)	52000	36000
Oise	1500 (1927: 1200) (1928: 5000)	7200	—
Orne	25	150	63
Pas-de-Calais	880 (1927: 1280) (1928: 1500)	6160	3520
Puy-de-Dôme	3	12	9
Pyrénées (Hautes)	50	400	200
Savoie	0,1	2	—
Seine-Inférieure	4500 (1927: 6500) (1928: 8000)	27000	—
Seine-et-Marne	1200 (1927: 590) (1928: 1200)	10800	—
Seine-et-Oise	720	6480	2160
Sèvres (Deux)	18	72	96
Somme	1140 (1927: 1000)	6840	5120
Tarn	60	1000	500
Tarn et Garonne	20	100	100
Vendée	250	750	750
Vienne (Haute)	10	50	20
Moselle	18	480	160
Rhin (Bas)	6	180	50
Rhin (Haut)	6	200	70
Zusammen (1926)	22461	102203	83376

Der Ertrag hob sich sodann nach dem Kriege, wechselte aber in der Höhe stark: 1919: 9675 t, 1922: 9421 t, 1923: 10511 t, 1924: 15363 t, 1925: 20171 t, 1926: 22209 t und 1927: 18605 t, 1928: 31773 t und 1929: nur 22000 t (3). Die Erträge der einzelnen Provinzen ergeben sich aus der beim „Anbau" angeführten Übersicht.

Röste. Tauröste findet man in der Picardie, Normandie und der Bretagne, sowie im südlichen Frankreich. Die Belgien benachbarten Gebiete einschl. der 300—400 km entfernten Normandie lassen ihre Flächse in der Leye durch belgische Röster (1913: 82000 t Strohflachs) aufbereiten. Nach der Bearbeitung kommen die Flächse wieder nach Frankreich zurück. In der Bretagne, die von der Leye zu weit entfernt liegt, wird selbst geröstet (Kaltwasser- bzw. Teichröste), doch wird das Schwingen des Flachses von Aufbereitungsanstalten besorgt. Es gibt dort „gelbe" Röstgruben (Tonboden) und „blaue" Röstgruben, „Flines" genannt (Schiefergrund bzw. Lehm). Große natürliche Teiche werden als „Mer de Flines" bezeichnet. Man wandte die natürliche Röste an in: Raimbeaucourt, Ecourt, St. Quentin, Beuvry, Flimes und Hanon (94h). Die Warmwasserrösten haben auch in Frankreich guten Fuß gefaßt, so verarbeitet Feuillette in Bréauté-Beuzeville jährlich 1500 t Strohflachs; auch die Société Textile in Fécamp-Saint-Ouen und in Metteville arbeitet mit Warmwasserrösten. Sie wandte einige Zeit lang auch das biologische Rotteverfahren an. Die Bauern erhalten in manchen Gegenden bei der Anlieferung zum Rösten eine Teilzahlung. Nach der Aufbereitung werden sie nach der Ausbeute und der Qualität des erzielten Flachses voll ausbezahlt. Durch diesen Zahlungsmodus soll man einen höheren und qualitativ besseren Ertrag erzielt haben (1qu).

Organisationen. In der Zeit der Not der Flachsbauern (1874) entstand das „Comité Linier de France“ (Lille). Seiner Tätigkeit ist auch die Einführung des Prämiensystems (1892—1922) zu verdanken. Die Interessen nur der Pflanzer wahrt der „Congrès du Lin“ (Rouen). Pflanzer, Röster und Hechler suchen ihre Interessen auszugleichen in dem „Syndicat des Productions Linières et Chanvrières de France et des Colonies“. Außerdem gibt es noch reine Pflanzerverbände, wie die „Fédération Agricole du Nord“, die „Société des Agriculteurs du Nord“ und die „Union des Syndicats Fédérés des Arrondissements de Lille“. Alle diese Organisationen scheinen jedoch nicht aktiv genug zu sein, denn man plant (1929) die Gründung einer großen Gesellschaft zur Förderung des Flachsbaus und der Aufbereitungsindustrie in Nordfrankreich mit einem A.-G.-Kapital von 5 Mill. Fr. (102a). Es handelt sich wohl um die „Société Agricole et Industrielle Linière“ mit dem Sitz in Lille. Zweck und Ziele dieser Société siehe (102f).

Ausfuhrbeschränkungen fanden während und nach dem Kriege durch viele Verordnungen statt. Die Freigabe der Ausfuhr von Flachs erfolgte durch eine Bestimmung vom 31. 7. 1921 (55b).

Außenhandel. Frankreich deckte vor dem Kriege ein Sechstel seines Bedarfs an Flachs, 1925 nur noch etwa ein Zwölftel. Die Flachseinfuhr bewegte sich in den Jahren 1860—1880 um 74000 t herum. Vor dem Kriege (1909—1913) wurden eingeführt: 4656 dz Flachsfaser, 822203 Hechelflachs und 104984 Hede (1913: 351000 dz Flachsfaser im Werte von 79 Mill. M.). Während des Krieges erhielt Frankreich: 1914: 351000 dz, 1915: 2000 dz, 1916: 108000 dz, 1917: 45000 dz, 1918: 68000 dz. Frankreich bezog vor dem Kriege seinen Flachs aus Belgien und Rußland und 754 t aus anderen Ländern, die auch 7660 t Werg lieferten. Rußland (Riga) allein verkaufte an Frankreich in den Jahren 1866 bis 1895 jährlich für etwa 2,6 Mill. Rbl., 1901—1910 für etwa 7,5 Mill. Rbl., 1912 für 7,9 Mill. Rbl. und 1913 für 6,8 Mill. Rbl. Flachs. Im Jahre 1913 kamen aus Rußland 91000 t und aus Belgien 5500 t Flachs nach Frankreich (56). Vergleicht man damit die Zahlen von 1924—1926, so wird man das Fehlen des russischen Flachses allein für Frankreich bemerken: 1924 und 1925 Einfuhr etwa 18500 t aus Rußland, aus Belgien: 1924: 5700 t und 1925: 9700 t. Einfuhr 1926 (9 Monate): etwa 30000 t, davon 19529 t aus Sowjetrußland, 9450 t aus Lettland, 1661 aus Estland und 8842 t aus Belgien (56).

Die neuere Ein- und Ausfuhr Frankreichs von Flachs zeigt die folgende Übersicht (3) in dz:

		1923	1924	1925	1926	1927	1928
Einfuhr von:	Strohflachs . .	166	503	364	426	1329	1042
	Schwingflachs	323694	307771	372043	510924	369671	293664
	Hede	105989	138750	163526	169961	161495	182382
Ausfuhr von:	Strohflachs . .	561127	886988	1022169	1104878	1225365	1780080
	Schwingflachs.	12615	8214	5806	4212	9124	7163
	Hede	79665	59170	57838	58851	46990	34650

Die starke „Ausfuhr“ an Strohflachs darf nicht als „Ausfuhr“ gewertet werden, da diese Ausfuhr in veredelter Form als Schwingflachs aus Belgien wieder zurückkommt. Die eigenen Kolonien Frankreichs bringen verschwindend wenig Flachs ein, so Marokko 1924: 179 t und 1925: 55 t.

Die Preise, die für französische Flächse bezahlt werden, mögen in den im „Deutschen Leinenindustriellen“ und im „Spinner und Weber“ erscheinenden Notizen verfolgt werden. Eine Preisentwicklung französischer Flächse siehe in (32 n).

Der Bedarf Frankreichs an Flachsfaser wird (1925) auf 45000 t angegeben (32n). Den Gesamtverbrauch der französischen Leinenindustrie schätzt Cahill (56) auf 100000 t. Er würde durch etwa 70000 ha Flachsanbaufläche gedeckt werden können. Diese Angabe scheint ziemlich genau zu sein, denn der Produktionswert der Flachsspinnereien Nordfrankreichs wird von französischer Seite im Jahre 1913 auf: 72000 t Flachsgarn im Werte von 350 Mill. Fr. angegeben (45c). Nach anderer Angabe (94k) scheint der Verbrauch an Flachs in den letzten Jahren wesentlich gestiegen zu sein:

	Eigene Ernte in t	Einfuhr in t	Gesamt
1922/23	9420	23160	32580
1923/24	10510	29700	40210
1924/25	15365	24735	40100
1955/26	17785	42230	60015
1926/27	15100	34505	49605
	68180	154330	222510
In %	30,6	69,4	100

Industrie. Die französische Leinenindustrie war schon zur Zeit der Erfindung der Vorspinnmaschine durch die Gebrüder Girard (1818) gut entwickelt (41d).

In Frankreich gab es vor dem Kriege rund 600000 Flachsspindeln (1914: 577449), wovon allein 95% auf das Arrondissement Lille entfielen, der Rest verteilte sich auf Armentières und Comines. Es bestanden vor dem Kriege 58 Spinnereien in Frankreich, die bis auf etwa 100000 Spindeln im Operationsgebiet lagen. Frankreichs Flachsspinnerei erholte sich nach dem Kriege rasch. 1921 waren schon wieder 251000 und 1922: 350000 Spindeln im Gange, und im Jahre 1924 war die Vorkriegsindustrie wieder vollständig hergestellt. Im Jahre 1925 produzierten die Fabriken etwa zwei Drittel der Erzeugnisse von 1913, die von den Fabriken der anderen Flachsländer, z. B. Irland, knapp erreicht worden sind. Im Jahre 1925 verteilten sich die über 550000 Stück Spindeln (2d) auf 60 Spinnereien, von denen 20 in Lille und 32 in der Nähe von Lille sich befinden. Lille hat auch 8 Leinenfadenfabriken (56). Armentières besaß 1914: 164653 Spindeln (7300 Arbeiter), 1922: 49236 Spindeln und 1925: 106128 Spindeln (2403 Arbeiter). Nach dem Wiederaufbau sind die französischen Spinnereien zu den modernst eingerichteten zu zählen.

Weberei: An mechanischen Webstühlen gab es 1913: 22000 und an Handwebstühlen 20000. Frühere Jahre siehe (97). Im Jahre 1925 waren wieder 20000 mechanische und 12000 Handwebstühle in Betrieb (56). Webereizentren sind: Lille, Armentières, Bailleul, Hallines, Cambrai, Valenciennes und Abdeville.

In Armentières waren 1914: 10457 Webstühle vorhanden, an denen 9410 Arbeiter beschäftigt waren. 1922 waren wieder 4822 Webstühle in Betrieb. 1925 war die ganze französische Weberei in viel modernerer Weise wiederhergestellt. Die Tüll- und Spitzenindustrie hat ihren Sitz in Calais. Sie beschäftigt 30000 bis 40000 Arbeiter, besitzt etwa 2500 Webstühle und hatte 1919 einen Umsatz von 400 Mill. Fr. (41d).

Von den industriellen Organisationen seien noch genannt: „Syndicat de Filateurs de France“, Société Armentièroise de Tissages réunis“, „Confédération générale de la Toile“, „Chambre Syndical des fabricants de toile de Lille“. „Commission Interministerielle des produits Liniers“.

Außenhandel mit Fertigwaren. Die Leinenwaren werden in der französischen Statistik zusammen mit den (weniger wichtigen Hanf- und Ramiefabrikaten) ausgeführt. Während des Krieges kam zur Ausfuhr (50h) (in 1000 kg):

	1913	1914	1915	1916	1917	1918
an Garnen	11547	6650	768	416	175	139
an Geweben	4869	3434	802	705	572	238

Die Ein- und Ausfuhr in der Nachkriegszeit zeigt die folgende Übersicht:

Leinen-, Hanf- und Ramie (mt) -Import und -Export Frankreichs.

	Einfuhr		Ausfuhr	
	Garn	Gewebe	Garn	Gewebe
1909/13	712	4683	11942	4040
1913	646	51006	11547	5008
1919	6663	6275	419	577
1920	6876	6143	3360	1667
1921	2282	2499	3936	1233
1922	2621	4677	3655	1038
1923	2858	4605	4028	1647
1924	1731	5008	6747	2395
1925	863	5593	8439	2568
1926 (9 Monate)	862	2033	5370	2043

Spanien.

Schon die alten Römer (Plinius, Strabo, Catullus) berichten über eine blühende Leinenindustrie in Spanien, so in Emporium (im Nordosten Spaniens), in Tarraco (dem heutigen Tarragona), in Setabis (Xativa). Der dazu gebrauchte Flachs wurde im Lande selbst gewonnen, und unter diesen Flächsen des Altertums soll sich der von Tarraco durch Glanz und Feinheit ausgezeichnet haben. Rom bezog seine feinen Leinenwaren aus Spanien. Unter der Herrschaft der Mauren erreichte die Leinenindustrie große Förderung. Es wurden damals schon nach Konstantinopel, ja selbst nach Indien spanische Leinenwaren feinster Art ausgeführt. Bei dem erhöhten Verbrauch ging Spanien — wohl als erstes Land im 16. Jahrhundert — dazu über, selbst Flachsgarne zur Herstellung von Leinengeweben einzuführen. Zur Zeit von Kolumbus stand in spanischen Landen die Leinenindustrie in höchster Blüte. Sevilla soll damals 16000 (2) Webstühle, an denen 13000 Personen beschäftigt gewesen sein sollen, im Betrieb gesehen haben (32o). Diese Zahlen erscheinen doch etwas phantastisch, denn kurz darauf, als der Zerfall unter Philipp V. eintrat (1664), gab es nur noch 300 Webstühle, und in der Folgezeit spielte Flachsanbau- und -industrie eine im Verhältnis zu früheren Zeiten bescheidene Rolle.

Anbau. Über den Umfang des Flachsanbaues Spaniens in früheren Zeiten liegen keine zuverlässigen Angaben vor. Auch bei den im folgenden mitgeteilten Zahlen handelt es sich um Faser- und Samenflachs: 1909/13: 2974 ha, 1914: 1763,5 ha, 1917: 1776 ha, 1918: 1759 ha, 1923: 1700 ha, 1925: 1025 ha, 1926: 1367 ha, 1927: 1371 ha, ebenso 1928 und 1929.

Wie sich der Flachsanbau auf die einzelnen Provinzen verteilt, geht aus folgender Aufstellung über das Jahr 1914 hervor:

Provinz	Flachsanbaufläche in ha	Provinz	Flachsanbaufläche in ha
Lugo	540	Leon	30
Orense	315	Navarra	54
Zamora	250	Oviedo	30
Salamanca	180	Badajoz	25
Soria	77	Huesca	25
Burgos	69	Madrid	15
Corruna	52	Santander	13
Zaragoza	40	Avila	6
Alicante	44	Segovia	1,5

Der Hektarertrag erreichte in den Jahren 1909/13: 6,2 dz, 1917: 3,1 dz, 1925: 6,1 dz, 1926: 5,2 dz und 1927: 5,5 dz.

Die Ernte an Faser war vor dem Kriege 1911: 15584 dz, 1912: 6816 dz, 1913: 4750 dz, 1909/13: 9048 dz, später sodann, 1917: 5540 dz, 1918: 16391 dz, 1923: 5300 dz, 1925: 6125 dz, 1926: 7133 dz und 1927: 7479 dz, ebenso 1928 und 1929.

Die Flachsrottung in Spanien wird schon von Plinius erwähnt, der den Glanz der Leinenwaren von Tarraco auf die günstigen Rösteigenschaften des dortigen Flußwassers zurückführte. Auch heute wird noch in Spanien nur die Tau- und Kaltwasserröste angewandt.

Flachshandel. Die Flachseinfuhr war in Spanien immer in bescheidenen Grenzen geblieben: 1909/13: 4280 dz, 1925: 1007 dz, 1926: 2203 dz, 1927: 2113 dz und 1928: 4978 dz. Die Flachsausfuhr war kaum nennenswert: 1909/13: 160 dz, 1924: 35 dz, 1927: 7 dz.

Industrie. Über die Entwicklung der spanischen Leinenindustrie im Altertum und Mittelalter habe ich oben kurz berichtet. In der Neuzeit spielt die Leinenindustrie im Verhältnis zu der aufstrebenden Baumwoll- und Wollindustrie kaum eine Rolle. Nach Schürhoff sind an der spanischen Nordwestküste im Jahre 1900 zwei bis drei Spinnereien gegründet worden (32o). Die Leinenindustrie soll etwa 10000 Spindeln und 1200 Webstühle besitzen und 2300 Arbeiter beschäftigen (50m). Fast sämtliche 1200 mechanische Webstühle befinden sich in Barcelona, bzw. in der Provinz Katalonien. Von der alten Industrie in Tarragona verlautet in letzter Zeit nichts mehr.

Spanien hat schon in alten Zeiten Flachsgarn ein- und Leinengewebe ausgeführt. Die Flachsgarneinfuhr machte in den Jahren 1850/60 je etwa 4000 t im Wert von 400000 £ Sterl. aus. Die Einfuhr von Leinengewebe war in derselben Zeit etwa 200 t zu etwa 150000 £ Sterl. Vor dem Kriege (1913) war die Flachsgarneinfuhr auf etwa 1000 t (Ausfuhr 215 t) und die Leinengewebe-Ein- und -Ausfuhr auf 54 t bzw. 195 t gefallen. Sie bewegt sich auch heute noch in recht bescheidenen Grenzen.

Portugal.

In Portugal wird Flachs weder angebaut, noch verarbeitet. Dagegen besteht auf den zu Portugal gehörenden Azoren eine für dortige Verhältnisse bedeutende Leinenfabrik, nämlich die Empreza Industrial in Ribeirinha auf der Insel St. Miquel. In dieser Leinenweberei wurden im Jahre 1925: 36000 m Leinengewebe hergestellt. Portugal führte an Flachs ein: 1926: 6614 dz, 1927: 7842 dz und 1928: 7000 dz Flachsfasern.

Italien.

Der Flachsbau und noch mehr das Spinnen und Weben des Flachses standen im alten römischen Staat sowohl während der Zeit der Republik wie während des Kaiserreiches in hohem Ansehen. Die „Außenprovinzen", wie Spanien und Gallien, sowie Ägypten, mußten den hauptsächlichsten Anteil an Leinengewebe des verwöhnten und anspruchsvollen alten Rom liefern, da das Land selbst den großen Bedarf nicht zu befriedigen in der Lage war. Die Literatur über die römische Leinenverarbeitung ist so groß, daß hier nur auf die Werke von Warden (61) und von Heer (60) verwiesen werden kann, in denen alles Wissenswerte mühselig zusammengestellt worden ist.

In der ersten Hälfte des vorigen Jahrhunderts baute man Flachs namentlich in den Provinzen von Lodi, Crema, Cremona, Pavia, Mailand und Sardinien, Neapel und Sizilien an. Auch in anderen Provinzen (Toscana, Modena, Lucce, Piemont usw.) wurde etwas wenig Flachs angebaut.

Vor 80 Jahren wurden in Italien 81116 ha (die Hälfte davon in der Lombardei) mit Flachs bestellt (58). In den 80er Jahren waren besonders die Provinzen Mailand, Brescia, Cremona und Pavia durch ihren Flachsbau berühmt geworden (30000 ha). Zwischen 1874 und 1894 wird die Flachsanbaufläche noch mit 50000 ha angegeben (32p).

Im heutigen Italien wird wesentlich weniger Flachs angebaut, doch unterscheidet man wenigstens zwischen Faser- und Samenflachs [Anbauflächen in ha (3)]:

	1909/13	1923	1924	1925	1926	1927	1928	1929
Faserflachs	8800	8100	7900	8000	7200	7050	7710	7200
Samenflachs . . .	17080	20200	20800	21000	22190	17490	17670	11000

Der heutige Flachsbau konzentriert sich in den Provinzen von Cremona, Brescia, Teramo, Catanzaro, Reggio Calabria und Chietti. Wir geben im folgenden eine Übersicht über die Anbauflächen und Erträge von Flachsfaser und Leinsaat der einzelnen Provinzen nach den Angaben des italienischen statistischen Instituts wieder:

	Flachsfaser:			
	Anbaufläche in ha	Ernte in 1000 dz		
		Mittel		
	1926	1916/25	1925	1926
Piemont	100	0,1	0,1	0,5
Lombardei . . .	1700	7,1	7,1	5,6
Venetien . . .	—	—	—	—
Südtirol	420	2,4	1,7	1,8
Emilia	—	—	—	—
Toscana	20	0,1	0,1	0,1
Marken (Marche)	320	1,4	1,2	1,1
Umbrien . . .	70	0,2	0,3	0,3
Latium (Rom) .	540	1,7	2,5	2,3
Abruzzen und Molise	2400	4,9	4,5	5,0
Kampanien . .	320	1,3	1,4	1,6
Apulien	—	—	—	—
Basilicata . . .	—	—	—	—
Kalabrien . . .	910	3,0	4,6	4,6
Sizilien	300	1,2	1,7	1,5
Sardinien . . .	100	0,8	0,6	0,6
Italien	7200	24,2	25,8	25,0

Der Flächenertrag Italiens an Flachsfaser ist recht niedrig und könnte noch wesentlich erhöht werden. Er stand 1909/13 auf 3,2 dz, 1923 auf 3,0 dz, 1924 auf 2,6 dz, 1925 auf 3,2 dz, 1926 auf 3,5 dz, 1927 auf 3,0 dz und 1928 auf 3,2 dz.

Ernte. Während der Ertrag an Flachsfaser im Jahre 1866 noch mit 2333370 dz (58) angegeben wird, hält sich der Ertrag der Jetztzeit in wesentlich bescheideneren Grenzen: 1909/13: 28600 dz, 1914: 22640 dz, 1915: 24610 dz, 1917: 23620 dz, 1923: 24000 dz, 1924: 20600 dz, 1925: 25800 dz, 1926: 25000 dz, 1927: 20900 dz, 1928: 23090 dz und 1929: 23000 dz. Die Verteilung der Ernte auf die einzelnen Provinzen ergibt sich aus der oben angeführten Zusammenstellung.

Röste. In Italien wurde fast ausschließlich mit den Kaltwasserrösten gearbeitet. Schon in frühen Zeiten kannte man eine Kombination der Gewinnung von Samen- und Faserflachs, in dem man erst den Flachs drosch und ihn dann in Gruben oder Flußläufen rotten ließ. Bekanntlich wurde in Italien die Bakterienröste erfunden.

Außenhandel. Der wichtigste Flachshandelsplatz war im 17. Jahrhundert Brescia, von wo aus damals jährlich 1500 t Flachs ausgeführt worden sind (50n). In neuerer Zeit führte Italien ein (in dz):

	1909/13	1923	1924	1925	1926	1927	1928
an Rohflachs	21232	10225	16240	12455	11036	15482	7111
„ Schwingflachs	6272	3941	5096	2788	1854	2547	4927

Der Rückgang der Einfuhr von Flächsen ist sehr bemerkenswert. Die Ausfuhr ist unbedeutend (in dz):

	1909/13	1923	1924	1925	1926	1927	1928
an Rohflachs	31	1480	1147	374	389	949	168
„ Schwingflachs	68809	5	3052	938	214	1361	968

Industrie. Von der ältesten Leinenindustrie im alten Rom, die meist als Hausindustrie, weniger als Handwerk betrieben wurde, haben wir oben berichtet. — Im Jahre 1860 sollen etwa 300000 Frauen in der Heimindustrie tätig gewesen sein. Leinenspinnereien gab es damals in Capaccia, Olmé und Melegno in der Lombardei mit etwa 12000 Spindeln und einer jährlichen Produktion von 11000 t (?) Garn (61). Etwa 1850 gab es in Italien (Brescia, Mantua, Verona, Vinzenza) 300 Webstühle, die für 20000 £ Sterl. produzierten. Das alte Königreich beider Sizilien barg 400—500 Handwebstühle. Italien besaß 1911: 20000 Flachsspindeln. In der Weberei waren damals 3660 Arbeiter tätig (32p). Nach dem Kriege hat die Flachsspinnerei sich kaum entwickelt. Es mögen sich 22500 Flachsspindeln in Italien befinden. Auch gibt es heute noch dort nur einige Hundert Webstühle. Die italienischen Spinner müssen etwa 40—50% des Flachsbedarfs zum Verspinnen einführen. Italien ist bei weitem nicht in der Lage, seinen Bedarf an Flachsgarn und Leinengewebe selbst zu decken. Die italienische Flachs- und Hanfspinnerei wies im Jahre 1929: 131277 Spindeln auf, wovon im Februar 1929: 80% beschäftigt waren. Leinen- und besonders Hanfwebstühle gab es im Jahre 1929: 6848 (davon waren im Februar 1929: 77% in Betrieb. Die Webstühle verarbeiten fast ausschließlich Hanf) (70z).

In der italienischen Leinenindustrie steht voran die Gesellschaft Filature und Tessiture Riunite già Carugati-Bazzano, Sitz in Mailand, Kapital 2710000 Lire, die neben den beiden Fabriken in Villa d'Almè (Provinz Bergamo) und in Debba (Provinz Vicenza) zwei Anlagen in Ligurien zu Ronco Scrivia und Isola del Cantone besitzt, in denen sie in der Hauptsache Segelleinwand, Zeltstoffe und wasserdichte Planen herstellt. Weitere Segeltuchwebereien bestehen in Sestri Ponente (2), Prà Ligure, Pegli, Celle Ligure, Mele, San Oleese (auch Treibriemen), Savona, Chiavari (2) und Sestri Levante (2). Zwei Webereien in Cornigliano Ligure fertigen wasserdichte Wagendecken. Da die italienische Flachsindustrie mit der Hanfindustrie stark verwoben ist, sei in diesem Zusammenhange auf meinen ausführlichen Aufsatz über die italienische Hanfindustrie in Bd. 5, 2. Teil, S. 110—114 dieses Werkes (48) aufmerksam gemacht.

Schweiz.

Den Beweis, daß der Flachsanbau in der Schweiz sogar in vorhistorische Zeiten zurückreicht, hat Heer (60) erbracht, der uns mitteilt, daß man in den der Steinzeit angehörenden Pfahlbauten von Moosseedorf, Niederweil, Robenhausen und Wangen Flachssamen, ganze Früchte, ja sogar Faden und Gewebe gefunden habe. Heer und Messikomer haben schon vor 1872 in den Torflagern von Rotenhausen und Niederweil sogar ganze Flachsbündel (mit Früchten und Samen) gefunden. An Fertigwaren fand man ebendort Schnüre, Fischnetze und auch Gewebe. Über diese uralten Leinwandreste und ihre Herstellung (Kämme zum Hecheln, Wirtel der Spindeln) hat Keller (62) mit Bildern belegte Darstellungen gegeben.

Eine besondere Rolle in der alten Schweizer Leinenherstellung spielte St. Gallen. Der hl. Gallus war ein Schüler des hl. Columban, eines Iren, der sich 613 n. Chr. in der Gegend von St. Gallen angesiedelt hat. Aus dieser Einsiedlerzelle entstand dann das Kloster und später die Stadt St. Gallen. Auf den Klosterfeldern wurde eifrig Flachs angebaut, der in den Klostermauern allmählich mit großer Kunst verarbeitet worden ist. St. Gallen verdankt seine hervorragende Stellung in der vollendeten Kunst der Flachs- bzw. Baumwollverarbeitung zu Spitzen letzten Endes den Brüdern des alten Klosters. Im 14. Jahrhundert wird von einem scharfen Wettbewerb zwischen dem Leinwandhandel St. Gallen und dem von Konstanz berichtet. Schon im 15. Jahrhundert hatte St. Gallens Produktion starke Absatzgebiete im Ausland (Deutschland, Frankreich, Italien, Spanien, Polen und Rußland) gefunden. Im Anfang des 17. Jahrhunderts wurden in St. Gallen jährlich 30000 Tücher zu 120 Ellen, 1718 sogar 38000 Leinentücher hergestellt (50n). St. Gallen hatte damals seine eigene „Leinwandpost" nach Nürnberg und Lyon. Letztere Stadt pflegte einen besonders regen Verkehr mit St. Gallen, da dort eine Schweizer Kolonie stark vertreten war. Diese ursprüngliche Leinwandpost übernahm allmählich auch die Versendung aller Waren. Nachdem die Baumwolle dem Flachs starken Wettbewerb aufgezwungen hatte, stellte sich auch St. Gallen auf die Baumwollverarbeitung um (50n). Erwähnt sei nur der Umfang der heutigen St. Galler Maschinenstickerei, der 1926 im ganzen 29992 dz (1925: 28679 dz) ausmachte (32qu).

Anbau. Der Flachsanbau ist heutzutage auf eine ganz geringe Fläche (80—100 ha) zurückgegangen (32r).

Außenhandel. Um so lebhafter ist verhältnismäßig der Handel mit Flachs. Die Einfuhr war 1909/13: 18092 dz Flachs und 3503 dz Werg, 1923: 14450 dz Flachs und 12076 dz Werg, 1924: 7834 dz Flachs und 13891 dz Werg, 1925: 9274 dz Flachs und 20703 dz Werg, 1926: 16300 dz Flachs und 11135 dz Werg, 1927: 19461 dz Flachs und 26214 dz Werg und 1928: 12472 dz Flachs und 23715 dz Werg. — Die Ausfuhr (Wiederausfuhr) umfaßte 1909/13: 411 dz Flachs und 436 dz Werg, 1924: 5 dz Flachs und 1102 dz Werg, 1925: 1 dz Flachs und 1501 dz Werg, 1926: 5 dz Flachs und 1331 dz Werg, 1927: 2 dz Flachs und 1528 dz Werg und 1928: 37 dz Flachs und 4895 dz Werg.

Industrie. Die (eingegangene) Leinenindustrie St. Gallens ist schon unter dem „Geschichtlichen“ beschrieben worden. Heute gibt es in der Schweiz nur noch 3 Flachsspinnereien (in Schaffhausen und in Niederlenz (Aargau). Die Leinenweberei hat ihren Sitz im Kanton Bern, im Oberaargau und im Emmental, besoners in Worb, Burgdorf, Langenthal, Eriswil, Niederlenz und Hasla.

Die Schweizer Leinenindustrie ist im „Verband schweizerischer Leinenindustrieller“ zusammengeschlossen. Man zählte 1918/19: 31 Betriebe, die 1356 Arbeitskräfte beschäftigten (1921r).

Österreich.

Österreich-Ungarn war vor dem Kriege (1909/1913) das zweitgrößte Flachsanbauland der Erde mit einer Produktion von 32297 t Flachsfasern. Es ist nicht möglich die Beschreibung der Flachswirtschaft Österreichs vor dem Kriege nach den einzelnen Kronländern bzw. nach den da und dorthin geworfenen Teilstücken des früheren Reiches zu beschreiben. Ich werde daher den Flachsbau des österreichischen Kaiserreiches bis zum Jahre 1918 zusammenfassend behandeln. Auch in Österreich war der Flachsbau in früheren Zeiten wesentlich höher als heutzutage. Warden berichtet, daß dort im Jahre 1854 an Flachs und Hanf 146090 t (1859: 147840 t) gewonnen wurden (61). Noch im Jahre 1896 konnte man in Österreich 200000 dz Flachsstroh verarbeiten, das allerdings z. T. aus Deutsch-Schlesien zur Verarbeitung eingeführt worden war (1896: 79000 dz, wovon 39000 dz nach Verarbeitung wieder ausgeführt worden sind).

Der Flachsbau ist im alten Österreich von der Regierung tatkräftig unterstützt worden, so durch Errichtung einer Flachsforschungsanstalt und der Flachsbauschule in Trautenau im Jahre 1893 unter Leitung von Prof. Dr. A. Herzog. Diese Versuchsanstalt ging 1912 leider ein, während die Schule weitergeführt wurde. Auch in Mährisch-Schönberg wurde eine Flachsbauschule errichtet (32s).

Die Anbauflächen und Ernteerträge im alten Österreich (ohne Ungarn) waren in den Jahren:

	Anbaufläche ha	Faserertrag dz
1908	50976	—
1909	44962	309065
1910	33813	227664
1911	38399	211584
1912	36739	233752
1913	36402	222609
1914 (ohne Galizien u. d. Bukovina)	22900	168038
1915 (einschl. Galizien u. Bukovina, ohne Görtz u. Gradiska	20376	130544
1916 (wie bei 1915)	20032	114332

Außerdem fielen vor dem Kriege (1913) noch auf Ungarn 17000 ha Flachsland.

Die Anbaufläche nach Anbaugebieten verteilte sich im alten Österreich wie folgt (in ha):

	1914	1915	1916	1917
Böhmen	10834	8315	8094	7364
Mähren	6902	5591	5270	5232
Oberösterreich . . .	1400	845	984	838
Salzburg	133	133	133	85
Kärnten	447	447	452	364
Ostgalizien	—	—	1148	1053
Niederösterreich . .	136	86	531	532
Krain	500	500	499	510
Steiermark	742	657	446	788
Schlesien	452	273	319	395
Westgalizien. . . .	2290	1295	1228	2100
Tirol	964	941	914	—
Bukovina	2547	1199	—	—

In dem Gebiete von Neu-Deutschösterreich verblieben umgerechnet auf den heutigen Länderumfang im Durchschnitt der Jahre 1909/1913 nur noch 5004 ha Flachsland. In neuerer Zeit wurden mit Flachs bestellt: 1917: 3000 ha, 1919: 2900 ha (63), 1923: 3658 ha, 1924: 3745 ha, 1925: 3809 ha, 1926: 3762 ha, 1927: 3727 ha, 1928: 4708 ha und 1929 etwa 5000 ha in Nieder- und Oberösterreich, Salzburg, Steiermark, Kärnten, Tirol und Voralberg. Die entsprechenden Ernten waren 1909/13: 31883 dz, 1917: 15000 dz, 1919: 19900 dz (63), 1923: 33161 dz, 1924: 34995 dz, 1925: 37545 dz, 1926: 33680 dz, 1927: 61928 dz, 1928: 74462 dz und 1929: 79000 dz.

Hektarerträge wurden in Deutschösterreich erzielt: 1909/13 im Durchschnitt 6,4, 1924: 9,3, 1925: 9,9, 1926: 9,0, 1927: 16,6 und 1928: 15,8 dz je ha. In bezug auf die Höhe des Flächenertrags folgt Österreich im Weltflachsbau gleich nach Belgien heute noch an zweiter Stelle.

Die Röst- und Flachsbrechindustrie ist namentlich in den böhmischen Landen zu Hause. So bestehen im Bezirk Reichenberg allein 300 Betriebe (z. B. in Adersbach, Merkelsdorf und Weckelsdorf). Dort wurden vor dem Kriege 600000 dz Strohflachs zu 150000 dz Faserflachs verarbeitet (32s).

Ein- und Ausfuhr. Der Außenhandel Österreich-Ungarns wies vor dem Kriege sehr starke Schwankungen (32t) auf, so z. B. während der Saison (laufend vom 1. Oktober bis 30. September) der Jahre (in dz):

	Flachsstroh		Flachsfaser		Flachshede	
	Einfuhr	Ausfuhr	Einfuhr	Ausfuhr	Einfuhr	Ausfuhr
1896/97	67922	2417	231433	26552	28633	23385
1899/1900	48967	6357	196017	27123	25028	28732
1903/04	124843	9725	207815	52822	26791	40186
1907/08	147320	13927	267420	41007	42763	50884
1912/13	145204	12685	431645	40868	40974	67217
1913/14	97526	6791	379423	35953	32410	50322

Demgegenüber bewegte sich der Flachs-Außenhandel Deutschösterreichs nach dem Kriege natürlich in recht bescheidenen Grenzen, nämlich (3) (in dz):

	Flachsstroh		Flachsfaser		Flachshede	
	Einfuhr	Ausfuhr	Einfuhr	Ausfuhr	Einfuhr	Ausfuhr
1923	—	—	2762	22	148	1053
1924	—	—	5844	12	1283	3030
1925	—	—	3186	436	1378	1188
1926	—	—	6630	860	714	2559
1927	—	—	8706	1106	658	1312
1928	—	—	3914	3321	541	1470

Österreich war vor dem Kriege auch das Land der Flachskongresse, von denen die wichtigsten in Wien (1873) und in Trautenau (1891) (Gründung des Verbandes österr. Flachs- und Leineninteressenten) stattfanden (32s).

Industrie: Die österreichische Leinenindustrie ist im Verhältnis zu den anderen Ländern noch jung. Zwar wurde seit langem in Böhmen, Schlesien usw. Flachs in der Hausindustrie verarbeitet (99). Die erste Flachsspinnerei wurde aber erst im Jahre 1836 durch Johann Faltis in Jungbuch bei Trautenau errichtet (64). Der amerikanische Bürgerkrieg verursachte eine starke Hebung auch der österreichischen Leinenindustrie, die im Jahre 1872 schon 417800 Spindeln (in 69 Spinnereien) zählte, und zwar in Böhmen in 39 Spinnereien: 281966 Spindeln, in Mähren 11 Spinnereien: 67096 Spindeln, in Schlesien mit 13 Spinnereien: 51728 Spindeln, in Oberösterreich ein Betrieb mit 10000 Spindeln, in Kärnten eine Spinnerei mit 1500 Spindeln, im Vorarlberg 2 Betriebe mit 2300 Spindeln und in Galizien 2 Betriebe mit 3304 Spindeln.

In den 70er bis 90er Jahren, in denen wieder Baumwolle in Hülle und Fülle vorhanden war, ging die Zahl der Betriebe und Spindeln immer weiter zurück. Im Jahre 1898 waren noch 33 Betriebe mit 297928 Flachsspindeln (nur in Böhmen, Mähren, Schlesien und ein Betrieb in Oberösterreich) vorhanden. Kurz vor dem Kriege (1911) zählte man 29 Betriebe mit 290730 Spindeln (32u), und 1913: 296833 Spindeln. Das Friedensdiktat ließ Österreich (1919) nur noch einen Betrieb in Österreich (Lambach) mit 8563 Spindeln, an denen 638 Arbeiter tätig waren (65). An die Tschechoslowakei mußte Österreich allein 97,1% seiner Flachsspindeln abgeben, wovon allein 82,6% in deutschem Sprachgebiet liegen (!!!). Inzwischen ist eine weitere Spinnerei in Weißkirchen errichtet worden. Die Spindelzahl war 1927: 11000 (32v).

Leinenwebereien gab es in Österreich vor dem Kriege 203 Betriebe mit 33813 Arbeiter und 15183 mechanischen und 11820 Handwebstühlen.

Man beließ Deutschösterreich im ganzen 19 Betriebe mit 13367 Arbeitern, sowie mit 320 mechanischen und 463 Handwebstühlen, also 2,1 bzw. 3,9% des ursprünglichen Bestandes. Die deutschösterreichische Weberei befindet sich bei Hasloch-Leonfelden. Im Jahre 1922 gab es in Deutschösterreich wieder 22 Webereien mit 1800 Webstühlen (32v). Von seinen 22 Zwirnereien mit 973 Arbeitern und 22229 Spindeln verblieb Deutschösterreich ein einziger Betrieb mit 35 Arbeitern und 708 Spindeln! Eine solche Entblößung eines Landes seiner (hauptsächlich dort deutschen) Industrie dürfte in der Geschichte ihresgleichen suchen!

Die Ein- und Ausfuhr Altösterreich-Ungarns von Flachsgarn und Leinenwaren erreichte (in dz) vor dem Kriege:

	Garn		Leinenwaren	
	Einfuhr	Ausfuhr	Einfuhr	Ausfuhr
1896/97 . .	9162	76874	810	25325
1899/1900 .	7773	72401	787	22544
1903/04 . .	9888	78074	998	30455
1907/08 . .	13121	55265	1386	20790
1909/10 . .	16495	79770	3122	22373
1912/13. . .	12966	98619	1679	23787
1913/14 . .	11023	60631	1346	20992

Die Ein- und Ausfuhr Deutschösterreichs nach dem Kriege war recht bescheiden.

Tschechoslowakei.

Die Flachsindustrie der deutschen Sudetenländer soll in uralten Zeiten von Rußland, bzw. Sibirien herstammen. Zisleithanien (Alt-Österreich) hatte im

Jahre 1913 bei einer Anbaufläche von 10,6 Mill. ha noch rund 35000 ha mit Flachs bestellt, während in der Tschechoslowakei von rund 6 Mill. ha Ackerland im Jahre 1920 nur 22000 ha Flachsland vorhanden waren, die sich in der Hauptsache auf die deutschsprachigen Sudetenländer Böhmen, Mähren und Schlesien verteilten.

Anfang dieses Jahrhunderts (1900) wurden dort von 31172 ha etwa 136190 dz Flachs geerntet. Nach der Statistik der Tschechoslowakei verteilte sich die Flachsanbaufläche und Ernte der Tschechoslowakei wie folgt: (25k)

	Böhmen	Mähren	Schlesien	Slowakei	Podk. Rus.	Zusammen
1904/13	15875	9153	874	—	—	25902
Durchschn. (dz) . .	110000	84000	7000	—	—	201000
1919 (ha)	9308	4446	247	—	—	14001
(dz)	49432	25833	1301	—	—	76571
1920 (ha)	11160	5572	988	3900	398	22018
(dz)	64265	34785	4506	25731	1484	130771
1921 (ha)	10939	5906	789	5550	454	23638
(dz)	60198	26945	3925	36594	2490	130152
1922 (ha)	10578	5851	556	5279	450	22724
(dz)	60966	28745	2513	31474	2061	125789
1923 (ha)	9823	5330	516	5074	479	21222
(dz)	63507	31222	3382	28103	2501	128715
1924 (ha)	10275	5675	307	5181	448	21886
(dz)	60176	33418	2123	24963	2001	122681
1925 (ha)	11826	6568	366	5546	425	24731
(dz)	67770	33507	2648	30442	2331	136698

Daraus ergibt sich, daß der weit überwiegende Teil des Flachslandes von den Deutschstämmigen bestellt wird. Von dem reichsdeutschen Hultschiner Ländchen, in dem von uns jährlich 1250—1500 ha mit Flachs bestellt worden sind, mußten etwa 1000 ha Flachsland der Tschechoslowakei zur Bewirtschaftung überlassen werden. Es wurden davon (1921) nur etwa 400—500 ha mit Flachs angebaut.

Im Jahre 1926 wurden in der Tschechoslowakei angebaut 21908 ha, die 110400 dz Flachsfaser erbrachten. Das Jahr 1927 sah eine Anbaufläche von 20650 ha und eine Ernte von 109632 dz. Im Jahre 1928 erwartete man von 20304 ha einen Flachsertrag von 100833 dz Flachs. Im Jahre 1929 wurden 19000 ha mit Flachs bestellt; Ernte: 116000 dz.

Der Hektarertrag war 1920: 5,9 dz, 1921 und 1922: je 5,5 dz, 1923: 6,1 dz, 1924: 4,8 dz, 1925: 5,1 dz, 1926: 5,4 dz, 1927: 5,3 dz und 1928: 5,0 dz je ha. Dem Hektarertrag nach steht dieses Land (1926) an 7. Stelle, dem Ertrage nach aber an 6. Stelle im Weltflachsanbau. Zur Förderung des Flachsanbaus in Böhmen hat die deutsche Sektion des Landeskulturrates Förderungsmaßnahmen wie Reinigung der Leinsaat, Vermehrung von Originalleinsaat und Anstellung von Flachssortenanbauversuchen vorgesehen (102f). — An Organisationen bestehen der „Verband deutscher Flachsbauern" und der tschechoslowakische „Zentralflachsverband". Beide Verbände arbeiten miteinander Hand in Hand.

Röste. Wohl die größte Flachsröstfabrik- und Schwingerei Deutschlands in Kuchelna im rein deutschsprachigen Hultschiner Ländchen, die bis zur Wegnahme von dem bekannten Flachsmann Püschel, der auch in diesem Werke öfter genannt ist, geleitet worden ist, kann heute durch die Flachslieferungen des Landes, das dieser Flachsindustrie wegen das Land von uns gefordert hat, nicht mehr bestehen. Es muß Flachsstroh ausgerechnet aus Deutschland eingeführt werden, um den Betrieb zu erhalten — ein Musterbeispiel für künftige „Friedensverträge"!

Eine große Rolle spielen die Rasenrösten in den Riesengebirgsorten Liebenau, Merkelsdorf, Weckelsdorf, Adersbach, Hottendorf und Jahnsdorf, in denen vielfach auch deutscher Flachs geröstet und geschwungen wird. In Merkelsdorf ging es z. T. (1928) recht schlecht, so mußten die Flachsbrechereien in Weckelsdorf zeitweilig ihren Betrieb einstellen (211).

Zu erwähnen ist in diesem Zusammenhange, daß Ignatz Etrich in Oberaltstadt bei Trautenau seine berühmte Flachsbrech- und Schwingmaschine erfunden hat, durch die seit 1918 die Reinflachsgewinnung wesentlich verbessert worden ist.

Außenhandel. Die Ein- und Ausfuhr von Flachs spielt in der Tschechoslowakei eine größere Rolle als in anderen Ländern, weil nach diesem Lande vielfach Strohflachs eingeführt wird, um als Flachsfaser wieder ausgeführt zu werden (in dz):

	Einfuhr					Ausfuhr				
	1924	1925	1926	1927	1928	1924	1925	1926	1927	1928
Rohflachs	181802	171270	193425	133860	179660	11582	12051	20899	1360	18410
Hede . .	35213	54254	68200	63310	55490	16035	19000	23470	21420	5520

Ein großer Teil des eingeführten Rohflachses wird aber im Lande selbst verarbeitet und verbraucht, da der einheimische Flachsbau bei weitem nicht die dem Lande in den Schoß gefallene große Industrie zu versorgen in der Lage ist, so wurden im Jahre 1925: 7,3 Mill. kg Flachsstroh und 9,8 Mill. kg Brech-Schwung- oder Hechelflachs eingeführt und 1,17 Mill. kg vom letzteren ausgeführt. Die Einfuhr ist während der Krisenjahre 1927 und 1928 stark zurückgegangen. Sie betrug für die Zeit vom 1. 1. bis 30. 9. 1927 und 1928 nur:

	1927	1928
Stengelflachs	124290 dz	83250 dz
Brechflachs	135880 „	60130 „
Werg . . .	43030 „	41450 „ (94r).

Industrie. Über die Flachsspinnerei- und Leineweberei der Tschechoslowakei hat besonders Janovsky (65) ausführlich berichtet. Der genannte Staat hat von Österreich übernommen:

	Flachsspinnereien			Leinewebereien				Zwirnereien		
	Betriebe	Arbeiter	Spindeln	Betriebe	Arbeiter	Mech. Webst.	Handwebstühle	Betriebe	Arbeiter	Spindeln
Deutsche Gebiete in Böhmen, Mähren u. Schlesien	20	10859	238326	122	23756	9203	8613	19	920	21149
Tschechische Gebiete von Böhmen, Mähren u. Schlesien . . .	5	1980	41666	62	8690	5660	2744	2	18	372
Heutige Tschechoslowakei zusammen:	25	12839	279992	184	32446	1486	11357	21	938	21520

Daraus folgt, daß die Tschechoslowakei allein 97,1% der österreichischen Spindeln, 97,9% der österreichischen mechanischen Webstühle, 96,1% der österreichischen Handwebstühle und 96,8% der österreichischen Zwirnspindeln übernommen hat. Dazu kommen noch die von Ungarn erhaltenen Betriebe. Die deutschsprachigen Spinnereizentren liegen in der Gegend um Trautenau und Hohenelbe

(75%), weitere 20% liegen in Nordmähren (Friedland an der Mohra, Hannsdorf, Wiesenberg und Jautka) und 5% fallen auf Deutsch-Schlesien (Freudental, Würbental). Unter diesem Gesichtspunkte betrachtet, erscheint der Name „Tschechoslowakei" selbst einem Tschechen — sonderbar. Von Ungarn (Slowakei) hat dieses Land Spinnereien im deutschsprachigen Kesmark und im magyarischen Komárom — Komora erhalten.

Der Flachsspinnerei ging es in den letzten Jahren nicht gut. 1929 rechnete man mit einer Beschäftigung von nur 60%. Im Jahre 1928 waren verschiedene Fabriken 3—4 Monate lang nicht beschäftigt, und einige gingen ganz ein (94r). — Nach einem Bericht (1929) des Zentralverbandes der Flachsvereinigung (Lenosvaz) gibt es in der Tschechoslowakei 480 Brechereien, sowie 273000 Spindeln, an denen 20000 Personen beschäftigt sind (102o).

Die Weberei hat Hauptsitze in Böhmen (Georgswalde, Hohenelbe, Rumburg, Schluckenau und dem wichtigen Trautenau), in Mähren (Mährisch-Schönberg) sowie in Schlesien (Freudental). Auch im tschechischen Gebiet gibt es bedeutende Webereien. In der Slowakei befinden sich große Webereien in Kesmark. Eine genaue Beschreibung der Trautenauer Leinenindustrie hat Dr. Bruno Schmidt im D. L. I. 1929, H. 4, veröffentlicht, auf die Interessenten verwiesen seien.

Durch die großen Zuwendungen auf Kosten Österreichs steht die Tschechoslowakei mit 285200 Flachsspindeln (1924) an 5. Stelle in der Weltindustrie, die etwa 40000 t Flachsfaser verarbeiten, während das Land selbst nur 10000 bis 13000 t dieses Bedarfes zu decken in der Lage ist. Heute (1928) umfaßt die Leinenindustrie des Landes 289000 Spindeln und 11000 Webstühle. Die ungünstige Lage der Leinenindustrie wird, abgesehen von den Konjunktursenkungen damit erklärt, daß die Einrichtung der böhmischen Leinenindustrie stark der Erneuerung bedarf, wozu die Regierung das Ihrige beitragen möchte, da die Leinenindustrie der Tschechoslowakei als eine „nationale" Industrie angesehen wird.

Daß die Leinenzwirnerei sich großer Beachtung erfreut, geht daraus hervor, daß 1928 die 3. Generalversammlung des Syndikats der Leinenzwirnfabrikanten Europas (Mitglieder in Deutschland, der Schweiz, der Tschechoslowakei, in England und Frankreich) in Prag stattgefunden hat (21k).

Der Außenhandel von Flachs und Leinenwaren der Tschechoslowakei hat durch Dr. E. Ruoff (102h u. 102p)[1] eine ausführliche Bearbeitung gefunden; aus der Zusammenstellung ist sogar die Ausfuhr und Einfuhr der einzelnen Leinenwaren ersichtlich. Ich begnüge mich damit, hier die zusammenfassenden Ergebnisse dieser Untersuchung anzugeben:

I. Einfuhr:

	1928	1927	1926	1925	1924	1923	1922	1921	1920	1913
Faserflachs, dz	139520	221428	157196	152371	149122	67950	47561	64648	2746	442744
Wert: 1000 Kronen	153222	224241	131988	194857	178872	—	—	—	—	39106
Flachsgarne, dz	6141	8494	3849	5031	4475	3174	7548	6096	196	12035
Wert: 1000 Kronen	31496	36217	18234	29083	21476	—	—	—	—	4740
Fertigwaren, dz	491	620	691	713	758	218	345	642	1732	2589
Wert: 1000 Kronen	6593	6673	7049	7184	6335	—	—	—	—	3683

[1] „Ein- und Ausfuhr von tschechoslowakischen Leinenfertigwaren."

II. Ausfuhr:

	1928	1927	1926	1925	1924	1923	1922	1921	1920	1919
Faserflachs, dz	35810	40766	43744	30708	27298	10942	6022	8	795	110752
Wert: Kronen	24545	27119	22438	22666	18042	—	—	—	—	6407
Flachsgarne, dz	51800	74294	46513	45797	59163	15593	11047	4938	139	96733
Wert: Kronen	141635	175524	110640	131456	167163	—	—	—	—	24817
Fertigwaren, dz	53438	68320	57310	43951	42323	24004	18069	161948	455	25905
Wert: 1000 Kronen	345324	393045	336855	310461	297172	—	—	—	—	23115

Die Beschäftigung der Leinenindustrie hatte sich eine Zeitlang stark gehoben, so daß am 1. September 1927 nur 2440 Arbeitslose (1. Sept. 1926 dagegen 26000 Arbeitslose) in der tschechoslowakischen Leinenindustrie gezählt worden sind. 1928 und 1929 war aber die Arbeitslosigkeit wieder bedeutend. Bemerkenswert ist der Drang der Ansiedelung der Industrie dieses Landes in Ungarn und Rumänien. Die Warnsdorfer Webereien errichteten in Ungarn und den Balkanländern schon mehrere Zweigfabriken (2o). Die irische Leinendamastindustrie scheint den Wettbewerb der Tschechoslowakei besonders zu fürchten, denn es wird in einem Bericht (50p) hervorgehoben, daß die Verein. Staaten in der Zeit von Oktober bis Dezember 1924 allein für 365293 $ Damast von der Tschechoslowakei bezogen hätten (gegen nur für 100000 $ im zweiten Vierteljahr 1923). Die Ausfuhr von Leinengarn machte vor dem Kriege etwa 30—35% aus, jetzt (1929) müssen wenigstens 50% der Produktion ausgeführt werden.

Ungarn.

Der Flachsanbau Ungarns ist an einigen Orten des Landes alt, er war aber stets kleiner als der österreichische.

Die Anbauflächen- und Erntegrößen haben sich wie folgt entwickelt (3), (63) und (66):

Jahr	Anbaufläche ha	Faserernte dz	Jahr	Anbaufläche ha	Faserernte dz
1904. . .	20412	131502	1917. . .	3000	15000
1905. . .	20496	154963	1918. . .	2900	19900
1906. . .	19399	157952	1918/22 .	3500	30300
1907. . .	19564	164969	1923. . .	1687	14777
1908. . .	18049	130756	1924. . .	2198	17367
1909. . .	16518	126000	1925. . .	3236	28550
1910. . .	15769	121000	1926. . .	1679	14487
1911. . .	15538	92000	1927. . .	2066	13856
1912. . .	16758	126000	1928. . .	2861	12626
1913. . .	19538	175000	1929. . .	2750	12500

Hauptflachsanbaugebiete Ungarns waren vor dem Kriege: die beiden Dunaprovinzen, ferner Duna-Tisza Köze, die beiden Tiszaprovinzen, weiter Maros, Kiralyhagontul und Hovo-Szlavonorsz. In der letzteren Provinz wurde etwa die Hälfte des ungarischen Flachses gewonnen. Durch den „völkerversöhnenden“ Friedensschluß nahm man Ungarn einen großen Teil seiner Flachsgebiete, aber auch seiner Spinnereien und Webereien, soweit sie „günstig“ gelegen waren, weg.

Der Hektarertrag schwankte vor dem Kriege zwischen 6,4 und 10,0 dz (1909/13: 10,0 dz). Auch nach dem Kriege zeichneten sich die ungarischen Flachsfelder durch hohe Erträge aus, z. B. 1923: 8,8, 1924: 7,9, 1925: 8,8, 1926: 8,6, 1927: 6,7 dz und 1928: 4,4 dz (3). In bezug auf den Hektarertrag ist Ungarn das drittbeste Flachsland nach Belgien und Österreich.

Die Rösterei wird hauptsächlich mit Tau oder Kaltwasser bewerkstelligt, doch gibt es auch bekannte Warmwasserröstanstalten, z. B. die der Pannonia (32w).

Außenhandel. Vor dem Kriege 1909/13 führte Ungarn 12007 dz Flachs und 4317 dz Werg ein. In der Neuzeit ist die Einfuhr recht gering geworden: 1923: 411 dz Flachs und 421 dz Werg, 1924: 2157 dz Flachs und 666 dz Werg, 1925: 4196 dz Flachs und 3090 dz Werg, 1926: 4337 dz Flachs und 4574 dz Werg, 1927: 9653 dz Flachs und 2476 dz Werg und 1928: 6663 dz Flachs und 4581 dz Werg.

Die Ausfuhr ging von 1909/13: Flachs 19770 dz und Werg 8943 dz zurück auf 1923: 342 dz Flachs und 1123 dz Werg, stieg aber dann in den nächsten Jahren 1924: Flachs auf 22480 dz und Werg auf 2575 dz, 1925: auf 31733 dz Flachs und auf 3519 dz Werg, 1926 auf: 8077 Flachs und auf 4709 dz Werg, 1927: auf 16205 dz Flachs und 4289 dz Werg und 1928 auf 47401 dz Flachs und 4409 dz Werg.

Industrie. Der Bedarf der ungarischen Flachsspinnereien betrug vor dem Kriege 1200 t Flachs. Die Flachs-, Hanf- und Jutespinnerei produzierte im Jahre 1911 für 21,8 Mill. Kronen (= 11,9% der ungarischen Textilindustrie). Sie deckte Ungarns Eigenbedarf zu 64,94% (66). — Vorhanden waren vor dem Kriege 17500 Flachsspindeln und 1900 Webstühle. Die größeren Betriebe (1912) waren in Késmark, Szegedin, Komárom, Preßburg, Lipts-Szent-György, Nameszts und Barohaza (32n). Der „Friedensschluß“ sorgte dafür, daß Ungarn nach dem Kriege noch 5000 Spindeln und 291 Webstühle behielt — es paßte also besser, Ungarn mehr Webstühle aber weniger Spindeln, Österreich aber mehr Spindeln und weniger Webstühle wegzunehmen. Die „Erben“ waren die Tschechoslowakei. Südslawien und Rumänien. Im Laufe der wenigen Friedensjahre hat indessen Ungarn dafür gesorgt, daß auch seine geschwächte Leinenindustrie wieder sich etwas erholte, und zwar von 5000 Spindeln (1921) auf 8208 Spindeln 1926. Der Webstuhlbestand erhöhte sich in der gleichen Zeit von 291 auf 813 Stück (32). Die sonst in der Literatur angegebenen Flachsspindelzahlen von etwa 20000 im Jahre 1926 entsprechen nicht den Tatsachen (32a). Die ungarische Flachsgarnproduktion hatte 1926 einen Wert von 5 Mill. Goldkronen, die Ausfuhr von 0,9 und die Einfuhr von 0,37 Mill. Goldkronen. Flachs- und Hanffertigwaren wurden 1926 produziert für 12,2 Mill. Kr., eingeführt wurden für 2,3 Mill. und ausgeführt für 20000 Goldkronen (32a). Aus Deutschland wurden 1926 nur für 321000 M. Flachs-, Hanf- und Jutegewebe bezogen (32y).

Südslawien.

(Königreich der Serben, Kroaten und Slowenen.)

Im alten Serbien, wie in den zum neuen Südslawien geschlagenen österreichischen und ungarischen Gebieten, ist seit Menschengedenken Flachs für den Eigenverbrauch in mäßigen Mengen angebaut worden. In Altserbien schwankten die Anbauflächen seit 1900 zwischen 1000 und 2000 ha (z. B. 1905: 1342 ha, 1909: 1206 ha, 1910: 1722 ha, 1911: 1811 ha, 1909/13: 1580 ha). Die Erstehung des neuen Reiches brachte dem Lande schon im Jahre 1919 einen Zuwachs um etwa 1500 ha Flachsland, nämlich den von Mazedonien (104 ha), von Banat (250 ha), von Dalmatien (30 ha) und besonders von Kroatien und Slowenien (1000 ha), so daß man 1919 einschließlich Altserbiens (1637 ha) mit 3021 ha Flachsland begann. Der Anbau nahm in den folgenden Jahren gewaltig zu (Jahresdurchschnitt 1919/22: 13900 ha) und blieb in den folgenden Jahren etwa auf gleicher Höhe (1923: 13421 ha, 1924: 13086 ha, 1925: 12192 ha, 1926: 11532 ha, 1927: 11632 ha, 1928: 11746 ha und 1929: 11750 ha). Als Flachsgebiete, die für den Handel etwas Faser abgeben können, werden die Gegenden von Esseg (Osijek), im Nordbanat und von Marburg bis Laibach (Slowenatschka) genannt (70a), wo 1921 jährlich etwa 250000 kg Flachsfaser für die Ausfuhr bereitgestellt wurden. Außerdem gingen von dem in der Heimarbeit versponnenen, bzw. verwobenen Flachs von dort etwa 150000 kg nach Triest. Hauptabnehmer des serbischen Rohflachses ist die Tschechoslowakei.

Der Hektarertrag Serbiens war vor dem Kriege 4,2 dz, nach dem Hinzukommen der vorzüglichen österreichischen Gebiete stieg der Hektarertrag 1923 und 1924 auf 6,5 dz, erreichte 1925 sogar 7,7 dz und fiel 1926 wieder auf 6,5 dz, 1927 auf 6,4 dz und 1928 auf 5,9 dz. In bezug auf die Flächenerträge steht Südslawien heute an 5. Stelle in Europa (vor dem Kriege stand Serbien an 12. Stelle).

Die Flachsernte in Serbien fiel gar sehr verschieden aus. Man meldete 1905 von 4103 dz, 1909: 3861 dz, 1910: 7214 dz, 1911: 9486 dz und 1912: 7210 dz Flachsfaser (Durchschnitt der Jahre 1909/13: 6854 dz). Nach Durchführung des Gebietszuwachses verzehnfachte sich die Ernte, so stieg sie 1918/22 (Durchschnitt): auf 77700 dz, 1923: auf 86985 dz, 1924: auf 84746 dz, 1925: auf 102141 dz und 1926: auf 75242 dz, 1927: auf 74218 dz, 1928: auf 68737 dz und 1929: auf 68750 dz.

Das Rösten erfolgt meist nach dem Verfahren der Rasenröste (weniger der Kaltwasserröste). Eine industrielle Rösterei besteht schon seit 1901 in Esseg (J. Fiedler), ferner wurde in neuerer Zeit noch eine mechanische Röste gebaut in Wladisavce, sowie in Grosulje. Diese Röstfabriken sind auch mit Hecheleinrichtungen versehen. Die meisten Verarbeitungsbetriebe befinden sich in der Voivodina. Im ganzen verarbeiteten im Jahre 1929: 36 Betriebe Flachs und Hanf mit einer Leistungsfähigkeit von 1300 Waggons (701).

Industrie. Spinnereien und Webereien, die nur Flachs verarbeiten, gibt es in Südslawien kaum, dagegen gab es Fabriken, die sowohl Flachs, wie Hanf verarbeiten im Jahre 1920 in folgenden Orten: je zwei in Novy Verbac, Batschsentivan, Miletitsch, Vladislavnice und je eine in Leskovac, Svilajnac, Banja bei Vranza, Grosulje, Plavni, Vischnjevce, Despotsentivan, Pischpekpusti, Sepliget Vojsoe, Orlovnak, Erdevik, Batsch, Selesch, Ortschar, Gombosch, Stara-Palanka, Dwasaboltsch, Vukovar, Chotschak, Tschestelek und Novi Sad. Man verarbeitete in diesen Fabriken jährlich 300 Waggons Flachs. Eine Flachsspinnerei befindet sich außerdem noch in Komoran. In Esseg (Osijek) arbeitet eine Leinenweberei mit 120 Webstühlen (jährliche Produktion 350000 kg Leinenwaren). Auch in St. Paul (Sawetal), in Belgrad, sowie in Uschice befinden sich Leinen- (und Hanf-)Webereien. Im Jahre 1928 wurde eine Leinenfabrik in Mostar (Herzegowina) errichtet (70b).

Von Österreich hat Südslawien im ganzen 6 Spinnereien (einschl. für Baumwolle) mit 1822 Arbeitern und 136166 Spindeln übernommen. Als Produktion für 1928 wird für 10 mittlere Betriebe in Südslawien 2½ Mill. m Leinengewebe angegeben (70w).

Bulgarien.

In Bulgarien gab es seit langem Flachsbau, der aber nur für den Hausverbrauch arbeitete. Um 1900 wurden 600 ha mit Flachs bestellt, doch fiel diese Anbaufläche im Durchschnitt der Jahre 1909/13 auf 154 ha. Im Jahre 1914 waren allerdings wieder 650 ha Flachsland vorhanden. In den Jahren 1923—1926 schwankte die Anbaufläche in den Grenzen von 220 ha (1926) und 272 ha (1924). Im Jahre 1927 wurden 263 ha, 1928 und 1929 je etwa 250 ha mit Flachs bestellt. Die bulgarische Regierung sucht den Flachsanbau in neuerer Zeit (1927) durch Anbauversuche, die in den Provinzen Aitos, Elena, Karabunar, Karlovo, Kazanlyk, Lukovite, Pechtera, Pirdope, Plovdiv, Sevlievo und Yambol angestellt werden, zu fördern (2v). Das Saatgut wird den Landwirten kostenlos zur Verfügung gestellt.

Der Hektarertrag in Bulgarien schwankt zwischen 1,9 dz (1927) und 5,4 dz (1928).

Ernte. Der Faserertrag war entsprechend der Anbaufläche immer sehr gering und deckte nicht einmal den Bedarf der Hausindustrie. Er erreichte vor dem Kriege (1909/13): 579 dz, nach dem Kriege schwankte der Ertrag zwischen 600 dz (1926) und 977 dz (1925). Im Jahre 1927 verzeichnete man eine Ernte von 402 dz, 1928: 1335 dz und 1929: 1300 dz Flachs.

Das Rösten, Brechen, Verspinnen und Verweben wird ausschließlich beim Bauern selbst (durch Frauen) besorgt. Die Flachsfasereinfuhr Bulgariens erreichte vor dem Kriege (1909/13) die Menge von 5733 dz, nach dem Kriege war sie wesentlich geringer (1923: 3884 dz, 1924: 1539 dz, 1925: 1252 dz, 1926: 2348 dz, 1927: 2951 dz und 1928: 4809 dz). Die Flachsausfuhr ist gleich Null (1926: 15 dz, 1927: 2 dz, 1928: 0 dz).

Industrie. Die Flachs- und Hanfindustrie bestand vor dem Kriege (1912) aus 4 Fabriken (Kapitalwert 1,9 Mill. Lewa). Diese Fabriken erzeugten Waren im Werte von 1,8 Mill. Lewa. Nach dem Kriege (1922) bestanden dort nur noch 2 Fabriken. Die Produktion war 1921: 174000 m Flachs- und Hanfgewebe, während 1921: 1,3 Mill. kg und 1922 1,95 Mill. kg Flachs und Hanfgewebe eingeführt wurden. Von 1922—1924 entstanden 4 neue Fabriken, so daß das Land im ganzen 6 Flachs- und Hanffabriken besitzt. Die Leinenwarenproduktion betrug 1926: 200000 m Leinwand. Zur Befriedigung des Landesbedarfs müssen noch 2 Mill. kg Flachs- und Hanfgewebe eingeführt werden (50qu).

Rumänien.

Der auch in Rumänien schon seit langem geübte Flachsanbau ist in bezug auf seinen Umfang schwieriger zu beurteilen, weil dort wesentlich mehr Ölfrucht, als Faserpflanze gebaut wird, und weil die Statistik keinen Unterschied zwischen Saat- und Faseranbau macht. Es seien daher als Faseranbaugebiete die Provinzen genannt, die einen höheren Hektarertrag als 2,0 dz erbringen. Es waren dies vor dem Kriege (1911) Botosani, Covurlui, Dorohoi, Jasi, Ilfov, Neamtu, Putna, Succava, Teleorman, Tutova und Vaslui. In den übrigen Provinzen wurde hauptsächlich das zur Gewinnung von Saat angebaute Wirrstroh zu Werg verarbeitet. Man rechnete dann mit einem Hektarertrag von 0,1—2,0 dz Werg vom ha.

Als Hauptflachsprovinzen Altrumäniens gelten Constanza und Jalonitza. Man darf annehmen, daß von den 21152 ha der in den Jahren 1909—1913 angebauten Leinflächen etwa 4000 ha dem Faserflachsbau gewidmet waren. Diese Anbaufläche war nach dem Kriege bis 1923 wesentlich geringer, nämlich 1923: 13442 ha Leinsaat- und Flachsland, bzw. etwa 2000 ha Flachsfaserland. In den folgenden Jahren hielt sie sich auf über bzw. fast 20000 ha Flachsland, z. B. 1924: 20493 ha, 1925: 25164 ha, 1926: 20484 ha, 1927: 19749 ha, 1928: 19349 ha und 1929: 17000 ha (3).

Die Siebenbürger Bauern (Schäsburg) haben stets Flachs in wechselnden Mengen angebaut. Die Siebenbürger Spinnstuben waren gute Verarbeiter des selbst angebauten Flachses. Da die Hektarerträge der Flachsfaser- und Samenerzeugungsflächen in der Statistik zusammengeworfen werden, kommen für die Fasererzeugung unglaublich geringe Hektarerträge heraus, so 1926: nur 1,0 dz (1924: ausnahmsweise 3,1 dz). Der Flächenertrag des Jahres 1927 wies 1,2 dz und 1928: 0,9 dz je ha auf.

Ernte. Die Faser- hauptsächlich Wergerträge Rumäniens werden für die Jahre 1909/13 mit 22062 dz angegeben. Nach dem Kriege sollen diese Erträge 1924 auf 63692 dz (?) gestiegen sein, sie fielen aber rasch, 1925: auf 34000 dz und 1926: auf 21476 dz und erreichten 1927 wieder 24280 dz, fiel aber 1928 auf 18046 dz und 1929 auf 18000 dz.

Geröstet wird in Rumänien nach den alten Rasen- und Kaltwassermethoden. In Siebenbürgen soll infolge Vorhandenseins von fließendem Wasser durch die Kaltwasserröste eine vorzügliche Flachsfaser gewonnen werden können. Die Ein- und Ausfuhr von Flachs nach bzw. von Rumänien ist ganz unbedeutend: Einfuhr: 1924: 105 dz, 1925: 3 dz und 1926: 2 dz; Ausfuhr: 1924: 608 dz, 1926: 117 dz und 1927: 391 dz.

Industrie. In Rumänien befinden sich sechs Flachs und Hanf verarbeitende Fabriken, zwei davon verarbeiten nur Hanf. Dagegen gibt es 55 Betriebe, die außer Baumwolle auch noch Flachs verspinnen bzw. verweben. Die genannten 6 Fabriken hatten einen Wert von 2,25 Mill. Lei. Sie produzierten (1913): 1,3 Mill. kg Fertigwaren. Die Produktion dürfte im Jahre 1928 nicht wesentlich gesteigert worden sein, da Rumänien immer noch erhebliche Mengen von Flachsgarn, sowie von Leinengeweben einführt. Das eingeführte Flachsgarn wird im Lande verwoben.

Griechenland.

Der Eigenflachsanbau Griechenlands ist immer recht gering gewesen. In Elis und auf den benachbarten Inseln, sowie in Achaia und Barissa hat man jedoch stets etwas Flachs angebaut. Die Erträge haben aber nie zur Versorgung des Landes mit Leinenwaren ausgereicht. Als nach dem griechisch-türkischen Kriege sich eine große Menge von Flüchtlingen aus Kleinasien über Griechenland ergoß, haben da und dort erhebliche Ansätze zur Flachs- und Hanfkultur eingesetzt, so in der Provinz Ekaterini (50r). Man schätzt die Anbaufläche von Faserflachs in Griechenland auf 700 ha und die Ernte auf 2100 dz.

Der Außenhandel Griechenlands an Flachsfaser spielt kaum eine Rolle (z. B. Einfuhr 1924: 115 dz, 1925: 112 dz, 1926: 604 dz, 1927: 497 dz und 1928: 363 dz; Ausfuhr 1924: 136 dz, 1925 usw.: 0 dz).

Industrie. Leinenfabriken bestehen in Griechenland nicht.

Das Land ist heute ganz auf die Einfuhr von Leinenwaren angewiesen.

Im Altertum dagegen wurde das feinste Linnen von den Frauen hergestellt. Die Spinnerin und Weberin wird auf vielen Bildern, namentlich auf Vasen dargestellt.

Türkei.

In der europäischen Türkei ist von alters her in geringem Umfange Flachs angebaut worden. Berühmt war der Flachsanbau der kleinasiatischen Türkei, namentlich des Schwarzenmeergebietes und Kaukasiens. Schon in der vorchristlichen Zeit wird der Flachs von Kolchis vielfach erwähnt (so von Herodot, Xenophon, Callinachus, Strabo). Auch in Trapezunt wird neben Hanf noch heute Flachs gebaut. Das sardonische Leinen (von Sardes) wird in der alten Literatur viel genannt. Im vorigen Jahrhundert (1850) war besonders Rize durch seinen Flachsbau und sein Flachsgewebe bekannt geworden (70c). Auch heute noch sind die Gegenden von Trapezunt und Rize (Adabazar, Boli und Tatranboli) Flachsbau- und Verarbeitungsmittelpunkte. Es gibt in der Türkei sogar einen Ort namens Tscharschaflar (d. h. Leinentücher). Im großen und ganzen ist jedoch der Flachsbau und die Faserernte der heutigen Türkei recht gering. Man baut mehr der Saat halber Leinen an.

Das Leinengewebe ist seit Einführung der Baumwollindustrie stark zurückgegangen. Es handelt sich nur um Hausindustrie. Die Türkei, die früher von Kolchis aus die Weltreiche von Ägypten, Persien, Babylon und Rom mit feinstem Leinen versorgte, ist heute fast ausschließlich Bezieherin von ausländischen Leinenwaren. Leinenfabriken bestehen dort keine.

Zypern (Brit.).

Obgleich die Flachskultur auf der Insel Zypern schon Jahrhunderte alt ist (wohl infolge des Einflusses von Syrien und Ägypten), erbrachte Zypern nur wenig Flachsfaser vor dem Kriege. Es wurde vielmehr fast nur Leinsaat gewonnen. Jetzt werden zwischen 300 und 600 ha Faserflachs angebaut: 1925: 578 ha, 1926: 551 ha, 1927: 360 ha, 1928: 926 ha. In Zodia bei Morphou bildete sich 1924 die „Cyprus Flax Society", die aber nur geringwertigen Flachs gewinnen konnte, da es offenbar an der dort notwendigen künstlichen Bewässerung fehlte. Im Jahre 1925 wurde hochwertige belgische Saat eingeführt, das Langstroh von 36 Zoll erbrachte. Bei Ausnutzung der Bewässerung wurde vom acre ein Gewinn von 20 £ erzielt. Auch bei Paphos (im Südwesten der Insel) sind Versuche erfolgreich durchgeführt worden. Man hat den Wechselanbau von Baumwolle nach Flachs als günstig gefunden. Der Flächenertrag war noch 1924: 8,4 dz je ha und fiel rasch 1925 auf 4,7 dz, 1927 auf 2,5 dz und 1928 auf 0,9 dz je ha. Die 1925er Ernte erbrachte immerhin 114 t Flachs und 31 t Werg im Wert von etwa 10000 £. Zwei neue Aufbereitungsanstalten sind in Limassol und in Messaoria errichtet worden. Ein weiterer Bericht besagt, daß im Erntejahr 1924/25 2397 cwts Flachs im Werte von 4502 £ gewonnen worden seien (30z). Man erwartet in Zypern weiteren Fortschritt des Flachsanbaues (47). Die amtlichen Erntezahlen sind für 1924: 3616 dz, 1925: 2701 dz, 1926: 1345 dz, 1927: 888 dz und 1928: 831 dz. Ein irischer Sachverständiger, der (1929) Zypern besuchte, meint, daß die Insel etwa 30000 dz sehr guten Flachs liefern könnte.

Ausgeführt wurde an Flachs von der Insel: 1909/13: 1285 dz, 1922: 920 dz, 1923: 930 dz, 1924: 1218 dz, 1925: 714 dz (3). Nach den obigen Mitteilungen ist die Ausfuhr im Jahre 1926 wesentlich gesteigert worden. Sie erreichte 2490 dz und im Jahre 1927: 2608 dz. Eingeführt wurden vor dem Kriege 1286 dz Flachs, nach dem Kriege (bis 1928) ist kein Flachs mehr eingeführt worden.

Syrien.

Im alten Phönizien wurde Flachs in Tyrus und Sydon angebaut. Die Phönizier sollen den Flachsbau in Palästina kennen gelernt haben. Leinengewebe war schon damals von den Phöniziern ein beliebter Ausfuhrartikel.

Im heutigen Syrien wird noch da und dort, namentlich in der Gegend von Damaskus, auch in der Bekaa-Ebene Flachs angebaut, hauptsächlich zur Gewinnung von Samen. Der Verfasser dieser Arbeit hat im Jahre 1916 selbst dort Flachs angebaut, der gute Samenernte und schlechte Fasenernte erbrachte.

Palästina.

Palästina ist durch die Bibel, wie durch alte Schriftsteller als Flachsanbauland berühmt geworden, wenn man es beim Flachsbau auch mehr auf die Gewinnung von Ölfrucht abgesehen hatte. Virgil nimmt sogar an, daß Palästina die Wiege des Flachsbaues sei. Nach derselben Quelle (Grothe 17) soll der Flachsbau durch die Juden in Palästina eingeführt worden sein, die zur Zeit ihres Aufenthaltes in Ägypten die Hauptflachsanbauer und Verarbeiter gewesen sind. In der Tat ging der Flachsbau und die Flachsindustrie Altägyptens nach Vertreibung der Juden aus Ägypten stark zurück. Man darf also annehmen, daß nach Einzug der Israeliten in Palästina der Flachsbau dort in Blüte kam. (Im 2. Buche Moses wird das Leinengewand der Priester erwähnt.)

Noch im vorigen Jahrhundert war in Galiläa, Judäa und Samaria geringer Flachsbau (hauptsächlich zur Saatgewinnung vorhanden.) Heute noch begegnet man in Palästina, wenn auch selten, einem Flachsfelde. Industrie ist nicht vorhanden. Alle Leinenwaren werden eingeführt.

Mesopotamien (Irak).

Das alte Babylonien hatte im Euphrattal einen ausgedehnten Flachsanbau (Xenophon, Herodot, Strabo). Die Stadt Borsippa war als Mittelpunkt der Leinenweberei bekannt (70). Noah soll die Kunst des Leinenwebens (bzw. des Flachsanbaues) nach seiner „Landung" gekannt und nach Armenien zu weiter verbreitet haben. Später scheinen aber die Erzeugnisse von Kolchis bzw. Trapezunt und Rize auch in Babylonien den „Markt“ beherrscht haben. Im heutigen Irak wird nur noch sporadisch Flachs da und dort in ganz kleinen Mengen angebaut.

Bagdad wird heute mit Leinenwaren von England aus versorgt.

Persien.

Der Anbau von Flachs war im alten Persien (zur Herstellung von Unterkleidung) wesentlich ausgedehnter als heutzutage, wo nur noch in der Provinz Masanderan (am Kaspischen Meer) von Flachsbau gesprochen werden kann. Die dort gewonnene Flachsfaser wird von den Bauern selbst verarbeitet.

Im persischen Jahre 1304 (21. März 1925 bis 20. März 1926) wurden aus Persien (nach Rüßli) 800 Batman Flachsfaser im Wert von 7500 Kran ausgeführt (68). Eingeführt wurde kein Flachs, dagegen finden Leinenwaren in Persien immer noch guten Absatz. Über Handel und Handelshäuser Persiens siehe (69).

Afghanistan.

Die Nähe Indiens bewirkt, daß auch in Afghanistan da und dort Flachs angebaut wird, meist jedoch nur zur Erzeugung von Samen. Etwas Faserflachs wird jedoch auch gewonnen und zu Stickereien und Geweben (letztere in Verbindung mit Wolle) verarbeitet.

Britisch-Indien.

Indien ist eines der wichtigsten Gebiete der Leinsaaterzeugung. Anbau: 1907/11: etwa 1,275 Mill. ha, 1919/20: 1,4 Mill. ha, 1928: 1,34 und 1929: 1,264 Mill. ha. Die Faserflachsgewinnung wollte indes nie recht aufkommen. Versuche, die in den Jahren 1836, 1854 und 1906 zur Einführung des Faserflachsbaues unternommen wurden, schlugen regelmäßig fehl. Auch die 1906 mitgebrachten belgischen Flachsbauern und die den Pflanzern versprochene Prämie (im Ganzen 7500 Rs) hatten wenig Erfolg. Die Versuche wurden in Dooriah, in Cownpore, in und nach dem Kriege auch in den United Provinces, in Nordbengalen, Bihar und Assam ausgeführt. In Cownpore hatte man im Jahre 1920 Erträge von 40 maunds (30 cwts vom acre), zuweilen auch 60 maunds erzielt (39c). Der Flachsanbau hatte außer in den Nachkriegszeiten (Hochkonjunktur) nur damals einigen Erfolg, als man nach Aufkommen des künstlichen Indigo die Indigopflanzenkultur zum großen Teil aufgeben mußte. Als aber von Ländern wie China, Ägypten u. a. auch weiterhin etwas Indigo verlangt wurde, zog man den Anbau dieser Pflanze wieder dem des Flachses vor (32k). Wenn auch der Flachsanbau im Jahre 1918 die Anbaufläche von 5000 acres erreicht haben soll (381), so hat er doch infolge Mangels an Kenntnissen dieser schwierigen Kultur, sowie wegen der fehlenden Rösteinrichtungen und der ungünstigen Temperaturen bei den natürlichen Röstverfahren, keine Aussicht auf große Ausdehnung in Brit.-Indien. Dagegen wird der Ertrag an Leinsaat auch in dem drittgrößten Leinsamenland stets befriedigend ausfallen. Man erntete z. B. 1918/22 im Durchschnitt: 3,8 Mill. dz, 1923: 5,4 Mill. dz und 1924: 4,7 Mill. dz Leinsaat. Ausfuhr an Leinsaat: 1925: 3,6 Mill. dz, 1926: 1,9 Mill. dz, 1927: 2,2 Mill. dz und 1928: 1,7 Mill. dz.

Eine Leinenindustrie ist in Brit.-Indien nicht vorhanden, dagegen hat Indiens Juteindustrie außerordentlich an Umfang zugenommen, wie ich in meiner Monographie „Die Weltwirtschaft der Jute“ näher ausgeführt habe (30w). Die Einfuhr von Flachs nach Brit.-Indien kann man mit Null (1926: 4 dz und 1927: 2 dz) bezeichnen. Die Flachsausfuhr ist ebenfalls unbedeutend: 1924: 54 dz, 1925: 19 dz, 1926: 2 dz und 1927: 0 dz.

Die Einfuhr von Leinenwaren nach Brit.-Indien erreichte vor dem Kriege den Wert von fast 300000 £. Nach einer Steigerung während des Krieges (Heeresversorgung) auf 438683 £ fiel sie 1918/19 auf 200387 £. In den letzten Jahren ist die Einfuhr von Leinenwaren nach Brit.-Indien sehr zur Besorgnis der irischen Industrie weiter stark gefallen.

Indochina.

Auf Veranlassung der Besitzer dieser Kolonie, der Franzosen, sind in Indochina sporadisch Versuche zur Gewinnung von Faserflachs angestellt worden.

Nach Kerteß (7) sollen in Indochina jährlich für 4 Mill. M. Leinen- und Jutewaren hergestellt werden. Es dürfte sich aber wohl um Waren aus Ramie und Jute handeln.

China.

Wenn auch die Nachrichten über das alte Flachsland China bis in die Urzeiten zurückgehen, so sind sie doch, früher, wie jetzt — als durchaus unzuverlässig zu bezeichnen. Flachs wurde früher und wird heute noch mit Ramie, sowie mit den verschiedenen Hanfarten zusammengeworfen (48). Von Einigen wird sogar China als die Wiege der Flachspflanze angenommen.

Unter dem Zehnten, der früher den Herrschern Chinas abgeliefert werden mußte, befand sich auch Flachs bzw. Linnen und noch im Jahre 1867 erzählt Warden (61), daß die Hauptstadt von Chinesisch-Turkestan damals u. a. 57559 Stück Leinen abgeliefert hätte. Ob es sich aber ausschließlich um wirkliches Leinengewebe (und nicht um Ramiegewebe) gehandelt hat, möchte ich stark bezweifeln. Jedenfalls wird in Chinesisch-Turkestan und in der Mongolei noch eine Menge Faserflachs angebaut.

Nach Berichten von Missionaren wird heute noch am Huangho am Jangtse und deren Nebenflüssen Faserflachs gebaut, der mittels Schlamm-, Kaltwasser- oder Rasenröste gewonnen wird. In den Provinzen Tschili und Sansi soll fast nur Samenlein gewonnen werden (70d). Nach anderer Meldung sind Hauptanbaugebiete die Provinzen Kiangsi, Kiukiang und Hupeh (50s), doch wird auch hier Flachs mit Ramie (48) verwechselt worden sein.

Über die Größe der Anbaufläche auch nur annähernde Zahlen anzugeben, würde vermessen sein. Der chinesische Flachs wird fast ausschließlich im Lande selbst verarbeitet. Die Ausfuhr muß gering sein. Die amtliche Statistik (72) unterscheidet zwischen den zwei Rubriken „Hanf und Flachs“ und „Ramie und andere Textilfasern“. Unter der ersten Gruppe werden folgende Zahlen angeführt:

Ausfuhr von Hanf und Flachs: 1920: 112758 Pikul (Wert 1,36 Mill. H.T.), 1921: 123664 Pikul (Wert: 1,3 Mill. H.T.), 1912: 130640 Pikul (Wert 1,5 Mill. H.T.). Von diesen Werten dürfte nur ein kleiner Bruchteil auf Flachs zu rechnen sein.

Die Flachseinfuhr wird vom Internat. Landw. Institut in Rom (3) für die Jahre 1909 bis 1913 mit 10505 dz und für das Jahr 1923 mit 14501 dz angegeben. Man kann diesen Zahlen eher Glauben schenken; sie entsprechen etwa der Flachseinfuhr von Finnland, womit gesagt sei, daß sie für das große China so gut wie nichts zu bedeuten haben. Dieser eingeführte Flachs findet hauptsächlich in Shanghai Verwendung, wo er in den dortigen Fabriken zusammen mit Baumwolle verwoben wird. Die Gewinnung von Leinsaat und deren Ausfuhr ist jedenfalls viel bedeutender als die der Faser.

Eigentliche Leinenfabriken gibt es in China nicht. Der Flachs wird in der Heimindustrie verbraucht und gelangt gelegentlich auch in der Ramie-, Hanf- und Baumwollindustrie zur Verarbeitung. Die Einfuhr von Leinenwaren aller Art nach China ist bedeutend. Der Markt wird hauptsächlich von Belfast beherrscht. Man führt Leinen und Halbleinen aus England besonders nach Swatow ein. Dort verarbeitet man die Ware zu Decken und Wäsche. Unter der Bezeichnung Swator Drawn Thread Work (Durchbrucharbeiten) wurden für etwa 1 Mill. Taels (1928) diese veredelten Waren nach England, Amerika, Australien usw. wieder ausgeführt (21 qu).

Japan.

Japan kann (neben Kanada) als das jüngste Flachsland bezeichnet werden, denn die Flachskultur ist dort erst gegen 1895 eingeführt und dann allmählich erweitert worden. Im Jahre 1905 machte eine japanische Kommission eine Studienreise nach Europa, hauptsächlich nach Belgien. Der Erfolg war, daß bald der Flachsbau in Japan blühte und die Flachsverarbeitung nach modernen Verfahren aufgenommen wurde. Das wichtigste japanische Anbaugebiet ist die Insel Hokkaido. Auch auf Formosa will man größere Flächen mit Flachs bestellen. Die Anbauflächen und Fasererträge zeigt die japanische Statistik:

Jahr Durchschnitt	Anbaufläche ha	Faserernte dz	Jahr Durchschnitt	Anbaufläche ha	Faserernte dz
1907/11	6000	15000	1918/19	35262	61118
1909/13	4912	23322	1918/22	14900	39350
1913/14	7529	20620	1922	15883	49424
1914/15	11213	28894	1923	18022	50077
1915/16	13552	32387	1924	15057	37691
1916/17	14588	47184	1925	21102	57557
1917/18	19514	46010	1926	18324	54912
			1927	5171	15023

Mit der den Japanern eigenen Zähigkeit haben sie ihre Flachsanbaufläche beibehalten und die Ernten immer mehr erhöht. Mit Samenlein wurden in Japan etwa 20000 ha (1926: 18323 ha) angebaut, die etwa 67000 dz Saat erbrachten (1926). Im Jahre 1927 wurden allerdings nur noch 5171 ha mit Leinsaat angebaut, die 29308 dz Saat lieferten.

Der Hektarertrag war vor dem Kriege (1909/13) zwar etwas höher (4,8 dz) als heute, doch halten sich die Faserertäge immer noch zwischen 2,5 dz (1924) und 3,0 dz (1925). In der japanischen Statistik werden die Flächen in „cho" (= etwa 1 ha) und in tan (= 10 ar) und die Erträge in Kin (= 0,6 kg) angegeben.

Geröstet wird der Flachs nach der belgischen Methode in langsam fließendem Wasser oder in Bassins. Im ganzen gab es 1925 schon 70 industrielle Röstanlagen, davon sind 26 reine Röstanlagen ohne Spinnerei. Die Flachsröstbetriebe sind organisiert unter dem Namen „Kyodo Senyi Kumiai Rengo Kai".

Mit der Flachsverarbeitung (und dem Anbau) beschäftigen sich in Japan die Firmen: die „Teikoku Seima Kabushiki Kaisha" (= Kaiserl. Flachsverarbeitungsgesellschaft) mit dem Sitz in Tokio, Kapital: 6,4 Mill. Yen und die „Nippon Seima Kabushiki Kaisha" (= Japanische Flachsverarbeitungsgesellschaft), Kapital 2 Mill. Yen. Die zuerst genannte Firma betreibt allein 26 Röstanstalten mit Schwingereien auf Hokkaido, sowie 5 Spinnereien und Webereien. Die Betriebe beschäftigen 4500 Personen (70d). Neben Flachs wird auch Ramie verarbeitet, vielfach wird aus beiden Fasern ein Mischgewebe hergestellt. Die an zweiter Stelle genannte „Nippon Seima" unterhält 19 Röstanstalten und zwei Spinnereibetriebe. Eine dritte Firma mit 9 Röstanstalten und einem Fabrikbetriebe ist die „Nippon Mashi Kabushiki Kaisha" (38a). Die Flachsspindelzahl Japans betrug 1913: 24000; im Jahre 1919 zählte man schon über 50000 Flachsspindeln. Im Jahre 1825 gab es in Japan schon 5 große Flachsspinnereien, die sich zu einem Syndikat zusammengeschlossen haben. Die größte Spinnerei und Weberei befindet sich in Dembo bei Osaka mit 900 Arbeitern (30o), der „Teikoku" gehörend.

Außenhandel. Im Jahre 1920 sollte in Japan eine „Flachsausfuhrgesellschaft" gegründet werden, welcher Plan aber so viel Widerstand fand, daß er nicht zur Ausführung gelangte. In der Tat blieb bisher aller in Japan erzeugter Rohflachs im Land. Zur Speisung der Fabriken mußten erhebliche Mengen Flachs eingeführt werden, so z. B. 1909/13: 26951 dz, 1923: 93651 dz, 1924: 173957 dz, 1925: 120709 dz, 1926: 120143 dz, 1927: 106769 dz und 1928: 145940 dz. Die Einfuhr von Flachsgarn und von Leinengewebe ist immer weiter zurückgegangen, dagegen begann Japan im Jahre 1917 mit der Ausfuhr von Flachsgarn (263000 Kin). Diese Ausfuhr erreichte 1920 schon 1,3 Mill. Kin. Ähnlich verhält es sich mit der Ausfuhr von Leinenwaren. Japan ist in kurzer Zeit Selbstversorger in Leinengewebe geworden und wird jetzt der ernste Wettbewerber der Belfaster Industrie im Fernen Orient. Die Maschinen zur Herstellung der japanischen Flachsgarne und Leinengewebe stammen aber aus Belfast.

Ägypten.

Ägypten kann sich mit Kleinasien (Kolchis am Schwarzen Meer) und vielleicht noch mit Kaukasien und Mesopotamien um den Ehrenplatz des ältesten Flachskulturlandes streiten. Soviel ist sicher, daß die Vollkommenheit und Formenschönheit der ägyptischen Leinengewänder schon um 2000 Jahre v. Chr. von keinem anderen Flachsland übertroffen worden ist. Die uns überkommenen Bilder und Reste altägyptischer Flachskultur und Leinenweberei legen Zeugnis ab von dem hohen „Bekleidungsindex" — wie man heute „so schön" sagt, den man in Ägypten hatte. Leinengewänder trugen der König, die Priester, die Krieger und das Volk. Nur wurde ein großer Unterschied gemacht in der Feinheit der Stoffe. Die golddurchwirkten Leinengewebe, die man in den Sarkophagen der alten Ägypterkönige fand, fordern auch heute noch unsere Bewunderung heraus. Über die alten ägyptischen Gewebe besteht schon eine ausführliche, wertvolle und lesenswerte Literatur (73) und (74), auf die hier verwiesen werden muß. Wichtig war für den Ägypter das Linnen nach dem Tode, denn die einbalsamierten Leichen wurden stets in viele Lagen von Leinewand eingehüllt. In den verborgenen Totenwohnungen der alten Könige und Hohen des alten Ägyptens fand man herrliche Darstellungen über die Kultur und Verarbeitung des Flachses (in El Kabs, Eileityias, Koum el Ahmar), die den heute noch in Kleinasien gebrauchten sehr ähnlich sind. Im Staatsmuseum in Berlin (Ägyptische Abteilung) kann man sowohl alte ägyptische Leinwand, wie Herstellungsinstrumente (Riffeln, Spindeln usw.) sehen. Eine große Leinenweberei bestand im Altertum in Rosetta. Auch bei den römischen und griechischen Schriftstellern finden wir Beschreibungen der alten ägyptischen Flachsweberei (so bei Herodot, Plininus). Die ägyptische Bezeichnung für Flachs „mah", das bedeutet „Norden", also wohl Pflanze, die vom Norden kam, womit Kolchis, vielleicht auch Phönizien oder Babylon gemeint sein können. Die Einwicklung der Leichen in Leinwand geht jedenfalls nur bis zur Zeit der 12. Dynastie zurück; in der vorhergehenden Zeit wurden die Leichen in Wolltücher gepackt. Mit Flachsbau und Verarbeitung sollen sich in Ägypten besonders die Juden betätigt haben. Nach ihrer Vertreibung aus Ägypten scheint der Flachsbau und die Flachsverarbeitung wesentlich zurückgegangen zu sein. Erwähnt sei noch, daß das alte Rom von Ägypten als Tribut neben Getreide auch Flachs verlangt hat. Interessenten der Geschichte der ägyptischen Leinengewebeherstellung seien auf die Arbeiten von Grothe (17) und Warden (61) verwiesen. Auch die ägyptologische Literatur birgt Vieles über altägyptischen Flachs und Leinen. (Vgl. die neueste Arbeit von R. Schlesier-Kairo über den ägypt. Flachs 102z.)

Die neuere Geschichte des ägyptischen Flachses geht auf Mohammed Ali, den ersten ägyptischen Khediven zurück, der übrigens auch als erster den Baumwollanbau in Ägypten, nachdem er 1820 von Jumel dort eingeführt war, so stark förderte, daß noch unter seiner Regierung Tausende von Ballen ausgeführt werden konnten. Bei der raschen Überhandnahme der Baumwollkultur konnte aber der Flachsbau nicht mehr recht aufkommen. Immerhin wurden noch unter Mohammed (bis 1842) steigende Flachsmengen aus Ägypten ausgeführt, z. B.: 1839: 305 t, 1840: 439 t, 1841: 770 t, 1842: 1626 t, dann stieg die Flachsausfuhr noch bis 1851 mit 7185 t und fiel im Jahre 1860 wieder auf 634 t zurück. Nur eine geringe Steigerung vermochte der amerikanische Bürgerkrieg herbeizuführen (1862: 1094 t).

Die hauptsächlichsten Anbaugebiete des Flachses im heutigen Ägypten sind Giseh (gleich anschließend an Kairo), wie überhaupt das südliche Delta, ferner die Oase Fayum, die durch den Yssufkanal getränkt wird. Flachs wächst in Ägypten als Winterfrucht, (Baumwolle als Sommerfrucht). Man pflanzt in Ägypten meist Flachs, der gleichzeitig Fasern und Samen bringt und rauft, wenn der Samen eben sich zu bräunen beginnt.

Die Anbaufläche vor dem Kriege 1912/13 war 3763 ha. Sie sank während des Krieges stark (1914 auf 351 ha, 1915: 364 ha, 1916: 596 ha) und stieg dann nach dem Kriege wieder wie folgt: 1918: 1528, 1919: 1248 ha, 1920: 2369 ha, 1923: 687 ha, 1924: 991 ha, 1925: 1351 ha, 1926: 1506 ha, 1927: 686 ha und 1928: 1075 ha (3).

Die Hektarerträge waren vor dem Kriege hoch (10,7 dz), nach dem Kriege erzielte man nur noch Erträge von 6,2 bis 8,0 dz vom ha (3), was wohl darauf zurückzuführen ist, daß man statt der ägyptischen nach dem Kriege Rigasaat „Normandy" einführte. Übrigens liefert die einheimische Flachssorte „Beladi" den höchsten Samenertrag. Die „Nile Flax Co" (Kapital L. E. 17000) hat viel zur Förderung des Flachsbaues nach dem Kriege getan. Die Hektarerträge waren 1924 bis 1926: 8 dz und 1927: 7,6 dz.

Die Ernte wurde vor dem Kriege (1912) auf 32955 dz Faser (neben 9508 dz Saat) angegeben. Nach dem Kriege erzielte man folgende Faserernten: 1920

14400 dz, 1921 und 1922 je 18400 dz, 1923: 5500 dz, 1924: 7900 dz, 1925: 10800 dz, 1926: 12100 dz und 1927: 5200 dz. [Näheres über die Technik des Flachsanbaues, der Bewässerung, der Ernte und Verarbeitung, siehe den Ägyptenaufsatz von H. Schürhoff (70e).]

Röste. Schon die alten Ägypter wandten die Kaltwasserröste an, die in Ägypten wohl mit Warmwasserröste bezeichnet werden könnte, da zur Zeit des Röstens das in den Bassins stehende Wasser Temperaturen von 25 bis 35^0 und mehr annimmt. Man darf also sagen, daß die alten Ägypter, wenn auch unbewußt, das modernste Verfahren der Flachsrotte angewandt haben. Das gleiche Verfahren wird heute noch benutzt, und es dürfte eine interessante Aufgabe sein, einmal die Wassertemperaturen einer ägyptischen „Kaltwasserröste", sowie die Bakterienflora dieser Röste, die in 12 bis 15 Tagen beendigt ist, zu bestimmen. Meines Wissens ist dieser Zweig der Flachswissenschaft in Ägypten noch nie studiert worden. Eine Flachsröst- und Aufbereitungsanstalt besteht in den „Benha Flax Works", über die ich früher (50s) berichtet habe. Auch in Kairo besteht eine kleine Flachsschwinganstalt (75).

Industrie. Der Besitzer der letztgenannten Flachsschwingerei beabsichtigte auch eine kleine Flachsspinnerei in Ägypten einzurichten. Dieses Vorhaben scheint jedoch nicht zur Ausführung gelangt zu sein. Jedenfalls besteht in Ägypten, dem großen Flachsindustrieland des Altertums, keine industrielle Flachsverarbeitung mehr, da auch die Leinenweberei der Alten in Rosetta längst in Vergessenheit geraten ist. Hausindustrie gibt es allerdings noch da und dort, wie ja im heutigen Ägypten (außer einer Baumwollspinnerei und Weberei) alle Gewerbe noch in Form der Heimindustrie ausgeübt werden.

Die Flachsausfuhr war vor dem Kriege ganz erloschen. Sie setzte mit dem Jahre 1917 mit 42 t wieder ein und erreichte 1918: 241 t, 1919: 447 t, 1920: 729 t und 1921 nur noch 96 t. Die Ausfuhr nahm dann wieder größeren Umfang an, nämlich 1923: 146 t, 1924: 520 t, 1925: 408 t, 1926: 498 t, 1927: 712 t (3) und 1928: 590,6 t. Eine Einfuhr von Flachsfaser fand nicht statt.

Ägypten ist in den Jahren vor und nach dem Kriege ein guter Abnehmer von Leinenwaren aller Art gewesen.

Abessinien.

Über den abessinischen Flachsbau, der ohne Zweifel schon sehr alt sein muß, berichtet der s. Z. als landw. Sachverständiger dort tätig gewesene Landwirtschaftsrat Alfred Kostlan (59), daß man dort eine weiße und blaue Sorte Lein (abessinisch Talba genannt) in der Woina-Deka bis zur unteren Deka, anbaue. Man verwendet die „Talba"samen, außer zur Gewinnung von Speiseöl, auch noch zur Herstellung eines erfrischenden Getränkes, indem man die Samen röstet, pulvert und mit Wasser zu einem Brei anrührt, dem etwas spanischer Pfeffer beigemischt wird. Leinsamenmehl dient bei den Eingeborenen auch als Reiseproviant. Bemerkenswert ist, daß die Leinpflanze in Abessinien in einer Höhe von 1700 bis 3300 m über dem Meere noch gedeiht (60), was übrigens selbst noch für Baumwolle zutrifft. Flachsstrohverarbeitung kennt man in Abessinien nicht (59).

Brit. Ostafrika (Kenia).

Kenia wird, seitdem die Engländer die Einführung von Faserpflanzen in ihren Kolonien anstreben, als diejenige Kolonie Afrikas angesehen, die sich für die Gewinnung von Flachs noch am ehesten eignen würde. Im Kriege erbrachte Kenia 1915/16 zum erstenmal Flachs im Werte von 256 £, 1916/17 kamen 908 Cwt im Werte von 432 £, 1917/18 2970 Cwt im Wert von 5899 £ und 1918/19 5065 Cwt im Wert von 10049 £ zur Ausfuhr (40b).

Die „East African Flax Lands Co." (Kapital 60000 £) erhielt im Jahre 1918 etwa 10000 acres Land zugewiesen, von dem sie 1918 mit 800 acres Flachs bestellte.

Das Jahr 1919/20, in dem von 12500 acres Flachsbestand gemeldet wurde (21e), soll „niederschmetternde" Ergebnisse gehabt haben (40c). Amtlich wird mitgeteilt, daß im Jahre 1924: 1226 ha und 1925 nur noch 378 ha mit Flachs bestellt worden sind. Die Hektarerträge waren

1924: 4,6 dz und 1925 nur 0,7 dz! (3). Von Schürhoff wird für 1918/19 der Ertrag von 250 t Flachs und 250 t Werg, sowie von 225 t Leinsaat, alles im Werte von ½ Mill. £ berichtet (32 m), 1919/20 gab es noch eine Ausfuhr von 407 t. Im Jahre 1924 sollen in Kenia doch noch 5000 acres mit Flachs bestellt worden sein (s. o.). Die Ernte wurde auf 600 t Flachsfaser und 900 t Leinsaat geschätzt (30 x). Die offizielle Ernte war im Jahre 1924: 5688 dz und 1925: 267 dz (3).

Die Ausfuhr aus der Keniakolonie erreichte im Jahre 1924 die Höchstmenge von 7405 dz, im darauffolgenden Jahre etwa die Hälfte, nämlich 3272 dz, im Jahre 1926: 1280 dz, im Jahre 1927 nur noch 650 dz und 1928: 315 dz.

Madagaskar (Franz.).

Auch in Madagaskar sind von französischer Seite in den Jahren 1918—1921 Versuche mit Faserflachsanbau gemacht worden. Man hat jedoch diese Versuchstätigkeit wieder eingestellt. Erfolge sind nicht zu verzeichnen gewesen.

Südafrika (Union).

In Südafrika ist der Flachsanbau nicht über das Versuchsstadium hinausgekommen (49). Die Einfuhr von Leinenwaren aus England nach Südafrika ist bedeutend (1920: Wert 2298 £) (32 m).

St. Helena (Brit.)

Die Versuche, die Flachskultur auf St. Helena einzuführen, waren von einigem Erfolg begleitet. Man erntete 1918: 528 t Langfaser und 214 t Werg (30 y) und 1919: 516 t Langfaser im Werte von 61132 £ (Höchstpreis 97 £ je t) (8 c).

Französisch Marokko.

In Marokko kannte man schon im Altertum den Flachs, dessen Kultur von den Phöniziern herübergebracht worden sein soll. Seit Jahrhunderten kennt man in Marokko aber nur den Samenflachsbau, der vor dem Kriege in der Ausdehnung von etwa 7300 ha (Ernte 63000 dz) betrieben wurde und neuerdings (1925) auf über 20000 ha (Ernte 108000 dz) angewachsen ist. Im Jahre 1928 wurden 22000 ha mit Flachs bestellt.

Die Flachsnot veranlaßte die Leinenfabrikanten Nordfrankreichs im Jahre 1917 ein Syndikat zu bilden, mit dem Zwecke, in Marokko 8000 ha Faserflachs zu bauen (53 b). Die Versuche wurden auf einem Gut etwa 40 Meilen südlich von Casablanca im Jahre 1918 ausgeführt. Das Ergebnis dieser Versuche war ermutigend. Man erzielte von 20—40 Zentner Strohflachs vom Hektar. Weitere Versuche wurden sodann an der Westküste in der Nähe von Mazagan, Mogador, Rabat und Saffi mit französischer und Rigaer Saat gemacht. Die besten Ergebnisse erbrachte der weißblühende Flachs (10% Langfaser vom Flachsstroh). Der Flachsstrohertrag war 1500—1800 kg vom ha. Als besonders ertragreich erwies sich der Flachsbau im Tale von Sebou. Amtliche Angaben über den Umfang des Anbaues in Marokko liegen nicht vor. Nach Pressemitteilungen waren es jedoch 1918 nur 400 ha, 1919: 560 ha und 1921 etwa 1500 ha (50 i). Neuere Angaben waren nicht zu beschaffen. In einem Bericht aus dem Jahre 1927 heißt es nur, daß die Faserflachsgewinnung lebhafte Beachtung finde (21 h). Weitere Schlüsse lassen sich aus den Flachsausfuhrzahlen Marokko ziehen. Es wurden nach Frankreich ausgeführt: 1924: 179 t und 1925: 55 t Flachs (56) gegen 1919: 483,4 t (57). Man kann also nach dem vorübergegangenen „Flachsfieber" nicht mehr von einer Entwicklung der Flachskultur in Marokko sprechen. Aus dem Samenflachsstroh gewinnen die Einheimischen Werg, das sie in der Heimarbeit zu Seilen und Bindfaden verarbeiten.

Spanisch Marokko.

In der spanischen Marokkozone wird ebenfalls etwas Samenflachs angebaut. Die Ausfuhr war z. B. 1919: nach Spanien 5,5 t und nach Frankreich 2,5 t, zusammen 8 t. Flachsfaser wurde dort nicht einmal versuchsweise angebaut.

Algerien.

In Algerien wird die Gewinnung von Faser- und Samenstroh recht wenig auseinander gehalten. Das in früheren Zeiten gewonnene Flachsstroh dürfte fast nur zur Verarbeitung von Werg brauchbar gewesen sein. Es wurden 1868 etwa 3450 ha mit „Flachs" angebaut. Die Ernte ergab damals: 1600 t Samen und 3473 t Flachsstroh, aus dem 310 t gehechelter Flachs gewonnen worden sind. 1877 sollen 6000 ha Flachsland vorhanden gewesen sein, und die Produktion wird mit 17396 t Flachsstroh und 37000 t Saat angegeben (58). Auch in der neueren Statistik (3) wird die Anbaufläche für Saat und Flachsfaser nicht auseinander gehalten; ein und dieselben Zahlen werden sowohl in der Saat- wie Faseranbaufläche genannt, z. B.: 1909/13: 553 ha, 1923: 310 ha, 1924: 321 ha, 1925: 220 ha, 1926: 218 ha. Der Hektarertrag vom Jahre 1924: 6,2 dz, scheint stark zurückgegangen zu sein.

Als Vorkriegsernten nennt man 1909: 689 dz, 1910: 1012 dz, im Mittel: 1909/13: 850 dz, und als Nachkriegsernte werden 1923 und 1924 je 2000 dz (?) Faser genannt.

Eine Ausfuhr von Flachs aus Algier hat nach der französischen Statistik in den Jahren 1924 und 1925 nicht stattgefunden. Die Eingeborenen stellen aus Flachs allerhand Heimarbeiten (Garne, Seile, grobe Gewebe) her.

Tunis.

Der Flachsbau in Tunis soll von den Phöniziern herstammen. Einige Bedeutung kommt dem Anbau von Samenflachs zu. In der amtlichen Statistik wird auch nur dieser erwähnt: 1909/13: 2280 ha (Ernte 9420 dz), 1927: 2504 ha (Ernte 7000 dz Samen), 1928: 3000 ha und 1929: 2000 ha. Flachs gedeiht besonders in den Gebieten um Tunis und Bizerta, auch am Kap Bon, am Medjez-El-Bab und bei Mateur.

Ernstliche Anbauversuche, reinen Faserflachs zu gewinnen, gehen auf das Jahr 1918 zurück, in dem die „Lineries Feuillette" 600 ha mit Faserflachs bestellte (21i) und auch eine Aufbereitungsanstalt im Jahre 1920 errichtete. Größere Ausdehnung vermochte der Faserflachsanbau nach dem Erlöschen des „Flachsfiebers" nicht mehr zu erringen. In der französischen Statistik steht bei der Ausfuhr von Flachs aus Tunis nach Frankreich in den Jahren 1924 und 1925 je ein — Strich.

Ver. Staaten von Amerika.

Faserflachs begann man in den U.S.A. erst seit 1915 anzubauen, und zwar im Staate Michigan, wenig auch im Staate New York (Buffalo-Niagara), ferner im Wisconsin und im Dakota Staat. Größere Ausdehnung verspricht das Flachsgebiet im Staate Oregon (im Willamette Valley) an der pazifischen Küste anzunehmen, da dort nach H. Schneider (41b) Flächse von „besonders schöner Qualität" gedeihen. Größeres Aufsehen hat in neuerer Zeit Henry Ford erregt, der für seine Fabriken den Flachsfaserbedarf auf einer Fläche von 100000 acres mit modernsten Verfahren selbst erzeugen will (42) und (32g). Über den Anbau in Michigan hat F. Tobler Näheres berichtet (941) und (41i).

Die Faserflachsanbaufläche der U.S.A. wird von H. Schneider (41b) im Jahre 1920 auf 2000 bis 3000 ha geschätzt. Im Jahre 1924 und 1925 waren im Staate Oregon etwa 3000 bzw. 4000 acres mit Flachs bestellt worden. Man erntet vom acre etwa 2 t (?). Im Jahre 1926 soll die Anbaufläche auf 12000 acres erweitert worden sein, die sich dort noch auf 1 Mill. acres bringen ließe. Das amtliche Internat. Landw. Institut in Rom brachte bis 1928 noch keine Flachsanbauzahlen der U.S.A. Der Flachs wird mit Raufmaschinen der Firma „Perfection Co" von Toronto (Kanada) und der „Pusch-Tombyll" Maschine geerntet. Amtliche Angaben über Anbauflächen und Ernten sind nicht veröffentlicht worden. Sehr ausgedehnt ist in den Ver. Staaten der Anbau von Leinsaat: (in Mill. acres): 1890: 13,2, 1900: 2,1, 1907/11: 1,4, 1917: 1,94, 1918: 1,97, 1919: 1,57, 1920: 1,8 (43); ferner 1918/22 (Durchschnitt): 598200 ha, 1923: 834000 ha, 1924: 1,4 Mill. ha, 1925: 1,24 Mill. ha, 1926 und 1927: je 1,76 Mill. ha, 1928: 1,068 und 1929: 1,251 Mill. ha. Diese Angaben werden gemacht, da der Strohertrag seit etwa 1920 da und dort zur Fasergewinnung verarbeitet wird.

Über die amerikanischen Ernten an Faserflachs sind keine Angaben in der zugänglichen Literatur verlautbar geworden. Ein Teil des Wirrstrohes (10000 t) soll nach H. Schneider (41b) in Minnesota im Jahre 1920 zu Teppichen verarbeitet worden sein. Übrigens berichtet Schürhoff aus alten Leinsaatgebieten schon von „Faserernten" (so in Nord- und Süd-Dakota, in Montana und Minnesota) z. B. 1850: 3442 t (neben 562312 bushels Saat), 1852: 1688 t (neben

611927 bushels Saat) (1 bushel = 25,401 kg), 1870: 12333 t, doch handelt es sich vielleicht um Angaben von gehandeltem Wirrstroh?

Die Leinsaaternte betrug 1918/22: 2,5 Mill. dz, 1923: 4,4 Mill. dz und 1924: 7,4 Mill. dz. Die U.S.A. standen im Jahre 1899 an erster Stelle der Weltproduktion an Leinsaat mit 19,9 Mill. bushels im Wettbewerb mit Rußland, Brit. Indien und Argentinien.

Mit Flachsrösten werden im Staate Oregon Strafgefangene beschäftigt (30s). Die „Ford-Motor Soc." arbeitete nach dem Warmwasserröstverfahren (30u). Sonst wird meist nach dem Kaltwasserverfahren geröstet. 1920 gab es 6 industrielle Röstanlagen, deren Leistungsfähigkeit etwa 100000 dz Strohflachs sein soll. Das Cotonisieren von Wirrstrohflachs war in den U.S.A. schon 1863 bekannt (44). Es konnte aber nie richtig aufkommen.

Einfuhr. Zur Befriedigung von Industrie und Technik wurde nach den U.S.A. immer eine kleine Menge Flachs und Werg eingeführt, z. B. 1918: 7865 t (Wert 4 Mill. $), 1919: 4420 t (Wert 7,4 Mill. $). Amtliche Flachseinfuhrangaben: 1909/13: 154296 dz, 1922: 58677 dz, 1923: 75391 dz, 1924: 39514 dz, 1925: 53383 dz, 1926: 69315 dz, 1927: 45681 dz und 1928: 56279 dz.

Die Flachsausfuhr war stets sehr gering, 1924 kam sie auf 5619 dz, 1925 auf nur 478 dz, 1926 auf 437 dz, (1927: 0 dz) und 1928: 925 dz.

Industrie. Die amerikanische Leinenindustrie ist im Vergleich zur sonstigen Entwicklung der Industrien immer recht klein geblieben. 1914 sollen 67412 Spindeln in den Flachs-, Hanf- und Jutespinnereien vorhanden gewesen sein (45). Im Jahre 1920 zählte man nach Schürhoff 6 bis 7 Flachsspinnereien, darunter einige Naßspinnereien mit 30—40000 Spindeln. H. Schneider (41a) gibt 1920 an, daß auf dem amerikanischen Festlande kaum 35000 Spindeln für Flachs, Hanf und Jute vorhanden sein dürften.

Die Industrie wurde in den U.S.A. eingeführt durch die Engländer Barbour und Finlayson, die zuerst dort Nähfaden fabrizierten. Garnspinnereien befinden sich in der Nähe von New York bzw. Boston, zwei Spinnereien sind in Wisconsin, eine in Montona (41a).

In Salem im Staate Oregon wurde im Jahre 1924 eine Spinnerei mit 4000 Spindeln und eine Weberei mit 200 Webstühlen („Miles Linen Mill") errichtet. Die Fabrik stellt Bindfaden, Zwirn und grobes Leinengarn her. Tagesproduktion: 250 lbs. — 1925 nahm sie 45 t Flachs ab, und 1926 hat sie auf 180 t Flachs abgeschlossen. Eine weitere Fabrik soll noch 1925 in Salem und eine andere in Vancouver (Washington), die „Oregon-Washington Linen Mills" gegründet worden sein. In den Gebieten um Delaware und Smyrna wollte die „American Flax and Linen Corporation" mit einem Kapital von $ 500000 eine Leinenfabrik errichten (45b). Weitere Leinenwebereien befinden sich seit 1899 in New England und Pennsylvania (46).

An Webereien sind außerdem nach H. Schneider (41a) etwa 2 in der Nähe von Boston, 3 in der Nähe von Lockport bei Buffalo vorhanden. Dazu kämen noch die Betriebe von Henry Ford in Michigan, über die schon sehr viel geschrieben worden ist, bevor sie errichtet waren (vgl. 1c und 32h).

Die Fertigwareneinfuhr der U.S.A., namentlich aus Belfast war immer sehr bedeutend. Sie erreichte die Werte von (in 1000 $): 1923: 42588, 1924: 51882 und 1925: 43876. Die Einfuhr ging von 1924 an immer weiter zurück. So kam 1924 aus England für 25,7 Mill,, 1925 nur noch für 17,9 Mill. $. Damastgewebe nach den Vereinigten Staaten (30v). Über die Reklame englischer Firmen zur Hebung des Exportes nach den U.S.A. siehe den Abschnitt über Großbritannien.

Die Einfuhr der Vereinigten Staaten aus England in Leinenstückwaren erreichte im Jahre 1912 noch 106698543 Quadratyards, dagegen 1925: 40231300

Quadratyards, 1926: 33916900 Quadratyards, 1927: 32114100 Quadratyards und 1928 nur noch 26553100 Quadratyards. Der Rückgang der Vereinigten Staaten als Absatzgebiet für englische Leinenstücke gibt der Belfaster Industrie schwer zu denken auf.

Kanada.

Seit etwa 1850 wird Flachs zu Faserzwecken in Kanada gebaut. Der Anbau von Faserflachs, der vielfach eingewanderten deutschen Flachsbauern zu danken ist, blieb bis zum Jahre 1914 auf kleine Flächen in den östlichen Provinzen beschränkt, während Saatleinen in großen Mengen seit langem in den Westprovinzen gebaut worden ist. Der Faserflachs gedeiht namentlich in den Gebieten der großen Seen, am meisten in der Provinz Quebec, Mantoba und Ontario. Als bevorzugte Faserflachssorte gilt „Dutsch Child". Mit welchem Eifer man in Kanada das Problem des Faserflachsbaues in die Hand nahm, geht daraus hervor, daß dort nach dem Kriege die ersten brauchbaren Flachsraufmaschinen (vgl. Schneider 41h) gebaut worden sind, die auch in Deutschland (z. B. auf der ersten Flachsschau in Sorau) Anerkennung gefunden haben (31). Während im Jahre 1914 nur etwa 1400 acres mit Faserflachs bestellt wurden (im Durchschnitt der Jahre 1909/13: 3763 ha Faserflachs), bemühte sich die britische Regierung, nach Ausbruch des Krieges, den Anbau zu fördern. Der Erfolg war der, daß im Jahre 1915 schon 4000 acres, 1917: 8000 acres, 1918: 14000 acres, 1919: 20262 acres, wovon 19262 in Ontario, 800 in Quebec und 200 in Mantoba (37), 1920: 13300 acres (30s), 1921: 6515 acres, 1922: 1500 acres, 1925: 6200 acres angebaut worden sind. Tobler gibt die Flachsanbaufläche für die Provinz Ontario im Jahre 1925 mit 4920 acres an und zählt die Anbauflächen der einzelnen Flachsgemeinden dieser Provinz auf (941), wobei er besonders den Anbau deutscher Einwanderer hervorhebt.

Die amtlichen Feststellungen haben folgende Faserflachsanbauflächen in Kanada ergeben: 1915/18 (Durchschnitt): 3763 ha, 1922: 486 ha, 1923: 1335 ha und 1924: 2331 ha, 1925: 2509 ha, 1926: 1629 ha, 1927: 1724 ha, 1928: 2784 ha und 1929: 2500 ha. Die Hektarerträge waren: 1915/18: 3,3 dz, 1922: 3,3 dz, 1923: 1,4 dz, 1924: 3,5 dz und 1925: 2,6 dz.

Der Rückgang in den letzten Jahren dürfte für Kanada nicht so katastrophal sein, wie der der europäischen Länder, da man in Kanada allen Ernstes daran geht, Flachsbau auch rentabel zu gestalten (Saatzüchtung, Saatreinigung (Seed Control Act) (30s), Sämaschine, Bodenbearbeitung mit Maschine, Raufmaschinen, Anbau nur in der Nähe von Aufbereitungsanstalten.) Mit der Flachsbauförderung beschäftigten sich die „Association of flax growers", die „Fibre Division", das Dep. of Agric. of the Canadian Governement, die „Federal Flax Soc. Ltd."

Ausführliches über den Flachsanbau, Ernte, Röste usw. teilt F. Tobler mit, der das Gebiet im Jahre 1928 eingehend besichtigt hat (vgl. Deutscher Leinenindustrieller 1929, Nr. 4).

Saatlein wird in den sog. Prärieprovinzen im Westen angebaut, am meisten in Saskatchevan, dann in Alberta, auch in Quebec. Die Anbauflächen waren z. B. 1900: 23086 acres, 1910: 582326 acres, 1912: 2021900 acres, 1917: 920000 acres (in Saskatchevan allein: 753700 acres), 1919: 1046000 acres (in Saskatchevan allein: 841000 acres) und in ganz Kanada 1924: 516642 ha, 1925: 340954 ha, 1926: 298814 ha, 1927: 192568 ha und 1928: 152969 ha (3).

Wir erwähnen den Saatlein hier besonders, weil in neuerer Zeit daran gegangen wird, auch aus dem Wirrstroh Spinnfaser zu gewinnen (siehe unten).

Die Faserflachsernte war 1915 noch bescheiden, nämlich 800 t (und 80 t Werg), sie stieg 1917 auf 1400 t, 1918 auf 3100 t, 1919 auf 2208 t Flachs und 1152 t Hede, 1924 auf 1800 t Flachs. Welche Werte dem Lande aus dem Flachs-

und Leinanbau entspringen, zeigt z. B. die Ernte 1919: Wert der Flachsfaser: 3,97 Mill. $. Wert der Hede: 0,58 Mill. $, Wert der Leinsaat: fast 1 Mill. $ (38a) Die amtliche Statistik ergründete folgende Ernten an Flachsfaser: 1922: 1622 dz, 1923: 1910 dz, 1924: 8099 dz und 1925: 6532 dz.

Der Ertrag an Leinsaat der Prärieprovinzen betrug (in Bushels) 1890: 138844, 1900: 172222, 1912: 26,1 Mill., 1917: 6,9 Mill., wovon 4,7 Mill. Bushels in Saskatchevan und in ganz Kanada: 1909/13: 3,0, 1924: 2,5, 1925: 1,6, 1926: 1,5, 1927: 1,2 Mill. dz und 1928: 918094 dz (3).

Aufbereitung. In Kanada herrscht die Teichröste vor. Es bestehen aber auch schon eine Anzahl Warmwasserröstanstalten. Im Jahre 1914 gab es 9 Betriebe (wohl ganz kleiner Art) und im Jahre 1919: 47 Betriebe zur Aufbereitung von Flachs. 1920 bestanden 33 Gesellschaften, denen 50 Aufbereitungsstellen gehörten (8b). Die Gesamtzahl hatte sich 1920 auf 65 Flachsschwingereien erhöht, wovon sich 61 in Ontario, 3 in Quebec und eine in Tillsonburg befanden (39a).

Die Aufbereitung des Wirrstrohs aus den Leinsaatgebieten, die etwa 1,25 Mill. t Stroh im Jahre hervorbringen, wurde 1917 durch den „Flax Fibre Development Ass." und 1920 durch die „Cooperative Cordage Ltd." in Angriff genommen. Man stellt aus Wirrstroh eine Faser her, die man zu Sackleinwand und Bindfäden, von dem in Saskatchevan jährlich 23 Mill. lbs. verbraucht werden, verarbeitet. Auch Papiermasse wird aus dem Stroh hergestellt (39a).

Ausfuhr. Als sich der Flachsanbau in Kanada in den Jahren 1919/20 so gut anließ, bildete sich in New York gleich ein „Canadian Manufacturer Sales Corporation", um die Flachsausfuhr zu finanzieren (40a). Nach Großbritannien (Nordirland) gingen 1923/24: 24513 cwts (Wert 185522 $) und 1924/25: 29934 cwts (Wert 400046 $). Amtlichen Berichten zufolge war die Ausfuhr 1922: 9602 dz, 1923: 11606 dz, 1924: 16760 dz, 1925: 5230 dz, 1927: 1513 dz und 1928: 1033 dz. Diese Feststellungen, sowie die Einfuhrzahlen deuten auf ein Erstarken der kanadischen Industrie hin. Die Einfuhr dagegen betrug: 1922: 1313 dz, 1923: 1464 dz, 1924: 2556 dz, 1925: 3137 dz, 1926: 5144 dz, 1927: 6514 dz und 1928: 3464 dz (3).

Industrie. Die kanadische Leinenindustrie wurde im Jahre 1906 gegründet. Die älteste und größte Spinnerei und Weberei befindet sich in Guelph (Ontario). Sie gehört der „Dominions Linens Soc. Ltd.", außerdem gibt es noch eine Fabrik in Tillsonburg und in Iroquois (Ontario). Als Tochtergesellschaft der zuerst genannten gibt es noch die „Flax Spinners Ltd." in Guelph (gegründet Februar 1919). Die Fabriken stellen Garne bis zu 60 lea (1 lea = 80 shreads = 109,72 m) her (38b). Die Fabriken in Guelph hatten nach H. Schneider im Jahre 1921: 3300 Spindeln und 171 Webstühle (Tischzeugdamast). Die Fabrik in Iroquois besitzt 34 Webstühle (Tischzeugdamast) (41a). Die Guelphfabrik arbeitete 1920 mit 1200, 1927 nur noch mit 350 Arbeitern. Wegen des schlechten Geschäftsganges der Fabriken wurde im Jahre 1927 die Aufhebung der Bevorzugung britischer Leinenwaren im kanadischen Zolltarif beantragt (25t).

Die Einfuhr an Fertigwaren nach Kanada (aus England) ist im Rückgang begriffen. Sie erreichte in Feinstückwaren 1927: 2652200 Quadratyards und 1928: 1405400 Quadratyards.

Brasilien.

Brasilien baut nur wenig Flachs an. Nach Boerger (78) beliefern die deutschen und italienischen Kolonien Südbrasiliens einen Teil der Webereien in São Paulo und Rio de Janeiro.

Eingeführt wurden nach Brasilien an Flachsfaser: 1909/13: 1196 dz, 1923: 289 dz, 1924: 676 dz, 1925: 633 dz, 1926: 1146 dz, 1927: 1288 dz und 1928: 1426 dz. Eine Ausfuhr von Flachs hat in den letzten Jahren nicht stattgefunden.

Von den Flachsspinnereien ist die wichtigste die „Compannia Tecidos de Linho Sapopamba" mit 3112 Spindeln (50u).

Die Einfuhr von Fertigwaren aus England hat in den letzten Jahren in bemerkenswerter Weise zugenommen. Die Einfuhr an Leinenstückgut war 1927: 1750000 Quadratyards und 1928: 2746600 Quadratyards (102f).

Uruguay.

In Uruguay ist der (bis jetzt ausschließlich der Saatgewinnung gewidmete) Leinenanbau bedeutend genug, um Beachtung zu verdienen. Die Anbauflächen sind seit 1909/13 mit 51205 ha nach dem Kriege bedeutend gestiegen (1925 auf 74900 ha). Die Samenernten haben sich vergrößert (1909/13 auf 241541 dz, 1923 auf 299300 dz, 1924 auf 391590 dz, 1925 auf 515380 dz, 1926 auf 500280 dz, 1927 auf 520070 dz Samen), und zwar nicht nur infolge höherer Anbauflächen, sondern auch Dank der züchterischen Tätigkeit von Prof. Dr. Albert Boerger in La Estanzuela. Während der Hektarertrag 1909/13 noch mit 4,7 angegeben worden ist, war dieser 1926 auf 7,1 dz und 1927 auf 7,3 dz gestiegen. Boerger hat Pflanzen gezüchtet, die bis zu 12,6 dz Saat vom Hektar erbrachten (79). Der Wert dieser wissenschaftlichen Arbeiten wird sich erst in der Zukunft zeigen. Auch eine Erhöhung des Faserertrages hat Boerger bei einzelnen Kulturen erreicht (108).

Nach Boerger (78) wird Flachsstroh in Uruguay in der im Jahre 1912 gegründeten Russenkolonie San Javier (Dep. Rio Negro) verarbeitet. Es werden u. a. haltbare Leinentücher hergestellt. (Vgl. auch die Arbeit von Fr. Tobler im DLI. 1929/46 und 1930/51.)

Argentinien.

Wenn man von Flachs spricht, darf Argentinien nicht übergangen werden, wenngleich dort kein Faserflachs, sondern nur Leinsamen gewonnen wird. Der Leinsaatbau in Argentinien reicht etwa auf das Jahr 1875 zurück. Die Entwicklung, die dieser landwirtschaftliche Zweig in Argentinien genommen hat, ist so gewaltig, daß man sie nur etwa mit der des Baumwollanbaus in den Vereinigten Staaten, obwohl dieser in seiner Intensivierung um 100 Jahre älter ist, oder in Ägypten (seit 1820) vergleichen kann, denn Argentinien produziert heute 72% des Weltbedarfs an Leinsaat. Die Anbaufläche und die Produktion ergeben sich aus der folgenden Übersicht (3):

Jahr	Anbaufläche ha	Erträge dz	Ertrag je ha dz	Ausfuhr Mill. dz
1909/13 (Durchschn.).	1537352	7904062	5,1	9,6
1923	2169437	14734060	6,8	—
1924	2176991	11451900	5,3	—
1925	2453150	19079890	7,8	—
1926	2520477	17550000	7,0	16,7
1927	2740750	20180000	7,4	18,9
1928	2953000	21034620	—	19,7

Ich habe ausnahmsweise hier dieses Zahlenmaterial angeführt, da man in Argentinien (und Uruguay) hauptsächlich auf Grund der Vorarbeiten von Prof. Dr. Albert Boerger, La Estanzuela, Uruguay (siehe die Veröffentlichungen: 76, 77, 78, 79), in letzter Zeit ernstlich daran gedacht hat, die dort anfallenden ungeheuren Mengen Flachsstroh (Wirrstroh), die heute noch verbrannt werden, zu irgendeinem Industrierohstoff (durch Kotonisierung oder durch Verarbeitung zu Zellulosepaste) zu verwerten. Man scheint dieses gewaltige Problem noch nicht gelöst zu haben, aber man darf wohl erwarten, daß es in naher Zukunft noch seine Lösung finden wird, was dann eine Umwälzung des dortigen Rohtextilstoffmarktes zur Folge haben wird.

Drei Firmen, von denen aber nur noch eine (nämlich Edmundo Posselt in Buenos Aires) im Jahre 1920 bestand, sollen die Verarbeitung des Wirrstrohs zu Werg aufgenommen haben. Man rechnete, daß man aus den Erträgen des Jahres 1920, die etwa 2 Mill. t Flachsstroh ergeben haben, allein 400000 t verspinnbares Werg hätte herstellen können (also mehr Faser als in der Welt an Flachsfaser überhaupt zur Verfügung stand). Diese 400000 t Werg werden jedes Jahr in Form von Flachsstroh in Argentinien auf freiem Felde verbrannt. Da Argentinien selbst allein über 100 Mill. Säcke nötig hat, kann man sich vorstellen, welch gewaltiger Gewinn es für das Land wäre, wenn diese vorläufig noch nicht zu verarbeitenden Wirrstrohmassen in Form von Säcken für das Land nützlich gemacht werden könnten. Es steht in Aussicht, daß ein Deutscher (R. Geiß, München) die schwierige Frage meistern wird.

Argentiniens Einfuhr an Leinenwaren ist immer noch sehr rege. Es wurden aus England eingeführt an Leinenwaren: 1927: 1410300 Quadratyards und 1928: 1453000 Quadratyards. (Vgl. die Arbeit von Fr. Tobler im DLI. 1929/46 und 1930/51.)

Chile.

In Chile wird Faserflachs und Saatlein angebaut, wenn auch zunächst noch in geringen Mengen. Vor dem Kriege befaßten sich die Bewohner der Abhänge der Kordilleren mit Flachsbau. In neuerer Zeit wird nach Anderson (80) in Mittel- und Südchile von Concepcion bis Chiloé besonders am Llanquituesee, ja bis Coquimbo Flachs bestellt, dessen Wachstum dort durch die starken Frühjahrsregen gefördert wird. Der Anbau von Flachs in Mittelchile (im Aconguatale) ist inzwischen nach W. Fischer (102i) wieder aufgegeben worden, um so mehr soll sich der Flachsanbau im Süden des Landes unter der Anleitung deutscher Flachs bau- und Verarbeitungssachverständiger entfalten. Die Ernte erfolgt vom Januar bis Februar. Im Jahre 1928/29 wurden in der Gegend von Rio Negro 700 ha Flachs bepflanzt. Das Stroh erreicht eine Länge von 120 cm. Man baute z. B. 1921 von Coquimbo bis Llanquihue 402 ha an und erntete davon 4895 dz Flachsstroh und 2761 dz Saat. Davon entfielen auf die Provinz Llanquihue allein 4610 dz Flachsstroh, auf Santiago 1139 dz Saat. (Vor dem Kriege 1909 legte man fast ausschließlich auf die Saatgewinnung Wert, z. B. 1909 Ernte an Stroh 157 dz und an Saat 23156 dz.)

Im Jahre 1918/22 baute man 400 ha an, die 3000 dz Faser und 2600 dz Saat lieferten. In den Jahren 1923—1925 wurden auf 344—573 ha etwa 2500—3400 dz Saat gewonnen. Im Jahre 1926 wird von einer Faserernte von 2500 dz und von einer Samenernte von 1500 dz berichtet. Eine Flachsaufbereitungsfabrik (mit 70—80 Arbeitern) besteht in Rio Negro im Norden vom Llanquituesee.

Bolivien.

Von den übrigen südamerikanischen Staaten baut nur noch Bolivien etwas Flachs an, der aber fast ausschließlich zur Saatgewinnung dient. 1923: 150 ha, 1924: 303 ha und 1925 und 1926 je 400 ha. Die Saaterträge schwankten zwischen 1500 dz (1923) und 4000 dz (1925 und 1926).

Australien und Neuseeland.

Australien. Einwanderer aus Irland, Holland, Belgien und Deutschland bauten schon Ende des vorigen Jahrhunderts und weiter bis 1917 geringe Mengen Flachs (etwa 300 acres) in Australien an. Vom Jahre 1917 ab suchte das neu gegründete „Common Wealth Flax Industry Commitee" den Flachsanbau zu fördern. Die Anbauflächen stiegen 1918 auf 1500 acres, 1919 auf 2250 acres, 1920 auf 4000 acres (32i). Diese Anbauflächen nahmen aber dann wieder stark ab: 1922: 289 ha, 1924: 2 ha und 1925: 53 ha, also wesentlich weniger, als vor dem Kriege (1909/13) im Durchschnitt 427 ha) angebaut wurde.

Die Anbaugebiete waren zur Zeit der Hochkonjunktur verteilt auf Gippsland, Victoria, Neusüdwales und auf die Insel Tasmania, auch in Sale, in Thorpdale und in den westlichen Zentralbezirken wurden einige Hektar angebaut. Hauptprovinz blieb immer das Gippsland, in dessen Bezirk Warragul im Jahre 1920 etwa 1400 acres den Ertrag von 1880 t Flachsstroh erbrachten. Auch in Kooweerup standen 500 acres unter Flachs. In der Provinz Victoria gab es 1920 auch etwa 1800 acres Flachsland. Die Regierung förderte den Flachsbau durch Leistung von Garantien (Mindesterlös je Tonne: 6 bzw. 5 £ St.) und durch Errichtung von Aufbereitungsanstalten. Auch das „Institute of Science and Industry" suchte den Flachsbau durch Belehrung zu fördern (32i).

Geröstet wird der Flachs in Australien meist durch Tauröste.

Industrie. Es sollen in Gippsland zwei Flachsgarnspinnereien bestehen. In Victoria (Ballarat) war 1921 die Errichtung einer weiteren Spinnerei geplant (39b). Wohl zur Speisung dieser Industrien wurden nach Australien folgende Mengen Flachs eingeführt:

1909/13: 64822 dz, 1922: 96494 dz, 1923: 72810 dz, 1924: 78870 dz. Die Flachseinfuhr soll in den letzten Jahren stark zurückgegangen sein (1925: 1087 dz, 1927: 3790 dz und 1928: 3048 dz). Die Flachsausfuhr war gleich Null (nur 1924: 975 dz).

Australien ist ein bedeutender Abnehmer von irischen Leinenwaren. Immerhin geht die Einfuhr aus England merklich zurück. Die Einfuhr an Leinenstückwaren war im Jahre 1927: 8931100 Quadratyards und 1928: 7885600 Quadratyards (102f).

Neuseeland. Vielfach begegnet man in der Literatur Angaben über die bedeutende Flachsproduktion auf Neuseeland. Es handelt sich indessen immer um den „Neuseelandflachs", der von der zu den Liliengewächsen gehörenden Pflanze Phormium tenax L. abstammt, von der etwa 20000—25000 ha angebaut werden. Näheres siehe meine Abhandlung über „Neuseelandflachs" in dieser Bücherreihe V. 2. Teil (48a).

Flachs zur Gewinnung von Leinsamen wird übrigens auf Neuseeland in geringem Umfange angebaut: 1924: 2703 ha, 1925: 3295 ha und 1926: 1996 ha mit den Ernten: 1924: 21693 dz, 1925: 23989 dz und 1926: 19600 dz Saat (3).

Quellenverzeichnis.

1. Deutscher Leinenindustrieller, Berlin. a) 1925/46[1], b) 1926/36, c) 1926/40, d) 1926/16, e) 1927/14, f) 1927/47, g) 1926/42, h) 1927/19, i) 1927/50, k) 1926/39, l) 1927/37, m) 1927/24, n) 1926/92, o) 1927/2, p) 1926/36, q) 1926/35, r) 1927/49, s) 1927/16, t) 1921/23. Juni, u) 1927/3, v) 1927/48, w) 1927/20, x) 1925/45, y) 1926/93, z) 1926/50.
2. Spinner und Weber, Leipzig. a) 1923/25, b) 1927/40, c) 1925/59, d) 1927/50, e) 1922/37, f) 1927/30, g) 1921/37, h) 1921/43, i) 1922/36, k) 1926/57, l) 1922/39, m) 1922/40, n) 1921 v. 24/6., o) 1927/48, p) 1922/41, q) 1925/57, r) 1927/51, s) 1926/97, t) 1927/38, u) 1925/79, v) 1927/49, w) 1923/9, x) 1922/51, y) 1922/52, z) 1925/69.
3. Annuaire International de Statistique agricole, Rom. Verschiedene Jahrgänge bis 1928/29 in Kommission bei P. Parey, Berlin.
4. The Irish and Scotch Linen and Jute Trades Journal, Belfast.
5. Sponar: Rußlands Flachs- und Hanfkultur. Sondernummer II der Monatsschrift für Textilindustrie 1. 6. 1921, S. 14.
6. Tropenpflanzer. a) 1920: 11/12, S. 259, b) 10. 10. 1916, c) 1913 v. 7. 7.
7. Kertess: Die Textilindustrie sämtlicher Staaten. Braunschweig 1917.
8. Wirtschaftsdienst, Hamburg. a) 11. 4. 1919, b) 1919/51, c) 1920/9.
9. Pfuhl, E.: Petersburger Zeitung 1890 vom 9. (21.) März.
10. Pfuhl, E.: Sortierung und Wertbestimmung des Flachses. Königsberg 1878, S. 20.
11. Gernet, Bruno von: Entwicklung des Rigaer Handels und Verkehrs. Jena 1919.
12. Kowalewski, W. (übersetzt von Davidson, E.): Rußlands Industrie und Handel. Leipzig: Otto Wiegand 1901.
13. Private Mitteilung.
14. „Der Osten" 1920, Nr. 14, S. 227.
15. Die Volkswirtschaft der Union der Sozialistischen Sowjetrepubliken. 1926, H. 15/16.
16. Commerce Reports, Washington, 9. 4. 1921, S. 201.
17. Grothe: Bilder und Studien vom Spinnen, Weben, Nähen. Berlin 1875.
18. Ballod, Karl, Prof. Dr.: Schrift über Sowjet-Rußland vom 20. 10. 1920. Veröffentlichung des Deutschen Bastfaserkontors vom 31. 1. 1921.
19. „L'Entente" vom 1. 9. 1920. Mitteilungen des Bastfaserkontors vom 14. 9. 1920.
20. Ekonomitscheskaja Shisn vom 19. 9. 1919.
21. Industrie- und Handelszeitung, Berlin. a) 1928 Nr. 8, b) 1920 Nr. 64, S. 416, c) 1928, Nr. 3 d) 1920/44, e) 1920/81, f) 1927/280, g) 1928/23, h) 1927/21 (Auslandswirtschaft), i) 1921/141, S. 952, k) 1920/139, l) 1928/2, m) 1928/23, n) 1928/54, o) 1928/40, p) 1928/37, q) 1928/270, r) 1928/98, s) 1929/25, t) 1929/57.
22. Überseedienst, Berlin. a) 1920/117, b) 1920/19.
23. Textilzeitung vom 26. 1. 1927.
24. Rigasche Rundschau vom 21. 1. 1921.
25. Deutscher Leinenindustrieller, Berlin. a) 1927/38, b) 1928/2, c) 1926/13, d) 1927/40, e) 1927/32, f) 1925/45, g) 1927/47, h) 1926/4, i) 1926/8, k) 1926/16, l) 1925/40, m) 1927/34, n) 1920, S. 436, o) 1926/43, p) 1926/46, q) 1926/15, r) 1926/12, s) 1927/51, t) 1927/18, u) 1927/22, v) 1927/41, w) 1921/10, x) 1926/38, y) 1927/45, z) 1927/25.
26. Deutscher Wirtschaftsdienst, Berlin (Lettland Sondernummer).
27. Deutsche Faserstoffe und Spinnpflanzen, München. a) 1920/3, S. 34, b) 1921, Aprilheft, S. 46.
28. Commerce Monthly Spt. 1920.
29. Auslandswarte, Berlin. 1928, Nr. 2.
30. Deutscher Leinenindustrieller, Berlin. a) 1921/11, b) 1927/48, c) 1920/48, d) 1925/18, e) 1920, S. 626, f) 1926/7, g) 1926/33, h) 1925/50, i) 1927/7, k) 1925, S. 540, l) 1925/48, m) 1927/20, n) 1927/31, o) 1925/53, p) 1921/6, q) 1927/50, r) 1925/47, s) 1920/45, t) 1925/35, u) 1925/35, v) 1926/28, w) 1925/25, x) 1925/6, y) 1920/24, z) 1925/36.
31. Koenig, Paul: Flachsbau, Handel- und Leinenindustrie Großbritanniens und seiner Kolonien. Sammelmappe „Deutschland und die weltwirtschaftliche Lage". Auswärtiges Amt Berlin, Bd. 2, Nr. 181.
32. Spinner und Weber, Leipzig. a) 1927/33, b) 1925/92, c) 1923/5, d) 1927/48, e) 1926/17, f) 1927/4, g) 1927/7, h) 1926/79, i) 1921/30, k) 1927/35, l) 1921/28, m) 1921/39, n) 1925/99, o) 1921/43, p) 1921/40, q) 1927/29, r) 1921/45, s) 1922/7, t) 1922/10, u) 1922/9, v) 1927/42, w) 1922/13, x) 1928/1, y) 1927/32, z) 1924/26.
33. Commerce Reports, Washington, vom 19. 11. 1919, S. 1004.
34. Langer: Flachsbau und Flachsbearbeitung. Wien: Hölder 1893. a) S. 35, b) S. 23.
35. Economist, London vom 19. 2. 1921.
36. Nach einem Sonderbericht.

[1] Erklärung der Zahlen: z. B. 1925/46 = Jahrgang 1925, Heft 46.

37. Americain Woll and Cotton Reporter vom 9. 12. 1920, S. 4203.
38. Board of Trade Journal. a) 16. 6. 1921, S. 678, b) vom 24. 4. 1919.
39. The Times Trade Supplement. a) 1920 vom 23. 10., S. 8, b) 2. 4. 1921, c) vom 11. 4. 1920.
40. Bastfaserkontor, Mitteilungen. a) vom 7. 3. 1921, b) vom 9. 12. 1920, c) 15. 6. 1920, d) 14. 9. 1920.
41. Mitteilungen des Forschungsinstitutes Sorau. a) 1921/10, b) 1920/8, c) 1921/(II), 3, d) 1919. Nr. 10 und 11, f) 1920/3, S. 33, g) 1920/II, 4, 5, 6, 7 (auch 1920, I, 12), h) 1920/1, i) 1929.
42. Ford, Henry: Das große Heute, das größere Morgen. Leipzig: Paul List 1927.
43. Oil, Paint and Drug Reporter vom 24. 1. 1921.
44. Kennedy und Warden: Linen Trade. London 1867.
45. Journal Circulaire du marché Linier de Lille. a) 12. 1. 1921, b) vom 5. 5. 1921, c) 28. 4. 1920.
46. Census Bureau 1900 II. Washington 1902.
47. Colonial Reports. — Annual Nr. 1313. — Cyprus Report for 1925. London: H. M. Stat. Office 1926. S. 26 und 27.
48. Herzog, R. O.: Technologie der Textilfasern. Bd. 5, Teil 2: Koenig: Hanf und Hartfasern. S. 177.
49. Flax Cultivation in „The South African Journal of Industries". 1919, Nr. 11, S. 1022
50. Deutscher Leinenindustrieller, Berlin. a) 1925/33, b) 1920/48, c) 1928/5, d) 1927/39 e) 1925/32, f) 1925/29, g) 1927/17, h) 1919/19, i) 1925/1, k) 1921/52, l) 1921/10, m) 1925/37, n) 1926/6, o) 1926/30, p) 1925/18, q) 1927/9, r) 1925/49, s) 1921/20, t) 1920/42, u) 1920/49, v) 1927/46, w) 1927/27, x) 1920/52, y) 1920/41, z) 1928/6.
51. Frost, J. Dr.: Flachsbau- und Flachsindustrie in Holland, Belgien und Frankreich. Berlin 1909.
52. Streuvel: Der Flachsacker. Insel-Verlag.
53. Exportateur français. a) vom 29. 7. 1920, b) vom 20. 11. 1919.
54. Lazarkevitsch: Le Lin, sa culture et son industrie dans l'Europe occidentale. Editeurs: Gauthier, Villas et Comp. Paris. (403 S., 158 Bilder, 4 Pläne und 1 Karte.)
55. Journal Officiel de la Republique Française. a) Nr. 12, 738 vom 4. 12. 1926, b) vom 30. 7. 1920.
56. Dep. of Overseas Trade. — Report on the Economic and Industriel Conditions in France 1925/26 von Mr. J. L. Cahill. London 1927.
57. Statistique du Maroc 1919.
58. Grothe, Hermann Dr.: Spinnerei, Weberei, Appretur auf den Ausstellungen seit 1867.
59. Kostlan, Alfred: Die Landwirtschaft in Abessinien. (Beiheft zum Tropenpflanzer Bd. 17, Nr. 4. April 1913.)
60. Heer, Oswald: Über den Flachs und die Flachskultur im Altertum. Zürich 1872.
61. Warden: The Linen Trade.
62. Keller, Dr. F.: Vierter Bericht über Pfahlbauten (nach Heer, siehe Nr. 60).
63. Statist. Jahrbuch der Regierung Österreichs. S. 24 und 26. Wien 1920.
64. Die Lage der österreichischen Flachsindustrie. Trautenau 1912.
65. Janovsky, K.: Zwei Studien über die Textilindustrie, in der Tschechoslowakei und in Deutschösterreich. H. 5 der Serie: Textilindustrie und Bekleidungsgewerbe in der Kriegs- und Übergangszeit. Herausgeber: Prof. Dr. Paul Arndt. Wien: Hölzel 1920.
66. Ungarn. Franklin-Verein 1918.
67. Statistik der Tschechoslowakei 1920.
68. Statistique commerciale de la Perse pendant l'année 1304.
69. Rosen, Friedr.: Persien 1926. Verlag Schneider und: Die wirtschaftlichen Verhältnisse Persiens. Berlin: Carl Heymanns 1926.
70. Spinner und Weber, Leipzig. a) 1922/14, b) 1928/4, c) 1921/33, d) 1921/24, e) 1921/34, f) 1926/91, g) 1925/7, h) Exportausgabe 1925, Nr. 3, S. 58, i) 1928/6, k) 1928/50, l) 1929/1, m) 1928/45, n) 1929/2, o) 1929/7, w) 1928/51, x) 1928/52, y) 1929/9, z) 1929/11.
71. Auswärtiges Amt, Berlin. Sammelmappe: Deutschland und die weltwirtschaftliche Lage. Bd. 3, Nr. 27.
72. The China Yearbook. London 1924/25.
73. Braulick, August: Altägyptische Gewebe. Stuttgart: Arnold Bergsträßer 1900.
74. Gennep, A. van und G. Jequier: Le Tissage aux Cartons dans l'Egypte ancienne. Neuchâtel (Schweiz): Delachaux et Niestle 1916.
75. Lloyds List vom 21. 5. 1921, Nr. 33, S. 336.
76. Boerger, A.: Sieben La Plata-Jahre. Berlin: Paul Parey 1921.
77. Boerger, A.: Leinsaat und Flachs am La Plata. Faserforschung Sorau Bd. 3. 1923.
78. Boerger, A.: Der Lein als Faserpflanze im La Pl
atagebiet 1926.
79. Boerger, A.: Altos rendimientos de semilla y paja combinados en linos formados por selección biologica. Nuestra Tierra vom Sept. 1926, Nr. 149, S. 252ff.
80. 80. Anderson, Dr. Hans: Die natürlichen Grundlagen und die gegenwärtigen Verhältnisse der landw. Produktion in Chile. Tropenpflanzer, Beiheft Nov./Dez. 1925, S. 99.

81. Brosch, Anton: Der Flachs in der Fachliteratur und mit einer Einführung in die Geschichte der deutschen Flachswirtschaft. Berlin: Selbstverlag des Verbandes deutscher Leinenindustrieller 1922.
82. Wiegand, Johann: Ökonomischpraktische Anleitung zum Flachsbau, worinnen die glücklichen und die erträglichen Folgen für ein Land, in welchem Flachs angebaut, zubereitet und verarbeitet wird, angezeigt, auch die Manipulationen hierzu, wie es geschehen solle, gewiesen werden. Wien 1767.
83. Kuhnert, R.: Der Flachs, seine Kultur und Verarbeitung. 3. Aufl. 1920. Verlag Paul Parey (Thaerbibl. Bd. 94).
84. Tobler, Fr.: Der Flachs als Faser und Ölpflanze. (Mitarbeiter: G. Bredemann, K. Opitz, J. J. Rjaboff und E. Schilling.) Berlin: Julius Springer 1928.
85. Koenig, Paul: Der Baumwollweltmarkt. Berlin 1919. S. 125. Leipzig: K. F. Koehler.
86. Hoffmann, P.: Die Wiederbelebung des Flachsbaues und der Hausweberei in Deutschland und ihr Einfluß auf die ländlichen Arbeitsverhältnisse. Landw. Jahrb. Bd. 53, H. 3. 1919.
87. Mitteilungen der deutschen Flachsgesellschaft.
88. Mitteilungen der deutschen landwirtschaftl. Gesellschaft. 1926, Stück 21.
89. Koenig, P.: Die Entwicklung des russischen Flachsbaues und Handels und der Rigaer Flachswracke in 125 Jahren. Spinner und Weber. 1921, Nr. 43.
90. Wirtschaft und Statistik, Berlin. a) 1927, Nr. 9, S. 406/07, b) 1928/1, c) 1927, Nr. 4, d) 1929, Nr. 8, e) 1930/6.
91. Textil-Zeitung, Berlin. 1927/63.
92. Statistik des Deutschen Reiches. Bd. 160 und 270.
93. Freie Wirtschaft 1921/4.
94. Deutscher Leinenindustrieller, Berlin. a) 1928/8 und 1929/16, b) 1925/28, c) 1920/1, d) 1927/43, e) 1926/19, f) 1928/4, g) 1928/9, h) 1920/25, i) 1925/5, k) 1927/44, i) 1928/10, k) 1928/12, l) 1928/43, m) 1928/37, n) 1928/43, o) 1929/3, p) 1928/42, q) 1928/52, r) 1929/6, s) 1929/4, t) 1928/45, u) 1929/7, v) 1928, S. 728, w) 1928/49, x) 1928/51, y) 1929/2, z) 1929/5.
95. Textilberichte über Wissenschaft, Handel und Industrie vom 1. und 16. 1. 1921.
96. Zeitschrift für die gesamte Textilindustrie. a) 1920, Nr. 52, b) 1920/36.
97. Deutsch, Maurus: Anbau und Präparationsmethoden von Hanf und Flachs nebst einem Anhang: Situation der Leinenweberei in Frankreich. Kommerzielle Berichte. Herausgegeben vom K. K. Handelsmuseum in Wien 1907. Mauzsche Univers.-Buchhandlung, Wien 1, Kohlenmarkt 20.
98. Keurenaer: Die Flachsbereitung in Holland.
99. Leiter, Hermann Dr.: Flachs-, Hanf- und Juteindustrie Österreich-Ungarns. Heiderichsche Schriftfolge. Wien: Hölzel.
100. Mededeelingen van het Bestuur der Nederlandsche Maatschappij ter Bevordering van Vlasindustrie. Jahrgänge 1921—1927.
101. Statistisches Jahrbuch f. d. Deutsche Reich 1929. S. 118 u. 119.
102. Deutscher Leinenindustrieller, Berlin: a) 1929/5, b) 1929/7, c) 1928/3 und 15, d) 1929/9, e) 1929/11, f) 1929/12, g) 1929/13, h) 1929/17, i) 1929/18, k) 1929/20, l) 1929/21 und 1929/22, m) 1929/37, n) 1929/35, o) 1929/36, p) 1929/27, q) 1929/26, r) 1929/33, 37 und 51/52, s) 1929/44, t) 1929/49, u) 1930/5, v) 1929/45, w) 1930/4, x) 1929/46, y) 1929/47, z) 1929/41, aa) 1930/16, bb) 1930/15.
103. Auslandswirtschaft (Industrie- und Handelszeitung), Berlin. a) 1929/4 und 5.
104. Textile Mercury, Annual Trade Review 1928. (Irish Linen Industry by A. S. Moore.) Febr. 1929.
105. Alff, Paul Dr.: Die Kontingentierungsarten in der Textilindustrie während der Kriegszwangswirtschaft. (Nur im Auszug gedruckt.) Gießen 1922.
106. Urban, Georg und Schürhoff, Hermann: Die Gründung einer deutschen Leinenbörse Sorau N./L. 1920.
107. Spinner und Weber. a) 1929/18, b) 1929/44, c) 1930/4, d) 1929/46, e) 1930/4, f) 1930/10, g) 1930/12.
108. Boerger, Alb.: Observaciones sobre Agricultura. S. 475ff. Montevideo. Imprenta Nacional 1928.
109. Opitz u. Hoffmann: „Züchtungsversuche mit Lein.“ Zeitschr. f. Pflanzenzüchtung. Bd. 14, Heft 4. 4. August 1929.
110. Industrielle Produktionsstatistik. Sonderheft zu „Wirtschaft und Statistik“, Nr. 6. Bearbeitet im Statistischen Reichsamt. Verlag Reimar Hobbing, Berlin SW 61. 1929.
111. F. Michotte, Le Lin. Culture et Exploitation. Paris 1929. (Beurteilung nicht gut. Vgl. DLI. 1929. 41, S. 791.)

Sachverzeichnis.

Technologie der Textilfasern

Herausgegeben von

Dr. R. O. Herzog

Professor, Direktor des Kaiser-Wilhelm-Instituts für Faserstoffchemie
Berlin-Dahlem

I. Band: **Chemie und Physik der faserbildenden Stoffe.** In Vorbereitung.

II. Band, 1. Teil: **Die Spinnerei.** Von A. Lüdicke. Mit 440 Textabbildungen. VI, 268 Seiten. 1927. Gebunden RM 28.—

2. Teil: **Die Weberei.** Von A. Lüdicke. — **Die Maschinen zur Band- und Posamentenweberei.** Von K. Fiedler. — **Die Bindungslehre.** Von Johann Gorke. Mit 854 Abbildungen im Text und auf 30 Tafeln. VII, 319 Seiten. 1927. Gebunden RM 36.—

3. Teil: **Wirkerei und Strickerei, Netzen und Filetstrickerei.** Von Carl Aberle. — **Maschinenflechten und Maschinenklöppeln.** Von Walter Krumme. — **Flecht- und Klöppelmaschinen.** Von H. Glafey. — **Samt, Plüsch, Künstliche Pelze.** Von H. Glafey. — **Die Herstellung der Teppiche.** Von H. Sautter. — **Stickmaschinen.** Von R. Glafey. Mit 824 Textabbildungen. VIII, 615 Seiten. 1927. Gebunden RM 57.—

III. Band: **Künstliche organische Farbstoffe.** Von Hans Eduard Fierz-David. Mit 18 Textabbildungen, 12 einfarbigen und 8 mehrfarbigen Tafeln. XVI, 719 Seiten. 1926. Gebunden RM 63.—

IV. Band, 1. Teil: **Botanik und Kultur der Baumwolle.** Von Ludwig Wittmack. Mit einem Abschnitt: **Chemie der Baumwollpflanze.** Von Stefan Fraenkel. Mit 92 Textabbildungen. VIII, 352 Seiten. 1928. Gebunden RM 36.—

2. Teil: **Mechanische Technologie der Baumwolle.** Von H. Glafey, E. Brücher und W. Spitschka. In Vorbereitung.

3. Teil: **Chemische Technologie der Baumwolle.** Von R. Haller. **Mechanische Hilfsmittel zur Veredlung der Baumwolltextilien.** Von H. Glafey. Mit 266 Textabbildungen. XIV, 711 Seiten. 1928. Gebunden RM 67.50

4. Teil: **Die Baumwollwirtschaft.** Von P. Koenig. In Vorbereitung.

V. Band, 1. Teil: **Flachs.** 2. Abteilung: Spinnerei und Weberei des Flachses. In Vorbereitung.

2. Teil: **Hanf und Hartfasern.** Bearbeitet von O. Heuser, P. Koenig, O. Wagner, G. v. Frank, H. Oertel, Fr. Oertel. Mit 105 Textabbildungen. VII, 266 Seiten. 1927. Gebunden RM 24.—

3. Teil: **Jute.** Von E. Nonnenmacher.

1. Abteilung: Pflanze und Fasergewinnung. Handel und Wirtschaft. Spinnerei. Mit 542 Textabbildungen. VIII, 571 Seiten. Erscheint im Juli 1930.

2. Abteilung: In Vorbereitung.

VI. Band, 1. Teil: **Die Seidenspinner, Systematik, Anatomie, Physiologie und Biologie.** Von Harms und Bock. In Vorbereitung.

2. Teil: **Technologie und Wirtschaft der Seide.** Bearbeitet von Hermann Ley und Erich Raemisch. Mit 375 Textabbildungen. VIII, 551 Seiten. 1929. Gebunden RM 66.—

VII. Band: **Kunstseide.** Bearbeitet von E. A. Anke, H. Eichengrün, R Gaebel, R. O. Herzog, H. Hoffmann, Fr. Loewy, A. Oppé, W. Traube, A. v. Vajdaffy. Mit 203 Textabbildungen. VIII, 354 Seiten. 1927. Gebunden RM 36.—

VIII. Band: 1. Teil: **Wollkunde.** Bildung und Eigenschaften der Wolle. Bearbeitet von Gustav Frölich, Walter Spöttel, Ernst Tänzer. Mit 172 Textabbildungen und 2 farbigen Tafeln. IX, 419 Seiten. 1929. Gebunden RM 54.—

2. Teil: **Mechanische Technologie der Wolle.** Von O. Bernhardt, Marcher und E. Krahn. In Vorbereitung.

3. Teil: **Chemische Technologie der Wolle und die zugehörigen Maschinen.** Von C. Ulrich und H. Glafey. In Vorbereitung.

4. Teil: **Weltwirtschaft der Wolle.** Von Behnsen und Genzmer. In Vorbereitung.

IX. und X. Band: Ergänzungsbände.

Mechanik der Spinnerei. Von H. Brüggemann.

Untersuchung der Textilfasern. Von J. Weese, W. Weltzien und E. Schmid.

GPSR Compliance

The European Union's (EU) General Product Safety Regulation (GPSR) is a set of rules that requires consumer products to be safe and our obligations to ensure this.

If you have any concerns about our products, you can contact us on ProductSafety@springernature.com

In case Publisher is established outside the EU, the EU authorized representative is:

Springer Nature Customer Service Center GmbH
Europaplatz 3
69115 Heidelberg, Germany

Batch number: 10620881

Printed by Printforce, the Netherlands